Hans-Jürgen Bargel · Günter Schulze (Hrsg.)

Werkstoffkunde

Werkstoffkunde

Prof. Dipl.-Ing. Hans-Jürgen Bargel
Dr.-Ing. Hermann Hilbrans
Prof. Dr. phil. nat. Karl-Heinz Hübner
Dr.-Ing. Oswald Krüger
Prof. Dr.-Ing. Günter Schulze

Herausgegeben von
Prof. Dipl.-Ing. Hans-Jürgen Bargel
Prof. Dr.-Ing. Günter Schulze

9., bearbeitete Auflage
mit 568 Abbildungen und 85 Tabellen

Prof. Hans-Jürgen Bargel
Berlin
prof.bargel@web.de

Prof. Dr. Günter Schulze
Berlin
dokschu@t-online.de

Bibliografische Information der Deutschen Bibliothek
Die Deutsche Bibliothek verzeichnet diese Publikation in der Deutschen Nationalbibliografie;
detaillierte bibliografische Daten sind im Internet über http://dnb.ddb.de abrufbar.

ISBN 10 3-540-26107-9 Berlin Heidelberg New York
ISBN 13 978-3-540-26107-0 Berlin Heidelberg New York

Dieses Werk ist urheberrechtlich geschützt. Die dadurch begründeten Rechte, insbesondere die der Übersetzung, des Nachdrucks, des Vortrags, der Entnahme von Abbildungen und Tabellen, der Funksendung, der Mikroverfilmung oder Vervielfältigung auf anderen Wegen und der Speicherung in Datenverarbeitungsanlagen, bleiben, auch bei nur auszugsweiser Verwertung, vorbehalten. Eine Vervielfältigung dieses Werkes oder von Teilen dieses Werkes ist auch im Einzelfall nur in den Grenzen der gesetzlichen Bestimmungen des Urheberrechtsgesetzes der Bundesrepublik Deutschland vom 9. September 1965 in der jeweils geltenden Fassung zulässig. Sie ist grundsätzlich vergütungspflichtig. Zuwiderhandlungen unterliegen den Strafbestimmungen des Urheberrechtsgesetzes.

Springer ist ein Unternehmen von Springer Science+Business Media

springer.de

© Springer-Verlag Berlin Heidelberg 2005
Printed in Germany

Die Wiedergabe von Gebrauchsnamen, Handelsnamen, Warenbezeichnungen usw. in diesem Buch berechtigt auch ohne besondere Kennzeichnung nicht zu der Annahme, dass solche Namen im Sinne der Warenzeichen- und Markenschutz-Gesetzgebung als frei zu betrachten wären und daher von jedermann benutzt werden dürften. Sollte in diesem Werk direkt oder indirekt auf Gesetze, Vorschriften oder Richtlinien (z. B. DIN, VDI, VDE) Bezug genommen oder aus ihnen zitiert worden sein, so kann der Verlag keine Gewähr für die Richtigkeit, Vollständigkeit oder Aktualität übernehmen. Es empfiehlt sich, gegebenenfalls für die eigenen Arbeiten die vollständigen Vorschriften oder Richtlinien in der jeweils gültigen Fassung hinzuzuziehen.

Umschlaggestaltung: medionet AG, Berlin
Satz: Digitale Druckvorlage der Autoren

Gedruckt auf säurefreiem Papier   68/3020/m   - 5 4 3 2 1 0

Autorenverzeichnis

Prof. Dipl.-Ing. **Hans-Jürgen Bargel,** Berlin
Abschnitte 1.1, 1.2, 1.8, 2.1 bis 2.4, 2.6, 3, 4.9 (neu bearbeitet) und 8

Dr.-Ing. **Hermann Hilbrans,** Langenfeld
Abschnitt 5

Prof. Dr. phil. nat. **Karl-Heinz Hübner,** Frankfurt/Main
Abschnitt 6

Dr.-Ing. **Oswald Krüger,** Berlin
Abschnitt 7 (neu bearbeitet)

Prof. Dr.-Ing. **Günter Schulze,** Berlin
Abschnitte 1.3 bis 1.7, 2.2, 2.5, 4.1 bis 4.9

Vorwort zur neunten Auflage

In den knapp zwei Jahren seit Erscheinen der achten Auflage wurde das Buch erneut gründlich überarbeitet. Dies war nicht nur der Tribut an aktuelle Entwicklungen und an den weiterhin fortschreitenden Prozess der europäischen Normung. Ein nicht vorhersehbarer Aufwand ergab sich auch daraus, dass bei der 8. Auflage das Verfahren zur Erstellung der Druckvorlagen von der bisherigen konventionellen Arbeitsweise auf eine elektronische Basis umgestellt wurde.

Hierzu war es leider erforderlich, die vorhandenen Texte einzuscannen und mit Hilfe von Texterkennungsprogrammen in eine bearbeitetbare Form zu bringen. Obwohl sich Autoren und Herausgeber bewusst waren, welche Fehlerquellen dieses Vorgehen öffnet, und sie deshalb mit größter Sorgfalt die achte Auflage bearbeiteten, zeigte sich dennoch, dass auch für die neunte Auflage eine erneute intensive Überprüfung aller Texte und Bilder erforderlich war. Die Herausgeber danken an dieser Stelle den vielen Lesern, die uns mit ihren Hinweisen unterstützten.

Der Abschnitt „4.9 Eisengusswerkstoffe" wurde für diese Auflage grundlegend neu bearbeitet und ergänzt. Viele kleine inhaltliche Veränderungen an anderen Stellen dienen der Erhaltung der Aktualität des Buches. Ziel von Autoren, Herausgebern und Verlag bleibt es, ein nützliches Lehr- und Arbeitsbuch für Studierende und tätige Ingenieure anzubieten.

Berlin, Juni 2005

Hans-Jürgen Bargel,
Günter Schulze

Vorwort zur achten Auflage

Ein Schwerpunkt dieser Neubearbeitung war wiederum die langwierige und mühsame Anpassung an neue europäische und internationale Normen, soweit sie in Deutschland als geltende Normen eingeführt sind. Der Leser wird dabei feststellen können, dass sich dieser Prozess beschleunigte: europäische Normen, die in die 7. Auflage neu eingefügt wurden, werden in dieser Auflage z. T. schon nicht mehr erwähnt. Als enttäuschend empfinden die Autoren in diesem Zusammenhang allerdings die uneinheitlichen Regelungen bei der Bezeichnung von NE-Metallen. Hier kann von einer Harmonisierung in Europa noch nicht die Rede sein.

Das Kapitel Kunststoffe wurde grundsätzlich neu bearbeitet. Der ursprünglichen Zielsetzung des Buches treu bleibend, beschränkte sich die Neubearbeitung in den anderen Kapiteln auf die Ergänzungen und Korrekturen, die dem Einfließen (neuerer) wissenschaftlicher Erkenntnisse in die Praxis Rechnung tragen. Studierenden und tätigen Ingenieuren soll so weiterhin das Verständnis für die Vorgänge in Werkstoffen möglichst praxisnah vermittelt werden.

Unseren Lesern danken wir für Korrekturhinweise sowie für die zahlreichen Zuschriften und Anregungen. Autoren, Herausgeber und Verlag bitten weiterhin um Verständnis, dass nicht alle Anregungen aufgenommen worden sind. Der Umfang des Buches soll überschaubar bleiben und der Inhalt grundlegende Zusammenhänge möglichst umfassend wiedergeben. Für Spezialeffekte bleibt da wenig Platz, auch wenn sie gerade modern sind und Schlagzeilen verursachen.

Berlin, Juni 2003

Hans-Jürgen Bargel,
Günter Schulze

Vorwort zur sechsten Auflage

Das Zusammenwachsen Europas wirkt sich auch in den technischen Bereichen aus. Eines der Grundlagenfächer für den Maschinenbau, die Werkstoffkunde, ist hierbei nicht ausgenommen. So erforderte die Überarbeitung der fünften Auflage eine Anpassung an europäische Normen überall dort, wo diese inzwischen die nationalen Normen verbindlich ersetzt haben.

Dies ist besonders auf dem Sektor Werkstoffprüfung und beim Werkstoff Stahl der Fall. Allerdings ist der Prozess der europäischen Harmonisierung hierbei noch lange nicht abgeschlossen. Die Herausgeber haben deshalb die neuen Normen etwa bis zum Stand Sommer 1993 eingearbeitet. Sie sind sich dabei der Tatsache bewusst, dass die beinahe monatlichen Änderungen schon bei Erscheinen dieser Auflage erneut Korrekturen bedingen können.

Gegenüber der fünften Auflage wurde vor allem der Abschnitt 4.8.3 vollkommen neu gestaltet. Unter der Überschrift »Härtbare Maschinenbaustähle« wurde die Beschreibung der bisher dort erläuterten Vergütungsstähle mit den Unterabschnitten »Stähle für das Randschichthärten«, »Nitrierstähle« und »Einsatzstähle« ergänzt. Weiterhin ist außer der neuen Kennzeichnung der Eisenwerkstoffe ein Abschnitt über druckwasserstoffbeständige Stähle eingefügt worden.

Unseren Lesern danken wir für die zahlreichen Zuschriften und Anregungen. Autoren, Herausgeber und Verlag bitten um Verständnis, dass nicht alle Hinweise wegen der Umfangsbegrenzung dieses Lehrbuchs aufgenommen worden sind.

Berlin, Januar 1994

Hans-Jürgen Bargel,
Günter Schulze

Vorwort zur ersten und zweiten Auflage

Die Neuerscheinung »*Werkstoffkunde*« soll die bestehende Lücke zwischen stark praxisorientierten Lehrbüchern und den theorieorientierten Lehrbüchern der Werkstoffwissenschaft schließen. Das Buch richtet sich hauptsächlich an *Ingenieure und Studenten der Fachrichtungen Maschinenbau und Elektronik*.

Stoffauswahl

Die Werkstoffkunde stellt eine Brücke her zwischen der Werkstoffwissenschaft und der praktischen Anwendung der Werkstoffe. Die wissenschaftlichen Erkenntnisse gelangen nur zögernd in die Praxis, weil die einschlägige Literatur oft nur dem Werkstofffachmann verständlich ist. Andererseits enthalten die für die Praktiker geschriebenen Lehrbücher häufig eine Vielzahl von Einzelerscheinungen, die scheinbar zusammenhanglos nebeneinanderstehen. Es wird deshalb leider oft behauptet, die Werkstoffkunde sei ein Fachgebiet, deren Fakten nur auswendig zu lernen seien.

Ziel dieses Buches ist es, die Erkenntnisse der Werkstoffwissenschaft in vereinfachter Form und deren Bezug zur Praxis darzustellen. Damit wird sowohl dem Studenten als auch dem in der Praxis tätigen Ingenieur die Möglichkeit gegeben, *das Verhalten von Werkstoffen zu verstehen*. Die Autoren waren bemüht, immer wieder zu zeigen, dass wenige grundlegende Tatsachen und Vorgänge im Werkstoff die Eigenschaften bestimmen. Natürlich ist ein derartiges Vorhaben nicht mit letzter Konsequenz durchführbar. Der begrenzte Umfang des Buches erzwingt Beschränkungen in der Darstellung wissenschaftlicher Erkenn5tnisse und in der Beschreibung singulärer Erscheinungen.

Zum Inhalt

Der Inhalt einzelner Kapitel unterscheidet sich in verschiedenen Punkten von vergleichbaren Werken. So wurde die *Korrosion von Metallen* in die Grundlagen der Metall- und Legierungskunde einbezogen, um der allgemeinen Bedeutung dieses Problems gerecht zu werden.

Von einer ausgedehnten Darstellung der Verfahren der Werkstoffherstellung wurde abgesehen. Die Autoren waren der Auffassung, dass Ingenieure des Maschinenbaus und der Elektronik nur selten auf Herstellungsprozesse einwirken. Dagegen ist es für eine sinnvolle Auswahl von Werkstoffen unumgänglich zu wissen, *wie die Herstellverfahren die Werkstoffeigenschaften beeinflussen*.

In gleicher Art wurde auf das Beschreiben von Fertigungsverfahren völlig verzichtet und nur die grundsätzlich mögliche *Einwirkung der Weiterverarbeitung auf Werkstoffeigenschaften* erläutert. Damit erfolgte eine eindeutige Abgrenzung zum Fachgebiet Fertigungstechnik.

Demgegenüber wurde den *werkstofflichen Fragen auf dem Gebiet der Schweißtechnik* breiter Raum gewidmet, wodurch sich das Buch ebenfalls von vergleichbaren Werken abhebt. Die ständig zunehmende Bedeutung des Schweißens in der Fertigungstechnik erfordert von jedem Ingenieur grundlegende Kenntnisse über das Verhalten der Werkstoffe.

Wenn der Titel des Buches nicht Werkstoffkunde und Werkstoffprüfung lautet, so deshalb, weil das entsprechende Kapitel kein Lehrbuch für das Prüfen von Werkstoffen ersetzen soll. Die Definition von Werkstoffkennwerten, ihre technische Bedeutung und ihre Veränderung infolge abweichender Prüfbedingungen haben hier eindeutigen Vorrang vor dem Beschreiben von Verfahren, Geräten und Messmethoden. Auf das *Bruchverhalten metallischer Werkstoffe* wird dagegen wegen der Bedeutung der Zähigkeitseigenschaften für die Sicherheit von Konstruktionen gesondert eingegangen.

Bei den Eisenwerkstoffen steht neben der *Wärmebehandlung* vor allem wieder die *Schweißeignung von Stählen* im Vordergrund. Soweit die einzelnen Sorten in den DIN-Normen aufgeführt sind, wurde auf tabellarische Darstellungen weitestgehend verzichtet, aufgeführt werden dagegen z. B. die *Feinkorn-Sonderbaustähle*.

Die Nichteisenmetalle zeichnen sich häufig durch besondere Korrosionsbeständigkeit, Temperaturbeständigkeit, elektrische Leitfähigkeit etc. aus, wogegen die statische Festigkeit in den Hintergrund treten kann. Die Beschreibung der NE-Metalle konzentriert sich deshalb auf diese Sonder-Eigenschaften, wobei insbesondere auch die *Belange der Elektrotechnik* berücksichtigt werden.

Auch die nichtmetallischen anorganischen Werkstoffe werden vorzugsweise im Hinblick auf ihre *Einsatzfähigkeit in der Elektrotechnik* dargestellt. Allerdings kann im Rahmen dieses Buches dieser Anwendungsbereich nur exemplarisch behandelt werden. Ein zweites Einsatzfeld nichtmetallischer anorganischer Werkstoffe ist das der Verbundwerkstoffe.

Die Bedeutung, die die Kunststoffe in allen Bereichen der Technik gewonnen haben, erfordert eine ausführliche Behandlung dieser Werkstoffgruppe. Die *Unterschiede gegenüber den Metallen* werden herausgestellt und – soweit es der gesetzte Rahmen des Buches zulässt – jene Fragenkomplexe erörtert, deren Klärung erst ein echtes *Verständnis der Verhaltensweise der verschiedenen Kunststoffe* ermöglicht. Dazu zählen auch die Vorgänge und Auswirkungen der chemischen und technischen Prozesse der Herstellung.

Das abschließende kurze Kapitel über Schadenfälle soll zeigen, dass es vermeidbare und unvermeidbare »Werkstofffehler« gibt. Es vermittelt zudem einen Einblick in die *Systematik einer Schadensanalyse*.

Hinweise für den Benutzer

Die in den Text eingefügten Querverweise dienen dem Aufzeigen von Zusammenhängen und der Verbindung von Einzelinformationen. Dabei ist zu beachten, dass die Nummerierung von Bildern und Tabellen auf der Basis der Seitenzahlen erfolgt.

Kursiv gedruckte Wörter sind häufig Stichwörter, **halbfett** gedruckte sind es in der Regel. Das umfangreiche *Stichwortverzeichnis* erleichtert den Zugang zu Einzelfragen. Es sollte aber auch genutzt werden, um die unter demselben oder ähnlichen Stichwörtern an verschiedenen Stellen des Buches zu findenden Informationen zu verknüpfen.

Literaturhinweise am Ende eines jeden Kapitels sollen eine Ergänzung und Vertiefung des Stoffes dieses Buches ermöglichen.

Wir danken Herrn *Prof. Dr. Appel*, Wilhelmshaven, und Herrn *Prof. Fink*, Frankfurt, für die vielen Anregungen und Diskussionsbeiträge. Besonderer Dank gebührt Frau *Regina Reichelt*, Berlin, für die Anfertigung der Zeichnungen und Frau Jutta Fritz, Berlin, für die Ausführung vieler Fotoarbeiten. Den Mitarbeitern des Schroedel-Verlages danken wir für ihre Initiative und die gewährte Unterstützung. Herrn Dipl.-Ing. *Roland Werner* von der Verlagsredaktion sind wir besonders dankbar für viele Anregungen und die sehr gute Zusammenarbeit. Weiterhin danken wir Herrn *Prof. Dipl.-Ing. Schlinke* (HTL Mödling) für zahlreiche Anregungen und Verbesserungsvorschläge.

Anregungen und Kritik unserer Leser sehen wir mit Interesse entgegen.

Berlin, im Herbst 1978

Hans-Jürgen Bargel,
Günter Schulze

In der vorliegenden 2. Auflage wurden lediglich kleinere Korrekturen vorgenommen. Anregungen unserer Leser konnten leider nur in dem Maße berücksichtigt werden, wie dies ohne größere Umstellungen möglich war.

Berlin, im Sommer 1980

Hans-Jürgen Bargel,
Günter Schulze

Inhalt

1	**Grundlagen der Metall- und Legierungskunde** *(H.-J. Bargel, G. Schulze)*	1
1.1	**Aufbau kristalliner Stoffe**	1
1.1.1	Bindungsformen anorganischer Stoffe	1
1.1.2	Gitteraufbau des Idealkristalls	2
1.1.3	Realkristalle, Gitterbaufehler, Energie von Fehlstellen	4
1.1.3.1	Punktförmige Gitterbaufehler	5
1.1.3.2	Versetzungen	6
1.1.3.3	Zweidimensionale Gitterbaufehler	7
1.1.4	Einkristall, Vielkristall	8
1.1.4.1	Korngröße	9
1.1.4.2	Kornformen	9
1.2	**Eigenschaften der Metalle**	10
1.2.1	Elektrische und thermische Eigenschaften	10
1.2.1.1	Elektrische Leitfähigkeit	10
1.2.1.2	Wärmeleitfähigkeit	11
1.2.1.3	Magnetismus	12
1.2.2	Mechanische Eigenschaften	13
1.2.2.1	Elastische und plastische Verformung	13
1.2.2.2	Mechanismen der plastischen Verformung	14
1.2.2.3	Verformbarkeit, Gleitsysteme	15
1.2.2.4	Verfestigung	16
1.2.2.5	Fließkurve	18
1.3	**Phasenumwandlungen**	18
1.3.1	Primärkristallisation bei reinen Metallen	19
1.3.1.1	Keimbildung	19
1.3.1.2	Kristallwachstum	20
1.3.2	Primärkristallisation bei Legierungen	21
1.3.3	Einfluss der Korngrenzen	21
1.3.4	Umwandlungen im festen Zustand	23
1.3.4.1	Martensitbildung	24
1.3.4.1.1	Martensit in Fe-C-Legierungen	24
1.3.4.1.2	Formgedächtnislegierungen	25
1.4	**Thermisch aktivierte Vorgänge**	26
1.4.1	Diffusion	27
1.4.1.1	1. Ficksches Gesetz, Diffusionskoeffizient	27
1.4.1.2	Platzwechselmechanismen	28
1.4.1.3	Technische Anwendungen	28
1.4.2	Erholung und Rekristallisation	29
1.4.3	Kriechvorgänge und Spannungsrelaxation	32
1.5	**Grundlagen der Legierungsbildung**	34
1.5.1	Mischkristalle	34
1.5.1.1	Substitutionsmischkristalle (SMK)	35
1.5.1.2	Einlagerungsmischkristalle (EMK)	35
1.5.2	Intermediäre Kristalle	36

1.6	**Zustandsschaubilder**		36
	1.6.1 Grundlagen, Begriffe, Definitionen		36
	1.6.2 Phasengesetz		37
	1.6.3 Aufstellen der Zustandsschaubilder		37
	1.6.4 Zustandsschaubilder von Zweistofflegierungen		39
	1.6.4.1 Vollkommene Unlöslichkeit im flüssigen und festen Zustand		39
	1.6.4.2 Vollkommene Löslichkeit im flüssigen und festen Zustand		40
	1.6.4.3 Vollkommene Löslichkeit im flüssigen Zustand, vollkommene Unlöslichkeit im festen Zustand		41
	1.6.4.4 Vollkommene Löslichkeit im flüssigen Zustand, begrenzte Löslichkeit im festen Zustand		42
	1.6.4.4.1 Eutektische Systeme		43
	1.6.4.4.2 Peritektische Systeme		45
	1.6.5 Zustandsschaubilder mit intermediären Phasen		46
	1.6.6 Zustandsschaubilder mit Umwandlungen im festen Zustand		46
	1.6.7 Nichtgleichgewichtszustände		48
	1.6.7.1 Kristallseigerung		48
	1.6.7.2 Unterkühlungserscheinungen in eutektischen Systemen		49
	1.6.7.3 Entartetes Eutektikum		49
1.7	**Eigenschaften technischer Legierungen – Anwendungen der Zustandsschaubilder**		50
	1.7.1 Eigenschaften von Legierungen aus Kristallgemengen		50
	1.7.2 Eigenschaften von Legierungen aus Mischkristallen		51
	1.7.3 Eigenschaften von Legierungen mit Umwandlungen im festen Zustand		51
	1.7.3.1 Legierungen mit Überstrukturen und intermediären Phasen		51
	1.7.3.2 Legierungen, die Segregate bilden – Aushärten		52
1.8	**Korrosion**		55
	1.8.1 Elektrochemische Grundlagen		56
	1.8.1.1 Elektrolyt		56
	1.8.1.2 Lösungstension, elektrochemische Spannungsreihe		57
	1.8.1.3 Korrosionselement		58
	1.8.1.4 Wasserstoffkorrosion		58
	1.8.1.5 Sauerstoffkorrosion		59
	1.8.2 Korrosionsformen		60
	1.8.3 Korrosionsarten		61
	1.8.3.1 Korrosion ohne mechanische Beanspruchung		61
	1.8.3.2 Korrosion mit zusätzlicher mechanischer Beanspruchung		62
	1.8.4 Korrosionsverhalten der Werkstoffe		63
	1.8.5 Korrosionsschutz		64
	1.8.6 Korrosionsprüfungen		65
2	**Einwirkung von Herstellung und Weiterverarbeitung auf die Eigenschaften von Metallen** *(H.-J. Bargel, G. Schulze)*		67
	2.1 Metallgewinnung, Verhüttung		67
	2.1.1 Erze, Anreicherungsverfahren		67
	2.1.2 Verhüttung, Reduktion		67
	2.1.3 Raffination		68
	2.1.4 Nichtmetallische Verunreinigungen		69
	2.1.5 Gase im Metall		69

2.2	**Schmelzen und Erstarren**		71
	2.2.1	Ausgewählte Erstarrungsvorgänge	71
	2.2.2	Seigerungen	72
	2.2.3	Lunker	73
	2.2.4	Einfluss des Gießverfahrens	74
2.3	**Umformen**		75
	2.3.1	Warmformgebung	76
	2.3.1.1	Umformtemperatur	76
	2.3.1.2	Einfluss des Gefüges	76
	2.3.1.3	Warmformgebungsverfahren	77
	2.3.2	Kaltformgebung	78
	2.3.2.1	Einfluss des Gefüges	78
	2.3.2.2	Kaltformgebungsverfahren	79
2.4	**Sintern (Pulvermetallurgie)**		79
	2.4.1	Pulverherstellung, Sintervorgang	79
	2.4.2	Möglichkeiten und Eigenschaften von Sinterwerkstoffen	80
2.5	**Schweißen und Löten**		81
	2.5.1	Thermische Wirkung	81
	2.5.2	Schweißeigenspannungen	82
	2.5.3	Aufbau und Eigenschaften der thermisch beeinflussten Bereiche	83
	2.5.4	Werkstoffbedingte Besonderheiten und Schwierigkeiten beim Schweißen	85
	2.5.4.1	Probleme während des Erwärmens	85
	2.5.4.2	Probleme während des Erstarrens	86
	2.5.4.3	Verbindungsschweißen unterschiedlicher Werkstoffe	87
	2.5.5	Werkstoffbedingte Probleme beim Löten	88
2.6	**Eigenspannungen**		93
	2.6.1	Eigenspannungen infolge Kaltverformung	93
	2.6.2	Eigenspannungen infolge schneller Abkühlung	94
	2.6.3	Nachweis und Abbau von Eigenspannungen	94
3	**Werkstoffprüfung** *(H.-J. Bargel)*		95
3.1	**Statische Festigkeits- und Verformungskennwerte**		95
	3.1.1	Spannung – Verformung – Verlauf	95
	3.1.2	Elastische Kennwerte	97
	3.1.3	Kennwerte des Zugversuchs	98
	3.1.4	Kennwerte des Druckversuchs	100
	3.1.5	Biegeversuch und Verdrehversuch	101
	3.1.6	Zeitstandversuch	102
	3.1.7	Einflussfaktoren	103
	3.1.7.1	Versuchsbedingte Einflüsse	103
	3.1.7.2	Werkstoffbedingte Einflüsse	104
	3.1.7.3	Vergleich verschiedener Werkstoffe	105
	3.1.7.4	Besonderheiten einzelner Werkstoffgruppen	105
3.2	**Festigkeits- und Verformungskennwerte bei schwingender Beanspruchung**		106
	3.2.1	Definitionen	106

	3.2.1.1	Kennzeichnung schwingender Beanspruchung	106
	3.2.1.2	Einstufige Beanspruchung	107
	3.2.1.3	Mehrstufige Beanspruchung	108
	3.2.2	Prüfverfahren	108
	3.2.3	Einflüsse auf die Schwingfestigkeit	109
	3.2.3.1	Spannungsverhältnis, Dauerfestigkeitsschaubild	109
	3.2.3.2	Spannungsgradient	110
	3.2.3.3	Oberfläche	110
	3.2.3.4	Prüfbedingungen	111
	3.2.3.5	Statische Festigkeit	112
	3.2.4	Werkstoffverhalten bei schwingender Beanspruchung	112
	3.2.4.1	Verfestigung, Entfestigung	112
	3.2.4.2	Gefügeänderungen	113
	3.2.4.3	Rissbildung, Rissfortschritt	113
	3.2.4.4	Schwingungsbruch (Dauerbruch)	114
3.3	**Härtekennwerte**		**114**
	3.3.1	Begriffe	114
	3.3.2	Statische Härteprüfverfahren	115
	3.3.2.1	Messung der Eindruckfläche	115
	3.3.2.2	Messung der Eindringtiefe	116
	3.3.2.3	Vergleich von Härteangaben	118
	3.3.3	Dynamische Härteprüfverfahren	118
	3.3.4	Einflüsse auf die Härtewerte	119
3.4	**Kennwerte des Bruchverhaltens**		**119**
	3.4.1	Bruchformen	119
	3.4.2	Bruchkriterien, Grundlagen der Bruchmechanik	122
	3.4.3	Verfahren zur Prüfung des Zähigkeitsverhalten	124
	3.4.3.1	Kerbschlagbiegeversuch nach Charpy	125
	3.4.3.2	Kompakt-Zugversuch	127
	3.4.3.3	Weitere Prüfverfahren	127
	3.4.4	Einflüsse auf das Bruchverhalten	128
	3.4.5	Anwendungsgrenzen von Bruchversuchen	130
3.5	**Technologische Prüfverfahren**		**130**
	3.5.1	Prüfung der Umformeigenschaften	131
	3.5.2	Prüfung der Gießeigenschaften	132
	3.5.3	Weitere technologische Prüfungen	132
3.6	**Zerstörungsfreie Prüfung**		**133**
	3.6.1	Kapillarverfahren	133
	3.6.2	Magnetische und induktive Verfahren	133
	3.6.3	Schallverfahren	134
	3.6.4	Strahlenverfahren	135
3.7	**Metallografische Untersuchungsverfahren**		**135**
	3.7.1	Makroskopische Verfahren	136
	3.7.2	Mikroskopische Verfahren	136
	3.7.2.1	Lichtmikroskopie	136
	3.7.2.2	Raster-Elektronenmikroskopie	137
	3.7.2.3	Durchstrahlungs-Elektronenmikroskopie	137

3.8	Physikalische Analyseverfahren		138
	3.8.1	Spektralanalyse	138
	3.8.1.1	Lichtemissionsspektroskopie	138
	3.8.1.2	Röntgenspektroskopie	138
	3.8.2	Röntgenfeinstrukturuntersuchung	139
4	Eisenwerkstoffe *(G. Schulze, H.-J. Bargel)*		141
4.1	Eisen-Kohlenstoff-Schaubild (EKS)		141
	4.1.1	Metallkundliche Grundlagen	141
	4.1.2	Phasenänderungen im Eisen-Kohlenstoff-Schaubild	142
4.2	Einteilung der Eisenwerkstoffe		145
4.3	Stahlherstellung		146
	4.3.1	Hochofenerzeugnisse	146
	4.3.2	Erschmelzungsverfahren	146
	4.3.2.1	Allgemeine Grundlagen	146
	4.3.2.2	THOMAS-Verfahren (T)	147
	4.3.2.3	SIEMENS-MARTIN-Verfahren (M)	147
	4.3.2.4	Sauerstoff-Aufblas-Verfahren (Y)	147
	4.3.2.5	Elektrostahl-Verfahren (E)	148
	4.3.3	Sekundärmetallurgie (Pfannenmetallurgie)	149
	4.3.4	Desoxidieren von Stahl	150
	4.3.4.1	Vergießen von Stahl	151
	4.3.4.2	Erstarren von Stahl	151
	4.3.5	Weitere Verarbeitung von Stahl	152
4.4	Wirkung der Eisenbegleiter		152
	4.4.1	Mangan	152
	4.4.2	Silicium	153
	4.4.3	Phosphor	153
	4.4.4	Schwefel	154
	4.4.5	Stickstoff	155
	4.4.6	Wasserstoff	155
	4.4.7	Sauerstoff	158
	4.4.8	Nichtmetallische Einschlüsse	158
4.5	Wärmebehandlung der Stähle		160
	4.5.1	Ziel der Wärmebehandlung	160
	4.5.2	Temperaturführung	160
	4.5.3	Glühbehandlungen (gleichgewichtsnahe Zustände)	161
	4.5.3.1	Diffusionsglühen (Homogenisieren)	161
	4.5.3.2	Grobkornglühen	162
	4.5.3.3	Spannungsarmglühen	162
	4.5.3.4	Rekristallisationsglühen	163
	4.5.3.5	Weichglühen	163
	4.5.3.6	Normalglühen (Normalisieren)	164
	4.5.4	Härten (Nichtgleichgewichtszustände)	165
	4.5.4.1	Einfluss der beschleunigten Abkühlung	165
	4.5.4.2	Umwandlung in der Perlitstufe	166

4.5.4.3		Umwandlung in der Bainitstufe	167
4.5.4.4		Umwandlung in der Martensitstufe	168
4.5.5		Austenitumwandlung	170
4.5.5.1		ZTU-Schaubilder für kontinuierliche Abkühlung	172
4.5.5.2		Isotherme ZTU-Schaubilder	173
4.5.5.3		ZTA-Schaubilder	173
4.5.6		Härteverfahren	176
4.5.6.1		Grundlagen, Begriffe	176
4.5.6.2		Abschrecken, Abschreckmittel	177
4.5.6.3		Einfaches Härten, kontinuierliches Härten	178
4.5.6.4		Gebrochenes Härten	178
4.5.6.5		Warmbadhärten, isothermes Härten	178
4.5.6.6		Härtespannungen	179
4.5.6.7		Härtbarkeitsprüfung	179
4.5.7		Vergüten	180
4.5.7.1		Normales Vergüten (Anlassvergüten)	180
4.5.7.2		Bainitisieren	184
4.5.7.3		Patentieren – Perlitisieren	184
4.5.8		Verfahren zum Härten oberflächennaher Schichten	184
4.5.8.1		Verfahren mit begrenztem Wärmeeinbringen	185
4.5.8.2		Verfahren mit Änderung der chemischen Zusammensetzung	186

4.6 Legierungselemente im Stahl — 189
- 4.6.1 Einteilung und allgemeine Wirkung — 190
- 4.6.1.1 Mischkristall- und Carbidbildner — 190
- 4.6.1.2 Verschiebung der Phasengrenzen im EKS — 192
- 4.6.2 Austenitumwandlung, Darstellung im ZTU-Schaubild — 193
- 4.6.3 Härtbarkeit und Härteverhalten legierter Stähle — 194

4.7 Normgerechte Bezeichnung der Eisenwerkstoffe — 195
- 4.7.1 Benennung nach DIN EN 10027-1 — 195
- 4.7.1.1 Kennzeichnung nach Verwendung und Eigenschaften — 196
- 4.7.1.2 Kennzeichnung nach der chemischen Zusammensetzung — 196
- 4.7.2 Kennzeichnung durch Werkstoff-Nummern (DIN EN 10027-2) — 197
- 4.7.3 Benennung nach DIN 17006 — 197

4.8 Stahlgruppen — 200
- 4.8.1 Einteilung der Stähle — 200
- 4.8.2 Baustähle — 201
- 4.8.2.1 Unlegierte Baustähle nach DIN EN 10025-2 — 202
- 4.8.2.2 Kaltgewalzte weiche Stähle zum Kaltumformen nach DIN EN 10130, DIN EN 10142 — 205
- 4.8.2.3 Hochfeste Baustähle — 205
- 4.8.2.3.1 Methoden zum Erhöhen der Festigkeit — 206
- 4.8.2.3.2 Hochfeste, nicht vergütete Feinkornbaustähle — 209
- 4.8.2.3.3 Hochfeste vergütete Feinkornbaustähle — 212
- 4.8.3 Härtbare Maschinenbaustähle — 214
- 4.8.3.1 Vergütungsstähle — 214
- 4.8.3.2 Stähle für das Randschichthärten — 219
- 4.8.3.3 Nitrierstähle — 220
- 4.8.3.4 Einsatzstähle — 222
- 4.8.4 Warmfeste und hitzebeständige Stähle — 224

4.8.5	Kaltzähe Stähle	229
4.8.6	Nichtrostende Stähle	230
4.8.6.1	Perlitisch-martensitische Chromstähle	235
4.8.6.2	Ferritische und halbferritische Chromstähle	236
4.8.6.3	Austenitische Chrom-Nickel-Stähle	237
4.8.6.4	Austenitisch-ferritische Stähle	240
4.8.7	Druckwasserstoffbeständige Stähle	241
4.8.8	Werkzeugstähle	241
4.8.8.1	Anforderungen	241
4.8.8.2	Unlegierte Werkzeugstähle	245
4.8.8.3	Legierte Kaltarbeitsstähle	246
4.8.8.4	Warmarbeitsstähle	246
4.8.8.5	Schnellarbeitsstähle	246

4.9	**Eisengusswerkstoffe**	247
4.9.1	Begriff, Bedeutung, Einteilung	247
4.9.2	Stahlguss	249
4.9.2.1	Stahlgusssorten	251
4.9.2.2	Schweißen von Stahlguss	254
4.9.3	Gusseisen – Übersicht	254
4.9.3.1	Gusseisendiagramme	255
4.9.3.2	Bezeichnung von Gusseisen	255
4.9.4	Hartguss	256
4.9.5	Graues Gusseisen	256
4.9.5.1	Grafitformen	256
4.9.5.2	Gusseisen mit Lamellengrafit	257
4.9.5.2.1	Mechanische Eigenschaften	257
4.9.5.2.2	Einfluss der Zusammensetzung	258
4.9.5.2.3	Schweißen von Grauguss	261
4.9.5.3	Gusseisen mit Kugelgrafit	261
4.9.5.3.1	Schweißen von Gusseisen mit Kugelgrafit	261
4.9.5.4	Gusseisen mit Vermiculargrafit	264
4.9.6	Temperguss	265
4.9.6.1	Weißer Temperguss	265
4.9.6.2	Schwarzer Temperguss	268

5	**Nichteisenmetalle** *(H. Hilbrans)*	**269**
5.1	**Normgerechte Bezeichnung der Nichteisenmetalle**	**269**
5.1.1	Kurzzeichen	269
5.1.2	Werkstoff-Nummern	264
5.2	**Kupfer und Kupferlegierungen**	**271**
5.2.1	Kupferherstellung	272
5.2.2	Unlegiertes Kupfer	272
5.2.3	Legiertes Kupfer	275
5.2.4	Messing und Neusilber	276
5.2.5	Bronzen	278
5.2.6	Kupfer-Nickel-Werkstoffe mit besonderen elektrischen Eigenschaften	279
5.2.7	Korrosionsbeständige Kupfer-Nickel-Legierungen	281

5.3 Nickel und Nickellegierungen — 281
- 5.3.1 Reinnickel — 282
- 5.3.2 Legiertes Nickel — 283
- 5.3.3 Nickel-Kupfer-Werkstoffe — 283
- 5.3.4 Zunderbeständige und warmfeste Nickellegierungen — 284
- 5.3.5 Korrosionsbeständige Nickellegierungen — 286
- 5.3.6 Nickelhaltige Magnetwerkstoffe — 287

5.4 Aluminium und Aluminiumlegierungen — 289
- 5.4.1 Unlegiertes Aluminium — 290
- 5.4.2 Legierungssysteme des Aluminiums — 291
- 5.4.3 Wärmebehandlung und Aushärten — 293
- 5.4.4 Aluminium-Knetlegierungen — 293
- 5.4.5 Aluminium-Gusslegierungen — 294
- 5.4.6 Verarbeitung von Aluminiumlegierungen — 295

5.5 Magnesium und Magnesiumlegierungen — 296
- 5.5.1 Reinmagnesium — 297
- 5.5.2 Magnesiumlegierungen — 297

5.6 Titan und Titanlegierungen — 298
- 5.6.1 Unlegiertes Titan — 298
- 5.6.2 Titanlegierungen — 300

5.7 Zirkonium und Reaktorwerkstoffe — 301

5.8 Zinn und Zinnlegierungen — 302
- 5.8.1 Reinzinn — 303
- 5.8.2 Zinnlegierungen — 303

5.9 Zink und Zinklegierungen — 304
- 5.9.1 Unlegiertes und niedriglegiertes Zink — 304
- 5.9.2 Zink-Überzüge — 305
- 5.9.3 Zink-Druckguss — 306

5.10 Blei und Bleilegierungen — 306
- 5.10.1 Weichblei — 307
- 5.10.2 Bleilegierungen — 311

5.11 Recycling metallischer Werkstoffe — 301

6 Anorganische nichtmetallische Werkstoffe *(K.-H. Hübner)* — 311

6.1 Einteilung, Definition, Bedeutung — 311

6.2 Glas — 312

6.3 Keramik — 316
- 6.3.1 Tonkeramische Werkstoffe — 317
- 6.3.2 Oxidkeramische Werkstoffe — 320
- 6.3.3 Ferroelektrische keramische Werkstoffe — 322
- 6.3.4 Magnetische keramische Werkstoffe — 324

6.4	Kohlewerkstoffe		326
6.5	Nichtoxidische Hartstoffe		328
	6.5.1	Nichtmetallische Hartstoffe	328
	6.5.2	Hartstoffe mit metallischen Eigenschaften	329
6.6	Halbleiter		331
	6.6.1	Einteilung	331
	6.6.2	Bändermodell	333
	6.6.3	Eigenleitung	334
	6.6.4	Störstellenleitung	334
	6.6.5	p-n-Übergang	337
	6.6.6	Transistor	339
	6.6.7	HALL-Generator	339
	6.6.8	Fotoelektrische Bauelemente	340
7	Kunststoffe *(O. Krüger)*		343
7.1	Einteilung und Aufbau der Kunststoffe		343
	7.1.1	Bezeichnungen, Begriffe	343
	7.1.2	Eingruppierung der Kunststoffe	344
	7.1.3	Vorprodukte, Formstoffe, Zusatzstoffe	345
	7.1.4	Normung	346
7.2	Gemeinsame Eigenschaften, charakteristische Merkmale		347
	7.2.1	Äußere Merkmale	347
	7.2.2	Chemische und physikalische Eigenschaften	347
	7.2.2.1	Chemische Beständigkeit	348
	7.2.2.2	Dichte	348
	7.2.2.3	Wärmeleitfähigkeit, Wärmeausdehnung	349
	7.2.2.4	Wärmebeständigkeit	349
	7.2.3	Mechanische Eigenschaften	350
	7.2.3.1	Festigkeit	350
	7.2.3.2	Formänderungseigenschaften	350
	7.2.4	Elektrische Eigenschaften	351
	7.2.4.1	Isolationswiderstand	352
	7.2.4.2	Durchschlagfestigkeit	352
	7.2.4.3	Kriechstromfestigkeit	352
	7.2.4.4	Dielektrische Eigenschaften	353
	7.2.4.5	Statische Aufladung	353
7.3	Herstellung		354
	7.3.1	Chemische Grundlagen	354
	7.3.1.1	Grundbegriffe	354
	7.3.1.2	Kohlenstoffverbindungen	356
	7.3.1.3	Polymerbildung	359
	7.3.2	Polymerisation	360
	7.3.2.1	Chemische Verfahren	360
	7.3.2.2	Technische Prozesse	362
	7.3.2.3	Polymerisate	363
	7.3.2.4	Mischungen und Copolymerisate	364
	7.3.3	Polykondensation	366

	7.3.3.1	Polykondensate	366
	7.3.4	Polyaddition	370
	7.3.4.1	Polyaddukte	371
7.4	**Aufbau und strukturelle Einflüsse**		**372**
	7.4.1	Aufbauformen	372
	7.4.2	Strukturelle Einflüsse	375
	7.4.3	Strukturveränderungen	377
7.5	**Anwendungsmöglichkeiten und -grenzen**		**378**
	7.5.1	Wärmeeinflüsse	379
	7.5.2	Formgebungsmöglichkeiten	382
	7.5.3	Verhalten im Gebrauchszustand	384
7.6	**Kunststoffsorten**		**385**
	7.6.1	Duroplaste	385
	7.6.2	Thermoplaste	389
7.7	**Bestimmung von Kunststoffen**		**397**
7.8	**Kunststoffprüfung**		**400**
	7.8.1	Mechanische Eigenschaften	400
	7.8.1.1	Verhalten bei zügig gesteigerter Beanspruchung	400
	7.8.1.1.1	Festigkeits- und Verformungskenngrößen	401
	7.8.1.1.2	Elastizitätsmodul	401
	7.8.1.1.3	Beurteilung der Versuchsergebnisse	402
	7.8.1.2	Zeitstandverhalten	402
	7.8.1.3	Verhalten bei dynamischer Beanspruchung	404
	7.8.1.4	Härte	404
	7.8.2	Mechanisch-thermisches Verhalten	407
	7.8.2.1	Schubmodul und Dämpfung	407
	7.8.2.2	Formbeständigkeit in der Wärme	409
	7.8.3	Elektrische Eigenschaften	410
	7.8.3.1	Isoliereigenschaften	410
8	**Schadensanalyse** *(H.-J. Bargel)*		**415**
8.1	**Schadensuntersuchungen**		**416**
	8.1.1	Untersuchung von Oberflächenschäden	416
	8.1.2	Fraktografie	417
	8.1.3	Werkstoffuntersuchungen	418
8.2	**Beispiele von Schadenfällen**		**419**
	8.2.1	Wasserschaden durch undichten Rohrentlüfter	419
	8.2.2	Bruch eines Auslassventils	420
	8.2.3	Bruch der Kurbelwelle eines Dieselmotors	422
	8.2.4	Lochkorrosion in einem Wärmeübertrager	423
	8.2.5	Bruch von Federringen infolge Wasserstoffversprödung	423
9	**Sachwortverzeichnis**		**425**

Abkürzungen

Ac, Ar	Umwandlungspunkte von Fe-C-Legierungen beim Erwärmen bzw. Abkühlen
e	Elektron
EKS	Eisen-Kohlenstoff-Schaubild
EMK	Einlagerungsmischkristall
F	Freiheitsgrad
hdP	hexagonales Gitter dichtester Kugelpackung
K	Komponente
kfz	kubisch-flächenzentriert
krz	kubisch-raumzentriert
L	Legierung
Li	Liquidus(-linie)
M, Me	Metall
MK	Mischkristall
M_s, M_f	Martensitstart- bzw. -finishing-Temperatur
P	Phase
REM	Raster-Elektronenmikroskop
S	Schmelze
SMK	Substitutionsmischkristall
So	Solidus(-linie)
V	Verbindung
WEZ	Wärmeeinflusszone
ZTU	Zeit-Temperatur-Umwandlung(-Schaubild)

Häufig benutzte Symbole

A	Bruchdehnung
c	Konzentration
d	Korndurchmesser
D	Diffusionskoeffizient
D_0	Diffusionskonstante
E	Elastizitätsmodul
G	Schubmodul
K	Kerbschlagarbeit, allgemein
KU	Kerbschlagarbeit (Charpy-U-Proben)
KV	Kerbschlagarbeit (Charpy-V-Proben)
K_{Ic}	Risszähigkeit
R	Gaskonstante
R_{eH}	Streckgrenze
R_m	Zugfestigkeit
$R_{p0,2}$	0,2 %-Dehngrenze
T	Temperatur
T_{Rk}	Rekristallisationstemperatur
T_S	Schmelztemperatur
Z	Brucheinschnürung
ε	Dehnung
σ	Normalspannung
τ	Schubspannung
φ	Verformungsgrad

1 Grundlagen der Metall- und Legierungskunde

1.1 Aufbau kristalliner Stoffe

Die in diesem Kapitel erläuterten Begriffe werden in den nachfolgenden Kapiteln immer wieder angewendet. Die Kenntnis dieser Begriffe ist unumgänglich für das Verständnis der Vorgänge in den Werkstoffen und damit letztlich für die Beurteilung der Möglichkeiten, durch technische Prozesse die Werkstoffeigenschaften zu beeinflussen.

Beschrieben werden dabei vorrangig die metallischen Werkstoffe. Die Mehrzahl der Definitionen gilt aber auch für andere Werkstoffgruppen, insbesondere für die nichtmetallischen anorganischen Stoffe.

Metalle bilden im festen Zustand **Kristalle.** Das heißt, die Atome, aus denen sie aufgebaut sind, befinden sich in einer *regelmäßigen räumlichen Anordnung*.

Fehlt der kristalline Aufbau, so werden die Stoffe als **amorph** bezeichnet. In diesem Zustand sind die Atome oder Moleküle vollkommen *ungeordnet*. Amorph sind z. B. alle Flüssigkeiten, Glas und zum Teil auch die Kunststoffe. Die Verschiedenheit eines kristallinen und eines amorphen Aufbaus wird z. B. deutlich, wenn man die Bruchflächen von Metall und Glas miteinander vergleicht.

Der Unterschied zwischen den Metallen und den anderen kristallinen Stoffen, wie z. B. den Salzen oder den teilkristallinen Kunststoffen, besteht in der Form der Bindung zwischen den einzelnen Atomen.

1.1.1 Bindungsformen anorganischer Stoffe

Jedes Atom hat das Bestreben, mit seiner äußeren Elektronenschale einen bestimmten Zustand, den sog. Edelgaszustand, anzunehmen. Dieses Ziel wird entweder durch Aufnahme oder Abgabe von Elektronen erreicht, wodurch das elektrisch neutrale Atom zum negativen bzw. positiven Ion wird. Ein solches Ion ist von einem elektrostatischen Feld umgeben und übt eine Kraftwirkung auf seine Umgebung aus.

Metallatome geben grundsätzlich Elektronen ab, bilden also positiv geladene Ionen. Da in einem reinen Metall keine Atome vorhanden sind, die Elektronen aufnehmen, bleiben die abgegebenen Elektronen, **Valenzelektronen** genannt, ungebunden. Es entsteht ein *Elektronengas*.

Die elektrostatischen Kräfte zwischen dem Elektronengas und den positiv geladenen *Atomrümpfen* sind das Kennzeichen der **metallischen Bindung** (Bild 1.1).

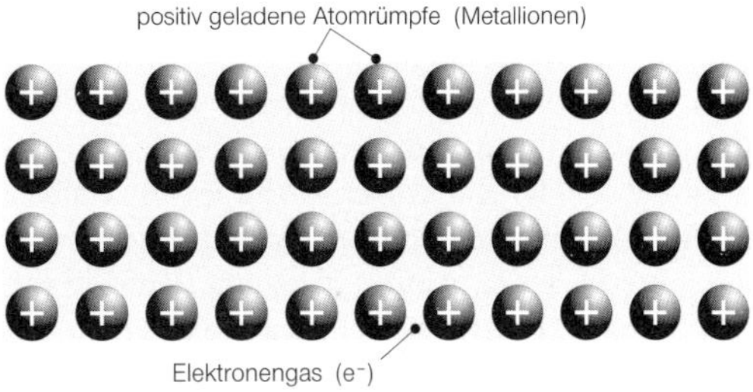

Bild 1.1
Metallische Bindung

Die Valenzelektronen sind im Metall frei beweglich. Hierin liegt die Ursache für die gute *elektrische* und *thermische Leitfähigkeit* der Metalle. Lediglich die so genannten Halbleiter bilden eine Ausnahme.

In einem absolut reinen Metall sind alle Atomrümpfe einander vollkommen gleichwertig. Ein Platzwechsel einzelner Atomrümpfe bewirkt folglich keine einschneidende Veränderung der elektrostatischen Kräfte zwischen diesen und dem Elektronengas. Es lassen sich also Atome gegeneinander verschieben, ohne die metallische Bindung aufzuheben. Hierauf beruht die *plastische Verformbarkeit* der Metalle.

Die grundsätzlich anderen Verhältnisse bei der **Ionenbindung,** die bei der Mehrzahl der nichtmetallischen anorganischen Stoffe vorliegen, seien am Kochsalzkristall erläutert. Das vom Na-Atom abgegebene Elektron wird von einem Cl-Atom aufgenommen, es entsteht das NaCl-Molekül (Bild 1.2a).

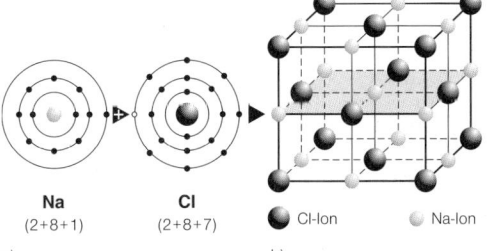

Bild 1.2
a) Entstehung der heteropolaren Bindung (Ionenbindung) durch Elektronentausch
b) Regelmäßige räumliche Anordnung der Ionen im Kristall

Im Festkörper bewirken die elektrostatischen Kräfte, dass jeweils ein positiv geladenes *Kation* und ein negativ geladenes *Anion* (siehe S. 56) – Kennzeichen der Ionenbindung – aufeinander folgen. Im NaCl-Kristall ergibt sich dabei die in Bild 1.2b gezeigte würfelförmige Anordnung der Ionen.

Die Verschiebung eines Teils der Ionen um einen Atomabstand hätte zur Folge, dass sich die Kationen bzw. die Anionen gegenüberständen. Die aufgrund der gleichnamigen Ladungen abstoßenden Kräfte zerstören den Kristall. Eine plastische Verformbarkeit ist folglich bei der Ionenbindung nicht zu erwarten. Auch ist der Kristall nicht leitend, denn die von den Kationen abgegebenen Elektronen werden von den Anionen gebunden und sind nicht beweglich.

Bei der **kovalenten Bindung** bilden sich zwischen benachbarten Atomen Brücken aus jeweils zwei Elektronen, daher auch: *Elektronenpaarbindung*. Diese insbesondere bei Gasen auftretende Bindungsform hat ihre technische Bedeutung bei Stoffen mit 4 Valenzelektronen, den Halbleitern (siehe S. 331 ff). Wie sich aus der schematischen Darstellung in Bild 1.3 ergibt, ist hierbei wiederum eine regelmäßige räumliche Anordnung der Atome, also eine Kristallstruktur, die Folge. Die Bindungsformen der organischen Stoffe werden in den entsprechenden Kapiteln beschrieben.

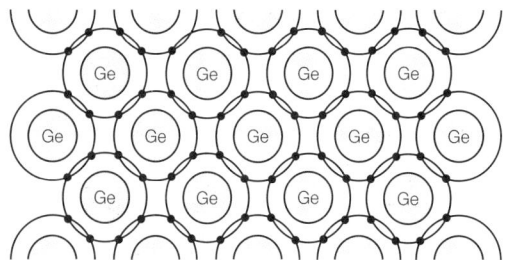

Bild 1.3
Schematischer Aufbau der kovalenten oder homöopolaren Bindung

1.1.2 Gitteraufbau des Idealkristalls

Zwischen einem positiv geladenen Atomrumpf und dem Elektronengas bestehen anziehende elektrostatische Kräfte (Bild 1.4, Kurve 1). Andererseits stoßen sich die gleichnamig geladenen Atomrümpfe ab (Bild 1.4, Kurve 2). Beide Kraftwirkungen verringern sich mit zunehmendem Abstand x, wobei sie jedoch verschiedenen Gesetzen folgen. Für eine bestimmte Entfernung x_0 zweier Atomrümpfe sind die Kräfte gerade im Gleichgewicht.

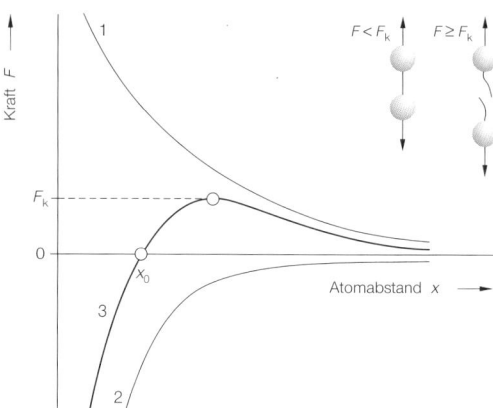

Bild 1.4
Kräfte in der metallischen Bindung
1: anziehende Kräfte zwischen Atomrumpf und Elektronengas
2: abstoßende Kräfte zwischen Atomrümpfen
3: resultierende Kräfte
F_K = Kohäsionskraft
x_0 = kleinster Gleichgewichtsabstand zweier Atomrümpfe

Diese Entfernung x_0 ist der kleinste Abstand, den zwei Atome im Gleichgewicht voneinander haben können. Sie ist eine charakteristische Größe für das jeweilige Metall. Die genau definierte Gleichgewichtslage führt zu der regelmäßigen räumlichen Anordnung der Atome, die man ein Kristallgitter nennt (Bild 1.5).

Der genaueren Beschreibung eines Gitters dienen einfache geometrische Körper, Gitterzellen oder Elementarzellen genannt, die durch die Atomabstände a, b und c auf den Achsen x, y und z eines Koordinatensystems und durch die Winkel α, β und γ zwischen diesen Achsen gekennzeichnet sind (Bild 1.6). Die Achsabschnitte a, b und c werden **Gitterkonstanten** oder **Gitterparameter** genannt. Ihre Größe liegt für die Mehrzahl der Metalle bei 0,25 ... 0,5 nm [1], d. h. auf einen Millimeter kommen 2 ... 4 Millionen Atome.

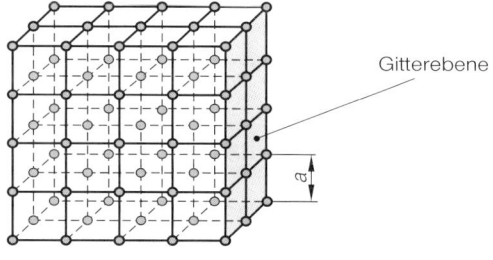

Bild 1.5
Einfaches kubisches Raumgitter, a = Gitterkonstante

1.1 Aufbau kristalliner Stoffe

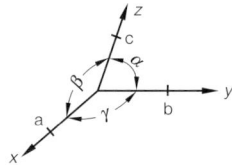

Bild 1.6
Koordinatensystem der Kristallachsen

Eine mit Atomen belegte ebene Schnittfläche durch ein Gitter heißt **Gitterebene** oder **Netzebene**. Nach der Form der Gitterzellen unterscheidet man 7 verschiedene Kristallsysteme, von denen das *kubische* (Bild 1.7), das *tetragonale* (Bild 1.8) und das *hexagonale* System (Bild 1.9) für metallische Werkstoffe am wichtigsten sind.

Raumgitter, bei denen nur die Eckpunkte der Elementarzellen mit Atomen besetzt sind, sind *einfache* oder *primitive Gitter*. Meist enthalten die Elementarzellen zusätzliche Atome in den Schnittpunkten der Flächendiagonalen oder in ihrem Inneren. Die bei den Metallen am häufigsten auftretenden **Gittertypen**, das sind die Modifikationen der Grundgitter, sind das **kubisch-flächenzentrierte (kfz)** (Bild 1.10), das **kubisch-raumzentrierte (krz)** Gitter (Bild 1.11) und das **hexagonale Gitter dichtester Kugelpackung (hdP)** (Bild 1.12). Auch das kfz Gitter ist ein System dichtester Kugelpackung, beide Systeme unterscheiden sich lediglich in der Reihenfolge, in der die am dichtesten mit Atomen belegten Netzebenen übereinander geschichtet sind.

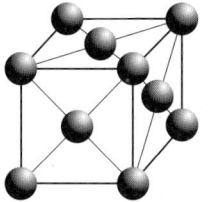
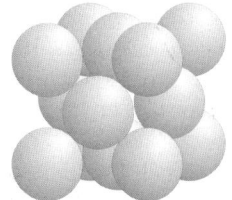

Bild 1.10
Kubisch-flächenzentrierte (kfz) Elementarzelle

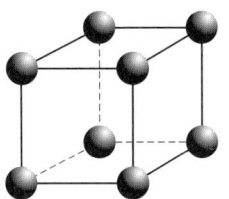
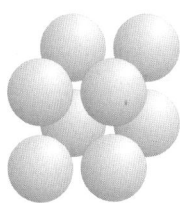

Bild 1.7
Kubisches Grundsystem ($a = b = c$, $\alpha = \beta = \gamma = 90°$)

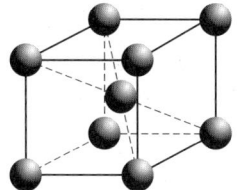

Bild 1.11
Kubisch-raumzentrierte (krz) Elementarzelle

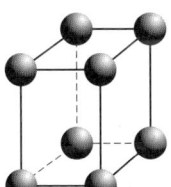

Bild 1.8
Tetragonales Grundsystem ($a = b \neq c$, $\alpha = \beta = \gamma = 90°$)

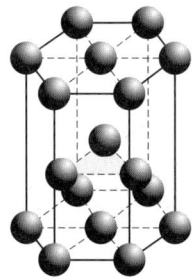

Bild 1.12
Hexagonale Elementarzelle dichtester Kugelpackung (hdP)

Bild 1.13a zeigt die Draufsicht auf eine Ebene dichtester Kugelpackung. Kugeln, die in gleicher Weise die darüber oder darunter befindlichen Ebenen bilden, befinden sich immer in den Zwischenräumen zwischen jeweils drei Kugeln der ersten Ebene. Ein lückenloser Aufbau der benachbarten Ebenen erfordert aber, dass deren Kugeln entweder alle in den mit × oder alle in den mit ○ bezeichneten Zwischenräumen liegen.

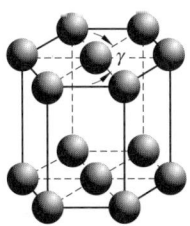
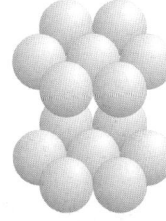

Bild 1.9
Hexagonales Grundsystem $a = b \neq c$, $\alpha = \beta = 90°$, $\gamma = 120°$

[1]) 1 nm = 1 Nanometer = 10^{-9} m.

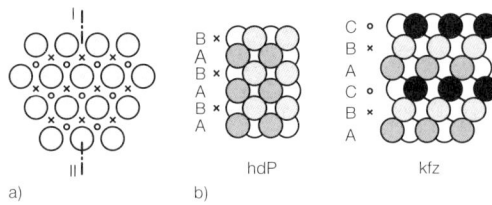

Bild 1.13
Schichtaufbau dichtester Kugelpackungen
a) Draufsicht auf dichtgepackte Ebene
b) Schnitte längs I-II im hdP und kfz System

Sind die Atome der 1. und 3. Ebene, die über und unter der gezeichneten 2. Ebene liegen, jeweils in derselben Art von Zwischenräumen, so liegt ein hexagonales Raumgitter vor. Befinden sich dagegen die Atome in der 1. Ebene z. B. in den mit × gekennzeichneten Zwischenräumen, die in der 3. Ebene aber in den mit ○ bezeichneten, so ist das Raumgitter kubisch-flächenzentriert.

Bei einem ebenen Schnitt längs der Linie I-II in Bild 1.13a machen die *geschnittenen* Kugeln den unterschiedlichen Aufbau der Schichtungen deutlich (Bild 1.13b). Bei hexagonalem Gitter gibt es zwei Schichten AB, die in ständigem Wechsel aufeinander folgen, während bei kubisch-flächenzentriertem Gitter eine stetige Folge von drei Schichten ABC vorliegt.

Wie Bild 1.13b vermuten lässt, gibt es beim kfz Gitter offensichtlich noch weitere, anders geneigte Ebenen dichtester Kugelpackung, ein Umstand, der bei der Verformung von Metallen von Bedeutung ist (siehe S. 15).

In dem als Gitter- oder Elementarzelle bezeichneten Körper sind bereits sämtliche Gesetzmäßigkeiten des gesamten Kristalls vorgezeichnet. Manche Eigenschaften, so z. B. das Verformungsverhalten der Metalle, können primär auf die Art der Elementarzelle zurückgeführt werden.

Innerhalb einer Elementarzelle sind die Abstände der Atome untereinander in den verschiedenen Richtungen unterschiedlich. So sind sie im kfz Gitter in Richtung der Raumdiagonalen am größten und in Richtung der Flächendiagonalen am geringsten, während es beim krz Gitter umgekehrt ist. Die unterschiedlichen Abstände der Atome haben zur Folge, dass ein Teil der Eigenschaften der Metalle ebenfalls richtungsabhängig ist.

Diese Abhängigkeit der Eigenschaften von den Gitterrichtungen heißt **Anisotropie**; der Werkstoff ist **anisotrop**.

Für Kupfer beträgt z. B. der Elastizitätsmodul 190 000 N/mm^2 in Richtung der Raumdiagonalen und 66 600 N/mm^2 in Richtung der Flächendiagonalen. In technischen Werkstoffen wirkt sich die Anisotropie allerdings meist nicht aus, weil die Achsen der einzelnen Kristalle im Allgemeinen regellos ausgerichtet sind *(Quasi-Isotropie)*.

Die Mehrzahl der Metalle hat nur *eine* Kristallstruktur, die wichtigsten sind nachfolgend zusammengestellt.

Tab. 1.1: Gitterkonstanten der wichtigsten Metalle

Gitterkonstanten in nm				
krz		kfz		hdP
			a	c/a [1)]
Cr 0,288	Al 0,404	Be 0,227	1,57
Mo 0,314	Ag 0,408	Cd 0,29	1,83
V 0,303	Au 0,407	Mg 0,32	1,62
W 0,315	Cu 0,361	Zn 0,27	1,87
	Ni 0,352		
	Pb 0,490		
α-Fe 0,287	γ-Fe 0,36	α-Ti 0,29	1,6
β-Ti 0,330			

[1)] Der theoretische Wert für strenge dichteste Kugelpackung beträgt c/a = 1,633

Einige Metalle können jedoch bei bestimmten Temperaturen umkristallisieren. Sie sind in verschiedenen Temperaturbereichen in unterschiedlichen Modifikationen stabil. Diese Erscheinung heißt **Allotropie** oder **Polymorphie**.

Wichtigstes Beispiel für eine Allotropie ist das Eisen, das zwischen 911 °C (1184 K) und 1392 °C (1665 K) kubisch-flächenzentriert ist, bei höheren und tieferen Temperaturen kubisch-raumzentriert. Titan geht bei Erwärmung über 882 °C (1155 K) vom hdP Gitter in ein krz Gitter über.

1.1.3 Realkristalle, Gitterbaufehler, Energie von Fehlstellen

Das Raumgitter realer Kristalle weist viele Abweichungen vom ideal regelmäßigen Aufbau auf. Jede dieser Abweichungen führt zu einer Störung und Verspannung des Gitters, wodurch der Energiegehalt des Kristalls (ähnlich einer gespannten Feder) zunimmt.

Der kleinste Gleichgewichtsabstand x_0, den zwei Atomrümpfe im ungestörten Raumgitter annehmen (siehe Bild 1.4), ist durch einen Minimalwert der Bindungsenergie zwischen den Atomen gekennzeichnet. Die **Bindungsenergie** entspricht der Arbeit, die erforderlich ist, um die beiden Atome bei 0 K zu trennen. Jede Störung des idealen Gitteraufbaus hat zur Folge, dass ein Teil der Atome den Gleichgewichtsabstand x_0 nicht einhalten kann. Sie müssen sich damit auf einem höheren Energieniveau befinden.

Dieses Energieniveau ist nun wiederum durch eine – jetzt störungsabhängige – Minimalbedingung festgelegt. Bei Temperaturen > 0 K ergibt die Bindungsenergie zusammen mit der kinetischen Energie der Wärmeschwingungen der Atome die **innere Energie** des Systems. Vermindert man die innere Energie um den Entropieanteil [1], so erhält man die **freie Energie**. Diese strebt immer – in jedem Zustand und bei jeder Reaktion – einem *Minimum* zu.

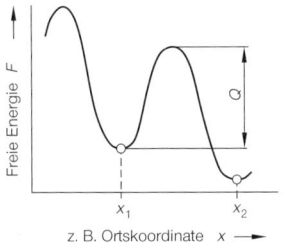

Bild 1.14
Energiezustände
x_2: stabiles, x_1: metastabiles Gleichgewicht
Q = Aktivierungsenergie, genauere Hinweise siehe S. 26

In Bild 1.14 sind die grundsätzlichen Möglichkeiten schematisch wiedergegeben. Befindet sich ein Atom bei einer Temperatur T auf dem niedrigst möglichen Energieniveau (Zustand 2), so befindet es sich im *thermodynamischen Gleichgewicht*. Eine Minimallage mit höherem Wert des Minimums (Zustand 1) wird als *metastabiles Gleichgewicht* bezeichnet, weil das Atom diesen Zustand nur verlassen kann, wenn ihm zusätzlich Energie zugeführt wird. In der Umgebung von Störungen des idealen Gitters befindet sich immer eine Anzahl von Atomen im metastabilem Gleichgewicht.

---

[1] $F = U - T \cdot S$. F = Freie Energie, U = innere Energie, T = Temperatur, S = Entropie. Die Entropie ist ein Maß für den Unordnungszustand. Sie berücksichtigt z. B., dass die Atome einer Flüssigkeit weniger geordnet sind als die in einem festen Körper.

Die Abweichungen vom idealen Gitter *(Gitterbaufehler)* entstehen in jedem Kristall, wenn bei dessen Erzeugung das thermodynamische Gleichgewicht gestört wird. Sie können aber auch im festen Kristall durch Energiezufuhr, z. B. mechanische Verformung oder Kernstrahlung, gebildet werden.

Die Bezeichnung Baufehler sollte nicht negativ bewertet werden. Im Gegenteil: von wenigen Ausnahmen abgesehen ist die gezielte Erzeugung bestimmter Fehler ein wesentliches Element, um die Werkstoffeigenschaften zu verbessern (z. B. Legierungen, Halbleiter).

Entsprechend ihrer Form werden die Gitterfehler in Punktfehler, linienförmige und flächenhafte Fehler eingeteilt.

1.1.3.1 Punktförmige Gitterbaufehler
Gitterplätze, die nicht von einem Atom besetzt sind, heißen **Leerstellen** (Bild 1.15). Die Häufigkeit der Leerstellen, die *Leerstellendichte*, ist temperaturabhängig. Sie beträgt bei Raumtemperatur ca. 10^{-12}, d. h. von einer Billion Gitterplätzen, das entspricht etwa einer 1 mm² großen Gitterebene, ist ein Platz nicht besetzt. Bis zum Schmelzpunkt der Metalle nimmt die Leerstellendichte auf ca. 10^{-4} zu, das entspricht ca. 100 Millionen Leerstellen je mm² Gitterebene. Die Leerstellendichte beeinflusst entscheidend den Ablauf thermisch aktivierter Vorgänge, z. B. der Diffusion (siehe S. 27).

Da die Leerstellendichte von der Temperatur abhängig ist, kann sich der Kristall mit Leerstellen im thermodynamischen Gleichgewicht befinden. Diese Möglichkeit besteht bei den meisten anderen Gitterbaufehlern nicht.

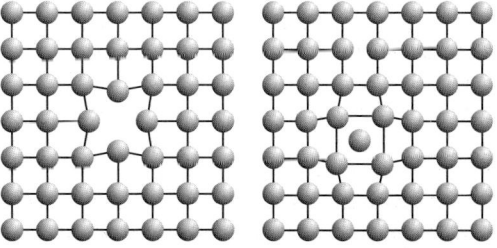

Bild 1.15   *Bild 1.16*
Leerstelle   *Zwischengitteratom*

Befindet sich ein Atom nicht auf einem Gitterplatz, sondern zwischen diesen, so liegt ein **Zwischengitteratom** (Bild 1.16) vor. Häufig entsteht ein Zwischengitteratom dadurch, dass ein Atom seinen Gitterplatz verlässt und dort eine Leerstelle zurücklässt. Eine derartige Anordnung heißt FRENKEL-**Paar** (Bild 1.17). FRENKEL-Paare können z. B. entstehen, wenn ein Werkstoff energiereicher Kernstrahlung ausgesetzt ist. Die Folge ist eine Versprödung des Werkstoffs.

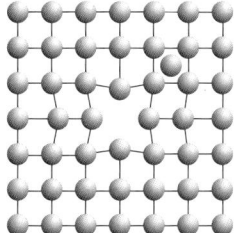

Bild 1.17
FRENKEL-*Paar*

Auch **Fremdatome** sind Fehler im Gitter. Sie sind dann im Gitter gelöst, es liegt eine *feste Lösung* vor. Nehmen die Fremdatome Gitterplätze ein, d. h. sind sie ausgetauscht gegen die Atome des *Wirtsgitters* (der Matrix), so heißen sie *Austausch-* oder *Substitutionsatome* (Bild 1.18). Befinden sie sich dagegen auf Zwischengitterplätzen, werden sie *Einlagerungsatome* oder *interstitielle Atome* genannt (Bild 1.19).

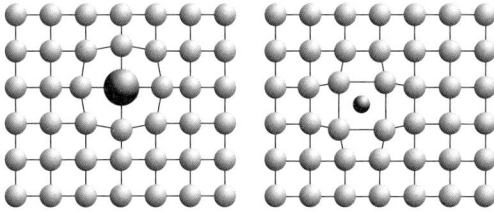

Bild 1.18 *Bild 1.19*
Substitutionsatom *Einlagerungsatom*

Sind größere [1] Mengen einer zweiten Atomart im Gitter gelöst, werden die so aufgebauten Kristalle als *Mischkristalle* (MK) bezeichnet. Sie sind wichtige Bestandteile von Metalllegierungen und werden bei der Legierungskunde besprochen. Die in den Mischkristallen durch die Fremdatome bewirkte Verspannung des Gitters führt unter anderem zu einer Steigerung der Festigkeit (Mischkristallverfestigung).

1.1.3.2 Versetzungen

Versetzungen sind linienförmige Baufehler des Gitters. Man unterscheidet zwei Formen: Stufenversetzungen und Schraubenversetzungen. **Stufenversetzungen** (Symbol ⊥) kann man sich als Rand von Gitterebenen vorstellen, die im Kristall enden (Bild 1.20). Bei den **Schraubenversetzungen** (Bild 1.21) sind die Gitterebenen im Bereich der senkrecht zu ihnen stehenden Versetzungslinie wendelförmig verzerrt. Die Versetzungslinien sind meist nur auf kurzen Teilstücken reine Stufen- oder Schraubenversetzungen. Im Allgemeinen sind sie eine Kombination beider Komponenten: *gemischte Versetzung*.

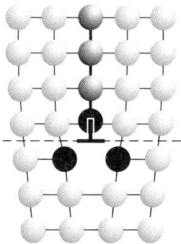 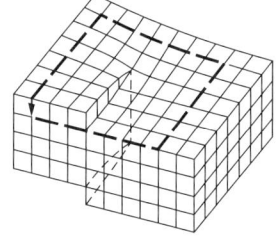

Bild 1.20 *Bild 1.21*
Stufenversetzung *Schraubenversetzung*

Versetzungen müssen entweder an der Oberfläche des Kristalls beginnen und enden oder innerhalb des Kristalls geschlossene Linienzüge bilden. Es entstehen dann *Versetzungsringe* und *-netzwerke* (Bild 1.22).

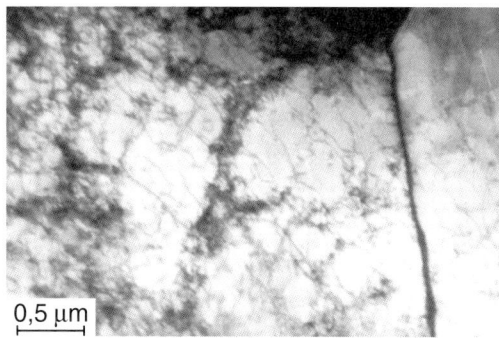

Bild 1.22
Versetzungsnetzwerk in Stahl nach Dauerschwingbeanspruchung bei 400 °C

Die Häufigkeit von Versetzungen, die **Versetzungsdichte**, wird als Linienlänge je Volumeneinheit angegeben. In einem weichgeglühten Metall beträgt sie etwa 10^6 mm/mm^3 [2], d. h., in einem Volumen von 1 mm^3 sind Versetzungslinien mit einer Gesamtlänge von 1 km vorhanden. Durch Kaltverformen kann diese Linienlänge bis auf 10 000 km anwachsen, d. h., die Versetzungsdichte steigt auf 10^{12}/cm^2.

---

[1] Größere Mengen in diesem Sinn können bereits Anteile von 0,001 Massenprozent sein.

[2] 10^6 mm/mm^3 = 10^8 cm/cm^3 = 10^8/cm^2. In der Metallphysik wird die Versetzungsdichte allgemein in der letztgenannten Weise angegeben.

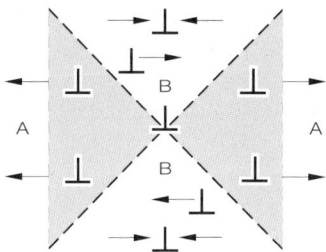

Bild 1.23
Kraftwirkungen zwischen gleichartigen Versetzungen
Felder A: *die Versetzungen stoßen sich ab*
Felder B: *die Versetzungen ziehen sich an und können sich übereinander anordnen*

Versetzungen erhöhen die Energie des Gitters (ca. 10^{-12} Joule je mm Versetzungslänge) merklich. Sie befinden sich deshalb nie im thermodynamischen Gleichgewicht. Ihre dadurch weit reichenden Spannungsfelder beeinflussen sich wegen ihrer Häufigkeit gegenseitig. Bild 1.23 zeigt die Richtungen der Kräfte, die eine Stufenversetzung auf gleichartige Versetzungen in den einzelnen Sektoren ihres Spannungsfeldes ausübt. In den Sektoren A entfernen sich die Versetzungen voneinander, während sie in den Sektoren B die Tendenz zeigen, sich übereinander anzuordnen, wenn Energie zugeführt wird.

Der Kraftaufwand zum Bewegen von Versetzungen, d. h. zum Erzeugen von Verschiebungen innerhalb des Kristallgitters ist relativ gering. Dieser Umstand ist wesentlich für die gute plastische Verformbarkeit von Metallen, die hauptsächlich durch die Bewegung von Versetzungen erfolgt. Die bei der Kaltverformung beobachtete Verfestigung ist darauf zurückzuführen, dass während des Verformungsvorganges neue Versetzungen erzeugt werden, die sich dann gegenseitig behindern (siehe S. 17).

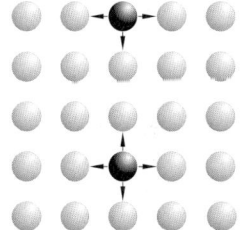

Bild 1.24
Kraftwirkungen zwischen benachbarten Atomen im Inneren und an der Oberfläche eines Kristalls

---

[1] Man kann sich die Oberflächenenergie auch vorstellen als die Arbeit, die erforderlich ist, um einen Kristall zu teilen, also neue Oberflächen zu erzeugen.

1.1.3.3 Zweidimensionale Gitterfehler

Die in Bild 1.4 dargestellte Gleichgewichtslage gilt zunächst nur innerhalb eines Kristalls, in dem ein Atom allseitigen Kräften ausgesetzt ist. An der Oberfläche des Kristalls sind diese Kräfte nach außen nicht vorhanden, so dass die Atome in der Oberfläche andere Gleichgewichtsabstände einnehmen müssen (Bild 1.24). Die Oberfläche hat folglich einen höheren Energieinhalt: die *Oberflächenenergie* [1].

In Metallen rühren die Bindungskräfte in erster Linie von den freien Elektronen her. Da diese nicht an bestimmte Atome gebunden sind, können sich die Bindungen bei einem Trennvorgang relativ leicht umordnen. Das hat zur Folge, dass die Oberflächenenergie von Metallen geringer ist, als die von nichtmetallischen organischen Kristallen. Sie beträgt z. B. bei Gold ca. $2 \cdot 10^{-6}$ J/mm², bei Eisen ca. $1 \cdot 10^{-6}$ J/mm².

Die gegenseitige Beeinflussung der Spannungsfelder von Versetzungen kann, wie im vorigen Abschnitt beschrieben ist, zu einer Übereinanderreihung gleichartiger Stufenversetzungen führen. Die Folge ist eine flächenhafte Störung des Gitters, die in Bild 1.25 dargestellt ist und als Kleinwinkelkorngrenze bezeichnet wird. Der Energiegehalt einer Kleinwinkelkorngrenze kann bis zu $0{,}3 \cdot 10^{-6}$ J/mm² betragen und verringert sich mit zunehmendem Abstand der Versetzungen, d. h. kleinerem Winkel.

Kleinwinkelkorngrenzen werden auch *Subkorngrenzen* genannt, weil jeder Kristall durch sie in Teilbereiche aufgeteilt wird, die die Bezeichnung **Subkorn** oder *Mosaikblöckchen* tragen. Der Durchmesser eines Subkorns beträgt i. Allg. weniger als 1 µm.

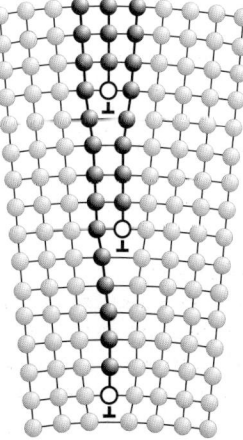

Bild 1.25
Kleinwinkelkorngrenze

1 Grundlagen der Metall- und Legierungskunde

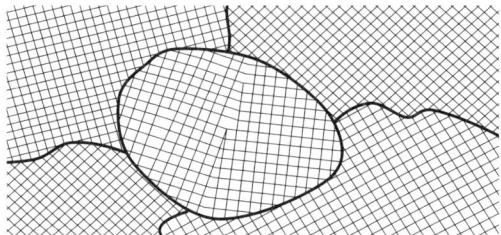

Bild 1.26
Großwinkelkorngrenzen, mittleres Korn durch Kleinwinkelkorngrenzen in Mosaikblöckchen unterteilt

Die Gitterebenen, die die Kleinwinkelkorngrenze kreuzen, werden hier nur um einen kleinen Winkel abgelenkt und sind im Übrigen weitgehend ungestört. Trifft ein Kristall bei seinem Wachstum (bei der Erstarrung aus der Schmelze oder bei der Rekristallisation) auf einen anderen, so bilden die Gitterebenen der beiden Kristalle meist größere Winkel untereinander. Es entstehen als Grenzflächen *(Großwinkel-)***Korngrenzen,** die dadurch gekennzeichnet sind, dass 2 bis 3 Atomabstände dicke, strukturlose (amorphe) Zonen vorliegen (Bild 1.26). Die Energie der Großwinkelkorngrenze ist naturgemäß höher als die der Kleinwinkelkorngrenze und beträgt je nach Metall maximal 30 bis 50 % der Energie der freien Oberfläche.

Unter bestimmten Bedingungen können zwei Kristalle eine verzerrungsfreie Korngrenze bilden. Das ist der Fall bei **Zwillingsgrenzen,** bei denen die beiden Kristalle spiegelsymmetrisch zur Korngrenze angeordnet sind. Eine solche Grenze hat einen sehr geringen Energiegehalt. Zwillinge findet man vorwiegend innerhalb eines Korns (Bild 1.27).

Ein weiterer flächenhafter Fehler ist der so genannte **Stapelfehler,** ein Fehler in der Stapelfolge (siehe S. 4) der dichtest gepackten Gitterebenen.

Nachfolgend sind für Kupfer die Energiewerte für die verschiedenen Grenzflächen von Kristallen vergleichend gegenübergestellt:

Zwillingsgrenze	$0,03 \cdot 10^{-6}$ J/mm²,
Stapelfehler	$0,16 \cdot 10^{-6}$ J/mm²,
Kleinwinkelkorngrenze	max $0,25 \cdot 10^{-6}$ J/mm²,
Großwinkelkorngrenze	max $0,50 \cdot 10^{-6}$ J/mm²,
freie Oberfläche	$1,6 \cdot 10^{-6}$ J/mm².

1.1.4 Einkristall, Vielkristall

Kristalle, die allseitig eine freie Oberfläche haben und keine Korngrenzen enthalten, werden als **Einkristalle** bezeichnet. Sie enthalten natürlich alle anderen Fehler, wie z. B. Leerstellen, Versetzungen, Kleinwinkelkorngrenzen und Zwillingsgrenzen. Ihr Einsatz für technische Anwendungen ist auf einige Spezialfälle beschränkt.

Ein Beispiel sind die so genannten *Whisker* (Haarkristalle). Das sind Kristalle mit Dicken im μm-Bereich und Längen in der Größenordnung einiger Millimeter. Da sie praktisch fehlerfrei sind (z. B. nur eine Schraubenversetzung), haben sie eine sehr hohe Festigkeit in Längsrichtung. Sie werden deshalb als Verstärkungsfasern in Verbundwerkstoffen eingesetzt. Einkristalle größerer Abmessungen (Durchmesser im cm-Bereich; Länge bis zu 2 m) haben besondere Bedeutung bei der Herstellung von Halbleitern.

Die technischen Metalle sind fast ausschließlich *vielkristallin,* d. h., sie bestehen aus einer Vielzahl von einzelnen Kristallen, die zur Unterscheidung von frei gewachsenen Kristallen als **Kristallite** oder **Körner** bezeichnet werden. Der vielkristalline Aufbau kann deutlich wahrgenommen werden, wenn man z. B. die Zinkschicht auf einem Stahlteil betrachtet.

Der Verband der Körner heißt **Gefüge.** Gefüge ist nicht zu verwechseln mit Struktur, womit der Gitteraufbau bezeichnet wird. Zur Kennzeichnung des Gefüges eines reinen Metalles dienen zwei Begriffe: die *Korngröße* und die *Kornform*.

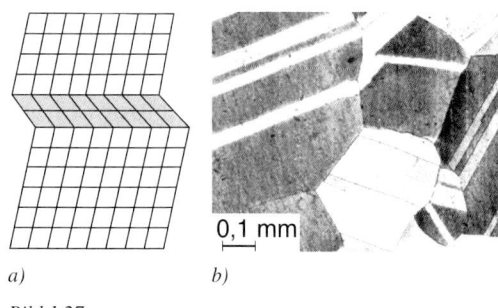

a) b)
Bild 1.27
a) Zwillingsbildung innerhalb eines Kristalls
b) Zwillinge in geglühter Zinnbronze

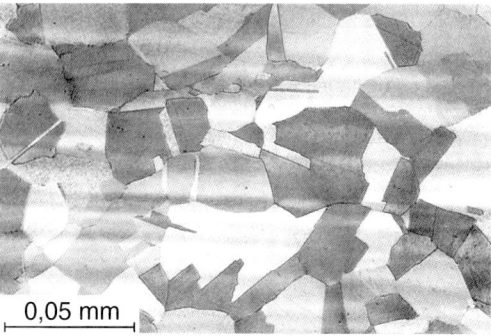

Bild 1.28
Homogenes Gefüge (hochnickelhaltiger Austenit)

Reine Metalle haben ein *homogenes Gefüge* (Bild 1.28), weil alle Kristallite die gleiche Struktur besitzen. Die Körner sind hinsichtlich ihres Gitteraufbaus und der Art der Atome, ggf. auch der gelösten Fremdatome, einander völlig gleichwertig. Sie unterscheiden sich lediglich in der räumlichen Lage der Gitterebenen.

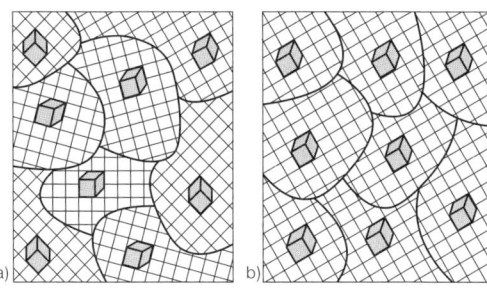

Bild 1.29
a) Gefüge mit nicht ausgerichteten Kristalliten, Werkstoff ist quasi-isotrop
b) Gefüge mit ausgerichteten Kristalliten, Werkstoff hat Textur und ist anisotrop

Die Vielzahl der Körner eines vielkristallinen Werkstoffes führt zu einer statistischen, d. h. regellosen Verteilung der Richtungen der Kristallachsen, so dass sich die Anisotropie nicht auswirken kann (Bild 1.29a). Der Werkstoff hat scheinbar in allen Richtungen gleiche Eigenschaften, er ist **quasi-isotrop.**

Bei bestimmten Herstellprozessen, insbesondere Umformvorgängen, können **Texturen** (Bild 1.29b) entstehen, d. h., die einzelnen Kristallite werden so ausgerichtet, dass ihre Achsen mehr oder weniger parallel sind. In solchen Fällen sind auch feinkörnige Werkstoffe anisotrop, wobei die Anisotropie aber meist entsprechend genutzt wird.

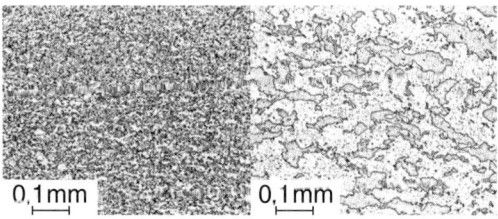

Bild 1.30
Feinkörniges und grobkörniges Gefüge (AlCuMg)

1.1.4.1 Korngröße
Die Korngröße wird entweder durch den mittleren Durchmesser oder die mittlere Fläche des Korns in einem ebenen Schliff gekennzeichnet. Der mittlere Korndurchmesser liegt üblicherweise zwischen wenigen µm und mehreren mm (Bild 1.30).

Die Korngröße wird beeinflusst durch Erstarrungs-, Umform- und Wärmebehandlungsprozesse. Dabei ist zu beachten, dass ein Korn grundsätzlich die Tendenz zum Wachsen hat, weil dadurch die Energie der Korngrenzen einem Minimalwert zustrebt.

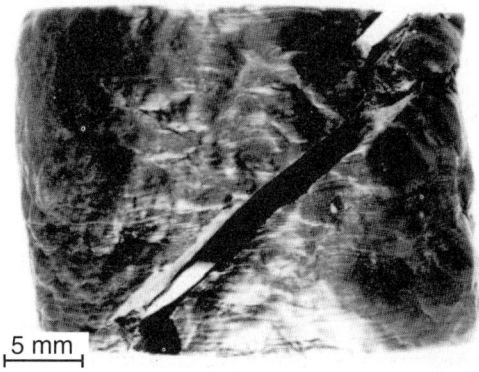

Bild 1.31
Narbige Oberfläche einer gebrochenen Druckprobe aus grobkörnigem Messing

Die Eigenschaften feinkörniger Werkstoffe sind im Allgemeinen günstiger als die grobkörniger. Die im Verhältnis zum Volumen größere Korngrenzenfläche hat z. B. ein besseres Festigkeitsverhalten zur Folge (siehe S. 18 und 211). Feinkörnige Werkstoffe behalten auch bei der Verformung eine bessere Oberfläche, bei grobkörnigen wird diese oft narbig (Bild 1.31).

1.1.4.2 Kornformen
Jeder Körper hat das Bestreben, eine möglichst kleine Oberfläche anzunehmen, um die zu deren Bildung erforderliche Energie gering zu halten. Das Korn strebt die Kugelform an, seine Gestalt ist i. Allg. **globular.**

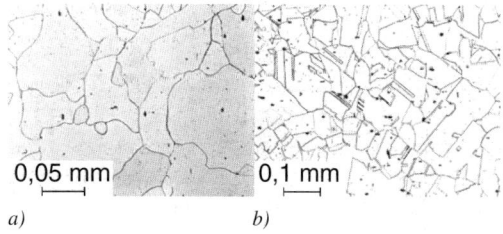

Bild 1.32
Kornformen
a) globulares Korn (Ferrit)
b) polyedrisches Korn (Austenit)

10   1 Grundlagen der Metall- und Legierungskunde

Typisch für krz Metalle ist ein Gefüge, das aus kurvig begrenzten, zwillingsfreien Körnern besteht (Bild 1.32a). Das Gefüge von kfz Metallen besteht aus eckigen Körnern mit den für diese Werkstoffe typischen Zwillingen (Bild 1.32b).

Beim Wachsen des Kristalls wirkt sich die Anisotropie der Struktur aus: die Wachstumsgeschwindigkeit ist nicht in allen Richtungen gleich groß. Es entstehen z. B. *nadel-* und *plattenförmige Kristallite* oder auch **lamellare Gefüge** als dichte Folge von Nadeln oder Platten.

Die mehrfache Symmetrie, die z. B. beim kfz Gitter vorliegt, bewirkt gleichartiges Wachstum in bestimmten Richtungen. Kann ein Kristall frei wachsen, weil er z. B. noch allseitig von Schmelze umgeben ist, so entsteht ein verzweigter Aufbau, den man als **Dendriten** oder *Tannenbaumkristall* bezeichnet. Bei Legierungen können Dendriten im Schliffbild nachgewiesen werden, weil die zuletzt zwischen den Zweigen erstarrende Restschmelze eine andere Zusammensetzung hat (siehe Bild 5.14, S. 271).

Wachsen die Kristalle frei in einen Hohlraum hinein, so dass die Zwischenräume nicht ausgefüllt werden, werden die »Tannenbäume« auch bei einem *reinen Metall* deutlich sichtbar. Bild 1.33 zeigt Dendriten, die aus der Gasphase im Vakuum gewachsen sind.

1.2 Eigenschaften der Metalle

Die Bindung der Atome begründet eine Reihe von Eigenschaften der Metalle, wie auf S. 1 angedeutet. Dies sind die gute elektrische und thermische Leitfähigkeit, sowie die gute plastische Verformbarkeit.

1.2.1 Elektrische und thermische Eigenschaften

1.2.1.1 Elektrische Leitfähigkeit
Die gute elektrische Leitfähigkeit der Metalle beruht auf der freien Beweglichkeit der Valenzelektronen. Damit diese Elektronen das Wirkungsfeld eines Atomrumpfes verlassen können, um in das Feld eines anderen zu gelangen, müssen sie aber einen anderen Energiezustand annehmen.

---

[1]   Genau genommen stellt der unterschiedliche Spin der beiden Elektronen bereits zwei verschiedene Energiezustände dar.

Bild 1.33
Dendriten (REM-Aufnahme, Dunger)

Betrachtet man ein einzelnes Atom, so können die Elektronen, die den Atomkern umgeben, sich nur auf konkreten Energieniveaus befinden. Jedem dieser Niveaus sind darüber hinaus jeweils nur maximal zwei Elektronen zugeordnet, die sich im Richtungssinn ihrer Eigenrotation, dem *Spin*, unterscheiden müssen [1].

Nähern sich zwei Atome bis auf den kleinstmöglichen Gleichgewichtsabstand x_0 (siehe Bild 1.4), so geraten die einzelnen Elektronen zunehmend auch in den Wirkungsbereich des jeweils anderen Atomkerns. Die Folge davon ist, dass statt des einen Energieniveaus nunmehr zwei dicht beieinander liegende Energiezustände für jedes Elektron möglich sind. Bild 1.34 zeigt schematisch die Verhältnisse für zwei Energieniveaus, wobei die Wechselwirkung zwischen den beiden Atomen sich auf dem äußeren, höheren Niveau stärker ausprägt.

Im festen Körper sind viele Atomabstände zwischen

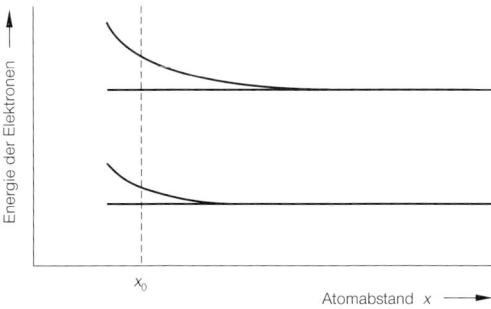

Bild 1.34
Aufspaltung des Energieniveaus von Elektronen eines Atoms in der Nähe eines zweiten Atoms (schematisch)

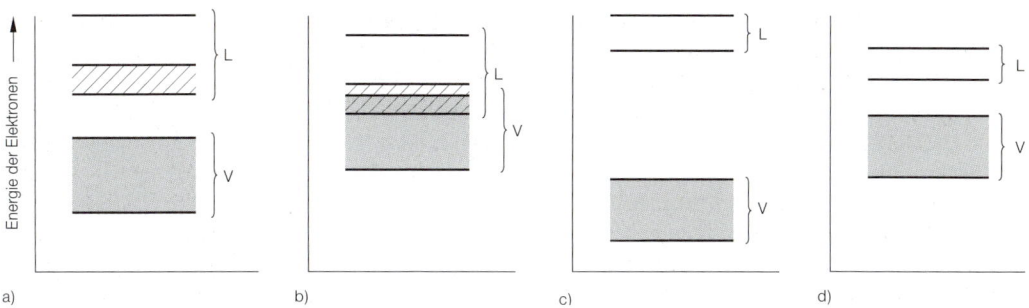

Bild 1.35
Anordnung der beiden äußeren Energiebänder
a) einwertiges Metall, b) zweiwertiges Metall, c) Nichtleiter (Isolator), d) Halbleiter
   L = Leitungsband, V = Valenzband

x_0 und sehr großen Werten möglich, so dass sich auch viele Zwischenzustände der Wechselwirkung ergeben. Es liegen keine Aufspaltungen in jeweils zwei konkrete Energiewerte vor, sondern es entstehen Energiebänder mit vielen dicht gestaffelten Niveaus. Für die elektrische Leitfähigkeit sind die beiden äußersten Energiebänder maßgebend: das letzte noch mit zwei Elektronen besetzte **Valenzband** und das darüber liegende **Leitungsband.**

Metalle zeichnen sich durch eine besonders gute Leitfähigkeit dann aus, wenn sie nur ein Elektron in ihrer äußersten Schale haben, das Leitungsband also nur zur Hälfte gefüllt ist (Bild 1.35a). Dieser Fall liegt z. B. bei Kupfer und Silber vor. Bei zweiwertigen Metallen lässt sich die Leitfähigkeit dadurch erklären, dass das Valenzband infolge der Wechselwirkungen so breit ist, dass es bis in das Leitungsband hineinreicht (Bild 1.35b). In beiden Fällen können Elektronen benachbarter Atome leicht die noch freien Energiezustände im Leitungsband annehmen, wodurch sich ein ständiger, wenn auch regelloser Austausch von Elektronen zwischen den Atomen ergibt. Das Anlegen einer elektrischen Spannung gibt diesem Austausch eine Richtung: Es fließt ein Strom.

Die Bilder 1.35c und d zeigen ergänzend die Verhältnisse bei einem *Isolator* und einem *Halbleiter*. Beide Male ist das Leitungsband leer und von dem Valenzband durch einen Energiebereich getrennt, in dem sich Elektronen nicht befinden können. Ist diese *verbotene Zone* groß, so liegt ein Isolator vor (Bild 1.35c). Bei einem Halbleiter ist die verbotene Zone so schmal, dass Elektronen durch Zufuhr von Energie, z. B. Wärme, vom Valenzband in das Leitungsband übergehen können.

Elektronen, die unter der Wirkung einer elektrischen Spannung den Bereich eines Atoms verlassen, bewegen sich immer um eine größere Anzahl von Atomabständen, bevor sie wieder in den Wirkungsbereich eines anderen Atoms gelangen und dort verbleiben. Störungen im Gitteraufbau des Metalles haben zur Folge, dass diese *freie Weglänge* reduziert wird. Aus diesem Grund ist die Leitfähigkeit geringer bei kaltverfestigten Metallen, infolge der höheren Versetzungsdichte, und bei Metallen mit Beimengungen (Verunreinigungen und Legierungselemente), infolge der Fremdatome im Gitter (Bild 1.36).

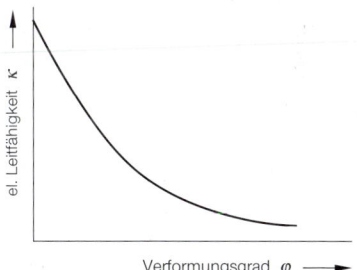

Bild 1.36
Abminderung der Leitfähigkeit durch Kaltverformung (schematisch)

Auch die Zunahme des Widerstandes mit zunehmender Temperatur lässt sich auf eine Verringerung der freien Weglänge zurückführen. Die größere Schwingungsamplitude der Atome bei höheren Temperaturen führt eher zu einem »Zusammenstoß« zwischen einem sich bewegenden freien Elektron und einem Atom.

1.2.1.2 Wärmeleitfähigkeit
Die gute Wärmeleitfähigkeit der Metalle beruht ebenso wie die elektrische Leitfähigkeit auf dem

Vorhandensein und der Beweglichkeit der freien Elektronen. Zwei Erscheinungen sind es, mit denen sich diese Art des Wärmetransports begründen lässt:
- Die Wärmeleitfähigkeit nimmt ebenfalls mit zunehmender Temperatur ab. Dies ist ein Zeichen dafür, dass andere Möglichkeiten des Wärmetransports, nämlich eine Weitergabe des Impulses der Wärmeschwingungen, von untergeordneter Bedeutung sind.
- Zum anderen besteht bei gleicher Temperatur zwischen dem Wert der Wärmeleitfähigkeit und dem der elektrischen Leitfähigkeit ein Zahlenverhältnis, das für die Mehrzahl der Metalle mit hinreichender Genauigkeit als gleich und damit konstant angesehen werden kann (WIEDEMANN-FRANZsches Gesetz).

1.2.1.3 Magnetismus

Magnetische Eigenschaften stellen keine Besonderheit der Metalle dar. Die Bedeutung, die dem Magnetismus in der Technik zukommt, erfordert aber hier auch ein Eingehen auf die Ursachen dieser Stoffeigenschaften.

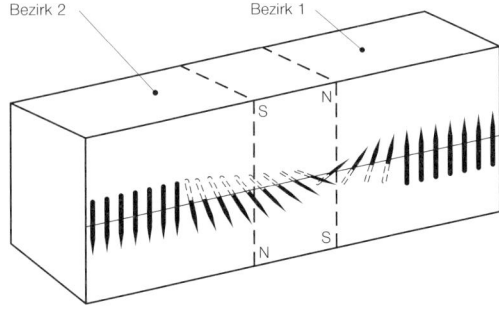

Bild 1.37
Schematische Darstellung der WEISSschen Bezirke und der BLOCHwände durch Magnetnadeln

Die Ursachen der magnetischen Eigenschaften liegen ebenfalls im Aufbau der Atome begründet. Die Umlaufbewegungen der Elektronen um den Atomkern und auch ihre Eigenrotation, ihr **Spin,** stellen kreisende Ströme dar, die entsprechende magnetische Felder erzeugen. Normalerweise heben sich diese Felder gegenseitig auf, so dass sich der Stoff äußerlich magnetisch neutral verhält.

Erst durch ein starkes äußeres magnetisches Feld werden die Elektronenströme so beeinflusst, dass es zu einer teilweisen Ausrichtung der inneren Felder und damit zu einer magnetischen Wirkung des Stoffes kommt. Dabei müssen zwei Erscheinungen unterschieden werden. Im ersten Fall wirkt das innere Feld dem äußeren entgegen und schwächt dieses geringfügig. Diese Erscheinung wird als **Diamagnetismus** bezeichnet. Diamagnetische Stoffe sind z. B. Wasser, Kupfer und Silber. Im anderen Fall wird das äußere Feld geringfügig verstärkt, was sich auch in einer minimalen Anziehung des Stoffes äußert. Solche Stoffe werden als **paramagnetisch** bezeichnet. Beispiele sind Luft, Aluminium und Chrom.

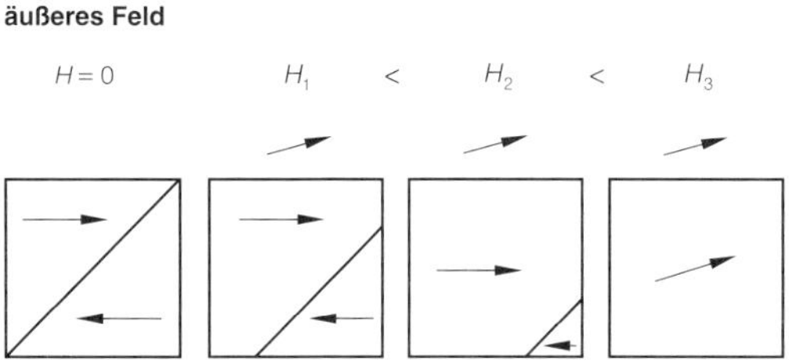

äußeres Feld

$H = 0 \qquad H_1 \quad < \quad H_2 \quad < \quad H_3$

Bild 1.38
Verschiebung der BLOCHwände und Drehung des inneren Feldes durch ein äußeres Feld H

Eine Sonderform des Paramagnetismus, auf der die technische Bedeutung magnetischer Stoffeigenschaften beruht, ist der **Ferromagnetismus.** Ferromagnetische Werkstoffe bewirken eine vielfache Verstärkung eines äußeren Feldes und werden von diesen stark angezogen. Die Elektronenströme werden durch das äußere und insbesondere das innere Feld dabei so stark beeinflusst, dass auch nach Wegnahme des äußeren Feldes der magnetisierte Zustand erhalten bleiben kann. Zu den ferromagnetischen Stoffen gehören in erster Linie Eisen, Nickel und Kobalt.

In den Kristalliten ferromagnetischer Werkstoffe befinden sich immer größere Bereiche im magnetisch ausgerichteten Zustand **(WEISSsche Bezirke),** deren magnetische Felder sich jedoch meist gegen-

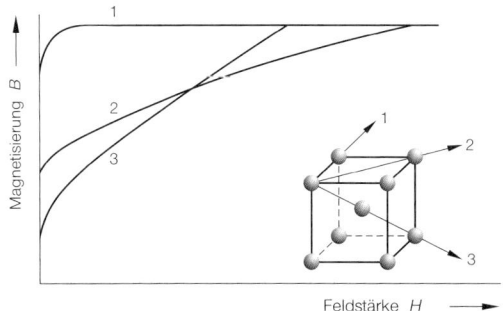

Bild 1.39
Anisotropie der Magnetisierungskurven von Eisen

seitig aufheben (Bild 1.37). Durch die Wirkung eines äußeren Feldes werden die Übergangszonen zwischen den WEIssschen Bezirken, die **BLOCHwände,** so verschoben, dass die Bezirke vergrößert werden, deren Felder einen günstigen Winkel zum äußeren Feld bilden (Bild 1.38).

Ferromagnetische Eigenschaften sind stark anisotrop (Bild 1.39). Für die technische Anwendung ferromagnetischer Werkstoffe bedeutet dies die Möglichkeit, die magnetischen Eigenschaften gezielt zu beeinflussen. Bekanntestes Beispiel ist die *Goss-Textur* von Transformatorblechen. Durch einen besonderen Walz- und Glühprozess wird erreicht, dass in allen Körnern die Würfelkanten des krz Gitters in einer Richtung parallel zueinander sind (siehe Bild 1.77) Die Folge ist ein minimaler Energieverlust bei der ständigen Ummagnetisierung, wenn das Feld des Transformators ebenfalls parallel zu diesen Würfelkanten verläuft.

Ferromagnetische Eigenschaften sind nur bis zu einer Höchsttemperatur, der CURIE-Temperatur, vorhanden. Darüber wird eine Ausrichtung der inneren Felder infolge der Intensität der Wärmeschwingungen der Atome unmöglich, die Stoffe verhalten sich dann paramagnetisch. Die CURIE-Temperatur beträgt bei Eisen 1041 K (678 °C), bei Nickel 631 K (358 °C) und bei Kobalt 1403 K (1130 °C).

1.2.2 Mechanische Eigenschaften

Die mechanischen Eigenschaften der Metalle sind nicht nur von der Struktur, sondern in starkem Maße auch vom Gefüge, d. h. auch von der Korngröße und Kornform abhängig. Die wichtigsten mechanischen Eigenschaften sind die Verformbarkeit und die Festigkeit, von denen wiederum das Bruchverhalten abhängig ist.

1.2.2.1 Elastische und plastische Verformung

Wie im Kapitel Werkstoffprüfung gezeigt wird, unterscheidet man makroskopisch zwei Arten der Verformung: Längenänderungen *(Dehnungen)* und Winkeländerungen *(Schiebungen)*. In der Gitterstruktur sind nur letztere möglich. Eine Längenänderung im Gitter, d. h. eine Abstandsänderung der

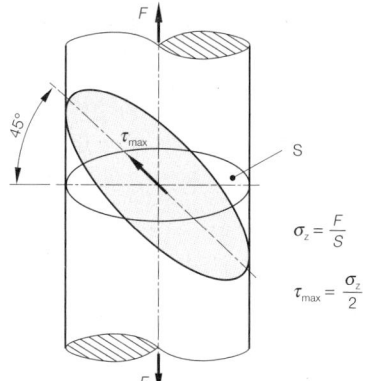

Bild 1.40
Normal- und Schubeanspruchung bei einachsiger Zugbeanspruchung

Atome, erfordert so hohe Kräfte, dass der Bruch einträte, weil das Maximum der atomaren Bindungskräfte, die *Kohäsionskraft F_K* (siehe Bild 1.4) überschritten wird.

Bezieht man die für die Verformung erforderliche Kraft auf ihre Wirkungsfläche, so erhält man als spezifische Größe die mechanische **Spannung.** Bei Gleitverformungen heißt sie *Schubspannung τ.* Aus den Gesetzmäßigkeiten der Mechanik lässt sich herleiten, dass bei jeder äußeren Belastung in den einzelnen Schnittebenen, die durch den Werkstoff gelegt werden können, Schubspannungen unterschiedlicher Größe auftreten. So entsteht z. B. bei Angriff einer Zugkraft in den Ebenen, die einen Winkel von 45° zu dieser Kraft haben, eine maximale Schubspannung, die halb so groß ist, wie die äußere Zugspannung σ_z (Bild 1.40).

Die Schubspannungen erzeugen auf gleitfähigen Gitterebenen Gleitverformungen. Hinsichtlich der Wirkung der Schubspannungen muss man zwei Er-

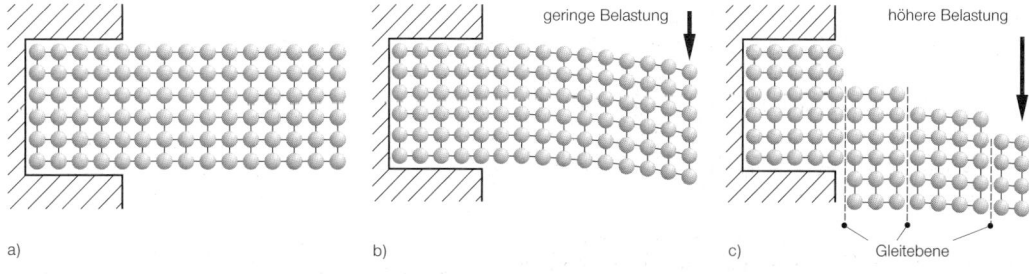

Bild 1.41
Verformung eines Biegestabes (schematisch)
a) unverformt, b) elastisch verformt, c) elastisch und plastisch verformt

scheinungen der Verformung unterscheiden. Kleine Schubspannungen führen nur zu einer Winkeländerung des Gitters. Wird die Spannung wieder zu Null, so verschwindet auch die Verformung, sie war **elastisch** (Bild 1.41b).

Überschreitet die Schubspannung (und damit die Winkeländerung des Gitters) einen kritischen Wert τ_0, so geraten die Atome einer Gitterebene in das Wirkungsfeld des jeweils nächsten Atoms der benachbarten Gitterebene und bewegen sich dadurch sprunghaft auf den nächsten Gitterplatz. Diesen Platz behalten sie auch nach Wegnahme der Spannung: die Verformung ist bleibend oder **plastisch** (Bild 1.41c).

Diese stark vereinfachte Darstellung und das Bild 1.41c beschreiben aber nur den Endzustand der plastischen Verformung. Zum Abgleiten ungestörter ganzer Gitterebenen wäre nämlich eine theoretische Spannung $\tau_{th} \approx G/30$ erforderlich (G = Schubmodul, siehe S. 97). Die wirklich gemessenen Spannungen zur Einleitung plastischer Verformungen betragen aber nur 1/10000 bis 1/100 dieses Wertes. Für α-Eisen beträgt z. B. der theoretische Wert $\tau_{th} \approx 2000$ N/mm², der gemessene Wert $\tau_0 \approx 10$ N/mm². Der Vorgang der plastischen Verformung muss folglich anders ablaufen, wobei die Versetzungen eine wesentliche Rolle spielen.

1.2.2.2 Mechanismen der plastischen Verformung

Bild 1.42a zeigt einen Ausschnitt aus einer Gitterebene mit einer Stufenversetzung ⊥. Die Atomabstände AB und BC sind gleich, so dass ein Gleichgewicht der Bindungskräfte vorliegt.

Durch eine Schubspannung τ wird das Gitter verzerrt. Der Abstand AB ist nicht mehr gleich dem Abstand BC (Bild 1.42b), das Gleichgewicht ist gestört. Die Störung bewirkt eine geringfügige Verlagerung der Atome, als deren Folge aber die Atome CDE (Bild 1.42c) die gleiche Lage zueinander einnehmen, wie sie eben noch die Atome ABC hatten. Da bei weiterhin anliegender Spannung die Störung des Gleichgewichtes der Bindungskräfte erhalten bleibt, wandert die Versetzung weiter, bis sie die freie Oberfläche des Kristalls erreicht und dort eine Stufe bildet (Bild 1.42d und e) oder auf ein Hindernis (z. B. eine Korngrenze) stößt.

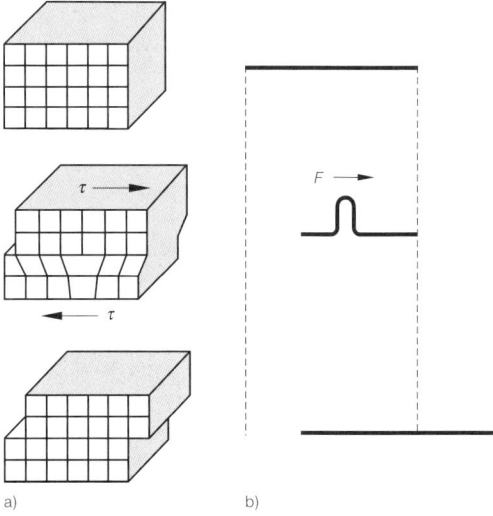

Bild 1.43
Versetzungsbewegung
a) Abgleiten durch Versetzungsbewegung
b) Verschieben eines Teppichs durch Weiterschieben der Falte

Einen bildhaften Vergleich für die durch die **Versetzungsbewegung** erzeugte Abgleitung von Kristalliten ergibt die leichte Verschiebbarkeit eines Teppichs durch eine weitergeschobene Falte (Bild 1.43).

Die Spannung, die zum Bewegen einer Versetzung erforderlich wäre, ist nun u. U. wiederum um mehrere Zehnerpotenzen kleiner als die gemessenen

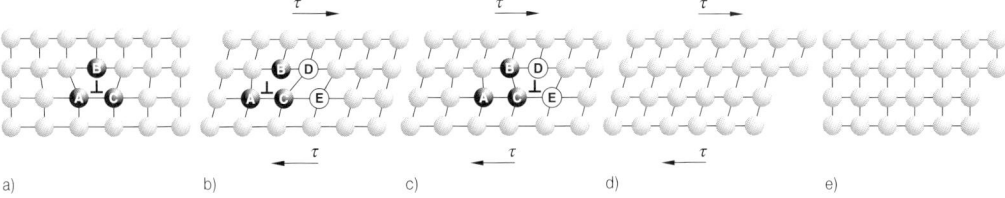

Bild 1.42
Plastische Verformung durch Versetzungsbewegung
a) unverformter Gitterausschnitt mit Versetzung ⊥
b) Verformung durch Schubspannung
c) Verschiebung der Versetzung um einen Atomabstand
d), e) durchgelaufene Versetzung hat an der Oberfläche zu Stufenbildung geführt

Werte τ_0. Ursache für diesen scheinbaren Widerspruch sind die immer vorhandenen weiteren Fehlstellen im Gitter, durch die die Bewegung der Versetzungen behindert wird. Um auf den Vergleich mit der Teppichfalte zurückzukommen: die Fehlstellen im Gitter wirken z. B. wie die Beine eines Tisches, der auf dem Teppich steht.

Die Stufenbildung an der freien Oberfläche führt zur Bildung von **Gleitlinien** und **Gleitlinienbändern** (Bild 1.44). Diese sind Ursache des häufig zu beobachtenden Mattwerdens ursprünglich glänzender Metalloberflächen bei plastischer Verformung, insbesondere von grobkörnigen Werkstoffen (siehe Bild 1.31).

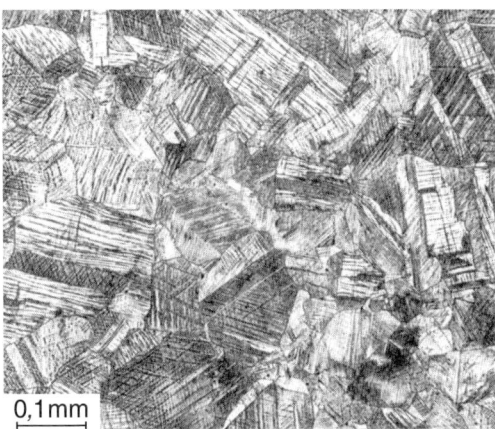

Bild 1.44
Gleitlinienbänder im Mikrogefüge von Walzbronze

Durch Anlagern von Leerstellen können Versetzungen auch ihre Gleitebene verlassen (Bild 1.45). Dieses **Klettern** erfolgt wegen der höheren Leerstellendichte in erster Linie bei höheren Temperaturen *(Kriechvorgang)*.

Eine weitere Möglichkeit der plastischen Verformung besteht darin, dass Gitterbereiche in eine andere Orientierungsrichtung umklappen. Es bilden sich **Verformungszwillinge** (Bild 1.46).

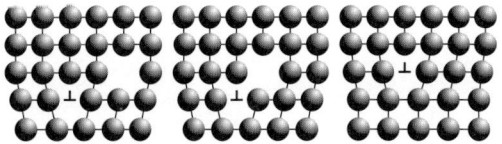

Bild 1.45
Klettern einer Stufenversetzung durch Anlagern einer Leerstelle

1.2.2.3 Verformbarkeit, Gleitsysteme

Die Verformbarkeit von Metallen ist eine Eigenschaft, die besonders stark anisotrop ist. Die Bewegung von Versetzungen kann nicht auf allen Gitterebenen gleich leicht erfolgen, sondern es gleiten im Allgemeinen nur solche Gitterebenen aufeinander, die am dichtesten mit Atomen besetzt sind. Aus der Anordnung der Atome in Bild 1.47 wird deutlich, dass zur Bewegung von Versetzungen auf dichtest gepackten Ebenen geringere Spannungen erforderlich sind als auf Ebenen weniger dichter Atompackung.

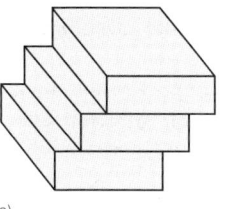 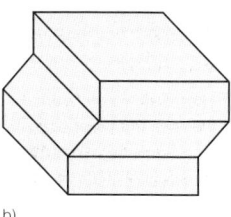

a) b)

Bild 1.46
Plastische Verformung
a) Gleitung
b) Zwillingsbildung

Am Beispiel der dichtesten Kugelpackung werden hier zudem die Unterschiede zwischen den verschiedenen Gittertypen sichtbar. In der Elementarzelle eines kfz Gitters gibt es vier verschiedene (dichtest besetzte) **Gleitebenen,** die ein Tetraeder bilden, das von den Flächendiagonalen begrenzt wird (Bild 1.48). Dagegen hat das hdP Gitter nur eine Gleitebene, nämlich die Basisebene der sechseckigen Säule (Bild 1.49). Den unterschiedlichen Möglichkeiten entsprechend werden hier auch die Begriffe *Oktaedergleitung* [1] und *Basisgleitung* verwendet.

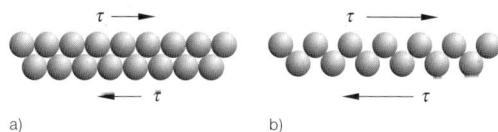

a) b)

Bild 1.47
Gleitbewegung auf Ebenen verschiedener Packungsdichte
a) hohe Packungsdichte, geringe Schubspannung
b) geringe Packungsdichte, hohe Schubspannung

In beiden Gittersystemen liegen die Atome der dichtest besetzten Ebenen in den Dreierlücken der parallelen Ebenen, so dass sich für die Gleitbewe-

---

[1] Die Oktaederfläche stellt die kleinste Einheit der Gleitebene dar.

gungen grundsätzlich drei *Richtungen* anbieten (Bild 1.50). Diese Richtungen sind nicht zwangsläufig identisch mit dem Tal zwischen zwei Atomen. Hier müssen die weiteren Atome in der Gitterebene und die Lage der benachbarten Ebenen berücksichtigt werden, wodurch sich andere resultierende Richtungen ergeben.

Eine Gleitebene mit einer Gleitrichtung ergibt ein **Gleitsystem**. Demnach hat das kfz Gitter bei 4 Gleitebenen mit je drei Richtungen 12 Gleitsysteme, das hdP Gitter dagegen nur 3. Dieser Unterschied ist die primäre Ursache für die relativ schlechte Verformbarkeit hexagonaler Werkstoffe gegenüber kubisch-flächenzentrierten. Aus diesem Grunde gibt es z. B. viele *Knetwerkstoffe*, die Aluminium oder Kupfer als Basismetall enthalten, während Zink- oder Magnesiumlegierungen fast ausschließlich *Gusswerkstoffe* sind.

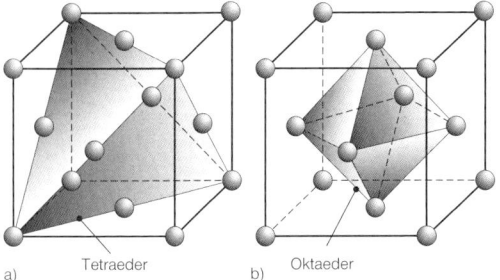

Bild 1.48
Gleitebenen im kfz Gitter
a) Tetraederebenen, b) Oktaederebenen
(beide Systeme sind gleichbedeutend)

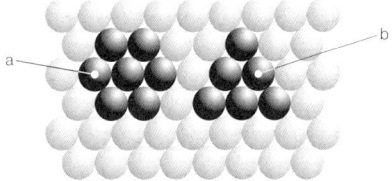

Bild 1.49
Dichtest besetzte Gleitebenen
a) Basisfläche im hdP Gitter
b) Tetraederfläche im kfz Gitter

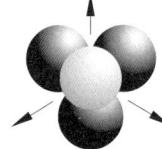

Bild 1.50
Gleitrichtungen bei dichtester Kugelpackung

Wegen der einsetzenden Verfestigung ist das Gleiten auf den einzelnen Gleitsystemen innerhalb eines Korns nur beschränkt möglich. Für eine hohe Gesamtverformung, die die Verformungsfähigkeit des Werkstoffs wiedergibt, müssen möglichst viele Gleitsysteme in möglichst vielen Kristalliten arbeiten.

Beim kfz Gitter ist die Wahrscheinlichkeit sehr viel höher, dass Gleitsysteme in einem günstigen Winkel zur maximalen Schubspannung liegen. Es können nämlich selbst unter ungünstigsten Bedingungen in jedem Kristalliten bis zu 9 Gleitsysteme aktiviert werden. Außerdem können sich Gleitebenen durch Zwillingsbildung in einen günstigeren Winkel zur maximalen Schubspannung umordnen. Im hexagonalen Werkstoff werden hingegen einige Kristallite gar nicht verformt, weil parallel zu ihren Basisebenen gegebenenfalls keine Schubspannungen auftreten.

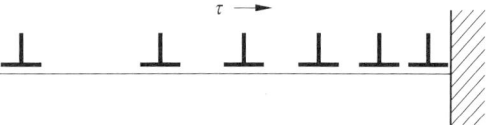

Bild 1.51
Versetzungsaufstau vor einem Hindernis

1.2.2.4 Verfestigung

Bei der plastischen Verformung laufen die Versetzungen selten bis an die Oberfläche des Kristalls. Die nahe liegende Vermutung, dass durch diesen Vorgang die Zahl der Versetzungen abnimmt, trifft also nicht zu. Das würde nämlich eine Abnahme der Gitterverspannung bedeuten. Die Erfahrung zeigt aber, dass sich die Metalle bei plastischer Verformung verfestigen. Es sind ständig höhere Spannungen erforderlich, um Versetzungen zu bewegen.

Im vielkristallinen Metall wird die weitere Bewegung durch *Hindernisse* verhindert oder zumindest behindert. Solche Hindernisse sind in erster Linie

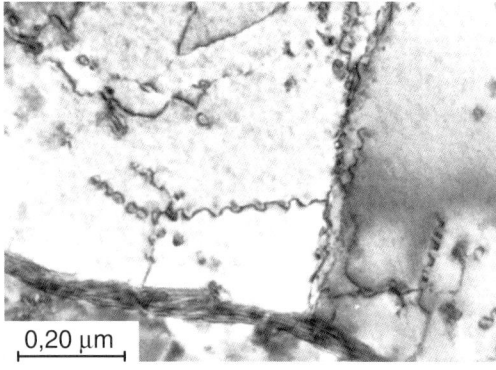

Bild 1.52
Versetzungslinie an Ausscheidungen in einem nitrierten Kohlenstoffstahl (IWT Bremen)

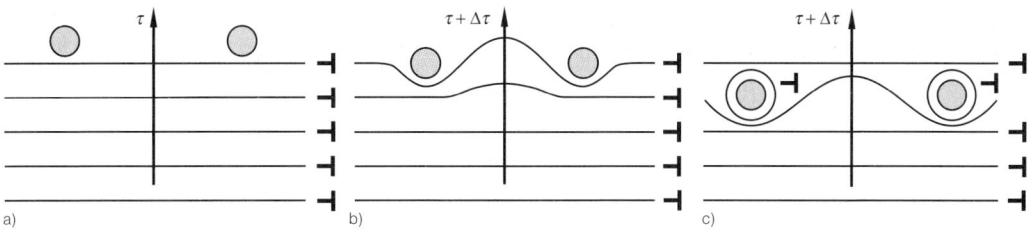

Bild 1.53
OROWAN-Mechanismus
a)   Versetzungsaufstau vor Teilchen
b), c)   Umgehen der Teilchen durch Spannungserhöhung $\Delta\tau$ und Zurücklassen von Versetzungsringen

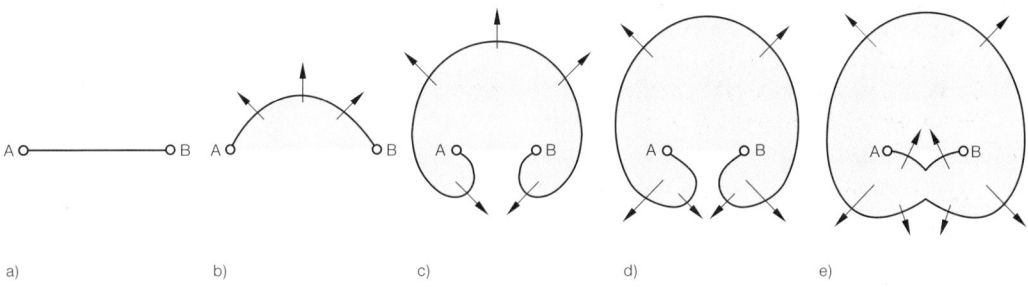

Bild 1.54
FRANK-READ-Quelle
a)   gleitfähiges Versetzungsteilstück A – B
b) bis e) Erzeugung eines Versetzungringes und eines neuen Teilstückes A – B durch Erhöhen der Schubspannung

die Korngrenzen mit ihrem hohen Energiegehalt. Die Versetzung wird vor der Korngrenze aufgehalten und bewirkt durch ihre abstoßende Kraft auf die nachfolgenden Versetzungen (siehe Bild 1.23) einen **Versetzungsaufstau**, wie er in Bild 1.51 dargestellt ist.

Andere Hindernisse sind z. B. Einschlüsse im Gefüge (Bild 1.52 u. 1.53) und Versetzungslinien, die sich nicht bewegen können oder die beweglichen Versetzungen kreuzen (sog. *Waldversetzungen* [1]). Alle diese Hindernisse wirken gleichzeitig auch als Versetzungsquellen, d. h., sie erzeugen während der plastischen Verformung ständig neue Versetzungen. Der wichtigste Mechanismus ist die im Folgenden beschriebene **FRANK-READ-Quelle** (Bild 1.54).

Eine Versetzung, die ja meist einen geschlossenen Linienzug bildet, sei nur zwischen den Punkten A und B beweglich, weil nur dieser Abschnitt in einer Gleitebene liegt (Bild 1.54a). Unter der Wirkung einer Schubspannung τ will sich die Ver-

setzung bewegen, wird aber in den Punkten A und B festgehalten, weil der geschlossene Linienzug erhalten bleiben muss. Die Linie biegt sich durch (Bild 1.54b). Durch die gegenseitige Beeinflussung parallel verlaufender Abschnitte der Versetzungslinie kommt es schließlich über die in den Bildern 1.54c und 1.54d angedeuteten Zwischenstadien zu dem in Bild 1.54e dargestellten Zustand. Die in Bild 1.54d aufeinanderzulaufenden Teile der Versetzung heben sich gegenseitig auf, wodurch wieder die ursprüngliche Linie A – B und ein zusätzlicher Versetzungsring entstanden sind.

Da sich dieser Vorgang bei weiterhin anliegender Schubspannung wiederholt, erzeugt eine derartige Quelle ständig neue Versetzungsringe. Es ist somit erklärlich, warum in einem kaltverformten Metall die Versetzungsdichte um Zehnerpotenzen größer ist als in einem unverformten. Die Versetzungsringe reagieren wiederum mit anderen Hindernissen oder Ringen, die in weiteren Quellen erzeugt werden. Dadurch bilden sich schließlich Netzwerke von Versetzungen, wie in Bild 1.22 gezeigt.

Die gegenseitge Beeinflussung der Versetzungen erfordert eine stetige Erhöhung der Spannungen zu ihrer Bewegung und Erzeugung. Der Widerstand gegen die plastische Verformung steigt, das Metall verfestigt sich. Die Abhängigkeit der erforderlichen Spannung von der Verformung wird durch die Fließkurve dargestellt.

---

[1]   Man stelle sich die bewegliche Versetzung als eine Stange vor, die quer zu ihrer Längsrichtung transportiert wird. Die anderen Versetzungen behindern die Bewegung der Versetzung ebenso, wie ein Wald den Transport der Stange.

1.2.2.5 Fließkurve

Bild 1.55a zeigt schematisch die **Fließkurve eines Einkristalls** mit kubisch-flächenzentriertem Raumgitter. Das Gebiet plastischer Verformungen ist in drei Teilbereiche eingeteilt, in denen unterschiedliche Mechanismen wirksam sind.

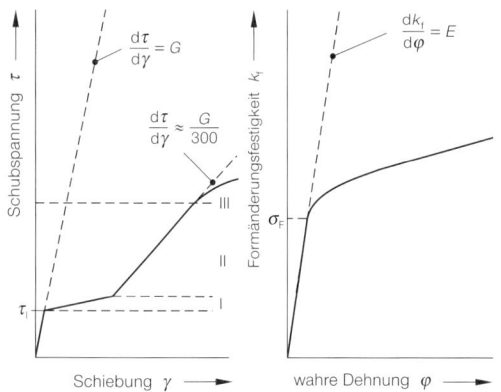

Bild 1.55
Fließkurven
a) Einkristall, kubisch-flächenzentriert
b) vielkristallines Metall

Für Spannungen $\tau < \tau_l$ ist die Verformung rein elastisch. Der Anstieg der elastischen Geraden entspricht dem Schubmodul G des Metalles. Die kritische Schubspannung τ_l stellt die Spannung dar, bei der die ersten Abgleitungen um mindestens einen Atomabstand erfolgen. Wie bereits beschrieben, liegen die gemessenen Werte reiner Metalle für τ_l bei (0,01 ... 10) N/mm², während die theoretischen Werte mit $\tau_{th} \approx G/30$ um mehrere Zehnerpotenzen höher sind.

Im *Bereich I* erfolgt die plastische Verformung ohne nennenswerte Verfestigung, weil noch keine Wechselwirkungen zwischen den Versetzungen bestehen.

Der anschließende *Bereich II* mit linearer Verfestigung entsteht durch *zunehmende* Wechselwirkung zwischen den Versetzungen. Der Anstieg der Geraden, der **Verfestigungskoeffizient,** ist mit $G/300$ wesentlich kleiner als der der elastischen Geraden. Die Festigkeitszunahme ist verbunden mit einer quadratischen Zunahme der Versetzungsdichte, d. h., die Spannungserhöhung ist proportional der Wurzel aus der Versetzungsdichte.

Im *Bereich III* nimmt der Verfestigungskoeffizient ab. Die Schubspannungen sind so hoch, dass die Versetzungen ihre Gleitebene verlassen und damit Hindernissen ausweichen können. Der Mechanismus dieses sog. *Quergleitens* soll hier nicht näher besprochen werden.

Technische Metalle sind fast immer vielkristallin. Die **Fließkurve eines Vielkristalls** wird üblicherweise als Normalspannung-Dehnung-Kurve aufgenommen (Bild 1.55b), wobei die Formänderungsfestigkeit k_f (= wahre Normalspannung, siehe S. 96) über der wahren Verformung (siehe S. 75) aufgetragen wird. Die *Fließspannung* σ_F für das Einsetzen plastischer Verformung setzt sich i. Allg. aus drei Bestandteilen zusammen:

$$\sigma_F = \sigma_0 + c_1 \cdot \sqrt{N} + c_2 \cdot \frac{1}{\sqrt{d}}.$$

$\sigma_0 = 3 \cdot \tau_l$ ist die Spannung, die zur Bewegung von Versetzungen im Vielkristall erforderlich ist. Der Faktor 3 ergibt sich aus mechanischen Beziehungen und der regellosen Verteilung der Kristallachsen im Vielkristall, er gilt streng genommen nur für Vielkristalle mit unendlich großem Korn.

$c_1 \cdot \sqrt{N}$ berücksichtigt die Behinderung durch bereits vorhandene Versetzungen (N = Versetzungsdichte), $c_2 / \sqrt{d}$ die Korngröße (d = mittlerer Korndurchmesser). Die Proportionalitätsfaktoren c_1 und c_2 beinhalten Werkstoff, Temperatur, Verformungsart und -geschwindigkeit. Auf diese Einflüsse wird beim Spannung-Dehnung-Diagramm im Kapitel Werkstoffprüfung eingegangen.

1.3 Phasenumwandlungen

Die wichtigsten technischen Eigenschaften metallischer Werkstoffe werden im festen Zustand genutzt. Aber fast jeder Werkstoff durchläuft bei seinem Herstellprozess Schmelz- und Gießvorgänge. Der »Urzustand« Gussgefüge wird in den meisten Fällen durch anschließende Verformungs- und/oder Wärmebehandlungen abgewandelt oder völlig beseitigt. Für das Verständnis der Werkstoffeigenschaften von Guss- und Knetwerkstoffen ist daher eine genauere Kenntnis der Erstarrungsvorgänge (Kristallisation) notwendig. Die Erstarrungsvorgänge beeinflussen außerdem:
- *Umwandlungs- und Ausscheidungsvorgänge*, die bei Temperaturen unterhalb des Schmelzpunktes ablaufen und
- die mit einer *Wärmebehandlung* verbundenen *Gefügeänderungen*.

Der Übergang flüssig/fest wird als **Primärkristallisation**, das dabei entstehende Erstarrungsgefüge (Gussgefüge) als **Primärgefüge** bezeichnet. Durch thermische (z. B. Normalglühen) und thermomechanische (z. B. Warmformgebung) Behandlungen kristallisiert der Werkstoff im festen Zustand um, es entsteht das **Sekundärgefüge**.

1.3.1 Primärkristallisation bei reinen Metallen

1.3.1.1 Keimbildung

In der Schmelze befinden sich die Atome nicht mehr an ihren durch den Gitteraufbau vorgegebenen Plätzen, d. h. geometrisch wohlgeordnet, sondern in ständiger Bewegung in einem weitgehend ungeordneten Zustand. Beim Abkühlen wird durch Wärmeentzug der Energiegehalt geringer, bis bei Erreichen der Schmelztemperatur T_s die Erstarrung einsetzt.

Die Kristallisation der Schmelze beginnt an Kristallisationszentren (Keimen), an die sich die Atome der Schmelze bei weiterer Temperaturabnahme anlagern. Die Vorgänge lassen sich demnach durch die Teilvorgänge **Keimbildung** und **Kristallwachstum** beschreiben.

Keime sind feste, sehr kleine Partikel. Aus energetischen Gründen können nur die in der Schmelze befindlichen Partikel weiterwachsen, die eine bestimmte Größe überschritten haben. Exakt lassen sich die Vorgänge mit der freien Energie F beschreiben. Eine Reaktion kann dann selbstständig ablaufen, wenn dadurch die freie Energie abnimmt. Durch die in der Schmelze entstehenden Partikel (»langsamere« Atome kristallisieren z. B. in der Schmelze) wird Kristallisationswärme frei, weil der feste Zustand einen geringeren Energiegehalt hat als der flüssige. Andererseits ist für die Bildung der Partikeloberfläche Energie erforderlich. Die Teilchen lösen sich also wieder auf, solange die Kristallisationswärme kleiner ist als die zum Bilden der Partikeloberfläche erforderliche Energie. Erst wenn eine der kritischen Keimgröße r_0 entsprechende Energie (Aktivierungsenergie) für die Keimbildung zur Verfügung gestellt wird, kann der Keim unter Abnahme der freien Energie wachsen. Das Kristallwachstum beginnt.

Erfolgt die Keimbildung in einer idealen, homogenen Schmelze, die keine schon vorgebildeten Keime (Carbide, Nitride, Oxide, andere feste Verbindungen) enthält, dann muss die Aktivierungsenergie dem Energiegehalt der Schmelze entnommen werden. Für diese **homogene Keimbildung** (Eigenkeime) ist eine *Unterkühlung* ΔT erforderlich. Die Schmelze erstarrt nicht bei T_s, sondern erst bei $T = T_s - \Delta T$.

Bild 1.56 zeigt, warum eine Unterkühlung erforderlich ist. Bei kleinem Keimradius ist die freiwerdende Kristallisationswärme geringer als die zur Bildung der Keimoberfläche benötigte Oberflächenenergie. Kleine Keime lösen sich deshalb wieder auf, wenn keine Energie zugeführt wird. Erst wenn der Keim bis zu einem kritischen Radius r_0 gewachsen ist (Bild 1.56a), wird Energie bei weiterer Kristallisation frei. Die bis zum Erreichen der kritischen Keimgröße erforderliche Aktivierungsenergie ΔF_0 ist nur verfügbar, wenn die unterkühlte Schmelze einen ausreichenden Überschuss ΔF an freier Energie gegenüber dem kristallinen Zustand hat (Bild 1.56b).

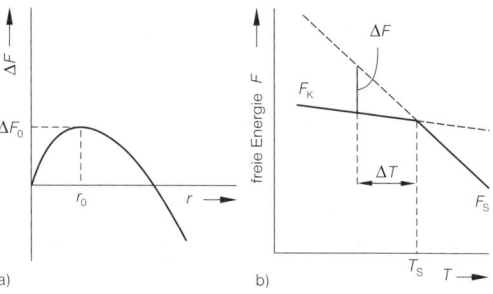

Bild 1.56
a) Energiebilanz wachsender Keime bei $T < T_s$
b) Freie Energie der Kristalle F_K und der Schmelze F_S in der Nähe der Schmelztemperatur T_s

Obwohl eine gewisse Unterkühlung für die Keimbildung wesentlich und notwendig ist, kann sie aus verschiedenen Gründen nicht beliebig vergrößert werden. Wohl nehmen mit zunehmender Unterkühlung ΔT die kritische Keimgröße und die Aktivierungsenergie für die Keimbildung ab, während die verfügbare Energie zunimmt. Dadurch wird die Zahl der in der unterkühlten Schmelze in der Zeiteinheit gebildeten Keime *(Keimzahl K)* zunächst größer. Die für die Keimbildung notwendigen Diffusionsvorgänge verlaufen aber mit abnehmenden Temperaturen zunehmend träger, so dass die Keimzahl dann wieder abnehmen kann (Bild 1.57). Diese Erscheinung führt bei sehr hoher Abkühlgeschwindigkeit zur Erstarrung *ohne* Kristallisation, d. h. zur Bildung *amorpher* Stoffe. Auch amorphe Metalle *(metallische Gläser)* werden für spezielle Anwendungen in dieser Weise erzeugt, insbesondere für die Elektrotechnik.

Die Korngröße des Primärgefüges hängt aber von K und der Wachstumsgeschwindigkeit der Kristalle W ab. Je größer (kleiner) die Keimzahl K und je kleiner (größer) die Wachstumsgeschwindigkeit W ist, desto feiner (gröber) ist das Primärkorn (Bild 1.57).

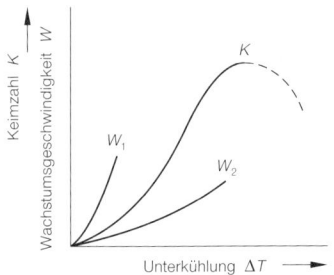

Bild 1.57
Einfluss der Unterkühlung ΔT metallischer Schmelzen auf die Keimzahl K und Wachstumsgeschwindigkeit W der Kristallite

Die Keimzahl K lässt sich bei technischen Gusslegierungen weitgehend durch die Größe der Unterkühlung beeinflussen. Durch große Abkühlgeschwindigkeiten (Kokillenguss) wird die Kristallisationswärme schnell abgeführt, damit nehmen Unterkühlung und Keimzahl zu. Entgegengesetzte Verhältnisse findet man bei dem sehr langsam abkühlenden Sandguss.

Bild 1.58 zeigt zusammenfassend den Einfluss der Abkühlgeschwindigkeit v_{ab} auf die Unterkühlung ΔT von Metallschmelzen. Punkt a der Kurve kennzeichnet den Beginn der Keimbildung, d. h. der Kristallisation. Durch die freiwerdende Kristallisationswärme steigt die Temperatur bis zur Schmelztemperatur an. Die weitere Erstarrung erfolgt dann bei T_s und ist im Punkt b beendet. Bei extrem schneller Abkühlung kann die abgeführte Wärme größer werden als die Kristallisationswärme. In diesem Fall erstarrt die Schmelze bei der niedrigeren Temperatur T_s'.

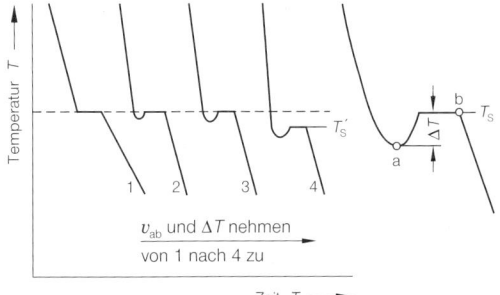

Bild 1.58
Einfluss der Abkühlgeschwindigkeit (v_{ab}) auf die Unterkühlung (ΔT) erstarrender Schmelzen

In metallischen Werkstoffen technischer Reinheit sind immer genügend »Oberflächen« (**heterogene Keimbildung**) in der Schmelze vorhanden, an denen die Kristallisation beginnen kann. Solche als Keime wirkenden »Oberflächen« können sein:
– Wand des die Schmelze aufnehmenden Gefäßes (z. B. Gussform).
– Höherschmelzende Verbindungen (Carbide, Nitride, Oxide) oder Legierungsbestandteile.
– Zugabe von arteigenen oder artfremden Keimen kurz vor Erstarrungsbeginn der Schmelze.

Das Impfen ist eine weitgehend empirisch begründete Methode. Die Wirksamkeit des zugegebenen »Kristallisators« lässt sich nur in wenigen Fällen wissenschaftlich genau erklären. Bei dem bekannten Beispiel der AlSi-Legierungen führt das Impfen mit Natrium ($\approx 0{,}1\,\%$) zu einer Schmelzenunterkühlung und damit zu der gewünschten feinkörnigen Ausbildung des Eutektikums.

1.3.1.2 Kristallwachstum

Bei den kubisch erstarrenden Metallen wächst der Kristall in bevorzugten Richtungen (senkrecht zur Würfelfläche) sehr schnell, in anderen Richtungen langsamer. Die sich daraus ergebende räumliche Anordnung der Kristalle wird als Dendrit bezeichnet (siehe S. 10). Genauere Untersuchungen zeigen aber, dass die Kristallisationsformen weitgehend von den Abkühlbedingungen abhängen.

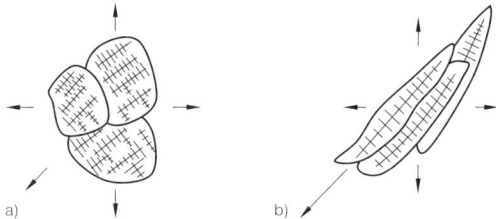

Bild 1.59
Auswirkung des Wärmeflusses auf die Ausbildung von Körnern (Kristalliten)
a) Wärmefluss in verschiedenen Richtungen annähernd gleichmäßig: globulares Korn
b) Wärmefluss bevorzugt in einer Richtung: Stängelkristalle

Kühlt die Schmelze annähernd gleichmäßig ab, entstehen rundliche »äquiaxiale« Körner: *Globulite*. Bei einer ungleichmäßigen (gerichteten) Wärmeabfuhr bilden sich längliche Kristallite: *Stängelkristalle* (Bild 1.59). In Tab. 1.2 sind die Erstarrungsvorgänge zusammenfassend in einer schematischen Übersicht dargestellt.

1.3.2 Primärkristallisation bei Legierungen

Legierungen, aber auch technisch »reine« Metalle bestehen mindestens aus 2 Atomsorten. Für die besonderen Erstarrungsvorgänge bei diesen Werkstoffen ist die konstitutionelle Unterkühlung von großer Bedeutung. Hier treten an der Erstarrungsfront Entmischungserscheinungen auf. Die ersten kristallisierenden Mischkristalle (Bild 1.60a) haben einen sehr viel geringeren B-Gehalt (c_1) als die Schmelze (c_0). An der Phasengrenze flüssig/fest entsteht eine Entmischung: Durch die Bildung der Mischkristalle reichert sich die Schmelze mit B-Atomen an (Bild 1.60b). Die über dem B-Gehalt der Legierung (c_0) liegende Schmelzenschicht hat eine mit zunehmendem B-Gehalt abnehmende Erstarrungstemperatur T_{Li}. Ihren Verlauf zeigt Bild 1.60c. Bis zum Schnittpunkt der wahren Temperaturkurve T_{Real} mit der tatsächlichen Erstarrungstemperatur ist also eine unterkühlte Schmelzenschicht (Δx) vorhanden. Man bezeichnet diese auf der Entmischung der Schmelze beruhende Erscheinung als *konstitutionelle Unterkühlung*.

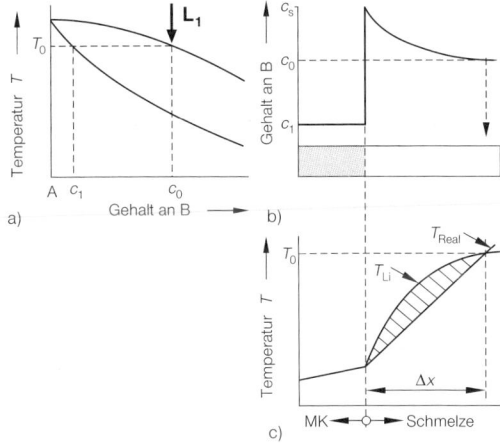

Bild 1.60
Vorgänge bei der konstitutionellen Unterkühlung metallischer Schmelzen (schematisch)

Je nach der Größe des konstitutionell unterkühlten Bereiches, der vom Temperaturgradienten in der Schmelze abhängt, entstehen prinzipiell unterschiedliche Erstarrungsstrukturen mit erheblich voneinander abweichenden Eigenschaften. Wird die Wärme so schnell abgeleitet, dass kein konstitutionell unterkühlter Schmelzenbereich vorhanden ist (Tab. 1.3a), dann entsteht eine *ebene Erstarrungsfront*. Schneller wachsende Kristalle dringen in Bereiche mit höherer Temperatur ein, wodurch die Kristallisationsgeschwindigkeit sofort wieder abnimmt.

Hierauf beruht eine Methode, Einkristalle herzustellen: *Ein* Keim wird mit der Kristallisationsgeschwindigkeit aus der Schmelze gezogen. Da keine Entmischung entstehen kann, ist er frei von Mikroseigerungen.

Bei kleinen konstitutionellen Unterkühlungen (Tab. 1.3b) und geringen Gehalten an Verunreinigungen bilden sich *Zellstrukturen*. Die Zellgrenzen enthalten die Hauptmenge der Verunreinigungen. Wegen der schlechten Zähigkeitseigenschaften und der ausgeprägten Anisotropie wird diese Erstarrungsform möglichst vermieden. Große Vorteile ergeben sich aber bei der sog. gerichteten Erstarrung (siehe S. 72). In der Achsrichtung der Zellen, die mit der Beanspruchungsrichtung übereinstimmen muss, sind meistens herausragende Eigenschaften vorhanden.

Die konstitutionelle Unterkühlung üblicher technischer metallischer Schmelzen ist deutlich größer (Tab. 1.3c). Da die Schmelze im Bereich Δx unterkühlt ist, kann jeder in die Schmelze voreilende, kristallisierte Bereich beschleunigt in Richtung abnehmender Temperatur wachsen. Es entsteht die *dendritische Struktur*.

Die Kristallisation der Schmelze im Inneren *größerer* Gussblöcke wird ebenfalls entscheidend durch die konstitutionelle Unterkühlung beeinflusst. Da hier der Temperaturgradient flach ist, ist die Unterkühlung sehr groß. Damit wird die Keimbildung erleichtert, so dass in einem grobkörnigen Blockkern häufig ein Zentrum aus einem feinkörnigeren Gefüge entsteht (siehe S. 71), dessen Bildung durch die hier vorliegende große Anzahl von Fremdkeimen in der Restschmelze unterstützt wird.

1.3.3 Einfluss der Korngrenzen

Die in der Schmelze nicht lösbaren sowie die niedrigschmelzenden Bestandteile (häufig Werkstoffverunreinigungen) werden vielfach vor den Kristallisationsfronten hergeschoben und bilden nach dem Erstarren die **Korngrenzensubstanz**.

Diese Bereiche mit stark gestörtem Gitteraufbau und »schlechter Passung« führen grundsätzlich zu einer Abnahme der Bindungskräfte. Die Korrosionsbeständigkeit wird durch Korngrenzensubstanzen in jedem Fall verringert. Je nach Eigenschaften der Korngrenzensubstanz ist folgendes prinzipielles Werkstoffverhalten zu erwarten:

1 Grundlagen der Metall- und Legierungskunde

Tab. 1.2: Erstarrungsvorgänge (schematische Übersicht)

Keimbildung	Kristallwachstum	
	Beginn	Ende
a) $r < r_0$, Keim	Kristallisationsfront	
	Grobkörniger Werkstoff	
b)	Feinkörniger Werkstoff	
Keime sind Kristallisationskerne, die homogen oder heterogen als Eigen- oder/und Fremdkeime erzeugt werden. Sie sind nur stabil, wenn $r > r_0$. Zunehmende Abkühlgeschwindigkeiten und/oder zugesetzte Fremdkeime erhöhen Keimzahl und führen zu feinkörnigem Gefüge.	Erstarrung beginnt an den Keimen. Vor der Kristallisationsfront werden in Schmelze nicht lösbare Verbindungen/Atome und niedrigschmelzende Bestandteile - meist Verunreinigungen - hergeschoben. Bei kubisch kristallisierenden Metallen erfolgt Wachstum in bevorzugten Richtungen: Dendrite.	Gefüge besteht aus Körnern und Korngrenzen. Hier geringere Bindungskräfte durch gestörte geometrische Anordnung der orientierten Gitterbereiche, stärker verunreinigt. Daher häufig Schwachstellen im Werkstoff. Aber beachte Wirkung eines feinkörnigen Gefüges!

Tab. 1.3: Ausbildung der Erstarrungsfront und der Gefügeart in Abhängigkeit von der Größe der konstitutionellen Unterkühlung Δx

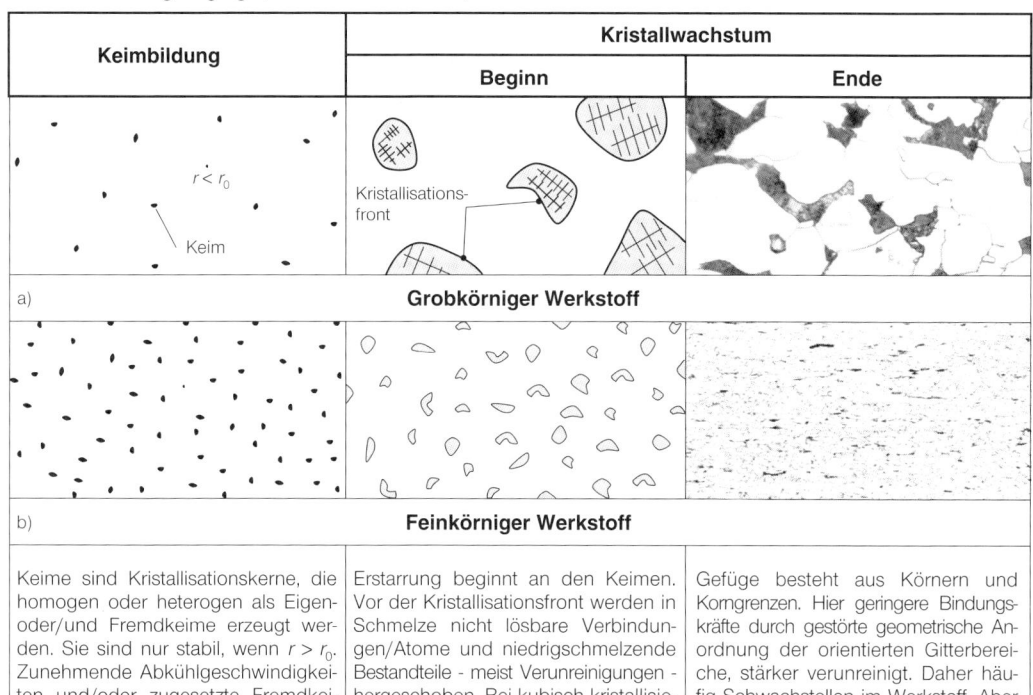

☐ Ist die Korngrenzensubstanz verformbar, dann werden die Festigkeits- und Zähigkeitseigenschaften – zumindest bei Raumtemperatur – entscheidend von den Eigenschaften der Körner bestimmt.
☐ Spröde Substanzen an den Korngrenzen führen zum Verspröden des gesamten Werkstoffs bis zur Unbrauchbarkeit. Bekannte Beispiele in technischen Werkstoffen sind z. B.
  – FeO auf den Korngrenzen von Stahl (»verbrannter« Stahl). Der Werkstoff kann nicht mehr verwendbar gemacht werden (nur Einschmelzen möglich!).
  – Cu_2O auf den Korngrenzen von sauerstoffhaltigem Kupfer (siehe auch Wasserstoffkrankheit des Kupfers).

1.3.4 Umwandlungen im festen Zustand

Für alle Phasenänderungen wird allgemein die Bezeichnung Phasenumwandlung verwendet. Phasenumwandlungen im festen Zustand werden eingeteilt in
– *Umwandlungen:*
  Eine (instabile) Gittermodifikation wandelt in eine stabilere Gitterform um. Dies geschieht unterhalb der Gleichgewichtstemperatur. Bekannte Beispiele dafür sind die Umwandlung des γ-Fe in α-Fe (keine Konzentrationsänderung) und der γ-MKe in α-MKe (mit Änderung der Konzentration) bei Stahl.
– *Ausscheidungen:*
  Eine oder mehrere Phasen scheiden sich aus Mischkristallen aus, wenn mit abnehmender Temperatur die Löslichkeit abnimmt (siehe S. 47). Die Zusammensetzung und die Gitterstruktur der ausscheidenden Phasen weichen von der Ausgangsphase ab. Diese Vorgänge erfordern Massentransport durch Diffusion, d. h., sie sind zeit- und temperaturabhängig.

In den meisten Fällen entsteht auch die neue Phase durch Keimbildung und Keimwachstum. Daher ist grundsätzlich der in Bild 1.61 gezeigte Zusammenhang zu erwarten. Er zeigt schematisch das Umwandlungsverhalten der γ-MKe (0,8% C) in α-MKe in Abhängigkeit von der Temperatur.

Mit zunehmender Unterkühlung ΔT nimmt die Umwandlungsgeschwindigkeit v zunächst zu. Nach Erreichen des Maximums wird v geringer, da die eingefrorenen Platzwechselvorgänge die Keimbildung und damit die Umwandlung sehr erschweren.

Es ist vielfach zweckmäßig, den Umfang der Konzentrationsänderung bei der Phasenumwandlung zu berücksichtigen. Keine Änderung tritt auf bei:
– polymorphen Gitterumwandlungen (z. B.: γ-Fe $\rightarrow$ α-Fe),
– Rekristallisation,
– Kornwachstum,
– Martensitbildung.

Diffusionsvorgänge sind nicht erforderlich, weil sich die neue Phase sich im Wesentlichen durch thermisch aktivierte Platzwechselvorgänge bzw. durch Scherbewegungen (Martensit) bildet.

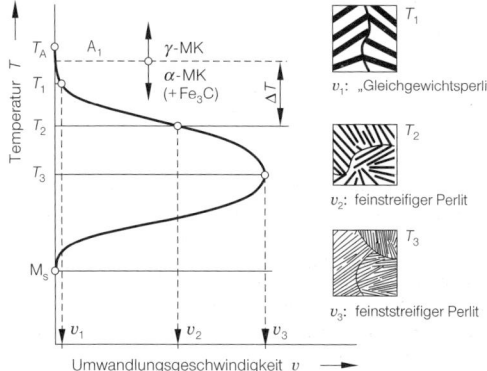

Bild 1.61
Umwandlungsgeschwindigkeit v in Abhängigkeit von der Umwandlungstemperatur, d. h. der Unterkühlung ΔT
Beispiel: Austenit (0,8% C) wandelt isotherm in ein krz Gefüge um

Merkliche Änderungen findet man bei
– Ausscheidungen (siehe S. 54),
– einphasigen Entmischungen (siehe S. 53),
– diskontinuierlichen Umwandlungen. (Zwei oder mehr Phasen werden gleichzeitig, beginnend an den Korngrenzen, gebildet, z. B. Perlitbildung: $\gamma \rightarrow \alpha + Fe_3C$ oder allgemein: $\alpha \rightarrow \beta + \delta$).

Um eine Phasenumwandlung einzuleiten, d. h. eine *Neuordnung* des Gefüges oder der Struktur herbeizuführen, sind gewisse Energiebeträge erforderlich, die den Vorgang aktivieren. Da Leerstellen, Versetzungen und insbesondere Korngrenzen energiereiche Fehlstellen darstellen, erfolgt die Keimbildung häufig an diesen Orten. Die aufzuwendende Aktivierungsenergie ist dann etwa um die Bildungsenergie dieser Defekte geringer. Vorzugsweise wird die Umwandlung daher an Korngrenzen beginnen. Damit wird auch verständlich, dass durch Erhöhen der Fehlstellendichte (Verformen, Abschrecken) die Umwandlung i. Allg. früher beginnt oder erleichtert wird.

1.3.4.1 Martensitbildung

Wegen der großen technischen Bedeutung soll die Martensitbildung eingehender besprochen werden.

Dazu sind folgende Voraussetzungen zu erfüllen:
- Die Abkühlung muss so schnell erfolgen, dass keine thermisch aktivierten Platzwechselvorgänge der beteiligten Atomarten auftreten können. Diese *kritische Abkühlgeschwindigkeit* v_k hängt stark von der chemischen Zusammensetzung und in geringerem Umfang von der Korngröße des Werkstoffs ab (siehe S. 170).
- Während der Abkühlung muss sich die Kristallstruktur ändern, d. h., der Werkstoff muss in mindestens zwei allotropen Modifikationen vorliegen. Die Hochtemperaturmodifikation wird allgemein als **Austenit**, die Tieftemperaturmodifikation als **Martensit** bezeichnet.[1] Wesentlich ist, dass der Martensit durch komplizierte Schervorgänge entsteht.

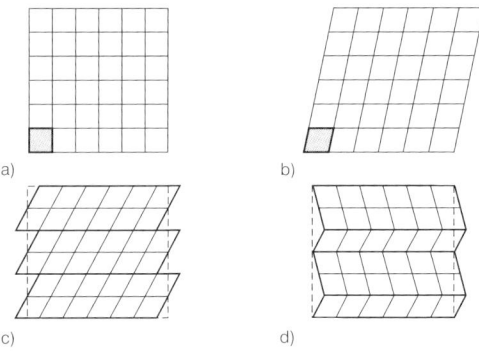

Bild 1.62
Verformungsvorgänge bei der Martensitbildung (nach BILBY und CHRISTIAN)

Bild 1.62 zeigt die Vorgänge bei der Martensitbildung schematisch. Eine homogene Gitterverformung würde zu nicht beobachteten Gestaltänderungen führen. Zum Erhalten der Form ist eine zusätzliche Verformung durch *Gleitung* oder *Zwillingsbildung* notwendig. Dadurch entsteht ein typisches nadeliges oder plattenförmiges Gefüge mit einer hohen Fehlstellendichte (Zwillinge, Versetzungen, Stapelfehler). Die bei der Martensitbildung (Umklappvorgang) entstehenden Spannungen und die bei Gleitung bzw. Zwillingsbildung unvermeidlichen Wechselwirkungen mit den benachbarten Werkstoffbereichen wirken der treibenden Kraft der Umwandlung entgegen und behindern diese Verformungen. Dadurch ist die gebildete Martensitmenge – sofern die obere kritische Abkühlgeschwindigkeit überschritten ist – nicht mehr von der Abkühlgeschwindigkeit, sondern nur noch vom Maß der Unterkühlung abhängig. Der Martensitanteil nimmt erst dann zu, wenn durch ausreichend große Unterkühlung eine weitere plastische Verformung erzwungen werden kann.

Die Martensitbildung beginnt und endet bei von der chemischen Zusammensetzung abhängigen Temperaturen:
- M_s = Martensite starting temperature (Beginn),
- M_f = Martensite finishing temperature (Ende).

Die Bildung von Martensit als extremes Ungleichgewichtsgefüge wurde zuerst bei Fe-C-Legierungen beobachtet. Es entsteht auch bei einer Reihe anderer Legierungen, z. B. bei FeNi (Nickelmartensit), CuZn und vor allem NiTi. Die Anwesenheit von Lgierungselementen ist aber nicht erforderlich, wie die martensitische Umwandlung des hdP Kobalts bei 450 °C in die kfz Modifikation zeigt.

1.3.4.1.1 Martensit in Fe-C-Legierungen

Kann die Hochtemperaturmodifikation, der Austenit, mehr Legierungselemente lösen als die bei der niedrigen Temperatur beständige, dann können Härte und Festigkeit der umgewandelten Phase, des Martensits, stark ansteigen. Das ist bei den Fe-C-Legierungen der Fall und wird beim Härten von Stahl angewandt (siehe S. 165).

Es muss aber betont werden, dass die Bezeichnung

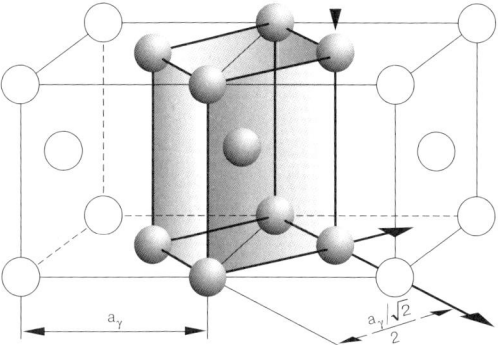

Bild 1.63
Entstehung des krz Gitters aus dem kfz Gitter als Folge kleiner Verformungen (schematisch)

---

[1] Die Gefügebezeichnungen Austenit und Martensit der Fe-C-Legierungen wurden auf andere martensitbildende Werkstoffe übertragen.

Martensit nicht unbedingt auf ein hartes, verformungsloses Gefüge hinweist. Niedriggekohltes martensitisches Gefüge (Stahl) ist zwar hart, aber auch erstaunlich schlagzäh.

Auch bei Fe-C-Legierungen ist die Umwandlung des kfz Austenitgitters in das krz des Martensits ein diffusionsloser Umklappvorgang, der mit oben beschriebenen komplizierten Scher- und anderen Verformungsvorgängen verbunden ist. Bild 1.63 zeigt, wie aus einer Folge kleiner Verformungen das kfz Gitter in das krz Gitter umgewandelt werden kann. Dazu muss das Gitter in der z-Richtung gestaucht in den anderen gedehnt werden.

Der im kfz Gitter des Austenits gelöste Kohlenstoff bleibt nach der Umwandlung im krz Gitter des Martensits zwangsgelöst (Bild 1.64). Die Folge ist eine tetragonale Verzerrung des krz Gitters in z-Richtung. Sie ist die Ursache für die große Martensithärte. Da nicht alle möglichen Gitterlücken (siehe S. 4) mit Kohlenstoffatomen besetzt sind, entstehen so genannte Verzerrungsdipole (Bild 1.64b).

Der eingelagerte Kohlenstoff erschwert die Martensitbildung erheblich. Mit steigendem Kohlenstoffgehalt fallen daher die M_s- und M_f-Temperatur (siehe S. 195). In gleicher Weise wirken nahezu alle Legierungselemente. Weiterhin wird die Gitterverzerrung stärker, Festigkeit und Härte steigen, aber das Verformungsvermögen nimmt ab.

1.3.4.1.2 Formgedächtnislegierungen
Auch die besonderen Effekte bei den **Formgedächtnislegierungen** *(Memorymetalle)* haben ihre Ursache in der Martensitbildung. Man unterscheidet drei Erscheinungen:
– Einweg-Formgedächtnis,
– Zweiweg-Formgedächtnis und
– Pseudo-Elastizität (Superelastizität)

Beim Einweg-Formgedächtnis liegen nach Unterschreiten der M_f-Temperatur die verschiedenen (meist durch Zwillingsbildung entstandenen, siehe Bild 1.62) Martensitbereiche statistisch verteilt vor. Durch Einwirken einer mechanischen Spannung wachsen die günstiger orientierten Martensitbereiche auf Kosten der anderen. Die Folge ist eine deutliche Verformung, die auch nach Wegnahme der Spannung erhalten bleibt. Die plastische Verformung beruht also nicht auf Versetzungsbewegungen, sondern auf Umorientierung des Gitters.

Bei entsprechender Erwärmung erfolgt eine Rückumwandlung zu Austenit, der die ursprüngliche Gestalt wieder annimmt. Da die Rückbildung der plastischen Verformung ohne Einwirken äußerer Kräfte erfolgt, spricht man von *pseudo-plastischem* Verhalten.

Einweg-Formgedächtnis-Legierungen werden in vielen Bereichen angewendet. Ein Beispiel sind chirurgische Klammern. Beim Sterilisieren nehmen diese ihre alte Gestalt wieder an. Stellglieder in temperaturgesteuerten Regeleinrichtungen sind ebenfalls möglich. Der Martensit wird durch eine Federspannung verformt. Bei Temperaturerhöhung überwindet die Formänderung des Austenits die Federkraft. Sinkt die Temperatur wieder, verformt die Feder den Martensit erneut.

Gleichen Effekt erreicht man natürlich auch mit Zweiweg-Formgedächtnis-Legierungen. Allein die Formänderungen bei der Umwandlung sind hier schon so groß, dass sie technisch nutzbar sind. Der Anwendungsbereich entspricht z. B. dem von Bi-Metallen.

Liegt die Gebrauchstemperatur eines Bauteils im Austenitbereich nahe der Umwandlungstemperatur, dann kann durch Verformungen eine Martensitbildung ausgelöst werden: **Verformungsmartensit**. Wenn die Spannung wegfällt, wandelt sich der Martensit wieder in Austenit um: Das Bauteil nimmt seine alte Form wieder an, der Werkstoff verhält sich *pseudo-elastisch*. Da die weitere Verformung des Martensits unter den angreifenden Kräften mehrere Prozent betragen kann, nennt man diese Erschei-

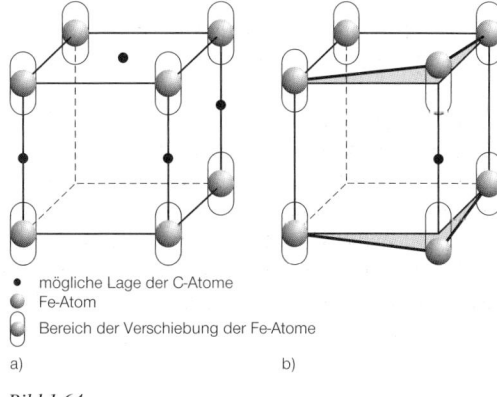

• mögliche Lage der C-Atome
◑ Fe-Atom
◖ Bereich der Verschiebung der Fe-Atome
a)   b)

Bild 1.64
Martensitbildung
a) Tetragonale Verzerrung des Martensits
b) Verzerrungsdipol (nach LIPSON und PARKER)

nung auch *Superelastizität*. Bekanntestes Anwendungsbeispiel sind unzerbrechliche Brillengestelle.

Alle Formgedächtnislegierungen, die oft Ni-Ti-Legierungen sind, haben folgende Gemeinsamkeiten:
– Die Legierungen sind so eingestellt, dass die Umwandlungstemperaturen in der Nähe der Betriebstemperaturen liegen.
– Da die Einsatztemperaturen oft in der Nähe der Raumtemperatur sind, ist eine Diffusion so stark eingeschränkt, dass bei normalen Abkühlungen immer die kritischen Abkühlgeschwindigkeiten überschritten werden.

1.4 Thermisch aktivierte Vorgänge

Mit Ausnahme der martensitischen Phasenumwandlung erfordern alle anderen Zustandsänderungen einen Platzwechsel der beteiligten Atomarten. Diese Vorgänge verlaufen nicht kontinuierlich, sondern stufenweise. Sie können aber nur ablaufen, wenn dadurch die freie Energie des Systems geringer wird (Bild 1.65). Diese besitzt ein Minimum, wenn der Gleichgewichtszustand erreicht ist, Zustand 2. Zustände, die durch relative Energieminima gekennzeichnet sind, z. B. Zustand 1, werden als metastabil bezeichnet. Eine Zustandsänderung z. B. von 1 nach 2 erfordert, dass dem Körper eine Energie Q zugeführt werden muss. Erst dann kann die notwendige Abnahme der freien Energie erfolgen, d. h. der Zustand 2 aktiviert werden. Daher wird Q als **Aktivierungsenergie** bezeichnet. Sie kann z. B. durch
– Temperaturerhöhung, aber auch durch
– Kaltverformung oder
– elektrische oder magnetische Felder aufgebracht werden.

Man bezeichnet daher Platzwechselvorgänge von Teilchen (Atome, Moleküle: N_2, H_2, O_2, Leerstellen)

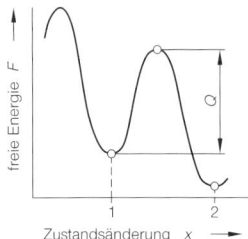

Bild 1.65
Abhängigkeit der freien Energie F von der Zustandsänderung x, Q = Aktivierungsenergie

als *thermisch aktiviert*, wenn sie durch thermische Einwirkung stattfinden.

Quantitativ lässt sich die Geschwindigkeit der Platzwechselvorgänge k durch die ARRHENIUS-Gleichung beschreiben:
$k = A_0 \exp(-Q/RT)$
A_0 = Konstante, werkstoffabhängig
Q = Aktivierungsenergie, werkstoffabhängig
R = Gaskonstante
T = absolute Temperatur in K.

Durch Logarithmieren erhält man:

$$\ln k = \ln A_0 - \frac{Q}{RT}$$

d. h. die Form einer Geraden, wenn auf der Abszisse $x = 1/T$ und auf der Ordinate $\ln k$ aufgetragen wird.

Die Neigung der Geraden $(-Q/R)$ – d. h., die Aktivierungsenergie Q – lässt sich bestimmen, wenn zwei Punkte bekannt sind (Bild 1.66).

Die Geschwindigkeit des Platzwechsels nimmt also mit zunehmender Temperatur ständig zu, und sie ist Null beim absoluten Nullpunkt.

In der Werkstofftechnik spielen viele thermisch aktivierbare Vorgänge eine wichtige Rolle:
– Erholung und Rekristallisation kaltverformter Metalle,
– Kriechvorgänge in Metallen bei höheren Temperaturen,
– Konzentrationsausgleich in Mischkristallen durch Diffusion, z. B. beim Diffusionsglühen.

Tab. 1.4: Werte der Diffusionskonstanten D_0, der Aktivierungsenergie Q und des Diffusionskoeffizienten D ausgewählter Diffusionspaare

Diffundierendes Element	Grundgitter	D_0	Q	$D = D_0 \exp(-Q/RT)$	
				20 °C	800 °C
		cm²/s	kJ/mol	cm²/s	cm²/s
H	α-Fe	0,002	12,14	10^{-5}	10^{-3}
H	γ-Fe	0,0067	–	10^{-10}	10^{-4}
C	α-Fe	0,0079	75,78	10^{-17}	10^{-5}
C	γ-Fe	0,21	141,52	10^{-27}	10^{-8}
Fe	α-Fe	5,8	250,0	10^{-46}	10^{-12}
Fe	γ-Fe	0,58	284,30	10^{-53}	10^{-14}
Ni	Cu	0,001	148,64	–	–
Cu	Ni	$65 \cdot 10^{-6}$	124,77	–	–
W	W	–	594,55	–	–

1.4.1 Diffusion

1.4.1.1 1. FICKsches Gesetz, Diffusionskoeffizient

Die temperaturabhängige Wanderung der Atome, Ionen und anderer Teilchen ist ein statistischer Vorgang. Sie wird als **Diffusion** bezeichnet und ist entscheidend für den Massentransport im festen Werkstoff. Die Platzwechselvorgänge der völlig gleichartigen Teilchen in einphasigen, homogenen Körpern erfolgt statistisch regellos. Bei dieser **Selbstdiffusion** entsteht i. Allg. kein Massentransport.

Technisch bedeutsamer sind Diffusionsvorgänge in inhomogenen Körpern. Die hier vorhandenen Konzentrationsunterschiede führen zu einer gleichgerichteten Bewegung der Teilchen. Quantitativ wird dieser Vorgang durch das **1. FICKsche Gesetz** beschrieben (Bild 1.67):

$$dm_A = -D \cdot \frac{dc_A}{dx} \cdot S dt.$$

dm_A ist die Stoffmenge A, die in der Zeit dt durch eine Fläche S senkrecht zur Diffusionsrichtung transportiert wird, bei einem Konzentrationsgefälle von dc_A/dx. D ist der **Diffusionskoeffizient**. Er ist ein Maß für das Wanderungsbestreben (Diffusionsfähigkeit) der Atomart A, also für diesen Werkstoff charakteristisch.

D bestimmt nach der Beziehung

$$\frac{1}{S} \frac{dm_A}{dt} = -D \cdot \frac{dc_A}{dx}$$

neben dem Konzentrationsgefälle dc_A/dx die Geschwindigkeit der Diffusionsvorgänge. Für D gilt eine der ARRHENIUS-Gleichung sehr ähnliche Beziehung

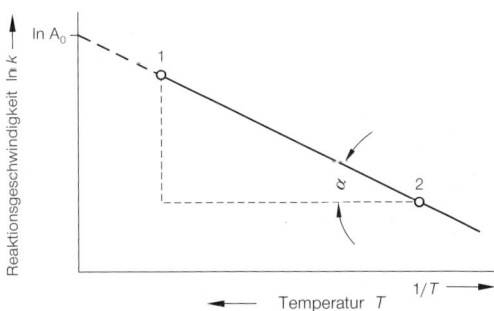

Bild 1.66
Ermittlung der Aktivierungsenergie Q aus der ARRHENIUS-Gleichung: $\ln k = \ln A_0 - Q/RT$

$$D = D_0 \exp(-Q/RT).$$

Q, R und D_0 sind von der Temperatur unabhängig. D_0 ist die Diffusionskonstante (»Frequenzfaktor«), die ein Maß für die Schwingungsfrequenz der diffundierenden Atome darstellt. Schneller schwingende Atome (größeres D_0) können in der Zeiteinheit öfter ihren Platz wechseln als langsamer schwingende.

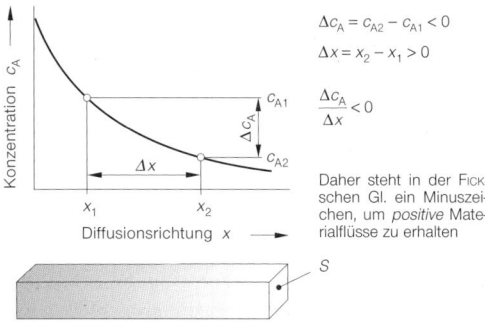

Bild 1.67
Zur Ableitung des 1. FICKschen Gesetzes

Tab. 1.4 enthält die Diffusionskonstanten D_0, die Aktivierungsenergien Q und die Diffusionskoeffizienten D einiger Diffusionspaare. Es ist verständlich, dass die Aktivierungsenergie bei der *Selbstdiffusion* etwa proportional der Schmelztemperatur der Metalle ist (siehe Fe und W).

Mit abnehmender Aktivierungsenergie wird die Diffusion erleichtert. Daher können Atome in dem festgefügten Gitterverband (Q groß!) sehr schwer, an den stark gestörten Korngrenzenbereichen leichter, und an freien Oberflächen sehr leicht wandern.

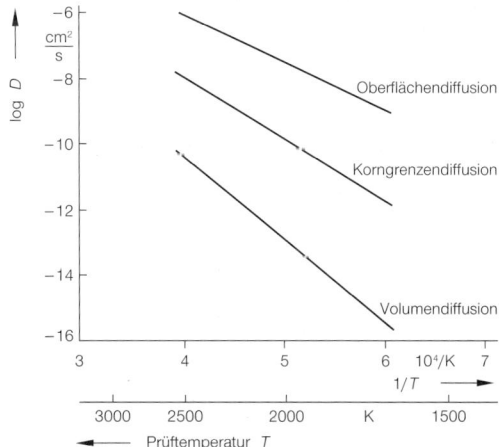

Bild 1.68
Diffusionsverhalten des Thoriums in Wolfram

Bild 1.68 zeigt diese Verhältnisse für die Diffusion des Thoriums im Wolfram. Die Volumendiffusion läuft sehr viel langsamer als die *Oberflächendiffusion*. Trotzdem ist die transportierte Stoffmenge im Allgemeinen sehr viel größer, weil bei der Oberflächendiffusion der *Diffusionsquerschnitt* sehr gering ist: das Gesamtvolumen der Körner ist sehr viel größer als das der Korngrenzen

1.4.1.2 Platzwechselmechanismen

Bild 1.69 zeigt die drei grundsätzlichen Mechanismen des Platzwechsels in Festkörpern. Der direkte Platzwechsel ist aus energetischen Gründen unwahrscheinlich und auch nicht erforderlich, da reale Metalle eine relativ hohe Fehlstellendichte besitzen. Der Platzwechsel über die Leerstellen erfordert nur eine geringe Aktivierungsenergie. Mit zunehmender Temperatur werden die Schwingungsweiten der Atome und die Leerstellenkonzentration größer, wodurch die Diffusion erleichtert wird.

Der Zwischengittermechanismus ist für arteigene Atome (Selbstdiffusion) nur bei höheren Temperaturen wahrscheinlich. Er ist aber für solche Einlagerungsatome von Bedeutung, die einen deutlich geringeren Atomdurchmesser als die Wirtsatome (z. B. Kohlenstoff, Stickstoff im Eisengitter) besitzen. Dieser Diffusionsmechanismus ist auch in idealen, d. h. völlig fehlerfreien Werkstoffen wirksam.

1.4.1.3 Technische Anwendungen

Eine tiefere Einsicht in das Diffusionsgeschehen vermittelt das 2. Ficksche Gesetz, das eine Beziehung zwischen der *zeitlichen* und *örtlichen* Konzentrationsänderung darstellt, d. h., dynamische und nichtstationäre Vorgänge beschreibt.

$$\frac{\partial c}{\partial t} = D \cdot \frac{\partial^2 c}{\partial x^2}.$$

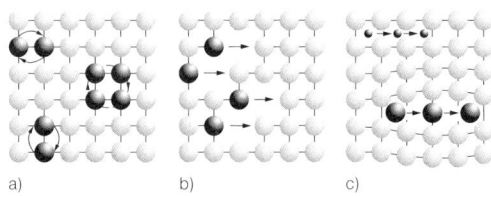

Bild 1.69
Platzwechselmechanismen im Gitter
a) direkter Platzwechsel
b) Leerstellenmechanismus
c) Zwischengittermechanismus

Je nach den vorliegenden Randbedingungen ergeben sich verschiedene Lösungen dieser Differentialgleichung. Einige wichtige technische Fälle sollen besprochen werden.

Aufkohlen beim Einsatzhärten

Für diesen Sonderfall ergibt sich folgende Lösung:

$$\frac{c_{x,t} - c_0}{c_s - c_0} = 1 - \Phi\left(\frac{x}{2\sqrt{Dt}}\right)$$

$c_{x,t}$ = Die von der Zeit t und dem Abstand von der Oberfläche x abhängige Kohlenstoffkonzentration in dem aufzukohlenden Werkstück.

c_s = Die von der Temperatur T_1 und dem Kohlenstoffpotenzial c_1 des aufkohlenden Mediums abhängige maximale Kohlenstofflöslichkeit des Stahls (Bild 1.70b und 1.70c).

c_0 = Kohlenstoffkonzentration des aufzukohlenden Werkstoffs.

$$\Phi(u) = \frac{2}{\sqrt{\pi}} \int_0^u \exp(-\xi^2) d\xi$$

das Gausssche Fehlerintegral. Diese Funktion ist tabelliert, sie muss nicht erst berechnet werden.

In Bild 1.70c ist der Verlauf der Kohlenstoffkonzentration beim Aufkohlen nach verschiedenen Einsatzzeiten dargestellt. In der Praxis wird meistens ein bestimmter Kohlenstoffgehalt c_v in einer vorgegebenen Eindringtiefe x_v verlangt.

Da $c_{x,t}$ nur von $\frac{x}{2\sqrt{Dt}}$ abhängig ist, muss für $c_{x,t} = c_v$ = konst. auch $\frac{x}{2\sqrt{Dt}}$ sein. Daraus folgt, dass bei vorgegebenen c_v, c_0 und c_s für eine Verdopplung der Eindringtiefe die vierfache Glühzeit erforderlich ist.

Aus der obigen Gleichung lässt sich eine sehr einfache, anschauliche Näherung für eine »mittlere« Eindringtiefe x_m ableiten. Setzt man die linke Seite = 0,5 (was für einen bestimmten »mittleren« Wert von $c_{x,t}$ zutrifft), so erhält man mit:

$$\Phi\left(\frac{x_m}{2\sqrt{Dt}}\right) = 0,5$$

$$\frac{x_m}{2\sqrt{Dt}} \approx 0,48 \approx 0,5$$

und damit

$$x_m^2 = Dt.$$

Man berechne z. B. die mittlere Eindringtiefe des Kohlenstoffs beim Aufkohlen. Die Glühzeit bei 1000 °C beträgt $\approx 4 \cdot 10^4$ s (ca. 10 h). Der Diffusionskoeffizient im γ-Fe bei 1000 °C ist etwa $4 \cdot 10^{-7}$ cm^2/s. Damit ergibt sich:

$$x_m = \sqrt{4 \cdot 10^{-7} \frac{cm^2}{s} \cdot 4 \cdot 10^4 s} \approx 0,13 \text{ cm}.$$

1.4.2 Erholung und Rekristallisation

Durch eine plastische Verformung wird der Energiegehalt des Werkstoffs merklich erhöht, d. h., der Zustand des Gefüges wird in Richtung zunehmenden Ungleichgewichts verschoben. Die gespeicherte Energie besteht in der Hauptsache aus der elastischen Verzerrungsenergie der Versetzungen, deren Konzentration bei der Verformung von $10^{5...6}$ mm/mm^3 auf $10^{8...10}$ mm/mm^3 gestiegen ist. Eine hinreichende Aktivierung (Temperaturerhöhung) führt oberhalb bestimmter Temperaturen zum Energieabbau durch Ausheilen und Umordnen der Gitterdefekte (Erholen) oder zur Kornneubildung *(Rekristallisation)*, wobei die Zahl der energiereichen Versetzungen auf den Wert des nicht verformten Werkstoffs zurückgeht. Die hierfür erforderlichen Platzwechsel betragen Bruchteile des Gitterparameters. Gleichzeitig bilden sich auch alle anderen Eigenschaften zurück (z. B. Härte, Festigkeit, Verformbarkeit, Leitfähigkeit).

Beim Glühen plastisch verformter Werkstoffe erfolgen die Eigenschaftsänderungen in drei Stufen (Bild 1.72):
– Erholung,
– Rekristallisation,
– Kornwachstum.

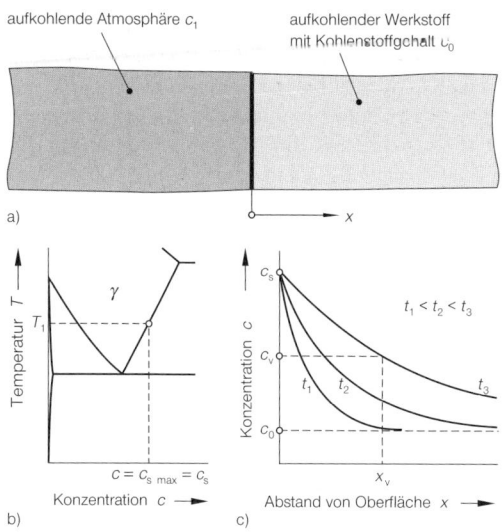

Bild 1.70
Vorgänge beim Aufkohlen von Stahl
a) C-Gehalte des aufkohlenden Mediums (c_l)/Werkstoffs (c_0)
b) Maximal erreichbare Kohlenstoffkonzentration c_s im Werkstoff bei der Temperatur T_l
c) C-Konzentration im aufzukohlenden Werkstoff nach verschiedenen Einsatzzeiten t_i

Beim Entkohlen, z. B. beim Wärmebehandeln in ungeeignetem Medium, wird z. B. $c_0 = 0$, d. h., der Randkohlenstoffgehalt ist Null. c_s ist der ursprüngliche Kohlenstoffgehalt des Stahles. In Bild 1.71 ist der Entkohlungsverlauf bei verschiedenen Haltezeiten im entkohlenden Medium dargestellt.

Diffusionsvorgänge im Eisen
Infolge der dichtesten Packung des kfz γ-Eisens ist die Selbstdiffusion von Eisen und die Diffusion der substituierten Legierungs- und Begleitelemente bei jeder Temperatur etwa um den Faktor 10^2 bis 10^3 kleiner als im α-Eisen.

Die α-Modifikation ist daher thermisch weniger beständig, thermisch aktivierte Platzwechselvorgänge, d. h. Phasenänderungen aller Art, sind leicht möglich. Bei höheren Betriebstemperaturen ist daher prinzipiell der Einsatz krz Werkstoffe *nicht* empfehlenswert (siehe S. 224, warmfeste Stähle).

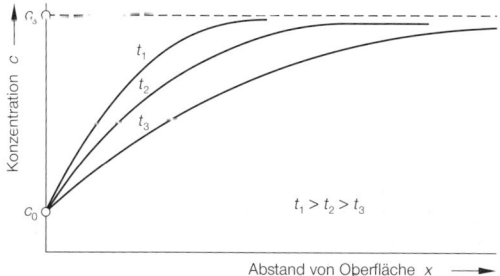

Bild 1.71
Vorgänge beim Entkohlen von Stahl

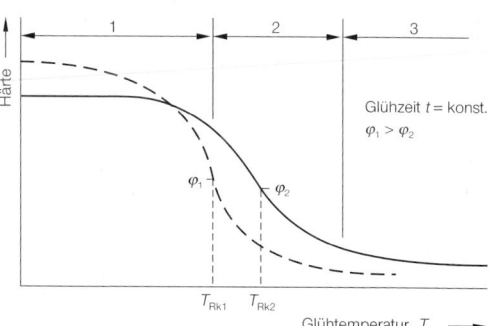

Bild 1.72
Verlauf der Härte beim Glühen eines unterschiedlich stark kaltverformten Metalls $\varphi_1 > \varphi_2$ bei konstanter Glühzeit (schematisch)
1: Erholung, 2: Rekristallisation, 3: Kornwachstum

Bei der **Erholung** erreichen die physikalischen Eigenschaften (z. B. elektrischer Widerstand, Thermokraft) praktisch wieder die Werte vor der Verformung, die mechanischen werden kaum geändert. Eigenspannungen werden in einem wesentlichen Umfang abgebaut. Änderungen des Mikrogefüges sind noch nicht erkennbar. Leerstellen heilen aus, und Versetzungen lagern sich durch thermische Aktivierung in einen energieärmeren Zustand um, die Versetzungsdichte bleibt dagegen weitgehend erhalten. Daraus wird deutlich, dass sich bei der Erholung nur die von der Leerstellendichte abhängigen Eigenschaften ändern. Tab. 1.5 zeigt einige Möglichkeiten für das *Ausheilen* und *Umordnen* von Gitterdefekten. Diese Vorgänge laufen bei der Erholung ab.

Bei höheren Temperaturen im Bereich der Erholung können sich die regellos verteilten Versetzungen in Reihen anordnen. Innerhalb der Körner entstehen Kleinwinkelkorngrenzen, die häufig polygonale Flächen umschließen. Daher wird dieser Vorgang auch *Polygonisation* genannt.

Wird die Temperatur weiter erhöht, dann rekristallisiert das verformte Gefüge. Es bilden sich durch thermisch aktivierte Platzwechsel bei sehr geringen Weglängen neue, *unverzerrte* Kristallite. Die treibende Kraft der mit der Primärkristallisation vergleichbaren (primären) **Rekristallisation** ist die Verzerrungsenergie der Versetzungen. Das rekristallisierte Gefüge besitzt die gleichen Festigkeits- und Zähigkeitseigenschaften wie das nicht verformte Gefüge. Die durch die Verformung entstandenen Gitterdefekte (Leerstellen, Versetzungen) werden beseitigt.

Kornneubildung verläuft ähnlich wie die Primärkristallisation über die Vorgänge Keimbildung und Keimwachstum.

Bild 1.73 zeigt schematisch das zellartige Mikrogefüge eines kaltverformten Werkstoffs. Neben relativ wenig verformten Bereichen besteht das Gefüge auch aus stark verspannten *Bändern* mit großer Versetzungsdichte. Diese Gebiete – deren Anzahl mit zunehmendem Verformungsgrad zunimmt – wirken als Keime. Ausgehend von diesen Keimen wird das verformte Gefüge allmählich rekristallisiert. Die sich allseitig ausbreitenden *Kristallisationsfronten* der wachsenden Körner bilden die neuen Korngrenzen. Korngröße, Kornform und Korngrenzen des rekristallisierenden Gefüges sind also in keiner Weise mit denen des verformten identisch. Der wichtigste Vorgang ist dabei die »Bewegung der Korngrenzen«, die bis jetzt noch nicht in allen Einzelheiten geklärt wurde. Verunreinigungen, Legierungselemente und nicht gelöste Partikel erschweren die Korngrenzenbewegung außerordentlich.

Tab. 1.5: Möglichkeiten für das Ausheilen und Umlagern von Gitterdefekten

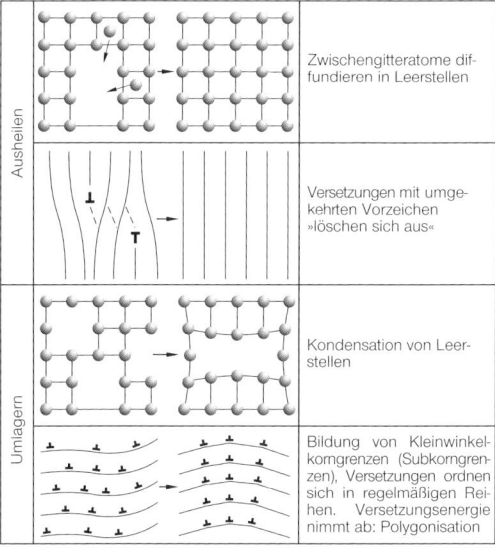

Die Vorstellung der energiereichen als Keime wirkenden Bereiche ergibt einige wesentliche Hinweise auf den Rekristallisationsvorgang.

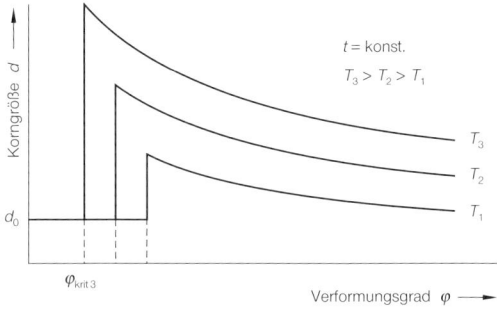

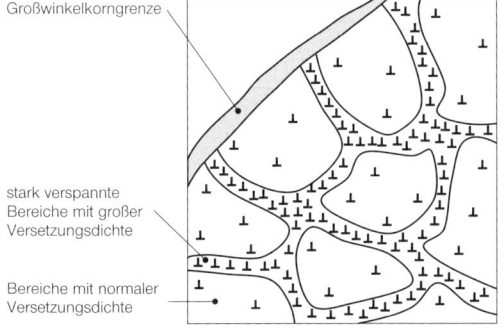

Bild 1.73
Mikrogefüge kaltverformter Werkstoffe (schematisch)

Bild 1.74
Einfluss des Verformungsgrades φ auf die Korngröße des rekristallisierenden Gefüges (schematisch)

- Der Verformungsgrad φ muss einen vom Werkstoff abhängigen Mindestwert φ_{krit} (= Energiebetrag) überschreiten, ehe die Rekristallisation beginnen kann. Die für die Kornneubildung erforderliche Triebkraft ist erst dann ausreichend.
- Die geringe Keimzahl und die geringe treibende Kraft in der Nähe von $\varphi \approx \varphi_{krit}$ führen i. Allg. zu einem ausgeprägt groben, rekristallisierten Gefüge (Bild 1.74).

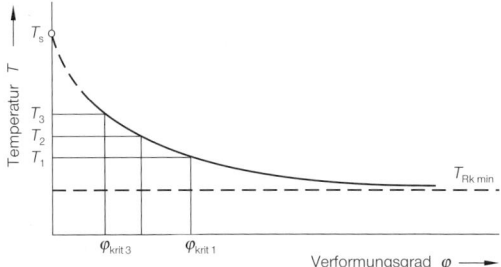

Bild 1.75
Einfluss des Verformungsgrades φ auf die Rekristallisationstemperatur (schematisch)

- Wird die von außen zugeführte Energie (Temperatur) größer, dann setzt die Rekristallisation bei geringeren Verformungsgraden ein (Bild 1.74).
- Die Platzwechselvorgänge beim Rekristallisieren laufen um so träger ab, je fester die atomare Bindung, d. h. je höher die Schmelztemperatur T_s ist (Bild 1.75). Die unterste Rekristallisationsschwelle beträgt etwa:

$T_{Rkmin} \approx 0{,}4\, T_s$.

Für Eisen gilt z. B.:

$T_s = (1536 + 273)\,\text{K} = 1809\,\text{K}$ und
$T_{Rkmin} \approx 720\,\text{K} \approx 450\,°\text{C}$.

Die Rekristallisationstemperatur ist kein fester Werkstoffkennwert (wie z. B. die Schmelztemperatur oder die Dichte), sie hängt u. a. von folgenden Faktoren ab:
- Verformungsgrad,
- Glühtemperatur und -zeit,
- Korngröße des verformten Gefüges,
- chemische Zusammensetzung. Insbesondere geringe Mengen an Begleit- und Legierungselementen verzögern die Rekristallisation reiner Metalle erheblich.

Die Temperatur, bei der ein kaltverformter Werkstoff in einer Stunde rekristallisiert, wird i. Allg. als **Rekristallisationstemperatur T_{Rk}** bezeichnet. Die Rekristallisationstemperatur wird als metallphysikalisch begründete Kenngröße gewählt, mit der die Ver-

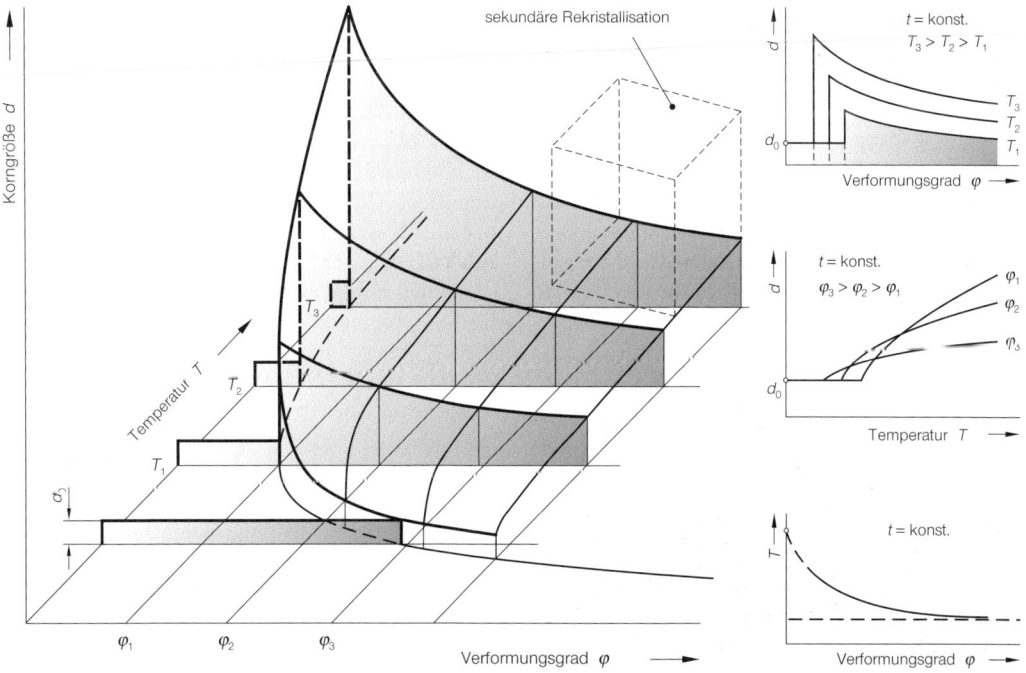

Bild 1.76
Rekristallisationsschaubild bei konstanter Glühzeit (schematisch)

fahren Kaltverformen, Warmverformen eindeutig unterschieden werden können. Jede Verformung oberhalb dieser Temperatur wird als *Warmverformen* bezeichnet: Der Werkstoff wird nicht verfestigt, er rekristallisiert während (oder kurz nach) der Verformung. Beim *Kaltverformen* ist die plastische Verformung mit einer Verfestigung verbunden, d. h., der Vorgang hat unter der Rekristallisationstemperatur stattgefunden. Danach ist die Verformung von z. B. Blei und Zinn bei Raumtemperatur eine Warmverformung, von Stahl bei 400 °C eine Kaltverformung (siehe auch S. 76).

Die mechanischen Gütewerte des rekristallisierten Gefüges werden weitgehend durch dessen Korngröße bestimmt. Die Glühbedingungen müssen daher meistens so gewählt werden, dass sich ein möglichst feinkörniges Gefüge ergibt. Im **Rekristallisationsschaubild** (Bild 1.76) ist die Abhängigkeit der Korngröße von der Glühtemperatur und dem Verformungsgrad dargestellt. Die Verformung sollte möglichst groß sein, damit das rekristallisierte Gefüge feinkörnig wird und die Glühtemperatur kleiner gewählt werden kann.

Im Allgemeinen ist die technische Anwendbarkeit dieser Schaubilder begrenzt, da meistens die Angabe der Glühzeit fehlt, und das Rekristallisationsverhalten auch scheinbar gleichartiger Werkstoffe (Begleitelemente!) erheblich voneinander abweicht. Die Glühbedingungen sind daher im Wesentlichen durch Versuche festzulegen.

Bei höheren Glühtemperaturen und/oder längeren Glühzeiten können die rekristallisierten Körner vor allem nach großen Verformungen zu extremer Größe weiterwachsen. Die treibende Kraft ist die größere Oberflächenenergie eines feinkörnigen Gefüges. Dieser Vorgang wird als **sekundäre Rekristallisation** bezeichnet (Bild 1.76).

Rekristallisationstexturen können entstehen, wenn die Rekristallisationskeime eine bestimmte Orientierung besitzen, die z. B. durch die vorhergehende Verformung (Verformungstextur) erzeugt werden kann. I. Allg. sind Werkstoffe mit Texturen unerwünscht, weil sie in den verschiedenen Richtungen unterschiedliche Eigenschaften besitzen. Kornorientierte Transformatorbleche aus siliciumlegiertem Eisen sind allerdings von großer praktischer Bedeutung. Bei ihnen werden Rekristallisationstexturen (*Goss-Textur*) erzeugt, so dass die Körner im Blech parallel zur Richtung der leichtesten Magnetisierbarkeit liegen (Bild 1.77, siehe auch S. 12).

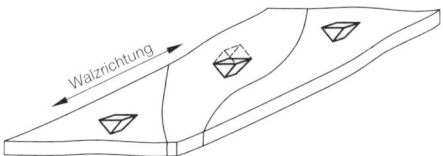

Bild 1.77
*Goss-Textur in weichmagnetischen Werkstoffen (nach F*AHLEN-BACH*)*

Zusammenfassend ergeben sich folgende wichtige technische Anwendungsgebiete der Rekristallisation:
– Durch Kaltverformung verfestigte und daher ohne Gefahr der Rissbildung nicht weiter verformbare Bauteile erhalten durch ein rekristallisierendes Glühen ihre ursprüngliche Verformbarkeit wieder zurück. Beispiel: Glühen tiefgezogener Teile.
– Durch Rekristallisation lässt sich ein nahezu beliebig feinkörniges Gefüge herstellen, wenn entsprechend große plastische Verformungen technisch möglich sind.
– Bei nicht umwandelbaren Werkstoffen (Kupfer, Nickel, ferritische und austenitische Stähle) lässt sich die Korngröße *nur* durch ein rekristallisierendes Glühen ändern.

1.4.3 Kriechvorgänge und Spannungsrelaxation

Unter **Kriechen** versteht man die zeitabhängige, fortschreitende plastische Verformung bei konstanter Belastung. Die zeitabhängige Abnahme der Spannung bei konstanter Verformung heißt **Spannungsrelaxation**.

Beide Erscheinungen beruhen bei metallischen Werkstoffen auf der mit der Temperatur zunehmenden Beweglichkeit der Atome, der größeren Anzahl und dem Verhalten der Gitterdefekte. Die diffusionskontrollierten thermisch aktivierten Platzwechselvorgänge sind für diese Vorgänge von ausschlaggebender Bedeutung. Kriech- und Relaxationsvorgänge sind entscheidend für die Gebrauchseigenschaften von Werkstoffen, die bei höheren Temperaturen verwendet werden (siehe S. 224).

Nachfolgend werden einige Änderungen des Gefüges und der Werkstoffeigenschaften bei höheren Temperaturen angegeben:

- die Leerstellenkonzentration nimmt zu: die Diffusion wird erleichtert,
- neue Gleitsysteme entstehen durch Klettern und Quergleiten der Versetzungen,
- Korngrenzendeformationen sind möglich: die Verformung wird zunehmend einfacher,
- Stabilität des Gefüges nimmt ab: Kaltverformter Werkstoff rekristallisiert, ausgehärteter überaltert,
- Werkstückoberfläche reagiert leichter mit der Umgebung: Probleme der Korrosion und des Verzunderns.

Von besonderer technischer Bedeutung ist die Tatsache, dass ertragbare Dehnungen bzw. Spannungen eines bei hohen Temperaturen beanspruchten Werkstoffes *nicht* aus den Kennwerten eines Zugversuchs (bzw. anderer Versuche) abgeleitet oder berechnet werden können. Die Festigkeitswerte hängen weitgehend von der Beanspruchungsdauer ab. Sie müssen mit aufwändigen Prüfverfahren (siehe S. 103) festgestellt werden. Die Prüfzeiten können bis zu 25 Jahren betragen!

Die Abhängigkeit der Gesamtdehnung ε_t von der Beanspruchungszeit zeigt Bild 1.78. Durch die aufgebrachte Last entsteht sofort die Dehnung ε_0, die sich aus einem proportionalen (elastischen) Anteil ε_e und einem nichtproportionalen Anteil ε_i zusammensetzt.

Die Kriechgeschwindigkeit $\dot{\varepsilon}_f = d\varepsilon_f/dt$ nimmt im 1. Kriechbereich *(primäres Kriechen)* ständig ab. Die Kriechkurve kann etwa durch die Beziehung

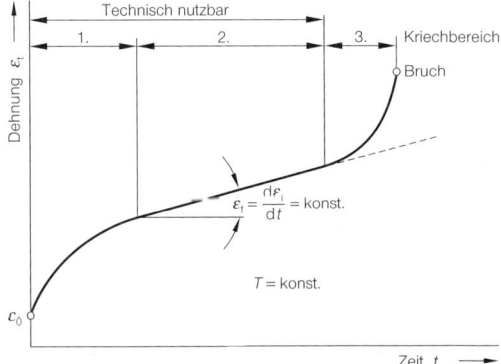

Bild 1.78
Typische Kriechkurve eines Metalls bei konstanter Belastung
1. Kriechbereich: primäres Kriechen, $\dot{\varepsilon}_f$ nimmt ab
2. Kriechbereich: sekundäres Kriechen $\dot{\varepsilon}_f = konstant$
3. Kriechbereich: tertiäres Kriechen, $\dot{\varepsilon}_f$ nimmt zu = beschleunigtes Kriechen → Bruch, $\varepsilon_f = Kriechdehnung$

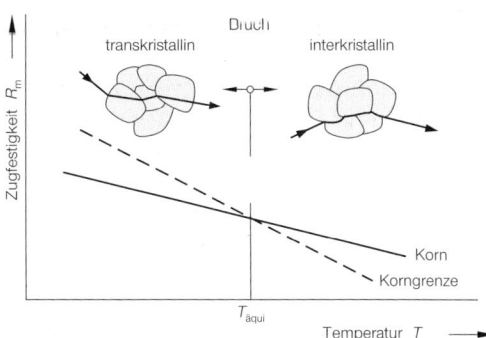

Bild 1.79
Schematische Darstellung des Bruchverhaltens metallischer Werkstoffe mit zunehmender Temperatur

$$\varepsilon_f = a \cdot \ln t \qquad \text{mit } a = \text{konst.}$$

dargestellt werden *(logarithmisches Kriechen)*. Sie ist charakteristisch für das Kriechen bei niedrigen Temperaturen und Spannungen.

Die Ursache für die Abnahme der Kriechgeschwindigkeit sind Verfestigungserscheinungen durch sich schneidende Versetzungen, die sich gegenseitig behindern. Eine Verringerung der Verformbarkeit ist die Folge. Die Vorgänge der Erholung (Polygonisation, Quergleiten) sind bei tieferen Temperaturen – bis etwa $(0,4...0,5) \cdot T_s$ – entscheidend für das Kriechgeschehen. Thermisch aktivierte Platzwechsel, also Diffusionsvorgänge, sind hier von untergeordneter Bedeutung.

Im 2. und 3. Kriechbereich ist die temperaturabhängige Erhöhung der Leerstellendichte von entscheidendem Einfluss.

Das **stationäre Kriechen** (2. Kriechbereich: *sekundäres Kriechen*) besitzt die größte praktische Bedeutung, da die Werkstoffe i. Allg. in diesem Bereich beansprucht werden. Hier gilt

$$\varepsilon_f = k\, t = \dot{\varepsilon}_f \cdot t,$$

d. h., die Kriechgeschwindigkeit $\dot{\varepsilon}_f$ ist konstant. Die Vorgänge sind (physikalisch und technisch) überschaubar und der Rechnung einfacher zugänglich. Hier besteht ein Gleichgewicht zwischen Verfestigung und Erholung. Durch die höhere Leerstellendichte ist das Klettern der Versetzungen (siehe Bild 1.44) der maßgebliche Vorgang: Hindernisse und nicht bewegliche Versetzungen können umgangen werden, so dass eine weitere Verformung (Kriechen) erfolgen kann.

Der 3. Kriechbereich *(tertiäres Kriechen)* ist gekennzeichnet durch stark beschleunigtes Kriechen, das rasch zum Bruch führt. Leerstellenkondensation an den Korngrenzen führt zu ausgeprägten Korngrenzendeformationen (Korngrenzenrisse). Technisch nutzbar ist dieser Bereich nur noch bedingt, wenn durch metallografische Untersuchungen an Bauteilen deren Restlebensdauer abgeschätzt werden kann.

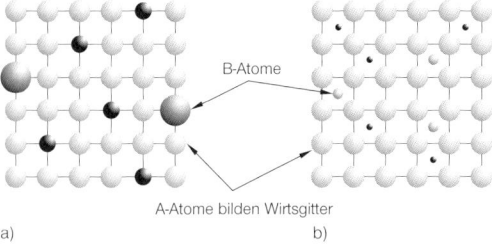

Bild 1.80
Aufbau der Mischkristalle
a) Substitutionsmischkristall (SMK)
b) Einlagerungsmischkristall (EMK)

Bei höheren Temperaturen und niedrigen Spannungen wird das Kriechen mehr durch Diffusionsströme als durch Versetzungsbewegungen bewirkt: **Diffusionskriechen**. Der Materialtransport findet dann nicht nur im Kornvolumen statt, sondern wegen der vielen Leerstellen verstärkt auch auf den Korngrenzen. Die Folge sind dort deutliche Verschiebungen: **Korngrenzengleiten**.

Bemerkenswert ist die Veränderung des Bruchgeschehens mit zunehmender Betriebstemperatur. Während bei niedrigen Temperaturen die Werkstofftrennung i. Allg. als transkristalliner Bruch erfolgt, führen die Schwächung der Korngrenzen durch Leerstellenkondensation zu Brüchen auf den Korngrenzen. Der **Kriechbruch** ist interkristallin. Die Temperatur, bei der Körner und Korngrenzen gleiche Festigkeit besitzen, wird als *äquikohäsive Temperatur* ($T_{äqui}$) bezeichnet (Bild 1.79).

1.5 Grundlagen der Legierungsbildung

Metallische Werkstoffe bestehen praktisch immer aus mehreren (meistens metallischen) Elementen. Sie sind Legierungen. Im technischen Sprachgebrauch werden als **Legierungen** einschränkend nur solche Werkstoffe bezeichnet, denen absichtlich ein Element oder mehrere Elemente zugesetzt wurden, um bestimmte *gewünschte* Eigenschaftsänderungen zu erzeugen.

Die Legierungselemente beeinflussen den kristallinen Aufbau und damit die Eigenschaften der Werkstoffe außerordentlich. Es können sich folgende, aus mehreren Atomsorten bestehende Kristallarten bilden:
– Mischkristalle,
– intermediäre Verbindungen,
– außerdem können Kristallgemische (z. B. Eutektikum) entstehen.

1.5.1 Mischkristalle

Die meisten Metalle können in ihrem Gitterverband (Matrix) bestimmte Mengen anderer Atome aufnehmen. Die Fremdatome werden im (Wirts-)Gitter gelöst, wodurch es stets mehr oder weniger stark verspannt wird. Derartige aus mindestens zwei Atomsorten »gemischte« Kristalle werden **Mischkristalle (MK)** genannt oder zutreffender als **feste Lösungen** *(solid solution)* bezeichnet.

Je nachdem, wie die Legierungsatome B im Wirtsgitter A verteilt sind, unterscheidet man

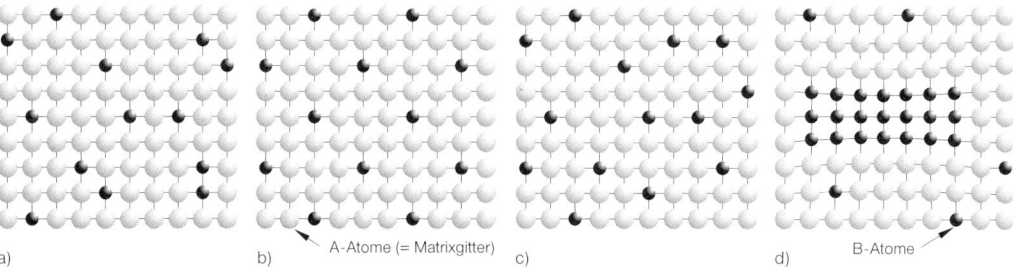

Bild 1.81
Mögliche Atomanordnungen in einem Substitutionsmischkristall
a) B im A-Gitter statistisch verteilt
b) Überstruktur (Fernordnung)
c) Nahordnung
d) einphasige Entmischung (Zonenbildung)

- Substitutionsmischkristalle (SMK) und
- Einlagerungsmischkristalle (EMK).

1.5.1.1 Substitutionsmischkristalle (SMK)

Substitutions- oder **Austauschmischkristalle** entstehen durch Austausch der Atome A des Wirtsgitters durch Fremdatome B (substituiert) (Bild 1.80a).

In den meisten Fällen ist die Löslichkeit von B in A begrenzt. Unter bestimmten Voraussetzungen kann jedes A-Atom durch ein B-Atom ersetzt werden. Man spricht dann von einer *lückenlosen MK-Reihe*. Die Löslichkeit des Metalles A für B beträgt in diesem Fall 100 %. Wichtige Beispiele für dieses Verhalten sind die Metallpaarungen: Cu-Ni, Fe-Ni, Au-Ag, Au-Cu, Mo-W, Fe-Cr, Ti-Zr.

Voraussetzungen für eine lückenlose Mischbarkeit von A und B sind:
- A und B müssen den gleichen Gittertyp haben,
- ihre Atomdurchmesser dürfen sich um höchstens 14 % unterscheiden.

Außer diesen geometrischen müssen noch einige chemische und elektrochemische Bedingungen erfüllt sein. Sie betreffen also den atomaren Aufbau der beteiligten Elemente. Der Eingriff in den atomaren Bereich ist die Ursache dafür, dass die Eigenschaften der Mischkristalle in keiner Weise additiv aus denen der beteiligten Elemente bestimmt werden können.

Im Allgemeinen verhalten sich die Atomsorten gegeneinander indifferent. Es bestehen keine gerichteten, anziehenden oder abstoßenden Kräfte. Die Atome B sind im Wirtsgitter völlig regellos (statistisch) verteilt (Bild 1.81a).

Sind die anziehenden Kräfte zwischen den ungleichen Atomen (A-B) stärker als zwischen den gleichartigen (A-A, B-B), entsteht eine geordnete atomare Struktur, die **Überstruktur** (Bild 1.81b).

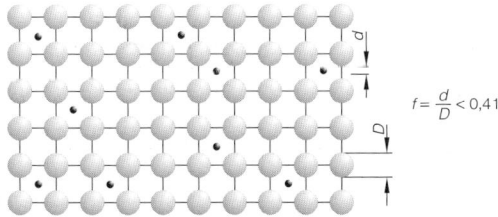

Bild 1.82
Schematische Darstellung des Einlagerungsmischkristalls (EMK)

Diese Atomanordnung wird auch als *Fernordnung* bezeichnet, sie ist nur möglich bei bestimmten Anteilen der gelösten Atome. Überstrukturen sind nur bei niedrigeren Temperaturen beständig, sie werden durch thermische Einwirkung leicht zerstört, denn höhere Temperaturen begünstigen den Unordnungszustand (die Entropie wird größer!).

Die Einstellung des Ordnungszustandes erfordert Platzwechsel, d. h., es muss genügend Zeit zur Verfügung stehen. Die Überstruktur kann sich daher aus ordnungsfähigen Mischkristallen nur bei langsamer Abkühlung von höheren Temperaturen bilden. Bei schnellem Abkühlen unterbleibt die Bildung geordneter Strukturen.

Die Eigenschaften der Überstrukturen weichen wesentlich von denen der regellos aufgebauten Mischkristalle ab (siehe S. 51).

Wegen der durch die gelösten Atome B verursachten Gitterverzerrungen entsteht praktisch nie eine völlig regellose Verteilung, sondern die so genannte *Nahordnung*. Die gelösten Atome B liegen viel seltener direkt nebeneinander, als es der Wahrscheinlichkeit entspricht (Bild 1.81c).

Durch geeignete Wärmebehandlungen kann z. B. ein weiterer spezieller Verteilungszustand der gelösten Atome erreicht werden: In bestimmten Bereichen ist ihre Konzentration besonders groß (Bild 1.81d). Durch die mehr oder weniger stark abweichenden Atomdurchmesser wird ein relativ großer Bereich in der Nähe der gelösten Atome stark elastisch verspannt. Die Festigkeit des Werkstoffes wird durch derartige »entmischte« Bereiche (siehe S. 53) erheblich gesteigert.

1.5.1.2 Einlagerungsmischkristalle (EMK)

Nichtmetallatome, mit einem Durchmesserverhältnis f von maximal 0,41 können in die Zwischengitterplätze eingelagert werden (Bild 1.82). Da nur wenige Zwischengitterplätze besetzt werden können, ist die Löslichkeit i. Allg. sehr viel geringer als ein Prozent.

Wasserstoff, Stickstoff, Kohlenstoff und Bor sind die technisch wichtigsten EMK-bildenden Elemente. Ihre Diffusionsfähigkeit nimmt mit fallender Temperatur im Allgemeinen sehr stark ab.

Ändert sich beim schnellen Abkühlen die Gittermodifikation, so dass eine Gitterstruktur mit einer geringeren Löslichkeit für das eingelagerte Element entsteht, können starke Gitterverzerrungen, d. h. hohe Härten entstehen. Diese Vorgänge spielen bei der *Umwandlungshärtung* eine entscheidende Rolle.

1.5.2 Intermediäre Kristalle

Bei intermediären Kristallen bestehen zwischen den Atomsorten sehr starke anziehende Kräfte, die wesentlich größer sind als die zur Bildung von Überstrukturen. Abhängig vom elektrochemischen Verhalten der Atomarten sind neben der metallischen Bindung noch andere Bindungsarten (kovalent, Ionenbindung) wirksam. Die Bindungsform liegt daher im Allgemeinen zwischen der reinen metallischen und der chemischen Bindung: intermediate (engl.) bedeutet dazwischen liegend. Diese Kristallarten werden auch intermetallische Verbindungen genannt. Diese Bezeichnung ist aber nur für Verbindungen korrekt, die aus Metallen bestehen.

Bei stark elektronegativen Elementen kann sich eine stöchiometrisch zusammengesetzte chemische Verbindung bilden. Sie besitzt keine metallischen Eigenschaften mehr. I. a. entstehen intermediäre Kristalle innerhalb eines größeren Konzentrationsbereiches. Sie bilden dann Mischkristalle.

Ihre Gitter weichen oft von denen der beteiligten Elemente ab und sind meistens sehr kompliziert aufgebaut. Eine Elementarzelle kann mehrere hundert Atome enthalten. Die Folge davon ist große Härte und Sprödigkeit. Die intermediären Kristalle übertragen ihre Eigenschaften auf die gesamte Legierung. Daher sind i. Allg. nur Gehalte von wenig mehr als einigen Zehntel Prozent zulässig. In bestimmten Fällen wird ihre große Härte technisch genutzt.

Eine wichtige Untergruppe dieser Kristallart sind die **interstitiellen Phasen**, die auch als *Einlagerungsstrukturen* bezeichnet werden. Sie haben einen hohen Schmelzpunkt und sind extrem hart. Die zum Teil sehr dichte Packung ist eine Ursache für die hohe Härte dieser Phasen. Sie haben im Aufbau große Ähnlichkeit mit EMK. Der hohe Anteil an nichtmetallischen (= chemischen) Bindungskräften und die großen Packungsdichten unterscheiden sie aber wesentlich von den EMK.

Von besonderer Bedeutung sind die Carbide, Nitride, Boride der (Übergangs-)Metalle. Ist das Durchmesserverhältnis (Bild 1.82) $f < 0{,}59$, bilden sich einfache Strukturen mit der ungefähren Zusammensetzung M_4X, M_2X, MX (M = Metall, X = Nichtmetall). Bei einem größeren Verhältnis f bilden sich i. Allg. komplexe, vom Wirtsgitter stark abweichende Kristallgitter. Die Carbide des Cr, Co, Fe, Mn und Ni ($f \approx 0{,}60 - 0{,}61$) gehören dazu.

Einige der härtesten und beständigsten Carbide, die z. B. in Werkzeugstählen und hitzebeständigen Stählen verwendet werden, wie TaC (Schmelzpunkt 3800 °C), NbC (3500 °C), ZrC (3500 °C), VC (2800 °C), WC (2750 °C) sind interstitielle Kristallarten.

1.6 Zustandsschaubilder

1.6.1 Grundlagen, Begriffe, Definitionen

Eine Legierung besteht aus mindestens zwei verschiedenen Atomsorten, den Komponenten. Das Gefüge der Legierung ist aus Körnern aufgebaut, die durch Korngrenzen voneinander getrennt sind.

Der Zustand von Legierungen wird durch die Zustandsgrößen:
- Temperatur T,
- Druck p,
- Konzentration c eindeutig bestimmt.

Die **Konzentration** wird aus dem Mischungsverhältnis der Komponenten A und B berechnet und meistens in Masseprozenten angegeben.

$$c_A = \frac{m_A}{m_A + m_B} \cdot 100\,\%, \quad c_B = \frac{m_B}{m_A + m_B} \cdot 100\,\%.$$

m_A, m_B = Masse der Komponenten A und B.

Gefügeänderungen, wie Erstarren, Lösungs- und Ausscheidungsvorgänge, Umwandlungsvorgänge, Bildung neuer Phasen sind stets mit einer Änderung der Zustandsgrößen T, p, c verbunden.

Abgesehen von der Vakuummetallurgie laufen die meisten technischen Herstell- und Verarbeitungsprozesse der Werkstoffe bei Normaldruck ($p \approx 1$ bar) ab. Jeder Werkstoffzustand lässt sich dann durch ein *bestimmtes* Wertepaar T,c beschreiben.

Das **Zustandsschaubild** gibt in Abhängigkeit von der Temperatur T und der Konzentration c eine lückenlose und vollständige Übersicht über alle möglichen Zustandsänderungen des Gefüges aller Legierungen, bestehend aus A und einem von Null bis 100 % ansteigendem B-Gehalt.

Die Zustandsänderungen müssen in einem **thermodynamischen System** untersucht werden. Bestehen die Systeme nur aus einer Komponente, dann spricht man von einem Einstoffsystem. Entsprechend bezeichnet man die Gesamtheit aller Legierungen aus zwei, drei oder mehreren Elementen als Zwei-, Drei- oder Mehrstoffsystem.

Die gleichartigen, einheitlichen Bestandteile eines Systems werden als **Phasen** bezeichnet. Existiert in einem System (innerhalb der vorgegebenen oder gewählten T,c-Grenzen) nur eine Phase, wird es *homogen* genannt.

Der Begriff Phase ist nicht gleichbedeutend mit dem des Aggregatzustandes. In jedem Aggregatzustand können auch mehrere Phasen gleichzeitig auftreten. In diesem Fall treten Mischungslücken auf, d. h., es liegen mehrere durch Phasengrenzen getrennte *unterschiedliche* Bestandteile vor. Das System ist *heterogen*. Die entstehenden Gefügearten können aber auch jedes für sich homogen sein.

In den hier zu behandelnden Systemen können prinzipiell folgende Phasen auftreten:
- ☐ **homogene Schmelzen** S_A, S_B,
- ☐ **reine Metalle** A, B, C... (die Komponenten des Systems),
- ☐ **Mischkristalle**. Auch diese atomaren »Mischungen« werden als Phase, also als einheitlich und homogen bezeichnet. Eine »Heterogenität« wird erst nachweisbar, wenn man sich atomaren Abmessungen nähert. Der Begriff Phase erfordert daher die Betrachtung hinreichend großer Massen, so dass dann von einheitlichen, homogenen Zuständen gesprochen werden kann. A-reiche MKe werden α-MK, B-reiche β-MKe genannt.
- ☐ **Intermediäre Kristallarten**.

Daneben treten häufig Gemische auf:
- Gemenge von Phasen (flüssig oder fest)
- charakteristische Kristallgemenge, z. B. das Eutektikum, das Eutektoid.

1.6.2 Phasengesetz
Das Phasengesetz von GIBBS stellt den Zusammenhang her zwischen
- der Anzahl der **Komponenten** K,
- der Anzahl der **Phasen** P und
- der Anzahl der **Freiheitsgrade** F

eines sich im Gleichgewicht befindenden thermodynamischen Systems.

$F = K + 2 - P.$

Unter Freiheitsgrad versteht man die Zahl der Zustandsgrößen (T, p, c), die unabhängig voneinander geändert werden können, ohne dass sich der Zustand, d. h. die Zahl der Phasen, ändert. Da der Einfluss des Druckes vernachlässigt werden kann, verringert sich die Zahl der Freiheitsgrade um 1.

$F = K + 1 - P.$

Beispiele:
- *Einstoffsystem*, z. B. reines Metall A, d. h. $K = 1$. Wegen $c = 1 = $ konst. ist die einzige Zustandsgröße des Systems die Temperatur T:
$F = 1 + 1 - P = 2 - P.$
Für den einphasigen Zustand (Metall ist fest oder flüssig) ist $P = 1$ also $F = 2 - 1 = 1$. Die Phase ist in einem bestimmten *Temperaturbereich* beständig, d. h., die Temperatur kann geändert werden, ohne dass sich der Zustand des Systems ändert.
Ist $P = 2$, d. h. existieren die feste und flüssige Phase gleichzeitig, dann wird $F = 0$, das System besitzt also keinen Freiheitsgrad mehr. Folglich ist die Temperatur, bei der die beiden Phasen gleichzeitig auftreten, ein fester Wert, nämlich die *Schmelztemperatur*.

- *Zweistoffsystem*, z. B. Legierung aus A und B, d. h. $K = 2$ und
$F = 2 + 1 - P = 3 - P.$
Zustandsgrößen sind T und c.
Für eine einphasige Legierung (homogenes System) ist $P = 1$, also $F = 3 - 1 = 2$, d. h., T und c können in gewissen Grenzen unabhängig voneinander geändert werden, ohne dass sich der Zustand des Systems ändert.
Für eine zweiphasige Legierung (heterogenes System) ist $P = 2$, also $F = 3 - 2 = 1$.
Die heterogene Legierung (zwei Phasen existieren bei c = konst.) besteht daher in einem bestimmten Temperatur- oder Konzentrationsbereich. T und c können nicht mehr unabhängig voneinander geändert werden, ohne dass sich der Zustand der Legierung ändert. Der Schmelz- oder Erstarrungsvorgang (flüssige und feste Phase liegen gleichzeitig vor) erfolgt bei Legierungen also innerhalb eines bestimmten Temperaturintervalls *(Schmelz-* bzw. *Erstarrungsintervall)*.
Kommen in einem Zweistoffsystem gleichzeitig drei Phasen vor, dann ist $F = 0$.
Dies kann nur für jede Phase bei einer bestimmten Konzentration und Temperatur geschehen. Derartige »singuläre« Gleichgewichtspunkte sind das Eutektikum, das Eutektoid und das Peritektikum. Die Temperatur muss solange konstant bleiben (Haltepunkt), bis sich die Zahl der Phasen um 1 verringert hat.

1.6.3 Aufstellen der Zustandsschaubilder
Das Zustandsschaubild ist die bildliche Darstellung der Zustandsänderungen von Legierungen in Abhängigkeit von den sie bestimmenden Zustandsgrößen T, c.

Der Zustand der Legierung wird nur in Abhängigkeit von Temperatur T und Konzentration c betrachtet.

Auf der Abszisse wird in Richtung B der B-Gehalt bis 100%, in Richtung A der A-Gehalt bis 100% aufgetragen. Damit ist die Zusammensetzung jeder Legierung (x% A, y% B) eindeutig auf der Abszisse festgelegt.

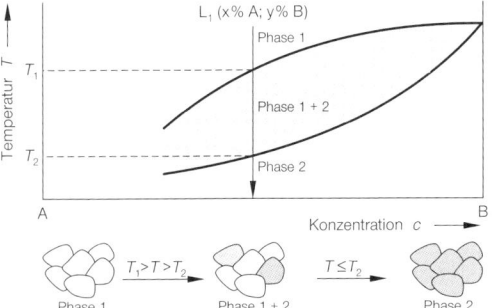

Bild 1.83
Phasenänderung, dargestellt im Zustandsschaubild (schematisch)

Die Aufgabe besteht im Ermitteln der Phasengrenzlinien in dem T-c-Schaubild (Bild 1.83). Unterschreitet eine Legierung L_1 beim Abkühlen oder Erwärmen die Phasengrenzlinie (Temperatur T_1), dann ändert sich ihr Zustand: die Anzahl der Phasen ändert sich. In Ausnahmefällen gehen Phasen unmittelbar in andere über, ohne dass sich ihre Anzahl ändert. Bei einer Zustandsänderung ändern sich viele Eigenschaften unstetig. Viele Eigenschaftsänderungen können zum Bestimmen der Phasengrenzlinien (= Phasenänderung) verwendet werden. Dazu gehören:

$F = K - P + 1$
K = Anzahl der Komponenten (= 2), P = Anzahl der Phasen

1: z. B. L_2, Bild 1.90a - **2**: z. B. L_1, Bild 1.88 - **3**: z. B. L_1, Bild 1.90a

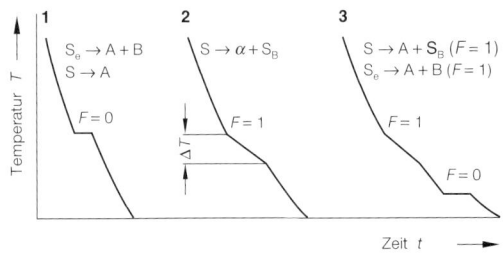

Bild 1.84
Halte- und Knickpunkte bei Zweistofflegierungen
$F = 0$: Haltepunkte bei der Erstarrung reiner Metalle, Eutektika, Eutektoide, Peritektika. Zwei bzw. drei Phasen sind im Gleichgewicht
$F = 1$: Knickpunkte bei Zustandsänderungen in Zweiphasengebieten

- Änderungen des *Wärmeinhaltes* (thermische Analyse): Wärme wird frei oder gebunden.
- *Volumen-* oder *Längenänderungen* (Dilatometerverfahren): unterschiedliche Packungsdichte der Phasen.
- Änderung verschiedener *physikalischer Eigenschaften:* elektrischer Widerstand, magnetische Suszeptibilität.

Bei dem Verfahren der *thermischen Analyse* wird die Temperatur der abkühlenden Legierung in Abhängigkeit von der Zeit gemessen. Dabei ergeben sich in den Temperaturkurven bei den verschiedenen Phasenänderungen charakteristische Unstetigkeiten (Bild 1.84):

❑ **Haltepunkte.** Die Temperatur der abkühlenden Legierung bleibt bis zur vollständigen Phasenänderung konstant. Dies kann nur geschehen, wenn der Freiheitsgrad $F = 0$ ist, z. B. beim Erstarren (Schmelzen) reiner Metalle oder eutektischer Legierungen.

❑ **Knickpunkte** entstehen nur bei Zustandsänderungen im Bereich Schmelze/feste Bestandteile von Legierungen ($F = 1$). Sie sind die Folge der bei der Erstarrung freiwerdenden Kristallisationswärme.

In manchen Fällen ist die Änderung des Wärmeinhaltes für den Nachweis der Phasenänderung gering, z. B. bei Ausscheidungsvorgängen. Bei dem *Dilatometerverfahren* dienen sehr kleine Längenänderungen zum Nachweis von Phasenumwandlungen. Bild 1.85 zeigt schematisch die Dilatometerkurven einer Fe-C-Legierung während des Aufheizens und des Abkühlens.

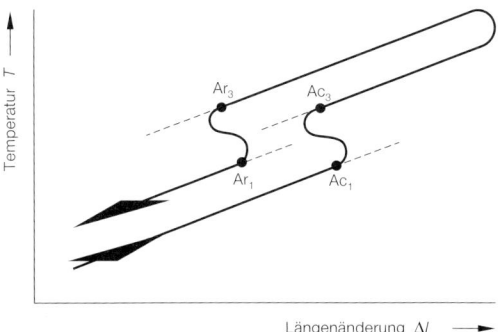

Bild 1.85
Dilatometerkurven (Aufheizen/Abkühlen) einer Fe-C-Legierung (schematisch)

Die Phasengrenzen (und damit das Zustandsschaubild) werden bestimmt, indem die von einer Vielzahl von Legierungen gemessenen Knick- und Haltepunkte in das T-c-Schaubild eingetragen werden. Bild 1.86 zeigt schematisch diese Konstruktion am Beispiel der lückenlosen Mischkristallreihe. Die Phasengrenzlinie zwischen der homogenen Schmelze (S) und dem Zweiphasenfeld Schmelze und Mischkristall (S + α) bezeichnet man als **Liquiduslinie**; die zwischen dem Zweiphasenfeld und dem festen Mischkristall als **Soliduslinie**.

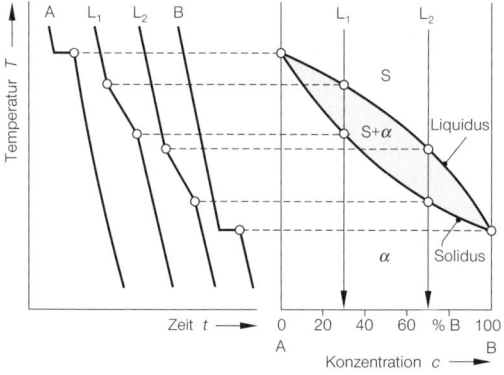

Bild 1.86
Ermittlung des Zustandsschaubildes mit Hilfe von Abkühlkurven, dargestellt am Beispiel eines Systems mit lückenloser Mischbarkeit im flüssigen und festen Zustand

Oberhalb der Liquiduslinie Li ist die Legierung vollständig flüssig, unterhalb der Soliduslinie So vollständig erstarrt. Zwischen Li und So existiert eine flüssige und eine feste Phase.

Von besonderer Bedeutung für das Verständnis der Zustandsschaubilder ist die Einsicht, dass die Anzahl der Phasen, ihre Art und Menge *nur* dann stabil ist, wenn sich das System im thermodynamischen Gleichgewicht befindet. Daher müssen alle Aufheiz- und Abkühlvorgänge so langsam erfolgen, dass es sich einstellen kann.

Im flüssigen Zustand ist das sehr rasch möglich. Zustandsänderungen in der festen Phase erfordern meistens sehr lange Zeiten (Tage, Monate).

Die Werkstoffe werden überwiegend in einem für den betreffenden Anwendungsfall hinreichend beständigen metastabilen, selten in ihrem thermodynamisch stabilen Zustand verwendet. Daraus folgt (siehe auch S. 48):
– Die Aussagen der üblichen (Gleichgewichts-) Zustandschaubilder dürfen nicht kritiklos auf technische Legierungen übertragen werden. Aufheiz- und Abkühlbedingungen, die wesentlich von denen abweichen, die zum Erreichen des Gleichgewichtszustandes erforderlich sind, führen oft zu deutlich abweichenden Eigenschaften.
– Sind metastabile Zustände technisch bedeutsam, oder ist die zum Einstellen des Gleichgewichts erforderliche Zeit zu lang, werden häufig metastabile Zustandsschaubilder aufgestellt. Die Phasengrenzen in diesen, bei höheren Abkühlgeschwindigkeiten aufgenommenen **realen Schaubildern** sind gegenüber den **idealen** (Gleichgewichts-)**Schaubildern** zu tieferen Temperaturen verschoben. Ein technisch wichtiges Beispiel ist das metastabile Fe-Fe$_3$C-Schaubild.

1.6.4 Zustandsschaubilder von Zweistofflegierungen

1.6.4.1 Vollkommene Unlöslichkeit im flüssigen und festen Zustand

Die Abkühlkurven aller Legierungen des Systems Fe-Pb zeigen den in Bild 1.87b dargestellten Verlauf. Daraus kann das einfache Zustandsschaubild (Bild 1.87a) konstruiert werden.

Die Abkühlung der Legierung L$_1$ (80 % A, 20 % B) von Temperaturen oberhalb T_{sA} (= Schmelztemperatur von A) ergibt:
– Bis Punkt 1 liegen zwei homogene Schmelzen S$_A$ und S$_B$ vor, die entsprechend ihrer Dichte übereinander geschichtet sind (Schwerkraftseigerung).
– Bei Punkt 2 kristallisiert A (Fe). Die zweite Phase S$_B$ bleibt bis Punkt 3 flüssig.

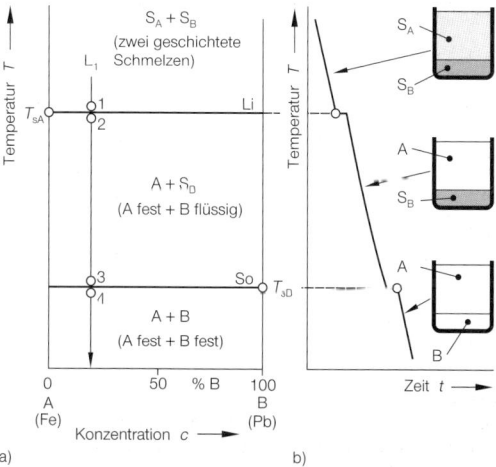

Bild 1.87
Zustandsschaubild mit vollständiger Unlöslichkeit im flüssigen und festen Zustand (Beispiel Fe-Pb)

− Nach Unterschreiten von T_{sB} sind beide Phasen kristallisiert. Sie liegen schichtartig übereinander (Bild 1.87b).

Die völlige Unmischbarkeit der beiden Metalle Eisen und Blei erklärt, warum flüssiges Blei in eisernen Tiegeln transportiert werden kann, ohne dass diese angegriffen werden oder mit Blei reagieren.

1.6.4.2 Vollkommene Löslichkeit im flüssigen und festen Zustand

Die Voraussetzungen für die Bildung einer *lückenlosen Mischkristallreihe* wurden auf S. 35 genannt. Alle Abkühlkurven, ausgenommen die der Komponenten A, B, zeigen Knickpunkte (Bild 1.86).

Die bei Abkühlung ablaufenden Vorgänge sollen anhand der Legierung L_1 (60 % A, 40 % B) deutlich gemacht werden (Bild 1.88):

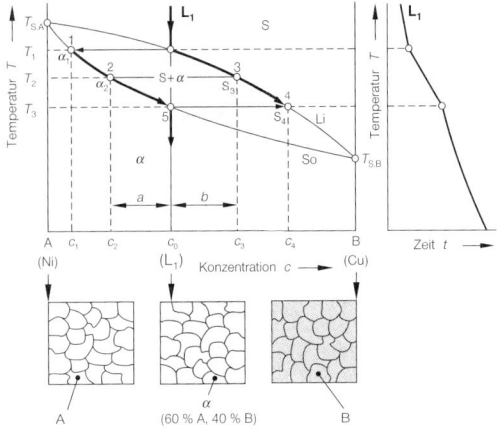

Bild 1.88
Zustandsschaubild mit vollständiger Löslichkeit im flüssigen und festen Zustand

Nach Unterschreiten der Liquiduslinie bei T_1 befindet sich die Legierung im Zweiphasenfeld, in dem Schmelze und die sich gerade bildenden Mischkristalle α im Gleichgewicht sind.
Die Zusammensetzung der aus der Schmelze auskristallisierten Mischkristalle gibt der Schnittpunkt der durch T_1 gezogenen Waagerechten mit der zu diesem Phasenfeld gehörenden nächsten Phasengrenze an, Punkt 1. Dessen B-Gehalt (= c_1) ist wesentlich geringer, als der B-Gehalt der ursprünglichen Schmelze.
Fällt die Temperatur bis T_2, dann besitzt der größer gewordene Anteil der Mischkristalle den B-Gehalt c_2. Während der Erstarrung ändern also die ausgeschiedenen Mischkristalle ständig ihre Zusammensetzung gemäß der Soliduslinie. Im Punkt 5 − nach Unterschreiten der Soliduslinie − ist die Kristallisation abgeschlossen. Es liegen nur homogene Mischkristalle vor.
Da der B-Gehalt der gebildeten Mischkristalle immer geringer ist als der der ursprünglichen Schmelze (c_0), muss der B-Gehalt der Restschmelze entsprechend dem Verlauf der Liquiduslinie ständig zunehmen. Diese Konzentrationsänderungen in der Schmelze und den Mischkristallen sind in Bild 1.88 durch die dick ausgezogenen Linien dargestellt. Man beachte, dass kurz vor dem Erstarren die von der ursprünglichen Zusammensetzung stark abweichende Restschmelze (B-Gehalt c_4) vorhanden ist. Sie muss zum homogenen Mischkristall (B-Gehalt c_0) erstarren.

Der Konzentrationsausgleich erfolgt in der Schmelze einfach und schnell. Die entsprechenden Diffusionsvorgänge im festen Mischkristall erfordern sehr viel längere Zeiten. Bei technischen Abkühlgeschwindigkeiten kann sich deshalb das thermodynamische Gleichgewicht nicht einstellen. Es kommt zu unangenehmen Entmischungserscheinungen (Kristallseigerung, siehe S. 48).

Die Gefüge aller Legierungen dieses Systems bestehen bei Raumtemperatur nur aus einer Phase: α-Mischkristallen. Da es bis auf eine evtl. geänderte Eigenfarbe keine Gefügebesonderheiten zeigt, sind die einzelnen Legierungen bei mikroskopischer Betrachtung nicht bzw. kaum voneinander zu unterscheiden. Das gelingt z. B. erst durch Feststellen geeigneter mechanischer Gütewerte (z. B. Streckgrenze, Härte) oder anderer Eigenschaften.

Außer der Zusammensetzung, der Anzahl und der Art der Phasen, können aus dem Zustandsschaubild auch die Mengen der in heterogenen Zustandsfeldern vorhandenen Phasen ermittelt werden. Dabei geht man davon aus, dass der Gehalt z. B. an B im Mischkristallanteil (Menge m_K, Konzentration c_2) und der restlichen Schmelze (m_S, c_3) bei jeder Temperatur im Zweiphasenfeld zusammen genauso groß sein muss, wie in der ursprünglichen Schmelze L_1 (m, c_0).

Ist die Gesamtmenge

$m_S + m_K = m$,

dann gilt, bezogen auf den B-Gehalt bei der Temperatur T_2:

$m_S c_3 + m_K c_2 = m c_0$.

Daraus ergeben sich:

$$m_K = \frac{c_3 - c_0}{c_3 - c_2} \cdot m = \frac{b}{a+b} \cdot m; \quad m_S = \frac{a}{a+b} \cdot m;$$

$$\frac{m_K}{m_S} = \frac{b}{a}.$$

Diese Beziehung wird in Anlehnung an die Mechanik als **Hebelgesetz** bezeichnet. Anstelle von Kräften werden hier Mengen eingesetzt. Bild 1.89 zeigt diesen Vergleich anschaulicher.

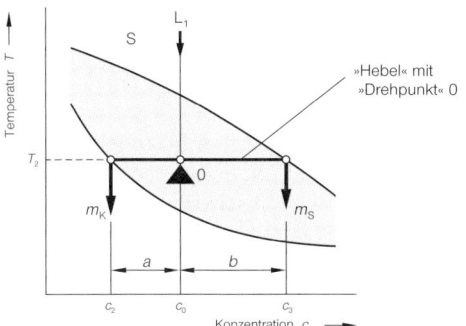

Bild 1.89
Schematische Darstellung des Hebelgesetzes

Die *wichtigsten Regeln* zum Lesen und Interpretieren von Zustandsschaubildern sollen wegen der grundsätzlichen Bedeutung noch einmal zusammengestellt werden:
– Abkühlen/Erwärmen einer Legierung im *einphasigen Zustand*, d. h. in einem Einphasenfeld (homogene Schmelze, Mischkristalle, intermediäre Verbindungen), ändert nicht *Art, Menge* und *Zusammensetzung* der Phase.
– Erreicht man nach Überschreiten einer Phasengrenze ein *Zweiphasenfeld*, d. h., geht z. B. Schmelze S in Schmelze und Mischkristall S + α über, dann kann Art, Menge und Zusammensetzung der beiden Phasen bestimmt werden. *Die Schnittpunkte der Horizontalen (Konode) mit den dieses Feld begrenzenden Phasengrenzen geben die Zusammensetzung an:* der Schnittpunkt mit der Soliduslinie die der erstarrten Mischkristalle, der Schnittpunkt mit der Liquiduslinie die der restlichen Schmelze. Die Mengen der Phasen werden mit dem auf S. 40 besprochenen *Hebelgesetz* ermittelt.

1.6.4.3 Vollkommene Löslichkeit im flüssigen Zustand, vollkommene Unlöslichkeit im festen Zustand

Durch zunehmenden A- oder B-Gehalt sinken die Liquidustemperaturen der Legierungen ständig, wenn eine vollständige Löslichkeit im flüssigen Zustand vorliegt und der Schmelze nur die reinen Komponenten A bzw. B auskristallisieren. In diesem Fall entstehen daher von T_{sA} bzw. T_{sB} abfallende Teil-Liquiduslinien, die sich im Punkt e schneiden (Bild 1.90a). Dieser Punkt wird als *eutektischer Punkt* bezeichnet. Die Legierung mit der eutektischen Zusammensetzung c_e heißt **eutektische Legierung**, ihr Gefüge im festen Zustand **Eutektikum**.

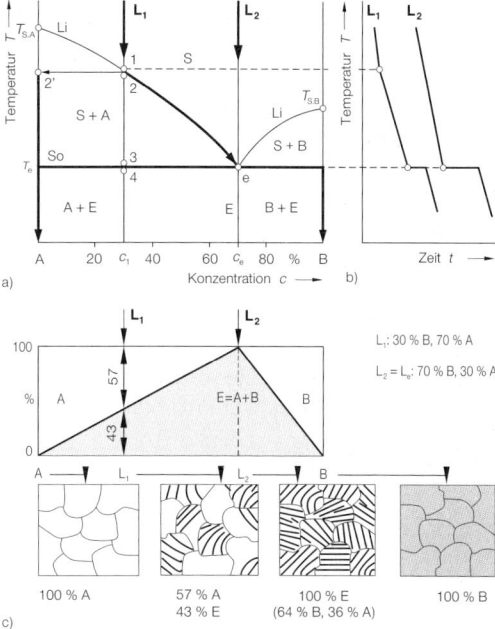

Bild 1.90
Zustandsschaubild mit vollständiger Löslichkeit im flüssigen und vollständiger Unlöslichkeit im festen Zustand

Die Isotherme $T = T_e$ wird als **Eutektikale** bezeichnet. Eine eutektische Legierung erstarrt nicht in einem Intervall, sondern bei einer festen Temperatur wie ein reines Metall. Die Abkühlkurve weist deshalb einen Haltepunkt auf (Bild 1.90b).

Bei T_e sind drei Phasen (S_e, A, B) im Gleichgewicht, d. h., es gilt:

$F = K + 1 - P = 3 - P = 0.$

Der Freiheitsgrad $F = 0$ bedeutet, dass sich die Temperatur erst ändern kann, wenn sich die Zahl der Phasen um eine verringert hat. Erst wenn die gesamte Schmelze S_e erstarrt ist, nimmt die Temperatur weiter ab. Es *muss* also ein Haltepunkt entstehen.

Die eutektische Reaktion bei T_e lautet:

$S_e \xrightarrow{T=T_e=\text{konst.}} A + B.$

Die eutektische Schmelze S_e zerfällt bei konstanter Temperatur in das eutektische Gemenge: A (fest) + B (fest).

Die Schmelze S_e erstarrt gleichzeitig zu A und B: eine Waagerechte dicht unter T_e schneidet die Ordinaten A und B! Wegen der niedrigen Schmelztemperatur T_e haben sich *sehr viele Keime* gebildet. Außerdem muss das Kristallisieren wegen des nicht vorhandenen Erstarrungsintervalls schneller als bei jeder anderen Legierung des Systems erfolgen. Das Ergebnis ist ein Gefüge, das durch gleichzeitig wachsende, sich gegeneinander behindernde A- und B-Kristalle entsteht:
- es ist i. Allg. sehr *feinkörnig*, weil zwei (oder mehr) Kristallarten sich bei $T = T_e$ *gleichzeitig* innerhalb einer sehr kurzen Zeit bilden müssen,
- es besteht zwischen den Bestandteilen eine *charakteristische kristallografisch bedingte Orientierung*. Diese liegen also nicht regellos nebeneinander, sondern sind häufig lamellen- oder spiralförmig angeordnet. Bild 1.91 macht die Bezeichnung Eutektikum (das »Schöngeformte«, »gut gebaut«) verständlich.

Die Abkühlung der Legierung L_1 ergibt:
Bis Punkt 1 besteht die homogene Schmelze S. Nach Unterschreiten der Liquiduslinie, Punkt 2, scheiden sich aus der Schmelze primär feste Kristalle A aus: Der Schnittpunkt der Waagerechten durch Punkt 2 mit der nächsten Phasengrenze innerhalb des heterogenen Zustandsfeldes (S + A) ist Punkt 2', der also die »Konzentration« von A angibt. Mit abnehmender Temperatur wird der Anteil der primär ausgeschiedenen Kristalle A größer, wodurch die Restschmelze an A verarmt. Im Punkt 3 hat sie die eutektische Zusammensetzung e, erreicht. Hier existieren nebeneinander:

$$\frac{m_A}{m} = \frac{70-30}{70} \cdot 100\% \approx 57\%$$

d. h. 57 % Primärkristalle.

$$\frac{m_S}{m} = 100\% - 57\% = 43\%$$

d. h. 43 % eutektische Schmelze der Zusammensetzung 70 % B, 30 % A.

Das Gefüge der Legierung L_1 bei Raumtemperatur besteht damit aus ≈ 57 % primär erstarrten A-Kristallen, die in der Restschmelze allseitig frei wachsen konnten und daher meist rundlich (Erkennungszeichen!) sind. Sie sind in ≈ 43 % Eutektikum eingebettet. Die in der Schmelze ursprünglich vorhandenen 70 % A und 30 % B sind wie folgt verteilt:

Schmelze	Primärkristalle		Eutektikum
70 % A	= 57 % A	+	0,43 · 30 % A
	= 57 % A	+	12,9 % A
30 % B	=		0,43 · 70 % B

Die Konzentrationsänderungen während des Erstarrens sind in Bild 1.90a als dick gezeichnete Linien dargestellt.

Die eutektische Legierung L_2 bleibt bis T_e flüssig und erstarrt nach Unterschreiten der Eutektikalen T_e vollständig als feinkörniges Eutektikum.

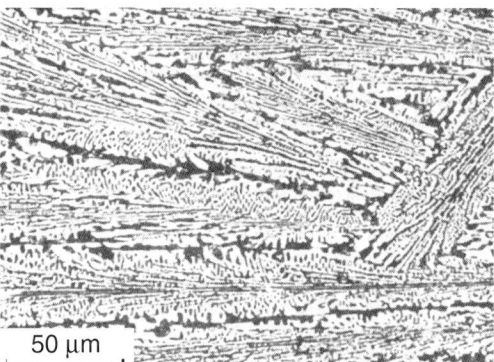

Bild 1.91
Eutektikum (Ledeburit, weißes Gusseisen)

Legierungen, die links von der eutektischen Konzentration liegen, werden als **untereutektische**, die rechts davon liegenden als **übereutektische** Legierungen bezeichnet. Die Erstarrungsverhältnisse bei **übereutektischen Legierungen** sind prinzipiell die gleichen wie bei der Legierung L_1, nur scheiden sich primär B-Kristalle aus der Schmelze aus. In Bild 1.90c sind die schematischen Gefügebilder dargestellt.

Der Ingenieur interessiert sich am meisten für Art und Menge der bei Raumtemperatur vorhandenen Phasen. Das in Bild 1.90c gezeichnete **Gefügerechteck** gibt die gewünschte Auskunft. Die in ihm enthaltenen Begrenzungslinien sind immer Geraden, da nach dem Hebelgesetz zwischen der Menge der Phase und den Hebellängen eine *lineare* Beziehung besteht.

Wegen des niedrigen Schmelzpunkts und der i. Allg. guten mechanischen Gütewerte werden eutektische Legierungen in der Praxis häufig verwendet; vor allem als Gusswerkstoffe. Die niedrige Schmelztemperatur der eutektischen Blei-Zinn-Legierung (38 % Pb, 62 % Sn) von 183 °C ist wesentlicher Grund für die ausgedehnte Anwendung dieser Legierung als Weichlot, z. B in der Elektronikindustrie.

1.6.4.4 Vollkommene Löslichkeit im flüssigen Zustand, begrenzte Löslichkeit im festen Zustand

Bei der überwiegenden Anzahl aller Legierungssysteme sind deren Komponenten im festen Zustand weder lückenlos ineinander mischbar noch vollständig unmischbar. Bei ihnen existieren Konzentrationsbereiche, in denen die Komponente A eine bestimmte Menge B und die Komponente B eine bestimmte Menge A lösen kann. Aus den Schaubildern ist nicht erkennbar, ob es sich um SMK oder EMK handelt. Der Konzentrationsbereich, in dem mehrere Phasen auftreten, wird als **Mischungslücke** bezeichnet.

Die Löslichkeit ist bei höheren Temperaturen i. Allg. größer als bei tieferen. Beim Abkühlen muss sich also nach dem Unterschreiten einer von der Zusammensetzung abhängigen Temperatur (= Löslichkeitsgrenze) wenigstens ein Teil der im A-Gitter gelösten B-Atome ausscheiden. Die Ausscheidung eines festen Bestandteiles aus einem anderen festen wird **Segregatbildung** genannt. Die Linien, unterhalb derer die Ausscheidung beginnt, sind die **Segregatlinien**.

Die Platzwechselvorgänge der Atome bei der Segregatbildung verlaufen sehr träge, die zurückgelegten Wege sind gering, die ausgeschiedenen Teilchen daher oftmals sehr klein. Sie scheiden sich bevorzugt an den Korngrenzen aus. Die »Austrittsarbeit« der Ausscheidungen ist wegen der großen Oberflächenspannung der Korngrenzen und ihrer höheren Leerstellenkonzentration gering. Grundsätzlich scheiden sich die Segregate an allen energetisch günstigen Orten aus. Das können neben den hauptsächlichen (Großwinkel-)Korngrenzen auch Zwillingsgrenzen oder Versetzungen und andere möglichst energiereiche Gitterdefekte sein.

Die Ausscheidungen können durch schnellere Abkühlung unterdrückt werden. Bei Raumtemperatur liegen dann übersättigte Mischkristalle vor, die nicht im thermodynamischen Gleichgewicht sind. Die entstehenden Gitterspannungen, die durch weitere Wärmebehandlungen noch wesentlich vergrößert werden können, führen zu einer starken Festigkeitszunahme (siehe S. 54).

1.6.4.4.1 Eutektische Systeme

In dem schematischen System nach Bild 1.92 kann bei Raumtemperatur A maximal 3 % B und B maximal 20 % A lösen. Diese Gefüge sind einphasig. Sie bestehen aus α- bzw. β-MKe. In dem Konzentrationsbereich zwischen 3 % B und 80 % B entstehen

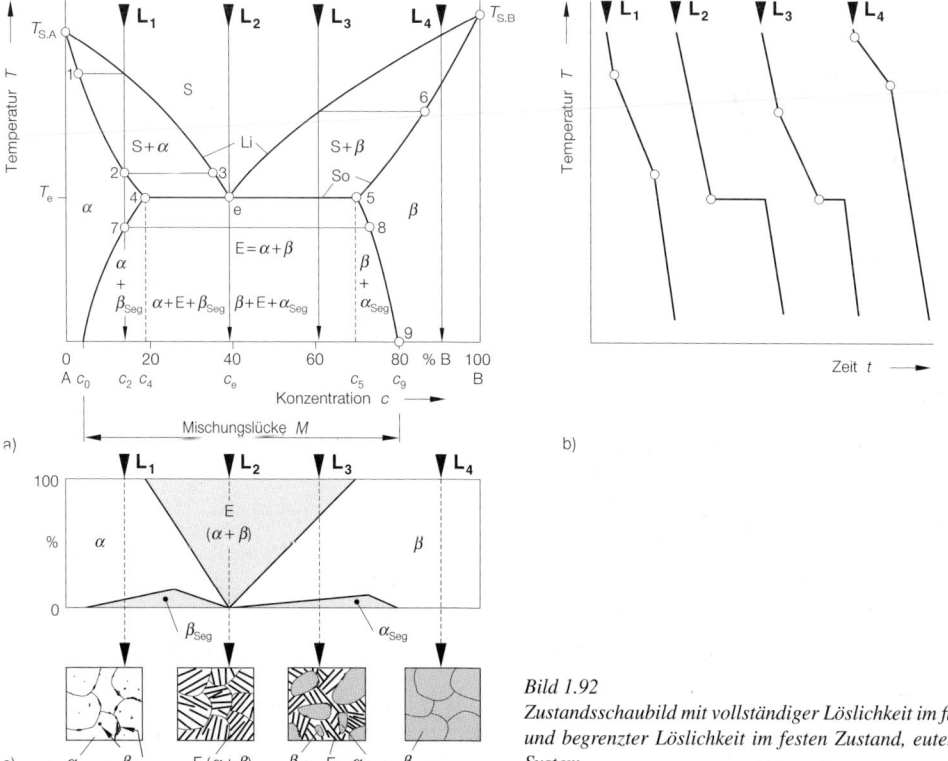

Bild 1.92
Zustandsschaubild mit vollständiger Löslichkeit im flüssigen und begrenzter Löslichkeit im festen Zustand, eutektisches System

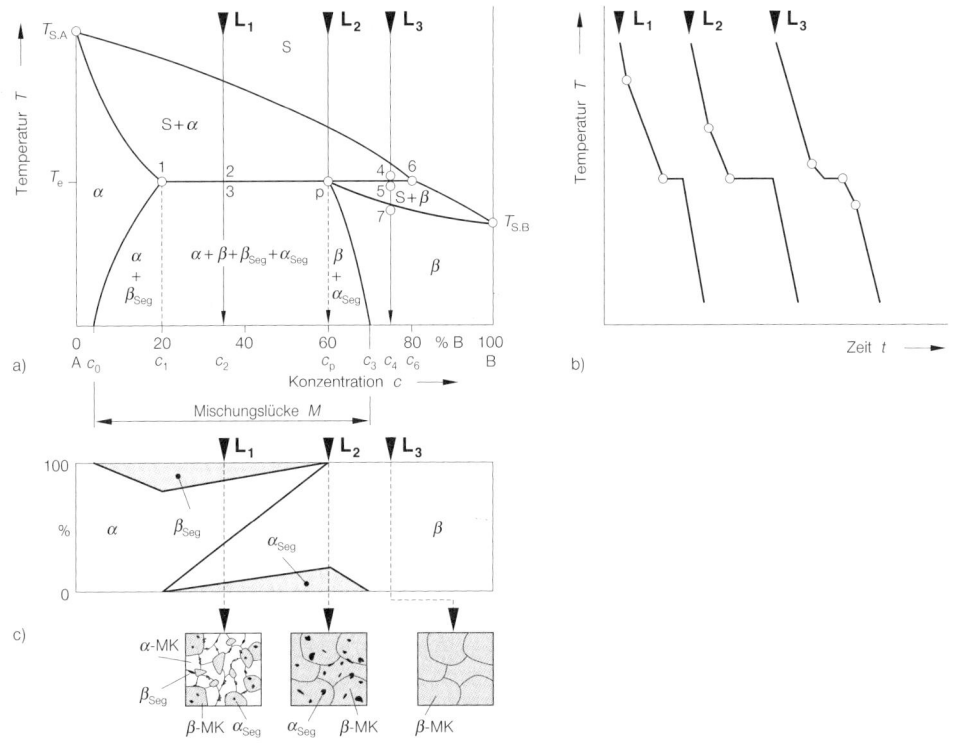

Bild 1.93
Zustandsschaubild mit vollständiger Löslichkeit im flüssigen und begrenzter Löslichkeit im festen Zustand, peritektisches System

mehrphasige Gefüge, weil A nicht mehr vollständig die angebotene Menge B bzw. B die angebotene Menge A lösen kann. Dieser Bereich ist die *Mischungslücke M*.

Die eutektische Reaktion, z. B. beim Abkühlen der Legierung L_2

$$S_e \xrightarrow{T=T_e=\text{konst.}} \alpha_4 + \beta_5$$

ergibt jetzt ein feinkörniges Gemenge aus Mischkristallen α und β. (Beachte: Die Waagerechte bei $T \leq T_e$ führt zu den Schnittpunkten 4 und 5!).

Die Mengen der beiden eutektischen Bestandteile betragen nach dem Hebelgesetz:

$$\frac{m_\alpha}{m} = \frac{c_5 - c_e}{c_5 - c_4} \cdot 100\% \approx 62\%,$$

$$\frac{m_\beta}{m} = \frac{c_e - c_4}{c_5 - c_4} \cdot 100\% \approx 38\%.$$

Die aus der Schmelze primär erstarrten Bestandteile sind eben- falls Mischkristalle und nicht mehr die reinen Komponenten. Der sich aus L_1 nach Unterschreiten der Liquiduslinie ausscheidende feste Bestandteil ist der α-MK, der sich aus L_3 ausscheidende ist der β_6-MK.

Die wesentlichen Unterschiede zum einfachen eutektischen Schaubild werden durch das Verhalten der Legierung L_1 beim Abkühlen deutlich:

Nach Unterschreiten der Soliduslinie bei Punkt 2 besteht die gesamte Legierung aus homogenen α-Mken, deren Zusammensetzung ändert sich bis Punkt 7 nicht (Einphasenfeld!). Bei weiterer Temperaturabnahme kann der α-MK nicht mehr die gesamte B-Menge (c_2) lösen. Wird die *Löslichkeitslinie* (c_0–4) unterschritten, scheidet sich der bei dieser Temperatur nicht mehr lösliche B-Anteil in Form von B-reichen β-MK aus (Waagerechte schneidet nächste Phasengrenze im Punkt 8; entspricht der Zusammensetzung eines β-MK!)

Die Menge der ausgeschiedenen Segregate ist am größten, wenn eine Legierung gerade noch zu 100 % aus α-MK (oder β-MK) besteht.

Das trifft für die Legierungen mit c_4 bzw. c_5 zu. Man erhält:

$$\frac{m_{\beta\max}}{m} = \frac{c_4 - c_0}{c_9 - c_0} \cdot 100\% \approx 19\% \text{ aus } \alpha\text{-MK mit 18\% B,}$$

$$\frac{m_{\alpha\max}}{m} = \frac{c_9 - c_5}{c_9 - c_0} \cdot 100\% \approx 13\% \text{ aus } \beta\text{-MK mit 70\% B.}$$

Mit dieser Angabe lässt sich das Gefügerechteck (Bild 1.92c) konstruieren. Die Legierung L_3 besteht bei Raumtemperatur danach aus: 30 % Eutektikum ($\alpha + \beta$), 61 % β-MK, 9 % α_{Seg}.

1.6.4.4.2 Peritektische Systeme

Bei der *peritektischen Reaktion* (Bild 1.93) setzen sich Schmelze S und primär erstarrte Mischkristalle, z. B. α-MK, zu einer anderen Mischkristallart, z. B. β-MK, um. Restschmelze S_6 und primär erstarrte α-MK setzen sich bei $T = T_p$ = konst. in β-MK mit der Konzentration $c = c_p$ um:

$$S_6 + \alpha_1 \xrightarrow{T=T_p=\text{konst.}} \beta_p$$

Da drei Phasen im *peritektischen Punkt* p im Gleichgewicht sind, ist der Freiheitsgrad $F = 0$. Die Reaktion erfolgt also bei $T = T_p$ = konst. T_p wird die *peritektische Temperatur* genannt, die Waagerechte im Schaubild (1 – 6) die **Peritektikale**.

Die Bildung der β-MKe bei der peritektischen Umsetzung beginnt an der Oberfläche der primär ausgeschiedenen α-MKen. Nachdem die α-MKe mit einer Hülle aus β_p-MKen umgeben sind, muss der weitere Massentransport durch diese feste Schale erfolgen: aus den primären α-MKen muss A in die Schmelze und aus der Schmelze die gleich Menge B in die β-MKe diffundieren (Bild 1.94b). Die erheblichen Konzentrationsverschiebungen bei der Bildung des peritektischen Gefüges β_p können nur sehr langsam erfolgen. I. Allg. bildet sich daher nicht das Gleichgewichtsgefüge nach Bild 1.94c, sondern ein Nichtgleichgewichtsgefüge nach der Art des Bildes 1.94d. Daraus erklärt sich auch die Bezeichnung für dieses Gefüge: Um die Reste der primären α-MKe ist das peritektische Gefüge »herumgebaut« (**Peritektikum** = das Herumgebaute).

Die Mengen der bei der peritektischen Reaktion beteiligten Phasen betragen für eine Legierung L_2 nach dem Hebelgesetz:

$$\frac{m_{S6}}{m} = \frac{c_p - c_1}{c_6 - c_1} \cdot 100\,\% \approx 67\,\% \text{ Schmelze } S_6 \text{ und}$$

$$\frac{m_{\alpha 1}}{m} = 100\,\% - 67\,\% \approx 33\,\% \ \alpha_1\text{-MK}.$$

Zum vollständigen Umwandeln der α-MKe in β-MK ist folglich mindestens 67 % Schmelze erforderlich. Bei Legierungen, die links von L_2 liegen, ist der Schmelzenanteil geringer, d. h., nach der peritektischen Reaktion muss eine bestimmte Menge α-MKe übrig bleiben.

Eine Legierung L_1 (35 % B) besteht *vor* der peritektischen Reaktion (Punkt 2) aus:

$$\frac{m_{S6}}{m} = \frac{c_2 - c_1}{c_6 - c_1} \cdot 100\,\% \approx 25\,\% \text{ Schmelze } S_6 \text{ und}$$

$$\frac{m_{\alpha 1}}{m} = 100\,\% - 25\,\% \approx 75\,\% \ \alpha_1\text{-MK}.$$

Nach der peritektischen Reaktion (Punkt 3) sind vorhanden:

$$\frac{m_{\alpha 1}}{m} = \frac{c_p - c_2}{c_p - c_1} \cdot 100\,\% \approx 62{,}5\,\% \ \alpha_1\text{-MK und}$$

$$\frac{m_{\beta p}}{m} = 100\,\% - 62{,}5\,\% \approx 37{,}5\,\% \ \beta_p\text{-MK}.$$

Bei rechts von L_2 liegenden Legierungen ist der Schmelzenanteil größer als erforderlich, d. h. nach der peritektischen Reaktion muss Schmelze übrig bleiben. Die Legierung L_3 besteht im Punkt 4 aus:

$$\frac{m_{S6}}{m} = \frac{c_4 - c_1}{c_6 - c_1} \cdot 100\,\% \approx 91\,\% \text{ Schmelze } S_6 \text{ und}$$

$$\frac{m_{\alpha 1}}{m} = 100\,\% - 91\,\% \approx 9\,\% \ \alpha_1\text{-MK}.$$

Nach der Umwandlung (Punkt 5) sind vorhanden:

$$\frac{m_{S6}}{m} = \frac{c_4 - c_p}{c_6 - c_p} \cdot 100\,\% \approx 75\,\% \text{ Schmelze } S_6 \text{ und}$$

$$\frac{m_{\beta p}}{m} = 100\,\% - 75\,\% \approx 25\,\% \ \beta_p\text{-MK}.$$

Die Kristallisation ist im Punkt 7 beendet, die Legierung besteht bei Raumtemperatur aus homogenem β-MKen.

Segregatbildung erfolgt bei Legierungen im Konzentrationsbereich:

$$c_0 < c < c_3.$$

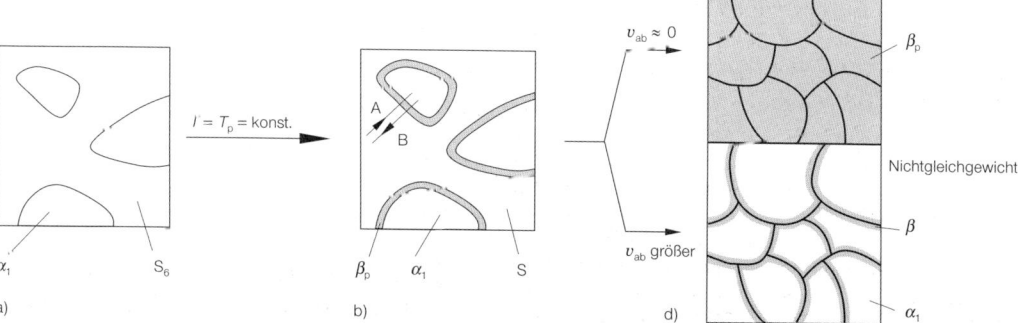

Bild 1.94
Zur Bildung des Peritektikums (schematisch): Massentransport und Gleichgewichtsstörungen

Typische Gefüge zeigen schematisch die in Bild 1.93c dargestellten Skizzen.

1.6.5 Zustandsschaubilder mit intermediären Phasen

Intermediäre Phasen (siehe S. 36) können echten chemischen Verbindungen $A_m B_n$ weitgehend gleichen oder in ihrem meistens von den Komponenten abweichenden Gittern eine bestimmte Menge A oder B lösen. Je größer ihre Bildungsenergie ist, um so höher ist ihr Schmelzpunkt.

In Abhängigkeit vom Schmelz-/Erstarrungsverhalten der intermediären Phase unterscheidet man:
- Legierungssysteme mit einer *kongruent schmelzenden Verbindung* (Schaubild mit »offenem Maximum«, Bild 1.95). Kongruent schmelzende Verbindungen verhalten sich wie reine Metalle. Sie besitzen einen definierten Schmelzpunkt, in der Abkühlkurve entsteht ein Haltepunkt. Je nach thermischer Stabilität kann der Schmelzpunkt der intermediären Phase höher als der der Komponenten sein (Schmelzpunktsmaximum).
- Legierungssysteme mit einer inkongruent schmelzenden Verbindung (Schaubild mit »verdecktem Maximum«, Bild 1.96a). Das Schmelzpunktsmaximum wird hier sozusagen von einem Teil der Liquiduslinie verdeckt. Man erkennt, dass die Verbindung V vor Erreichen der Liquiduslinie in eine Schmelze S und eine Kristallart B zerfällt:

$$V \xrightarrow{T=T_V=\text{konst.}} S + B$$

d. h., V setzt sich bei T_V = konst. nach einer peritektischen Reaktion um.

Die Zustandsschaubilder von Systemen mit kongruent schmelzender Verbindung können häufig in zwei einfache (eutektische) Teil-Schaubilder zerlegt werden. Existiert die intermediäre Phase V in einem bestimmten Konzentrationsbereich, d. h., bildet sie Mischkristalle, dann wird sie mit einem griechischen Buchstaben bezeichnet (in Bild 1.95b mit γ). Auch inkongruent schmelzende Verbindungen können als Mischkristalle auftreten (Bild 1.96b). Die komplizierten Zustandsschaubilder der Systeme Cu-Zn und Cu-Sn zeigen zum Teil dieses Verhalten.

1.6.6 Zustandsschaubilder mit Umwandlungen im festen Zustand

In Mischkristallen verschiedener Legierungssysteme können beim Abkühlen noch Platzwechselvorgänge (Phasenänderungen!) ablaufen, die im Zustandsschaubild darstellbar sind. Die wichtigsten sind:

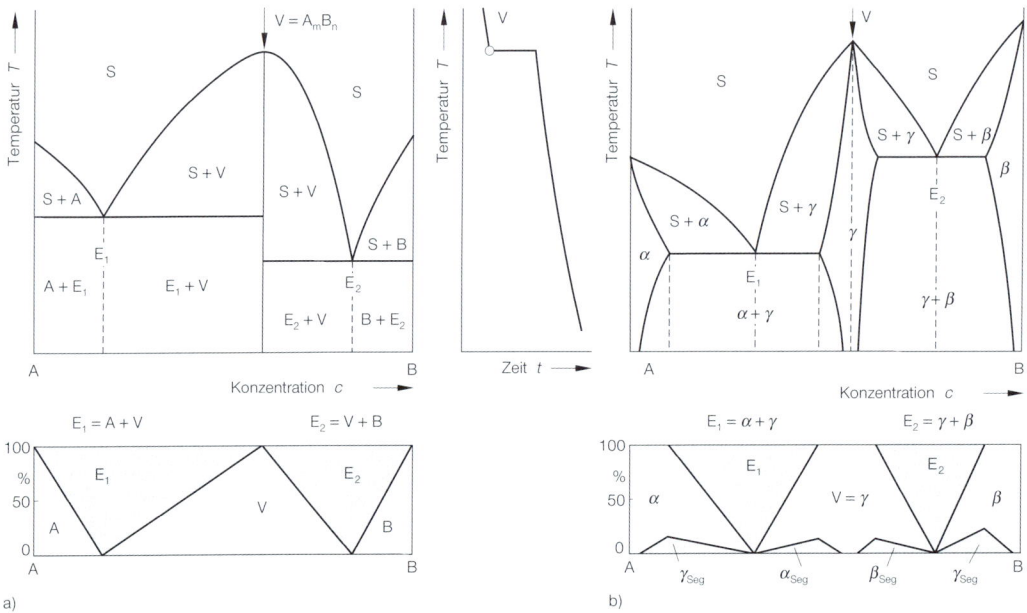

Bild 1.95
Zustandsschaubilder von Systemen mit kongruent schmelzenden intermediären Phasen V:
a) vollkommene Unlöslichkeit im festen Zustand ($V = A_m B_n$)
b) begrenzte Löslichkeit im festen Zustand ($V = \gamma$ = Mischkristall)

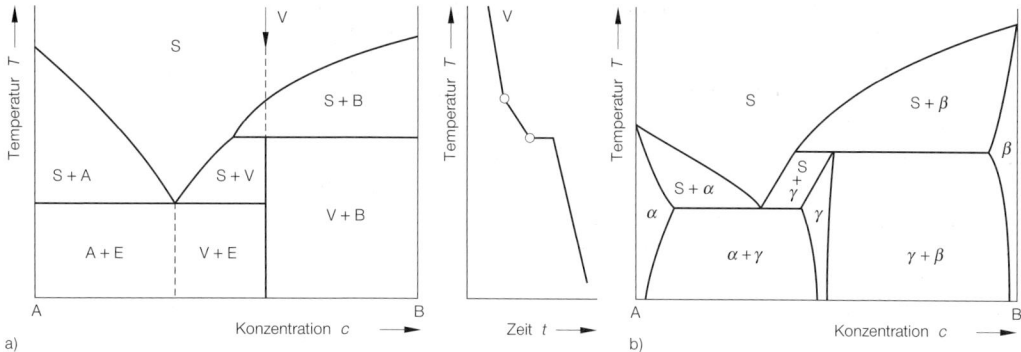

Bild 1.96
Zustandsschaubilder von Systemen mit inkongruent schmelzenden intermediären Phasen V:
a) vollkommene Unlöslichkeit im festen Zustand ($V = A_m B_n$)
b) begrenzte Löslichkeit im festen Zustand ($V = \gamma$ = Mischkristall)

- Bilden einer *Überstruktur* α' (Bild 1.97a),
- Ausscheiden einer *intermediären Phase* σ aus einem Mischkristall (Bild 1.97b),
- *Entmischungsvorgänge* in einem Mischkristall (Bild 1.97c): $\alpha \rightarrow \alpha_A + \alpha_B$,
- Zerfall eines Mischkristalles α in zwei andere feste Phasen (Bild 1.97d):

$$\alpha \xrightarrow{T=\text{konst.}} \beta + \gamma.$$

Diese Reaktion ist der eutektischen (siehe S. 41) sehr ähnlich. Man bezeichnet sie daher als *eutektoiden* Zerfall der Mischkristalle und das entstehende Gefüge als **Eutektoid** (= einem Eutektikum ähnlich).

Das wohl technisch wichtigste Eutektoid ist der Perlit im System Fe-Fe$_3$C (siehe S. 143). Die eutektoide Reaktion lautet hier:

$$\gamma\text{-Fe} \xrightarrow[\vartheta=723°C]{T=996\,K} \alpha\text{-Fe} + Fe_3C.$$

Technisch bedeutsam sind in vielen Fällen Systeme mit Komponenten, die in verschiedenen *Modifikationen* auftreten. Die Erscheinung der allotropen Modifikationen (Polymorphismus) findet man z. B. bei den wichtigen Metallen Eisen, Mangan, Kobalt. In allen Fällen werden durch Legierungselemente die Existenzbereiche der einzelnen Modifikation mehr oder weniger stark verschoben. Bild 4.102 zeigt diese Verhältnisse für die Systeme Fe-Ni und Fe-Cr.

Die Überstruktur, d. h. die geordnete Verteilung der beiden Atomarten, bildet sich i. Allg. bei einem bestimmten Verhältnis der Komponenten und hinreichend *langsamer Abkühlung* bei *tieferen Temperaturen* (Bild 1.97a). Da die Überstruktur α' das gleiche Gitter wie der ungeordnete Mischkristall α besitzt, ist sie metallografisch nicht als zweite Phase nachweisbar.

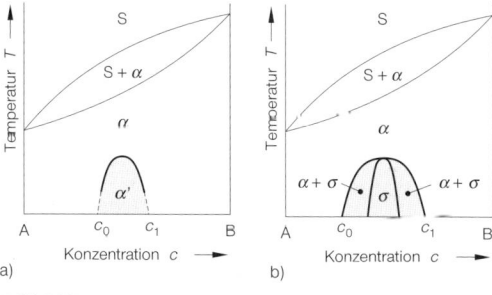
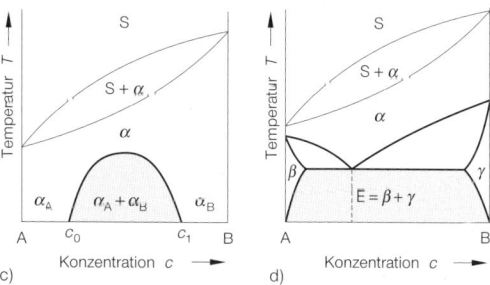

Bild 1.97
Zustandsschaubilder von Systemen mit Umwandlungen im festen Zustand:
a) Bildung einer Überstruktur α' aus α-Mischkristallen: $\alpha \rightarrow \alpha'$
b) Bildung einer intermediären Phase σ aus α-Mischkristallen: $\alpha \rightarrow \sigma$
c) Entmischungsvorgänge in einem Mischkristall: $\alpha \rightarrow \alpha_A + \alpha_B$
d) Zerfall des α-Mischkristalles in zwei Phasen: $\alpha \rightarrow \beta + \gamma$

48   1 Grundlagen der Metall- und Legierungskunde

In bestimmten Konzentrationsbereichen kann sich bei langsamer Abkühlung eine zweite Phase mit von A und B abweichendem Gitter bilden. Diese intermediären Phasen sind wegen ihrer Sprödigkeit und Härte meist unerwünscht. Legierungen mit einem B-Gehalt $c_0 < c < c_1$ können daher i. Allg. technisch nicht genutzt werden (Bild 1.97b).

1.6.7 Nichtgleichgewichtszustände

Die vorstehend beschriebenen Zustandsschaubilder gelten i. Allg. für den *thermodynamischen Gleichgewichtszustand*. Das (Gleichgewichts-)Gefüge der Legierung bildet sich nur bei sehr geringen Abkühlgeschwindigkeiten. Technische Werkstoffe werden aus dem schmelzflüssigen Zustand sehr viel schneller abgekühlt, als es zum Einstellen des Gleichgewichts notwendig ist. Insbesondere werden Zustandsänderungen im festen Zustand leicht gestört. Die im Folgenden beschriebenen Gleichgewichtsstörungen sind i. Allg. nicht aus den (Gleichgewichts-)Zustandsschaubildern zu entnehmen. Ihre Kenntnis ist aber zum Abschätzen der Werkstoffeigenschaften erforderlich.

1.6.7.1 Kristallseigerung

Die Legierung L (Bild 1.98) scheidet nach Unterschreiten der Liquiduslinie bei T_1 Mischkristalle α_1 aus. Bei der Temperatur T_2 sollte die Gesamtheit aller bisher ausgeschiedenen Mischkristalle die Zusammensetzung α_2 haben. Dazu muss α_1 eine bestimmte Menge A ausscheiden und die gleiche Menge B aufnehmen. Durch die rasche Abkühlung sind aber die abgegebene Menge A und die aufgenommene Menge B geringer als es dem Gleichgewicht entspricht. Die zuerst ausgeschiedenen MKe α_1 nehmen also nicht die Zusammensetzung α_2 an. Bei T_2 kristallisieren aus der Schmelze die MKe α_2, die sich schichtförmig um den Kern α_1 legen. Die Gesamtheit der MK hat dann etwa die Zusammensetzung α'_2. Bei der Temperatur T_3 liegt entsprechend die Gesamtzusammensetzung α'_3 der MKe vor, so dass nach dem Hebelgesetz noch eine Restschmelze S_3 vorhanden ist. Die Restschmelze kann deshalb weiter abkühlen und Temperaturen *unter* der Solidustemperatur des Gleichgewichtssystems annehmen. Diese Erscheinung bezeichnet man als *Solidusverschleppung*.

Erst bei einer tieferen Temperatur T_4 kristallisieren MKe α_4, deren B-Gehalt höher ist als der der ursprünglichen Schmelze. Dadurch nimmt die Gesamtheit der MKe eine Zusammensetzung α'_4 an, die der Konzentration der ursprünglichen Schmelze entspricht.

Das Ergebnis sind *schichtförmig* aufgebaute Körner mit vom Kern zum Rand kontinuierlich zunehmendem B-Gehalt. Bild 1.98b zeigt schematisch ein derartig entmischtes Korn. Bei besonders rascher Abkühlung kann der Kristallrand die Zusammensetzung der zuletzt erstarrten Restschmelze haben. Diese Erscheinung wird als **Kristallseigerung** bezeichnet, das Ergebnis als **Zonenmischkristall** oder als **inhomogener Mischkristall**.

Die Kristallseigerung ist um so ausgeprägter:
– je größer das Erstarrungsintervall ist,
– je größer die Abkühlgeschwindigkeit ist,
– je kleiner die Diffusionskoeffizienten der beteiligten Elemente sind.

Wird die Schmelze *extrem* schnell abgekühlt, dann unterbleibt die Entmischung, und es entstehen ebenfalls homogene Mischkristalle.

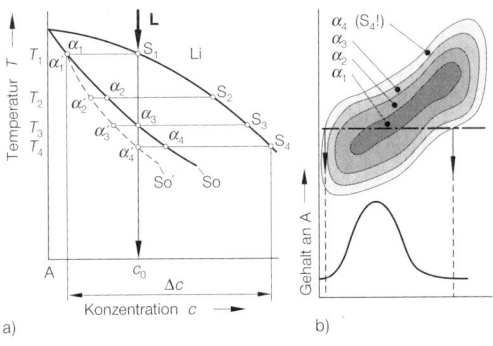

Bild 1.98
Zur Entstehung der Kristallseigerung in Zweistofflegierungen
a) Zustandsschaubild
b) Aufbau eines geseigerten Kornes: Verteilung des A-Gehaltes im Korn (schematisch)

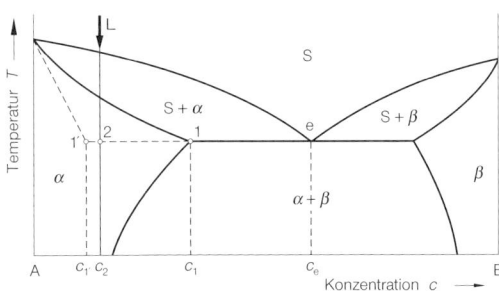

Bild 1.99
Verschiebung der Gleichgewichtslinien in einem eutektischen System durch Kristallseigerung

Die Folge der Kristallseigerung sind unerwünschte Eigenschaftsänderungen, die bei jeder technischen Legierung mit einem Erstarrungsintervall im Gusszustand auftreten. Durch Glühen dicht unterhalb der Solidustemperatur werden die Zonenmischkristalle homogenisiert. Die erforderlichen Glühzeiten sind aber i. Allg. sehr lang, so dass von dieser Möglichkeit nur begrenzt Gebrauch gemacht wird.

Ähnliche Entmischungserscheinungen treten in eutektischen und noch ausgeprägter bei peritektischen Systemen auf. Die Legierung L des eutektischen Systems (Bild 1.99) sollte bei Raumtemperatur aus homogenen α-MKen bestehen. Ein schnelles Abkühlen führt aber zum Verschieben der Soliduslinie von 1 nach 1'. Bei T_e ist daher noch ein Gehalt an Restschmelze vorhanden:

$$\frac{m_S}{m} = \frac{c_2 - c_1}{c_e - c_1} \cdot 100\,\%.$$

Das Gefüge besteht also aus α-MKen und einer geringen Menge Eutektikum. Wärmebehandlungen von Legierungen, die nach dem Zustandsschaubild aus α-MKen bestehen müssten, sollten daher in jedem Fall bei Temperaturen unter T_e erfolgen. Andernfalls führen aufgeschmolzene Reste des Eutektikums zu nicht mehr zu beseitigenden Werkstofftrennungen. Andererseits lässt sich durch hinreichend langes Glühen bei $T \leq T_e$ der Gleichgewichtszustand erreichen.

1.6.7.2 Unterkühlungserscheinungen in eutektischen Systemen

Aus der Legierung L eines eutektischen Systems (Bild 1.100) sollen sich nach Unterschreiten der Liquidustemperatur (Punkt 1) primäre β-MKe ausscheiden. Treten für diese Phase Kristallisationshemmungen auf, dann wird die Schmelze bis Punkt 3, dem Schnittpunkt der verlängerten Liquiduslinie

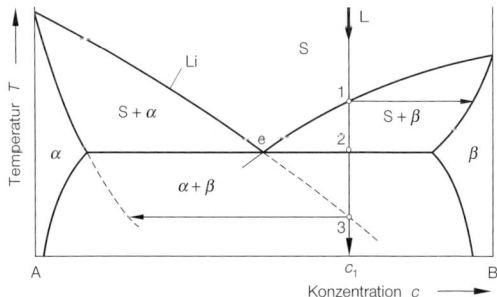

Bild 1.100
Unterkühlungserscheinungen in eutektischen Systemen

Li mit der Senkrechten L, unterkühlt. Die jetzt aus der Schmelze kristallisierenden α-MKe ermöglichen durch ihre »impfende« Wirkung die Bildung der primären β-MKe. Die frei werdende Kristallisationswärme führt zum Temperaturanstieg bis T_e. Wenn die Restschmelze die Zusammensetzung S_e erreicht hat, zerfällt sie zum Eutektikum. Dieser Erstarrungsmechanismus wird als *doppelte Primärkristallisation* bezeichnet.

Bild 1.101 zeigt schematisch das Gefüge einer derartig erstarrten Legierung. Sie enthält zwei Primärkristallarten, die in eutektischer Grundmasse eingebettet sind. Nach diesem System erstarren nicht veredelte AlSi-Gusslegierungen mit annähernd eutektischer Zusammensetzung.

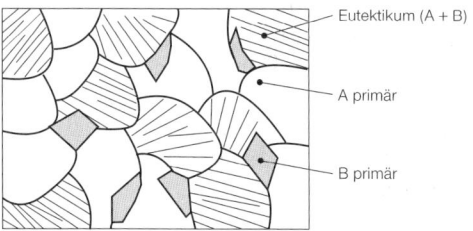

Bild 1.101
Gefügeausbildung einer unterkühlt erstarrten, annähernd eutektischen Legierung mit doppelter Primärkristallisation (schematisch)

1.6.7.3 Entartetes Eutektikum

Ist der Anteil der eutektischen Schmelze in einer Legierung gering und die Keimbildung der bereits primär ausgeschiedenen Kristalle z. B. A erschwert, dann kristallisiert diese Phase aus der eutektischen Schmelze an die bereits in großer Menge vorhandenen Primärkristalle A an. Das »Eutektikum« besteht nur aus erstarrten B-Kristallen. Es besitzt die Merkmale des normalen Eutektikums nicht mehr und wird als *entartet* bezeichnet. Bild 1.102 zeigt schematisch die Vorgänge beim Erstarren entarteter eutektischer Legierungen.

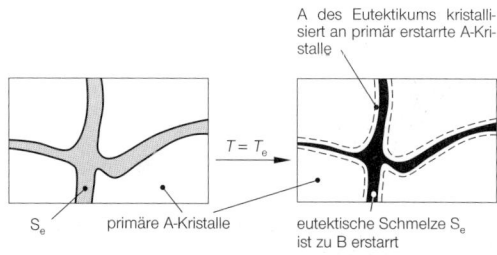

Bild 1.102
Zur Bildung eines entarteten Eutektikums (schematisch)

Beispiele für entartete Eutektika sind die Systeme Ni-NiS und Fe-FeS. An den Korngrenzen ist nur ein Bestandteil des Eutektikums (NiS bzw. FeS) zu finden. Der niedrige Schmelzpunkt führt im Stahl bzw. Nickel zu ausgeprägter Heißrissbildung.

1.7 Eigenschaften technischer Legierungen – Anwendungen der Zustandsschaubilder

Die *mechanisch-technologischen* Eigenschaften von Legierungen werden nicht nur von der Art der Phasen bestimmt, sondern hängen auch ab von:
– deren *Menge* und *Verteilung*,
– der *Korngröße*,
– Menge, Art und Verteilung der *Werkstoffverunreinigungen* (niedrig- oder hochschmelzend, im Korn oder an den Korngrenzen).

Mit Hilfe der Zustandsschaubilder lassen sich unter bestimmten Voraussetzungen lediglich Angaben zum ersten Punkt machen.

Für eine genaue Kenntnis der Werkstoffeigenschaften sind daher weitere Informationen erforderlich, die anderweitig beschafft werden müssen: Angaben des Werkstoffherstellers, metallografische Untersuchungen, Eignungsprüfung, Literaturhinweise u. a.!

1.7.1 Eigenschaften von Legierungen aus Kristallgemengen

Heterogene Legierungen sind ein *mechanisches Gemenge* zweier oder mehrerer Phasen. Ihre Eigenschaften sind daher weitgehend durch die Mengenanteile der Phasen festgelegt. Sie ändern sich praktisch linear nach der *Mischungsregel*. Eine bestimmte Eigenschaft E_{Leg} der aus $x\%$ A und $y\%$ B bestehenden Legierungen ist danach im Gleichgewicht aus den Eigenschaften der Phasen (E_A, E_B) annähernd berechenbar:

$$E_{Leg} \approx x \cdot E_A + y \cdot E_B.$$

Unvorhergesehene, extreme Eigenschaftsänderungen sind bei heterogenen Legierungen damit nicht möglich. Sie liegen immer zwischen denen der Phasen A (α) und B (β).

Nach dieser Gesetzmäßigkeit ändern sich z. B. Dehnung, Härte, elektrischer Widerstand, Dichte. Das elektrochemische Potenzial der Legierung wird dagegen ausschließlich vom Potenzial des unedleren Bestandteiles bestimmt, wenn keine Sekundärvorgänge wie z. B. Passivierung auftreten.

Eine Ausnahme von dieser Regel stellt die Festigkeit eutektischer Legierungen dar (Bild 1.103). Wegen des i. Allg. sehr feinkörnigen eutektischen Gefüges ist dessen Festigkeit oft wesentlich größer als nach der Mischungsregel berechnet wird: Kurven 1 und 2.

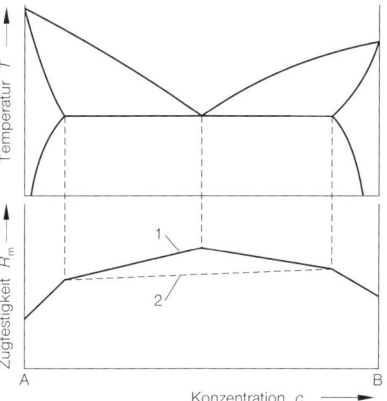

Bild 1.103
Verlauf der Zugfestigkeit in heterogenen Systemen (schematisch)
1: nach schnellem Abkühlen
2: nach der Mischungsregel

Die sehr geringe *Schmelztemperatur* und das Fehlen eines Erstarrungsintervalls sind die Ursachen für die meistens hervorragende *Gießbarkeit* der sehr dünnflüssigen eutektischen Legierungen. Ein wichtiger Maßstab dafür ist die Fähigkeit der Schmelze, sämtliche durch die Gießform vorgegebenen Hohlräume auszufüllen. Diese Fließfähigkeit kann z. B. durch die Länge einer von der Schmelze bis zu ihrer

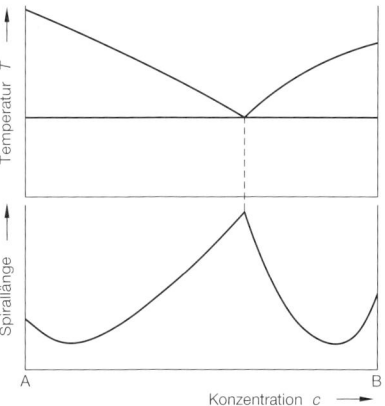

Bild 1.104
Verlauf der Spirallänge in eutektischen Systemen (schematisch)

Erstarrung ausgefüllten Spirale festgestellt werden. Bild 1.104 zeigt den Verlauf dieser »Spirallänge«.

1.7.2 Eigenschaften von Legierungen aus Mischkristallen

Die durch die Aufnahme von Legierungsatomen A im Wirtsgitter B entstehende *atomare* Beeinflussung und die *Verspannung* des Gitters führen dazu, dass die Eigenschaftsänderungen der Legierungen praktisch nie aus der »Addition« der Eigenschaften der beteiligten Komponenten wie bei den Kristallgemengen bestimmt werden können.

Die Eigenschaften der vollständig aus MKen bestehenden Legierungen können sich in unvorhergesehener Weise in einem extrem großen Bereich ändern. Diese Tatsache ist die Ursache für die außerordentlich große Bedeutung dieser Legierungen und die Begründung dafür, dass mit diesen Werkstoffen die vielfältigsten technischen Anforderungen erfüllt werden können.

Die Gitterstörungen einer aus homogenen Mischkristallen bestehenden Legierung sind bei einem Legierungsgehalt von ca. 50 % am größten. Daher ist zu erwarten, dass bei dieser Konzentration Extremwerte der Eigenschaften auftreten. Bild 1.105 zeigt den schematischen Verlauf einiger mechanischer und elektrischer Eigenschaften von Legierungen aus einem System mit vollständiger Mischkristallbildung.

Man erkennt:
- Festigkeit und Härte der Mischkristalle steigen mit dem Legierungsgehalt,
- die Bruchdehnung fällt trotz der gestiegenen Festigkeit nur unwesentlich,
- die elektrischen Eigenschaften unterscheiden sich oft sehr stark von denen der Komponenten.

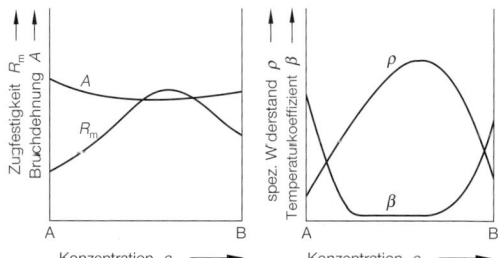

Bild 1.105
Verlauf einiger mechanischer und elektrischer Eigenschaften von Legierungen eines Systems mit vollständiger Mischkristallbildung

Die erhöhte Festigkeit oder Streckgrenze ist nicht nur eine Folge des durch die Aufnahme von Legierungsatomen verspannten Gitters. Die gelösten Atome sind praktisch nie statistisch im Wirtsgitter verteilt, sondern halten sich bevorzugt an Versetzungen, Korngrenzen und anderen Gitterdefekten auf. Die Versetzungen sind also durch »Wolken« der »gelösten« Fremdatome blockiert. Um sie loszureißen, sind größere Spannungen erforderlich, d. h., die Streckgrenze wird höher. Die Erhöhung der Werkstofffestigkeit durch eingelagerte Einlagerungsatome ist i. Allg. wesentlich größer als durch substituierte Atome, weil jene stärkere Gitterverspannungen erzeugen. Diese Möglichkeit ist technisch kaum nutzbar, da bei diesen Werkstoffen hohe Festigkeit (und Härte) ausnahmslos mit extrem geringer Verformbarkeit verbunden ist.

Das bekannteste Beispiel für die Wechselwirkung von eingelagerten Fremdatomen mit Versetzungen ist die Erscheinung der ausgeprägten Streckgrenze bei weichen, geglühten Stählen.

Nur aus Mischkristallen bestehende Legierungen bieten damit wesentliche Vorteile. Neben hoher Festigkeit besitzen sie ein relativ großes Verformungsvermögen. Sie können i. Allg. stark kaltverfestigt werden (einphasige Legierungen!) und sind im homogenen Zustand korrosionsbeständiger als mehrphasige Werkstoffe.

Die genannten Eigenschaften sind allerdings nur bei Legierungen vorhanden, die aus *homogenen* MKen bestehen. Wegen der Erscheinung der Kristallseigerung befindet sich das Gefüge von (technischen) Legierungen aber praktisch nie im Gleichgewicht. Durch Diffusionsglühen werden die Eigenschaften besser und gleichmäßiger. Diese Behandlung wird aus Kostengründen aber nur selten angewendet.

1.7.3 Eigenschaften von Legierungen mit Umwandlungen im festen Zustand

1.7.3.1 Legierungen mit Überstrukturen und intermediären Phasen

Das Entstehen von Überstrukturen aus ordnungsfähigen MKen erfordert, dass die Legierung in dem kritischen Konzentrationsbereich ($c_0 < c < c_1$ in Bild 1.97a) sehr langsam abgekühlt wird. Ein schnelles Abkühlen verhindert i. Allg. die Bildung der Überstruktur und damit ihre meist härtesteigernde und leicht versprödende Wirkung.

Erheblich unangenehmer ist das Auftreten der stark versprödenden intermediären Phasen. Vielfach sind einige Zehntel Prozent oder weniger ausreichend, um die gesamte Legierung zu verspröden. Ihre Wirkung hängt aber außer von der Menge noch entscheidend von ihrer Art und Verteilung im Gefüge ab. Besonders kritisch sind Ausscheidungen an den Korngrenzen, die in jedem Fall vermieden werden müssen. Das lässt sich prinzipiell mit zwei Methoden erreichen:
- Die Menge des Legierungselementes B muss außerhalb der Grenzen $c_0 < c < c_1$ liegen (Bild 1.97b).
- Bereits gebildete Ausscheidungen müssen durch eine geeignete Wärmebehandlung im Gitter gelöst bleiben (z. B. Lösungsglühen bei $T \geq T_1$ (Bild 1.97b) und Abschrecken) oder günstiger verteilt (Erzeugen von nicht zusammenhängenden koagulierten Teilchen!) werden. In vielen Fällen liegt die entsprechende Lösungsglühtemperatur aber so hoch, dass eine Wärmebehandlung aus wirtschaftlichen oder technischen Gründen nicht angewendet wird.

Wichtige technische Beispiele sind:
- Das Auftreten der spröden γ-Phase im System Cu-Zn bei größeren Zink-Gehalten als ca. 50 % führt zum Verspröden von Messing. Daher werden Messinge ausschließlich mit mehr als 55 % Kupfer hergestellt (siehe Bild 5.10).
- Ähnliches gilt für die δ-Phase im System Cu-Sn (Bronzen, siehe Bild 5.13).

- Die spröde intermediäre σ-Phase in Chrom-Stählen führt zum Verspröden und zu einer erheblichen Verringerung der Korrosionsbeständigkeit. Daher sollten Chrom-Gehalte zwischen etwa 20 % und 70 % vermieden werden (siehe Bild 4.102).

Die Auswahl von Legierungen aus Systemen, in denen intermediäre Phasen existieren, muss daher mit größter Vorsicht erfolgen. Die Zustandsbilder geben hierfür entscheidende Hinweise. Allerdings sollte berücksichtigt werden, dass sich in vielen Fällen die Ausscheidungen erst nach sehr langen Zeiten und oft bei höheren Betriebstemperaturen bilden. Die von ihnen ausgehende Gefahr muss daher vor diesem Hintergrund gesehen und mit Sachverstand bewertet werden.

1.7.3.2 Legierungen, die Segregate bilden – Aushärten

Die Segregatbildung, d. h., die Ausscheidung fester Teilchen aus einer festen Phase nach Unterschreiten der Segregatlinie 1-2 (Bild 1.106) ist wegen der eingeschränkten Platzwechsel sehr leicht unterdrückbar. Die Folge sind Gitterverspannungen, d. h., die Werkstofffestigkeit wird größer.

Diese Vorgänge sind die Grundlage für das **Aushärten** (Ausscheidungshärtung), sie sind zum Erhöhen der Festigkeit geeigneter *Legierungen* von größter technischer Bedeutung.

Die Aushärtbarkeit von Legierungen ist an folgende Voraussetzungen gebunden:
- Die Legierung muss bei höheren Temperaturen ganz oder teilweise aus MKen bestehen.
- Bei langsamem Abkühlen müssen die MKe Segregate ausscheiden, d. h., der MK muss eine mit der Temperatur abnehmende Löslichkeit für eine Komponente haben: Linie 1-2 in Bild 1.106.

Die Ausscheidungen müssen durch die Wärmebehandlung in einer für die gewünschte Festigkeitserhöhung geeigneten Art, Form und Verteilung erzeugbar sein. Bestimmte Ausscheidungszustände sind für die Werkstoffeigenschaften sogar nachteilig, sie müssen also vermieden werden (z. B. Ausscheidungen an den Korngrenzen, in nadeliger Form, mittlerer Teilchendurchmesser zu groß).

Das Aushärten ist eine kombinierte Wärmebehandlung. Sie besteht aus folgenden Schritten:

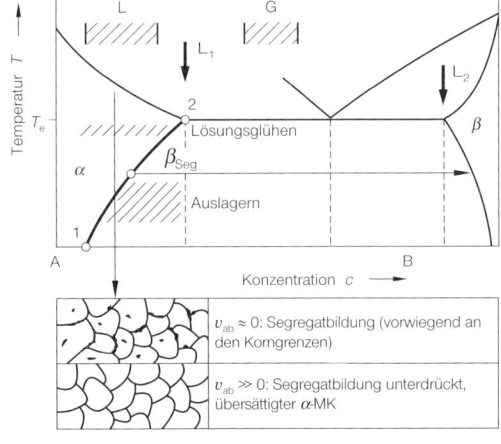

Bild 1.106
Vorgänge bei der Segregatbildung (schematisch), v_{ab} = Abkühlgeschwindigkeit
L typische ausscheidungshärtbare Knetlegierungen
G typische ausscheidungshärtbare Gusslegierungen

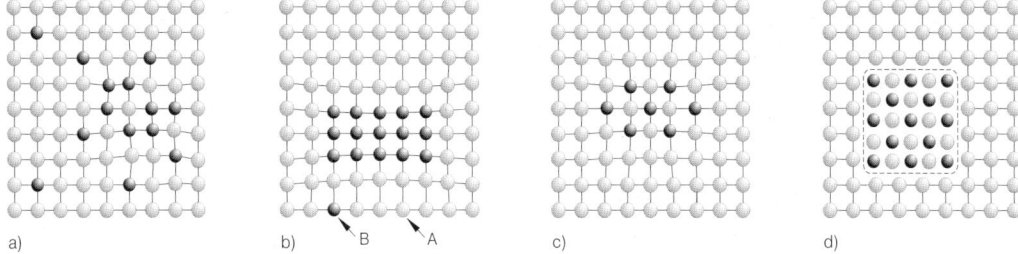

Bild 1.107
Möglichkeiten beim Auslagern aushärtbarer Legierungen, deren Matrix mit B-Atomen übersättigt ist
a) ungeordnete Konzentration von B-Atomen: Cluster
b) geordnete Konzentration von B-Atomen: Zone
c) kohärente Ausscheidung
d) inkohärente Ausscheidung

☐ **Lösungsglühen**
Die gesamte Menge des Legierungselementes B wird bei höheren Temperaturen im MK gelöst. Die Temperatur muss wegen der Gefahr, eutektische Restmengen aufzuschmelzen (siehe S. 49), mit einiger Sicherheit unter T_e bleiben (Bild 1.106)

☐ **Abschrecken**
Anschließendes Abschrecken verhindert das Ausscheiden der Segregate. Die übersättigten MKe sind merklich fester als die langsam abgekühlten (»Lösungsverfestigung«).

☐ **Auslagern**
Eine anschließende Wärmebehandlung bei Temperaturen *unter* der Segregatlinie, führt zu einer *entscheidenden* Festigkeitssteigerung. *Ausscheidungen* bestimmter Art, Größe und Verteilung in der homogenen Matrix oder metastabile Zwischenzustände sind die Ursachen für den Festigkeitsanstieg.

Die Wirkung ist um so stärker, je mehr ausscheidungsfähiges Metall B beim Lösungsglühen gelöst werden kann. Die Legierungen L_1 und L_2 müssten nach dem Aushärten also die höchsten Festigkeiten besitzen. Wegen der besonders großen Gefahr, eutektische Reste aufzuschmelzen, werden in der Praxis Legierungen verwendet, die z. B. im Bereich L (Bild 1.106) liegen.

Außer diesen Knetlegierungen können prinzipiell auch Gusslegierungen ausgehärtet werden. Man wählt Legierungen, deren Zusammensetzungen etwa bei G (Bild 1.106) liegen: Die Gießeigenschaften sind noch ausreichend (Erstarrungsintervall ist klein), der Anteil an ausscheidungsfähigem α-MK ist genügend groß.

Beim Auslagern nähern sich die stark mit B übersättigten MKe dem Gleichgewichtszustand. Wie weitgehend das gelingt, hängt von der Art der Legierung und den Diffusionsbedingungen, d. h. von der Auslagertemperatur und -zeit, ab. Je nach Legierungstyp sind unterschiedliche Ausscheidungszustände möglich.

Ausscheidungen in aushärtenden Legierungen sind überwiegend intermediäre Verbindungen. Vor Bildung der eigentlichen Ausscheidung kommt es meistens zu einer einphasigen Entmischung oder **Nahentmischung** [1], d. h., die Fremdatome konzentrieren sich am Ort der entstehenden Ausscheidung, sie bilden *Cluster* (Bild 1.107a). Das Gitter der Matrix bleibt erhalten und ist verspannt.

Bei mäßigen Auslagerungstemperaturen können in dem übersättigten Mischkristall die Diffusionsbedingungen hinreichend sein, um ein Zusammenlagern der Fremdatome auf bestimmten Gitterebenen zu ermöglichen (Bild 1.107b). Durch die Bildung dieser Zonen, sie werden i. Allg. nicht als Ausscheidungen bezeichnet, werden große Gitterbereiche verspannt. Ihre festigkeitssteigernde Wirkung ist vergleichbar mit der kohärenter Ausscheidungen. Bei der Kaltaushärtung von AlCu-Legierungen entstehen z. B. die stabilen **GP-Zonen** *(GUINIER-PRESTON-Zonen)* und nicht die intermediäre Verbindung Al_2Cu.

Eine Ausscheidung bildet als intermediäre Verbindung ein eigenes Gitter. Die Phasengrenze zwischen Ausscheidung und dem umgebenden Wirtsgitter kann dabei kohärent, teilkohärent oder inkohärent sein.

---

[1] Vgl. hierzu Nahordnung, S. 34.

Kohärente Ausscheidungen (Bild 1.107c) haben Gitterparameter, die nur geringfügig vom Wirtsgitter abweichen. Dadurch kann das Wirtsgitter praktisch lückenlos in das Gitter der Ausscheidung übergehen: die Phasengrenze ist *kohärent*. Wegen der notwendigen Anpassung des Wirtsgitters an das abweichende Gitter der Ausscheidung ist auch hier die Matrix in einem großen Bereich um die Ausscheidung verspannt. Die Härtung durch kohärente Ausscheidungen ist am wirksamsten, weil sich die Härte der intermediären Verbindung mit der Verspannung der Matrix überlagert.

Das Gitter **teilkohärenter** *(semikohärenter)* Ausscheidungen kann an das Wirtsgitter nicht mehr lückenlos angepasst werden. Ein gewisser Übergang zwischen der Matrix und der Ausscheidung wird z. B. dadurch erreicht, dass an der Phasengrenze in regelmäßiger Folge Versetzungen gebildet werden. Auch hierbei ist die Matrix um die Ausscheidung verspannt.

Die Gitter **inkohärenter Ausscheidungen** lässt keine Anpassung des Wirtsgitters zu, weil die Gitterparameter zu stark voneinander abweichen. Die Phasengrenze zwischen der Ausscheidung und der umgebenden Matrix entspricht praktisch einer submikroskopischen Korngrenze. Die Ausscheidung wirkt zwar als Hindernis bei der Bewegung von Versetzungen, das Wirtsgitter ist jedoch nicht mehr verspannt (Bild 1.107d).

Neben der Art der Phasengrenze beeinflusst die *Größe der Ausscheidungen* die Festigkeitssteigerung entscheidend. Sind die Teilchen zu klein, dann werden sie von den Versetzungen geschnitten, ohne deren Bewegung merklich zu behindern, d. h., ihre festigkeitssteigernde Wirkung ist gering. Die Versetzungen »überrennen« die Teilchen, ihre Krümmung wird kaum verändert (Bild 1.108a).

Mit zunehmender Teilchengröße werden die Versetzungen zunehmend behindert. Unter der Wirkung der zur weiteren Bewegung erforderlichen höheren Schubspannung biegt sich die Versetzungslinie zwischen den Teilchen durch (Bild 1.108b, siehe auch Bild 1.52) und versucht diese zu umgehen.

Aufgrund der begrenzten Löslichkeit der Legierungselemente ist die Gesamtmasse der Ausscheidungen relativ gering. Je größer die Teilchen werden, desto größer wird zwangsläufig ihr mittlerer Abstand. Sind die Teilchen zu groß (oder ihre Anzahl zu gering), dann können sie von den Versetzungen leichter umgangen werden (OROWAN-Mechanismus, s. Bild 1.53). Um eine Versetzung zwischen zwei Teilchen mit dem Abstand λ zu treiben, ist die Spannungserhöhung

$$\Delta \tau \sim 1/\lambda$$

erforderlich.

Das Maß der Festigkeitssteigerung (ΔR_{eH}) hängt also ab von:
- der Teilchenfestigkeit,
- der Teilchengröße und
- dem mittleren Teilchenabstand λ.

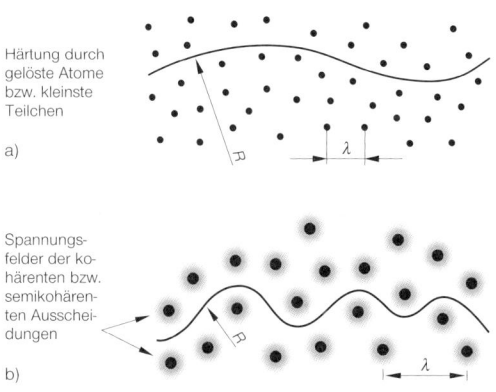

Bild 1.108
Versetzungsbewegungen in Bereichen mit Hindernissen unterschiedlicher Größe und Verteilung
a) sehr kleine Ausscheidungen oder gelöste Atome, $\lambda \ll R$
b) optimaler Ausscheidungszustand, $\lambda \approx R$
*   R = mittlerer Krümmungsradius der Versetzungslinie*

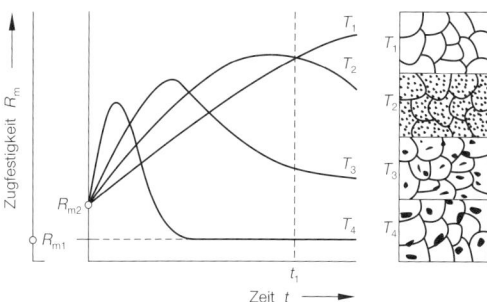

Bild 1.109
Einfluss steigender Auslagerungstemperaturen $T_1 < T_2 < T_3 < T_4$ und Auslagerungszeiten t auf die Festigkeitswerte (schematisch). Die Größe der Ausscheidungen in den Gefügeskizzen ist stark übertrieben, und ihre tatsächliche Anzahl ist wesentlich größer
R_{m1} = *Festigkeit im Gleichgewichtszustand*
R_{m2} = *Festigkeit im Zustand lösungsgeglüht und abgeschreckt (Lösungsverfestigung)*

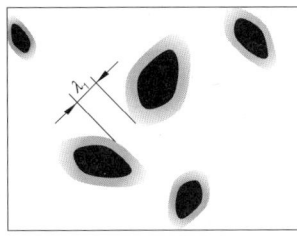
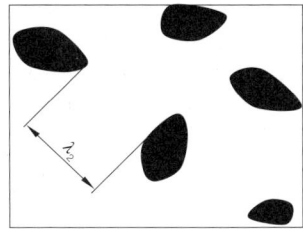
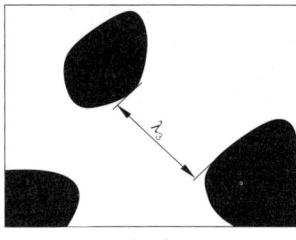

a) Der wirksame Teilchenabstand λ wird durch kohärente Bereiche verringert. Die verspannten Gitterbereiche vergrößern scheinbar den Teilchendurchmesser

b) $\lambda_2 > \lambda_1$
Inkohärente Teilchen verursachen nur geringe Gitterverspannungen. Ihre festigkeitssteigernde Wirkung ist daher grundsätzlich kleiner

c) $\lambda_3 > \lambda_2$
Große Auslagerungstemperaturen und -zeiten führen zum Koagulieren der Teilchen (Überaltern). Ihre Wirkung ist gering.

Bild 1.110
Vorgänge bei der Auslagerung – Einfluss der Gitterkohärenz und der Teilchengröße auf den Teilchenabstand

Die Bewegung der Versetzungen wird dann am stärksten behindert, wenn ein Schneiden (= Durchtrennen) der Teilchen genau so wahrscheinlich ist wie ihr Umgehen. Dieser Ausscheidungszustand ergibt die höchsten Festigkeitswerte.

Um die größte Festigkeit zu erreichen, müssen Auslagerungstemperatur und -zeit genau eingehalten werden, damit die optimale Teilchengröße erzielt wird (siehe auch Bild 5.9, S. 276). Diese liegt je nach Legierung zwischen 0,01 µm und 0,1 µm, also unterhalb des Auflösevermögens von Lichtmikroskopen (siehe S. 137).

Bei höheren Auslagerungstemperaturen (T_3, T_4 in Bild 1.109) und zu langer Auslagerungszeit t fällt die Festigkeit wieder, weil die Teilchen zu groß geworden sind und deren Anzahl damit stark abgenommen hat (Bild 1.110c). Die Legierung ist *überaltert*. Derart große Teilchen können mit der Matrix keine kohärente Phasengrenze bilden. Das gilt auch dann, wenn bei der gleichen Legierung kleine Ausscheidungen kohärent sind.

1.8 Korrosion

Korrosion ist die chemische, elektrochemische oder physikalische [1] Reaktion von Metallen mit der Umgebung, durch die die Werkstoffeigenschaften beeinträchtigt werden. Häufige Folge dieser Beeinträchtigungen sind die an Konstruktionen auftretenden Korrosionsschäden, die allein in Deutschland jährlich volkswirtschaftliche Verluste in Milliardenhöhe verursachen. Die Kenntnisse der Grundlagen der Korrosion, einschließlich der sich daraus ergebenden grundsätzlichen Möglichkeiten des Korrosionsschutzes, sind folglich für jeden Ingenieur unbedingt erforderlich.

Chemische Korrosion ist die *unmittelbare* Reaktion von Metallen mit der Umgebung, das heißt, es erfolgt ein *direkter Elektronenaustausch* zwischen dem Metall und seinem Reaktionspartner. Das Metall gibt dabei Elektronen ab (siehe auch Bildung des NaCl-Moleküls, S. 1). Reaktionspartner bei der chemischen Korrosion ist meistens Sauerstoff, das Metall wird zu Metalloxid oxidiert, z. B.

$2\,Mg + O_2 \rightarrow 2\,MgO$.

Die Oxidation ist besonders ausgeprägt bei höheren Temperaturen, das entstehende Korrosionsprodukt wird dann *Zunder*, der Vorgang *Zundern* genannt.

Der Begriff **Oxidation** wird allgemein für alle chemischen Teilprozesse angewandt, bei denen eine *Elektronenabgabe* erfolgt. Dabei werden Elektronen nicht zwangsläufig an Sauerstoff abgegeben, auch die oben erwähnte Bildung des NaCl-Moleküls ist eine Oxidation des Natriums.

Bei der **elektrochemischen Korrosion** treten zwei Teilreaktionen auf, die überwiegend örtlich getrennt sind. Da Korrosionsschäden meistens auf elektro-

---

[1] Rein mechanische Interaktionen der Oberfläche mit der Umgebung sind Verschleiß und zählen nicht zur Korrosion. Natürlich gibt es Grenzfälle, wie z. B. die Reibkorrosion. Verschleißverhalten ist im Übrigen niemals als reine Werkstoffeigenschaft definierbar, sondern immer Eigenschaft eines komplexen Systems.

chemische Vorgänge zurückzuführen sind, werden diese ausführlich behandelt.

1.8.1 Elektrochemische Grundlagen

Die beiden Teilreaktionen der elektrochemischen Korrosion erfordern einen Austausch elektrischer Ladungen. Im Metall ist dieser durch die Leitfähigkeit für Elektronen *(Elektronenleitung)* ohne weiteres möglich. Außerhalb des Metalls wird der Stromkreis durch einen Elektrolyten geschlossen.

1.8.1.1 Elektrolyt

Ein **Elektrolyt** ist ein Medium, in dem sich Ionen bewegen können *(Ionenleitung)*. Elektrolyte sind meistens wässrige Lösungen, aber auch im Erdboden, in Salzschmelzen oder in Feststoffen ist Ionenleitung möglich. Feststoffelektrolyten haben technische Bedeutung z. B. in Brennstoffzellen oder in der Sauerstoffsonde (siehe S. 322). Im Elektrolyten ist immer ein Teil der Moleküle in Ionen aufgespalten, sie sind *dissoziiert*.

So sind z. B. in einer wässrigen Kupfersulfatlösung $CuSO_4$-Moleküle in Kupferionen Cu^{++} und in Sulfationen SO_4^{--} aufgespalten, aber auch Wassermoleküle in H^+ und OH^- (Hydroxylgruppe). [1]

Die *Aggressivität* eines Elektrolyten, d. h., sein Einfluss auf die Korrosionsvorgänge wird durch den **Dissoziationsgrad** bestimmt. Ein Elektrolyt ist um so aggressiver, je stärker die Konzentration der Ionen von der Konzentration in Wasser abweicht.

Da in fast allen Elektrolyten Wasserstoffionen vorhanden sind, wird deren Anzahl zur Kennzeichnung des Dissoziationsgrades herangezogen. Maßzahl

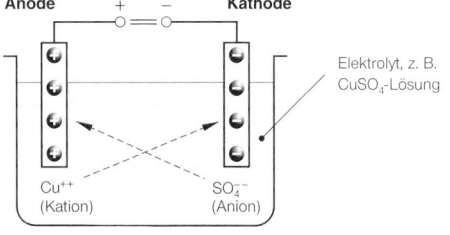

Bild 1.111
Bewegung von Ionen in einem Elektrolyten infolge einer Gleichspannung

ist der **pH-Wert**. pH = 7 gibt den Neutralzustand von Wasser an und bedeutet, dass in einem Liter Wasser 10^{-7} mol Wasserstoffionen vorhanden sind. [2]

In einer *sauren* Lösung ist die Konzentration der Wasserstoffionen größer und pH < 7. pH-Werte über 7 kennzeichnen *basische (alkalische)* Lösungen.

Werden in einen Elektrolyten die beiden Elektroden einer Gleichstromquelle getaucht (Bild 1.111), so wandern die negativ geladenen Ionen zur positiven Elektrode, der Anode. Die negativen Ionen heißen deshalb **Anionen**. Zur negativen Elektrode, der Kathode, wandern die positiven **Kationen**. An beiden Elektroden laufen elektrochemische Reaktionen ab.

Die Kathodenreaktion ist eine Reduktion. Die Kationen werden durch Aufnahme von Elektronen reduziert. Sind sie metallisch, so entstehen Metallatome:

Metallion + Elektronen → Metallatom.

Das reduzierte Metall bildet an der Kathode einen Niederschlag; dies ist das Prinzip der galvanischen Oberflächenbeschichtung.

In jedem Fall wird aber an der Kathode Wasserstoff reduziert:

$2H^+ + 2e \rightarrow 2H \rightarrow H_2$.

Der atomar entstehende *(naszierende)* Wasserstoff kann in die Kathode eindiffundieren; Wasserstoffmoleküle, die sich auf der Oberfläche bilden, entweichen als Gas (Gasentwicklung in der Starterbatterie beim Laden).

Die Anodenreaktion ist mit einer Abgabe von Elektronen verbunden, also eine **Oxidation**. Welche Teilreaktionen dabei an der Anode ablaufen, hängt im Einzelfall vom Elektrolyten und dem Elektrodenwerkstoff ab.

1.8.1.2 Lösungstension, elektrochemische Spannungsreihe

Sowohl die Anodenreaktion als auch die Kathodenreaktion erfordern einen anodischen bzw. kathodischen Stromfluss, der durch die Gleichstromquelle ermöglicht wird. Bei der Korrosion ist aber im Allgemeinen keine äußere Stromquelle vorhanden,

---

[1] Die hochgestellten Vorzeichen geben die Ladung entsprechend der Anzahl der fehlenden (⁺) oder der zuviel vorhandenen (⁻) Elektronen an.

[2] 1 mol H^+-Ionen = 1,0073 g H^+-Ionen = 6,023 · 10^{23} H^+-Ionen, folglich für pH = 7: 6,023 = 10^{16} H^+-Ionen/1 l H_2O.

der Stromfluss muss sich aus dem System Elektroden/Elektrolyt unmittelbar ergeben. Ursache ist hier der unterschiedliche **elektrolytische Lösungsdruck (Lösungstension)** der Metalle.

Eine Elektrode, die in einen Elektrolyten getaucht wird, bildet mit diesem eine **Halbzelle** (Bild 1.112). In einer Halbzelle laufen an der Grenzfläche zwischen Elektrode und Elektrolyt immer gleichzeitig *anodische Teilreaktionen*

Metallatom → Metallion + Elektronen

mit dem anodischen Teilstrom i_A und *kathodische Teilreaktionen*

Metallion + Elektronen → Metallatom

mit dem kathodischen Teilstrom i_K ab. Zu Beginn des Vorgangs sind die Stromstärken i_A und i_K immer unterschiedlich.

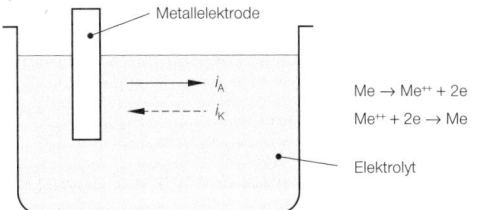

Bild 1.112
Halbzelle: Metallelektrode-Elektrolyt

Bei einem unedlen Metall ist der anodische Teilstrom i_A zunächst größer, so dass in der Elektrode Elektronen zurückbleiben. Dadurch lädt diese sich negativ auf. Gleichzeitig reichert sich der Elektrolyt mit positiv geladenen Ionen an, die sich infolge der elektrostatischen Kräfte in der Nähe der Elektrode konzentrieren (Bild 1.113).

Die Spannungsdifferenz an der Grenzfläche zwischen Elektrode und Elektrolyt vermindert den anodischen Teilstrom i_A und verstärkt den kathodischen

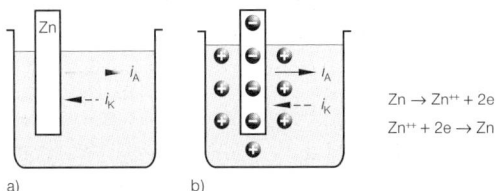

Bild 1.113
Halbzelle eines unedlen Metalls
a) Beginn der Reaktion, anodischer Teilstrom i_A größer
b) Gleichgewichtszustand

Teilstrom i_K, wobei sich ein Gleichgewichtszustand $i_A = i_K$ einstellt. Die dann vorliegende Spannungsdifferenz ist das **Gleichgewichtspotenzial** der *Metall-Metallionen-Reaktion*.

Die umgekehrte Polung der Halbzelle ist an der Grenzfläche eines *edlen* Metalls möglich. Damit der kathodische Teilstrom i_K größer als der anodische i_A sein kann, müssen bereits zu Beginn des Vorganges Ionen des Elektrodenmaterials im Elektrolyten vorhanden sein. Die stärkere kathodische Teilreaktion führt zu einem Mangel an Elektronen in der Elektrode und damit zu ihrer positiven Aufladung. Die Verarmung des Elektrolyten an positiven Ionen und die elektrostatischen Kräfte zwischen Elektrode und Elektrolyt bewirken wiederum einen Gleichgewichtszustand (Bild 1.114). Das Gleichgewichtspotenzial des edlen Metalls ist *positiv* gegenüber dem des unedlen Metalls.

Die Bestimmung der Gleichgewichtspotenziale ist nur als Differenzmessung zwischen verschiedenen Elektroden möglich. Die beiden Elektroden bilden dann ein galvanisches Element (Bild 1.115) und können als Gleichstromquelle dienen (Batterien, Akkumulatoren).

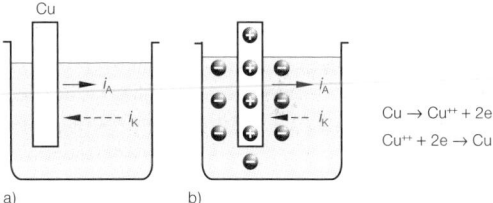

Bild 1.114
Halbzelle eines edlen Metalls
a) Beginn der Reaktion, kathodischer Teilstrom i_K größer
b) Gleichgewichtszustand

Die **elektrochemische Spannungsreihe** gibt die relative Stellung der einzelnen Metalle wieder. Je höher das Potenzial, desto edler ist das Metall (Tabelle 1.6). In der Spannungsreihe werden die Po-

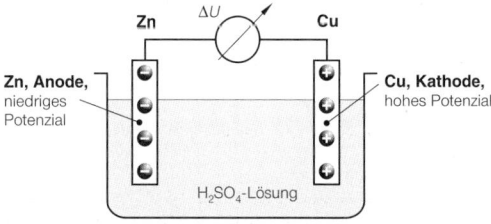

Bild 1.115
Galvanisches Element (vereinfacht)

tenziale auf die *Standardwasserstoffelektrode*[1] bezogen, der der Wert = 0 V zugeordnet ist. Das *Normalpotenzial* wird bei 25 °C in Lösungen der Konzentration 1 mol/l ermittelt. Wie die Vergleichswerte für Lösungen mit anderen pH-Werten zeigen, ist das Potenzial auch vom Elektrolyten abhängig. Wie aus Tabelle 1.6 ersichtlich ist, werden die Potenzialdifferenzen in realen Elektrolyten im Allgemeinen deutlich geringer als bei den Normalpotenzialen. Das behindert Korrosionsprozesse. Ein weiterer wesentlicher Einflussfaktor ist die Temperatur des Elektrolyten: je höher, desto aggressiver der Elektrolyt.

1.8.1.3 Korrosionselement

Zwei Metalle, die leitend miteinander verbunden sind, oder Bereiche desselben Werkstoffes mit unterschiedlichem Potenzial bilden bei Benetzung mit einem Elektrolyten ein Korrosionselement (s. Bild 1.116). Die unedlere Elektrode wird zur Anode, die edlere zur Kathode. Durch den Ladungsaustausch über die elektrisch leitende Verbindung und den Elektrolyten können sich an beiden Elektroden Gleichgewichtszustände *nicht* einstellen. Die stärkere Anodenreaktion an der Anode:

$$Me \rightarrow Me^{++} - 2e$$

führt zu deren allmählicher Auflösung: die Anode wird *korrodiert*.

Die Auflösung der Anode erfolgt um so schneller, je größer der anodische Teilstrom i_A ist. Gemäß Bild 1.117 nimmt i_A mit zunehmendem Potenzial der Kathode zu. Die anodische Teilstromkurve, die allerdings nicht gemessen werden kann, verschiebt sich bei edleren Metallen zu höheren Potenzialen.

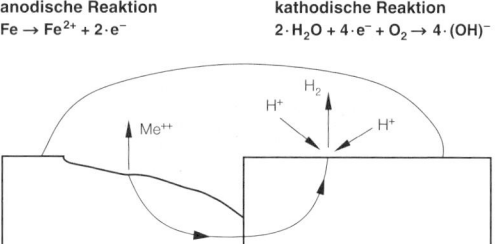

Bild 1.116
Korrosionselement

[1] Die Standardwasserstoffelektrode ist eine Platinelektrode, die unter definierten Bedingungen (Druck, Konzentration) mit Wasserstoffgas bespült wird.

An der Kathode ist keine Metall-Metallionen-Reaktion möglich, weil der Elektrolyt normalerweise keine edleren Ionen enthält. Kathodische Teilreaktion der Korrosion ist dann eine elektrolytische Redoxreaktion, bei der Elektronen aus der Kathode in den Elektrolyten übertreten. Es gibt zwei Kathodenreaktionen, die mit den Begriffen Wasserstoffkorrosion und Sauerstoffkorrosion gekennzeichnet werden und von pH-Wert und Sauerstoffgehalt des Elektrolyten abhängen.

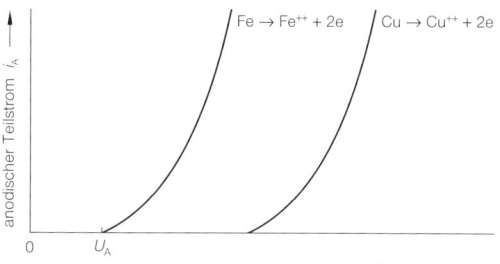

Bild 1.117
Anodische Teilstromkurven $i_A = f(U, Metall)$,
U_A = Anodenpotenzial

1.8.1.4 Wasserstoffkorrosion

Bei der Wasserstoffkorrosion erfolgt die Reduktion des Wasserstoffs nach der Gleichung:

$$2H^+ + 2e \rightarrow 2H \rightarrow H_2.$$

Für diese Reaktion gilt die in Bild 1.118 dargestellte

Tab. 1.6: Elektrochemische Spannungsreihen

Element (Ionen)	Normal-potenzial	Potenzial bei		Korrosions-verhalten
		pH = 6	pH = 7,5	
	V	V	V	
Au^{+++}	+ 1,42	+ 0,3	+ 0,2	edel
Ag^+	+ 0,8	+ 0,2	+ 0,15	↑
Cu^+	+ 0,52			
Cu^{++}	+ 0,34	+ 0,2	+ 0,1	
H^+	± 0			
Pb^{++}	− 0,13	− 0,3	− 0,2	
Sn^{++}	− 0,14	− 0,3	− 0,8	
Ni^{++}	− 0,23	+ 0,1	+ 0,04	
Cd^{++}	− 0,40			
Fe^{++}	− 0,44	− 0,4	− 0,3	
Cr^{+++}	− 0,71	− 0,2	− 0,3	
Zn^{++}	− 0,76	− 0,8	− 0,3	
Al^{+++}	− 1,66	− 0,2	− 0,7	↓
Ti^{++}	− 1,75	+ 0,2	− 0,1	
Mg^{++}	− 2,40			unedel

kathodische Teilstromkurve, die ebenfalls nicht messbar ist und zu höheren Potenzialwerten verschoben wird, wenn der pH-Wert des Elektrolyten absinkt.

Der Summenstrom aus anodischem Teilstrom i_A und kathodischem Teilstrom i_K ist durch Anlegen von Fremdspannungen messbar.[1] Nach Bild 1.119 ergibt die Summe der Teilströme Null bei dem **Ruhepotenzial U_R**. Bei diesem Potenzial liegt ein Gleichgewichtszustand zwischen den beiden Teilströmen vor. In einem Korrosionselement muss ohne Einwirkung von äußeren Strömen ebenfalls ein Gleichgewicht zwischen anodischem und kathodischem Teilstrom vorliegen. U_R ist folglich das freie **Korrosionspotenzial,** das sich in einem Korrosionselement einstellt.

Die unterschiedliche Auswirkung der Korrosion bei Metallen verschiedenen Potenzials zeigt Bild 1.120. Für unedles Metall (Kurve 1) ergibt sich ein freies Korrosionspotenzial U_{R1} mit hohen Teilströmen. Das Metall wird schnell aufgelöst. Edlere Metalle werden weniger angegriffen, weil die Teilströme bei U_{R2} geringer sind (Kurve 2) oder sind beständig, weil kein Gleichgewichtszustand möglich ist (Kurve 3).

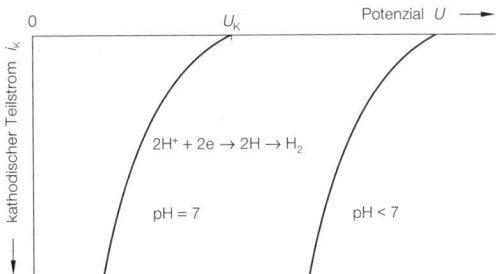

Bild 1.118
Kathodische Teilstromkurven der Wasserstoffreduktion
$i_K = f(U, pH)$, U_K = Kathodenpotenzial

Die Wasserstoffkorrosion ist nur in sauren Elektrolyten mit hohem Angebot an H^+-Ionen von Bedeutung. Hierzu gehört auch der Säureangriff auf Metalle *(Säurekorrosion)*.

1.8.1.5 Sauerstoffkorrosion

Wesentlich häufiger als die Wasserstoffkorrosion ist die **Sauerstoffkorrosion.** Hierbei wird der vom Elektrolyten aus der Luft aufgenommene Sauerstoff an der Kathode abgebaut:

$$O_2 + 2H_2O + 4e \rightarrow 4OH^-.$$

Die Teilstromkurve für diese Kathodenreaktion in Bild 1.121 verdeutlicht deren Wirkung. In einem großen Potenzialbereich ist der kathodische Teilstrom praktisch konstant, so dass sich mit vielen Werkstoffen freie Korrosionspotenziale ausbilden

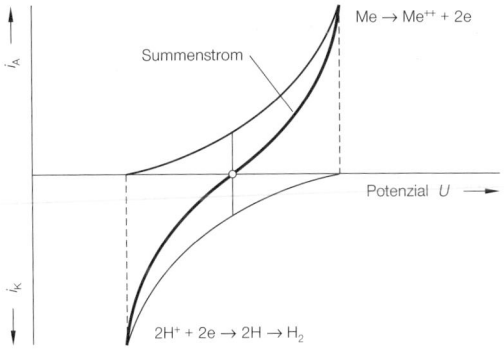

Bild 1.119
Summenstromkurve, U_R = Ruhepotenzial

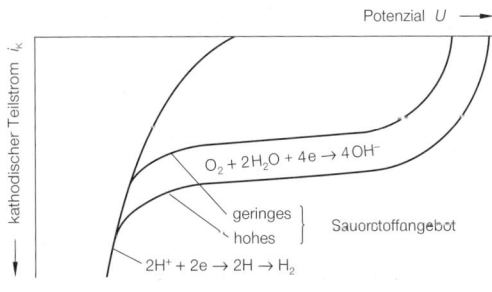

Bild 1.121
Kathodische Teilstromkurven bei Sauerstoffkorrosion

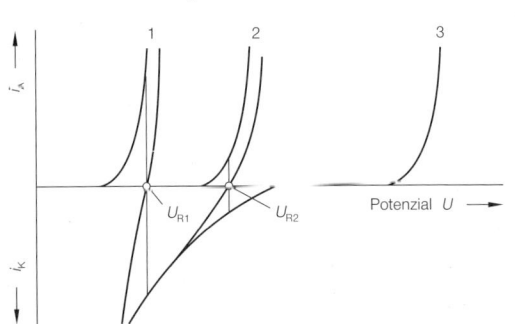

Bild 1.120
Summenstromkurven für verschiedene Metalle bei Wasserstoffkorrosion (Erläuterung siehe Text)

[1] Die Teilströme werden aus dem Summenstrom und der Menge des aufgelösten Metalls oder des abgeschiedenen Wasserstoffs berechnet.

können. Außerdem ist das **Kathodenpotenzial** U_K dieser Reaktion so hoch, dass selbst edle Metalle wie Kupfer sich dabei anodisch auflösen können. Der kathodische Teilstrom i_K wächst mit der Höhe des Sauerstoffangebotes. Die Korrosion erfolgt also schneller, wenn im Elektrolyten viel Sauerstoff vorhanden ist.

Der bekannteste Vorgang der Sauerstoffkorrosion ist das *Rosten* von Eisen und Stahl.

Durch die Anodenreaktion

$Fe \rightarrow Fe^{++} + 2e$

gelangen Fe^{++}-Ionen in den Elektrolyten, die durch ihre nochmalige Oxidation (= Abgabe von Elektronen!) die Elektronen für die Sauerstoffreaktion liefern:

$4Fe^{++} + O_2 + 2H_2O \rightarrow 4Fe^{+++} + 4OH^-$.

Über das Zwischenstadium $Fe(OH)_3$ entsteht der unlösliche Rost durch Abspalten von Wasser:

$Fe(OH)_3 \rightarrow FeOOH + H_2O$.
  Rost

1.8.2 Korrosionsformen

Die Erscheinungsformen der Werkstoffveränderungen durch Korrosion können im Wesentlichen in drei Gruppen aufgeteilt werden: Flächenabtrag, Lochkorrosion und Korrosionsrisse.

Der **Flächenabtrag** kann *gleichmäßig* die gesamte Oberfläche erfassen oder durch ungleichmäßigen Fortschritt *muldenförmige* Vertiefungen hervorrufen

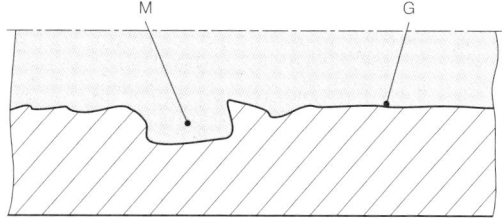

Bild 1.122
Gleichmäßiger (G) und muldenförmiger (M) Flächenabtrag

(Bild 1.122). Die Metallauflösung ist beim Flächenabtrag im Allgemeinen relativ langsam, weil wegen der großen Flächen die Stromdichten gering bleiben. Diese Korrosionsform ist ungefährlich, wenn die Flächen, die korrodiert werden, zugänglich sind. Durch die entstehenden Korrosionsprodukte ist ein frühzeitiges Erkennen der Korrosion möglich, so dass Schutzmaßnahmen ergriffen werden können, bevor die Sicherheit von Konstruktionen gefährdet ist. Der Flächenabtrag führt in solchen Fällen meist

nur zu einem nachteiligen Oberflächenaussehen, während seine Entstehung in unzugänglichen Hohlräumen die Funktionssicherheit beeinträchtigen kann.

Bei der **Lochkorrosion** *(Lochfraß)* entwickeln sich örtliche Vertiefungen, die kraterförmig oder nadelstichartig sind oder die Oberfläche unterhöhlen (Bild 1.123). Da die Menge der entstehenden Korrosionsprodukte nur gering ist, wird Lochkorrosion meist erst dann erkannt, wenn Undichtigkeiten auftreten. Die damit verbundenen Folgeschäden machen oft ein Vielfaches des eigentlichen Korrosionsschadens aus. Lochkorrosion kann z. B. in rostfreien Stählen bei Anwesenheit von Chlorionen auftreten (siehe S. 423).

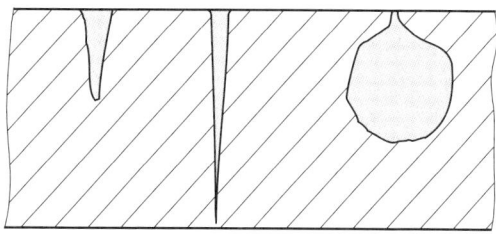

Bild 1.123
Formen der Lochkorrosion

Korrosionsrisse sind die gefährlichste Erscheinungsform der Korrosion und ebenso wie Lochkorrosion nur schwer zu erkennen. Bei mechanischer Beanspruchung treten infolge Kerbwirkung der Rissspitzen Spannungsüberhöhungen auf, die im Zusammenwirken mit der durch die Risse verursachten Querschnittsminderung zu einer Überbeanspruchung und damit zum Bruch führen können. Korrosionsrisse verlaufen entweder **interkristallin**, d. h. auf den Korngrenzen, oder **transkristallin** quer durch die Körner (Bild 1.124).

Die Erscheinungsform der Korrosion ist außer vom Werkstoff auch von der Korrosionsart, d. h. der ei-

Bild 1.124
Risskorrosion: interkristallin – transkristallin

gentlichen Korrosionsursache abhängig. Dabei lassen sich aber nicht immer Korrosionsart und Korrosionsform einander eindeutig zuordnen.

1.8.3 Korrosionsarten

Die vielfältigen Ursachen der Korrosion erfordern nicht nur eine richtige Werkstoffauswahl, sondern auch fachgerechte Konstruktion, Fertigung und den sachgemäßen Betrieb von Maschinen. Die Anwesenheit von Elektrolyten, z. B. ungeeignete Schmiermittel, Schwitzwasser, kondensierte Verbrennungsgase oder salzhaltiges Wasser, kann nämlich bei den meisten Konstruktionen nicht ausgeschlossen werden.

1.8.3.1 Korrosion ohne mechanische Beanspruchung

Kontaktkorrosion entsteht bei einem Korrosionselement (Bild 1.116), das aus unterschiedlichen Metallen besteht *(Kontaktelement)*. Zwischen Anode und Kathode ist meist nur ein geringer elektrischer Widerstand, d. h., die Elektroden sind kurzgeschlossen. Sind die beiden Elektroden verschiedene Bauteile, so liegt ein *Makroelement* vor, bei dem meist ein mehr oder weniger gleichmäßiger Flächenabtrag die Folge ist.

Makro-Kontaktelemente entstehen z. B., wenn Verbindungsschrauben aus einem anderen Werkstoff bestehen als die verbundenen Teile. Bei solchen Konstruktionen hängt die Geschwindigkeit der Korrosion stark von dem Größenverhältnis der benetzten Flächen von Anode und Kathode ab. So ist es z. B. im Allgemeinen unproblematisch Stahlteile mit Kupfernieten zu verbinden. Die kleine Kathodenfläche der edleren Kupfernieten begrenzt den fließenden Gesamtstrom. Dieser verteilt sich auf die große Anodenfläche der Stahlteile. Die Stromdichte wird dort dann so gering, dass der Korrosionsangriff meist vernachlässigbar ist. Würde man hingegen Kupferbleche mit Stahlnieten oder -schrau-

ben verbinden, können bereits Elektrolyten geringer Aggressivität zu einer starken Korrosion dieser Verbindungselemente führen.

Sind Anoden- und Kathodenflächen sehr klein und liegen unmittelbar nebeneinander, so entsteht ein *Lokalelement* (Bild 1.125). Lokalelemente können von den unterschiedlichen Gefügebestandteilen einer heterogenen Legierung gebildet werden, z. B. durch kupferreiche Ausscheidungen in falsch wärmebehandelten AlCuMg-Legierungen. Auch die Korrosion unter Ablagerungen *(Berührungskorrosion)* erfolgt meist durch Lokalelemente. Werden z. B. in einem Rohrleitungssystem Stahlrohre hinter Kupferrohren angebracht, so bilden die durch Strömung verursachten Kupferablagerungen mit den Stahlrohren Lokalelemente. Die Erscheinungsform ist in beiden Fällen *Lochkorrosion*.

Korrosionselemente, deren anodische und kathodische Bereiche durch unterschiedliche Konzentration bestimmter Stoffe im Elektrolyten gebildet werden, heißen **Konzentrationselemente.** Häufigstes Konzentrationselement ist das durch unterschiedlichen Sauerstoffzutritt bewirkte **Belüftungselement.** Auch die in engen Spalten oder an Dichtflächen entstehende **Spaltkorrosion** (Bild 1.126) kann meist auf unterschiedliche Belüftung zurückgeführt werden.

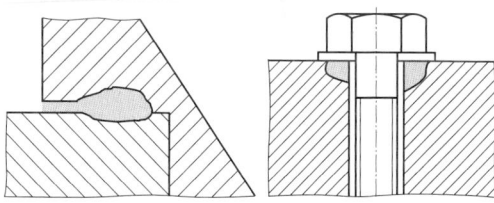

Bild 1.126
Spaltkorrosion

Bei der **selektiven Korrosion** werden bestimmte Gefügebestandteile, korngrenzennahe Bereiche oder Legierungselemente bevorzugt aufgelöst. Das oben erwähnte Beispiel der AlCuMg-Legierung gehört dazu. *Interkristalline Korrosionsrisse* entstehen durch selektive Korrosion, weil entweder die höhere Energie der Korngrenzen die Auflösung fördert oder durch inhomogenen Gefügeaufbau die Korngrenzenausscheidungen oder die Kornränder aufgelöst werden. *Transkristalline Korrosionsrisse* verlaufen bevorzugt entlang derjenigen Gleitebenen, auf denen sich infolge plastischer Verformungen eine

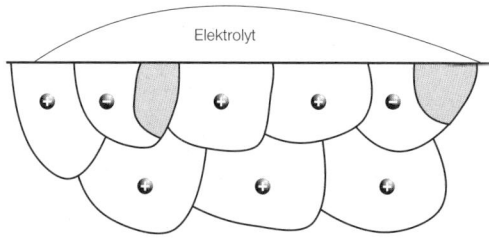

Bild 1.125
Lokalelemente in einem heterogenen Gefüge

erhöhte Versetzungsdichte und damit ein höherer Energiezustand eingestellt hat.

Sonderformen der selektiven Korrosion sind die Spongiose bei Grauguss und die Entzinkung von Messing. Bei der *Spongiose* werden die ferritischen oder perlitischen Gefügebestandteile anodisch aufgelöst, die als Kathode wirkenden Grafitlamellen bleiben als schwammähnliches Gerüst zurück. Dadurch behält das Bauteil meist seine äußere Form, verliert aber an Festigkeit.

Bei der *Entzinkung* wird nicht das Zink selektiv aus dem Messing herausgelöst, sondern Kupfer und Zink gehen gemeinsam in Lösung. Das edle Kupfer wird wieder reduziert (siehe S. 419) und bildet einen porösen Niederschlag. Das dadurch entstehende Kontaktelement zwischen Kupfer und dem unedleren Messing bewirkt dessen beschleunigte Auflösung.

1.8.3.2 Korrosion mit zusätzlicher mechanischer Beanspruchung

Besondere Probleme ergeben sich in der Praxis durch Korrosionsarten, die mit zusätzlicher mechanischer Beanspruchung verbunden sind. Hier sind in erster Linie die Spannungsrisskorrosion und die Schwingungsrisskorrosion zu nennen.

Für das Auftreten von **Spannungsrisskorrosion** müssen drei Voraussetzungen erfüllt sein:
– es müssen Zugspannungen (z. B. Eigenspannungen) im Bauteil vorliegen,
– es muss ein Anriss entstehen und
– es muss ein spezifischer Elektrolyt vorhanden sein.

Der *Anriss* entsteht in der Regel durch ein Zusammenwirken von mechanischer Spannung und Korrosion. Die Bewegung von Versetzungen infolge der Spannungen führt zu Gleitstufen an der Oberfläche. Bei Oberflächen mit einer korrosionshemmenden Deckschicht, z. B. einer Oxidschicht, wird diese an den Gleitstufen unterbrochen (Bild 1.127). Der spezifische Elektrolyt verhindert die Neubildung der Deckschicht, so dass ein örtlicher Korrosionsangriff möglich wird: es entsteht ein *Tunnel*. Ein solcher Tunnel kann aber auch durch Ionen hervorgerufen werden, die in der Lage sind, die Deckschicht zu durchdringen.

Der *Rissfortschritt* kann auf folgenden Mechanismus zurückgeführt werden: Die Kerbwirkung des Risses führt zu Spannungskonzentrationen an seiner Spitze. Es bildet sich dort eine plastisch verformte Zone, die aufgrund ihrer erhöhten Versetzungsdichte bevorzugt anodisch aufgelöst wird. Der Riss wächst. Dabei werden die durch die plastische Verformung aufgefangenen Spannungskonzentrationen in erhöhtem Maße wieder wirksam, weil durch den Rissfortschritt der tragende Querschnitt verringert ist. Das Risswachstum wird beschleunigt und kann in kürzester Zeit zum Bruch des Bauteils führen.

Wegen des oben beschriebenen Mechanismus der Deckschichtunterbrechung tritt Spannungsrisskorrosion bei Werkstoffen auf, die allgemein als korrosionsbeständig gelten. Davon sind alle Werkstoffgruppen betroffen, rostfreie Stähle (siehe S. 232) ebenso wie Kupferlegierungen (siehe S. 277).

Die Spannungsrisskorrosion erfolgt je nach Werkstoff und Elektrolyt inter- oder transkristallin.

Die **Wasserstoffversprödung** wird auch als (kathodische) Spannungsrisskorrosion bezeichnet. Auch hier treten die drei maßgebenden Elemente: Elektrolyt, mechanische Spannung und Riss auf. Der Schädigungsprozess ist jedoch grundsätzlich anders. Während bei der Spannungsrisskorrosion die Spannung den ersten Anriss hervorruft und der Riss die Korrosion ermöglicht und beschleunigt, wird bei der Wasserstoffversprödung zunächst atomarer Wasserstoff erzeugt. Das kann – muss aber nicht – durch die Kathodenreaktion eines Korrosionsprozesses erfolgen. Es gibt viele technische Prozesse, bei denen ebenfalls atomarer Wasserstoff entsteht. Der atomare Wasserstoff diffundiert in den Werkstoff ein und führt bei Bildung von Wasserstoffmolekülen zu inneren Spannungen und damit zur Rissbildung, vor allem an den Korngrenzen (siehe S. 157).

Atomarer Wasserstoff kann auch in gelöster Form die metallischen Bindungskräfte im Gitter schwä-

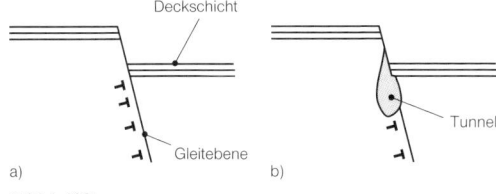

Bild 1.127
Spannungsrisskorrosion
a) Unterbrechung der Deckschicht
b) Tunnelbildung

chen. Das wirkt sich bevorzugt an Fehlstellen aus, insbesondere wieder an den Korngrenzen, die durch äußere (oder innere) Spannungen dann aufreißen können. In wasserstoffversprödeten Werkstoffen ist daher der Bruchverlauf immer **interkristallin** (siehe Bild 8.15).

Liegen bereits Korngrenzenrisse vor, ist der Werkstoff unwiderruflich geschädigt: **irreversible Wasserstoffversprödung**. Befindet sich der Wasserstoff nur in atomarer Form im Gitter, kann er durch geeignete Glühbehandlungen wieder ausgetrieben werden: **reversible Wasserstoffversprödung**.

Die **Schwingungsrisskorrosion** beruht im Wesentlichen auf dem gleichen Mechanismus wie die Spannungsrisskorrosion. Da durch die Schwingbeanspruchung Extrusionen und Intrusionen (siehe S. 113) gebildet werden, entstehen tiefe Anrisse mit einer hohen Versetzungsdichte an der Rissspitze. Der Korrosionsangriff erfordert in diesem Fall keinen spezifischen Elektrolyten. Bereits Leitungswasser kann zu einer deutlichen Verminderung der Schwingfestigkeit führen (siehe Bild 3.39). Dabei bewirkt fortgesetzte anodische Auflösung der aktiven Gleitebenen in jedem Fall einen Bruch, weil die eventuelle Bildung von Deckschichten länger dauert als die Reaktivierung der Gleitebenen. Während für die Spannungsrisskorrosion eine gewisse Empfindlichkeit der Legierungen gegeben sein muss, ist Schwingungsrisskorrosion bei allen metallischen Werkstoffen möglich. Die Schwingungsrisskorrosion führt fast ausschließlich zu transkristallinen Rissen.

Weitere Korrosionsarten mit gleichzeitiger mechanischer Beanspruchung sind die bei Reibung zwischen zwei Festkörpern auftretende *Reibkorrosion*, sowie die *Erosionskorrosion* und die *Kavitationskorrosion*, die beide in strömenden Flüssigkeiten möglich sind. Bei der Reibkorrosion werden vorwiegend die durch den mechanischen Verschleiß abgetrennten Oberflächenteilchen korrodiert und bilden z. B. das als **Passungsrost** bekannte Korrosionsprodukt. Durch Erosion und Kavitation, zwei unterschiedliche Verschleißformen, werden Deckschichten auf der Metalloberfläche zerstört, so dass ein Korrosionsangriff ermöglicht wird.

1.8.4 Korrosionsverhalten der Werkstoffe

Der Verlauf der Teilstromkurve für die anodische Metallauflösung in Bild 1.117 entspricht dem *aktiven Zustand* der Metalloberfläche, in dem der elektrolytische Metallabtrag ohne besondere Reaktionshemmung erfolgt. Die Kurve wird bei vielen Werkstoffen abgewandelt.

Bild 1.128 zeigt die Teilstromkurve für ein passivierbares Metall. Nach Durchlaufen eines Maximums fällt sie auf einen sehr niedrigen Wert ab, der über einen größeren Potenzialbereich annähernd konstant bleibt. Der **passive Zustand** der Metalloberfläche ermöglicht nur einen geringfügigen Metallabtrag. Er wird durch eine *Passivschicht* erzeugt, die sich vorwiegend als Oxid an Luft oder in sauerstoffreichen Elektrolyten bildet. Diese Deckschicht schützt vor weiterem Korrosionsangriff.

Bei wesentlich höheren Potenzialen setzt wieder ein stärkerer Metallabtrag durch transpassive Korrosion in stark oxidierenden Elektrolyten ein. Im *transpassiven Zustand* kann die Deckschicht nicht mehr schützen, weil die hohen Potenziale den Durchtritt von Ladungen ermöglichen.

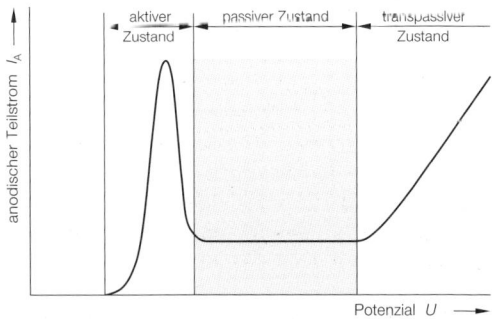

Bild 1.128
Anodische Teilstromkurve eines passivierbaren Metalls

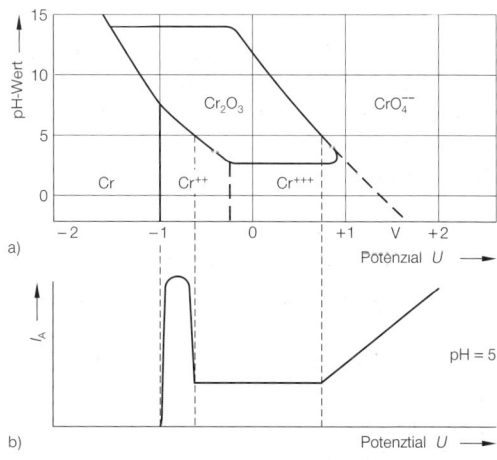

Bild 1.129
Beständigkeitsschaubild von Chrom (vereinfacht)

64 1 Grundlagen der Metall- und Legierungskunde

Ob ein Metall passivierbar ist, kann dem **Beständigkeitsschaubild** entnommen werden. Bild 1.129 zeigt es für Chrom, das neben Nickel zu den am leichtesten passivierbaren Metallen gehört. Höhere Legierungsanteile an Chrom und Nickel übertragen ihre Passivierbarkeit auch auf Stahl. Die chromreichen rostfreien und säurebeständigen Stähle bilden dann ebenso wie Chrom, Aluminium und Titan bereits an Luft eine Passivschicht. Eisen ist ebenfalls passivierbar; die Haftfestigkeit der Passivschicht ist jedoch zu gering, um einen dauerhaften Korrosionsschutz zu gewährleisten.

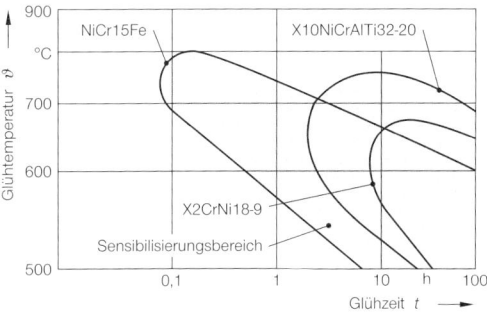

Bild 1.130
Kornzerfallsschaubild für rostfreie Stähle und Nickellegierungen

Bild 1.129 verdeutlicht, dass die Korrosionsbeständigkeit eines Werkstoffs immer nur für bestimmte Kombinationen von pH-Wert und Potenzial gegeben ist. Wie die Teilstromkurve für pH = 5 zeigt, wird die Lage des Aktiv- und des Passivbereiches darüberhinaus vom pH-Wert des Elektrolyten bestimmt (Bild 1.129b).

Bei nichtrostenden Stählen und korrosionsbeständigen Nickellegierungen ist **Kornzerfall** durch interkristalline Korrosion möglich. Ursache ist die Ausscheidung von Chromcarbiden auf den Korngrenzen bei höheren Temperaturen *(Sensibilisierung)*. Die Bedingungen, bei denen eine Sensibilisierung zu erwarten ist, werden durch das Kornzerfallsschaubild (Bild 1.130) wiedergegeben. (Einzelheiten über den Kornzerfall und dessen Vermeidung siehe S. 231).

1.8.5 Korrosionsschutz
Korrosionsschutz hat die Aufgabe, entweder Korrosion völlig zu verhindern oder zumindest stark zu verzögern.

Aktiver Korrosionsschutz beeinflusst unmittelbar die Korrosionsreaktionen. Hierzu gehören Veränderungen des Elektrolyten, Anbringen von Opferanoden und Potenzialverschiebungen durch Fremdspannungen.

Die Aggressivität eines Elektrolyten kann durch Zusatz eines *Inhibitors* (Hemmstoffes) vermindert werden. Angewendet wird diese Möglichkeit vor allem in der Oberflächentechnik, um unerwünschte Nebenwirkungen chemischer Bäder zu vermeiden. Aber auch die Verringerung des Sauerstoffgehaltes von Wässern in geschlossenen Systemen (z. B. Heizungsanlagen) vermindert die Korrosionsgefahr. Die dem Kühlwasser von Motoren zugesetzten Frostschutzmittel enthalten ebenfalls in aller Regel Inhibitoren.

Durch *Opferanoden* und Anlegen von Fremdspannungen wird der zu schützende Werkstoff zur Kathode gemacht (kathodischer Korrosionsschutz). Als Opferanoden werden im Schiffbau beispielsweise unedle Magnesiumelektroden in der Nähe der Ruderanlage angebracht.

Zum **passiven Korrosionsschutz** zählen alle Maßnahmen, die den Elektrolyten von dem zu schützenden Metall fernhalten. Die vielfältigen Möglichkeiten reichen von den organischen (Fett, Wachs, Lack, Kunststoff) über die anorganisch-nichtmetallischen (Oxide, Phosphate, Email) bis hin zu den metallischen *Oberflächenschutzschichten*.

Bei letzteren ist zu unterscheiden zwischen Schutzschichten mit höherem und niedrigerem Potenzial als das zu schützende Werkstück. Ist eine edlere Schutzschicht nicht mehr dicht, so wird das Grundmaterial anodisch aufgelöst, z. B. Rosten von ver-

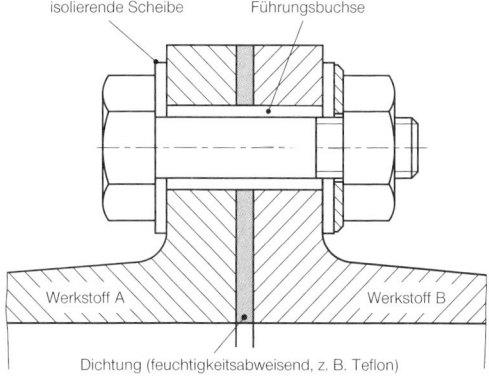

Bild 1.131
Beispiel der Isolierung einer Schraubenverbindung

chromten oder vernickelten Stahlteilen. Eine unedlere Beschichtung, wie vor allem Zink auf Stahl, wird bei einer örtlichen Zerstörung zur Opferanode. Die entstehenden Korrosionsprodukte lagern sich auf den kathodischen Flächen ab und bringen dadurch die Reaktionen zum Stillstand.

Wirksamer Korrosionsschutz ist vor allem auch mit Hilfe *konstruktiver Maßnahmen* möglich. Zwischen Paarungen von Werkstoffen mit stark unterschiedlichem Potenzial kann der Stromfluss durch isolierende Zwischenschichten (Bild 1.131) unterbrochen werden. Allerdings sollte sich der Konstrukteur dabei vergewissern, dass durch die Isolierschicht nicht die Gefahr der Spaltkorrosion hervorgerufen wird. Die Vermeidung von Spaltkorrosion ist in erster Linie ein konstruktives Problem und erst in zweiter Linie eine Frage der Werkstoffauswahl.

1.8.6 Korrosionsprüfungen

Korrosionsprüfungen haben die Aufgabe
– die Beständigkeit von Werkstoffen in bestimmten Medien zu ermitteln
– die Anfälligkeit von Werkstoffen für Korrosionsarten festzustellen, die in der jeweiligen Werkstoffgruppe oft auftreten, und
– die Wirksamkeit von Korrosionsschutzmaßnahmen zu überprüfen.

Die *Untersuchungsbedingungen* sind den praktischen Verhältnissen weitestgehend anzupassen. Das gilt für den Zustand und die Oberflächenbeschaffenheit des Werkstoffes ebenso wie für die Zusammensetzung und Temperatur des Elektrolyten. Insbesondere ist die Versuchsdauer möglichst an die praktische Einsatzdauer anzugleichen, weil die Übertragung der Ergebnisse von Kurzzeitversuchen auf das Langzeitverhalten zu Fehlinterpretationen führen kann.

Allgemeine Richtlinien für die Durchführung von Korrosionsprüfungen sind zusammengestellt in:

– DIN 50905: Chemische Korrosionsuntersuchungen,
– DIN 50918: Elektrochemische Korrosionsuntersuchungen
– DIN 50919: Prüfung der Kontaktkorrosion
– DIN 50922: Spannungsrisskorrosion.

Spezielle Prüfverfahren für Werkstoffe, Bauelemente und Geräte findet man in:

– DIN 50016: Beanspruchung im Feucht-Wechselklima,
– DIN 50017: Beanspruchung im Schwitzwasser-Klima,
– DIN 50018: Beanspruchung im Schwitzwasser-Wechselklima mit schwefeldioxidhaltiger Atmosphäre,
– DIN 50021: Sprühnebelprüfungen mit verschiedenen Natriumchloridlösungen.

Spezielle Prüfverfahren für bestimmte Werkstoffgruppen sind z. B. genormt in:

– DIN EN ISO 3651: Interkristalline Korrosion in nichtrostenden Stählen,
– DIN EN ISO 9400: Interkristalline Korrosion in Nickellegierungen
– DIN 50915: Prüfung auf interkristalline Spannungsrisskorrosion in unlegierten und niedriglegierten Stählen,
– DIN 50916: Spannungsrisskorrosionsprüfung von Kupferlegierungen.

Weiterhin findet man spezielle Prüfverfahren in den einschlägigen Normen für bestimmte Korrosionsschutzüberzüge.

Ermittelt wird bei den Korrosionsprüfungen entweder der Massenverlust, der durch die chemische Reaktion hervorgerufen wird, oder die Zeitdauer bis zum Eintreten einer deutlichen Werkstoffschädigung, z. B. des Bruches bei Spannungskorrosionsversuchen.

Ergänzende und weiterführende Literatur

Dahl/Anton (Hrsg.): Werkstoffkunde Eisen und Stahl, Teil 1: Grundlagen der Festigkeit, der Zähigkeit und des Bruchs, Verlag Stahleisen, Düsseldorf 1983

Gottstein, G.: Physikalische Grundlagen der Materialkunde, 2. Auflage, Springer-Verlag, Berlin 2001

Haasen, P.: Physikalische Metallkunde, 3. Auflage, Springer-Verlag, Berlin 1994

Hornbogen, E.: Werkstoffe, 7. Auflage, Springer-Verlag, Berlin 2002

Hornbogen/Jost: Fragen und Antworten zu Werkstoffe, 4. Auflage, Springer-Verlag, Berlin 2002

Hornbogen/Skrotzki: Werkstoff-Mikroskopie, Springer-Verlag, Berlin 1993

Hornbogen/Warlimont: Metallkunde, 4. Auflage, Springer-Verlag, Berlin 2001

Schatt (Hrsg.): Werkstoffwissenschaft, 9. Auflage, Wiley VCH, Weinheim 2002

Schumann, H.: Metallografie, 13. Auflage, Deutscher Verlag für Grundstoffindustrie, Leipzig 1991

2 Einwirkung von Herstellung und Weiterverarbeitung auf die Eigenschaften von Metallen

Die metallkundlichen Grundlagen werden überwiegend anhand theoretisch idealisierter Vorgänge beschrieben. Das gilt insbesondere für die Legierungskunde. Die Zustandsschaubilder gelten streng genommen nur für das thermodynamische Gleichgewicht. Letzteres ist aber, wie bereits bei der Beschreibung der Gitterbaufehler und bei den thermisch aktivierbaren Prozessen angedeutet, nur in Ausnahmefällen gegeben. In der Praxis ergeben sich bei den technischen Prozessen der Herstellung der Werkstoffe und der Weiterverarbeitung bis zum fertigen Werkstück mehr oder weniger starke Abweichungen von den theoretischen Verhältnissen. So steht z. B. nie die theoretisch unendlich lange Diffusionszeit bis zum Erreichen eines vollkommenen Gleichgewichts zur Verfügung.

In diesem Kapitel wird deshalb, beginnend mit den Vorbereitungen zur Metallerzeugung bis hin zu stoffschlüssiger Verbindung von fertigen Konstruktionselementen durch Schweißen oder Löten, aufgezeigt, wie die Eigenschaften von Metallen durch die einzelnen Herstellungs- und Weiterverarbeitungsprozesse beeinflusst werden. Dabei werden im Rahmen dieser Grundlagen nur solche Zusammenhänge angesprochen, die zumindest teilweise allgemeingültig sind. Spezielle Eigenschaftsänderungen einzelner Werkstoffgruppen sind dann Bestandteil der entsprechenden Kapitel.

Die Verfahren der Metallgewinnung und Verhüttung liegen meist außerhalb des eigentlichen Arbeitsgebietes eines Maschinenbau- oder Elektroingenieurs. Die dadurch erzielten Eigenschaften sind vorgegeben und oft nicht mehr beeinflussbar. Deshalb werden diese Verfahren nur kurz in ihrem Grundprinzip angedeutet.

Auf die Prozesse der Weiterverarbeitung wird ebenfalls nur soweit eingegangen, dass die Beeinflussung der Gebrauchseigenschaften der Metalle erkennbar wird. Die Beschreibung der Fertigungsverfahren bleibt der Fertigungstechnik vorbehalten.

2.1 Metallgewinnung, Verhüttung

2.1.1 Erze, Anreicherungsverfahren

Bild 2.1 zeigt die Häufigkeit der Elemente in der Erdrinde. Die einzelnen Metalle kommen dabei überwiegend als chemische Verbindungen, z. B. Oxide oder Sulfide, vor. Gediegen, d. h. als reines Metall, findet man nur vergleichsweise selten die Edelmetalle und Kupfer.

Erze sind bergmännisch gewonnene Rohstoffe, aus denen sich Metalle wirtschaftlich herstellen lassen. So enthalten Eisenerze 30 % bis 50 % Fe, Kupfererze beispielsweise 0,6 % Cu und Golderze können mit weniger als 0,001 % Au abbauwürdig sein.

In natürlichen Erzlagerstätten sind metallhaltige Minerale mit *Gangart* innig verwachsen. Gangart besteht aus Gesteinen, die keine Wertmetalle enthalten. Da sie die thermischen und chemischen Verhüttungsprozesse belasten würden, müssen sie zuvor durch Aufbereitung abgetrennt werden. In der Regel enthält ein Erz mehrere metallhaltige Minerale.

Aufbereitung ist Sortierung nach Phasen (siehe S. 37). Zunächst werden durch Zerkleinern und Mahlen die einzelnen Minerale freigelegt. Das so erhaltene lose Gemenge der Phasen wird nach physikalischen Eigenschaften sortiert. Beispiele sind die *Magnetscheidung* bei Eisenerzen, die Nutzung unterschiedlicher Grenzflächenspannungen in wässrigen Suspensionen *(Flotation)* bei sulfidischen Kupfer-, Blei- und Zinkerzen sowie die Sortierung nach der Dichte *(Setzen)* bei Gold- und Zinnerzen.

Die durch die Aufbereitung gewonnenen Erzkonzentrate enthalten noch einige Prozent Gangart. In geringem Umfang enthalten sie weitere Beimengungen, die bei der Verhüttung ins Metall gelangen können.

2.1.2 Verhüttung, Reduktion

Ziel der Verhüttung von Konzentraten und Sekundärstoffen (Recycling) ist die Herstellung standardisierter Werkstoffe mit gleichmäßigen, normungsfähigen Eigenschaften für Maschinenbau und Elektrotechnik. Dabei werden zur Abtrennung der in den Rohstoffen enthaltenen unerwünschten Beimengungen sehr unterschiedliche Verfahren angewendet.

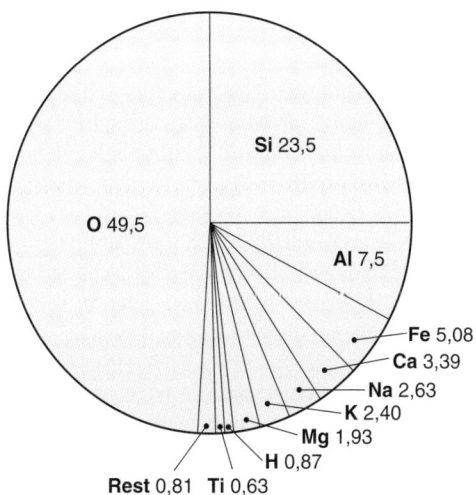

Bild 2.1
Häufigkeit der Elemente in der Erdrinde

Die klassischen Schwermetalle werden im **pyrometallurgischen** Prozess bei hoher Temperatur aus oxidischen Erzen mit Kohlenstoff reduziert. Im flüssigen Roheisen, Schwarzkupfer und Werkblei z. B. sind geringe Mengen Verunreinigungen aus den Rohstoffen enthalten. Diese sind unedler als das Basismetall und wurden mitreduziert. Der Reduktion zu Rohmetall folgt die Raffination zum gebrauchsfertigen Werkstoff oder Legierungsmetall.

Bei sulfidischen Konzentraten wird der Reduktion ein Röstprozess zur Entfernung des Schwefels vorgeschaltet. Das entstehende Schwefeldioxid wird zu Schwefelsäure verarbeitet, um Umweltschäden auszuschließen.

Die Herstellung der Leichtmetalle und des Zinks gelang wegen der hohen Affinität dieser Metalle zum Sauerstoff erst in neuerer Zeit. Die in den Rohstoffen enthaltenen unerwünschten Beimengungen sind ihrer chemischen Natur nach edler als das Basismetall. Sie würden bei der Reduktion quantitativ in das Rohmetall gelangen. Deshalb werden hier die Rohstoffe in **hydrometallurgischen** Prozessen (d. h. in wässriger Lösung) von den Beimengungen befreit. Die Raffination erfolgt vor der Reduktion zu Metall.

Als großtechnische Reduktionsverfahren haben sich bei Aluminium und Magnesium die *Schmelzflusselektrolyse* aus wässriger Lösung und bei Zink die *Reduktionselektrolyse* durchgesetzt. Zink wird aus der Reduktionselektrolyse direkt mit einer Reinheit von 99,99 % Zn gewonnen.

2.1.3 Raffination

Durch Raffination wird der Reinheitsgrad der gewonnenen Metalle verbessert. Ob das im Einzelfall erforderlich ist und wie weit die Reinheit des Metalls verbessert werden muss, hängt einzig vom vorgesehenen Verwendungszweck ab. Wichtig ist, dass der metallische Werkstoff durch Raffination reproduzierbare und normungsfähige Eigenschaften erhält. In der Regel sind mehrere Raffinationsschritte erforderlich, um dieses Ziel zu erreichen.

Die klassischen Schwermetalle haben nach dem Reduktionsprozess Beimengungen die ihrer chemischen Natur nach fast alle unedler sind als das Basismetall. Ihre Raffination erfolgt durch selektive Oxidation. Auf diese Weise wird Raffinadekupfer erzeugt (siehe S. 272) oder auch Stahl mit einem gewünschten Kohlenstoffgehalt, wenn der Oxidationsprozess *(Frischen)* in einem bestimmten Stadium abgebrochen wird.

Metalle haben im schmelzflüssigen Zustand eine gewisse Löslichkeit für Sauerstoff. Dieser wird durch *Desoxidation* mit reduzierenden Gasen oder dazu bestimmten Legierungen auf das für den Werkstoff erforderliche Maß entfernt. In der Regel verbleibt ein lagerstätten- oder herstellungsspezifisches Spektrum geringer Beimengungen im Werkstoff.

Hohe Reinheit, wie sie beispielsweise für leitfähiges Kupfer erforderlich ist, wird durch **elektrolytische Raffination** erreicht. Das Rohmetall bildet die Anode, das Raffinat die Kathode einer elektrolytischen Zelle (siehe S. 56). Beim Elektrolysevorgang bleiben die nach Spannungsreihe (siehe S. 58) – bezogen auf das Basismetall – edleren Metalle ungelöst und bilden Anodenschlamm (*Edelmetallgewinnung* bei Kupfer), während die unedleren an der Kathode nicht abgeschieden werden und in Lösung bleiben. Durch chemische Prozesse werden die Verunreinigungen wieder aus dem Elektrolyten entfernt *(Laugenreinigung)*. Wegen ihrer hohen Selektivität für das zu gewinnende Metall ist die Elektrolyse das wichtigste Raffinationsverfahren für reine Metalle (siehe auch S. 290).

Seigerungsverfahren machen sich die unterschiedliche Löslichkeit von Verunreinigungen in Primärkristall und Restschmelze bei der Erstarrung zunutze (siehe S. 48). Das bekannteste Beispiel ist die Erzeugung einer Schicht hochreiner Eisenkristalle in der Randzone des Blockes bei der Erstarrung unberuhigten Stahls in der Kokille. Die Seigerung wird als Einzelschritt im Zuge der Raffination zahlreicher Metalle angewandt. Besonderer Vorteil ist, dass chemische Reagenzien, von denen immer ein Rest im Metall verbleibt (z. B. Sauerstoff, s. o.) und wieder entfernt werden muss, nicht erforderlich sind. Das macht dieses Verfahren für die Raffination unedler Metalle besonders geeignet. Durch wiederholte Seigerung wird Aluminium für Sonderanwendungen (z. B. Kondensatorfolien in der Elektronik auf $\geq 99,99\,\%$ raffiniert.

Auch das **Zonenschmelzen** (siehe Bild 6.23) für die Herstellung der hochreinen Halbleitermetalle Silicium und Germanium ist Seigern. Zur Charakterisierung des Reinheitsgrades wird jetzt der Gehalt des Basismetalls an elektrisch aktiven Fremdatomen herangezogen. Deren Gehalt beträgt nach mehrfachem Zonenschmelzen 10^{-6} %. Höhere Reinheiten werden beim *Ziehen von Einkristallen* (siehe S. 333) aus der Schmelze erreicht. In Einkristallen ist auch die Störung des regelmäßigen Gitteraufbaus der Werkstoffe durch Korngrenzen (siehe S. 8) beseitigt. Der Gehalt an elektrisch aktiven Fremdatomen von ca. 10^{-8} % tritt in seiner praktischen Bedeutung bereits hinter dem Einfluss verbliebener Stapelfehler und Versetzungen zurück.

2.1.4 Nichtmetallische Verunreinigungen

Nichtmetallische Verunreinigungen sind häufig Ursache beim Versagen von Werkstücken. Sie bilden Einschlüsse im Gefüge und sind in den meisten Fällen hart, spröde und unelastisch und unterbrechen örtlich den Kraftschluss im Werkstoff. Formell sind der Herkunft nach endogene und exogene Einschlüsse zu unterscheiden. **Endogene Einschlüsse** entstehen unmittelbar aus dem flüssigen Metall und bilden sich bei Abkühlung und Erstarrung in der Kokille bzw. Gussform. Ursache ist die bei hoher Temperatur große Löslichkeit der Schmelze für bestimmte Nichtmetalle, verglichen mit dem festen Zustand. Die Verunreinigungen stammen vorwiegend aus dem Rohstoff, den Reduktionsmitteln oder sonstigen Hilfsstoffen der Herstellung. Beispielhaft sind für Eisen Phosphor aus dem Erz, Schwefel aus dem Reduktionskoks und Sauerstoff aus dem Frischgas.

Durch Legieren mit geringen Mengen solcher Metalle, die eine hohe chemische Affinität zu den unerwünschten Nichtmetallen haben *(Fällungsdesoxidation und -entschwefelung)*, lässt sich deren Gehalt im flüssigen Metall stark senken. Voraussetzung für die Wirksamkeit einer solchen Maßnahme zur Senkung des Gehalts an nichtmetallischen Verunreinigungen ist, dass sich die gebildeten Reaktionsprodukte auch aus der Schmelze abscheiden können. Das ist aus praktischen Gründen nur begrenzt möglich. Die als Schwebestoffe in der Schmelze verbleibenden kleinen Partikel beeinflussen Primärerstarrung und Rekristallisation, z. T. sind sie sogar für die Entstehung von Texturen verantwortlich.

Exogene Einschlüsse im Metall stammen nicht unmittelbar aus der Schmelze, sondern wurden von dieser in das Gussstück mitgeführt. Es sind dieses Bruchstücke und Partikel aus feuerfestem Mauerwerk, Zuschlagstoffen oder Hilfsmitteln zum Abdecken der Gussköpfe, um das Lunkern (siehe S. 73) zu erleichtern. Bei ordnungsgemäßer Herstellung und Qualitätskontrolle der Werkstoffe dürfen sie keine Rolle spielen.

2.1.5 Gase im Metall

Bei den Reaktionen der Verhüttung und Raffination entstehen z. T. erhebliche Gasmengen. Häufig werden Gase auch zur Durchführung der Reaktionen in der Schmelze eingeleitet. Dabei nimmt das Metall Gas auf. Auch bei der Herstellung von Formguss oder beim Schweißen wird z. B. Gas in geringen Mengen aufgenommen.

Metalle können andere Stoffe in der Schmelze oder innerhalb des Kristallgitters lösen. Das gilt auch für Gase. Aus der Mehrzahl der Zustandsschaubilder ist zu entnehmen, dass die Löslichkeit im festen Zustand meist begrenzt ist, während sich Metalle im flüssigen Zustand oft vollständig lösen. Stoffe, die bei den üblichen Temperaturen von Metallschmelzen gasförmig sind, sind auch in der Schmelze nur begrenzt löslich. Bild 2.2 zeigt schematisch die Abhängigkeit der **Gaslöslichkeit** von der Temperatur. Die Gasaufnahmefähigkeit im flüssigen Zustand beträgt meist das Mehrfache der Aufnahmefähigkeit im festen Zustand. Die Lage und Größe des Erstarrungsintervalls ist dabei natürlich von der Gasart und der Gaskonzentration abhängig.

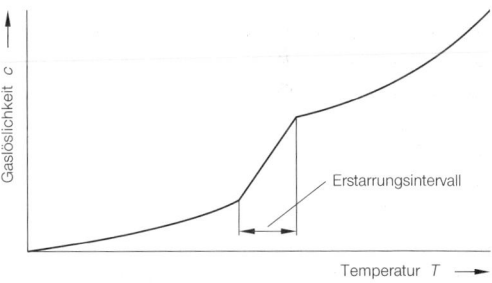

Bild 2.2
Abhängigkeit der Gaslöslichkeit in Metall von der Temperatur

Wird beim Abkühlen die obere Grenze des Erstarrungsintervalls, die Liquiduslinie, erreicht, so bilden sich Primärkristalle, die gemäß Bild 2.2 nur einen wesentlich geringeren Gasgehalt haben können. Die verbleibende Schmelze reichert sich folglich mit Gasen an. Bei weiterer Kristallisation erreicht der Gasgehalt der Restschmelze schließlich die Löslichkeitsgrenze: es scheiden sich Gase aus.

Sind die entstehenden Gasblasen groß genug, so können sie in der Schmelze aufsteigen. Die Schmelze gerät in brodelnde Bewegung, sie »kocht«. Kleine Gasblasen, die nicht oder nur sehr langsam aufsteigen können, werden im erstarrenden Metall eingeschlossen. Dann ergibt sich die in Bild 2.3 gezeigte, charakteristische Verteilung der Blasen.

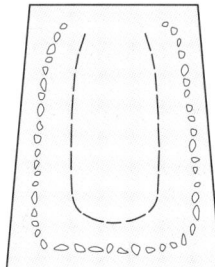

Bild 2.3
Verteilung von Gasblasen in Blockguss (schematisch)

Das Volumen der freiwerdenden Gase kann sehr erheblich sein. Die in den Zustandsschaubildern angegebenen Massenprozente führen bei Berücksichtigung der geringen Dichte der Gase zu wesentlich größeren Volumenanteilen. So liegt z. B. die Sättigungsgrenze für Wasserstoff in flüssigem Kupfer bei Schmelztemperatur weit unter 0,01 Massenprozent. Beim Erstarren einer mit Wasserstoff gesättigten Kupferschmelze werden jedoch je m^3 Schmelze 0,3 bis 0,4 m^3 Wasserstoffgas frei.

Neben den Gasblasen können zusätzlich Verbindungen entstehen, die wiederum zu nichtmetallischen Einschlüssen führen. Je nach der bei der entsprechenden Temperatur vorliegenden Affinität des Metalls zu den freiwerdenden Gasen bilden sich Oxide, Nitride, Hydride.

Das Problem der Gasentstehung (Gasentbindung) ist am größten beim Blockguss, und zwar insbesondere für Sauerstoff. Dieser wird benötigt für die Wärmeerzeugung bei der Reduktion und für die Verbrennung von Verunreinigungen bei der Raffination. Zur Vermeidung von Gasblasen werden der Schmelze Elemente zugesetzt, die eine besonders hohe Affinität zu Sauerstoff haben, also Oxide bilden. Diese Desoxidation wird z. B. bei Stahl durch Zusatz von Mangan, Silicium oder Aluminium erreicht. Da die desoxidierte Schmelze keine oder nur wenige Gasblasen bildet, erstarrt sie ohne »Kochen«.

Für hochwertige Werkstoffe wird häufig die **Vakuumentgasung** angewendet. Sie beruht auf dem Prinzip, dass die Löslichkeit eines Gases in der Schmelze vom Partialdruck (Teildruck) des Gases im umgebenden Medium abhängt. Durch starke Verminderung des Umgebungsdruckes (Vakuum) werden auch die Partialdrücke der einzelnen Gase verringert. Die Folge ist, dass aus der jetzt übersättigten Schmelze das überschüssige Gas entweicht und von Vakuumpumpen abgesaugt wird. Der Vorteil der Vakuumentgasung gegenüber der Desoxidation ist, dass
– sie für alle Gase wirksam ist,
– keine weiteren Verunreinigungen entstehen und
– auch die Menge der vorhandenen Verunreinigungen verringert wird.

Bei der Weiterverarbeitung von *Blockguss* werden die vorhandenen Gasblasen durch die Druckkräfte im Walzwerk verschweißt. Ein Verschweißen ist nicht möglich, wenn das Metall und Gas miteinander reagiert haben und Reaktionsprodukte an der Blaseninnenwand eine Bindung verhindern. Es entstehen dann beim Walzen Werkstofftrennungen.

Im *Formguss* ist die Gasaufnahme je nach Erschmelzungsart gegebenenfalls erheblich geringer. Sie ist meist nur möglich über die Oberfläche der Schmelze im Ofen und durch die Giessstrahloberfläche beim Abfüllen in die Gießpfanne und in die Form. In der Gießpfanne selbst wird die Oberfläche der Schmelze oft abgedeckt. Die Gefahr der Bildung von Gasblasen ist dadurch gegenüber Blockguss verringert. Gasblasen in Formguss vermindern die Festigkeit eindeutig, weil die Möglichkeit eines Verschweißens durch Verformungsvorgänge entfällt. Die aufsteigenden Blasen sammeln sich häufig dicht unter der Oberfläche, weil das an der Formwand schnell erstarrende Material ihren Austritt verhindert. Bei der spanenden Bearbeitung werden solche Ansammlungen von Blasen angeschnitten. Die bei Blockguss üblichen Verfahren zum Verringern des Gasgehalts werden grundsätzlich auch bei Formguss angewendet.

Ein besonderes Problem in der Technik bereitet die **Wasserstoffaufnahme** von Metallen. Die große Löslichkeit in der Schmelze führt beim Abkühlen zur Übersättigung im festen Zustand, so dass Wasserstoff wegen seiner besonders nachteiligen Auswirkungen bereits aus der Schmelze unbedingt entfernt werden sollte.

Die bei Übersättigung einsetzende Diffusion der Wasserstoffatome führt zu Anreicherungen und zur Bildung von Wasserstoffmolekülen an Fehlstellen im Gefüge, insbesondere an den Korngrenzen und an Einschlüssen. Die größeren Wasserstoffmoleküle können nicht mehr diffundieren. Es entstehen große Gasdrücke, deren Spannungen eine Versprödung des Metalles zur

Folge haben (siehe S. 156). Ein ähnlicher Mechanismus liegt der *Wasserstoffkrankheit* von Kupfer (siehe S. 275) zugrunde.

Das Problem der Wasserstoffaufnahme besteht nicht nur bei höheren Temperaturen. Auch bei mäßigen Temperaturen nehmen die Metalle Wasserstoff auf, wenn dieser bei einem Prozess in atomarer Form entsteht, wie z. B. beim Beizen und Ätzen von Metallen. Ursache ist die geringe Aktivierungsenergie, die der atomare Wasserstoff wegen seines kleinen Atomradius zur Bewegung im Gitter des festen Metalles benötigt.

2.2 Schmelzen und Erstarren

2.2.1 Ausgewählte Erstarrungsvorgänge
Erstarrung in der Kokille
Die Kristallisation der Schmelze beginnt an der Behälterwand. Durch die schnelle Wärmeabfuhr entsteht eine große Schmelzenunterkühlung und damit eine große Anzahl von Keimen. Die feinkörnige Randzone kühlt relativ gleichmäßig ab, so dass sich gleichachsige (äquiaxiale) Körner, Globulite, bilden.

In den sich daran anschließenden Bereichen nimmt der Temperaturgradient ab, d. h. die konstitutionelle Unterkühlung zu. Die Schmelze erstarrt jetzt vorwiegend radial in Richtung Blockmitte. Da in axialer Richtung kaum ein Temperaturgefälle vorhanden ist, entstehen lange, schmale *Stängelkristalle*. Dieses »Hindurchwachsen« durch die Schmelze wird als **Transkristallisation** bezeichnet. Das stängelige Gefüge ist stark anisotrop. Durch die große konstitutionelle Unterkühlung in Blockmitte entsteht auch hier (siehe S. 22) ein globulitisches Gefüge (Bild 2.4).

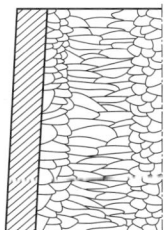

Bild 2.4
Kristallisationsvorgänge in einer stählernen Kokille

Erstarrung in Gusskonstruktionen
Um die verschiedenen Konstruktionsmethoden erfolgreich anwenden zu können, müssen ihre spezifischen Besonderheiten beachtet werden. Am Beispiel einer gegossenen Ecke wird gezeigt, wie die Primärkristallisation das Festigkeitsverhalten gegossener Bauteile beeinflusst (Bild 2.5).

Bei der Variante a) stoßen die *Kristallisationsfronten* in der skizzierten Weise zusammen. Die hier angehäuften Verunreinigungen stellen insbesondere bei Biege- und Schlagbeanspruchung eine ausgeprägte Schwachstelle dar. Die Form b) ist kaum günstiger, außerdem entsteht wegen Schmelzenanhäufung ein Lunker. Die Konstruktion muss also in einer Weise abgeändert werden, dass ein Zusammentreffen der Kristallisationsfronten vermieden wird, Form c).

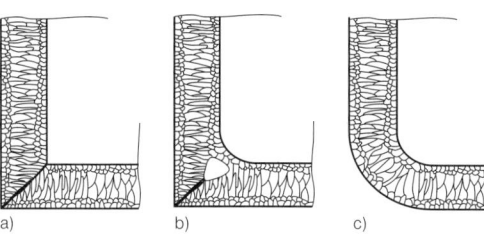

Bild 2.5
Primärkristallisation von Schmelzen in Ecken unterschiedlicher Geometrie (nach Borchers)

Kristallisation in Schweißverbindungen
In einlagig hergestellten Schweißverbindungen verläuft die Primärkristallisation in ähnlicher Weise wie in der Kokille (Bild 2.6). Senkrecht zur Phasengrenze flüssig/fest wachsen die Stängelkristalle in Richtung Schweißbadmitte. Die Kristallisationsfronten schieben im Wesentlichen die im Werkstoff vorhandenen Verunreinigungen in Nahtmitte zusammen. Diese bestehen häufig aus niedrigschmelzenden Eutektika und/oder nichtmetallischen Phasen. Dadurch ergeben sich in jedem Fall niedrige Zähigkeitswerte und vielfach *Heißrisse*. Die Zähigkeitsabnahme ist um so stärker, je größer das erzeugte Schmelzbad und je stärker verunreinigt der zu verbindende Werkstoff ist. Deshalb wird die Einlagenschweißung praktisch nur für geringer beanspruchte Bauteile angewendet.

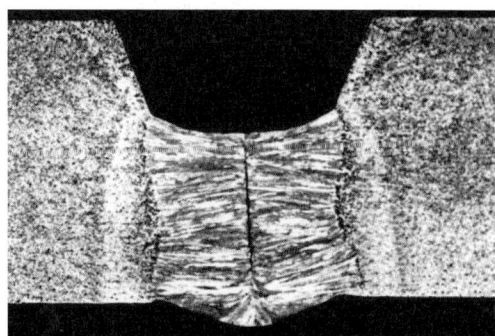

Bild 2.6
Primärkristallisation in einer UP-geschweißten Wurzel

Gerichtete Erstarrung

Für die ständig zunehmenden Anforderungen an die Temperaturbeständigkeit der hochwarmfesten Werkstoffe sind vielkristalline, dendritische Gefüge nicht geeignet. Insbesondere sind die durch die Dendritenform bedingten Mikroseigerungen und die quer zur Beanspruchungsrichtung liegenden Korngrenzen rissbegünstigend.

Einkristalle mit bestimmten Kristallorientierungen zur Beanspruchungsrichtung sind hervorragend geeignet. Sie besitzen außerdem keine schwächenden Korngrenzen. Diese Erstarrungsform lässt sich technisch sehr schwer realisieren. Sie wird jedoch für Gasturbinenschaufeln, die bei höchsten Temperaturen beansprucht werden, in zunehmendem Maße eingesetzt. Einfacher ist die Erzeugung *gerichtet erstarrter Zellen* (siehe Tab. 1.3). Diese sind seigerungsfrei. Nur an deren Korngrenzen, die parallel zur Beanspruchungsrichtung liegen, sind nicht störende Ausscheidungen vorhanden.

2.2.2 Seigerungen

Seigerungen sind Entmischungen, die aufgrund ihrer verschiedenartigen Entstehung zu typischen Konzentrationsunterschieden in Legierungen führen.

Bei der Erstarrung von Legierungen können durch Abweichungen vom Gleichgewichtszustand Kristallite entstehen, die aus Zonen verschiedener Zusammensetzung aufgebaut sind (siehe S. 48). Ursache dieser **Kristall-** oder **Mikroseigerung** ist die verminderte Diffusion innerhalb der Kristallite infolge erhöhter Abkühlgeschwindigkeiten. Die Konzentrationsunterschiede zwischen den kristallisierenden Teilchen und der verbleibenden Schmelze erhöhen nicht nur den Anteil der Legierungselemente, sondern auch den der Verunreinigungen in der Restschmelze.

Derselbe Vorgang läuft bei der Erstarrung eines Gussblockes im größeren Maßstab ab. Da die Schmelze von außen nach innen erstarrt, nimmt die Konzentration der Beimengungen von außen nach innen zu: normale **Blockseigerung** [1]. Bild 2.7 zeigt als Beispiel die gemessenen Kohlenstoffgehalte in einem Stahlblock.

Der Zunahme der nichtmetallischen Einschlüsse muss bei der Weiterverarbeitung Rechnung getragen

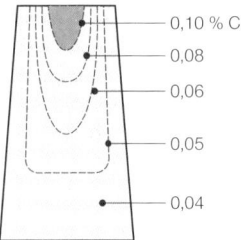

Bild 2.7
Blockseigerung in einem Stahlblock. Die seigerungs- und verunreinigungsarme Randzone wird Speckschicht genannt

werden, indem stark verunreinigte Zonen nicht in Bereiche hoher Beanspruchungen kommen (Bild 2.8). So müssen z. B. die Randzonen der meist auf Biegung beanspruchten Halbzeuge (I-Träger) seigerungsarm sein, und es dürfen Bereiche mit starken Seigerungen beim Schweißen nicht angeschmolzen werden.

Besonders stark sind Blockseigerungen beim Auftreten von *Gasblasen*. Die an der Kristallisationsfront gebildeten Blasen reißen beim Aufsteigen die umgebende, stark angereicherte Schmelze (siehe S. 21) mit. Die nachströmende Flüssigkeit hat daher kein so großes Konzentrationsgefälle gegenüber den gerade gebildeten Kristalliten. Dadurch wird die Diffusion von der Schmelze zu den Kristalliten stark vermindert. Die Bewegung der aufsteigenden Gasblasen erzeugt in der Schmelze eine Zirkulationsströmung (Bild 2.9), wodurch zwar die Schmelze gut durchmischt wird, aber letztlich die in Bild 2.7 wiedergegebenen Konzentrationsunterschiede entstehen. Beim Beruhigen der Schmelze wird dieser Nachteil vermindert, indem die Bildung der Gasblasen stark reduziert wird.

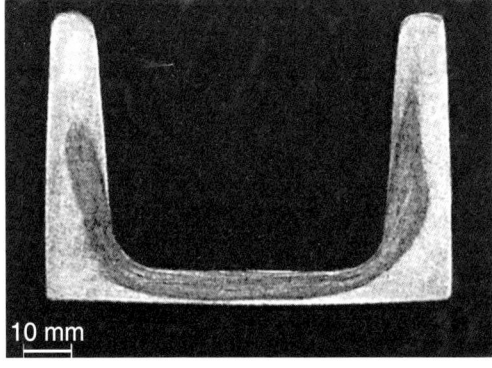

Bild 2.8
Phosphorseigerungen in Stahlhalbzeug (dunkel). Das Bild zeigt die normalerweise vorliegende Verteilung. Helle Flächen = Speckschicht

---

[1] Daneben tritt bei einigen NE-Metallen auch die sog. umgekehrte Blockseigerung auf.

Daneben kann noch die **Gasblasenseigerung** entstehen. In der Blase entsteht bei der Abkühlung ein Unterdruck. Wenn noch eine Kapillarverbindung zur Schmelze besteht, wird diese angesaugt. Da die angesaugte Flüssigkeit unmittelbar von der Kristallisationsfront stammt, wird die Blase z. T. mit besonders stark verunreinigtem Material gefüllt.

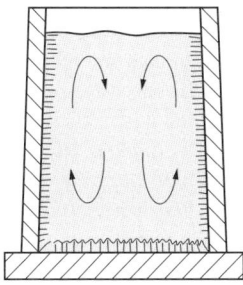

Bild 2.9
Zirkulationsströmung vor der Kristallisationsfront durch aufsteigende Gasblasen

Eine weitere Form ist die Schwereseigerung, bei der die Entmischung aufgrund von Dichteunterschieden erfolgt, wie man es z. B. auch von Wasser/Öl-Gemischen kennt. Schwereseigerung ist zwar auch bei Schmelzen möglich, die sich nicht ineinander lösen, wie Eisen und Blei, wesentlich häufiger ist sie jedoch bei Dichteunterschieden zwischen Primärkristallen und Restschmelze. Durch eine gute Durchmischung der Schmelze und schnelle Abkühlung können Schwereseigerungen weitgehend vermieden werden.

2.2.3 Lunker

Die meisten Werkstoffe verringern beim Übergang vom flüssigen in den festen Zustand ihr Volumen, sie *schwinden*. Die weitere Volumenabnahme im festen Zustand heißt *Schrumpfen* (Bild 2.10).

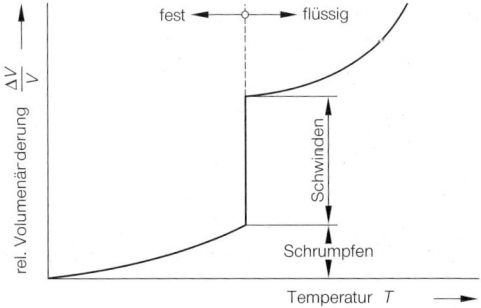

Bild 2.10
Relative Volumenänderung ΔV/V in Abhängigkeit von der Temperatur (schematisch)

Das Schwinden kann zur Folge haben, dass der feste Körper das Flüssigkeitsvolumen nicht mehr voll ausfüllt und nach dem Erstarren Formabweichungen oder Hohlräume aufweist, die als **Lunker** bezeichnet werden und bis zu 10 % des Gesamtvolumens betragen können. Je nach Lage unterscheidet man *Außenlunker* und *Innenlunker*.

Der **Kopflunker,** der im oberen Teil des Blockes durch das Absinken des Flüssigkeitsspiegels beim Erstarren entsteht ist ein typischer Außenlunker. Bei hohen, schlanken Blöcken kann die Schmelze nicht immer von oben nachfließen und der Lunker zieht sich, gegebenenfalls mit Unterbrechungen, als abgeschnürter *Röhren-* oder *Fadenlunker* bis zum Blockfuß hin (Bild 2.11).

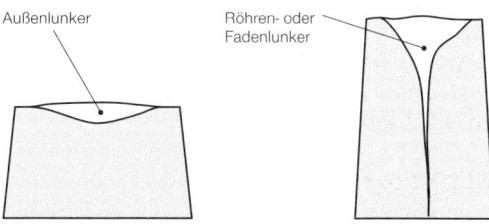

Bild 2.11
Ausbildung des Kopflunkers bei verschiedenen Blockformen

Die Oberflächen von Kopf- und Fadenlunkern sind wegen des Luftzutritts oxidiert. Dadurch können diese Flächen bei der Weiterverarbeitung nicht zuverlässig verschweißt werden. Es würden großflächige Werkstofftrennungen *(Dopplungen)* entstehen. Die Gefahr solcher Trennungen ist insbesondere bei Fadenlunkern gegeben, weil der Lunker unter Umständen unbemerkt bleibt. Der Blockkopf mit dem Kopflunker wird daher vor der Weiterverarbeitung abgetrennt.

Manchmal wird auch für große Schmiedestücke oder Pressluppen für Rohre der Kern des Blockes entfernt. Dieses Verfahren ist zwar aufwendig, hat aber den Vorteil, dass die am meisten verunreinigten Zonen des Blockes beseitigt werden.

Beim Auftreten von Gasblasen wird das Schwinden durch das Volumen der Blasen ausgeglichen. Dadurch erfolgt keine oder nur geringe Lunkerbildung.

Innenlunker entstehen, wenn die Schmelze allseitig durch bereits erstarrtes Metall eingeschlossen wird. Die Oberfläche von Innenlunkern ist meist metallisch rein. Sie bilden sich entweder als größerer

Hohlraum aus, oder es entsteht ein schwammartiges Gefüge mit vielen Mikrolunkern. Bild 2.12 zeigt **Mikrolunker** in AlSi-Guss, Gasblasen bilden dagegen oft kugelförmige Hohlräume mit glatter Wand.

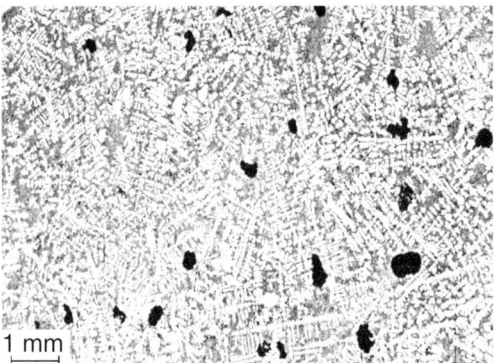

Bild 2.12
Mikrolunker in AlSi-Guss

2.2.4 Einfluss des Gießverfahrens

Alle in den vorangehenden Kapiteln beschriebenen Erscheinungen, die sowohl beim Blockguss als auch beim Formguss auftreten, sind werkstoffbedingt und häufig unvermeidbar. Negative Auswirkungen haben sie aber nur, wenn sie bei der Verarbeitung der Werkstoffe nicht beachtet werden.

Blockguss und **Strangguss** dienen als Rohgussverfahren zum Erzeugen von Vormaterial für die Weiterverarbeitung im festen Zustand. Die Eigenschaften des Vormaterials werden weniger durch das Gießverfahren als durch die Art der Desoxidation beeinflusst (siehe S. 150), die Eigenschaften der daraus hergestellten Halbzeuge außerdem durch die Umformbedingungen.

Fertigteile werden durch *Formgussverfahren* hergestellt. Bei diesen hat das Gießverfahren grundsätzlichen Einfluss auf die Eigenschaften.

Sandguss in trockener Form, *Trockenguss*, ist gekennzeichnet durch langsame Abkühlung, die zu geringer Unterkühlung und damit zu grobem Korn führt. Beim *Nassguss* wird durch Vergießen in nicht getrockneten Sand eine Kornverfeinerung erzielt. Die Erzeugung von Kristallisationskeimen durch Impfen oder »Veredeln« und die damit verbundene Verbesserung der mechanischen Eigenschaften, insbesondere der Festigkeit, ist in ihrer grundsätzlichen Bedeutung bei der Primärkristallisation (siehe S. 20) beschrieben.

Das feinere Gefüge bei **Kokillenguss** und **Druckguss** beruht auf der besseren Wärmeableitung durch die Kokille. Die schnellere Abkühlung hat eine stärkere Unterkühlung, d. h. ein feineres Korn, zur Folge.

Schleuderguss (Zentrifugalguss) wird zur kernlosen Herstellung von rotationssymmetrischen Hohlteilen oder zum verstärkten Einbringen der Schmelze in die Formen durch die auftretenden Fliehkräfte angewandt. Die Wirkung ist ähnlich wie beim Druckguss, nur dass im Gegensatz zu diesem die Kraftrichtung konstant radial ist. Durch die so bevorzugte Kristallisation in radialer Richtung entstehen Stängelkristalle *(Gusstextur)*, die sich nachteilig auf die Eigenschaften in axialer und tangentialer Richtung auswirken. Bei Schmelzen, deren Bestandteile sich nicht ineinander lösen, sind Schwereseigerungen in Zentrifugalguss ein technisches Problem.

Fehler in Formgussstücken können zunächst von derselben Art sein, wie sie in den vorhergehenden Abschnitten im Prinzip beschrieben sind. Der Gefahr von *Gasblasen* muss durch geeignete Vorbehandlung der Schmelze entgegengewirkt werden. Außerdem muss die Gussform gasdurchlässig sein, weil es sonst durch Aufbau eines Gegendruckes beim Einströmen der Schmelze mit Luft kommen kann. Insbesondere in Druckgusskokillen müssen ausreichende Entlastungsbohrungen vorgesehen werden.

Seigerungen sind in Gussstücken um so wahrscheinlicher, je größer die Konzentrationsunterschiede zwischen Schmelze und Primärkristallen sind. Eine Beeinflussung kann folglich durch die Auswahl von Legierungen erfolgen, die ein kleines Erstarrungsintervall besitzen. Deshalb liegt die Zusammensetzung von Gusslegierungen oft in der Nähe der reinen Metalle oder des Eutektikums (Bild 2.13).

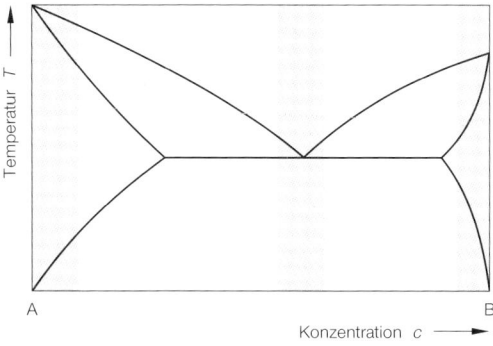

Bild 2.13
Typische Lage von Gusslegierungen in eutektischen Systemen

Ein typisches Beispiel ist auch die Lage der Messing-Gusslegierungen im System Kupfer-Zink (Bild 2.14). (Andere Gründe für die Zusammensetzung von Gusslegierungen siehe S. 50).

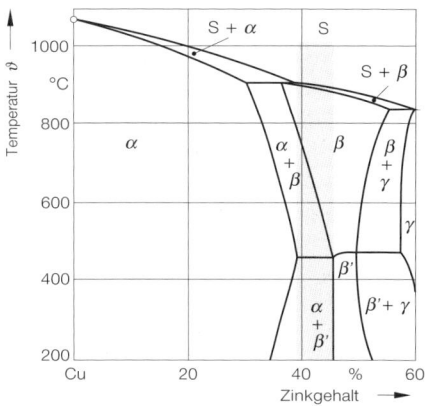

Bild 2.14
Lage von Messing-Gusslegierungen im Zweistoffsystem Cu-Zn

Lunker in Gussstücken sind bei Sandguss durch konstruktive und gießtechnische Maßnahmen vermeidbar. Konstruktiv durch die Vermeidung von Materialanhäufungen (siehe S. 71), gießtechnisch durch die richtige Auslegung von Speisern und Steigern, die gegebenenfalls beheizt werden, um ein Nachfließen der Schmelze zu ermöglichen. Praktisch unvermeidbar sind dagegen Mikrolunker in Druckgussteilen. Die bei diesen Konstruktionen allgemein sehr dünnen Wände führen zu einer so schnellen Erstarrung, dass selbst bei geringfügigen Materialanhäufungen meist kein Nachfließen mehr möglich ist.

Beim Schrumpfen des Werkstoffes entstehen Zugspannungen, die *Schrumpfrisse* hervorrufen können, wenn die Zugspannung höher ist die i. Allg. sehr geringe Warmfestigkeit. Schrumpfrisse können am sichersten vermieden werden durch eine entsprechende Nachgiebigkeit der Kerne, wofür nasser (grüner) Sand geeignet ist. Keine Nachgiebigkeit ist gegeben bei Metallkernen, wie sie in Kokillen üblich sind. Dort kann das Problem nur konstruktiv gelöst werden.

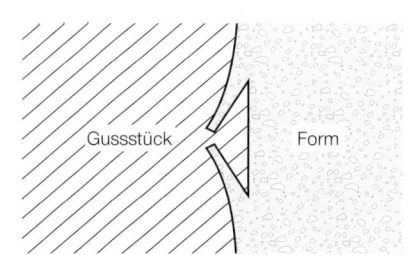

Bild 2.15
Schülpe

Gießtechnisch verursachte Fehler sind außerdem Kaltschweißen und Sandstellen. **Kaltschweißen** oder **Mattschweißstellen** treten auf beim Zusammentreffen von Schmelzströmen (z. B. nach Umfließen eines Kernes), wenn diese zu kalt zum Verschweißen sind oder nicht verschweißen können, weil ihre Oberflächen oxidiert sind (z. B. bei Aluminiumlegierungen). Ursache von Kaltschweißen sind zu niedrige Gießtemperatur oder zu niedrige Gießgeschwindigkeit. Sie treten besonders bei Kokillenguss (Druckguss) auf.

Sandstellen und Schülpen treten nur bei Sandguss auf. **Sandstellen** entstehen durch Mitreißen von Sand durch das flüssige Metall. Ursache sind zu hohe Gießgeschwindigkeit oder ungenügende Formfestigkeit, die Folgen Formabweichungen dort, wo der Sand fehlt, und Verunreinigungen dort, wo er verbleibt.

Schülpen (Bild 2.15) bilden sich, wenn die Form durch Wärmedehnungen aufreißt oder bei Nassguss infolge ungenügender Gasdurchlässigkeit durch den entstehenden Wasserdampf platzt.

2.3 Umformen

Umformen ist spanlose Formgebung im festen Zustand. Wichtige Parameter des Umformens sind der Verformungsgrad, die Verformungstemperatur und die Zeit, d. h. die Verformungsgeschwindigkeit.

Der *Verformungsgrad* kann definiert werden als mittlerer Verformungsgrad, bei dem z. B. die Längenänderung ΔL auf die Anfangslänge L_0 bezogen wird. Die Angabe erfolgt üblicherweise in Prozent:

$$\varphi = \frac{\Delta L}{L_0} \cdot 100\,\% = \frac{L_1 - L_0}{L_0} \cdot 100\,\%.$$

Wird die jeweilige, differentiell kleine Längenänderung dL auf die momentan vorliegende Länge L bezogen, so entsteht bei Summierung der **wahre Verformungsgrad:**

$$\varphi = \int_{L_0}^{L_1} \frac{dL}{L} = \ln \frac{L_1}{L_0}.$$

Der maximal erreichbare Verformungsgrad, die *Verformungsfähigkeit* eines Werkstoffes, ist kein reiner Werkstoffkennwert. Er ist auch abhängig vom vorliegenden Spannungszustand und damit vom Formgebungsverfahren.

Je nach Umformtemperatur wird zwischen Warmformgebung und Kaltformgebung unterschieden. Die Grenze zwischen beiden ist nicht durch Begriffe »warm« und »kalt« im üblichen Sinn, sondern durch die Rekristallisationstemperatur (siehe S. 31) gegeben. Dadurch ergeben sich zwischen Warm- und Kaltverformung grundsätzliche Unterschiede. Eine Verformung von z. B. Blei bei Raumtemperatur ist in der Regel eine Warmverformung. [1]

2.3.1 Warmformgebung

2.3.1.1 Umformtemperatur

Bei einer Warmformgebung ist die Umformtemperatur deutlich höher als die zur Rekristallisation erforderliche Mindesttemperatur. Sie wird dabei allgemein so hoch gewählt, dass schon bei relativ geringen Verformungsgraden eine Rekristallisation während der Verformung oder zumindest zwischen den einzelnen Arbeitsgängen erfolgt. Dadurch wird erreicht, dass die *Formänderungsfestigkeit* k_f, das ist die auf den jeweils vorhandenen Querschnitt bezogene Kraft, bei zunehmendem Verformungsgrad nicht mehr ansteigt und das rekristallisierte Gefüge immer wieder volle Verformungsfähigkeit hat.

Die Formänderungsfestigkeit nimmt dann nur mit zunehmender Verformungsgeschwindigkeit und mit abnehmender Verformungstemperatur zu, wie in Bild 2.16 schematisch dargestellt ist. Läuft die Verformung bei einer bestimmten Temperatur schneller ab als die Rekristallisation, dann sind die Verhältnisse ähnlich der Kaltumformung, z. B. wenn die Korngrenzenbewegung durch Ausscheidungen (Feinkornstähle, mikrolegierte Stähle) gehemmt wird.

Für die Festlegung der Warmformtemperatur sind mehrere Gesichtspunkte maßgebend. Neben der durch die Rekristallisation gegebenen Mindesttemperatur soll die Umformung möglichst bei Temperaturen erfolgen, für die nach dem Zustandsschaubild homogene Mischkristalle zu erwarten sind. Dadurch werden die unterschiedlichen Verformungseigenschaften mehrerer Gefügebestandteile vermieden und insbesondere sekundäre Phasen auf den Korngrenzen wieder gelöst.

Existiert der Werkstoff in mehreren Modifikationen, dann wird der besser verformbare Gittertyp, z. B. der kubisch-flächenzentrierte, bevorzugt. In stark geseigerten Legierungen können Bereiche mit eutektischer Zusammensetzung vorliegen. Diese können anschmelzen, wenn die Umformtemperatur zu hoch ist, deshalb muss in solchen Fällen die Höchsttemperatur unter der eutektischen Temperatur gehalten werden (siehe S. 49). Das gilt ebenso, wenn Einschlüsse untereinander oder mit dem Grundwerkstoff niedrigschmelzende Eutektika bilden, wie z. B. FeS mit Fe bei 985 °C. Die *Verformungsendtemperaturen* sollten in jedem Fall so niedrig wie möglich sein, weil bei niedrigerer Rekristallisationstemperatur ein feineres Korn und eine wesentlich weniger verzunderte Werkstückoberfläche entsteht.

Gefüge und Eigenschaften nach einer Warmformgebung sind abhängig vom Ausgangsgefüge, dem Formgebungsverfahren und dem Ablauf der Warmformgebung. In jedem Fall sind die Eigenschaften besser als bei einem Gussgefüge, insbesondere im Hinblick auf die Verformungsfähigkeit.

2.3.1.2 Einfluss des Gefüges

Bei dem Ausgangsgefüge haben Art und Verteilung der nichtmetallischen Einschlüsse Einfluss auf das Umformverhalten und die Eigenschaften des Produktes.

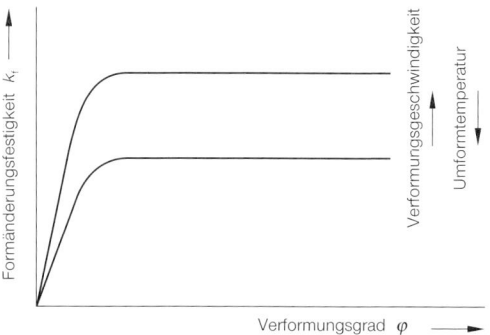

Bild 2.16
Abhängigkeit der Formänderungsfestigkeit k_f bei Warmverformung von Verformungsgrad φ, Verformungsgeschwindigkeit und Umformtemperatur (schematisch)

---

[1] Nach Definitionen in der Fertigungstechnik werden die Begriffe »kalt« und »warm« im üblichen Sinn, d. h. Raumtemperatur bzw. erhöhte Temperaturen, verwandt. Da bei der Rekristallisation ein grundsätzlich anderes Umformverhalten einsetzt, wird dann bei Umformvorgängen, die bei höherer Temperatur, aber unterhalb der Rekristallisationstemperatur erfolgen, von *Warm-Kaltformen* oder *Halbwarmumformen* gesprochen. Wegen der eindeutigen werkstoffmechanischen Abgrenzung wird nachfolgend die Definition mittels der Rekristallisationstemperatur zugrunde gelegt.

Leicht verformbare Einschlüsse, z. B. Sulfide, beeinträchtigen zwar den Umformprozess selbst nicht, wirken sich aber nachträglich stärker auf die Eigenschaften aus. Die flächige Ausbreitung des Einschlusses (Bild 2.17a) beim Walzen ergibt eine Trennung des Metallverbandes. Die Folge ist insbesondere eine Abminderung der Verformbarkeit rechtwinklig zu dieser Fläche. Eine solche Beanspruchung tritt z. B. immer auf, wenn Konstruktionsteile auf Blechoberflächen aufgeschweißt sind und Zugkräfte in das Blech einleiten (siehe Bild 4.23).

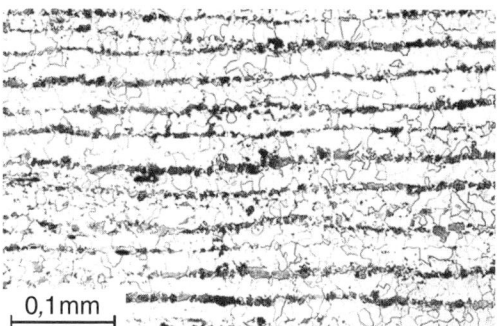

Bild 2.18
Zeilengefüge

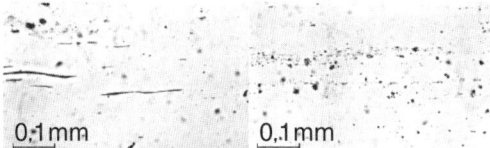

Bild 2.17
Nichtmetallische Einschlüsse
a) verformte Sulfideinschlüsse
b) zerbrochene Oxideinschlüsse

Schlecht verformbare Einschlüsse, z. B. Oxide und Silicate, zerbrechen beim Umformen in kleine, scharfkantige Teile (Bild 2.17b). Diese können bei weiteren Umformarbeitsgängen das Fließen behindern. Größere Einschlüsse bewirken beim Zerbrechen z. T. irreparable Werkstofftrennungen.

Das Problem der Werkstofftrennungen besteht auch, wenn das Ausgangsgefüge eine *spröde Phase* enthält, die auf den Korngrenzen einen filmartigen, geschlossenen Belag bildet. Wenn die Umformtemperatur nicht so gewählt werden kann, dass der Korngrenzenfilm sich wieder auflöst, so können Werkstofftrennungen nur durch die Wahl des Umformverfahrens vermieden werden. Verfahren, bei denen der Werkstoff unter allseitiger Druckbeanspruchung steht, z. B. beim Strangpressen, ermöglichen auch die plastische Verformung von Werkstoffen mit spröden Phasen.

Die Streckung der verformbaren und die Verteilung der Bruchstücke der nicht verformbaren Bestandteile in Verformungsrichtung trägt unter anderem zu der als **Zeilen-** oder **Fasergefüge** bezeichneten Gefügeform bei. Bild 2.18 zeigt ein solches Mikrogefüge, wobei die unterschiedliche Anätzung der Gefügebestandteile auch durch Seigerungen bedingt ist (siehe S. 72). Diese Erscheinung wird auch genutzt, um den Werkstofffluss bei der Verformung sichtbar zu machen. Der erkennbare Verlauf der Fasern (Bild 2.19) gestattet es, die Gestaltung von Werkstücken oder die Eignung von Fertigungsverfahren zu beurteilen.

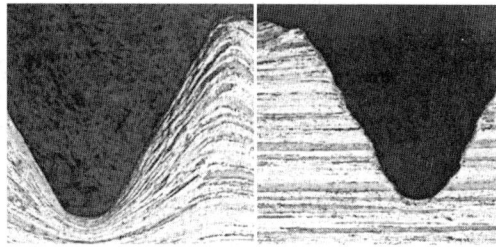

Bild 2.19
Günstiger und ungünstiger Faserverlauf in gerolltem bzw. geschnittenem Gewinde

Das Faser- und Zeilengefüge führt auch zu einer Anisotropie der Eigenschaften, weil die Gefügeunterbrechungen in Faserrichtung nicht so häufig sind wie quer dazu. Die Anisotropie wird verstärkt durch eine Textur des rekristallisierten Gefüges. *Rekristallisationstexturen* entstehen, wenn eine einsinnige Verformung eine bestimmte Anordnung von Gitterstörungen, z. B. eine bestimmte Verteilung der Versetzungen, hervorruft. Dadurch erhält die Rekristallisation eine ausrichtende Tendenz. Rekristallisationstexturen sind ausgeprägter, wenn mehrere gleichsinnige Verformungsvorgänge, wie z. B. beim Walzen, auftreten.

2.3.1.3 Warmformgebungsverfahren
Formgebungsverfahren der Warmverformung sind das Schmieden und Pressen für Fertigteile, sowie das Walzen und Strangpressen für Halbzeuge.

Beim **Schmieden** wird das Werkstück schlagartig beansprucht. Um die endgültige Form zu erreichen, sind meist viele Arbeitsgänge erforderlich. Die Verformung beschränkt sich dabei überwiegend auf die Außenzonen. In den Kernzonen des Werkstückes ist sie gering, weshalb dort oft gröberes Korn auftritt.

Das **Pressen** wird meist in wenigen Arbeitsgängen mit großem Verformungshub durchgeführt, wodurch der Werkstoff über den ganzen Querschnitt fließt. Dabei sind größere Kräfte erforderlich, obwohl der Formänderungswiderstand geringer ist. Es entsteht ein gleichmäßiges Gefüge, das aber bei gleichen Bedingungen, d. h. bei gleicher Temperatur und gleichem Verformungsgrad, gröber ist als ein Schmiedegefüge. Wie Bild 2.20 zeigt, ist die Ursache die längere »Rekristallisationszeit« beim Pressen.

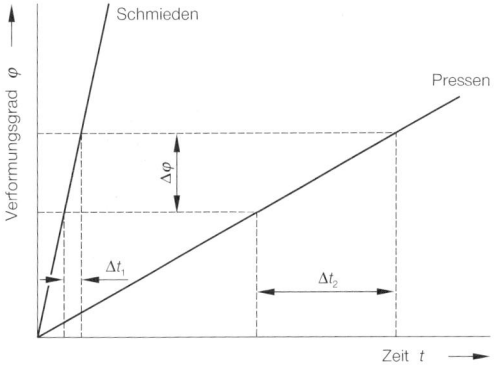

Bild 2.20
Vergleich der »Rekristallisationszeiten« Δt_1 und Δt_2 beim Schmieden bzw. beim Pressen

Beim **Walzen** wird durch die Druckverformung zwischen den Walzen der Werkstoff vorwiegend in Walzrichtung gestreckt. Durch die kontinuierliche Verformung wird die Umformgeschwindigkeit immer größer und kann z. B. in den letzten Gerüsten einer Walzstraße größer als beim Schmieden sein. Der Werkstoff rekristallisiert überwiegend zwischen den Walzgerüsten. Bei dünnen Querschnitten erfolgen die Arbeitsgänge mit großen Verformungsgraden dicht hintereinander, weil sonst die Wärmeverluste zu groß wären. Ein Teil der Verluste wird dabei durch die Erwärmung infolge der zugeführten Umformarbeit ausgeglichen. Die dicht hintereinander geschalteten gleichsinnigen Verformungen können zu einer ausgeprägten Textur führen.

Das **Strangpressen** ermöglicht die Herstellung von Profilen, die durch Walzen nicht gefertigt werden können. Es kann auch als erster Arbeitsgang angewendet werden, wenn ein spröder Korngrenzenfilm vorliegt, der zerbrochen werden soll, aber nicht zu Werkstofftrennungen führen darf. Das ist möglich, weil beim Strangpressen eine allseitige Druckbeanspruchung aufgebracht werden kann.

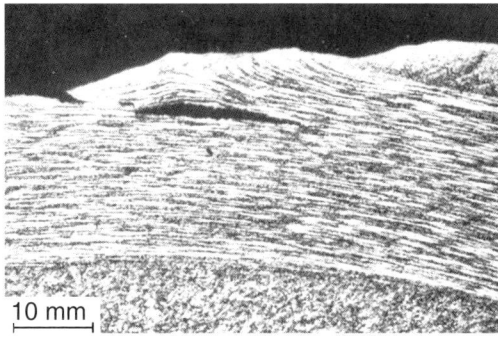

Bild 2.21
Überwalzung

Werkstofffehler infolge einer Warmformgebung können als Oberflächenfehler auftreten, wenn bei großen Verformungsgraden das Material zungenförmig übereinander geschoben wird. (*Überwalzung*, Bild 2.21) oder Zunder in die Oberfläche eingewalzt wird. Fehler im Innern werden bereits beim Blockguss verursacht.

2.3.2 Kaltformgebung

Da die Verformungstemperatur bei der Kaltverformung definitionsgemäß niedriger als die Rekristallisationstemperatur ist, nimmt die Formänderungsfestigkeit mit steigendem Verformungsgrad ständig zu. Ursache ist die *Kaltverfestigung*. Die mit steigendem Verformungsgrad erforderlichen größeren Kräfte und die daraus resultierenden höheren Beanspruchungen tragen die Gefahr eines Bruches vor Erreichen der endgültigen Form in sich. Ist es nicht möglich, die Endform in einem Arbeitsgang zu erreichen, so muss der Verformungsprozess unterbrochen und ein *Rekristallisationsglühen (Weichglühen, Zwischenglühen)* eingeschaltet werden.

2.3.2.1 Einfluss des Gefüges

Der Typ des Kristallgitters hat auf die Kaltumformbarkeit einen starken Einfluss. Die unterschiedliche Anzahl der Gleitsysteme (siehe S. 16) ergibt unterschiedliche Verfestigungskurven. Bild 2.22 zeigt den Verlauf der Formänderungsfestigkeit für kubisch-flächenzentriertes Aluminium und hexagonal kristallisierendes Magnesium. Aus dem starken Anstieg der Kurve für Magnesium wird deutlich, dass die Verformungsfähigkeit hexagonaler Metalle im Allgemeinen nur gering sein kann.

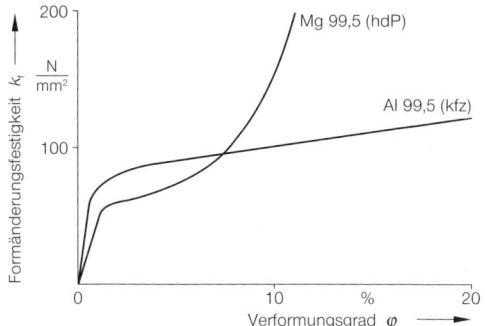

Bild 2.22
Einfluss der Kristallstruktur auf die Verfestigung bei Druckverformung (nach WELLINGER und SEUFERT)

Bei Kaltformgebung sind die Metalle empfindlicher gegen *spröde Anteile* im Gefüge, deshalb wird meist nach einer vorhergehenden Warmformgebung kaltverformt. Dabei wird das im Allgemeinen wenig fließfähige Gussgefüge beseitigt und spröde Gefügebestandteile werden günstiger verteilt.

Durch die Verformung werden einzelne Körner eines vielkristallinen Werkstoffes entsprechend der Beanspruchungsrichtung gedreht. Dabei werden mit steigendem Verformungsgrad die Kristallachsen der einzelnen Kristallite zunehmend ausgerichtet. Diese *Verformungstextur* bewirkt ebenfalls eine mehr oder minder ausgeprägte Anisotropie der Eigenschaften. So richten sich bei Zugverformung eines kfz Metalls die Raumdiagonalen der Elementarzellen parallel zueinander aus (Bild 2.23). Diese Richtung ist gleichzeitig z. B. die des maximalen Elastizitätsmoduls (siehe S. 4).

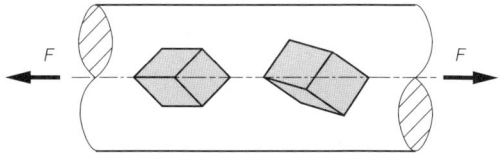

Bild 2.23
Textur in gezogenem Draht aus kfz Metall

2.3.2.2 Kaltformgebungsverfahren

Durch Kaltumformung können Teile hoher Maßgenauigkeit und Oberflächengüte hergestellt werden, wobei unter Ausnutzung der Kaltverfestigung dünne Querschnitte mit hoher Festigkeit möglich sind. Ein weiterer Vorteil ist, dass keine Oxidation oder Verzunderung auftritt und so die Oberflächen blank bleiben.

Kaltformgebungsverfahren für die *Fertigteilherstellung* sind z. B. Prägen, Pressen, Fließpressen und Tiefziehen. Die Verformungsgrade sind innerhalb der Teile im Allgemeinen unterschiedlich. Die Folge ist ein System von Eigenspannungen und auch die Möglichkeit von unterschiedlichen elektrochemischen Potenzialen in demselben Werkstoff. Beim Einsatz solcher Produkte ist folglich die erhöhte Korrosionsempfindlichkeit zu berücksichtigen, weil die Eigenspannungen bei Korrosion zu Rissbildung führen. Ein Beispiel sind Korrosionsrisse in gezogenem Messing (siehe Bild 5.12).

Bleche, Bänder und Folien werden kaltgewalzt, Rohre, Stangen und Drähte gezogen, Profile gepresst. Eine weitere spanlose Umformung solcher *Halbzeuge* ist ohne ein Zwischenglühen meist nicht möglich, weil die Verformungsfähigkeit durch den Herstellungsprozess oft völlig ausgeschöpft ist. Wenn z. B. Bleche spanlos weiterverarbeitet werden sollen, werden sie deshalb üblicherweise im geglühten Zustand angeliefert. Bei Verbindungsarbeiten durch Schweißen oder Löten ist zu beachten, dass in der Wärmeeinflusszone die Kaltverfestigung durch Rekristallisation aufgehoben wird, wenn örtlich die Rekristallisationstemperatur überschritten wird.

Werkstofffehler können bei Kaltverformung praktisch nur dadurch entstehen, dass infolge örtlicher Überschreitung der Verformungsfähigkeit Risse verursacht werden.

2.4 Sintern (Pulvermetallurgie)

Durch Sintern lassen sich Fertigteile und Halbzeuge unter Umgehung der flüssigen Phase herstellen. Der Fertigungsprozess besteht aus drei Teilen:
– der Pulverherstellung,
– dem Pressen eines Rohlings aus Pulver und
– einer anschließenden Wärmebehandlung, dem Sintern.

Erfolgt auch die Wärmebehandlung unter Druck, spricht man vom **Drucksintern,** werden die Vorgänge Pressen und **Sintern** wiederholt, vom **Doppelsintern.**

2.4.1 Pulverherstellung, Sintervorgang

Für die Pulverherstellung sind verschiedene Verfahren möglich, deren Anwendbarkeit z. T. auch davon abhängt, ob das Pulver spröde oder verformbar ist. Man unterscheidet im Wesentlichen Zerstäubungs-

oder Verdüsungsverfahren, mechanische Zerkleinerung, Reduktionsverfahren und elektrolytische Pulverabscheidung.

Die *Pulverform* ist abhängig von Verfahren und Werkstoff. Das Pulver kann kugelförmig, flitterförmig, dendritisch oder schwammartig anfallen. Beim Verpressen wird ein verformbares Pulver bei gleicher Presskraft stärker verdichtet als sprödes Pulver.

Der *Sintervorgang* ist im Allgemeinen eine reine Festkörperreaktion. Lediglich bei Systemen mit mehreren Komponenten ist das Auftreten flüssiger Phasen möglich. Treibende Kraft ist die außerordentlich hohe Oberflächenenergie des Pulvers je Mengeneinheit.

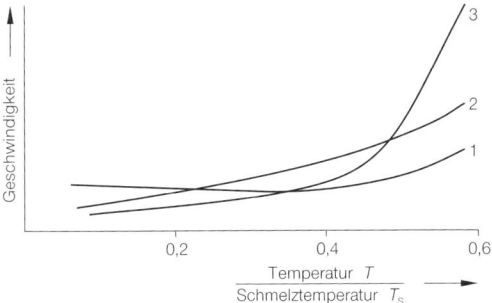

Bild 2.24
Temperaturabhängigkeit von Platzwechselvorgängen (schematisch)
1: Adhäsionsvorgänge
2: Oberflächendiffusion
3: Volumendiffusion

Gemäß Bild 2.24 sind je nach Temperatur *Adhäsionskräfte*, *Oberflächendiffusion* und *Volumendiffusion* wirksam. Da die Sintertemperatur bei Einstoffsystemen etwa $0,8 \cdot T_s$ beträgt, laufen hier vorwiegend Diffusionsvorgänge ab.

Bei **Einstoffsystemen** wird ausgehend von den Berührstellen zwischen den Pulverkörnern durch Halsbildung die Oberfläche und damit die Oberflächenenergie verringert. Dieser Vorgang ist in Bild 2.25 am *Zweikörpermodell* schematisch dargestellt. Durch Platzwechselvorgänge an der Oberfläche werden die Lücken aufgefüllt und das Porenvolumen verringert, wobei der Sinterkörper schrumpft. Das Energieminimum wird dadurch angestrebt, dass gleichzeitig von den Berührstellen aus eine Rekristallisation einsetzt, wie Bild 2.26 schematisch zeigt.

Bei **Zweistoffsystemen** strebt ein Stoff danach, den anderen zu umhüllen (Bild 2.27). Voraussetzung dafür ist, dass die spezifische Oberflächenenergie an der Grenzfläche zwischen den Stoffen kleiner ist als die Differenz der Oberflächenenergie beider Stoffe. Nach erfolgter Umhüllung verhält sich das System wie ein Einstoffsystem. Der umhüllende Stoff hat dabei im Wesentlichen die Aufgabe eines Bindemittels, wie z. B. Kobalt bei den Hartmetallen.

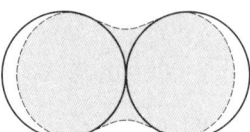

Bild 2.25
Zweikörpermodell: Schema des Sintervorganges im Einstoffsystem

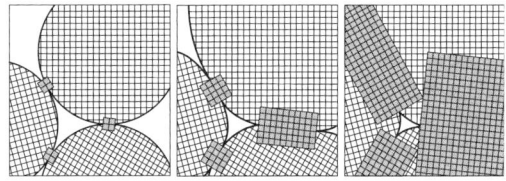

Bild 2.26
Sintervorgang als Rekristallisation (nach KINGSTON)

2.4.2 Möglichkeiten und Eigenschaften von Sinterwerkstoffen

Die pulvermetallurgische Herstellung von Halbzeugen und Fertigteilen eröffnet Möglichkeiten, die beim Erschmelzen nicht gegeben sind. Da die Verarbeitung unterhalb der Schmelztemperatur erfolgt, können *schlackenfreie Werkstoffe* erzeugt werden. Durch eine gute Durchmischung der Pulver entstehen Legierungen, die vollkommen seigerungsfrei sind und damit sehr gleichmäßige Eigenschaften besitzen.

Für die Sinterwerkstoffe lassen sich fünf Hauptanwendungsgruppen angeben:

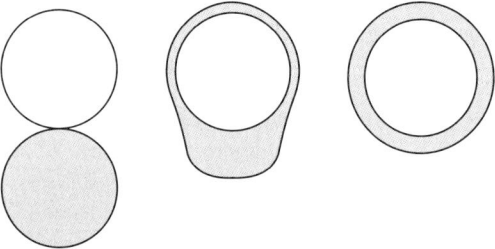

Bild 2.27
Zweikörpermodell: Vorgang der Umhüllung im Zweistoffsystem

- Werkstoffe, deren Schmelztemperatur so hoch liegt, dass unüberwindbare technologische Probleme beim Erschmelzen auftreten.
- Werkstoffe mit besonderem Aufbau. Hierzu gehört die Erzeugung feinkörnigen Gefüges bei Werkstoffen, die nur grobkristallin erstarren, ebenso, wie das zukunftsweisende Gebiet der **nanokristallinen Werkstoffe.**
- *Poröse Metalle*, die durch unvollkommene Sinterung hergestellt werden, sind typische Sinterwerkstoffe.
- Verbundwerkstoffe und Pseudo-Legierungen bilden die vierte Gruppe. *Verbundwerkstoffe* gewinnen in der Technik zunehmend an Bedeutung, weil sie die optimale Ausnutzung stark unterschiedlicher Eigenschaften ermöglichen. *Pseudo-Legierungen* sind fein verteilte Gemenge von Metallen, die sich selbst im flüssigen Zustand nicht lösen. Zu dieser Gruppe gehören die *Hartmetalle* und die *Metallkeramik*, wie auch z. B. Kupfer-Grafit-Legierungen als Schleifbürsten für elektrische Maschinen.
- Die Herstellung von *Massenteilen* durch Sintern hat schließlich wirtschaftliche Gründe. Teure Materialien können praktisch abfallfrei eingesetzt und durch hohe Maßhaltigkeit weitere Arbeitsgänge eingespart werden.

Für die Eigenschaften und Anwendung von Sinterwerkstoffen ist deren Dichte maßgebend. Poröse Stoffe mit geringer Dichte haben geringere Festigkeit und werden als *Filter* und *Lager* angewendet. Letztere sind selbstschmierend, weil sie in den Poren Schmiermittel speichern. *Schneidstoffe* haben dagegen eine hohe Dichte. Ihre Festigkeit beträgt bis ca. 800 N/mm² bei Zugbeanspruchung und ca. 5 000 N/mm² bei Druckbeanspruchung.

Trotz der relativ geringen Festigkeitswerte haben Sinterwerkstoffe nur eine mäßige Verformbarkeit und Zähigkeit. Das gilt für Stoffe mit geringem und hohem Porenvolumen in gleicher Weise. Die nicht völlig vermeidbare Porosität und und die hohen Kosten für Pulver und Pulverherstellung begrenzen die Anwendbarkeit von Sinterwerkstoffen. Außerdem sind komplizierte Formen durch Sintern schlecht herstellbar.

2.5 Schweißen und Löten

Das Schweißen von Metallen ist das Vereinigen von metallischen Grundwerkstoffen (oder sein Beschichten) unter Anwendung von *Wärme* oder von *Druck* oder von beiden, ohne oder mit Schweißzusatzwerkstoff. Die Grundwerkstoffe werden i. Allg. im plastischen oder flüssigen Zustand in der Schweißzone vereinigt. Die Verbindung ist *unlösbar* (DIN ISO 857-1).

Die Herstellung von Schweiß- und Lötverbindungen, die allen erforderlichen technischen und wirtschaftlichen Anforderungen gerecht wird, setzt eine eingehende Kenntnis der beim Schweißen ablaufenden Gefüge- und Eigenschaftsänderungen voraus. Die Entwicklung der Verbindungstechnik weist eindeutig in Richtung der Fügeverfahren Schweißen und Löten. Die mechanischen Verbindungsformen (Schrauben, Nieten, Klammern usw.) verlieren dagegen bei den nicht lösbaren Verbindungen an Bedeutung. Daraus erkennt man, dass das Fügeverfahren Schweißen eine überaus große technische und wirtschaftliche Bedeutung besitzt.

2.5.1 Thermische Wirkung

Der Werkstoff wird an der Schweißstelle durch nahezu punktförmig wirkende, also sehr konzentrierte Wärmequellen (Leistungsdichte bis 10^7 W/cm²) örtlich aufgeschmolzen. Dabei werden Temperaturen $\geq 2000\,°C$ erreicht. Die konzentrierte Energiezufuhr führt zu extrem großen Aufheiz- (bis 1000 K/s) und Abkühlgeschwindigkeiten (mehrere 100 K/s), wobei die Verweilzeit bei der jeweiligen Höchsttemperatur nur einige Sekunden beträgt (Bild 2.28).

Die beim Schweißen stattfindende »Wärmebehandlung« unterscheidet sich also in wesentlichen Punkten von den technischen Wärmebehandlungen:
- Die Aufheizgeschwindigkeiten sind wesentlich größer: Eigenspannungen infolge großer Temperaturunterschiede sind die Folge. Gefügeänderungen (z. B. $\alpha \rightarrow \gamma$ bei Stahl) können nicht

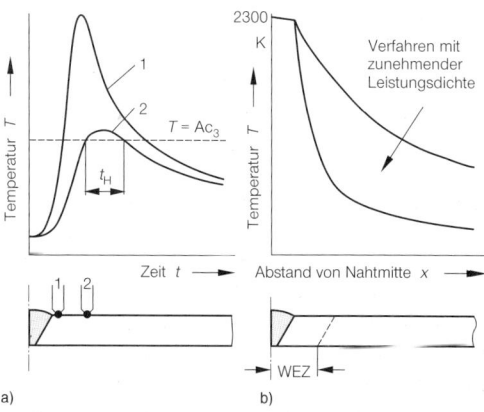

Bild 2.28
Temperaturverlauf in der Wärmeeinflusszone (WEZ) einer geschweißten Verbindung (schematisch).
a) zeitlicher Verlauf an zwei »Punkten« (Thermoelemente 1 und 2),
b) Abhängigkeit vom Abstand von der Schweißnahtmitte für Schweißverfahren mit unterschiedlicher Leistungsdichte

vollständig erfolgen, weil die Haltezeiten zu gering sind (z. B. »Austenitisierungszeit« t_H, Bild 2.28a). Carbide, Nitride Gefügeinhomogenitäten (z. B. Kristallseigerungen) werden wegen der sehr kurzen »Haltezeit« nicht vollständig aufgelöst bzw. beseitigt.
– Die *Maximaltemperaturen* der thermischen Zyklen sind in der Nähe der Schmelzgrenze sehr hoch. Trotz ihrer kurzen zeitlichen Wirkung ist ihr Einfluss auf die Werkstoffeigenschaften erheblich (Grobkorn).
– Die großen *Abkühlgeschwindigkeiten* führen zu gefährlichen Eigenspannungszuständen und bei der wichtigen Werkstoffgruppe »Stähle« in den austenitisierten Bereichen der Schweißverbindung zu unerwünschten Härtespitzen infolge Martensitbildung.

Bild 2.28b zeigt die Temperaturverteilung in zunehmender Entfernung von der Schweißnahtmitte. Je konzentrierter die Wärmequelle ist, desto steiler ist der Temperaturgradient, d. h. um so schmaler ist die Wärmeeinflusszone. Den Teil der Schweißverbindung, in dem durch den Schweißprozess *Gefügeumwandlungen* oder im weiteren Sinn *Gefügeänderungen* entstanden sind, bezeichnet man als **Wärmeeinflusszone (WEZ)**. Sie reicht z. B. bei Stahl von der Schmelzgrenze bis zu der von der Aufheizgeschwindigkeit abhängigen Ac_1-Temperatur. Die in der WEZ auftretenden Eigenschaftsänderungen bestimmen zusammen mit den Gütewerten des Schweißgutes das Bauteilverhalten der geschweißten Konstruktion, d. h. deren Funktionssicherheit.

2.5.2 Schweißeigenspannungen
Durch die örtlich begrenzte Energiezufuhr beim Schweißen entstehen im Schweißteil vor allem im Bereich der Schweißnaht sehr große Temperaturdifferenzen. (Bild 2.28b), die zu
– Formänderungen (Verzug, Schrumpfen) und/ oder zu
– Eigenspannungen führen.

Die *Formänderungen* stellen im Wesentlichen ein wirtschaftliches Problem dar. Formänderungen zu verhindern oder zu beseitigen erfordert besondere Fertigungstechniken bzw. teure Nacharbeit. Die Bauteilsicherheit wird durch Formänderungen kaum beeinträchtigt.

Die bei jedem Schweißprozess entstehenden *Eigenspannungen* – deren Größe mit zunehmender Werkstückdicke zunimmt – begünstigen die Rissneigung, verringern beträchtlich die plastischen Verformungsreserven des Werkstoffs und damit die Sicherheit der geschweißten Konstruktion. Bild 2.29 zeigt schematisch die Verteilung der Längs- und Querspannung in einer Stumpfnahtverbindung.

Ein Verformungsbruch (siehe S. 120) entsteht, wenn die durch äußere Kräfte im Bauteil entstehende maximale Schubspannung τ_{max} größer als die Gleitfestigkeit τ_G ist. Bei einer Beanspruchung in einer Richtung ist (siehe Bild 1.40):

$$\tau_{max} = \frac{\sigma}{2}.$$

Bei der Schweißverbindung sind aber außer der Lastspannung noch die »herstellbedingten« Längs- und Quereigenspannungen oder bei hinreichend großen Werkstückdicken auch noch Spannungen in der Dickenrichtung vorhanden. In diesem Fall der gefährlichen mehrachsigen Beanspruchung beträgt die den Verformungsbruch auslösende Schubspannung nur noch:

$$\tau_{max} = \frac{\sigma_1 - \sigma_3}{2} < \frac{\sigma_1}{2},$$

also geringer als bei der einachsigen Beanspruchung. Abhängig von der Größe der drei Hauptspannungen σ_1, σ_2, σ_3 kann τ_{max} so klein werden, dass keine plastische Verformung mehr möglich ist. In diesem Fall entsteht der gefürchtete, weil praktisch verformungslose *Trennbruch* oder *Sprödbruch*, wenn die größte Normalspannung den Trennwiderstand, die Bruchspannung, erreicht hat.

Die Gefährlichkeit des Sprödbruchs in geschweißten Konstruktionen beruht darauf, dass er:
– Im Allgemeinen bei unerwartet geringen Spannungen auftritt (die Bruchspannung beträgt nur etwa 10 ... 50 N/mm²!),
– nicht durch Vergrößern der Wanddicke (vergrößert dreiachsige Spannungen!) verhindert werden kann,
– sich mit sehr großer Geschwindigkeit im Bauteil ausbreitet. Maßnahmen, die den Schaden begrenzen, können nicht ergriffen werden.

Zum Entstehen des spröden Bruches müssen folgende Voraussetzungen gleichzeitig vorhanden sein:
– Der Werkstoff muss zum verformungslosen Bruch neigen. Das trifft für alle krz Metalle zu.
– Die Verformbarkeit des Werkstoffs muss durch

die Wirkung bestimmter versprödender Einflüsse hinreichend erschöpft sein. Nach dem Stand unserer Kenntnisse ist neben der Temperatur der *mehrachsige Spannungszustand* der am stärksten sprödbruchbegünstigende Einfluss.
– An Kerben, Einschlüssen oder ähnlichen Defekten entsteht ein Riss, der sich durch die gespeicherte elastische Energie der Eigenspannungen extrem schnell ausbreitet.

Damit wird deutlich, dass die Versagensform Sprödbruch eine typische Erscheinung geschweißter Konstruktionen ist. Der Zähigkeitsverlust durch die Wirkung eines mehrachsigen Eigenspannungszustandes ist um so unbedenklicher, je größer die plastische Verformbarkeit des Werkstoffs ist. Ein Sprödbruch ist also um so unwahrscheinlicher, je zäher der zu schweißende Werkstoff ist. Eine gute *Schweißeignung* (siehe S. 201) besitzen daher nur ausreichend zähe Werkstoffe.

2.5.3 Aufbau und Eigenschaften der thermisch beeinflussten Bereiche

Der thermisch beeinflusste Bereich der Schweißverbindung umfasst:
– das *Schweißgut*, bestehend aus abgeschmolzenem Zusatzwerkstoff und Grundwerkstoff,
– die *Wärmeeinflusszone*, die vom Schweißgut durch die Schmelzgrenze getrennt ist.

Die *Primärkristallisation* des Schweißgutes wurde in ihrem Ablauf und im Hinblick auf die wichtigsten damit verbundenen Eigenschaften bereits (siehe S. 19 und 71) beschrieben. Neben der Handfertigkeit des Schweißers bestimmt der Zusatzwerkstoff weitgehend die Güte des Schweißgutes und damit der Schweißverbindung. Die wichtigen metallurgischen Vorgänge im Schweißgut – genauer zwischen flüssigem Schweißgut und flüssiger Schlacke – wie z. B. Desoxidieren, Auflegieren, erfordern Zusatzwerkstoffe, die den Besonderheiten des Schweißprozesses angepasst sind:
– Die zeitliche Dauer der Reaktionen im flüssigen Zustand ist extrem kurz. Daher muss i. Allg. die Menge der Desoxidationsmittel wesentlich größer sein als bei der Stahlherstellung.
– Die Gütewerte des Schweißgutes (Gussgefüge!) müssen denen des Grundwerkstoffes (meistens Walzgefüge!) vergleichbar sein.

In kritischen Fällen, z. B. beim Verbinden schweißgeeigneter Vergütungsstähle (siehe S. 212), lassen sich die Gütewerte nur unter großem Aufwand (z. B. durch eine Wärmebehandlung) an die des Grundwerkstoffes anpassen.

Die Eigenschaften der Wärmeeinflusszone sind in praktisch allen Fällen schlechter als die des unbeeinflussten Grundwerkstoffes. Umfang und Art der Wirkung hängen ab von:
– *Werkstoff* (Gittertyp, Umwandlung im festen Zustand, z. B. $\gamma \rightarrow \alpha$ bei Stahl, Art und Menge der Legierungselemente und Verunreinigungen),
– *Werkstoffzustand* (kaltverformt, ausscheidungsgehärtet, gehärtet, vergütet),
– *Werkstoffeigenschaften* (thermische und bei Widerstandsschweißverfahren auch elektrische Leitfähigkeit, linearer Ausdehnungskoeffizient, Neigung zur Gasaufnahme bei höheren Temperaturen und zur Bildung intermediärer Phasen, d. h. Ausmaß der Versprödung).

Unabhängig von der Werkstoffart entsteht als Folge der sehr hohen Temperaturen in den schmelzgrenzennahen Bereichen immer ausgeprägtes *Grobkorn*. Bei umwandlungsfähigen unlegierten und niedriglegierten Stählen werden diese Bereiche aber bei Anwendung der Mehrlagentechnik zum größten Teil umgekörnt. Das grobe Korn wird dadurch in den auf über Ac_3 erwärmten Bereichen wieder beseitigt.

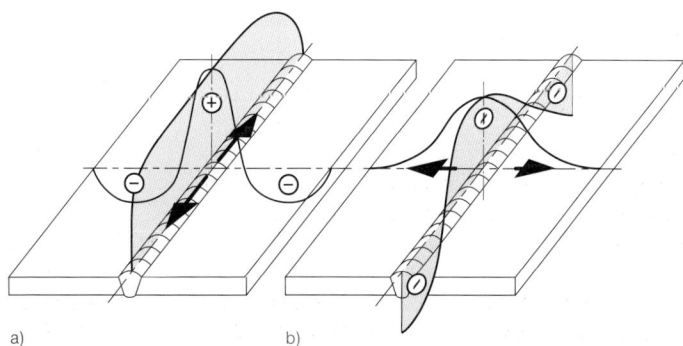

Bild 2.29
Verteilung der Eigenspannungen in einer Stumpfnaht
a) Längseigenspannungen
b) Quereigenspannungen

Tab. 2.1: Schematische Darstellung der Wärmeeinflusszonen geschweißter Verbindungen aus verschiedenen Werkstoffarten (mit/ohne Umwandlung im festen Zustand) unterschiedlicher Behandlungszustände (kaltverformt, gewalzt, ausscheidungsgehärtet)

Werkstoff	Mikrogefüge der WEZ	Eigenschaftsänderungen, werkstoffliche Vorgänge
umwandlungsfreier Werkstoff, z. B. Ni, Al, Cu	evtl. Gasaufnahme; Poren, T_1	1. WEZ mit kontinuierlich abnehmender Korngröße. Breite der WEZ bestimmt durch Schweißdaten (Schweißstrom, -spannung, -geschwindigkeit), Ein- oder Mehrlagentechnik, Schweißverfahren (Leistungsdichte). WEZ-Beginn ist definiert durch beginnendes Kornwachstum als Folge der Schweißwärme. 2. Sekundäre Probleme durch starke Neigung zur Gasaufnahme (Versprödung, Poren, Rissbildung), große thermische Leitfähigkeit, großer Ausdehnungskoeffizient (Verzug, Eigenspannungen).
kaltverfestigter Werkstoff, z. B. kaltgezogenes Aluminium	$\varphi \gg \varphi_{krit}$; Feinkorn, $T \geq T_{Rk}$; $\varphi \approx \varphi_{krit}$; Grobkorn, $T \geq T_{Rk}$	1. Bereiche mit $T \geq T_{Rk}$ sind rekristallisiert, d. h. Verfestigung ist aufgehoben, ursprüngliche Festigkeit nur durch erneutes Kaltverformen *nach* Schweißen erreichbar. In der Praxis kaum durchführbar. Breite der WEZ i. a. deutlich breiter als bei nicht verformten (umwandlungsfreien Werkstoffen (oben), weil $T_{Rk} < T_1$. 2. Bei Stahl kann durch künstliche Alterung in Bereichen mit $T \approx 500$ K bis 600 K starker Zähigkeitsabfall entstehen (wenn der Stahl nicht besonders beruhigt ist!). 3. Bei kritisch verformten Teilen entsteht auch Grobkorn in Bereichen mit $T \geq T_{Rk}$.
ausscheidungsgehärteter Werkstoff, z. B. AlCuMg NiCoMo18-9-5 Feinkornbaustahl (normalgeglüht, TM-behandelt)	Ausscheidungen im Lichtmikroskop *nicht* sichtbar; Ausscheidungen koaguliert, Werkstoff überaltert, starker Festigkeitsabfall; $T > 600$ K (Stahl); Ausscheidungszustand im GW wird nicht mehr geändert bzw. beeinflusst	1. Auflösung und Wiederausscheiden der Ausscheidungen in nicht optimaler Form und Verteilung als Folge der kurzzeitig einwirkenden Schweißwärme. Festigkeits-, vor allem aber Zähigkeitsabfall. Bereich mit Koagulation der Ausscheidungen (Überaltern) durch erneutes Aushärten nach dem Schweißen zu beseitigen. Diese Behandlung ist teuer und wird nur in Sonderfällen angewendet. 2. Korngrenzenausscheidungen führen häufig zur Rissbildung. 3. Besser im (weicheren) lösungsgeglühten Zustand schweißen. 4. Durch grobe Ausscheidungen erheblich verringerte Korrosionsbeständigkeit.
Hochreaktive Werkstoffe, z. B. Titan, Tantal, Molybdän	$T \approx 600$ K	Die sog. hochreaktiven Werkstoffe (z. B. Ti, Ta, Mo, Zr) nehmen schon bei Temperaturen ≥ 600 K atmosphärische Gase auf, wenn diese Bereiche nicht großflächig vor Luftzutritt geschützt werden. Die Folge ist eine vollständige Versprödung dieser Zonen und u. U. Heißrissanfälligkeit (der WEZ) durch niedrigschmelzende Ausscheidungen.
Stahl, z. B. S235 ($C \approx 0{,}15$ %) C45 ($C \approx 0{,}45$ %)	evtl. grobkörniger spröder Martensit, $T \approx Ac_1$ beginnende Perlitauflösung, $T \approx Ac_3$ Feinkornzone	1. Wichtigstes Problem ist das Entstehen von (kalt-)rissbegünstigenden Härtespitzen im Bereich der Schmelzgrenze durch Bildung von Martensit. 2. Daher $C \leq 0{,}2$ % für schweißgeeignete Stähle. Sie erfordern keine besonderen Vorsichtsmaßnahmen (Konstruktion, Fertigung, Ausführung). 3. $C > 0{,}3$ %: Vorwärmen und oft Wärmenachbehandlung erforderlich

Bei *umwandlungsfreien* Werkstoffen (z. B. Kupfer, Nickel) besteht die WEZ, beginnend von der Schmelzgrenze, aus einem kontinuierlichen »Gefügespektrum« mit ständig abnehmender Korngröße. Das Korn beginnt bei einer vom Werkstoff abhängigen Temperatur T_1 zu wachsen, siehe auch Tab. 2.1. Weitere Probleme sind:
– *Gasaufnahme* der WEZ und des Schweißgutes führt zu örtlicher Versprödung (z. B. Nickel oder Titan durch Wasserstoffaufnahme) und/oder Reaktionsprodukte erschweren den Schweißprozess (z. B. »Verschlacken« von Chrom: Cr_2O_3),
– *große thermische Leitfähigkeit* führt zu großem Verzug (z. B. Kupfer) und erfordert Schweißverfahren mit großer Leistungsdichte (z. B. Schutzgasschweißverfahren MIG/MAG, WIG, UP).

Die *Härte* der Grobkornzone ist wegen der hohen Abkühlgeschwindigkeit i. Allg. größer als die des Grundwerkstoffes, die Zähigkeit geringer.

Die Gefahr beim Schweißen *kaltverfestigter* Werkstoffe beruht auf dem starken Festigkeitsabfall der Schweißnahtbereiche, die über die Rekristallisationstemperatur hinaus erwärmt wurden. Aus wirtschaftlichen Gründen wird das Bauteil nach dem Schweißen nur in den seltensten Fällen erneut kaltverformt. Daher müssen ebenfalls Verfahren mit hoher Leistungsdichte verwendet werden, um die Breite der entfestigten Zonen klein zu halten. Trotzdem muss in kritischen Fällen, z. B. bei stark kaltverfestigten Werkstoffen, von einem Schweißen wegen des nicht zulässigen Festigkeitsabfalls abgesehen werden. Bei entsprechenden Stahlwerkstoffen ist außerdem die Wirkung der gefährlichen (Verformungs-)Alterung zu berücksichtigen. In Bereichen der Schweißverbindung, die auf ca. 200 °C bis 300 °C erhitzt wurden, entsteht ein großer Zähigkeitsabfall, der Werkstoff versprödet. Bei den heutigen Stählen, die durch besondere Erschmelzungs- und Vergießungsmethoden (z. B. thermomechanische Behandlung, Feinkornbaustähle, siehe S. 209) sehr verunreinigungsarm (insbesondere N, P, S, siehe S. 153) hergestellt werden können, ist die Verformungsalterung nur in seltenen Fällen zu beachten.

Die Eigenschaften *ausscheidungsgehärteter Werkstoffe* beruhen auf der gleichmäßigen Verteilung sehr feiner Ausscheidungen (bzw. auf Clusterbildung, siehe S. 53), die durch kontrollierte Bedingungen (Auslagerungstemperatur, -zeit, Abwalzgrad, Walztemperatur) in der Matrix erzeugt werden. Beim Aufheizen während des Schweißens werden sie in bestimmten Bereichen z. T. gelöst und scheiden sich beim Abkühlen z. T. wieder aus. Größe, Form und Verteilung der Ausscheidungen werden dabei i. Allg. so verändert, dass die Gütewerte, insbesondere die Zähigkeit, erheblich abfallen. Ausscheidungen an den Korngrenzen führen häufig zur Rissbildung. Daher ist oft ein erneutes Aushärten nach dem Schweißen erforderlich oder wünschenswert. Wegen der besseren Verformbarkeit werden diese Werkstoffe aber meistens im lösungsgeglühten Zustand geschweißt.

Das Hauptproblem beim Schweißen der *hochreaktiven Werkstoffe*, z. B. Titan, Tantal, Zirkonium, ist die ausgeprägte *Versprödung* durch Aufnahme atmosphärischer Gase schon bei Temperaturen ab 300 °C. Daher sind Schweißverfahren erforderlich, die:

– unter Vakuum arbeiten (Elektronenstrahlschweißen) oder
– den Schweißbereich großflächig vor Luftzutritt schützen, z. B. mit Edelgas bespülen. In jedem Fall sind aufwendige Maßnahmen notwendig.

Das entscheidende Problem bei **Stahlschweißungen** ist die Neigung zum **Aufhärten** in den schmelzgrenzennahen Bereichen. Der vollständig austenitisierte, grobkörnige Werkstoffbereich ($> Ac_3$) kann hier in den i. Allg. rissanfälligen Martensit umwandeln, wenn die Abkühlgeschwindigkeit die kritische übersteigt. Je größer der Kohlenstoffgehalt des Stahles ist, um so spröder, d. h. rissanfälliger, ist der entstehende Martensit. In schweißgeeigneten Stählen (siehe S. 201) begrenzt man ihn daher auf etwa 0,2 %.

Mit zunehmendem Legierungsgehalt wird es immer schwieriger, die Bildung von Martensit zu vermeiden. In diesen Fällen müssen die Fügeteile
– vorgewärmt werden (die Abkühlgeschwindigkeit wird herabgesetzt) und/oder
– wärmenachbehandelt werden (durch Anlasswirkung wird die Härte in der WEZ vermindert).

Die nur knapp über Ac_3 erwärmten Bereiche wandeln in feinkörniges Gefüge um, das häufig feiner als das des Grundwerkstoffs ist. In über Ac_1 erwärmten Bereichen erfolgt eine (teilweise) Gefügeumwandlung. Die Ac_1-Isothermen stellen damit die äußeren Begrenzungen der Wärmeeinflusszone dar, wenn vom Altern, Rekristallisieren und vom Anlassen vergüteter Stähle über die Anlasstemperatur des Grundwerkstoffes abgesehen wird. Diese Bereiche ($T < Ac_1$) werden i. Allg. nicht mehr zur Wärmeeinflusszone gerechnet.

In der geschilderten Form finden diese Vorgänge bei den *Schmelzschweißverfahren* und den üblichen *Widerstandsschweißverfahren* statt.

2.5.4 Werkstoffbedingte Besonderheiten und Schwierigkeiten beim Schweißen

2.5.4.1 Probleme während des Erwärmens
Umfang und Art der Schwierigkeiten hängen entscheidend von den Aufheizbedingungen (Aufheizgeschwindigkeit) und der Größe der zugeführten Energie ab. Sie sind also stark *verfahrensabhängig*.

Lichtbogenansatzstellen (Zündstellen): Ein auf dem im Blech »gezündeter« und rasch weiterbewegter Lichtbogen (z. B. beim WIG-Schweißen) erhitzt einen kleinen Werkstoffbereich sehr schnell. Die rasche Abkühlung führt in vielen Fällen zu Schrumpfrissen. Bei Stählen ist wegen der Martensitbildung fast immer mit (Härte- oder Kalt-)Rissen zu rechnen.

Die beim Aufheizen entstehenden großen *thermischen Spannungen* können bei wenig verformbaren

Werkstoffen (manche Gusswerkstoffe) zur Rissbildung führen. Hier ist das wesentlich langsamer aufheizende Gasschweißen manchem »moderneren« Verfahren überlegen.

Die große *Gaslöslichkeit* des hoch erhitzten flüssigen Schweißgutes ist eines der Hauptprobleme der Schweißtechnik. Die Gase können sich beim raschen Erstarren aus der mit Gas übersättigten Schmelze nur unvollständig ausscheiden und verursachen:
– die relativ ungefährlichen *Poren* (mechanische Wirkung) und
– die sehr gefährliche *atomare Lösung* (Versprödung) in der Matrix.

Die schon in der Größenordnung von einigen Hundertsteln Prozent gefährlichen Gase (Wasserstoff, Stickstoff, siehe S. 155) müssen durch bei den einzelnen Verfahren unterschiedliche Maßnahmen vom Schweißgut ferngehalten werden:
– Umhüllung bei der Stabelektrode,
– geeignete Schutzgase oder
– eine den Lichtbogen abdeckende Pulverschicht.

In kritischen Fällen, z. B. beim Schweißen von Vergütungsstählen, sind geringste Gasgehalte schädlich. Vakuumerschmolzene Zusatzwerkstoffe bieten hier große Vorteile.

2.5.4.2 Probleme während des Erstarrens

Wegen der i. Allg. großen Abkühlgeschwindigkeiten und der erheblichen Turbulenzen in der Schmelze sind Entmischungen, die größere Bereiche erfassen, weniger ausgeprägt. Die *Kristallseigerung* ist dagegen fast unvermeidlich. Das wesentlichste Problem beim raschen Abkühlen der Schweißverbindung ist die Möglichkeit der *Rissbildung*. Je nach dem Entstehungsort unterscheidet man Risse:
– im Schweißgut (oft Heißrisse),

– an der Schmelzgrenze (bei Stahl oft Härterisse),
– in der Wärmeeinflusszone.

Obwohl Risse bei nahezu jeder Temperatur entstehen können, werden sie i. Allg. in Heiß- und Kaltrisse eingeteilt. Wie bei Gusswerkstoffen ist auch hier der **Heißriss** eine typische Versagensform des erstarrenden Schweißgutes. Er entsteht im Temperaturbereich zwischen der Liquidus- und Solidustemperatur kurz vor der Erstarrung. Die Primärkristalle sind dann mit einem dünnen Film Restschmelze umgeben, der von den beim Abkühlen der Schweißnaht entstehenden Schrumpfkräften verformungslos interkristallin getrennt wird. Reine Metalle und eutektische Legierungen, die bei einer konstanten Temperatur erstarren, sind nicht heißrissempfindlich, es sei denn, im Schweißgut können sich niedrigschmelzende Verbindungen bilden (siehe unten). Da außerdem in der Restschmelze der Gehalt an Verunreinigungen am größten ist, muss der Bereich des Erstarrungsendes (»Endkrater«) z. B. durch geeignete Schweißnahtabmessungen (bzw. Handhabungsbesonderheiten beim Schweißen) zweckmäßig gewählt werden. In Bild 2.30a erstarrt die Restschmelze konzentriert in einem schmalen Bereich in Nahtmitte. Die Heißrissneigung dieser schmalen, tiefen Schmelze ist sehr groß. Wesentlich günstiger ist das Erstarrungsverhalten breiter, flacher Schmelzen (Bild 2.30b).

Die Heißrissbildung nimmt zu:
– je größer die beim Schweißen zugeführte Wärme ist (Gasschweißen schlechter, Schutzgasschweißen besser),
– je größer das Erstarrungsintervall ist.

Die ausgeprägte Heißrissneigung normaler Cu-Sn-Bronzen beim Schweißen beruht im Wesentlichen auf ihrem sehr großen Erstarrungsintervall ($\Delta T > 100$ K, siehe Bild 5.13, S. 278). Ähnliches gilt für höhergekohlten Stahl: ΔT wird mit zunehmendem Kohlenstoffgehalt größer.

Abgesehen von den besonderen Erstarrungsverhältnissen bei Legierungen, werden Heißrisse auch durch niedrigschmelzende Verbindungen erzeugt. Bekannte Beispiele sind FeS im Stahl und NiS in Nickel-Werkstoffen. Während man die Heißrissbildung im Stahl durch ausreichende Manganzugaben (siehe S. 152) verhindern kann, muss beim Schweißen von Nickel und Legierungen jede Schwefelaufnahme z. B. durch Öl, Fettkreide, schwefelhaltige Ofenatmosphäre sorgfältigst vermieden werden.

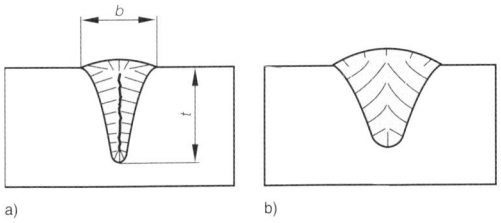

Bild 2.30
Primärkristallisation sehr unterschiedlich geformter Schmelzbäder (Auftragschweißen)
a) schmales, tiefes Schmelzbad (Heißrissgefahr)
b) breites, flaches Schmelzbad

Bei hohem Einschlussgehalt, wie er z. B. bei den qualitativ hochwertigen besonders beruhigten Stählen vorkommt, können auch in der Wärmeeinflusszone Heißrisse entstehen (Bild 2.31a). Die schmelzenden Einschlüsse treiben den Werkstoff an der Schmelzgrenze rissartig auseinander.

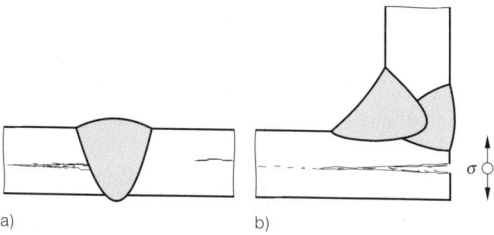

Bild 2.31
Enstehung von Werkstofftrennungen in Stählen mit hohem Einschlussgehalt unter der Wirkung von Schweißeigenspannungen
a) bei einer Stumpfnaht
b) bei einer Kehlnaht
(siehe auch Terrassenbruch S. 159)

Wesentlich komplexer und schwerer überschaubar als bei den immer *interkristallinen* Heißrissen sind die Ursachen für die meist *transkristallin* verlaufenden **Kaltrisse**. Sie beruhen meistens auf der Wirkung mehrerer Ursachen:
– Aufhärtung in der Wärmeeinflusszone von Stählen,
– Eigen- oder Lastspannungen,
– Versprödung durch Wasserstoff.

Die Rissbildung infolge *Aufhärtung* lässt sich am sichersten durch Wahl niedriggekohlter Stähle (C ≤ 0,2 %) und (oder) Vorwärmen der Teile verhindern. Auch eine Wärmenachbehandlung (z. B. Spannungsarmglühen) ist sehr wirksam. Neben dem Herabsetzen der Martensithärte werden vor allem die rissauslösenden Eigenspannungen beseitigt.

Schlackenzeilen können vor allem bei Dickblechschweißungen durch die alleinige Wirkung der *Eigenspannungen* zu Werkstofftrennungen führen (Bild 2.31b).

Die versprödende Wirkung des *Wasserstoffs* nimmt mit zunehmender Werkstofffestigkeit zu (siehe auch Abschn. 4.4.6). Sie ist also bei martensitischem Gefüge am größten, bei kfz Metallen am geringsten. Bei hochfesten Werkstoffen sind schon geringste Wasserstoffmengen (1 ml/100 g) gefährlich. Neben vakuumerschmolzenen Zusatzwerkstoffen sind hier extrem sorgfältige Fertigungsbedingungen erforderlich.

2.5.4.3 Verbindungsschweißen unterschiedlicher Werkstoffe

Die wesentlichsten Informationen über den Grad der Verbindbarkeit zweier Metalle durch das Schmelzschweißen können ihrem Zustandsschaubild entnommen werden. Die Eigenschaften der gebildeten Legierung (Schweißgut) bestimmen weitgehend die Güte der Verbindung.

Wegen des großen Legierungsgefälles A → B bilden sich auf der A-Seite i. Allg. A-reichere, auf der B-Seite B-reichere Legierungen. Damit ergeben sich abhängig von der Art des Zusatzwerkstoffs folgende grundsätzliche Möglichkeiten (Tab. 2.2).

Bilden die zu verbindenden Metalle eine *lückenlose MK-Reihe*, dann besteht das Schweißgut aus verformbaren, nicht rissanfälligen Mischkristallen (Nr. 1, Tab. 2.2). Wegen der hohen Abkühlgeschwindigkeit beim Schweißen entsteht meistens aber eine deutliche Kristallseigerung, die die Heißrissneigung des Schweißguts begünstigt.

Im anderen Extremfall der *vollständigen Unlöslichkeit* im festen Zustand (Nr. 2, Tab. 2.2) besteht das Schweißgut aus einem Gemenge, dessen Eigenschaften ausschließlich von denen der Komponenten bestimmt werden. Durch die schnelle Abkühlung entsteht ein Gefüge, das aus primär ausgeschiedenen A-Kristallen und i. Allg. sehr feinem, d. h. hartem Eutektikum besteht. Überwiegend eutektisch erstarrte Schweißgutbereiche sind (kalt-)rissgefährdet und neigen wegen ihres geringen Schmelzpunktes auch zur Entstehung von Heißrissen.

Zwei Metalle lassen sich i. Allg. nicht miteinander durch Schmelzschweißverfahren verbinden, wenn sie *intermediäre Verbindungen* bilden (Nr. 3.1, Tab. 2.2). Selbst geringste Mengen führen in den meisten Fällen zu völlig unbrauchbaren (weil spröden) Schweißverbindungen, z. B.:
– Cu-Zn (die intermediäre Phase Cu_5Zn_8 entsteht),
– Cu-Sn (z. B. $Cu_{31}Sn_8$),
– Al-Cu (Al_2Cu),
– Al-Fe (Al_3Fe, Al_5Fe_2).

Allerdings ist das Maß der Schweißeignung bzw. des Schweißverhaltens außerdem in großem Umfang noch von der Größe, Art und Verteilung der intermediären Phase abhängig. Diese Tatsache kann für die Herstellung gebrauchsfähiger Verbindungen ausgenutzt werden.

Risssichere Verbindungen können auch hergestellt werden, wenn es z. B. gelingt, den aufgeschmolzenen Grundwerkstoffanteil B so gering zu halten (Zusatzwerkstoff ist A), dass die Schweißgutzusammensetzung in die Nähe von A reicht. Die Menge der entstandenen intermediären Verbindung ist dann gering.

In manchen Fällen kann trotzdem eine sichere Verbindung geschaffen werden, wenn ein drittes Metall gefunden werden kann, das mit keinem der zu fügenden Werkstoffe intermediäre Verbindungen bildet (Nr. 3.2, Tab. 2.2). Nickel bildet mit vielen Metallen (Kupfer, Eisen, Kobalt) lückenlose MK-Reihen oder ausgedehnte Mischkristallbereiche und hat hervorragende mechanische Gütewerte. Es ist daher als Zusatzwerkstoff zum Verbinden unterschiedlicher Metalle hervorragend geeignet.

Sind die beiden Metalle im flüssigen und festen Zustand vollkommen unlöslich, dann lassen sie sich nicht oder nur mit Hilfe eines dritten verbinden, das mit beiden im flüssigen Zustand löslich ist, siehe Tab. 2.2, lfd. Nr. 3.2. Das bekannteste Beispiel ist die nicht mögliche Schweißung von Blei- mit Stahlteilen, siehe Bild 1.187. Ähnliche Probleme entstehen beim *Löten* von Stahlteilen mit bleihaltigem Lot. Erst mit einem dritten Metall (Zinn, verzinnen) gelingt die (Löt-)Verbindung.

Selbst wenn ausreichende Gütewerte der Verbindung erreicht werden können, muss ihre i. Allg. erheblich verringerte Korrosionsbeständigkeit (Elementbildung!) berücksichtigt werden. Aus diesem Grund wird z. B. das sehr unedle Magnesium (siehe S. 58) in keinem Fall mit einem anderen Metall verbunden.

2.5.5 Werkstoffbedingte Probleme beim Löten

Löten ist ein Verfahren zum Verbinden metallischer Werkstoffe mit Hilfe eines geschmolzenen Zusatzmetalles (Lotes), gegebenenfalls unter Anwendung von Flussmitteln und/oder Löt-Schutzgasen. Die Schmelztemperatur des Lotes liegt in jedem Fall unterhalb derjenigen der zu verbindenden Grundwerkstoffe; diese werden benetzt, ohne geschmolzen zu werden. (DIN 8505).

Zum Löten muss die Oberflächentemperatur des Werkstückes an der Lötstelle auf die *Arbeitstemperatur* T_A gebracht werden. Bei dieser kann das Lot *benetzen*, *sich ausbreiten* und am Grundwerkstoff *binden*. Die Arbeitstemperatur muss daher *höher* als die Solidustemperatur des Lotes sein. Abhängig von der Höhe der Arbeitstemperatur unterscheidet man die folgenden Lötverfahren: das **Weichlöten** ($T_A < 450\,°C$) und das **Hartlöten** ($T_A > 450\,°C$).

Beim Löten werden die *festen Grundwerkstoffe* durch ein *geschmolzenes Lot* vereinigt. Die für den Bindevorgang entscheidenden Vorgänge laufen an der Phasengrenze flüssiges Lot/fester Grundwerkstoff ab, es sind also **Grenzflächenreaktionen:**
- Benetzungs- und Ausbreitungsvorgänge von Lot- und Flussmittel und
- Diffusionsvorgänge, die die Bindung ermöglichen.

Bild 2.32 zeigt, dass zwischen den Grenzflächenspannungen γ die Beziehung

$$\gamma_{1,3} - \gamma_{1,2} = \gamma_{2,3} \cdot \cos\varphi = \gamma_H \text{ (Haftspannung)}$$

besteht. Eine vollständige Benetzung tritt ein, wenn der Benetzungswinkel $\varphi = 0$, d. h.

$$\gamma_{1,3} \geq \gamma_{1,2} + \gamma_{2,3}$$

wird. Brauchbare Lötverbindungen ergeben sich noch für $\varphi \leq 30\,°$.

Eine Bindung erfolgt nur dann, wenn:
- die Temperatur an der Lötstelle i. Allg. größer als die Arbeitstemperatur des Lotes ist und
- das Lot den Grundwerkstoff benetzt hat.

Eine ausreichende **Benetzbarkeit** der Lötflächen ist die wichtigste Forderung für eine gute »Lötbarkeit«. Sie ist vorhanden, wenn Lot und Grundwerkstoff Mischkristalle oder intermediäre Verbindungen bilden können, wobei die Löslichkeit sehr gering sein kann. Nur ineinander unlösliche Metalle (Grundwerkstoff/Lot) sind ohne weiteres nicht lötbar.

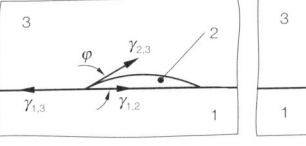 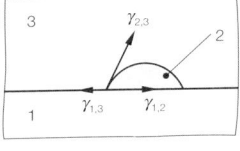

Benetzbarkeit: groß   gering
Lötbarkeit: gut   gering

Bild 2.32
Beziehungen zwischen Grenzflächenspannungen an den Oberflächen Grundwerkstoff – flüssiges Lot
1: Grundwerkstoff
2: flüssiges Lot
3: Flussmittel, Schutzgas, Vakuum

2.5 Schweißen und Löten   89

Tab. 2.2: Werkstoffliche Vorgänge beim Verbinden unterschiedlicher Werkstoffe (schematisch)

lfd. Nr.	Zustandsschaubild	Gefüge des Schweißguts, Einlagentechnik (sehr vereinfacht)	zu erwartende Eigenschaften der Schweißverbindung
1	Schweißgut, S, α-MK, Δc, Konzentrationsbereich der Legierungselemente im Schweißgut	Zusatzwerkstoff = A, Mischkristalle A-reicher, B-reicher. Schweißgut besteht aus α-MK und ist wegen der großen Abkühlgeschwindigkeit meistens kristallgeseigert	1. Das Schweißgut besteht nur aus zähen, wenig rissanfälligen Mischkristallen 2. Die Schweißverbindung hat optimale metallurgische und mechanische Eigenschaften; das Schweißgut ist meistens kristallgeseigert.
2	Schweißgut, S, A+E, E+B, Δc	Zusatzwerkstoff = A, Eutektikum E, primäre A-Kristalle	1. Die Gütewerte der Verbindung sind praktisch nur von den Eigenschaften des Eutektikums und von A bzw. B abhängig. Das Schweißgut besteht überwiegend aus dem Zusatzwerkstoff A und E bzw. dem Zusatzwerkstoff B und E. 2. Niedrigschmelzende Eutektika können zum Heißriss im Schweißgut und/oder im teilverflüssigten Bereich der WEZ führen.
3.1	Schweißgut, V, E_1, E_2, Δc	Zusatzwerkstoff = A, Eutektikum E = A + V, primäre A-Kristalle	1. Das Schweißgut enthält eine spröde intermediäre Verbindung V. Geringe Mengen (vor allem an Korngrenzen) führen meist zur vollständigen Versprödung der Verbindung. Abhilfe: 2. a) Verfahren wählen, mit dem möglichst geringe Aufschmelzgrade erreichbar sind, dadurch wird V-Gehalt im Schweißgut geringer. Hartlöten hervorragend geignet, wenn Festigkeit ausreicht.
3.2	A, α_2, α_1, C, B, oder, A, C, B	α_1, α_2 (oder Gemenge), System A - C, System C - B	b) Teuer, aber nahezu immer erfolgreich ist es, die Flanke mit einem Werkstoff C zu puffern, der weder in der Kombination A + C noch C + B intermediäre Verbindungen bildet (z. B. Ni). c) Häufig wird Ni oder Ni-haltiger Zusatzwerkstoff gewählt: Ni bildet mit vielen Elementen lückenlose Mischkristallreihen oder ausgedehnte Mischkristallbereiche, ist extrem zähe, risssicher und korrosionsbeständig, aber extrem empfindlich gegenüber Schwefel.

Je höher die **Arbeitstemperaturen** sind, desto intensiver werden die Platzwechselvorgänge an der Grenzfläche flüssiges Lot/Grundwerkstoff und um so dicker wird die Legierungszone. Hier bilden sich Mischkristalle und/oder intermediäre Verbindungen (Bild 2.33).

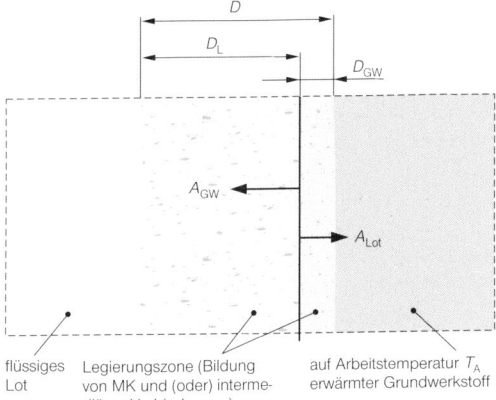

flüssiges Lot   Legierungszone (Bildung von MK und (oder) intermediären Verbindungen)   auf Arbeitstemperatur T_A erwärmter Grundwerkstoff

Bild 2.33
Legierungszone $D = D_L + D_{GW}$ an der Phasengrenze Grundwerkstoff – flüssiges Lot bei einer Hartlötverbindung
D_L *Diffusionszone im Lot*
D_{GW} *Diffusionszone im Grundwerkstoff*
A_{GW} *Grundwerkstoffatome*
A_{Lot} *Lotatome*

Das Lot benetzt das Werkstoff aber grundsätzlich nur dann, wenn dessen Oberflächen sauber und oxidfrei sind. Oberflächenschichten aller Art – Farben, Rost, Fett, Schlacken – müssen daher durch mechanische oder chemische Verfahren (z. B. Beizen mit Säuren) zuverlässig beseitigt werden. Die während des Lötvorganges neu gebildeten Oxide werden mit auf die Lötflächen aufgetragenem **Flussmittel** gelöst. Flussmittel sind in der Hauptsache Salzgemische, die in der Lage sind, Metalloxide zu lösen. Sie müssen unterhalb der Arbeitstemperatur wirksam werden. Das geschieht im **Wirktemperaturbereich T_w** des Flussmittel. Innerhalb dieser Temperaturspanne ermöglicht oder begünstigt ein Flussmittel das Benetzen der Werkstücke durch flüssige Lote. Wesentlich ist also, dass die Wahl des Flussmittel nicht nur von der Art der zu lösenden Oxide abhängt (schwerlöslich z. B. bei Titan, Chrom – leichter löslich z. B. bei Kupfer, Stahl), sondern auch von der Arbeitstemperatur des Lotes. Es gibt *kein* Universalflussmittel, das zum Löten der verschiedenartigsten Grundwerkstoffe geeignet ist.

Die für den Lötprozess entscheidende Benetzungsfähigkeit lässt sich einfach und zuverlässig mit den Merkmalen *Ausbreiten* des flüssigen Lotes auf den Grundwerkstoffen und *Fließen (Verschießen)* in engen Spalten beschreiben (Bild 2.34). Die Benetzbarkeit eines Lotes kann als dessen Fähigkeit beschrieben werden, in enge Spalten (Kapillaren) entgegen der Schwerkraft einzudringen. Diese Eigenschaft wird durch den kapillaren Fülldruck p_k oder anschaulicher durch die **Steighöhe h** des flüssigen Lotes quantitativ beschrieben. Für enge Spalten (bis etwa 0,3 mm Breite) gilt angenähert:

$$h \sim p_k \sim \frac{\gamma_H}{b}.$$

γ_H = Haftspannung
b = Spaltbreite.

Die Steighöhe hängt also nicht nur von der Art des Lotes (γ_H), sondern auch in erheblichem Umfang von der Breite des Lötspaltes ab. Bild 2.35 zeigt diesen Zusammenhang. Bei Spaltbreiten > 0,5 mm ist der Kapillardruck (Steighöhe) so gering, dass der Lötspalt nicht vollständig ausgefüllt wird. Für das *Handlöten* ergeben sich günstige Bedingungen bei Spaltbreiten zwischen 0,2 mm und 0,5 mm. Der geringe Kapillardruck erfordert aber große Aufmerksamkeit und eine dosierte Wärme- und Lotzufuhr. Die für das *Maschinenlöten* erforderliche große Steighöhe des Lotes lässt sich mit Spaltbreiten von etwa 0,05 mm bis 0,2 mm erreichen. Das ist für die Massenfertigung von größter Bedeutung.

Das flüssige Lot wird in den Spalt hineingetrieben und füllt bei richtiger Spaltgeometrie und gereinigten Oberflächen den gesamten Spalt im günstigsten Fall lückenlos aus. Die Verwendung teurer in

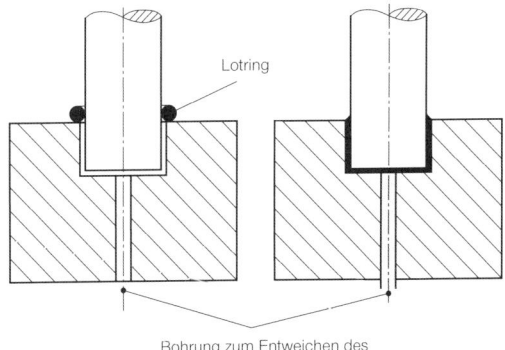

Bild 2.34
»Verschießen« eines außerhalb des Lötspalts angebrachten Lotformteils auch entgegen der Schwerkraft

den Spalt eingebrachter »Lotdepots« ist nicht erforderlich. Ein preiswerter *außerhalb* der Spalten angeordneter Drahtring ist ausreichend. Bild 2.34 zeigt beispielhaft die Umsetzung dieser Überlegungen in eine konstruktive Form. Bemerkenswert ist außerdem die zum Abfluss des Flussmittel vorzusehende Bohrung. Andernfalls entstehen Flussmitteleinschlüsse, wodurch die Lötstelle einen zu geringen *Füllgrad* (mit Lot) aufweist.

Die Sicherheit der Lötverbindungen wird selbst in Anwesenheit intermediärer Verbindungen nicht beeinträchtigt (siehe aber Ausnahmen weiter unten!), weil i. Allg. die Legierungszone D nur einige µm dick ist. Damit sind, im Gegensatz zu Schweißverbindungen, metallurgische oder werkstoffliche Überlegungen bei der Auswahl geeigneter Lote i. Allg. von untergeordneter Bedeutung. Wird der Werkstoff von dem Lot benetzt, dann ist eine Lötung möglich.

Die geringen metallurgischen Schwierigkeiten erleichtern das Verbinden artverschiedener »unverträglicher« Werkstoffe außerordentlich. Dafür haben sich in der Praxis Hartlote mit niedriger Arbeitstemperatur – vor allem die 40%igen Silberlote – besonders bewährt. Ein bemerkenswertes Beispiel ist das wirtschaftliche und einfache Verbinden von Formteilen aus Schnellarbeitsstählen und Schäften aus unlegiertem Stahl mittels Löten. Schweißen ist in diesem Fall wegen der entstehenden extrem spröden Gefüge absolut unmöglich.

Trotzdem können beim Löten einiger Werkstoffe metallurgische Probleme entstehen, die in erster Linie auf die Verwendung »falscher« Lote zurückzuführen ist. Bei kaltverformten Teilen aus Stahl kann bei kupfer- und zinkhaltigen Loten bei Temperaturen oberhalb 900 °C die sehr unangenehme *Lotbrüchigkeit* entstehen, die zum vollständigen Versagen des Lötteils führt. Der aus flüssigem Kupfer (oder Zink) bestehende Lotfilm diffundiert an die Korngrenzen des unter Spannung stehenden Stahls und verursacht dadurch Korngrenzentrennungen (siehe auch S. 281). Diese beim Verbindungsschweißen von Kupfer mit Stahl (ohne besondere Maßnahmen) nicht vermeidbare Schadensform lässt sich durch Lote mit entsprechend niedriger Arbeitstemperatur sicher vermeiden. Die für die Festigkeit der Lötver-

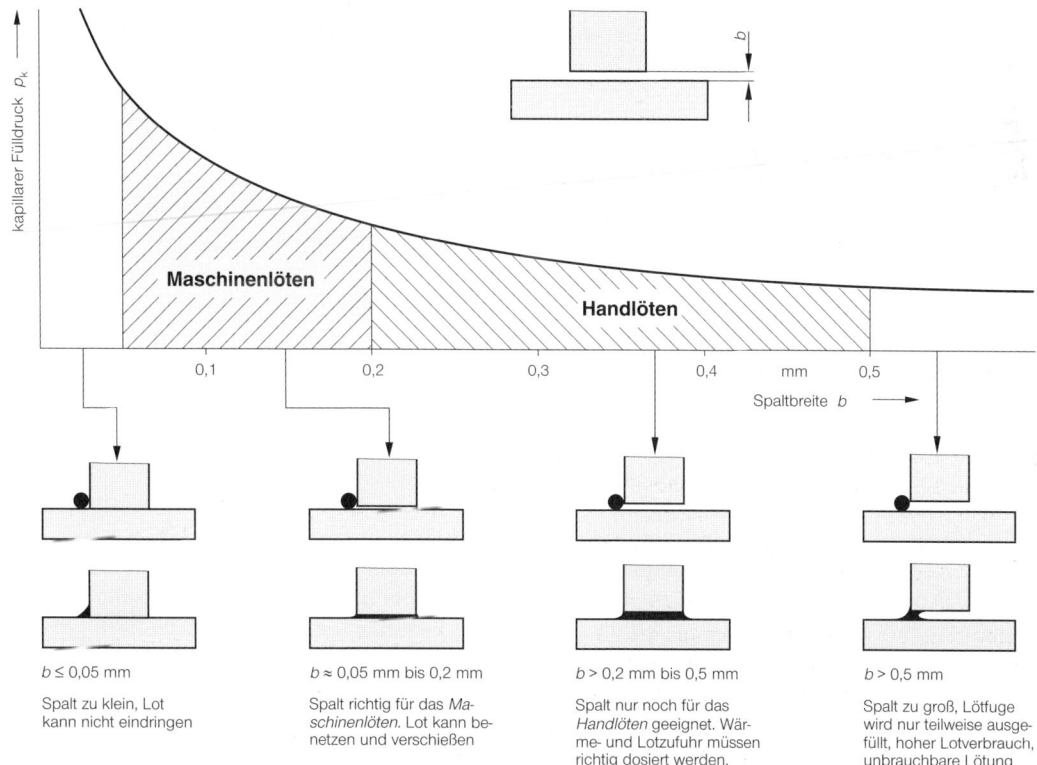

Bild 2.35
Kapillarer Fülldruck p_k in Abhängigkeit von der Spaltbreite b (schematisch)

Tab. 2.3: Metallurgische Vorgänge in den Diffusionszonen unterschiedlicher Kombinationen von Hartlot und Grundwerkstoff
(Die Lotbezeichnungen nach alter Norm wurden für Vergleichszwecke zusätzlich in Klammern angegeben)

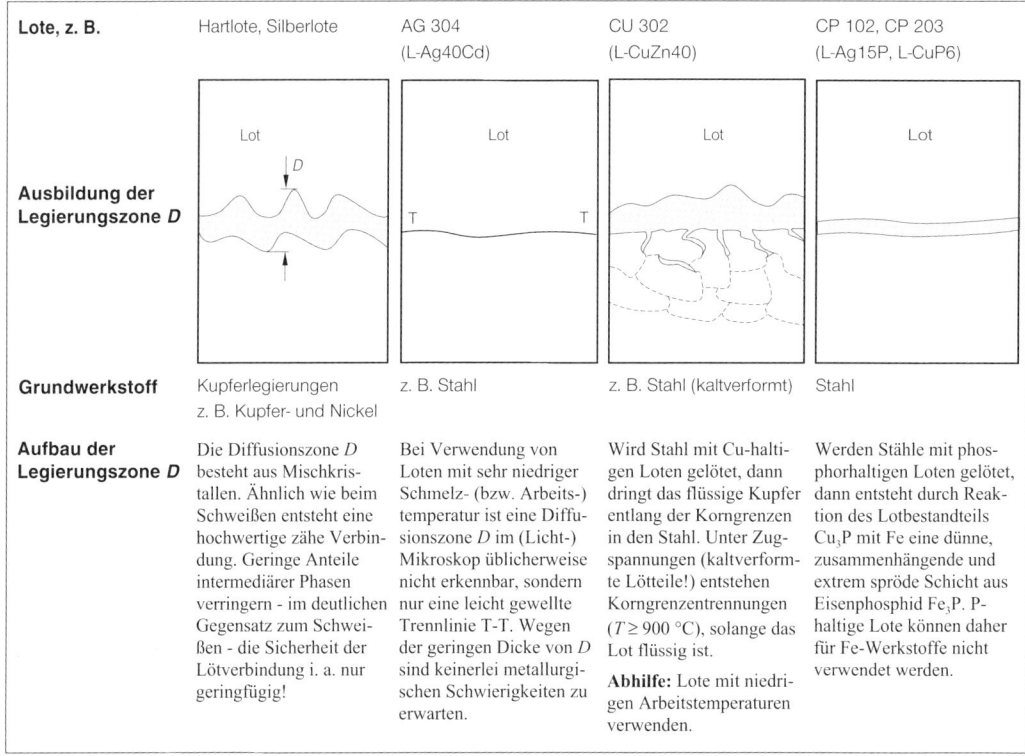

Lote, z. B.	Hartlote, Silberlote	AG 304 (L-Ag40Cd)	CU 302 (L-CuZn40)	CP 102, CP 203 (L-Ag15P, L-CuP6)
Ausbildung der Legierungszone D				
Grundwerkstoff	Kupferlegierungen z. B. Kupfer- und Nickel	z. B. Stahl	z. B. Stahl (kaltverformt)	Stahl
Aufbau der Legierungszone D	Die Diffusionszone D besteht aus Mischkristallen. Ähnlich wie beim Schweißen entsteht eine hochwertige zähe Verbindung. Geringe Anteile intermediärer Phasen verringern - im deutlichen Gegensatz zum Schweißen - die Sicherheit der Lötverbindung i. a. nur geringfügig!	Bei Verwendung von Loten mit sehr niedriger Schmelz- (bzw. Arbeits-)temperatur ist eine Diffusionszone D im (Licht-)Mikroskop üblicherweise nicht erkennbar, sondern nur eine leicht gewellte Trennlinie T-T. Wegen der geringen Dicke von D sind keinerlei metallurgischen Schwierigkeiten zu erwarten.	Wird Stahl mit Cu-haltigen Loten gelötet, dann dringt das flüssige Kupfer entlang der Korngrenzen in den Stahl. Unter Zugspannungen (kaltverformte Lötteile!) entstehen Korngrenzentrennungen ($T \geq 900$ °C), solange das Lot flüssig ist. **Abhilfe:** Lote mit niedrigen Arbeitstemperaturen verwenden.	Werden Stähle mit phosphorhaltigen Loten gelötet, dann entsteht durch Reaktion des Lotbestandteils Cu_3P mit Fe eine dünne, zusammenhängende und extrem spröde Schicht aus Eisenphosphid Fe_3P. P-haltige Lote können daher für Fe-Werkstoffe nicht verwendet werden.

bindung entscheidenden Vorgänge spielen sich in der Legierungszone ab. Einige charakteristische Ausbildungsformen sind in Tab. 2.3 dargestellt.

Die Lote sind meistens Legierungen, die häufig aus Schwermetallen bestehen (z. B. Blei, Zinn, Zink, Silber). Lotwerkstoffe, sind oft eutektische oder naheutektische Legierungen, da diese sehr niedrige Erstarrungstemperaturen (bzw. kleine Erstarrungsintervalle) haben und dadurch dünnflüssig sind, gut verschießen und rasch erstarren.

Ein typisches Beispiel sind die eutektischen Blei-Zinn-**Weichlote** mit einer Solidustemperatur von 183 °C (siehe Bild 5.46). Zum Handlöten (Kabellöten, Klempnerarbeiten) ist eine bestimmte Teigigkeit des flüssigen Lotes zweckmäßig, die die Modellierfähigkeit verbessert. In diesen Fällen werden Lote mit größeren Erstarrungsintervallen verwendet.

Die *Silberlote* sind wegen ihrer sehr niedrigen Arbeitstemperatur die wichtigsten Standard-**Hartlote**. Das Lot AG 303 (L-Ag40Cd mit 40 % Silber) besitzt mit 610 °C die niedrigste Arbeitstemperatur aller Hartlote. Wegen der geringen thermischen Beeinflussung der Grundwerkstoffe und der geringen Lötzeiten wird es trotz des hohen Preises in der Praxis vielfach verwendet. **Hochtemperaturlote** auf der Basis Silber (50 % bis 70 %), Kupfer (bis 80 %) und Palladium (5 % bis 39 %) können bei Betriebstemperaturen bis zu 800 °C verwendet werden.

Wegen der hohen Arbeitstemperatur (≥ 1000 °C) ist die Verwendung von Flussmitteln i. Allg. nicht empfehlenswert, da sie zu dünnflüssig werden und keinen sicheren Oxidationsschutz mehr bieten. In diesen Fällen hat sich das Löten unter
– Schutzgas oder
– Vakuum
besser bewährt. Der Mechanismus der Oxidlösung ist insbesondere beim Löten unter Vakuum nicht in allen Einzelheiten bekannt. Tatsächlich können Werkstoffe gelötet werden, deren Oberflächen mit sehr stabilen Oxiden bedeckt sind, wie z. B. austenitische Chrom-Nickel-Stähle, Titan, Beryllium. Es entstehen saubere, hochwertige Lötstellen mit hohem Füllgrad (keine Einschlüsse), die hervorragende Festigkeitseigenschaften besitzen. Wegen des

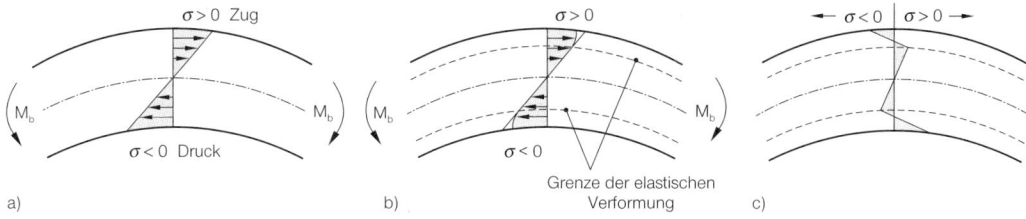

Bild 2.36
Eigenspannungen bei Biegeverformung
a) elastische Verformung
b) elastische und plastische Verformung
c) verbleibende Eigenspannungen nach Entlastung (Restspannungen)

großen apparativen Aufwandes werden diese mit sauerstofffreier Atmosphäre arbeitenden Lötverfahren nur für hochwertige Bauteile aus den Bereichen Reaktortechnik, Raumfahrt, Elektronik verwendet. Die hierfür in Frage kommenden Lote müssen Legierungselemente enthalten, deren Dampfdruck bei der Arbeitstemperatur ausreichend niedrig ist. Danach sind vor allem *reine* Metalle wie z. B. Kupfer, Silber, Gold, Platin und ihre Legierungen geeignet. Die Arbeitstemperaturen der Lote liegen zwischen 800 °C und 1770 °C (reines Platin!).

2.6 Eigenspannungen

Eigenspannungen sind Spannungen im Innern eines Werkstückes, die ohne Angriff äußerer Kräfte vorhanden sind. Es müssen folglich innerhalb eines Bauteiles Bereiche mit Zugeigenspannungen im Gleichgewicht sein mit solchen, in denen Druckeigenspannungen vorliegen.

Abhängig von der der Eigenspannungsverteilung und je nach den hinzukommenden äußeren Beanspruchungen kann ein Eigenspannungszustand günstig oder ungünstig sein. I. Allg. sind *Druckeigenspannungen* in den Oberflächenzonen eines Bauteils *günstig*, weil Werkstoffschädigungen, z. B. durch Rissbildung, überwiegend von der Oberfläche ausgehen. Da zur Rissbildung aber kritische Zugspannungswerte überschritten werden müssen, können die äußeren Belastungen höher sein, wenn zunächst Druckeigenspannungen überwunden werden müssen.

Eigenspannungen können in jeder Phase der Werkstückherstellung entstehen. Ursachen sind Temperaturdifferenzen und unterschiedliche Verformungsgrade. *Hohe Abkühlgeschwindigkeiten* führen beim Schwinden und Schrumpfen von Gussstücken, bei der Wärmebehandlung und beim Schweißen unvermeidlich zu Eigenspannungen, um so mehr, je größer die Wanddickenunterschiede sind und je komplizierter die Gestalt des Werkstücks ist. *Unterschiedliche Verformungsgrade* bewirken sowohl bei der Kaltformgebung als auch bei der Warmformgebung mehr oder weniger starke Eigenspannungen. Auch die spanende Bearbeitung ruft zumindest in Oberflächenschichten Spannungen hervor.

Eigenspannungen sind häufig Mitursache von Schäden. Da es sich allerdings *nicht* um ein reines Werkstoffproblem handelt, kann gerade die werkstoffgerechte Gestaltung von Konstruktionen entscheidend zur Vermeidung oder Verminderung ungünstiger Eigenspannungszustände beitragen.

Bei den verschiedenartigen Möglichkeiten der Entstehung von Eigenspannungen wird aufgrund der Größe der von ihnen erfassten Bereiche zwischen Makro- und Mikroeigenspannungen unterschieden.[1] **Makroeigenspannungen** erstrecken sich über mehrere Körner, während sich **Mikroeigenspannungen** innerhalb eines Kristalliten nach Größe und Richtung ändern. Bei Makroeigenspannungen treten grundsätzlich auch Mikroeigenspannungen auf.

2.6.1 Eigenspannungen infolge Kaltverformung

Bei jeder Kaltverformung werden Eigenspannungen erzeugt, weil die plastischen Verformungen *ungleichmäßig* über den Querschnitt verteilt sind. Als Beispiel diene ein einfacher Biegestab.

Bei *elastischer* Verformung ergibt sich in einem gebogenen Stab ein linearer Spannungsverlauf, der von

---

[1] Eine häufige Einteilung ist auch: Eigenspannungen 1., 2. und 3. Art.

einer Druckspannung an der Krümmungsinnenseite über die spannungsfreie neutrale Faser auf eine Zugspannung an der Krümmungsaußenseite steigt (Bild 2.36a). Wird die Belastung gesteigert, so weicht der Spannungsverlauf entsprechend der *plastischen* Verformung des Werkstoffes von der linearen Gesetzmäßigkeit ab (Bild 2.36b). Dabei werden die Fasern an der Innenseite bleibend verkürzt und an der Außenseite bleibend gestreckt, während in der Nähe der neutralen Faser die Verformung elastisch bleibt.

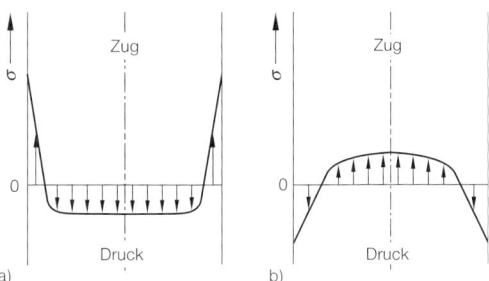

Bild 2.37
Eigenspannungen infolge schneller Abkühlung
a) Spannungsverteilung zu Beginn (während) des Abkühlens
b) Spannungsverteilung nach der Abkühlung

Nach Wegnahme des äußeren Biegemomentes können die elastischen Spannungen nicht ganz abgebaut werden, weil die gestreckten bzw. gestauchten Randzonen eine vollständige Rückverformung verhindern. Da der Spannungsverlauf sich kontinuierlich ändern muss, stellt sich die in Bild 2.36c wiedergegebene *Eigenspannungsverteilung* ein. Die Krümmungsaußenseite hat jetzt an der Oberfläche Druckeigenspannungen, die Innenseite Zugeigenspannungen.

2.6.2 Eigenspannungen infolge schneller Abkühlung

Vor allem bei hohen Abkühlgeschwindigkeiten ergeben sich größere *Temperaturunterschiede* zwischen der Oberfläche und der Kernzone des Werkstückes. Der durch die tieferen Temperaturen an der Oberfläche bewirkte Schrumpfprozess wird durch die wärmere Kernzone behindert. Folglich entstehen in der Nähe der Oberfläche Zugeigenspannungen (Bild 2.37a). Dieser Eigenspannungszustand wird meistens durch plastische Verformungen in der warmen Kernzone weitgehend abgebaut.

Beim nachfolgenden Erkalten und dem damit verbundenen Schrumpfen des Kerns, wird dieser Vorgang nun durch die kalte Oberflächenzone behindert. Die Folge sind jetzt Druckeigenspannungen in der Randzone und Zugeigenspannungen im Kern. Wegen der gegenüber dem warmen Zustand stark verminderten plastischen Verformbarkeit bleibt diese Spannungsverteilung weitgehend erhalten (Bild 2.37b).

2.6.3 Nachweis und Abbau von Eigenspannungen

Die vollständige *Ermittlung* von Eigenspannungsverteilungen in einem Werkstück ist nur durch dessen *Zerstörung* möglich. Das Werkstück wird dazu in dünnen Schichten spanend abgearbeitet, wodurch das Gleichgewicht der Eigenspannungen gestört wird. Die Folge sind Formänderungen, aus denen rückwirkend die Eigenspannungen berechnet werden können. Die Störung des Gleichgewichtes der Eigenspannungen führt auch zu dem unerwünschten *Verzug* bei der spanenden Bearbeitung nicht entspannter Werkstücke.

Eine *zerstörungsfreie Messung* von Eigenspannungen ist in oberflächennahen Schichten möglich. Die elastischen Spannungen verschieben einzelne Ebenen des Kristallgitters (siehe S. 13). Da Röntgenstrahlen an den Gitterebenen reflektiert werden (siehe S. 3), kann man aus der Änderung der Reflexionsbedingungen die Eigenspannungen ermitteln.

Eine Verminderung von Eigenspannungen ist durch Spannungsarmglühen des Werkstücks möglich. Hierzu muss die Temperatur so weit erhöht werden, dass die inneren Spannungen plastische Verformungen bewirken. Die im Allgemeinen ungleichförmige Spannungsverteilung hat dann ggf. einen Verzug des Werkstückes zur Folge. Neue Eigenspannungen müssen durch langsame Abkühlung vermieden werden.

Ergänzende und weiterführende Literatur

Boese/Werner/Wirtz: Verhalten der Stähle beim Schweißen, Band I: Grundlagen, 4. Auflage, 1995; Deutscher Verlag für Schweißtechnik (DVS), Düsseldorf
Fritz/Schulze (Hrsg.): Fertigungstechnik, VDI-Buch, 6. Auflage, Springer-Verlag, Berlin 2003
Roos, E., u. K. Maile: Werkstoffkunde für Ingenieure. Springer-Verlag, Berlin 2004
Schatt/Wieters (Hrsg.): Pulvermetallurgie und Sintervorgänge, Springer-Verlag, Berlin 1997
Schatt (Hrsg.): Werkstoffwissenschaft, 9. Auflage, Wiley VCH, Weinheim 2002
Schulze, G.: Die Metallurgie des Schweißens, VDI-Buch, 3. Auflage, Springer-Verlag, Berlin 2004

3 Werkstoffprüfung

Werkstoffkennwerte, Prüfverfahren, Einflüsse

Die Definition der gebräuchlichsten Werkstoffkennwerte, d. h. ihre Beschreibung und ihre Bedeutung bilden das Wesentliche dieses Kapitels. Demgegenüber steht eine nähere Beschreibung der Prüfverfahren im Hintergrund, eine Darstellung einzelner Gerätetypen oder Messeinrichtungen wird vollkommen vermieden. Stattdessen wird den Einflüssen prüftechnischer oder werkstofflicher Gegebenheiten auf die Kennwerte breiterer Raum gewidmet.

3.1 Statische Festigkeits- und Verformungskennwerte

3.1.1 Spannung – Verformung – Verlauf

Jede Belastung führt auch zu einer Verformung eines Bauteils. Nimmt das Bauteil nach Entlastung seine alte Form wieder an, war die Verformung *elastisch*. Bleiben dagegen nach der Entlastung Formänderungen zurück, so heißt die Verformung *plastisch* oder *bleibend*. Die unterschiedlichen Vorgängen im Kristallgitter bei elastischen und plastischen Verformungen sind im Kapitel Metallkunde beschrieben (siehe S. 13).

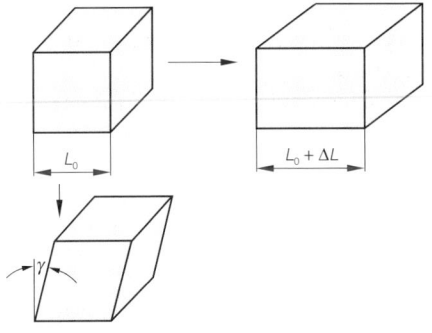

Bild 3.1
Formänderungen: Längenänderung ΔL, Winkeländerung γ

Ein endliches Volumenelement des Bauteils kann zwei grundsätzlich unterschiedliche Formänderungen erfahren (Bild 3.1):
– *Längenänderungen* ΔL oder
– *Winkeländerungen* γ.

Bezieht man die Längenänderung ΔL auf die parallele Ausgangslänge L_0, dann erhält man die dimensionslose Größe

$$\varepsilon = \frac{\Delta L}{L_0},$$

die **Dehnung** genannt wird. Eine bleibende Verlängerung wird auch als *Reckung* bezeichnet. Für eine Verkürzung ist allgemein die Bezeichnung *Stauchung* gebräuchlich. Die bereits dimensionslose Winkeländerung γ hat die Bezeichnung **Schiebung.**

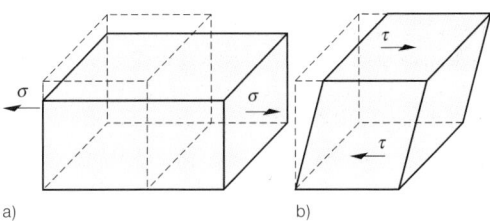

Bild 3.2
a) *Normalspannung* σ
b) *Schubspannung* τ

Der zur Verformung des Elementes erforderliche, auf die Flächeneinheit bezogene Kraftanteil heißt **Spannung.** Ebenso wie die Verformungsmöglichkeiten ist auch die Art der Kraftwirkung grundsätzlich unterschiedlicher Natur. Zum Hervorrufen einer Dehnung muss die Kraft rechtwinklig (normal) zur Bezugsfläche wirken (Bild 3.2a). Die Spannung ist dann eine **Normalspannung** σ. Bei einer Schiebung wirkt die Kraft parallel (tangential) zur Bezugsfläche (Bild 3.2b). Die Spannung heißt **Schubspannung** τ.

Kennzeichnend für Zug-, Druck- oder Biegebelastungen sind Normalspannungen, die entsprechend der Beanspruchungsart durch Indizes σ_z, σ_d bzw. σ_b unterschieden werden. Biegespannungen σ_b sind dabei auch wieder Zug- oder Druckspannungen, die eine für die Biegung charakteristische Verteilung über den Querschnitt aufweisen. Positive Normalspannungswerte ohne Index, z. B. $\sigma = 20$ N/mm^2, sind allgemein als Zugspannungen zu lesen, während ein negatives Vorzeichen, z. B. $\sigma = -20$ N/mm^2, üblicherweise eine Druckspannung kennzeichnet.

Ist ein Bauteil auf Scherung oder Verdrehung (Torsion) beansprucht, so sind die hervorgerufenen Abscher- oder Torsionsspannungen τ_a bzw. τ_t Schubspannungen. Wie bereits bei der Metallkunde angedeutet, erzeugt aber jede äußere Belastung innerhalb des Bauteils sowohl Normalspannungen als auch Schubspannungen (sie-he Bild 1.40).

Bild 3.3 zeigt den für die meisten metallischen Werkstoffe charakteristischen Zusammenhang zwischen Spannung und Verformung. Der Kurvenverlauf ist gekennzeichnet durch einen zunächst linearen Anstieg, dem Bereich überwiegend elastischer Verformungen. Anschließend folgt eine gekrümmte Linie, die von einem zunehmenden Anteil plastischer Verformungen geprägt ist.

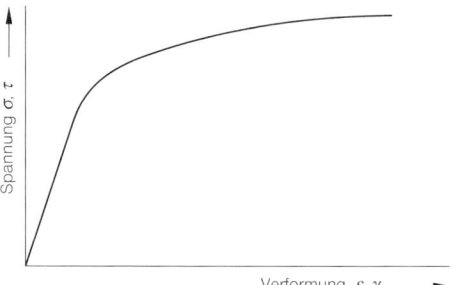

Bild 3.3
Spannung-Verformung-Diagramm

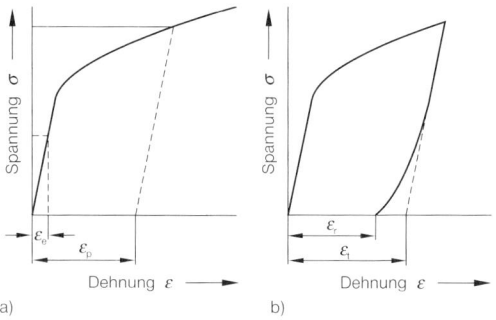

Bild 3.4
Dehnungsdefinitionen
a) elastische Dehung ε_e, nichtproportionale Dehnung ε_p
b) bleibende Dehnung ε_r, Gesamtdehnung ε_t

Aus dem Verlauf der Kurve im Spannung-Dehnung-Diagramm ergeben sich folgende Möglichkeiten zur Definition der unterschiedlichen Dehnungsanteile:
– die im linearen Teil der Kurve auftretende Dehnung ist die **elastische Dehnung** ε_e (Bild 3.4a),
– der Dehnungsbetrag, um den die Kurve von der Verlängerung der elastischen Geraden abweicht, wird **nichtproportionale Dehnung** ε_p genannt (Bild 3.4a),
– die insgesamt bei einer bestimmten Spannung auftretende Verformung wird gekennzeichnet durch die **gesamte Dehnung** ε_t (Bild 3.4b),
– Entlastung des Werkstoffes aus dem nichtproportionalen Bereich bis zur Spannung Null ergibt die **bleibende Dehnung** ε_r (Bild 3.4b).

Im Rahmen üblicher Messgenauigkeit sind nichtproportionale Dehnung ε_p und bleibende Dehnung ε_r meistens praktisch gleich und werden deshalb im Allgemeinen unter dem Begriff *plastische Dehnung* zusammengefasst. Eine derartige Vereinfachung ist jedoch bei Zugversuchen bei erhöhten Temperaturen oder bei Kriechversuchen nicht zulässig.

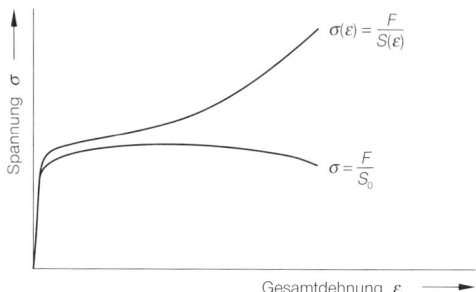

Bild 3.5
Spannung-Dehnung-Kurve im Zugversuch (Zerreißschaubild)
σ = Nennspannung, $\sigma(\varepsilon)$ = wahre Spannung

Wird die Belastung auf den kleinsten Querschnitt S_0 zu Beginn der Beanspruchung bezogen, so erhält man die *Nennspannung* σ bzw. τ. Ist dagegen der mit zunehmender Verformung jeweils veränderliche kleinste Querschnitt $S(\varepsilon)$ Bezugsfläche, so ergibt sich die *wahre Spannung* $\sigma(\varepsilon)$. Bild 3.5 zeigt vergleichsweise den Verlauf von Nennspannung und wahrer Spannung bei Zugbeanspruchung. Während die Nennspannung das Verhalten der Konstruktion charakterisiert, ist die wahre Spannung Merkmal für das reine Werkstoffverhalten. Sie wird deshalb auch zusammen mit der wahren Verformung (siehe Seite 73) für die Aufstellung von Fließkurven benutzt, die das Umformverhalten von Werkstoffen wiedergeben.

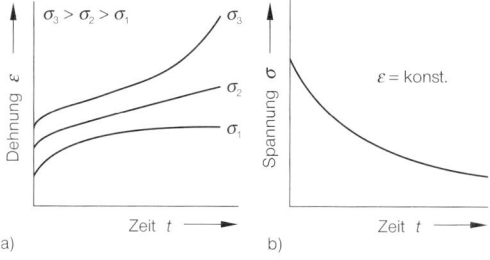

Bild 3.6
a) Kriechen: zeitabhängige Dehnungszunahme bei konstanter Spannung
b) Relaxation: zeitabhängige Spannungsabnahme bei konstanter Dehnung

Im Allgemeinen nimmt nur durch Belastungserhöhung die Verformung zu. Bei hoher Spannung und insbesondere bei erhöhten Temperaturen macht sich jedoch auch ein Zeiteinfluss bemerkbar. Eine stetige Zunahme der Verformung bei konstanter Belastung wird als **Kriechen** bezeichnet (Bild 3.6a). Kriechvorgänge sind z. B. in Wärmekraftanlagen, bei denen Bauteile erhöhten Drücken und Temperaturen ausgesetzt sind, von Bedeutung. Aber auch bei normalen Temperaturen müssen Kriechvorgänge beachtet werden, z. B. in Freileitungen.

Andererseits kann bei konstanter Verformung im Laufe der Zeit ein Spannungsabfall eintreten (Bild 3.6b). Dieser Vorgang wird als **Relaxation** bezeichnet. Eine Erscheinung der Relaxation ist z. B. das »Erlahmen« von Federn bei fest vorgegebener Einbaulänge, wobei ein Kraftabfall entsteht.

3.1.2 Elastische Kennwerte

Der lineare Anstieg der Spannung-Verformung-Kurve kennzeichnet eine Proportionalität zwischen Spannung und elastischer Verformung. Der Proportionalitätsfaktor zwischen Normalspannung und Dehnung (Bild 3.7a)

$$\frac{\Delta \sigma}{\Delta \varepsilon} = E$$

wird **Elastizitätsmodul** genannt, der zwischen Schubspannung und Schiebung (Bild 3.7b)

$$\frac{\Delta \tau}{\Delta \gamma_e} = G$$

Schubmodul (oder auch Gleitmodul).

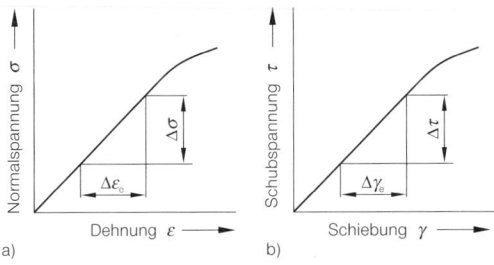

Bild 3.7
Definition des Elastizitätsmoduls E und des Schubmoduls G
a) $E = \Delta\sigma/\Delta\varepsilon_e$
b) $G = \Delta\tau/\Delta\gamma_e$

Nimmt man statt der Spannungs- und Verformungsdifferenzen deren Absolutwerte, so erhält man das **Hookesche Gesetz:**

$\sigma = E \cdot \varepsilon_e$ bzw. $\tau = G \cdot \gamma_e$.

Da Dehnung und Schiebung dimensionslos sind, haben Elastizitätsmodul und Schubmodul ebenfalls die Dimension einer Spannung. Sie stellen gewissermaßen die »Federkonstante« des Werkstoffes dar. Bei technischen Metallen beträgt der Elastizitätsmodul zwischen 16 kN/mm² (Blei) und 450 kN/mm² (Molybdän).

Bei der Verformung metallischer Werkstoffe hat eine Längen*zunahme* zwangsläufig auch eine Querschnitts*abnahme* zur Folge (Bild 3.8). Diese als **Querkontraktion** bezeichnete Erscheinung wird gekennzeichnet durch die **Poisson-Zahl:**

$$\mu = \frac{\varepsilon_{quer}}{\varepsilon_{längs}}$$

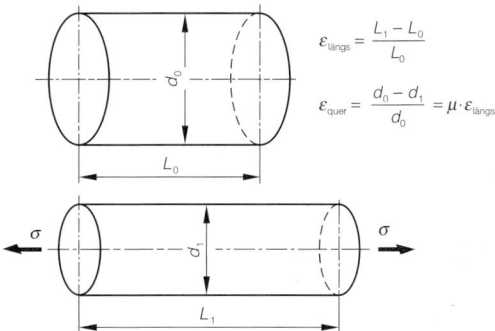

$\varepsilon_{längs} = \dfrac{L_1 - L_0}{L_0}$

$\varepsilon_{quer} = \dfrac{d_0 - d_1}{d_0} = \mu \cdot \varepsilon_{längs}$

Bild 3.8
Längsdehnung und Querdehnung (Querkontraktion)

Die Poisson-Zahl kann für die elastische Verformung der meisten Metalle mit genügender Genauigkeit mit 0,3 angenommen werden.

Zwischen Elastizitätsmodul E, Schubmodul G und Poisson-Zahl μ besteht die Beziehung:

$E = 2 \cdot (1 + \mu) \cdot G \approx 2,6 \cdot G$.

Neben der meist zu beobachtenden linearen Elastizität mit konstantem Elastizitätsmodul treten bei einigen Metallen und besonders bei nichtmetallischen Werkstoffen nichtlineare Elastizitätserscheinungen auf. Für diese Werkstoffe gilt das Hookesche Gesetz nicht. Der Elastizitätsmodul ist dann von der Spannung bzw. von der Verformung abhängig.

Das wichtigste Beispiel für das Auftreten nichtlinearer Elastizität ist Grauguss. Bedingt durch den besonderen Gefügeaufbau dieses Werkstoffes ist der Elastizitätsmodul bei Zugbeanspruchung stark spannungsabhängig und beträgt z. B. 90 kN/mm² bis 120 kN/mm² für EN-GJL-200. Bei Druckbeanspruchung ist er dagegen in einem weiten Spannungsbereich annähernd konstant und beträgt ca. 120 kN/mm².

Eine Unterscheidung des Elastizitätsmoduls bei Zugspannungen einerseits und Druckspannungen andererseits ist auch bei manchen anderen, z. B. Sinterwerkstoffen und nichtmetallischen Werkstoffen erforderlich. Der Elastizitätsmodul bei Druckspannungen ist nicht zu verwechseln mit dem *Kompressionsmodul*. Während ersterer das elastische Werkstoffverhalten unter einachsiger Druckbeanspruchung wiedergibt, kennzeichnet letzterer das Verhalten unter hydrostatischem (allseitigem) Druck.

3.1.3 Kennwerte des Zugversuchs

Das Verfahren zur Durchführung von Zugversuchen an Metallen bei Raumtemperatur sowie die Definition der ermittelbaren Kennwerte sind in DIN EN 10002-1 festgelegt. Eine Vergleichbarkeit von Versuchsergebnissen setzt vergleichbare Probenformen voraus. Probenformen sind deshalb ebenfalls z. B. in DIN EN 10002-1 genormt. Die dort aufgeführten Proben sind (kurze) Proportionalstäbe. Proben mit rundem Querschnitt haben das Verhältnis von Anfangsmesslänge L_0 zum Durchmesser d_0

$L_0/d_0 = 5$.

Für alle anderen Querschnitte gilt zwischen der Anfangsmesslänge L_0 und dem Anfangsquerschnitt S_0 die Beziehung

$L_0 = k \cdot \sqrt{S_0}$

gilt. Der Proportionalitätsfaktor ist mit $k = 5,65$ vorgegeben. In Sonderfällen kann der Proportionalitätsfaktor auch $k = 11,3$ sein (langer Proportionalstab).

Die Belastungsgeschwindigkeit darf bei einem Versuch bestimmte Grenzwerte nicht unter- oder überschreiten. Der Verlauf der Nennspannung σ über der Gesamtdehnung ε_t, wie er sich bei den meisten Metallen infolge einer Zugbeanspruchung bis zum Bruch einstellt, ist in Bild 3.9 wiedergegeben.

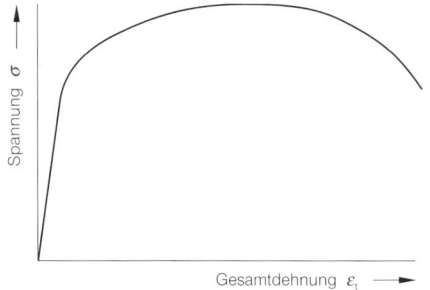

Bild 3.9
Spannung-Dehnung-Kurve

Beim Zugversuch werden Verformungskennwerte und Festigkeitskennwerte von Werkstoffen ermittelt. Verformungskennwerte bieten eine bessere Grundlage zum Beurteilen des Werkstoffverhaltens. Es sind dies vor allem die Bruchdehnung, die Dehnung bei Höchstkraft und die Brucheinschnürung.

Die **Bruchdehnung** A (Dehnung nach dem Bruch) ist die Differenz zwischen der Messlänge nach dem Bruch L_u und der Anfangsmesslänge L_0, bezogen auf letztere. Die Bruchdehnung wird in Prozent angegeben:

$A = \dfrac{L_u - L_0}{L_0} \cdot 100\,\%$.

Da der Wert der Bruchdehnung durch das Verhältnis von Messlänge zu Probenquerschnitt mitbestimmt wird, ist das Symbol durch entsprechende Indizes näher zu kennzeichnen, wenn der Proportionalitätsfaktor nicht $k = 5,65$ beträgt, z. B. $A_{11,3}$ oder $A_{60\,mm}$.

Die Bruchdehnungen technischer Metalle liegen zwischen Werten unter 1 %, z. B. Grauguss, und etwa 50 % bei weichem Kupfer. Im Allgemeinen weisen Gusswerkstoffe schlechtere Werte aus als Knetwerkstoffe und Legierungen geringere als reine Metalle.

Die Dehnung bei Höchstkraft ist die Vergrößerung der Anfangsmesslänge bei Höchstkraft, bezogen auf die Anfangsmesslänge L_0. Sie wird ebenfalls in Prozent angegeben. Man unterscheidet zwischen der gesamten Dehnung bei Höchstkraft A_{gt} und der nichtproportionalen Dehnung bei Höchstkraft A_g [1]. Die mit der Längenzunahme verbundene Verminderung des Querschnittes ist bei plastischer Verformung nicht nur auf die elastische Querkontraktion, sondern überwiegend darauf zurückzuführen, dass das Volumen annähernd konstant bleiben muss. Die weitere Längenänderung beschränkt sich nur auf einen Teil der Länge, wobei sich die Probe wegen der Querschnittsminderung einschnürt (Bild 3.10). In der Regel sinkt bei Einschnürung der Probe die übertragene Prüfkraft und damit die auf den Anfangsquerschnitt bezogene Nennspannung wieder ab (Bild 3.9). Ursache ist, dass der (kleinste) Querschnitt stärker abnimmt als die Formänderungsfestigkeit (wahre Spannung) zunimmt.

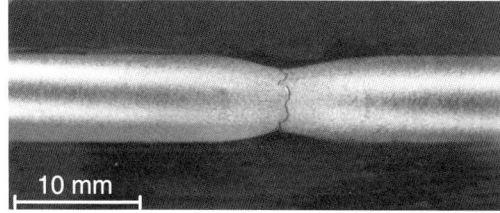

Bild 3.10
Eingeschnürte Zugprobe aus S275 JR (St 44-2)

[1] Der Index g kommt von dem bisher für die nichtproportionale Dehnung bei Höchstkraft benutzten Begriff »Gleichmaßdehnung«. Die Bezeichnung Gleichmaßdehnung drückt aus, dass sich die Probe bis zur Höchstkraft F_m weitgehend gleichmäßig über die ganze Länge dehnt.

Bei langen Proportionalstäben kann man sowohl die Bruchdehnung A als auch die Bruchdehnung $A_{11,3}$ bestimmen. Da die Messung der Bruchdehnung symmetrisch zur Einschnürung erfolgt und der eingeschnürte Bereich besonders stark gedehnt wird, ist die Bruchdehnung A immer größer als die Bruchdehnung $A_{11,3}$ desselben Stabes. Sind bei einer Probe beide Werte ermittelt worden, so lässt sich daraus auch die Gleichmaßdehnung A_g mit

$$A_g = 2 \cdot A_{11,3} - A$$

hinreichend genau bestimmen. Die Gleichmaßdehnung hat als Grenzwert einer gleichmäßigem Umformbarkeit entsprechende Bedeutung für die Fertigungstechnik.

Der dritte Verformungskennwert ist die **Brucheinschnürung** (Einschnürung nach dem Bruch) Z. Sie ist die Differenz zwischen dem Anfangsquerschnitt S_0 und dem kleinsten Probenquerschnitt nach dem Bruch S_u, bezogen auf den Anfangsquerschnitt und wird in Prozent angegeben:

$$Z = \frac{S_0 - S_u}{S_0} \cdot 100\,\%.$$

Übliche Werte technischer Metalle liegen zwischen $Z = 0\,\%$ und $Z = 80\,\%$ (Bild 3.11).

Brucheinschnürung und Dehnungswerte gehen nicht unmittelbar in Dimensionierungsberechnungen von Konstruktionen ein. Alle drei Größen ermöglichen aber die qualitative Beurteilung des Werkstoffverhaltens beim Eintritt eines Versagens. Dabei lässt insbesondere die Größe der Brucheinschnürung erkennen, ob ein Werkstoff zu sprödem Bruch neigt (Bild 3.11).

Bild 3.11
Brucheinschnürung
a) Elektrolyt-Cu, weichgeglüht, $Z = 80\,\%$
b) C60, gehärtet, $Z = 0\,\%$

Für die *Dimensionierung von Bauteilen* sind dagegen die *Festigkeitskennwerte* des Zugversuchs von besonderer Bedeutung, weil sich aus ihnen die Belastbarkeit der Konstruktion berechnen lässt. Es werden drei Kennwerte unterschieden: die Dehngrenze, die Streckgrenze und die Zugfestigkeit.

Dehngrenzen sind Spannungen bei einer bestimmten Dehnung. Man unterscheidet:
– Dehngrenzen bei vorgegebener nichtproportionaler Dehnung ε_p: R_p (Bild 3.12),
– Dehngrenzen bei vorgegebener Gesamtdehnung ε_t: R_t und
– Dehngrenzen bei vorgegebener bleibender Dehnung ε_r: R_r.

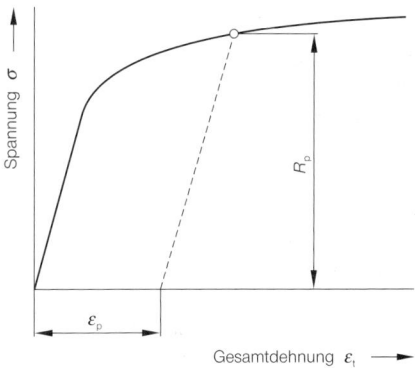

Bild 3.12
Definition von Dehngrenzen R_p

Der Wert der vorgegebenen Dehnung wird als Zahlenwert (in %) dem Index des Symbols für die Dehngrenze zugefügt. Üblich sind lediglich die *0,01 %-Dehngrenze* $R_{p0,01}$, die auch als **Technische Elastizitätsgrenze** bezeichnet wird, die *0,2 %-Dehngrenze* oder kurz **0,2-Grenze** $R_{p0,2}$ und in einigen Fällen, insbesondere bei höheren Temperaturen, die *1 %-Dehngrenze* R_{p1}. Eine Elastizitätsgrenze oder Proportionalitätsgrenze, bis zu der die Verformung gerade noch vollständig linear-elastisch ist, existiert als Werkstoffkennwert nicht, weil ihr Zahlenwert erheblich von der erreichbaren Messgenauigkeit abhängt.

Einige Werkstoffe, insbesondere weicher Stahl, haben nicht den in Bild 3.9 wiedergegebenen stetigen Verlauf der Spannung-Dehnung-Kurve, sondern weisen die in Bild 3.13 angedeuteten Unstetigkeiten auf. Dabei nimmt bei gleichbleibender oder abnehmender Prüfkraft die Verlängerung der Probe zu, der Werkstoff *fließt*.

Die Spannung, bei der die Kraft erstmalig konstant bleibt oder abfällt, wird als **Streckgrenze** R_{eH} bezeichnet. Tritt ein merklicher Spannungsabfall ein, so wird zwischen oberer R_{eH} und unterer Streckgrenze R_{eL} unterschieden. Die untere Streckgrenze R_{eL} ist dabei die kleinste Spannung im Fließbereich. Bei Werkstoffen, die eine Streckgrenze aufweisen, wird keine 0,2-Grenze ermittelt.

Die **Zugfestigkeit** R_m ist die Spannung, die sich aus der Höchstkraft F_m und dem Anfangsquerschnitt S_0 ergibt:

$$R_m = \frac{F_m}{S_0}.$$

Die Zugfestigkeit technischer Metalle beträgt zwischen 10 N/mm² bis 20 N/mm² für reines Blei und 2500 N/mm² bis 4500 N/mm² für martensitaushärtende Stähle. Die Festigkeiten der im Maschinenbau überwiegend zum Einsatz kommenden Vergütungsstähle liegen im Allgemeinen zwischen 400 N/mm² und 1200 N/mm².

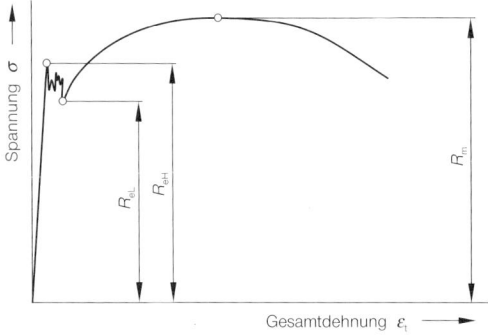

Bild 3.13
Spannung-Dehnung-Kurve eines Werkstoffes mit ausgeprägter Streckgrenze.

Neben den Verformungskennwerten ist auch das Verhältnis zwischen Streckgrenze oder 0,2-Grenze und Zugfestigkeit R_{eH}/R_m bzw. $R_{p0,2}/R_m$, ein Anhaltswert für die Verformbarkeit des Werkstoffs. Ein niedriges *Streckgrenzenverhältnis*, z. B. 2/3 bei weichem Stahl, lässt eine gute Verformbarkeit erwarten, während Verhältnisse nahe 1, wie z. B. bei gehärtetem Stahl, auf eine schlechtere Verformbarkeit hinweisen.

Von den im Zugversuch ermittelbaren Kennwerten findet man in Werkstoff-Datenblättern (z. B. den Werkstoff-Normen) in der Regel nur die Zugfestigkeit R_m, die 0,2-Grenze $R_{p0,2}$ bzw. die (obere) Streckgrenze R_{eH}, die Bruchdehnung A und die Brucheinschnürung Z. In Werkstoff-Normen für Vergütungsstähle findet man das Kurzzeichen R_e. Dieses nicht in DIN EN 10002-1 definierte Symbol ersetzt R_{eH} oder $R_{p0,2}$, weil bei Vergütungsstählen beides möglich ist.

3.1.4 Kennwerte des Druckversuchs

Die Definition der Verformungs- und Festigkeitskennwerte des Druckversuchs nach DIN 50106 entsprechen im Wesentlichen denen des Zugversuchs. Die Druckspannung σ_d ist als *Nennspannung* ebenfalls der Quotient aus der wirkenden Kraft F und dem Anfangsquerschnitt S_0:

$$\sigma_d = \frac{F}{S_0}.$$

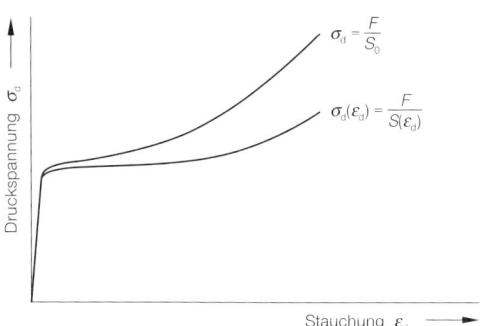

Bild 3.14
Druckspannung-Stauchung-Diagramm (schematisch)
σ_d = Nennspannung, $\sigma_d(\varepsilon_d)$ = wahre Spannung

Der Verlauf der Nennspannung über der Stauchung ε_d ist in Bild 3.14 wiedergegeben. Berücksichtigt man, dass der wahre Querschnitt S beim Druckversuch größer wird als der Anfangsquerschnitt S_0, so muss die *wahre Spannung*

$$\sigma_d(\varepsilon_d) = \frac{F}{S(\varepsilon_d)}$$

entsprechend der zweiten Kurve in Bild 3.14 verlaufen. Für einen homogenen Werkstoff muss der Verlauf der wahren Spannung in Abhängigkeit von der Verformung im Zug- oder Druckbereich annähernd gleich sein (Bild 3.5). Der Druckversuch

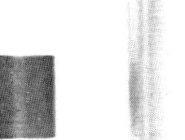

Bild 3.15
Druckproben aus Kupfer, Aluminium und Stahl

wird an kurzen zylindrischen Proben durchgeführt bis ein Bruch oder Anriss auftritt oder ein vereinbarter Grenzwert der Stauchung erreicht wird. Das Verhältnis h_0/d_0 der Proben liegt zwischen 1 und 2 (Bild 3.15), um ein Knicken zu vermeiden.

Da bei gut verformbaren Werkstoffen kein Bruch eintritt, wird der erste Anriss als Versagenskriterium angesetzt. Die bei Bruch oder Anriss vorhandene Nennspannung ist die **Druckfestigkeit**

$$\sigma_{dB} = \frac{F_B}{S_0},$$

die bleibende Stauchung die **Bruchstauchung**

$$\varepsilon_{dB} = \frac{\Delta L_{dB}}{L_0} \cdot 100\,\%$$

und das Verhältnis der bleibenden Querschnittsänderung zum Anfangsquerschnitt die **relative Bruchquerschnittsvergrößerung** oder *Bruchausbauchung*

$$\Psi_{dB} = \frac{\Delta S_{dB}}{S_0} \cdot 100\,\%.$$

Die letzte Größe kann aber nur bei einem Anriss und nicht bei Bruch bestimmt werden.

Tritt im Spannung-Verformung-Verlauf eine Unstetigkeit mit einem Fließbereich auf, so ist die der Streckgrenze des Zugversuchs entsprechende Spannung die *Druck-Fließgrenze* oder auch *(natürliche)* **Quetschgrenze** σ_{dF}. Bei einem stetigen Spannung-Verformung-Verlauf werden Nennspannungen, die bestimmte nichtproportionale oder bleibende Stauchungen hervorrufen, als *Stauchgrenzen* bezeichnet. Es sind dies insbesondere die *0,2 %-Stauchgrenze* $\sigma_{d0,2}$ und die *2 %-Stauchgrenze* σ_{d2}.

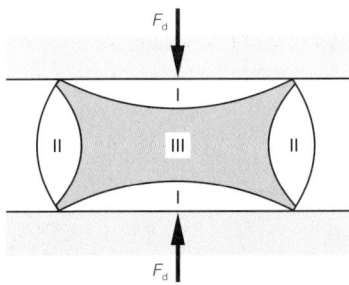

Bild 3.16
Verformungszonen einer gestauchten Probe
I: geringe Verformung (Reibungsbehinderung)
II: mäßige Zugverformung
III: hohe Schubverformung

Die plastische Verformung in einem gestauchten Zylinder ist gekennzeichnet durch die in Bild 3.16 dargestellten drei Bereiche. An den Stirnflächen ist die Verformung durch Reibung weitgehend behindert, im Bereich der Ausbauchungen liegen mäßig hohe Zugbeanspruchungen vor, während die restliche Zone, das Schmiedekreuz, unter hohen Schubbeanspruchungen steht. In spröden Werkstoffen, die keine Schubverformung ertragen können, tritt ohne nennenswerte Ausbauchung ein Bruch durch Abgleiten unter 45° oder durch Absprengen der zugbeanspruchten Zonen ein (Bild 3.17a, b). Gut verformbare Werkstoffe weisen dort im Allgemeinen nur senkrechte oder unter 45° verlaufende Anrisse auf (Bild 3.17c).

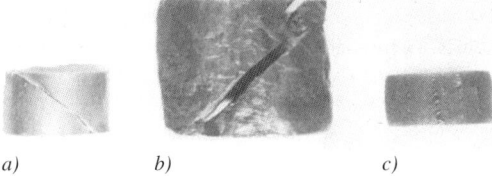

a) b) c)

Bild 3.17
Gebrochene Druckproben
a) Aluminiumlegierung, spröde gebrochen
b) Messing, spröde gebrochen
c) Stahl, angerissen

Druckversuche dienen insbesondere der Untersuchung des Verformungsverhaltens und der Aufstellung von Fließkurven (siehe Bild 1.55b) verformungsfähiger Metalle. Für die Untersuchung des Bruchverhaltens spröder Werkstoffe sind Druckversuche außerdem vor allem für nichtmetallische Stoffe von Bedeutung.

3.1.5 Biegeversuch und Verdrehversuch

Biegeversuche zur Ermittlung von Werkstoffkennwerten haben nur in wenigen Fällen Bedeutung, z. B. für spröde Werkstoffe wie Hartmetalle und Grauguss. Ermittelt wird im Allgemeinen nur die Biegefestigkeit und die Durchbiegung bei Bruch.

Das Biegeverhalten homogener, zäher Werkstoffe lässt sich bis zum Erreichen der Streckgrenze oder der 0,2-Grenze hinreichend genau aus den Kennwerten des Zugversuchs abschätzen. Bei darüber hinausgehenden Biegebeanspruchungen wird nach DIN EN ISO 7438 ein vorgegebener Biegewinkel oder der Winkel bis zum ersten Anriss bestimmt. Gut verformungsfähige Werkstoffe werden dann zusammengefaltet. Der Biegeversuch entspricht also einem technologischen Faltversuch.

Bei Verdrehversuchen gibt es nur den technologischen Verwindeversuch an Drähten.

3.1.6 Zeitstandversuch

Während bei Zug-, Druck-, Biege- oder Verdrehversuchen die Beanspruchung stetig gesteigert wird, dienen Standversuche der Ermittlung des Werkstoffverhaltens bei ruhender Beanspruchung. Neben der Beanspruchungshöhe sind Temperatur und Beanspruchungszeit wesentliche Einflussgrößen. Die *Warmfestigkeit* metallischer Werkstoffe wird vorwiegend durch das Zeitstandverhalten gekennzeichnet.

Gemäß Bild 3.6a und b gibt es für Standversuche zwei Möglichkeiten. Im *Zeitstandversuch* wird bei konstant gehaltener Prüfkraft die Zunahme der Verformung gemessen: der Werkstoff kriecht. Im *Entspannungsversuch* (Relaxationsversuch) wird die Abnahme der Kraft bei konstanter Verformung ermittelt. Kriechen und Relaxation sind thermisch aktivierte Vorgänge (siehe S. 26), deshalb erfordern Kennwerte von Standversuchen immer die Angabe der Temperatur. Für die Durchführung von Relaxationsversuchen an Metallen gilt DIN EN 10319.

Bei metallischen Werkstoffen wird überwiegend der Zeitstandversuch mit Zugbeanspruchung durchgeführt, andere Beanspruchungen, wie Druck, Biegung etc. sind deshalb entsprechend zu kennzeichnen.

Die wichtigsten Werkstoffkennwerte des Zeitstandversuches sind nach DIN EN 10291 die **Zeitbruchdehnung** A_u und die **Zeitbrucheinschnürung** Z_u. Ihre Definitionen entsprechen denen des Zugversuchs. Auch die in Bild 3.18 definierten Dehnungswerte können als Werkstoffkennwerte genutzt werden, wenn sie durch die Angabe der Spannung (in N/mm²), der Zeit (in Stunden) und der Temperatur (in °C) ergänzt werden. Spannung und Zeit ergänzen den Index, die Temperatur wird Exponent.

Beispiel:
Eine plastische Dehnung $A_{p25/1000}^{350} = 0{,}1\%$ wird bei 350 °C in 1000 Stunden durch eine Spannung von 25 N/mm² erzeugt.

Bei den Bruchwerten A_u und Z_u entfällt die Zeitangabe. Gemäß Beiblatt 1 zur DIN EN 10291 kann für die Dehnungswerte statt A auch das Symbol ε genutzt werden, ausgenommen ist die Zeitbruchdehnung A_u.

Festigkeitskennwerte für das Zeitstandverhalten sind in DIN EN 10291 selbst nicht mehr definiert, sondern ebenfalls nur in dem Beiblatt. Die Definition der **Zeitdehngrenzen** und der **Zeitstandfestigkeit** entsprechen weitestgehend denen des Zugversuchs. Zur Kennzeichnung der Versuchsbedingungen werden im Index die Zeit (in Stunden) und die Temperatur (in °C) ergänzt.

Beispiel:
Eine *Zeitdehngrenze* $R_{p0,2/1000/350}$ wäre eine Spannung, die bei 350 °C in 1000 h eine plastische Verformung von 0,2% hervorruft; die *Zeitstandfestigkeit* $R_{u/10000/550}$ ist die Spannung, die bei 550 °C in 10000 h zum Bruch führt.

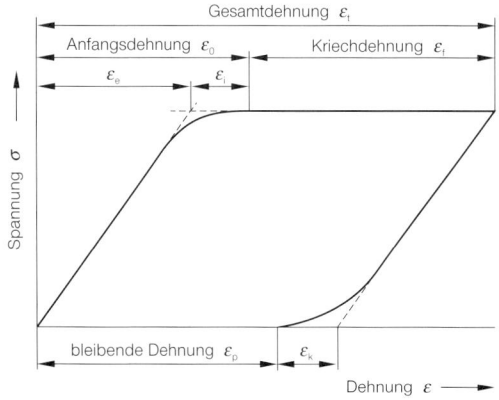

Bild 3.18
Dehnungsdefinitionen bei Zeitstandbeanspruchung
elastische Dehnung A_e, ε_e
plastische Anfangsdehnung A_i, ε_i
plastische Dehnung $A_p = A_i + A_f$, $\varepsilon_p = \varepsilon_i + \varepsilon_f$
anelastische Dehnung (nichtproportionale Rückdehnung) A_k, ε_k

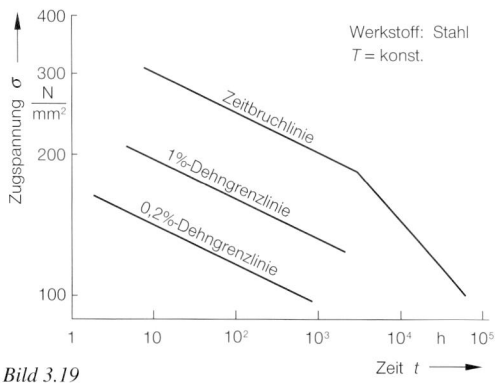

Bild 3.19
Zeitstand-Schaubild

Mit allen Zeitstandkennwerten wird die **Warmfestigkeit** von Metallen gekennzeichnet. Die Zeitdehngrenzen werden üblicherweise für plastische Dehnungen von 0,2 % und 1 % angegeben, die Zeiten der Kennwerte betragen bis zu 100 000 h. Die Ergebnisse von Zeitstandversuchen werden im Zeitstand-Schaubild (Bild 3.19) dargestellt, indem die Zeitdehngrenzen und die Zeitstandfestigkeiten über der Zeit aufgetragen werden. Die durch Verbindung der eingetragenen Versuchsergebnisse entstehenden Dehngrenzlinien bzw. die Zeitbruchlinie haben bei doppeltlogarithmischer Darstellung im untersuchten Bereich allgemein einen annähernd linearen Verlauf. Eine Verlängerung (Extrapolation) dieser Geraden zu größeren Zeiten hin ist nicht ohne Risiko durchführbar, wie sich aus Langzeitversuchen mit Versuchszeiten bis zu $2 \cdot 10^5$ Stunden (25 Jahre) ergeben hat.

3.1.7 Einflussfaktoren

Die charakteristischen Beeinflussungen der Werkstoffkennwerte statischer Versuche durch Abweichungen von den im genormten Versuch festgelegten Bedingungen werden im Wesentlichen am Beispiel des Zugversuchs dargelegt. Die Tendenz des Einflusses gilt im Allgemeinen genauso für andere Beanspruchungsarten, so dass damit auch eine qualitative Voraussage für das Verhalten des Werkstoffes bei entsprechender Belastung in Konstruktionen möglich ist.

3.1.7.1 Versuchsbedingte Einflüsse

Durch die Begrenzung der *Beanspruchungsgeschwindigkeit* beim normgerechten statischen Versuch wird gleichzeitig eine Mindestversuchsdauer festgelegt. Wird diese Mindestzeit wesentlich überschritten, so nähern sich die Versuchsbedingungen im Grenzfall denen von Zeitstandversuchen. Das Werkstoffverhalten bei Langzeitbeanspruchung ist folglich gekennzeichnet durch einen zunehmenden Anteil von Kriechverformungen, und zwar um so deutlicher, je höher die Anfangsbeanspruchung oder je höher die Temperatur ist.

Wird dagegen die Versuchszeit vermindert, d. h. die Beanspruchungsgeschwindigkeit erhöht, so wird diese die kennzeichnende Einflussgröße. Dabei ist zu unterscheiden zwischen erhöhter *Belastungsgeschwindigkeit* oder erhöhter *Verformungsgeschwindigkeit*. Diese Unterschiede sind u. U. schon durch das Arbeitsprinzip der Prüfmaschine gegeben. Bei plastischer Verformung des Werkstoffes, wie sie durch den flacheren Verlauf der Spannung-Dehnung-Kurve wiedergegeben wird, bewirkt nämlich eine konstante Belastungsgeschwindigkeit eine ständige Zunahme der Verformungsgeschwindigkeit, während eine konstante Verformungsgeschwindigkeit zu einer Abnahme der Belastungsgeschwindigkeit führt. Dadurch können sich Unterschiede in den ermittelten Kennwerten ergeben.

Eine Steigerung der Beanspruchungsgeschwindigkeit verursacht in jedem Fall eine *Erhöhung der 0,2-Grenze bzw. der Streckgrenze*. Die Ursache für diesen Anstieg ist die Tatsache, dass sowohl plastische Verformung als auch insbesondere Fließvorgänge eine gewisse Zeit für Aktivierung und Ablauf erfordern. Bei schneller Änderung der Beanspruchung liegen dadurch schon höhere Kräfte vor, bevor diese Vorgänge richtig einsetzen. Nicht so eindeutig ist der Einfluss höherer Beanspruchungsgeschwindigkeiten auf die *Zugfestigkeit*. Diese kann:

– erhöht werden, z. B. bei Zinklegierungen,
– unbeeinflusst bleiben, z. B. bei kohlenstoffarmem Eisen,
– verringert werden, z. B. bei legierten Stählen.

Erhöhte *Prüftemperaturen* führen zunächst zu einer Verringerung des Elastizitätsmoduls. Dadurch wird die Anfangsneigung des Spannung-Dehnung-Diagramms flacher. Weiterhin nehmen die Festigkeitskennwerte ab, während die Verformbarkeit im Allgemeinen zunimmt. Bild 3.20 zeigt schematisch die Veränderung der Kennwerte für einen weichen Baustahl (C ≤ 0,2 %) in Abhängigkeit von der Temperatur. Die ausgeprägte Streckgrenze fällt bis 300 °C auf ca. 1/3 ihres Wertes bei Raumtemperatur und tritt bei höheren Temperaturen nicht mehr auf. Demgegenüber bleibt die Zugfestigkeit zwischen Raumtemperatur und 300 °C annähernd konstant, um dann

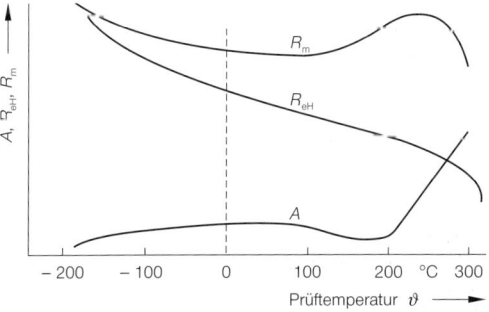

Bild 3.20
Temperatur-Abhängigkeit der Festigkeits- und Verformungskennwerte von geglühtem Baustahl (schematisch)

stark abzufallen. Oberhalb 300 °C werden im Allgemeinen Zeitstandversuche durchgeführt.

Der Einfluss einer vorherigen *Zug-Kaltverformung* ist Bild 3.21 zu entnehmen. Bei Beanspruchung des Werkstoffes bis zu einem Punkt 1 dicht unterhalb der Zugfestigkeit R_m ist die elastische Rückfederung bei Entlastung meist parallel zur HOOKEschen Geraden (Punkt 2). Eine erneute Belastung führt zu einer σ-ε-Kurve, die in die ursprüngliche Kurve einmündet, wenn der Anfangsquerschnitt S_0 zugrunde gelegt wird. Wird dem Punkt 2 dabei der Dehnungswert $\varepsilon = 0$ zugeordnet, so ergibt sich z. B. eine höhere 0,2-Grenze (Verfestigung, siehe S. 16) und eine geringere Bruchdehnung. Die Zugfestigkeit des Werkstoffes wird dagegen nicht verändert, was nach den Kenntnissen aus der Metallkunde auch nicht zu erwarten war.

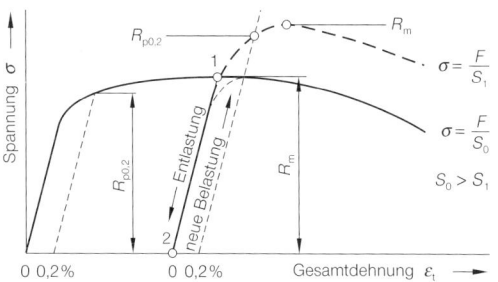

Bild 3.21
Kaltverfestigung (Erläuterung im Text)

Die wesentlich höheren 0,2-Grenzen und Zugfestigkeiten bei kaltgezogenem Draht oder kaltgewalztem Blech beruhen darauf, dass die gleichen Kräfte auf den im Punkt 1 (bzw. 2) vorliegenden kleineren Querschnitt S_1 bezogen werden, wodurch sich höhere Festigkeitswerte ergeben.

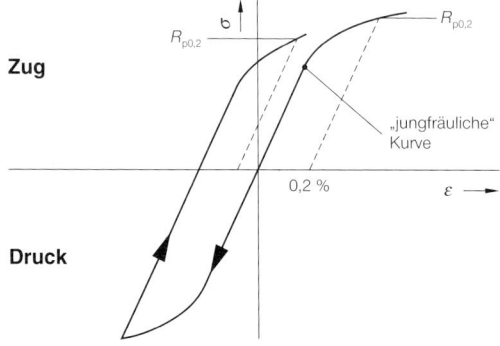

Bild 3.22
BAUSCHINGER-*Effekt*

Eine vorhergehende *Druckverformung* führt dagegen bei anschließender Zugbeanspruchung zu einem früheren Beginn der plastischen Verformungen (Bild 3.22). Diese als BAUSCHINGER-Effekt bekannte Erscheinung hat ihre Ursache in Eigenspannungen, die aufgrund ungleichmäßiger Verteilung der Verformungen nach Entlastung in dem Werkstoff zurückbleiben. Die Eigenspannungen bewirken bei Umkehr der Belastungsrichtung eine frühere Aktivierung von Versetzungsbewegungen.

3.1.7.2 Werkstoffbedingte Einflüsse

Die Vergleichbarkeit von Festigkeits- und Verformungskennwerten setzt die Prüfung genormter Proben voraus. Werden die dadurch gegebenen Abmessungen nicht eingehalten, so können sich Abweichungen ergeben. Insbesondere bei *kurzen Proben*, bei denen die Querschnittsabmessungen in die Größenordnung der Probenlänge kommt, geht von den Probenköpfen eine Behinderung der Querkontraktion aus. Die Folge ist ein mehrachsiger Spannungszustand, der zu verringerten Verformungskennwerten und häufig zu überhöhten Festigkeitskennwerten führt.

Der Einfluss der *Korngröße* auf die Festigkeits- und Verformungseigenschaften, der in den Grundlagen

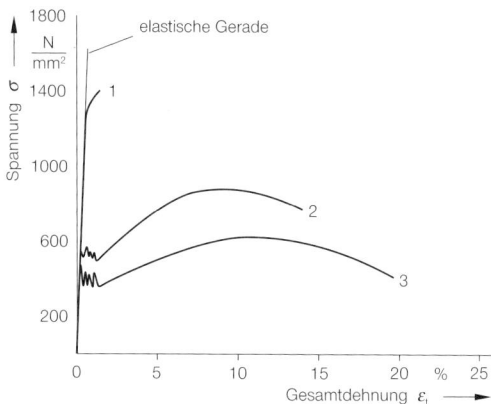

Nr.	Zustand	$R_{p0,2}$, R_{eH}	R_m	A	Z
		N/mm²	N/mm²	%	%
1	Gehärtet	≈ 1200	≈ 1400	≤ 2	≈ 0
2	vergütet	≥ 490	700...850	≥ 14	≥ 35
3	normalgeglüht	≥ 340	≥ 620	≥ 14	≈ 60

Bild 3.23
σ-ε-*Kurven des Vergütungsstahles C45 bei verschiedenen Behandlungszuständen*

(siehe S. 18) erläutert ist, äußert sich insbesondere in den unterschiedlichen Verformungskennwerten, die vergleichbare Guss- und Knetlegierungen aufweisen.

Durch Behandlungsprozesse lassen sich die Eigenschaften vieler Werkstoffe, meist Legierungen, in großem Maße verändern. Als Beispiel zeigt Bild 3.23 den Einfluss von *Wärmebehandlungen* auf die σ-ε-Kurven eines unlegierten Kohlenstoffstahles. Ähnliche Veränderungen ergeben sich auch z. B. bei ausgehärteten oder weichgeglühten Legierungen von NE-Metallen. Grundsätzlich kann man davon ausgehen, dass bei gleichem Werkstoff oder gleichartiger Werkstoffgruppe die Bruchdehnung um so geringer ist, je höher die Zugfestigkeit ist.

3.1.7.3 Vergleich verschiedener Werkstoffe
In Bild 3.24 sind die Spannung-Dehnung-Kurven *verschiedener* metallischer *Werkstoffe* gegenübergestellt. Höhere Festigkeitswerte als die im Bild dargestellten findet man außer bei bestimmten Stählen (Bild 3.84 und 4.87) nur bei Titanlegierungen und einigen Nickel- und Kupferlegierungen. Da diese Legierungen im Vergleich zu den Stählen teuer sind, wird ihre Anwendung immer auf die Sonderbereiche beschränkt bleiben, in denen ihre sonstigen Eigenschaften (z. B. Leitfähigkeit, Korrosionsbeständigkeit) erforderlich sind.

Die Mehrzahl der *metallischen Bauwerkstoffe* liegt mit ihren Festigkeitswerten niedriger als die *üblichen Baustähle*. Auch die Verformungswerte von Knetlegierungen sind im Allgemeinen nicht höher als die von geglühtem Stahl, Ausnahmen finden sich bei den Kupferlegierungen. Nichteisenmetalle werden im Gegensatz zu Eisen in der Technik auch als reine Metalle eingesetzt. Hier wird oft die hohe Verformbarkeit ausgenutzt. Deutlich ist demgegenüber die stark eingeschränkte Verformungsfähigkeit von Gusslegierungen, wie die beiden Beispiele in Bild 3.24 zeigen.

3.1.7.4 Besonderheiten einzelner Werkstoffgruppen
Die bei weichem Stahl auftretende *ausgeprägte Streckgrenze* stellt eine Besonderheit im Werkstoffverhalten dar, die sonst nur bei wenigen Kupfer- und Aluminiumlegierungen und bei Whiskern beobachtet werden kann. Ursache ist eine Wechselwirkung zwischen der anliegenden Spannung, der Anzahl der gelösten Zwischengitter-Fremdatome, sowie der Anzahl und Geschwindigkeit der Versetzungen. Die Streckgrenze tritt immer auf, wenn die Zahl der gleitfähigen Versetzungen im unverformten Metall relativ gering ist, was z. B. bei Eisen der Fall ist und besonders bei Whiskern zu einem stark ausgeprägten Spannungsabfall führt (Bild 3.25).

Um einen günstigeren Energiezustand anzunehmen, diffundieren in Eisen und Stahl interstitielle Atome zu den Versetzungen. Die dadurch gebildeten Ansammlungen von Atomen,

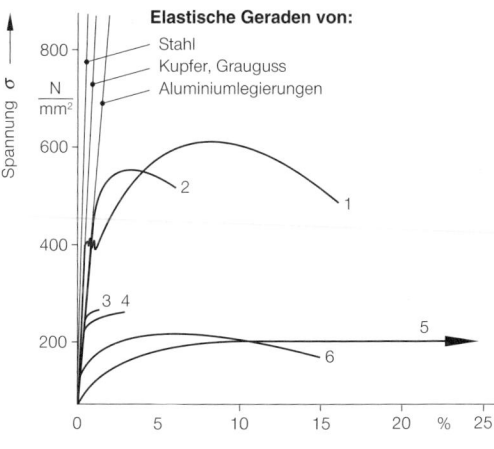

Nr.	Werkstoff	Zustand	$R_{p0,2}$ (R_{eff})	R_m	A
			N/mm²	N/mm²	%
1	C45	geglüht	> 340	> 620	> 14
2	EN AW-AlZn5,5MgCu	ausgehärtet	460	530	6
3	EN-GJL-250	Guss	–	≈ 250	< 0,5
4	EN AC-AlSi12(a)D	Guss	120...180	200...280	1...3
5	Kupfer	weichgeglüht	80	200	> 50
6	EN AW-AlMgSiMnT4	kalt ausgehärtet	100...220	200...260	12...20

Bild 3.24
σ-ε-Kurven verschiedener metallischer Werkstoffe

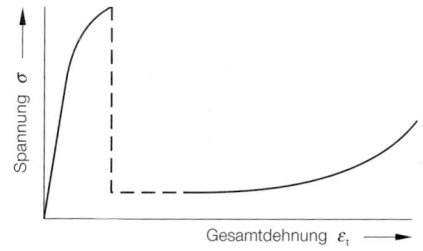

Bild 3.25
Spannung-Dehnung-Kurve eines Whiskers (schematisch)

die COTTRELL-Wolken, blockieren die Versetzungen. Zu deren Losreißen sind höhere Spannungen erforderlich, als für die weitere Bewegung.

In *Whiskern* sind zunächst nur sehr wenige Versetzungen vorhanden. Bei Erreichen der Streckgrenze werden viele neue Versetzungen erzeugt. Die weitere plastische Verformung erfolgt deshalb bei sehr viel geringeren Spannungen.

Die Spannungsabhängigkeit des Elastizitätsmoduls von Grauguss führt bei Zugbeanspruchung zu einer Spannung-Dehnung-Kurve, die von Anfang an gekrümmt ist und keine elastische Gerade aufweist (siehe Bild 4.117). Da die Druckfestigkeit dieses Werkstoffes wesentlich höher ist als die Zugfestigkeit, ist auch bei Zugrundelegung der wahren Spannung der Verlauf der σ-ε-Kurve bei Druckbeanspruchung grundsätzlich anders.

3.2 Festigkeits- und Verformungskennwerte bei schwingender Beanspruchung

Schwingende Beanspruchungen sind zeitlich veränderliche Beanspruchungen, die sich mehr oder minder regelmäßig wiederholen. Da neben der absoluten Beanspruchungshöhe der zeitliche Ablauf stark variieren kann, ist das Gebiet der Schwingfestigkeit wesentlich komplexer und unübersichtlicher als das der statischen Festigkeit. Bei der in diesem Buch notwendigen Beschränkung auf grundlegende Definitionen und Zusammenhänge darf nicht übersehen werden, dass gerade für den Maschinenbau die Schwingfestigkeit der Werkstoffe und Konstruktionen meist wichtiger ist als die statische Festigkeit, denn die meisten Bauteile sind schwingend beansprucht.

3.2.1 Definitionen

Die im Folgenden gegebenen Definitionen orientieren sich im Wesentlichen an der gültigen Norm DIN 50100, die jedoch den heutigen Erkenntnissen der Schwingfestigkeit nicht immer gerecht wird.

3.2.1.1 Kennzeichnung schwingender Beanspruchung

Der zeitliche Verlauf schwingender Beanspruchung wird gemäß Bild 3.26 gekennzeichnet durch einen Mittelwert σ_m oder ε_m und den **Schwingungsausschlag (Amplitude)** σ_a bzw. ε_a. Der Höchstwert der Spannung wird als **Oberspannung** σ_o, der kleinste Wert als **Unterspannung** σ_u bezeichnet. Die Differenz zwischen dem Größt- und Kleinstwert ist die *Schwingbreite*. Eine volle Schwingung mit der Periodendauer T ist ein *Schwingspiel*, deren Anzahl die **Schwingspielzahl** N. Die *Schwingungsfrequenz* f ist der Reziprokwert der Periodendauer:

$$f = \frac{1}{T}.$$

Der Quotient aus Unterspannung und Oberspannung heißt **Spannungsverhältnis** R:

$$R = \frac{\sigma_u}{\sigma_o}.$$

Es gilt:

$$-1 \leq R \leq +1.$$

Ist $R < 0$, so liegt eine Wechselbeanspruchung vor, d. h. die Beanspruchung wechselt das Vorzeichen (die Richtung). Bei $R = -1$ ist der Mittelwert gleich Null und man hat eine »reine« **Wechselbeanspruchung** (Bild 3.27a). Schwellende Beanspruchungen ohne Richtungswechsel haben Spannungsverhältnisse $R \geq 0$. Grenzwerte sind die von Null ($\sigma_u = 0$) auf einen Höchstwert anschwellende »reine« **Schwellbeanspruchung** mit $R = 0$ und die statische Beanspruchung mit $R = +1$. Beanspruchungen mit negativem Mittelwert, für die nach DIN 50100 eine veränderte Definition von Unter- und Oberspannung einsetzt (Bild 3.27b), haben praktisch keine Bedeutung.

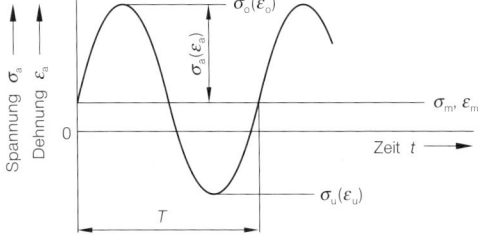

Bild 3.26
Größen zum Kennzeichnen schwingender Beanspruchung

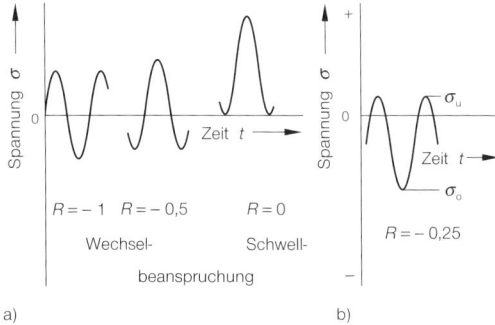

Bild 3.27
a) *Wechselbeanspruchung und Schwellbeanspruchung*
b) *Wechselbeanspruchung bei Druckmittelspannung ($\sigma_m < 0$)*

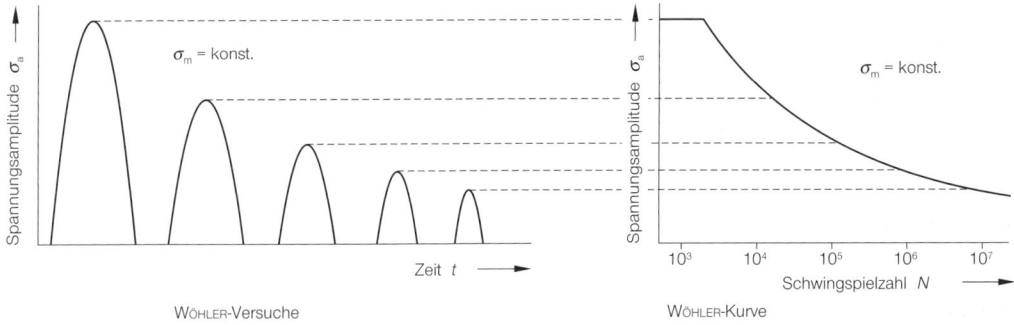

Bild 3.28
Ermittlung der WÖHLER-Kurve (schematisch)

3.2.1.2 Einstufige Beanspruchung

Eine Beanspruchung wird als einstufig bezeichnet, wenn ihr Mittelwert z. B. σ_m und ihre Amplitude (σ_a) bis zum Ende eines Versuches konstant bleiben. Werden verschiedene Proben mit der gleichen Mittelspannung σ_m, aber verschiedenen Spannungsamplituden σ_a jeweils bis zum Bruch geprüft und ihre Lebensdauer durch Zählen der **Bruchschwingspielzahlen** N_B ermittelt, so ergibt die Auftragung der Spannungsamplituden über der ermittelten Lebensdauer die **WÖHLER-Kurve** (Bild 3.28).

Bei kleineren Amplituden kann die Lebensdauer so groß werden, dass der Versuch bei einer bestimmten **Grenzschwingspielzahl** N_G beendet werden muss, bevor ein Bruch eintritt. Nicht gebrochene Proben heißen *Durchläufer*. Die für die Begrenzung der Versuchsdauer erforderliche Festlegung der Grenzschwingspielzahl N_G ist zum Teil werkstoffabhängig. Bei weichem Stahl z. B geht die WÖHLER-Kurve zwischen 10^6 und 10^7 Schwingspielen in einen waagerechten Verlauf über, so dass die Grenzschwingspielzahl für diesen Werkstoff mit $2 \cdot 10^6$ bis 10^7 gewählt wird. Die meisten anderen Metalle weisen stetig abfallende WÖHLER-Kurven auf, bei diesen werden höhere Grenzschwingspielzahlen, z. B. 10^8 für Aluminiumlegierungen festgelegt (Bild 3.29). Die Spannungsamplitude, die bis zur Grenzschwingspielzahl ertragen wird, bildet zusammen mit der Mittelspannung σ_m die **Dauerfestigkeit (Dauerschwingfestigkeit)** σ_D [1]:

$$\sigma_D = \sigma_m \pm \sigma_A.$$

[1] Nach DIN 50100 kennzeichnen:
– kleine Indizes die vorgegebenen Versuchsbedingungen,
– große Indizes die ermittelten Festigkeitswerte.

[2] Zeitfestigkeit darf nicht mit Zeit*stand*festigkeit (siehe S. 102) verwechselt werden!

Spannungsamplituden, die zu einer kürzeren Lebensdauer führen, werden als **Zeitfestigkeit** [2] **(Zeitschwingfestigkeit)** unter Angabe der Lebensdauer bezeichnet, z. B. $\sigma_{B(10^4)}$.

Die Abgrenzung von Zeit- und Dauerfestigkeitsgebiet ist nicht eindeutig festgelegt. Lebensdauerwerte über 10^6 Schwingspielen werden allgemein der Dauerfestigkeit zugerechnet. Im Bereich unter 10^4 ertragenen Schwingspielen liegt das Gebiet der *Kurzzeitfestigkeit*, in dem Versuche vorwiegend mit konstanten Verformungsamplituden durchgeführt werden.

Einstufenversuche (WÖHLER-Versuche) werden meist mit der Mittelspannung $\sigma_m = 0$ zum Ermitteln der **Wechselfestigkeit** σ_W oder mit dem Spannungsverhältnis $R = 0$ zum Ermitteln der Schwellfestigkeit σ_{Sch} vorgenommen. Bei der Benutzung von Versuchsergebnissen für die Schwellfestigkeit ist genau darauf zu achten, ob die Spannungsamplitude oder die Oberspannung angegeben ist. Während nach DIN 50100 die Schwellfestigkeit σ_{Sch} gleich der

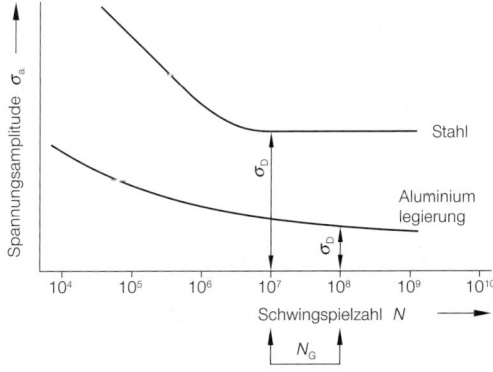

Bild 3.29
WÖHLER-Kurve für Stahl und eine Aluminiumlegierung (schematisch) N_G = Grenzschwingspielzahl

Oberspannung σ_o bei $\sigma_u = 0$ ist, hat sich in der Praxis auch hier überwiegend die Angabe der Spannungsamplitude durchgesetzt.

Die Versuchspraxis ergibt gerade bei Schwingversuchen starke Streuungen der Ergebnisse. Die Ermittlung einer zuverlässigen WÖHLER-Kurve erfordert hohen Aufwand. Es entsteht ein *Streuband von Versuchswerten* (Bild 3.30), in das man nur bei genügend großen Probenzahlen WÖHLER-Kurven einzeichnen kann, denen aufgrund statistischer Berechnungen bestimmte Überlebens- oder Bruchwahrscheinlichkeiten $P_\text{Ü}$ bzw. P_B zugeordnet werden. Da die Streuungen in der Nähe der Dauerfestigkeit besonders stark sind und die Versuche dort am längsten dauern, hat man spezielle Versuchsverfahren entwickelt, um bei verringerter Probenzahl die Aussagegenauigkeit zu erhöhen.

3.2.1.3 Mehrstufige Beanspruchung
Mehrstufig sind Beanspruchungen, wenn sie an derselben Probe mit verschiedenen Amplituden und gegebenenfalls mit verschiedenen Mittelwerten auftreten. Mehrstufige Beanspruchungen entsprechen den betrieblichen Belastungen von Bauteilen und haben deshalb bei Bauteilprüfungen mehr Bedeutung als bei der reinen Werkstoffprüfung.

Durch Versuche mit mehrstufiger Beanspruchung wird festgestellt, ob eine Vorbeanspruchung mit anderen Belastungen zu einer Verringerung oder Erhöhung der Lebensdauer führt. Eine Verringerung bedeutet eine *Schädigung des Werkstoffes*. Sie kann z. B. durch die *lineare Schadensakkumulations-Hypothese* (PALMGREN-MINER-Regel) erfasst werden. Sind N_1, N_2, N_3, ... die mittleren Lebensdauern auf den Beanspruchungsniveaus σ_{a1}, σ_{a2}, σ_{a3}, ... und n_1, n_2, n_3, ... die auf diesen Niveaus aufgebrachten Schwingspielzahlen, so gilt:

$$\sum \frac{n_i}{N_i} = 1.$$

Unter Berücksichtigung der bereits beim einfachen WÖHLER-Versuch auftretenden Streuungen, denen sich noch die Streuungen der Schädigung überlagern, kann diese Hypothese als genau genug angenommen werden.

Vorbeanspruchungen mit Amplituden unterhalb der Dauerfestigkeit können bei einigen Werkstoffen, z. B. weichem Stahl, zu einer Erhöhung der Dauerfestigkeit oder der Lebensdauer führen. Dieser *Trainiereffekt* lässt sich allerdings mit noch geringerer Sicherheit voraussagen als eine Schädigung.

Da die Auswirkung von mehrstufigen Beanspruchungen entscheidend von der Reaktion der Konstruktion auf die Beanspruchungsfolge abhängt, hat sich hieraus das Spezialgebiet der *Betriebsfestigkeitsuntersuchungen* entwickelt.

3.2.2 Prüfverfahren
Die Prüfverfahren können nach zwei Gesichtspunkten eingeteilt werden:
– Art der auf die Probe aufgebrachten Beanspruchungen,
– maschinentechnisches Prinzip der Prüfmaschinen.

Hier wird lediglich die Einteilung nach der Beanspruchungsart beschrieben.

Entsprechend den statischen Werkstoffprüfungen lässt sich auch die Schwingprüfung gliedern in die Beanspruchungsgruppen:
– Zug-Druck,
– Biegen, mit den Untergruppen: Umlaufbiegung und Flachbiegung,
– Verdrehung.

Kennwerte der Zug-Druck-Beanspruchung sind die *Zug-Druck-Wechselfestigkeit* σ_W und die *Zugschwellfestigkeit* σ_Sch. Druckschwellfestigkeitswerte sind nur von wenigen spröden Werkstoffen bekannt, weil bei verformungsfähigen Metallen keine Brüche durch schwellende Druckbelastung erzeugt werden können.

Umlaufbiegeprüfungen (eine rotierende Probe wird mit einem konstanten Biegemoment belastet) lassen sich nur mit der Mittelspannung $\sigma_\text{m} = 0$ durchführen,

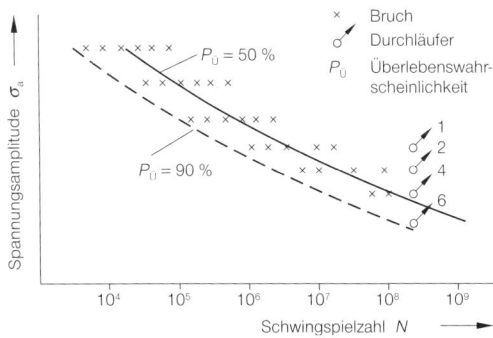

Bild 3.30
Übliche Streuungen der Ergebnisse von Schwingversuchen

Tab. 3.1: Verhältnis von Biegewechselfestigkeit zu Zugfestigkeit

Werkstoff	$\dfrac{\sigma_{bW}}{R_m}$
Stähle bis $R_m \approx 1000$ N/mm²	0,46
Kupfer- und Nickellegierungen	0,34
Aluminium- und Aluminiumlegierungen	0,37
Titanlegierungen	0,57

so dass nur die *Biegewechselfestigkeit* σ_{bW} ermittelt werden kann. Flachbiegung (Hin- und Herbiegung) ermöglicht auch schwellende Beanspruchungen und damit die Ermittlung der *Biegeschwellfestigkeit* σ_{bSch}. Die entsprechenden Kennwerte von Verdrehversuchen sind die *Torsionswechselfestigkeit* τ_{tW} und die *Torsionsschwellfestigkeit* τ_{tSch}.

Diese mit $R = \square 1$ oder $R = 0$ ermittelten Kennwerte sind im Allgemeinen die einzigen, die als Werkstoffkennwerte vorliegen. Untersuchungen mit anderen Spannungsverhältnissen sind die Ausnahme. Einen ersten Anhaltspunkt für die Größe der Dauerfestigkeit bietet die Zugfestigkeit. Tabelle 3.1 gibt die Verhältnisse wieder, wie sie im Mittel bei technischen Legierungen vorliegen.

Die Zug-Druck-Wechselfestigkeit beträgt etwa 70 % bis 80 %, die Torsionswechselfestigkeit etwa 60 % der Biegewechselfestigkeit. Die Oberspannung bei der Schwellfestigkeit ($R = 0$) kann näherungsweise mit 1,6 bis 1,8 mal Wechselfestigkeit angesetzt werden.

Die Definition von Verformungskennwerten, z. B. $\varepsilon_{A(10^3)}$ ist nicht üblich, obwohl gerade Kurzzeitversuche mit vorgegebenen Verformungskennwerten durchgeführt werden.
Genormte Prüfungen sind:
– DIN 50113: Umlaufbiegeversuch,
– DIN 50142: Flachbiegeschwingversuch.

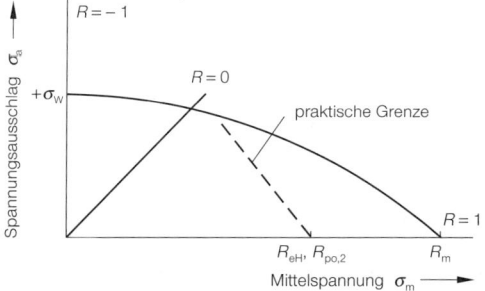

Bild 3.31
Dauerfestigkeitsschaubild nach HAIGH

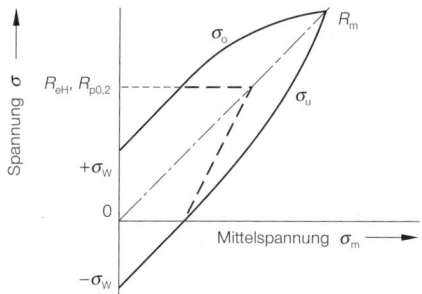

Bild 3.32
Dauerfestigkeitsschaubild nach SMITH

3.2.3 Einflüsse auf die Schwingfestigkeit

3.2.3.1 Spannungsverhältnis, Dauerfestigkeitsschaubild

Mit zunehmendem Spannungsverhältnis R, d. h. mit zunehmender Mittelspannung σ_m wird die vom Werkstoff ertragbare Spannungsamplitude σ_A kleiner. Die Abhängigkeit der ertragbaren Spannung von der Mittelspannung wird durch das *Dauerfestigkeitsschaubild* dargestellt, das jeweils für eine konstante Lebensdauer N gilt. Bild 3.31 zeigt das Dauerfestigkeitsschaubild nach HAIGH, in dem die Spannungsamplitude über der Mittelspannung aufgetragen ist. Diese Darstellungsform wird zunehmend angewendet, weil sie die unmittelbare Ablesung der Spannungsamplitude gestattet. Weit verbreitet ist auch das in Bild 3.32 dargestellte Dauerfestigkeitsschaubild nach SMITH. In diesem Schaubild sind der Verlauf von Oberspannung σ_o und Unterspannung σ_u über der Mittelspannung σ_m aufgetragen.

Beide Darstellungen enthalten neben einer die vollständige Ausnutzung der Werkstoffeigenschaften wiedergebenden Grenzlinie eine zweite, den praktischen Gegebenheiten angepasste Grenze. Diese ist dadurch gekennzeichnet, dass in Konstruktionsteilen die Oberspannung höchstens gleich der Streckgrenze bzw. der 0,2-Grenze sein kann, weil sonst unzulässige Verformungen entstehen.

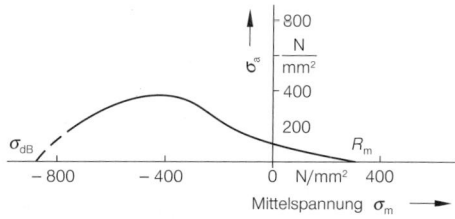

Bild 3.33
Dauerfestigkeitsschaubild nach HAIGH für Grauguss GJL-300

Häufig findet man schematische Dauerfestigkeitsschaubilder, die im Zug- und im Druckbereich symmetrisch sind. Eine solche Darstellung ist allenfalls zulässig, wenn die Streckgrenze bzw. Quetschgrenze als Begrenzung dienen. Die Einbeziehung plastischer Verformungen ergibt größere ertragbare Spannungsamplituden im Druckbereich, wie Bild 3.33 für Grauguss zeigt. Bei diesem Werkstoff sind die Unterschiede allerdings besonders stark ausgeprägt.

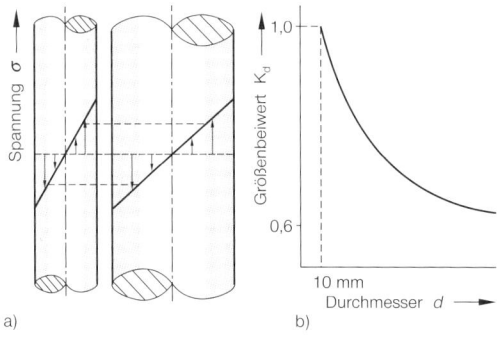

Bild 3.34
a) Vergleich der durch hohe Beanspruchung erfassten Werkstoffbereiche
b) Größeneinfluss (schematisch)

3.2.3.2 Spannungsgradient

Ein Spannungsgradient ist die örtliche Änderung der Spannung über dem Querschnitt. Ein konstanter Spannungsgradient mit linearem Spannungsverlauf liegt z. B. bei Biege- oder Verdrehbeanspruchungen im Bereich elastischer Verformungen vor. Bei diesen Beanspruchungen nimmt die Spannung von der Oberfläche geradlinig bis zum Wert Null in der neutralen Faser ab (siehe Bild 2.36).

Haben zwei Teile mit verschiedenen Durchmessern die gleiche Randspannung, so ist gemäß Bild 3.34a bei dem größeren Durchmesser ein wesentlich größeres Werkstoffvolumen hoch beansprucht. Da mit zunehmendem Werkstoffvolumen die Gefahr von Werkstofffehlern wächst, haben Teile mit größerem Durchmesser niedrigere Biegewechselfestigkeiten. Der sich daraus ergebende **Größeneinfluss** ist in Bild 3.34b dargestellt. Bei Zug-Druck-Beanspruchung ist der Größeneinfluss kaum ausgeprägt.

Bei Querschnittsveränderungen treten infolge *Kerbwirkung* Spannungsüberhöhungen auf (Bild 3.35). Der Grad der Kerbwirkung wird durch das Verhältnis von maximaler Spannung zur Nennspannung, die *Formzahl* α_K, gekennzeichnet:

$$\alpha_K = \frac{\sigma_{max}}{\sigma_0}.$$

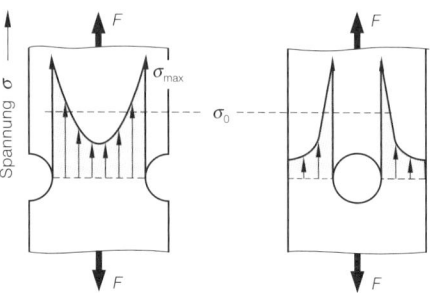

Bild 3.35
Spannungserhöhung durch Kerbwirkung

Bei Dauerschwingbeanspruchung wirken sich die Formzahlen um so geringer aus, je weicher der Werkstoff ist. Die Abminderung der Dauerfestigkeit durch Kerben wird deshalb durch das Verhältnis der Dauerfestigkeit einer glatten Probe zu der einer gekerbten Probe gekennzeichnet. Dieses Verhältnis ist die **Kerbwirkungszahl** β_K:

$$\beta_K = \frac{\sigma_{D\ glatt}}{\sigma_{D\ gekerbt}}.$$

Sie ist abhängig von der Formzahl α_K und vom Werkstoff. Es gilt in der Regel:

$$1 \quad \leq \quad \beta_K \quad \leq \quad \alpha_K$$

weiche Werkstoffe   harte und spröde Werkstoffe

β_K-Werte für verschiedene Anwendungsfälle und Festigkeiten findet man z. B. in DIN 743. In Ausnahmefällen, wenn der Werkstoff sehr weich ist und sich durch die Beanspruchung im Kerbgrund stark verfestigt, kann $\beta_K < 1$ werden.

3.2.3.3 Oberfläche

Der Einfluss der *Oberflächengüte*, d. h. der Rauheit, entspricht dem Einfluss der Kerbwirkung. Je rauher die Oberfläche, desto geringer ist die Dauerfestig-

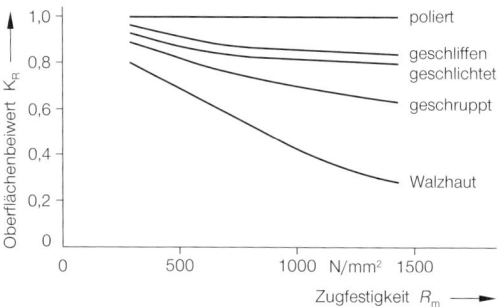

Bild 3.36
Oberflächeneinfluss

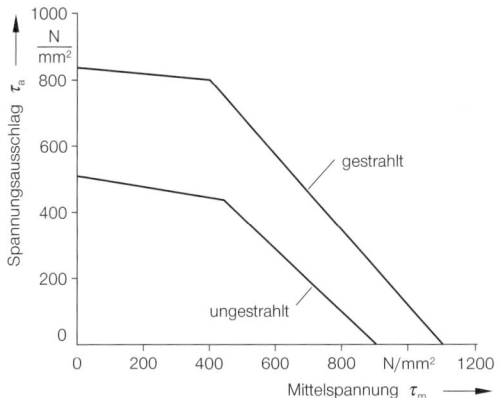

Bild 3.37
Einfluss des Kugelstrahlens auf die Dauerfestigkeit von Federn aus X12CrNi17-7 (nach KAYSER)

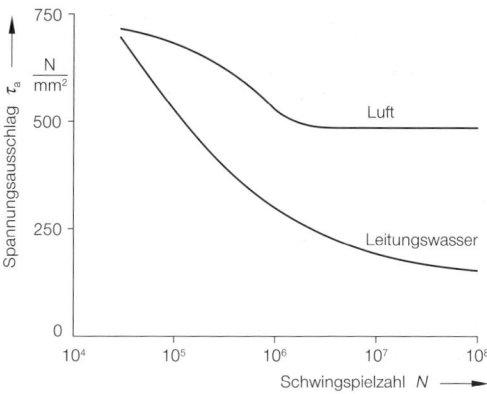

Bild 3.39
Korrosionseinwirkung auf die Biegefestigkeit eines CrV-Stahles, $R_m = 1050\ N/mm^2$ (nach MCADAM)

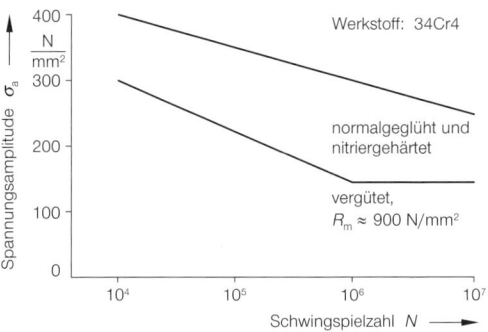

Bild 3.38
Einfluss von Wärmebehandlungen auf die WÖHLER-Kurve (nach FINNERN)

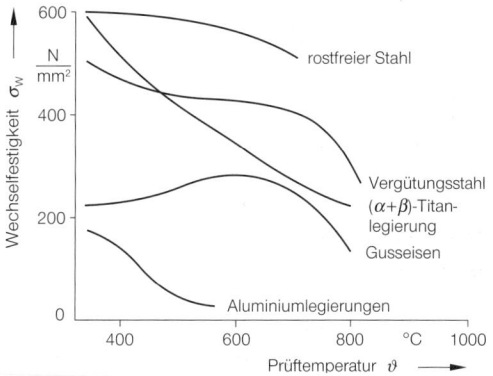

Bild 3.40
Einfluss der Prüftemperatur auf die Wechselfestigkeit σ_W verschiedener Werkstoffe (nach MANN)

keit. Aus diesem Grunde werden Dauerversuche zur Ermittlung des Werkstoffverhaltens (nicht des Bauteilverhaltens) fast ausschließlich an polierten Proben vorgenommen. Bild 3.36 zeigt die Abminderung in Abhängigkeit von Oberflächengüte und Zugfestigkeit.

Veränderungen der Oberfläche durch mechanische, chemische oder thermische Vorgänge wirken sich *positiv* aus, wenn in der Oberfläche Druckeigenspannungen entstehen (siehe S. 93) oder die Oberfläche geglättet wird. Solche Vorgänge sind z. B. Rollen, Kugelstrahlen, Nitrieren, Härten, Aufbringen von organischen oder galvanischen Überzügen. Den Einfluss des Kugelstrahlens auf die Dauerfestigkeit von Federstäben zeigt Bild 3.37, in Bild 3.38 sind die Einwirkungen von Wärmebehandlungen wiedergegeben.

Aufrauung der Oberfläche durch Verschleiß oder Korrosionsnarben oder Auflockerung des Gefüges oder z. B. Grobkornbildung durch thermische Überbeanspruchung wirken sich *negativ* aus.

3.2.3.4 Prüfbedingungen

Der Einfluss des umgebenden Mediums, in dem die Dauerschwingversuche durchgeführt werden, ist im Allgemeinen korrosiver Natur. Dabei kann der Angriff normaler Luft schon ausreichen. Bei Aluminiumlegierungen bewirkt z. B. die übliche Luftfeuchtigkeit eine deutliche Verringerung der Lebensdauer. Da Korrosionsschäden mit der Zeit zunehmen, gibt es unter Korrosion keine Dauerfestigkeit, sondern die WÖHLER-Kurven fallen stetig ab. Bild 3.39 zeigt dies an WÖHLER-Kurven von Stahl, der an Luft und in Leitungswasser geprüft wurde.

Mit steigender *Prüftemperatur* fällt die Dauerfestigkeit im Allgemeinen ab, wie es auch bei den statischen Festigkeitswerten der Fall ist (Bild 3.40).

Die *Prüffrequenz* hat im normalen Frequenzbereich von 1 Hz bis 250 Hz keinen nennenswerten Einfluss auf die Dauerfestigkeit, sofern sich nicht bei niedrigen Frequenzen Korrosionseinwirkungen bemerkbar machen oder bei hohen Frequenzen die Erwärmung der Proben infolge ihrer Dämpfung zu stark ist. Bei Frequenzen unter 1 Hz sind Kriech- und Relaxationsvorgänge möglich, die durch die schwingende Beanspruchung sogar angeregt werden können. Frequenzen über 250 Hz führen meist zu einer Erhöhung der Dauerfestigkeit. Für die Zeitfestigkeit lässt sich keine Tendenz der Frequenzabhängigkeit feststellen.

3.2.3.5 Statische Festigkeit

Die Dauerfestigkeit glatter, ungekerbter Proben nimmt mit zunehmender statischer Festigkeit zunächst zu. Das Verhältnis von Dauerfestigkeit zu Zugfestigkeit wird aber geringer, wodurch ab $R_m \approx$ 1500 N/mm² die Dauerfestigkeit nicht mehr ansteigt (Bild 3.41), sondern wieder abfällt.

Da gleichzeitig die Kerbempfindlichkeit der Werkstoffe steigt, ist bei gekerbten Proben oft überhaupt keine Zunahme der Dauerfestigkeit mit der statischen Festigkeit feststellbar.

3.2.4 Werkstoffverhalten bei schwingender Beanspruchung

Die Vorgänge in metallischen Werkstoffen bei schwingender Beanspruchung sind ein wichtiges Gebiet der Werkstoffforschung. Zum Beschreiben dieser Vorgänge werden die Begriffe der Schwingprüfung benötigt.

3.2.4.1 Verfestigung, Entfestigung

Die Spannung-Dehnung-Kurve für ein vollständiges Schwingspiel vom ersten Maximum an ergibt die **mechanische Hystereseschleife.** Sie ist um so aus-

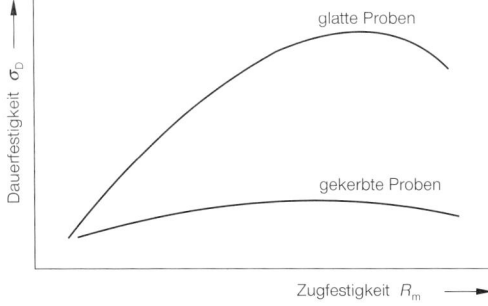

Bild 3.41
Einfluss der Zugfestigkeit auf die Dauerfestigkeit (schematisch)

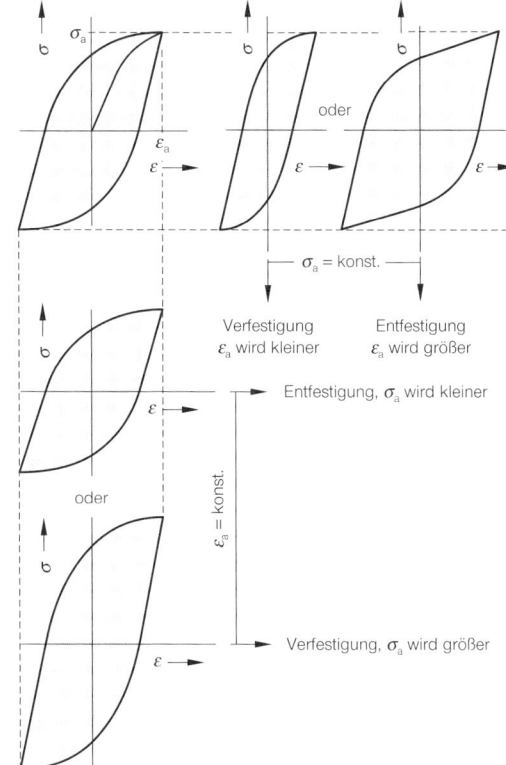

Bild 3.42
Änderung der mechanischen Hystereseschleife bei Wechselverfestigung und Wechselentfestigung (schematisch)

geprägter, je größer der Anteil der plastischen Verformungen ist. Ihre Fläche entspricht der spezifischen Umformarbeit während eines Schwingspieles.

Bei weiteren Schwingspielen verändert sich die Form der Hysterese (Bild 3.42). Wird bei konstanter Spannungsamplitude σ_a die Dehnungsamplitude ε_a und damit die Fläche der Hystereseschleife kleiner, so liegt eine *Wechselverfestigung* vor. Eine *Wechselentfestigung* führt entsprechend zu einer Vergrößerung der Verformungsamplituden und damit der Umformarbeit. Versuche mit konstanten Verformungsamplituden führen bei Verfestigung zu einer Zunahme und bei Entfestigung zu einer Abnahme der Spannungsamplituden.

Verfestigung und Entfestigung erfolgen insbesondere zu Beginn der Schwingbeanspruchungen und sowohl Spannungs- als auch Dehnungsamplituden streben einem Sättigungswert zu (Bild 3.43). Die Verfestigung ist der Normalfall und tritt insbesondere bei reinen Metallen auf, während die Entfestigung

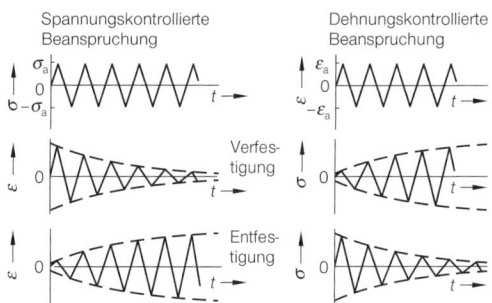

Bild 3.43
Zeitlicher Verlauf von Wechselverfestigung und Wechselentfestigung (schematisch)

nur bei Legierungen beobachtet wird. Es gibt jedoch auch Werkstoffe, z. B. Stähle, bei denen eine Entfestigung einer Verfestigung folgt oder auch umgekehrt.

Die Effekte von Verfestigung und Entfestigung sind um so ausgeprägter, je höher die Beanspruchung im Zeitfestigkeitsgebiet liegt. Die übliche Versuchstechnik im Gebiet der *Kurzzeitfestigkeit* erfolgt mit konstanten Dehnungsamplituden ε_a oder insbesondere mit plastischen Dehnungsschwingbreiten $\Delta\varepsilon_p$ = konst. Relativ eindeutige Zusammenhänge zwischen der aufgebrachten Verformung und der Le-

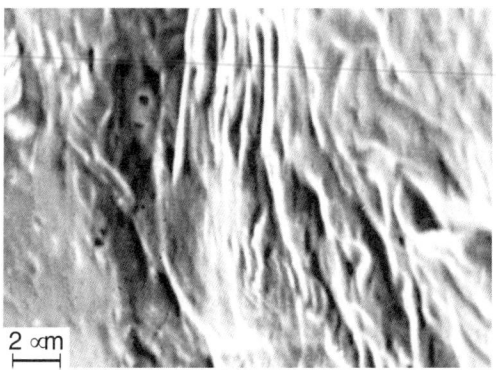

Bild 3.44
Gleitbänder auf der Oberfläche einer Schwingprobe (REM-Aufnahme)

bensdauer gestatten deren Abschätzung für hochbeanspruchte Konstruktionen, wie z. B. Druckbehälter. Eine solche Regel ist die MANSON-COFFIN-Regel:

$$\Delta\varepsilon_p = c \cdot \Delta N^{-0,6}.$$

Der Faktor c enthält als einzige unbekannte Größe die im Zugversuch zu ermittelnde Brucheinschnürung.

3.2.4.2 Gefügeänderungen
Auch bei relativ niedrigen Spannungsamplituden treten in Mikrobereichen plastische Verformungen durch Versetzungsbewegung auf. Da diese Versetzungsbewegungen mit einer Energiezufuhr verbunden sind, können dadurch Gefügeänderungen aktiviert werden, insbesondere die Auflösung oder Bildung von Ausscheidungen.

Die an der Oberfläche auftretenden Versetzungen führen durch die damit verbundene Stufenbildung zu den für Dauerschwingbeanspruchung charakteristischen **Gleitbändern** (Bild 3.44). Da bei Richtungswechsel der Beanspruchung Versetzungsbewegungen auf anderen Gleitebenen aktiviert werden, bestehen die Gleitbänder aus *Extrusionen* und *Intrusionen*, deren Entstehungsmechanismus durch Bild 3.45 erläutert wird. Die Intrusionen sind *Risskeime*, weshalb Daueranrisse fast ausschließlich von der Oberfläche ausgehen. Seltener bilden sich Risskeime auch an Korngrenzen oder an nichtmetallischen Einschlüsse (siehe S. 422).

3.2.4.3 Rissbildung, Rissfortschritt
Bei einer Werkstoffschädigung durch Schwingbeanspruchung unterscheidet man die Phasen:
– *Rissbildung* und
– *Rissfortschritt*.

Schwierigkeiten bei der Abgrenzung dieser beiden Phasen bildet allerdings die Frage, was bereits als Riss definiert werden kann und was noch nicht.

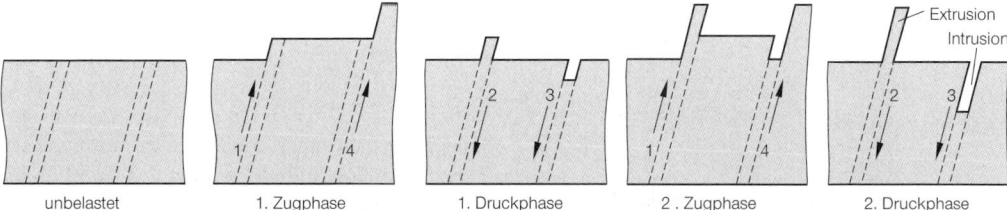

Bild 3.45
Entstehung von Extrusionen und Intrusionen (1 ... 4: aktive Gleitebenen)

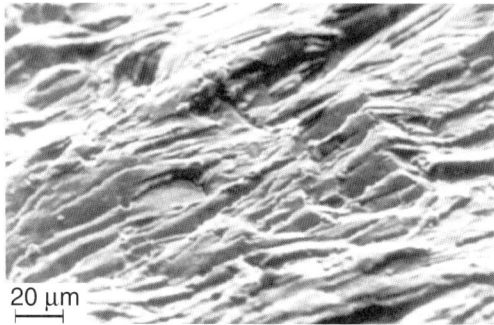

Bild 3.46
Schwingungsstreifen (REM-Aufnahme)

Der Anteil von Rissbildung und Rissfortschritt an der Lebensdauer ist sehr unterschiedlich. Bei zähen Werkstoffen wird für die Rissbildung etwa 10 % und für die Ausbreitung des Risses etwa 90 % der Lebensdauer benötigt, während bei spröden Werkstoffen die Verhältnisse umgekehrt sein können.

Intrusionen und ein anschließender Rissfortschritt erfolgen zunächst auf den Gleitebenen mit den größten Schubspannungen, also bei Zugbeanspruchung unter 45° (siehe Bild 1.40). Dieses *Stadium I des Rissfortschritts* erstreckt sich in der Regel nur auf die ersten ein bis zwei Körner.

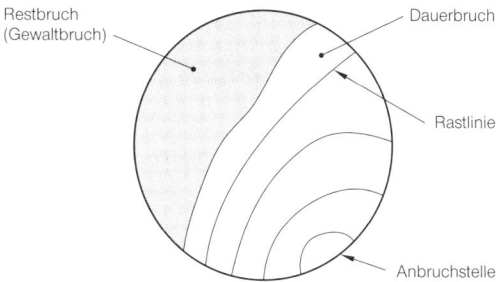

Bild 3.47
Dauerbruch (schematisch)

Bild 3.48
Betriebsdauerbruch einer PKW-Achse

Das anschließende *Stadium II des Rissfortschritts* erfolgt annähernd rechtwinklig zur größten Normalspannung. Bei einem zähen Werkstoff entstehen charakteristische, mikroskopisch feine **Schwingungsstreifen** (Bild 3.46). Für die Entstehung dieser Schwingungsstreifen gibt es verschiedene Modellvorstellungen auf der Basis von plastischen Verformungen durch Versetzungsbewegung.

3.2.4.4 Schwingungsbruch (Dauerbruch)

Bild 3.47 gibt schematisch die charakteristischen Merkmale eines Dauerbruches wieder. Die Bruchfläche besteht aus der relativ glatten eigentlichen *Schwingbruchfläche* und der rauen, zerklüfteten *Restbruchfläche*. Auf der Schwingbruchfläche entstehen bei einem Betriebsbruch (Bild 3.48) Zonen und Linien unterschiedlicher Farbtönung, die **Rastlinien**. Sie sind die Folge von unterschiedlich starker Oxidation im Bereich der Rissspitze, wenn der Anriss infolge Veränderung der Betriebsbelastung oder Stillstand der Maschine langsamer bzw. gar nicht fortschreitet. Die Rastlinien sind nicht zu verwechseln mit den in Bild 3.46 dargestellten Schwingungsstreifen.

Aus den Größenverhältnissen und der Anordnung der Dauerbruchfläche zur Restbruchfläche lassen sich folgende Anhaltspunkte zur Beurteilung der Bruchursachen ableiten:
– Art der Beanspruchung,
– ungefähre Höhe der Beanspruchung,
– Kerbempfindlichkeit des Werkstoffes.

Bild 3.49 gibt hierzu ein Beispiel (siehe auch S. 418).

3.3 Härtekennwerte

3.3.1 Begriffe

Der üblichen Definition nach ist **Härte** der Widerstand eines Stoffes gegen das Eindringen eines anderen Körpers. Da das Eindringvermögen von der Gestalt und Eigenhärte des anderen Körpers sowie von der Art und Größe der Belastung abhängig ist, *muss* bei der zahlenmäßigen Angabe von Härtewerten *immer das Härteprüfverfahren genannt* werden.

Die Härte kann nach folgenden grundsätzlichen Möglichkeiten ermittelt werden:
– Ritzen der Oberfläche,
– Eindringen eines Prüfkörpers unter statischer Belastung,

- Eindringen eines Prüfkörpers unter dynamischer Belastung,
- Rückprall infolge des elastischen Verhaltens des Prüfstückes.

Technische Bedeutung im Maschinenbau haben vor allem die Verfahren mit statischer Belastung. Die Härteprüfung liefert in erster Linie schnell und praktisch zerstörungsfrei Anhaltswerte für die statische Festigkeit und für das Verschleißverhalten der Werkstoffe. Wegen der nur geringfügigen Beschädigung der Oberfläche von Werkstücken durch den Härteeindruck, wird die Härteprüfung z. B. zur Qualitätssicherung von Wärmebehandlungen in der industriellen Fertigung eingesetzt.

3.3.2 Statische Härteprüfverfahren

Bei der statischen Härteprüfung wird die Prüfkraft stoßfrei aufgebracht und wirkt bei den meisten Verfahren auf die Probe eine vorbestimmte Zeit ruhend ein. Bei diesen Verfahren wird nach dem Entlasten der bleibende Eindruck ausgemessen.

Die Ermittlung der Härtewerte beruht dann auf zwei Messprinzipien:
- entweder wird die Fläche des Härteeindruckes gemessen und der Quotient aus Prüfkraft und Eindruckfläche errechnet oder
- es wird bei vorgegebenen Prüfkräften die Eindringtiefe gemessen und unmittelbar in entsprechende Härtewerte umgewandelt.

Die Härtewerte werden bei *diesen* Verfahren als reine Zahlenwerte ohne Einheiten angegeben; anstelle der Einheit kommt hinter die Zahl das Kurzzeichen des Prüfverfahrens.

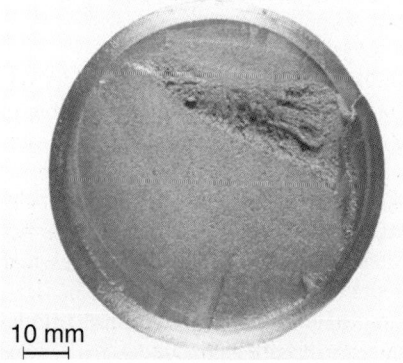

Bild 3.49
Dauerbruch einer (falsch) auf Wechselbiegung beanspruchten Schraube: geringe Nennspannung, hohe Kerbwirkung

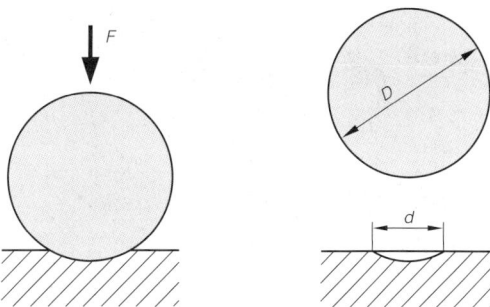

Bild 3.50
Prinzip der Härteprüfung nach BRINELL F = Prüfkraft, D = Kugeldurchmesser, d = Eindruckdurchmesser

Abweichend von diesem, allgemein üblichen Vorgehen wird bei einem weiteren genormten Verfahren die Eindringtiefe während des Aufbringens der Kraft kontinuierlich gemessen (siehe Abschnitt 3.3.2.2). Die Härte wird dann (nur dann!) in N/mm² angegeben.

3.3.2.1 Messung der Eindruckfläche

Auf dem Prinzip der Messung der Eindruckfläche beruhen die Härteprüfverfahren nach BRINELL und nach VICKERS.

Beim **BRINELLverfahren** nach DIN EN ISO 6506 wird eine Hartmetall-Kugel bestimmten Durchmessers D mit der gewählten Prüfkraft F in die Probe eingedrückt. Der Durchmesser d des Eindruckes wird gemessen (Bild 3.50) und der Härtewert berechnet mit:

$$\text{HB} = \frac{0{,}102 \cdot F}{A} = \frac{0{,}102 \cdot 2F}{\pi \cdot D(D - \sqrt{D^2 - d^2})}$$

(F in N; D, d in mm).[1]

Die Größe der Prüfkraft ist abhängig vom gewählten Kugeldurchmesser D, von dem zu prüfenden Werkstoff sowie von dessen Härte. Für die verschiedenen Werkstoffgruppen werden bestimmte *Beanspruchungsgrade*

$$\frac{0{,}102 \cdot F}{D^2}$$

angegeben, damit die Eindrücke ähnlich werden. Die Härte ist weitgehend unabhängig von der Prüf-

---

[1] Der Faktor 0,102 wurde eingeführt, um nach Übernahme der gesetzlichen Krafteinheit N in die Härteprüfung die gleichen Härte-Zahlenwerte zu behalten.

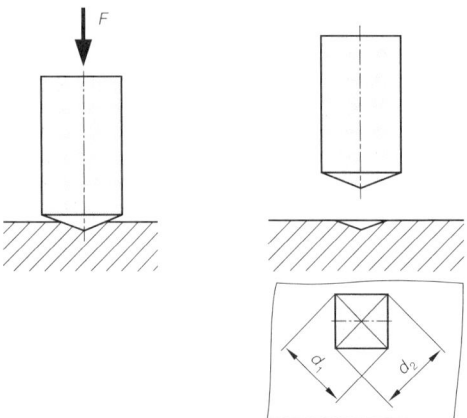

Bild 3.51
Prinzip der Härteprüfung nach VICKERS
F = Prüfkraft, d_1, d_2 = Eindruckdiagonalen

kraft und dem Kugeldurchmesser, wenn der Eindruckdurchmesser d zwischen $0{,}24 \cdot D$ und $0{,}6 \cdot D$ liegt. Größere und kleinere Eindrücke oder andere Beanspruchungsgrade führen zu nicht mehr direkt vergleichbaren Härtewerten.

Der errechneten Härte wird neben dem Kurzzeichen HBW der Durchmesser der Kugel und die mit 0,102 multiplizierte Prüfkraft hinzugefügt, z. B. 315 HBW2,5/187,5 bedeutet Kugel mit D = 2,5 mm, F = (187,5:0,102) N = 1840 N. Dahinter steht ggf. noch die Einwirkdauer der Prüfkraft. Die Verwendung einer gehärteten Stahlkugel als Eindringkörper (früheres Kurzzeichen: HBS) sieht die Norm nicht mehr vor.

Die BRINELLhärteprüfung kann nur für weichere Werkstoffe mit höchstens 650 HBW angewendet werden.

Das VICKERSverfahren nach DIN EN ISO 6507 verwendet als Eindringkörper eine Diamantpyramide mit quadratischem Grundriss. Die Eindruckfläche wird aus dem Mittelwert der gemessenen Diagonalen d_1 und d_2 (Bild 3.51) ermittelt und der Härtewert berechnet gemäß:

$$HV = 0{,}102 \cdot \frac{F}{A} = 0{,}189 \cdot \frac{F}{d^2}$$

(F in N; d in mm).

Die *Prüfkraft F* kann zwischen 1,96 N und 980 N gewählt werden. Man unterscheidet den normalen Bereich (49 N bis 980 N) und den Kleinlastbereich (1,96 N bis 49 N). Da die Eindrücke immer geometrisch ähnlich bleiben, sind die ermittelten Härtewerte im Normalfall unabhängig von der Größe der Prüfkraft. Im Kleinlastbereich ist eine Zunahme der Härtewerte festzustellen, weil der relative Anteil elastischer Verformungen größer wird.

Neben dem Kurzzeichen HV wird dem Härtewert der mit 0,102 multiplizierte Zahlenwert der Prüfkraft und ggf. die Belastungszeit hinzugefügt, z. B. 600 HV 50 oder 600 HV 50/30.

Die VICKERS-Härteprüfung ist fast universell anwendbar und eignet sich für sehr weiche und sehr harte Werkstoffe ebenso wie für dünne Teile und Schichten. Die Härtewerte betragen zwischen ca. 3 HV (z. B. Blei) und 1500 HV (Hartmetall).

Der Flächenwinkel der Pyramide ist mit 136° so gewählt, dass die Härtewerte der VICKERSprüfung und die der BRINELLprüfung vergleichbar sind. Für VICKERS-Härtewerte mit F = 49 N und BRINELLhärtewerten mit dem Beanspruchungsgrad 30 gilt für unlegierte und niedriglegierte Stähle nach DIN EN ISO 18265 bis zu der Härte 650 HV:

HB = 0,95 · HV.

Der wesentliche Vorteil des VICKERSverfahrens liegt darin, dass sich auch bei kleinen Eindrücken die Diagonalen des Quadrats genau ausmessen lassen. Dadurch ist eine exakte Härteermittlung bei nur geringer Oberflächenbeschädigung möglich. Bei der BRINELLprüfung ist die gleiche Genauigkeit erreichbar, allerdings sind die Oberflächenschäden größer.

Nachteilig ist dem gegenüber, dass bei beiden Verfahren die optische Vermessung der Eindrücke einen hohen Zeitaufwand und eine metallisch blanke und möglichst glatte Oberfläche erfordert.

3.3.2.2 Messung der Eindringtiefe

Die Messung der Eindringtiefe erfolgt bei den Verfahren nach Rockwell und bei der so genannten Unversalhärteprüfung.

Bei der **Härteprüfung nach ROCKWELL** (DIN EN ISO 6508) gibt es insgesamt 15 Prüfverfahren, die alle auf demselben Prinzip beruhen.

Eine Prüfvorkraft F_0, die den Zweck hat, einen Kontakt zwischen Prüfstück und Eindringkörper herzustellen und Spiel in der Messeinrichtung auszuschalten, erzeugt eine Eindringtiefe t_0, der eine Bezugsebene für die Härteskala zugeordnet ist (Bild 3.52). Durch eine Prüfkraft F_1, die mindestens viermal so groß ist wie F_0, wird eine bleibende Eindringtiefe t_b erzeugt. Das Prüfgerät, das die Eindringtiefe misst, erlaubt ein unmittelbares Ablesen der Härtewerte, wobei eine größere Eindringtiefe t_b eine geringere Härte bedeutet.

Die einzelnen ROCKWELLverfahren unterscheiden sich im Eindringkörper (Stahlkugel mit $D = 1{,}5875$ mm = 1/16 inch oder Diamantkegel (Kegelwinkel 120°, abgerundete Spitze)), in der Größe von Prüfvorkraft und Prüfkraft, im Härtewert der Bezugsebenen und in der Eindringtiefe, die einer Härteeinheit entspricht.

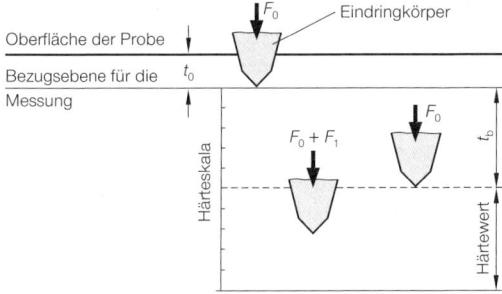

Bild 3.52
Prinzip der Härteprüfung nach ROCKWELL
F = Prüfvorkraft, F_1 = Prüfkraft, t_b = bleibende Eindringtiefe

Die beiden wichtigsten sind das ROCKWELL-B-Verfahren HRB und das ROCKWELL-C-Verfahren HRC. Bei beiden Verfahren beträgt die Prüfvorkraft $F_0 = 98$ N und die Eindringtiefe je Härteeinheit 0,002 mm = 2 ∝m. Das ROCKWELL-B-Verfahren hat als Eindringkörper die Stahlkugel und den Bezugshärtewert 130. Die Prüfkraft beträgt $F_1 = 883$ N. Das Verfahren wird eingesetzt für Werkstoffe mittlerer Härte, z. B. Stähle mit niedrigem Kohlenstoffgehalt oder Messing, wobei die zulässigen Härten zwischen 35 HRB und 100 HRB liegen.

Beim ROCKWELL-C-Verfahren ist der Eindringkörper der Diamantkegel und der Bezugshärtewert 100. Die Prüfkraft ist $F_1 = 1373$ N. Geprüft werden nach dem ROCKWELL-C-Verfahren vorwiegend gehärtete und angelassene Stähle. Das Verfahren ist in der industriellen Qualitätskontrolle zur Prüfung der Gleichmäßigkeit von Wärmebehandlungen am weitesten verbreitet, wobei automatische Geräte eingesetzt werden. Die für dieses Verfahren zulässigen Härtewerte müssen zwischen 20 HRC und 70 HRC liegen.

Vorteil der ROCKWELLverfahren gegenüber den Verfahren nach BRINELL und VICKERS ist ihr geringerer Zeitaufwand und die Möglichkeit vollautomatischer Messwerterfassung. Die Genauigkeit ist aber geringer als bei den anderen Verfahren.

Bei der **Instrumentierten Eindringprüfung (Universalhärteprüfung)** nach DIN EN ISO 14577 wird während des Aufbringens der Prüfkraft die Eindringtiefe kontinuierlich gemessen. Die Aufzeichnung ergibt ein Kraft-Weg (= Eindringtiefe)-Diagramm wie bei einer statischen Festigkeitsprüfung. Eindringkörper ist die Diamantpyramide des VICKERSverfahrens.

Wie beim VICKERSverfahren gibt es zwei Prüfkraftbereiche, einen Makrobereich zwischen 2 N und 1000 N und einen Mikrobereich, in dem die Kraft < 2 N sein muss. Der Mikrobereich ist nach unten dadurch begrenzt, dass die Eindringtiefe mindestens 0,2 ∝m betragen muss.

Die Universalhärte HU ist der Quotient aus der Prüfkraft und der Oberfläche des Eindrucks und wird aus der Eindringtiefe h berechnet:

$HU = F / (26{,}43 \cdot h^2)$.

Sie wird – im Gegensatz zur BRINELLhärte und zur VICKERShärte – in N/mm² berechnet und hat als Ergänzung zumindest die Angabe der Prüfkraft in N z. B. heißt HU 10 = 4500 N/mm², dass die Prüfkraft 10 N betrug und kontinuierlich in einer Zeitspanne zwischen 3 s und 10 s aufgebracht wurde. Abweichende Zeiten und stufenweise Kraftsteigerung müssen gesondert angegeben werden.

Wegen der Ähnlichkeit zur VICKERShärte beträgt der Zahlenwert von HU etwa das 10fache entsprechender HV-Werte. Eine Umrechnung ist jedoch *nicht* möglich, weil bei HU auch der elastische Anteil der Verformung erfasst wird.

Wird der Kraft-Weg-Verlauf auch beim Entlasten gemessen, so kann damit auch eine plastische Härte HU_{plast} und ein elastischer Eindringmodul ermittelt werden. Bei beiden Größen wurden gute Korrelationen zur VICKERShärte bzw. zum Elastizitätsmodul festgestellt. Verfahrensvariationen mit Konstanthalten von Maximalkraft oder maximaler Eindringtiefe über eine gewisse Zeit ermöglichen zusätzlich Aussagen über das Kriech- bzw. das Relaxationsverhalten von Werkstoffen.

Der Vorteil der Universalhärteprüfung liegt unter anderem darin, dass aufwändige Festigkeitsprüfungen zum Teil ersetzt werden können. Da die Eindringtiefen sehr klein sind und bei jeder Messung der Nullpunkt der Wegmessung bei 0,1‰ der Maximalkraft neu festgelegt werden muss, erfordert die Universalhärteprüfung besondere Prüfgeräte mit sehr genauen Messsystemen. Die üblichen Härteprüfgeräte sind dafür im Allgemeinen nicht ausgerüstet.

3.3.2.3 Vergleich von Härteangaben

Exakt vergleichbar sind *nur* Härtewerte, die mit dem gleichen Verfahren unter gleichen Bedingungen ermittelt wurden. Einen Vergleich der Härtewerte verschiedener Verfahren ist allenfalls noch für ähnliche Werkstoffe zulässig. In Bild 3.53 sind die Werteskalen der ersten vier beschriebenen Verfahren gegenübergestellt. Diese Darstellung gilt für unlegierte und niedriglegierte Stähle sowie für Stahlguss und entspricht den Härtevergleichstabellen nach DIN EN ISO 18265. Für andere Werkstoffe: Vergütungsstähle, Werkzeugstähle und Hartmetalle enthält die Norm ebenfalls Vergleichstabellen.

DIN EN ISO 18265 sieht für unlegierte und niedriglegierte Stähle eine Abschätzung der Zugfestigkeit aus der VICKERShärte zwischen 80 HV und 650 HV vor. Die Zugfestigkeit R_m (in N/mm²) ist im Mittel:

$R_m = 3{,}38 \cdot \text{HV}$.

Solche Umrechnungen können immer nur ganz grobe Richtwerte ergeben und sind nie auf andere Werkstoffgruppen übertragbar. Schon für die anderen in DIN EN ISO 18265 aufgeführten Werkstoffgruppen ergeben sich andere Faktoren. Bei einer Anwendung in der Qualitätssicherung ist zwingende Voraussetzung, dass ein Umrechnungsfaktor für die betreffenden Werkstoffe durch Versuche abgesichert ist.

Weitere technisch übliche Härteprüfverfahren beruhen fast ausschließlich auf der Basis der beschriebenen Verfahren. Die Anwendung beschränkt sich im Allgemeinen auf die Härtemessung sehr dünner Schichten, z. B. galvanischer Oberflächenüberzüge, oder einzelner Gefügebestandteile. Hier wird insbesondere die VICKERS-Mikrohärteprüfung angewendet mit Prüfkräften zwischen 0,002 N und 1 N.

3.3.3 Dynamische Härteprüfverfahren

Dynamische Härteprüfverfahren haben gegenüber den statischen Verfahren den Vorteil, dass die Prüfgeräte meist Handgeräte sind, die Härtemessungen an fertigen Konstruktionen ermöglichen, und zum Teil in jeder beliebigen Lage. Die dynamischen Verfahren arbeiten entweder nach dem *Eindringverfahren* (Prinzip der BRINELLprüfung oder VICKERSprüfung) oder nach dem *Rückprallverfahren* (Prinzip der elastischen Rückfederung).

Vor allem in der Bauindustrie (Stahlbau und auch Betonbau) arbeitet man oft mit dem *BAUMANN-Hammer*. Bei diesem Gerät wird eine Feder gespannt, die bei einer bestimmten Spannkraft ihre Energie an einen Schlagbolzen abgibt. Der Schlagbolzen schlägt eine Kugel in das Prüfstück. Aus dem mit einer Messlupe vermessenen Eindruck wird mit einer Tabelle die BRINELLhärte bestimmt.

In der industriellen Produktion wird u. a. das alpha-DUR®-Gerät eingesetzt. Bei diesem Gerät wird eine VICKERS-Pyramide mit einer geringen Kraft in die Werkstückoberfläche eingedrückt. Abhängig von der Eindringtiefe verändert sich die Resonanzfrequenz des Trägersystems für die Pyramide. Diese Veränderungen werden elektronisch in HV, HRC, HRB oder HRC umgerechnet und an einem Display angezeigt.

Ältere Rückprallgeräte erfordern entweder genau waagerechte oder genau senkrechte Prüfflächen. Gemessen wird die Rücksprunghöhe eines Fallgewichtes oder der Rückprallwinkel eines Pendels.

Bei dem moderneren EQUOTIP®-Gerät wird ein Prallkörper mittels Federkraft in Richtung Prüffläche beschleunigt. Ein elektromagnetisches Messsystem misst die Geschwindigkeit des Schlagkörpers unmittelbar vor und nach dem Aufprall. Die beiden Messwerke werden in dem Gerät zu einem Härtewert verarbeitet. Unter Berücksichtigung der Randbedingungen, z. B. Elastizitätsmodul des Werkstoffes, Neigung der Prüffläche, Masse des geprüften

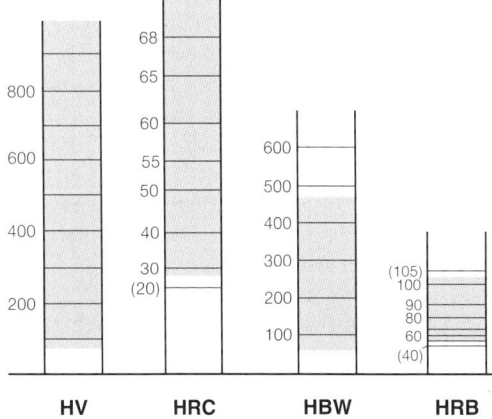

Bild 3.53
Vergleich von Härtewerten nach DIN EN ISO 18265

Bauteils, lassen sich diese Werte hinreichend genau in Härten der statischen Verfahren umwerten.

Da in diese Werte neben dem E-Modul des Werkstoffes auch die Steifigkeit der Konstruktion eingeht, sind die Rückprallverfahren vor allem für Vergleichsmessungen gleicher Konstruktionen geeignet.

3.3.4 Einflüsse auf die Härtewerte

Die *Prüfzeit*, d. h., die Dauer der statischen Belastung beeinflusst die Härtewerte. Diese werden mit zunehmender Prüfzeit etwas geringer. Deshalb ist besonders bei Werkstoffen, die zum Kriechen neigen, die Zeit anzugeben (meist 30 Sekunden, sonst 10 bis 15 Sekunden).

Der Einfluss der *Prüftemperatur* entspricht dem auf die statischen und dynamischen Festigkeitswerte (siehe Bild 3.20 und 3.40). Zunehmende Prüftemperatur führt zu einem Abfall der Härtewerte.

Größe und Abmessung des Prüfstückes haben nur dann einen Einfluss auf die Härtewerte, wenn sich der Prüfling infolge der Prüfkraft durchbiegen kann, wenn die Abmessungen der Prüffläche nur wenig größer sind als die der Eindruckfläche sind und wenn die Dicke des Prüflings zu gering ist. Eine zu kleine Prüffläche oder zu dicht an den Rand gesetzte Eindrücke führen zu einem Ausweichen des Werkstoffes. Außerdem beeinflussen sich die Eindrücke gegenseitig, wenn die Abstände zu gering sind. Aus diesen Gründen sind in den Normen Mindestwerte für *Randabstand* und *Eindruckabstand* festgelegt. Auch die *Mindestdicke* des Prüflings ist in der Norm festgelegt. Sie soll mindestens das 10fache, bei der BRINELLprüfung sogar das 17fache der Eindringtiefe betragen. Ist die Dicke geringer, so ergeben sich falsche Härtewerte.

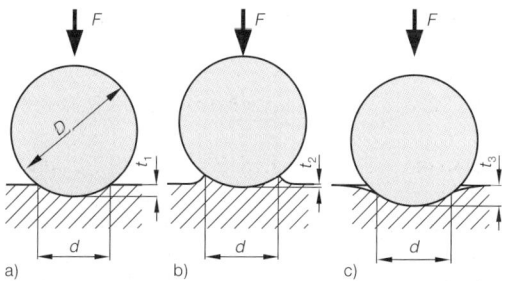

Bild 3.54
Veränderung der Eindringtiefe
a) normale Eindringtiefe t_1
b) verringerte Eindringtiefe t_2 durch Wulstbildung
c) vergrößerte Eindringtiefe t_3 durch Einziehen

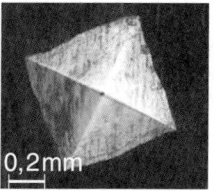 

a)   b)

Bild 3.55
Veränderung von VICKERSeindrücken
a) *kissenformiger Eindruck in weichgeglühtem Werkstoff*
b) *tonnenförmiger Eindruck in kaltverfestigtem Werkstoff*

Fehlerbehaftete Werte können sich auch durch das Verhalten des geprüften *Werkstoffes* ergeben. Bild 3.54 zeigt, wie beim Kugeleindruck durch Wulstbildung und Nachziehen des Werkstoffes andere effektive Eindringtiefen entstehen. Bei der VICKERSprüfung können sich durch Wölbung der Ränder des Eindruckes Abweichungen von der quadratischen Form ergeben (Bild 3.55).

3.4 Kennwerte des Bruchverhaltens

Schon frühzeitig wurde erkannt, dass die Kennwerte der statischen Werkstoffprüfung unzureichend für die Beurteilung des Werkstoffverhaltens bei plötzlicher (schlagartiger) Beanspruchung sind. Von den entwickelten Prüfverfahren zur Untersuchung des Bruchverhaltens wurde und wird insbesondere der Kerbschlagbiegeversuch angewendet. Nachteil dieses Verfahrens ist jedoch, dass die ermittelte Kerbschlagzähigkeit kein reiner Werkstoffkennwert ist, sondern z. B. sehr stark von der Probengeometrie abhängig ist. Darüber hinaus kann die Kerbschlagzähigkeit nicht für die Berechnung von Bauteilen verwendet werden. Aus dem Bestreben, Werkstoffkennwerte für das Bruchverhalten zu finden, entwickelte sich das Gebiet der Bruchmechanik.

Die Bruchmechanik ist anzuwenden bei:
– Werkstoffen hoher Festigkeit,
– Bauteilen mit großer Wanddicke,
– hohen Beanspruchungsgeschwindigkeiten,
– tiefen Temperaturen.

3.4.1 Bruchformen

Brüche kann man zunächst in zwei Gruppen aufteilen:
– durch einmalige Überlastung erzeugte *Gewaltbrüche*,
– durch wiederholte Beanspruchung entstehende *Schwingungsbrüche*.

Letztere sind in den Bildern 3.47 bis 3.49 beschrieben. Unabhängig vom zeitlichen Verlauf der Belastung, ob langsam ansteigend oder schlagartig, treten Gewaltbrüche auf als
- verformungslose oder verformungsarme Sprödbrüche oder als
- Verformungsbrüche.

Der **Spröd-** oder **Trennbruch** ist besonders gefährlich, weil er plötzlich einsetzt – ohne Vorwarnung durch plastische Verformungen – und für sein Entstehen nur eine geringe Energie benötigt. Da seine Ausbreitungsgeschwindigkeit in Stahl etwa 1000 m/s beträgt, führt er häufig zu schweren Schadensfällen. Sprödbruchbegünstigend sind:
- tiefe Temperaturen,
- mehrachsige Spannungszustände (Kerben, schroffe Übergänge, große Wanddicken),
- ungleichmäßiges Gefüge (fehlerhafte Wärmebehandlung, Schweißnahtbereiche),
- geringe Verformungsfähigkeit bei Werkstoffen hoher Festigkeit.

Der Sprödbruch kann transkristallin oder interkristallin verlaufen. Der *transkristalline Sprödbruch* oder **Spaltbruch** (Bild 3.56) entsteht durch Trennen von Kristallebenen innerhalb eines Korns (Spaltflächen) und breitet sich in gleicher Weise über den ganzen Querschnitt aus. Obwohl der Sprödbruch makroskopisch verformungslos ist, setzt seine Entstehung mikroskopisch plastische Verformbarkeit voraus (Mikroplastizität). Die Bewegung von Versetzungen in einem Korn führt zwangsläufig zu einem Versetzungsaufstau vor Hindernissen, z. B. Korngrenzen, nichtmetallischen Einschlüssen (siehe Bild 1.51). Dadurch, ggf. auch durch das Zusammenwirken mit einem weiteren Versetzungsstau, entsteht ein Spannungsfeld. Ist die Spannung groß genug, so wird in einem Nachbarkorn oder in einem spröden nichtmetallischen Einschluss ein Mikroriss erzeugt.

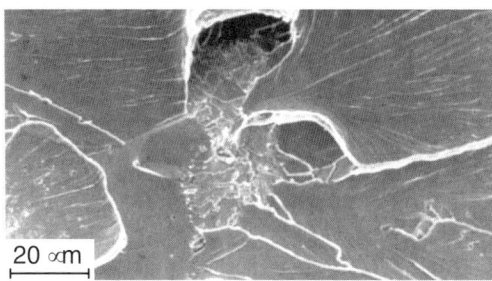

Bild 3.56
Spaltbruchfläche in S235 (St 37), REM-Aufnahme

Für die Ausbreitung des Mikrorisses im nächsten Korn ist, ebenso wie für seine Entstehung hinter einer Korngrenze (= Hindernis), eine bestimmte Ausrichtung des Gitters dieses Korns erforderlich. Damit ist die Wahrscheinlichkeit von Spaltbrüchen von der Gitterstruktur des Werkstoffes abhängig.

Spaltbrüche entstehen fast ausschließlich in krz und hexagonal kristallisierenden Metallen. In kfz Metallen sind zusätzliche Einflüsse, z. B. durch Korrosion, erforderlich.

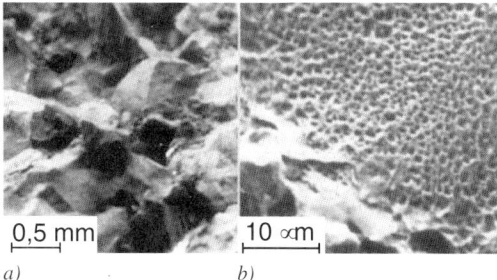

Bild 3.57
a) Interkristalliner Sprödbruch
b) freigelegte Kornfläche (REM-Aufnahme)

Wenn die Korngrenzen durch Ausscheidungen oder Verunreinigungen versprödet sind, kann der *interkristalline Sprödbruch* (Bild 3.57) entstehen.

Makroskopisch liegt die Bruchfläche eines Trennbruches rechtwinklig zur größten Normalspannung (Bild 3.58).

Da plastische Verformungen vorwiegend durch Versetzungsbewegungen infolge von Schubspannungen erzeugt werden, liegt ein **Verformungsbruch** zumin-

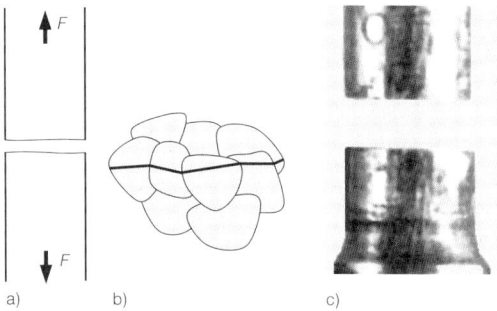

Bild 3.58
Trennbruch
a) makroskopischer Verlauf
b) mikroskopischer Verlauf (schematisch)
c) Bruch eine Zugprobe aus gehärtetem Stahl

destens teilweise parallel zur größten Schubspannung. Der Verformungsbruch oder duktile Bruch kann bei einachsiger Zugbeanspruchung makroskopisch verschiedene Formen haben.

Beim reinen *Scherbruch* (Bild 3.59) liegt die ganze Bruchfläche unter 45° zur Zugrichtung. Der *Einschnürbruch* (Bild 3.60) ist Folge einer Querschnittsverringerung, die bei sehr gut verformbaren reinen Metallen bis zu einer annähernd punktförmigen Bruchfläche führen kann.

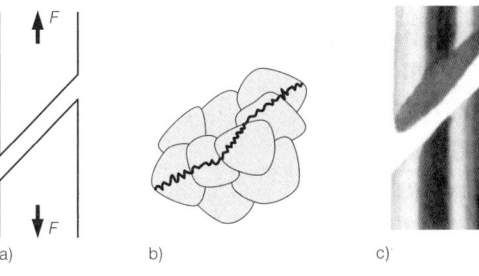

Bild 3.59
Reiner Scherbruch (Schrägbruch)
a) makroskopischer Verlauf
b) mikroskopischer Verlauf
c) Bruch einer Zugprobe aus AlCuMg1

Am häufigsten weisen zähe Werkstoffe bei Zugbeanspruchung eine Bruchform auf, die »*Krater-Kegel« (cup and cone)-Bruch*, als »*Teller-Tassen«-Bruch* oder auch als »*Trichter«-Bruch* bezeichnet wird (Bild 3.61). Neben einer mehr oder weniger starken Einschnürung weist der Rand des Bruches Flächen unter 45° zur Zugrichtung, die *Scherlippen*, auf. Die restliche Bruchfläche ist rechtwinklig zur Zugrichtung und wird als »Normalspannungsbruch« bezeichnet, obwohl es sich auch um einen Scherbruch handelt.

Mikroskopisch lassen sich Verformungsbrüche ein-

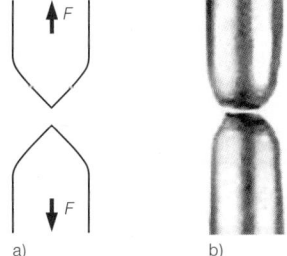

Bild 3.60
Einschnürbruch
a) schematisch
b) Bruch einer Zugprobe aus Elektrolyt-Cu

deutig an der *Wabenstruktur* erkennen. Der Werkstoff um die in technischen Metallen immer vorhandenen Einschlüsse wird durch die plastische Verformung zu Hohlräumen aufgeweitet, wenn in den angrenzenden Körnern die Aufnahmefähigkeit für Versetzungen erschöpft ist. Dieser Mechanismus der *Lochbildung* wird z. B. an Mangansulfiden in Stahl beobachtet. Die dazu erforderliche Spannung ist um so geringer, je größer der nichtmetallische Einschluss ist. In anderen Fällen kann die Lochbildung durch Spaltbruch eines harten nichtmetallischen Teilchens oder auch unmittelbar in der Matrix durch Versetzungsreaktionen eingeleitet werden.

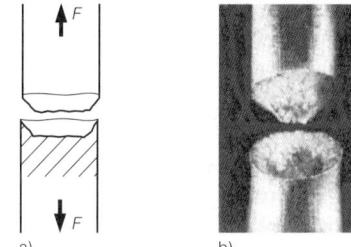

Bild 3.61
»Krater-Kegel« (cup and cone)-Bruch
a) schematisch
b) Bruch der Zugprobe aus AlMgSi

An die Lochbildung schließt sich eine Phase der *Lochaufweitung* an; es entsteht eine innere *Einschnürung*. Das Wachstum der Hohlräume wird dabei durch den von ihnen selbst verursachten dreiachsigen Spannungszustand bestimmt.

Wenn die Brücken zwischen den einzelnen Hohlräumen zu schmal werden, scheren sie ab, wobei auf der Bruchfläche die in Bild 3.62 gezeigten Vertiefungen zurückbleiben; es entsteht der **Wabenbruch**. Auf dem Grunde der Waben sind dann häufig die nichtmetallischen Einschlüsse erkennbar.

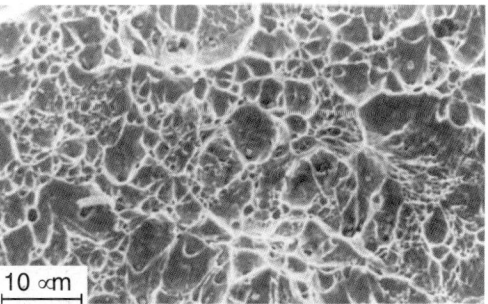

Bild 3.62
Bruchwaben in C35 (REM-Aufnahme)

Das Abscheren der Brücken erfolgt hauptsächlich unter der Wirkung der größten Schubspannung. Das hat zur Folge, dass der Riss nicht in einer Ebene, sondern in einer Zick-Zack-Linie fortschreitet. Auch der scheinbar ebene Kraterboden beim Krater-Kegel-Bruch zeigt diesen Verlauf. Manchmal, insbesondere bei Vergütungsstählen, entsteht dadurch makroskopisch der sog. *Fräserbruch* (Bild 3.63).

Bild 3.63
Fräserbruch einer Zugprobe aus 30CrNiMo8

Scherlippen am Rande des Bruchquerschnittes, z. B. der Kraterrand, entstehen durch einen gleichen Scherprozess, wenn die Restfläche klein genug ist. Der Verformungsbruch entwickelt sich also von *innen* nach *außen*. Auch beim Abscheren des Bruchrandes bilden sich Hohlräume, die schräg verlaufenden *Scherwaben*.

Neben den beschriebenen Merkmalen können noch weitere, wie der Glanz und Rauigkeit der Bruchfläche, zur makroskopischen Beurteilung herangezogen werden. Da aber neben Sprödbrüchen und Verformungsbrüchen sehr häufig auch Mischbrüche auftreten, dienen der eindeutigen Bruchanalyse die unverwechselbaren mikroskopischen Merkmale.

Bei Werkstoffen höherer Festigkeit tritt z. B. der **Quasi-Spaltbruch** oder *Rosettenbruch* auf. Er ist makroskopisch verformungslos, mikroskopisch liegen die Merkmale eines Verformungsbruches vor. Allerdings können die Rosetten mit Spaltbruchflächen verwechselt werden.

Auch bei Schwingbrüchen gibt es die Möglichkeit spröden Rissfortschritts. Die Schwingungsstreifen (siehe Bild 3.46) bilden sich dann sehr fein auf (Quasi-)Spaltflächen (Bild 3.64).

3.4.2 Bruchkriterien, Grundlagen der Bruchmechanik

Die *Formänderungsarbeit* einer Zugprobe, veranschaulicht durch die Größe der Fläche unter der Spannung-Dehnung-Kurve im Zerreißschaubild, kann bereits als erster Anhaltswert für sprödes oder zähes Werkstoffverhalten dienen. Bild 3.65 zeigt diese Flächen für einen gehärteten und einen geglühten Stahl im Vergleich. Für den spröde brechenden harten Stahl ist die Formänderungsarbeit wesentlich geringer.

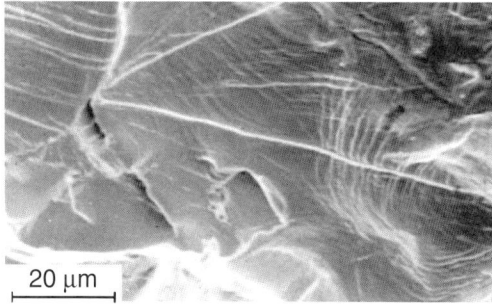

Bild 3.64
Schwingungsstreifen auf (Quasi-)Spaltflächen, Anriss in einem Kranhaken

Ein weiteres Kriterium für das Sprödbruchverhalten ist die bei schlagartiger Beanspruchung verbrauchte *Schlagarbeit*, die durch Energievergleich vor und nach dem Versuch ermittelt wird. Die Schlagarbeit wird insbesondere an gekerbten Proben im Kerbschlagbiegeversuch ermittelt. Auf die Nachteile dieses Verfahrens ist bereits eingangs hingewiesen worden.

Die **Bruchmechanik** geht davon aus, dass im Werkstoff immer Fehler vorhanden sind und ermittelt die Bedingungen, unter denen sich ein vorhandener Defekt spröde, d. h. ohne Verformungen, aus-

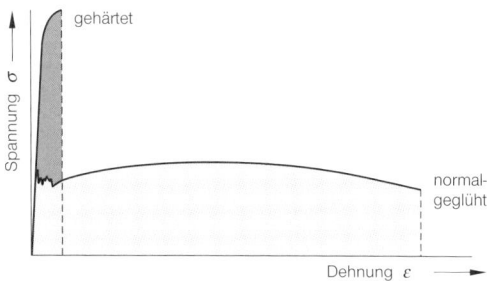

Bild 3.65
Vergleich der Formänderungsarbeit von Zugproben aus gehärtetem und normalgeglühtem Stahl (schematisch)

3.4 Kennwerte des Bruchverhaltens

breitet. Dazu werden die Spannungsverteilungen im Bereich der Rissspitze mit elastizitätstheoretischen Methoden berechnet.

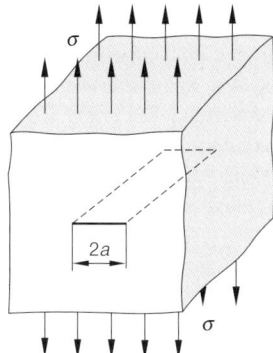

Bild 3.66
Modell eines durchgehenden Risses in einer unendlich großen Platte

Eine unendlich große Platte enthält in ihrer Mitte einen Riss der Länge $2a$ und wird rechtwinklig zur Rissfläche durch eine Normalspannung σ belastet (Bild 3.66). Für diese Platte besteht nach IRWIN Sprödbruchgefahr, wenn der Ausdruck $a \cdot \sigma^2$ einen kritischen Wert erreicht. Zur Kennzeichnung des Beanspruchungszustandes wird deshalb der **Spannungsintensitätsfaktor** eingeführt:

$$K_I = \sigma \cdot \sqrt{\pi \cdot a}.$$

Der Index I kennzeichnet, dass sich der Riss durch eine Zugspannung σ aufweitet (Beanspruchungsart I). Für die Rissaufweitung durch Schubspannungen τ (Beanspruchungsart II und III, Bild 3.67) ergeben sich entsprechende Spannungsintensitätsfaktoren K_{II} und K_{III}.

Der Spannungsintensitätsfaktor K_I ist nur bei einer

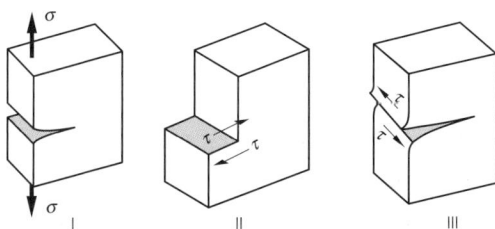

Bild 3.67
Rissöffnungsarten
I: Normalspannung
II: Schubspannung rechtwinklig zur Riaaspitze
III: Schubspannung parallel zur Rissspitze

unendlich großen Platte unabhängig von den Abmessungen. Zur Ermittlung des kritischen Wertes mit endlichen Proben muss K_I entsprechend der Probengeometrie korrigiert werden.

Eine zweite Korrektur erfordert das reale Werkstoffverhalten. In der Theorie wird ein ideal spröder Werkstoff angenommen, der sich bis zum Bruch nur elastisch verformt. Das führt zwar zu relativ einfachen Lösungen, hat aber den Nachteil, dass die Spannungen an der Rissspitze unendlich groß werden. Dabei müssen auf jeden Fall an der Rissspitze plastische Verformungen auftreten. Die plastisch verformte Zone kann z. B. auf der Grundlage idealisierten elastisch-plastischen Werkstoffverhaltens mit einer Vergleichsspannungs-Hypothese berechnet werden. Sie hat dann die in Bild 3.68 dargestellte Form, die auch als »*Hundeknochen*«- *(dog-bone-) Modell* bezeichnet wird. [1]

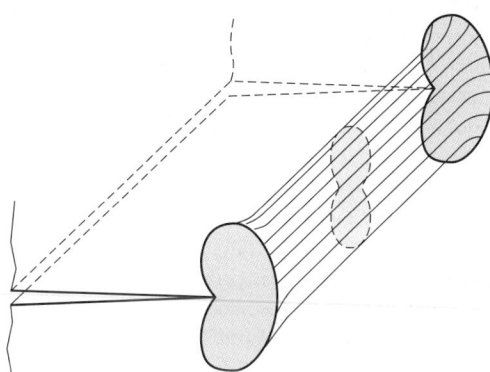

Bild 3.68
Plastisch verformte Zone an der Rissspitze (»dog-bone«-Modell)

Wie aus Bild 3.68 ersichtlich, ist die Breite der plastischen Zone in der Mitte der Platte deutlich geringer als an der Oberfläche. Die Ursache hierfür liegt im unterschiedlichen Beanspruchungszustand. An der *Oberfläche* können rechtwinklig zu ihr keine Spannungen auftreten, wodurch sich ein *ebener Spannungszustand* einstellt. Infolge der Querkontraktion ergeben sich dort weitreichende dreidimensionale Verformungen. In der *Mitte* führt die Verformungsbehinderung zu einem *ebenen Dehnungszustand* mit entsprechendem dreiachsigen Spannungs-

---

[1] Viele metallische Werkstoffe verfestigen sich bei plastischer Verformung. Die Berücksichtigung dieses Werkstoffverhaltens führt zu Verfahren, die hier nicht behandelt werden (z. B. J-Integral-Methode).

zustand. Bei einer Querkontraktionszahl $\mu = 0{,}3$ ist die plastisch verformte Zone in Richtung der Rissebene an der Oberfläche sechsmal so breit wie in Plattenmitte. Folglich verhält sich der Werkstoff in der Mitte spröder, d. h., der ebene Dehnungszustand ist *gefährlicher* als der ebene Spannungszustand. Für die Berechnung des Spannungsintensitätsfaktors kann man nun so vorgehen, dass die Risslänge *a* um einen Betrag korrigiert wird, welcher die plastisch verformte Zone berücksichtigt. Beide Korrekturen, die durch die Riss- (und ggf. Bauteil-)Abmessungen sowie die durch die plastische Verformung bedingte, werden in der Praxis zu einem *Geometriefaktor* f zusammengefasst. Damit lautet die allgemeine Formel für den Spannungsintensitätsfaktor:

$$K_\mathrm{I} = \sigma \cdot \sqrt{\Box \cdot a} \cdot f.$$

Der *kritische Spannungsintensitätsfaktor* K_Ic wird **Bruchzähigkeit** oder *Risszähigkeit* genannt. Versuche mit verschiedenen Probengeometrien haben gezeigt, dass K_Ic unabhängig von der Probenform ist (siehe Bild 3.82) und relativ geringe Streuungen aufweist, folglich einen *Werkstoffkennwert* darstellt. Voraussetzung dafür ist allerdings, dass die plastisch verformte Zone klein gegenüber den Probenabmessungen ist. Für fließfähige Werkstoffe mit niedriger Streckgrenze ergeben sich allerdings so große Probenabmessungen, dass die Prüfung derartiger Proben technisch unrealistisch ist. Außerdem reichen die verfügbaren Prüfmaschinen oft nicht für die Erzeugung der entsprechend hohen Prüfkräfte aus.

Neben der Bruchzähigkeit als Werkstoffkennwert haben bruchmechanische Konzepte auch in anderem Zusammenhang Bedeutung. Die beiden wichtigsten Gebiete sind die Spannungsrisskorrosion und die Schwingfestigkeit. In beiden Fällen geht dem endgültigen Versagen ein allmähliches Risswachstum voraus, dessen Gesetzmäßigkeiten oder Grenzbedingungen mittels Spannungsintensitätsfaktoren beschrieben werden können.

Bild 3.69 zeigt den Zusammenhang zwischen Risswachstum und dem Spannungsintensitätsfaktor bei *Spannungsrisskorrosion*. Der untere Grenzwert K_Iscc[1]) ist ein von Werkstoff und Angriffsmedium abhängiger *Kennwert*, der Aussagen über die Sicherheit der Konstruktion zulässt. Liegt der Spannungsintensitätsfaktor K_I unter K_Iscc, so muss kein Risswachstum infolge Spannungsrisskorrosion befürchtet werden. Bei $K_\mathrm{I} > K_\mathrm{Iscc}$ ist mit Risswachstum und bei Erreichen von K_Ic mit dem Versagen der Konstruktion zu rechnen. In diesem Fall müssen für sicherheitstechnische Beurteilungen zusätzlich Kenntnisse über die Gesetzmäßigkeit des Risswachstums vorliegen.

Bei *Schwingbeanspruchung* wird mit der Spannungsschwingbreite $\Box\sigma = \sigma_\mathrm{o} \Box \sigma_\mathrm{u}$ der **zyklische Spannungsintensitätsfaktor**

$$\Delta K = \Delta \sigma \cdot \sqrt{\Box \cdot a} \cdot f$$

gebildet, von dem das Risswachstum gemäß Bild 3.70 abhängt. Die an sich erstrebenswerte Ermittlung der **bruchmechanischen Dauerfestigkeit** $\Box K_\mathrm{o}$ stößt auf messtechnische Grenzen.

Der mittlere Bereich in Bild 3.70 entspricht im Wesentlichen *Stadium II des Rissfortschritts* (siehe S. 115). Hier kann das Risswachstum z. B. durch die FORMAN-Gleichung

$$\frac{\mathrm{d}a}{\mathrm{d}N} = C \cdot \frac{(\Delta K)^n}{\dfrac{\Delta \sigma}{\sigma_\mathrm{o}} \cdot K_\mathrm{c} - \Delta K}$$

beschrieben werden. C und n sind Werkstoffkennwerte, die experimentell zu ermitteln sind. Ihre Kenntnis ermöglicht Lebensdauervorhersagen.

3.4.3 Verfahren zur Prüfung des Zähigkeitsverhaltens

Zur Bewertung und Einteilung von Prüfverfahren müssen folgende Begriffe unterschieden werden:
- *Rissbildung*,
- *Rissausbreitung* und
- *Rissauslösung*.

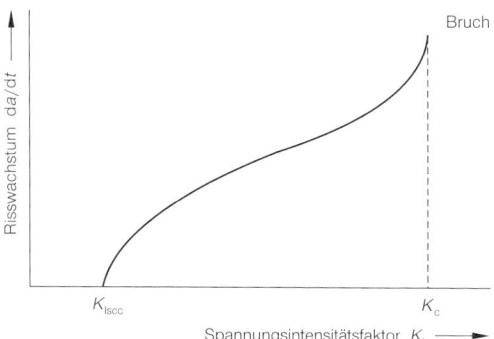

Bild 3.69
Risswachstum bei Spannungsrisskorrosion (schematisch)

---

[1]) scc = **S**tress (Spannung) – **C**orrosion (Korrosion) – **C**racking (Rissbildung)

Rissbildung ist die Entstehung eines Anrisses in einem vorher rissfreien Werkstoff. Der Riss kann sich dann
- stabil oder
- instabil ausbreiten.

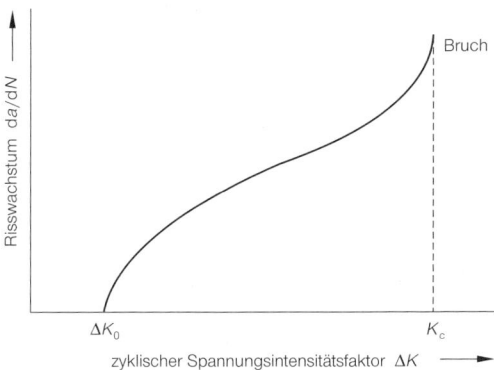

Bild 3.70
Rissfortschritt bei Schwingbeanspruchung (schematisch)

Bei **stabiler Rissausbreitung** ist der Rissfortschritt von plastischen Verformungen begleitet, wodurch ein hoher Energiebedarf für die Formänderungsarbeit entsteht. **Instabile Rissausbreitung** ohne oder mit nur vernachlässigbar kleinen plastischen Verformungen erfordert dagegen nur geringe Energie. Das Zähigkeitsverhalten eines Werkstoffes ist folglich in erster Linie durch den Energiebedarf bis zum Bruch gekennzeichnet. Die Größe der verbrauchten Energie allein ist jedoch in der Regel nicht ausreichend, deshalb wird versucht, die Bedingungen für die **Rissauslösung** zu ermitteln. Das sind die Bedingungen, die einen Übergang von stabiler zu instabiler Rissausbreitung bewirken. Bei den entsprechenden Prüfverfahren werden nach Möglichkeit Kennwerte ermittelt, die sich unmittelbar auf Konstruktionen anwenden lassen.

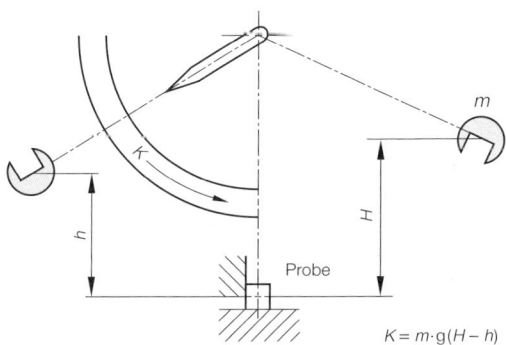

Bild 3.71
Kerbschlagbiegeversuch (schematisch)

3.4.3.1 Kerbschlagbiegeversuch nach CHARPY

Die Kerbschlagbiegeprüfung eignet sich vorwiegend nur für die Feststellung der Trennbruchneigung eines Werkstoffes und für die Überwachung der Güte und Gleichmäßigkeit von Wärmebehandlungen.

Für den Kerbschlagbiegeversuch nach CHARPY (DIN EN 10045) wird ein *Pendelschlagwerk* (Bild 3.71) eingesetzt, bei dem ein Pendelhammer von einer vorgegebenen Höhe H herunterfällt. Das mit der Höhe H verbundene Arbeitsvermögen soll 300 J betragen.

In seinem tiefsten Punkt trifft das Pendel auf die Rückseite einer gekerbten Probe. Beim Durchschlagen oder Durchziehen der Probe durch das Widerlager wird ein Teil der Pendelenergie für die **Schlagarbeit** K verbraucht, die unmittelbar am Gerät abgelesen werden kann.

Die Form der Kerbschlagproben ist in DIN EN 10045 festgelegt (Bild 3.72). Weitere Probenformen enthält DIN 50115.

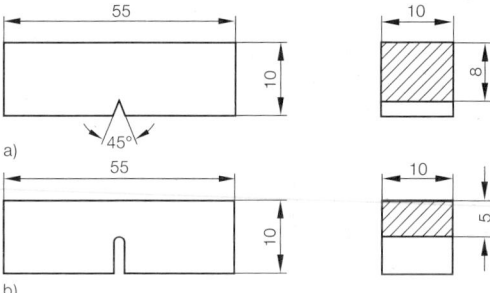

Bild 3.72
Kerbschlagproben
a) Probe mit V-Kerbe
b) Probe mit U-Kerbe

Da die Größe der Kerbschlagarbeit K stark von der Probenform abhängt, muss letztere immer angegeben werden, z. B. KV = 10 J oder KU = 65 J. Hat das Pendelschlagwerk ein geringeres Arbeitsvermögen als 300 J, so muss dieses hinter dem Kurzzeichen angegeben werden, z. B. KV150 = 120 J. Nicht gebrochene Proben sind im Prüfbericht zu kennzeichnen.

Der Quotient aus der Kerbschlagarbeit und dem Nennquerschnitt im Kerbgrund, die **Kerbschlagzähigkeit**, hat keine technische Bedeutung (mehr).

Auch die Kerbschlagzähigkeit ist stark von der Probenform abhängig, so dass Werte, die an Proben unterschiedlicher Geometrie ermittelt wurden, ebenfalls *nicht* miteinander vergleichbar sind.

Die Kerbschlagzähigkeit kann nicht als Größe für Festigkeitsberechnungen dienen, weil in Bauteilen Spannungszustand, Belastungsablauf, Abmessungen und Kerbgeometrie ganz anders sind. Aus diesen Gründen ist für die Bestimmung der Werkstoffgüte die Ermittlung der verbrauchten Schlagenergie völlig ausreichend.

Besondere Bedeutung hat der Kerbschlagbiegeversuch bei Stahl, weil sich bei nicht-austenitischem Stahl die in Bild 3.73 wiedergegebene Abhängigkeit von der Prüftemperatur ergibt. In der *Hochlage* treten Verformungsbrüche auf, in der *Tieflage* Trennbrüche und im Bereich des *Steilabfalls* vorwiegend Mischbrüche.

In der Nähe des Steilabfalls streuen die gemessenen Werte der Kerbschlagarbeit stark, während sowohl in der Hoch- als auch in der Tieflage geringere Streuungen auftreten. Die Werte betragen in der Tieflage ca. 10 J und in der Hochlage je nach Werkstoffzutand 100 J bis 300 J.

Meist ist nur die mehr qualitative Aussage maßgebend, ob das Ergebnis einer Kerbschlagbiegeprüfung der Hoch- oder Tieflage zuzuordnen ist. Diese Aussage ist bereits durch die großen Unterschiede der Zahlenwerte der Kerbschlagarbeit ohne weiteres möglich.

Da beim Kerbschlagbiegeversuch nach DIN EN 10045 nur die Gesamtenergie für die Rissbildung und Rissausbreitung ermittelt wird, eignet sich die Prüfung z. B. nur für die allgemeine Feststellung der Trennbruchneigung eines Werkstoffes oder für die Überwachung der Güte und Gleichmäßigkeit von Wärmebehandlungen. Beim *instrumentierten Kerbschlagbiegeversuch* nach DIN EN ISO 14556 wird während des Schlagvorganges der Kraft- und der Verformungsverlauf gemessen und dadurch der Aussagegehalt der Prüfung erhöht.

Bild 3.74 zeigt schematisch den Verlauf solcher Kraft-Verformung-Kurven. Damit ist es nicht nur möglich, die für die Rissbildung erforderliche Energie zu bestimmen, sondern auch die bei Rissbildung vorhandenen Spannungen und die Bedingungen für die Rissauslösung. Man erkennt, dass die Rissausbreitungsenergie bei zähem Werkstoff und die Rissbildungsenergie deutlich größer sind als der Energiebedarf für instabile Rissausbreitung.

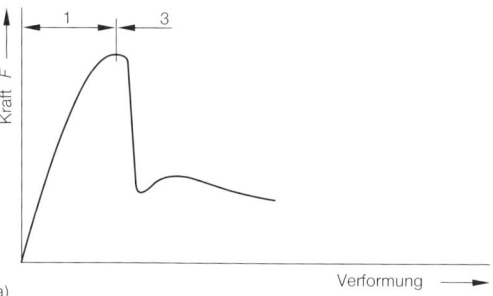

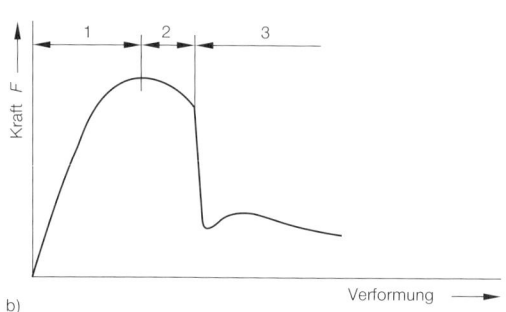

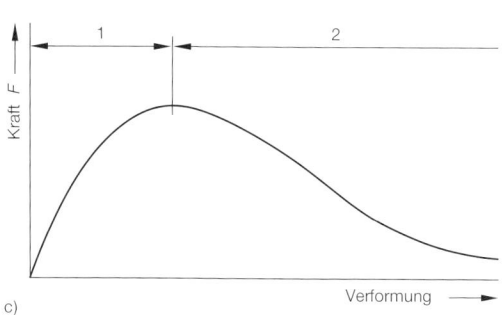

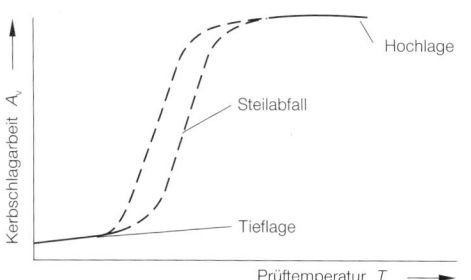

Bild 3.73
Kerbschlagarbeit-Temperatur-Kurve (schematisch)

Bild 3.74
Kraft-Verformung-Kurven instrumentierter Kerbschlagbiegeversuche
a) Sprödbruch: geringer Energiebedarf
b) Mischbruch mit Rissauslösung beim Übergang vom Verformungsbruch zum Sprödbruch
c) Verformungsbruch: großer Energiebedarf
   1: Rissbildung
   2: stabile Rissausbreitung
   3: instabile Rissausbreitung

3.4.3.2 Kompakt-Zugversuch

Der Kompakt-Zugversuch *(compact-tension)* nach DIN EN ISO 12737 ist das z. Zt. am häufigsten benutzte Prüfverfahren zum Bestimmen der Bruchzähigkeit K_{Ic}. Die Abmessungen der CT-Probe müssen für die Gültigkeit des Versuches den in Bild 3.75 angegebenen Bedingungen genügen. Die Einhaltung der Bedingungen kann aber erst nach beendetem Versuch überprüft werden, weil erst dann die Bruchzähigkeit berechnet werden kann.

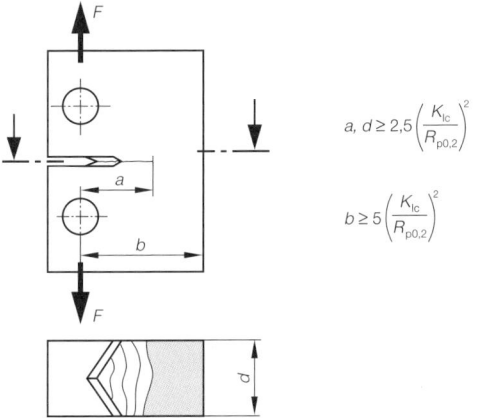

Bild 3.75
Kompakt-Zugprobe (CT-Probe) nach DIN EN ISO 12737

Die Probe enthält in ihrer Mitte eine winkelförmige Kerbe, in der zunächst durch Schwingbeanspruchung ein Anriss erzeugt wird. Die Versuchsbedingungen hierfür sind genau festgelegt und zum Teil ebenfalls nach beendetem Versuch zu überprüfen.

Die angerissene Probe wird im Zugversuch zerrissen. Es wird die Spannung ermittelt, bei der sich

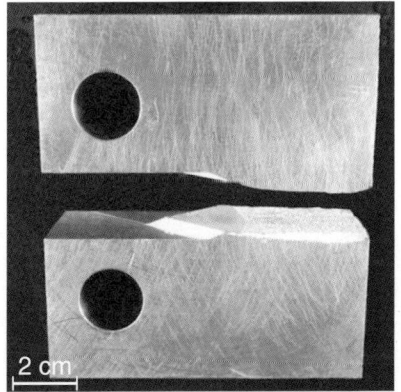

Bild 3.76
Gebrochene CT-Probe aus EN AW-AlZn4,5Mg1

der vorhandene Riss *instabil*, d. h. schlagartig ausbreitet. Während der Schwingbeanspruchung und des Zugversuches wird an der Stirnseite der Probe die Rissaufweitung gemessen. Mit dieser Messung wird die Größe der plastisch verformten Zone an der Rissspitze abgeschätzt und eine stabile, d. h. von plastischen Verformungen begleitete Rissausbreitung erfasst. Bild 3.76 zeigt eine gebrochene Kompakt-Zugprobe mit Daueranriss und Sprödbruchfläche.

Anhaltswerte für die Bruchzähigkeit von Metallen sind in Tabelle 3.2 zusammengestellt.

Tab. 3.2: Bruchzähigkeit und 0,2-Grenze einiger Werkstoffe

Werkstoff	K_{Ic}	$R_{p0,2}$
	kN mm$^{-1,5}$ [1)]	N/mm²
Vergütungsstähle	1 bis 3	1000 bis 2000
höchstfeste Stähle (martensitaushärtende)	2 bis 4	2000 bis 3000
Aluminiumlegierungen	ca. 1	400 bis 500
Titanlegierungen	ca. 3	ca. 1000

[1)] Die Einheit ergibt sich aus der Dimension
Spannung $\cdot \sqrt{\text{Risslänge}}$: $\frac{\text{(k)N}}{\text{mm}^2} \cdot \sqrt{\text{mm}}$.

Für weiche unlegierte Stähle ergeben sich gemäß Bild 3.75 so große Probenabmessungen, dass der Prüfaufwand untragbar wird. Bei zu kleinen Probenabmessungen ist aber der ermittelte K_c-Wert von diesen abhängig und zu groß. Die Ermittlung der Bruchzähigkeit ist deshalb insbesondere für Werkstoffe höherer Festigkeit von Bedeutung.

3.4.3.3 Weitere Prüfverfahren

Neben den beiden beschriebenen Verfahren gibt es eine Anzahl weiterer Prüfmethoden zum Ermitteln des Bruchverhaltens. Diese Methoden werden größtenteils zur Prüfung der Eignung eines Werkstoffes für bestimmte Einsatzbedingungen angewendet. Sie werden deshalb auch »*type-tests*« genannt. Es werden Originalquerschnitte (Blechdicken) an großen Proben untersucht.

Eine dieser Prüfungen ist der **Fallgewichtsversuch** nach DIN EN 10274. Die Proben von 76 mm Breite und 305 mm Länge, die mindesten 6 mm dick sein müssen, werden Blechen oder Rohren entnommen. Eine Kerbe wird kalt eingepresst und die Probe wie beim Kerbschlagbiegeversuch mit einem Pendelhammer oder durch ein Fallgewicht schlagartig beansprucht.

Alle Prüfverfahren kann man im Wesentlichen in zwei Gruppen einteilen:
- Rissauslöseversuche und
- Rissauffangversuche.

In *Rissauslöseversuchen* werden die Bedingungen ermittelt, bei denen sich ein vorhandener Anriss infolge statischer oder dynamischer Belastung instabil ausbreitet. Zu dieser Gruppe gehört auch der Kompakt-Zugversuch.

Die *Rissauffangversuche* sind so angelegt, dass sich ein spröde ausbreitender Riss noch innerhalb der Probe zum Stillstand kommen kann. Es werden die Randbedingungen ermittelt, unter denen das der Fall ist. Alle Prüfverfahren sind durch einen außerordentlich hohen Versuchsaufwand gekennzeichnet.

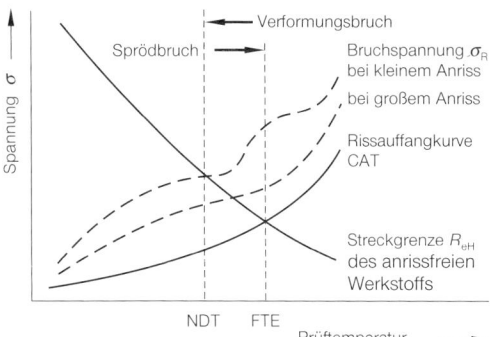

Bild 3.77
Bruchanalyse-Diagramm oder PELLINI-Diagramm (schematisch), Erläuterungen im Text

An angerissenen Zug- oder Biegeproben wird z. B. die **Bruchspannung** σ_R bei verschiedenen Temperaturen ermittelt. Bei kleinen Anrissen haben die Ergebnisse den in Bild 3.77 dargestellten Verlauf (**PELLINI-Diagramm**). Man kann vier Bereiche unterscheiden:
- Bei tiefen Temperaturen liegt die Bruchspannung σ_R unter der Streckgrenze des anrissfreien Werkstoffes. Es tritt ein Spaltbruch als **Niederspannungsbruch** ein.
- Im anschließenden Temperaturbereich ist die Beanspruchung annähernd gleich der Streckgrenze; der Bruch ist immer noch ein reiner Spaltbruch. Dieser Bereich wird durch die **NDT-Temperatur** *(Nil-Ductility-Transition)* begrenzt.
- Oberhalb der NDT-Temperatur erfolgt nach einem stabilen Anriss der Restbruch als Spaltbruch, meist mit Scherlippen. Die Bruchspannung liegt zwischen Streckgrenze und Zugfestigkeit.
- Bei noch höheren Temperaturen entsteht ein reiner Verformungsbruch. Wegen der Behinderung der Querverformung durch den Anriss liegt die Bruchspannung über der Zugfestigkeit des anrissfreien Werkstoffes.

Zunehmende Anrisslänge verschiebt die Bruchspannungskurve zu höheren Temperaturen. Die Verschiebung wird begrenzt durch die **Rissauffangkurve CAT** *(Crack-Arrest-Temperature)*, die bei der Temperatur FTE *(Fracture-Transition-Elastic)* den Wert der Streckgrenze annimmt.

Die **FTE-Temperatur** hat für den Einsatz des Werkstoffes besondere Bedeutung. Bei höheren Temperaturen ist in einem *elastisch beanspruchten* Bauteil *nicht* mit Rissbildung und/oder instabiler Rissausbreitung zu rechnen. Bei tieferen Temperaturen kann dagegen ein *Niederspannungsbruch* eintreten, wenn ein Anriss vorliegt. Die kritische Länge dieses Anrisses hängt von der Nennspannung und der Einsatztemperatur ab.

Rissauffangkurve und die Kurven für größere Anrisslängen verlaufen mit zunehmender Wanddicke flacher. Deshalb gilt das Diagramm immer nur für die Wanddicke, für die es ermittelt wurde.

3.4.4 Einflüsse auf das Bruchverhalten

Wie aus Bild 3.73 hervorgeht, ist die *Temperatur* ein wichtiger Einflussfaktor auf das Bruchverhalten. Die **Übergangstemperatur** $T_{\ddot{u}}$ grenzt das Gebiet der Verformungsbrüche mit größerem Energieverbrauch (Hochlage) gegen das der Sprödbrüche mit niedrigem Energieverbrauch (Tieflage) ab. Sie kann auf verschiedene Weise definiert werden, z. B.
- Temperatur, bei der die *Kerbschlagarbeit* einen bestimmten *Grenzwert* erreicht, z. B. 27 J,
- Temperatur, bei der der spröde gebrochene Anteil, der kristalline Fleck, einen bestimmten Prozentsatz, z. B. 80 %, der Bruchfläche ausmacht,
- *NDT-Temperatur*.

Die Übergangstemperatur kann darüber hinaus je nach Stahl und Behandlungszustand stark unterschiedlich sein, so dass Werte zwischen 70 K (□200 °C) und weit mehr als 300 K (30 °C) möglich sind. Die Übertragung dieses Wertes von Kerbschlagbiegeversuchen auf Bauteile ist ebenfalls nicht ohne Einschränkung möglich. Das geht bereits aus Bild 3.78

hervor, in dem die Kerbschlagzähigkeits-Temperatur-Kurven für Proben unterschiedlicher Breite dargestellt sind. *Breitere Proben* weisen niedrigere Kerbschlagzähigkeitswerte und höhere Übergangstemperaturen auf.

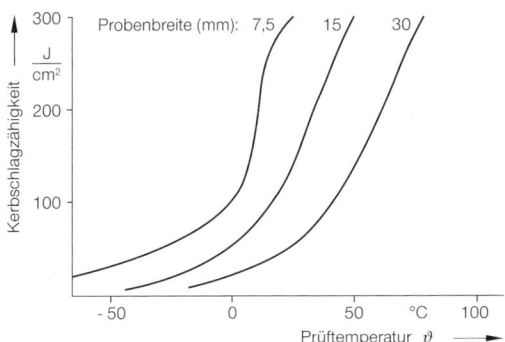

Bild 3.78
Einfluss der Probenbreite auf die Kerbschlagzähigkeit (nach MAURER und MAILÄNDER)

Auch die Einwirkung der *Beanspruchungsgeschwindigkeit* wird beim Kerbschlagbiegeversuch nur ungenügend erfasst. Höhere Beanspruchungsgeschwindigkeiten ergeben höhere Übergangstemperaturen. Als Richtwert für Stahl gilt, dass eine Verzehnfachung der Beanspruchungsgeschwindigkeit die Übergangstemperatur um durchschnittlich 33 K erhöht.

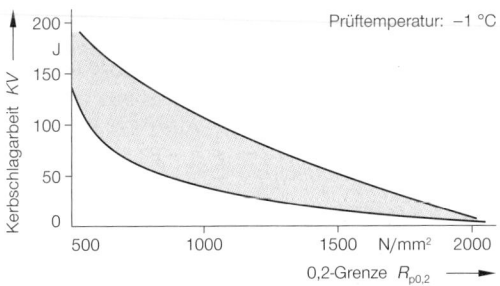

Bild 3.79
Einfluss der 0,2-Grenze auf die Kerbschlagarbeit (nach PELLINI u. a.)

Weitere Einflüsse auf die Kerbschlagarbeit sind durch die Bilder 3.79 bis 3.81 dargestellt. Bei konstanter Prüftemperatur wird die Kerbschlagarbeit geringer mit zunehmender *Streckgrenze* bzw. 0,2-Grenze des Stahles (Bild 3.79). Die gleiche Abhängigkeit wird im Prinzip in Bild 3.80 wiedergegeben durch die Veränderung der Kerbschlagarbeit eines gehärteten Kohlenstoffstahles mit zunehmender *Anlasstemperatur*. Das Maximum zwischen 600 °C und 700 °C ist bedingt durch die Gefügeumwandlungen, die oberhalb dieser Temperaturen einsetzen (siehe S. 143).

Den Einfluss verschiedener *Stahlqualitäten* auf die Kerbschlagarbeit geben die Vergleichskurven in Bild 3.81 wieder. Die Unterscheidung zwischen Hoch- und Tieflage ist für Stähle hoher Festigkeit kaum noch möglich. Das geringe Verformungsvermögen dieser Stähle ergibt auch beim Verformungsbruch geringe Energiewerte *(energiearmer Zähbruch)*.

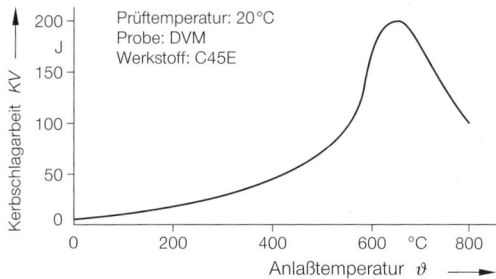

Bild 3.80
Einfluss der Anlaßtemperatur auf die Kerbschlagarbeit eines gehärteten Kohlenstoffstahles

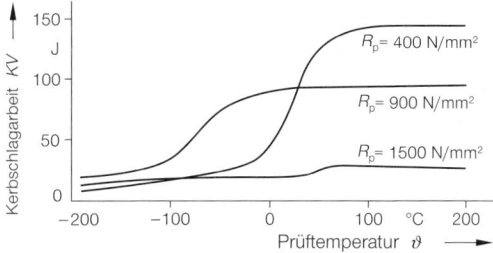

Bild 3.81
Einfluss der Festigkeit auf Kerbschlagarbeit-Temperatur-Kurven (nach TETELMANN und MCEVILY)

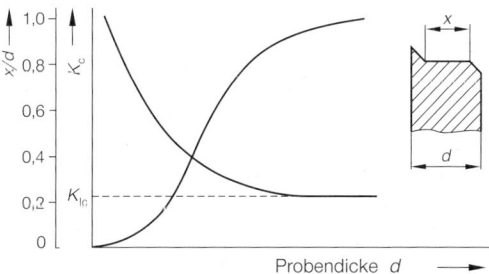

Bild 3.82
Einfluss der Probendicke auf K_c-Wert und Scherlippenanteil (nach SRAWLEY und BROWN)

Für *hochfeste Werkstoffe* ist deshalb die Bruchzähigkeit K_{Ic} von besonderer Bedeutung. Der Einfluss der Probengeometrie, insbesondere der Probendicke entfällt, wenn die in Bild 3.75 angegebenen Mindestwerte überschritten werden. Ist die Probendicke zu gering, so sind die Bedingungen für den ebenen Dehnungszustand mit vernachlässigbaren plastischen Verformungen nicht erfüllt, und es ergeben sich zu große K_c-Werte. Ursache ist in erster Linie ein zunehmender Scherlippenanteil (Bild 3.82).

Die Temperatur hat qualitativ gleichen Einfluss auf die Bruchzähigkeit wie auf die Kerbschlagarbeit. Auch die Bruchzähigkeit nimmt mit steigender Temperatur zu. Der sehr steile Anstieg, der bei Werkstoffen niedriger Festigkeit in einem bestimmten Temperaturbereich vorliegt (Bild 3.83), grenzt dieses gegen den Temperaturbereich mit Verformungsbrüchen ab.

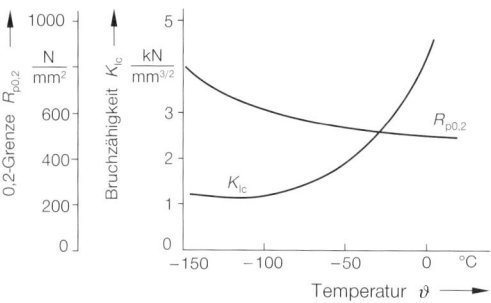

Bild 3.83
Abhängigkeit der 0,2-Grenze und Bruchzähigkeit eines Druckbehälterstahles von der Prüftemperatur (nach WESSEL u. a.)

Bei gleichartigen Werkstoffen nimmt die Bruchzähigkeit mit zunehmender 0,2-Grenze ab (Bild 3.84).

3.4.5 Anwendungsgrenzen von Bruchversuchen

Die Anwendung der verschiedenen Bruchversuche lässt sich grob auf drei Festigkeitsbereiche aufteilen:
– Werkstoffe mit niedriger Festigkeit mit einem Verhältnis $E/R_{p0,2} > 300$, z. B. Stähle mit Streckgrenzen < 700 N/mm²,
– Werkstoffe mit mittlerer Festigkeit, $E/R_{p0,2}$ zwischen 150 und 300,
– hochfeste Werkstoffe mit $E/R_{p0,2} < 150$, also z. B. Stähle mit 0,2-Grenzen > 1400 N/mm².

Bei Werkstoffen *niedriger Festigkeit* ist die qualitative Abschätzung der Sprödbruchgefahr durch Kerbschlagbiegeversuche meist ausreichend. In kritischen Fällen, vor allem bei tiefen Einsatztemperaturen, sollte man für eine Werkstoffauswahl »type-tests« anwenden.

Für Werkstoffe *mittlerer Festigkeit*, insbesondere Stähle mit 0,2-Grenzen zwischen 700 und 1400 N/mm² ist auch die Bruchzähigkeit zu ermitteln. Die Anwendung von K_{Ic} ist vor allem bei dickwandigen Bauteilen oder tiefen Einsatztemperaturen erforderlich.

Hochfeste Werkstoffe erfordern schließlich immer die Kenntnis der *Bruchzähigkeit* zur Dimensionierung von Bauteilen. Die Festlegung der zulässigen Spannungen beruht dabei auf der Tatsache, dass unerkannte Defekte bestimmter Größe bereits vorhanden sind. Dazu wird mit zerstörungsfreien Prüfverfahren (siehe S. 133) festgestellt, dass eine maximale Risslänge a_{max} nicht überschritten wird. Die kritische Beanspruchung ergibt sich dann zu:

$$\sigma_{krit} = \frac{K_{Ic}}{f \cdot \sqrt{\pi \cdot a_{max}}}.$$

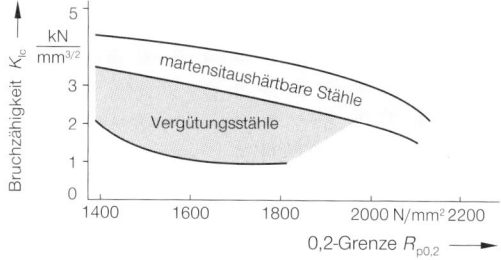

Bild 3.84
Einfluss der 0,2-Grenze auf die Bruchzähigkeit von Stählen (nach HECKEL)

Die zweite Möglichkeit einer Sicherheitsberechnung besteht darin, dass mit der vorhandenen Spannung eine kritische Risslänge festgelegt wird:

$$a_{krit} = \frac{K_{Ic}^2}{f^2 \cdot \pi \cdot \sigma_{vorh}^2}.$$

Diese kritische Risslänge muss eindeutig über der Nachweisgrenze zerstörungsfreier Prüfverfahren liegen.

3.5 Technologische Prüfverfahren

Mit den technologischen Prüfverfahren werden überwiegend Kennwerte ermittelt, die abhängig von der Probenform sind. Ihre Aufgabe ist meist, die Eignung von Vorprodukten, insbesondere Halbzeugen, für die Weiterverarbeitung festzustellen. Mit einem Teil dieser Prüfverfahren wird auch die Anwendbarkeit von Fertigungsverfahren geprüft. Neben den genormten Verfahren, auf die hier nur hingewiesen wird, gibt es eine große Anzahl nicht genormter Prüfungen, um den Anforderungen spezieller Fertigungsverfahren gerecht zu werden.

Die technologischen Prüfverfahren lassen sich im Wesentlichen in drei Gruppen einteilen:
– Prüfung der Umformeigenschaften,

- Prüfung der Gießeigenschaften,
- Prüfung der Eignung zum Schweißen oder Löten oder der Eignung für eine Wärmebehandlung.

Die Prüfergebnisse sind entweder zahlenmäßig erfassbare Kennwerte oder einfache Ja-Nein-Aussagen.

3.5.1 Prüfung der Umformeigenschaften

Die Prüfung der Kaltverformbarkeit wird an allen Halbzeugen, wie Blechen, Bändern, Rohren, Stangen und Profilen, aber auch z. B. an Nieten durchgeführt. Einer der wichtigsten Versuche ist der **Biegeversuch** (DIN EN ISO 7438).

Ermittelt wird der Biegewinkel, bei dem die Probe auf der Zugseite anreißt. Oft ist auch ein Biegewinkel (meist 180°) vorgeschrieben, ohne dass ein Anriss vorhanden sein darf.

Besondere Bedeutung haben auch Tiefzieheignungsprüfungen von Fein- und Feinstblech. Beim **Tiefungsversuch** nach ERICHSEN (DIN EN 20482) wird das fest eingespannte Blech oder Band mit einem kugeligen Stempel eingebeult bis es einreißt (Bild 3.85). Das Prüfungsergebnis ist der Stempelweg bis zum Anriss, die ERICHSEN-*Tiefung IE*. Sie muss größer sein, als die in den jeweiligen Gütenormen angegebenen Mindestwerte.

Darüber hinaus kann aus der Form des Anrisses die Anisotropie des Bleches beurteilt werden. Da das Blech einer zweiachsigen Zugbeanspruchung unterliegt, ist bei isotropem Werkstoff der Anriss fast zu einem Vollkreis geschlossen. Ein einseitiger Anriss weist auf eine Textur des Bleches hin, das dann zum Tiefziehen weniger geeignet ist.

Die Narbigkeit der Oberfläche lässt schließlich Rückschlüsse auf die Korngröße zu. Grobkörnige Werkstoffe sind zum Tiefziehen ungeeignet und erreichen auch meist nicht die geforderten Tiefungswerte.

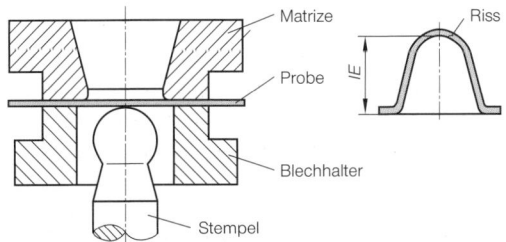

Bild 3.85
Tiefungsversuch nach DIN 50101 (ERICHSEN-Versuch)

Der in Bild 3.86 dargestellte **Tiefziehversuch** *(Näpfchenprobe)* ist nicht genormt. Blechscheiben (Ronden) verschiedenen Durchmessers D werden zu zylindrischen Näpfchen mit kleinerem Durchmesser d gezogen. Da beim Umformen neben den radialen (in der Ronde) und axialen (im Zylinder) Zugspannungen auch tangentiale Druckspannungen entstehen, lässt sich der Werkstoff in größerem Maße plastisch verformen als im Tiefungsversuch.

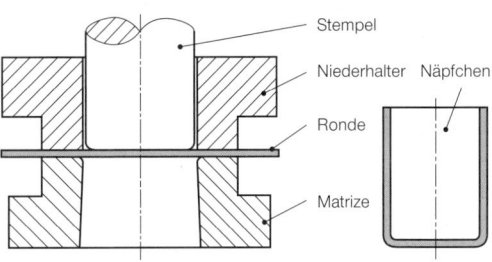

Bild 3.86
Tiefziehversuch (Näpfchenprobe)

Ermittelt wird das *Grenzziehverhältnis*, das ist das Durchmesserverhältnis D/d, bei dem der Boden des Näpfchens gerade noch nicht reißt. Das Ergebnis wird sehr stark von der Blechhaltekraft beeinflusst. Ist sie zu groß, so entstehen zu große Reibkräfte, und das Blech reißt vorzeitig. Ist sie zu klein, so beult die Ronde infolge der Druckspannungen (Faltenbildung), und das Näpfchen reißt ebenfalls. Auch das verwendete Schmiermittel beeinflusst das Grenzziehverhältnis.

Beim Näpfchenziehversuch kann auch eine Anisotropie des Bleches erkannt werden. Eine Textur im Blech führt zur *Zipfelbildung*, d. h., der Zylindermantel hat unterschiedliche Höhen. Die **Zipfelprüfung** erfolgt nach DIN EN 1669 mit festgelegten Rondendurchmessern beim Ziehverhältnis 1,82.

Der Nachteil dieses Prüfverfahrens ist, dass die Reibungsbedingungen beim Tiefziehversuch nicht den späteren Bedingungen des Bauteils entsprechen und so zu falschen Schlußfolgerungen führen können. Probenunabhängige Kennwerte für das Umformverhalten von Blechwerkstoffen sind
- der *Verfestigungsexponent n* und
- die *senkrechte Anisotropie r*.

Beide kann man im Zugversuch ermitteln. Die wahre Spannung *(Formänderungsfestigkeit k_f)* über der wahren Dehnung ist die Fließkurve (siehe Bild 1.55b). Der Verfestigungsbereich der Fließkurve (gekrümmter Teil) lässt sich durch die Formel

$k_\mathrm{f} = $ konst. $\cdot \varphi^n$

mit dem **Verfestigungsexponenten** n beschreiben. Die **senkrechte Anisotropie** r ist das Verhältnis der wahren Querdehnungen in Breiten- und Dickenrichtung

$r = \varphi_\mathrm{b} / \varphi_\mathrm{s}$.

Da Bleche durch das Bandwalzen oft auch in der Blechebene anisotrop sind, wird der r-Wert in verschiedenen Richtungen ermittelt und ein mittlerer Wert r_m gebildet. Richtwerte für Tiefziehbleche aus Stahl sind $n = 0{,}2$ und $r_\mathrm{m} = 1{,}5$.

Weitere technologische Verfahren zum Prüfen der Kaltverformbarkeit sind genormt in:
– DIN EN ISO 7799: Hin- und Herbiegeversuch an Blechen, Bändern oder Streifen mit einer Dicke unter 3 mm,
– DIN EN ISO 8491: Biegeversuch an Rohren,
– DIN EN ISO 8492: Ringfaltversuch an Rohren,
– DIN EN ISO 8493: Aufweitversuch an Rohren,
– DIN EN ISO 8494: Bördelversuch an Rohren,
– DIN EN ISO 8495: Ringaufdornversuch an Rohren,
– DIN EN ISO 8496: Ringzugversuch an Rohren,
– DIN 51211: Hin- und Herbiegeversuch an Drähten,
– DIN 51212: Verwindeversuch an Drähten,
– DIN 51214: Knoten-Zugversuch an Runddrähten,
– DIN 51215: Wickelversuch an Drähten.

Verfahren zum Prüfen der *Warmverformbarkeit* (Schmiedeversuche) sind nicht genormt. Hier sind zu erwähnen der Ausbreitversuch, der Stauchversuch und der Aufdornversuch. In allen Versuchen werden die Grenzbedingungen ermittelt, bei denen der Schmiedewerkstoff Anrisse bekommt.

3.5.2 Prüfung der Gießeigenschaften
Die technologischen Eigenschaften, die eine Legierung als Gusswerkstoff geeignet machen, sind:
– Fließfähigkeit,
– Formfüllungsvermögen,
– geringe Warmrissanfälligkeit und
– geringes Schwindmaß.

Lediglich die **Schwindmaßbestimmung** ist für Werkstoffe mit Gießtemperaturen unter 700 °C in DIN 50131 genormt.

Die Fließfähigkeit und das Formfüllungsvermögen können mit der **Gießspirale** (Bild 3.87) ermittelt werden. Der Vorlauf des flüssigen Metalls in dem sehr engen Querschnitt der spiralförmigen Form ist ein Maß für die *Fließfähigkeit*. Die Anzahl der gefüllten kuppenförmigen Erhöhungen, die in regelmäßigen Abständen auf der Spirale angeordnet sind, gilt als Maß für das *Formfüllungsvermögen*. Natürlich sind die Ergebnisse außer von der Legierungszusammensetzung sehr stark von der Gießtemperatur und der Formtemperatur abhängig.

Die Neigung zur Rissbildung in Gusslegierungen infolge von Wärmespannungen während des Abkühlens kann mit der **Ringgussprobe** erfasst werden. Eine ringförmige Kokille hat einen starren Kern, so dass beim Erkalten des Gusswerkstoffes hohe Zugspannungen in Umfangsrichtung auftreten, wenn sie nicht durch plastische Verformung abgebaut werden. An Phasengrenzen fest-flüssig können dabei die lunkerähnlichen **Heißrisse** entstehen. Diese Gefahr ist um so geringer, je geringer das Schwindmaß der Legierung ist.

3.5.3 Weitere technologische Prüfungen
Beim Prüfen von Löt- und Schweißwerkstoffen handelt es sich überwiegend um Festigkeits- und Zähigkeitsprüfungen des Schweißguts und der Wärmeeinflusszone. Probenform und Prüfbedingungen sind so bestimmt, dass entweder die Verbindung oder das Schweißgut geprüft werden.

Die Normen enthalten eine Vielzahl von Verfahren für die Prüfung von:
– Weich- und Hartlötverbindungen,
– Schweißgut, niedergeschmolzen mit üblichen Schmelzschweißverfahren,
– Schweißverbindungen aus Stahl,
– Schweißverbindungen aus Nichteisenmetallen.

Eine wichtige technologische Prüfung ist die Untersuchung von Halbzeugen aus Stahl auf ihre Eignung für eine Wärmebehandlung. Das hierzu vornehmlich eingesetzte Prüfverfahren ist der **Stirnabschreckhärteversuch** nach DIN EN ISO 642 (siehe S. 179).

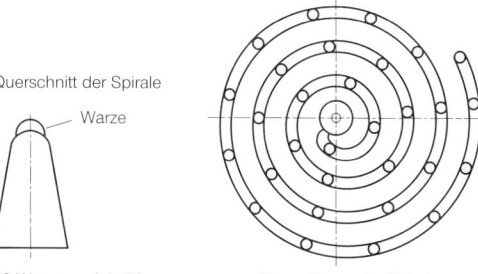

30 Warzen, mit je 50 mm Abstand aufeinanderfolgend

Gesamtlänge der Spirale: 1500 mm

Bild 3.87
Gießspirale

3.6 Zerstörungsfreie Prüfung

Die Verfahren der zerstörungsfreien Prüfung sind nicht als Werkstoffprüfung im engeren Sinne, sondern eher als *Werkstückprüfung* zu bezeichnen. Nur in Ausnahmefällen ist die Ermittlung von Werkstoffeigenschaften das Ziel der zerstörungsfreien Prüfung. In der Regel gilt es, Fehler eines Bauteiles rechtzeitig vor Inbetriebnahme oder auch während des Betriebes zu erkennen. Dabei sollen Fehler an der Oberfläche und im Innern des Werkstoffes erfasst werden.

Die zerstörungsfreien Prüfverfahren können in vier Gruppen aufgeteilt werden:
- Kapillarverfahren,
- magnetische und induktive Verfahren,
- Schallverfahren,
- Strahlenverfahren.

3.6.1 Kapillarverfahren

Die Wirkung der Kapillarverfahren beruht auf der als Kapillarität bekannten Eigenschaft von Flüssigkeiten. Es werden Flüssigkeiten mit einer möglichst geringen Zähigkeit und Oberflächenspannung verwendet.

Das Werkstück oder Bauteil wird in die Flüssigkeit getaucht oder mit ihr besprüht, wobei diese infolge der *Kapillarwirkung* in Spalten, Poren oder Risse tief eindringt. Am häufigsten finden hierfür fluoreszierende Eindringmittel oder eine sehr dünnflüssige, meist rote Farbe Verwendung *(Farbeindringverfahren)*. Daneben wird noch heißes Öl *(Ölkochprobe)* als Eindringmittel benutzt.

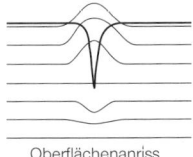 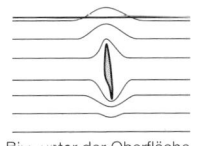

Oberflächenanriss   Riss unter der Oberfläche

Bild 3.88
Störung magnetischer Kraftlinien durch Risse

Nach einer Einwirkzeit wird die an der Oberfläche haftende Flüssigkeit abgespült und beim Farbeindringverfahren sowie der Ölkochprobe das Bauteil mit einem Kreidefilm überzogen. In den getrockneten Kreidefilm dringen Farbstoff bzw. Öl, die in den Fehlern noch gespeichert sind, wiederum durch die Kapillarwirkung ein. Die Fehler zeichnen sich dabei auf der weißen Oberfläche deutlich und stark verbreitert ab, so dass auch feinste Risse erkennbar werden.

Fluoreszierende Eindringmittel werden durch Beleuchtung mit UV-Licht direkt sichtbar gemacht. Regeln für die Durchführung der **Eindringprüfung** finden sich in DIN EN 571.

Auf der Kapillarwirkung beruht auch die *Beizprobe*. Durch Säure, die in die Risse eindringt, werden die Rissränder verstärkt angegriffen und zeichnen sich als breitere Linien ab.

Durch die Kapillarverfahren können naturgemäß nur Fehler erkannt werden, die sich an der Oberfläche des Werkstückes befinden.

3.6.2 Magnetische und induktive Verfahren

In dieser Gruppe werden magnetische Felder zum Erkennen von Werkstückfehlern genutzt. Man unterscheidet magnetische Streuflussverfahren und induktive Verfahren.

Beim magnetischen **Streuflussverfahren** (DIN 54130), das nur für *ferromagnetische Werkstoffe* geeignet ist, können Makrofehler in und dicht unter der Oberfläche *direkt* sichtbar gemacht werden. Bild 3.88 zeigt das *Funktionsprinzip* des Verfahrens. Der Verlauf der Kraftlinien eines magnetischen Feldes wird durch Fehler so gestört, dass die Linien aus der Oberfläche des Werkstückes austreten, es entsteht ein Streufluss. Wird die Oberfläche mit frei beweglichen ferromagnetischen Teilchen bedeckt – meist ist das eine Suspension aus Öl und Pulver – so ordnen sich diese längs der austretenden Kraftlinien an und zeichnen ein Bild des Fehlers. Das Verfahren heißt deshalb auch *Magnetpulverprüfung* (DIN EN ISO 9934).

Für das Austreten der Kraftlinien an einem Fehler ist es erforderlich, dass die Längsrichtung des Fehlers möglichst rechtwinklig zu den Kraftlinien ist.

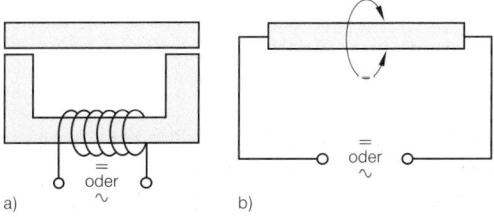

Bild 3.89
Magnetische Streufluss-Verfahren
a) Polmagnetisierung: axiales Magnetfeld
b) Stromdurchflutung: kreisförmiges Magnetfeld

Um in einem Werkstück Längs- und Querrisse zu erfassen, müssen zwei verschiedene Magnetfelder durch *Polmagnetisierung* und *Stromdurchflutung* erzeugt werden (Bild 3.89).

Induktive Verfahren *(Wirbelstromverfahren,* DIN EN 12084) zeigen den Fehler nur *indirekt* an. In einem Erregersystem (Spule) werden zeitlich veränderliche Magnetfelder erzeugt, die in dem Randbereich eines elektrisch leitenden Prüfobjektes Wirbelströme induzieren. Diese Wirbelströme bewirken ihrerseits ein Magnetfeld, das sich dem Erregerfeld überlagert. Ein Messsystem (meist eine zweite Spule) verarbeitet das Gesamtfeld zu einem elektrischen Signal.

Ist das Werkstück fehlerhaft, so ergibt sich eine andere Überlagerung als bei einem fehlerfreien Werkstück. Fehler können folglich erkannt werden, wenn das Gesamtsystem (Erreger- und Messsystem) an einem fehlerfreien Werkstück geeicht wurde. Das Messsignal lässt in der Regel keine Aussage über die Art des Fehlers zu. Es ist jedoch möglich, z. B. Werkstoffverwechslungen oder falsche Wärmebehandlungen zu erkennen. Darüber hinaus werden induktive Verfahren häufig zur Prüfung von *Oberflächenbeschichtungen* (Dickenmessung) eingesetzt.

3.6.3 Schallverfahren

Die zerstörungsfreie Prüfung von Bauteilen mit Schallwellen findet in der **Ultraschallprüfung** weiteste Anwendung. Ultraschall ist Schall im Frequenzbereich über 20 kHz, für die Ultraschallprüfung von Metallen wird jedoch überwiegend mit Prüffrequenzen zwischen 0,5 MHz und 10 MHz gearbeitet. Dafür sind zwei Gründe maßgebend. Je höher die Frequenz ist
- desto besser lässt sich der Schallstrahl bündeln und richten,
- um so kleinere Fehler können erkannt werden.

Für die Erzeugung der hochfrequenten Schwingungen wird der *piezoelektrische Effekt* genutzt (siehe S. 323).

Die Mindestgröße des erkennbaren Fehlers ergibt sich aus der Beziehung:

$c = \lambda \cdot f$.

Im Stahl beträgt z. B. die Schallgeschwindigkeit ungefähr $c = 6000$ m/s, bei einer Frequenz $f = 3$ MHz ergibt sich eine Wellenlänge $\lambda = 2$ mm. Fehler können nur erkannt werden, wenn sie größer als die halbe Wellenlänge sind. Dabei muss aber erwähnt werden, dass die mit Sicherheit nachweisbaren Fehler wesentlich größer sind als die aus der Prüffrequenz errechenbaren.

Am häufigsten wird das **Impulsechoverfahren** verwendet. Das Prinzip des Verfahrens beruht darauf, dass der Schall an der Grenzfläche zweier Medien entsprechend dem Verhältnis ihrer Schallwiderstände reflektiert wird. An der Grenzfläche Metall/Luft tritt praktisch Totalreflexion ein, selbst wenn der Luftspalt nur 10^{-6} mm ($\approx$ Gitterkonstante) beträgt.

Der Schallkopf strahlt kurze Schallimpulse (z. B. $t = 2\,\mu s, f = 50$ Hz) ab, in der Zeit zwischen den Impulsen arbeitet er als Empfänger. Damit der Schallimpuls in das Werkstück eingeleitet werden kann, muss zwischen Schallkopf und Werkstück ein Kopplungsmittel (z. B. Öl) sein. Der Sendeimpuls und ggf. seine Echos werden auf einem Oszilloskop als *Reflektogramm* wiedergegeben (Bild 3.90). Die Laufzeit auf der Abszisse des Reflektogramms entspricht der Tiefenlage der Trennfläche, an der der Impuls reflektiert wird.

Bei einem fehlerfreien Werkstück ergibt sich nur ein *Rückwandecho* oder ein durch die geometrische Form bedingtes Formecho. Liegt zwischen Oberfläche und Rückwand eine weitere Trennfläche, so kann ein Zwischenecho oder *Fehlerecho* entstehen (Bild 3.90b). Das erscheint aber nur in den Ausnahmefällen, in denen die Trennfläche annähernd rechtwinklig zum Schallstrahl liegt. Meistens kann der Fehler lediglich durch eine Abschwächung oder durch das Verschwinden des Rückwandechos fest-

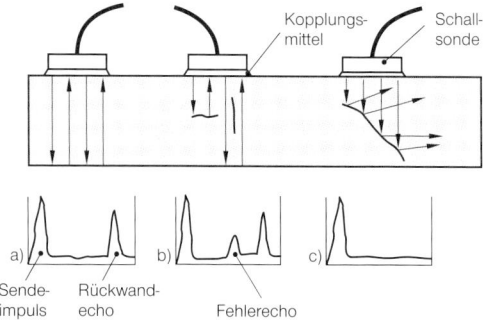

Bild 3.90
Ultraschallprüfung: Strahlengang und Reflektogramm bei
a) fehlerfreiem Werkstoff
b) quer zum Schallstrahl liegendem Fehler
c) schräg liegendem Fehler

gestellt werden (Bild 3.90c). In diesen Fällen muss die Tieflage des Fehlers durch Prüfung in anderen Richtungen oder durch Schrägeinschallung mit einem Winkelprüfkopf festgestellt werden.

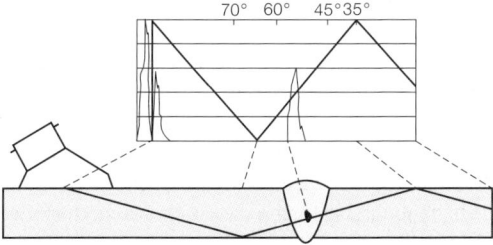

Bild 3.91
Ultraschallprüfung einer Schweißnaht

Auf die bei der Schrägeinstrahlung entstehenden Transversalwellen wird hier ebenso wenig eingegangen, wie auf andere Prüfverfahren wie z. B. Durchschallungsverfahren oder Resonanzverfahren.

Allgemeine Regeln zur Prüfung mit Ultraschall enthalten DIN EN 583 und DIN EN 10160.

Die Ultraschallprüfung hat besondere Bedeutung für die Prüfung von Schweißnähten (Bild 3.91) und ist dort in vielen Fällen vorgeschrieben. Die Anwendung des Verfahrens und die Deutung von Reflektogrammen erfordert trotz der einfachen Handhabung entsprechende Erfahrung.

3.6.4 Strahlenverfahren

Kurzwellige elektromagnetische Strahlen (**Röntgenstrahlen, Gammastrahlen**) durchdringen auch Metalle. Dabei werden sie je nach Werkstoff, Bauteildicke und Wellenlänge abgeschwächt. Die Reststrahlung hinter dem Bauteil wird auf Fotomaterial (Röntgenfilm, Gammafilm) registriert oder mittels eines Röntgendetektors auf einem Monitor direkt angezeigt.

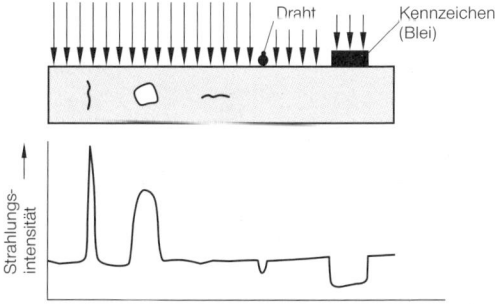

Bild 3.92
Veränderung der Strahlungsintensität hinter Fehlern und Kennzeichen bei der Röntgenprüfung.

Befindet sich in dem Bauteil eine Werkstofftrennung mit nennenswerter Ausdehnung, so werden die Strahlen dort nicht abgeschwächt. Die Intensität der Strahlung hinter dem Bauteil ist folglich in diesen Bereichen höher (Bild 3.92), und die Defekte werden durch Schwärzung des Films bzw. entsprechende Darstellung auf dem Monitor abgebildet.

Damit Fehler gut erkennbar sind, müssen Strahlungsintensität, Wellenlänge, Bauteildicke und gegebenfalls Belichtungszeit aneinander angepasst sein. Zum Überprüfen der Abstimmung und zum Bestimmen der *Bildgüte* dienen amtlich geprüfte Drahtstege nach DIN EN 462. Die Drahtstege werden so auf das Bauteil gelegt, dass sie ebenfalls auf dem Film abgebildet werden. Der dünnste, gerade noch erkennbare Draht kennzeichnet die Bildgüte und damit die Fehlererkennbarkeit.

Das *Durchdringungsvermögen* von Röntgen- oder Gammastrahlen ist um so besser, je kleiner die Wellenlänge, d. h. je höher die Frequenz ist. Andererseits nehmen mit zunehmender Frequenz die *Kontraste* ab, so dass kleine Fehler schlechter erkennbar werden.

Ebenso wie die Ultraschallprüfung hat auch die zerstörungsfreie Prüfung mit hochfrequenten Strahlen besondere Bedeutung bei der Prüfung von *Schweißnähten* (DIN EN 1435). Dabei führen kleine Fehler oft zu Interpretationsschwierigkeiten (Bild 3.93).

Bild 3.93
Röntgenaufnahme einer Schweißnaht mit (absichtlich erzeugten) Poren

Grundlagen der Röntgenprüfung enthält die DIN EN 444. Bei Durchführung von Röntgen- oder Gammaprüfungen sind umfangreiche Strahlenschutzregeln (DIN 54115) zu beachten.

3.7 Metallografische Untersuchungsverfahren

Aufgabe der metallografischen Untersuchungen ist es, Aufschluss über den makroskopischen und mikroskopischen *Gefügeaufbau* bis hin zur Art und Verteilung von *Gitterbaufehlern* zu geben.

3.7.1 Makroskopische Verfahren

Makroskopische metallografische Untersuchungen liefern nur erste Anhaltswerte über den Gefügeaufbau oder geben Aufschluss über Art und Verteilung bestimmter Gefügebestandteile. Sie beruhen alle auf der Wirkung chemischer Reaktionen an der Oberfläche, wobei man zwei Gruppen unterscheiden kann:
– Ätzverfahren und
– Abdruckverfahren.

Voraussetzung für die Anwendung der Verfahren ist eine geschliffene Oberfläche.

Die makroskopischen Ätzverfahren werden auch als *Tiefätzung* bezeichnet. Sie gestatten die Unterscheidung *grundsätzlicher Gefügeunterschiede,* wie z. B. Schweißnähte oder Wärmebehandlungszonen. Die Primärkristallisation in Gussteilen und die Verteilung von Seigerungen können dadurch ebenso sichtbar gemacht werden wie das Rekristallisationsgefüge und der Faserverlauf verformter Teile (siehe Bild 2.21). Typische Makroätzmittel sind z. B. Ätzmittel nach ADLER, FRY und OBERHOFFER.

Das bekannteste Abdruckverfahren ist der *BAUMANN-Abdruck* für den Nachweis von *Schwefelseigerungen* im Stahl. Mit Schwefelsäure getränktes Fotopapier wird auf die geschliffene Stahlfläche gelegt. Die Schwefelsäure reagiert mit den Sulfideinschlüssen und bildet dabei Schwefelwasserstoff. Dieser reagiert mit der Fotoschicht zu dem dunklen Silbersulfid, wodurch die Verteilung der Sulfideinschlüsse abgebildet wird.

3.7.2 Mikroskopische Verfahren

3.7.2.1 Lichtmikroskopie

Die Anwendung des Lichtmikroskopes erfordert wegen der geringen Schärfentiefe eine Probe mit optisch ebener Oberfläche. Es werden deshalb metallografische *Schliffe mit polierter Oberfläche* untersucht. Das Schleifen und Polieren erfolgt in mehreren aufeinander abgestimmten Arbeitsgängen mechanisch, als letzter Arbeitsgang ist auch *elektrolytisches* Polieren möglich. Elektrolytisches Polieren ist immer dann unabdingbar, wenn die durch das mechanische Polieren bewirkten, geringfügigen Gefügestörungen (Kaltverformung) vermieden werden müssen.

Durch den hohen Reflexionsgrad der polierten Oberfläche können nur solche Einzelheiten erkannt werden, deren Reflexionsvermögen stark unterschiedlich ist. Auf einer nur polierten Schlifffläche werden deshalb im Allgemeinen nur nichtmetallische Einschlüsse untersucht (siehe Bild 2.17).

Zur Steigerung des Kontrasts wird die Schlifffläche chemisch oder elektrolytisch angeätzt, wobei die Ge-fügebestandteile verschieden stark angegriffen wer-den. Dadurch entstehen unterschiedliche Reflexionsbedingungen für die einzelnen Gefügebestandteile oder auch eine Reliefstruktur, die zur Schattenbildung führt. Bei den Ätzverfahren unterscheidet man im Wesentlichen die **Korngrenzenätzung** (Bild 3.94), bei der vorwiegend die Korngrenzen angegrif-fen werden und die **Kornflächenätzung** (Bild 3.95). Letztere führt zu einer unterschiedlichen Aufrauung der Kornflächen, die von der Orientierung der einzelnen Kristallite zur Schlifffläche abhängig ist.

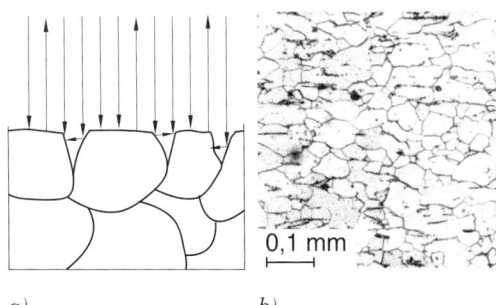

Bild 3.94
Korngrenzenätzung
a) Strahlengang
b) Schliff einer Aluminiumprobe

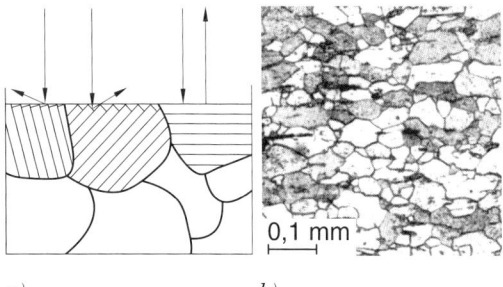

Bild 3.95
Kornflächenätzung
a) Strahlengang
b) Schliff einer Aluminiumprobe

Der undurchsichtige Metallschliff kann durch zwei unterschiedliche Methoden beleuchtet werden. Bei der **Hellfeldbeleuchtung** (Bild 3.96a) erscheinen Flächen, die parallel zur Schlifffläche sind, hell, bei der Dunkelfeldbeleuchtung dunkel. Der Vorteil der **Dunkelfeldbeleuchtung** (Bild 3.96b) liegt darin, dass keine Überstrahlung durch die hellen Flächen erfolgt und die einzelnen Gefügebestandteile farbgetreuer wiedergegeben werden.

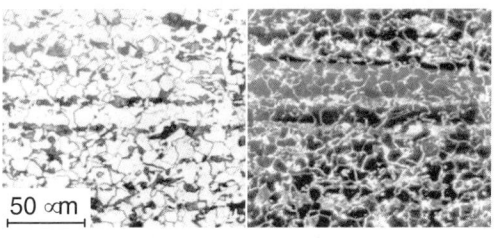

a)   b)

Bild 3.96
Ferritisch-perlitisches Gefüge bei
a) Hellfeldbeleuchtung (Ferrit hell)
b) Dunkelfeldbeleuchtung

Die *Vergrößerung* von Lichtmikroskopen ist im Normalfall auf ungefähr den Faktor 1000 begrenzt. Durch Einschaltung von Immersionslösungen (Flüssigkeiten mit höherem Brechungsindex) zwischen Objekt und Objektiv kann 1600fache Vergrößerung erreicht werden. Das *Auflösevermögen* in der Objektebene ist durch die Wellenlänge des (sichtbaren) Lichtes auf etwa 0,3 $\propto$m begrenzt, d. h., zwei Punkte auf dem Objekt, deren Abstand geringer ist, werden nur noch als ein Punkt wiedergegeben. Die *Schärfentiefe* beträgt bei 1000facher Vergrößerung lediglich 0,01 $\propto$m. Deshalb ist das Lichtmikroskop z. B. zum Betrachten von Bruchflächen nicht geeignet.

3.7.2.2 Raster-Elektronenmikroskopie

Im Raster-Elektronenmikroskop **REM** wird mit einem sehr dünnen Elektronenstrahl (Durchmesser ca. 0,01 $\propto$m) die Probenoberfläche zeilenförmig abgetastet (gerastert). Durch das Auftreffen der Primärelektronen des Elektronenstrahls werden aus der Probe *Sekundärelektronen* herausgelöst, die von einem Elektronendetektor aufgefangen werden. Nach elektronischer Verstärkung wird die örtliche Verteilung der Sekundärelektronen auf einem Bildschirm wiedergegeben.

Da aus herausragenden Oberflächenteilen viele Sekundärelektronen herausgelöst werden, erscheinen diese Bereiche hell, während tiefer liegende Zonen dunkler bleiben. Verbunden mit einer Schattenbildung, die durch Schrägeinfall des Elektronenstrahls verursacht wird, entsteht so ein plastisches Bild der Oberfläche, das sich durch große Schärfentiefe und hohe Auflösung auszeichnet.

Das *Auflösevermögen* des REM beträgt üblicherweise bis 0,01 $\propto$m, die *Schärfentiefe* bei 1000facher Vergrößerung etwa 35 $\propto$m. Die maximal erreichbare *Vergrößerung* ist abhängig von der Spannung, mit der die Primärelektronen beschleunigt werden, sie kann bis zu 200 000fach betragen.

Die große Schärfentiefe macht das REM besonders geeignet für die Untersuchungen von Bruchflächen (Mikrofraktografie) und sonstigen Schäden. Das REM wird deshalb auch in starkem Maße für Schadensuntersuchungen eingesetzt. Die Deutung der Bilder erfordert allerdings entsprechende Erfahrung. Beispiele von REM-Bildern sind auf den Seiten 113, 114 und 120 bis 122 wiedergegeben.

3.7.2.3 Durchstrahlungs-Elektronenmikroskopie

Die Fähigkeit von Elektronenstrahlen, dünne Schichten zu durchdringen, wurde schon relativ früh im Durchstrahlungs-Elektronenmikroskop (*Transmissions-Elektronenmikroskop*, **TEM**) ausgenutzt. Die Untersuchungen wurden dabei zunächst an Folien durchgeführt.

Das *Abbildungsprinzip* des TEM beruht darauf, dass an Gitterbaufehlern die Elektronenstrahlen gebeugt werden. Dadurch ergeben sich in den einzelnen Werkstoffzonen Laufzeitdifferenzen, die zu Interferenzen führen. Nach Vergrößerung mit elektromagnetischen Linsen werden diese Interferenzen als Hell-Dunkel-Bild auf einer Mattscheibe abgebildet. Die Bereiche mit Gitterstörungen erscheinen dabei meist dunkel.

Mit dem TEM können Versetzungen (siehe Bild 1.22, S. 6), Stapelfehler und feinste Ausscheidungen im Gitter sichtbar gemacht werden. Mit dem Raster-Durchstrahlungsmikroskop (STEM) ist es sogar möglich, das Spannungsfeld um eine einzelne Leerstelle abzubilden.

Die Beschleunigungsspannung ist beim TEM höher als beim REM und beträgt bis zu ca. 1 Million Volt. Dementsprechend sind auch höhere *Vergrößerungen* bis zu 10^6fach möglich, wobei die Auflösung unter 1 nm (= 10^{-9} m) betragen kann und damit bis in den Bereich der Gitterkonstanten (0,2 nm bis 0,5 nm) reicht. Die Größenordnung der im Durchstrahlungsmikroskop erreichbaren Vergrößerungen wird dadurch veranschaulicht, dass das gesamte auf der ganzen Welt in 40 Jahren durch Elektronenmikroskopie untersuchte Materialvolumen auf 1 mm^3 bis 2 mm^3 geschätzt wurde.

Da Vorgänge wie Verfestigung durch Versetzungsbildung und Diffusionsprozesse in Folien anders ablaufen als im kompakten Werkstoff, mussten für dessen Untersuchung besondere Techniken entwickelt werden. Allgemein verwendet man für die Probenvorbereitung die Abdrucktechnik und die Dünnschlifftechnik.

Bei der *Dünnschlifftechnik* wird eine sehr dünne Scheibe mit einem Elektrolytstrahl so lange elektrolytisch geätzt, bis ein Loch entsteht. Die keilförmig dünner werdenden Lochränder werde im Elektronenmikroskop durchstrahlt.

Die richtige Deutung der Bilder des Durchstrahlungsmikroskops erfordert noch größere Erfahrung, als dies beim Rastermikroskop der Fall ist (siehe Bild 1.22).

3.8 Physikalische Analyseverfahren

3.8.1 Spektralanalyse

Grundlage der Spektralanalyse ist die Tatsache, dass die Elektronen eines einzelnen Atoms nur auf *bestimmten* Energieniveaus stabil sind (siehe Seite 10). Durch Zufuhr von Energie (Anregung) können Elektronen auf ein höheres Energieniveau, d. h. auf eine andere Elektronenschale, angehoben werden.

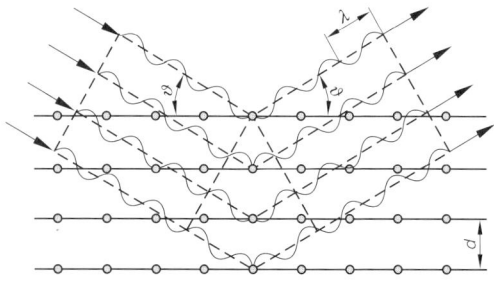

Bild 3.97
BRAGGsche Reflexionsbedingung: keine Auslöschung der reflektierten Strahlung durch Interferenzen

Dieser Zustand ist aber instabil. Die Elektronen springen in den stabilen Zustand zurück, wobei sie die überschüssige Energie in Form von Licht- oder Röntgenquanten wieder abgeben. Die Wellenlängen der entstehenden Strahlen sind charakteristisch für den jeweiligen Atomkern und können deshalb zur Bestimmung (Nachweis) der Elemente herangezogen werden.

3.8.1.1 Lichtemissionsspektroskopie

Für die Anregung der Strahlung im Bereich des *sichtbaren Lichts* genügt eine relativ geringe Energie, weil nur die Quantensprünge der äußeren Elektronenschale ausgenutzt werden. Die Energie wird entweder durch eine Funkenstrecke oder durch einen Lichtbogen zugeführt.

Damit die einzelnen Spektrallinien scharf abgegrenzt werden, müssen sich die Elektronen auf diskreten Energieniveaus und nicht auf Energiebändern befinden. Das heißt, *einzelne Atome* müssen sich aus dem Metallverband lösen und im gasförmigen Zustand vorliegen. Hierfür wird die gleiche Energiequelle genutzt.

Das Spektrum wird anschließend mittels eines Prismas in seine einzelnen Linien zerlegt. Wegen der großen Anzahl von Linien (bei Eisen sind es etwa 3000, bei Chrom ca. 1000) ist für deren genaue Identifizierung eine exakte Justierung der Geräte erforderlich. Dazu werden auch die Spektren von *Vergleichsproben* bekannter Zusammensetzung genutzt, die in einer Datenbank des Geräts gespeichert werden können..

Die quantitative Analyse erfolgt über den photometrischen Vergleich der Helligkeit bestimmter Linien aus dem Spektrum der untersuchten Probe. Die Analyse ist im Normalfall genauer als 0,1 Massenprozent.

3.8.1.2 Röntgenspektroskopie

Die Energiequanten, die beim Rücksprung der Elektronen auf die innersten Schalen frei werden, werden in Form eines *Röntgen-Linienspektrums* ausgesandt. Da die Energiezustände auf den inneren Elektronenschalen sehr stabil sind, können die dort befindlichen Elektronen nur durch hohe Energie zum Verlassen ihrer Plätze gebracht werden. Für die Anregung der Röntgenstrahlen sind deshalb hochbeschleunigte Elektronenstrahlen erforderlich.

Das Röntgen-Linienspektrum unterscheidet sich von dem des sichtbaren Lichtes dadurch, dass je Element nur wenige charakteristische Linien vorhanden sind. Die Identifizierung der einzelnen Elemente wird dadurch zwar einfacher, der apparative Aufwand ist aber höher, nicht zuletzt wegen des erforderlichen Strahlenschutzes.

Neben der Analyse der Wellenlängen von Röntgenstrahlen *(wellenlängendispersives System)* ist auch die Analyse der Energie der ausgesandten Röntgenquanten möglich. Solche *energiedispersiven* Systeme werden vor allen Dingen in Kombination mit Raster-Elektronenmikroskopen eingesetzt und ermöglichen dadurch qualitative und quantitative Mikroanalysen.

Mit der *Mikrosonde,* einem speziell dafür entwickelten Gerät, ist z. B. die Analyse mit einer Genauigkeit von 0,01 Massenprozent auf einer Fläche von 1 µm Durchmesser möglich.

3.8.2 Röntgenfeinstrukturuntersuchung

Ein Atom, das von Röntgenstrahlen getroffen wird, sendet kugelförmige Sekundärwellen gleicher Wellenlänge, aber geringerer Intensität aus. Sekundärwellen, die von benachbarten Atomen ausgehen, löschen sich durch Interferenzen gegenseitig aus oder verstärken sich, wenn zwischen der Wellenlänge λ, dem Netzebenenabstand d und dem Einstrahl- bzw. Abstrahlwinkel ϑ die BRAGGsche Reflexionsgleichung

$$2d \cdot \sin \vartheta = n\lambda$$

erfüllt ist (Bild 3.97). n ist dabei eine ganze Zahl. Diese Gleichung wird für Röntgenfeinstrukturuntersuchungen genutzt.

Die am häufigsten eingesetzte Methode ist das *DEBYE-SCHERRER-Verfahren*. Hierbei wird eine vielkristalline Probe von monochromatischen Röntgenstrahlen (λ = konst.) bestrahlt. Die Reflexe einer bestimmten Netzebene liegen wegen der beliebig möglichen Lagen im Vielkristall auf dem Mantel eines Kegels, der von der Probe ausgeht (Bild 3.98). Die Schnitte der Interferenzkegel werden auf einem Film abgebildet. Aus ihrer Lage, Schärfe und Schwärzungsintensität können entnommen werden:
– Kennwerte des Gitters,
– Aufbau und Zusammensetzung von Legierungen,
– Texturen,
– Verzerrung des Gitters durch Eigenspannungen.

Andere Verfahren der Röntgenfeinstrukturuntersuchungen sind das *LAUE-Verfahren* mit weißem Röntgenlicht und das *Drehkristallverfahren* mit monochromatischer Röntgenstrahlung. Beide Verfahren werden hauptsächlich eingesetzt, um Gitterkonstanten und Struktur an Einkristallen zu ermitteln.

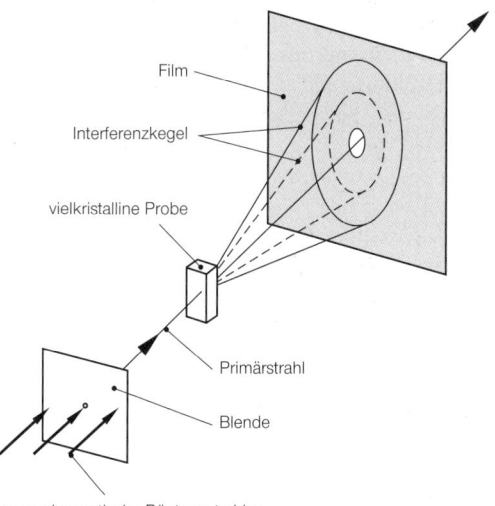

Bild 3.98
Strahlengang beim DEBYE-SCHERRER-Verfahren

Ergänzende und weiterführende Literatur

Blumenauer, H. (Hrsg.): Werkstoffprüfung, 6. Auflage, Wiley-VCH Verlag, Weinheim, 1994

Blumenauer/Pusch: Technische Bruchmechanik, 3. Auflage, Deutscher Verlag für Grundstoffindustrie, Leipzig 1993

Blumenauer, H. (Hrsg.): Werkstoffprüfung, 6. Auflage, Wiley-VCH Verlag, Weinheim, 1994

Dahl/Anton (Hrsg.): Werkstoffkunde Eisen und Stahl, Teil I: Grundlagen der Festigkeit, der Zähigkeit und des Bruchs, Verlag Stahleisen. Düsseldorf 1983

Deutsch/Platte/Vogt: Ultraschallprüfung, Springer-Verlag, Berlin 1997

Heckel, K: Einführung in die technische Anwendung der Bruchmechanik, 3. Auflage, Hanser-Verlag, Braunschweig 1991

Macherauch, E.: Praktikum der Werkstoffkunde, 10. Auflage, Vieweg-Verlag, Braunschweig 1992

Schumann, H.: Metallografie, 13. Auflage, Deutscher Verlag für Grundstoffindustrie, Leipzig 1991

4 Eisenwerkstoffe

4.1 Eisen-Kohlenstoff-Schaubild (EKS)

4.1.1 Metallkundliche Grundlagen
Reines Eisen
Reines Eisen ist sehr weich und verformbar. Abgesehen von den hohen Herstellkosten wird es wegen seiner geringen Festigkeit nicht als Konstruktionswerkstoff verwendet. Die große magnetische *Permeabilität* und niedrige *Koerzitivfeldstärke* machen es aber zum wichtigen Werkstoff in der Elektrotechnik.

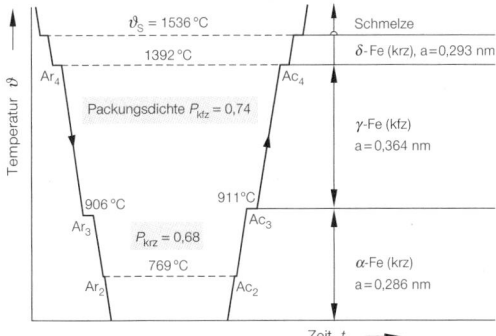

Bild 4.1
Abkühl- und Aufheizkurve von reinem Eisen

Die Abkühl- und Aufheizkurve von reinem Eisen zeigt Bild 4.1. Nach Unterschreiten der Schmelztemperatur $\vartheta_s = 1536\,°C$ kristallisiert Eisen als krz δ-Eisen, das unterhalb 1392 °C (Ar$_4$) in das kfz γ-Eisen umwandelt. Diese Modifikation und die kfz Eisen-Kohlenstoff-Mischkristalle werden als *Austenit* bezeichnet. Ein dritter Haltepunkt (Ar$_3$) tritt bei 906 °C auf: das kfz γ-Eisen geht erneut in eine krz Gitter-Modifikation über, dem α-Eisen. Dieses und auch die bei Raumtemperatur aus einer krz Phase bestehenden legierten Stähle werden als *Ferrit* bezeichnet. Der bei 769 °C auftretende vierte Haltepunkt wird als *CURIE-Punkt* bezeichnet. Sein Auftreten ist nicht mit einer Gitterumwandlung verbunden, sondern zeigt an, dass das Eisen ferromagnetisch wird. A$_1$-Punkte treten bei reinem Eisen nicht auf (siehe S. 143).

Nach Bild 4.1 ist die Lage der Haltepunkte abhängig von der Richtung, aus der sie erreicht werden *(thermische Hysterese)*. Daher ist es notwendig, die Haltepunkte A (= *Arrêt* = Stillstand) eindeutig zu kennzeichnen:
Ac (Haltepunkte bei Erwärmen, c = *chauffage*)
Ar (Haltepunkte bei Abkühlen, r = *refroidissement*).

Diese schon beim thermischen Gleichgewicht auftretenden Unterschiede werden um so größer, je weiter man sich vom Gleichgewichtszustand entfernt und je größer die Menge an Legierungs- und Begleitelementen ist:
– Größere Aufheiz- und Abkühlgeschwindigkeiten (siehe S. 160 ff.) bzw.
– zunehmender Legierungsgehalt (siehe S. 189 ff.) verschieben die Haltepunkte erheblich.

Tab. 4.1: Physikalische Eigenschaften von Eisen

Dichte	g/cm³	7,85
Elastizitätsmodul	N/mm²	206 000
Ausdehnungskoeffizient	10^{-6}/K	12,3

Eisen-Kohlenstoff-Legierungen
Kohlenstoff ist das wichtigste Legierungselement des Eisens. Schon geringe Unterschiede im Kohlenstoffgehalt ändern die Werkstoffeigenschaften entscheidend.

Der Kohlenstoff wird im α-, γ- und δ-Eisen in die Zwischengitterplätze eingelagert und ist also nur in begrenztem Umfang in dem jeweiligen Eisengitter löslich.

Der unterschiedliche geometrische Aufbau der Eisenmodifikationen (Packungsdichte!) ist die Ursache für ihre unterschiedliche Kohlenstofflöslichkeit. Im α-Eisen sind zwei Arten verschieden großer »Hohlräume« vorhanden (Bild 4.2). In die Lücken A können Fremdatome mit einem maximalen Radius von $0{,}291 \cdot R$, in die Lücken B Atome von $0{,}154 \cdot R$ eingelagert werden. Ist das zu lösende Atom aber nur geringfügig größer, dann müssten bei der Lücke A vier, bei der Lücke B aber nur zwei nächste Nachbaratome aus ihrer Gleichgewichtslage verschoben werden. Aus diesem Grunde werden Fremdatome vorzugsweise in die kleineren Gitterlücken B eingelagert.

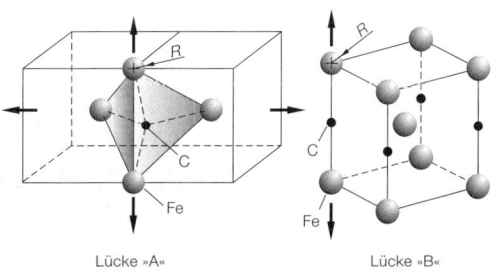

Bild 4.2
Lage der Zwischengitterplätze für Kohlenstoff im krz α-Gitter

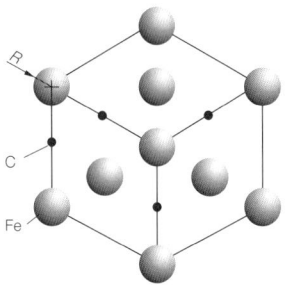

Bild 4.3
Lage der Zwischengitterplätze für Kohlenstoff im kfz γ-Gitter

Im kfz Gitter können in der Mitte der Würfelkante Fremdatome mit einem maximalen Radius von $0{,}41 \cdot R$ eingelagert werden (Bild 4.3).

Trotz der größeren Packungsdichte kann also γ-Eisen mehr Kohlenstoff lösen als α-Eisen. Der Diffusionskoeffizient D und damit die transportierte Stoffmenge ist allerdings im weniger dicht gepackten α-Eisen sowohl für die Selbstdiffusion des Eisens und für die Diffusion substituierter Atome, als auch für die Diffusion über Zwischengitterplätze mindestens um den Faktor 100 größer als der des γ-Eisens (siehe S. 26).

4.1.2 Phasenänderungen im Eisen-Kohlenstoff-Schaubild (EKS)

Die meisten in der Technik verwendeten Eisenlegierungen enthalten außer Kohlenstoff noch weitere Legierungselemente, die die Eigenschaften und das Gefüge zum Teil erheblich verändern. Aus dem Eisen-Kohlenstoff-Schaubild sind dann die temperaturabhängigen Gefügeänderungen, ihre Anteile und die Gefügearten nicht mehr zuverlässig bestimmbar. Trotzdem kann das EKS wichtige und prinzipielle Einsichten vermitteln. Seine Aussagefähigkeit für einen bestimmten Eisenwerkstoff wird aber geringer:
- je schneller er abgekühlt oder aufgeheizt wird und
- je größer der Gehalt an Legierungselementen ist.

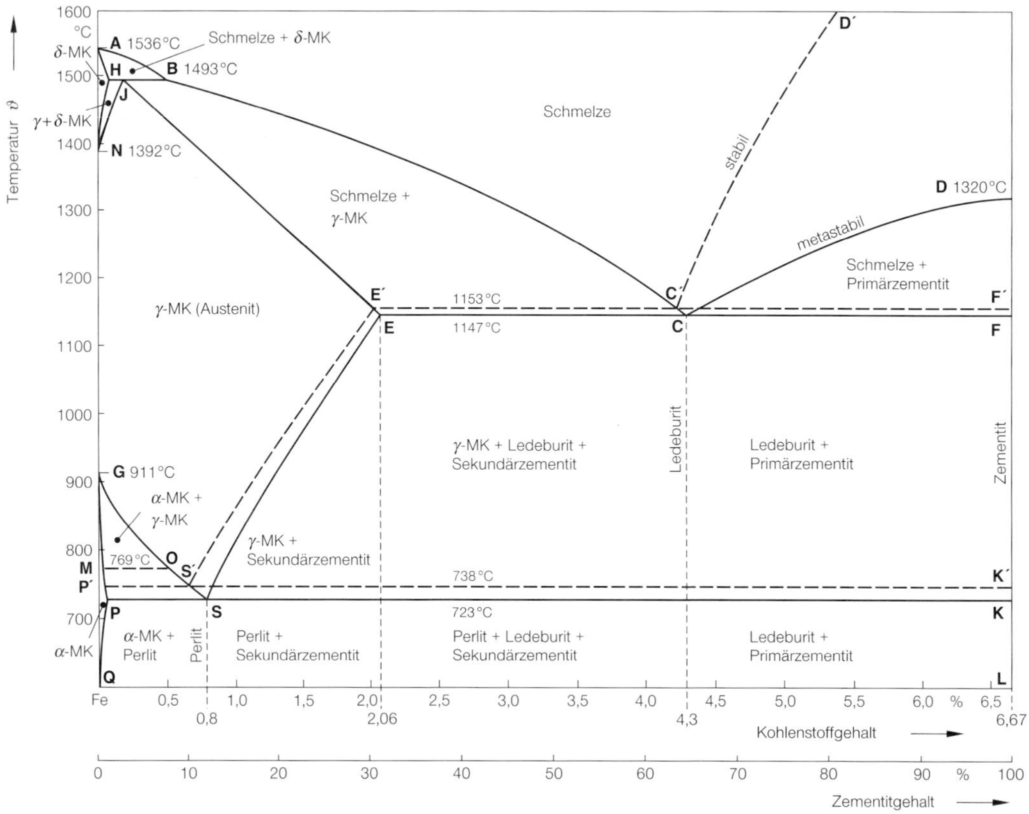

Bild 4.4
Eisen-Kohlenstoff-Schaubild (EKS) füt stabile (Fe-C) und metastabile (Fe-Fe₃C) Ausbildung des Kohlenstoffs

4.1 Eisen-Kohlenstoff-Schaubild (EKS)

Bild 4.4 zeigt das Fe-C und Fe-Fe$_3$C-Schaubild. Eisen bildet mit Kohlenstoff die intermediäre Phase Fe$_3$C, die bei hohen Temperaturen, langen Haltezeiten und/oder langsamer Abkühlung in Kohlenstoff (Grafit) und Eisen zerfällt. Fe$_3$C ist energiereicher als Kohlenstoff, also weniger stabil. Daher unterscheidet man das *stabile Fe-C-* und das *metastabile Fe-Fe$_3$C-Schaubild*.

Technische Fe-C-Legierungen erstarren überwiegend nach dem metastabilen System. Der Begriff metastabil kennzeichnet lediglich einen bestimmten thermodynamischen Zustand und darf nicht mit »unstabil« im Sinne von »weniger haltbar« gleichgesetzt werden (siehe Bild 1.14).

Da über stöchiometrische Beziehungen der Kohlenstoffgehalt dem Fe$_3$C-Gehalt zugeordnet ist, kann als Abszisse sowohl Kohlenstoff als auch Fe$_3$C gewählt werden. Aufgrund der technischen Gegebenheiten – Stähle werden durch den Kohlenstoff-, nicht durch den Fe$_3$C-Gehalt charakterisiert – wählt man auch im Fe-Fe$_3$C-Schaubild als Konzentrationsangabe den Kohlenstoffgehalt.

Technische Fe-C-Legierungen haben einen maximalen Kohlenstoffgehalt von etwa 5 % (Gusswerkstoffe). Daher ist nur die eisenreiche Seite des Schaubildes bis 6,67 % C (entsprechend 100 % Fe$_3$C) von Bedeutung. Das EKS ist aus einem:
– *eutektischen*,
– *eutektoiden*
und einem für die Praxis un- und niedriglegierter Stähle unbedeutenden
– *peritektischen* Teilschaubild aufgebaut.

Als wesentliche Wirkungen des Kohlenstoffs im EKS können genannt werden:
– Mit zunehmendem Kohlenstoffgehalt nimmt die Schmelztemperatur der Fe-C-Legierungen ab (Liquiduslinie ABC),
– ebenso die A$_3$-Temperatur (Linie GOS), unterhalb der die $\gamma \rightarrow \alpha$-Umwandlung erfolgt.
– Dagegen wird die A$_4$-Temperatur (Linie NI) erhöht.

Damit gehört Kohlenstoff zu den Elementen, die den Austenitbereich erweitern, oder den austenitischen Zustand stabilisieren (siehe S. 190 ff.).

Tab. 4.2: Schematische Darstellung der Gefügebestandteile und wichtiger Vorgänge im EKS

Bezeichnung	Nähere Kennzeichnung		Lage im EKS, Gefügeskizzen
	Maximaler C-Gehalt	Metallografische Bezeichnung	
α-MK γ-MK δ-MK	0,02 %, Punkt P 2,06 %, Punkt E 0,1 %, Punkt H	α-Ferrit Austenit δ-Ferrit	
	bestehend aus	Metallografische Bezeichnung	
Eutektoid (S) Eutektikum (C)	88 % Ferrit + 12 % Zementit 51,4 % Austenit + 48,6 % Zementit	Perlit Ledeburit	
	entsteht durch		
Primärzementit	Primärkristallisation aus Schmelze (Linie CD)		
Sekundärzementit	Ausscheidung aus Austenit (Linie ES)		
Tertiärzementit	Ausscheidung aus Ferrit (Linie PQ)		

nur bei langsamster Abkühlung!

(Gusseisen), sind in der Regel so spröde (Ausnahme z. B. Gusseisen mit Kugelgrafit), dass daraus herzustellende Bauteile nur durch Gießen und spanabhebende Verfahren ihre Form erhalten können. *Gusseisen* besitzt mit Ausnahme einiger *legierter* Gusslegierungen und Gusseisen mit Kugelgrafit nur eine mäßige Zugfestigkeit. *Stahl* ist zäh, immer warm umformbar und bei niedrigem Kohlenstoffgehalt auch kalt umformbar. Durch *Wärmebehandlung* (Härten und Vergüten) lässt sich seine Festigkeit erheblich vergrößern, allerdings nimmt seine Verformbarkeit dabei ab (Tab. 4.3).

Tab. 4.3: Einteilung der Fe-C-Legierungen (schematisch)

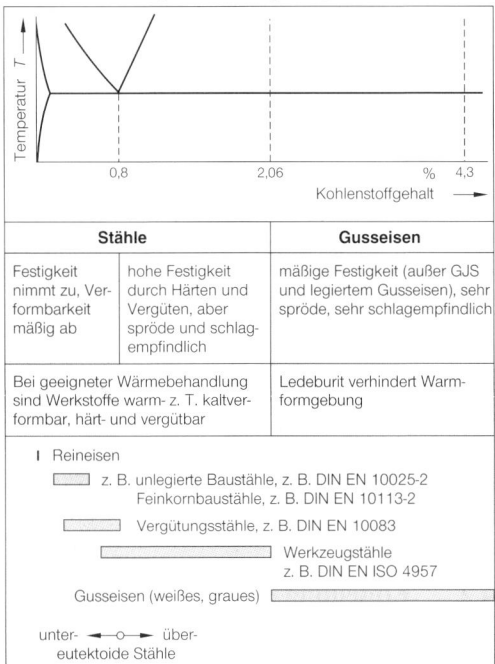

4.3 Stahlherstellung

4.3.1 Hochofenerzeugnisse

Das im Hochofen gewonnene Roheisen ist Ausgangsprodukt für die Stahlherstellung und Einsatzmaterial für die Eisen- und Stahlgießerei. Es wird alle 2-6 Stunden abgestochen und in der Gießanlage kontinuierlich in *Masseln* abgegossen oder in den *Roheisenmischer* gegossen. Mischer sind stählerne mit feuerfesten Steinen ausgemauerte Behälter, die folgende Aufgaben zu erfüllen haben:
- gleichmäßige Belieferung des Stahlwerks,
- Analysenausgleich verschiedener Hochofenabstiche,
- Entschwefeln des Roheisens durch Mangan-Zugabe.

Abhängig von der thermischen und chemischen Charakteristik der Stahlherstellungsverfahren werden verschiedene Roheisensorten hergestellt (Tab. 4.4). Die hohen Gehalte an Begleitelementen im Roheisen stammen überwiegend aus dem Erz (Phosphor, Kohlenstoff, Mangan, Silicium) sowie dem Hochofenkoks (Kohlenstoff, Schwefel).

Tab. 4.4: Chemische Zusammensetzung einiger Hochofenerzeugnisse in Massenprozent

Sorte	C	Si	Mn	P	S
Gießereiroheisen, grau	3,5-4,2	1,5-3	1	0,3-2	0,06
Gießereiroheisen, weiß	3,5-4	0,2-1	1-5	0,3	0,04
Stahleisen (Martin-Roheisen, LD-Roheisen)	3,5-4,5	1	2-6	0,1-0,3	0,04
Ferromangan	6-8	0,5-2,5	40-60	0,3	0,02
Spiegeleisen	4-5	≤ 1	6-30	0,1	≤ 1

4.3.2 Erschmelzungsverfahren

4.3.2.1 Allgemeine Grundlagen

Roheisen ist als Konstruktionswerkstoff unbrauchbar, weil es durch die hohen Gehalte, insbesondere an Kohlenstoff und Phosphor, hart und spröde ist. Zähigkeit (Verformungsvermögen) ist für die Sicherheit des Bauteils von entscheidender Bedeutung. Daher müssen alle versprödend wirkenden Eisenbegleiter Kohlenstoff, Phosphor, Schwefel, zum Teil auch Mangan und Silicium durch Verbrennen aus dem Roheisen entfernt werden. Dieser Oxidationsvorgang wird **Frischen** genannt. Das Ergebnis der Frischvorgänge im Roheisen ist Stahl, eine Fe-C-Legierung, die noch weitere Legierungselemente enthalten kann.

Zum Frischen können
- feste (Erze Fe_2O_3, Fe_3O_4) und
- gasförmige (Luft, reiner Sauerstoff) Stoffe

als Sauerstoffträger verwendet werden. Frischen mit Luft (Durchblasen) oder durch Aufblasen mit Sauerstoff wird als *Windfrischen* bezeichnet. Das

Bild 4.4 zeigt das Fe-C und Fe-Fe$_3$C-Schaubild. Eisen bildet mit Kohlenstoff die intermediäre Phase Fe$_3$C, die bei hohen Temperaturen, langen Haltezeiten und/oder langsamer Abkühlung in Kohlenstoff (Grafit) und Eisen zerfällt. Fe$_3$C ist energiereicher als Kohlenstoff, also weniger stabil. Daher unterscheidet man das *stabile Fe-C-* und das *metastabile Fe-Fe$_3$C-Schaubild*.

Technische Fe-C-Legierungen erstarren überwiegend nach dem metastabilen System. Der Begriff metastabil kennzeichnet lediglich einen bestimmten thermodynamischen Zustand und darf nicht mit »unstabil« im Sinne von »weniger haltbar« gleichgesetzt werden (siehe Bild 1.14).

Da über stöchiometrische Beziehungen der Kohlenstoffgehalt dem Fe$_3$C-Gehalt zugeordnet ist, kann als Abszisse sowohl Kohlenstoff als auch Fe$_3$C gewählt werden. Aufgrund der technischen Gegebenheiten – Stähle werden durch den Kohlenstoff-, nicht durch den Fe$_3$C-Gehalt charakterisiert – wählt man auch im Fe-Fe$_3$C-Schaubild als Konzentrationsangabe den Kohlenstoffgehalt.

Technische Fe-C-Legierungen haben einen maximalen Kohlenstoffgehalt von etwa 5 % (Gusswerkstoffe). Daher ist nur die eisenreiche Seite des Schaubildes bis 6,67 % C (entsprechend 100 % Fe$_3$C) von Bedeutung. Das EKS ist aus einem:
– *eutektischen*,
– *eutektoiden*
und einem für die Praxis un- und niedriglegierter Stähle unbedeutenden
– *peritektischen* Teilschaubild aufgebaut.

Als wesentliche Wirkungen des Kohlenstoffs im EKS können genannt werden:
– Mit zunehmendem Kohlenstoffgehalt nimmt die Schmelztemperatur der Fe-C-Legierungen ab (Liquiduslinie ABC),
– ebenso die A$_3$-Temperatur (Linie GOS), unterhalb der die $\gamma \rightarrow \alpha$-Umwandlung erfolgt.
– Dagegen wird die A$_4$-Temperatur (Linie NI) erhöht.

Damit gehört Kohlenstoff zu den Elementen, die den Austenitbereich erweitern, oder den austenitischen Zustand stabilisieren (siehe S. 190 ff.).

Tab. 4.2: Schematische Darstellung der Gefügebestandteile und wichtiger Vorgänge im EKS

Bezeichnung	Nähere Kennzeichnung		Lage im EKS, Gefügeskizzen
	Maximaler C-Gehalt	Metallografische Bezeichnung	
α-MK γ-MK δ-MK	0,02 %, Punkt P 2,06 %, Punkt E 0,1 %, Punkt H	α-Ferrit Austenit δ-Ferrit	
	bestehend aus	Metallografische Bezeichnung	
Eutektoid (S) Eutektikum (C)	88 % Ferrit + 12 % Zementit 51,4 % Austenit + 48,6 % Zementit	Perlit Ledeburit	
	entsteht durch		
Primärzementit Sekundärzementit Tertiärzementit	Primärkristallisation aus Schmelze (Linie CD) Ausscheidung aus Austenit (Linie ES) Ausscheidung aus Ferrit (Linie PQ)		nur bei langsamster Abkühlung!

Die entstehenden homogenen Mischkristalle und heterogenen Gefügebestandteile (Gemenge), ihre Bezeichnungen und einige kennzeichnenden Strukturen sind in Tab. 4.2 zusammengestellt.

Der *Perlit* entsteht durch den eutektoiden Zerfall der γ-Mischkristalle mit 0,8 % C bei 723 °C:

γ (Punkt S) $\xrightarrow{723°C}$ α (Punkt P) + Fe$_3$C (Punkt K)
0,8 % C   0,02 % C   6,67 % C

Die eutektoide Reaktion verläuft isotherm. Der sich ergebende Haltepunkt wird als A_1 bezeichnet; er tritt nur bei Fe-C-Legierungen auf (C ≥ 0,02 %).

Ferrit und *Zementit* sind i. Allg. im *Perlit* in einer charakteristischen Lamellenform angeordnet (Bild 4.5). Da Perlit aus zwei verschiedenen Kristallarten besteht, sollte man richtiger von Perlit*kolonien* und nicht von Perlit*körnern* sprechen.

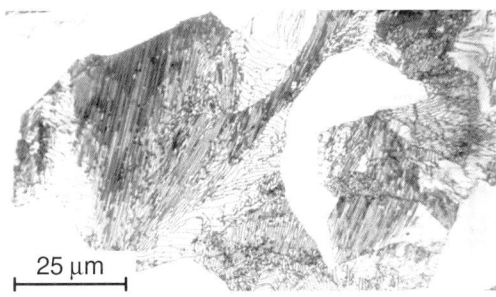

Bild 4.5
Mikroaufnahme, ferritisch-perlitisches Gefüge
Werkstoff: C45, normalgeglüht

Während der Perlitreaktion müssen im festen Zustand Kohlenstoff und Eisen durch Diffusion transportiert werden. Es ist verständlich, dass dieser Vorgang sehr *unterkühlungsanfällig* ist, d. h., durch höhere Abkühlgeschwindigkeiten (= kürzere Diffusionszeiten) wird der Massentransport erheblich beeinträchtigt. Diese leichte Unterkühlbarkeit und die sich daraus ergebenden Eigenschaftsänderungen spielen bei technischen Fe-C-Legierungen eine große Rolle (siehe S. 160).

Das Eutektikum *Ledeburit* entsteht bei 1147 °C durch Zerfall von Schmelze mit 4,3 % C in die beiden Phasen γ-MK und Fe$_3$C:

Schmelze $\xrightarrow{1147°C}$ γ-MK + Fe$_3$C
(Punkt C)   (Punkt E)   (Punkt F)
4,3 % C   2,06 % C   6,67 % C

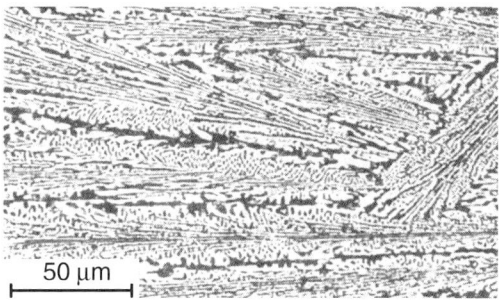

Bild 4.6
Ledeburit (weißes Gusseisen)

Die beiden Bestandteile des Ledeburits sind feinverteilt (Bild 4.6). Der sich aus den Austenitkristallen des Ledeburits ausscheidende Sekundärzementit kristallisiert bevorzugt an dessen Zementitmasse an und ist dann nicht mehr als gesonderter Gefügebestandteil nachweisbar. Der Kohlenstoffgehalt der γ-MKe fällt dadurch bis auf 0,8 % C, Punkt S. Unterhalb 723 °C zerfällt der Austenit in Perlit.

Die Erstarrungs- und Umwandlungsvorgänge sowie die entstehenden Gefüge werden an zwei Fe-C-Legierungen beschrieben (Bild 4.7).

Beispiel 1: Fe mit 0,6 % C (Stahl)

Temperaturintervall ❶
Nach Unterschreiten der Liquiduslinie (Li) bei 1490 °C scheiden sich γ-MKe aus (Punkt 1), deren Anteil bei weiterer Abkühlung zunimmt. Der Kohlenstoffgehalt der sich ausscheidenden γ-MKe ändert sich gemäß der Soliduslinie (So), der der Restschmelze gemäß der Liquiduslinie. Bei 1410 °C ist die Erstarrung beendet (Punkt 2). Der Werkstoff besteht aus γ-MK (Bild 4.8).

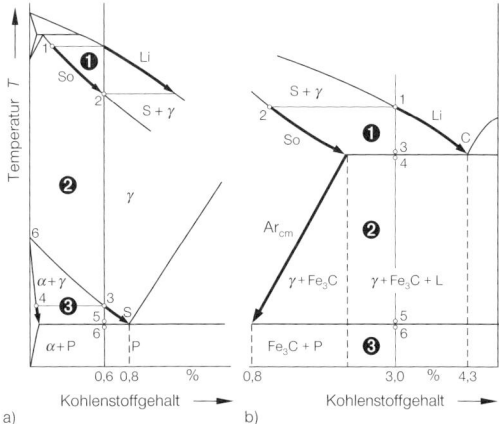

Bild 4.7
Ausschnitt aus dem EKS, Vorgänge beim Abkühlen
a) Beispiel 1: Legierung mit 0,6 % C (Stahl)
b) Beispiel 2: Legierung mit 3 % C (weißes Gusseisen)

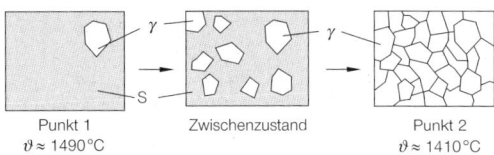

Punkt 1
$\vartheta \approx 1490\,°C$

Zwischenzustand

Punkt 2
$\vartheta \approx 1410\,°C$

Bild 4-8
Vorgänge bei der Erstarrung der Schmelze im Temperaturintervall ❶, *Beispiel 1, schematisch)*

Temperaturintervall ❷
Im Einphasenfeld der γ-MKe ändert sich deren Konzentration nicht.

Temperaturintervall ❸
Im Punkt 3 (760 °C) wird die Löslichkeitsgrenze GS unterschritten. Aus kfz γ-MKen scheiden sich kohlenstoffarme krz α-MKe aus (Punkt 4). Die Ausscheidung beginnt an Orten größerer Oberflächenenergie, also an Korngrenzen. Der Kohlenstoffgehalt der γ-MKe steigt dadurch bei weiterer Abkühlung bis auf 0,8 % C, Punkt S (723 °C). Bei Punkt 5 besteht die Legierung aus:

$$\frac{m_\alpha}{m} = \frac{0,8-0,6}{0,8-0,02} \cdot 100\,\% = 25,6\,\% \text{ Ferrit (als Ferritsaum)}$$

$$\frac{m_\gamma}{m} = 100\,\% - 25,6\,\% = 74,4\,\% \text{ Austenit.}$$

Die γ-MKe zerfallen unter 723 °C in Perlit (Punkt 6, Bild 4.9).

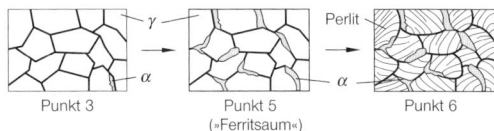

Punkt 3   Punkt 5 ("Ferritsaum")   Punkt 6

Bild 4.9
Vorgänge im Temperaturintervall ❸ *und eutektoider Zerfall der γ-MKe bei 723 °C, Beispiel 1 (schematisch)*

Beispiel 2: Fe mit 3 % C (weißes Gusseisen, d. h. metastabiles System)

Temperaturintervall ❶

Nach Unterschreiten von Li (1300 °C) scheiden sich γ-MKe (Punkt 2) aus. Weitere Vorgänge verlaufen ähnlich wie im Temperaturintervall 1 vom Beispiel 1. Die Legierung besteht im Punkt 3 aus:

$$\frac{m_\gamma}{m} = \frac{4,3-3}{4,3-2,06} \cdot 100\,\% = 58\,\% \text{ Austenit mit 2,06 % C,}$$

$$\frac{m_S}{m} = 100\,\% - 58\,\% = 42\,\% \text{ Restschmelze mit 4,3 % C.}$$

Temperaturintervall ❷

Restschmelze S_C zerfällt eutektisch in Ledeburit (Punkt 4):

$$S_C \rightarrow \gamma_{2,06} + Fe_3C.$$

Während der weiteren Abkühlung scheidet sich sowohl aus den primären γ-MKen als auch aus dem Austenit des Ledeburits entlang der Ar_{cm}-Linie Sekundärzementit aus: häufig

4.2 Einteilung der Eisenwerkstoffe

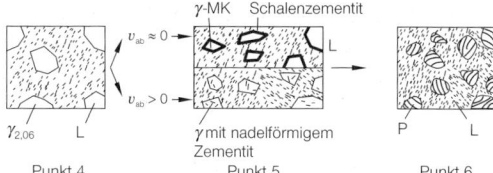

$\gamma_{2,06}$ L   γ mit nadelförmigem Zementit   P   L

Punkt 4   Punkt 5   Punkt 6

Bild 4.10
Vorgänge im Temperaturintervall ❸ *und eutektoider Zerfall der γ-MKe bei 723 °C, Beispiel 2 (schematisch)*

in Form von Schalenzementit oder bei nur geringfügig erhöhten Abkühlgeschwindigkeiten v_{ab} in Nadelform im Korninneren (vorwiegend in primären γ-MKen).

Temperaturintervall ❸
Die γ-MKe zerfallen eutektoidisch bei 723 °C in Perlit (Punkt 6, Bild 4.10).

Die meisten Stahl- und Gusslegierungen bestehen also bei Raumtemperatur aus Ferrit und Zementit, wenn man berücksichtigt, dass Perlit aus Ferrit und Zementit und Ledeburit aus Perlit und Zementit bestehen. Die Werkstoffeigenschaften werden maßgeblich von den Eigenschaften und die charakteristische Anordnung von *Ferrit* und *Zementit* bestimmt.

Ferrit ist sehr weich (60 HV) und gut verformbar ($A = 50\,\%$, $Z = 80\,\%$), Zementit extrem hart (800 HV) und spröde. Mit zunehmendem Zementitgehalt nimmt daher die Zugfestigkeit zu und das Verformungsvermögen ab. Für die wichtigen unlegierten Stähle zeigt Bild 4.11 diesen Zusammenhang.

4.2 Einteilung der Eisenwerkstoffe

Eisen-Kohlenstoff-Legierungen, die ohne weitere Nachbehandlung schmiedbar sind, werden als **Stähle** bezeichnet (C < 2 %). Werkstoffe mit > 2 % C

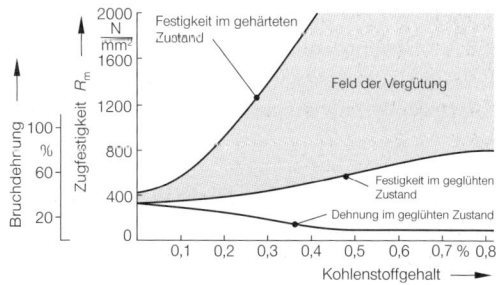

Bild 4.11
Einfluss des Kohlenstoffgehaltes auf die Zugfestigkeit und Dehnung unlegierter Stähle (nach Werkstoffhandbuch Stahl und Eisen)

(Gusseisen), sind in der Regel so spröde (Ausnahme z. B. Gusseisen mit Kugelgrafit), dass daraus herzustellende Bauteile nur durch Gießen und spanabhebende Verfahren ihre Form erhalten können. *Gusseisen* besitzt mit Ausnahme einiger *legierter* Gusslegierungen und Gusseisen mit Kugelgrafit nur eine mäßige Zugfestigkeit. *Stahl* ist zäh, immer warm umformbar und bei niedrigem Kohlenstoffgehalt auch kalt umformbar. Durch *Wärmebehandlung* (Härten und Vergüten) lässt sich seine Festigkeit erheblich vergrößern, allerdings nimmt seine Verformbarkeit dabei ab (Tab. 4.3).

Tab. 4.3: Einteilung der Fe-C-Legierungen (schematisch)

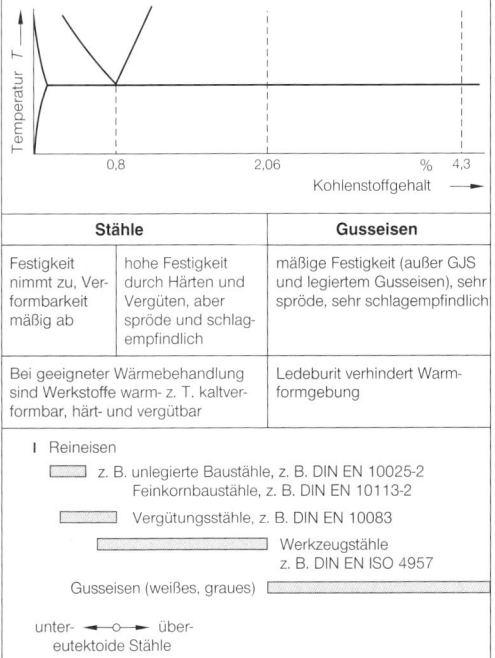

4.3 Stahlherstellung

4.3.1 Hochofenerzeugnisse

Das im Hochofen gewonnene Roheisen ist Ausgangsprodukt für die Stahlherstellung und Einsatzmaterial für die Eisen- und Stahlgießerei. Es wird alle 2-6 Stunden abgestochen und in der Gießanlage kontinuierlich in *Masseln* abgegossen oder in den *Roheisenmischer* gegossen. Mischer sind stählerne mit feuerfesten Steinen ausgemauerte Behälter, die folgende Aufgaben zu erfüllen haben:
– gleichmäßige Belieferung des Stahlwerks,
– Analysenausgleich verschiedener Hochofenabstiche,
– Entschwefeln des Roheisens durch Mangan-Zugabe.

Abhängig von der thermischen und chemischen Charakteristik der Stahlherstellungsverfahren werden verschiedene Roheisensorten hergestellt (Tab. 4.4). Die hohen Gehalte an Begleitelementen im Roheisen stammen überwiegend aus dem Erz (Phosphor, Kohlenstoff, Mangan, Silicium) sowie dem Hochofenkoks (Kohlenstoff, Schwefel).

Tab. 4.4: Chemische Zusammensetzung einiger Hochofenerzeugnisse in Massenprozent

Sorte	C	Si	Mn	P	S
Gießereiroheisen, grau	3,5-4,2	1,5-3	1	0,3-2	0,06
Gießereiroheisen, weiß	3,5-4	0,2-1	1-5	0,3	0,04
Stahleisen (MARTIN-Roheisen, LD-Roheisen)	3,5-4,5	1	2-6	0,1-0,3	0,04
Ferromangan	6-8	0,5-2,5	40-60	0,3	0,02
Spiegeleisen	4-5	≤ 1	6-30	0,1	≤ 1

4.3.2 Erschmelzungsverfahren

4.3.2.1 Allgemeine Grundlagen

Roheisen ist als Konstruktionswerkstoff unbrauchbar, weil es durch die hohen Gehalte, insbesondere an Kohlenstoff und Phosphor, hart und spröde ist. Zähigkeit (Verformungsvermögen) ist für die Sicherheit des Bauteils von entscheidender Bedeutung. Daher müssen alle versprödend wirkenden Eisenbegleiter Kohlenstoff, Phosphor, Schwefel, zum Teil auch Mangan und Silicium durch Verbrennen aus dem Roheisen entfernt werden. Dieser Oxidationsvorgang wird **Frischen** genannt. Das Ergebnis der Frischvorgänge im Roheisen ist Stahl, eine Fe-C-Legierung, die noch weitere Legierungselemente enthalten kann.

Zum Frischen können
– feste (Erze Fe_2O_3, Fe_3O_4) und
– gasförmige (Luft, reiner Sauerstoff) Stoffe
als Sauerstoffträger verwendet werden. Frischen mit Luft (Durchblasen) oder durch Aufblasen mit Sauerstoff wird als *Windfrischen* bezeichnet. Das

Frischen kann in birnenförmigen (Konverter) oder in flachen, wannenförmigen (Herd) stählernen Behältern durchgeführt werden, die mit feuerfesten Material ausgemauert sind.

Die Verbrennungsvorgänge führen Kohlenstoff in CO oder CO_2 über, die anderen Eisenbegleiter werden in Oxide übergeführt, die sich größtenteils auf der Metallschmelze als Schlacke sammeln. Die Schlacke hat je nach der Art und Menge der zu verbrennenden Elemente *sauren* (BESSEMER-Verfahren) oder *basischen* (THOMAS-, SIEMENS-MARTIN-Verfahren) Charakter.

Phosphor und Schwefel und ihre Verbindungen verhalten sich chemisch *sauer*, sie können daher nur durch basische Zuschläge in *basisch* »zugestellten« (ausgemauerten) Konvertern oder Öfen beseitigt werden.

Prinzipiell lassen sich aber nur solche Elemente mit den Frischverfahren beseitigen, deren Sauerstoffaffinität größer ist als die von Eisen. Danach können Zinn, Molybdän, Kobalt, Nickel, Kupfer grundsätzlich *nicht* entfernt werden.

Als Folge der großen wirtschaftlichen und technischen Vorteile wurden in der Bundesrepublik Deutschland im Jahre 2000 mehr als 90 % des gesamten Rohstahls als Sauerstoffblasstahl und etwa 10 % als Elektrostahl erzeugt. Alle anderen Stahlherstellungsverfahren sind nur noch von untergeordneter Bedeutung.

4.3.2.2 THOMAS-Verfahren (T)
Gefrischt wurde in *bodenblasenden* Konvertern, d. h., der erforderliche Wind (= »Luft«) wird durch den mit einer großen Anzahl von Kanälen versehenen Boden in das Roheisen geblasen. Das Verfahren ermöglichte die Stahlherstellung aus *phosphorreichen* Roheisen.

Die Eigenschaften des THOMASstahles werden weitgehend durch die sehr hohen Gehalte an Phosphor und Stickstoff bestimmt. THOMASstahl hat wegen der Verwendung von Luft zum Frischen (ca. 80 % Stickstoff) den höchsten Stickstoffgehalt aller Stahlsorten. Schon geringe Phosphor- (0,08 %) und Stickstoffmengen (> 0,01 %) verspröden den Stahl. Aus diesem Grunde und wegen der extremen Umweltbelastung durch die »Verbrennungsgase« wird der THOMASstahl in Deutschland seit den sechziger Jahren nicht mehr hergestellt.

Wegen der schlechten mechanischen Gütewerte müssen bei *Umbauten* und *Reparaturen* an vorhandenen Konstruktionen aus T-Stahl besonders sorgfältig und umsichtig erfolgen, insbesondere wenn geschweißt werden muss. Die Folge der mäßigen mechanischen Gütewerten – inbesondere der geringen Zähigkeit – ist die *schlechte Schweißeignung* dieser Stähle. Die Zusatzwerkstoffe zum Schweißen müssen sorgfältig und im Hinblick auf die geringe Zähigkeit ausgewählt werden. Große Vorsicht ist geboten, wenn die Werkstückdicke 10 mm übersteigt.

4.3.2.3 SIEMENS-MARTIN-Verfahren (M)
Für dieses Verfahren wurde ein Ofen mit wannenförmigem Herd benutzt (Herdfrischverfahren). Verbrennungsluft und Gas werden getrennt über das Schmelzbad geblasen und verbrennen hier. Die erforderlichen hohen Ofentemperaturen (1700 °C bis 1800 °C) erzeugte eine Umschaltfeuerung, bei der die Wärme der Abgase des Ofens zum Teil wieder genutzt wurden (SIEMENSsche Regenerativfeuerung). Die heiße, von oben beheizte Schlacke war sehr reaktionsfähig. Daher waren im basisch zugestellten Ofen sehr geringe Phosphor- (0,02 %), Schwefel- (0,03 %) und Stickstoffgehalte (0,002 %) erreichbar. Legierungselemente konnten aus Schrottzusatz (betrug bis zu 50 %) einfach aufgenommen werden, aber auch noch nach dem Frischen zugegeben werden, da die Schmelze wegen der äußeren Beheizung nicht »einfrieren« konnte. Durch die lange Frischzeit von mehreren Stunden lässt sich die gewünschte Zusammensetzungen sehr genau einhalten. Wegen der langen Frischzeiten ist das Verfahren heute nicht mehr wirtschaftlich.

4.3.2.4 Sauerstoff-Aufblas-Verfahren (Y)
Das *Sauerstoff-Aufblas-Verfahren* wurde 1949 in Österreich von den Vereinigten Österreichischen Stahlwerken (VÖST) in **L**inz und **D**onanawitz (**LD**-Stahl) industriell eingeführt. Sauerstoff wird durch eine wassergekühlte Lanze auf das Roheisenbad geblasen. Der Konverter (Tiegel) ist nicht mehr bodenblasend, weil die hohen Temperaturen im Boden nicht beherrscht werden.

Die Verwendung von reinem Sauerstoff zum Frischen führt zu sehr niedrigem Stickstoffgehalt im Stahl. Auch als Folge der sehr kurzen Frischzeit (ca. 20 bis 30 Minuten) kann so sehr wirtschaftlich hochwertiger, d. h. zäher, verunreinigungsarmer Stahl (N = 0,002 bis 0,006 %; P $\approx$ 0,016 %; S $\approx$ 0,02 %) hergestellt werden.

Durch intensives Mischen von Stahl und Schlacke lassen sich die Reaktionsabläufe erheblich beschleunigen und gleichzeitig durch Homogenisieren des Stahlbades entscheidende Verbesserungen erreichen. Diese Überlegungen führten zur Entwicklung der *kombinierten Blasverfahren*, die in vielfältigen Varianten angewendet werden und zu den Verfahren der **Sekundärmetallurgie** (s. Abschn. 4.4.3) gehören. Hierbei wird die Baddurchmischung durch Aufblasen von Sauerstoff und gleichzeitiges Bodenblasen mit Gasgemischen [1] verbessert, wodurch sich folgende Vorteile ergeben:
– die metallurgischen Reaktionen nähern sich dem thermodynamischen Gleichgewicht,
– der Gehalt an Verunreinigungen (P, S, O) ist deutlich geringer als beim normalen Sauerstoff-Aufblas-Verfahren,
– schnelles Schrottauflösen und dadurch frühzeitige Homogenisierung der Schmelze.

Ein wesentlicher wirtschaftlicher Vorteil ist die Freizügigkeit in der Wahl der Roheisensorten für die Stahlherstellung. Außerdem können erhebliche Mengen an (Kühl-)Schrott zugegeben werden. Ohne eine teure Vakuumbehandlung können z. B. Kohlenstoffgehalte $\leq 0,02\%$ eingestellt werden, wie sie für Tiefziehstähle und bestimmte hochlegierte Stahlsorten erforderlich sind (siehe ELC-Stähle, S. 238).

4.3.2.5 Elektrostahl-Verfahren (E)

Die für die Schmelzvorgänge benötigte Wärme wird durch elektrische Energie (Lichtbogen, Induktion) erzeugt. Es werden Temperaturen bis 2000 °C erreicht. Für das Erschmelzen höher- und hochlegierter Stähle sollte:
– die Sauerstoffaktivität im Ofen möglichst gering sein (sonst Abbrand an Legierungselementen) und
– die Ofentemperatur hoch sein (Legierungselemente können leichter in das Bad übergehen).

Diese Bedingungen werden durch die Elektrostahl-Verfahren erfüllt.

---

[1] Verwendet werden Sauerstoff-Inertgas-Gemische, Sauerstoff-CaO-Gemische, Inertgasgemische und eine Vielzahl weiterer Gas-Feststoff-Gemische. Ein bekanntes Konverterverfahren ist: **AOD** = **A**rgon-**O**xygen-**D**ecarburization, vorwiegend für hochlegierte rostfreie Stähle. Wenn durch die Roheisenvorbehandlung S, P, Si bereits entfernt wurden, kann fast ohne Schlacke nur noch entkohlt werden.

Gefrischt wird mit Erz oder eingeblasenem Sauerstoff. Verunreinigungen durch Flammgase (Schwefel) entstehen nicht. Durch den Kohlelichtbogen wird eine leicht reduzierende Atmosphäre erzeugt, d. h., der Sauerstoffgehalt im Stahl ist sehr gering. Die Stahlqualität ist gut und der Legierungsabbrand gering. Mit basisch zugestelltem Ofen lassen sich sehr geringe Phosphor- und Schwefelgehalte (je $\approx 0,01\%$) erreichen.

Der **Lichtbogen-Elektroofen** nach Héroult wird am meisten verwendet. Zwischen drei Kohleelektroden und dem Einsatz werden Lichtbögen gezündet. Die gewünschte Badtemperatur ist durch Ändern des Stromes genau einstellbar. Aus hochwertigem Roheisen und ausgewähltem Schrott werden Stähle mit definierten Eigenschaften und einem besonders geringen Gehalt an Verunreinigungen hergestellt (Edelstähle).

In hochfesten und hochlegierten Stählen sind aus Qualitätsgründen besonders geringe Gasgehalte (z. B. Wasserstoff) erforderlich, da sonst insbesondere die Zähigkeit abnimmt. Der Sauerstoff lässt sich relativ einfach entfernen, Wasserstoff und Stickstoff schwerer.

Die gasförmigen und flüssigen Reaktionsprodukte können unter Schutzgas oder Vakuum wesentlich leichter den flüssigen Stahl verlassen, Schwefel und Phosphor werden aber nur durch chemische Reaktionen beseitigt (siehe S. 152 ff.).

Das Ergebnis ist ein weitgehend entgaster, verunreinigungsarmer Stahl. Er besitzt im Vergleich zu an Luft erschmolzenem Stahl bessere
– dynamische Festigkeitseigenschaften,
– Kerbschlagzähigkeitswerte und
– Warmfestigkeitseigenschaften.

Der **Induktionsofen** besteht aus einem tiegelförmigen Gefäß, das von der Primärspule umschlossen wird.

Das Stahlbad ist die Sekundärspule. Die entstehenden Wirbelströme erwärmen es bis etwa 1900 °C. Die durch den Skineffekt entstehende Badbewegung löst zuverlässig die Legierungselemente. Das Verfahren lässt sich unter Luft, Schutzgas oder Vakuum betreiben. Unter Vakuum werden die niedrigsten Gasgehalte aller Verfahren erreicht. Aus verschiedenen Gründen (z. B. Tiegelwand wird durch Ansetzen von Schlacke stärker) wird der Induktionsofen praktisch nur zum Umschmelzen und Aufbauen legierter Stähle verwendet. Tab. 4.5 zeigt typische Gasgehalte verschiedener Elektrostähle.

Tab. 4.5: Typische Gasgehalte verschiedener Elektrostähle

Erschmelzungsverfahren	Gasgehalt (ppm) [1]		
	O_2	N_2	H_2
Lichtbogenofen	45	80	10
Lichtbogen-Abschmelzen unter Vakuum	4	50	1
Vakuum-Induktionsofen	4	3	< 1

[1] parts per million

Wegen der umfangreichen gütesteigernden Möglichkeiten der Pfannenmetallurgie wird der Elektrolichtbogen heute meist nur als reine Einschmelzeinheit betrieben. Seine Aufgabe besteht darin, den festen Einsatz einzuschmelzen und das Bad auf die erforderliche Arbeitstemperatur zu erhitzen. Danach werden die gewünschten metallurgischen Maßnahmen durchgeführt.

Bei dem **Lichtbogen-Abschmelzelektroden-Verfahren** schmilzt ein kontinuierlich zugeführtes Stahlband (auch Stab oder Rundblock) als eine sich selbst verzehrende Elektrode im Lichtbogen unter Luft, inerten Gasen oder Vakuum ab.

4.3.3 Sekundärmetallurgie (Pfannenmetallurgie)

Seit einiger Zeit wird zunehmend von der früher ausschließlich praktizierten Methode abgegangen, den gesamten Stahlherstellungsprozess in *einem* Gefäß (Pfanne) ablaufen zu lassen. Danach werden alle »primären« metallurgischen Prozesse, außer Schmelzen, Entkohlen und Entphosphorn in nachgeschaltete »sekundäre« Einheiten verlegt. Mit diesen Verfahren werden also die Schmelzen nach dem Abstich in der Pfanne weiter behandelt, um die Qualität den unterschiedlichsten Anforderungen anzupassen. Die Stahlschmelze wird i. Allg. beim Abstich desoxidiert (Abschn. 4.3.4).

Durch die Trennung der ofengebundenen primärmetallurgischen von den unter günstigeren Bedingungen ablaufenden *sekundärmetallurgischen* Maßnahmen kann die Qualität der Erzeugnisse in jeder gewünschten bzw. erforderlichen Weise verbessert und die Wirtschaftlichkeit der Stahlherstellung erhöht werden. Diese Verfahren dienen zum Herstellen von Stählen mit höchsten Qualitätsanforderungen.

Zu den Verfahren der **Sekundärmetallurgie** gehören die:
- *Injektionsverfahren*, die
- *Vakuumverfahren* und die
- *Umschmelzverfahren*.

Bei den **Injektionsverfahren** wird der Schwefelgehalt durch Einblasen von Calciumsilicium oder Magnesium (auch Legierungszugaben möglich) mittels einer Lanze auf sehr geringe Werte verschlackt. Die Schmelzenspülung mit *Inertgas* (zum Erreichen einer homogenen Schmelze und Temperaturausgleich) wird i. Allg. nicht zu den Injektionsverfahren gezählt.

Bei besonders hohen Anforderungen an die Reinheit und Gleichmäßigkeit der Stähle werden die Vakuumverfahren und (oder) die Stahl-Umschmelztechnik verwendet.

Die **Vakuumverfahren** unterteilt man in die Verfahrensvarianten
- Schmelzen und Umschmelzen unter Vakuum und
- Vakuumbehandlung in der Pfanne. Diese Verfahren sind von großer technischer Bedeutung. Sie erlauben die für hochlegierte Stähle entscheidende Absenkung des C-Gehaltes auf sehr geringe Werte.

Die Vakuumverfahren bzw. allgemein die Vakuummetallurgie bieten eine Reihe bemerkenswerter Vorteile:
- Unerwünschte Reaktionen der Atmosphäre bei hohen Temperaturen können nicht stattfinden. Die Herstellung der hochreaktiven Werkstoffe wie z. B. Ti, Zr, Mo ist ohne diese Technologie nicht wirtschaftlich möglich.
- Schädliche Bestandteile werden aus der Schmelze entfernt. Elemente mit niedrigem Dampfdruck (z. B. Zn und Cd aus NE-Legierungen) und vor allem Gase (insbesondere Wasserstoff). Die Desoxidation gelingt ohne Bildung fester Desoxidationsprodukte gemäß der Gleichung:

$$C_{gelöst} + O_{gelöst} \rightarrow CO.$$

Die metallurgische Reinheit des Stahles, d. h., seine Freiheit von Einschlüssen ist z. B. für hoch- und höchstfeste Stähle hinsichtlich ihrer Wirkung als potenzielle Rissstarter wichtig.

Die **Stahl-Umschmelzverfahren** sind sekundärmetallurgische Prozesse, die für die Edelstahlerzeugung nach den Schmelz und Gießverfahren angewendet werden. Mit ihnen lassen sich sehr reine Stähle mit erheblich besseren mechanischen Gütewerten herstellen.

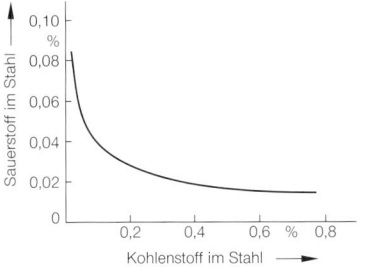

Bild 4.12
Abhängigkeit des Sauerstoffgehaltes vom Kohlenstoffgehalt im basischen SM-Ofen

Feste Einsatzstoffe – meistens Abschmelzelektroden – werden in wassergekühlten, kupfernen Kokillen umgeschmolzen. Das Ergebnis ist ein meist gerichtet erstarrter Gussblock, der damit nahezu frei von Innenfehlern, Kristallseigerungen, Lunkern und Verunreinigungen ist. Als Wärmequelle für den auch unter Vakuum betreibbaren Umschmelzprozess kann der Lichtbogen, der Elektronenstrahl oder eine flüssige Schlackenschicht verwendet werden. Die gut stromleitende Schlacke mit einer Temperatur von 1700 °C bis 1900 °C ermöglicht gezielte metallurgische Reaktionen mit der Schmelze. Insbesondere der Schwefelgehalt kann auf sehr geringe Werte reduziert werden. Mit unter Vakuum arbeitenden Verfahren (Lichtbogen- und Elektronenstrahlöfen) können Elemente mit hohem Dampfdruck (z. B. Mn, Cr, Cu, Sn) wirksam entfernt werden.

4.3.4 Desoxidieren von Stahl

Bei seiner Herstellung (Frischen) kommt der Stahl mit Sauerstoff und Stickstoff in Berührung und kann wegen der hohen Temperaturen erhebliche Mengen aufnehmen. Außerdem entstehen Eisenoxide und Eisenoxisulfide, die die Warmverformbarkeit des Stahls verschlechtern.

Entfernung des Sauerstoffs aus der Stahlschmelze bezeichnet man als **Desoxidation**. Der Vorgang beruht auf der gegenüber Eisen höheren Affinität bestimmter Elemente (von links nach rechts zunehmend) zu Sauerstoff:

(Mn) – V – C – Si – B – Zr – Al.

Die sich bildenden Oxide können bereits zum großen Teil aufsteigen, und nur ein Rest verbleibt in der Schmelze. Die Oxidabscheidung wird durch Schmelzbadbewegungen sehr unterstützt. Dies kann durch Rühren mit Spülgasen oder mit Induktionsspulen geschehen.

Der Sauerstoff liegt in Form von FeO in der Stahlschmelze vor. Die Anwesenheit von Kohlenstoff führt zu der Reaktion:

$FeO + C \rightarrow CO + Fe$.

Je mehr Kohlenstoff vorhanden ist, um so größer ist die Menge an hochsteigendem CO, d. h., um so geringer ist der im Stahl verbliebene Sauerstoffgehalt. Es gilt angenähert (Bild 4.12):

$C \cdot O =$ konst.

Niedriggekohlte Stähle (C < 0,1 %) enthalten also nach dem Frischen unzulässige Mengen Sauerstoff. Daher muss vor allem diesen Stählen der Sauerstoff entzogen werden.

Tab. 4.6: Schematische Darstellung der Stahlverarbeitung vom Guss zum Halbzeug

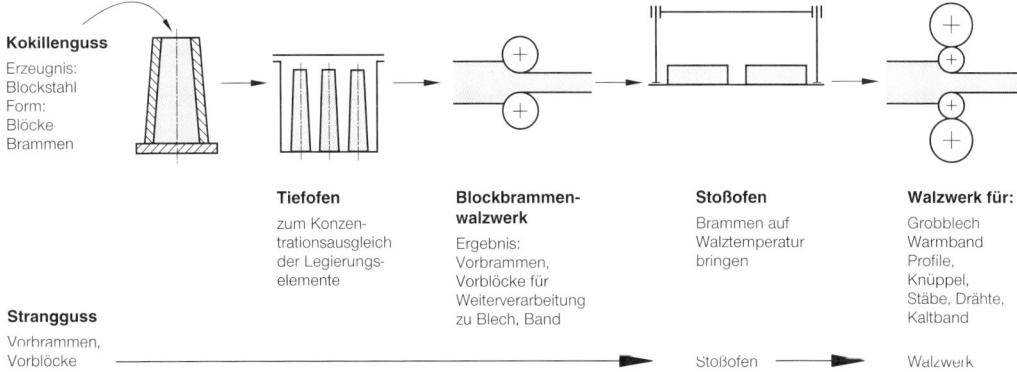

Ti, B, Al binden außer Sauerstoff auch den gefährlichen Stickstoff als Nitrid ab: TiN, BN, AlN. Ti, B binden außerdem Kohlenstoff als Carbid, i. Allg. entstehen aber Carbonitride: Ti(C,N), B(C,N).

Die Form der Einschlüsse und ihr Verhalten bei der Warmumformung werden durch Ihre Zusammensetzung sehr beeinflusst. Mit unterschiedlich wirksamen Desoxidationsmitteln, wie Ca, Mg, Ce, lassen sich daher Einschlüsse mit den gewünschten Eigenschaften (z. B. schwefelhaltige Einschlüsse in Stählen zur spangebenden Verarbeitung) erzeugen.

4.3.4.1 Vergießen von Stahl

Das **Stranggießen** hat sich in den letzten Jahrzehnten bei Stahl zu einem Verfahren von größter technischer und wirtschaftlicher Bedeutung entwickelt. Die Stahlschmelze wird dabei in eine wassergekühlte Kupferkokille gegossen und als endloser Strang abgezogen. Die Form der Kokille lässt sich optimal an die meisten Halbzeugformen für die weitere Warmformgebung anpassen. Als Vorteile sind zu nennen:
– Tiefofenanlage und Block- oder Brammenwalzwerk können eingespart werden (Tab. 4.6).
– Durch die hohe Abkühlgeschwindigkeit werden homogene, seigerungsfreie Stähle mit feinerem Gefüge erzeugt.
– Die Ausbringung ist größer als beim Blockguss, da der »verlorene« Kopf nur einmal im ganzen Strang vorhanden ist.
– Das Herstellen endabmessungsnaher Flachprodukte (z. B. Dünnbrammen mit 50 mm Dicke) verringert die Umformarbeit in den Walzwerken. Allerdings kann wegen der extremen Porigkeit, die bei unberuhigten Stählen durch die CO-Blasen entsteht, nur *beruhigter* Stahl im Stranggussverfahren hergestellt werden.

Für die Herstellung hochwertiger Stähle wird in zunehmendem Umfang das **Vakuumgießen** angewendet (siehe S. 70). Der sehr niedrige Gas- und Schlackengehalt der unter Vakuum vergossenen Stähle ist die Ursache für deren hervorragenden mechanischen Gütewerte. Insbesondere die Zähigkeit und dynamische Beanspruchbarkeit werden wesentlich verbessert.

[1)] In Klammern sind die früheren Kurzzeichen nach DIN 17006 angegeben, die heute noch weit verbreitet sind.
[2)] In DIN 10027-1 wird beruhigter Stahl *nicht näher* bezeichnet. FN = *nicht unberuhigter* Stahl kennzeichnet lediglich einen unterschiedlichen Grad der Desoxidation.

4.3.4.2 Erstarren von Stahl

Man unterscheidet nach dem Grad der Desoxidation den *unberuhigten, beruhigten* und *besonders beruhigten Stahl*. Diese Bezeichnungen beschreiben das Verhalten des Stahles bei der Erstarrung in der Kokille. Der unberuhigte Stahl erstarrt »unruhig«. Die starke Gasentwicklung führt zum »Kochen« der Stahlschmelze. Der beruhigte und besonders beruhigte Stahl erstarrt »ruhig« ohne merkliche Badunruhe.

Unberuhigter Stahl (Kennzeichen FU (U) [1)]**)**
Dem Stahl wird lediglich *Mangan* zugegeben, wodurch Schwefel und Sauerstoff in die für den Rotbruch ungefährlichen Formen MnS und MnO überführt werden. Beim Vergießen wird das Gleichgewicht zwischen Kohlenstoff und dem noch vorhandenen FeO gestört. Das dadurch entstehende CO steigt in der Schmelze hoch, reißt andere gelöste Gase (N_2, H_2) mit und bewirkt so die Badunruhe.

Das Gleichgewicht ist insbesondere an der Phasengrenze fest (Kokillenwand)/flüssig gestört: Die Restschmelze S_R reichert sich durch das Ausscheiden der kohlenstoffarmen Mischkristalle MK mit Kohlenstoff und anderen niedrigschmelzenden Bestandteilen an.

Das Ergebnis ist eine ungleichmäßige Verteilung vor allem der langsam diffundierenden Elemente Phosphor, Schwefel, aber auch Kohlenstoff und Mangan. Diese Entmischung wird **Blockseigerung** genannt. Die Gehalte an Phosphor und Schwefel im Blockkern können das 3fache bis 4fache des durchschnittlichen Gehaltes betragen. Die sehr verunreinigungsarme Randzone wird **Speckschicht** genannt.

Beruhigter Stahl (Kennzeichen (R) [1) 2)]**)**
Durch die Zugabe von *Silicium* (und Mangan zum Entschwefeln) wird der Sauerstoff als SiO_2 gebunden und liegt damit nicht in der gefährlichen Form als FeO vor. Dieses Oxid kann von Kohlenstoff nicht mehr reduziert werden, da Silicium eine höhere Affinität zu Sauerstoff hat als Kohlenstoff:

$2\,FeO + Si \rightarrow SiO_2 + 2\,Fe$
$SiO_2 + C \rightarrow$ nicht reduzierbar, CO entsteht nicht.

Die Badbewegung als Folge der CO-Bildung unterbleibt; der Stahl erstarrt »ruhig«, dadurch sind Entmischungen (Seigerungen), wie sie bei unberuhigtem Stahl auftreten, nur schwach ausgebildet. Die blasenfreie Erstarrung ist die Ursache für das Entstehen eines größeren oft zusammenhängenden Schwindungslunkers. Durch Warmhalten des Blockkopfes wird der Stahl hier lange flüssig gehalten, so dass er nachfließen kann. Der Lunker wird im Blockwalzwerk abgetrennt, dadurch ist das Ausbringen des beruhigten Stahls 15 % bis 20 % geringer als das des unberuhigten. Wird der Lunker nicht vollständig entfernt – weil er nicht vollständig erkennbar war – entstehen beim Auswalzen die gefürchteten **Dopplungen**.

Zum Teil steigt SiO_2 in die Schlacke, ein erheblicher Anteil bleibt aber als Suspension in der Schmelze. Die Verunreinigungen und die Desoxidationsprodukte (SiO_2) sind relativ gleichmäßig über den Block verteilt. Daher ist die Qualität der Blechoberfläche – insbesondere bei Fein- und Tiefziehblechen – wegen der fehlenden *Speckschicht* nicht so gut wie bei unberuhigten Stählen. Tiefziehbleche werden daher überwiegend aus unberuhigten oder – wenn höchste Anforderungen an die Verformbarkeit gestellt werden – aus niedriggekohlten besonders beruhigten Stählen hergestellt.

In einigen Fällen *muss* der Stahl beruhigt vergossen werden, andernfalls wären wesentliche technische Nachteile die Folge:
- **Stahlguss:** Gussteile erhalten ihre endgültige Form nur durch das Formgebungsverfahren Gießen. Sie werden nicht mehr anschließend gewalzt oder geschmiedet. Vorhandene Gasblasen können damit nicht beseitigt werden.
- **Hartstahl:** In Stahl mit mehr als 0,25 % C ist der Sauerstoffgehalt niedrig und damit die CO-Bildung so gering, dass das Gas den Block nicht verlassen kann. Diese unregelmäßig angeordneten Blasen müssen aus Qualitätsgründen durch Beruhigen der Schmelze vermieden werden.
- **Legierter Stahl:** Dieser muss wegen der geforderten gleichmäßigen Verteilung der Legierungselemente *immer* beruhigt vergossen werden.

Besonders beruhigter Stahl (Kennzeichen FF (RR) [1]**)**
Außer Mangan und Silicium wird hier zusätzlich *Aluminium* zugegeben, das den restlichen Sauerstoff zu Al_2O_3 und Stickstoff zu AlN abbindet. Mit dieser Vergießungsart kann damit außer Sauerstoff auch der gefährliche, die Verformungsalterung auslösende Stickstoff beseitigt werden. Das Ergebnis ist ein sehr verunreinigungsarmer, sehr zäher Stahl mit geringer Trennbruchempfindlichkeit. Einen günstigen Einfluss auf die Festigkeits- und Zähigkeitseigenschaften üben die als zusätzliche Keime wirkenden AlN-Teilchen aus. Die Korngröße wird dadurch wesentlich verringert. Streckgrenze und Kerbschlagzähigkeit steigen, die Übergangstemperatur wird zu wesentlich tieferen Temperaturen verschoben. Tab. 4.7 gibt eine zusammenfassende Gegenüberstellung der Vergießungsarten.

4.3.5 Weitere Verarbeitung von Stahl

Tab. 4.6 zeigt schematisch den Weg des Stahls vom Guss bis zur Halbzeugform Blech, Rohr oder Profil. Diese Halbzeuge werden heute überwiegend auf Stranggussanlagen hergestellt, wobei die aus der Gießmaschine kommenden Vorbrammen etwa 250 mm Dicke haben. Für die Herstellung von Blechen werden seit etwa 10 Jahren Dünnbrammen-Gießanlagen entwickelt. Die Dünnbrammen sind nur noch ca. 50 mm dick und ermöglichen das Auswalzen von Blechen mit einer Enddicke unter 1 mm auf Fertigungsstraßen, die mit etwa 450 m Länge nur noch halb so lang sind wie die nach einer konventionellen Stranggussanlage. Blockguss hat praktisch nur noch für die Herstellung von Schmiedestücken Bedeutung, wobei in Sonderfällen Blöcke bis zu 400 t abgegossen werden.

4.4 Wirkung der Eisenbegleiter

Für die Stahlqualität sind in vielen Fällen nicht so sehr die Gehalte der »erwünschten« Legierungselemente, sondern die der unwünschten Stahlbegleiter maßgebend. Das sind die während der Stahlherstellung unbeabsichtigt aus den Erzen, der Ofenausmauerung, dem Schrott aufgenommenen Bestandteile: Silicium, Mangan, Phosphor, Schwefel, Stickstoff und nichtmetallische Einschlüsse sulfidischer, oxidischer und silicatischer Art. Letztere sind im Wesentlichen die Reaktionsprodukte der Desoxidationsvorgänge. Geringe Mengen an Kupfer, Chrom, Nickel, Arsen, Zinn, Schwefel gelangen vorwiegend aus dem Schrott und aus den Erzen in den Stahl. Insbesondere kann die Art ihrer Verteilung (gleichmäßig oder örtlich konzentriert) bei sonst gleicher chemischer Zusammensetzung zu sehr unterschiedlichen Stahleigenschaften führen.

4.4.1 Mangan

α-Eisen löst bei Raumtemperatur etwa 10 % Mn, d. h., in manganlegierten Stählen tritt keine besondere Phase auf. Der Mangangehalt kann deshalb nicht mit metallografischen Methoden bestimmt werden.

---

[1] In Klammern sind die früheren Kurzzeichen nach DIN 17006 angegeben, die heute noch weit verbreitet sind.

4.4 Wirkung der Eisenbegleiter

Unlegierte Stähle können bis zu 1,65 % Mangan enthalten, darüber hinaus gelten sie als mit Mangan »legiert« (siehe auch Tab. 4.9). In der Hauptsache führt Mangan Schwefel (der den Rotbruch begünstigt) in die ungefährliche Form MnS über, wodurch der Stahl warmverformbar wird. MnS wird beim Walzen zeilenförmig in Walzrichtung gestreckt und beeinflusst die Zähigkeitseigenschaften quer zur Walzrichtung (Bild 4.13).

4.4.2 Silicium

α-Eisen löst bei Raumtemperatur etwa 14 % Silicium, so dass abgesehen von den Silicaten keine spezielle Phase auftritt. Silicium ist ein wirksames Desoxidationsmittel. Es entstehen rundliche, meistens harte und spröde Silicate, die beim Walzen nicht verformt, aber in Zeilenform angeordnet werden. In unlegierten Stählen kann bis zu 0,5 % Silicium enthalten sein (siehe auch Tab. 4.9).

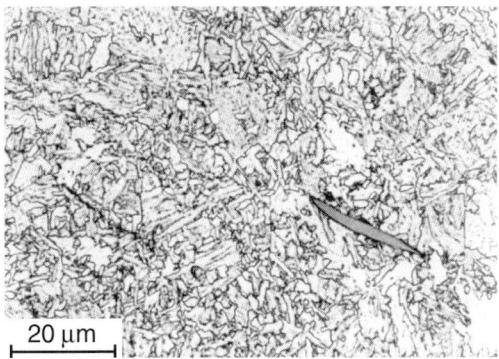

Bild 4.13
Mangansulfid (grauer gestreckter Einschluss) in der Wärmeeinflusszone einer Schweißverbindung aus einem Feinkornbaustahl

4.4.3 Phosphor

Phosphor bildet mit Eisen Substitutions-MKe. Von allen bisher untersuchten Elementen vermindert

Tab. 4.7: Gegenüberstellung wichtiger Eigenschaften unberuhigter (FU), beruhigter (R) und besonders beruhigter Stähle (FF)

Merkmale	Vergießungsart		
	FU	**R (nach DIN 17006)**	**FF**
chemische Zusammensetzung	Si: Spuren Mn: 0,2 ... 0,4 % C_{max}: 0,25 %	Si: 0,1 ... 0,4 % Mn: 0,2 ... 0,6 %	Si: 0,1 ... 0,4 % Mn: 0,2 ... 0,6 % $Al_{metallisch}$: > 0,02 %
wichtige Reaktionen	FeO + C → CO + Fe FeS + Mn → MnS + Fe FeO + Mn → MnO + Fe	FeS + Mn → MnS + Fe 2FeO + Si → SiO_2 + 2Fe	FeS + Mn → MnS + Fe 2FeO + Si → SiO_2 + 2Fe 3FeO + 2Al → Al_2O_3 + 3Fe FeN + Al → AlN + Fe
Ausmaß der Blockseigerung	stark	gering	gering
Lunkerbildung	keine	ausgeprägt	ausgeprägt
Oberflächengüte	besser	schlechter	schlechter
Verformungseigenschaften	Speckschicht: gut Kern: schlechter und ungleichmäßig	schlechter, aber gleichmäßiger	schlechter, aber gleichmäßiger
Alterungsanfälligkeit	groß	geringer	am geringsten
Schweißeignung	Speckschicht: gut Kern: sehr schlecht	besser	am besten
Kerbschlagarbeit K	(Kurve K über T, niedrig)	(Kurve K über T, mittel)	(Kurve K über T, hoch)

Phosphor neben Zinn die Zähigkeit am stärksten. Die Übergangstemperatur der Kerbschlagzähigkeit wird bis zu 300 °C durch 0,6 % Phosphor erhöht. Es treten vorwiegend *Korngrenzenbrüche* auf, insbesondere bei niedrigem Kohlenstoffgehalt. Der Höchstgehalt an Phosphor beträgt in Baustählen (DIN EN 10025-2) sowie in Qualitäts- und Edelstählen (z. B. DIN EN 10083) 0,045 % (Schmelzenanalyse, siehe auch S. 200). Nur in wenigen Fällen sind höhere Phosphorgehalte erwünscht. Stähle für *Warmpressmuttern*, z. B. der in geringem Umfang verwendete unlegierte Stahl 6 P 10, werden ca. 0,1 % Phosphor zugesetzt, wodurch die Fließeigenschaften oberhalb 1000 °C verbessert werden. Ebenso enthalten *Automatenstähle* zum Verbessern der Oberflächengüte der Werkstücke bis 0,2 % Phosphor.

Phosphor seigert außerordentlich stark. Begünstigt wird diese Erscheinung durch seine sehr geringe Diffusionsgeschwindigkeit im Eisen.

Jeder Stahl durchläuft bei seiner Erstarrung ein Temperaturintervall. Die sich primär ausscheidenden dendritischen Kristalle sind phosphor- und legierungsarm, die Restschmelze S_R ist phosphorreich und enthält die Hauptmenge der nichtmetallischen Einschlüsse (Bild 4.14). Diese Phosphorentmischung ist durch eine anschließende Warmformgebung nicht, durch eine Wärmebehandlung bei hohen Temperaturen nur unter großem Aufwand zu beseitigen. Das Begrenzen des Phosphorgehaltes im Stahl auf ungefährliche Werte ist daher technisch einfacher und wirtschaftlich sinnvoller.

Auf den erheblichen Konzentrationsunterschieden beruht auch der Phosphornachweis im Primärgefüge bei den metallografischen Ätzverfahren. Das Schliffbild zeigt abhängig von dem verwendeten Ätzmittel zwei sehr unterschiedliche Gefügeausbildungen. Durch Warmformgebung wird das dendritische Gussgefüge zeilenförmig gestreckt *(primäres Zeilengefüge)*, so dass abwechselnd helle phosphorreiche und dunkle phosphorarme Zeilen entstehen (siehe Bild 2.21). Diese Gefügeausbildung ist die Ursache für die zeilige Ferrit-Perlit-Anordnung in untereutektoiden Stählen *(sekundäre Zeiligkeit)*, die aber auch noch von der Verteilung der restlichen Legierungselemente abhängt (siehe Bild 4.84).

4.4.4 Schwefel

Die Schwefellöslichkeit des α-Eisens ist bei Raumtemperatur so gering, dass eine charakteristische Phase im Gefüge auftritt, das Eisensulfid FeS. Eisen bildet mit FeS ein bei 985 °C schmelzendes, entartetes Eutektikum, dessen Eisen an die primär ausgeschiedenen γ-MKe ankristallisiert. Das bei 1200 °C schmelzende FeS bildet die Korngrenzensubstanz und verursacht:

– den im Temperaturbereich zwischen 800 °C und 1000 °C auftretenden **Warm-** und **Rotbruch** bei der Warmformgebung (geringe Verformbarkeit des FeS erzeugt Bruch der Korngrenzensubstanz) und
– den oberhalb 1200 °C beginnenden **Heißbruch** (Schmelzpunkt des FeS wird überschritten).

Zwischen 1000 °C und 1200 °C sind die Stähle meist gut verformbar. Wahrscheinlich löst sich (vorübergehend) das FeS im γ-MK, liegt also nicht mehr in der schädigenden Form der Korngrenzensubstanz vor.

Der Schwefelgehalt wird daher wegen seiner stark schädigenden Wirkung auf Höchstwerte begrenzt, z. B. in Baustählen DIN EN 10025-2 auf 0,045 %. *Automatenstählen* setzt man allerdings bis 0,3 % S zu. Die geringe Festigkeit der Sulfide führt zu den gewünschten kurzbrüchigen Spänen.

Trotz der geringen Gehalte muss der Schwefel in eine ungefährliche Form überführt werden. Mangan bindet den Schwefel zu der erst bei 1600 °C schmelzenden Verbindung MnS. Diese scheidet sich schon primär aus der Schmelze aus und bildet daher keine Korngrenzenfilme. MnS ist im Gegensatz zu den meisten Einschlüssen verformbar. Bei Warmformgebung wird es in Walzrichtung gestreckt.

Der voreutektoide Ferrit kristallisiert bevorzugt an die Mangansulfide an. Da Schwefel ähnlich wie Phosphor stark seigert, kommen bei gleichzeitiger

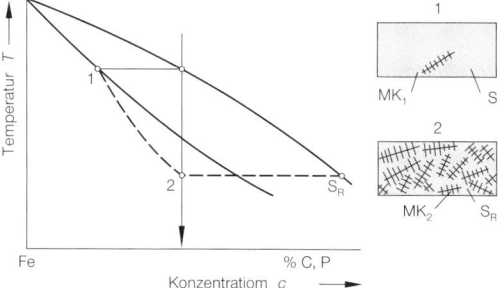

Bild 4.14
Schematische Darstellung der Entmischungsvorgänge (Schmelze-Mischkristall) bei technischen Abkühlgeschwindigkeiten

Anwesenheit im Stahl Phosphor und Schwefel in denselben Zeilen vor. Metallografisch können Seigerungen oder schwefelreiche Gebiete durch den BAUMANN-Abdruck nachgewiesen werden.

4.4.5 Stickstoff

Atomarer Stickstoff schädigt die mechanischen Eigenschaften der Stähle in großem Umfang. Einige hundertstel Prozent Stickstoff erhöhen Streckgrenze und Festigkeit, verringern aber stark das Verformungsvermögen, insbesondere die Kerbschlagzähigkeit. Der Stickstoffgehalt ist daher ein guter Beurteilungsmaßstab für die Stahlqualität. In den Baustählen nach DIN EN 10025-2 beträgt der maximale Stickstoffgehalt 0,009 % (Schmelzenanalyse).

α-Eisen löst maximal 0,1 % Stickstoff bei 590 °C; bei Raumtemperatur ist Stickstoff im α-Eisen praktisch unlöslich. Bei schnellem Abkühlen bleibt der Stickstoff zwangsgelöst. Durch ein nachträgliches Erwärmen auf höhere Temperaturen scheidet er sich in Form nadelförmiger Eisennitride Fe_4N aus. Diese **Abschreckalterung** genannte Erscheinung, die auch durch Kohlenstoff und in geringerem Maße durch Phosphor und Schwefel ausgelöst wird, verringert die Zähigkeit des Stahles.

Wesentlich gefährlicher ist die in der Hauptsache durch Stickstoff verursachte **Verformungsalterung** *(Reckalterung)*. Sie bewirkt einen außerordentlichen Zähigkeitsverlust und entsteht nur an *kaltverformten* Stählen. Durch die Kaltverformung steigt die Zahl der Versetzungen von etwa 10^6 mm/mm³ auf $10^{9...10}$ mm/mm³. Der im Stahl gelöste Stickstoff diffundiert bevorzugt in die Versetzungsbereiche. Die Versetzungen werden dadurch weitgehend bewegungsunfähig, sie werden blockiert: der Stahl versprödet. Finden die Vorgänge bei Raumtemperatur statt, dann spricht man von **natürlicher Alterung**. Der Zähigkeitsverlust tritt erst längere Zeit nach dem Kaltverformen ein (Wochen, Monate, Jahre). Bei höheren Temperaturen (200 °C bis 300 °C) können die Stickstoffatome schon während der Kaltverformung zu den Versetzungen diffundieren. Die Versprödung tritt also während der Glühbehandlung ein und kann *während* der zerstörenden Prüfung (Kerbschlagbiegeversuch, Zugversuch) festgestellt werden: **künstliche Alterung**.

Daher sollte Stahl zwischen 200 °C und 350 °C wegen seiner dann geringen Zähigkeit nicht verformt werden, sonst besteht die Gefahr des **Blaubruchs** *(Blausprödigkeit)*. Die blaue Anlauffarbe der Bruchflächen ist der Grund für diese Bezeichnung.

Übersteigt die Glühtemperatur die vom Verformungsgrad abhängige Rekristallisationstemperatur, erfolgt Kornneubildung. Die Zahl der Versetzungen wird auf den Wert für das nicht verformte Gefüge herabgesetzt, und der Stickstoff wird neu verteilt. Damit lassen sich die Auswirkungen der Verformungsalterung wirksam beseitigen. Allerdings entsteht durch neuerliche Nitridausscheidung im Laufe der Zeit wiederum ein Zähigkeitsverlust *(Abschreckalterung)*.

Die Alterungsneigung lässt sich grundsätzlich *nicht* beseitigen, ihre Auswirkungen können aber wesentlich verringert werden. Die einfachste Methode wäre das vollständige Beseitigen des Stickstoffs, sie ist aber aus technischen und wirtschaftlichen Gründen nicht zu realisieren. Die Zugabe von Elementen, die zu Stickstoff eine größere Affinität haben als Eisen, z. B. Aluminium, Titan, Niob u. a., binden den Stickstoff zu festen, schwerlöslichen Nitriden. Der Stickstoff wird dadurch dem MK entzogen. Der Stahl ist *alterungsbeständig*, wie z. B. jeder besonders beruhigte Stahl.

Die Alterungsneigung wird durch Vergleich der Kerbschlagzähigkeit ungealterter und künstlich gealterter Proben (10 % kaltverformt; 0,5 h auf 250 °C) bestimmt. Die Übergangstemperatur wird bei alterungsbeständigen Stählen um etwa 30 °C bis 40 °C, bei THOMAS-Stählen um 80 °C bis 100 °C und mehr zu höheren Werten verschoben. Der Zähigkeitsabfall gealterter Stähle ist demnach außerordentlich stark (Bild 4.15). Der alterungsbeständige Stahl verliert seine Zähigkeit nicht durch die Wirkung des Stickstoffs, sondern durch den Einfluss der Kaltverformung.

Wird ein nicht mit Aluminium beruhigter Stahl plastisch kaltverformt, dann scheiden sich innerhalb der Gleitzonen Eisennitride aus, die mit dem FRYschen Ätzmittel sichtbar gemacht werden können. Die dunkel angeätzten Bereiche werden *Fließfiguren* oder *LÜDERSsche* Linien genannt. Sie erscheinen die Oberflächenbehandlung (Polieren, Galvanisieren, Lackieren) z. B. bei Tiefziehblechen erheblich, weil sie die Oberfläche aufrauen. Deshalb werden Tiefziehbleche für schwere Verformungsarbeiten oder mit hohen optischen Ansprüchen (Karosseriebleche) mit Aluminium desoxidiert oder dressiert durch Kaltwalzen (siehe S. 205).

4.4.6 Wasserstoff

Wasserstoff ist das Element mit dem kleinsten Atomdurchmesser. Die Diffusionsgeschwindigkeit im Eisen ist schon bei Raumtemperatur größer als die von Kohlenstoff dicht unterhalb der Solidustemperatur. Er kann bei gegebener Temperatur größere

Werkstoffbereiche durchdringen, d. h. schädigen, als jedes andere Gas. Die Löslichkeit des Wasserstoffs in Eisen (bei konstantem Druck) ist in Bild 4.16 dargestellt. Wasserstoff kann (wie jedes andere Gas) in metallischen Werkstoffe nur in atomarer Form, nicht in molekularer, eindringen. Im thermodynamischen Gleichgewicht besteht zwischen dem im Gitter gelösten und dem molekularen Wasserstoff an der Phasengrenze Werkstoff/Umgebung die Beziehung nach SIEVERTS:

$[H] = K \cdot \sqrt{p_{H_2}}$.

[H]   Konzentration des gelösten (atomaren) Wasserstoffs
p_{H_2} Wasserstoffdruck in der Umgebung
K   Gleichgewichtskonstante.

Aus dieser Beziehung lassen sich einige grundlegende Aussagen ableiten:
– Der Wasserstoff wird nur im atomaren Zustand gelöst.
– In einem System ist der Partialdruck des molekularen Wasserstoffs proportional dem Quadrat der Konzentration des atomaren Wasserstoffs (= Partialdruck des atomaren Wasserstoffs).

Der Druck im Inneren einer mit (molekularem) Wasserstoff gefüllten Pore kann also beträchtliche Werte erreichen. Da der molekulare Wasserstoff nicht diffusionsfähig ist, bleibt er am Entstehungsort (z. B. Schlacke, Pore) unter hohem Druck eingeschlossen. In einem kleinen Bereich 2 (Bild 4.17) entsteht unter der Wirkung des Druckes ein dreiachsiger Spannungszustand σ_1, σ_2, σ_3. Aus diesen grundlegenden Zusammenhängen ergibt sich die weiter unten näher erläuterte *Drucktheorie*.

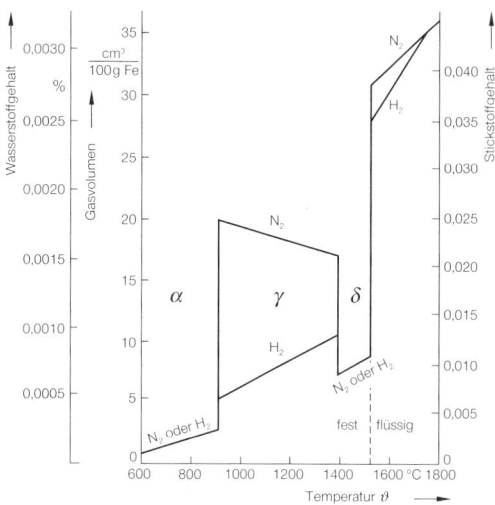

Bild 4.16
Einfluss der Temperatur auf die Löslichkeit von Wasserstoff und Stickstoff im Eisen (nach PHILBROOK und BEVER)

Zwischen dem im Gitter gelösten Wasserstoff und den Spannungsfeldern der Gitterfehlstellen (z. B. Versetzungen, Leerstellen, Ausscheidungen) bestehen starke Wechselwirkungen. Diese Orte sind für den wandernden Wasserstoff »Fallen«, die seine Diffusion im Gitter erheblich behindern und damit seine Aufenthaltsdauer im Gitter verlängern. Diese Tatsache ist sehr wichtig, da für einen durch Wasserstoff hervorgerufenen Schadensmechanismus eine gewisse Aufenthaltsdauer (= Schädigungsdauer) erforderlich ist, die danach mit einer bestimmten Fehlstellendichte erreichbar ist.

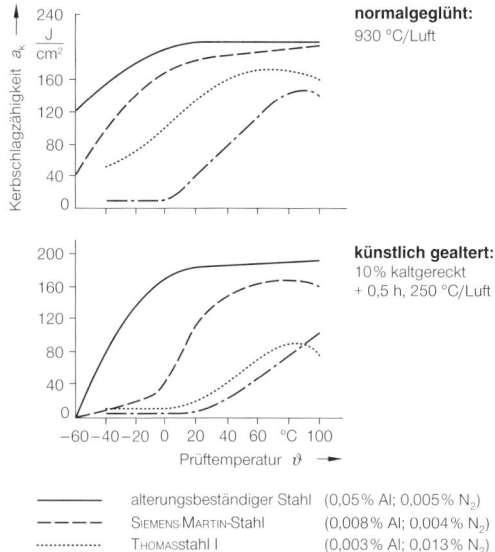

Bild 4.15
Verformungsalterung weicher unlegierter Baustähle (C ≈ 0,13 %): Einfluss des Normalglühens auf die Kerbschlagzähigkeit gealterter Stähle (nach KÜNTSCHER u. a.)

Die intensivste Wechselwirkung zeigt der Wasserstoff aber mit inneren »Oberflächen«, z. B. Poren, Phasengrenzflächen, aber vor allem mit Rissen. An diesen wird er chemisorbiert, er ist also an chemischen Reaktionen beteiligt. Dadurch wird die für die Bildung weiterer Rissoberflächen erforderliche Energie erniedrigt, d. h., die Kohäsion und damit die Trennfestigkeit nimmt ab. Diese Zusammenhänge bilden die Grundlagen der *Dekohäsionstheorie* von ORI-

4.4 Wirkung der Eisenbegleiter

ANI, die für das Verständnis der wasserstoffinduzierten Kaltrisse wesentlich ist. Neben dieser noch anschaulichen Theorie werden die komplexen metallphysikalischen Vorgänge bei der wasserstoffinduzierten Rissbildung mit einer Reihe weiterer Modelle erklärt, von denen aber keine allein die beobachteten Phänomene deuten kann.

Mit Hilfe der Drucktheorie können folgende Erscheinungen zweifelsfrei beschrieben werden:
- **Beizsprödigkeit:** Zum Entfernen von Rost und Zunder werden Blechoberflächen mit Säuren gebeizt. Der atomare Wasserstoff dringt z. T. in das Blech ein und bildet an Gitterfehlstellen (z. B. Versetzungen, Korngrenzen) Moleküle. Der nur in oberflächennahen Schichten eingedrungene unter hohem Druck stehende Wasserstoff erzeugt dreiachsige Spannungen, die aber in dem i. Allg. duktilen Baustählen nur zum Aufreißen der »Blasen« führen, den Werkstoff aber nicht versprören. Die Bezeichnung Beizsprödigkeit ist metallphysikalisch nicht korrekt.
- **Flocken (Fischaugen):** Durch zu schnelles Abkühlen, vor allem im Bereich von 200 °C bis 300 °C, entstehen im Innern größerer Schmiedestücke Mikrorisse, die als Flocken bezeichnet werden. Besonders empfindlich sind Chrom-Nickel- und Chrom-Mangan-Stähle. Außer Wasserstoff sind für die Rissbildung aber auch die Umwandlungsspannungen und die Werkstofffestigkeit von entscheidender Bedeutung. Je größer beide sind (niedrige Umwandlungstemperatur), um so geringer ist die für die Rissentstehung erforderliche Wasserstoffmenge.

Die Drucktheorie kann nicht alle experimentellen Tatsachen richtig deuten, insbesondere nicht die Vorgänge bei der Bildung wasserstoffinduzierter Kaltrisse. Diese Versagensform spielt bei Schweißverbindungen aus hochfesten Stählen eine große Rolle. Bild 4.18 zeigt schematisch die ertragbare Spannung von mit Wasserstoff beladenen und wasserstofffreien, Kerbzugproben in Abhängigkeit von der bis zum Eintritt des Bruches vergangenen Zeit. Wegen der Ähnlichkeit mit dem Verlauf der dynamischen Ermüdung wird das Verhalten des mit Wasserstoff beladenen Werkstoffs als **statische Ermüdung** bezeichnet.

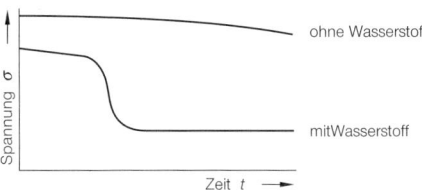

Bild 4.18
Zur Wirkung des Wasserstoffs bei der Entstehung des wasserstoffinduzierten Kaltrisses (schematisch)

Die Entstehung der Kaltrisse erfolgt in folgenden Schritten:
- Mikrorisse entstehen an Gitterdefekten nach einer bestimmten Inkubationszeit bei Einwirkung mechanischer Spannungen,
- langsames Wachsen der Mikrorisse bis zum Erreichen einer kritischen Länge. Dabei sammelt sich zeitabhängig atomarer Wasserstoff an, wodurch die Kohäsion merklich verringert wird und der Übergang zum
- instabilen Rissfortschritt erfolgt. Die Bildung der Kaltrisse erfolgt also erst nach einer gewissen Zeit, d. h. »verzögert«. Daher wird diese Rissform im englischen Schrifttum auch als verzögerter Riss *(delayed fracture)* bezeichnet.

Der in den Werkstoff gelangte Wasserstoff diffundiert, begünstigt durch Spannungsgradienten, in Bereiche mit hoher Fehlstellendichte, die i. Allg. bereits Zonen erniedrigter Trennfestigkeit sind und reichert sich durch die Wirkung der entstehenden dreiachsigen Spannungen im *hydrostatisch gedehnten* Bereich vor der Rissspitze an. Die Trennfestigkeit wird nach dem angedeuteten Mechanismus durch Chemisorption des Wasserstoffs soweit erniedrigt, dass Mikrorisse entstehen können.

Mit dieser als *Dekohäsionstheorie* bezeichneten Modellvorstellung lässt sich der Rissmechanismus der wasserstoffinduzierten Kaltrisse anschaulich, aber nicht in allen Einzelheiten widerspruchsfrei beschreiben. Man beachte, dass die wichtigste Voraussetzung für die Rissbildung ein hinreichend defektreiches und wenig verformbares Gefüge ist, in dem sich scharfe dreiachsige Spannungen aufbauen

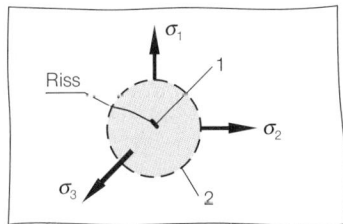

Bild 4.17
Wirkung des Wasserstoffs
1: *Schlacke, Pore, Riss o. ä.*
2: *dreiachsig beanspruchter Werkstoffbereich, der z. B. bei einem nicht verformbaren (z. B. martensitischen) Gefüge versprödet; bei einem verformbaren kann die rissauslösende Spannung durch plastische Verformung abgebaut werden*

können. Martensitische Gefüge sind daher besonders stark von dieser Risserscheinung betroffen.

Der Schaden kann nur ausgelöst werden, wenn sich an der Rissspitze eine kritische Kombination von Wasserstoffgehalt und Beanspruchung einstellen kann, Bild 4.19. Das Ausmaß der Versprödung hängt sehr stark von der Betriebstemperatur ab, die die Diffusionsbedingungen bestimmt. Bei hohen Temperaturen kann sich wegen der guten Diffusionsbedingungen keine kritische Wasserstoffkonzentration einstellen, bei niedrigen sehr spät oder gar nicht. Die Temperatur der maximalen Schädigung liegt etwa im Bereich üblicher Umgebungstemperaturen ($-30\,°C$ bis $+50\,°C$).

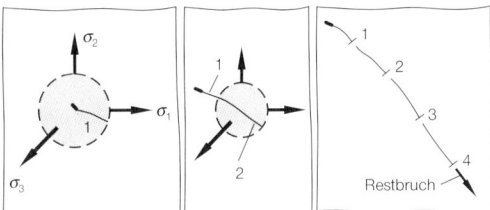

Bild 4.19
Schematische Darstellung der Entstehung wasserstoffinduzierter Kaltrisse (verzögerte Risse, delayed fracture)

Der Wasserstoff diffundiert zu Gitterstörstellen und baut allmählich große dreiachsige Spannungen auf bis ein kritischer Gehalt erreicht ist. Der entstehende Mikroriss führt zu einer Druckentlastung und kann nur weiterwachsen, wenn an seinem Ende erneut die für ein Risswachstum erforderlichen Bedingungen vorhanden sind. Er wächst demnach schrittweise, bis der Restquerschnitt durch Gewaltbruch zerstört wird (Bild 4.19).

Die geschilderten Vorgänge erklären jetzt auch die ungewöhnlichen Prüfvorschriften für die Versprödungsprüfung. Die Versprödung kann weder bei tiefen noch bei hohen Prüftemperaturen festgestellt werden, da der Wasserstoff dann nicht merklich oder zu schnell diffundiert. Der für die Rissbildung erforderliche kritische Gehalt wird nicht erreicht. Das gleiche gilt bei hohen Belastungsgeschwindigkeiten, weil der Bruch einsetzt, bevor sich in den Gitterstörstellen genügend Wasserstoff angesammelt hat. Daher kann diese Art der Werkstoffversprödung auch nicht mit dem Kerbschlagbiegeversuch nachgewiesen werden. Gut eignen sich z. B. Zugversuche mit scharf gekerbten Proben, die sehr langsam beansprucht werden.

Durch *Vakuumentgasen* oder *mäßiges Erwärmen* auf $200\,°C$ bis $300\,°C$ diffundiert ein großer Teil des atomaren Wasserstoffs so schnell aus dem Stahl, dass er sich nicht mehr an den »Fallen« des Gefüges anlagern, d. h. eine Schädigung auslösen kann. Eine merkliche Versprödung tritt nicht mehr ein.

4.4.7 Sauerstoff

Sauerstoff ist im α-Eisen bei Raumtemperatur praktisch nicht löslich. Ähnlich wie Stickstoff und Wasserstoff führt auch Sauerstoff schon in geringsten Mengen zu einer ausgeprägten Versprödung des Stahls. Bild 4.20 zeigt diesen Einfluss des Sauerstoffs auf das Kerbschlagzähigkeitsverhalten von Eisen. Im Gefüge besonders kohlenstoffarmer Stähle (hier ist der Sauerstoffgehalt besonders groß!) findet man häufig das Eisenoxid FeO, das als Gefügebestandteil *Wüstit* heißt. FeO macht ähnlich wie FeS den Stahl rotbrüchig. Die Wirkung nimmt wegen der Bildung des bei $930\,°C$ schmelzenden FeO-FeS-Eutektikums mit dem Schwefelgehalt zu.

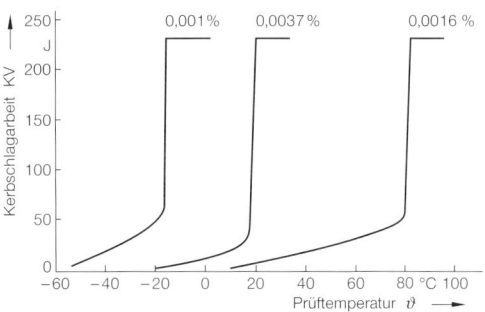

Bild 4.20
Einfluss des Sauerstoffs auf die Kerbschlagarbeit KV von reinem Eisen (nach BIGGS)

Die Desoxidation des Stahles beseitigt den größten Teil des Sauerstoffs. Die Reaktionsprodukte SiO_2 und Al_2O_3 sind harte, meistens kugelförmige Bestandteile. Die sehr spröden Al_2O_3-Teilchen werden beim Walzen oft zu charakteristischen (Tonerde-)Zeilen angeordnet, die bei der weiteren Verarbeitung zu Schwierigkeiten führen können (siehe Bild 2.17b).

4.4.8 Nichtmetallische Einschlüsse

Menge, Art und Verteilung der im Stahl vorhandenen Einschlüsse bestimmen weitgehend das Verformungs- und Bruchverhalten sowie die Festigkeitseigenschaften der Stähle.

Die Einschlüsse können oxidischer, sulfidischer oder silicatischer Art sein. Da es sich nie um reine chemische Verbindungen wie MnO, Mns, SiO$_2$ handelt, sondern meistens um Mischkristalle und Eutektika, ist ihre Bestimmung relativ schwer und in vielen Fällen sehr aufwändig. Daher begnügt man sich häufig damit, nur Menge und Anordnung der Einschlüsse festzustellen. Mit (Schlacken-)*Richtreihen* lässt sich der Einschlussgehalt einfach und ausreichend genau bestimmen.

In grober Vereinfachung lassen sich die Einschlüsse in rundliche, eckige (meistens hart und kaum verformbar) und längliche (meist verformbar) Formen einteilen. In ihrer Nähe entstehen bei Belastung Spannungs- und Verformungskonzentrationen.

Außer MnS, das beim Warmverformen ausgewalzt wird, sind alle anderen Einschlüsse mehr oder weniger hart und spröde. In der Hauptsache verschlechtern sie die Zähigkeitseigenschaften und führen zu einer ausgeprägten *Anisotropie* der Verformungs- und Festigkeitseigenschaften. Die schädigende Wirkung wird mit zunehmender Zugfestigkeit grundsätzlich größer.

Die äußere Beanspruchung führt zur Trennung an der Phasengrenze Matrix/Einschluss, weil hier die Adhäsion besonders gering ist. In vielen Fällen führt der dadurch wie ein Riss wirkende Einschluss zum Versagen des Bauteils. Bei schlagartiger Belastung und großflächigen meist zeilenförmig angeordneten Einschlüssen (meistens MnS) kann der Widerstand gegen spröde Rissausbreitung aber auch erheblich erhöht werden (Bild 4.21): Der im Kerbgrund der Kerbschlagbiegeprobe entstandene Riss wird durch Einschlüsse abgelenkt und muss an geeigneten Stellen neu entstehen. Dafür muss wiederum Rissentstehungsenergie aus dem Vorrat der Schlagenergie aufgebracht werden. Die lang gestreckten MnS-Schlacken führen folglich zu einer ausgeprägten *Zähigkeitsanisotropie*. Derartige Stähle besitzen in Walzrichtung eine sehr hohe Kerbschlagzähigkeit, sie kann mehr als doppelt so groß sein wie quer dazu.

In vielen Fällen muss der Stahl auch quer zur Walzrichtung ausreichende Zähigkeitseigenschaften besitzen, z. B. bei Druckrohrleitungen und bei durch Innendruck beanspruchten Behältern. Die durch die lang gestreckten MnS-Schlacken hervorgerufene Zähigkeitsanisotropie lässt sich mit Elementen wie Zirkonium, Cer oder Titan weitgehend beseitigen. Es entstehen nicht verformbare Sulfide ZrS, CeS oder TiS, die zu sehr viel *geringeren Zähigkeitsunterschieden* führen (Bild 4.22). Außerdem wird die Kerbschlagzähigkeit erhöht und die Übergangstemperatur zu tieferen Werten verschoben. Insgesamt ergibt sich ein wesentlich besseres Zähigkeitsverhalten.

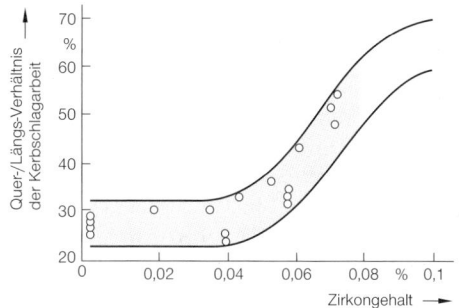

Bild 4.22
Abhängigkeit der Quer-Längs-Anisotopie der Kerbschlagarbeit vom Zirkoniumgehalt

Bei niedriggekohlten mikrolegierten höherfesten Stählen kann beim Schweißen insbesondere dickwandiger Bauteile der gefürchtete **Terrassenbruch** *(lamellar tearing)* auftreten. Einschlüsse und die beim Schweißen entstehenden Spannungen sind die wichtigsten Ursachen für seine Entstehung. Die Schrumpfspannungen erzeugen in dem durch die zeilenförmig angeordneten Schlacken »schichtartig« aufgebauten Werkstoff einen Riss, der sich ent-

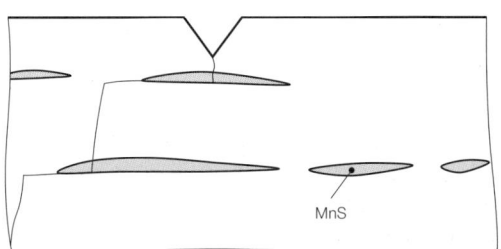

Bild 4.21
Rissverlauf in einer Kerbschlagprobe in Anwesenheit zeilenförmig angeordneter Einschlüsse

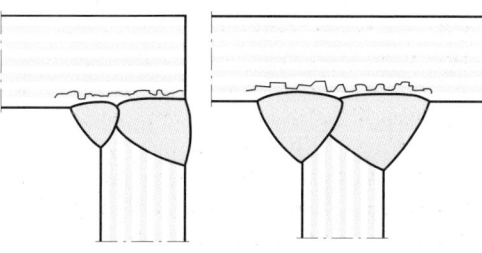

Bild 4.23
Entstehungsart und Verlauf von Terrassenbrüchen bei dickwandigen Schweißverbindungen, stark schematisiert

lang der Zeilen oberhalb der Schweißnaht terrassenförmig ausbreitet (Bild 4.23). Diese Rissart ist werkstoffbedingt. Eine potenzielle Rissneigung ist daher immer vorhanden. Durch konstruktive Maßnahmen ist der Terrassenbruch aber meistens zu verhindern.

4.5 Wärmebehandlung der Stähle

4.5.1 Ziel der Wärmebehandlung

Die Eisenwerkstoffe nehmen in Abhängigkeit von der Temperatur unterschiedliche kristalline Zustände ein, deren Eigenschaften zum Teil erheblich voneinander abweichen. Beschleunigtes Abkühlen von der Austenitisierungstemperatur führt zu *Unterkühlungserscheinungen*, d. h., die Umwandlung des Austenits erfolgt bei tieferen Temperaturen unter veränderten Diffusionsbedingungen für den Kohlenstoff und die Legierungselemente. Die Eigenschaften der Umwandlungsprodukte hängen daher stark von der Umwandlungstemperatur und den dann herrschenden Diffusionsmöglichkeiten ab. Die Erscheinung der allotropen Modifikation und die leichte Unterkühlbarkeit sind die Gründe, dass bei keinem anderen metallischen Werkstoff durch Wärmebehandlungen tiefgreifendere und vielfältigere Eigenschaftsänderungen vorgenommen werden können als bei Stahl.

Die **Wärmebehandlung** ist damit ein Verfahren oder die Kombination mehrerer Verfahren, bei denen ein Werkstück im festen Zustand Temperaturänderungen unterworfen wird, um bestimmte Werkstoffeigenschaften zu erzielen. Dabei kann durch die Umgebung eine Änderung der chemischen Zusammensetzung erfolgen (z. B. Aufkohlen, Aufsticken).

Folgende Eigenschaften können geändert werden:
– die spangebende Bearbeitbarkeit verbessern (z. B. Weichglühen, Grobkornglühen),
– Festigkeit erhöhen oder verringern (z. B. Härten, Normalglühen, Weichglühen),
– die Auswirkung der Kaltverformung beseitigen (z. B. Rekristallisationsglühen, Normalglühen),
– Beseitigen oder Verringern von Seigerungen (z. B. Diffusionsglühen),
– Ändern der Korngröße (z. B. Normalglühen, Rekristallisationsglühen, Grobkornglühen),
– Beseitigen von Eigenspannungen (z. B. Spannungsarmglühen),
– Erzeugen bestimmter Gefügezustände (z. B. Normalglühen, Weichglühen, Härten).

Die Verfahren der Wärmebehandlung können in zwei Hauptgruppen eingeteilt werden:
– Glühen,
– Härten.

Glühbehandlungen verändern das Gefüge in Richtung eines dem *Gleichgewicht* näheren Zustandes: die Abkühlung erfolgt langsam. Beim **Härten** wird der Austenit mit einer von der Stahlzusammensetzung abhängigen Mindestabkühlgeschwindigkeit (= kritische Abkühlgeschwindigkeit) so schnell abgekühlt, dass das *Ungleichgewichtsgefüge* Martensit entsteht.

4.5.2 Temperaturführung

Jede Wärmebehandlung besteht aus dem:
– Erwärmen auf Solltemperatur (Anwärmen und Durchwärmen),
– Halten und
– Abkühlen (Bild 4.24).

Das Erwärmen auf Solltemperatur kann durch
– *Wärmeübertragung* (Wärme wird durch Berührung oder Strahlung auf das zu erwärmende Werkstück übertragen) und
– *Erzeugen der Wärme im Werkstück* (Widerstands- oder Induktionserwärmung) geschehen.

Die Erwärmung des Kernes im Falle der Wärmeübertragung kann nur durch Wärmeleitung erfolgen, d. h., das Werkstückinnere wird *später* auf die Solltemperatur erwärmt als die Oberfläche (Durchwärmzeit t_D, Bild 4.24). Wesentlich höhere Aufheizgeschwindigkeiten sind möglich, wenn die Wärme im Werkstück erzeugt wird.

Der Temperaturunterschied zwischen Kern und Rand nimmt zu mit:

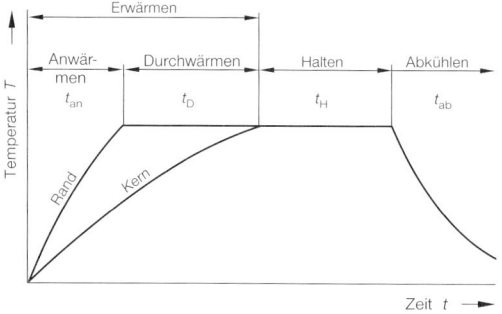

Bild 4.24
Schematische Darstellung der Temperaturführung beim Wärmebehandeln

- höherer Aufheizgeschwindigkeit,
- zunehmenden Werkstückabmessungen,
- abnehmender thermischer Leitfähigkeit des Werkstoffs. (Mit zunehmendem Legierungsgehalt nimmt bis etwa 900 °C die Leitfähigkeit stark ab und ist dann nahezu unabhängig von der Stahlzusammensetzung, Bild 4.25).

Aus *wirtschaftlichen* Gründen wird man das Werkstück möglichst rasch erwärmen wollen. Dem steht aber die bei schneller Erwärmung hervorgerufene stark erhöhte Verzugs- und Rissgefahr gegenüber, die durch die großen Temperaturunterschiede zwischen Rand und Kern entsteht. Bei vielen Wärmebehandlungsvorgängen entstehen beim Erwärmen und Abkühlen Phasenänderungen, die ebenfalls rissbegünstigend wirken können. Damit müssen insbesondere dickwandige und kompliziert geformte Werkstücke ausreichend langsam erwärmt werden. Eine Turbinenwelle aus niedriglegiertem Stahl mit einem Durchmesser von 600 mm wird mit einer Aufheizgeschwindigkeit von ungefähr 50 °C/h erwärmt. Das Beispiel zeigt deutlich, dass eine zum Fertigungsprozess gehörende Wärmebehandlung die Bauteilkosten stark erhöhen kann. Die Wärmebehandlungskosten können bis zu 25 % der Bauteilkosten betragen.

Die *Haltedauer* t_H muss vor allem bei Wärmebehandlungen ausreichend lang gewählt werden, bei denen die Solltemperatur oberhalb der Austenitisierungstemperatur liegt. Als grober Anhalt kann folgende Beziehung dienen:

$$\frac{t_H}{\min} = 20 + \frac{s}{2\,\mathrm{mm}}.$$

Beispiel: Wanddicke oder Durchmesser $s = 200$ mm ergibt eine Haltedauer von:

$$t_H = \left(20 + \frac{200\,\mathrm{mm}}{2\,\mathrm{mm}}\right)\min = 120\,\min = 2\,\mathrm{h}.$$

Wie beim Erwärmen von außen ergeben sich auch beim Abkühlen physikalisch begründete Abkühlgeschwindigkeiten, die nicht überschritten werden können. Das Abkühlen kann ebenfalls nur durch Wärmeleitung erfolgen, d. h., die maximal mögliche Wärmeabfuhr ist durch die Wanddicke und die Wärmeleitfähigkeit begrenzt. Diese Tatsache wird häufig übersehen. Natürlich darf die Abkühlung nur so schnell erfolgen, dass die dann entstehenden Temperaturdifferenzen Rand/Kern nicht zu unzulässigem Verzug oder zur Rissbildung führen. Bei gleichzeitig entstehenden Umwandlungsspannungen (insbesondere bei der Martensitbildung) muss der Temperaturverlauf so geregelt werden, dass die größten *thermischen Spannungen* möglichst nicht bei der Temperatur der Phasenumwandlung auftreten.

4.5.3 Glühbehandlungen (gleichgewichtsnahe Zustände)

4.5.3.1 Diffusionsglühen (Homogenisieren)
Dieses Verfahren dient dem *Zweck*, die bei der Primärkristallisation entstandene unterschiedliche chemische Zusammensetzung (Kristallseigerung), die sich bei der Sekundärkristallisation (z. B. Warmformgebung) als Zeilengefüge äußert, zu beseitigen.

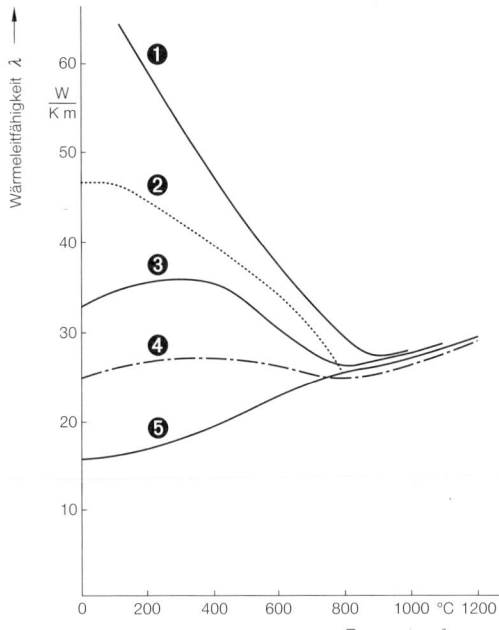

Nr.	Zusammensetzung in %						Wärmebehandlung
	C	Si	Mn	Cr	Ni	W	
❶	reines Eisen 99,95 %						geglüht
❷	0,43	0,20	0,69	–	–	–	geglüht
❸	0,32	0,25	0,55	0,71	3,40	–	geglüht + 640 °C/Ofen
❹	0,27	0,18	0,28	13,7	0,20	0,25	960 °C + 2h/750 °C/Luft
❺	0,08	0,68	0,37	19,1	8,10	0,60	1100 °C/Wasser

Bild 4.25
Veränderung der Wärmeleitfähigkeit von Stählen in Abhängigkeit von der Temperatur und Zusammensetzung (nach RUHFUS)

Der *Konzentrationsausgleich* durch Diffusion erfolgt erst bei sehr hohen Glühtemperaturen (1100 °C bis 1300 °C) in sehr langen Zeiten (ca. 50 h). Es muss betont werden, dass dabei die Blockseigerungen nicht ausgeglichen werden können. Die langen Glühzeiten, die hohen Glühtemperaturen und die hohen Energiekosten machen dieses Verfahren *teuer*. Es wird im Wesentlichen nur für Stahlguss (insbesondere für legierten) verwendet, weil die Kerbschlagzähigkeit erheblich verbessert wird.

Blöcke, als Ausgangsmaterial für Walzwerkserzeugnisse, werden im Tiefofen schon einer Art Diffusionsglühen unterzogen. Wenn Stähle aus Qualitätsgründen diffusionsgeglüht werden müssen, dann geschieht das zweckmäßig am Block, da alle negativen Begleiterscheinungen (Verzundern, Grobkorn) durch die nachfolgenden Walzvorgänge noch beseitigt werden können.

Besonders bei stärker verunreinigten Werkstoffen werden die mechanischen Eigenschaften verbessert, da die stark versprödenden, *löslichen* Verunreinigungen von den Korngrenzen in das Korninnere diffundieren. Nichtlösliche Bestandteile (Carbide, Oxide, Nitride) werden in rundliche Partikel überführt (koagulieren). Die Heißrissneigung wird ebenfalls verringert.

Mit zunehmender Temperatur wird die Zahl der energiereichen Korngrenzen verringert, d. h., die Kornzahl nimmt ab, der Werkstoff wird *grobkörniger*. Nichtlösliche Partikel erschweren die Korngrenzenwanderung. Sie werden daher in vielen Fällen absichtlich erzeugt, weil sie bis zu ihrer Lösungstemperatur im Austenit von etwa 1000 °C das Kornwachstum wirksam verhindern. Beim Homogenisieren entsteht wegen der hohen Glühtemperaturen praktisch immer ein grobkörniges Gefüge.

4.5.3.2 Grobkornglühen

Für eine gute *spangebende Bearbeitbarkeit* niedriggekohlter Stähle wird oft das sprödere, grobkörnige Gefüge bevorzugt, weil es die Bildung von Fließspänen verhindert. Der Werkstoff »schmiert« nicht, und es entsteht der vor allem bei Bearbeitungsautomaten gewünschte Reissspan.

Die Glühtemperaturen liegen zwischen 950 °C und 1100 °C. Sie sind von der Erschmelzung sowie der Menge und Art der Reaktionsprodukte aus den Desoxidationsvorgängen abhängig. Das Abkühlen erfolgt bis zum unteren Umwandlungspunkt Ar$_1$ langsam, danach kann das Werkstück schneller abgekühlt werden. Wegen der erforderlichen hohen Temperatur (teuer!) und der schlechten Zähigkeitseigenschaften grobkörniger Stähle wird das Verfahren relativ *selten* angewendet.

4.5.3.3 Spannungsarmglühen

Ungleichmäßiges Erwärmen/Abkühlen (Schweißen, andere Wärmebehandlungen: Härten) ungleichmäßige Formänderungen (Biegen, Kaltverformen), bei der spanabhebenden Bearbeitung (Fräsen, Hobeln, Drehen usw.) sowie als Folge von Umwandlungsvorgängen erzeugen im Werkstück Spannungen. Es kann so zu unerwarteten Formänderungen (Verzug) und/oder zu Werkstofftrennungen kommen. Vor allem Schweißkonstruktionen oder dickwandige Bauteile, bei denen schon bei geringen Temperaturdifferenzen zwischen Kern und Rand merkliche Spannungen entstehen können, werden häufig spannungsarm geglüht. Wird Rissbildung befürchtet, dann sollte möglichst rasch nach dem Zeitpunkt des Entstehens der Spannungen geglüht werden. Im Wesentlichen werden nur die Makrospannungen (Spannungen I. Art) und die Umwandlungsspannungen (Härten) *beseitigt*.

Da keine wesentlichen Änderungen der Festigkeitseigenschaften bewirkt werden sollen, muss die *Glühtemperatur* unterhalb der untersten Umwandlungstemperatur Ac$_1$ bzw. bei vergüteten Werkstoffen unterhalb der Anlasstemperatur liegen. Gefügeänderungen treten also nicht auf. Die Glühtemperatur ist von der chemischen Zusammensetzung des Werkstoffes abhängig. Für unlegierten und niedriglegierten Stahl liegt sie bei 580 °C bis 650 °C.

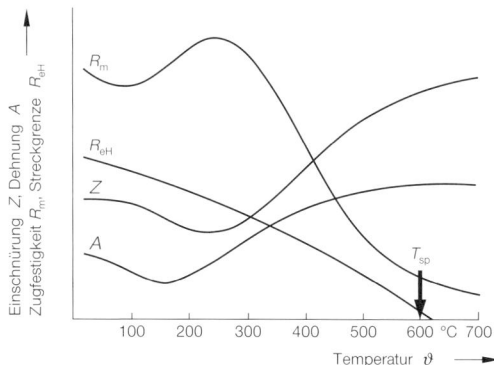

Bild 4.26
Abhängigkeit verschiedener Stahleigenschaften von der Temperatur

Die Wirksamkeit des Verfahrens beruht auf der Abnahme der Festigkeitseigenschaften mit zunehmender Temperatur (Bild 4.26).

Bei der Glühtemperatur T_{Sp} werden die Spannungen bis zur Höhe der dann noch vorhandenen sehr geringen Warmstreckgrenze oder Kriechgrenze durch plastische Verformung abgebaut. Ungleichmäßig verteilte Makrospannungen bewirken dabei einen Verzug des Werkstückes.

Wesentlich für die Wirkung ist eine möglichst langsame Abkühlung. Andernfalls könnten durch Temperaturdifferenzen im Werkstück erneut Spannungen entstehen. Aus den gleichen Gründen muss auch das Aufheizen entsprechend langsam erfolgen. Besonders vorsichtig ist bei Werkstücken mit hohen Eigenspannungen und bei Werkstoffen mit geringer Zähigkeit zu verfahren.

4.5.3.4 Rekristallisationsglühen

Ziel dieses Verfahrens ist es, die durch ein Kaltverformen erzwungenen Eigenschaftsänderungen des Werkstoffes (höhere Festigkeit = Verfestigung, geringere Zähigkeit) rückgängig zu machen. In vielen Fällen muss z. B. bei schweren Tiefzieharbeiten zwischengeglüht (= rekristallisierend geglüht) werden, um die für die weitere Zieharbeit erforderliche hohe *Verformbarkeit* zu erzeugen. Die Glühtemperaturen hängen wesentlich vom Kaltverformungsgrad und dem Ausgangsgefüge ab (siehe S. 31). Sie können zwischen etwa 500 °C und dem Ac_3-Punkt liegen, betragen aber üblicherweise etwa 600 °C bis 700 °C. Im Vergleich zum Normalglühen sind die Temperaturen erheblich tiefer.

Das Ergebnis dieser Wärmebehandlung ist ein *neugebildetes* (rekristallisiertes) *Gefüge*, dessen Korngröße in hohem Maße vom Verformungsgrad abhängig ist. Die entstehenden Körner sind gleichachsig (äquiaxial), besitzen also nicht mehr die gestreckte Form.

Der Rückgang der Versetzungsdichte ist die *Ursache* für die wieder erlangte Verformbarkeit rekristallisierend geglühter Werkstoffe.

Da in den meisten Fällen ein feinkörniges Gefüge gewünscht wird, dürfen kritisch verformte Bauteile (5 % bis 15 % bei Stählen mit C ≤ 0,2 %) nicht rekristallisierend geglüht werden. In solchen Fällen sollte das Werkstück normalgeglüht werden. Gegenüber dem Normalglühen besitzt das Rekristallisationsglühen aber eine Reihe entscheidender Vorteile:

– Zum Erzeugen eines feinkörnigen Gefüges sind wesentlich *niedrigere Glühtemperaturen* erforderlich. Das gilt insbesondere für niedriggekohlte Stähle. Die Energiekosten sind geringer. Die Verzunderung – vor allem bei dünnen Blechen – ist erheblich geringer.
– Die *Maßhaltigkeit* rekristallisierend geglühter Teile ist größer. Zum Normalglühen müssen vor allem dünnwandige Werkstücke unterstützt und gegen Verformung gesichert werden.

Allerdings müssen beim Rekristallisieren Verformungsgrad, Glühzeit und Glühtemperatur genau aufeinander abgestimmt werden, sonst besteht die Gefahr der Grobkornbildung. Damit ergibt sich die Notwendigkeit, eine deutlich über dem kritischen Verformungsgrad liegende Kaltverformung anzuwenden, wenn ein ähnlich feines Korn wie beim Normalglühen erzeugt werden soll.

Bei nicht umwandlungsfähigen Werkstoffen, wie z. B. den hochlegierten ferritischen und austenitischen Stählen, ist das Rekristallisationsglühen die einzige Methode, um die Korngröße zu ändern.

4.5.3.5 Weichglühen

Mit diesem Verfahren soll ein möglichst weicher Zustand des Stahles erreicht werden, der für die *spangebende Bearbeitung von Vergütungsstählen* (C ≥ 0,4 %) zweckmäßig ist. Niedriger gekohlte Stähle werden durch die Glühbehandlung so weich, dass sie – vor allem beim Bohren – zum »Schmieren« neigen. Die spangebende Bearbeitung wird bei diesen Stählen durch Grobkornglühen erleichtert.

Ein Glühen dicht unterhalb Ac_1 mit anschließendem langsamem Abkühlen führt lamellares ferritischperlitisches Gefüge in körniges über. Die Wirkung beruht auf der höheren Oberflächenenergie des lamellaren Gefüges. Bei genügend hohen Glühtemperaturen bildet sich der energiearme *körnige Zementit (eingeformter Perlit)*. Diese rundliche Carbidform lässt sich auch bei allen Ungleichgewichtsgefügen (Bainit, Martensit) durch Ausscheidungsvorgänge erzielen.

Der Unterschied zum Spannungsarmglühen besteht vor allem in den wesentlich längeren Haltezeiten (100 h), die zum Einformen des Perlits erforderlich sind. Bild 4.27 zeigt schematisch die hier ablaufenden Vorgänge.

Die Einformung des Perlits wird durch kurzzeitiges Überschreiten der Ac_1-Temperatur wesentlich erleichtert und damit die Haltezeiten verkürzt. Eine merkliche Umwandlung des Perlits in Austenit (γ-MK) muss aber vermieden werden, lediglich die schwer einformbaren Zementitlamellen sollen koagulieren. Ein wiederholtes Pendeln beschleunigt diesen Einformungsvorgang spürbar.

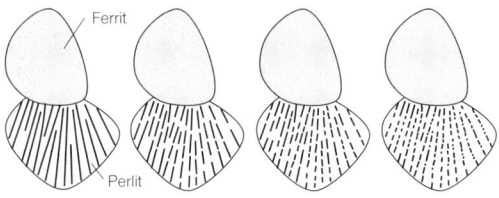

Bild 4.27
Schematische Darstellung der Perliteinformung beim Weichglühen

Bei *untereutektoiden* Stählen wird meistens dicht unterhalb Ac_1 geglüht (Bild 4.28). Glühtemperaturen oberhalb Ac_1 führen zu Carbidablagerungen an den Ferrit-Korngrenzen, wodurch die Zähigkeit stark abnimmt. *Übereutektoide* Stähle haben keinen voreutektoiden Ferrit, häufig aber ein schwer lösbares Zementitnetzwerk, das erst bei wesentlich über Ac_1 liegenden Temperaturen in körnigen Zementit überführt werden kann.

Für den Erfolg des Härtens (siehe S. 165 ff.) ist eine möglichst vollständige Lösung des Kohlenstoffs im Austenit erforderlich. Das durch Weichglühen erzeugte Gefüge mit feinverteilten Carbiden ist daher (besonders bei übereutektoiden Stählen) der optimale Ausgangszustand zum Härten, vielfach wird aber wegen der geringeren Kosten (Haltezeit) normalgeglüht.

4.5.3.6 Normalglühen (Normalisieren)

Ziel des Normalglühens ist die Erzeugung eines möglichst *feinkörnigen, gleichmäßigen* (äquiaxialen) *Gefüges*. Dieses Gefüge besitzt – zumindest bei unlegierten Stählen – die beste Kombination von Festigkeits- und Zähigkeitseigenschaften. Es kann als das »Normalgefüge« eines Stahles bezeichnet werden, weil es sich durch diese Wärmebehandlung gezielt und reproduzierbar erzeugen lässt. Unabhängig von der Art des Ausgangsgefüges
– kaltverformter Werkstoff (in Walzrichtung gestreckte Körner),
– Gussgefüge (Widmannstättengefüge),
– Walzgefüge (Zeilengefüge).

– Gefüge einer Schweißverbindung (Gefüge mit unterschiedlichster Korngröße und Gussgefüge liegen nebeneinander)

entsteht immer das gleiche feinkörnige »Normalgefüge«.

Untereutektoide Stähle werden auf 30 K bis 50 K über der Ac_3-Linie liegende Temperaturen erwärmt. Die Erwärmung soll so schnell erfolgen, wie es das Werkstück zulässt. Die dann nicht vollständig aufgelösten Zementitlamellen wirken als Keime für die entstehenden feinkörnigen γ-Mischkristalle (Bild 4.29 A, Gefüge 2 und 3). Je nach Stückgröße und Zusammensetzung wird an ruhender Luft oder Pressluft abgekühlt (Bild 4.29 A, Gefüge 4) wodurch das gewünschte feinkörnige ferritisch-perlitische Gefüge entsteht. Die Wirkung beruht auf der doppelten $\alpha \rightarrow \gamma$-, $\gamma \rightarrow \alpha$-Umwandlung, die eine vollständige Umkristallisation sehr erleichtert.

Wesentlich für den Glüherfolg ist, dass:
– kein *Überhitzen*: Die Glühtemperatur soll nicht wesentlich über der Ac_3-Temperatur liegen,
– kein *Überzeiten*: Die als richtig erkannte Haltezeit soll möglichst nicht überschritten werden,

erfolgen darf.

In beiden Fällen besteht die Gefahr der Grobkornbildung. Der grobkörnige Austenit wandelt sich in ein grobkörniges ferritisch-perlitisches Gefüge um.

Übereutektoide Stähle werden nicht oberhalb Ac_{cm} geglüht, sondern bei Temperaturen, die etwa 50 K über Ac_1 liegen (Bild 4.20). Wegen der hohen Temperatur käme es anderenfalls zu unerwünschtem Kornwachstum, und es bestünde die Gefahr, dass sich bei dickwandigen Bauteilen wegen der geringen Abkühlgeschwindigkeit ein geschlossenes Zementitnetz ausbildet. Durch das Glühen wird der Perlit

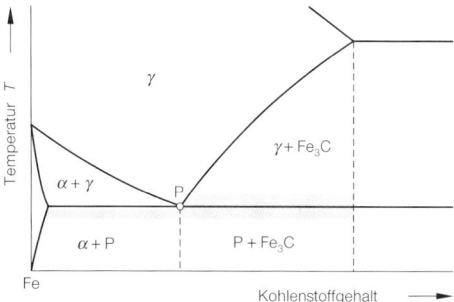

Bild 4.28
Lage der Glühtemperaturen beim Weichglühen im EKS

4.5 Wärmebehandlung der Stähle

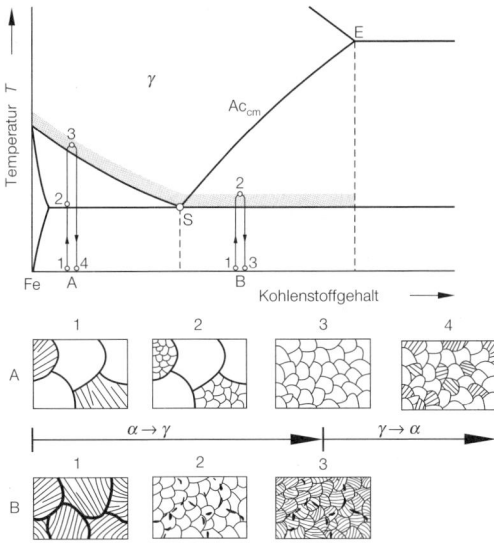

Bild 4.29
Lage der Glühtemperaturen beinm Normalglühen und schematische Darstellung der dabei auftretenden Gefügeänderungen

in feinkörnigen Austenit umgewandelt und der spröde Korngrenzenzementit (Sekundärzementit) eingeformt (Bild 4.29 B, Gefüge 2). Nach dem Abkühlen entsteht ein feinkörniges perlitisches Gefüge.

Kompliziert geformte Teile aus übereutektoiden Werkzeugstählen werden vor dem Härten normalgeglüht, da wegen des feinkörnigen Gefüges eine erheblich kürzere Haltezeit erforderlich ist. Verzug und Rissgefahr werden dadurch verringert.

Wegen der *hohen Kosten*, der Verzunderung und der Notwendigkeit, dünnwandige Teile im Ofen zu unterbauen, wird das Verfahren nur angewendet, wenn dessen güteverbessernde Wirkung für die Bauteilsicherheit zwingend ist. Stahlformguss wird wegen seiner relativ schlechten mechanischen Gütewerte nahezu immer normalgeglüht, um das spröde Gefüge (WIDMANNSTÄTTEN) zu beseitigen. Das entstandene feinkörnige Gefüge hat insbesondere eine wesentlich bessere Schlagzähigkeit. Große Schmiedestücke und Walzwerkserzeugnisse, die relativ langsam abkühlen und daher grobkörnig sind, werden ebenfalls normalgeglüht. Darüber hinaus schreiben Abnahme- und Klassifikationsgesellschaften (z. B. die Technischen Überwachungsvereine) für verschiedene Erzeugnisse (z. B. Teile des Kessel- und Apparatebaus) oberhalb festgelegter Wanddicken (z. B. $s > 30$ mm) das Normalglühen bindend vor.

4.5.4 Härten (Nichtgleichgewichtszustände)

4.5.4.1 Einfluss der beschleunigten Abkühlung

Zur Bildung der Gefügebestandteile laut Fe-Fe$_3$C-Schaubild sind für die notwendigen Diffusionsvorgänge ausreichend lange Zeiten erforderlich. Zum Einstellen des Gleichgewichtsgefüges bei der Umwandlung $\gamma \rightarrow \alpha$ kommt es daher bei technischen Fe-C-Legierungen wegen der höheren Abkühlgeschwindigkeit praktisch nie. Es entstehen *Unterkühlungserscheinungen*, d. h., die Umwandlung erfolgt bei tieferen als den Gleichgewichtstemperaturen. Die Eigenschaften der entstehenden Gefüge hängen entscheidend von der Höhe der Umwandlungstemperatur, also von der *Diffusion des Kohlenstoffs* (und der Legierungselemente) ab. Die Beweglichkeit der Kohlenstoffatome wird mit abnehmender Temperatur geringer, d. h., es werden sich vorwiegend Form, Größe und Verteilung der Carbide (Fe$_3$C) ändern. Legierungselemente beeinflussen die Diffusion des Kohlenstoffs und die für die Ferritbildung notwendige Selbstdiffusion des Eisens. Sie beeinflussen also ebenfalls die Umwandlungstemperatur und die Umwandlungszeit und damit die Eigenschaften des Umwandlungsgefüges.

Bild 4.30 zeigt die Verschiebung der Umwandlungstemperaturen bei einem unlegierten Stahl mit etwa 0,5 % C in Abhängigkeit von der Abkühlgeschwindigkeit.

Ar$_3$ wird mit steigender Abkühlgeschwindigkeit stärker abgesenkt als Ar$_1$, so dass ab Ar' – der Schnittpunkt der Ar$_3$- und Ar$_1$-Linie – der unterkühlte Auste-

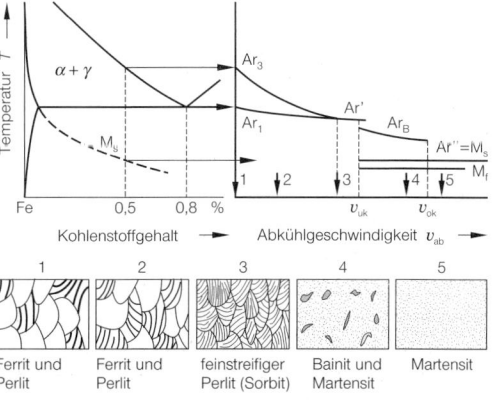

Bild 4.30
Einfluss der Abkühlgeschwindigkeit auf die Lage der Umwandlungspunkte ($\gamma \rightarrow \alpha$) eines unlegierten Stahles (0,5 % C)

nit direkt (ähnlich wie ein eutektoider Stahl) in einen sehr **feinstreifigen Perlit** (früher als *Sorbit* bezeichnet) umgewandelt wird (Bild 4.30, Gefüge 3).

Bei weiter erhöhter Abkühlgeschwindigkeit wandelt der Austenit nicht mehr vollständig in der Perlitstufe um. Das zunächst entstehende, lichtmikroskopisch kaum auflösbare **feinststreifige, perlitische Gefüge** wurde auch als *Troostit* bezeichnet. Dieser feinstreifige Perlit liegt vielfach in rosettenartiger Form im Gefüge vor (Bild 4.31). Nach Unterschreiten der Ar_B-Temperatur zerfällt ein Teil des Austenits in das **Bainit** [1] genannte Gefüge. Der restliche stark unterkühlte Austenit wandelt bei sehr tiefen Temperaturen (Ar'' = M_s) in **Martensit** um. Die Martensitbildung ist bei M_f beendet. Der Martensit tritt erstmals nach Überschreiten einer von der Werkstoffzusammensetzung abhängigen *unteren kritischen Abkühlgeschwindigkeit* (v_{uk}) gemeinsam mit (feinstreifigem) Perlit und Bainit auf. Oberhalb der *oberen kritischen Abkühlgeschwindigkeit* (v_{ok}) besteht das Gefüge nur noch aus Martensit.

Die Veränderungen der Umwandlungstemperaturen aller Fe-C-Legierungen erfolgen bei beschleunigter Abkühlung auf diese Weise. Bild 4.32 zeigt das Unterkühlungsschaubild aller Fe-C-Legierungen im Vergleich mit dem Gleichgewichtsschaubild.

Schon bei geringen Abkühlgeschwindigkeiten (1 K/s) wird der Perlitpunkt aufgespalten (S' und S''), d. h. der Existenzbereich des reinen Perlits entsprechend vergrößert. Ebenso wird mit stärkerer Abkühlung die voreutektoide Zementitausscheidung (ab 15 K/s) völlig, die voreutektoide Ferritausscheidung nur bei Stählen mit mehr als etwa 0,25 % unterdrückt. Dies gilt in der angegebenen Form nur für reine Fe-C-Legierungen zu.

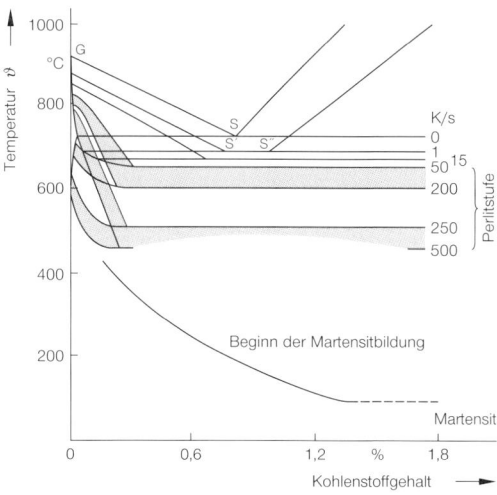

Bild 4.32
Verschiebung der Umwandlungspunkte bei reinen Fe-C-Legierungen in Abhängigkeit von der Abkühlgeschwindigkeit (nach WEVER *und* ROSE*)*

Grundsätzlich kann der unterkühlte Austenit in *drei* Temperaturbereichen umwandeln, wobei es wegen der unterschiedlichen Diffusionsbedingungen zu sehr unterschiedlichen Gefügeausbildungen kommt (Bild 4.30):
– Perlitstufe,
– Bainitstufe,
– Martensitstufe.

4.5.4.2 Umwandlung in der Perlitstufe
In der Perlitstufe entsteht durch die Umwandlung des Austenits ein kristallines Gemenge aus *Ferrit*- und *Zementitlamellen*. Die Keimbildung und das Wachstum der Kristallite erfolgt für die beiden Phasen durch Diffusion des Kohlenstoffs und des Eisens (und der Legierungselemente). Zunehmende Abkühlgeschwindigkeit verkürzt die für die Diffusion zur Verfügung stehende Zeit, d. h., der zurückgelegte Weg der Atome wird kleiner. Die Lamellenbreite nimmt ab. Das ist die Ursache für die Entstehung der fein- und feinststreifigen Gefüge. Je kleiner der Lamellenabstand ist, desto gleichmäßiger ist der

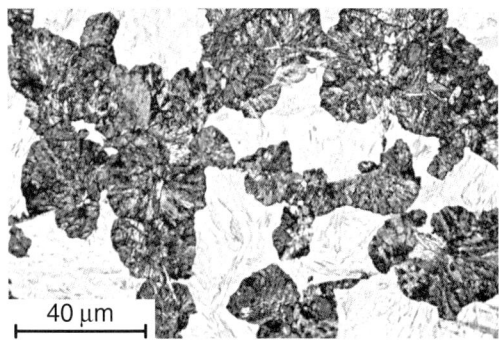

Bild 4.31
Mikroaufnahme: feinststreifiger Perlit (dunkle Flächen) in martensitischer Grundmasse (heller Untergrund), Werkstoff: 42CrMo4

---

[1] Im deutschen Sprachraum wurde dieses Gefüge auch anschaulich *Zwischenstufengefüge* genannt. Mit dieser Bezeichnung wird angedeutet, dass es im Temperaturbereich *zwischen* der Perlit- und der Martensitstufe entsteht. Die international übliche und daher zu verwendende Bezeichnung ist Bainit.

Kohlenstoff (genauer Fe_3C) im Gefüge verteilt. Als Anhalt für die dadurch steigende Härte und Festigkeit können folgende Zahlen dienen:

Gefüge	Härte
Perlit	180 HV
Feinstreifiger Perlit	250 HV
Feinststreifiger Perlit	400 HV

Normalerweise beginnt die Ausscheidung der voreutektoiden Phasen (Ferrit und Zementit) an den Korngrenzen, also an stark »gestörten« Bereichen, die eine hohe Oberflächenenergie besitzen. Bei
- *grobkörnigen* Stählen (die Summe der als Keimstellen wirkenden Korngrenzen ist geringer) und
- *schneller Abkühlung* von *hohen Austenitisierungstemperaturen* (die Bildung grobkörnigen Austenits wird begünstigt)

scheidet sich der voreutektoide Ferrit häufig auch im Austenitkorn aus. Dieses WIDMANNSTÄTTENsche **Gefüge** ist typisch für:
- Gussgefüge und
- bestimmte Bereiche von Schweißverbindungen (Bild 4.33).

Da hier die weichen Ferritnadeln oder -platten und der harte Perlit sehr dicht beieinander liegen, besitzt der Werkstoff überwiegend die Eigenschaften des Perlits, d. h., er ist härter und insbesondere weniger verformbar (spröder) als ein analysengleicher Walzstahl mit ferritischem Grundgefüge und *eingelagerten* Perlitinseln.

4.5.4.3 Umwandlung in der Bainitstufe

Diese Gefügeform bildet sich im Temperaturbereich *zwischen* der Perlit- und Martensitstufe. Die Eisendiffusion ist nicht mehr möglich, die Kohlenstoffdiffusion schon erheblich erschwert. Bemerkenswert ist die Vielfalt der Gefügeformen, deren Unterscheidung meistens nur mit Hilfe elektronenoptischer Methoden möglich ist. Dieses Gefüge wird (s. Fußnote S. 166) als **Bainit** bezeichnet. Es werden zwei Hauptformen bainitischer Gefüge unterschieden:
- **nadeliger** und
- **körniger Bainit.**

Die nadeligen Gefüge entstehen bei kontinuierlicher Abkühlung und bei isothermer Umwandlung (siehe S. 171), das körnige nur bei kontinuierlicher Abkühlung.

Unabhängig von der Form besteht Bainit aus *Ferrit mit eingelagerten Carbiden*, deren Größe (von grob bis extrem fein) durch die Umwandlungstemperatur bestimmt wird. Häufig bezeichnet man daher dieses Gefüge auch als bainitischen Ferrit oder als **Zwischenstufenferrit**. Je nach der Bildungstemperatur wird bei den nadeligen Formen unterer und oberer Bainit unterschieden.

Unterer Bainit entsteht im unteren Temperaturbereich der Bainitbildung, d. h. kurz oberhalb der M_s-Temperatur. Es hat daher große Ähnlichkeit mit dem Martensit.

Der kfz γ-MK klappt in büschelförmig angeordnete Ferritplatten um. Die im Austenit schon nahezu eingefrorene Kohlenstoffdiffusion wird im krz α-Gitter wieder soweit erleichtert (siehe S. 142), dass der zwangsgelöste Kohlenstoff das α-Gitter in Form von Carbiden (Fe_3C) verlassen kann. Die Carbide sind sehr fein und in charakteristischer Weise etwa 50° bis 60° zur Hauptachse der Nadeln angeordnet (Bild 4.34). Sie können zweifelsfrei nur mit elektronenoptischen Hilfsmitteln erkannt werden. Der Form nach erinnert diese Gefügeform an angelassenen höhergekohlten Martensit: in Ferritplatten sind orientiert ausgeschiedene Carbidteilchen vorhanden. Sondercar-

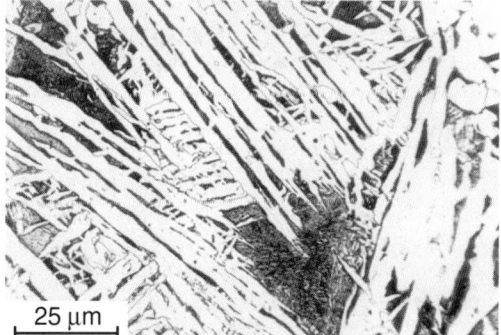

Bild 4.33
WIDMANNSTÄTTENsches Gefüge, Grobkornzone einer Schweißverbindung

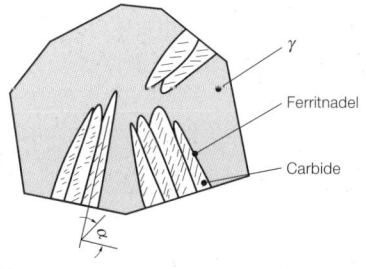

Bild 4.34
Zur Bildung des unteren Bainits (stark vereinfacht)

bide scheiden sich sehr wahrscheinlich wegen der geringen Diffusionsfähigkeit der substitutionell gelösten Atome nicht aus. Diese feine Carbidverteilung ist die Ursache für die vielfach hervorragenden Festigkeits- und Zähigkeitseigenschaften (Bild 4.35).

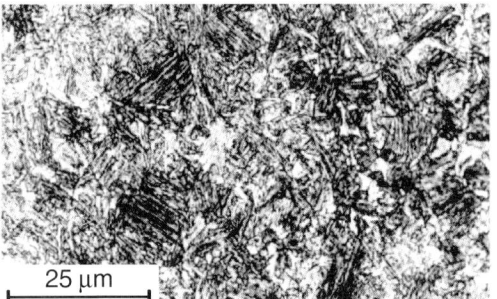

Bild 4.35
Unterer Bainit, isotherm bei 400°C erzeugt (37MnSi5)
Härte: 375 HV1, Kerbschlagarbeit KV = 35 J

Oberer Bainit entsteht im oberen Temperaturbereich der Bainitbildung. Durch die günstigeren Diffusionsbedingungen kann der Kohlenstoff aus dem Inneren der Nadeln an deren Korngrenzen wandern (Bild 4.36). Es entsteht ein gebündeltes, lanzettenartiges Gefüge, das an nadelförmigen Martensit erinnert. Das sich hier ausscheidende Carbid ist unterbrochen und unregelmäßig geformt. Dieses Gefüge ist leicht mit Perlit zu verwechseln. Als Folge der kompakten, groben Carbide sind die mechanischen Gütewerte schlechter als die des unteren Bainits (Bild 4.37).

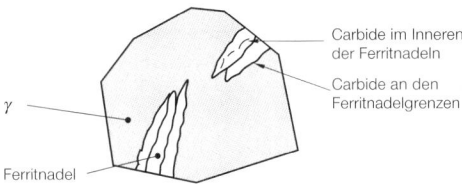

Bild 4.36
Zur Bildung des oberen Bainits (stark vereinfacht)

Körniger Bainit entsteht praktisch nur bei kontinuierlicher Abkühlung. Durch die beginnende Ferritausscheidung reichert sich der Austenit mit Kohlenstoff an. Abhängig von der Abkühlwirkung wandeln diese Austenitbereiche in regellos angeordneten Ferrit und Carbid, nadeligen Bainit und Martensit um (Bild 4.38).

Bainitische Gefüge sind typisch für legierte Stähle, da bei ihnen die Diffusionsvorgänge der Legierungselemente stark verzögert sind. Damit wird die Entstehung von Gefügebestandteilen begünstigt, für deren Bildung längere Zeiten erforderlich sind. In unlegierten Stählen tritt es bei kontinuierlicher Abkühlung nur in geringer Menge auf und ist schwer zu identifizieren.

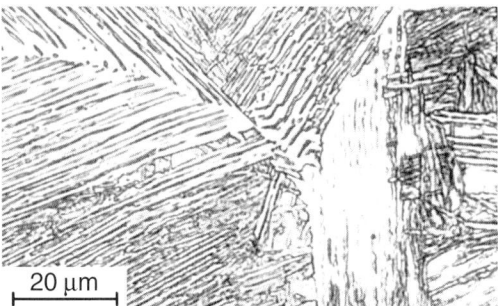

Bild 4.37
Nadeliger (oberer) Bainit in der Grobkornzone einer Schweißverbindung (nioblegierter Feinkornbaustahl)

4.5.4.4 Umwandlung in der Martensitstufe

Der Austenit wandelt unterhalb der M_s-Temperatur (= Ar'', Bild 4.30) in Martensit um, wenn die kritische Abkühlgeschwindigkeit überschritten wird. Bild 4.30 zeigt genauer, dass:
– erstmals Martensit im Gefüge entsteht, wenn die Abkühlgeschwindigkeit v_{ab} größer ist als die **untere kritische Abkühlgeschwindigkeit v_{uk}**,
– praktisch nur noch Martensit entsteht, wenn die **obere kritische Abkühlgeschwindigkeit v_{ok}** überschritten wird (evtl. mit Restaustenit).

Die diffusionslose, extrem schnelle Umwandlung hält den *Kohlenstoff im tetragonal verzerrten Martensit zwangsgelöst*.

Wie beschrieben (siehe S. 24), erschweren vor allem der Kohlenstoff und nahezu alle anderen Legie-

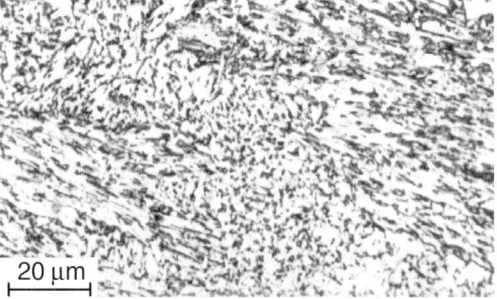

Bild 4.38
Körniger Bainit im Schweißgut (Decklage) einer Schweißverbindung aus dem Stahl 10CrMo9-10

rungselemente die Martensitbildung, da die durch ihn verursachten Gitterverzerrungen größer werden. Zunehmender Kohlenstoffgehalt bewirkt:
- Umwandlungsbeginn und -ende (M_s, M_f) werden zu tieferen Temperaturen verschoben (Bild 4.39),
- die kritische Abkühlgeschwindigkeit wird erniedrigt (Bild 4.40),
- der Anteil an Restaustenit nimmt zu (Bild 4.41). Bei Kohlenstoffgehalten oberhalb 0,5 % ist er in reinen Fe-C-Legierungen, noch schwieriger in legierten Stählen, nur mit besonderen Maßnahmen zu vermeiden (siehe S. 195).

Bei Stählen mit Kohlenstoffgehalten < 0,2 % ist die kritische Abkühlgeschwindigkeit im praktischen Härtereibetrieb nicht oder nur mit zu großem Aufwand erreichbar. Daher beträgt bei *härtbaren Stählen* der Mindestkohlenstoffgehalt 0,2 bis 0,25 %.

Der Einfluss des Kohlenstoffgehaltes auf die *Härte des Martensit* zeigt Bild 4.41. Ab 0,5 bis 0,6 % bleibt im zunehmenden Umfang der weichere Restaustenit zurück, weil M_f beim Abschrecken nicht unterschritten wird, d. h., die Härte nimmt nicht mehr zu.

Kohlenstoff und Legierungselemente bestimmen weiterhin die *Erscheinungsform* des Martensits. Bei geringen Kohlenstoffgehalten (≤ 0,5 %) und geringen Mengen Legierungselementen bildet sich der *massive* (*Lanzettmartensit*, Bild 4.42) oberhalb 1,0 % der harte, spröde *nadelige* Martensit (Bild 4.43).

Damit wird deutlich, dass die wesentliche Wirkung der Abkühlgeschwindigkeit praktisch nur auf der

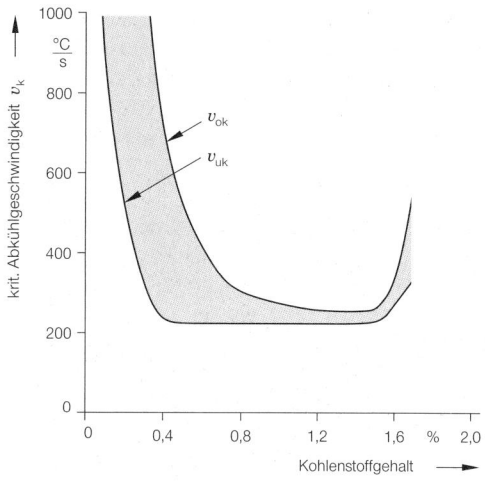

Bild 4.40
Abhängigkeit der oberen (v_{ok}) und unteren (v_{uk}) kritischen Abkühlgeschwindigkeit vom Kohlenstoffgehalt in reinen Fe-C-Legierungen (nach HOUDREMONT)

unterschiedlichen Kohlenstoffdiffusion in den verschiedenen Umwandlungsstufen beruht:

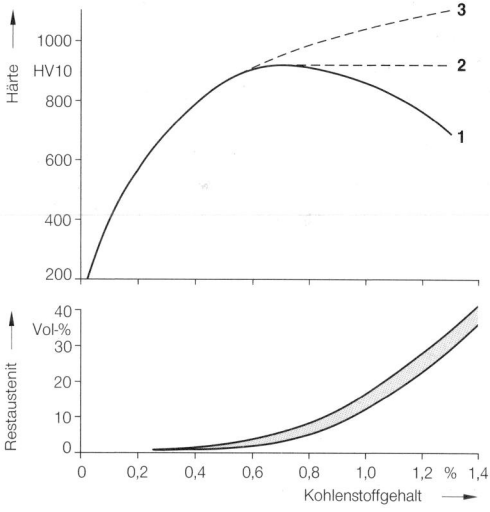

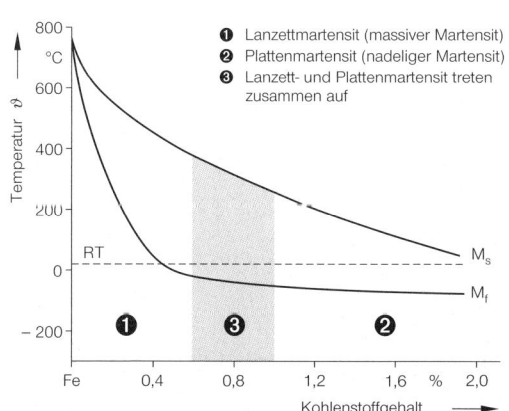

Bild 4.39
Abhängigkeit der Martensitstart- und -finishing-Temperatur vom Kohlenstoffgehalt in reinen FeC-Legierungen (nach ECKSTEIN)

Bild 4.41
Einfluss des Kohlenstoffgehaltes auf die Maximalhärte und den Restaustenitgehalt reiner FeC-Legierungen nach unterschiedlicher Härtung (Stähle mit C ≤0,8 % 20 °C bis 30 °C über Ac_3, Stähle mit C > 0,8 % 20 °C bis 30 °C über Ac_1).
1) Abschrecken aus dem γ-Gebiet auf 0 °C (gesamter C-Gehalt ist gelöst!). Mit zunehmendem Gehalt an Restaustenit fällt die Härte.
2) Abschrecken aus dem (γ+Fe_3C)-Gebiet auf 0 °C. Die Härte wird überwiegend durch die Martensithärte bestimmt, weniger durch die eingelagerten Fe_3C-Teilchen.
3) Der gesamte C wird im γ-MK gelöst. Durch Abschrecken unter M_f entsteht 100 % Martensit.

- *Perlitstufe*
  Kohlenstoff und Eisen können leicht diffundieren, es bilden sich *grobe* Carbide.
- *Bainitstufe*
  Nur noch Kohlenstoff kann diffundieren, *kleine* bis *extrem kleine* Carbide entstehen.
- *Martensitstufe*
  Weder Kohlenstoff- noch Eisendiffusion möglich, *keine* Carbide. Kohlenstoff auf Zwischengitterplätzen im Martensit zwangsgelöst.

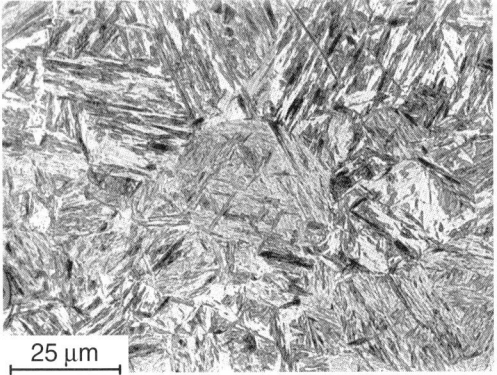

Bild 4.42
Mikrogefüge eines niedriggekohlten massiven Martensits, mit der typischen 60 °- bzw. 120 °-Anordnung der Lanzettpakete! Werkstoff: niedriglegierter Feinkornbaustahl mit 0,03 % C, 505 HV 10

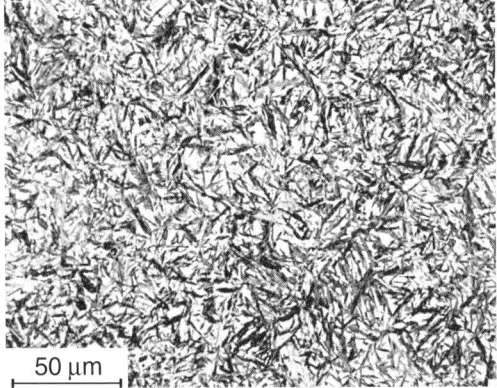

Bild 4.43
Nadeliger Martensit

4.5.5 Austenitumwandlung

Die vielfältigen Vorgänge bei der Austenitumwandlung, die in erster Linie die Eigenschaften des Umwandlungsproduktes (Perlit, fein- und feinststreifig, Martensit) bestimmen, können aus dem EKS als einem Gleichgewichts-Schaubild *nicht* vorhergesagt oder abgeleitet werden. Die Bilder 4.30 und 4.32 zeigen den tiefgreifenden Einfluss einer erhöhten Abkühlgeschwindigkeit auf die Austenitumwandlung, aber keinen Hinweis auf ihren *zeitlichen* Verlauf. Die genaue Kenntnis der Austenitumwandlung ist von großer Bedeutung, da:

- keine *technische* Fe-C-Legierung bei ihrer Herstellung und/oder Weiterverarbeitung (Wärmebehandlung!) annähernd so langsam aufgeheizt oder abgekühlt wird, wie es den Bedingungen des EKS entspricht,
- eine gezielte Wärmebehandlung, mit der reproduzierbare Eigenschaftsänderungen erzeugt werden, sonst nicht möglich wäre.

Gemäß vorstehenden Ausführungen bestimmen Größe, Anordnung und Verteilung des Fe_3C (bzw. C) weitgehend die Eigenschaften des Gefüges. Die Kohlenstoffdiffusion und damit also die Umwandlungsgeschwindigkeit und die Art des entstehenden Gefüges ist bei verschiedenen Temperaturen unterschiedlich, d. h. zeitabhängig. Bild 1.68 zeigt das typische Diffusionsverhalten (= Umwandlungsgeschwindigkeit) von Legierungselementen im Gitter.

Die Umwandlungsgefüge können also erfasst werden, wenn der zeitliche Verlauf der Diffusion des Kohlenstoffs und der Legierungselemente in Abhängigkeit von der Temperatur bekannt ist. In den **ZTU-Schaubildern** wird das von *Temperatur* und *Zeit* abhängige *Umwandlungsgeschehen* dargestellt. Da die Umwandlung oft sehr lange Zeiten erfordert, ist die Zeitachse logarithmisch geteilt.

Die Umwandlungsvorgänge des Austenits, vor allem die Vorgänge bei der Keimbildung, sind in großem Umfang von der Austenithomogenität abhängig (siehe S. 175). Der Zustand des umwandelnden Austenits wird daher durch die Austenitisierungstemperatur, die Aufheizbedingungen und die Haltezeit bestimmt. In den meisten Fällen wird außerdem die *Austenitkorngröße* angegeben. ZTU-Schaubilder gelten daher nur für die Austenitisierungsbedingungen, für die sie aufgenommen wurden.

Die ZTU-Schaubilder werden mit Proben ermittelt, deren Masse so gering ist, dass sie allen Temperaturbewegungen möglichst »trägheitslos« folgen können. Die Abkühlung der zum Ermitteln der kontinuierlichen ZTU-Schaubilder verwendeten Proben erfolgt annähernd nach dem Newtonschen Gesetz $T = T_0 \cdot \exp(-\alpha t)$. Die Abkühlung technischer Bauteile bei einer Wärmebehandlung geschieht aber erfahrungsgemäß nach anderen bzw. abgewandelten Gesetzmäßigkeiten. Das Übertragen der aus dem ZTU-Schaubild abzulesenden Informationen (z. B. Härte, Menge der umgewandelten Gefügebestandteile) auf das Verhalten realer, d. h. großer Bauteile ist daher nicht zuverlässig möglich. In jedem Fall muss die sehr unterschiedliche Abkühlgeschwindigkeit der Rand- und Kernbereiche dickwandiger Bauteile beachtet und berücksichtigt werden.

Begründet durch die Bedürfnisse der Praxis wird das Umwandlungsverhalten des Austenits bei *kontinuierlicher* und *isothermer* Temperaturführung untersucht. Für jeden Stahl muss ein (nur für ihn gültiges) ZTU-Schaubild aufgestellt werden. Dazu werden eine Reihe von Stahlproben auf die gleiche Austenitisierungstemperatur T_A gebracht und entweder (Bild 4.44):

☐ **kontinuierlich** entsprechend vorgegebenen Abkühlkurven $v_{ab.1}$, $v_{ab.2}$, $v_{ab.3}$ abgekühlt oder
☐ schnell auf die gewünschte Umwandlungstemperatur T_1, T_2, T_3 abgeschreckt und so lange bei **konstanter Temperatur** (isotherm) gehalten, bis der Austenit umgewandelt ist.

Die sich bildenden Umwandlungsgefüge werden meistens metallografisch, die Umwandlungstemperaturen dilatometrisch bestimmt. Verbindet man zugehörige Umwandlungspunkte (z. B. Ar_3-Punkte, Punkte beginnender Perlit- oder Bainitbildung),

dann entsteht die bildliche Darstellung des Umwandlungsverhaltens des Austenits bei jeder möglichen Temperaturführung.

Für viele Wärmebehandlungen sind auch die mit dem Austenitisieren verbundenen Vorgänge entscheidend für die Stahleigenschaften. Dabei findet nicht nur die Umwandlung $\alpha \rightarrow \gamma$ statt, sondern es werden auch Carbide und Ausscheidungen aller Art gelöst und die Austenitkorngröße verändert. Die *Austenitkorngröße* und die erreichte *Austenithomogenität*, die den Grad der Carbidauflösung, die Abschreckhärte und die Lage des Martensitpunktes bestimmen, beeinflussen die mechanischen Gütewerte des Umwandlungsgefüges am stärksten.

In den **ZTA-Schaubildern** *(Zeit-Temperatur-Austenitisierung)*, die einen den ZTU-Schaubildern entsprechenden Aufbau haben, sind alle wesentlichen Informationen enthalten, die bei einem Austenitisieren (Aufheizen) der Stähle gewonnen werden können. Wie bei den ZTU-Schaubildern werden je nach Temperaturführung **kontinuierliche** und **isotherme ZTA-Schaubilder** unterschieden. In den kontinuierlichen ZTA-Schaubildern werden anstelle der Abkühlkurven Aufheizkurven eingetragen. Die Schaubilder sind ähnlich wie die ZTU-Schaubilder, nur in Richtung der Aufheizlinien (kontinuierlich) bzw. entlang Linien konstanter Temperatur (isotherm), zu lesen.

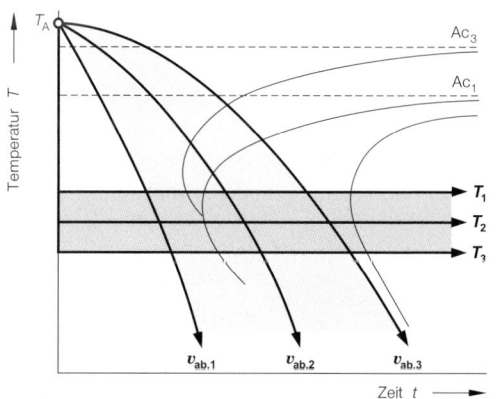

Bild 4.44
Temperaturführung bei der kontinuierlichen und isothermischen Austenitumwandlung in ZTU-Schaubildern.
T_1, T_2, T_3: Austenitumwandlung bei isothermischer Versuchsführung (T = konst.),
$v_{ab.1}$, $v_{ab.2}$, $v_{ab.3}$: Austenitumwandlung bei kontinuierlicher Abkühlung

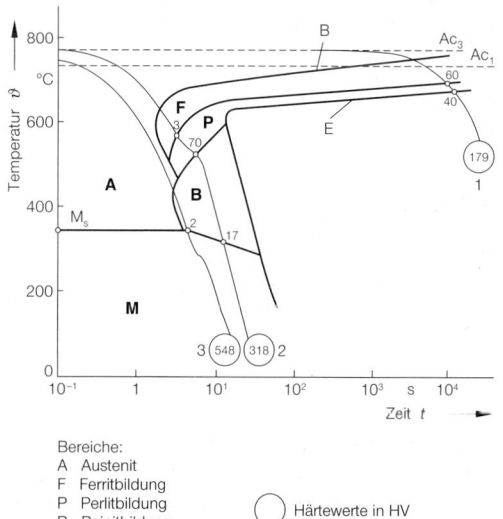

Bereiche:
A Austenit
F Ferritbildung
P Perlitbildung
B Bainitbildung
M Martensit

○ Härtewerte in HV
40 Gefügeanteile in Prozent

Bild 4.45
Kontinuierliches ZTU-Schaubild eines unlegierten Stahles mit 0,45 % C (nach Atlas zur Wärmebehandlung der Stähle)

4.5.5.1 ZTU-Schaubilder für kontinuierliche Abkühlung

Bild 4.45 zeigt das ZTU-Schaubild eines unlegierten Stahles (etwa 0,45 % C) mit drei eingezeichneten Abkühlkurven unterschiedlicher Abschreckintensität, die zu den Gefügen der Perlit-, Bainit- und Martensitstufe führen.

Diese Schaubilder können nur, beginnend von der Austenitisierungstemperatur T_A, in Richtung der eingezeichneten Abkühlkurven gelesen werden. Sie sind das beste Hilfsmittel, um die optimale Behandlungsvorschrift für alle Wärmebehandlungen festzulegen, bei denen die Abkühlung im austenitischen Zustand beginnt.

Außer dem vollständigen Umwandlungsverhalten können weitere wesentliche Informationen entnommen werden:
– Die Menge der in den verschiedenen Umwandlungsbereichen gebildeten Gefüge sind an den Schnittpunkten der Abkühlkurve mit der unteren Grenze des jeweils durchlaufenen Bereiches in Prozent angegeben.
– Am Ende der Abkühlkurven ist die Härte des Gefüges in HV oder HRC angegeben.

Beispiele (Bild 4.45)

Abkühlkurve 1 (etwa Luftabkühlung)
Die Austenitumwandlung beginnt nach $4 \cdot 10^3$ s bei 740 °C mit der Bildung von Ferrit. Bei 690 °C sind nach ca. 10^4 s 60 % des Austenits in Ferrit umgewandelt. Der Rest ist nach $1,25 \cdot 10^4$ s bei 680 °C in Perlit zerfallen. Die Härte dieses Gefüges beträgt 179 HV (Bild 4.46).

Abkühlkurve 2 (etwa Abkühlung in Öl)
Der Austenit wandelt nach 1,5 s bei 635 °C zunächst in Ferrit (3 %), anschließend zum größten Teil in Perlit (70 %) um. Aus dem restlichen Austenit bildet sich zwischen 525 °C und 315 °C Bainit (17 %) und unterhalb des M_s-Punktes Martensit (10 %). Die Härte ist auf 318 HV angestiegen (Bild 4.47).

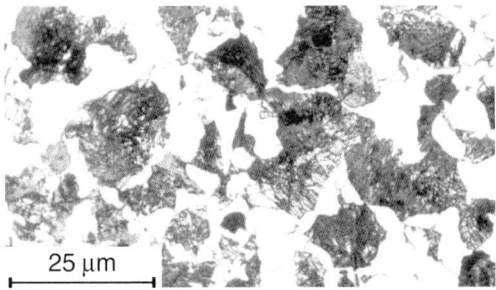

Bild 4.46
Gefüge: ferritisch-perlitisch

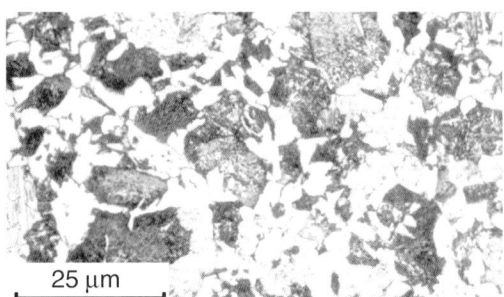

Bild 4.47
Gefüge: ferritisch-perlitisch mit Bainit und Martensit

Abkühlkurve 3 (etwa Abkühlung in Wasser)
Der Austenit wird mit nahezu der oberen kritischen Abkühlgeschwindigkeit abgeschreckt, denn das Gefüge enthält außer 98 % Martensit nur noch 2 % Bainit. Die Härte beträgt 548 HV (Bild 4.48).

Man beachte, dass das Ferrit-Perlitverhältnis und damit die mechanischen Gütewerte des Stahles sehr stark von der Abkühlgeschwindigkeit abhängen. Die Abkühlung gemäß Abkühlkurve 1 ergibt z. B. ein aus 60 % Ferrit und 40 % (grobstreifigerem!) Perlit bestehendes Umwandlungsgefüge, die Abkühlung gemäß Abkühlkurve 2 dagegen ein Gefüge aus 3 % Ferrit und 70 % (feinstreifigem!) Perlit bestehendes (neben 17 % Bainit und 10 % Martensit). Die in der Praxis häufig angewendete Abschätzung des Kohlenstoffgehaltes eines Stahles aus seinem Perlitgehalt ist daher i. Allg. nur sehr ungenau.

Der Abfall des M_s-Punktes in Bild 4.45 bei Abkühlgeschwindigkeiten zwischen v_{uk} und v_{ok} beruht darauf, dass durch Entmischungsvorgänge (vorherige voreutektoide Ferrit-, Perlit-, obere Bainitbildung) der restliche Austenit mit Kohlenstoff angereichert wird. Im Gegensatz dazu führen voreutektoidische Carbidausscheidungen in übereutektoidischen Stählen (z. B. Werkzeugstähle) zu einer Kohlenstoff*verarmung* des Austenits, wodurch die M_s-Temperatur *ansteigt*.

Die Bedingungen für die Martensitbildung lassen sich sehr anschaulich im ZTU-Schaubild darstellen: Je weiter die Linie für den Umwandlungsbe-

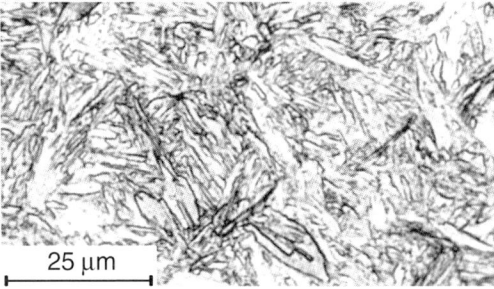

Bild 4.48
Gefüge: martensitisch mit Spuren von Bainit

ginn zu größeren oder kleineren Zeiten verschoben sind, um so kleiner bzw. größer ist die kritische Abkühlgeschwindigkeit.

4.5.5.2 Isotherme ZTU-Schaubilder

Von der Austenitisierungstemperatur T_A wird die Probe *schnell* auf die Untersuchungstemperatur abgekühlt und hier bis zur vollständigen Umwandlung gehalten. Der Austenit beginnt ähnlich wie beim kontinuierlichen Schaubild erst nach einer gewissen Anlaufzeit *(Inkubationszeit)* umzuwandeln (Bild 4.49). Die Linien für Umwandlungsbeginn (B) zeigen vielfach den typischen C-förmigen Verlauf (»Nase«): Bei geringer Unterkühlung ist das Umwandlungsbestreben noch gering (lange Anlaufzeit), bei großer Unterkühlung nimmt es stark zu, aber die Beweglichkeit insbesondere der Kohlenstoffatome ist stark behindert (auch lange Anlaufzeit). Die beiden gegenläufigen Einflüsse sind die Ursache für die Entstehung der »Nase«, die bei den kontinuierlichen Schaubildern nicht so stark ausgeprägt ist. Der rechte Linienzug (E) kennzeichnet das Umwandlungsende.

Dieses Schaubild kann nur – entsprechend der Art der Umwandlung – beginnend vom Nullpunkt der Zeitzählung in Richtung der Isothermen gelesen werden.

Im Gegensatz zur kontinuierlichen Abkühlung kann hier die Umwandlung in entsprechenden Temperaturbereichen *vollständig* in der Perlit-, Bainit- oder Martensitstufe erfolgen. Man vergleiche die Isothermen in dem schematischen ZTU-Schaubild Bild 4.50.

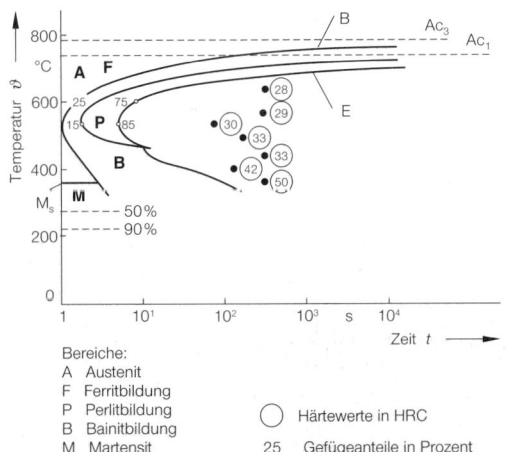

Bild 4.49
Isothermes ZTU-Schaubild des in Bild 4.45 genannten Stahles

Daraus ergibt sich die technisch bedeutsame Folgerung, dass Werkstoffe mit einheitlichem Gefüge (*nur* Perlit, *nur* Bainit) in der Regel nur bei isothermer Wärmeführung erzeugt werden können.

Bild 4.50 zeigt den Zusammenhang zwischen dem Eisenkohlenstoffschaubild und dem isothermen ZTU-Schaubild. Das Umwandlungsgeschehen in letzterem ähnelt dem im EKS nur in der Nähe der Gleichgewichtshaltepunkte Ac_1, Ac_3. Mit zunehmender Unterkühlung entstehen in zunehmender Menge Nichtgleichgewichtsgefüge (fein- und feinststreifiger Perlit, Bainit, Martensit), die im EKS nicht vorkommen.

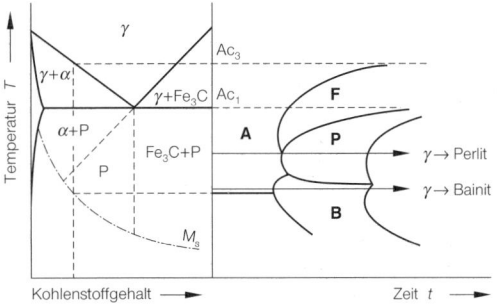

Bild 4.50
Zusammenhang zwischen EKS und isothermen ZTU-Schaubild (nach ROSE)

Zwischen beiden Typen der ZTU-Schaubilder besteht ein charakteristischer Zusammenhang. Bei isothermer Umwandlung ist die wirksame Unterkühlung, d. h. die Triebkraft der Umwandlung, größer als bei kontinuierlicher Abkühlung. Die Linien für den Umwandlungsbeginn sind daher im kontinuierlichen Schaubild gegenüber dem isothermen zu *längeren Zeiten* und *tieferen Temperaturen* verschoben.

Durch Legierungselemente wird das Umwandlungsverhalten, d. h. die Form der Schaubilder, erheblich geändert (siehe S. 192).

4.5.5.3 ZTA-Schaubilder

Die für die Praxis wichtigsten Ergebnisse einer Austenitisierung lassen sich übersichtlich in folgenden Teilschaubildern darstellen:
– ZTA-Schaubild
– ZTA-Austenitkornwachstum-Schaubild
– ZTA-Abschreckhärte-Schaubild
– ZTA-Martensitbeginn-Schaubild
– ZTA-Carbidauflösung-Schaubild.

Das **ZTA-Schaubild** zeigt in Abhängigkeit von der Aufheizgeschwindigkeit (kontinuierliches ZTA) bzw. der Haltezeit bei bestimmten Temperaturen (isothermes ZTA) die Art des jeweils vorliegenden Gefüges. Das **kontinuierliche ZTA-Schaubild** für einen niedriglegierten Stahl (Bild 4.51) weist folgende typische Merkmale auf, die prinzipiell für alle Stähle gelten:
- Die Umwandlungspunkte werden mit zunehmender Aufheizgeschwindigkeit zu merklich höheren Temperaturen verschoben, Tab. 4.8.
- Der Zustand *homogener Austenit* wird erst bei verhältnismäßig hohen Temperaturen oder/und längeren Zeiten erreicht. Diese sind ebenfalls um so höher, je größer die Aufheizgeschwindigkeit ist.

Der Einfluss üblicher Austenitisierungsbedingungen, gekennzeichnet durch konventionelle, dem thermodynamischen Gleichgewicht nahekommende Aufheizgeschwindigkeiten, ist hinreichend bekannt. Die erforderlichen Angaben sind in den Wärmebehandlungsvorschriften (z. B. Normen, Empfehlungen der Stahlindustrie) niedergelegt.

Wärmebehandlungsverfahren mit erheblich höheren Aufheizgeschwindigkeiten sind z. B. die Widerstands- und die Elektronenstrahlerwärmung. Da mit zunehmender Aufheizgeschwindigkeit die Umwandlungstemperaturen, d. h. die Wärmebehandlungstemperaturen, zu höheren Werten verschoben werden, ist eine möglichst genaue Kenntnis der Austenitisierungsvorgänge notwendig.

Tab. 4.8: Verschiebung der Umwandlungspunkte nach Bild 4.51

Aufheizgeschwindigkeit	Ac_1	Ac_3	Austenit homogen
K/s	°C	°C	°C
Gleichgewichtsnahe Aufheizung			
0,05	730	817	ca. 920
Aufheizung eines kleinen Ofens			
1	79	837	1020
Induktives Erwärmen			
1000	803	893	1220

Neben der chemischen Zusammensetzung bestimmt auch das Ausgangsgefüge des Werkstoffs in großem Maße das Austenitisierungsverhalten. Ein Stahl mit einem gleichgewichtsnahen Gefüge (z. B. Ferrit und groblamellarer Perlit) wandelt sich bei sonst gleichen Austenitisierungsbedingungen bei merklich höheren Temperaturen in γ-MK um, als der gleiche Stahl mit martensitischem Gefüge. Ursache ist der zunehmende Ungleichgewichtszustand und die damit verbundene höhere innere Energie des Martensits. Aus diesem Grunde ist im ZTA-Schaubild unter Ac_1 das Ausgangsgefüge anzugeben.

Im Temperaturbereich um Ac_1 wandeln die Teile des Gefüges zu Austenit um, in denen Ferrit und Zementit dicht beieinander liegen. Erstreckt sich diese Umwandlung über einen größeren Bereich (z. B. bei größeren Perlitanteilen), so werden im ZTA-Schaubild zwei Linien für Beginn (Ac_{1b}) und Ende (Ac_{1e}) angegeben.

Zwischen Ac_1 und Ac_3 wandelt im Wesentlichen der Ferrit zu Austenit um. Die noch vorhandenen Carbide sind ebenso wie die über Ac_3 verbleibenden meist solche von Legierungselementen. Oberhalb von Ac_c sind die Carbide aufgelöst, der Kohlenstoff ist aber noch nicht gleichmäßig in der Matrix verteilt: **inhomogener Austenit** (siehe inhomogene MKe, S. 48).

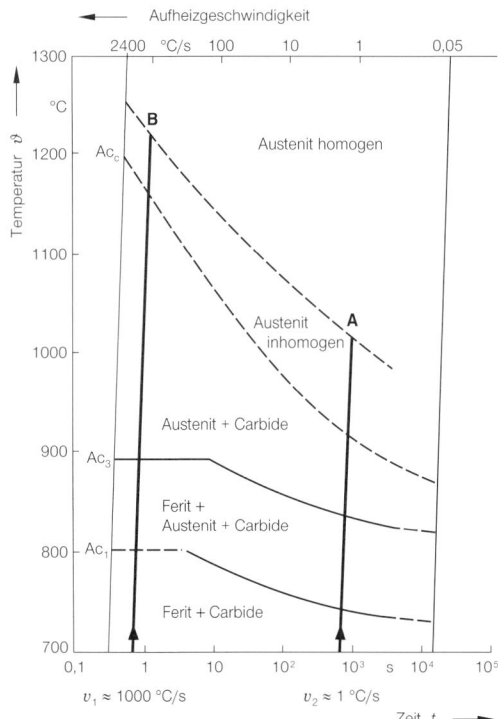

Bild 4.51
Zeit-Temperatur-Austenitisierungs-(ZTA)-Schaubild für kontinuierliche Erwärmung, Werkstoff: 15CrNi6 (nach Atlas zur Wärmebehandlung der Stähle)

4.5 Wärmebehandlung der Stähle

Homogener Austenit mit gleichmäßig verteiltem Kohlenstoff lässt sich insbesondere durch hohe Temperaturen und/oder lange Glühzeiten erreichen. Obwohl dann nach dem Abschrecken ein gleichmäßiges Gefüge vorliegt, ist dieser Gefügezustand in einigen Fällen nicht erwünscht, wenn:
- erhöhtes *Kornwachstum* zu relativ sprödem Umwandlungsgefüge führt oder
- ein Teil der verschleißhemmenden *Carbide*, z. B. bei Werkzeugstählen, erhalten bleiben soll.

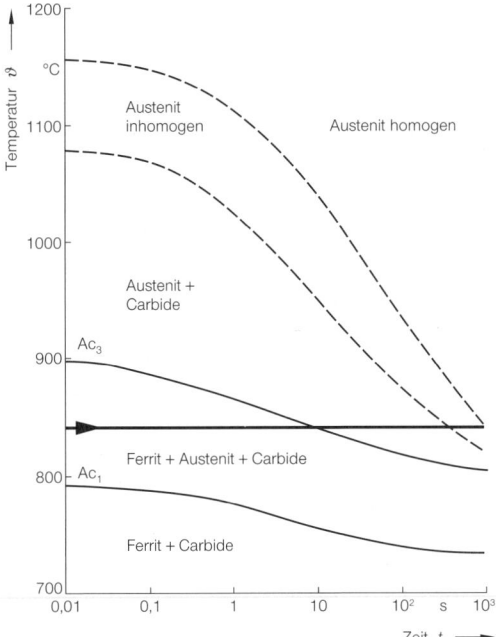

Bild 4.52
Zeit-Temperatur-Austenitisierung-(ZTA)-Schaubild für isotherme Umwandlung, Werkstoff: 15CrNi6. Aufheizen bis Haltetemperatur mit 130 K/s (nach Atlas zur Wärmebehandlung der Stähle)

Beim **isothermen ZTA-Schaubild** (Bild 4.52) erfolgt das Erwärmen mit definierten (technisch sinnvollen) Aufheizgeschwindigkeiten. Daher können bereits während des Aufheizens Austenitisierungsvorgänge ablaufen. Die isothermen ZTA-Schaubilder gelten also nur für die angegebene Aufheizgeschwindigkeit. Bild 4.52 lässt erkennen, dass das Gefüge der mit der Aufheizgeschwindigkeit v_{Auf} = 130 K/s auf die Haltetemperatur T_1 = 840 °C erwärmten Probe aus Ferrit + Austenit + Carbiden besteht. Nach acht Sekunden ist die α/γ-Umwandlung abgeschlossen, aber erst nach 1000 Sekunden liegt homogener Austenit vor. Das entspricht der üblichen Mindesthaltedauer von 20 min (siehe S. 161).

Ähnlich wie bei den ZTU-Schaubildern ist zu beachten, dass der Verlauf der Umwandlungslinien in den ZTA-Schaubildern von der Größe der für die Aufstellung des Schaubildes verwendeten Proben abhängt.

Das **ZTA-Austenitkornwachstum-Schaubild** zeigt die für die Praxis der Wärmebehandlung ebenfalls wichtige Auswirkung der Austenitisierungsbedingungen auf die Korngröße des erzeugten Austenits (Bild 4.53). Je stärker innerhalb bestimmter Bereiche das Austenitkornwachstum ist, um so *überhitzungsempfindlicher* ist der Stahl, und um so genauer müssen die als günstig erkannten Wärmebehandlungsbedingungen eingehalten werden. Bei der Temperatur T_1 = 840 °C (vgl. Bild 4.52) besitzt der Austenit nach einer Haltezeit von ca. 20 Sekunden eine ASTM-Korngröße 10 (das entspricht einem mittleren Korndurchmesser von etwa 11 µm). Nach 150 Sekunden wächst die Korngröße auf ASTM 9 (ca. 16 µm), nach 520 Sekunden auf 8 (ca. 22 µm) und nach 2000 Sekunden auf 7 (ca. 32 µm).

Das Wachsen der Austenitkörner wird wirksam vermindert durch Art, Verteilung, Größe und Menge

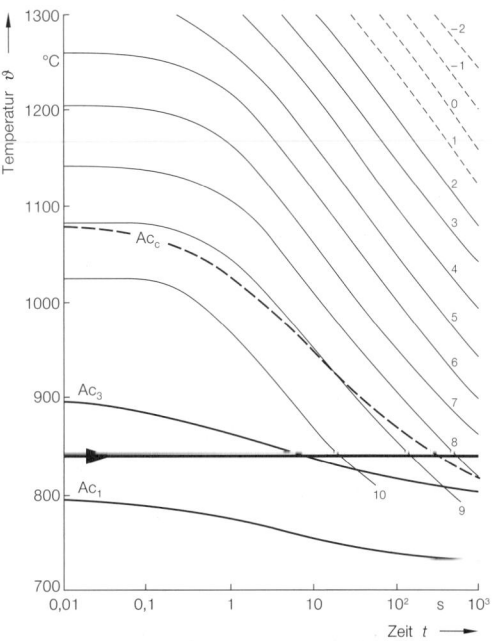

Bild 4.53
ZTA-Kornwachstum-Schaubild (isotherm), Werkstoff: 15CrNi6
Aufheizen bis Haltetemperatur mit 130 K/s,
Austenitkorngröße nach ASTM: −2 ... 10
(nach Atlas zur Wärmebehandlung der Stähle)

thermisch beständiger Phasen im Austenit. Sie bilden Hindernisse für die Bewegung der Korngrenzen. Solche Phasen sind z. B. Carbide, Nitride, die in den Feinkornbaustählen (siehe S. 206 ff.) das feine Korn erzeugen, aber auch bei hohen Temperaturen (z. B. beim Schweißen) das Wachsen der Austenitkörner merklich behindern.

Austenit ist homogen, wenn alle gelösten Legierungselemente (einschließlich Kohlenstoff) gleichmäßig verteilt sind. Dieser Zustand ergibt beim Abschrecken die niedrigste M_s-Temperatur und außerdem die höchste Abschreckhärte, wenn eine vollständige Martensitumwandlung erreicht wird. Geringere Härtewerte und höhere M_s-Temperaturen werden im *ZTA-Abschreckhärte-Schaubild* bzw. im *ZTA-Martensitbeginn-Schaubild* erfasst. Diese Schaubilder, die indirekt den Grad der Austenithomogenität wiedergeben, können für die Wärmebehandlung von Bedeutung sein, wenn homogener Austenit mit zu grobem Korn verbunden ist.

Für Werkzeugstähle ist es oft von Vorteil, im Austenit einen gewissen Carbidanteil zu erhalten. Deshalb gibt es insbesondere für diese Stähle das *ZTA-Carbidauflösung-Schaubild*, das Linien mit gleiche Carbidgehalt enthält.

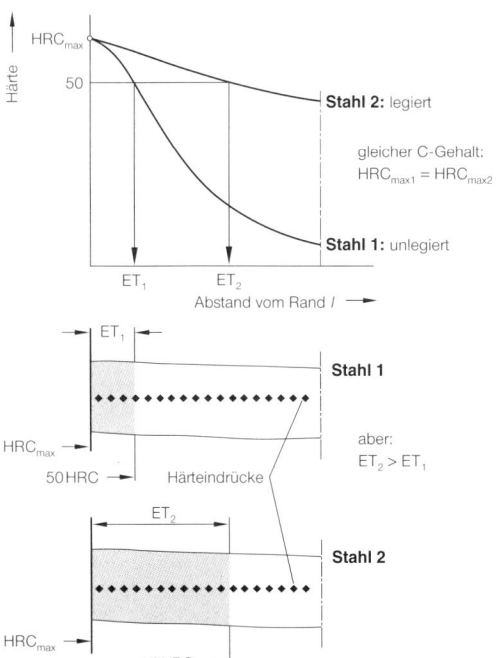

Bild 4.54
Schematische Darstellung der Aufhärtung und Einhärtung

4.5.6 Härteverfahren

4.5.6.1 Grundlagen, Begriffe

Härten ist nach DIN EN 10052 eine Wärmebehandlung, bei der ein Eisenwerkstoff zunächst austenitisiert und dann so abgekühlt wird, dass eine Härtesteigerung durch die völlige oder teilweise Umwandlung des Austenits zu Martensit und gegebenenfalls Bainit erfolgt. Die Fähigkeit eines Stahles, in Martensit und/oder Bainit umzuwandeln, wird als **Härtbarkeit** bezeichnet. Diese wird durch die Aufhärtbarkeit und den Härteverlauf gekennzeichnet.

Die **Aufhärtbarkeit** ist die unter idealen Bedingungen höchste Härte eines Werkstoffes. Sie ist in erster Linie vom *Kohlenstoffgehalt* des Stahles, nicht aber von der Art und Menge der Legierungselemente abhängig ist. Der **Härteverlauf** (auch *Einhärtbarkeit*) wird gekennzeichnet durch die in einem bestimmten Querschnitt erreichbare Einhärtungstiefe (ET). Sie ist die Breite der Randschicht eines gehärteten Werkstückes, bis zu der eine bestimmte Härte vorhanden ist. Die Einhärtbarkeit wird entscheidend durch *Legierungselemente*, weniger stark durch den Kohlenstoff beeinflusst (Bild 4.54).

Die Höchsthärte wird nur erreicht, wenn der Kohlenstoff im Austenit vollständig gelöst ist, d. h., Härtetemperatur und Haltedauer müssen sehr genau eingehalten werden. Die erreichbaren Härten in Abhängigkeit vom Kohlenstoffgehalt und Martensitanteil im Gefüge zeigt Bild 4.55.

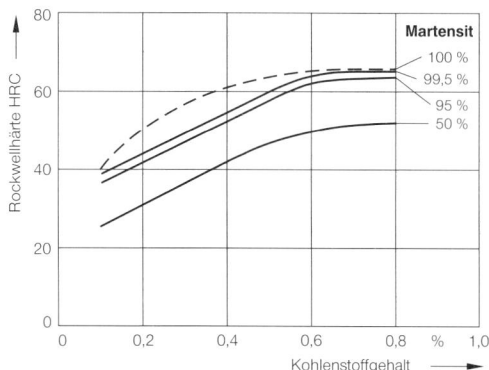

Bild 4.55
Einfluss des Kohlenstoffgehaltes auf Höchsthärte unlegierter Stähle (nach BURNS, MOORE, ARCHER)

Die Einhärtungstiefe von unlegierten Stählen ist wegen ihrer großen kritischen Abkühlgeschwindigkeit gering: die Tiefe der martensitischen Zone beträgt maximal etwa 5 mm. Man bezeichnet diese Stähle daher auch als **Schalenhärter**.

Ein Gefüge mit feinverteilten Carbiden (Weichglühen, Vergüten) ist zum Härten grundsätzlich am zweckmäßigsten.

Ein *feinkörniger Stahl* kann in einem wesentlich größeren Temperaturbereich austenitisiert werden, da er weit weniger zur Grobkornbildung neigt: Er ist *überhitzungsunempfindlicher*, die Temperaturführung ist einfacher. Gleichzeitig wird durch feines Korn aber die Umwandlung des Austenits in der Perlitstufe merklich erleichtert, so dass für gleiche Martensitmengen feinkörniger Stahl schneller abgekühlt werden muss als ein grobkörniger.

Untereutektoide Stähle werden bei Temperaturen von 30 °C bis 50 °C oberhalb Ac_3 austenitisiert und durch Abschrecken in Wasser, Öl oder Luft vollständig in Martensit umgewandelt, wenn die M_f-Temperatur (Bild 4.39) unterschritten wird (Bild 4.56). Bei höheren Kohlenstoffgehalten liegt M_f unterhalb der Raumtemperatur, so dass bei üblichem Abschrecken Restaustenit erhalten bleibt, der die Härte herabsetzt.

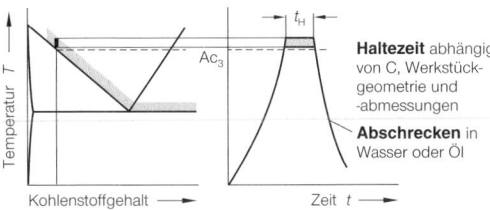

Bild 4.56
Härtetemperaturen von Fe-C-Legierungen

Übereutektoide Stähle werden i. Allg. von Temperaturen dicht oberhalb Ac_1 abgeschreckt. Der noch vorliegende Sekundärzementit (in körniger Form, nicht als Schalenzementit!) wird also nicht gelöst, d. h., Martensit entsteht nur aus dem austenitisierten Perlit. Zur vollständigen Lösung des Kohlenstoffs im Austenit müsste der Stahl bis zu Temperaturen oberhalb Ac_{cm} erwärmt werden (siehe Bild 4.7, S. 144). Die Folge wäre ein sehr großer Restaustenitgehalt nach dem Abkühlen. Wegen der hohen Glühtemperaturen entstünde ein grober, spröder Martensit.

Durch *erhöhte Austenitisierungstemperaturen* entsteht grobes Korn, und die als Keime wirkenden Bestandteile (Carbide, Oxide, Nitride) werden gelöst. Die erschwerten Diffusionsbedingungen (grobes Korn) und das Fehlen von Keimen verringern die Umwandlungsneigung; bei gleicher Abkühlgeschwindigkeit nimmt der Martensitanteil, d. h. die Einhärtungstiefe zu. Wegen des entstehenden groben, spröden Martensits ist diese Methode nur begrenzt anwendbar.

Zum Verbessern der Härtbarkeit ist in manchen Vergütungsstählen ein vollständiges Auflösen der stabilen Carbide bei hohen Austenitisierungstemperaturen erforderlich. Die Gefahr der Grobkornbildung ist bei legierten Stählen i. Allg. solange nicht vorhanden, wie die das Kornwachstum hemmenden Carbide noch nicht aufgelöst sind. Die Haltezeiten können länger, die Temperaturen höher sein.

Wird nicht vollständig austenitisiert, d. h., liegt die Härtetemperatur unterhalb Ac_3, dann verursacht der nicht aufgelöste Ferrit im Härtegefüge *Weichfleckigkeit*, d. h. ungleichmäßige und zu geringe Härte. Außerdem nimmt die Wechselfestigkeit erheblich ab.

4.5.6.2 Abschrecken, Abschreckmittel

Die *Wirkung* des Abschreckens hängt nach RUHFUS ab von:
– Härtbarkeit des Stahles (Kohlenstoff und Legierungsgehalt),
– Abschreckvermögen des Abschreckmittels (Bild 4.57),
– Bewegung und Temperatur des Abschreckmittels,
– Wärmeleitfähigkeit des Werkstückes (nimmt mit zunehmendem Legierungsgehalt ab, s. Bild 4.25),
– Abmessung und Form des Werkstücks,
– Verweilzeit des Werkstücks im Abschreckmittel,
– Oberflächenzustand (z. B. Zunder).

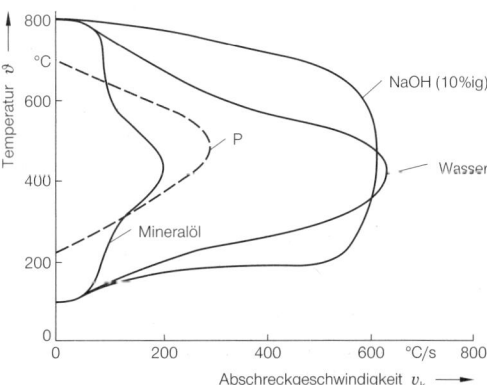

Bild 4.57
Wirkung verschiedener Abschreckmittel
P = zur Perlitunterdrückung bei einem unlegierten Kohlenstoffstahl notwendige Mindestabkühlgeschwindigkeit (nach ROSE)

Bild 4.57 zeigt schematisch die *Abkühlgeschwindigkeit* in Wasser und Öl in Abhängigkeit von der Temperatur im Vergleich zu der für die Unterdrückung der Perlitstufe bei einem unlegierten Stahl notwendigen Mindestabkühlgeschwindigkeit P. Das optimale Abschreckmittel sollte im Bereich der Perlitbildung möglichst viel Wärme, im Bereich der Martensitbildung zum Verringern der Rissgefahr möglichst wenig Wärme abführen. Bei Wasser bildet sich bei hohen Temperaturen eine *Dampfhaut*, die die Abkühlung stark behindert. Bei tieferen Temperaturen (< 600 °C) bricht der Dampfmantel zusammen, und die Dampfblasen steigen auf. Durch die direkte Berührung des Wassers werden dem Werkstoff große Wärmemengen (Verdampfungswärme) entzogen: die Abkühlgeschwindigkeit erreicht ihr Maximum (400 °C bis 500 °C). Bei noch tieferen Temperaturen erfolgt die Wärmeabfuhr lediglich durch *Konvektion*, d. h., die Abschreckwirkung nimmt wieder stark ab.

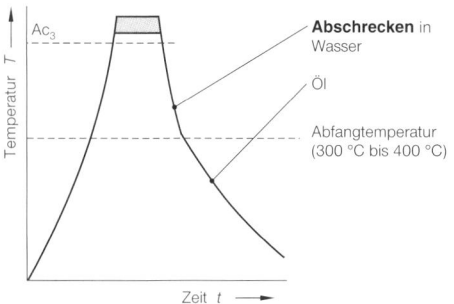

Bild 4.58
Temperatur-Zeit-Verlauf beim gebrochenen Härten

Salzzusätze (NaOH, NaCl) erhöhen wesentlich die Verdampfungstemperaturen, d. h., die größte Abschreckwirkung erfolgt bei höheren Temperaturen als bei reinem Wasser. Die Einhärtungstiefe nimmt zu und die Rissgefahr beim Härten deutlich ab.

Die Abschreckwirkung der *Härteöle* ist etwa 3 mal geringer als die von Wasser, sie ist aber ebenfalls

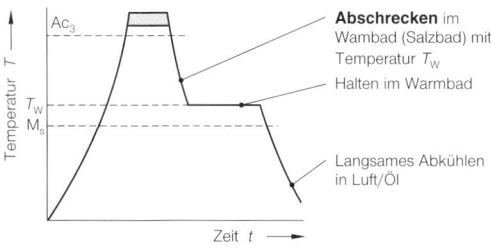

Bild 4.59
Temperatur-Zeit-Verlauf beim Warmbadhärten

im kritischen Bereich zwischen 450 °C und 550 °C am größten und relativ unabhängig von der Badtemperatur. Nach Möglichkeit werden Öle verwendet, die mit Wasser von der Werkstückoberfläche abgewaschen werden können, dadurch verringern sich die Reinigungskosten erheblich.

4.5.6.3 Einfaches Härten, kontinuierliches Härten

Aus unlegierten Stählen können wegen der erforderlichen hohen Abkühlgeschwindigkeit nach diesem Verfahren nur geometrisch einfache Werkstücke gehärtet werden, bei denen es besonders auf eine hohe Verschleißfestigkeit ankommt. Bei kompliziert geformten Bauteilen besteht wegen der großen Temperaturdifferenz von Rand und Kern ausgeprägte Verzugs- und Rissgefahr. Zum Härten solcher Teile müssen daher Werkstoffe mit entsprechend niedrigen kritischen Abkühlgeschwindigkeiten, d. h. legierte oder hochlegierte Stähle verwendet werden.

Nach dem Härten muss sofort bei etwa 150 °C angelassen werden, um dem Werkstück die stark rissbegünstigende *Glashärte* zu nehmen (siehe S. 180).

4.5.6.4 Gebrochenes Härten

Von der Härtetemperatur wird das Werkstück zunächst schroff (meist in Wasser) auf 300 °C bis 400 °C abgeschreckt und anschließend, ohne den Temperaturausgleich zwischen Kern und Rand abzuwarten, in Öl abgekühlt (Bild 4.58). Dadurch gelingt es, die Vorteile hoher Abschreckwirkung im oberen Temperaturbereich (Perlitbildung wird unterdrückt) mit denen einer geringen Abkühlgeschwindigkeit (geringere Temperaturdifferenzen, d. h. geringere Rissneigung) zu verbinden.

Das Verfahren erfordert einige Erfahrungen (Abfangtemperatur). Die Vorteile sind aber z. B. gegenüber dem Warmbadhärten bei etwa gleichem Aufwand wesentlich geringer. Das gebrochene Härten wird daher in der Praxis relativ selten angewendet.

4.5.6.5 Warmbadhärten, isothermes Härten

In einem Warmbad (Salz- oder Metallbad), dessen Temperatur T_w kurz oberhalb M_s des zu härtenden Stahles eingestellt ist, wird das austenitisierte Werkstück abgeschreckt (Bild 4.59). Der unterkühlte Austenit wird bis zum Temperaturausgleich gehalten. Durch anschließendes *langsames* Abkühlen in Öl oder an Luft entsteht Martensit mit merklich geringeren Umwandlungsspannungen.

Während des Temperaturausgleiches werden die gefährlichen thermischen Spannungen im gut verformbaren Austenit abgebaut. Die Haltezeit muss so begrenzt werden, dass keine vorzeitige Umwandlung in der Bainitstufe erfolgt. Die erforderliche schroffe Abkühlung im Warmbad – eine Umwandlung in der Perlitstufe muss verhindert werden – bedeutet, dass nur relativ kleine Teile durchhärten.

Die M_s-Temperatur der Stähle darf nicht zu groß sein, weil durch die dann günstigen Diffusionsbedingungen nicht ausreichend lange Haltezeiten zur Verfügung stehen. Daher verwendet man vorzugsweise Stähle mit Kohlenstoffgehalten von etwa 0,6 % an (Vergütungsstähle, Werkzeugstähle), die eine Warmbadtemperatur von 180 °C bis 240 °C erfordern.

Bild 4.60 zeigt zusammenfassend typische Abkühlverläufe der Härteverfahren im ZTU-Schaubild.

4.5.6.6 Härtespannungen
Im Werkstück entstehen beim Abkühlen von der Härtetemperatur
– *Thermische Spannungen* (verursacht durch Temperaturunterschiede zwischen Rand und Kern) und
– *Umwandlungsspannungen*, die vor allem bei Werkstücken mit unterschiedlichen Querschnitten zu Verzug und/oder Rissen führen können.

Die **Umwandlungsspannungen** entstehen durch das größere Volumen des tetragonal verzerrten Martensits gegenüber dem Ausgangsgefüge. Diese Druckspannungen überlagern sich in kaum vorhersehbarer Weise den thermischen Spannungen. Sie nehmen mit zunehmendem Kohlenstoffgehalt zu und begünstigen bei höhergekohlten Stählen die (Härte-) Rissneigung erheblich.

Die **thermischen Spannungen** sind nur vom Temperaturgradienten (dT/dx) abhängig. Sie lassen sich also nur durch geringe Abkühlgeschwindigkeiten klein halten. Daraus ergibt sich die zwingende Notwendigkeit, beim Abkühlen die kritische Abkühlgeschwindigkeit möglichst wenig zu überschreiten. Wenn ein vollständiges Durchhärten nicht erforderlich ist, kann der Verlauf der Abkühlung für die gewünschte Werkstoffhärte einfach aus dem (kontinuierlichen) ZTU-Schaubild des betreffenden Stahles entnommen werden.

Bei höhergekohlten Stählen können die Umwandlungsspannungen nach dem Härten noch größer werden, wenn ein Teil des Restaustenits nachträglich in Martensit umwandelt. Daher sollten die gehärteten Werkstücke sofort bei 100 °C bis 200 °C angelassen werden. Die Spannungen werden merklich abgebaut, aber die Härte nur unwesentlich verringert (siehe S. 180). Weiterhin wird der noch vorhandene Restaustenit stabilisiert, d. h. seine Umwandlungsneigung stark vermindert. Diese Tatsache ist für Messzeuge oder sehr maßgenau herzustellende Teile von besonderer Bedeutung: Die durch die Umwandlung des Restaustenits entstehende Volumenvergrößerung erzeugt sonst Verzug.

4.5.6.7 Härtbarkeitsprüfung
Das Härteverhalten der Stähle (Härtbarkeit) kann einfach und zuverlässig mit dem **Stirnabschreck-Versuch** nach DIN EN ISO 642 *(Jominy-Probe)* festgestellt werden (Bild 4.61). Ein genormter Prüfkörper wird austenitisiert und anschließend nach definierten Bedingungen abgeschreckt. Härtemessungen auf zwei parallel zur Zylinderachse angeschliffenen Flächen, die um 180° versetzt sind, ergeben sowohl die:
– *Aufhärtbarkeit* (= Höchsthärte) als auch die
– *Einhärtbarkeit* (= Härteverlauf). Hierfür kann die gemessene Stirnabschreck-Härtekurve dienen. Sie muss vollständig zwischen den bei der Güteprüfung des Werkstoffs festgelegten Kurven liegen muss. Sie stellt damit die Grenzkurve für Abnahme bzw. Ablehnung dieses Werkstoffs dar. Die gewünschten Anforderungen können aber auch die geforderte Härte (Höchstwert, Kleinstwert, Härtebereich) in einem bestimmten Abstand von der abgeschreckten Stirnfläche festgelegt werden. Dieser Abstand wird durch ein Kurzzeichen J für die Härtbarkeit angegeben, dem z. B. der Zahlenwert der Härte (meist HRC) und der des Abstandes von der Stirnfläche folgt.

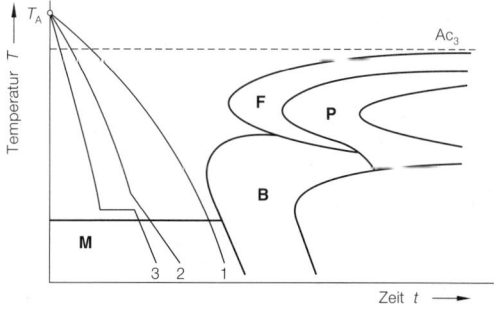

Bild 4.60
Schematische Darstellung der Abkühlverläufe beim Härten im kontinuierlichen ZTU-Schaubild

Beispiel:

J 40-18: In einem Abstand von 18 mm von der Stirnfläche muss eine Härte von 40 HRC vorhanden sein,

J 45-8/16: In einem Abstand von mindestens 8 mm höchstens 16 mm von der Stirnfläche muss eine Härte von 45 HRC vorhanden sein.

Die in Bild 4.61b dargestellten Härtekurven zeigen das Härteverhalten von drei verschiedenen Stählen mit gleichem Kohlenstoffgehalt (gleiche maximale Härte!):
- *unlegierter Stahl*, sehr schneller und plötzlicher Abfall der Höchsthärte, Einhärtungstiefe l_1 (Kurve 1),
- *niedriglegierter Stahl*, größere Einhärtungstiefe l_2 (Kurve 2),
- *höher legierter Stahl*, extrem große Einhärtungstiefe, härtet auch bei sehr geringen Abkühlgeschwindigkeiten, d. h. bei großen Abständen von der Stirnfläche noch voll durch (Kurve 3).

Man beachte, dass wegen der definierten Probenabmessungen und Abkühlbedingungen jedem Stirnabstand l_i eine bestimmte Abkühlgeschwindigkeit zugeordnet ist. Allerdings muss die Wärmeleitfähigkeit der Stähle vergleichbar sein.

Ein weiteres Verfahren zum Bestimmen der Härtbarkeitseigenschaften ist die **Härtegrenzenbestimmung**. Hierbei werden Proben des zu untersuchenden Stahles von verschiedenen Härtetemperaturen abgeschreckt und gebrochen. Aus dem Bruchgefüge kann man die Einhärtungstiefe ermitteln und den Temperaturbereich feststellen, in dem der Stahl feinkörnig bleibt.

Die Besonderheiten dieses Verfahrens sind:
- die Ergebnisse sind unmittelbar für die Härtereipraxis verwendbar,
- Rückschlüsse auf Bauteile anderer Abmessungen und andere Abschreckmittel sind nur bedingt möglich.

4.5.7 Vergüten

4.5.7.1 Normales Vergüten (Anlassvergüten)

Der abgeschreckte, tetragonal verspannte Martensit ist im Allgemeinen so hart und spröde, dass er in dieser Form nicht verwendbar ist. Die Verspannung und damit die Härte des Martensits wird durch eine Wärmebehandlung bei Temperaturen unterhalb Ac_1, dem **Anlassen**, verringert. Das Ungleichgewichtsgefüge Martensit wird so in einen gleichgewichtsnäheren, also stabileren Zustand überführt.

Unter **Vergüten** versteht man die kombinierte Wärmebehandlung Härten und nachfolgendes Anlassen.

Die Eigenschaftsänderungen beim Anlassen beruhen auf der mit der Anlasstemperatur zunehmenden Beweglichkeit der Kohlenstoff- und Eisenatome. Es lassen sich im Allgemeinen bei unlegierten und niedriglegierten Stählen drei Anlassstufen unterscheiden:

❐ **Anlassstufe 1 (Entspannen)**
Bei Temperaturen von 100 °C bis 200 °C scheiden sich feinstverteilte Eisencarbide Fe_2C (ε-Carbid) aus, wodurch vor allem die gefährlichen Gitterspannungen vermindert werden. Der tetragonale Martensit wandelt sich in den weniger verspannten *kubischen Martensit* um, und das Volumen wird geringer (Verzug, Vorsicht bei Messwerkzeugen o. ä.). Die Härteabnahme ist gering, aber das Beseitigen der »Glashärte« macht den Stahl erst verwendbar. Diese Anlassstufe wird noch nicht als Vergüten, sondern als Entspannen bezeichnet.

❐ **Anlassstufe 2**
Bei Temperaturen von 200 °C bis 350 °C wird die Beweglichkeit der Kohlenstoffatome so groß, dass sich Fe_3C in feinverteilter Form ausscheidet. Der kubische Martensit wird weiter entspannt, d. h., Zugfestigkeit und Härte fallen merklich,

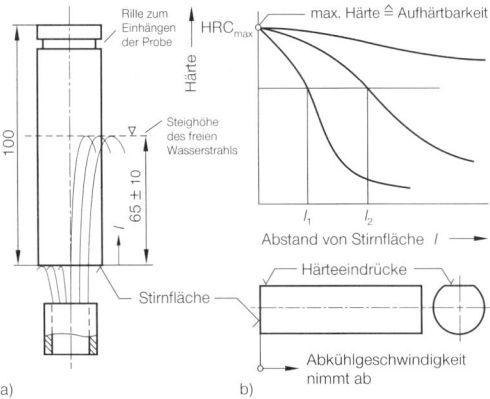

Bild 4.61
a) *Versuchsanordnung zum Prüfen der Härtbarkeit mit dem Stirnabschreckversuch nach DIN EN 642 (JOMINY-Probe)*
b) *typischer Verlauf der Stirnabschreck-Härtekurven für drei verschiedene Stähle (schematisch)*

die Streckgrenze kaum. Die *feinen Carbide* behindern wirkungsvoll die Versetzungsbewegung, d. h., sie erschweren das Abgleiten. In dem bei höhergekohlten Stählen stets vorhandenen Restaustenit scheiden sich ebenfalls Carbide aus. Da der Gehalt an gelöstem Kohlenstoff abnimmt, steigen M_s- und M_f-Temperatur des Restaustenits, so dass er sich bei der anschließenden Abkühlung in kubischen Martensit umwandelt.

Bei höheren Gehalten kann der Restaustenit auch in das Gefüge der unteren Bainitstufe zerfallen. Prinzipiell hängt die Art des Zerfalls von der Zusammensetzung des Stahles ab.

Die Eigenschaftsänderungen beim Anlassen unlegierter Stähle hängen praktisch nur von der (großen) Beweglichkeit der Kohlenstoffatome in der Martensitmatrix ab. Die Fe_3C-Ausscheidungen können sich daher schon bei niedrigen Temperaturen bilden und werden schnell größer. Über etwa 400 °C erweicht der Stahl schnell. Unlegierte Stähle sind also wenig anlassbeständig. Legierungselemente, die Carbidbildner sind (Cr, Mo, V, W), verändern aber den Bildungsmechanismus der Carbide entscheidend. Bei Anlasstemperaturen bis etwa 400 °C entstehen auch bei den legierten Vergütungsstählen überwiegend Fe_3C-Ausscheidungen. Über 400 °C bis 450 °C wird die Diffusionsfähigkeit der Carbidbildner dann so groß, dass sich die thermodynamisch wesentlich stabileren legierten Carbide *(Sondercarbide)* bilden können. Das bereits vorhandene Fe_3C wird zugunsten der stabileren Sondercarbide gelöst. Die Bildungsgeschwindigkeit dieser Carbide ist im Vergleich zu der des Fe_3C sehr gering, weil die langsam diffundierenden Carbidbildner außerdem auch die Kohlenstoffbeweglichkeit herabsetzen. Die Vorgänge der Sondercarbidbildung beim Anlassen legierter Stähle werden häufig auch als *4. Anlassstufe* bezeichnet. Die Vorteile der *anlassbeständigen* legierten Vergütungsstähle sind demnach:
- Die um Größenordnungen geringere Diffusionsfähigkeit der Carbidbildner verschiebt die Sondercarbidbildung, d. h. den Festigkeitsabfall, zu höheren Temperaturen und längeren Zeiten.
- Die ausgeschiedenen Sondercarbide sind erheblich feiner als die Eisencarbide. Dadurch ergibt sich eine zusätzliche Festigkeitssteigerung (siehe Bild 4.107).

❑ **Anlassstufe 3**
Bei Temperaturen oberhalb von 350 °C bis Ac_1 koagulieren die Carbide zu größeren im Lichtmikroskop sichtbaren Partikeln, die Zugfestigkeit nimmt weiter ab, die Verformbarkeit, insbesondere die Kerbschlagzähigkeit nimmt zu.

In den meisten Fällen werden die Vergütungsstähle in einem Temperaturbereich zwischen 550 °C und 650 °C angelassen. Dadurch wird eine für die Konstruktionspraxis besonders wichtige Eigenschaftskombination erreicht. Eine noch ausreichende Streckgrenze, verbunden mit einer für die Sprödbruchsicherheit wichtigen, erstaunlich hohen Kerbschlagzähigkeit ist das Ergebnis.

Wie bei jedem diffusionsgesteuerten Vorgang hängen die Eigenschaftsänderungen von der Anlasstemperatur ab. Der Einfluss der Temperatur ist wesentlich größer und kann nur in engen Grenzen durch Verändern der Zeit ausgeglichen werden. Dieser Zusammenhang kommt sehr deutlich in dem von HOLLOMON und JAFFE ermittelten Parameter P zum Ausdruck:

$$P = T \cdot (\lg t + c)$$

T = Anlasstemperatur in K
t = Anlasszeit in Sekunden
c = werkstoffabhängige Konstante. (Sie liegt für die meisten Stähle im Bereich 10 bis 20).

Der Parameter P wird danach durch die Anlasstemperatur wesentlich stärker verändert als durch die Anlasszeit [1]. Aus diesem Grunde werden die Glühanweisungen für die Anlassbehandlung in erster Linie durch die *Anlasstemperatur* festgelegt. Die Glühzeit ist relativ unwichtig. Sie liegt im Bereich von einigen Stunden. Bild 4.62 zeigt den Härteabfall beim Anlassen in Abhängigkeit von dem Parameter P für einen hochgekohlten Stahl. Damit kann abgeschätzt werden, welche Kombinationen von T und t für eine gewünschte Anlasshärte gewählt werden können.

Der Erfolg der Anlassbehandlung wird durch Zug- und Kerbschlagversuche nachgewiesen. Die große *Bedeutung* des Vergütens beruht darauf, dass in Abhängigkeit von der Anlasstemperatur die Festigkeits- und Zähigkeitswerte in einem sehr großen

---

[1] Wird bei T = konst. t von praxisüblichen 5000 s ≈ 1,4 h verdoppelt, dann wird P mit einem mittleren Wert der Konstanten $c ≈ 15$ nur um 2 % erhöht.

Bereich (zwischen den Gefügezuständen martensitisch und weichgeglüht!) zu beeinflussen, d. h. optimal an die Bedürfnisse des Konstrukteurs anzupassen sind. Weiterhin wird die für die Bemessung der Bauteile wichtige Streckgrenze sowie die dynamische Beanspruchbarkeit erheblich erhöht, ohne dass die Verformbarkeit unzulässig vermindert wird. Die Mikroaufnahmen (Bilder 4.63 bis 4.65) zeigen deutlich die außerordentliche »Vergütung« des Sekundärgefüges eines unlegierten Gusswerkstoffes (C ≈ 0,25 %) selbst im Vergleich zum Normalglühen.

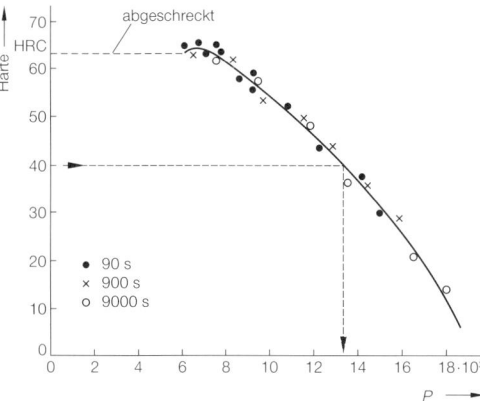

Bild 4.62
Härteabfall beim Anlassen eines vollständig durchgehärteten Kohlenstoffstahles mit 0,56 % C (nach JAFFE und HOLLOMON)
Zeit-Temperatur-Parameter $P = T\,(14{,}3 + \lg t)$

Beispiel:
Eine gewünschte Anlasshärte von 40 HRC wird erreicht, wenn der Parameter $P \approx 13 \cdot 10^3$ beträgt. Bei einer Anlasstemperatur von 500 °C beträgt die erforderliche Anlasszeit $t = 5{,}5$ min, bei 400 °C sind etwa 29 h erforderlich

Bild 4.66 zeigt die Wärmebehandlung beim Vergüten. Je nachdem, welches Medium zum Härten angewendet wird, spricht man vom *Wasser-*, *Öl-* oder *Luftvergüten*. Wegen der relativ geringen Temperaturen ist die Haltezeit beim Anlassen (t_{HA}) etwa doppelt so groß wie beim Härten (t_{HH}). Damit wird sichergestellt, dass die erforderlichen Diffusionswege (Ausscheiden von Fe_3C) vollständig ablaufen können. Für die Sicherheit vergüteter Bauteile muss die Betriebstemperatur unter der Anlasstemperatur liegen (sonst Festigkeitsabnahme!). Der Konstrukteur findet die mit der Anlasstemperatur sich kontinuierlich ändernden Eigenschaften der Vergütungsstähle in **Vergütungsschaubildern.** Bild 4.67 zeigt ein Schaubild für den Vergütungsstahl 50CrV4. Bemerkenswert ist die große Zunahme der Kerbschlagzähigkeit mit der Anlasstemperatur (siehe auch Bild 3.80).

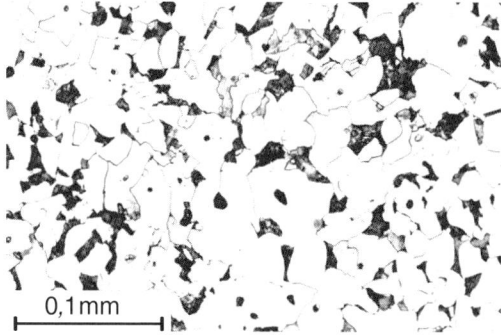

Bild 4.64
GC25E, normalgeglüht, Kerbschlagarbeit $KV \approx 71$ J

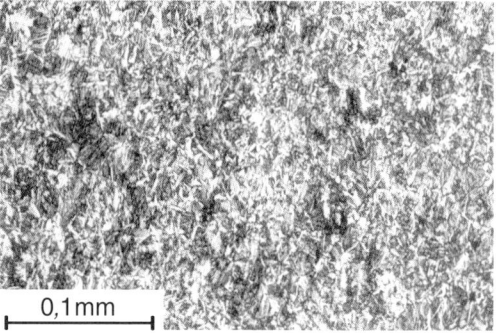

Bild 4.65
GC25E, vergütet, Kerbschlagarbeit $KV \approx 86$ J

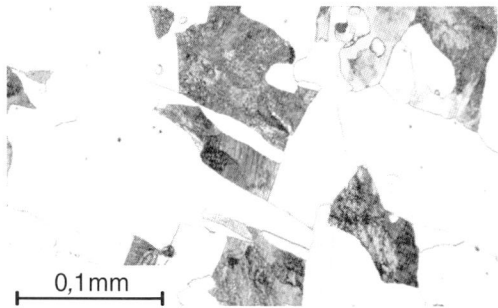

Bild 4.63
GC25E (GS-Ck25), Gussgefüge, Kerbschlagarbeit $KV \approx 14$ J

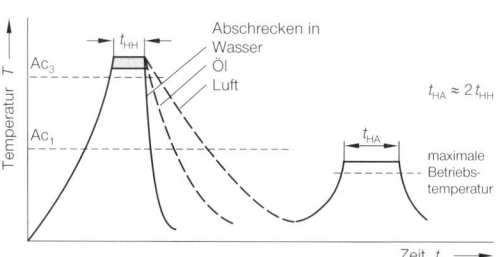

Bild 4.66
Temperatur-Zeit-Verlauf beim Anlassvergüten

Neben der erheblich verbesserten Zähigkeit werden durch das Vergüten auch die Unterschiede der mechanischen Gütewerte zwischen Kern und Rand ausgeglichen. Diese Erscheinung wird als Durchvergüten bezeichnet und durch die Angabe eines maximalen Durchmessers beim Vergütungsschaubild quantitativ festgelegt.

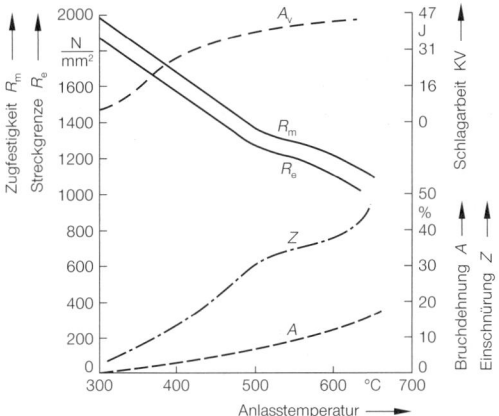

Bild 4.67
Vergütungsschaubild des Vergütungsstahles 50CrV4 (nach WIRTZ)

Ein Durchvergüten kann auch ohne vollständiges Durchhärten erreicht werden, solange sich im Kern des Werkstücks noch »anlassfähiges« Gefüge, z. B. Bainit oder feinststreifiger Perlit befindet. In diesen Nichtgleichgewichtsgefügen wird der Zementit durch hohes Anlassen kugelig eingeformt und damit die mechanischen Gütewerte verbessert (Festigkeit fällt, Zähigkeit steigt).

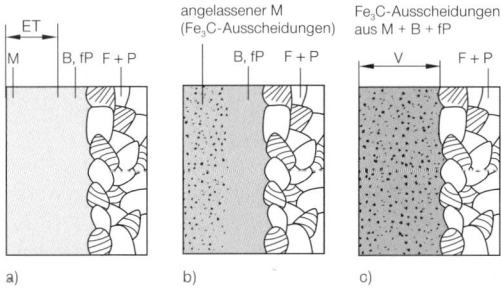

Bild 4.68
Schematische Darstellung der beim Vergüten ablaufenden Gefügeänderungen
a) gehärtet, ET = Einhärtungstiefe
b) niedrige Anlasstemperatur, nur M wird angelassen
c) hohe Anlasstemperaturen, M, B und fP werden angelassen
*   V = Vergütungstiefe, F + P = ferritisch-perlitisches Gefüge*
*   M = Martensit, B = Bainit fP = feinststreifiger Perlit*

Im Bild 4.68 sind diese Vorgänge schematisch dargestellt. Um die stabileren Ungleichgewichtsgefüge des feinststreifigen Perlits anzulassen, sind höhere Temperaturen erforderlich als zum Anlassen des Martensits.

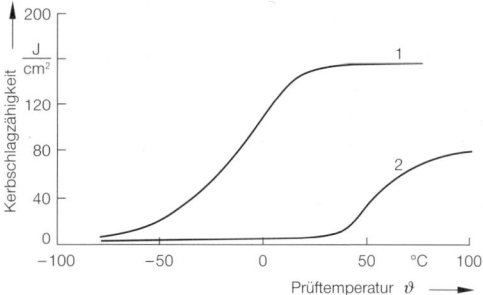

Bild 4.69
Wirkung der Anlassversprödung auf die Kerbschlagzähigkeit des Stahles 24CrNi9 (nach ECKSTEIN)
1: geglüht 32 h/630 °C
2: geglüht 32 h/530 °C

Das Abkühlen von der Anlasstemperatur soll mit Rücksicht auf eine möglichst weitgehende Spannungsfreiheit der Bauteile langsam erfolgen. Bei Mangan-, Chrom-, Chrom-Mangan- und Chrom-Nickel-Stählen (vor allem in Anwesenheit von Vanadium) verringert sich die Kerbschlagzähigkeit, insbesondere die Übergangstemperatur wird zu wesentlich höheren Temperaturen verschoben (Bild 4.69). Diese **Anlassversprödung** ist besonders stark ausgeprägt bei Anlasstemperaturen zwischen 425 °C und 525 °C. Sie entsteht nach langzeitigem Halten in diesem Temperaturbereich und/oder langsamer Abkühlung. Diese Versprödung kann im Allgemeinen nicht durch den Zugversuch bei Raumtemperatur nachgewiesen werden.

Nach einem beschleunigten Abkühlen in Wasser oder Öl ist die Zähigkeitsabnahme deutlich geringer. Wegen der dadurch entstehenden gefährlichen Spannungen ist diese Methode aber vor allem bei dickwandigen Bauteilen nicht anwendbar. Die Ursache der Anlassversprödung ist nicht genau bekannt. Mit einiger Sicherheit beruht sie auf Ausscheidungen (feinste Carbide, Spurenelemente) auf den Korngrenzen, die bei manchen Stählen mit speziellen Ätzmitteln (z. B. Pikrinsäure) sichtbar gemacht werden können. Durch Zulegieren von Molybdän (0,2 % bis 0,5 %) oder Wolfram (1 %) tritt Anlassprödigkeit bei den üblichen Anlasstemperaturen und Abkühlgeschwindigkeiten nicht mehr merklich auf, ohne dass sie vollständig beseitigt wäre.

4.5.7.2 Bainitisieren

Diese Wärmebehandlung lässt sich aus Gründen, die später erläutert werden (siehe S. 193) nur bei bestimmten legierten Stählen durchführen. Voraussetzung ist, dass der Stahl ein in Bild 4.70 schematisch dargestelltes Umwandlungsverhalten zeigt. Der austenitisierte Stahl wird in einem Metall- oder Salzbad abgeschreckt, dessen Temperatur im Bereich der Bainitbildung liegt (T_B). Ähnlich wie beim Warmbadhärten können sich die thermischen Spannungen in dem gut verformbaren Austenit leicht abbauen. Durch die *isotherme Umwandlung* des Austenits in Bainit werden weiterhin die Gefügespannungen wesentlich vermindert, da dieser Vorgang diffusionskontrolliert ist. Wegen der großen Ähnlichkeit des bainitischen Gefüges mit angelassenem Martensit (Ferrit mit feinen Carbidausscheidungen) bezeichnet man diese Behandlung ebenfalls als »Vergüten«.

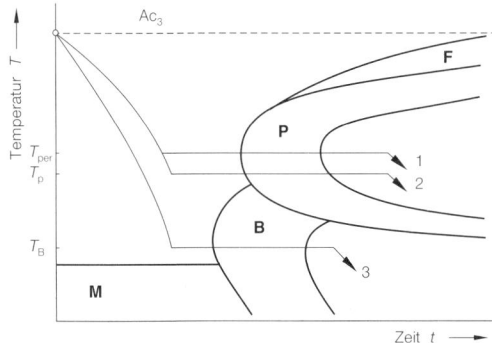

Bild 4.70
Zeit-Temperatur-Verlauf beim Bainitisieren und beim Patentieren, dargestellt im ZTU-Schaubild
Abkühlkurve 1: Perlitisieren
             2: Patentieren
             3: Bainitisieren

Das Bainitisieren bietet bei rissempfindlichen Stählen oder bei kompliziert geformten Bauteilen große Vorteile: Wegen der kleineren thermischen Spannung sind Verzug und Rissneigung geringer, die dynamische Beanspruchbarkeit größer und eine Neigung zur Anlassversprödung nicht mehr vorhanden. Es lässt sich aber ebenso wie das Warmbadhärten nur für relativ kleine Werkstücke anwenden, da das Abkühlen auf T_B sehr rasch erfolgen muss. Selbst geringe Mengen an Ferrit, Perlit oder Martensit verringern die hervorragende Zähigkeit dieses Gefüges spürbar. Bild 4.35 zeigt reines Bainitgefüge des Vergütungsstahles 37MnSi5. *Reines* Bainitgefüge ist in der Regel nur durch isotherme, *nicht* durch kontinuierliche Temperaturführung erreichbar.

4.5.7.3 Patentieren – Perlitisieren

Durch eine entsprechende Temperaturführung (Bild 4.70) wird beim Patentieren ein sehr feinstreifiges perlitisches Gefüge erzeugt, das sich sehr gut kaltverformen lässt (z. B. Drahtziehen). Die hohe Kaltverfestigung erlaubt die Herstellung von Drähten sehr hoher Zugfestigkeit (3000 N/mm² und mehr). Je nachdem, in welchem Medium der austenitisierte Werkstoff abgeschreckt wird, unterscheidet man Blei-, Salz- und Luftpatentieren.

4.5.8 Verfahren zum Härten oberflächennaher Schichten

Bei einer Reihe von Maschinenteilen, wie z. B. Bolzen, Zapfen, Wellen, Zahnrädern, Maschinenbetten wird die geforderte *Verschleißfestigkeit* oder hohe *Druckbelastbarkeit* durch Härten der Oberfläche (einige 0,1 mm bis 2 mm Dicke) erreicht, wobei der Kern zäh bleibt. Durch die *örtliche* Härtung werden außerdem die Umwandlungsspannungen und der Verzug verringert.

Das Oberflächenhärten kann nach folgenden Methoden erfolgen:
– *Vollständiges Durchwärmen* des Werkstücks auf Härtetemperatur mit nachfolgendem Abschrecken. Hierfür eignen sich nur unlegierte, d. h. schlecht härtbare Stähle (Schalenhärter), da nur eine dünne Oberflächenschicht härten soll. Die technische Bedeutung dieses Verfahrens ist gering.
– *Erwärmen einer oberflächennahen Schicht* (begrenztes Wärmeeinbringen) auf Härtetemperatur mit nachfolgendem Abschrecken: Die Änderung des Werkstoffzustandes der Randschicht wird ohne Änderung der chemischen Zusammensetzung des Stahles erreicht. Das *Flammhärten* und das *Induktionshärten* wird daher auch allgemein als **Randschichthärten** bezeichnet.
– *Änderung des Werkstoffzustandes der Randschicht bei gleichzeitigem Ändern der chemischen Zusammensetzung:* Bei diesen thermochemischen Diffusionsbehandlungen wird die Werkstoffrandschicht mit Fremdatomen (z. B. C, N, Cr) angereichert. Es lassen sich so Stähle erzeugen, die ohne (z. B. Nitrieren) oder durch eine nachfolgende Wärmebehandlung (z. B. Einsatzhärten) die gewünschte Oberflächenhärte erhalten.

Tab. 4.9 zeigt eine Zusammenstellung einiger Wärmebehandlungsverfahren zum Ändern von Randschichteigenschaften.

4.5.8.1 Verfahren mit begrenztem Wärmeeinbringen

Flammhärten

Das erforderliche intensive Aufheizen der Werkstückoberfläche wird mit Gasbrennern erreicht. Als Brenngase werden vorwiegend Acetylen und Leuchtgas verwendet. Bevor sich die Wärme in dem zu härtenden Teil verteilt hat, muss mit einer der Werkstückform angepassten Wasserbrause abgeschreckt werden (»Verlaufen« der Wärme wird verhindert!). Die Dicke der gehärteten Schicht wird von der Brennerleistung bestimmt. Das Verfahren wird mit einfachsten Mitteln (niedrige Anlage- und Fertigungskosten), aber auch vollmechanisch betrieben. Zweckmäßig kann es für große Bauteile angewendet werden, für die andere Härteverfahren technisch nicht sinnvoll oder wirtschaftlich nicht vertretbar sind (Größe der vorhandenen Ofenanlage!).

Induktionshärten

Eine i. Allg. von hochfrequentem Wechselstrom durchflossene Spule (Induktor) umschließt das zu härtende Bauteil. Die induzierten Wirbelströme, die durch den Skineffekt in die äußeren Werkstückschichten gedrängt werden, erwärmen diese Bereiche durch Widerstandserwärmung sehr schnell. Die Wärme wird nicht wie beim Flammhärten auf das Werkstück von Außen übertragen, sondern entsteht in seinem Innern. Daher lassen sich sehr hohe Aufheizgeschwindigkeiten erreichen. Die *Härtetiefe* wird maßgeblich von der Frequenz bestimmt. Die Dicke der Schicht (δ), in der etwa 85 % der erzeugten Wärme wirksam ist, beträgt:

Tab. 4.9: Zusammenstellung einiger Wärmebehandlungsverfahren zum Ändern der Randschichteigenschaften (nach Beratungsstelle für Stahlverwendung)

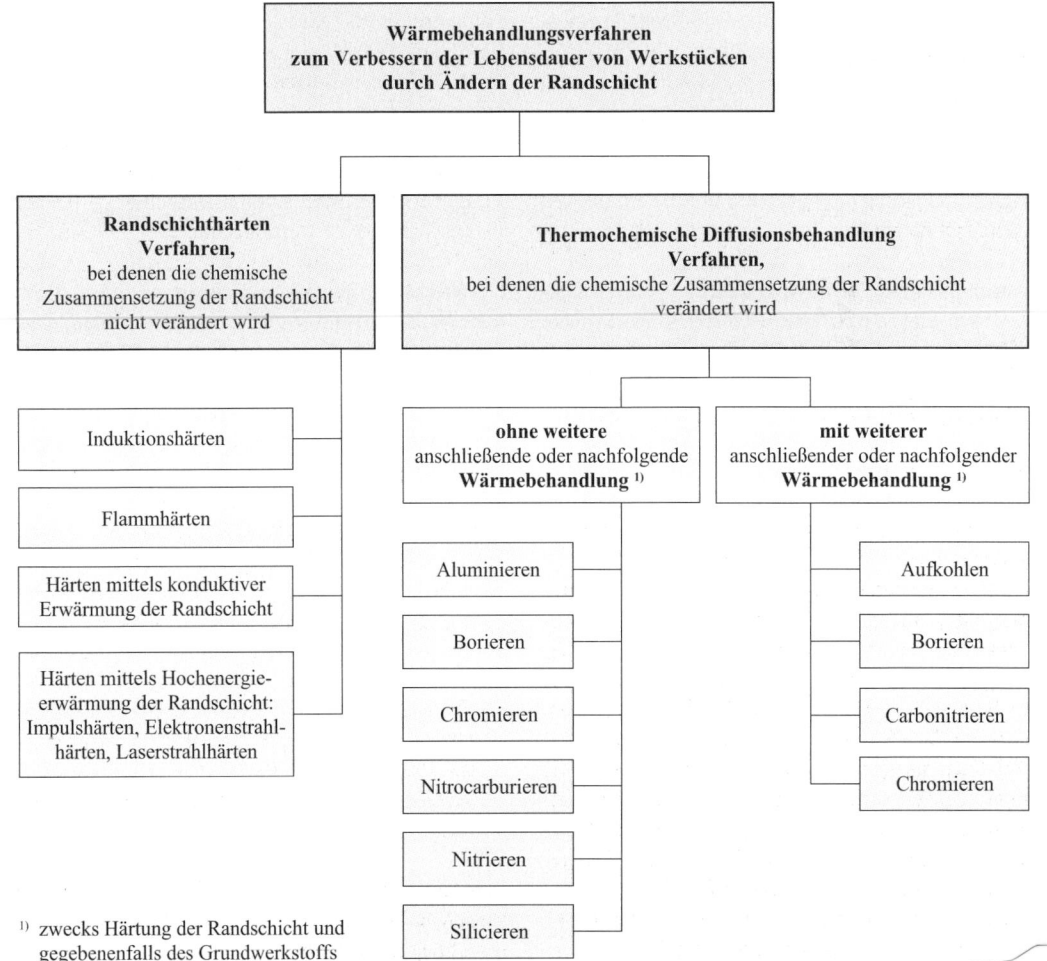

[1] zwecks Härtung der Randschicht und gegebenenfalls des Grundwerkstoffs

$$\delta \sim \sqrt{\frac{\rho}{f\mu}}$$

ρ = spezifischer elektrischer Widerstand
f = Frequenz des Wechselstromes
μ = magnetische Permeabilität ($\mu_0 \cdot \mu_r$)

Die geringste – bei hohen Frequenzen – erreichbare Härtetiefe beträgt ca. 0,1 mm.

Die *kurze Anwärmzeit* verringert die Verzugs- und Rissgefahr. Die metallurgische Beeinflussung (z. B. Grobkorn) ist ebenfalls gering. Das Verfahren lässt sich gut automatisieren, der zeitliche Ablauf des Härtevorganges einfach und genau regeln. Wegen der hohen Anlagen- und Induktorkosten kann es i. Allg. nur für große Stückzahlen wirtschaftlich angewendet werden.

Tauchhärten
Bei diesem Verfahren wird die Oberfläche in einem Flüssigkeitsbad hoher Temperatur erhitzt. Der erforderliche Wärmestau in der Oberfläche kann nur mit Flüssigkeiten erreicht werden, die eine große Wärmeleitfähigkeit besitzen und die Wärme ausreichend schnell auf das Werkstück übertragen können. Geeignet sind wegen ihrer besseren Wärmeleitfähigkeit Metallschmelzbäder (z. B. Zinnbronzebäder).

Gegenüber dem Flamm- und Induktionshärten ergeben sich einige wesentliche Vorteile. Werkstücke mit vorspringenden Teilen (z. B. Zahnräder) lassen sich ebenso wie kompliziert geformte Stücke, ohne teure zusätzliche Vorrichtungen im gleichen Bad härten. Wegen der *gleichmäßigen* Erwärmung der Oberfläche können beliebige Abschreckmedien, d. h. unterschiedlich legierte Stähle – nicht nur Wasserhärter – verwendet werden.

Da die Anlagekosten sehr gering sind, der Durchsatz groß ist, kann mit diesem Verfahren sehr wirtschaftlich gehärtet werden. Nachteilig sind die er-

heblichen Spannungen und die Schwierigkeiten, die Einhärtetiefe genau festzulegen oder ausreichend klein zu halten (Bild 4.71).

Als Ergebnis des Randschichthärtens wird die Einhärtung durch die **Randhärtetiefe Rht** angegeben. Sie ist nach DIN EN 10328 der senkrechte Abstand von der Oberfläche eines gehärteten Werkstückes bis zu dem Punkt, an dem die Härte einem zweckmäßig festgelegten Grenzwert entspricht (Bild 4.72). Dieser Grenzwert (Kurzzeichen GH für Grenzhärte) ist üblicherweise etwa 80 % der jeweils vorgeschriebenen Mindest-Oberflächenhärte.

4.5.8.2 Verfahren mit Änderung der chemischen Zusammensetzung

Einsatzhärten
Bei diesem Verfahren wird in die Oberfläche von Werkstücken aus i. Allg. kohlenstoffarmem Stahl von außen durch Diffusion Kohlenstoff in atomarer Form eingebracht (siehe S. 29). Der Vorgang wird als *Aufkohlen*, *Einsetzen* oder *Zementieren* bezeichnet. Die Temperatur, bei der die Kohlenstoffdiffusion erfolgt, muss so hoch gewählt werden, dass:
– die Bildung des spröden Fe_3C vermieden wird,
– der erforderliche Kohlenstoffgehalt ($\leq 0,8\%$) im Stahl gelöst werden kann.

Der Werkstoff muss daher *austenitisiert*, d. h. oberhalb Ac_3 erwärmt werden. Es ist zu beachten, dass die Diffusionsgeschwindigkeit des Kohlenstoffs im γ-MK wesentlich geringer ist als im α-MK; die Aufkohlungszeiten sind daher trotz der hohen Temperaturen relativ groß. Außerdem nimmt mit zunehmendem Legierungsgehalt die Beweglichkeit der Kohlenstoff-

a) b)

Bild 4.71
Schematische Darstellung der Einhärtungstiefe beim
a) Induktions- und Flammhärten
b) Tauchhärten

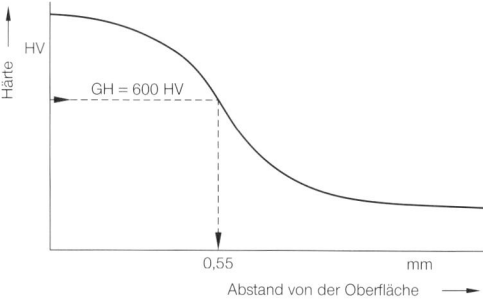

Bild 4.72
Definition und Ermittlung der Einhärtung nach einem Randschichthärten nach DIN EN 10328.
Ergibt sich bei einer Grenzhärte GH = 600 HV1 ein Randabstand von 0,55 mm so ist: Rht600 = 0,55 mm

atome sehr stark ab. Ihre mittlere Eindringtiefe x_m in die erhitzte Werkstückoberfläche kann näherungsweise mit der auf S. 28 abgeleiteten Beziehung abgeschätzt werden:

$$x_m = \sqrt{D \cdot t}$$

$D = D_0 \cdot \exp(-Q/RT)$ = Diffusionskoeffizient,
t = Zeit.

Für die bei unlegierten Kohlenstoffstählen technisch erreichbare (und sinnvolle) Aufkohlungstiefe von etwa 2 mm (maximal 3 mm) ist mit Einsatzzeiten von rund 16 Stunden zu rechnen.

Weil oft eine ausreichende Zähigkeit des Kernes gefordert werden muss, ist der Kohlenstoffgehalt der Einsatzstähle auf etwa 0,25 % begrenzt. In den meisten Fällen wird die eutektoidische Zusammensetzung der aufgekohlten Schicht angestrebt, weil Kohlenstoffgehalte über 0,8 % zu Zementitausscheidungen an den Korngrenzen führen, die die Schlagzähigkeit stark verringern. Außerdem neigt die eingesetzte Schicht beim Härten zum Reißen und Abblättern.

Der Diffusionsprozess erfordert eine metallisch blanke Oberfläche. Daher ist auch eine sorgfältige Reinigung der Teile (Rost, Zunder u. ä) vor dem Aufkohlen erforderlich. Partielles Härten ist möglich, wenn die nicht aufzukohlenden Stellen mit speziellen Pasten abgedeckt werden.

Zum Aufkohlen werden feste, flüssige oder gasförmige Mittel verwendet. Der atomare Kohlenstoff kann nur über die Gasphase in die Werkstoffoberfläche eindiffundieren. Die *festen Aufkohlungsmittel* bestehen in der Hauptsache aus Holzkohle und Zusätzen von Barium- oder Calciumcarbonat, die als Aktivierungsmittel die Gasbildung erleichtern. Wegen der schlechten Wärmeleitfähigkeit der Holzkohle, die das aufzukohlende Gut allseitig und dicht umgeben muss, sind lange Anwärmzeiten erforderlich.

Als *flüssige Aufkohlungsmittel* werden Salze (Zyansalze z. B. NaCN mit Zusätzen von Chloriden) verwendet. Durch die hohe Badtemperatur (850 °C bis 930 °C) wird das Zyan zersetzt, der freiwerdende Kohlenstoff wandert in die Werkstückoberfläche. Im Vergleich zum Aufkohlen mit festen Mitteln ergeben sich wesentliche Vorteile. Durch die bessere Wärmeleitfähigkeit der Salzschmelze wird die Behandlungsdauer erheblich verkürzt (geringerer Verzug, geringere Neigung zur Kornvergrößerung).

Da die Teile schnell die Badtemperaturen annehmen, lässt sich die gewünschte Aufkohlungstiefe genauer einhalten. Das Aufkohlen kleiner Teile in großen Stückzahlen bietet große wirtschaftliche Vorteile. Hinzu kommt, dass sie i. Allg. *gleichzeitig* (z. B. in Drahtkörben) aus dem Einsatz gehärtet werden können. Die Werkstückoberfläche bleibt im Wesentlichen sauber. Als Nachteile sind die hohen Anlagekosten, die große Giftigkeit der Zyansalze und eine mögliche Umweltbelastung durch Altsalze zu nennen.

Da die Aufkohlung bereits bei den festen Mitteln über die Gasphase erfolgt, ist es naheliegend, direkt *gasförmige Aufkohlungsmittel* (Abgase von unvollständig verbrannten Gas-Luft-Gemischen (Endogas) mit Zusätzen von Propan) zu verwenden.

Die aufkohlende Wirkung kann durch Ändern der Gaszusammensetzung leicht eingestellt werden. Es kann praktisch jeder gewünschte Kohlenstoffgehalt in der Oberfläche erreicht werden, im Gegensatz zu festen Aufkohlungsmitteln, bei denen sich fast immer ein Kohlenstoffgehalt von 0,8 % ergibt. Alle das Verfahren kennzeichnenden Einflussgrößen lassen sich sehr genau einstellen. Die gehärteten Teile sind sehr sauber, die Güte ihrer Oberfläche entspricht nahezu derjenigen vor dem Härten. Wegen dieser Vorteile ist das Gasaufkohlen das wirtschaftlichste Verfahren, obwohl die Anlagekosten sehr hoch sind.

Ähnlich wie bei den Randschichthärteverfahren wird die **Einsatzhärtungstiefe Eht** ebenfalls mit Hilfe einer geeignet gewählten Grenzhärte GH bestimmt. Sie kann aus dem Verlauf der Härteverteilung zeichnerisch ermittelt werden Nach DIN EN ISO 2639 wird i. Allg. die Einsatzhärtungstiefe Eht bei der Grenzhärte GH = 550 HV1 ermittelt (Bild 4.73).

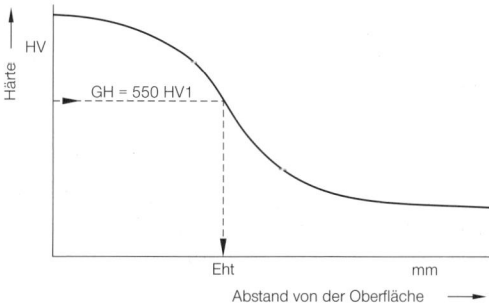

Bild 4.73
Definition und Ermittlung der Einsatzhärtungstiefe Eht nach DIN EN ISO 2639

Härten nach dem Aufkohlen

In der Regel ist eine verschleißfeste Oberfläche erwünscht, d. h., das Gefüge soll martensitisch sein. Je nach Beanspruchungsschärfe werden unterschiedliche Härtemethoden angewendet. Die Schwierigkeiten beruhen auf dem unterschiedlichen Kohlenstoffgehalt von Rand (0,8 %) und Kern (0,1 % bis 0,2 %). Die erreichbare Höchsthärte des Randes liegt daher bei 850 HV bis 900 HV.

Das Härten *direkt* von der Einsatztemperatur (Direkthärten) ist am einfachsten und billigsten, führt aber zu ausgeprägtem grobkörnigem Martensit mit großem Restaustenitgehalt. Diese Methode ist daher nur für gering beanspruchte einfache Teile (Bolzen, Zapfen) anwendbar. Geeignet sind Feinkornbaustähle und Cr-Mo-legierte Stähle, die überhitzungsunempfindlich sind, d. h. eine geringe Neigung zum Kornwachstum bei überhöhten Temperaturen zeigen (Bild 4.74a).

Häufiger wird nach dem Aufkohlen langsam auf Raumtemperatur oder auf 500 °C bis 550 °C abgekühlt und isotherm gehalten. Die *isotherme Umwandlung* des Austenits ergibt ein feinlamellares perlitisches Kerngefüge. Das anschließende Härten erfolgt bei einer dem Kohlenstoffgehalt des Randes entsprechenden Temperatur (Bild 4.74b).

Nitrieren

Die Härtesteigerung beruht hier nicht auf Martensitbildung. Bei diesem Verfahren diffundiert Stickstoff in atomarer Form bei Temperaturen unter Ac_1 in die Werkstoffoberfläche. In *unlegierten Stählen* bilden sich die stark versprödenden groben Eisennitride (Fe_4N, Fe_2N), die ein Abplatzen der harten Randschicht sehr begünstigen. Die Zugabe stickstoffaffiner Legierungselemente führt zur Bildung extrem harter, chemisch und thermisch sehr beständiger Nitride, die aber nur in feinverteilter Form hohe und sehr gleichmäßige Härtewerte, sowie relativ große Härtetiefen und einen hohen Verschleißwiderstand der Oberflächenschicht ergeben. Aluminium, Chrom, Titan, Molybdän sind besonders geeignete Nitridbildner. Erfolgt die Behandlung in Mitteln, die ein Anreichern der Randschicht mit Stickstoff *und* Kohlenstoff bewirken, dann spricht man von **Nitrocarburieren**. Der Werkstoff nimmt neben Stickstoff auch eine bestimmte Menge Kohlenstoff auf, und es entstehen auch *Carbonitride*. Die einzelnen Verfahren können im Gasstrom, in Salzschmelzen, in Pulver oder im Plasma durchgeführt werden.

Beim klassischen **Gasnitrieren** im Ammoniakstrom diffundiert der um 550 °C freiwerdende atomare Stickstoff in die Werkstückoberfläche:

$$2\,NH_3 \rightarrow 3\,H_2 + 2\,N.$$

Das Verfahren wird bei 510 °C bis 550 °C durchgeführt, weil dann die optimalen, feinstdispersen Ausscheidungen entstehen. Die Aufstickung in NH_3/H_2 wird durch H_2O-Zusätze beschleunigt und durch H_2S-Zusätze geringfügig gehemmt. Die Folge der niedrigen Temperaturen sind sehr lange Nitrierzeiten: für eine Nitrierhärtetiefe von 0,5 mm sind etwa 50 Stunden erforderlich. Der Gehalt an gelöstem Stickstoff in der Randschicht kann bis 0,4 % betragen. Durch die lange Nitrierdauer besteht allerdings die Gefahr einer unzulässigen Anlasswirkung (Festigkeitsabfall) des Vergütungsgefüges.Üblicherweise werden die Teile *vor* dem Nitrieren vergütet, wodurch die Kerneigenschaften wesentlich verbessert werden und die Stickstoffaufnahme erleichtert wird.

Die lange Nitrierdauer macht das Gasnitrieren relativ teuer, so dass es heute nur noch in Sonderfällen angewandt wird. Bei Serienfertigungen wird deshalb u. a. das Gas-Nitrocarburieren eingesetzt, dessen Behandlungszeiten und -temperaturen mit denen des Salzbadverfahrens vergleichbar sind. Wegen der deutlich kürzeren Verfahrenszeiten wird es auch als **Kurzzeitgasnitrieren** bezeichnet.

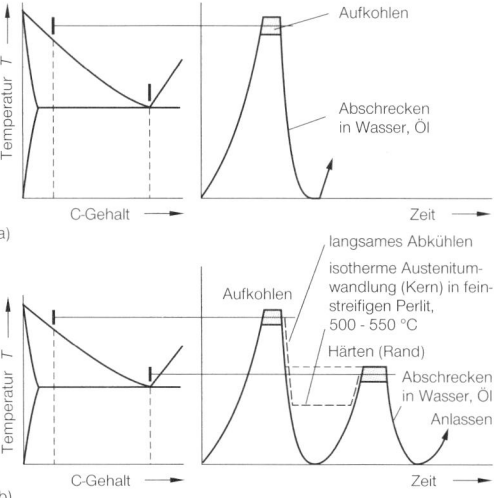

Bild 4.74
Mögliche Härteverfahren nach dem Aufkohlen (schematisch)
a) Direkthärten: Abschrecken von Einsatztemperatur
b) Einfachhärten nach langsamer Abkühlung bzw. isothermer Umwandlung

4.6 Legierungselemente im Stahl

Das **Salzbadnitrieren** wird in Zyanbädern (CN) bei Temperaturen von 570 °C ± 10 °C durchgeführt, wobei stets eine geringe zusätzliche Aufkohlung über den Kohlenstoffgehalt des Zyanbades erfolgt. Es handelt sich hier also immer um ein Nitrocarburieren. Die Nitrierzeiten sind wegen der hohen Oberflächenaktivität des Salzbades und wegen der schnellen Aufheizung erheblich kürzer: in 1 bis 2 Stunden beträgt die Nitrierhärtetiefe etwa 0,5 mm. Der Festigkeitsabfall eines vergüteten Kerns ist erheblich geringer als beim klassischen Gasnitrieren.

Werkzeuge aus Schnellarbeitsstahl erhalten durch das Badnitrieren bei einer Temperatur, die kleiner als deren Anlasstemperatur ist, eine extrem harte Nitrierschicht von etwa 0,02 mm Dicke. Die Standzeit und die Anlassbeständigkeit werden deutlich erhöht.

Im Vergleich zum Einsatzhärten (Randhärte von 850 HV bis 900 HV) ist die maximal erreichbare *Randhärte* wesentlich größer (bis 1200 HV). Die **Nitrierhärtetiefe Nht** ist nach DIN 50190-3 der Abstand eines Punktes von der Oberfläche, dessen Härte um 50 HV über der Kernhärte liegt.

Die *Verschleißfestigkeit* ist erheblich besser, wegen der i. Allg. sehr dünnen Nitrierschicht sollten hohe Flächenpressungen aber vermieden werden. Ein vergüteter Kern ist daher für höhere mechanische Beanspruchungen zweckmäßig. Beim Nitrieren erfolgt keine Umwandlung. Das Werkstück muss also nicht abgeschreckt werden, und es bildet sich daher unabhängig vom Kohlenstoffgehalt des Werkstoffes kein Martensit. Rissbildung und Verzug sind praktisch ausgeschlossen. Nitrierte Bauteile können deshalb in vielen Fällen ohne Nachbearbeitung (Schleifen) verwendet werden. Die extreme Oberflächenhärte ergibt eine hervorragende Verschleißbeständigkeit bis Betriebstemperaturen von etwa 550 °C bis 600 °C. Der hohe Stickstoffgehalt der Nitrierschicht verhindert wirksam das Fressen zweier sich relativ zueinander bewegender Teile (Werkzeuge: Bohrer, Fräser, Drehstahl u. ä.). Die dynamischen Festigkeitskennwerte und die Korrosionsbeständigkeit werden ebenfalls merklich verbessert. Schlagartige Beanspruchungen führen aber meistens zum Brechen der dünnen, spröden Schicht und verringern die Dauerfestigkeit entscheidend.

Beim Nitrieren bereits vergüteter Stähle ist die Anlasswirkung wegen der verhältnismäßig niedrigen Behandlungstemperaturen gering.

4.6 Legierungselemente im Stahl

An keinem anderen Werkstoff lassen sich die Eigenschaften durch Legieren in einem so großen Umfang ändern wie bei Stahl. Der legierte Stahl enthält außer Eisen und Kohlenstoff im Allgemeinen *mehrere Legierungselemente*. Wegen der komplexen Wechselwirkungen zwischen den Legierungselementen und ihrer nicht additiven Wirkung lassen sich die eingetretenen Eigenschaftsänderungen daher nur in sehr allgemeiner Form angeben.

Legierungselemente werden dem Stahl in genauen Mengen zugesetzt, um bestimmte Eigenschaften zu erzeugen bzw. zu verbessern oder unerwünschte zu beseitigen oder zu mildern. Als legiert gelten Stahlsorten, wenn der Legierungsgehalt für wenigstens ein Element die Grenzwerte der Tab. 4.10 erreicht oder überschreitet. Die unerwünschten Beimengungen (Verunreinigungen) wie z. B. Kohlenstoff, Phosphor, Schwefel, Stickstoff und die für das Desoxidieren erforderlichen Elemente gelten danach nicht als Legierungselemente.

Tab. 4.10: Für die Abgrenzung der unlegierten von den legierten Stählen maßgebenden Gehalte der Legierungselemente nach DIN EN 10020

Legierungselement	Grenzgehalt in Massen-%
Aluminium	0,10
Bismut	0,10
Blei	0,40
Bor	0,0008
Chrom	0,30
Kobalt	0,30
Kupfer	0,40
Lanthanoide (einzeln gewertet)	0,10
Mangan	1,65 [1]
Molybdän	0,08
Nickel	0,30
Niob	0,06
Selen	0,10
Silicium	0,60
Tellur	0,10
Titan	0,05
Vanadium	0,10
Wolfram	0,30
Zirconium	0,05
Sonstige (mit Ausnahme von Kohlenstoff, Phosphor, Schwefel und Stickstoff) jeweils	0,10

[1] Falls für Mangan nur ein Höchstwert festgelegt ist, ist der Grenzwert 1,80 % und die 70 %-Regel gilt nicht. Diese besagt, falls für die Elemente, außer Mangan, in der Erzeugnisnorm oder Spezifikation nur ein Höchstwert für die Schmelzenanalyse festgelegt ist, ist ein Wert von 70 % dieses Höchstwertes für die Einteilung zu verwenden.

Nach DIN EN 10027-1 werden lediglich unlegierte und legierte Stähle unterschieden. Die legierten Stähle teilt man in der Praxis z. Z. noch häufig in die niedriglegierten und hochlegierten ein. Diese Festlegung dient aber lediglich dem Zweck einer einfacheren Namengebung und verfolgt nicht die Absicht, den Begriff legierter Stahl festzulegen. Sie soll auch im Folgenden beibehalten werden:

❐ **Niedriglegierte Stähle:**
der Gehalt *keines* Legierungselementes überschreitet 5 %.
❐ **Hochlegierte Stähle:**
der Gehalt *eines* Elementes beträgt mindestens 5 %. Diese (meist korrosionsbeständigen) Stähle werden in Abschn. 4.8.6 behandelt.

Niedriglegierte Stähle haben prinzipiell ähnliche Eigenschaften wie unlegierte. Ihre technisch wichtigste Eigenschaft ist die deutlich verbesserte Härtbarkeit (siehe S. 176), aber auch andere technisch wichtige Werkstoff-Verbesserungen werden erreicht:
– *Warmfestigkeit*, z. B. durch Zugabe von Molybdän und Chrom. Es entstehen die auch bei hohen Temperaturen noch beständigen warmfesten Stähle.
– *Anlassbeständigkeit* wird durch die große thermische und chemische Beständigkeit der Carbide z. B. der Legierungselemente Chrom und Molybdän wesentlich verbessert.

Dagegen ist der Einsatz **hochlegierter Stähle** erforderlich, wenn *Sondereigenschaften* verlangt werden, die bei un- bzw. niedriglegierten Stählen nicht oder nur in unzureichendem Umfang vorhanden sind. Die erreichbaren Festigkeitswerte sind dabei oft von untergeordneter Bedeutung.

Korrosionsbeständigkeit, Zunderbeständigkeit, Schneidfähigkeit bei Rotglut oder besondere elektrische oder magnetische Eigenschaften (weich- oder hartmagnetische Stähle) lassen sich nur durch hochlegierte Stähle erzeugen.

4.6.1 Einteilung und allgemeine Wirkung

4.6.1.1 Mischkristall- und Carbidbildner

Die Löslichkeit der Legierungselemente in Eisen wird vom Verhältnis der Atomdurchmesser und dem Atomaufbau der beteiligten Atomsorten bestimmt (siehe S. 35). Die Elemente können in unterschiedlichen Formen im Stahl vorliegen und damit zu sehr unterschiedlichen Eigenschaftsänderungen führen:

– *Elementar vorkommende Elemente*. In technischen Eisenlegierungen sind es praktisch nur Blei und Kupfer. Unvorhergesehene Eigenschaftsänderungen sind nicht möglich. Ihre Bedeutung als Legierungselemente ist daher gering.
– *Mischkristalle*. Eine sehr große Anzahl von Legierungselementen bildet mit Eisen Mischkristalle. Die Mischkristallbildung ist die Ursache für die vielfältigen und unterschiedlichsten Eigenschaften der technischen Eisenlegierungen.
Die Elemente:

Cr – Al – Ti – Ta – Si – Mo – V – W

(Merke: »Craltitasimovw«) lösen sich bevorzugt im Ferrit; sie werden **Ferritbildner** genannt.

Vorwiegend im Austenit lösliche Elemente, wie

Ni – C – Co – Mn – N

(Merke: »Niccomann«), werden als **Austenitbildner** bezeichnet.
– *Intermediäre Verbindungen* (siehe S. 36) bilden sich, wenn zwischen (mindestens) zwei Legierungselementen große anziehende Kräfte wirksam sind. Sie kristallisieren in einem von den Bestandteilen abweichenden komplizierten Kristallgitter und sind im Allgemeinen extrem spröde und hart. Von großer technischer Bedeutung sind vor allem die *Carbide* und *Nitride*, sowie die *Carbonitride*, die gleichzeitig Kohlenstoff und Stickstoff enthalten.

Eine der wichtigsten Wirkungen der Legierungselemente ist die Verringerung der Diffusionsgeschwindigkeit des Kohlenstoffs im α- und γ-Eisen, d. h., die Herabsetzung der kritischen Abkühlgeschwindigkeit und damit die wesentliche Vergrößerung der Einhärtbarkeit.

Die Festigkeitswerte unlegierter Stähle werden überwiegend durch die Menge, Form (rundlich, eckig, länglich) und Art der Verteilung (gleichmäßig, ungleichmäßig) der Carbide bestimmt.

Bei legierten Stählen werden die mechanischen Gütewerte beeinflusst von:
– *Einhärtbarkeit*. Sie lässt sich durch Zugabe geeigneter Legierungselemente in großem Umfang ändern, und der
– *Mischkristallbildung*. Die Festigkeit des unlegierten Ferrits wird durch Zugabe der gebräuch-

lichen SMK-bildenden Legierungselemente in den üblichen Mengen (1 % bis 2 %) nur unwesentlich erhöht (Bild 4.75). Elemente, die Einlagerungsmischkristalle bilden (C, B, Nb, P, Ti), sind deutlich wirksamer. Der Nachteil besteht allerdings in einer häufig auftretenden unzulässigen Zähigkeitsabnahme des Stahles.

Legierter Stahl müsste also bei gleichem Ferrit/Carbid-Verhältnis eine ähnliche Festigkeit haben wie unlegierter. Diese Vermutung trifft *nicht* zu, weil die Legierungselemente:
– den *Existenzbereich* des Austenits ändern, d. h. die Umwandlungslinien der ZTU-Schaubilder z. T. erheblich verschieben (siehe S. 193), und damit
– den *Austenitzerfall* beeinflussen, d. h., die Umwandlungsprodukte bilden sich bei tieferen Temperaturen und längeren Zeiten, wodurch das Diffusionsvermögen des Kohlenstoffs und der Legierungselemente stark verringert wird. Dadurch wird die Bildung von weicheren Hochtemperatur-Gefügen (Ferrit-Perlit) erschwert, die der härteren (Bainit, Martensit) begünstigt (Abschn. 4.6.2). Das bedeutet weiterhin, dass durch Wärmebehandlungen Gefüge entstehen, die sich bei unlegierten Stählen nicht oder nur unvollständig erzeugen lassen, z. B. die bainitischen Gefüge.

Andererseits werden verschiedene technisch wichtige Eigenschaften wie die Korrosionsbeständigkeit (Eisen-Nickel- und Eisen-Chrom-Legierungen) oder die Verfestigungsfähigkeit bei schlagendem Verschleiß (Manganhartstahl = Eisen-Kohlenstoff-Mangan-Legierung) durch Mischkristallbildung wesentlich verbessert.

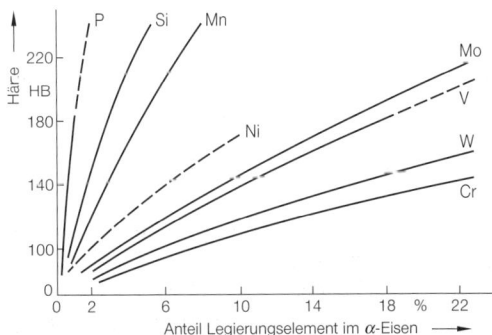

Bild 4.75
Wirkung verschiedener Legierungselemente auf die Härte des α-Eisens (nach BICKEL)

Die extrem harten Carbide werden in Werkzeugstählen technisch genutzt. Durch geeignete Wärmebehandlungen liegen sie in der Matrix feinverteilt vor und führen dann zu hoher Härte, Festigkeit und Verschleißfestigkeit des Stahles.

Die Neigung zur Carbidbildung ist unterschiedlich. Sie nimmt in folgender Reihenfolge zu:

Mn – Cr – Mo – W – Ta – V – Nb – Ti.

Schwächere Carbidbildner (Mangan, Chrom) werden i. Allg. vom Fe_3C als Mischkristall aufgenommen, es entstehen *Mischcarbide* der Form $(Fe,Cr)_3C$, $(Fe,Mn)_3C$. Starke Carbidbildner (Titan, Vanadium) bilden i. Allg. *Sondercarbide* in einer von Fe_3C abweichenden Gitterstruktur, z. B. Mo_2C, TiC, VC.

Der Kohlenstoffgehalt und die Wärmebehandlung beeinflussen über die Carbidbildung den Legierungsgehalt der Matrix. Die gebildete Carbidmenge ist bei geringem Kohlenstoffgehalt kleiner, d. h., die Matrix ist legierungsreicher. Die Verteilung der Legierungselemente wird durch eine Wärmebehandlung stark beeinflusst: Durch langsames Abkühlen nach einer Wärmebehandlung scheidet sich eine größere Carbidmenge aus, d. h., die Matrix ist legierungsärmer.

Bemerkenswert ist, dass bei gleichem Carbidgehalt der legierte Stahl bei *Raumtemperatur* etwa gleiche Festigkeitswerte aufweist wie der unlegierte, weil die Misch- und Sondercarbide nicht wesentlich härter sind als Fe_3C.

Durch die große chemische und mechanische (Härte, Festigkeit) Stabilität insbesondere der Sondercarbide werden aber die Verschleiß- und Festigkeitseigenschaften bei *höheren Temperaturen* wesentlich verbessert. Die sich im Austenit sehr schwer lösenden Carbide verringern einerseits die Überhitzungsempfindlichkeit, andererseits sind aber erheblich höhere Härtetemperaturen erforderlich.

Die harten Nitride (bis 1200 HV) sind ebenfalls von großer Bedeutung, sie werden z. B. beim Nitrieren (siehe S. 188) technisch genutzt. Die wichtigsten Nitridbildner sind:

Al – Cr – Zr – Nb – Ti – V.

Bei den höherfesten Feinkornbaustählen (s. S. 205 ff.) erzeugen i. Allg. Carbonitridausscheidungen ein sehr feinkörniges Umwandlungsgefüge, das große Zähigkeit mit hoher Streckgrenze verbindet.

4.6.1.2 Verschiebung der Phasengrenzen im EKS

Die Wirkung der Legierungselemente lässt sich eindeutiger durch ihre *Verschiebung der Phasengrenzen* im EKS beschreiben. Bild 4.76 zeigt, dass alle wesentlichen Umwandlungspunkte verschoben werden. In Bild 4.77 sind die Änderungen der Punkte S und E dargestellt.

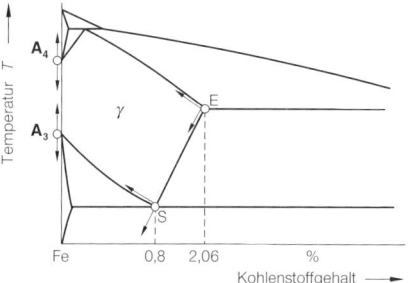

Bild 4.76
Allgemeine Wirkung der Legierungselemente auf die Lage der Umwandlungspunkte im EKS

Die Punkte S und E werden mit Ausnahme von Kobalt von allen anderen Elementen immer nach links, d. h. zu geringeren Kohlenstoffgehalten verschoben. Das führt u. a. zu folgenden Konsequenzen:

- In *Vergütungsstählen* nimmt der Ferritgehalt im Allgemeinen mit zunehmendem Legierungsgehalt ab. Die Gefahr weicher Stellen (»Weichfleckigkeit«) im Vergütungsgefüge wird deutlich geringer.
- Werkstoffe, die *Ledeburit* enthalten (ledeburitische Stähle) bilden sich in Anwesenheit geeigneter Legierungselemente schon bei relativ geringen Kohlenstoffgehalten. Im Gegensatz zu reinen Fe-C-Legierungen mit Ledeburit sind legierte **ledeburitische Stähle** schmiedbar. Sie werden wegen ihrer großen Verschleißbeständigkeit (Carbide!) vorwiegend für Werkzeuge verwendet.

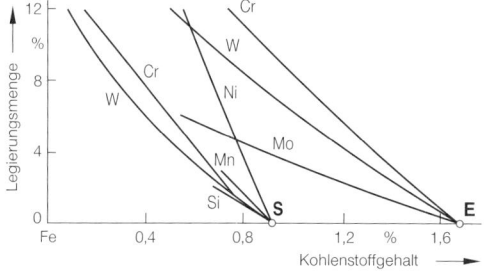

Bild 4.77
Verschiebung der Punkte S und E im EKS durch Legierungselemente (nach BICKEL) [1]

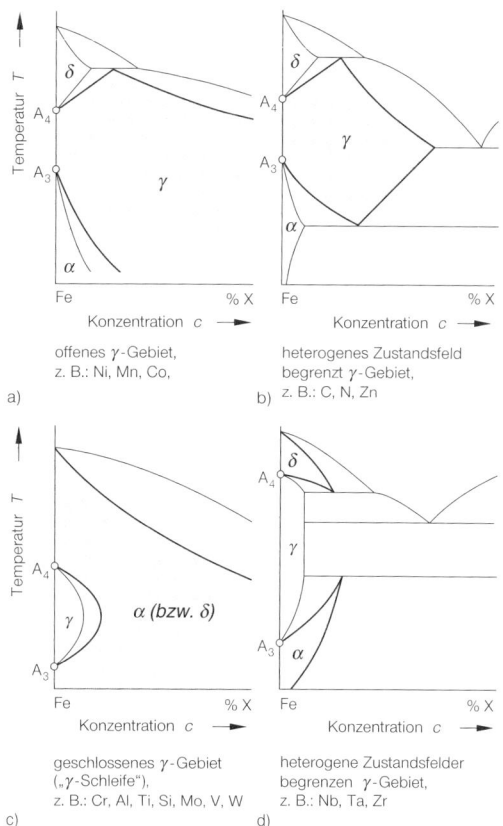

a) offenes γ-Gebiet, z. B.: Ni, Mn, Co,

b) heterogenes Zustandsfeld begrenzt γ-Gebiet, z. B.: C, N, Zn

c) geschlossenes γ-Gebiet („γ-Schleife"), z. B.: Cr, Al, Ti, Si, Mo, V, W

d) heterogene Zustandsfelder begrenzen γ-Gebiet, z. B.: Nb, Ta, Zr

Bild 4.78
Einfluss der Legierungselemente auf die Art der Verschiebung der Umwandlungspunkte A_3 und A_4.
a), b) Austenitstabilisierende Elemente
c), d) ferritstabilisierende Elemente

Die *Austenitbildner* erniedrigen den A_3-Punkt und erhöhen den A_4-Punkt. Dadurch ergibt sich ein erweiterter Beständigkeitsbereich des Austenits. Diese Stähle weisen von bestimmten Legierungsgehalten an bei Raumtemperatur austenitisches Gefüge auf.

Es entstehen die im festen Zustand bei jeder Temperatur **austenitischen Stähle**, die z. B. als korrosionsbeständige Stähle große technische Bedeutung haben. Sie sind umwandlungsfrei und daher nicht normalisierbar oder härtbar.

In ähnlicher Weise erhöhen die *Ferritbildner* den A_3-Punkt und erniedrigen den A_4-Punkt. Der Existenzbereich der γ-Mischkristalle wird eingeengt, so

---

[1] Für S und E sind noch die Kohlenstoffgehalte des älteren EKS eingetragen.

dass ab einem bestimmten Legierungsgehalt der Ferrit bis zur Schmelztemperatur beständig bleibt. Es entstehen die umwandlungsfreien, korrosionsbeständigen **ferritischen Stähle,** die ebenfalls nicht normalisierbar und härtbar sind. Die Bilder 4.78a bis d zeigen den Einfluss der Legierungselemente, dargestellt in schematischen Zweistoff-Schaubildern.

Danach entstehen in großen Konzentrationsbereichen austenitische (Bild 4.78a) oder ferritische (Bild 4.78c) Werkstoffe, deren Zweistoff-Schaubilder durch offene α- bzw. γ-Felder gekennzeichnet sind. In vielen Fällen ist die Löslichkeit des Legierungselementes im Austenit (Bild 4.78b) ebenso wie im Ferrit (Bild 4.78d) begrenzt.

4.6.2 Austenitumwandlung, Darstellung im ZTU-Schaubild

Die Diffusionsgeschwindigkeit des Kohlenstoffs im α- und im γ-Mischkristall wird durch Legierungselemente erheblich herabgesetzt. Dadurch verlaufen Phasenumwandlungen und -änderungen grundsätzlich *langsamer* als in unlegierten Stählen:

– der Austenit wandelt nicht mehr überwiegend in die Hochtemperaturgefüge Perlit und Ferrit um, sondern vorzugsweise in Formen, die sich bei niedrigeren Temperaturen bilden, wie z. B. die zahlreichen Gefügeformen des Bainits,
– durch die geringere Diffusionsgeschwindigkeit des Kohlenstoffs wird auch die kritische Abkühlgeschwindigkeit herabgesetzt, d. h. die Martensitbildung sehr erleichtert.

Besonders anschaulich lässt sich die Wirkung der Legierungselemente und anderer Einflüsse auf das Umwandlungsverhalten in ZTU-Schaubildern darstellen. Bild 4.79 macht deutlich, dass praktisch alle Legierungselemente die Umwandlung zu *längeren Zeiten* verschieben, d. h. die Austenitstabilität erhöhen und die Umwandlungsneigung verringern. Diese bildliche Darstellung macht sofort verständlich, dass die kritische Abkühlgeschwindigkeit im Vergleich zu den unlegierten Stählen abnehmen muss. Bild 4.80 zeigt die starke Verzögerung der Perlitbildung durch Mangan.

In unlegierten Stählen bildet sich Perlit und Bainit im Bereich der »Nase« mit annähernd gleicher Geschwindigkeit, so dass die bainitischen Gefüge nicht besonders hervortreten (Bild 4.81a).

Legierungselemente erschweren nicht nur die Kohlenstoffdiffusion, sondern bilden vielfach auch Carbide. Hierfür ist aber neben der Diffusion des Kohlenstoffs auch die der Legierungselemente erforderlich. Daher wird durch diese Elemente (Chrom, Molybdän, Vanadium, Wolfram) die Perlitbildung zu höheren Temperaturen und längeren Zeiten verschoben, wodurch die in Bild 4.81b, b1 deutlich er-

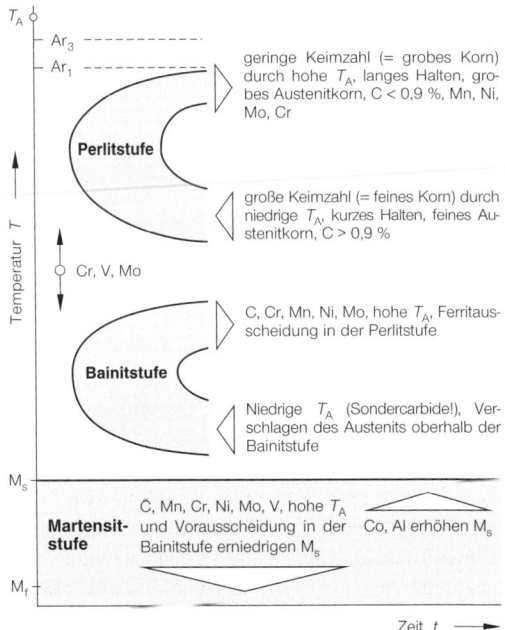

Bild 4.79
Wirkung metallurgischer und legierungstechnischer Einflüsse auf die Lage der wichtigsten Umwandlungslinien im ZTU-Schaubild (nach KRONEIS*).*

Die Pfeilsymbole geben die Richtung an, in der die Umwandlungslinien unter der Wirkung des entsprechenden Einflusses verschoben werden

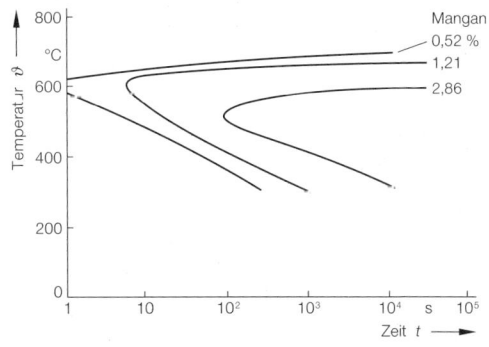

Bild 4.80
Umwandlungsverhalten in der Perlitstufe (Umwandlungs-Beginn-Linien) in Abhängigkeit vom Mn-Gehalt, unlegierter Stahl (C $\approx$ 0,9 %) (nach ECKSTEIN*)*

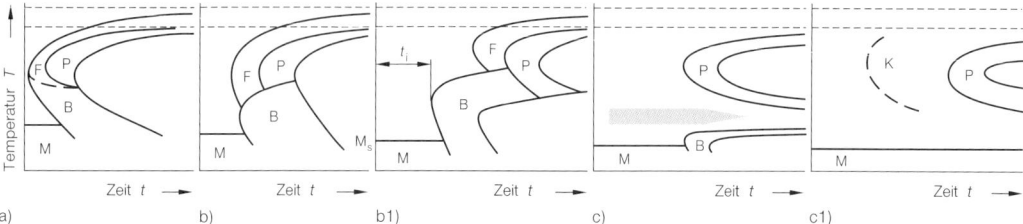

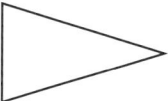

Mit zunehmendem Legierungsgehalt ändert sich das Umwandlungsverhalten des Stahls gemäß den sehr schematischen Umwandlungsschaubildern a) bis e). Folgende Besonderheiten sind je nach der chemischen Zusammensetzung des Stahles typisch für die Wirkung einer zunehmenden Legierungsmenge:

- Inkubationszeit t_i nimmt zu
- Bainit und Martensit werden zunehmend bevorzugte, Ferrit und Perlit zurückgedrängte Gefügeformen
- M_s-Temperatur nimmt ab
- Zwischen der Perlit- und Bainitstufe entsteht ein umwandlungsfreier (-träger) Bereich, Teilbild c)

Bild 4.81
Einfluss der Legierungselemente auf das Umwandlungsverhalten des Austenits, dargestellt in ZTU-Schaubildern (schematisch)
a)   unlegierter Stahl,
b), b1) niedriglegierte Stähle (zunehmende Ausbildung der Bainitstufe), charakteristisch ist der meist große Existenzbereich der Bainitstufe
c), c1) hochlegierte Stähle, Trennung der Perlitstufe von der Bainitstufe durch Carbidbildner (Cr, Mo, V, W)

kennbare Trennung der Perlitstufe von der Bainitstufe entsteht. Bei großen Gehalten an Carbidbildnern kann so zwischen den beiden Umwandlungsgebieten ein Bereich mit stark verringerter Umwandlungsneigung entstehen (Bild 4.81c, c1).

Damit werden die größten *Vorteile legierter Stähle* sehr deutlich:
– Martensit ist in einem großen Bereich von Abkühlgeschwindigkeiten einfacher herstellbar.
– Bainitisches Gefüge, das z. T. herausragende mechanische Gütewerte aufweist, kann auch bei kontinuierlicher Abkühlung im Gefüge in unterschiedlicher Menge erzeugt werden.

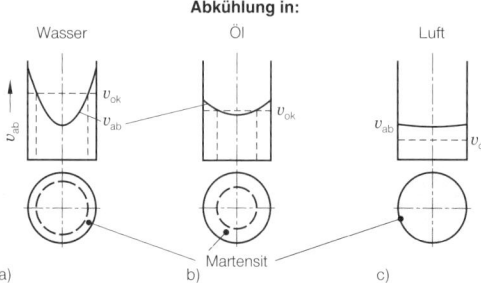

Bild 4.82
Einfluss der Legierungselemente auf die Einhärtbarkeit (schematisch)
a) unlegierter Stahl: Wasserhärter (Schalen-, Randhärter)
b) niedriglegierter Stahl: Ölhärter
c) hochlegierter Stahl: Lufthärter

– Im Vergleich zu unlegierten Stählen (Bild 4.81a), die überwiegend ferritisch-perlitisches Gefüge besitzen (bzw. Martensit), lässt sich bei den legierten Stählen durch geeignete Wärmebehandlungen ein außerordentlich großes Gefügespektrum erzeugen. Dadurch ist es möglich, einen Stahl je nach Anforderung mit sehr unterschiedlichen mechanischen Gütewerten herzustellen.

Aus diesen Gründen werden legierte Stähle – im Gegensatz zu unlegierten – nahezu immer im wärmebehandelten Zustand verwendet.

4.6.3 Härtbarkeit und Härteverhalten legierter Stähle

Weil die kritische Abkühlgeschwindigkeit kleiner wird, ist das Erzeugen des Martensits technisch um so einfacher, je weiter der Perlit- und der Bainitbereich nach rechts, also zu längeren Zeiten verschoben werden. Besonders wirksam sind die Elemente Mangan, Nickel, Chrom und Molybdän (Bild 4.79). Mit zunehmendem Legierungsgehalt wird die kritische Abkühlgeschwindigkeit kleiner, und schwächer wirkende Abschreckmedien genügen, um Martensit zu erzeugen. Die Bezeichnungen *wasser-, öl-, lufthärtende Stähle* bringen diese Eigenschaften zum Ausdruck (Bild 4.82).

Bei legierten Stählen kann also eine große Einhärtungstiefe mit wesentlich milderen Abschreckme-

dien als bei unlegierten erzeugt werden. Damit sind folgende Vorteile verbunden:
- *Dickwandige Bauteile* werden vollständig durchgehärtet. Die Härtespannungen und der Verzug bleiben wegen der geringen Abkühlgeschwindigkeit klein. Die Rissneigung ist gering.
- *Dünnwandige kompliziert geformte Werkstücke* werden aus den gleichen Gründen verzugsarm gehärtet. Sie können daher nur aus legierten Stählen hergestellt werden, obwohl die notwendige Einhärtungstiefe mit einem unlegierten Stahl noch erreicht werden könnte.

Andererseits wird die Härtung legierter Stähle aber durch die mit zunehmendem Legierungsgehalt abnehmenden M_s- und M_f-Temperaturen erschwert (Bild 4.79). Bei höherlegierten Stählen kann die M_f-Temperatur deutlich unter der Raumtemperatur liegen; eine vollständige Martensitbildung ist dann nur durch besondere Maßnahmen erreichbar, die zusätzliche Kosten verursachen (Abkühlen in Tieftemperaturbädern oder Anlassen, siehe S. 180). Auf dieser Erscheinung und der grundsätzlich geringeren Diffusionsfähigkeit der Legierungselemente beruht der im Allgemeinen wesentlich höhere Restaustenitanteil im Gefüge gehärteter legierter Stähle.

Als grober Anhalt kann dienen, dass bei M_s-Temperaturen unterhalb 300 °C bei üblicher Härtung mit merklichen Restaustenitgehalten gerechnet werden muss.

Die M_s-Temperatur (die M_f-Temperatur meistens nicht!) kann aus dem ZTU-Schaubild für den betreffenden Stahl entnommen oder näherungsweise nach folgender Formel berechnet werden, in die die Elemente in Massenprozent einzusetzen sind:

$$M_s [°C] = 550 - 350 °C - 40 \cdot Mn - 20 \cdot Cr - 10 \cdot Mo \\ - 17 \cdot Ni - 8 \cdot W - 10 \cdot Cu + 15 \cdot Co + 30 \cdot Al$$

Aus dem in Bild 4.45, S. 171 dargestellten ZTU-Schaubild eines Vergütungsstahles (0,44 % C; 0,66 % Mn; 0,15 % Cr) entnimmt man M_s = 345 °C. Die Rechnung ergibt:
$M_s = 550 - 350 \cdot 0,44 - 40 \cdot 0,66 - 20 \cdot 0,15 = 365 °C$.
Die Übereinstimmung ist für technische Zwecke zufriedenstellend.

Stähle, die größere Mengen Carbidbildner (z. B. Chrom, Molybdän, Wolfram) enthalten, (z. B. Werkzeugstähle, Vergütungsstähle) müssen zum Härten bei wesentlich höheren Temperaturen austenitisiert werden als unlegierte Stähle mit einem vergleichbaren Kohlenstoffgehalt. Es bestünde sonst die Gefahr, dass wegen der sehr beständigen Carbide (sie lösen sich wesentlich schwerer als unlegierte!) nicht genügend Kohlenstoff im Austenit gelöst werden könnte und der beim nachfolgenden Härten entstehende Martensit nicht seine volle Härte erhielte. Trotzdem ist die Härte des legierten Martensits meistens geringer als die des unlegierten, weil zum vollständigen Lösen der Carbide die erforderlichen Temperaturen zu hoch bzw. die Glühzeiten zu lang werden. Grobes Austenitkorn und grobkörniger, spröder Martensit wären die die Folge. Da die Verschleißfestigkeit aber in der Hauptsache auf den nach dem Anlassen sich ausscheidenden harten Carbiden beruht, ist die volle Martensithärte auch in den meisten Fällen nicht erforderlich.

4.7 Normgerechte Bezeichnung der Eisenwerkstoffe

Die Bezeichnung von Stählen ist seit 1992 im Wesentlichen in DIN EN 10027 neu geregelt. Inzwischen ist dieses Bezeichnungssystem in viele Produktnormen eingeflossen. DIN EN 10027-1 regelt nur den wichtigsten Teil der Bezeichnungen. Für feinere Unterscheidungen muss zusätzlich die Vornorm DIN V 17006 Teil 100 herangezogen werden.

Es gibt aber noch eine Reihe von Stahlnormen, in denen die Bezeichnungen nach den 1974 zurückgezogenen Teilen der 17 006 erfolgen. Diese Bezeichnungen sind folglich in der Literatur und in der Praxis noch weit verbreitet. Die alten Bezeichnungen werden nachfolgend in ihren wesentlichen Teilen soweit erläutert, wie es für einen Transfer notwendig ist. Sie werden in Tabellen oder Beispielen immer dann ergänzt, wenn sich die neuen Bezeichnungen deutlich unterscheiden. Damit soll dem Leser die Orientierung in »älterer« Literatur und auch in der Praxis erleichtert werden.

Die Bezeichnungen nach der EURONORM 27 werden in dieser Auflage nicht mehr erläutert. Diese Norm hatte nur empfehlenden Charakter. Die danach möglichen Stahlbezeichnungen wurden in Deutschland in der Praxis selten angewendet.

4.7.1 Benennung nach DIN EN 10027-1

Die Kennzeichnung der Stähle erfolgt mit Kennbuchstaben und -zahlen. Für besondere Merkmale der Stähle (z. B. Eignung zur Verwendung bei hohen oder niedrigen Temperaturen, Oberflächenzustand, Behandlungszustand, Sprödbruchneigung) sind außer diesen Hauptsymbolen Zusatzsymbole erforderlich. Diese sind in der Vornorm DIN V 17006 Teil 100 wiedergegeben.

Die Kurznamen der Stähle lassen sich in folgende Hauptgruppen einteilen:

Gruppe 1: Kurznamen, die Hinweise auf die mechanischen oder physikalischen Eigenschaften der Stähle enthalten.
Gruppe 2: Kurznamen, die Hinweise auf die chemische Zusammensetzung der Stähle enthalten. Diese sind in vier Untergruppen unterteilt.

Wenn die Festlegungen für den Stahl für Gussstücke gelten, dann ist dem sich nach folgender Systematik ergebenden Kurznamen der Kennbuchstabe G voranzustellen.

4.7.1.1 Kennzeichnung nach Verwendung und Eigenschaften

Der Kurzname nach Gruppe 1 muss folgende Hauptsysmbole enthalten (Auswahl):

☐ **S** = Stähle für den allgemeinen Stahlbau,
  P = Stähle für den Druckbehälterbau,
  L = Stähle für den Rohrleitungsbau,
  E = Maschinenbaustähle.
  Diesem Hauptsymbol folgt eine Zahl, die dem Mindeststreckgrenzenwert in N/mm^2 für die kleinste Erzeugnisdicke entspricht.

Beispiele:
Warmgewalzte Erzeugnisse aus unlegierten Baustählen nach DIN EN 10025-2
S235JR
Stahl für den allgemeinen Stahlbau mit einer Mindeststreckgrenze von 235 N/mm^2 (früher St 37-2, siehe S. 203)

E360
Maschinenbaustahl mit einer Mindeststreckgrenze von 360 N/mm^2 (früher St 70-2, siehe S. 203)

☐ **B** = Betonstähle, gefolgt von einer Zahl, die der charakteristischen Streckgrenze in N/mm^2 entspricht.
☐ **D** = Flacherzeugnisse aus weichen Stählen zum Kaltumformen, gefolgt von einem der folgenden Kennbuchstaben:
  C für kaltgewalzte Flacherzeugnisse
  D für zur unmittelbaren Kaltumformung bestimmte warmgewalzte Flacherzeugnisse
  X für Flacherzeugnisse, deren Walzart (kalt oder warm) nicht vorgegeben ist.
☐ **M** = Elektroblech und -band, gefolgt von verschiedenen Zahlen und Kennbuchstaben, die z. B. den höchstzulässigen Magnetisierungsverlust, die Nenndicke und die Art des Elektrobleches angeben (nichtkornorientiert, kornorientiert).

Die nach DIN V 17006-100 möglichen Ergänzungen zur genauen Spezifizierung der Eigenschaften beziehen sich vor allem auf die Stähle für den Stahlbau. Dabei wird die zu fordernde Kerbschlagarbeit durch Buchstaben, die für die Kerbschlagprüfung vorgegebene Prüftemperatur durch Buchstaben und Ziffern gekennzeichnet. Die Buchstaben JR (= Gütegruppe) bedeuten z. B. mindestens 27 J bei 20 °C oder die Gütegruppe K2 mindestens 40 J bei −20 °C.

Beispiel:
S275J2G3
unlegierter Stahl (für den Stahlbau) mit einer Mindeststreckgrenze von 275 N/mm^2 und mindestens 27 J Kerbschlagarbeit bei −20 °C (Gütegruppe J2), der besonders beruhigt und normalgeglüht ist (G3), siehe auch 4.8.2.1.

4.7.1.2 Kennzeichnung nach der chemischen Zusammensetzung

Die Kennzeichnung nach der chemischen Zusammensetzung der Stähle erfolgt je nach Legierungsgehalt unterschiedlich. Der Kurzname setzt sich jeweils in der aufgeführten Reihenfolge aus folgenden Kennbuchstaben bzw. -zahlen zusammen:

☐ *Unlegierte Stähle* (ausgenommen Atomatenstähle) mit einem mittleren Mangangehalt unter 1 %.
  − C und einer Zahl, die dem Hundertfachen des mittleren Kohlenstoffgehaltes des Stahles entspricht.

Beispiele:
Vergütungsstahl nach DIN EN 10083
unlegierte Qualitätsstähle: C22 (C 22), C45 (C 45)
unlegierte Edelstähle: C22E (Ck 22)
unlegierte Edelstähle: C45R (Cm 45)

unlegierte Vergütungsstähle (Qualitätsstähle) mit 0,22 % C bzw. 0,45 % C: C22 (C 22), C45 (C 45), unlegierte Edelstähle mit niedrigem P- und S-Gehalt: C22E (Ck 22), unlegierte Edelstähle mit gewährleisteter Spanne des Schwefelgehaltes: C45R (Cm 45).

☐ *Unlegierte Stähle* mit einem mittleren Mangangehalt > 1 %, sowie *legierte Stähle* mit Gehalten der einzelnen Legierungselemente unter 5 %: **niedriglegierte Stähle.**

Beispiel:
Warmfester Kesselbaustahl 13CrMo4-5 (DIN EN 10028)

13	CrMo	4-5
Kohlenstoffkennzahl = mittlerer C-Gehalt (in %) mal 100	Symbole der Legierungselemente, die den Stahl kennzeichnen	Legierungskennzahlen geben Legierungsgehalte verschlüsselt an, Tab. 4.11
C ≈ 0,13 %	Cr = Chrom Mo = Molybdän	Cr = 4/4 ≈ 1,0 % Mo = 5/10 ≈ 0,5 %

- Zahl, die dem Hundertfachen des mittleren Kohlenstoffgehaltes des Stahles entspricht,
- die den Stahl kennzeichnenden chemischen Symbole,
- verschlüsselte Zahlen, die in der Reihenfolge der kennzeichnenden Legierungselemente einen Hinweis auf ihren Gehalt geben. Die Zahlen stellen den mit dem in Tab. 4.11 angegebenen Faktor multiplizierten und auf die nächste ganze Zahl gerundeten mittleren Gehalt des betreffenden Legierungselementes dar. Die einzelnen Zahlen sind durch Bindestriche voneinander getrennt.

☐ *Legierte Stähle* (außer Schellarbeitsstähle), wenn der Gehalt mindestens eines Legierungselementes ≥ 5 % beträgt: **hochlegierte Stähle**.
- Kennbuchstaben X,
- einer Zahl, die dem Hundertfachen des mittleren Kohlenstoffgehaltes des Stahles entspricht,
- die chemischen Symbole für die den Stahl kennzeichnenden Legierungselemente, geordnet nach abnehmenden Gehalten der Elemente,
- Zahlen, die in der Reihenfolge den Gehalt der kennzeichnenden Legierungselemente angeben. Sie sind auf die nächste ganze Zahl gerundet und werden durch Bindestriche voneinander getrennt.

Beispiele:
X200Cr13 (X 200 Cr 13):
Stahl mit ca. 2 % C und ca. 13 % Cr

X2CrNiMo18-16-4 (X 2 CrNiMo 18 16 4):
Stahl mit ca. 0,02 % C, 18 % Cr, 16 % Ni und 4 % Mo

X10CrNiTi18-10 (X 10 CrNiTi 18 10):
Stahl mit ca. 0,1 % C, 18 % Cr, 10 % Ni und Ti in nicht angegebener Menge. Es ändert bestimmte Eigenschaften des Stahles gegenüber ähnlichen Stählen ohne diesen Zusatz.

X6Cr17 (X 6 Cr 17):
Stahl mit ca. 0,06 % C, 17 % Cr

Tab. 4.11: Legierungskennzahlen der wichtigsten Elemente bei niedriglegierten Stählen

Legierungselement	Legierungskennzahlen
Cr, Co, Mn, Ni, Si, W	4
Al, Be, Cu, Mo, Nb, Ta, Ti, V, Zr	10
P, S, N, C, Ce	100
B	1000

☐ *Schnellarbeitsstähle*
- die Kennbuchstaben HS (= High Speed),
- Zahlen, die in der Reihenfolge den Gehalt der kennzeichnenden Legierungselemente angeben. Sie sind auf die nächste ganze Zahl gerundet und werden durch Bindestriche voneinander getrennt:
- Wolfram (W) – Molybdän (Mo) – Vanadin (V) Kobalt (Co). *Beispiel:* HS6-5-2.

4.7.2 Kennzeichnung durch Werkstoffnummern (DIN EN 10027-2)

Die Kennzeichnung der Werkstoffe nach einem System von Nummern ist rationeller, erleichtert die maschinentechnische Auswertung, erhöht aber die Gedächtnisarbeit, sich den Stahl vorstellen zu können.

Der Aufbau der z. Z. fünfstelligen Werkstoffnummer erfolgt nach folgendem Schema:

Zurzeit sind für die Zählnummern zwei Stellen vorgesehen, die bei Bedarf bis auf vier erhöht werden können. In Tab. 4.12 sind die Stahlgruppennummern aufgeführt.

4.7.3 Benennung nach DIN 17006

Dieses nicht mehr gültige Bezeichnungssystem wird auszugsweise vorgestellt, weil es erfahrungsgemäß noch längere Zeit in der Praxis und vor allem in der Fachliteratur verwendet wird. Wenn für die Stähle bereits verabschiedete EN Normen vorliegen, dann werden die Angaben nach DIN 17006 in Klammern ergänzt, wenn sie sich von der Bezeichnung nach DIN EN 10027-1 wesentlich unterscheiden.

Die Kennzeichnung kann
- nach der Festigkeit oder
- nach der chemischen Zusammensetzung des Stahles oder

Tab. 4.12: Einteilung der Stahlgruppennummern [1] nach DIN EN 10027-2

Unlegierte Stähle			Legierte Stähle							
Grundstähle	Qualitätsstähle	Edelstähle	Qualitätsstähle	Werkzeugstähle	Verschiedene Stähle	Chem. best. Stähle	Edelstähle			
							Bau-, Maschinenbau- und Behälterstähle			
00 Grundstähle		**10** Stähle mit besonderen physikalischen Eigenschaften		**20** Cr	**30**	**40** Nichtrostende Stähle mit < 2,5 % Ni ohne Mo, Nb und Ti	**50** Mn, Si, Cu	**60** Cr-Ni mit 2,0 ≤ Cr < 3 %	**70** Cr Cr-B	**80** Cr-Si-Mo Cr-Si-Mn-Mo Cr-Si-Mo-V Cr-Si-Mn-Mo-V
	01 Allgemeine Baustähle mit $R_m < 500$ N/mm²	**11** Bau-, Maschinenbau-, Behälterstähle mit < 0,50 % C		**21** Cr-Si Cr-Mn Cr-Mn-Si	**31**	**41** Nichtrostende Stähle mit < 2,5 % Ni mit Mo, ohne Nb und Ti	**51** Mn-Si Mn-Cr	**61**	**71** Cr-Si Cr-Mn Cr-Mn-B Cr-Si-Mn	**81** Cr-Si-V Cr-Mn-V Cr-Si-Mn-V
	02 Sonstige, nicht für eine Wärmebehandlung bestimmte Stähle mit $R_m < 500$ N/mm²	**12** Maschinenbaustähle mit ≥ 0,50 % C		**22** Cr-V Cr-V-Si Cr-V-Mn Cr-V-Mn-Si	**32** Schnellarbeitsstähle mit Co	**42**	**52** Mn-Cu Mn-V Si-V Mn-Si-V	**62** Ni-Si Ni-Mn Ni-Cu	**72** Cr-Mo mit < 0,35 % Mo Cr-Mo-B	**82** Cr-Mo-W Cr-Mo-W-V
	03 Stähle mit im Mittel < 0,12 % C oder $R_m < 400$ N/mm²	**13** Bau-, Maschinenbau- u. Behälterstähle mit besonderen Anforderungen		**23** Cr-Mo Cr-Mo-V Mo-V	**33** Schnellarbeitsstähle ohne Co	**43** Nichtrostende Stähle mit ≥ 2,5 % Ni ohne Mo, Nb und Ti	**53** Mn-Ti Si-Ti	**63** Ni-Mo Ni-Mo-Mn Ni-Mo-Cu Ni-Mo-V Ni-Mn-V	**73** Cr-Mo mit ≥ 0,35 Mo	**83**
	04 Stähle mit im Mittel 0,12 % ≤ C < 0,25 C oder 400 ≤ $R_m < 700$ N/mm²	**14**		**24** W Cr-W	**34**	**44** Nichtrostende Stähle mit ≥ 2,5 % Ni mit Mo, ohne Nb und Ti	**54** Mo Nb, Ti, V W	**64**	**74**	**84** Cr-Si-Ti Cr-Mn-Ti Cr-Si-Mn-Ti
90	**91**		**92**							
	93		**94**							

Tab. 4.12: (Fortsetzung)

	Unlegierte Stähle			Legierte Stähle					
Grundstähle	Qualitätsstähle		Edelstähle	Qualitätsstähle		Edelstähle			
						Werkzeugstähle	Verschiedene Stähle	Chem. best. Stähle	Bau-, Maschinenbau- und Behälterstähle
	05	95	15 Werkzeugstähle			25 W-V Cr-W-V	35 Wälzlagerstähle	45 Nichtrostende Stähle mit Sonderzusätzen	55 B Mn-B < 1,65 % Mn	65 Cr-Ni-Mo mit < 0,4 % Mo + < 2 % Ni	75 Cr-V mit < 2,0 % Cr	85 Nitrierstähle
	Stähle mit im Mittel 0,25 % ≤ C ≤ 0,55 % C oder 500 ≤ R_m ≤ 700 N/mm²											
	06	96	16 Werkzeugstähle			26 W außer Klassen 24, 25 und 27	36 Werkstoffe mit besonderen magnetischen Eigenschaften ohne Co	46 Chemisch beständige und hochwarmfeste Ni-Legierungen	56 Ni	66 Cr-Ni-Mo mit < 0,4 % Mo + ≥ 2,0 < 3,5 % Ni	76 Cr-V mit > 2,0 % Cr	86
	Stähle mit im Mittel ≥ 0,55 % C oder R_m ≥ 700 N/mm²											
	07	97	17 Werkzeugstähle			27 Mit Ni	37 Werkstoffe mit besonderen magnetischen Eigenschaften mit Co	47 Hitzebeständige Stähle mit < 2,5 % Ni	57 Cr-Ni mit < 1,0 % Cr	67 Cr-Ni-Mo mit < 0,4 % Mo + ≥ 3,5 < 5,0 % Ni oder ≥ 0,4 % Mo	77 Cr-Mo-V	87
	Stähle mit höherem P- oder S-Gehalt											
			18 Werkzeugstähle	08	98 Stähle mit besonderen physikalischen Eigenschaften	28 Sonstige	38 Stähle mit besonderen physikalischen Eigenschaften ohne Ni	48 Hitzebeständige Stähle mit ≥ 2,5 % Ni	58 Cr-Ni mit ≥ 1,0 % < 1,5 % Cr	68 Cr-Ni-V Cr-Ni-W Cr-Ni-V-W	78	88
			19	09 Stähle für verschiedene Anwendungsbereiche	99	29	39 Stähle mit besonderen physikalischen Eigenschaften mit Ni	49 Hochwarmfeste Werkstoffe	59 Cr-Ni mit ≥ 1,5 % < 2,0 % Cr	69 Cr-Ni außer Klassen 57 bis 68	79 Cr-Mn-Mo Cr-Mn-Mo-V	89

(Spalten 85–89 obere Beschriftung): Nicht für eine Wärmebehandlung beim Verbraucher bestimmte Stähle ← → höchste schweißgeeignete Stähle

[1]) In den Feldern sind folgende Angaben enthalten:
a) Die Stahlgruppennummer (jeweils oben links) b) die kennzeichnenden Merkmale der untr betreffenden Nummer erfaßten Stahlgruppe
c) R_m Zugfestigkeit

– ohne festes System erfolgen, das aber nicht mehr besprochen werden soll.

Wesentliche Unterschiede ergeben sich gegenüber der Bezeichnung nach DIN EN 10027-1 nur bei der Kennzeichnung nach der Festigkeit.

Nach der Zugfestigkeit wurden nur unlegierte Stähle bezeichnet, für deren Einsatzgebiet überwiegend Festigkeitseigenschaften von Bedeutung und die nicht für eine Wärmebehandlung bestimmt sind:

Kennzeichnung St (= Stahl) und Zugfestigkeitskennzahl (in ≈ 10 N/mm^2).
Beispiele: St 37, St 52 (siehe auch 4.8.2.1)

Nach der Streckgrenze wurden die Sonderbaustähle bezeichnet. Kern der Bezeichnung ist: StE und *Mindeststreckgrenze* in N/mm^2.

Beispiel: TStE 315
kaltzäher (T) Feinkornbaustahl mit einer Mindeststreckgrenze von 315 N/mm^2 und gewährleisteten Kerbschlagwerten bis $-50\,°C$ (siehe 4.8.2.3).

Bei der Kennzeichnung nach der chemischen Zusammensetzung unterscheiden sich Bezeichnungen nach DIN 17006 praktisch nicht von denen nach DIN EN 10027-1. Einzige Ausnahmen sind die unlegierten Kohlenstoffstähle (siehe S. 196) und die fehlenden Bindestriche, wenn Legierungselemente mit mehr als einer Zahl angegeben werden.

Beispiele:
13 CrMo 4 4   statt 13CrMo4-5
X 10 CrNiTi 18 10   statt X10CrNiTi18-10

4.8 Stahlgruppen

4.8.1 Einteilung der Stähle
In der DIN EN 10020 werden die Stähle nach
– ihrer *chemischen Zusammensetzung* und nach
– *Hauptgüteklassen* aufgrund ihrer Haupteigenschafts- und -anwendungsmerkmale unterteilt.

Danach unterscheidet man folgende Stahlsorten:
– *Unlegierte Stähle.* Ein Stahl gilt als unlegiert, wenn die maßgebenden Gehalte der einzelnen Elemente unter den in Tab. 4.10 angegebenen Grenzwerten bleiben.
– *Legierte Stähle,* wenn die nach Tab. 4.10 angegebenen Grenzgehalte mindestens für ein Element erreicht oder überschritten werden.

Bei der Einteilung nach Hauptgüteklassen unterscheidet man
– Grundstähle
– Qualitätsstähle
– Edelstähle.

Grundstähle sind unlegierte Stahlsorten, von denen keine besonderen Gebrauchseigenschaften verlangt werden. Sie sind nicht für eine Wärmebehandlung bestimmt, ihre mechanischen Gütewerte liegen innerhalb bestimmter Grenzwerte. Ihre Herstellung erfordert keine besonderen Maßnahmen.

Qualitätsstähle sind unlegierte bzw. legierte Stähle, für die i. Allg. *kein* gleichmäßiges Ansprechen auf eine Wärmebehandlung [1] und keine Anforderungen an den Reinheitsgrad bezüglich nichtmetallischer Einschlüsse vorgeschrieben sind. Die Gehalte an Verunreinigungen überschreiten aber nicht bestimmte Grenzwerte, z. B. $P \leq 0{,}045\,\%$, $S \leq 0{,}045\,\%$. Die Anforderungen an ihre Gebrauchseigenschaften (Schweißeignung, Sprödbruchunempfindlichkeit, Tiefziehfähigkeit, Eignung für Bearbeitungsautomaten) erfordern aber besondere Sorgfalt bei der Herstellung. Feinkornstähle mit $R_{p0.2,\min} < 380$ N/mm^2 sind *legierte Qualitätsstähle*.

Edelstähle sind unlegierte oder legierte Stahlsorten, die i. Allg. für eine Wärmebehandlung [1] (Vergütung oder Oberflächenhärtung) bestimmt sind. Durch eine genaue Einstellung der chemischen Zusammensetzung und besondere Herstell- und Prüfbedingungen werden unterschiedlichste Verarbeitungs- und Gebrauchseigenschaften erreicht, wie z. B. hohe oder eng begrenzte Festigkeit, verbunden mit hoher Verformbarkeit und guter Schweißeignung. Wegen ihrer besonderen Herstellbedingungen sind sie reiner als die Qualitätsstähle. Der Höchstgehalt an Phosphor und Schwefel beträgt in der Schmelze z. B. je $\leq 0{,}035\,\%$. Damit sind Edelstähle besonders geeignet für die Herstellung von hoch beanspruchten Bauteilen und Zusatzwerkstoffen zum Schweißen. Mit Ausnahme der bei den Qualitätsstählen genannten Feinkornbaustähle sind praktisch alle legierten Stähle *Edelstähle*, Feinkornstähle mit $R_{p0.2,\min} > 380$ N/mm^2 sind *legierte Edelstähle*.

---

[1] Glühbehandlungen werden im Sinne dieser Einteilung *nicht* als Wärmebehandlung bezeichnet. Hochlegierte Stähle müssen aus anderen Gründen als Edelstähle erschmolzen werden.

Für den Ingenieur ist häufig eine Kennzeichnung sinnvoll, aus der er weitere für die Konstruktion wichtige Eigenschaften entnehmen kann. Danach werden die Stähle in **Bau-** oder **Konstruktionsstähle** (unlegierte Baustähle, Vergütungsstähle, Automatenstähle, Einsatzstähle, Federstähle, warmfeste Stähle, kaltzähe Stähle) und **Werkzeugstähle** eingeteilt (siehe Tab. 4.3).

4.8.2 Baustähle

Anforderungen
Aufgrund der vielfältigen Anforderungen an die Baustähle sind je nach Verwendungszweck folgende Eigenschaften erforderlich:
– mechanische Eigenschaften: hohe *Streckgrenzen* sind am wichtigsten verbunden mit ausreichender *plastischer Verformbarkeit* vor allem bei schlagartiger Beanspruchung;
– technologische Eigenschaften: z. B. Zerspanbarkeit, Kaltumformbarkeit (Stanzen, Tiefziehen usw.), Schweißeignung, Korrosionsbeständigkeit, Tieftemperaturzähigkeit (kaltzähe Stähle), Warmfestigkeit (warmfeste Stähle), Hitzebeständigkeit (hitzebeständige Stähle);
– physikalische Eigenschaften: magnetische Eigenschaften, Wärmeleitfähigkeit und Wärmeausdehnung (Bimetall).

Wegen der großen Bedeutung des Schweißens als Fügeverfahren vor allem für die Baustähle wird der komplexe Begriff Schweißbarkeit näher erläutert.

Schweißbarkeit
Die Schweißbarkeit eines Werkstoffes ist vorhanden, wenn die Verbindung durch Schweißen mit einem gegebenen Schweißverfahren bei Beachtung eines geeigneten Fertigungsablaufes erreicht wird (Verbindbarkeit) und die geschweißte Konstruktion, die an sie gestellten Anforderungen erfüllen kann (Bewährung). Die wichtigste Voraussetzung für die Bewährung ist eine ausreichende Verformbarkeit der Schweißverbindung (genauer der thermisch beeinflussten Zonen, siehe S. 82) *nach dem Schweißen*, um den Trennbruch auszuschließen. Die Verformbarkeit ist keine Werkstoffkonstante, sondern hängt von verschiedenen Faktoren ab. Der wirksamste und wesentlichste Faktor ist der (mehrachsige) Spannungszustand.

Übersichtlicher und gedanklich schärfer wird der unklare Begriff Schweißbarkeit durch eindeutige Teilbegriffe festgelegt:

❑ **Schweißeignung:** Sie ist vorhanden, wenn aufgrund der *werkstoffgegebenen* metallurgischen, chemischen und physikalischen Eigenschaften des Stahles eine den jeweils gestellten Anforderungen entsprechende Schweißung hergestellt werden kann (siehe auch S. 81 ff.).

❑ **Schweißsicherheit:** Die im Wesentlichen werkstoffabhängige Eigenschaft Schweißeignung ist noch kein Maßstab für die Sprödbruchunempfindlichkeit des Stahles in der *geschweißten Konstruktion*. Hierfür muss eine Reihe von Bedingungen erfüllt werden, die nicht der Stahlhersteller, sondern der Stahlverarbeiter beeinflussen kann. Die Schweißsicherheit ist vorhanden, wenn das geschweißte Bauteil bei den vorgesehenen Betriebsbeanspruchungen betriebssicher, d. h. versprödungs- und rissfrei bleibt. Sie wird u. a. beeinflusst von der
– *konstruktiven Gestaltung* (Blechdicke, Nahtart und -anordnung, Kerbwirkung) und dem
– *Beanspruchungszustand* (Art, Größe und Mehrachsigkeitsgrad der Spannungen, Beanspruchungsgeschwindigkeit, Betriebstemperatur).

❑ **Schweißmöglichkeit:** Sie gibt an, ob die jeweilige Verbindung unter den gewählten Fertigungsbedingungen hergestellt werden kann.

Die drei Wirkfaktoren beeinflussen sich gegenseitig, wie Bild 4.83 zeigt.

Die Schweißeignung ist bei umwandlungsfähigen Stählen i. Allg. vorhanden, wenn durch das rasche Abkühlen die in der Wärmeeinflusszone entstehenden Gefüge noch ausreichend verformbar bleiben. Damit muss die Martensitbildung vermieden werden oder der Kohlenstoffgehalt des Stahles so begrenzt werden (C ≤ 0,2 % bis 0,22 %), dass der Mar-

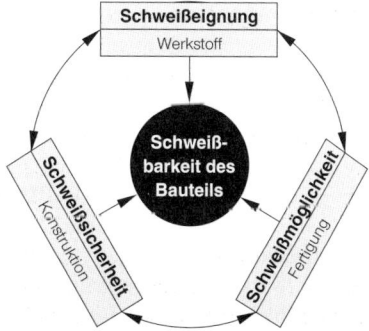

Bild 4.83
Abhängigkeit des Oberbegriffes Schweißbarkeit von den Teilproblemen Werkstoff (Schweißeignung), Konstruktion (Schweißsicherheit) und Fertigung (Schweißmöglichkeit), nach DIN 8528-1

tensit noch genügend verformbar ist. Diese Methode wird bei den vergüteten hochfesten Baustählen verwendet (siehe Abschn. 4.8.2.3.3).

Außer Kohlenstoff beeinflussen auch die Legierungselemente die Rissneigung der aufgehärteten Zonen der Wärmeeinflusszone. Die kombinierte Wirkung der Legierungselemente und des Kohlenstoffs wird häufig durch das *Kohlenstoffäquivalent* C_{eq} angegeben, das den Einfluss der wichtigsten Legierungselemente (und des Kohlenstoffs) durch experimentell bestimmte Faktoren beschreibt. Diese stellen ein Maßstab für ihre rissbegünstigende Wirkung im Vergleich (= Äquivalente) zu Kohlenstoff dar. Eine für Baustähle (siehe Abschn. 4.8.2.1) häufig verwendete Formel lautet:

$$C_{eq} = C + \frac{Mn}{6} + \frac{Cr + Mo + V}{5} + \frac{Ni + Cu}{15} [\%].$$

Die Legierungsgehalte werden in dieser Beziehung als Massenprozente eingesetzt. Sie sind danach wesentlich weniger rissbegünstigend als der Kohlenstoff. Im Allgemeinen wird der Stahl abhängig von der Werkstückdicke bei $C_{eq} \geq 0{,}45\,\%$ zum Schweißen auf etwa 100 °C bis 150 °C vorgewärmt. Die dadurch abnehmende Abkühlgeschwindigkeit in der Wärmeeinflusszone verringert sehr wirksam die Martensitmenge d. h. die Härte in der WEZ und damit die Rissneigung.

4.8.2.1 Unlegierte Baustähle nach DIN EN 10025-2

An der Gesamtstahlerzeugung nehmen die allgemeinen Baustähle den größten Umfang ein. Sie werden üblicherweise im warmgeformten Zustand, nach einem Normalglühen oder nach einer Kaltumformung im Wesentlichen aufgrund ihrer Zugfestigkeit und Streckgrenze z. B. im Hochbau, Tiefbau, Brückenbau, Wasserbau, Behälterbau, Fahrzeug- und Maschinenbau verwendet (Tab. 4.13). Die Zähigkeitseigenschaften sind wegen ihrer überwiegenden schweißtechnischen Verarbeitung sehr wichtig.

Die bisherige nationale Baustahlnorm DIN 17100 wurde im Januar 1991 durch die in vielen Einzelheiten weitergehende DIN EN 10025-2 abgelöst. Tab. 4.13 zeigt u. a. die Stahlbezeichnungen nach DIN 17100 im Vergleich zu der DIN EN 10025-2. Die Kurznamen nach DIN EN 10027-1 werden ergänzt durch Gütegruppen, die in der ECISS-Mitteilung IC 10: Bezeichnungssysteme für Stähle – Zusatzsymbole für Kurznamen (entspricht DIN V 17006-100) festgelegt sind (s. auch Abschn. 4.7).

Die in Tab. 4.13 aufgeführten Stahlsorten haben **Mindestzugfestigkeiten** von 290 N/mm² bis 670 N/mm² und **Mindeststreckgrenzen** von 175 N/mm² bis 365 N/mm². Ihr Gefüge ist ferritisch-perlitisch. Die Festigkeit beruht auf der kombinierten Wirkung verschiedener Härtemechanismen:
– der *Mischkristallverfestigung* des Ferrits durch Kohlenstoff und vor allem durch die Eisenbegleiter (Phosphor, Schwefel, Mangan, Silicium),
– der *Korngrenzen* (dieser Anteil ist bei dem feinkörnig erschmolzenen S355J2G3 besonders groß),
– des *Perlitanteils*.

Die überwiegende Weiterverarbeitung der verschiedenen Walzwerkserzeugnisse durch Schweißen erfordert, dass die entsprechenden Stähle über eine ausreichende
– Schweißeignung verbunden mit einer großen
– Sprödbruchunempfindlichkeit verfügen.

Die **Gütegruppen** (in DIN 17100 als *Stahlgütegruppen* bezeichnet) gestatten es, die Schweißeignung und die Sprödbruchunempfindlichkeit der Stähle einzuschätzen. In diesem allgemein akzeptierten Konzept werden die Stähle hinsichtlich ihrer *Zähigkeitseigenschaften* sortiert. Als Kenngrößen dienen dabei die Kerbschlagarbeit KV und die Prüftemperatur. Beide Werte kennzeichnen damit zuverlässig die Qualität des Stahles, d. h. seine Gütegruppe. Bei gleichen Gewährleistungswerten für die Festigkeit unterscheiden sich die Stahlsorten der verschiedenen Gütegruppen nicht nur in der chemischen Zusammensetzung, sondern vor allem in der *Sprödbruchunempfindlichkeit*. Diese nimmt mit steigender Gütegruppenzahl des jeweiligen Stahles zu.

In der DIN EN 10025-2 werden acht Gütegruppen unterschieden:

JR – JRG1 – JRG2 – JO – J2G3 – J2G4 – K2G3 – K2G4.

Mit ansteigender Kennzeichnung (von JR bis K2) nimmt die Zähigkeit bei abnehmender Übergangstemperatur zu, d. h., die Sprödbruchsicherheit wird größer und die Schweißeignung besser. Mit dem Buchstaben G – meist in Verbindung mit einer Ziffer – werden weitere Unterscheidungsmerkmale festgelegt. Es bedeuten: G1 = (FU) unberuhigt vergossen, G2 = FU nicht zulässig, G3 = besonders beruhigt vergossen (FF), Flacherzeugnisse müssen normalgeglüht werden, G4 = FF, der Lieferzustand bleibt dem Hersteller überlassen.

Tab. 4.13: Eigenschaften warmgewalzter Erzeugnisse aus unlegierten Baustählen nach DIN EN 10025

Stahlsorte			Desoxidationsart [1]	Stahlart [2]	Kohlenstoffgehalt, max. (Stückanalyse)	Streckgrenze R_{eH}, min.		Zugfestigkeit R_m	Bruchdehnung A, min. (Längsproben)	Kerbschlagarbeit KV, min. / bei Prüftemperatur
Bezeichnung nach						Für Erzeugnisdicken in mm				
EN 10027-1 [3]	EN 10027-2	DIN 17100 [4]			≥ 16	≥ 16	≥ 16 ≤ 40	≥ 16 ≤ 100	≥ 3 ≤ 40	≥ 16 ≤ 150
					%	N/mm²	N/mm²	N/mm²	%	J/°C
S185	1.0035	St 37	freigestellt	BS	–	185	175	290 bis 510	18	–
S235JR	1.007	St 37-2	freigestellt	BS	0,21					27 / 20
S235JRG1	1.0036	USt 37-2	FU	BS						
S235JRG2	1.0038	RSt 37-2	FN	BS				340 bis 470	26	
S235J0	1.0114	St 37-2 U	FN	QS	0,19	235	225			27 / 0
S235J2G3	1.0116	St 37-3 N	FF	QS						27 / –20
S235J2G4	1.0117	–	FF	QS						
S275JR	1.0044	St 44-2	FN	BS	0,24	275	265	410 bis 560		27 / 20
S275J0	1.0143	St 44-3 U	FN	QS	0,21				22	27 / 0
S275J2G3	1.0144	St 44-3 N	FF	QS						27 / –20
S275J2G4	1.0145	–	FF	QS						
S355JR	1.0045	–	FN	BS	0,27	355	345	490 bis 630		27 / 20
S355J0	1.0553	St 52-3 U	FN	QS	0,23					27 / 0
S355J2G3	1.0570	St 52-3 N	FF	QS						27 / –20
S355J2G4	1.0577	–	FF	QS						
S355K2G3	1.0595	–	FF	QS						40 / –20
S355K2G4	1.0596	–	FF	QS						
E295	1.0050	St 50-2	FN	BS	–	295	285	470 bis 610	20	–
E335	1.0060	St 60-2	FN	BS		335	325	570 bis 710	16	
E360	1.0070	St 70-2	FN	BS		360	355	670 bis 830	11	

[1] FU: unberuhigter Stahl, FN: unberuhigter Stahl nicht zulässig, FF: vollberuhigter Stahl (siehe S. 147).
[2] BS: Grundstahl, QS: Qualitätsstahl.
[3] und nach ECISS-Mitteilung IC 10 (entspricht DIN V 17 006 Teil 100).
[4] Die Bezeichnungen nach der alten DIN werden zum Vergleich aufgeführt, weil sie noch weit verbreitet sind.

Die Zähigkeitseigenschaften des Stahles werden wie bei jedem metallischen Werkstoff in hohem Maße durch die Menge seiner Verunreinigungen bestimmt. In unlegierten Stählen sind Schwefel, Phosphor und Stickstoff die entscheidenden, güteminderden Verunreinigungen. Die maximalen Gehalte betragen bei den verschiedenen Gütegruppen:

Gütegruppe	P %	S %	N %
JRG1	0,045	0,045	0,007
JR, JRG2	0,045	0,045	0,009
J0	0,040	0,040	0,009
J2 ..., K2 ...	0,035	0,035	–

Die zulässigen Gehalte für die Gütegruppe JR gelten auch für die Maschinenbaustähle E295, E335 und E360. Ansonsten werden für diese Stähle und den Stahl S185 keine Anforderungen an die chemische Zusammensetzung gestellt. Angaben über die Schweißeignung sind unsicher, da vor allem keine Werte für KV gewährleistet werden. Die Qualität der Stähle ist daher gering. Sie sollten nur für untergeordnete Zwecke bzw. Bauteile verwendet werden.

Die Notwendigkeit, diese Stähle nicht nur nach ihren Festigkeits-, sondern auch nach ihren Zähigkeitseigenschaften auszuwählen, ergibt sich, weil sie in den meisten Fällen durch Schweißen weiterverarbeitet werden. Bei den üblichen kraftschlüssigen Verbindungsformen (Schrauben, Nieten) spielt das Zähigkeitsverhalten der zu fügenden Werkstoffe keine wesentliche Rolle, da hier die Versagensform Sprödbruch praktisch unbekannt ist. Eine allgemeine Schweißeignung der Stähle kann nicht gewährleistet werden, weil ihr Verhalten beim und nach dem Schweißen nicht nur vom Werkstoff, sondern auch von den Abmessungen sowie den Fertigungs- und Betriebsbedingungen abhängt. Zum Schmelzschweißen geeignet sind:

S235 (St 37) – **S275** (St 44) – **S355** (St 52).

Sehr sorgfältige Vorbereitungen zum Schweißen sowie besondere Maßnahmen (z. B. Vorwärmen, Wahl spezieller Zusatzwerkstoffe) und Wärmenachbehandlungen (z. B. Anlassglühen, Spannungsarmglühen) sind notwendig bei den Stählen

E295 (St 50-2) – **E335** (St 60-2) – **E360** (St 70-2).

Der Gehalt an gelöstem Stickstoff lässt sich durch Zusatz stickstoffabbindender Elemente, wie z. B. Aluminium, Vanadium und Niob, stark vermindern. Dadurch haben die besonders beruhigten Stähle eine sehr niedrige Übergangstemperatur, d. h., sie sind sehr sicher gegen Sprödbruch.

Da der Stickstoff abgebunden ist, neigen sie auch am wenigsten zu der gefährlichen Verformungsalterung. Die als Keime wirkenden Nitride (AlN, VN, Nb(C,N)) erzeugen außerdem ein feines Sekundärkorn, wodurch die Streckgrenze steigt. Der (manganlegierte) Stahl S355J2G3 (St 52-3) kann als Prototyp der höherfesten schweißgeeigneten (C ≤ 0,2 %)

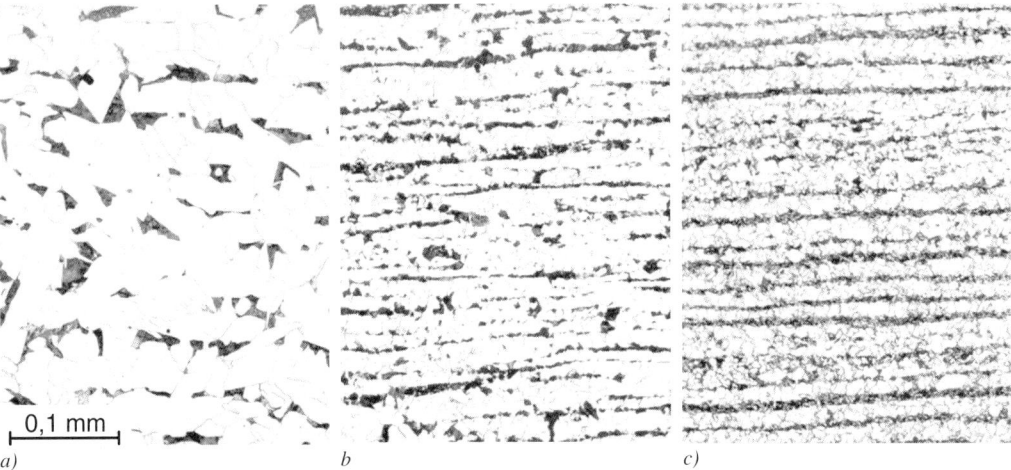

Bild 4.84
Mikrogefüge der Stähle:
a) S235JR (St 37-2), mit R_{eH} ≈ 235 N/mm²,
b) S355J2G3 (St 52-3), mit R_{eH} ≈ 355 N/mm²,
c) Niedriglegierter Feinkornbaustahl mit R_{eH} ≈ 500 N/mm²

Feinkornbaustähle angesehen werden. Die Bilder 4.84a bis 4.84c zeigen das Mikrogefüge eines feinkörnig erschmolzenen Stahles S355J2G3 (St 52-3) und eines üblichen S235JR (St 37) im Vergleich zu dem eines niedriglegierten Feinkornbaustahles.

4.8.2.2 Kaltgewalzte weiche Stähle zum Kaltumformen nach DIN EN 10130, DIN EN 10142

Kaltgewalzte Flacherzeugnisse sowie kontinuierlich feuerverzinkte Flacherzeugnisse bis 3 mm Dicke aus weichen Stählen zum Kaltumformen sind für Umformungsarbeiten (Tiefziehen, Streckverformen, Biegen) und Oberflächenveredeln (z. B. Emaillieren, mit Kunststoff beschichten, Galvanisieren, Lackieren, Verzinnen, Verchromen), aber nicht für Einsatz- und Abschreckhärten oder Vergüten bestimmt. Ihr Anteil an der Gesamtstahlerzeugung beträgt in der Bundesrepublik Deutschland und in Staaten mit ähnlicher Industriestruktur 25 % bis 30 %. Die wichtigsten Anwendungsgebiete sind die Fahrzeugindustrie, die Eisen-, Blech- und Metallwarenindustrie und die Elektrotechnik.

Die wichtigste Anforderung an Feinbleche ist ausreichende *Verformbarkeit* (Duktilität), die für Umformungsarbeiten wie z. B. Tiefziehen erforderlich ist. Die Festigkeitseigenschaften sind dabei von geringerer Bedeutung.

Die Eignung der Stähle für die zum Teil komplizierten Verformungsvorgänge bei den verschiedenen Umformverfahren lässt sich mit Kennwerten feststellen, die aus dem Zugversuch ermittelt werden. In erster Linie wird zur Prüfung der Verarbeitungseigenschaften der Stähle DC03 bis DC06 die senkrechte Anisotropie (r-Wert) und der Verfestigungsexponent (n-Wert) verwendet. Beide Werte sind aus den Ergebnissen üblicher einachsiger Zugversuche bestimmbar. Der Tiefungsversuch nach ERICHSEN wird von der Mehrheit der Verarbeiter nicht als geeignete Prüfung der Verarbeitungseigenschaften angesehen (siehe S. 131).

Für bestimmte kaltgeformte Bauteile sind ausreichende Verformungs- und Festigkeitseigenschaften erforderlich.

Unberuhigte Stähle haben nach der Kaltformgebung wegen der sehr verunreinigungsarmen *Speckschicht* im Allgemeinen eine glattere Oberfläche als beruhigte. Bei sehr starken Verformungen müssen besonders beruhigte Stähle (z. B. DC05, DC06) verwendet werden.

Die weichen niedriggekohlten Feinbleche besitzen eine ausgeprägte Streckgrenze, wodurch bei der Kaltverformung örtlich begrenzte Verformungen, wie z. B. Knitterlinien und *Fließfiguren* entstehen. Diese Erscheinung beruht auf der Wechselwirkung zwischen Versetzungen und gelösten Fremdatomen, vorzugsweise Stickstoff (siehe S. 105). Ein leichtes Kaltwalzen (Verformungsgrade ca. 2 %) als letzter Stich beseitigt die ausgeprägte Streckgrenze. Dieses *Dressieren* genannte Walzen verhindert die Bildung der Fließfiguren für eine begrenzte Zeit. Der extrem niedriggekohlte ($\leq 0,02$ %) Stahl DC06, bei dem der Kohlenstoff und Stickstoff vollständig mit Titan oder Niob abgebunden ist, zeigt keinerlei Fließfigurenbildung.

Die *Schweißeignung* zum Schmelz- und Widerstandsschweißen ist im Allgemeinen gewährleistet. Beim Schmelzschweißen ohne Zusatzwerkstoff (z. B. Gasschweißen) müssen Menge und Art der Einschlüsse sowie die Herstellbedingungen sorgfältig kontrolliert werden. Andernfalls entsteht ein zähflüssiges Schweißgut mit ausgeprägter Porenbildung, das zum Aufschäumen neigt (»Blumenkohl«).

Die Stähle sind in DIN EN 10130 (kaltgewalzte Flacherzeugnisse zum Kaltumformen, Bezeichnungsbeispiel: DC03-A-m) und ISO 3575 (feuerverzinktes Blech und Band zum Kaltumformen, Bezeichnungsbeispiel: DX53D + ZF). Die Bezeichnung der Stahlsorten erfolgt noch nach DIN EN 10027 und CR 10260 (= ECISS IC 10, siehe S. 203).

4.8.2.3 Hochfeste Baustähle

Die Möglichkeiten der Festigkeitserhöhung hängen z. T. vom Gefüge der Stähle ab. Man unterscheidet Stähle mit:
- ferritischem (hochlegiert),
- ferritisch-perlitischem (unlegiert, legiert),
- martensitischem (i. Allg. legiert, Vergütungsstahl) und
- austenitischem (hochlegiert) Gefüge.

Die einphasigen ferritischen und austenitischen Stähle lassen sich z. B. nicht umwandlungshärten, sie sind dagegen aber (nach Zugabe geeigneter Legierungselemente) gut ausscheidungshärtbar.

Hochfeste Stähle können nur technisch sinnvoll eingesetzt werden, wenn folgende Punkte beachtet werden:
- Das Bauteil soll nur auf Zug beansprucht werden. Das *Stabilitätsverhalten* wird nicht nur von der Streckgrenze, sondern in hohem Maße vom

Elastizitätsmodul bestimmt. Dieser ist aber bei allen Stahlsorten nahezu gleich groß. Bei derartigen Beanspruchungsverhältnissen (Beulen, Kippen, Knicken) ist der Einsatz hochfester Werkstoffe nicht vorteilhaft.
- Der *Verringerung der Wanddicke* sind durch Witterungseinflüsse (Rosten) Grenzen gesetzt. Hier erlangen wetterfeste Baustähle zunehmend an Bedeutung.
- Die *Dauerfestigkeit* steigt nicht proportional mit der Streckgrenze. Verbunden mit einer großen Kerbempfindlichkeit sind die hochfesten Stähle vor allem ungeeignet, Dauerbeanspruchungen aufzunehmen. Günstig sind Beanspruchungen im hohen Zeitfestigkeitsgebiet mit großen Spannungsamplituden (Kurzzeitfestigkeit, siehe S. 113).
- Mit zunehmender Streckgrenze nimmt die Verformbarkeit allgemein ab, d. h. die *Trennbruchempfindlichkeit* zu. Selbst bei sorgfältiger konstruktiver und fertigungstechnischer Ausführung muss mit dieser Versagensform gerechnet werden.

4.8.2.3.1 Methoden zum Erhöhen der Festigkeit

Alle Methoden der Festigkeitssteigerung beruhen auf dem *Blockieren der Versetzungsbewegung* durch Hindernisse. Da durch diese Maßnahmen im Wesentlichen erreicht wird, dass sich die Versetzungen bei höheren Spannungen bewegen, wird nur die Streckgrenze erhöht, die Zugfestigkeit kaum.

Die *Mischkristallhärtung* (Hindernis: gelöste Atome) und die *Kaltverfestigung* (Hindernis: Versetzungen) sind bei Eisenwerkstoffen von geringerer Bedeutung: Bei der ersten Methode ist die erzielbare Festigkeitssteigerung im Vergleich zum Aufwand zu gering, bei der zweiten wird die Zähigkeit i. Allg. unzulässig verringert. Ebenso ist die sehr einfache und wirksame Methode, den Kohlenstoffgehalt zu erhöhen, aus verschiedenen Gründen nicht zweckmäßig. Der entstehende spröde Martensit verschlechtert alle Eigenschaften entscheidend, die für höherfeste Stähle von Bedeutung sind: Schweißeignung, Kerbschlagzähigkeit und Risssicherheit.

Besonders wichtig für hochfeste Stähle ist eine ausreichende Bruchzähigkeit, die zum Verhindern des Trennbruches wichtigste und wirksamste Eigenschaft. Bei der *Teilchenhärtung* (Hindernis: ausgeschiedene Teilchen und Cluster) und der *Mischkristallhärtung* nimmt aber mit steigender Festigkeit i. Allg. die Zähigkeit zu sehr ab.

Mit der technisch wichtigen *Stahlhärtung* durch martensitische Umwandlung (Hindernis: gelöste Atome und Versetzungen) lassen sich bei niedriggekohlten Stählen hohe Festigkeiten und Zähigkeitswerte erreichen. Niedriglegierte, wasservergütete Feinkornbaustähle mit niedrigem Kohlenstoffgehalt (C ≤ 0,2 %) sind seit den siebziger Jahren auf dem Markt und gewinnen eine ständig zunehmende Bedeutung. Ihre Streckgrenzen liegen i. Allg. über 500 N/mm².

Die in der Summe günstigsten Ergebnisse lassen sich durch die *Korngrenzenhärtung* (Hindernis: Korngrenzen), d. h. durch **Feinkornstähle** erreichen. Die Festigkeitssteigerung beruht im Wesentlichen auf der Hemmung der Versetzungsbewegung durch die Großwinkelkorngrenzen. Wegen der ausgeprägten Feinkörnigkeit wird im Durchschnitt aber wenigstens ein angrenzendes Korn günstig zu einer bevorzugten Gleitrichtung orientiert sein. Die Folge ist, dass die Verformung schneller über die Korngrenzen fortschreitet (Bild 4.85). Das ist auch der Grund für die ausgezeichneten Zähigkeitseigenschaften, vor allem bei Stoß- und Schlagbeanspruchung. Das ebenso wirksame wie wirtschaftliche Verfahren der Feinkornbildung wird bei den hochfesten Stählen i. Allg. mit anderen Härtungsmechanismen kombiniert. Man unterscheidet

- *normalgeglühte* und *thermomechanisch behandelte* Feinkornbaustähle
  (R_{eH} ≤ 500 N/mm²) mit ferritisch-perlitischem Gefüge und die
- *vergüteten* Feinkornbaustähle
  (R_{eH} ≥ 500 N/mm²), deren Gefüge aus angelassenem Martensit und/oder (angelassenem) Bainit besteht.

Die Möglichkeiten der *Ausscheidungshärtung* (Teilchenhärtung) wurde bei der Festigkeitssteigerung von Stählen ebenfalls seit den sechziger und siebziger Jahren erkannt und technisch genutzt. Dabei handelt es sich um Ausscheidungen von legierten und unlegierten Carbiden oder anderer geeigneter intermediärer Verbindungen aus i. Allg. homogenen (einphasigen) Gefügen (Austenit, Ferrit, Martensit). Die Wirkung hängt vor allem ab von der Verteilung und Art der Ausscheidungen (kohärent, nichtkohärent), von ihrem Anteil, ihrem durchschnittlichen Durchmesser und dem mittleren Abstand voneinander. Die Streckgrenzenerhöhung ausscheidungsgehärteter Stähle lässt sich beschreiben mit (siehe S. 54).

$$\Delta R_{eH} \approx \text{konst.} \cdot \frac{G}{\lambda}.$$

G = Gleitmodul, λ = mittlerer Teilchenabstand.

Der wirksamste Teilchenabstand liegt in der Größenordnung $\lambda = 5$ nm.

Die Ausscheidungshärtung spielt eine wesentliche Rolle bei den
- thermomechanisch behandelten niedriggekohlten Feinkornbaustählen und bei
- (hochfesten) martensitaushärtbaren Stählen.

Eine auf Sonderstähle mit höchster Festigkeit beschränkte Methode ist die **Austenitverformung** (engl. *Ausforming = austenite forming*), die zu den sehr wirksamen thermomechanischen festigkeitserhöhenden Verfahren gehört, Bild 4.88. Für diese Behandlung sind Stähle geeignet, die im ZTU-Schaubild zwischen der Perlit- und der Bainitstufe einen ausgeprägten umwandlungsträgen Bereich haben (Bild 4.86).

Der von der Austenitisierungstemperatur T_A abkühlende Werkstoff wird im Temperaturbereich der maximalen Umwandlungsträgheit des Austenits »abgefangen«, bei gleichbleibender Temperatur verformt und durch anschließendes Abkühlen in Martensit umgewandelt. Um ein Ausheilen der Versetzungen zu vermeiden, muss die Austenitverformung unterhalb der Rekristallisationstemperatur erfolgen. Die Ursache der Festigkeitssteigerung ist die große Anzahl der bei der Austenitverformung erzeugten Versetzungen, die nach der Martensitbildung erhalten bleibt. Die außerordentliche Wirksamkeit dieser Methode ist in Bild 4.87 z. B. für einen Vergütungsstahl dargestellt.

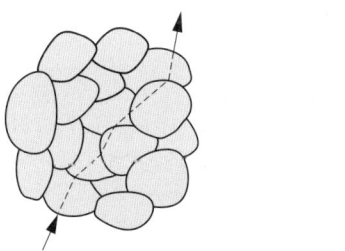

Bei schlagartiger Beanspruchung ist bei Stählen mit einem Gefüge aus:

Grobkorn: Verformungsgeschwindigkeit *geringer*
Dämpfung der Schlagenergie *geringer*

Feinkorn: Verformungsgeschwindigkeit *größer*
Dämpfung der Schlagenergie *größer*

Bild 4.85
Verhalten metallischer Werkstoffe mit unterschiedlicher Korngröße bei schlagartiger Beanspruchung. In feinkörnigen Werkstoffen wird deutlich mehr Energie verbraucht

Mit der kombinierten Korngrenzen-, Martensit- und Ausscheidungshärtung, verbunden mit der Austenitverformung, erreicht man die zurzeit höchste Festigkeit vielkristalliner Werkstoffe. Diese *martensitaushärtbaren* Stähle auf der Basis Ni-Co-Mo besitzen trotz geringster Kohlenstoffgehalte (C ≤ 0,05 %!) Streckgrenzenwerte bis zu 4000 N/mm². Sie werden wegen ihrer sehr aufwändigen Wärmebehandlung und ihres hohen Preises z. Z. vorwiegend im militärischen Bereich und im Hochleistungsmaschinenbau eingesetzt.

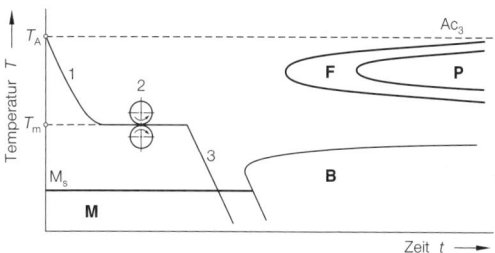

Bild 4.86
Vorgänge bei der Austenitverformung (ausforming), dargestellt im ZTU-Schaubild (schematisch)
1: Abkühlen von T_A auf T_m
2: Verformen im Gebiet des metastabilen Austenits
3: Umwandlung in der Martensitstufe

Die Austenitverformung ist ein Sonderfall der wichtigen *thermomechanischen Behandlungen*, mit der die Gütewerte (Streckgrenze und Zähigkeitseigenschaften) metallischer Werkstoffe, insbesondere aber der hochfesten Stähle erheblich verbessert werden. Dabei wird der Austenit und/oder das Umwandlungsgefüge bei definierten Temperaturen warm- oder kaltverformt.

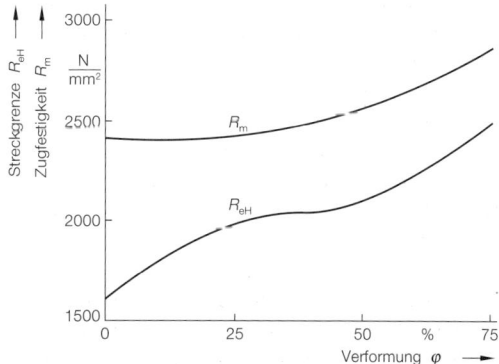

Bild 4.87
Einfluss der Austenitverformung auf Zugfestigkeit und Streckgrenze eines hochfesten Stahles (5 % Cr-Mo-V-Typ) (nach GERBERICH)

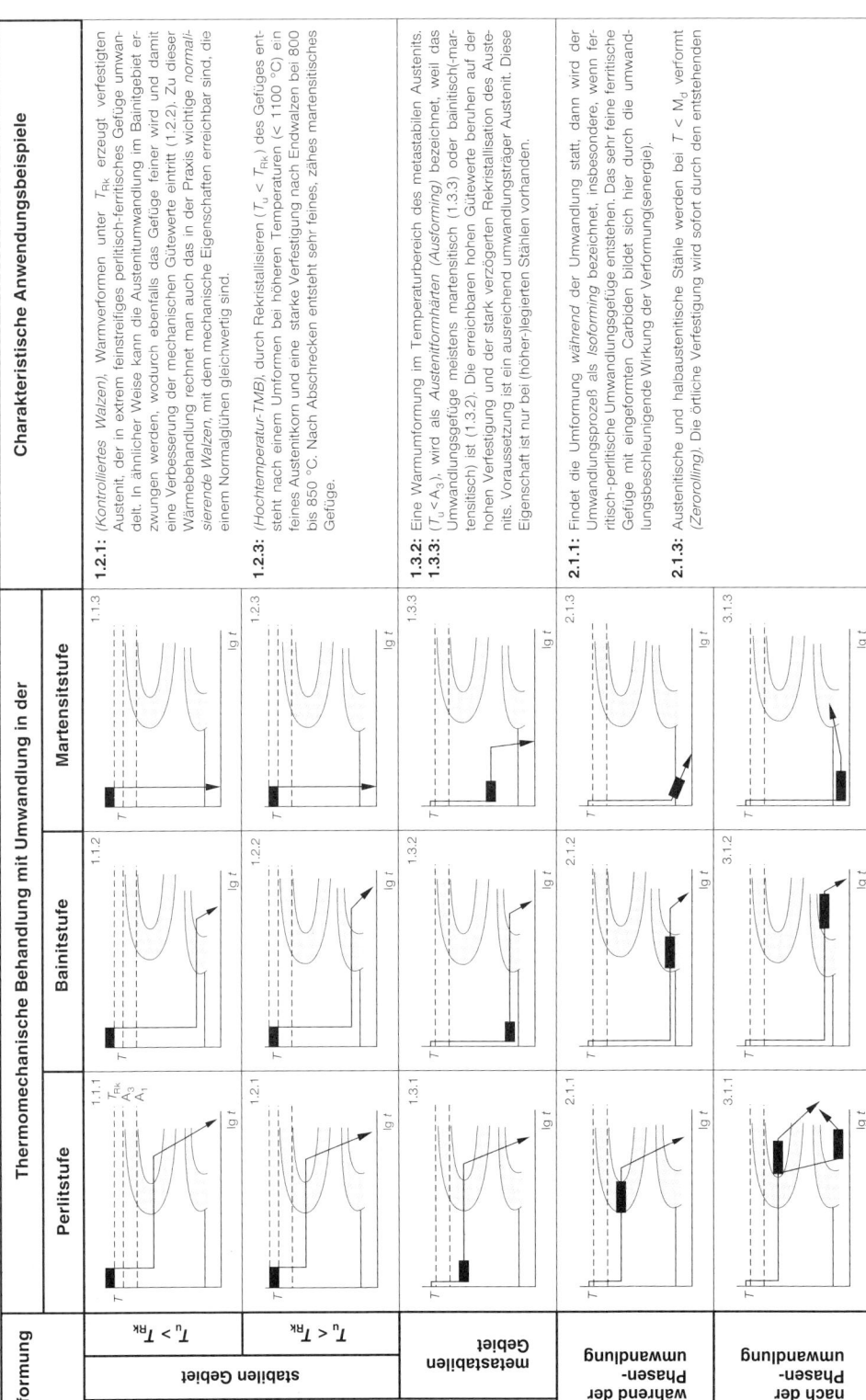

Bild 4.88
Zur Klassifikation thermomechanischer Behandlungen, T_u = Umformtemperatur; T_{Rk} = Rekristallisationstemperatur; nach Dahl u. a.

Die Wirkung dieser Methoden, bei denen die Verformung vor, während oder nach der Umwandlung erfolgen kann, beruht auf der Erzeugung energiereicher Gefüge mit starker Fehlordnung (Gitterbaufehler wie Versetzungen, Ausscheidungen). Die sich an die Verformung anschließende γ-Umwandlung erfolgt daher extrem schnell und ergibt zusammen mit der hohen Keimzahl ein außerordentlich feines Gefüge mit hervorragenden mechanischen Gütewerten. Die treibende Kraft bei den Umwandlungsvorgängen ist also die durch die Verformung im Werkstoff *gespeicherte Energie*.

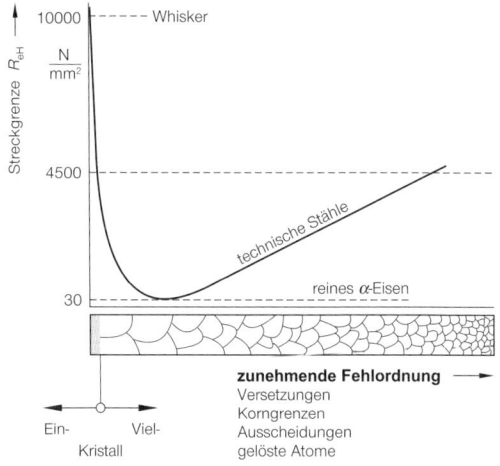

Bild 4.89
Einfluss der Fehlordnung im Gitter des α-Eisens auf die Streckgrenze

Bild 4.88 zeigt einige thermomechanische Behandlungen an Hand schematischer ZTU-Schaubilder. Bemerkenswert ist, dass durch ein Kaltverformen die Bildung der Ausscheidungen sehr erleichtert und die Teilchengröße daher stark verringert wird (spannungsinduzierte Ausscheidungen, Bild 4.88, ähnlich wie Skizze 3.1.1). Ihre festigkeitssteigernde Wirkung wird damit deutlich besser.

Das Patentieren (Bild 4.88, ähnlich wie Skizze 3.1.1), das Normalglühen und das Rekristallisationsglühen sind demnach thermomechanische Verfahren.

Bild 4.89 zeigt zusammenfassend den Einfluss der Fehlordnung im Gitter auf die Streckgrenze. Hohe Festigkeiten sind zu erreichen durch eine sehr geringe Fehlordnung (Eisen-Whisker als Einkristall) des Gitters und eine extreme große Zahl von Hindernissen in technischen Stählen und vielkristallinem Gefüge. Höhere Streckgrenzen als 4000 N/mm² bis 4500 N/mm² können in vielkristallinen technischen Stählen wohl nicht erreicht werden. Wenn Whisker wirtschaftlich herstellbar sind, lassen sich noch höhere Festigkeiten mit faserverstärkten Werkstoffen erzielen.

4.8.2.3.2 Hochfeste, nicht vergütete Feinkornbaustähle

Die Entwicklung der hochfesten Stähle begann damit, dass durch Zugabe von Legierungselementen (vor allem Mangan, Nickel, Chrom) die Festigkeit erhöht wurde. Im Wesentlichen geschah dies durch Mischkristallverfestigung des Ferrits, Erzeugen härterer Gefügebestandteile (Bainit) sowie einem Verschieben der Austenitumwandlung zu tieferen Temperaturen. Man erkannte aber bald, dass mit dieser Methode eine Reihe von verarbeitungstechnischen Schwierigkeiten verbunden war. Insbesondere wurde die wichtige Eigenschaft Schweißeignung unzulässig verschlechtert: die kritische Abkühlgeschwindigkeit kann so gering werden, dass beim Schweißen die Gefahr der Rissbildung durch Martensit entsteht.

Die hier beschriebenen nicht vergüteten Feinkornbaustähle sind grundsätzlich besonders beruhigt und durch ihren Gehalt an Elementen gekennzeichnet, die fein verteilte, erst bei hohen Temperaturen ($\geq 1000\,°C$) in Lösung gehende Ausscheidungen, vor allem von *(Carbo-)Nitriden* und/oder *Carbiden*, enthalten. Da die für die Bildung der Ausscheidungen erforderlichen Legierungsmengen sehr gering sind, werden diese Stähle sprachlich unkorrekt auch als *mikrolegierte* Feinkornbaustähle bezeichnet.

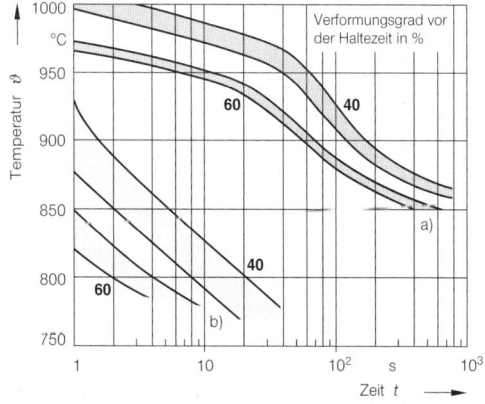

Bild 4.90
Rekristallisationsverzögerung in Abhängigkeit vom Verformungsgrad für isothermische Versuchsführung bei Baustahl mit/ohne Niob (nach IRSID)
a) 0,18 % C; 0,33 % Si; 1,49 % Mn; 0,042 % Nb
b) 0,18 % C; 0,33 % Si; 1,51 % Mn

Tab. 4.14: Mechanische Eigenschaften von schweißgeeigneten Feinkornbaustählen

Stahlsorte			Kohlenstoff-gehalt, max. (Schmelz-analyse)	Streckgrenze R_{eH} min.		Zugfestig-keit R_m	Bruch-dehnung A, min. ($s \leq 16$ mm)	Kerbschlag-arbeit KV min. bei -20 °C (Längsprobe)
				Für Erzeugnisdicke in mm				
Bezeichnung nach				≤ 16	> 16 ≤ 40	≤ 100		
EN 10027-1[1]	EN 10027-2	DIN 17102[2]	%	N/mm²	N/mm²	N/mm²	%	J
normalgeglühte Stähle nach DIN EN 10025-3 (Ersatz für DIN EN 10113-2)								
S275N	1.0490	StE285	0,18	275	265	370 bis 510	24	40
S275NL	1.0491	TStE285	0,16					47
S355N	1.0545	StE355	0,20	355	345	470 bis 630	22	40
S355NL	1.0546	TStE355	0,18					47
S420N	1.8902	StE420	0,20	420	400	520 bis 680	19	40
S420NL	1.8912	TStE420						47
S460NL	1.8901	StE460		460	440	550 bis 720	17	40
S460NL	1.8903	TStE460						47
thermomechanisch behandelte Stähle nach DIN EN 10025-4 (Ersatz für DIN EN 10113-4)								
S275M	1.8818		0,13	275	265	350 bis 510	24	40
S275ML	1.8819							47
S460M	1.8827	StE460 TM	0,16	460	440	500 bis 670	17	40
S460ML	1.8838	TStE460 TM						47
vergütete Stähle nach DIN EN 10025-6, Auswahl (Ersatz für DIN EN 10137-2)								
S460Q	1.8908			460		550 bis 720	17	27
S460QL	1.8906							40
S460QL1	1.8916							50
S500Q	1.8924		0,20	500		590 bis 770	17	27
S500QL	1.8909							40
S500QL1	1.8984							60
S620Q	1.8914			620		700 bis 890	15	27
S620QL	1.8927							40
S620QL1	1.8987							50
S960Q	1.8933			960		980 bis 1150	10	27
S960QL	1.8933							40
S960QL1	1.8988							50

[1] und nach ECISS-Mitteilung IC 10 (entspricht DIN V 17006-100).
[2] Die Bezeichnungen nach der alten DIN 17102 werden zum Vergleich aufgeführt, weil sie noch weit verbreitet sind.

Diese Ausscheidungen behindern das Wachsen der Körner im Austenitgebiet und führen zu feinem Korn im *Lieferzustand* und nach dem Schweißen. Die Stähle sind daher sprödbruchunempfindlich und besitzen sehr tiefe Übergangstemperaturen. Ihre gute Schweißeignung wird durch maximale Kohlenstoffgehalte von ≈ 0,2 % erreicht.

Die Folge des feinen Austenitkorns ist i. Allg. eine erhöhte Umwandlungsneigung in der Perlitstufe, wodurch die Bildung von Martensit erschwert wird. Diese verringerte Härtbarkeit verbessert ebenfalls die Schweißeignung.

Mit geeigneten Legierungselementen (z. B. Niob,

Titan) können nach einer thermomechanischen Behandlung *extreme Feinkörnigkeit* und ein Ausscheidungszustand im Ferrit erreicht werden, die die Streckgrenze solcher niedriglegierter und niedriggekohlter Stähle (C ≤ 0,1 %) auf ca. 500 N/mm² erhöhen. Diese Stähle lassen sich hervorragend schweißen und stellen einen beachtlichen Fortschritt in der Entwicklung hochfester Baustähle dar. Bei den Nb-haltigen Stählen wird noch ein weiterer festigkeitssteigernder Mechanismus genutzt. Die im Austenit gelösten Niobatome und die feinstausgeschiedene Nb(C,N)-Teilchen erschweren die Rekristallisation bei der Warmformgebung erheblich. Man erkennt in Bild 4.90, dass bei 900 °C eine Verzögerung um den Faktor 100 im Vergleich zu üblichen C-Mn-Stählen eintritt. Die Rekristallisation wird i. Allg. soweit verzögert, dass die Kornneubildung mit der Austenitumwandlung zusammenfällt. Dadurch wird eine große Störstellendichte im »quasi-kaltverformten« Austenit erreicht, und ein extrem feinkörniges Umwandlungsgefüge ist die Folge (Bild 4.91).

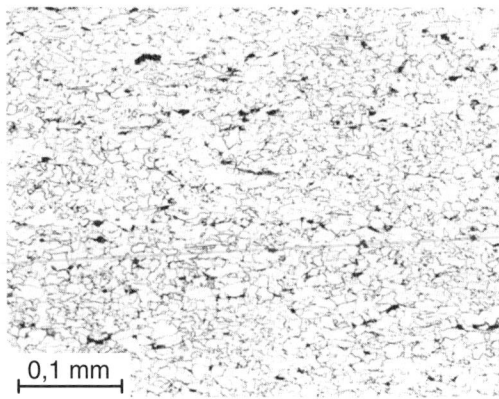

Bild 4.91
Mikrogefüge eines thermomechanisch behandelten Stahles mit C ≈ 0,05 % und Nb ≈ 0,05 %

Das kontinuierlich gewalzte Band [1] wird einsinnig verformt und besitzt wegen der in Walzrichtung gestreckten carbidischen, oxidischen und vor allem sulfidischen Bestandteile eine ausgeprägte Anisotropie der Zähigkeitseigenschaften. Das Verhältnis der Kerbschlagarbeit von quer und längs zur Walzrichtung entnommenen Proben kann 0,3 bis 0,4 betragen. Als wirksame Gegenmaßnahme hat sich die Zugabe schwefelaffiner Elemente (Zirkonium, Cer, Titan) zur Beeinflussung der Sulfidform erwiesen. Dadurch ergeben sich eingeformte Sulfide. Das sind spröde, meistens eckige Einschlüsse, die sich nicht mehr wie die Mangansulfide (MnS) in Walzrichtung verformen.

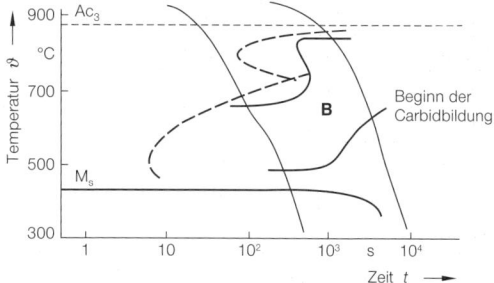

Bild 4.92
Kontinuierliches ZTU-Schaubild eines 0,5 % Mo-B-Stahles mit geringem Kohlenstoffgehalt

Der geringe Kohlenstoffgehalt dieser Stähle ist nicht nur die Ursache für deren hervorragende Schweißeignung, sondern auch der Grund für ihre ausgezeichnete Kaltumformbarkeit. Darunter versteht man in erster Linie die Fähigkeit eines Werkstoffes, bei einer Kaltverformung rissfrei zu bleiben. In der Fertigungstechnik gewinnen die spanlosen Fertigungsverfahren wegen ihrer großen Wirtschaftlichkeit und technischer Vorteile (günstiger Faserverlauf) ständig an Bedeutung. Ihre Entwicklung ist gekennzeichnet durch:
– große Umformungsgrad (kleine Umformradien, komplizierte Bauteile),
– Übergang von der diskontinuierlichen Fertigung auf die kontinuierliche Verarbeitung von (Warm-) Band.

Die thermomechanisch umgeformten Stähle werden daher z. Z. vor allem im Fahrzeugbau (kaltumgeformte Streben, Träger, Rungen, Hinterachsbrücken) und im Großrohrleitungsbau verwendet. Eine weitere wesentliche Eigenschaft dieser Stähle ist ihre hervorragende Feinschneidbarkeit, die es zusammen mit speziellen Werkzeugen erlaubt, vollkommen glatte Schnitte zu erzeugen. Als Ursache wird die gute Kaltumformbarkeit und der sehr geringe Perlitanteil angenommen. Sie sind in DIN EN 10025-4 genormt, siehe Tab. 4.14.

---

[1] Der thermomechanisch gewalzte Stahl wird z. Z. überwiegend als Warmbreitbandstahl auf der Warmbreitbandstraße hergestellt. Dabei durchläuft der Stahl die Stationen Stoßofen bis zum Aufwickeln des Warmbreitbandes (Coil) in einer Richtung. Die dabei entstehenden Temperatur-Zeit-Abläufe sind für die Herstellung thermomechanisch behandelter Stähle günstiger und einfacher erzeugbar als die in einer Grobblechstraße.

Geringste Borzusätze – in der Größenordnung von 0,002 % – verzögern sehr stark die voreutektoide Ferritausscheidung. *Feinkörniges* bainitisches Gefüge mit hervorragenden Festigkeits- und insbesondere Zähigkeitseigenschaften kann so innerhalb eines großen Bereiches der Abkühlgeschwindigkeit entstehen (Bild 4.92). Damit ist es auch möglich, bei kontinuierlicher Abkühlung praktisch reinen Bainit herzustellen (siehe S. 168).

Die Eigenschaften der normalisierten und der thermomechanisch behandelten Feinkornbaustähle beruhen im Wesentlichen auf ihrer extremen Feinkörnigkeit, die während der Sekundärkristallisation (z. B. beim Normalglühen oder beim Walzen) durch als Keime wirkende Teilchen (AlN, Nb(C,N), VN bzw. V(C,N)) erzeugt wurden. Das Schweißen dieser Werkstoffe erfordert deshalb die Beachtung einer Reihe von Vorschriften, die sich aus dem Verhalten des Werkstoffes in der wärmebeeinflussten Zone ableiten. In erster Linie muss darauf geachtet werden, dass die die Feinkörnigkeit bewirkenden Ausscheidungen in der wärmebeeinflussten Zone in einem möglichst geringen Umfang gelöst werden (siehe auch S. 85). Die Wärmezufuhr beim Schweißen muss folglich begrenzt werden.

DIN EN 10025-3 enthält vier Stahlsorten mit Mindeststreckgrenzen von 275 bis 460 N/mm^2 in zwei Reihen (Tab. 4.14). Nach der Art der Betriebsbeanspruchung werden unterschieden:
– *Grundreihe*, z. B. S420N,
– *kaltzähe Reihe* mit Mindestwerten für die Kerbschlagzähigkeit bis zu Temperaturen von −50 °C, z. B. S420NL.

Richtlinien für die Verarbeitung der normalgeglühten Feinkornbaustähle findet man im Stahl-Eisen-Werkstoffblatt 088-93, Beiblatt 1 und 2.

4.8.2.3.3 Hochfeste vergütete Feinkornbaustähle
sind in DIN EN 10025-6 genormt. Die Entwicklung der hochfesten Baustähle ist durch die Notwendigkeit gekennzeichnet, die Festigkeitswerte zu erhöhen, ohne die Schweißeignung unzulässig zu vermindern. *Niedriggekohlter Martensit* ist wegen seiner ausgezeichneten Festigkeits- *und* Zähigkeitseigenschaften die Gefügeform, die bis zu den höchsten Festigkeitsstufen verwendet wird. Insbesondere ist seine Sprödbruchunempfindlichkeit größer als die des ferritisch-perlitischen Gefüges und sogar des homogenen bainitischen Gefüges. Das hat zwei Ursachen:

– der Bruch entsteht bei Schlagbeanspruchung hauptsächlich im Ferrit,
– die Kerbschlagzähigkeit steigt allgemein mit abnehmender Größe der »Gefügeeinheit« (Korngröße, Größe der Martensitnadeln usw.).

Wegen der hohen M_s-Temperatur (ca. 400 °C) dieser niedriggekohlten Stähle wird der Martensit beim Abkühlen »selbstangelassen«. Die günstige Wirkung dieser »Vergütung« beruht darauf, dass das Gefüge streckgrenzenerhöhende, feinstdisperse Carbidausscheidungen enthält, wodurch die rissbegünstigenden Umwandlungsspannungen geringer werden. Ihre güteverbessernde Wirkung sollte allerdings nicht überschätzt werden.

Bei den martensitischen Stählen ist zu berücksichtigen, dass sie ihre Eigenschaften nur dann besitzen, wenn mit hinreichend großer Abkühlgeschwindigkeit abgekühlt wird. Das entstehende Gefüge kann rein martensitisch sein oder/und zusätzlich bestimmte Mengen Bainit enthalten. Die mechanischen Gütewerte sind damit deutlich abhängig von der Werkstückdicke. Die Legierungselemente erfüllen demnach die folgenden Aufgaben:

– Der *Blechdickeneinfluss* muss auf ein technisch vertretbares Maß reduziert werden. Die kritische Abkühlgeschwindigkeit muss so klein sein, dass nach einem Abschrecken in Wasser (wasservergütete Stähle) das Halbzeug in der gewünschten bzw. der erforderlichen *oberen* Werkstückdicke durchhärtet.

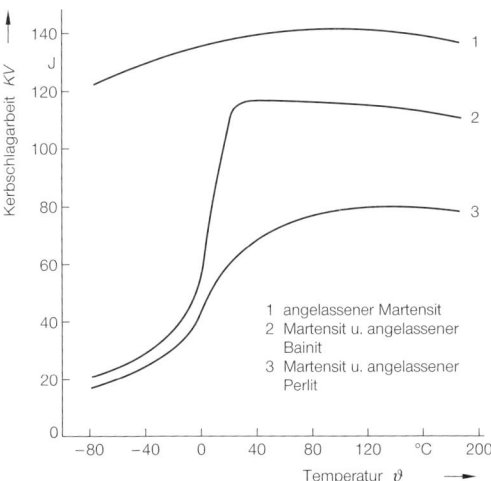

Bild 4.93
Einfluss des Gefüges auf die Kerbschlagarbeit KV eines niedriglegierten hochfesten Stahles ($R_m \approx 900$ N/mm^2)

- Die Legierungsmenge muss andererseits soweit begrenzt werden, dass die M_s-Temperatur nicht zu niedrig wird, weil die günstige Wirkung des Selbstanlassens möglichst erhalten bleiben soll.
- Die *Anlassbeständigkeit* dieser schweißgeeigneten Stähle soll möglichst groß sein. In Bereichen, die beim Schweißen oberhalb der Anlasstemperatur des Grundwerkstoffes erwärmt werden, könnte sonst ein unzulässiger Härteabfall (*»Härtesack«*) entstehen.

Danach ergibt sich folgende Reihenfolge zunehmender Eignung der Legierungselemente:

Chrom – Mangan – Nickel – Molybdän – Kobalt.

Wie bei jeder Schweißverbindung besitzen die unmittelbar neben der Schmelzgrenze liegenden Werkstoffbereiche der Wärmeeinflusszone im Allgemeinen die schlechtesten Gütewerte der gesamten Verbindung. Bei den vergüteten Feinkornbaustählen muss insbesondere das Entstehen voreutektoiden Ferrits verhindert werden, weil sich sonst die Zähigkeitseigenschaften entscheidend verschlechtern. Bild 4.93 zeigt anschaulich die hervorragenden Zähigkeitswerte vergüteter Stähle. Sie sind nur vorhanden, wenn das Gefüge vollständig aus Martensit oder aus einem Gemenge der etwa gleichharten Bestandteile (Martensit und Bainit) besteht.

Die Abkühlbedingungen werden meistens so gewählt, dass der austenitisierte Teil der Wärmeeinflusszone nicht vollständig in Martensit, sondern in Martensit und Bainit umwandelt. Durch die große Härte des Martensits bestünde sonst bei Anwesenheit von Wasserstoff wegen der immer vorhandenen mehrachsigen Schweißeigenspannungen (siehe S. 82 und S. 159) die Gefahr der Kaltrissbildung.

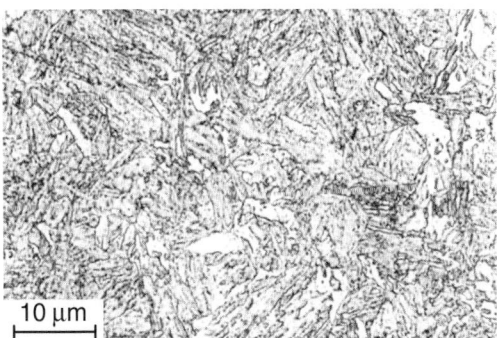

Bild 4.94
Mikrogefüge eines niedriggekohlten Vergütungsstahles (C $\approx$ 0,17 %, Ni-Cr-Mo-B-Typ), $R_{eH} \approx$ 900 N/mm²

Diese werkstofflichen Besonderheiten der vergüteten Feinkornbaustähle erfordern zum fachgerechten Schweißen eine *kontrollierte Wärmeführung*. Die Stahleigenschaften werden im Wesentlichen durch das Umwandlungsverhalten des Austenits beim Abkühlen im Temperaturbereich zwischen 800 °C und 500 °C bestimmt. Deshalb werden Schweißbedingungen (manchmal auch Wärmebehandlungsbedingungen) stellvertretend durch die Abkühlzeit $t_{8/5}$ in diesem Temperaturbereich gekennzeichnet. Mit diesem Wert lässt sich u. a. auch der Begriff kontrollierte Wärmeführung eindeutig beschreiben und quantifizieren.

Die Erfahrung zeigt, dass $t_{8/5}$-Werte zwischen 10 und 30 s zu ausreichenden Zähigkeitseigenschaften der schmelzgrenzennahen Bereiche führen. Mit Hilfe dieser Kenntnis ist es möglich, die Schweißparameter (Schweißstrom, Schweißspannung, Schweißgeschwindigkeit) in Abhängigkeit von der Vorwärmtemperatur und der Werkstückdicke bei vorgegebener Abkühlzeit $t_{8/5}$ zu bestimmen. Die Abkühlzeiten können auch berechnet oder aus Schaubildern entnommen werden (z. B. Stahl-Eisen-Werkstoffblatt 088-93, Beiblatt 1 und 2).

Die Eigenschaften der *wasservergüteten Feinkornbaustähle* beruhen neben Feinkörnigkeit auch auf den hervorragenden Festigkeits- und Zähigkeitseigenschaften des niedriggekohlten, hochangelassenen (600 °C bis 680 °C) Martensits. Die geringe plastische Verformbarkeit erschwert den Abbau der sprödbruchbegünstigenden dreiachsigen Eigenspannungen, die außerdem wegen der höheren Streckgrenze im Allgemeinen sehr viel größer sind als bei normalfesten Stählen. Der entscheidende Vorteil dieser Stähle ist aber trotz ihrer geringen Verformbarkeit im Zugversuch eine hohe Schlagzähigkeit bei tiefen Temperaturen, also eine hohe Sprödbruchsicherheit. Diese hervorragende (Tieftemperatur-)Zähigkeit besitzt allerdings nur der *angelassene* niedriggekohlte Martensit.

Konstruktiv und fertigungstechnisch muss beim Schweißen dieser Stähle wesentlich sorgfältiger und umsichtiger vorgegangen werden als bei normalfesten, schweißgeeigneten Baustählen. Insbesondere erfordert ihre erhöhte Kerbempfindlichkeit in vielen Fällen das Beseitigen spannungserhöhender Schweißnahtdiskontinuitäten (Nahtüberhöhungen, Einbrandkerben, Poren, Schlacken) durch aufwändige und teure Methoden, wie z. B. Beschleifen der

Nahtübergänge. Die Empfindlichkeit gegenüber Kerben aller Art muss bei Konstruktionen genau so berücksichtigt werden wie bei allen anderen Werkstoffen höherer Festigkeit.

Die Herstellung geschweißter Konstruktionen aus vergüteten Feinkornbaustählen erfordert besonders geschulte Schweißer und Schweißaufsichtspersonen, einen hohen Prüfaufwand (Röntgenprüfung, mechanisch-technologische Prüfungen) und eine im Allgemeinen bis in alle Einzelheiten gehende Dokumention des gesamten Fertigungsablaufs.

Bild 4.94 zeigt das charakteristische Mikrogefüge eines schweißgeeigneten hochangelassenen vergüteten Feinkornbaustahles.

4.8.3 Härtbare Maschinenbaustähle

Aus technischen und werkstofflichen Erwägungen werden
– Vergütungsstähle,
– Stähle für das Randschichthärten,
– Nitrierstähle und
– Einsatzstähle
zusammenfassend besprochen. Sie haben folgende gemeinsame charakteristische Kennzeichen:
– Sie werden im *Maschinen-* und *Fahrzeugbau*, vor allem wegen ihrer
– hohen *dynamischen Beanspruchbarkeit* verwendet und
– erhalten ihre Gebrauchseigenschaften durch eine von der chemischen Zusammensetzung, dem Querschnitt des Bauteils und den Anforderungen abhängige *Wärmebehandlung*.

Die Statistiken der Versicherer zeigen, dass in etwa 90 % aller auftretenden Maschinenausfälle Dauerbrüche die Schadensursache war. Nur selten ist der Werkstoff ursächlich für den Dauerbruch, weil die Dauerfestigkeit in großem Umfang von der konstruktiven Ausführung und der Oberflächengüte des Bauteils abhängt.

Die Eigenschaften der Bauteile aus *Vergütungsstählen* werden durch Härten und einem anschließenden Anlassen eingestellt. Sie sind von der chemischen Zusammensetzung des Stahles und der Wanddicke abhängig. In den nationalen und internationalen Regelwerken werden mechanische Eigenschaften bis zu Wanddicken von 250 mm garantiert. Die Zugfestigkeiten im angelassenen Zustand betragen etwa 500 N/mm^2 bis 1450 N/mm^2.

Bauteile aus Stählen, die zum *Randschichthärten* (Flammhärten, Induktionshärten) geeignet sind, werden vor dem Härten einer oberflächennahen Schicht meistens vergütet. Die Festigkeit der Bauteile im Verwendungszustand liegt je nach Stahltyp zwischen 500 N/mm^2 und 1300 N/mm^2.

In *Nitrierstählen* werden durch Diffusion von Stickstoff Nitride gebildet, die in einer i. Allg. sehr dünnen Randschicht (einige zehntel Millimeter) Härtewerte bis zu 1100 HV erzeugen. Dieser physikalisch-chemische Vorgang verändert nicht die Eigenschaften des vor dem Nitrieren meistens vergüteten Bauteils.

Nach dem Aufkohlen (»Einsetzen«) einer Randschicht werden *Einsatzstähle* meistens von der Aufkohlungstemperatur von etwa 900 °C direkt gehärtet *(Direkthärtung)* und lediglich bei 150 °C bis 200 °C entspannt. Ihr C-Gehalt muss daher zum Sicherstellen einer ausreichenden Zähigkeit deutlich geringer (max. 0,25 %) sein als der der Vergütungsstähle (max. 0,5 % bis 0,6 %). Die Zugfestigkeit von Bauteilen aus Einsatzstählen liegt im Kern bei 500 N/mm^2 bis 900 N/mm^2.

4.8.3.1 Vergütungsstähle

Vergütungsstähle sind beruhigte Maschinenbaustähle, die sich aufgrund ihrer chemischen Zusammensetzung zum Härten eignen und die im vergüteten Zustand gute Zähigkeit bei gegebener Zugfestigkeit aufweisen (DIN EN 10083). Bauteile aus Vergütungsstählen erhalten ihre Gebrauchseigenschaften durch eine dem Verwendungszweck angepasste Wärmebehandlung, die in der Regel aus dem Härten und einem anschließenden Anlassen besteht. Der Begriff vergütet wird, soweit nicht anders angegeben, auch für den Zustand »isotherm in der Bainitstufe umgewandelt« verwendet.

Im Gegensatz zu den im vorstehenden Abschnitt beschriebenen *niedriggekohlten schweißgeeigneten* Vergütungsstählen besitzen die hier behandelten unlegierten und legierten Vergütungsstähle Kohlenstoffgehalte zwischen 0,2 % und 0,65 %. Sie werden im Allgemeinen recht hoch angelassen ($\geq$ 500 °C).

Diese Stähle werden hauptsächlich für dynamisch hoch beanspruchte Bauteile hoher Festigkeit im Maschinen- und Fahrzeugbau verwendet: z. B. Wellen, Achsen, Bolzen, Zapfen, Zahnräder, Walzen. Die weitgehende Anpassung der Gebrauchseigenschaften an die technischen Erfordernisse des Bauteils ist durch das Vergüten (siehe S. 180 ff.) einfach möglich.

DIN EN 10083-1 enthält die technischen Lieferbedingungen für die (unlegierten und legierten) *Edelstähle*, DIN EN 10083-2 die für die unlegierten *Qualitätsstähle*, DIN EN 10083-3, die für die borlegierten Vergütungsstähle

Die *Festigkeits-* und die *Zähigkeitseigenschaften* der Vergütungsstähle werden durch folgende Einflussfaktoren bestimmt:
– chemische Zusammensetzung,
– Bauteildurchmesser und
– Wärmebehandlung, hier insbesondere die Anlasstemperatur.

Chemische Zusammensetzung
Der grundsätzliche Einfluss der wichtigsten Legierungselemente lässt sich vereinfacht wie folgt angeben.

Kohlenstoff
Mit zunehmendem C-Gehalt nimmt bei gleicher Zugfestigkeit die Zähigkeit des Stahles in den meisten Fällen ab. Die mit den konventionellen Vergütungsstählen erreichbare maximale Festigkeit von etwa 1400 N/mm^2 wird mit C-Gehalten zwischen 0,25 % und 0,6 % erzielt.

Mangan
Bis etwa ein Prozent werden durch Mangan die Zähigkeitseigenschaften verbessert und die Festigkeit erhöht. Bei Mangangehalten über ein Prozent werden die Neigung zur Anlassversprödung (Abschn. 4.5.7.1) erhöht, die Zähigkeitswerte merklich verringert und ebenso wie durch Silicium die Herstellung reiner, seigerungsarmer Stähle erschwert.

Nickel
Nickel verbessert entscheidend die Zähigkeit bei tiefen Temperaturen, erhöht die Festigkeit durch die Bildung feinerer Carbide, begünstigt aber die Bildung des sehr unerwünschten Restaustenits und der Anlassversprödung. Daher werden in Deutschland, auch aus Kostengründen, Stähle mit > 3 % Ni kaum hergestellt. In der DIN EN 10083 ist lediglich der höhernickellegierte Stahl 36NiCrMo16 aufgeführt.

Chrom
Chrom verbessert deutlich die Härtbarkeit, verschiebt den Perlitpunkt zu niedrigeren Kohlenstoffgehalten (erhöht also den Carbidgehalt), bildet leicht Sondercarbide (Erhöhen der Anlassbeständigkeit) und wirkt kornverfeinernd.

Molybdän
Molybdän verbessert wie Chrom die Härtbarkeit, verringert entscheidend die Neigung zur Anlassprödigkeit und unterdrückt zugunsten der Bainitstufe die Perlitstufe. Meistens werden CrMo- bzw. CrNiMo-Stähle, selten reine Mo-Stähle verwendet.

Bor
Bor verbessert schon in geringsten Mengen (≥ 0,0008 %!) sehr stark die Härtbarkeit und kann z. T. teure Legierungselemente ersetzen. Bor begünstigt die Bainitbildung. Selbst bei kontinuierlicher Abkühlung kann ein rein bainitisches Gefüge entstehen. Borlegierte Stähle sind in der DIN EN 10083-3 genormt.

Wegen der Vielzahl der Vergütungsstähle ist folgende Einteilung in Untergruppen zweckmäßig:
– *Unlegierte Stähle* für geringe Anforderungen an die Härtbarkeit, Festigkeits- und Zähigkeitseigenschaften, z. B. C22E, C22R, C35R, C45E.
– *Manganlegierte Stähle* mit etwas verbesserter Härtbarkeit, z. B. 28Mn6, 30MnB5.
– *Chrom- bzw. Chrom-Molybdän-legierte Stähle* haben im Vergleich zu den manganlegierten eine höhere Zähigkeit, z. B. 46Cr2, 50CrMo4, 37Cr(S)4, 25CrMo4,
– *Chrom-Nickel-Molybdän-legierte Stähle* mit C-Gehalten um 0,3 % besitzen bei hohen Zugfestigkeiten und guten Zähigkeitswerten die höchste Härtbarkeit, z. B. 34CrNiMo6, 30CrNiMo8.

In engem Zusammenhang mit der chemischen Zusammensetzung stehen die Reinheit und Homogenität der Stähle und ihre Härtbarkeit.

❏ *Reinheit* und *Homogenität* des Stahles
Unter Betriebsbeanspruchungen kann von jedem Defekt ein Dauerbruch initiiert werden. Mit zunehmender (Vergütungs-)Festigkeit und dynamischer Beanspruchung müssen vor allem größere und gestreckte nichtmetallische Einschlüsse sowie eine Zeiligkeit des Gefüges und Seigerungen vermieden werden. Diese besonders hohe Stahlreinheit (Gase und nichtmetallische Einschlüsse) kann i. Allg. mit den üblichen Stahlherstellungsverfahren nicht mehr erreicht werden.

In den meisten Fällen werden Vakuumumschmelz- oder Umschmelzverfahren verwendet.

Die unterschiedlichen Anforderungen an die Qualität der Vergütungsstähle führten zur Entwicklung der unlegierten *Qualitäts-* bzw. der un- und niedriglegierten *Edelstähle*. Die unlegierten Edelstähle unterscheiden sich von den Qualitätsstählen durch
– niedrigere Höchstgehalte an P und S und
– geringen Gehalt an oxidischen Einschlüssen.

Die damit erreichte größere Gleichmäßigkeit, Freiheit von nichtmetallischen Einschlüssen und eine bessere Oberflächenbeschaffenheit führt zu
– gewährleisteten Mindestwerten der Kerbschlagarbeit im *vergüteten* Zustand,
– gewährleisteten Grenzwerten der Härtbarkeit im Stirnabschreckversuch.

Diese Eigenschaftsverbesserungen kommen in den niedrigeren Phosphor- und Schwefelgehalten nur z. T. zum Ausdruck

❐ *Härtbarkeit*
Die Art des *Gefüges* ist für die erreichbaren statischen und dynamischen Festigkeitswerte und die Zähigkeitseigenschaften entscheidend. Für höchste dynamische Beanspruchbarkeit ist vor dem Anlassen ein rein martensitisches Gefüge erforderlich. Dazu muss im gesamten Querschnitt des Bauteiles beim Abkühlen von der Härtetemperatur die obere kritische Abkühlgeschwindigkeit überschritten werden.

Die im Inneren eines Querschnittes beim Härten erreichbare Martensitmenge wird auch mit dem *Härtungsgrad* angegeben. Darunter versteht man das Verhältnis der durch das Härten erreichten zur maximal möglichen Härte, der Aufhärtbarkeit (siehe Abschn. 4.5.6.1). Diese Kennziffer sollte bei hoher (dynamischer) Beanspruchung größer als 0,9 sein. Der Härtungsgrad ist damit bei gegebener chemischer Zusammensetzung ein wichtiger Kennwert zum Beurteilen der Festigkeitseigenschaften und vor allem der Zähigkeitseigenschaften eines Stahles.

Insbesondere für hohe Zähigkeitswerte sind Stähle erforderlich, die die Einstellung möglichst hoher Härtungsgrade erlauben, d. h. die eine große Einhärtbarkeit besitzen. Die Kerbschlagzähigkeit eines Stahles mit einem durchgehärteten und vergüteten Gefüge übertrifft die jedes Stahles mit jedem beliebigen Gefüge bei weitem. Die Ursache ist das durch den Vergütungsvorgang entstehende sehr gleichmäßige, feine, defektreiche Gefüge. Bild 4.95 zeigt beispielhaft den Einfluss der durch verschiedene Wärmebehandlungen erzeugten unterschiedlichen Gefügeausbildung bei dem Vergütungsstahl 42CrMo4. Selbst geringste Mengen eines zweiten Gefügebestandteiles (Ferrit, Perlit, Bainit, Restaustenit) verringern die Zähigkeitseigenschaften gravierend, die Festigkeitseigenschaften dagegen nur verhältnismäßig wenig (siehe auch Bild 4.93).

Die *Härtbarkeit* wird quantitativ mit dem Stirnabschreckversuch festgestellt (siehe Abschn. 4.5.6.7), der zuverlässige Aussagen über das Verhalten und die erreichbaren Ergebnisse in der betrieblichen Praxis ermöglicht. In vielen Fällen werden für den Einzelfall (Großserienfertigung) *eingeengte Anforderungen* an die Härtbarkeit des Stahles gestellt. Nach DIN EN 10083 kann bei legierten Stählen das Härtbarkeitsstreuband (H) auf einen oberen (HH) und einen unteren (HL) Bereich begrenzt werden. Die Stahlqualitäten werden dann entsprechend unterschieden, z. B. 42CrMo4+H oder 37Cr4+HH. Bild 4.96 zeigt die Streubereiche der Stirnabschreckkurven der Stahlsorte 34Cr4. Für unlegierte Edelstähle mit C ≥ 0,35 % sind eingeschränkte Streubereiche der Härtbarkeit nur für einzelne Stirnabstände definiert.

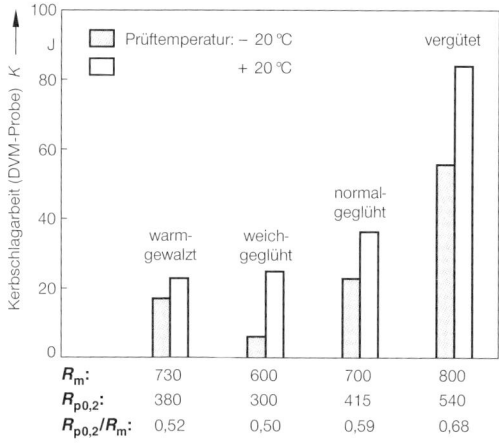

Bild 4.95
Einfluss des Gefüges (erzeugt mit verschiedenen Wärmebehandlungen) auf einige mechanische Gütewerte des Vergütungsstahles 42CrMo4 (nach VETTER)

Wärmebehandlung

Die Einbau-Eigenschaften hängen bei gegebener chemischer Zusammensetzung und optimaler Härtung ausschließlich von der Anlasstemperatur ab. Sie sind aus den jeweiligen Vergütungsschaubildern zu entnehmen (siehe Bild 4.67). Während die Zugfestigkeit und Streckgrenze bei Stählen ohne ausgeprägte Sekundärhärtung mit zunehmender Anlasstemperatur kontinuierlich abnehmen, ist der Einfluss der Anlasstemperatur auf die Zähigkeitseigenschaften weniger deutlich. Wie in Abschn. 4.5.7.1 besprochen, können in bestimmten Temperaturbereichen zwischen 300 °C und 500 °C ausgeprägte Versprödungserscheinungen entstehen. Tab 4.15 gibt für einige Vergütungsstähle die Wärmebehandlungstemperaturen, Festigkeits- und Zähigkeitskennwerte und beispielhafte Hinweise für ihre Verwendung an.

Bauteile aus Vergütungsstählen können bei Betriebstemperaturen verwendet werden, die ausreichend weit unter der jeweiligen Anlasstemperatur liegen. Danach betragen die maximalen Einsatztemperaturen etwa 350 °C.

Eine weitere wichtige Eigenschaft der Vergütungsstähle ist ihre ausreichende *Zerspanbarkeit*, weil die für eine Vergütung oder Oberflächenhärtung vorgesehenen Teile häufig durch zerspanende Verfahren hergestellt werden. Die Zerspanbarkeit hängt hauptsächlich von der Zugfestigkeit ab und wird durch Schwefelzusätze (≤ 0,035 %) wesentlich verbessert. Aus wirtschaftlichen Gründen wird für den Schwefelgehalt meist eine Spanne von 0,020 % bis 0,040 % festgelegt. Grundsätzlich sind alle Stähle im Zustand »weichgeglüht« zerspanbar.

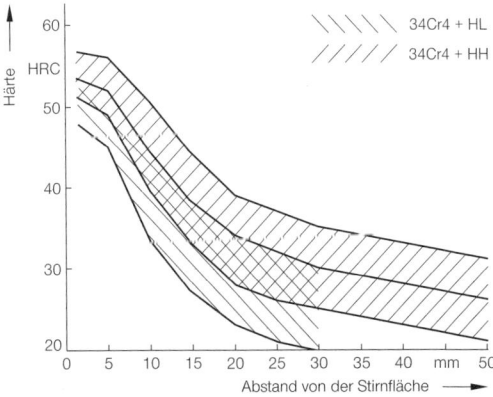

Bild 4.96
Härtbarkeitsstreubänder des Vergütungsstahles 34Cr4 nach DIN EN 10083-1

In vielen Fällen müssen die Vergütungsstähle eine ausreichende *Kalt-Massivumformbarkeit* besitzen. Das gilt z. B. in besonderem Maße für Schraubenstähle. Diese Eigenschaft lässt sich wesentlich einfacher bei un- bzw. möglichst niedriglegierten Stählen einstellen, weil bei den höherlegierten Stählen andere Eigenschaften (z. B. Wärmebehandlung, Oberflächenhärtbarkeit) i. Allg. wichtiger sind. Die chemische Zusammensetzung gut kaltmassivumformbarer Stähle muss eine ausreichende Härtbarkeit mit Legierungselementen sicherstellen, die die Festigkeit im weichgeglühten Zustand möglichst wenig erhöhen. Besonders geeignet erweist sich das Element Bor, das die Härtbarkeit erheblich verbessert, ohne die Umformbarkeit zu verschlechtern.

Für die Vielzahl der empfohlenen Stähle gibt es weitere technische und wirtschaftliche Gründe:
– Eine allgemein anerkannte Bewertung der Stähle und Kriterien ihrer Auswahl ist nicht vorhanden.
– Die wesentlichste Forderung, die an vergütete Bauteile gestellt wird, sind möglichst *gleichmäßige mechanische Gütewerte über den gesamten Querschnitt*. Das Bauteil muss daher i. Allg. bis zum Kern durchgehärtet sein oder wenigstens aus »anlassfähigem« Gefüge bestehen (siehe S. 183). Die kritische Abkühlgeschwindigkeit muss also mit zunehmender Werkstückdicke durch zunehmende Mengen an Legierungselementen verringert werden. Für dynamisch hoch beanspruchte Bauteile ist ein Härtungsgrad > 0,9 erforderlich.
– Die Stähle werden im hochangelassenen Zustand (≥ 500 °C) verwendet. Die *Anlassbeständigkeit* unlegierter Vergütungsstähle ist gering. Hohe Streckgrenzen und ausreichende Verformungswerte lassen sich daher selbst bei dünnwandigen Bauteilen nur mit den anlassbeständigen legierten Stählen erreichen.
– Die Carbide in den verschiedenen Vergütungsstählen lösen sich beim Austenitisieren relativ schnell. Die Stähle neigen daher leicht zur *Grobkornbildung*, sie sind überhitzungsempfindlich Es sind also enge Toleranzen bei der Härtetemperatur erforderlich, die die wirtschaftliche Verarbeitung erschweren. Vanadiumzusätze (51CrV4) verringern die Neigung zur Grobkornbildung. Geometrisch kompliziert geformte Bauteile oder Bauteile, die nach dem Härten geringe Abmessungstoleranzen haben sollen, müssen in einem ausreichend mild wirkenden Abschreckmedium gehärtet werden. Andernfalls können die entste-

Tab. 4.15: Wärmebehandlungstemperaturen, mechanische Eigenschaften und Verwendungsbeispiele von Vergütungsstählen (Auswahl) nach DIN EN 10083-1

Bezeichnung	Wärmebehandlung					Mechanische Eigenschaften [1]				Verwendungsbeispiele
	Weich-glühen	Normal-glühen	Vergüten			vergütet				
			Härten	Anlassen		R_e min.	R_m	A min.	Z min.	
	°C	°C	°C	°C		N/mm²	N/mm²	%	%	
C22E, C22R	650 bis 700	880 bis 920	860 bis 900	550 bis 660		340	500 bis 650	20	50	Wellen, Treibstangen, Pressmatrizen
C30E, C30R	650 bis 700	870 bis 910	850 bis 890	550 bis 660		400	600 bis 750	17	40	
C45E, C45R	650 bis 700	840 bis 880	820 bis 860	550 bis 660		490	700 bis 850	14	35	Druckstücke, Kurbelwellen (Härten oberflächennaher Schichten)
28Mn6	650 bis 700	850 bis 890	830 bis 870	550 bis 660		590	800 bis 950	13	40	Kurbelzapfen, Zahnräder, Wellen
41Cr4, 41CrS4	680 bis 720	keine Angaben	820 bis 860	540 bis 680		800	1000 bis 1200	11	30	Hebel, Wellen, Zahnräder, Bolzen, Schrauben, Automatenteile
34CrMo4, 34CrMoS4	680 bis 720	keine Angaben	830 bis 870	540 bis 680		800	1000 bis 1200	11	45	
25CrMo4, 25CrMoS4	680 bis 720	keine Angaben	840 bis 880	540 bis 680		700	900 bis 1100	12	50	Einlassventile, Wellen, hochwertige Bauteile zum Schweißen
34CrNiMo6	650 bis 700	keine Angaben	830 bis 860	540 bis 660		1000	1200 bis 1400	9	40	Hoch beanspruchte Teile im Kraftfahrzeug- und Maschinenbau, z. B. Läufer und Turbinentrommeln, Spindelwellen
30CrNiMo8	650 bis 700	keine Angaben	830 bis 860	540 bis 660		1050	1250 bis 1450	9	40	

[1] $d \leq 16$ mm.

henden hohen Abkühl- und Umwandlungsspannungen zu unzulässigem Verzug oder sogar Härterissen führen.

Um den unterschiedlichen Anforderungen zu entsprechen, können die Stähle in verschiedenen *Wärmebehandlungszuständen* (z. B. behandelt auf Scherbarkeit, weichgeglüht, normalgeglüht, vergütet) und Oberflächenausführungen (z. B. unverformter Strangguss; warmgeformt und gebeizt, gestrahlt und vorbearbeitet; kaltgewalzt) geliefert werden. Der Wärmebehandlungszustand und die Oberflächenausführung werden durch nachgestellte Kennbuchstaben, Tab. 4.16, angegeben, z. B. 34CrNiMo6+QT.

– Die *chemische Zusammensetzung*. Die Ergebnisse von Großzahlversuchen zeigen allerdings, dass für eine vorgegebene Vergütungsfestigkeit Streckgrenzen und Zähigkeitseigenschaften in begrenzte Streubereiche fallen. Die Erfahrungen der Praxis relativieren aber diese Ergebnisse. Danach ist die chemische Zusammensetzung durchaus entscheidend für die gewünschte Härtbarkeit und Zugfestigkeit des Stahles. Das gilt in besonderem Maße für besonders kritische Beanspruchungen, Härtungsgrade < 1 und für bestimmte Legierungselemente oder -kombinationen.

4.8.3.2 Stähle für das Randschichthärten

Das Randschichthärten lässt sich grundsätzlich bei allen umwandlungsfähigen FeC-Legierungen anwenden. Selbst Grauguss mit Lamellengrafit kann randschichtgehärtet werden. Spezielle Stähle für das Randschichthärten sind z. B. in DIN 17212 genormt.

Bauteile aus diesen Stählen werden vor dem *partiellen* Härten (Flamm- oder Induktionshärten) der Oberfläche in den meisten Fällen vergütet. Die Stähle ähneln daher in ihrer chemischen Zusammensetzung und Anwendung sehr stark den Vergütungsstählen. Sie unterscheiden sich von diesen vor allem durch eine engere Toleranzbreite des zulässigen Kohlenstoffgehaltes und einen geringeren Höchstgehalt an Phosphor (0,025 %). Sie entsprechen also Vergütungsstählen mit eingeengtem Härtbarkeitsstreuband und sind im gehärteten Zustand zäher. Beides führt dazu, dass diese Stähle manchmal für hochwertige und hoch beanspruchte Maschinenteile anstelle von Vergütungsstählen eingesetzt werden.

Die Bezeichnung legierter Stähle für das Randschichthärten unterscheidet sich von der vergleichbarer Vergütungsstähle in der Regel in der Kohlenstoffkennzahl, z. B. 41 CrMo 4 anstelle 42CrMo4. Unlegierte Stähle haben die Bezeichnung Cf, z. B. Cf53.

Beim Randschichthärten ist ein partielles Härten der Oberfläche wesentlich leichter möglich als beim Nitrieren und Einsatzhärten. Zum Verbessern der Verschleißeigenschaften und der Dauerschwingfestigkeit muss die Randschicht vollständig martensitisch sein. Ihre Härte wird daher nur von dem beim Austenitisieren gelösten Kohlenstoffgehalt bestimmt. Das Erwärmen auf Härtetemperatur erfolgt bei einer sehr geringen Austenitisierungsdauer wesentlich rascher als beim Vergüten, weil nicht der gesamte Querschnitt, sondern nur eine begrenzte Randschichtdicke erwärmt werden muss. Daher wird i. Allg. mit höheren Härtetemperaturen gearbeitet, um eine ausreichende Austenitisierung des Werkstoffs zu erreichen. Die erforderliche schnelle Abkühlung wird durch die Masse des *kalten* Kernes erleichtert.

Die beim Randschichthärten erreichte *Einhärtungstiefe* wird nach DIN EN 10328, z. B. durch die Grenzhärte Rht600 angegeben (siehe Abschn. 4.5.8.1). Sie ist abhängig von der

Tab. 4.16. Kennbuchstaben für Wärmebehandlungszustände und Oberflächenbeschaffenheit der Vergütungsstähle nach DIN EN 10083-1 (vereinfacht)

Wärmebehandlungszustand		Oberflächenausführung	
bei der Lieferung	Kennbuchstaben	bei der Lieferung	Kennbuchstaben
unbehandelt	ohne Kennbuchsten oder + U	warmgeformt	ohne Kennbuchsten oder + HW
behandelt auf Scherbarkeit	+ S	unverformter Strangguss	+ CC
weichgeglüht	+ A	warmgeformt und gebeizt	+ P
normalgeglüht	+ N	warmgeformt und gestrahlt	+ BC
vergütet	+ QT		

- Tiefe der austenitisierten Zone, der
- Abkühlgeschwindigkeit und der
- Einhärtbarkeit des Stahles.

Der vergütete Kern, der bei unlegierten Stählen auch normalgeglüht sein kann, wird durch die Randschichthärtung nicht verändert. Die Anwendung hoher Härtetemperaturen erfordert eine geringe Neigung der Stähle zum Kornwachstum beim Austenitisieren. Ebensowenig dürfen diese Werkstoffe zur Rissbildung und zum Verzug neigen. Daher wird die Oberflächenhärte meistens durch ein *Entspannen* nach dem Härten bei etwa 150 °C bis 200 °C geringfügig herabgesetzt (siehe Abschn. 4.5.7.1). Die Hauptaufgabe dieser Behandlung besteht allerdings in der Verringerung der Rissgefahr beim Schleifen und Richten.

Die wichtigsten Anforderungen an die Stähle zum Randschichthärten sind:
- Erreichen der erforderlichen *Randschichthärte* und eine
- *Härtbarkeit*, mit der die gewünschten Kerneigenschaften und die Einhärtungstiefe eingestellt werden können.
- Geringe Neigung zur *Kornvergröberung* bei hohen Austenitisierungstemperaturen.

In Tab. 4.17 sind einige mechanische Eigenschaften der für das Randschichthärten geeigneten Stahlsorten im vergüteten Zustand sowie die erreichbare Randschichthärte aufgeführt.

4.8.3.3 Nitrierstähle

Die zum Nitrieren geeigneten Stähle zeichnen sich aus durch eine z. T. extrem große Härte von bis zu 1100 HV 0,1 der nur wenige Zehntel Millimeter dicken nitrierten Randschicht. Hierzu gehören nicht nur die z. B. in der DIN EN 10085 genormten eigentlichen Nitrierstähle, sondern auch zahlreiche un- und niedriglegierte Einsatz- und Vergütungsstähle. Diese Stähle werden vorwiegend salzbadnitriert, in letzter Zeit aber auch zunehmend gasnitriert. Wegen der durch das Nitrieren erreichbaren günstigen Eigenschaften werden z. B. auch Werkzeugstähle und nichtrostende Stähle verwendet.

Ähnlich wie die anderen Randschichthärteverfahren verbessert das Nitrieren erheblich die *Dauerfestigkeitseigenschaften* und die *Verschleißbeständigkeit*. Vor allem der Adhäsionsverschleiß (*»Fressen«*) wird wesentlich verringert.

Die Nitrierschicht besteht aus einer äußeren bis zu 50 µm dicken *Verbindungsschicht*, die nur eine oder mehrere intermediären Phasen enthält (Eisennitride bzw. Eisencarbonitride). In der anschließenden *Diffusionsschicht* wurde der Gehalt eines oder mehrerer Elemente (N und C) gegenüber der ursprünglichen chemischen Zusammensetzung geändert. Der Stickstoff liegt hier gelöst bzw. in feinster Form ausgeschieden (Nitride) vor.

Die erreichbare Härte der Nitrierschicht hängt kaum von den angewendeten Nitrierverfahren ab, sondern wird in erster Linie von der chemischen Zusammensetzung des Stahles und der Nitriertemperatur bestimmt. Der in unlegierten Stählen lediglich vorhandene »Nitridbildner« Eisen führt zu relativ geringen Härtewerten von etwa 350 HV 0,1 bis 400 HV 0,1 in der Nitrierschicht, Tab. 4.18. Erst mit Legierungselementen, die wesentlich härtere *Sondernitride* bilden, lassen sich Härten bis zu 1100 HV 0,1 erreichen. In erster Linie sind das die Elemente Chrom, Molybdän, Aluminium und Vanadium, Bild 4.97. Die Nitrierschichthärte wird durch Absenken des Kohlenstoffgehalts mäßig erhöht.

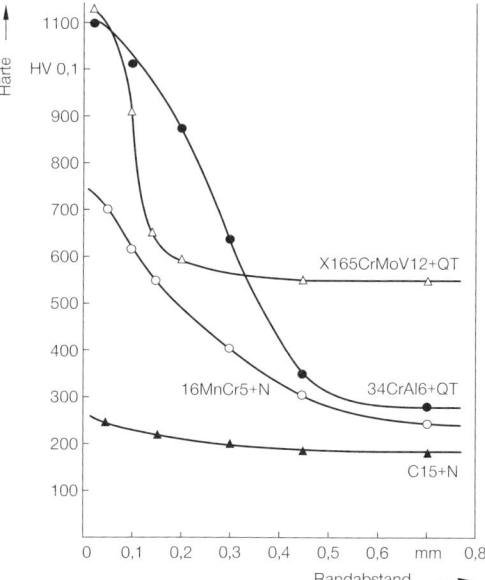

Bild 4.97
Einfluss der chemischen Zusammensetzung der Stähle auf den Härteverlauf in der Nitrierschicht gasnitrierter Proben (nach LIEDTKE*)*

Die Bildung der Nitrierschicht ist ein diffusionsgesteuerter Prozess, die Nitrierschichtdicke, d. h., die Nitrierhärtetiefe ist abhängig von der:

Tab. 4.17: Mechanische Eigenschaften einiger für das Randschichthärten geeigneter Stähle (DIN 17212) im vergüteten Zustand

Stahlsorte Kurzname [1]	Mechanische Eigenschaften im vergüteten Zustand bei Querschnitt mit dem Durchmesser [2]											Randschichthärten [3]		
	Über 16 mm bis 40 mm						Über 40 mm bis 100 mm						HRC min.	Gültig bis mm Durchmesser
	$R_{p0,2}$ min.	R_m	A min.	Z min.	KU [4] min.		$R_{p0,2}$	R_m	A min.	Z min.	KU [2] min.		
	N/mm²	N/mm²	%	%	J		N/mm²	N/mm²	%	%	J		
C45G (Cf 45)	410	660 bis 720	16	–	25		370	620 bis 760	17	–	25	55	100
C53G (Cf 53)	430	690 bis 830	14	35	–		400	640 bis 780	15	40	–	57	100
44Cr2 (45 Cr 2)	540	780 bis 930	14	45	42		440	690 bis 830	15	50	42	55	100
38Cr4 (38 Cr 4)	630	830 bis 980	13	45	42		510	740 bis 880	14	50	42	53	100
49CrMo4 (49 CrMo 4)	–	–	–	–	–		690	880 bis 1080	12	50	35	56	250

[1] Die nicht mehr gültigen Bezeichnungen nach DIN 17100 sind zum Vergleich in Klammern aufgeführt.
[2] Gültig für Längsproben, deren Mittelachse 12,5 mm vom Rand entfernt liegt.
[3] Nach Vergüten (bei C53G auch nach Normalglühen) und Randschichthärten mit anschließendem Entspannen bei 150 °C.
[4] DVM-Proben.

– Nitriertemperatur und -zeit,
– und verschiedenen Faktoren, die die Diffusion des Stickstoffs beeinflussen. Die Anwesenheit stark stickstoffaffiner Elemente (z. B. Al, Mo, V) führt sehr schnell zum Abbinden des eindiffundierenden Stickstoffs, also zum Begrenzen seiner Eindringtiefe. In den hochlegierten Werkzeugstählen sind aus diesem Grunde nur sehr geringe Eindringtiefen erreichbar.

Die harten Nitrierschichten können sich nur bilden, wenn ausreichende Mengen gelöster Nitridbildner im Mischkristall vorhanden sind. Diese können bei zu großen Anlasstemperaturen bzw. -zeiten bereits als Carbide abgebunden vorliegen, so dass sie für eine Nitridbildung nicht mehr verfügbar sind.

Die mechanischen Eigenschaften des meistens vergüteten Kerns müssen bei hohen Flächenpressungen das Eindrücken der nitrierten Schicht sicher ausschließen. Hierzu ist vor allem eine ausreichende Festigkeit erforderlich. Die beim Gasnitrieren typischen sehr großen Behandlungszeiten (einige zehn Stunden) dürfen den Kern nicht unzulässig *anlassen* bzw. *(anlass-)verspröden*. Diese Forderungen lassen sich mit Cr und Mo sicher erfüllen.

In Tab. 4.18 sind die mechanischen Eigenschaften einiger für das Nitrieren geeigneter Vergütungsstähle und der CrMoV(Al)-legierten Nitrierstähle aufgeführt, die eine ausreichende bis hohe Härtbarkeit (Cr, Mo) mit der erforderlichen Anlassbeständigkeit (Cr, Mo, V) des Kerns und der Bildung harter Sondernitride (Al, Mo, V) verbinden.

4.8.3.4 Einsatzstähle

Der Kohlenstoffgehalt in der Randschicht von Bauteilen aus Einsatzstählen wird durch ein (manchmal partielles) Aufkohlen *(»Einsetzen«)* auf etwa 0,6 % bis 0,9 % erhöht. Nach einem anschließenden Härten – sehr oft von der Aufkohlungstemperatur (900 °C bis 950 °C), der *Direkthärtung* – wird es bei Temperaturen von nur 150 °C bis 200 °C entspannt. Mit dieser Behandlung werden die Festigkeitswerte praktisch nicht herabgesetzt, aber die Rissneigung der gehärteten Randschicht wird merklich verringert.

Eine Anlassbehandlung bei üblichen Temperaturen darf mit Rücksicht auf die nur bei hoher Härte vorhandene Verschleißbeständigkeit und dynamische Beanspruchbarkeit nicht erfolgen. Die Eigenschaften des Kerns werden also bei gegebener chemischer Zusammensetzung des Stahles durch das Härten bestimmt. Die für die Bauteilsicherheit erforderliche Zähigkeit des nicht aufgekohlten Kerns ist daher nur durch Begrenzen des Kohlenstoffgehaltes der Einsatzstähle auf etwa 0,25 % zu erreichen. Einsatzstähle sind in DIN EN 10084 genormt.

Die vom Werkstoff zu fordernden Eigenschaften werden von einer Vielzahl von Faktoren bestimmt, die sich z. T. gegenseitig beeinflussen:

❐ **Aufkohlbarkeit** und **Randhärtbarkeit** sind entscheidende Eigenschaften. Während des Aufkohlens muss der von der Aufkohlungstemperatur, der Aufkohlungsdauer und der chemischen Zusammensetzung des Stahles erforderliche Kohlenstoffgehalt sicher einstellbar sein. Ein Überkohlen, verbunden mit einer Carbidbildung, muss ebenso verhindert werden wie eine unzulässige Oxidation (in) der Randschicht (Randoxidation). Die Carbidbildung wird insbesondere durch Chrom stark begünstigt. Bild 4.98 zeigt den Einfluss des starken Carbidbildners Chrom auf den Kohlenstoffgehalt in der Randschicht nach dem Aufkohlen. Diese Erscheinung führt mit zunehmendem Kohlenstoffgehalt zu einem Ansteigen des in vielen Fällen unerwünschten Restaustenitanteils (siehe Bild 4.41). Die Folge ist eine merklich Abnahme der Randschichthärte. Ein rein martensitisches Randschichtgefüge – evtl. mit eingelagerten Sondercarbiden – ist für höchste Verschleißbeanspruchbarkeit die günstigste Gefügeform. Die mit dem Stirnabschreckversuch ermittelte *Härtbarkeit* spielt eine zentrale Rolle bei der Bewertung der Einsatzstähle, weil diese Eigenschaft die mechanischen Gütewerte des i. Allg. nicht mehr wärmebehandelten Kernbereiches und die Gebrauchseigenschaften des einsatzgehärteten Bauteils bestimmen. Bei dynamisch und schlagartig hoch beanspruchten Bauteilen werden sehr hohe Anforderungen an die Härtbarkeit gestellt.

– Die sehr hohe Aufkohlungstemperatur erfordert vor allem bei der Direkthärtung Stähle mit einer ausreichend geringen Neigung zur **Vergröberung** des Austenitkornes. In diesen Fällen werden vorzugsweise *Feinkornstähle* verwendet. Ihr Gehalt an Al, Ti oder Nb verzögert das Kornwachstum erheblich, setzt allerdings auch geringfügig die Härtbarkeit herab. Ein grobes Austenitkorn erschwert überdies die Kohlenstoffdiffusion und verringert die Zähigkeit.

☐ Der **Verzug beim Härten** sollte gering und vor allem möglichst gleichmäßig sein. Das lässt sich mit feinkörnigen Stählen mit eingeengten Härtbarkeitsstreubändern erreichen.

☐ Die Bauteile werden nach einem vorangehenden Warm- oder Kaltumformen überwiegend durch spangebende Verfahren als letztem Bearbeitungsschritt vor dem Härten hergestellt. Daher ist die **Zerspanbarkeit** eine wichtige wirtschaftliche und technische Eigenschaft der Einsatzstähle.

4.8.4 Warmfeste und hitzebeständige Stähle

Bauteile, die bei höheren Temperaturen mechanisch und chemisch beansprucht werden, werden aus warmfesten oder hitzebeständigen Stählen hergestellt. Die Spanne der Betriebstemperaturen reicht von etwa 300 °C, über 500 °C bis 550 °C (z. B. Frischdampftemperaturen), 700 °C (z. B. Gasturbinen) bis zu der z. Z. maximal beherrschbaren von etwa 1100 °C, die bei Flugtriebwerken entsteht.

In vielen Fällen führt der Kontakt des Mediums mit der Werkstückoberfläche bei hohen Temperaturen zu einer Reihe unerwünschter Reaktionen, wie z. B. Entkohlen, Erosions(korrosion) oder durch Druckwasserstoff ausgelöste Werkstoffänderungen. In diesen Fällen ist außer der notwendigen Warmfestigkeit eine hinreichende Korrosionsbeständigkeit des Werkstoffs erforderlich.

In der Regel steigt mit zunehmenden Betriebstemperaturen die Zundergefahr und die Gefahr der Korrosion durch heiße, aggressive Gase oder Flüssigkeiten. Warmfeste Stähle, die bei Betriebstemperaturen über etwa 550 °C vorwiegend gasförmigen Medien ausgesetzt sind, müssen *zunderbeständig* sein.

Ausreichende Korrosionsbeständigkeit besitzen aber nur hochlegierte Stähle. Außerdem wird neben einer guten Verarbeitbarkeit (z. B. Kalt- oder Warmbiegen) vor allem eine hinreichende Schweißeignung verlangt, weil diese Stähle fast ausschließlich durch Schweißen verbunden werden.

Metalle kriechen (siehe S. 32) bei höheren Betriebstemperaturen und entsprechenden Beanspruchungen. Diese bleibenden, stetig zunehmenden Formänderungen können zum Bruch führen. Sie müssen daher begrenzt werden. Die »zulässigen« Formänderungen werden mit aufwändigen Prüfmethoden festgestellt (siehe S. 102).

Die *Warmfestigkeit* und *Hitzebeständigkeit* der Stähle lässt sich durch eine Reihe von Maßnahmen verbessern, die zu einer Verringerung der Kriechgeschwindigkeit führen oder den messbaren Kriechbeginn zu höheren Temperaturen verschieben. Das lässt sich durch Legieren und (oder) Wärmebehandlungen erreichen:

– Bestimmte *Legierungselemente* in fester Lösung, z. B. Mangan, Molybdän oder Kobalt, verringern die Atombeweglichkeit und behindern bzw. verzögern Rekristallisationsvorgänge.

– Die die Kriechvorgänge bestimmenden Versetzungsbewegungen (Klettern, Quergleiten) werden durch *feinstdisperse Ausscheidungen* chemisch und thermisch beständiger intermediärer Verbindungen wie z. B. Carbide, Nitride wirksam gehemmt (Chrom, Molybdän, Vanadium, Wolfram, Titan).

– Da die Atombeweglichkeit im krz Gitter erheblich größer ist als im kfz Gitter, ist die Warmfestigkeit und die Rekristallisationstemperatur austenitischer Stähle grundsätzlich größer als die ferritischer Stähle.

– Bei hohen Betriebstemperaturen strebt der Werkstoff wegen des leichteren Platzwechsels der beteiligten Atomsorten einem gleichgewichtsnäheren Zustand zu. Alle Stähle sind metastabil, d. h., sie befinden sich nicht im Gleichgewicht. Ihr Gefüge verändert sich bei höheren Temperaturen um so stärker, d. h., die Eigenschaftsänderungen sind um so größer, je weiter es vom

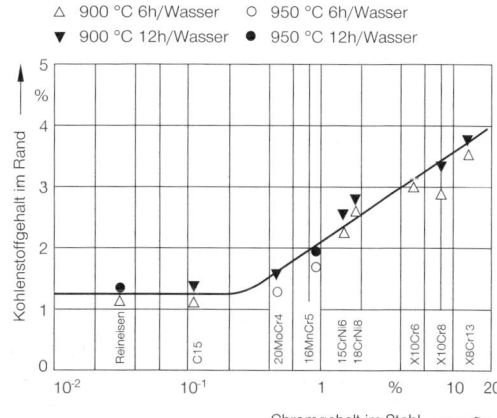

Bild 4.98
Einfluss des Chromgehaltes unterschiedlich legierter Stähle auf den Kohlenstoffgehalt in der Randschicht einsatzgehärteter Stähle (nach BUNDGARDT, PREISENDANZ und MERSMANN)

Tab. 4.18: Mechanische Eigenschaften zum Nitrieren geeigneter Stähle nach DIN EN 10085 im vergüteten Zustand und die Oberflächeneigenschaften nach einem Nitrieren

Stahlsorte (Kurzname)	Durchmesser	Mechanische Eigenschaften im vergüteten Zustand [1]			Härte an der nitrierten Oberfläche, min etwa
		$R_{p0,2}$ min.	R_m	A min.	KV min.	HV 1
Bezeichnung nach DIN EN 10027-1	mm	N/mm²	N/mm²	%	J	
24CrMo13-6	≤ 40	800	1000 bis 1200	12	25	–
	> 40 ≤ 100	835	980 bis 1180	12	25	
31CrMo12	≤ 100	785	980 bis 1180	11	30	800
	> 100 ≤ 160	735	930 bis 1130	12	30	
31CrMoV9	≤ 100	800	1000 bis 1200	10	30	800
	> 100 ≤ 250	650	850 bis 1050	12	40	
33CrMoV12-9	≤ 100	850	1050 bis 1250	12	35	–
	> 100 ≤ 250	700	900 bis 1100	13	45	
41CrAlMo7-10	≤ 70	750	900 bis 1100	13	25	950
40CrMoV13-9	≤ 100	720	900 bis 1100	13	25	–
	> 100 ≤ 250	625	900 bis 1100	15	30	
34CrAlMo5-10 [2]	≤ 40	600	800 bis 1000	10	35	900
	≤ 70	600	800 bis 1000	14	34	

[1] Gültig für Längsproben, deren Mittelachse 12,5 mm vom Rand entfernt liegt.
[2] verfügbar für Dicken $d \leq 70$ mm.

Tab. 4.19: Mechanische Eigenschaften warmfester Stähle

Stahlsorte	Mechanische Gütewerte bei Raumtemperatur [1]				Gefüge [2]
	Streckgrenze (0,2-Grenze) min.	Zugfestigkeit	Bruchdehnung min. (Längsrichtung)	Kerbschlagarbeit KV, min. (Längsrichtung)	
	N/mm²	N/mm²	%	J	
Bleche, Stäbe nach DIN EN 10028-2 (DIN 17155)					
P235GH (HI)	235	360 bis 480	25	27 [3]	F-P
P265GH (HII)	265	410 bis 530	23	27 [3]	F-P
P295GH (17 Mn 4)	295	460 bis 580	22	27 [3]	F-P
P355GH (19 Mn 6)	355	510 bis 650	21	27 [3]	F-P
16Mo3 (15 Mo 3)	275	440 bis 590	24	31	F-P
13CrMo4-5 (13 CrMo 4 4)	300	440 bis 590	20	31	V
10CrMo9-10 (10 CrMo 9 10)	310	470 bis 620	18	31	V
Rohre nach DIN EN 10216-2 (DIN 17175)					
P195	195	320 bis 440	27	40	F-P
P235	235	360 bis 500	25	40	F-P
P265	260	410 bis 570	21	40	F-P
P355	355	500 bis 650	22	40	F-P
8MoB5-4	400	540 bis 690	17	–	V
X10CrMoVNb9-1	450	630 bis 830	20	–	V
Ferritische und austenitische Stähle nach DIN EN 10088					
X6Cr13	220	400 bis 600	19	–	F
X6CrMo17-1	260	450 bis 630	18	–	F
X2CrMoTi18-2	280	400 bis 640	20	–	F
X2CrNi18-9	200	500 bis 670	45	90	A
X6CrNiMoNb17-12-2	220	520 bis 720	40	90	A
X6CrNiMoN17-13-3	280	580 bis 780	35	90	A
X2CrNiMo18-15-4	220	520 bis 720	35	90	A
X1CrNiMoCuN25-25-5	290	600 bis 800	40	90	A
X1CrNiMoCu31-27-4	220	500 bis 700	40	90	A
Hochwarmfeste austenitische Stähle nach DIN EN 10302 (DIN 17460)					
X8CrNiMoNb16-16	215	530 bis 690	35	65	A
X5NiCrAlTi31-20	170	500 bis 750	35	120	A

[1] die mechanischen Gütewerte gelten für Erzeugnisdicken < 16 mm.
[2] F: ferritisch, F-P: ferritisch-perlitisch, V: Vergütungsgefüge, A: austenitisch.
[3] Werte gelten für 0 °C.

Gleichgewichtszustand entfernt ist. Danach können Stähle mit martensitischem Gefüge höchstens bis zu ihrer Anlasstemperatur eingesetzt werden. Die geringsten Änderungen sind bei ferritisch-perlitischen Stählen zu erwarten, wenn der *Perlit eingeformt* vorliegt (siehe Weichglühen S. 163). Damit wird auch verständlich, dass die Partikel in ausscheidungshärtbaren warmfesten Stählen thermisch und chemisch sehr beständig sein müssen.

In Tab. 4.19 sind die mechanischen Eigenschaften der wichtigsten warmfesten Stähle bei Raumtemperatur aufgeführt.

Nach der Gefügeform und den Hauptlegierungselementen kann eine werkstofflich begründete Einteilung gegeben werden:
– *Unlegierte und niedriglegierte Stähle*. Das sind z. B. die nach DIN 10207 und DIN EN 10028 (warmfeste Kesselbleche) sowie DIN EN 10216 (warmfeste Rohre). genormten Stähle. Die unlegierten Sorten werden bis zu Betriebstemperaturen von etwa 350 °C (z. B. P295GH), die legierten bis zu 550 °C eingesetzt (z. B. 10CrMo9-10). Warmfeste Stähle, die etwa bis etwa 400 °C eingesetzt werden, sind Feinkornstähle. Sie werden normalgeglüht oder flüssigkeitsvergütet. Das wichtigste Legierungselement ist Mangan. Das Gefüge der unlegierten Stähle besteht aus Ferrit und Perlit oder Ferrit und Bainit. Molybdän wird wegen der großen kriechhemmenden Wirkung in großem Umfang verwendet. Der Molybdängehalt in reinen Mo-Stählen (z. B. 16Mo3) muss auf etwa 0,3 % begrenzt werden, weil die sich bei höherer thermischer Beanspruchung ausscheidenden Carbide Mo_2C die Zeitstandfestigkeit und die Zähigkeit sehr nachteilig beeinflussen. Dieser gravierende Nachteil lässt sich durch Zulegieren von Chrom beseitigen. Die Cr-Mo-Stähle sind daher die wichtigsten Stähle.
– *Hochlegierte Chrom-Molybdän-Stähle* (Cr ≥ 12 %) können bis etwa 600 °C eingesetzt werden, das ist die mit ferritischen Stählen maximal mögliche Betriebstemperatur. In der martensitischen (perlitischen) Matrix sind stabile Sondercarbide eingelagert, z. B. X20CrMoV12-1.
– *Hochlegierte austenitische Chrom-Nickel-Stähle*. Im Vergleich zu den korrosionsbeständigen austenitischen Stählen (siehe Abschn. 4.8.6.3) haben diese vollaustenitischen Stähle einen auf 13 % bis 16 % angehobenen Nickel- und einen deutlich niedrigeren Chrom-Gehalt. Mit dieser legierungstechnischen Maßnahme wird die Austenitstabilität erhöht, d. h., die Gefahr der Ferritbildung praktisch ausgeschlossen. Durch Molybdän-, Vanadium-, Wolfram- und Niob-Zusätze bilden sich chemisch und thermisch beständige Sondercarbide, die die hohe Warmfestigkeit dieser Stähle zusätzlich erhöhen. Allerdings neigen die mehrfach legierten Stähle, begünstigt durch die hohen Betriebstemperaturen, zu unkontrollierten Ausscheidungen aller Art, die praktisch immer die Zähigkeitseigenschaften wesentlich verschlechtern.

Bemerkenswert ist die stark kriechhemmende Wirkung selbst geringster Mengen (≤ 0,01 %) Bor in austenitischen Stählen. Bor liegt i. Allg. konzentriert im Korngrenzenbereich vor und erschwert die Diffusion und das Korngrenzengleiten. Spannungsinduzierte Ausscheidungen (Carbide, Sigma-Phase) werden behindert. Die von Verunreinigungen und Legierungsatomen relativ freien Korngrenzenbereiche neigen auch bei einer stärker verfestigten Matrix kaum zur Rissbildung. Die warmfesten austenitischen Chrom-Nickel-Stähle werden vorwiegend in Energieerzeugungsanlagen (Kesselbau) und im Triebwerksbau bei Wandtemperaturen bis etwa 800 °C verwendet, z. B. X8CrNiMoVNb16-13.

Die z. T. extrem dickwandigen Konstruktionen aus warmfesten Stählen werden häufig durch das Fügeverfahren Schweißen hergestellt, Daher ist eine gute *Schweißeignung* die wichtigste technologische Forderungen. Sie wird durch die Begrenzung des Kohlenstoffgehaltes auf 0,2 % und eine feinkörnige Erschmelzung dieser Stähle erreicht. Der Verbesserung der Schweißeignung, die für eine fachgerechte und fehlerfreie Fertigung unumgänglich ist, wird in den letzten Jahren eine höhere Priorität eingeräumt als der Erhöhung der Warmfestigkeit. Diese für die Bauteilsicherheit geschweißter Bauteile entscheidende Eigenschaft wird durch bestimmte Legierungskombinationen (z. B. Mn-Ni-System) und sekundärmetallurgische Maßnahmen erzeugt, mit der geringste Schwefelgehalte und vor allem eine günstige Beeinflussung der Sulfidform einstellbar sind.

In geschweißten Bauteilen aus dickwandigen (> 50 mm bis 70 mm) warmfesten Feinkornbaustählen entstehen häufig nach einem Spannungsarmglühen in den Wärmeeinflusszonen der Schweißnähte interkristalline Risse. Die während des Glühens im Bereich

Tab. 4.20: Zunderbeständigkeit und chemische Zusammensetzung ausgewählter hitzebeständiger Stähle und ihre mechanischen Eigenschaften bei Raumtemperatur

Werkstoff		Zunderbeständigkeit an Luft bis max.	Mechanische Eigenschaften			Chemische Zusammensetzung, Massenprozent (Auswahl)				
Kurzname	Werkst. Nr.	°C	$R_{p0,2}$ N/mm²	R_m N/mm²	A %	C	Cr	Ni	Al	Si
Ferritische Chromstähle										
X10CrAl 13	1.4724	850	210 bis 380	400 bis 700	10 bis 15	0,12	13,0	–	1,0	1,0
X10CrAl 18	1.4742	1000				0,12	18,0	–	1,0	1,0
X10CrAl 24	1.4762	1150				0,12	24,5	–	1,5	1,0
Austenitische CrNi-Stähle										
X12CrNiTi18-9	1.4878	850	210 bis 330	500 bis 750	30 bis 35	0,12	18,0	10,0	–	1,0
X15CrNiSi20-12	1.4828	1000				0,20	20,0	12,0	–	2,0
X12CrNi25-21	1.4845	1100				0,15	25,0	20,5	–	0,5
X15CrNiSi25-20	1.4841	1150				0,20	25,0	20,5	–	2,6
X10NiCrAlTi32-20	1.4876	1100				0,12	21,0	32,0	0,3	0,5
Nichteisenmetall-Legierungen										
NiCr15Fe	2.4816	1150	> 175	490 bis 640	> 15	0,12	15,5	75	(0,1)	–
CoCr28Fe	2.4778	1250	> 350	650 bis 900	> 5	0,10	28,0	–	–	–

der WEZ freiwerdenden Eigenspannungen verbunden mit einer ausgeprägten Verformungsbehinderung sind dafür ursächlich. Beim Schweißen gelöste Carbide scheiden sich während des Spannungsarmglühens im Bereich der Korngrenzen und in der Matrix aus. Der verfestigten Matrix fehlt weitgehend die Fähigkeit zur Gittergleitung, so dass die beim Spannungsarmglühen stattfindenden Relaxationsvorgänge im Wesentlichen durch Korngrenzengleitungen erfolgen müssen. Besonders gefährdet ist martensitisches Gefüge, das wegen seiner starken Fehlordnung günstige Verhältnisse für die erforderliche Keimbildung zur Carbidausscheidung schafft. Diese zunächst überraschende Rissbildung wird *Ausscheidungsriss, Wiedererwärmungsriss*, im englischen Sprachraum auch als *stress-relief-cracking* (SRC) bezeichnet.

Die legierten (Cr, Mo, Ni) ferritischen warmfesten Stähle sind für Betriebstemperaturen zwischen 400 °C (z. B. 15Mo3, 22NiMoCr3-7) und maximal 590 °C (X20CrNiMoV12-1) einsetzbar.

Hitzebeständige Stähle müssen in erster Linie zunder- und korrosionsbeständig und sein (Tab. 4.20). Nach SEW 470 gilt ein Stahl als hitzebeständig, wenn sich bei Betriebstemperaturen über 550 °C eine festhaftende Oxidschicht bilden kann, die vor weiterem Angriff z. B. durch heiße Gase, Salz- und Metallschmelzen oder Halogene schützt. Ein Stahl gilt nach der gleichen Vorschrift bei der Temperatur T als zunderbeständig, wenn die verzunderte Metallmenge bei dieser Temperatur im Durchschnitt das Gewicht von 1 g/m^2 h und bei der Temperatur (T + 50 °C) ein Gewicht von 2 g/m^2 für eine Zeitdauer von 120 h bei vier Zwischenabkühlungen nicht überschreitet.

Die Zunderbeständigkeit beruht auf der Ausbildung einer dichten, festhaftenden Chromoxidschutzschicht, deren Wirkung durch Al und Si verbessert wird. Um ein Abplatzen dieser Schicht bei der Betriebstemperatur und vor allem bei plötzlichen Änderungen der Temperatur zu vermeiden, muss sie einen Wärmeausdehnungskoeffizienten haben, der dem des Grundwerkstoffs möglichst gleicht. Diese Eigenschaft bewahrt die Oxidschutzschicht weitgehend vor mechanischer Zerstörung.

Die mechanischen Eigenschaften dieser Stähle bei Raumtemperatur sind lediglich für ihre Be- und Verarbeitung wichtig.

Die Anforderungen an diese Stähle sind sehr vielfältig. Sie müssen nicht nur zunderbeständig – auch als *Heißkorrosionsbeständigkeit* bezeichnet – sondern auch ausreichend hoch *mechanisch* beanspruchbar und gegen Aufnahme von Kohlenstoff und Stickstoff beständig sein. Außerdem wird wegen der u. U. häufigen Aufheiz- und Abheizphasen *Thermoschockbeständigkeit* und der hohen Betriebstemperaturen ein möglichst stabiles Gefüge gefordert. Dafür muss im Wesentlichen eine durch die Langzeitbeanspruchung mögliche Versprödung durch Ausscheidungen vermieden werden.

Hitzebeständig sind die ferritischen Chrom-, und die austenitischen Chrom-Nickel-Stähle sowie verschiedene Nickel-Chrom- bzw. Kobalt-Chrom-Nichteisenmetall-Legierungen, Tab. 4.20. Die ferritischen Chrom-Stähle können bei langzeitiger Beanspruchung im Temperaturbereich von 500 °C bis 800 °C nach einem Abkühlen auf Raumtemperatur durch die Ausscheidung der Sigma-Phase vollständig verspröden (Abschn. 4.8.6.2).

Vor allem für den chemischen Apparatebau sind Anlagen und Apparaturen erforderlich, die bei sehr hohen Temperaturen (> 550 °C) und meistens gleichzeitigem chemischem Angriff betrieben werden. Ferritische Chromstähle sind unter oxidierenden Bedingungen und bei Angriff schwefelhaltiger Gase relativ korrosionsbeständig. Reduzierender Angriff durch kohlenstoffhaltige Medien führt wegen der

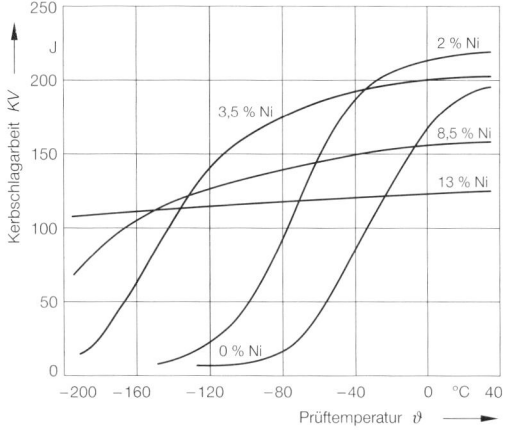

Bild 4.99
Einfluss des Nickelgehalts auf den Verlauf der Kerbschlagarbeit-Temperatur-Abhängigkeit verschiedener Stähle:
Stähle mit 3,5 % bis 13 % Ni, 0,01 % C,
Stahl mit 2 % Ni, 0,15 % C,
Stahl mit 0 % Ni, 0,20 % C (nach ARMSTRONG*)*

Tab. 4.21: Anwendungsbereich kaltzäher Baustähle in der Flüssiggas-Technologie (nach DEGENKOLBE und HANEKE)

Stahlsorte	Streckgrenze bei RT N/mm² min.	Kerbschlagarbeit KV [1] Prüftemperatur °C	J min.	Anwendung in der Technologie von Butan ±0°C	Propan −42°C	Propen −47°C	Kohlendioxid −78°C	Äthan −89°C	Äthen −104°C	Methan −164°C	Sauerstoff −183°C	Argon −186°C	Stickstoff −196°C	Wasserstoff −253°C	Helium −269°C
S275NL bis S460NL	275 bis 460	-50	27	Anwendungsbereich											
11MnNi5-3	285	-60	41												
13MnNi6-3	355	-60	41												
10Ni14	345	-100	27												
10Ni14V	390	-120	27												
12Ni19	420	-140	35												
X7NiMo6	490	-170	39												
X8Ni9	490	-196	39												
austenitische CrNi-Stähle	240 bis 340	-196	55												

günstigen Diffusionsbedingungen im krz Gitter sehr schnell zur Chromcarbidbildung und damit zur Versprödung und Korrosionsanfälligkeit. Die austenitischen Chrom-Nickel- und Chrom-Nickel-Silicium-Stähle sind sehr warmfest und zunderbeständig. Sie besitzen eine hohe *Temperaturwechselfestigkeit* und eine geringe Neigung zum Verspröden. Ihre Beständigkeit gegen Schwefelangriff bei hohen Temperaturen ist allerdings gering.

Daraus ergeben sich zusammengefasst die Anforderungen an hitzebeständige Stähle:
- Zunder- und Korrosionsbeständigkeit bei hohen Betriebstemperaturen,
- ausreichende Warmfestigkeit bzw. Zeitfestigkeitseigenschaften,
- Stabilität des Gefüges hinsichtlich der Neigung zu versprödenden Ausscheidungen,
- Wegen des häufigen Einsatzes in der chemischen Industrie sind gute Schweißeignung und ausreichende Verarbeitungseigenschaften wichtig.

Für die noch weitergehenden Anforderungen an die Warmfestigkeit im Gasturbinen-, Flugzeug- und Raketenbau sind nur noch die *Superlegierungen* anwendbar (siehe auch S. 286). Das sind austenitische Werkstoffe auf der Basis Nickel (50 % bis 75 %) oder Kobalt (50 % bis 60 %) mit mehr als 15 % Chrom für eine ausreichende Oxidationsbeständigkeit. Ihre Temperaturbeständigkeit beruht in der Hauptsache auf extrem beständigen Carbiden und anderen intermediären Verbindungen. Um den optimalen Ausscheidungszustand zu erhalten, ist eine sehr genau kontrollierte Wärmebehandlung erforderlich.

Bei *dispersionsgehärteten Werkstoffen* werden künstlich hergestellte Teilchen (z. B. Al_2O_3, SiO_2, ZrO_2, ThO_2) in die Matrix eingebracht. Diese Methode bietet den Vorteil, dass die optimale Teilchengröße, ihre Verteilung und ihre Eigenschaften besser kontrolliert und beeinflusst werden können.

4.8.5 Kaltzähe Stähle

In der Kälteindustrie werden zum Bau der entsprechenden Anlagen (z. B. Gasverflüssigungsanlagen, Rohrleitungen, Pumpen, Armaturen) und Transportbehälter Stähle und andere Werkstoffe gebraucht, die bei tiefen Temperaturen ($-50\,°C$ bis $-270\,°C$) noch ausreichend zäh sind. Mit abnehmender Temperatur steigen die Festigkeitswerte (Streckgrenze, Bruchfestigkeit, E-Modul) und die Zähigkeitswerte (Bruchdehnung, Brucheinschnürung), insbesondere die Kerbschlagzähigkeit, nehmen ab. Da die Bauteile bei den niedrigen Betriebstemperaturen praktisch nur durch Sprödbruch versagen können, ist im Wesentlichen eine ausreichende tiefe Übergangstemperatur der Kerbschlagzähigkeit Maßstab für die Verwendbarkeit dieser Stähle. Die Festigkeitseigenschaften sind oft von geringerer Bedeutung. Die wichtigsten kaltzähen Stähle sind in der DIN EN 10028-3, DIN 17440 und DIN EN 10088 aufgeführt. Da die Anlagen ausschließlich durch Schweißen hergestellt werden, ist eine gute Schweißeignung unabdingbar.

Tab. 4.21 zeigt die Anwendungsbereiche der wichtigsten kaltzähen Stähle. Es werden drei Hauptgruppen unterschieden:

- *Un- und niedriglegierte, Tieftemperatur- und Feinkornbaustähle*, die im normalgeglühten Zustand bis etwa −50 °C, im vergüteten bis etwa −80 °C verwendet werden. Das wichtigste Legierungselement ist Mangan (≤ 2%), dessen Wirkung im Wesentlichen auf der Verfeinerung der Sekundärkorngröße durch Absenken der Umwandlungstemperatur beruht.
- *Nickel-Mangan-legierte normalgeglühte Feinkornbaustähle* (z. B. 13MnNi6-3) und nickellegierte (1,5 % Ni bis 9 % Ni) Vergütungsstähle, die von −80 °C bis −200 °C eingesetzt werden. Nickel ist eines der wirksamsten Legierungselemente zum Verbessern der Zähigkeit bei tiefen Temperaturen (Bild 4.99).
- *Chrom-Nickel-legierte austenitische Stähle* verhalten sich noch bei Temperaturen in der Nähe des absoluten Nullpunktes zäh. Der für ferritische Stähle typische Steilabfall der Kerbschlagzähigkeit ist bei austenitischen Stählen nicht vorhanden. Wesentlich ist, dass das austenitische Gefüge bei tiefen Temperaturen stabil bleibt. Eine begrenzte Martensitbildung wird durch plastische Verformung merklich begünstigt. Derartige Verformungsvorgänge müssen in jedem Fall vermieden werden. Der entstehende krz Martensit führt zu einer deutlichen Versprödung des Stahles.

4.8.6 Nichtrostende Stähle

Die üblichen unlegierten und niedriglegierten Stähle sind in korrodierender Umgebung praktisch nicht beständig. Ein Chromgehalt über der **Resistenzgrenze,** d. h. mindestens 12 %, führt unter oxidierenden Bedingungen zu dichten, zähen, festhaftenden, sehr dünnen (etwa 5 nm) Oxidfilmen oder adsorptiv gebundenen Sauerstoffschichten auf der Stahloberfläche: der Stahl wird passiviert, d. h. beständig gegen oxidierende Medien. Die *Korrosionsbeständigkeit* beruht folglich auf der Anwesenheit einer möglichst homogenen, dichten Oxidschicht/Sauerstoffschicht. Dafür ist die gleichmäßige Verteilung des Chroms in der jeweiligen Matrix (ferritische Chrom- bzw. austenitische Chrom-Nickel-Stähle) erforderlich. Die Ausbildung eines weitgehend homogenen Oxidfilmes erfordert auch eine homogene Verteilung der Legierungselemente in einem einphasigen Werkstoff (Ausnahme Duplexstahl, siehe Abschn. 4.8.6.4). Verschiedene Faktoren können aber den homogenen Aufbau empfindlich stören:
- *Inhomogener oder heterogener Gefügeaufbau*, d. h., der Werkstoff ist geseigert bzw. er besteht aus mehreren Phasen: z. B. Ferrit mit Anteilen von Sigma-Phase oder Austenit mit Anteilen von δ-Ferrit (»Ferritpfadkorrosion« durch bevorzugten Angriff des Ferrits durch entsprechende Medien). Das Schweißgut ist wegen der großen Abkühlgeschwindigkeit i. Allg. stark geseigert.
- *Kaltverformungen* erhöhen die Gitterspannungen. Dadurch kann die Spannungsrisskorrosion ausgelöst oder begünstigt werden. In einigen Fällen kann sich durch die Verformung eines austenitischen Stahles z. T. „Verformungsmartensit" bilden, wodurch ein korrosionsanfälliger »zweiphasiger« Stahl entsteht.
- *Einschlüsse* oder *Ausscheidungen* aller Art.
- Der *Oberflächenzustand* der Bauteile ist von besonderer Bedeutung. Fremdstoffe, Zunder, Anlassfarben (erzeugt z. B. durch Schweißen) stö-

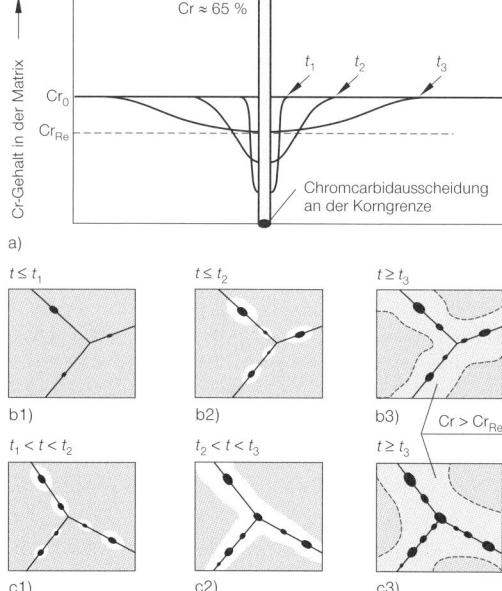

Bild 4.100
Zum Mechanismus der Chromverarmungstheorie.
a) *Chromprofil in der Nähe der Chromcarbidausscheidungen bei verschiedenen Haltezeiten t_i.*
b) *Bei niedrigerem C-Gehalt des Stahles ist direkt nach Bildung des Carbids (t_1, t_2) die Chromverarmung der Matrix gering. Eine zusammenhängende, chromverarmte Zone entlang der Korngrenzen kann nicht entstehen. Nach Ablauf der Zeit t_3 sind diese Bereiche mit aus dem Korninneren nachströmenden Chrom auf Werte über der Resistenzgrenze aufgefüllt. Kornzerfall entsteht nicht.*
c) *Bei höherem C-Gehalt des Stahles scheiden sich die Chromcarbide in größerer Menge und perlschnurartig aus. Bei einer Verweilzeit $t_2 < t < t_3$ sinkt der Chromgehalt im Bereich der gesamten Korngrenze unter 12 %. Kornzerfall kann entstehen. Nach Ablauf der Zeit t_3 ist die »Chrommulde« aufgefüllt, d. h., Kornzerfall kann nicht entstehen.*

ren den Aufbau des Oxidfilms, Riefen und Kratzer begünstigen die Korrosion. Allgemein sollte daher die Oberfläche möglichst glatt (am besten poliert) und sauber sein. Das kann durch Schleifen, Entfetten oder Beizen geschehen. Nur durch Beizen ist es wirtschaftlich möglich, alle Fremdstoffe aus der Oberfläche zu entfernen. Späne »schwarzer«. d. h. üblicher un- oder niedriglegierter Metalle, können sich sehr leicht in die Oberfläche der relativ weichen Werkstoffe eindrücken. Bearbeiten mit Werkzeugen, die bereits für »schwarze« Metalle verwendet wurden ist aus dem gleichen Grunde unzulässig. Die gefürchtete Lokalelementbildung kann nur durch Beizen wirksam vermieden werden. Das Beizbad wird häufig so eingestellt, dass der Oxidfilm verstärkt wird, es wirkt passivierend.

Der passive Zustand kann auch in den aktiven (korrosionsanfälligen) Zustand übergehen, wenn das Sauerstoffangebot verringert wird. Unter reduzierenden Bedingungen ist die Korrosionsbeständigkeit i. Allg. deutlich geringer.

Bilden sich bei diesen Stählen Chromcarbide, die sich bei höheren Temperaturen aus der Matrix ausscheiden, dann kann der im Gitter verbleibende Chromgehalt unter die Resistenzgrenze fallen, d. h., die Korrosionsbeständigkeit geht verloren. Der Wirkmechanismus dieser Vorgänge lässt sich anschaulich mit der **Chromverarmungstheorie** beschreiben, Bild 4.100. Bei der Bildung der Chromcarbide müssen sowohl Chrom- als auch Kohlenstoffatome zu dem Ort der Ausscheidung diffundieren. Weil Chrom erheblich langsamer als Kohlenstoff diffundiert, kommen die für die Chromcarbidbildung erforderlichen Chromatome nur aus der unmittelbar um den Bereich der Ausscheidung liegenden Matrix. Da die Chromcarbide bis zu 70 % Chrom enthalten, bilden sich in ihrer Nähe ausgeprägte »Chrommulden«. Durch eine geeignete Wärmebehandlung können bei entsprechenden Glühzeiten/Glühtemperaturen diese Mulden bis über die Resistenzgrenze mit aus dem Korninnern nachströmenden Chrom »aufgefüllt« werden wie Bild 4.101 zeigt. Bei ferritischen Stählen gelingt dies z. B. durch Glühen bei 750 °C/1h, Bild 4.101. Diese Glühbehandlung ist wichtig, weil durch ein Absinken des Chromgehaltes auf etwa 10 % der Stahl selbst von Trinkwasser angegriffen wird. Die möglichen Erscheinungsformen der Korrosion sind von der Verteilung der Chromcarbide abhängig:

❒ Bei niedrigen Kohlenstoffgehalten erfolgt die Ausscheidung der Carbide vorwiegend an den Korngrenzen. Es entsteht **Kornzerfall – interkristalline Korrosion (IK).**

❒ Bei höherem Kohlenstoffgehalt (z. B. martensitische Chrom-Stähle) scheiden sich die Chromcarbide *gleichmäßig* aus. Der Stahl wird flächenmäßig angegriffen.

Die Abtragrate der *Flächenkorrosion* hängt von den Zeit-Temperatur-Bedingungen der Carbidausscheidungen ab (Bild 4.100). Diese Vorgänge können ebenfalls mit der Chromverarmungstheorie erklärt werden:

– Bei kurzen Diffusionszeiten ist der Flächenanteil chromverarmter Bereiche klein; die Korrosionsrate ist gering.

– Solange sich mit zunehmender Diffusionszeit die Fläche der chromverarmten Bereiche vergrößert hat, steigt die Korrosionsrate (siehe Bild 4.100 Parameter Zeit t_1, t_2).

– Bei günstigen Diffusionsbedingungen – höhere Temperatur und/oder längere Zeiten – kann durch Diffusion der Chromgehalt in der gesamten Matrix bis über die Resistenzgrenze angehoben werden, der Stahl ist wieder korrosionsbeständig.

Für Chromcarbidausscheidungen an Korngrenzen, die zu Kornzerfall führen, gelten die Ausführungen entsprechend (siehe Bild 4.108).

Glühbehandlungen, die eine verminderte Korrosionsbeständigkeit zu Folge haben, werden auch als **Sensibilisierungsglühen** bezeichnet (siehe Sensibilisierungsbereich, Bild 1.130 und Bild 4.106). Eine Wärmebehandlung mit dem Ziel des Chromausgleichs zur Wiederherstellung der Korrosionsbeständigkeit heißt entsprechend **Desensibilisierungsglühen**.

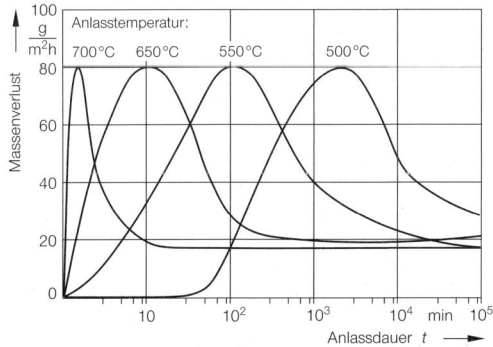

Bild 4.101
Korrosionsverhalten des vergütbaren Stahles X40Cr13 in Abhängigkeit von Anlasstemperatur und -zeit

Chromcarbidausscheidungen in korrosionsbeständigen Stählen führen daher in Anwesenheit von Korrosionsmedien in den meisten Fällen zu Werkstoffschädigungen. Das gilt insbesondere auch für den Einsatz bei höheren Temperaturen und für die Herstellung von Schweißverbindungen.

Um die Korrosionsbeständigkeit zu verbessern, muss mit zunehmendem Kohlenstoffgehalt
– der Chromgehalt höher und/oder
– der Kohlenstoff durch bestimmte Elemente so fest gebunden werden, die zu ihm eine wesentlich höhere Affinität (Bildungsenthalpie) besitzen als Chrom. Eine Chromcarbidbildung ist dann nicht mehr möglich, weil der Kohlenstoff fest (stabil) abgebunden ist. Solche Stähle werden als *stabilisiert* bezeichnet.

Titan oder Niob/Tantal bilden stabile Ti- bzw. Nb/Ta-Carbide. Die Chromcarbidbildung wird verhindert, wenn diese **Stabilisatoren** in einem bestimmten Verhältnis zum Gehalt an Kohlenstoff und/oder Stickstoff vorhanden sind.

Rostbeständige Stähle werden außerdem häufig durch Lochkorrosion *(Pitting)* [1] geschädigt. Als Ursache nimmt man die örtliche Verdrängung der Sauerstoffatome an der Bauteiloberfläche an. Die statistische Auswertung von Schäden an Bauteilen aus dem chemischen Apparatebau, die aus nichtrostenden Stählen hergestellt wurden, ergab, dass etwa 60 % der Schäden durch chemische und nur 12 % durch mechanische Beanspruchung hervorgerufen wurden. Die Ursache sind Angriffsmedien mit Halogenionen, insbesondere Chlorionen. Zulegieren von Molybdän ist die bei weitem wirksamste Methode, um die Beständigkeit gegen Chlorionen zu erhöhen. Deshalb sind Molybdän, sowie die Stabilisatoren Titan und Niob/Tantal neben Chrom und Nickel die wichtigsten Legierungselemente rostfreier Stähle.

Spannungsrisskorrosion kann bei allen austenitischen Stählen in chlorionenhaltigen und stark alkalischen Medien auftreten, während ferritische Stähle praktisch beständig sind. Auch in schwefelhaltigen Gasen haben ferritische Stähle eine wesentlich bessere Beständigkeit als austenitische.

Chrom begünstigt den ferritischen, Nickel den austenitischen Gefügezustand. Bild 4.102 zeigt anhand der Zweistoffsysteme Fe-Cr und Fe-Ni schematisch den Einfluss des typischen ferritstabilisierenden Chroms und des austenitstabilisierenden Nickels auf das Gefüge von Stahl. Abhängig davon, ob der Stahl beim Erwärmen vollständig, teilweise oder gar nicht austenitisiert werden kann, unterscheidet man vier große Stahlgruppen (Tab. 4.22):

❑ **Perlitisch-martensitische Chromstähle**
Cr = 12 % bis 18 % Cr, C = 0,15 % bis 1,2 %.
Stähle mit C ≥ 0,2 % sind i. Allg. Öl- oder Lufthärter.

❑ **Ferritische und halbferritische Chromstähle**
Cr = 12 % bis 30 %, C ≤ 0,2 %.

---

[1] Die weitaus häufigste Versagensform geschweißter Bauteile aus korrosionsbeständigen Stählen sind Lochkorrosion (30 %) und Korrosionsschäden an Schweißnähten.

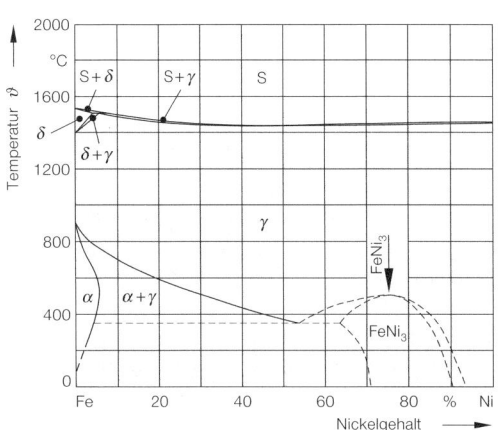
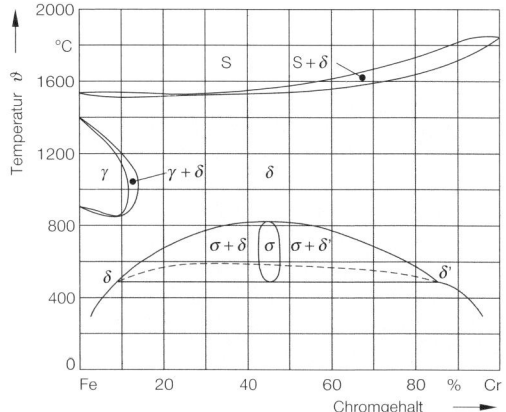

Bild 4.102
Die Zweistoffsysteme Fe-Ni (austenitstabilisierendes Ni) und Fe-Cr (ferritstabilisierendes Cr) (nach KUBASCHEWSKI)

Die halbferritischen Stähle enthalten je nach Zusammensetzung erhebliche Anteile von Umwandlungsgefüge (oft Martensit).

- **Austenitisch-ferritische Stähle (Duplexstähle)**
  Cr = 20 % bis 25 %, Ni = 5 % bis 7 %, bis 4 % Mo und geringe Mengen N.
  Das Gefüge dieser Stähle besteht aus ca. je 50 % δ-Ferrit und Austenit.
- **Austenitische Chrom-Nickel-Stähle**
  (oft mit ca. 10 % δ-Ferrit), Cr = 14 % bis 30 %, Ni = 6 % bis 36 %, C $\leq$ 0,1 %.

Dabei bestimmen im Wesentlichen die Austenitbildner Ni, C, N und Mn das Umwandlungsverhalten der Stähle. Bild 4.103 zeigt den großen Einfluss der intensiv wirkenden Elemente Kohlenstoff und Stickstoff.

Nichtstabilisierte Stähle sind gegen Kornzerfall erst dann beständig, wenn bei ferritischen Stählen der Kohlenstoff- und Stickstoffgehalt zusammen C + N < 0,015 % ist, bei austenitischen Stählen genügt ein Absenken des Kohlenstoffgehaltes auf C < 0,03 %.

Von großer Bedeutung für die Eigenschaften und das unterschiedliche Verhalten der ferritischen Chromstähle und der austenitischen Chrom-Nickel-Stähle sind der Grad der Löslichkeit und die Diffusionsgeschwindigkeiten gelöster Elemente. Als Folge des Gitteraufbaus ist die Löslichkeit für Kohlenstoff und andere Legierungselemente im kfz Austenit etwa um den Faktor 100 größer als im krz Ferrit.

Die Diffusionsgeschwindigkeit gelöster Atome ist dagegen im Ferrit etwa hundertmal größer als im Austenit. Die Ausscheidung von Chromcarbiden ist aus diesem Grunde bei den ferritischen Chromstählen selbst nach einem Abschrecken praktisch nicht zu unterdrücken, während bei den austenitischen Chrom-Nickel-Stählen bei üblichen Abkühlungsbedingungen nicht mit Ausscheidungsvorgängen zu rechnen ist. Damit wird verständlich, dass die thermische Stabilität des Ferrits im Vergleich zum Austenit wesentlich geringer ist.

Die ferritischen Stähle reagieren daher auf die Wärmezufuhr beim Schweißen wesentlich empfindlicher als die austenitischen. Bild 4.104 zeigt das am Beispiel eines typischen Abkühlverlaufs in der Wärmeeinflusszone von Schweißverbindungen (Bild 4.104a). Man erkennt deutlich das unterschiedliche Ausscheidungsverhalten der beiden Stahltypen.

Tab. 4.22 gibt einen Überblick über die Systematik und die Eigenschaften einer Auswahl korrosionsbeständiger rostfreier Stähle.

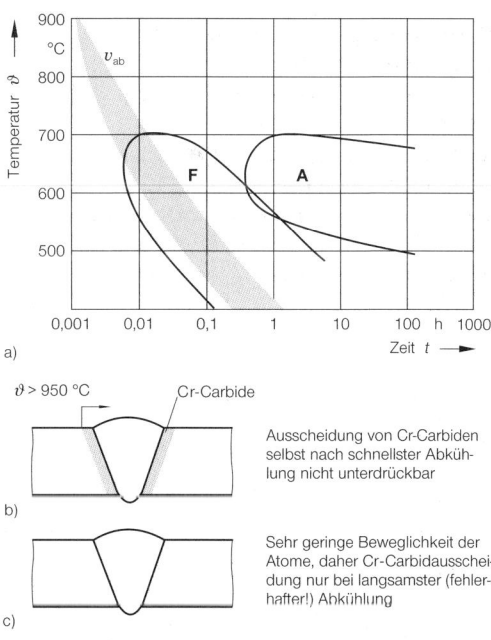

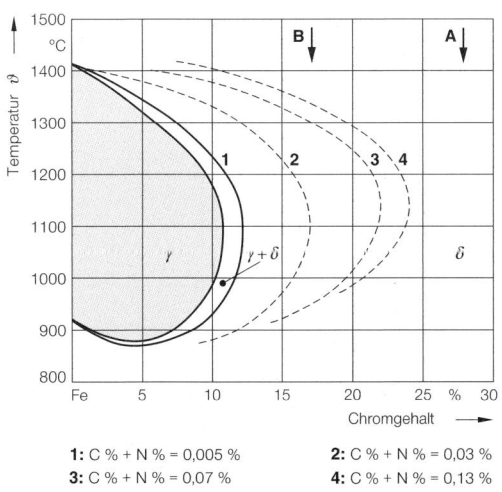

1: C % + N % = 0,005 %   **2:** C % + N % = 0,03 %
3: C % + N % = 0,07 %   **4:** C % + N % = 0,13 %

Bild 4.103
Einfluss des Kohlenstoffs und Stickstoffs auf Lage und Ausdehnung des ($\gamma+\delta$)-Raumes im System Fe-Cr (nach SCHMIDT und JARLEBORG)

Bild 4.104
a) *Sensibilisierungsbereich korrosionsbeständiger Stähle mit Verlauf eines typischen Abkühlbereichs (v_{ab}) nach dem Schweißen*
b) *ferritischer Chromstahl: Sensibilisierung durch Chromcarbidausscheidungen in der WEZ*
c) *austenitischer Cr-Ni-Stahl: keine Sensibilisierung bei fachgerechtem Schweißen (schnelle Abkühlung)*

Tab. 4.22: Einteilung und Eigenschaften der nichtrostenden Stähle (DIN EN 10088)

Bezeichnung	(Perlitisch-) martensitische Cr-Stähle	Ferritische Cr-Stähle		Austenitisch-ferritische Cr-Ni-Stähle (Duplexstähle)	Austenitische Cr-Ni-Stähle	
		halbferritische	ferritische		Austenitische (stabile Austenite)	Austenitische (labile Austenite)
Stahlsorten Beispiele	X12Cr13 X20Cr13 X46Cr13 X90CrMoV18 X105CrMo17	X6Cr13 X6Cr17 X6CrMoS17 X6CrAl17	X2CrTi17 X2CrMoTi17-1 X2CrMoTiS18-2 X2CrTiNb18 X3CrNb17	X3CrNiMoN27-5-2 X2CrNiMoN22-5-3 X3CrNiMoN27-5-2 X2CrNiN23-4 X2CrNiMoCuN25-6-3	X5CrNi18-10 X6CrNiTi18-10 X2CrNiMoN17-13-3 X2CrNiMo17-12-3	X12CrMnNiN17-7-5 X1CrNiMoN25-12-2
Gefüge	Perlit oder Martensit, je nach Wärmebehandlung und Kohlenstoffgehalt	Überwiegend Ferrit und Perlit oder Martensit	Reiner Ferrit	Etwa 50 % Ferrit und 50 % Austenit (Duplexstahl)	ausschließlich Austenit	Austenit mit bis zu 10 % δFerrit
Schweißeignung	I. Allg. extrem schlecht, Sie ist aber abhängig vom Kohlenstoffgehalt. Sorgfältige Wahl der Zusatzwerkstoffe erforderlich und aufwändige Vorbereitung (Vorwärmen, Abkühlen) notwendig.	Bedingt vorhanden	Problematisch ist sehr geringe Zähigkeit, hohe Übergangstemperatur und neigt zu Ausscheidungen aller Art (Sigma-Phase, Chromcarbide, 475°-Versprödung), extreme Grobkornbildung in der WEZ.	Wärme muss kontrolliert zugeführt werden, mäßiges Vorwärmen zweckmäßig (Einfluss des Ferritanteils!).	Gut bis sehr gut	stabiler Austenit extrem heißrissanfällig, labiler Austenit sehr viel weniger, großer Wärmeausdehnungskoeffizient sehr störend (extremer Verzug). Extrem große Verformbarkeit ist Ursache für völlige Kaltrissfreiheit von Schweißgut und WEZ.
				Gut bis sehr gut		
Werkstoffzustand	vergütet			geglüht		
$R_{p0,2}$ in N/mm²	400 bis 800	230 bis 430	230 bis 450	400 bis 550	190 bis 350	
R_m in N/mm²	550 bis 1100	400 bis 750	380 bis 650	600 bis 1000	470 bis 950	

4.8.6.1 Perlitisch-martensitische Chromstähle

Durch die stark austenitstabilisierende Wirkung selbst geringer Kohlenstoff- und Stickstoffgehalte (Bild 4.103) wird das γ-Feld im System Fe-Cr (Bild 4.102) erweitert. Ist Kohlenstoff in größeren Mengen (C > 0,1 % bis 0,4 %) vorhanden, entstehen umwandlungsfähige perlitische oder meist martensitische (= lufthärtende), nichtrostende Chromstähle (Bild 4.105).

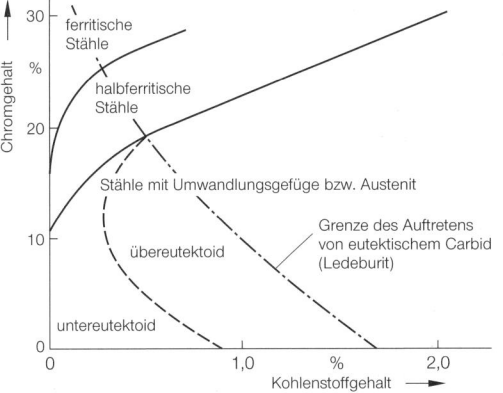

Bild 4.105
Gefügeausbildung der mit Chrom und Kohlenstoff legierten Stähle (nach TOFAUTE u. a.)

Martensitische Chromstähle werden hauptsächlich im vergüteten Zustand verwendet, in dem sie ihre höchste Korrosionsbeständigkeit aufweisen. Bild 4.106 zeigt das Sensibilisierungsschaubild vergütbarer Chromstähle. Man erkennt, dass bei praxisüblichen Anlassdauern von maximal fünf Stunden die Anlasstemperatur mindestens 600 °C betragen muss, um den korrosionsbeständigen Zustand zu erreichen. Der Standardtyp der martensitischen Chromstähle ist der Stahl X46Cr13, der in großem Umfang in der Schneidwarenindustrie eingesetzt wird. Die *martensitisch-ferritischen* Chromstähle mit 0,1 % bis 0,5 % C und 12 % Cr bis 18 % Cr sind warmfeste Vergütungsstähle. Sie werden in der chemischen Industrie, der Nahrungsmittelindustrie und im Turbinenbau verwendet. Wichtige Typen sind die Stähle X20Cr13 und X20CrMoV12-1. Die Zugfestigkeit dieser vergüteten nichtrostenden Stähle wird auf etwa 1000 N/mm² bis 1500 N/mm² eingestellt. Sie ist damit wesentlich größer als die der nichtrostenden austenitischen Chrom-Nickel-Stähle.

Da diese Stähle einen relativ hohen Kohlenstoffgehalt haben, Lufthärter sind und eine nur mäßige Schlagzähigkeit haben, sind Schweißarbeiten mit großer Vorsicht und Umsicht durchzuführen. Hinzukommt die extreme Gefahr der Bildung wasserstoffinduzierter Kaltrisse in den hochaufgehärteten, versprödeten Zonen der Wärmeeinflusszone. Diese Stähle werden vielfach in der Reaktortechnik und dem chemischen Apparatebau angewendet. In diesen Bereichen ist Schweißen aber im Allgemeinen die einzige praktikable und mögliche Verbindungstechnik.

Das Schweißen ist sehr aufwändig und die Gefahr der Rissbildung groß. Folgende Mindestmaßnahmen sind erforderlich:
- *Vorwärmen* der Fügeteile auf 350 °C bis 450 °C.
- Ein sofortiges Abkühlen auf Raumtemperatur führt in den meisten Fällen zu Spannungsrissen. Daher erfolgt zunächst eine *Zwischenabkühlung* auf etwa 150 °C bis 200 °C, wodurch ein Teil des Austenits in Martensit umwandelt.
- Durch *Anlassglühen* bei etwa 700 °C bis 750 °C wandelt sich der Martensit unter Carbidausscheidung in »Ferrit« um. Beim Abkühlen auf Raumtemperatur entsteht aus dem restlichen Austenit Martensit. Das Gemenge aus Ferrit und Martensit ist hinreichend rissbeständig.

Man erkennt, dass diese mäßig schweißgeeigneten Stähle nur bei genauer Kenntnis des Umwandlungsverhaltens und der Werkstoffeigenschaften erfolgreich geschweißt werden können. Mit der Entwicklung der *nickelmartensitischen* Chromstähle gelang es, die geschilderten Schweißprobleme deutlich zu verringern. Bei sehr geringem Kohlenstoffgehalt wird der Stahl durch Zulegieren des austenitstabilisierenden Nickels umwandlungsfähig. Das marten-

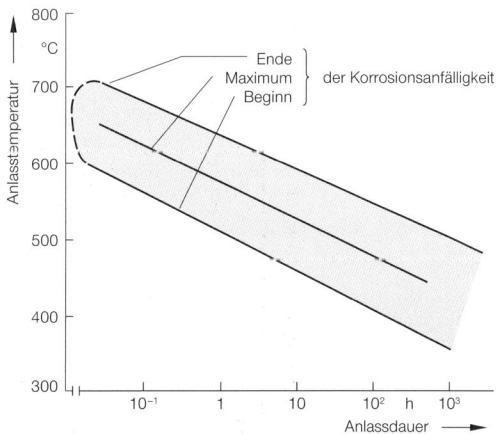

Bild 4.106
Sensibilisierungsschaubild eines vergütbaren Chromstahles mit 13 % Chrom (nach BÄUMEL)

sitische Gefüge ist wegen des geringen Kohlenstoffgehaltes schweißgeeignet; Probleme der Korrosion durch Ausscheidungen von Chromcarbid entstehen nicht.

4.8.6.2 Ferritische und halbferritische Chromstähle

Die *ferritischen Chromstähle* (13 % Cr bis 30 % Cr, C ≤ 0,1 %) sind im festen Zustand umwandlungsfrei. Ihr Gefüge und ihre mechanischen Gütewerte lassen sich also durch eine Wärmebehandlung praktisch nicht mehr beeinflussen. Geringe Mengen der stark austenitstabilisierenden Elemente Kohlenstoff und Stickstoff (Bild 4.102) führen aber wieder zur Bildung bestimmter Austenitanteile, d. h., es entstehen teilweise umwandlungsfähige Stähle. Der Austenit wandelt je nach Abkühlbedingungen in Perlit, Bainit oder Martensit um. Man bezeichnet diese Stähle als halbferritisch, z. B. X10Cr13. Muss der ferritische Gefügezustand erhalten bleiben, dann ist entweder der Gehalt an Kohlenstoff zu verringern und/oder der Chromgehalt bzw. der Gehalt ferritstabilisierender Elemente (z. B. Ti) zu erhöhen, z. B. X6CrTi17.

Mit modernen Stahlherstellungsverfahren (siehe S. 149) ist die wirtschaftliche Erzeugung sehr kohlenstoffarmer Stähle (C ≤ 0,002 %) möglich. Durch Absenken des Kohlenstoff- und Stickstoffgehaltes wird die Zähigkeit der ferritischen Chromstähle wesentlich verbessert. Die in den sechziger Jahren auf den Markt gekommenen molybdänlegierten Chromstähle hoher Reinheit sind Beispiele für diese Technologie, z. B. X1CrMo26-1. Die Verarbeitung dieser als **Superferrite** bezeichneten Stähle ist aber nicht unproblematisch (extreme Sauberkeit beim Schweißen erforderlich!). Ihre weite Verbreitung ist auch durch die in den siebziger Jahren entwickelten *Duplexstähle* verhindert worden, die eine sehr attraktive Kombination von mechanischen Eigenschaften und Korrosionsbeständigkeit bieten.

Chromstähle mit 17 % Chrom sind korrosionsbeständiger und werden daher häufiger eingesetzt. Ihr Anteil am Gesamtverbrauch der nichtrostenden Stähle beträgt 30 %. Sie werden in der Nahrungsmittel- und Konsumgüterindustrie und bei nicht übermäßig aggressiven Medien auch in der chemischen Industrie verwendet. Nichtrostend sind sie nur, wenn ihre Oberflächen feingeschliffen oder poliert sind. Im Gegensatz zu den stark anfälligen austenitischen Chrom-Nickel-Stählen gelten die ferritischen Chromstähle als weitgehend beständig gegen Spannungsrisskorrosion, vor allem bei Einwirkung chloridhaltiger Lösungen.

Hitzebeständige ferritische Stähle enthalten zusätzlich Aluminium und Silicium. Diese Elemente bilden dichte, feste und gut haftende Oxide, auf denen die Zunderbeständigkeit beruht.

Die Streckgrenze ferritischer Chromstähle liegt zwischen 250 N/mm^2 und 300 N/mm^2. Sie ist deutlich größer als die der austenitischen Chrom-Nickel-Stähle. Die ferritischen Stähle sind schlecht verformbar (krz Gitter!) und die Übergangstemperatur der Kerbschlagzähigkeit liegt i. Allg. über der Raumtemperatur. Ihre Schweißeignung ist daher verhältnismäßig schlecht. Superferrite lassen sich dagegen ausreichend gut verformen und schweißen. Sie brachten aber nicht den erhofften Fortschritt hinsichtlich der Schweißeignung, u. a. weil sie in den schmelzgrenzennahen Bereichen stark zur Bildung des unerwünschten Grobkorns und der interkristallinen Korrosion neigen.

Die ferritischen Chromstähle sind thermisch relativ instabil. Die wichtigsten Ursachen sind die große Beweglichkeit und die i. Allg. sehr geringe Löslichkeit der Elemente im krz Gitter. Abhängig vom Temperaturbereich und der Einwirkzeit sind bei diesen Stählen drei Versprödungsgebiete bekannt, die im Wesentlichen auf der Bewegung verschiedener Atomsorten beruhen:

– Bei sehr langer Erwärmung zwischen 400 °C und 550 °C verspröden die Stähle mit zunehmendem Chromgehalt als Folge von *Nahentmischungen*: **475 °C-Versprödung.** Eine definierte intermediäre Phase liegt nicht vor. Ein Erwärmen auf 650 °C bis 750 °C und nachfolgendes schnelles Abkühlen beseitigt die Nahentmischung und deren versprödende Wirkung.

– Aus Bild 4.102 ist zu erkennen, dass in Stählen mit mehr als 13 % Cr zwischen 600 °C und 800 °C durch Ferritzerfall die spröde intermediäre **Sigma-Phase** entsteht. Sie besteht aus etwa 50 % Cr und 50 % Fe. Ihre Bildung wird durch Kaltverformung begünstigt, ebenso durch Molybdän, Silicium, Niob und Titan, die ihr Auftreten zu niedrigeren Chromgehalten verschieben.

– Durch Glühen oberhalb 950 °C und anschließendes Abschrecken wird die Sigma-Phase gelöst und damit die Versprödung beseitigt. Bei diesen Temperaturen entsteht aber auch ein ausgeprägtes **Grobkorn,** mit dem wiederum eine Versprödung und eine erheblich gestiegene Kerbempfindlichkeit verbunden sind. Zugaben von Stickstoff, Titan oder Tantal und Niob behindern das Kornwachstum.

Bei nichtstabilisierten Stählen besteht außerdem die Gefahr von Chromcarbidausscheidungen, besonders an den Korngrenzen, mit kornzerfallsähnlichen Erscheinungen: Korngrenzenversprödung und interkristalline Korrosion sind die Folge. Glühen dieser Stähle bei 750 °C bis 800 °C führt zum Auffüllen der Chrommulden bzw. z. T. zum Koagulieren der Korngrenzencarbide. Damit werden die Zähigkeit und auch die Korrosionsbeständigkeit erheblich verbessert.

Die geschilderten metallurgischen Besonderheiten dieser Stähle sind die Ursachen für ihre verhältnismäßig schlechte Schweißeignung. Die wichtigsten Regeln für das Schweißen sind:
– Ein *Vorwärmen* auf 150 °C bis 200 °C ist empfehlenswert.
– Die *Energiezufuhr* beim Schweißen muss gering sein, d. h., Nahtkreuzungen und doppelseitiges Schweißen sind möglichst zu vermeiden. Damit wird die Gefahr der Grobkornbildung und der Carbidausscheidungen in der WEZ gemindert.
– *Austenitische Zusatzwerkstoffe* sind wegen ihrer wesentlich größeren Zähigkeit günstiger als artgleiche ferritische. Die rissbegünstigenden hohen Schrumpfkräfte werden besser aufgenommen. Allerdings ist die erhöhte Korrosionsanfälligkeit in schwefelhaltigen Medien und der wesentlich größere Ausdehnungskoeffizient des austenitischen Schweißgutes zu beachten, der zu zusätzlichen Schubspannungen im Schmelzgrenzenbereich Austenit/Ferrit führt.

Obwohl sich die Sigma-Phase aus der ferritischen Matrix wesentlich schneller als aus einer austenitischen ausscheidet, spielt die Versprödung durch die Sigma-Phase auch bei austenitischem Schweißgut eine große Rolle. Aus verschiedenen Gründen enthält das Schweißgut in den meisten Fällen (siehe labiler Austenit) 10 % bis 15 % δ-Ferrit, der häufig netzförmig angeordnet ist. Ausscheidung von Sigma-Phase durch längeres Glühen bei 600 °C bis 800 °C versprödet das Schweißgut in einem besonders hohen Maße. Außerdem wird durch den δ-Ferrit in bestimmten Fällen das Korrosionsverhalten erheblich beeinträchtigt. Durch seinen bevorzugten

Angriff wird die so genannte **Ferritpfadkorrosion** hervorgerufen, die Ähnlichkeit mit einem Kornzerfall hat.
– Nach dem Schweißen sollte die Konstruktion aus nichtstabilisiertem Stahl bei 750 °C geglüht werden. Dadurch wird ein Spannungsabbau und der für die Korrosionsbeständigkeit notwendige Chromausgleich geschaffen.

4.8.6.3 Austenitische Chrom-Nickel-Stähle

Der überwiegende Teil der rostbeständigen Stähle hat austenitisches Gefüge. Sie sind größtenteils unmagnetisch und im festen Zustand *umwandlungsfrei*, d. h. weder normalglühbar noch härtbar. Die in DIN EN 10088 und SEW 400 aufgeführten Stähle sind hervorragend schweißgeeignet, gut verform- und verarbeitbar. Ihre Streckgrenze ist mit $R_{p0,2} \approx$ 200 N/mm² relativ niedrig, die Zugfestigkeit aber wegen ihrer großen Kaltverfestigbarkeit überraschend hoch (Bereich 500 N/mm² bis 950 N/mm²). Die Zähigkeit, insbesondere die Kerbschlagzähigkeit, ist extrem groß. Selbst in der Nähe des absoluten Nullpunktes bleiben die Stähle verformbar und sicher vor spröden Brüchen. Festigkeit und Härte lassen sich durch Kaltverformen stark erhöhen. Wie durch jede (energiereiche) »Gefügestörung« sinkt aber dann die Korrosionsbeständigkeit.

Der aus Gründen der Korrosionsbeständigkeit immer erforderliche Chromgehalt von 12 % bis 13 % würde zu einem überwiegend ferritischen Gefüge führen. Daher müssen für die Bildung des gewünschten austenitischen Gefüges austenitstabilisierende Elemente geeigneter Art und Menge zulegiert werden. Nickel erweist sich hierfür als gut geeignet, außerdem ist es ist ebenfalls gegen Säuren und Laugen sehr beständig. Bild 4.107 zeigt die Gefügeaus-

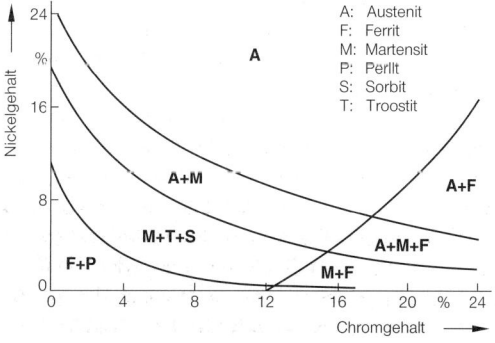

Bild 4.107
Gefügeschaubild der Cr-Ni-Stähle ($C \approx 0,2\%$) nach dem Abschrecken von 1000 °C in Wasser (nach MAURER*)*

bildung in Abhängigkeit von Chrom- und Nickelgehalt. Zum Herstellen eines rein austenitischen Stahles sind demnach bei 13 % Cr etwa 9 % Ni erforderlich. Man beachte aber, dass das Schaubild für Stähle mit dem für diese Stähle sehr hohen Kohlenstoffgehalt von C = 0,2 % gilt.

Je nach Gefügezustand unterscheidet man den stabilen (Vollaustenit) und den labilen Austenit. Der **stabile Austenit** besteht völlig aus γ-Mischkristallen, d. h., er enthält keinen δ-Ferrit (Bild 4.102). Diese Stähle sind hochwarmfest, rost-, säure- und zunderbeständig und völlig unmagnetisch. Sie neigen aber beim Schweißen zur *Heißrissbildung*.

Der **labile Austenit** enthält bis zu 10 % δ-Ferrit. In diesen Stählen wird allerdings der Anteil der austenitstabilisierenden Elemente verringert und/oder der der ferritstabilisierenden erhöht. Die sich aus der Schmelze *primär* ausscheidenden δ-Ferritkristalle wirken als Keime und begünstigen dadurch eine feinkörnigere Erstarrung. Die für die Heißrissbildung verantwortlichen niedrigschmelzenden Substanzen verteilen sich so auf eine wesentlich größere Korngrenzenfläche. Die Dicke der Korngrenzenfilme nimmt dadurch ab und damit auch die Heißrissanfälligkeit. Außerdem besitzt der δ-Ferrit eine größere Löslichkeit für Phosphor, Schwefel, Silicium, Bor, Titan, die die Heißrissbildung begünstigen. Die Heißrissneigung der labilen Austenite ist daher wesentlich geringer. δ-ferrithaltige Austenite neigen allerdings bei längeren Einwirkzeiten und höheren Temperaturen zur Umwandlung in die *Sigma-Phase*, ihre Kerbschlagzähigkeit ist geringer und sie sind nicht mehr unmagnetisch.

Der kritische Temperaturbereich für die Ausscheidung von *Chromcarbiden* liegt bei den austenitischen Chrom-Nickel-Stählen zwischen 550 °C und 850 °C, aber um einige Größenordnungen langsamer als bei den ferritischen Chromstählen. Die Carbide scheiden sich bevorzugt an den Korngrenzen aus, so dass es infolge der damit verbundenen Chromverarmung zu Kornzerfall kommen kann (Bild 4.108). Dieser kann durch folgende Maßnahmen vermieden werden:
❐ Zusatz von **Stabilisatoren.**
Diese binden den Kohlenstoff so fest (stabil) ab, dass auch bei höheren Betriebstemperaturen keine Chromcarbide entstehen. Verwendet werden Titan und Niob, deren Mengen vom Kohlenstoffgehalt abhängen:

$Ti \geq 5 \cdot C$; $Nb \geq 8 \cdot C$.
Die Stähle werden dann als *stabilisiert* bezeichnet, z. B:
X6CrNiTi18-9, X6CrNiMoNb17-12-2.
Titan hat unter anderem den Nachteil, dass sich beim Polieren keine vollkommen glatte Oberfläche erzeugen lässt. Außerdem werden durch hohe Temperaturen, die z. B. in der WEZ von Schweißverbindungen auftreten, die stabilen Titan- und Niobcarbide in einem erheblichen Umfang gelöst. Unter bestimmten Umständen können sich dann wieder Chromcarbide bilden, d. h., der Stahl wird IK-anfällig.
❐ Einsatz von **ELC (Extra Low-Carbon)-Stählen.**
Das Lösungsvermögen der austenitischen Stähle für Kohlenstoff beträgt bei 650 °C etwa 0,05 %. Bei geringeren Kohlenstoffgehalten im Stahl bleibt bei dieser Temperatur praktisch der gesamte Kohlenstoff im Austenit gelöst, und Chromcarbide scheiden sich nicht aus,
z. B. X5CrNi18-10, X2CrNi19-11.
Sicher ist aber eine Sensibilisierung bei langzeitiger Beanspruchung im Temperaturbereich von 450 °C bis 850 °C auch bei diesen Stählen nicht auszuschließen. Sie werden deshalb nur für Betriebstemperaturen bis 450 °C zugelassen.
❐ **Lösungsglühen.**
Chromcarbide in nicht stabilisierten Stählen werden durch Glühen bei 1050 °C bis 1150 °C gelöst. Nachfolgendes schnelles Abkühlen (Abschrecken) verhindert ihr Wiederausscheiden. Diese Stähle scheiden aber beim Erwärmen im kritischen Temperaturbereich wieder Chromcarbide aus (Bild 4.108).

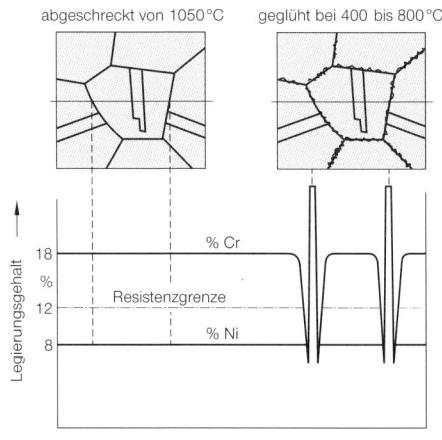

Bild 4.108
Chromcarbidausscheidung an den Korngrenzen austenitischer Cr-Ni-Stähle, schematisch (nach WIRTZ)

Die hervorragende Verformbarkeit der austenitischen Stähle (kfz Gitter!) und das Fehlen jeder Aufhärtung und Versprödung in der wärmebeeinflussten Zone sind die Ursachen für ihre hervorragende Schweißeignung. Das Schweißgut besteht aus labilem Austenit, sollte korrosionsbeständiger als der Grundwerkstoff sein, weil sonst die kleine Anodenfläche (Schweißnaht) sehr stark angegriffen wird. Daher sind die Zusatzwerkstoffe i. Allg. höher legiert als die entsprechenden Grundwerkstoffe. Außerdem ist der Oberflächenzustand (siehe S. 230) für die Korrosionssicherheit von großer Bedeutung. Die beim Schweißen leicht entstehenden Anlauffarben und Oxide müssen durch Spülen mit inerten Schutzgasen (z. B. Argon) während des Schweißens verhindert werden. Verbleibende Oxide sind daher mechanisch oder wirksamer chemisch zu beseitigen.

Wegen der immer vorhandenen Gefahr der Chromcarbidbildung und der Heißrissneigung muss als wichtigste Regel grundsätzlich die Energiezufuhr beim Schweißen begrenzt werden. Der im Vergleich zu ferritischen Stählen sehr große Wärmeausdehnungskoeffizient von $28 \cdot 10^{-6}/K$ führt zu starkem Verzug der Bauteile. Daher ist jedes Vorwärmen von Fügeteilen aus austenitischem Stahl unzweckmäßig.

Ein spürbarer Nachteil der austenitischen Stähle ist ihre vergleichsweise niedrige Streckgrenze. Sie ist der im Maschinen- und Anlagenbau wichtigste Festigkeitskennwert für die Dimensionierung der (nicht thermisch beanspruchten) Bauteile. Die naheliegenden Methoden Kaltverformen und Ausscheidungshärten zum Erhöhen der Festigkeit scheiden aus verschiedenen Gründen aus:
– *Kaltverformen* erhöht zwar sehr stark die Streckgrenze, die Neigung zu Spannungsrisskorrosion nimmt aber erheblich zu und die Austenitstabilität ab (Verformungsmartensit, siehe S. 230);
– *Ausscheidungshärten* verschlechtert die Verarbeitbarkeit und Schweißeignung und erhöht ebenfalls die Neigung zu Spannungsrisskorrosion.

Austenitische Chrom-Nickel-Stähle können sehr viel mehr Stickstoff ($N \approx 0{,}2\,\%$) als Kohlenstoff lösen. Durch die Mischkristallverfestigung wird die Streckgrenze von etwa 200 N/mm² auf Werte von 300 N/mm² bis 400 N/mm² erhöht, Zähigkeit und Korrosionsbeständigkeit werden dagegen nur geringfügig vermindert.

Als starker Austenitbildner erweitert Stickstoff den Austenitbereich (siehe Bild 4.103), außerdem wird die Bildung der Sigma-Phase und die Ausscheidung der Chromcarbide erheblich verzögert. **Stickstofflegierte austenitische Stähle,** z. B.

X2CrNiMoN17-13-5,

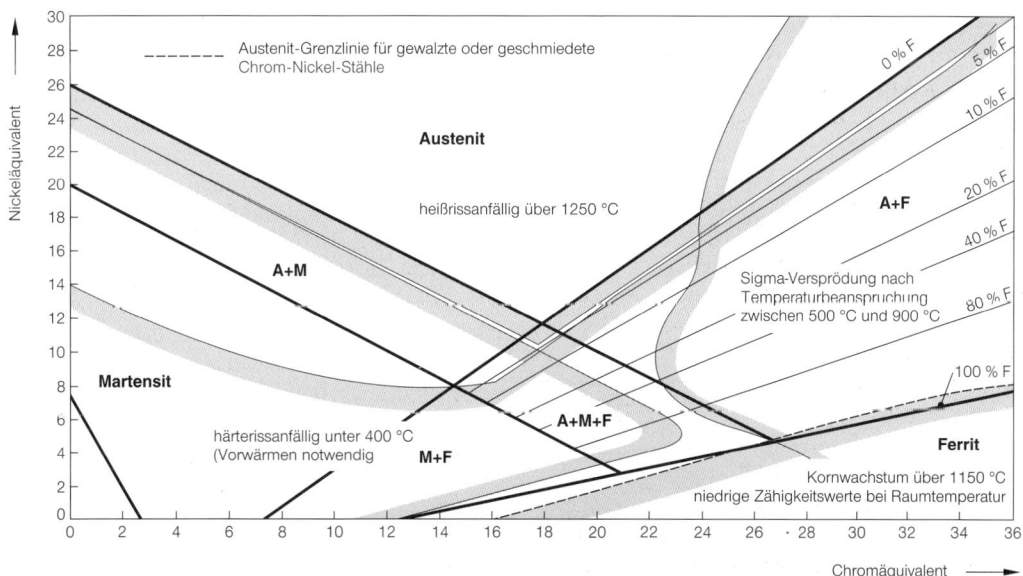

Bild 4.109
Gefügeschaubild von hochlegiertem Schweißgut. SCHAEFFLER-*Schaubild (nach* WIRTZ*)*
Chromäquivalent (in Massenprozent) $= Cr + Mo + 1{,}5 \cdot Si + 0{,}5 \cdot Nb + 2 \cdot Ti$
Nickeläquivalent (in Massenprozent) $= Ni + 30 \cdot C + 0{,}5 \cdot Mn + 30 \cdot N$

sind leicht verarbeitbar und sehr gut schweißgeeignet.

Das größte Problem beim Verbinden unterschiedlicher Werkstoffe besteht in der Bildung von sprödem, rissanfälligem Schweißgut, z. B. Martensit, intermediäre Phasen. Der extrem zähe und risssichere austenitische Zusatzwerkstoff hat deshalb bei der Verbindungsschweißung von unlegierten mit hochlegierten Stählen große technische Bedeutung. Die dabei ablaufenden sehr schwer überschaubaren metallurgischen Vorgänge können mit dem SCHAEFFLER-*Schaubild* anschaulich gedeutet werden (Bild 4.109). Es ermöglicht bei Berücksichtigung einiger hier nicht zu besprechender Vereinfachungen und Annahmen wichtige Aussagen über den Aufbau des Schweißgutgefüges:
– Die Gefügearten des beim Schweißen unterschiedlicher Stähle entstehenden Schweißguts können festgestellt werden.
– Die Wahl geeigneter Zusatzwerkstoffe zum Verbinden unterschiedlichst zusammengesetzter Stähle wird wesentlich vereinfacht.
– Ist die Stahlzusammensetzung bekannt, dann kann annähernd dessen Gefügeaufbau nach dem Schweißen festgestellt werden.

Auf der Abszisse ist die Wirksamkeit der wichtigsten ferritbildenden Elemente durch unterschiedliche Faktoren für die einzelnen Elemente in Form des *Chromäquivalents* eingetragen. Analog ist auf der Ordinate das *Nickeläquivalent*, als Maßstab für die austenitbildenden Elemente aufgetragen. Man beachte die starke austenitbildende Wirkung von Kohlenstoff und Stickstoff: 1 % N oder 1 % C ist in diesem Sinn genauso wirksam wie 30 % Ni (Faktor 30!).

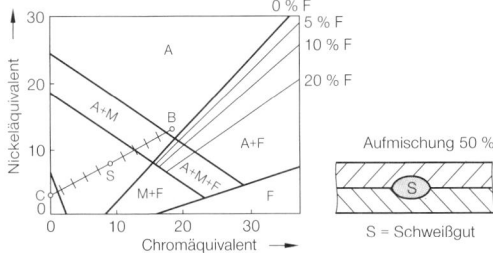

Bild 4.110
SCHAEFFLER-*Schaubild mit Angaben zum Beispiel im Text*

Der Gebrauch des SCHAEFFLER-Schaubildes soll an einem Beispiel erläutert werden.

Beispiele:
Unlegierter Stahl »C« (S235, C ≈ 0,1 %) wird mit dem hochlegierten Stahl »B« (X10CrNiTi18-9) durch Punktschweißen verbunden (Bild 4.110):
– Die durch ihre Chrom- und Nickel-Äquivalente gekennzeichneten Werkstoffe werden in das Schaubild eingetragen: Punkt C(0;3) und Punkt B(18;12).
– Verbindungslinie zwischen C und B ist die Mischungslinie. Sie stellt die sich bei steigender Aufmischung verändernde Schweißgutzusammensetzung dar. Das Schweißgut S besteht aus 50 % B, 50 % C, d. h., die Aufmischung beträgt 50 %. Die Zusammensetzung von S findet man demnach auf der Mischungslinie in der Mitte zwischen B und C (Punkt S). Das Schweißgut besteht aus lufthärtendem, rissanfälligem, martensitischem Gefüge. Die Sicherheit des Bauteiles hängt von der Risssicherheit des Schweißgutes S ab und nicht, wie sonst bei Schweißverbindungen üblich, von den Eigenschaften der WEZ. Die Risssicherheit wird in diesem Fall vom Kohlenstoffgehalt des Martensits bestimmt, sie ist bei dem niedrigen Gehalt von etwa 0,1 % i. Allg. noch gewährleistet.

4.8.6.4 Austenitisch-ferritische Stähle
Die etwa seit den siebziger Jahren ständig zunehmend verwendeten **austenitisch-ferritischen Stähle** bieten dem Anwender eine Reihe bemerkenswerter Vorteile. Kennzeichnendes Merkmal dieser Stähle ist ihr zweiphasiges Gefüge, das aus etwa 50 % Ferrit (**Duplexstähle**) und 50 % Austenit besteht. Sie vereinen die Vorteile (und Nachteile!) der ferritischen Stähle wie hohe Festigkeit und Sicherheit gegen Spannungsrisskorrosion mit denen der austenitischen wie gute Beständigkeit gegen abtragende Korrosion und gute Zähigkeitseigenschaften. Als beherrschbare Nachteile sind die geringere Gefügestabilität, die deutlich höheren Anforderungen bei der schweißtechnischen Verarbeitung und die größeren Schwierigkeiten bei Umformprozessen als Folge der hohen Festigkeitswerte zu beachten.

Diese Stähle werden wegen ihrer herausragenden Eigenschaften vorwiegend in der chemischen Industrie, für Offshore-, Rauchgasentschwefelungs-, Meerwasserentsalzungs- und Ölgewinnungsanlagen sowie für petrochemische Anlagen verwendet.

Die Chromgehalte dieser Stähle liegen etwa zwischen 21 % und 28 %, die Nickelgehalte zwischen 3,5 % und 8 %. In vielen Fällen wird zum Verbessern der Lochfraßbeständigkeit Molybdän (bis 4,5 % bis 3,5 %) zulegiert. Der Stahl X2CrNiMoN22-5-3, mit einer Zugfestigkeit R_m ≈ 640 N/mm² bis 920 N/mm²

Tab. 4.23: Empfehlungen zum Schweißen der korrosionsbeständigen Stähle und die den Hinweisen zugrunde liegenden werkstofflichen Zusammenhänge, schematisch

Schweißempfehlungen und Hinweise	Werkstoffliche Vorgänge
Ferritische und halbferritische Chromstähle, z. B. X6Cr17 • X3CrTi17 • X2CrTi12	
1. Vorwärmen auf 150 °C bis 250 °C. 2. Wärmezufuhr begrenzen: keine Nahtkreuzungen, dicke Stabelektroden vermeiden, Zugraupentechnik anwenden. 3. Bei nichtstabilisiertem Werkstoff anschließendes Glühen 750 °C/1 h erforderlich. 4. Verwendung austenitischer Zusatzwerkstoffe zweckmäßig. **Allgemeine Hinweise** Schlechte Schweißeignung wegen sehr geringer Verformbarkeit und Neigung zu versprödenden Ausscheidungen.	1. Geringe Zähigkeit, Übergangstemperatur im Bereich Raumtemperatur und höher; sprödbruchanfällig. Vorwärmen mindert Temperaturdifferenz im Schweißnahtbereich, d. h. verringert Rissanfälligkeit. 2. Thermisch unstabil wegen geringerer Packungsdichte des krz Gitters (im Vergleich zum kfz Gitter) und um Größenordnungen geringere Löslichkeit für die meisten Elemente. Neigung zu güteminderndem **Ausscheidungen** aller Art: 475 °C-Versprödung, Sigma-Phase zwischen 600 °C und 900 °C, Bildung von Chromcarbiden (IK), ausgeprägte Grobkornbildung. 3. Nicht vermeidbare Chromcarbidausscheidungen erfordern stabilisierendes Glühen bei 750 °C (Auffüllen der Chrommulden). 4. Austenitischer Zusatzwerkstoff verringert Rissgefahr in Schweißgut und WEZ
Duplexstähle, z. B. X2CrNiMoV22-5-3 • X3CrNiMo27-5-2	
1. Wärmezufuhr wählen, so dass $t_{12/8}$ < 10 s besser 15 s wird. 2. Vorwärmen begrenzen auf etwa 150 °C. 3. Zusatzwerkstoff mit höherem Ni- und/oder N-Gehalt wählen. **Allgemeine Hinweise** N-Gehalt im Grundwerkstoff sollte 0,10 %, im Schweißgut 0,12 % nicht unterschreiten. Mechanische Bearbeitung nur mit Werkzeugen, die noch nicht für „schwarzen" Werkstoff verwendet wurden. Wurzellagen wegen höherer Aufmischung mit höherlegierten Zusatzwerkstoffen schweißen.	1. Verbinden Vorteile der ferritischen und austenitischen Stähle, ohne deren Nachteile: Hervorragende Korrosionsbeständigkeit (SpRK, Lochkorrosion), hohe Streckgrenze (über 450 N/mm²), Zähigkeit entspricht fast der des Austenits, wegen Primärerstarrung zu δ-Ferrit sehr geringe Heißrissneigung. Aber leichtere Bildung der bei diesen Stählen stark versprödenden Sigma-Phase (700 °C bis 900 °C). Wegen der Gefahr der 475 °C-Versprödung max. Betriebstemperatur 280 °C. 2. Mit zunehmender Abkühlgeschwindigkeit wird Bildung des aus dem δ-Ferrit entstehenden Austenits stark behindert. Außerdem Ausscheiden des versprödenden Cr$_2$N aus dem Ferrit, dessen Löslichkeit für N nur sehr gering ist. Schmelzgrenzennaher Bereich daher stark ferritisiert (bis 80 %), starke Versprödung ist die Folge. Im Schweißgut wird Austenitgehalt durch höheren Ni- und N-Gehalt erreicht.
Austenitische Chrom-Nickel-Stähle, z. B. X2CrNi19-11 • X6CrNiTi18-10 • X2CrNiMoN17-13-5	
1. Zusatzwerkstoff so wählen, dass FN = 4 bis 10. (FN ist ein Maßstab für die Ferritmenge) Aufmischung gering halten (SCHAEFFLER- oder andere Schaubilder verwenden. 2. Jede Wärmebehandlung möglichst vermeiden. Spannungsarmglühen nur nach Rücksprache mit Hersteller. 3. Streckenenergie begrenzen, d. h., Zwischenlagentemperatur max. 150 °C. Schweißen in s-Position vermeiden, Strichraupen. 4. Lichtbogen kurz halten. Evtl. Verlust von δ-Ferrit mit Magnet überprüfen. 5. Anlauffarben verhindern (Formiergas) oder nachträglich beseitigen (Schleifen, Beizen). Beim Schleifen „Brandstellen" vermeiden. Ansatzstellen ausschleifen (Heißrissgefahr). 6. Ausgebildete Schweißer einsetzen. **Allgemeine Hinweise** Hervorragend schweißgeeignet als Folge der extrem guten Verformbarkeit. Keine (Kalt-)Rissgefahr, aber abhängig vom δ-Ferritgehalt deutliche Heißrissneigung des Schweißguts.	1. Unterscheide **labile** (metastabile) und **stabile** Austenite (Vollaustenit). Labiler enthält δ-Ferrit zum wirksamen Bekämpfen der Heißrissigkeit. Austenit ist extrem zäh, nicht versprödbar, korrosionsbeständig; Vollaustenit ist unmagnetisch, thermisch stabil und extrem korrosionsbeständig (aber beachte aber SpRK!). δ-Ferrit kann bei Erwärmung zur Sigma-Phasenbildung und 475 °C-Versprödung führen: Abnahme der Korrosionsbeständigkeit und Verschlechtern der mechanischen Gütewerte. 2. Wärmezufuhr begrenzen: Gefahr der **Heißrissbildung** und Lösen der TiC (NbC), wodurch **IK-Anfälligkeit** entsteht. Stabilisierte Stähle sind thermisch höher beanspruchbar (400 °C) als ELC-Stähle (300 °C). 3. Wegen stark austenitisierender Wirkung des N, Lichtbogen möglichst kurz halten, sonst Verlust an δ-Ferrit durch N-Aufnahme. 4. Anlauffarben verringern entscheidend Korrosionsbeständigkeit (erzeugen Belüftungselement!), ihre Entstehung muss verhindert (Formiergase) oder sie müssen nachträglich (Beizen, Schleifen, Bürsten) beseitigt werden. Aber Vorsicht: Schleifen erzeugt oft »Brandstellen«, dadurch können Risse enstehen, Gefahr der SpRK! Schweißnahtfehler sind häufig Ausgangspunkte für Heißrisse, daher ausschleifen.

(je nach Erzeugnisform), einer Streckgrenze $R_{p0,2} \approx$ 450 N/mm² bis 550 N/mm², einer Dehnung $A \approx 20\%$ bis 30 % und einer mittleren Kerbschlagarbeit bei Raumtemperatur von KV = 40 J bis 120 J ist der bekannteste.

Beim Schweißen macht sich die große Gefügeinstabilität dieser Stähle recht unangenehm bemerkbar. Auf Grund der chemischen Zusammensetzung sollte sich der aus der Schweißschmelze primär gebildete und der in der WEZ beim Aufheizen entstandene δ-Ferrit unterhalb ca. 1100 °C in Austenit umwandeln. Bei Raumtemperatur bestehen diese Bereiche dann aus 50 % Austenit und 50 % δ-Ferrit. Dieser Umwandlungsvorgang wird durch die typischen hohen Abkühlgeschwindigkeiten leicht gestört, so dass im Schweißgut, vor allem aber in den schmelzgrenzennahen Bereichen der WEZ der δ-Ferritgehalt deutlich über 50 % liegt. Die Folgen sind geringere Zähigkeitswerte. Durch Bilden der *Sigma-Phase* besteht außerdem die Gefahr der Versprödung.

Das erwünschte Austenit-Ferrit-Verhältnis wird in empfindlicher Weise von dem stark austenitstabilisierenden Stickstoff beeinflusst. Selbst wenn der Stickstoffgehalt des Stahles innerhalb der Toleranzgrenzen liegt, können sich erhebliche Unterschiede im δ-Ferritgehalt ergeben. Hinzu kommt als weitere Quelle der Unsicherheit eine zusätzliche Stickstoffaufnahme durch ein unbeabsichtigtes Verlängern des Lichtbogens beim Schweißen. Dieser Stahl ist damit ein Beispiel dafür, dass eine erfolgreiche Verarbeitung die Beachtung einer unüblich großen Anzahl werkstofflicher und verfahrenstechnischer Besonderheiten erfordert.

In Tab. 4.23 sind in einer zusammenfassenden Darstellung einige Empfehlungen und wichtige werkstoffliche Eigenschaften für das Schweißen der korrosionsbeständigen Stähle zusammengefasst.

4.8.7 Druckwasserstoffbeständige Stähle

In der chemischen Industrie sind Stähle erforderlich, die gegen hochgespannten Wasserstoff bis zu 1000 bar und hohen Prozesstemperaturen bis zu 600 °C meist noch bei zusätzlichem chemischen Angriff beständig sind. Die durch Wasserstoff hervorgerufenen Schädigungsformen sind außerordentlich vielfältig und z. T. auch unübersichtlich. Grundsätzlich ist die Art der durch ihn verursachten Schädigung und die Schadensmechanismen sehr stark abhängig von der Betriebstemperatur T:

– $T \leq 200$ °C. In diesem Temperaturbereich kann Wasserstoff zu *Beizblasen, Flocken*, zur *wasserstoffinduzierten Spannungsrisskorrosion* oder *Kaltrissbildung* (siehe Abschn. 4.4.6) führen.
– $T > 200$ °C. Bei diesen Temperaturen kann in atomarer Form in das Werkstück eindiffundierter Wasserstoff unlegierte und niedriglegierte Stähle schwer schädigen. Die entscheidenden Einflussgrößen sind der Wasserstoffpartialdruck, die Betriebstemperatur und die chemische Zusammensetzung des Stahles, Bild 4.111. Als Folge der dabei ablaufenden Reaktion

$$Fe_3C + 4 \cdot \{H\}_{Fe} \rightarrow 3 \cdot Fe + CH_4$$

werden die Carbide zersetzt, d. h. der Werkstoff wird entkohlt. Das sich gleichzeitig an Gitterfehlstellen ansammelnde Methan (CH_4) erzeugt hohe Drücke. Sie können zu einer erheblichen »Sprengwirkung« und zu Materialtrennungen führen, weil das molekulare Gas aus dem Werkstoff nicht mehr herausdiffundieren kann. Die Folgen dieser Reaktion sind eine extreme Verschlechterung aller mechanischen Eigenschaften (siehe auch S. 157 ff.).

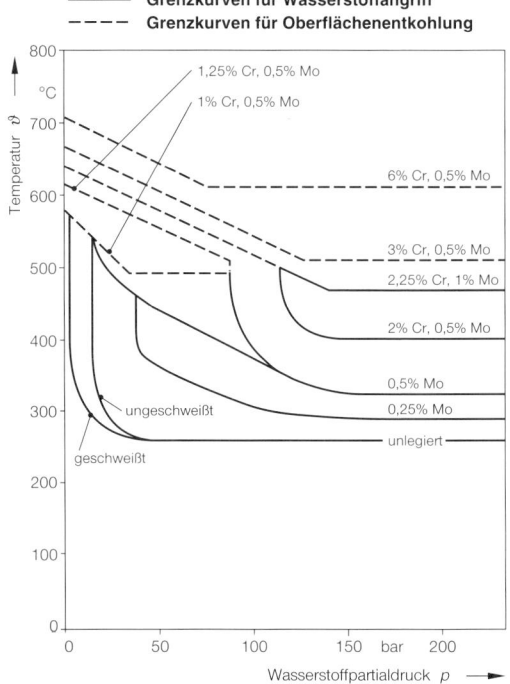

Bild 4.111
Anwendungsgrenzen für Stahl in Kontakt mit Wasserstoff in Abhängigkeit von der Betriebstemperatur und dem Wasserstoffpartialdruck (nach NELSON)

Mit legierungstechnischen Maßnahmen kann die Druckwasserstoff-Schädigung des Werkstoffs weitgehend vermieden werden. Dies gelingt durch Abbinden des Kohlenstoffs mit starken Carbidbildnern wie Chrom und Molybdän. Die entstehenden Sondercarbide werden vom Wasserstoff nicht mehr zersetzt. CrMo(V)-legierte (Vergütungs-)Stähle werden daher in der Praxis für Bauteile eingesetzt, die mit Druckwasserstoff beansprucht werden.

4.8.8 Werkzeugstähle

4.8.8.1 Anforderungen

Aus diesen Stählen werden Werkzeuge hergestellt, die zum Be- und Verarbeiten metallischer und nichtmetallischer Werkstoffe und zum Messen von Werkstücken geeignet sind. Sie weisen eine dem Verwendungszweck angepasste hohe Härte, hohen Verschleißwiderstand und hohe Zähigkeit auf. Man unterscheidet folgende Werkzeugstahlgruppen:

- ❑ Werkzeuge aus **Kaltarbeitsstählen** erwärmen sich beim Bearbeitungsvorgang durch Reibungswärme, ihre Oberflächentemperatur überschreitet i. Allg. nicht 200 °C.
- ❑ **Warmarbeitsstähle** werden während des Einsatzes ständig höheren Temperaturen (> 200 °C) ausgesetzt. Gefügeänderungen dürfen daher bei ihnen nicht auftreten. Ihr Gefüge muss hinreichend stabil und anlassbeständig sein.
- ❑ **Schnellarbeitsstähle** haben auf Grund ihrer chemischen Zusammensetzung die höchste Warmhärte und Anlassbeständigkeit. Sie sind daher bis zu Temperaturen von etwa 600 °C hauptsächlich zum Zerspanen und zum Umformen einsetzbar. Tab. 4.24 zeigt einige Anwendungsbeispiele für Werkzeugstähle.

Nach DIN 8580 werden Werkzeugstähle auch eingeteilt nach ihrer Anwendung zum
- *Urformen* (z. B. Kunststoffformen, Druckgießformen),
- *Umformen* (z. B. Schmiede-, Presswerkzeuge),
- *Trennen* (z. B. Zerspanungs-, Schneidwerkzeuge) und für
- *gemischte Beanspruchung* (z. B. Handwerkzeuge).

Die Härte ist eine wichtige Eigenschaft der Werkzeugstähle. Bemerkenswert ist, dass die Härte der verschiedenen Werkzeugarten zum Erfüllen ihrer jeweiligen Aufgaben aber nicht grundsätzlich groß sein muss. Wichtig ist nur, dass die Werkzeugstoffhärte im Verhältnis zur Härte des zu bearbeitenden Werkstückstoffs groß sein muss, Bild 4.112.

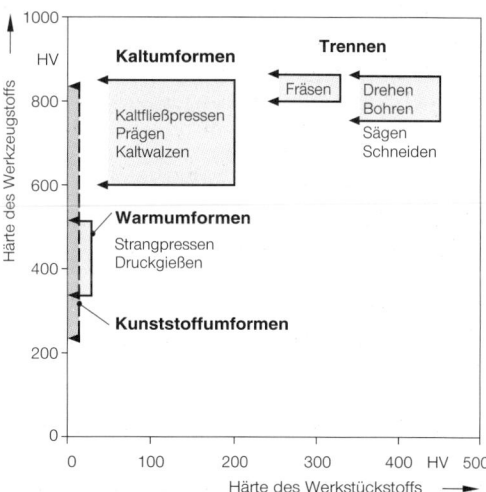

Bild 4.112
Abhängigkeit der erforderlichen Werkzeughärte von der Härte des zu bearbeitenden Werkstoffes (nach WILMES)

Außer dem kennzeichnenden Unterschied in der Höhe der Arbeitstemperatur dient als Charakteristikum die erreichbare Härte und die Veränderung der Härtebeständigkeit mit der Arbeitstemperatur (Bild 4.113). Kaltarbeitsstähle haben eine hohe Ausgangshärte, die aber schon bei Anlasstemperaturen oberhalb 200 °C rasch abfällt. Die Ausgangshärte bei Warmarbeitsstählen ist wesentlich geringer. Sie bleibt bis etwa 600 °C erhalten.

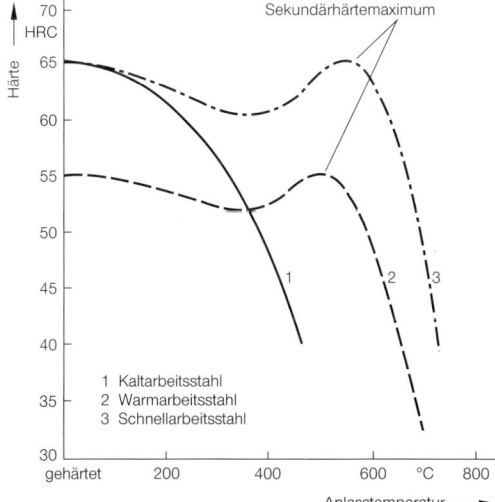

Bild 4.113
Härteabfall beim Anlassen von Werkzeugstählen (nach BECKER)

Tab. 4.24: Anwendungsbeispiele für Werkzeugstähle (nach DIN EN ISO 4957)

		Beispiel für Anwendung
Kaltarbeitsstähle	*Unlegierte Kaltarbeitsstähle*	
	C70U [1] (C45U)	Handwerkzeuge aller Art, Aufbauteile für Werkzeuge
	C105U	Gewindeschneidwerkzeuge, Tiefzieh-, Fließpress- und Prägewerkzeuge
	Legierte Kaltarbeitsstähle	
	X210CrW12	Schnittwerkzeuge, Scherenmesser, Räumnadeln, Tiefziehwerkzeuge, Sandstrahldüsen
	90MnCrV8	Gewindebohrer, Stemmeisen
	102Cr6	Lehren, Dorne, Stempel, Ziehdorne
	45NiCrMo16	Massivprägewerkzeuge höchster Zähigkeit, Scherenmesser für dickstes Schneidgut
	40CrMnNiMo8-6-4	Werkzeuge für Kunststoffbearbeitung
Warmarbeitsstähle	55NiCrMoV7	Hammergesenke für kleinere Abmessungen
	X37CrMoV5-1	Gesenke, Werkzeuge für Schmiedemaschinen, Druckgießformen
	32CrMoV12-28	Gesenkeinsätze, Werkzeuge für Strangpressen zum Verarbeiten von Kupferlegierungen (z. B. Pressmatrizen)
Schnellarbeitsstähle	HS6-5-2 [2]	Räumnadeln, Spiralbohrer, Kreissägen
	HS6-5-2-5	Fräser-, Spiral- und Gewindebohrer
	HS10-4-3-10	Drehmeißel und Formstähle
	HS2-10-1-8	Schaftfräser

[1] U = unbehandelt (geglüht)
[2] HS = High speed

Schnellarbeitsstähle besitzen ebenfalls eine hohe Ausgangshärte, die bis etwa 600 °C kaum abfällt. Ursache für dieses Verhalten der Anlasshärte ist das Ausscheiden von Sondercarbiden, die zu dem beobachtenden **Sekundärhärtemaximum** führt (siehe Bild 4.115).

Bild 4.114 zeigt die Arbeitstemperaturen von Werkzeugstählen und konkurrierenden Werkstoffen. Man erkennt, durch welche Werkstoffe sie bei erhöhten Arbeitstemperaturen ersetzt werden können.

Die unterschiedlichen Werkstoffe (weich, hart) und Bearbeitungsvorgänge (schlagend, reibend, stoßend) erfordern Werkzeugstähle mit den verschiedenartigsten Eigenschaften. Am wichtigsten sind:
– *Härte und Festigkeit*, zusammen mit der Menge an Sondercarbiden, bestimmen sie im Allgemeinen die Verschleißbeständigkeit,
– *Schneidfähigkeit*, sie hängt von der Härte und der Verschleißbeständigkeit ab,
– *Einhärtungstiefe*, sie wird von Art und Menge der Legierungselemente bestimmt.

Schlagartig beanspruchte Werkzeuge (Meißel, Präge-, Druckluftwerkzeuge) müssen neben hoher Härte auch eine hinreichende Zähigkeit aufweisen. Diese Stähle haben einen geringen Kohlenstoffgehalt oder müssen höher angelassen werden. Schnittwerkzeuge (keine schlagartige Beanspruchung: Bohrer, Fräser) besitzen dagegen sehr hohe Härten von etwa 60 HRC bis 65 HRC.

Die gezielte Stahlauswahl für bestimmte Bearbeitungsvorgänge mit Hilfe mechanischer, physikalischer oder verschleißtechnischer Kenngrößen ist häufig nicht möglich, da die wirksamen Beanspruchungsbedingungen in vielen Fällen nicht quantitativ fassbar sind.

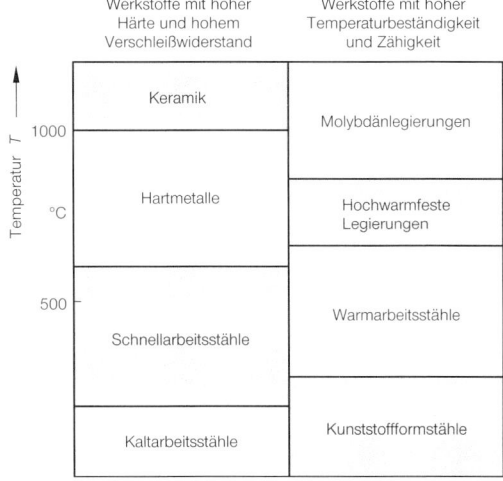

Bild 4.114
Anwendungstemperaturen von Werkzeugstählen und konkurrierender Werkstoffen (nach BECKER)

Die Härte der Werkzeugstähle wird erreicht durch:
- Martensit, der Kohlenstoffgehalt ist im Allgemeinen größer als 0,6 %,
- Nitride und Sondercarbide, die von dem über den für die Maximalhärte des Martensits (≈ 0,6 %) hinausgehenden Kohlenstoffgehalt und Legierungselementen (Chrom, Molybdän, Vanadium, Wolfram) gebildet werden.

Die Entwicklung der in DIN EN ISO 4957 genormten Standard-Werkzeugstähle kann legierungstechnisch als abgeschlossen gelten. Eine Verbesserung ihrer Eigenschaften wird in zunehmendem Umfang durch eine gezielte Änderung des Gefüges erreicht, d. h. durch Modifizieren der *Herstellbedingungen,* der *Verarbeitung* und der *Wärmebehandlung.*

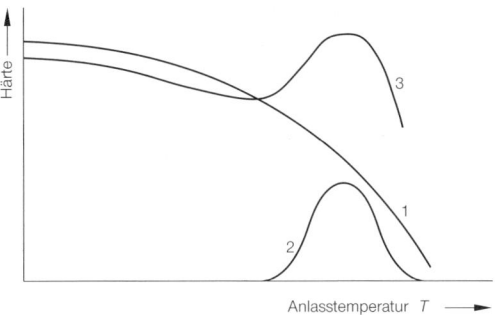

Bild 4.115
Anlassverhalten eines Schnellarbeitsstahles (schematisch)
1: Martensitzerfall (Fe$_3$C-Ausscheidung)
2: Ausscheidungshärtung (Bildung und Ausscheidung der Sondercarbide: Härtegewinn)
3: Resultierende Wirkung von 1 und 2

Die Erstarrungsbedingungen sind entscheidend für das Ausmaß der Kristallseigerungen und der Maschenweite des Carbidnetzes. Beide Erscheinungen können durch die Abkühlgeschwindigkeit (Strangguss, Umschmelzverfahren) erheblich beeinflusst werden. Eine geringe und gleichmäßige Maschenweite bzw. ein geringer Abstand der Dendriten ist anzustreben. Eine große Maschenweite erhöht z. B. die Rissneigung beim Verformen der Stähle erheblich.

Wegen der ungünstigen Eigenschaften des Gussgefüges (Dendriten, unterschiedliche Gefügeausbildung) werden Werkzeugstähle praktisch nie im Gusszustand, sondern nach einem Warmverformen verwendet. Dadurch werden der Grad der Homogenität erhöht und die Gefügebestandteile verfeinert und besser miteinander vermischt: Die mechanischen Gütewerte (z. B. Zähigkeitseigenschaften) sind dann deutlich besser. Ein homogenes Gefüge ist bei den ledeburitischen Kaltarbeitsstählen und den Schnellarbeitsstählen besonders schwer zu erreichen, weil das grobe zusammenhängende Carbidnetzwerk gebrochen und möglichst gleichmäßig in der Matrix verteilt werden muss. Die Folge ist eine praktisch nicht vermeidbare Anordnung der Carbide in Zeilenform, die beim Härten zu Maßänderungen führt. Sie sind parallel zur Zeilenrichtung größer als senkrecht zu ihr. Vor allem bei den ledeburitischen Stählen werden die Carbide durch Umschmelzverfahren sehr gleichmäßig verteilt.

Ein Diffusionsglühen vor und während der Warmformgebung kann ebenfalls die Homogenität verbessern, aber nur bei den primärcarbidfreien Warmarbeitsstählen. Bei den ledeburitischen Stählen erfolgt zwar ein Ausgleich der Kristallseigerungen, aber auch ein Koagulieren der Carbide. Dadurch wird beim Härten die Carbidauflösung erschwert, d. h., die Härte kann dann merklich unter der erreichbaren Höchsthärte liegen.

Höchste Anforderungen an die Homogenität und den Reinheitsgrad müssen Werkstoffe erfüllen, aus denen hochglanzpolierte Werkzeuge hergestellt werden. Diese werden z. B. für die Verarbeitung von Glas und Kunststoffen benötigt. Hier können selbst kleinste Oberflächenfehler die Polierfähigkeit des Werkzeugs beeinträchtigen und zu dessen Ausschuss führen.

4.8.8.2 Unlegierte Werkzeugstähle
Unlegierte Werkzeugstähle werden als Edelstähle erschmolzen und sind daher besonders rein und gleichmäßig und besitzen einen geringen Gehalt an Einschlüssen. Ihre Bedeutung ist wesentlich geringer geworden, da ihnen die legierten Kaltarbeitsstähle hinsichtlich Härtbarkeit, Anlassbeständigkeit und Verschleißwiderstand überlegen sind.

Die kritische Abkühlgeschwindigkeit dieser Kohlenstoffstähle ist groß, die Einhärtungstiefe also gering. Nach dem Härten besitzt das Werkzeug eine harte, verschleißfeste Oberflächenschicht und einen zähen, wenig schlagempfindlichen Kern. Je nach dem gewählten Abschreckmedium können die Einhärtungstiefe und damit die Eigenschaften in gewissen Grenzen verändert werden.

Die Einhärtungstiefe bestimmt weitgehend die Kernzähigkeit. Sie ist bei geringerer Einhärtungstiefe

größer und nimmt mit feinerem Korn zu. Daher ist das Härtungsverhalten für die Gebrauchseigenschaften dieser Stähle besonders wichtig. Es wird u. a. gekennzeichnet durch
- die Härte der Oberfläche und des Kerns im gehärteten Zustand,
- die Einhärtungstiefe,
- die Feinkörnigkeit des Bruchgefüges,
- den Härtetemperaturbereich, innerhalb dessen dieses feine Korn in der gehärteten Schicht beibehalten wird und die
- Sicherheit gegen Härtungsrisse.

Wegen der relativ großen Sprödigkeit dieser Stähle muss ihre Warmformgebung und Wärmebehandlung sehr sorgfältig erfolgen. Wichtig ist ein langsames, gleichmäßiges Erwärmen. Entkohlen und Verzundern der Oberfläche muss durch Glühen unter Schutzgas oder durch Verwendung von Salzbadöfen verhindert werden.

4.8.8.3 Legierte Kaltarbeitsstähle
Härtbarkeit und Verschleißwiderstand der legierten Kaltarbeitsstähle sind deutlich besser als die der unlegierten. Die *Einhärtbarkeit,* d. h. der durchhärtende Querschnitt wird besonders durch Mangan, Chrom, Molybdän und Nickel vergrößert. Je nach Legierungsart und -menge ergeben sich Stähle, die in Luft, Öl oder im Warmbad durchhärten.

Der *Abriebverschleiß (Abrasionsverschleiß)* – andere Verschleißarten sind bei Werkzeugen von sekundärer Bedeutung – ist im Allgemeinen durch eine Werkstoffkenngröße nicht beschreibbar. Er wird aber erfahrungsgemäß vom Gefügeaufbau (Carbidanteil) und der Härte bestimmt. Die harten, verschleißfesten Carbide, die besonders bei Schneidstählen erforderlich sind, werden insbesondere durch Chrom, Molybdän, Vanadium und Wolfram gebildet.

Abriebbeständige Randschichten und ein Verringern der Neigung zum Kaltaufschweißen kann bei geeigneten Stählen durch Nitrieren erreicht werden. Ein solcher Stahl ist z. B.: 40CrMnNiMo8-6-4.

Die Werkstoffwahl wird am sichersten durch Betriebsversuche entschieden. Die Bewährung der Werkzeuge hängt aber auch erheblich von ihrer Formgebung, der Oberflächenausführung und vor allem einer dem Verwendungszweck angepassten Wärmebehandlung ab.

Die Warmformgebung und Wärmebehandlung ist noch sorgfältiger und überlegter als bei den unlegierten Kaltarbeitsstählen vorzunehmen.

4.8.8.4 Warmarbeitsstähle
Warmarbeitsstähle sind Stähle für Werkzeuge, die im Betrieb eine über 200 °C liegende Dauertemperatur annehmen. Daraus ergeben sich einige spezielle Anforderungen an die Gebrauchseigenschaften:
- *Warmfestigkeit,* wird insbesondere durch Molybdän, Wolfram und kornfeinendes Vanadium erreicht.
- *Anlassbeständigkeit,* wird durch Chrom erzeugt, das zusammen mit Molybdän, Nickel und Mangan die Härtbarkeit erhöht.
- *Warmverschleißwiderstand,* wird durch die Warmfestigkeit der Matrix sowie durch Art und Menge der Sondercarbide bestimmt.

Die höherlegierten Stähle erfordern z. T. sehr hohe Härtetemperaturen, die wegen der Lösung der stabilen Sondercarbide erforderlich sind. Um die Erwärmungsgeschwindigkeit gering zu halten, ist es zweckmäßig, in mehreren Stufen auf Härtetemperatur aufzuheizen. Die Anlasstemperatur sollte etwa 100 °C oberhalb der Betriebstemperatur liegen.

Zum Erhöhen der Oberflächenhärte und zum Verringern der Reibung werden Warmarbeitsstähle auch hartverchromt. Der Oberflächenverschleiß und die Klebneigung können durch Nitrieren vermindert werden.

4.8.8.5 Schnellarbeitsstähle
Schnellarbeitsstähle (Schnellstähle) sind Stähle, die zum *Zerspanen* bei vorwiegend hohen Schnittgeschwindigkeiten eingesetzt werden. Dabei treten hohe Temperaturen an der Werkzeugschneide auf. Auf Grund ihrer chemischen Zusammensetzung und Wärmebehandlung haben Schnellstähle eine hohe *Anlassbeständigkeit* und *Warmhärte* bis etwa 600 °C. Sie besitzen daher lange Standzeiten auch bei Rotglut.

Diese Eigenschaften werden durch bestimmte Legierungselemente, sorgfältiges Erschmelzen (Elektroofen), gleichmäßige Verteilung der Carbide, sorgfältiges Weiterverarbeiten sowie durch eine werkstoffgerechte Wärmebehandlung erzeugt.

Wesentlichstes Kennzeichen dieser Stähle ist ihr sehr hoher Anteil an Sondercarbiden, die vorwiegend durch die Elemente Wolfram, Chrom, Molybdän, Vanadium gebildet werden. Der Kohlenstoffgehalt muss daher relativ groß sein. er beträgt mindestens 0,8 %. Das Gefüge ist im Wesentlichen ledeburitisch. Es besteht aus Sondercarbiden (statt Fe_3C bei unlegierten Stählen) und Austenit, der im Allgemeinen zum größeren Teil in Martensit (evtl. Bainit) umgewandelt ist. Die Ursache der hervorragenden *Schneidfähigkeit* auch bei größeren Temperaturen beruht auf der bemerkenswerten Anlassbeständigkeit und dem hohen Gehalt an Sondercarbiden.

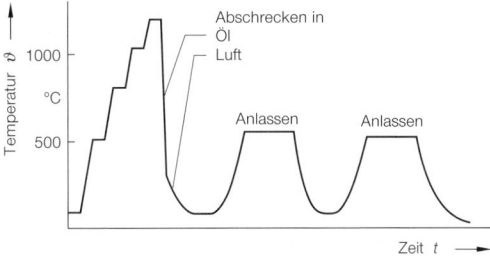

Bild 4.116
Zeit-Temperatur-Verlauf beim Härten und Anlassen von Schnellarbeitsstählen

Zum Härten sind wegen der schwerlöslichen, stabilen Carbide sehr hohe, z. T. direkt unter Solidus liegende (1200 °C bis 1320 °C), Austenitisierungstemperaturen erforderlich. Temperatur und die Haltedauer müssen wegen der Grobkornbildung sehr genau eingehalten werden. Um Verzug und Rissbildung zu vermeiden, müssen diese spröden Werkstoffe in mehreren Stufen, meistens im Salzbad, auf Härtetemperatur erwärmt werden.

Nach dem Härten besteht der Stahl aus ca. 70 % Martensit, 10 % Carbiden und wegen des hohen Legierungsgehaltes aus ca. 20 % Restaustenit. Ein Anlassen bei Temperaturen um 550 °C führt zur Ausscheidung der stark härtesteigernden feinverteilten Sondercarbide. Die Überlagerung der Härte des zerfallenen Martensits und des zusätzlichen Härtegewinns durch diese Ausscheidungshärtung ergibt das *charakteristische Anlassverhalten* (siehe Vergütungsschaubilder) der Schnellarbeitsstähle (Bild 4.115).

Carbide scheiden sich beim Anlassen nicht nur aus dem Martensit, sondern auch aus dem Restaustenit aus, wodurch dessen Gehalt an Kohlenstoff und Legierungselementen abnimmt. Beim Abkühlen wandelt daher ein großer Teil des Restaustenits in (nicht angelassenen) Martensit um, wodurch eine weitere Härtesteigerung erzielt wird.

Die diffusionskontrollierten Vorgänge beim Anlassen verlaufen sehr träge. Daher wird in vielen Fällen, vor allem bei einem hohen Gehalt an nicht angelassenem Martensit, zwei- oder dreimal angelassen. Bild 4.116 zeigt den Temperaturverlauf beim Härten und Anlassen.

Es muss ausdrücklich betont werden, dass die Dauerwarmhärte mit zunehmender Betriebstemperatur – insbesondere oberhalb der Anlasstemperatur (> 550 °C) – in jedem Fall abnimmt (Bild 4.117).

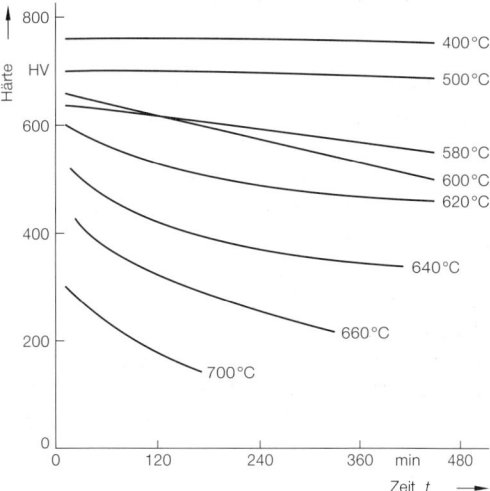

Bild 4.117
Verlauf der Dauerwarmhärte eines kobaltlegierten Schnellarbeitsstahles (nach BICKEL)

Durch ein Beschichten mit Hartstoffen (TiC, TiN) werden Verschleißwiderstand und Standzeit wesentlich erhöht (siehe S. 331).

4.9 Eisengusswerkstoffe

4.9.1 Begriff, Bedeutung, Einteilung

Der Begriff Gusswerkstoffe geht auf das Formgebungsverfahren zurück. Der Werkstoff wird im flüssigen Zustand (Schmelze) in Formen vergossen. Das Werkstück erhält bei der Erstarrung die so vorgegebene äußere Gestalt, die im Allgemeinen nur noch mittels spanabhebender Bearbeitungsverfahren verändert wird.

Die Bedeutung der Gusswerkstoffe beruht neben den spezifischen guten Eigenschaften dieser Werkstoffgruppe, z. B. gute Korrosionsbeständigkeit und hohes Dämpfungsvermögen von Grauguss, im We-

sentlichen auf der Freizügigkeit bei der Gestaltung von Bauteilen, die von keinem anderen Fertigungsverfahren erreicht wird. So können kleinste, kompliziert geformte Teile ebenso hergestellt werden wie große Gusskonstruktionen mit kompakten Querschnitten oder in Zellenbauweise. Das erfordert aber die Beachtung einiger verfahrensbedingter Grundsätze, z. B.
- Einsatz von Legierungen mit möglichst naheutektischer Zusammensetzung (siehe S. 74),
- Berücksichtigen des Schwindens (siehe S. 73),
- Auswahl des geeigneten Gießverfahrens,
- Vermeiden von Materialanhäufungen,
- Vorsehen der zum Entformen notwendigen Bauteilschrägen.

Die Zusammensetzung der Schmelze (Legierungselemente) und die Abkühlbedingungen beim Erstarren bestimmen die Gefügeausbildung im festen Zustand und damit im Wesentlichen auch die mechanischen Eigenschaften der Gusswerkstoffe auf Eisenbasis.

Das wichtigste Legierungselement der Eisenwerkstoffe ist Kohlenstoff (siehe S. 141 ff.). Auskunft über die temperatur- und konzentrationsabhängigen Zustandsformen der Kohlenstoffphasen gibt das Eisen-Kohlenstoff-Schaubild (siehe Bild 4.4). Der Kohlenstoffgehalt und die bei Gebrauchstemperatur vorliegende Art und Verteilung der Kohlenstoffphasen im Grundgefüge beeinflussen maßgeblich die mechanischen Eigenschaften des Werkstoffs und dienen daher gleichzeitig als Kriterien für die Einteilung der Eisengusswerkstoffe.

Bis zu einem Gehalt von maximal 2 % ist der Kohlenstoff bei metastabiler [1] Erstarrung in der intermediären Phase Fe_3C (Zementit) gebunden, soweit er nicht im Mischkristall des Eisens (Austenit, Ferrit) gelöst wird. Eisenwerkstoffe dieser Zusammensetzung sind warm- und – bei niedrigem Kohlenstoffgehalt besser als bei hohem – kaltumformbar. Werden derart verformbare Werkstoffe gießtechnisch verarbeitet, dann spricht man von *Stahlguss*.

Eisenwerkstoffe mit einem Kohlenstoffgehalt über 2 % werden im Normalfall nicht mehr geschmiedet (Ausnahme Temperguss, siehe S. 265). Die Formgebung erfolgt üblicherweise durch Gießen. Diese Werkstoffgruppe wird unter dem allgemeinen Oberbegriff *Gusseisen* zusammengefasst.

Bei beschleunigter Abkühlung aus der Schmelze erstarrt Gusseisen ebenfalls nach dem metastabilen System, das heißt, der Kohlenstoff ist im Zementit gebunden. Nach der hell schimmernden Bruchfläche heißen diese Sorten *weißes Gusseisen*. Wegen des hohen Zementitanteils ist »weiß« erstarrtes Gusseisen *(Hartguss)* hart, spröde und schwer zu bearbeiten. Es wird in diesem Zustand nur selten verwendet.

Durch eine nachträgliche Glühbehandlung der fertigen Gussteile kann ein Zerfall der harten Zementitphase herbeigeführt werden, wobei der nicht mehr gebundene Kohlenstoff als Grafit in ferritischer oder perlitischer Matrix eingelagert ist. Ein derart behandelter weißer Guss zeichnet sich durch wesentlich erhöhte Zähigkeit und stark verbesserte Bearbeitbarkeit aus und ist als *Temperrohguss* bekannt geworden. Wird der Temperrohguss in entkohlender (oxidierender) Atmosphäre geglüht, erhält man Temperguss mit weißem Bruchgefüge, so genannter *weißer Temperguss*. Bei Glühen in neutraler Atmosphäre entsteht dagegen der heute kaum noch verwendete *schwarze Temperguss,* dessen Bruchfläche wegen der zahlreichen Grafiteinschlüsse dunkel (»schwarz«) erscheint.

Zu einer Ausscheidung des Kohlenstoffs in elementarer Form kommt es auch bei sehr langsamer Abkühlung kohlenstoffreicher Schmelzen, die Erstarrung erfolgt dann nach dem stabilen System. Durch die in der Eisenmatrix eingelagerten Grafitbereiche erscheint die Bruchfläche dunkel, was zu der Bezeichnung *graues Gusseisen* oder *Grauguss* geführt hat. Grauguss kann wegen der oft grob ausgebildeten Grafiteinschlüsse Zugbeanspruchungen nur begrenzt aufnehmen und ist außerdem nur wenig verformungsfähig. Dagegen lässt sich Grauguss sehr gut zerspanen und besitzt hervorragende Dämpfungs- und Gleiteigenschaften.

---

[1] Die Unterscheidung metastabil – stabil ist thermodynamisch begründet. Bei langen Glühzeiten zerfällt Zementit in Ferrit und elementaren Kohlenstoff. Nach allgemein gültigen physikalischen Gesetzen muss daher das System Fe–C ein geringeres Energieniveau besitzen als das System Fe–Fe_3C und sich in seinen Reaktionen stabiler verhalten. Die Energie- oder »Stabilitäts«unterschiede sind allerdings klein, wie auch aus der nur geringfügigen Verschiebung der Gleichgewichtslinien des metastabilen Systems gegenüber dem stabilen System (siehe Bild 4.4) hervorgeht.

Graues Gusseisen wird nach der Form der Grafitbereiche im Gefüge weiter unterteilt in:
- *Gusseisen mit Lamellengrafit* (lamellenförmig ausgebildeter Grafit)
- *Gusseisen mit Kugelgrafit* (globulitisch vorliegender Grafit).
- *Gusseisen mit Vermiculargrafit* (»würmchenförmig« vorliegender Grafit).

Sondergusseisen hat durchschnittlich einen um etwa 1 % niedrigeren Kohlenstoffgehalt als weißes oder graues Gusseisen. Die besonderen Eigenschaften dieser Sorten werden durch Legieren mit zumeist Silicium, Chrom und Aluminium erzielt. Die Kurzbezeichnung der Eisengusswerkstoffe wird in den folgenden Abschnitten erläutert.

Bild 4.118 zeigt zusammenfassend die Einteilung der Eisengusswerkstoffe nach den wichtigsten Gruppen mit ihren charakteristischen Merkmalen.

4.9.2 Stahlguss

Stahlguss ist in Formen vergossener Stahl, der keinem nachträglichen Formgebungsverfahren außer Zerspanen unterworfen wird. Im Gegensatz dazu wird der in Blöcken gegossene Stahl durch Warm- und Kaltumformung (Walzen, Schmieden, Pressen) bildsam weiterverarbeitet.

Stahlguss wird im Elektroofen erschmolzen. Er wird stets beruhigt vergossen werden, um Hohlräume zu vermeiden, die sonst beim Erstarren durch Gasblasenbildung hervorgerufen werden. Bei Block- oder Strangguss können diese Hohlräume durch die nachfolgenden Warmumformungen *nicht* verschweißt werden (siehe S. 70).

Im *Gusszustand* werden Stahlgussteile nur selten verwendet, da sich bei der Erstarrung ein charakteristisches grobes WIDMANNSTÄTTENsches *Gefüge*, Bild 4.119 mit niedrigen Werten für die Bruchdehnung und Kerbschlagzähigkeit einstellt. Ein dem Stahl entsprechendes Gefüge mit vergleichbaren Eigenschaften erhält der Stahlguss erst durch eine *Wärmenachbehandlung* (Normalglühen, Vergüten) mit der dabei auftretenden Kornverfeinerung durch Gefügeumwandlung (siehe Bilder 4.63 bis 4.65). Stahlguss wird verwendet:
- wenn die Festigkeit von Grauguss oder Temperguss nicht ausreicht,
- wenn die Herstellung der Bauteile wegen verwickelter Form oder zu großer Abmessungen nur gießtechnisch möglich oder wirtschaftlich ist (außergewöhnliches Beispiel: Walzenständer mit 7 m Höhe und einer Gießmasse von über 400 000 kg),
- wenn hochlegierte Qualitäten mit gleichzeitig hohem Kohlenstoffgehalt erzeugt werden, die wegen ihrer schlechten plastischen Verformbarkeit nicht für eine Warmumformung geeignet sind, z. B. so genannter Chromguss mit 30 % Chrom und 1,5 % Kohlenstoff.

Stahlguss ist härter als Gusseisen und zeichnet sich im Vergleich zu Grauguss mit Lamellengrafit durch hohe Zugfestigkeiten aus mit Werten bis etwa:
- 700 N/mm^2 bei unlegierten Sorten
- 1300 N/mm^2 bei legierten Sorten.

Gleichzeitig ist eine hohe Streckgrenze gewährleistet. Stahlguss lässt sich im normalgeglühten und im vergüteten Zustand warm- und kaltumformen. Die Bruchdehnung liegt abhängig vom Legierungsgehalt zwischen 25 % und 8 %. Wegen der guten Zähigkeit sind Stahlgussteile besonders geeignet, wenn im Betrieb neben schwingender Beanspruchung auch Stoß- und Schlagbelastungen auftreten.

Bauteile aus Stahlguss sind erheblich teurer als aus Grau- oder Temperguss. Dazu tragen bei:
- die erhöhten Ansprüche an Reinheit und Genauigkeit der Schmelzenzusammensetzung,
- die hohe Schmelztemperatur von etwa 1500 °C, die leistungsfähige Schmelzöfen und hochhitzebeständige Formen erfordert,
- die zur Ausbildung eines geeigneten Gefüges unumgängliche Wärmebehandlung der fertigen Gussstücke.

Hinzu kommen spezifische Eigenschaften der Stahlgussschmelze, die den Herstellungsprozess ungünstig beeinflussen:
- Die Schmelze ist sehr zähflüssig und füllt die Form nur schlecht aus. Abhilfe ist nur durch starkes Überhitzen der Schmelze möglich. Bei Stahlgussteilen ist eine Mindestwanddicke von 5 mm erforderlich.
- Durch das große Schwindmaß von 2 % bis 2,5 % bei unlegiertem und von 3 % bei legiertem Stahlguss ist die Gefahr der Lunker- und Rissbildung (siehe S. 73) gegeben, der konstruktiv und gießtechnisch entgegengewirkt werden muss. Diese Maßnahmen schränken die freie Gestaltungsmöglichkeit von Stahlgussteilen ein.

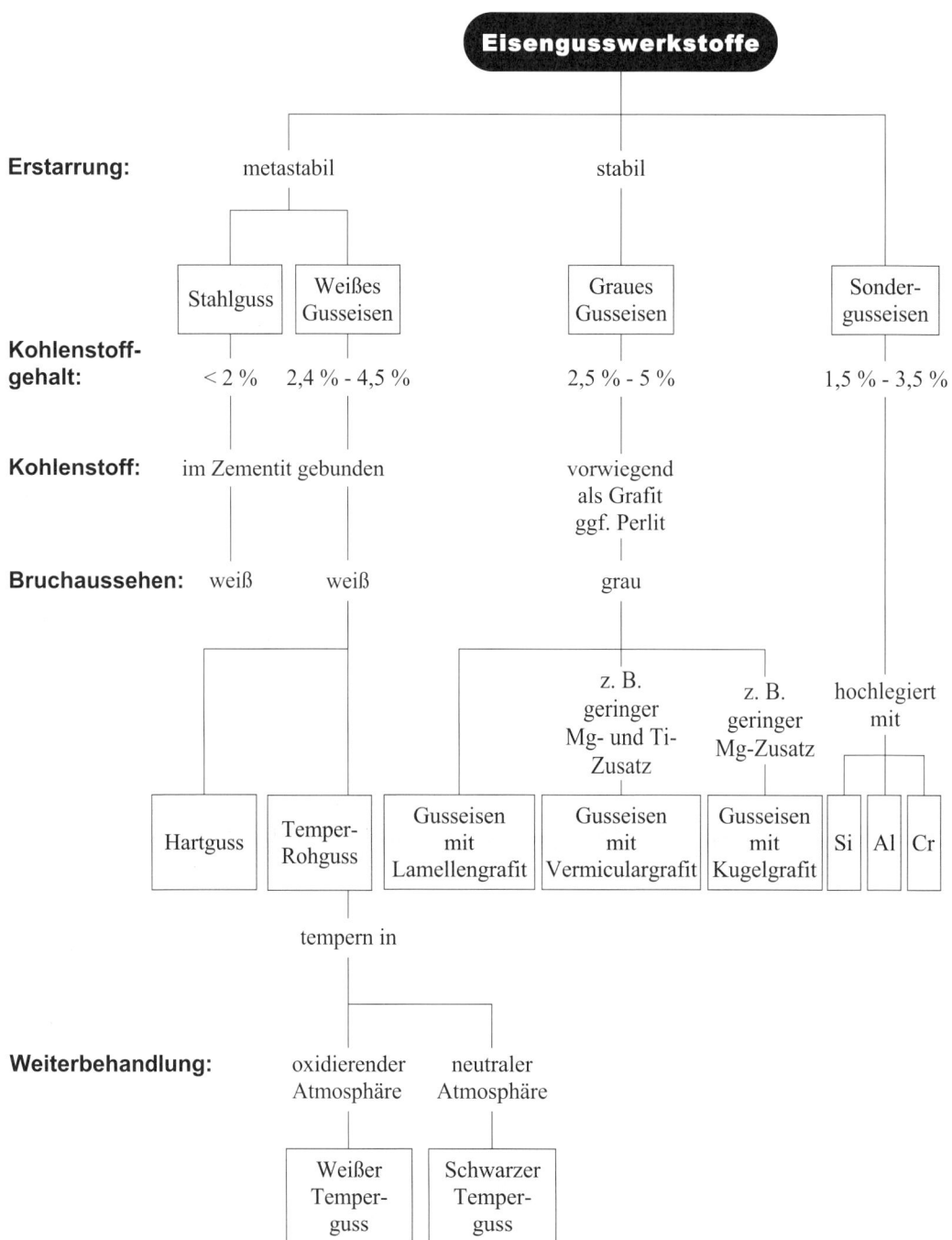

Bild 4.118: Einteilung der Eisengusswerkstoffe

Diese Gründe führen dazu, dass Stahlguss, soweit nicht hohe Ansprüche an Festigkeit und Verformbarkeit zwingend dagegen sprechen, durch das billigere Gusseisen und den beschränkt schmiedbaren Temperguss weitgehend ersetzt wird.

4.9.2.1 Stahlgusssorten
Eine Übersicht über die mechanischen Eigenschaften genormter Stahlgusssorten enthält Tabelle 4.25. Man beachte, dass die Werkstoffbezeichnungen zum Teil noch der alten DIN 17006 (siehe S. 197) entsprechen

Stahlguss für allgemeine Verwendung ist in DIN 1681 genormt. Er wird nach der vom Hersteller zu gewährleistenden Mindestzugfestigkeit in Güteklassen eingeteilt, die durch das Symbol GS mit der angehängten Zugfestigkeitskennzahl bezeichnet werden und von GS-38 bis GS-60 reichen. Die Sorteneinteilung nach DIN EN 10293 (Entwurf 11.2004) erfolgt nach der Mindeststreckgrenze (siehe Tab. 4.25)

Bis auf die vorangestellte Gusskennzeichnung (GS- bzw. G) unterscheiden sich die Bezeichnungen legierten Stahlgusses nicht von denen der Stähle. Auch beeinflussen Legierungselemente allgemein die Eigenschaften von Stahlguss und Stahl in gleicher Weise.

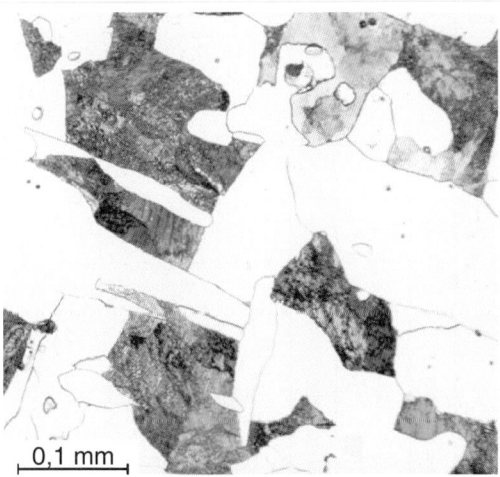

Bild 4.119
Mikrogefüge eines Stahlgusswerkstoffs GC25E (GS-Ck25) im Anlieferzustand, KV (Raumtemperatur) = 14 J, HV 1 = 127, 2 % HNO_3, V = 500:1.
Deutlicher ist das WIDMANNSTÄTTENsche Gefüge z. B. in der Grobkornzone von Schweißverbindungen ausgebildet, siehe z. B. Bild 4.33.

Ein Beispiel ist **Manganhartstahl** mit 1,2 % C, 12 % Mn und 1,4 % Cr, dessen Härte und Verschleißfestigkeit auf die Bildung von Chromcarbiden zurückzuführen ist. Gleichzeitig weist Manganhartguss wegen des hohen Mangangehalts bei Raumtemperatur ein austenitisches Gefüge mit verbesserter Zähigkeit auf und wird daher z. B. für Brechbacken, Hämmer und Auskleidungen von Brechern und Mühlen verwendet, bei deren Betrieb Schlag- und Stoßbelastungen auftreten.

Für höhere Anforderungen an die Festigkeit wird vergüteter Stahlguss eingesetzt, dessen chemische Zusammensetzung den Vergütungsstählen (siehe S. 214) entspricht. Man unterscheidet dabei in DIN 17205 bei gleichem Werkstoff verschiedene Festigkeitsstufen.

Stahlguss für allgemeine Verwendung ist bis etwa 400 °C warmfest ($R_m \approx$ konst.) Bei höheren Ansprüchen an die Warmfestigkeit werden im Temperaturbereich von 300 °C bis 600 °C warmfeste ferritische Stahlgusssorten eingesetzt, deren Streckgrenze bis 550 °C gewährleistet ist. In Normen sind zusätzlich Anhaltswerte für Zeitdehngrenzen und Zeitstandfestigkeiten in Abhängigkeit von der Temperatur angegeben. Erreicht wird die gute Warmfestigkeit durch Zulegieren von Molybdän bis 1,2 % und Chrom bis 12 %. Sorten höchster Warmfestigkeit enthalten außerdem Vanadium und/oder Wolfram (jeweils kleiner 1 %) sowie Nickel. Vor allem Stahlguss für Druckbehälter (DIN EN 10213) erfordert oft höhere Warmfestigkeit, weil er z. B. geeignet für Dampfturbinengehäuse, Düsenringe, Heißdampfarmaturen und Rohrstutzen eingesetzt wird.

Ein Einsatz bei noch höheren Temperaturen erfordert Hitze- und Zunderbeständigkeit von Stahlguss. Dies wird durch Legieren mit Chrom (bis zu 29%), Nickel (bis zu 25%) und Silicium (etwa 2%) erreicht (DIN EN 10295). Hitzebeständiger Stahlguss wird bis etwa 1000 °C für Herdplatten, Einsatzkästen, Transportroste und Herdschienen in Durchlauföfen u. a. verwendet. Für höhere Temperaturen eignen sich nur noch Legierungen auf Nickel- oder Cobaltbasis mit jeweils ca. 28% Cr (Tab. 4.25).

Zulegieren von Chrom verbessert die Korrosionsbeständigkeit von Stahlguss. **Nichtrostender Stahlguss** nach DIN EN 10213, DIN EN 10283 entspricht in der Zusammensetzung und in den Eigenschaften nichtrostendem Stahl (siehe S. 230). Eingesetzt werden diese Sorten für Armaturen, Leitungen, Pumpengehäuse und Laufräder in der chemischen Industrie, im Nahrungsmittel- und Textilbereich sowie

Tab. 4.25: Mechanische Eigenschaften von Stahlguss

Werkstoff Kurzname	0,2-Grenze $R_{p0,2}$ [1] (min) N/mm²	Zugfestigkeit R_m N/mm²	Bruchdehnung A (min) %	Kerbschlagarbeit [2] KV (min) J	Bemerkungen
Unlegierter Stahlguss für allgemeine Verwendungszwecke nach DIN 1681					
GS-38 (GE200)	200	380 bis 530	25	27	Die Bezeichnungen in Klammern stehen in DIN EN 10293 (Entwurf)
GS-38 (GS200)				35	
GS-45 (GS240)	240	450 bis 530	22	27	
GS-60 (GE300)	300	600 bis 750	15	27	
Niedriglegierter Stahlguss mit besonderer Schweißeignung nach DIN EN 17182					
GS-16Mn5N	260	430 bis 500	25	65	Werte gelten bis 50 mm Wanddicke
GS-20Mn5N	300	500 bis 650	22	55	
GS-20Mn5V	360		24	70	
Vergütungsstahlguss nach DIN EN 17205 (Beispiel)					
GS-42CrMo4	650	780 bis 930	14	36	Festigkeitsstufe I
	800	900 bis 1100	10	27	Festigkeitsstufe II
Hochfester Stahlguss nach ISO 9477					
410-620	410	620 bis 770	16	20	
620-820	620	820 bis 970	11	18	
840-1030	840	1030 bis 1180	7	15	

[1] R_e steht für R_{eH} oder $R_{p0,2}$
[2] Mittelwert von drei Proben bei Raumtemperatur

Tab. 4.25: Mechanische Eigenschaften von Stahlguss (Fortsetzung)

Werkstoff Kurzname	0,2-Grenze $R_{p0,2}$ (min) N/mm²	Zugfestigkeit R_m N/mm²	Bruchdehnung A (min) %	Kerbschlagarbeit[2] KV (min) J	Bemerkungen
Stahlguss für Druckbehälter nach DIN EN 10213					
GP240	240	420 bis 600	22	27	In der Norm werden 0,2%-Dehngrenzen teilweise bis zu 550 °C angeführt
G20Mo5	245	440 bis 590	22	27	
G17CrMoV5-10	440	590 bis 780	15	27	
G23CrMoV12-1	540	740 bis 880	15	27	
GX4CrNiMo16-5-1	540	760 bis 960	15	60	
Hitzebeständiger Stahlguss nach DIN EN 10295					
GX40CrNiSi27-4	250	550	3		$R_{p1/10.000/900} = 4$ N/mm²
GX35NiCrSi25-21	220	430	8		$R_{p1/10.000/900} = 22$ N/mm²
G-NiCr28W	240	440	3		$R_{p1/10.000/1000} = 10$ N/mm²
G-CoCr28	235	490	6		
Korrosionsbeständiger Stahlguss nach DIN EN 10283					
GX12Cr12	450	620	15	20	martensitisch
GX5CrNi19-10	175	440	30	60	austenitisch
GX2NiCrMo28-20-2	165	430	30	60	vollaustenitisch
GX6CrNiMoN26-7-4	480	650	22	50	austenitisch-ferritisch

im Bergbau bei der Kaligewinnung, also überall dort, wo aggressive Medien bei hoher Temperatur verarbeitet werden.

Der Entwurf von DIN EN 10293 sieht unter anderem vor, die in verschiedenen Normen erfassten Stahlgusssorten zusammenzufassen.

4.9.2.2 Schweißen von Stahlguss

Nach den gängigen Regelwerken (DIN EN 1559) ist das Schweißen an Stahlgussstücken erlaubt und wird als *Produktonsschweißung* (= Fertigungs- und Verbindungsschweißen) bezeichnet. Schweißarbeiten an Stahlguss werden aus unterschiedlichen Gründen durchgeführt:

Unter **Fertigungsschweißen** sind Schweißarbeiten zu verstehen, die zum Beseitigen fertigungsbedingter Fehlerstellen – z. B. Lunker, Risse, Oberflächenfehler – am Gussstück notwendig sind. Mit ihnen wird die gewünschte/erforderliche äußere und innere Beschaffenheit des Gussstücks erreicht. Die Schweißzusatzstoffe und die Schweißbedingungen müssen so gewählt werden, dass ein möglichst artgleiches Schweißgut herstellbar ist.

Werkstoffe mit C-Gehalten unter 0,20 % werden mit basischen Stabelektroden geschweißt. Ein Normalglühen *vor* dem Schweißen ist wegen der schlechten Zähigkeit des WIDMANNSTÄTTENschen Gussgefüges (Rissgefahr durch spröden Werkstoff) dringend zu empfehlen und bei Kohlenstoffgehalten über 0,20 % in jedem Fall vorzusehen. Ein Spannungsarmglühen *nach* dem Schweißen soll bei Bauteilen aus normalgeglühten Sorten bei 600 °C bis 640 °C und bei den aus vergütetem Stahlguss mindestens 20 K bis höchstens 50 K unter der Anlasstemperatur der Vergütungsbehandlung erfolgen.

Betriebsschäden an Bauteilen durch das Einwirken mechanischer und korrosiver Beanspruchungen werden durch das **Instandsetzungsschweißen** beseitigt. Die hierbei zu beachtenden schweißtechnischen und fertigungstechnischen Maßnahmen sind ähnlich wie bei jeder anderen Reparaturschweißung an Stahl. Dazu gehören das Ausarbeiten der fehlerhaften Stelle(n) und die Kontrolle auf evtl. noch nicht vollständig beseitigte Risse mit zerstörungsfreien Prüfverfahren (das Farbeindringverfahren wird wegen seiner einfachen Handhabung und leichten Verfügbarkeit oft verwendet) sowie die Fugenvorbereitung.

Große Bauteile werden häufig aus kleineren Einzelteilen, die aus gleichen oder unterschiedlichen Werkstoffen (z. B. Plattieren) bestehen können, durch das **Konstruktionsschweißen** hergestellt. Da im Gegensatz zum Fertigungsschweißen dieser Fertigungsablauf im Voraus festgelegt wird, lassen sich zum Erreichen der im Folgenden genannten technischen und wirtschaftlichen Vorteile optimale Voraussetzungen schaffen:
– Verbundkonstruktionen mit einer hohen Bauteilsicherheit, bestehend aus Gussteilen verschweißt mit Walzprofilen, Schmiedestücken, Blechen und Rohren, sind wirtschaftlich herstellbar.
– Große Bauteile lassen sich fertigungstechnisch einfacher, prüftechnisch besser und mit geringerem Ausschuss herstellen.
– Die Lage der Schweißnähte lässt sich beanspruchungs- und gießgerecht wählen, und die erforderlichen Nahtformen können bereits angegossen werden.
– Die Herstellung wird erleichtert und bechleunigt.
– Eine ausreichende Schweißeignung der Werkstoffe kann einfach sichergestellt werden.

Stahlgusssorten für allgemeine Verwendung, die eine verbesserte Zähigkeit und eine besonders gute Schweißeignung haben, sind in DIN 17182 genormt.

4.9.3 Gusseisen – Übersicht

Gusseisen hat über 2 % Kohlenstoff und ist ohne Nachbehandlung nicht schmiedbar. Die meisten Gusseisensorten enthalten 2 % bis 5 % Kohlenstoff, liegen also nahe bei der eutektischen Zusammensetzung des Fe-C-Systems. Entsprechend niedrig sind die Schmelztemperaturen von etwa 1250 °C bis 1150 °C. Die Schmelze ist dünnflüssig und zeichnet sich durch sehr gutes Formfüllungsvermögen aus. Das Schwindmaß von ungefähr 1 % ist gegenüber Stahlguss klein. Die Dichte von Gusseisen liegt zwischen 7,2 g/cm^3 bei dickwandigen und 7,4 g/cm^3 bei dünnwandigem Guss.

Infolge der naheutektischen Zusammensetzung hat Gusseisen ein feinkörniges Gefüge ohne bevorzugte Kornorientierung. Maßgebenden Einfluss auf die Art der bei der Erstarrung des Gusseisens entstehenden Kohlenstoffphasen haben die Begleitelemente Kohlenstoff und Silicium, die beide die Grafitausscheidung begünstigen.

4.9.3.1 Gusseisendiagramme

Auskunft über die Gefügeausbildung von Gusseisen in Abhängigkeit vom Kohlenstoff- und Siliciumgehalt gibt das **Maurer-Diagramm** (Bild 4.120).

Die Linien des Schaubilds münden auf der Kohlenstoffachse im eutektischen Punkt des Fe-C-Systems bei 4,3 % Kohlenstoff und unterteilen das Diagramm in drei Hauptfelder
– Feld I: weißes Gusseisen (Hartguss),
– Feld II: graues Gusseisen mit perlitischem Grundgefüge,
– Feld III: graues Gusseisen mit ferritischem Grundgefüge.

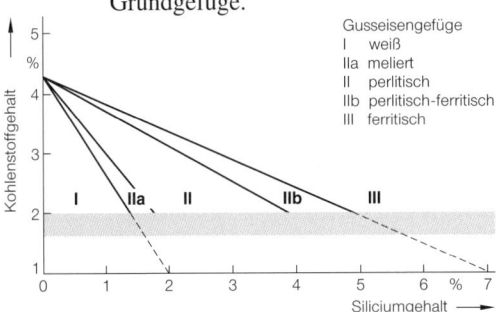

Bild 4.120
Gusseisendiagramm (nach Maurer)

Die Übergangszonen weisen Gusseisensorten mit meliertem Gefüge (Gemisch aus weißem und grauem Gusseisen, Feld IIa) und Grauguss mit ferritisch-perlitischem Grundgefüge (Feld IIb) aus. Festigkeit und Härte des Gusseisens nehmen mit fallendem Kohlenstoff- und Siliciumgehalt zu. *Hochwertige Gusseisensorten haben also eine Zusammensetzung, die jeweils dem linken unteren Bereich der betreffenden Felder entspricht.* Die Aussagen des Maurer-Diagramms gelten allerdings nur für Proben mittleren Durchmessers (30 mm), die in trockene Formen vergossen werden und lassen den Einfluss der Abkühlgeschwindigkeit unberücksichtigt.

Dicke Gussteile kühlen im Kern langsamer ab als an der Oberfläche. Die Abhängigkeit der Gefügeausbildung von Gusseisen von den Abkühlbedingungen und damit von der Wanddicke wird im Gusseisendiagramm nach Greiner-Klingenstein zusätzlich erfasst (Bild 4.121).

Da Kohlenstoff und Silicium gleichartig auf die Grafitausscheidung einwirken, ist in diesem Schaubild der Summengehalt von Kohlenstoff und Silicium über der Wanddicke aufgetragen. Die Feldbezeich- nungen entsprechen denen des Maurer-Diagramms (Bild 4.120). Der Knickpunkt der oberen Begrenzungslinien deutet darauf hin, dass der Summengehalt von Kohlenstoff und Silicium unter etwa 5,5 % liegen sollte. Das Diagramm nach Greiner-Klingenstein gibt im Zusammenhang mit dem Maurer-Diagramm den besten Überblick über die Gefügeausbildung von Gusseisen.

4.9.3.2 Bezeichnung von Gusseisen

Das Bezeichnungssystem von Gusseisen ist in DIN EN 1560 festgelegt. Alle Bezeichnungen beginnen mit der Buchstabengruppe EN-GJ (Europäische Norm – Guss Iron), die um mindestens einen weiteren Buchstaben ergänzt wird:
– L = lamellarer Grafit,
– M = Temperguss (m = malleable = formbar),
– N = Hartguss,
– S = Kugelgrafit (s = sphärolithisch),
– V = Vermiculargrafit.

Ein weiterer Buchstabe bezeichnet ggf. die Gefügeausbildung, z. B.:
– A = austenitisch,
– B = schwarz (black),
– W = weiß.

Daran schließt sich entweder die Festigkeitsklasse oder die chemische Kurzbezeichnung an. Bei den Festigkeitsklassen wird – im Gegensatz zu Stahl – der Mindestwert der Zugfestigkeit in N/mm² angegeben. Die Bezeichnungen der chemischen Zusammensetzung entsprechen denen bei Stahl.

Zur Abkürzung kann die Gruppe EN- auch weggelassen werden.

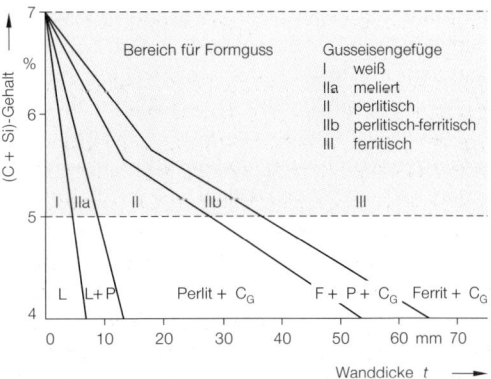

Bild 4.121
Gusseisendiagramm (nach Greiner-Klingenstein)

Beispiele

EN-GJL-300
Graues Gusseisen, Zugfestigkeit mindestens 300 N/mm² bei 30 mm Wanddicke.

EN-GJS-400-18
Graues Gusseisen mit Kugelgrafit, Zugfestigkeit mindestens 400 N/mm², Bruchdehnung mindestens 18%.

GJV-450
Graues Gusseisen mit Vermiculargrafit, Zugfestigkeit zwischen 450 N/mm² und 525 N/mm². Bei GJV entfällt EN-, weil diese Werkstoffe noch nicht genormt sind.

EN-GJMW-360-12
Weißer Temperguss, Zugfestigkeit mindestens 360 N/mm², Bruchdehnung mindestens 12% bei 12 mm Wanddicke.

EN-GJLA-XNiCuCr15-6-2
Austenitisches Gusseisen mit Lamellengrafit, legiert mit 15% Ni, 6% Cu und 2% Cr.

4.9.4 Hartguss

Unlegierter Hartguss enthält bei etwas verringertem Kohlenstoffgehalt um 3% nur wenig Silicium (0,5% bis 1,5%), dafür aber bis 1,2% Mangan, das die Carbidbildung begünstigt. Wegen des hohen Zementitanteils im Gefüge ist weiß erstarrtes Gusseisen sehr hart, daher verschleißfest. Bei legiertem Hartguss wird vor allem bis zu 30% Chrom zulegiert und dadurch ein hoher Anteil von Chromcarbiden erzeugt (DIN EN 12513). Hartguss ist deshalb für Bauteile gut geeignet, die bei hohem Druck auf Reibung beansprucht werden, z. B. Sandstrahldüsen.

Die Anwendbarkeit ist allerdings durch die äußerst schwierige Bearbeitbarkeit stark eingeschränkt. Außerdem ist das spröde Gefüge sehr stoß- und schlagempfindlich und erreicht nicht die hohen Zugfestigkeitswerte von martensitischem Stahlguss. Im Maschinenbau werden daher Gussteile, die über den gesamten Querschnitt weiß erstarren (so genannter *Vollhartguss*) nur wenig und dann fast ausschließlich im unbearbeiteten Zustand verwendet, z. B. für Gewichte.

Größere Bedeutung hat dagegen der **Schalenhartguss,** bei dem die Abkühlung so gesteuert wird, dass die Randschicht weiß (nach dem metastabilen System, siehe S. 143) erstarrt, im Kern jedoch wegen der verzögerten Abkühlung der Kohlenstoff zumindest teilweise als Grafit vorliegt. Die beschleunigte Abkühlung der Oberfläche kann erzwungen werden, indem Schreckplatten in die Form eingelegt werden, die einen raschen Wärmeentzug bewirken.

Derartige Gussteile weisen eine harte, verschleißfeste Oberfläche bei verbesserter Zähigkeit im Kern auf und können daher Stoß- und Schlagbeanspruchungen in höherem Maße auffangen. Für Walzen wird häufig Schalenhartguss verwendet. Weitere Anwendungsbeispiele sind: Eisenbahnräder, Stempel, Ziehringe und Verschleißplatten in Mahlanlagen, deren Vorderseite abriebfest, deren Rückseite jedoch wegen der Einpassmöglichkeit bearbeitbar sein muss.

4.9.5 Graues Gusseisen

Graues Gusseisen enthält 2,5% bis 5% Kohlenstoff und 0,8% bis 3% Silicium. Bei langsamer Abkühlung erstarrt eine Schmelze dieser Zusammensetzung überwiegend nach dem stabilen System, so dass es zur Ausscheidung festigkeitsmindernder Grafitbereiche im Grundgefüge kommt. Graues Gusseisen ist deshalb weniger fest, dafür aber auch etwas weniger schlagempfindlich als weißes Gusseisen.

Die mechanischen Eigenschaften hängen darüber hinaus noch stark von der Wanddicke der Gussteile ab. Dünnwandige Gussstücke erstarren rasch, es wird wenig Grafit ausgeschieden, der zudem meistens fein im Gefüge verteilt ist. Gussstücke mit großen Gießquerschnitten kühlen naturgemäß langsamer ab. Durch die verbesserten Diffusionsbedingungen für den Kohlenstoff (längeres Verweilen bei hohen Temperaturen) ergibt sich eine erhöhte Grafitbildung, wobei sich der freie Kohlenstoff in groben Bereichen ansammelt.

4.9.5.1 Grafitformen

Die Eigenschaften von grauem Gusseisen werden durch zwei Einflüsse bestimmt:
– die Art des metallischen Grundgefüges und
– die Ausbildung des Grafits.

Der Einfluss des Grundgefüges entspricht dem bei Stahl: perlitische Gefüge haben höhere Festigkeit als ferritische. Bei den Grafitausbildung sind es neben Menge und Verteilung vor allem Größe und Gestalt der Grafitausscheidungen, die die mechanischen Eigenschaften bestimmen.

Grafit hat durch seine hexagonale Schichtstruktur (siehe S. 326) die Tendenz plattenförmig zu kristallisieren. Es entstehen die so genannten *Lamellen*. Diese unterbrechen den Kraftfluss im Werkstoff und wirken darüber hinaus als innere Kerben (Bild 4.122a). Eine erste Abminderung dieses negativen Einflusses wird durch lokale Konzentration kleinerer Grafitlamellen zum so genannten *Nestergrafit* erreicht. Durch Sonderbehandlungen der Schmelze führt diese Konzentration schließlich zu Formen, die man als Vermiculargrafit und Kugelgrafit bezeichnet (Bild 4.123).

Wegen der geringen Eigenfestigkeit des Grafits sind dabei grobe Grafitausscheidungen unabhängig von der Gestalt schlechter als feine. Bildreihen in DIN EN ISO 945 ermöglichen eine Klassifizierung des Grafits nach Form, Verteilung und Größe.

4.9.5.2 Gusseisen mit Lamellengrafit

Gusseisen mit Lamellengrafit, kürzer auch **Grauguss** genannt, wird aus Roheisen, zum Teil zusammen mit Gussbruch, Stahlschrott und weiteren Zusätzen (z. B. Ferromangan), meist im Kupolofen erschmolzen, in Formen vergossen und im Allgemeinen nicht nachbehandelt.

4.9.5.2.1 Mechanische Eigenschaften

Grauguss ist in DIN EN 1561 genormt. Die Güteklasse kann entweder mit der

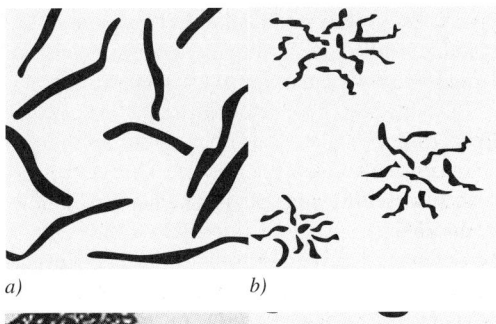

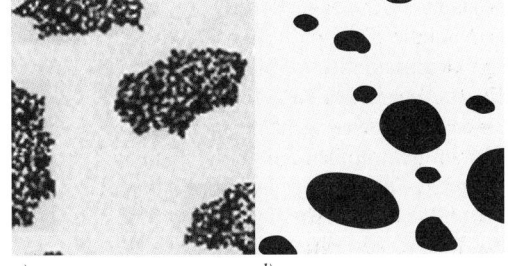

Bild 4.123
Grafitformen nach DIN EN ISO 945 (schematisch)
a) Lamellen
b) Nestergrafit
c) Vermiculargrafit
d) Kugelgrafit

– Zugfestigkeit oder der
– Brinellhärte
angegeben werden.

Die Einteilung der *Festigkeitsklassen* geht von 100 N/mm² (früher GG-10) bis 350 N/mm².

Die Festlegung der Güteklasse von Grauguss mit der BRINELLhärte erfolgt vorzugsweise für Gussstücke, die auf Verschleiß beansprucht werden. In der Bezeichnung wird an Stelle der Festigkeitskennzahl die Härte angegeben, z. B. EN-GJL-HB215 (GG-220HB). Die Sorteneinteilung geht von EN-GJL-HB155 bis EN-GJL-HB255, wobei die Sorten in etwa den Sorten EN-GJL-100 bis EN-GJL-350 entsprechen.

Die Festigkeit von Grauguss ist abhängig von der Dicke des gegossenen Querschnitts (Wanddicke). Deshalb sind bei der Ermittlung der Zugfestigkeit vorgegebene Randbedingungen genau einzuhalten. Erfahrungswerte für die Festigkeiten in Gussstücken zeigt Bild 4.124. Auch die BRINELLhärte ist von der Wanddicke abhängig.

Ursache für die Wanddickenabhängigkeit der Festigkeit ist vor allem die geringe Abkühlgeschwin-

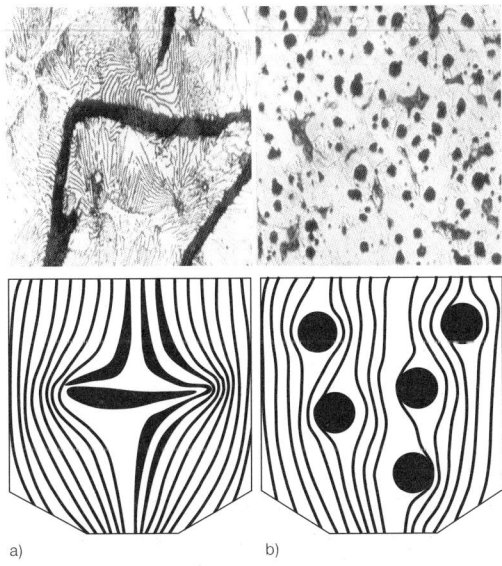

Bild 4.122
Verlauf von Spannungslinien in Abhängigkeit von der Grafitausbildung (schematisch)
a) Grauguss mit lamellarem Grafit
b) Grauguss mit globularem Grafit

digkeit bei großer Wanddicke. Bei langsamer Abkühlung werden die Grafitlamellen größer und die Grundmasse wird eher ferritisch als perlitisch.

Die geringe Festigkeit von Grauguss erklärt sich aus dem heterogenen Gefügeaufbau. Der bei der Erstarrung ausgeschiedene Grafit ist in einer »stahlähnlichen« ferritischen oder perlitischen Grundmasse in Form mehr oder weniger grober Lamellen eingelagert, der im Schliffbild (Bild 4.125) als Adern erscheint.

Die Grafitlamellen können nur kleine *Zugkräfte* übertragen und sind im Gefüge als innere Kerben anzusehen, die den tragenden Querschnitt schwächen und an deren Enden zusätzlich Spannungsspitzen auftreten. Die Zugfestigkeit wird durch die kombinierte Wirkung dieser Einflüsse stark herabgesetzt. Als Leichtbauwerkstoff ist Grauguss wegen seiner geringen Festigkeit daher nicht geeignet. Die Verformungsfähigkeit von Grauguss wird durch das heterogene Gefüge ebenfalls sehr beeinträchtigt, die Bruchdehnung liegt unter 1 %. Dagegen können die weitgehend inkompressiblen Grafitlamellen *Druckbelastungen* in höherem Maß aufnehmen. Die Druckfestigkeit von Grauguss liegt um den Faktor 3 bis 4,5 über der Zugfestigkeit.

Das gegenüber Zug und Druck stark unterschiedliche Verhalten von Grauguss prägt sich auch im Elastizitätsmodul aus. Der *Elastizitätsmodul* hängt sowohl von der Festigkeit der Graugusssorte als auch von der Art und Höhe der Beanspruchung ab:
– Er ist um so größer, je höher die Festigkeit der Graugusssorte ist und liegt bei kleinen Spannungen, d. h. in der Nähe des Ursprungs im Spannung-Dehnung-Schaubild (sog. Ursprungmodul), zwischen 70 000 und 140 000 N/mm².
– Im Zugbereich wird der Elastizitätsmodul mit steigender Spannung zunehmend kleiner, weil die an den Enden der Grafitlamellen auftretenden Spannungsspitzen ein örtlich begrenztes Fließen hervorrufen.
– Im Druckbereich ist der Elastizitätsmodul weniger spannungsabhängig.

Das HOOKESCHE Gesetz gilt demnach bei Grauguss nicht. Bild 4.126 gibt das mechanische Verhalten von Grauguss im Zug- und Druckbereich schematisch wieder.

Diesen negativen Einflüssen der Grafitlamellen auf Festigkeit und Verformungsfähigkeit stehen jedoch auch *positive* Eigenschaften des heterogenen Gefüges gegenüber, denen Grauguss weitgehend seine große Bedeutung als Konstruktionswerkstoff verdankt.

Grauguss ist kerbunempfindlich. Da die im Gefüge eingelagerten Grafitlamellen innere Kerben darstellen, wirken sich zusätzliche, konstruktiv bedingte äußere Kerben nicht mehr so stark aus wie etwa beim homogenen Stahlguss. Die Gestaltfestigkeit von Graugussteilen bei schwingender Beanspruchung wird daher durch die äußere Form kaum beeinflusst.

Darüber hinaus zeigt Grauguss ein hervorragendes *Dämpfungsverhalten*. Im Vergleich zu Stahlguss klingen im Grauguss Schwingungen in etwa ein Vier-

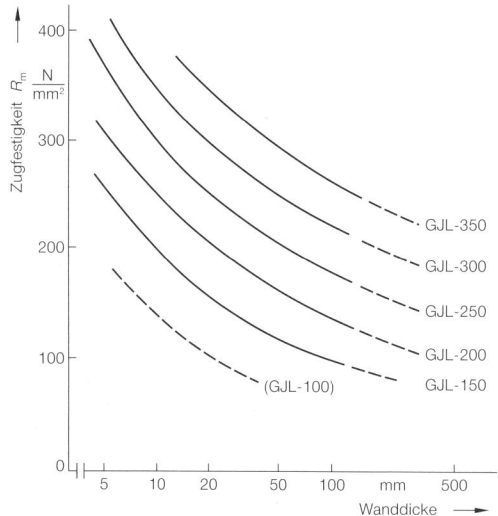

Bild 4.124
Mittelwerte der Zugfestigkeit von Grauguss in Abhängigkeit von der Wanddicke des Gussstückes

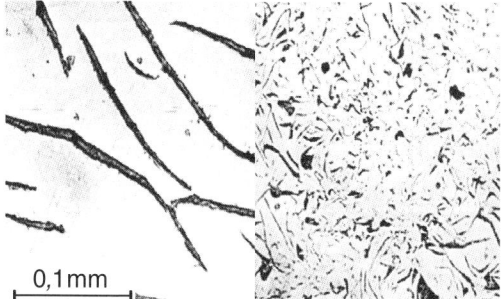

Bild 4.125
Grafitlamellen im Graugussgefüge

tel der Zeit ab. Grauguss absorbiert in hohem Maß Schwingungsenergie, ohne dass es zu einer Ermüdung des Werkstoffs auch bei Dauerbeanspruchung kommt, solange die Belastung nicht die Festigkeit des Gefüges übersteigt. Wegen der guten Dämpfungseigenschaften und natürlich auch wegen des niedrigen Preises werden z. B. Fundamentplatten, Maschinenbetten, Getriebegehäuse und Zylinderblöcke oft aus Grauguss hergestellt.

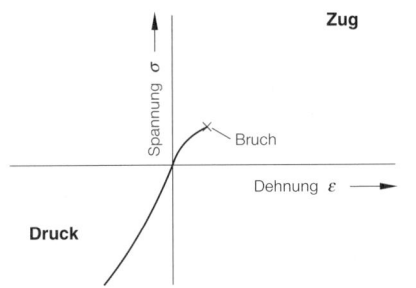

Bild 4.126
Spannung-Dehnung-Diagramm von Grauguss (schematisch)

Als Werkstoff für *Gleitpaarungen* ist Grauguss ebenfalls gut geeignet. Die Grafiteinschlüsse bewirken eine Selbstschmierung bei jeder Art von Beanspruchung. Gleitlager aus Grauguss haben z. B. gute Notlaufeigenschaften, wenn es bei Versagen der Ölzufuhr zu metallischer Berührung zwischen Lagerschale und Zapfen kommt.

Auch die *Zerspanbarkeit* von Grauguss wird durch die reibmindernde Wirkung der Grafitlamellen günstig beeinflusst. Wegen des heterogenen Gefüges ergibt sich ein kurz brechender Span. Allgemein lässt sich Grauguss sehr gut spanabhebend bearbeiten. Mit zunehmendem Perlitanteil (Härtesteigerung) wird die Zerspanung allerdings schwieriger.

4.9.5.2.2 Einfluss der Zusammensetzung

Begleit- und Legierungselemente beeinflussen die Eigenschaften von Grauguss grundsätzlich in gleicher Weise wie bei Stahl.

Die Eisenbegleiter Schwefel und Phosphor wirken sich bei Grauguss allerdings nicht so schädlich aus wie bei Stahl oder Stahlguss. Das besonders bei hochwertigem Grauguss reichlich vorhandene Mangan bindet Schwefel an sich. Die entstehenden Mangansulfideinschlüsse verursachen im ohnehin heterogenen Graugussgefüge keine weitere Verschlechterung der mechanischen Eigenschaften.

Phosphor fördert durch die Reaktion

$$Fe_3C + P \rightarrow Fe_3P + C$$

zunächst die Grafitbildung. Das *Eisenphosphid* Fe_3P bildet dann mit Eisen und Kohlenstoff ein ternäres Eutektikum, das *Steadit*, das erst bei etwa 950 °C erstarrt. Die phosphorhaltige Schmelze ist sehr dünnflüssig und deshalb für dünnwandige Teile, z. B. für Heizkörper, besonders geeignet. Die bei der Erstarrung entstehende Phosphidphase ist hart und spröde. Sie bewirkt eine Erhöhung der Härte und Verschleißfestigkeit mit zunehmendem Phosphorgehalt, erschwert aber gleichzeitig die weitere Bearbeitung. Bild 4.127 zeigt ein Graugussgefüge mit Phosphideutektikum (hell), Perlit und eingelagerten Grafitlamellen.

Solange die Phosphidphase im Gefüge fein verteilt bleibt, steigt auch die Zugfestigkeit mit dem Phosphorgehalt. Bei Anteilen über 0,3 % bis 0,4 % P bilden die eutektischen Phosphideinschlüsse ein zusammenhängendes *Netzwerk* im Graugussgefüge, das einen Abfall der Zugfestigkeit und der Kerbschlagzähigkeit zur Folge hat. Der Phosphorgehalt wird daher auch bei Zier- und Kunstguss (hier ist eine möglichst dünnflüssige Schmelze erforderlich) unter 1,3 % gehalten. Bei hoch beanspruchten Teilen sollte er 0,5 % nicht überschreiten.

Grauguss weist aufgrund seines Siliciumgehalts eine gute *Witterungsbeständigkeit* auf, die mit wachsendem Siliciumanteil weiter verbessert wird. An der Oberfläche bilden sich beständige Silicate und Oxide. Die Gusshaut sollte daher nach Möglichkeit nicht abgearbeitet werden. Hochsäurebeständig, z. B. gegen heiße Schwefelsäure und heiße Salpetersäure,

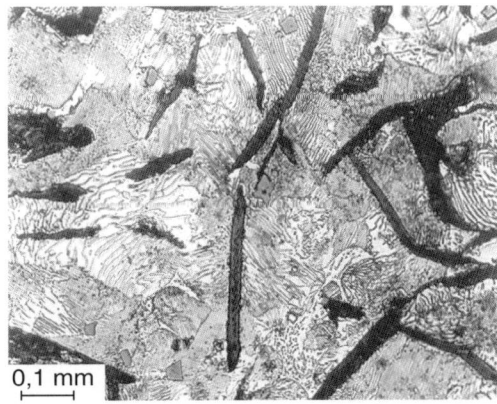

Bild 4.127
Grauguss mit Phosphideutektikum, Perlit und Grafitlamellen

ist Grauguss mit 18 % Si, er kann allerdings wegen der außerordentlich hohen Härte dann nur noch durch Schleifen bearbeitet werden.

Grauguss ist bis zu etwa 400 °C warmfest. Bild 4.128 zeigt den Verlauf der Zugfestigkeit verschiedener Gusseisensorten über der Temperatur.

Bei Temperaturen über 400 °C tritt vor allem bei längeren Glühzeiten ein Zerfall der im Gefüge vorhandenen Zementitphase ein:

$Fe_3C \rightarrow 3\,Fe + C$.

Das Volumen des freien Kohlenstoffs ist etwa dreimal so groß wie das Volumen des im Zementit gebundenen. Beim Zerfall des Zementits vergrößert sich das Volumen der Gussteile, wodurch das Gefüge aufgelockert wird. In das so aufgelockerte Gefüge diffundiert Sauerstoff längs der Oberfläche der Grafitlamellen ein und verzundert bei Temperaturen oberhalb etwa 550 °C die Eisen- und Siliciumphasen im Innern des Gefüges. Mit dieser Verzunderung ist eine *Versprödung* und weitere Volumenvergrößerung verbunden, die auch als *Wachsen* bezeichnet wird und in ungünstigen Fällen bis zu 8 % des ursprünglichen Volumens ausmachen kann. Das Wachsen von Grauguss wird durch Silicium stark, durch Kohlenstoff weniger begünstigt. Mangan als ein die Carbidbildung förderndes Element wirkt der Volumenvergrößerung entgegen. Ein dichtes Gefüge mit fein verteiltem Grafit, z. B. perlitischer Grauguss, ist empfindlicher gegen die Wachstumsreaktion als groblamellarer Grauguss.

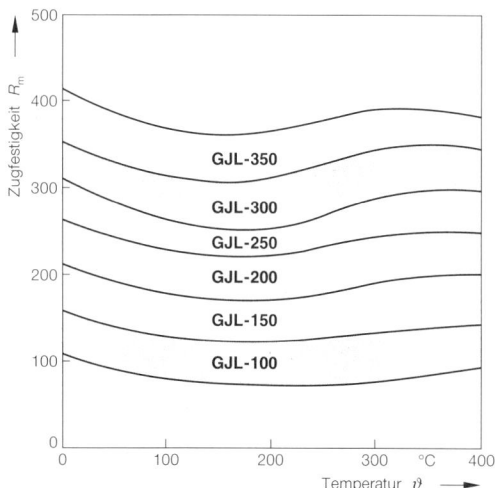

Bild 4.128
Warmverhalten von Grauguss

Das Versprödung durch das Wachsen wirkt sich sehr nachteilig auf wärmebeanspruchte Graugussteile aus, z. B. Kolbenringe und Zylinderköpfe von Verbrennungsmotoren. Durch Zulegieren von Chrom (carbidbildend) und Aluminium (sauerstoffbindend) wird Grauguss *hitzebeständig* (bis 1000 °C).

Sehr gute Warmfestigkeit und zugleich stark erhöhte Korrosionsbeständigkeit gegen Alkalien, verdünnte Säuren, Seewasser und Salzlösungen zeigt das in DIN EN 13835 genormte hochlegierte **austenitische Gusseisen** mit dem Hauptlegierungselement Nickel (bis 36 %) und Zusätzen bis jeweils höchstens 7,5 % Silicium, Mangan, Chrom und Kupfer. Der Kohlenstoffgehalt ist mit 2,2 % bis maximal 3 % gegenüber ferritischem und perlitischem Grauguss niedrig. Verwendet werden die *warmfesten* und *hitzebeständigen* austenitischen Qualitäten z. B. für Pumpen, Ventile, Laufbuchsen, Abgasleitungen und Ofenbauteile. Die korrosionsfesten Sorten werden in der Nahrungsmittel-, Kunstseide- und Kunststoffindustrie für Leitungen und Kessel eingesetzt.

Austenitisches Gusseisen mit etwa 35 % Nickel hat einen extrem *niedrigen Wärmeausdehnungskoeffizienten* von ungefähr $5 \cdot 10^{-6}\,K^{-1}$ im Bereich von 20 °C bis 200 °C. Es ist besonders für maßhaltige Teile von Werkzeugmaschinen, wissenschaftlichen Instrumenten oder für Pressformen bei der Glas- und Kunststofferzeugung geeignet, bei denen sich Maßänderungen durch Wärmedehnung während der Verarbeitung schädlich auswirken.

Wärmebehandlungen zum Verbessern der mechanischen Eigenschaften werden bei gewöhnlichem Maschinenguss *fast nie* angewendet. Grundsätzlich ist Grauguss bei genügend hohem Perlitanteil im Gefüge härtbar. Dabei wird die stahlähnliche Grundmasse zwar durchgehärtet, wegen der weichen Grafitlamellen wird jedoch die Härte eines Stahls eutektoider Zusammensetzung bei weitem nicht erreicht. Außerdem ist das lamellare Graugussgefüge nur sehr bedingt in der Lage, die sowohl beim Erwärmen auf als auch beim Abschrecken von der Härtetemperatur auftretenden Wärmespannungen aufzunehmen.

Festigkeits- und härtesteigernde Maßnahmen zielen beim Grauguss daher mehr auf eine feinere Verteilung und eine geometrisch günstigere Form der Grafitausscheidungen im Grundgefüge ab. Die größte Bedeutung hat dabei die Entwicklung von Grauguss mit kugelförmigem Grafit erlangt.

4.9.5.2.3 Schweißen von Grauguss

Grauguss kann wegen des hohen Kohlenstoffgehalts nur unter Schwierigkeiten geschweißt werden. Daher werden Konstruktionsschweißungen wie bei den anderen Eisen-Gusswerkstoffen in keinem Fall durchgeführt. Allerdings ist die Reparaturschweißung wegen der in den meisten Fällen unmöglichen Wiederbeschaffbarkeit des Bauteils weit verbreitet und erfahrungsgemäß bei einiger Sorgfalt auch erfolgreich.

Grundsätzlich werden die folgenden bezüglich der werkstofflichen Vorgänge und des zu betreibenden Aufwands sehr unterschiedlichen Technologien angewendet:
- Schweißen mit artgleichen Zusatzwerkstoffen *(Gusseisenwarmschweißen)*,
- Schweißen mit artfremden Zusatzwerkstoffen *(Gusseisenkaltschweißen)*.

Artgleiches Schweißen (Gusseisenwarmschweißen)

Bei dieser Schweißtechnologie wird das vollständig und sehr langsam (Eigenspannungen müssen klein gehalten werden!) auf etwa 650 °C vorgewärmte Bauteil mit *artgleichen* oder *artähnlichen* Zusatzwerkstoffen geschweißt. Bei einem teilweisen (partiellen) Vorwärmen spricht man vom *Halbwarmschweißen*.

Die Fehlstellen (Risse, Poren, Lunkerstellen, verschlissene Bereiche) müssen vollständig ausgearbeitet werden und der Schweißnahtbereich muss frei von jeder Art Verunreinigung (Fett, Farben, Rost) sein. Die sehr dünnflüssige naheutektische Schweißschmelze muss z. B. mit *Formkohleplatten* an einem ungewollten Fortlaufen gehindert werden. Für die Rissfreiheit des Bauteils ist ein ausreichend langsames Aufheizen (15 K/h bis 50 K/h) von größter Wichtigkeit. Beim Gas- und auch beim Lichtbogenschweißen werden zum Beseitigen der vorhandenen bzw. beim Schweißen neu gebildeten Oxide Flussmittel verwendet, die sich in der Elektrodenumhüllung befinden bzw. die man beim Gasschweißen auf das Schweißbad aufschüttet. Die Schweißstäbe (Stabelektroden) haben Durchmesser zwischen 4 mm und 12 mm, bei großen Schweißgutmassen bis 20 mm. Die mechanischen Eigenschaften der ordnungsgemäß warmgeschweißten Verbindung entsprechen weitgehend denen des unbeeinflussten Gusswerkstoffs. Der schweiß- und fertigungstechnische Aufwand ist aber sehr groß.

Artfremdes Schweißen (Gusseisenkaltschweißen)

Bei dieser Methode wird ohne Vorwärmen (oder mit einer geringen Vorwärmung von 100 °C bis 200 °C) mit *artfremdem* Schweißzusatz geschweißt. Es werden Nickel, Nickel-Eisen-Legierungen und Nickel-Kupfer verwendet. Sie ergeben ein möglichst verformbares Schweißgut. Im Gegensatz zum Warmschweißen sind die mechanischen Eigenschaften der Schweißverbindung immer schlechter als die des unbeeinflussten Gusswerkstoffs.

Durch die leichte Plastifizierbarkeit des Schweißguts lassen sich die gefährlichen rissauslösenden Eigenspannungen leichter abbauen. Außerdem hat Nickel eine sehr geringe Löslichkeit für Kohlenstoff und bildet keine Carbide. Beim Erstarren wird der Kohlenstoff daher in Form von Grafit ausgeschieden und vergrößert dadurch das Schweißgutvolumen, wodurch die Schrumpfspannungen deutlich verringert werden und die Neigung zur Rissbildung abnimmt.

Bei Verwendung der üblichen hochnickelhaltigen Zusatzwerkstoffe wird die Spanbarkeit durch den sich immer bildenden hochgekohlten Nickelmartensit stark beeinträchtigt. Dieser lässt sich auch durch eine Hochtemperaturglühung kaum beseitigen.

Zusatzwerkstoffe auf der Basis der austenitischen Cr-Ni-Stähle sind nicht empfehlenswert, weil sich spröde Chromcarbide bilden. Außerdem begünstigt der große Unterschied in den Wärmeausdehnungskoeffizienten Schweißgut/Gusseisen sehr stark die Rissbildung.

4.9.5.3 Gusseisen mit Kugelgrafit

Gusseisen mit Kugelgrafit, auch *sphärolithischer Guss* oder kurz *Sphäroguss®* genannt, ist in DIN EN 1563 und DIN EN 1564 genormt. Gusseisen mit Kugelgrafit wird wie Stahlguss und Grauguss in Festigkeitsklassen eingeteilt, wobei die Zugfestigkeitswerte zwischen 350 N/mm^2 und 1400 N/mm^2 liegen. Die Bezeichnung besteht aus dem Werkstoffkurzzeichen und der Zugfestigkeit in N/mm^2 und der Bruchdehnung in Prozent, z. B. EN-GJS-450-10 (früher GGG-45). Für die Sorten EN-GJS-350-22 und EN-GJS-400-18 können durch Erweiterung der Bezeichnung mit den Buchstaben RT oder LT zusätzlich Kerbschlagzähigkeiten bei Raumtemperatur (RT) bzw. tiefen (Low) Temperaturen (LT) gewährleistet werden, z. B. EN-GJS-350-22-LT.

Gusseisen mit Kugelgrafit wird aus Sonderroheisen und Stahlschrott im Kupolofen erschmolzen und im Elektroofen verfeinert. Die Legierungen enthalten 3,2 % bis 3,8 % C, 2,4 % bis 2,8 % Si, weniger als 0,5 % Mn und müssen besonders rein sein. Damit sich der Grafit globulitisch ausbildet, sind besondere *Verfahren* entwickelt worden, bei denen die Schmelze etwa 0,5 % Cer oder ungefähr 0,5 % Magnesium (billiger) und zur Keimbildung zusätzlich Ferrosilicium zugesetzt werden. Bild 4.129 zeigt die durch diese Behandlung erzielte kugelförmige Ausscheidung des freien Grafits.

Bei gleichem Rauminhalt hat die Kugel gegenüber anderen geometrischen Formen das günstigste, d. h. kleinste Verhältnis von Oberfläche zu Volumen. Daher ist der *tragende Querschnitt* des stahlähnlichen Grundgefüges bei Gusseisen mit Kugelgrafit größer als bei Grauguss mit lamellar ausgebildetem Grafit. Die globulitische Form des eingelagerten Grafits wirkt sich bei äußerer Beanspruchung günstig auf die *Spannungsverteilung* im Innern des Gussstücks aus. Bild 4.122 zeigt in einer schematischen Gegenüberstellung den von der Grafitausbildung abhängigen Verlauf von Spannungslinien bei Grauguss mit Lamellengrafit und Grauguss mit Kugelgrafit.

Insgesamt ist die innere Kerbwirkung durch die Grafiteinschlüsse bei globulitischem Grauguss gegenüber Grauguss mit Lamellengrafit stark verringert. Das *Dämpfungsvermögen* von globularem Grauguss ist allerdings um den Faktor 2 niedriger als das von lamellarem Grauguss.

Als Folge der geometrisch günstigen Ausbildung

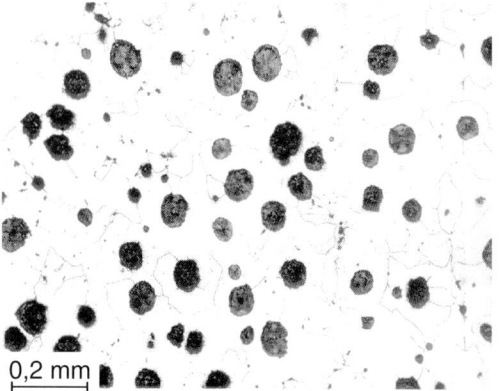

Bild 4.129
Grafitausbildung bei Gusseisen mit Kugelgrafit

der Grafitbereiche im Gefüge zeichnet sich Gusseisen mit Kugelgrafit durch gute *Gestaltfestigkeit*, hohe *Zugfestigkeit* bis 900 N/mm² und große *Bruchdehnung* bis 22 % aus. Im Spannung-Dehnung-Diagramm zeigt globulitisches Gusseisen einen ausgeprägten HOOKEschen Bereich. Der Elastizitätsmodul erreicht abhängig von der Werkstofffestigkeit Werte bis 180 000 N/mm².

Gusseisen mit Kugelgrafit ist *warm-* und begrenzt *kaltumformbar* und erträgt neben Schwing- und Biegebeanspruchungen auch Stoßbelastungen. Es ersetzt in Anwendungsbereichen, in denen hohe Festigkeit bei gleichzeitig guter Zähigkeit gefordert werden, vielfach Temper- oder sogar Stahlguss.

Globularer Grauguss lässt sich gut zerspanen, wobei zusammenhängende Fließspäne entstehen.

Verschleißfestigkeit, Korrosionswiderstand und *Zunderbeständigkeit* sind besser als bei Grauguss. Wegen der relativ kleinen Oberfläche der sphärolithischen Grafitbereiche neigt Gusseisen mit Kugelgrafit kaum zur Volumenvergrößerung (Wachsen) bei erhöhten Temperaturen.

Die mechanischen Eigenschaften können durch *Wärmebehandlung* zum Teil noch erheblich verbessert werden. Beim *Weichglühen* zerfällt die Zementitphase des Gefüges, der frei werdende Kohlenstoff lagert sich dabei an die bereits vorhandenen Sphärolithe an. Es entsteht ein besser bearbeitbares Gefüge mit erhöhter Verformungsfähigkeit, aber geringerer Festigkeit. Durch *Vergüten* wird die im Gusszustand vorliegende perlitische Matrix umgewandelt, so dass Kugelgrafit in einem Vergütungsgefüge hoher Festigkeit und guter Zähigkeit eingebettet ist. Durch eine Wärmebehandlung steigen allerdings die Herstellkosten.

Diese Kosten lassen sich bei der Verwendung bainitischen Gusseisens (DIN EN 1564) reduzieren. Die Erzeugung des bainitischen Gefüges erfolgt durch einen Zeit-Temperatur-Verlauf entsprechend Kurve 3 in Bild 4.70 (S. XXX). Das entstehende Gefüge ist nadeliger Ferrit in einer mit Kohlenstoff übersättigten Austenitmatrix und wird als *Ausferrit* bezeichnet (Bild 4.130). Bei der Ferritbildung reichert sich der verbleibende Austenit mit Kohlenstoff an und wird so stabilisiert. Die Haltedauer bei der Umwandlungstemperatur wird so gewählt, dass nach Abkühlung auf Raumtemperatur die maximal mögliche Menge an stabilisiertem Austenit vorliegt. Eine Martensitbildung durch zu frühe Abkühlung auf Raumtemperatur muss auf jeden Fall vermieden werden.

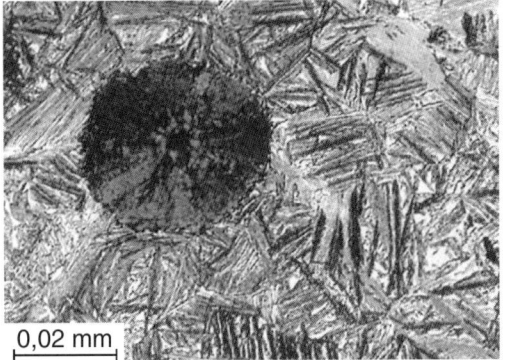

Bild 4.130
Bainitisches Gusseisen mit Kugelgrafit: EN-GJS-1000-5 (nach KLÖPPER u. a.)

Bainitisches Gusseisen mit Kugelgrafit zeichnet sich durch sehr gute Gießbarkeit aus, wodurch maßgenaues Gießen komplizierter Formen möglich ist. Die erreichbare hohe Festigkeit von 1400 N/mm² ermöglicht Gussteile, deren Festigkeit-Dichte-Verhältnis günstiger ist als bei Al-Legierungen. Die mit geschmiedetem Stahl vergleichbare Dauerfestigkeit lässt einen sicheren Langzeitbetrieb von Bauteilen zu. Bei starken Verschleißbeanspruchungen, z. B. bei Erdbewegungsmaschinen, kommt zum Tragen, dass sich der Widerstand gegen Verschleiß durch die Verfestigungsneigung des Austenits weiter erhöht. Diese Neigung erfordert aber andererseits bei einer spangebenden Bearbeitung ein sorgfältiges Einhalten der Bearbeitungsbedingungen.

Das bainitische Gusseisen mit Kugelgrafit wird auch als *ADI-Eisen* (Austempered Ductile Iron) bezeichnet.

Austenitische Gusseisensorten mit Kugelgrafit sind bei einer den lamellaren Qualitäten entsprechenden Erosions-, Wärmeschock-, Hitze- und Korrosionsbeständigkeit erheblich höher mechanisch belastbar. Sie sind, wie die austenitischen Sorten mit Lamellengrafit, in DIN EN 13835 genormt.

Gusseisen mit Kugelgrafit wird für kleine und große Gussstücke verwendet. Beispiele sind: Kurbelwellen, Kolben, Ventile, Ofenklappen, kaltbiegbare Rohre, Gesenke und Walzen.

4.9.5.3.1 Schweißen von Gusseisen mit Kugelgrafit

Für das artfremde Schweißen werden Zusatzwerkstoffe der Typen Ni und NiFe verwendet. Die Vorwärmtemperaturen liegen zwischen 100 °C und 300 °C, abhängig vom Eigenspannungszustand und der Werkstofffestigkeit.

Von großer technischer und wirtschaftlicher Bedeutung sind Gussverbund-Schweißkonstruktionen bestehend aus Baustahl und Gusseisen mit Kugelgrafit. Zunehmende Anwendung finden hier die Pressschweißverfahren Reibschweißen und das Verfahren mit magnetisch bewegtem Lichtbogen (MBL-Verfahren, auch als Magnetarc-Verfahren bekannt). Sie bieten die Vorteile, dass die zu verbindenden Teile fest eingespannt sind und die Pressung erst nach Erreichen der Schweißtemperatur erfolgt. Dadurch wird eine hohe Maßgenauigkeit des Schweißteils erreicht. Mit dem Magnetarc-Verfahren lassen sich gegenwärtig Fügeteile bis 200 mm Durchmesser und einer maximalen Wanddicke von 7 mm, mit dem Reibschweißen solche bis 300 mm Durchmesser und 18 mm Wanddicke schweißen. Beide Verfahren bieten eine hohe Seriensicherheit und sind leicht in den Fertigungsprozess integrierbar.

Die Pressschweißverfahren bieten den entscheidenden Vorteil, dass die beim Schweißprozess entstehende Schmelze vollständig aus dem Spalt herausgedrückt wird, d. h., der hochgekohlte, spröde Martensit kann aus der Schweißschmelze nicht entste-

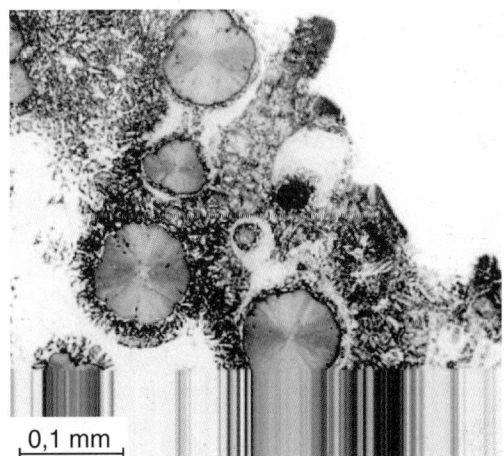

Bild 4.131
Mikrogefüge aus dem Bereich der Schmelzgrenze einer Schweißverbindung aus EN-GJS-400-15 und einem unlegierten C-Mn-Stahl (nach IRMER und LEONIDOV)

hen. Die Voraussetzung für den wirtschaftlichen Einsatz des gerätemäßig sehr aufwändigen Reibschweißverfahrens ist die Großserie.

Für kleinere Stückzahlen ist das MAG-Verfahren (**M**etall-**A**ktiv-**G**asschweißen) und vor allem das Impulslichtbogenverfahren mit Fülldrahtelektroden anwendbar. Bild 4.131 zeigt, dass der Bereich der Schmelzgrenze (von rechts unten bis oben Mitte verlaufend) bei diesem mit einem sehr geringen Wärmeeinbringen arbeitenden Verfahren praktisch vollständig martensit- und ledeburitfrei ist. Lediglich ein schmaler Ledeburitsaum im Bereich der Grafitkugeln ist erkennbar. Ein Vorwärmen kann in den meisten Fällen entfallen, notwendig ist aber eine Wärmenachbehandlung, weil sich in der Regel ein rissbegünstigender schmaler ledeburitisch-martensitischer Gefügebereich neben der Schmelzgrenze bildet. Die Gütewerte sind nicht mit den beim Pressschweißen erreichbaren vergleichbar.

4.9.5.4 Gusseisen mit Vermiculargrafit

Wird einer Schmelze, die im Übrigen der Zusammensetzung von Gusseisen mit Kugelgrafit entspricht, Magnesium in geringen Mengen (ca. 0,1 %) sowie Titan und/oder Aluminium zugesetzt, entstehen keine Grafitkugeln sondern (vereinzelte) Lamellen mit eher rundlicher Struktur. Die Grafitausbildung liegt damit zwischen Lamellengrafit und Kugelgrafit.

Im Schliffbild ist das Aussehen der Grafitverteilung häufig den Fraßkanälen von Würmern ähnlich (Bild 4.132), woraus sich die Bezeichnung herleitet: Vermiculargrafit = »Wurmgrafit«. Gusseisen mit Vermiculargrafit darf gewisse Anteile an Grafitkugeln enthalten, jedoch keine Grafitlamellen[1].

Der Grafitausbildung entsprechend liegen auch die Eigenschaften zwischen denen von unlegiertem Grauguss und denen von unlegiertem Gusseisen mit Kugelgrafit. Die Mindestzugfestigkeiten der Sorten nach VDG-Merkblatt W50 betragen zwischen 300 N/mm² und 500 N/mm². Sie sind damit durchschnittlich mindestens 50 % höher als bei herkömmlichem Grauguss, gepaart mit deutlich besserer Verformungsfähigkeit.

Ein um ca. 30 % höherer Elastizitätsmodul gestattet geringere Wanddicken bei gleicher Steifigkeit und damit leichtere Gusskonstruktionen. Die Festigkeit ist ebenfalls von der Wanddicke abhängig, aber nicht so stark wie bei Gusseisen mit Lamellengrafit. Gegenüber diesem ist auch die thermische Stabilität besser, d. h., ein potenzielles Wachsen bei Hochtemperatureinsatz ist weniger ausgeprägt. Gegenüber Gusseisen mit Kugelgrafit sind die bessere Gießbarkeit und ein höheres Dämpfungsvermögen von Vorteil.

Wegen dieser Kombination von Eigenschaften wird Gusseisen mit Vermiculargrafit vor allem in Kraftfahrzeugen für Motorblöcke, Zylinderköpfe, Getriebegehäuse oder Abgaskrümmer verwendet.

Wegen der Ähnlichkeit der Grafitausbildung von Vermicular- mit Kugelgrafit sind die Schweißvorschriften und Empfehlungen ähnlich wie die beim Gusseisen mit Kugelgrafit.

4.9.6 Temperguss

Temperguss, manchmal auch »schmiedbarer« Guss genannt, ist in DIN EN 1562 genormt. Danach versteht man unter Temperguss eine FeC-Legierung, die in ihrem Kohlenstoff- und Siliciumgehalt so eingestellt ist, dass die Gussstücke grafitfrei erstarren, der Kohlenstoff also vollständig in Zementit gebunden ist.

Dieser **Temperrohguss** wird wegen der durch den relativ niedrigen Kohlenstoffgehalt bedingten hohen

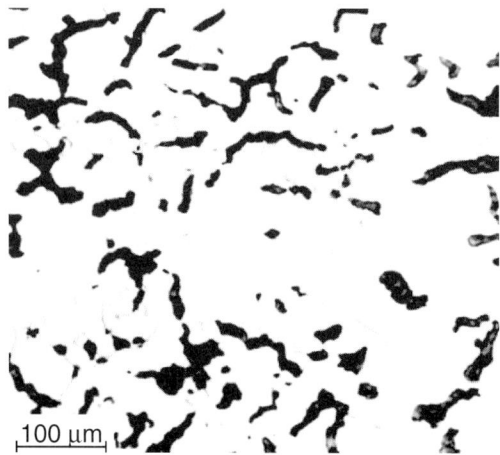

Bild 4.132
Gefügeausbildung von Gusseisen mit Vermiculargrafit (GJV-300), ungeätzt

---

[1] Manchmal werden auch feinste Grafitlamellen, die sich zu »Wurmnestern« konzentriert haben, fälschlicherweise als Vermiculargrafit bezeichnet.

Schmelztemperatur (1300 °C bis 1450 °C, je nach Kohlenstoffanteil) meist im Elektroofen erschmolzen. Die Schmelze ist dünnflüssig, besitzt also gutes Form- füllungsvermögen. Das Schwindmaß liegt zwischen 1 % und 2 %. Die Dichte beträgt etwa 7,4 g/cm³. Die Gussstücke weisen eine saubere Oberfläche auf. Die größte gießbare Wanddicke beträgt im Normalfall etwa 40 mm. Sie wird von der Forderung bestimmt, dass das Gefüge auch im Kern grafitfrei sein muss. Aus dem gleichen Grund sind die Gussteilmassen bei Temperguss im Vergleich zu Grauguss oder Stahlguss begrenzt. Die Hauptmenge der Tempergussteile entfällt auf Stückmassen bis 1 kg. Damit bei der folgenden Wärmebehandlung eine möglichst gleichmäßige Gefügeausbildung erreicht wird, sind für die Gussstücke gleichbleibende Wanddicken vorzusehen.

Seine charakterisitischen Eigenschaften erhält Temperguss erst durch eine *Tempern* genannte Glühbehandlung. Dabei bestimmen die Zusammensetzung des Rohgusses sowie die Umgebungsatmosphäre und die Temperaturführung beim Glühvorgang den Gefügeaufbau von Temperguss, der hinsichtlich der Festigkeit und der Verformungsfähigkeit eine Mittelstellung zwischen Grauguss und Stahlguss einnimmt. Nach dem Bruchaussehen der getemperten Teile werden weißer und schwarzer Temperguss unterschieden. Bild 4.133 zeigt den Verlauf der Glühtemperatur über der Glühzeit für weißen und schwarzen Temperguss.

4.9.6.1 Weißer Temperguss
Temperrohguss mit 2,8 % bis 3,4 % C und 0,8 % bis 0,4 % Si (die Summe von Kohlenstoff und Silicium soll 3,8 % nicht übersteigen) wird bei etwa 1000 °C in schwach *oxidierender Atmosphäre* geglüht. Dazu werden die Gussteile entweder zusammen mit sauerstoffabgebenden Mitteln, z. B. Fe_2O_3, in Tempertöpfen eingesetzt oder in gasdichten Öfen mit geregelter Atmosphäre (Gemisch aus Kohlenmonoxid und Kohlendioxid mit Luft/Wasserdampf-Zufuhr zur Regulierung) getempert. Durch die Einwirkung des Sauerstoffs zerfällt zunächst der Zementit in der Randschicht:

$$Fe_3C + O_2 \rightarrow 3\,Fe + CO_2.$$

Bei Fortdauer des Glühvorgangs findet über die Reaktion

$$CO_2 + C \rightarrow 2\,CO$$

eine Entkohlung des Temperrohgusses statt. Die Entkohlungstiefe hängt von der Glühdauer ab, die je nach Dicke der Gussteile 2 bis 6 Tage beträgt. Die entkohlte Schicht erreicht im Allgemeinen eine Dicke von höchstens 7 mm.

Dünne Gussstücke mit Wanddicken unter 5 mm weisen daher über den ganzen Querschnitt ein ferritisches Gefüge auf. Bei großen Wanddicken (über 10 mm) besteht nur die Randschicht aus Ferrit, während der Kern mehr oder weniger perlitisch ist, durchsetzt mit in Nestern zusammengeballter Temperkohle. Dazwischen liegt ein Übergangsgefüge aus Ferrit, Perlit und Temperkohle. Bei dicken Gussteilen ist das Gefüge also über den Querschnitt unterschiedlich ausgebildet. Damit werden auch die *Festigkeitseigenschaften* von entkohlend geglühten Temperguss *wanddickenabhängig*.

Hinweise auf die wanddickenabhängige Gefügeausbildung von weißem Temperguss erhält man durch

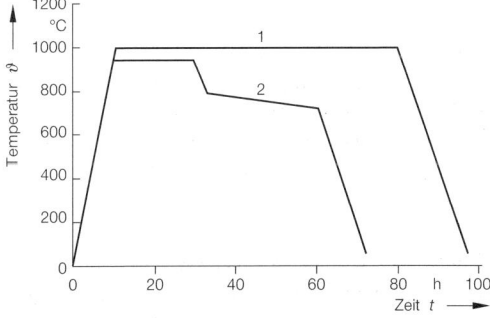

Bild 4.133
Temperaturführung beim Tempern (schematisch)
1: weißer Temperguss
2: schwarzer Temperguss

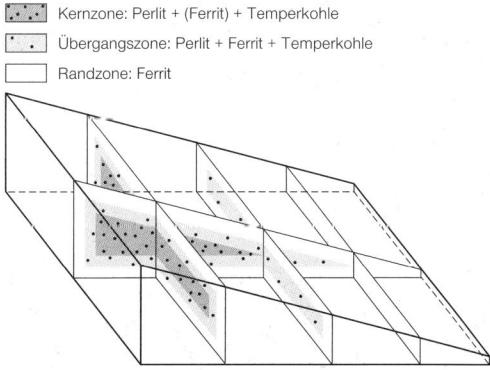

Bild 4.134
Keilprobe zur Ermittlung der wanddickenabhängigen Gefügeausbildung von weißem Temperguss, nach DIN EN 1562 (schematisch)

eine mit dem Gussstück zusammen getemperte keilförmige Probe (Bild 4.134).

Nach DIN EN 1562 erhält weißer Temperguss das Kurzzeichen EN-GJMW und wird nach der an Probestäben mit 12 mm Durchmesser ermittelten Zugfestigkeit in 5 Güteklassen eingeteilt (EN-GJMW-350-4 bis EN-GJMW-550-4). Der Kennzeichnung ist neben der Zugfestigkeit (1. Zahl, angegeben in N/mm^2) auch der Zahlenwert der Bruchdehnung zu entnehmen (2. Zahl, angegeben in Prozent). Der Wanddickeneinfluss wird nach DIN EN 1562 an Probestäben mit Durchmessern von 9, 12 und 15 mm ermittelt. Tab. 4.26 gibt als Beispiel die Zahlenwerte für die Zugfestigkeit und die Bruchdehnung ($L_0 = 3 \cdot d_0$) in Abhängigkeit vom Probendurchmesser für EN-GJMW-450-7 wieder.

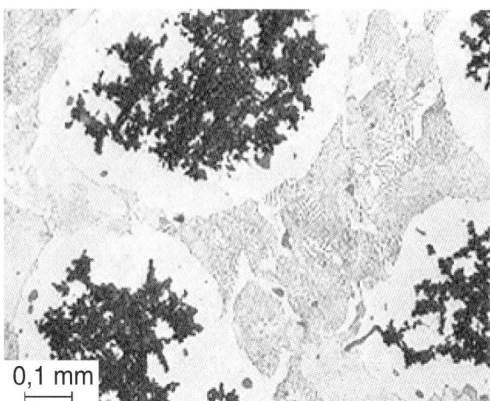

Bild 4.135
Gefüge von weißem Temperguss EN-GJMW-400-5. In die ferritisch-perlitische Grundmasse sind Temperkohleknoten eingelagert.

Tab. 4.26: Zugfestigkeit und Bruchdehnung der weißen Tempergusssorte EN-GJMW-450-7 in Abhängigkeit vom Probendurchmesser

d_0	mm	6	9	12	15
R_m	N/mm^2	330	400	450	480
A_3	%	12	10	7	4

Die Zerspanbarkeit von weißem Temperguss ist bei dicken Teilen wegen des Perlitanteils schwieriger als bei dünnen, kann aber durch Weichglühen verbessert werden.

Weißer Temperguss wird vorwiegend für dünnwandige Teile verwendet. Beispiele sind: Schlüssel, Beschlagteile, Rohrverbinder (Fittings), Ketten, Hebel, Schraubzwingen, Muffen und Bremstrommeln.

Weißer Temperguss mit Wanddicken bis etwa 10 mm lässt sich gut schweißen, weil das Gefüge in einem Oberflächenbereich von etwa 5 mm bis 6 mm praktisch einem weichen (C ≤ 0,30 %) unlegierten Kohlenstoffstahl entspricht. Allerdings kann sich durch die Anwesenheit von Temperkohle, Bild 4.135, (das gilt vor allem bei größeren Wanddicken!) durch Rücklösen harter, sehr spröder Ledeburit bilden, der sich aber durch ein nachträgliches Glühen bei 900 °C bis 950 °C beseitigen lässt. Die Sonderqualität EN-GJMW-360-12 W mit verringertem Kohlenstoffgehalt lässt sich ohne thermische Vorbehandlung der Fügeteile (Vorwärmen) schweißen. Auf die Schweißeignung weist das angehängte W besonders hin. Alle Tempergusssorten lassen sich hart- und weichlöten.

Wegen der sehr begrenzten Stückmassen (≤ 20 kg) der aus weißem Temperguss herstellbaren Werkstücke werden Konstruktionsschweißungen mit dem hierfür entwickelten EN-GJMW-360-12W sehr häufig, Reparaturschweißungen dagegen sehr selten durchgeführt.

In Bild 4-136 ist eine Rohrgelenkwelle als Gussverbundkonstruktion dargestellt, die aus EN-GJMW-360-12W (GTW-S 38-12) und einem Rohr aus unlegiertem Stahl besteht. Die umlaufende Schweißnaht wurde mit dem MAG-Verfahren hergestellt.

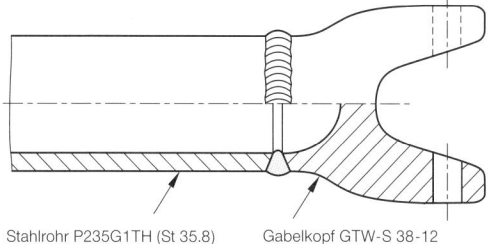

Stahlrohr P235G1TH (St 35.8)   Gabelkopf GTW-S 38-12

Bild 4-136
Rohrgelenkwelle als Verbundkonstruktion aus unlegiertem Stahl P235G1TH (St 35.8) und dem weißem Temperguss EN-GJMW-360-12W (nach Georg Fischer AG)

4.9.6.2 Schwarzer Temperguss

Zur Herstellung von schwarzen Temperguss wird Temperrohguss, der gegenüber Rohguss für weißen Temperguss im Mittel 0,4 % weniger Kohlenstoff, dafür aber 0,5 % bis 0,6 % mehr Silicium enthält, in *neutraler Atmosphäre* geglüht. Früher wurden die Gussstücke in Tempertöpfen mit Quarzsand oder Graugussspänen abgedeckt und geglüht. Bei moderne-

Tab. 4.27: Mechanische Eigenschaften von Gusseisen.

Werkstoff Kurzname	0,2-Grenze $R_{p0,2}$ (min) N/mm²	Zugfestigkeit R_m (min) N/mm²	Bruchdehnung A (min) %	Bemerkungen
Grauguss mit Lamellengrafit nach DIN EN 1561				
EN-GJL-100		100 bis 200		
EN-GJL-150		150 bis 250		Festigkeit in Gussstücken ist abhängig von der Wanddicke
EN-GJL-250		250 bis 350		
EN-GJL-350		350 bis 450		
Grauguss mit Vermiculargrafit nach VDG-Merkblatt W50				
GJV-300	220 bis 295	300 bis 375	1,5	
GJV-350	260 bis 335	350 bis 425	1,5	
GJV-400	300 bis 375	400 bis 475	1,0	Festigkeit in Gussstücken ist abhängig von der Wanddicke
GJV-450	340 bis 415	450 bis 525	1,0	
GJV-500	380 bis 455	500 bis 575	0,5	
Grauguss mit Kugelgrafit nach DIN EN 1563				
EN-GJS-350-22-LT	220	350	22	
EN-GJS-400-18-RT	250	400	18	Werte gelten für Wanddicken bis 30 mm
EN-GJS-400-18-LT	240	400	18	
EN-GJS-500-7	320	800	7	
EN-GJS-900-2	600	900	2	
Bainitischer Grauguss mit Kugelgrafit nach DIN EN 1564				
EN-GJS-800-8	500	800	8	
EN-GJS-1200-2	850	1200	2	
EN-GJS-1400-1	1100	1400	1	
Austenitisches Gusseisen nach DIN EN 13835				
EN-GJLA-XNiMn13-7		140		
EN-GJLA-XNiCuCr15-6-2		170		
EN-GJSA-XNiMn13-7	210	390	15	
EN-GJSA-XNiCr20-2	210	370	7	
EN-GJSA-XNiSiCr35-5-2	200	370	10	
Temperguss nach DIN EN 1562				
Weißer Temperguss				
EN-GJMW-350-4	–	350	4	
EN-GJMW-400-5	220	450	5	Werte gelten für eine Wanddicke von 12 mm
EN-GJMW-550-4	340	550	4	
Schwarzer Temperguss				
EN-GJMB-350-10	200	350	10	
EN-GJMB-550-4	340	550	4	
EN-GJMB-800-1	600	800	1	

ren Verfahren wird der Rohguss unter Schutzgas, z. B. Stickstoff, in gasdichten Öfen getempert.

Die Gefügeumwandlung findet in zwei Stufen statt. In der ersten Glühstufe zerfällt bei etwa 950 °C der im Ledeburit eingelagerte Zementit in Austenit und Temperkohle. Durch langsames Absenken der Glühtemperatur um einige Grad pro Stunde im Bereich zwischen 800 °C und 700 °C zerfällt in der zweiten Glühstufe der Austenit weiter zu Ferrit und Temperkohle. Die Glühdauer beträgt mehrere Tage, ist i. Allg. wegen des höheren die Grafitausscheidung begünstigenden Siliciumgehalts jedoch kürzer als bei weißem Temperguss (Bild 4.133, Kurve 2).

Im Endzustand liegt bei schwarzem Temperguss im Gegensatz zu weißem Temperguss über den gesamten Querschnitt des Gussteils ein *gleichmäßiges Gefüge* aus Ferrit mit eingelagerter, flockig ausgebildeter Temperkohle vor. Die *mechanischen Eigenschaften* von nicht entkohlend geglühtem Temperguss sind daher unabhängig von der *Wanddicke*. Bild 4.137 zeigt den Gefügeaufbau von schwarzem Temperguss.

Die Bedeutung von schwarzem Temperguss ist seit dem Ende der 60er Jahre stark zurückgegangen, weil die möglichen Anforderungen durch Gusseisen mit Kugelgrafit sowie Gusseisen mit Vermiculargrafit preiswerter erfüllt werden.

In Tab. 4.27 sind einige mechanische Eigenschaften verschiedener Eisengusswerkstoffe zusammengestellt.

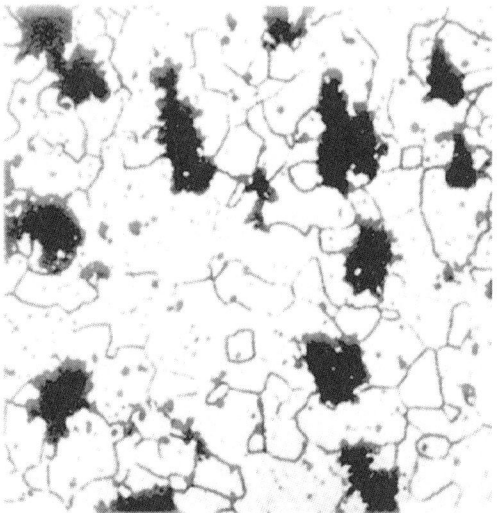

Bild 4.137
Gefügeausbildung von schwarzem Temperguss

Ergänzende und weiterführende Literatur

Berns, H.: Stahlkunde für Ingenieure, Springer-Verlag, Berlin 1998

Dahl, W. (Hrsg.): Band I: Eigenschaften und Anwendungen von Stählen, Band II: Stahlkunde, Verlag der Augustinus Buchhandlung, Aachen 1993

Eckstein, H-J.: Wärmebehandlung von Stahl, 2. Auflage, Deutscher Verlag für Grundstoffindustrie, Leipzig 1970

Hougardy, H. P.: Die Darstellung des Umwandlungsverhaltens von Stählen in ZTU-Schaubildern. Härterei-Tech. 33 (1987), S. 63/770

Roesch/Zeuner/Zimmermann: Stahlguß, 2. Auflage, Verlag Stahleisen, Düsseldorf 1982

Schatt/Worch: Werkstoffwissenschaft, 8. Auflage, Deutscher Verlag für Grundstoffindustrie, Leipzig 1996

Schulze, G.: Die Metallurgie des Schweißens, VDI-Buch, 3. Auflage, Springer-Verlag, Berlin 2004

Schumann, H.: Metallografie, 13. Auflage, Deutscher Verlag für Grundstoffindustrie, Leipzig 1991

Wever/Rose/Peter/Straßburger/Rademacher: Atlas zur Wärmebehandlung der Stähle, Verlag Stahleisen, Düsseldorf, 1954 ... 1976

Werkstoffkunde Stahl, Band I: Grundlagen, 1984, Band II: Anwendung, 1985, Hrsg. Verein Deutscher Eisenhüttenleute, Springer-Verlag, Berlin, Verlag Stahleisen, Düsseldorf

Wirtz/Boese/Werner: Verhalten der Stähle beim Schweißen:
Band I: Grundlagen, 1995,
Band II: Anwendung. Deutscher Verlag für Schweißtechnik (DVS), Düsseldorf, 2001

5 Nichteisenmetalle

Die Nichteisenmetalle stehen in ihrer *technischen* und *wirtschaftlichen Bedeutung* dem Eisen und Stahl in keiner Weise nach. Der Verbrauch an Kupfer, Aluminium, Blei, Zink, Nickel und Zinn – um die wichtigsten zu nennen – beträgt in Deutschland jährlich etwa 3 Millionen Tonnen im Vergleich zu etwa 40 Millionen Tonnen Eisen und Stahl. Dabei übersteigt der Metallwert pro kg eines jeden dieser Metalle den des Eisens um ein Vielfaches (Bild 5.1). Man beachte, dass die angegebenen Preise für Blöcke gelten. Halbzeuge kosten je nach Verarbeitungsstufe ein Mehrfaches.

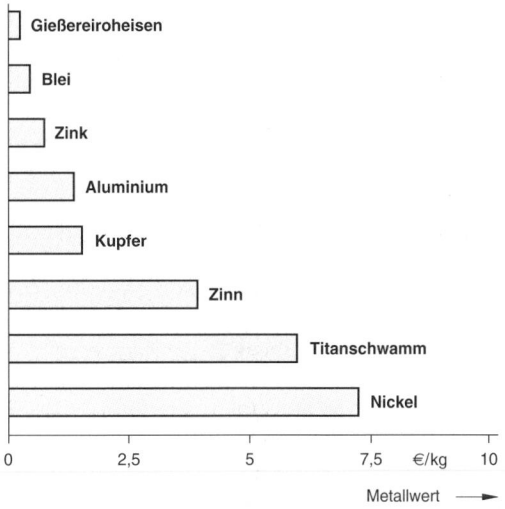

Bild 5.1
Metallwert wichtiger Gebrauchsmetalle, Blöcke bzw. Masseln

Die Verwendung der einzelnen Nichteisenmetalle ist sehr spezialisiert. Beispielsweise ist der Verbrauch von Kupfer mit der Elektrotechnik eng verknüpft, der von Aluminium mit der Luftfahrt und dem Leichtbau, Nickel wird als Basis korrosionsbeständiger und warmfester Legierungen verwendet, Blei ist aus Starterbatterien in der Automobiltechnik nicht fortzudenken, Zink spielt im Korrosionsschutz von Eisen eine besondere Rolle, und die Hälfte des Zinns wird in Form von Weißblech für die Konservierung von Lebensmitteln verbraucht. Diese *Nutzung spezifischer Eigenschaften* sichert den einzelnen Nichteisenmetallen Schlüsselpositionen, aus denen sie durch andere Stoffe nur schwer zu verdrängen sind. Das ist auch der Grund dafür, dass Wirtschaft und Technik die z. T. erheblichen Preisschwankungen wichtiger NE-Metalle über Jahrzehnte hingenommen haben und hinnehmen werden, solange sie durch andere Stoffe nicht zu ersetzen sind.

An Bemühungen, teure NE-Metalle durch andere Stoffe zu ersetzen, hat es bislang nicht gefehlt. Ihr hoher Preis und die wiederholt aufgetretenen Versorgungsengpässe einzelner Metalle bilden einen steten Anreiz für immer wieder neue Ansätze in dieser Richtung.

5.1 Normgerechte Bezeichnung der Nichteisenmetalle

Zur eindeutigen Kennzeichnung der Werkstoffe dienen wahlweise Kurzzeichen oder Werkstoffnummern. Welche der beiden Möglichkeiten genutzt werden, hängt von der Zielsetzung ab. Kurzzeichen ermöglichen eine Charakterisierung der Werkstoffe (und ggf. ihrer Eigenschaften) aufgrund der Legierungszusammensetzung. Werkstoffnummern sind für die Datenverarbeitung praktischer.

Auch bei NE-Metallen ist mit der Einführung der Europäischen Normen häufig eine Änderung der Bezeichnungssysteme verbunden. Da in vielen Werkstoffnormen bereits neue Bezeichnungen Anwendung finden, in vielen anderen aber noch die alten Bezeichnungen benutzt werden, ist auch hier eine Gegenüberstellung der beiden Möglichkeiten erforderlich.

5.1.1 Kurzzeichen

Kurzzeichen nach DIN 1700 [1] werden für viele Metalle und Legierungen noch verwendet. Sie bestehen im Wesentlichen aus:
- Kennbuchstaben für Herstellung oder Verwendung,
- Kennzeichen für die chemische Zusammensetzung,
- Kurzzeichen für Werkstoffzustände, z. B. Zugfestigkeit etc.

Für Herstellung und Verwendung stehen:
G- = Guss (allgemein),
GD- = Druckguss,
GK- = Kokillenguss,
GZ- = Schleuder-(»Zentrifugal«-)Guss,
V- = Vor- und Verschnittlegierung,
Gl- = Gleit-(Lager-)Metall,
S- = Schweißzusatzwerkstoff, (Weich-)Lot.

Unlegierte Metalle werden durch das chemische Symbol und den Gehalt gekennzeichnet, z. B.:
Pb99,99 = Feinblei mit mind. 99,99 % Pb,
Pb98,5 = Umschmelzblei mit max. 1,5 % Beimengungen,
Legierungen durch die aufeinanderfolgenden chemischen Symbole für Haupt- und Nebenbestandteile, z. B.:

CuZn = Kupfer-Zink-Legierung (Messing).

---

[1] DIN 1700 wurde im Juli 2000 zurückgezogen.

Überlieferte *Legierungsnamen* können von der aus der chemischen Zusammensetzung gebildeten Legierungsbezeichnung abweichen, z. B. »Messing« anstatt »Kupfer-Zink-Legierung«. Zur näheren Kennzeichnung wird der *gerundete* Gehalt des Legierungsbestandteiles seinem chemischen Symbol ohne Zwischenraum angefügt, z. B.:

CuCr1 = Kupfer-Chrom-Legierung mit 1 % Cr.

Bei den Legierungsgehalten können auch die Dezimalstellen nach dem Komma genannt werden, wenn diese zur eindeutigen Kennzeichnung erforderlich sind, z. B.:

CuZn0,5 = Kupfer-Zink-Legierung mit 0,5 % Zn.

Für Legierungsgehalte unter 1 % wird das chemische Symbol meist nachgestellt, z. B:

AlMg3Si = Aluminium-Magnesium-Legierung mit einem mittleren Gehalt von 3 % Mg und Silicium-Zusatz.

Legierungen können in besonderen Fällen auch durch Art und Menge des Hauptbestandteils gekennzeichnet sein, z. B.:

S-Sn70Pb30 = Zinnlot mit 70 % Sn, 30 % Pb
oder

Gl-Sn80 = Lagermetall mit 80 % Sn, 5 % bis 7 % Cu, 11 % bis 13 % Sb und 1 % bis 3 % Pb.

In diesen Fällen ist die Legierung im Kurzzeichen nicht so umfassend beschrieben, durch die zugehörige Norm jedoch nicht weniger eindeutig festgelegt.

Als besondere Eigenschaften werden u. a. bezeichnet:
– Behandlungszustand oder
– Festigkeitseigenschaften.

Die Angabe der Mindestzugfestigkeit erfolgt durch Angabe ihres Zahlenwertes in 9,81 N/mm^2, z. B:

MgAl6ZnF27 = Magnesiumlegierung, Festigkeit ca. 270 N/mm^2.

Kurzbezeichnungen nach Europäischen Normen weichen meist signifikant von der Bezeichnung nach DIN 1700 ab. Der Aufbau der Bezeichnungen ist leider nicht einheitlich und sehr gewöhnungsbedürftig. Deshalb werden hier nur die wichtigsten Regeln für Kupfer sowie für Aluminium- und Magnesiumwerkstoffe, wiedergegeben.

Kupfer
Völlig neue Bezeichnungen gibt es nur beim unlegierten Kupfer. Beispiele enthält Tabelle 5.2. Für Kupferlegierungen entspricht der Aufbau der Bezeichnung bei der Zusammensetzung der DIN 1700. Man muss aber darauf achten, nach welcher Norm die Bezeichnung erfolgte, denn ggf. können verschiedene Werkstoffe dieselbe Bezeichnung tragen.

Beispiele:
Cu-ETP = Elektrolytisch raffiniertes, zäh-gepoltes, sauerstoffhaltiges Cu (**E**lectrolytic **T**ough-**P**itch copper)
Cu-DHP = Desoxidiertes Kupfer mit einem begrenztem, hohem Restphosphorgehalt [phosphoros-**D**eoxidized copper (**H**igh residual **P**hosphoros)]

Bei Gusslegierungen folgt das Gießverfahren. Dabei steht
– GS für Sandguss,
– GM für Kokillenguss
– GP für Druckguss.

Dem Werkstoff-Kurzzeichen kann eine Bezeichnung des Zustandes nach DIN EN 1173 folgen, diese besteht z. B. aus dem Buchstaben
– R für Anforderungen an Zugfestigkeit oder
– H für Anforderungen an die Härte oder
– G für Anforderungen an Korngröße,
jeweils gefolgt von drei Ziffern, welche in der Regel Mindestwerte festlegen.

Zwischen Zusammensetzung und Gießverfahren bzw. Zustandskennzeichnung steht jeweils ein Bindestrich.

Beispiele:
CuSn8-R600 = Bronze mit 8 % Zinn, Zugfestigkeit mind. 600 N/mm²
CuSn12-GM = Gussbronze mit 12 % Zinn, Kokillenguss

Aluminium
Die Bezeichnung von Aluminium nach DIN EN 1780-2 hat folgenden Aufbau:
– EN für Europäische Norm,
– A für Aluminium,
– W für Halbzeug (Wrought Alloys)
– C für Gusswerkstoffe (Casting Alloys).

Es folgt durch Bindestrich getrennt, die kennzeichnende Zusammensetzung.

Beispiele:
EN AW-Al 99,0 (Al99)
EN AW-Al Cu4SiMg (AlCuSiMn)
EN AC-Al Si9Mg (G-AlSi9Mg)

EN AC-Al Si9Mg (G-AlSi9Mg)
EN AC-Al Si10Mg(Fe) (GD-AlSi10Mg).

Die Kurzzeichen für die Zustände der Aluminiumlegierungen sind in DIN EN 515 festgelegt. Es bedeuten:
- F Herstellungszustand
- O weichgeglüht
- H kaltverfestigt
- W lösungsgeglüht
- T wärmebehandelt auf andere stabile Zustände als F, O oder H.

Für feinere Unterscheidungen folgen Ziffergruppen, die ein- bis vierstellig sein können.
Beispiele:
- O3 homogenisiert
- T4 lösungsgeglüht und kalt ausgelagert
- T6 lösungsgeglüht und vollständig warm ausgelagert.

Bei Gusslegierungen wird das Gießverfahren durch einen Buchstaben gekennzeichnet, der zwischen die Zusammensetzung und den Zustand eingeschoben wird. Es bedeuten:
- S Sandguss
- K Kokillenguss
- D Druckguss
- L Feinguss.

Beispiel:
EN AC-AlSi7MgKT6 bezeichnet ein Kokillengussteil aus der Aluminiumlegierung AlSi7Mg, das lösungsgeglüht und warm ausgelagert ist. Wenn es den Anforderungen der DIN EN 1706 entspricht, wird deren Nummer noch eingefügt und die vollständige Bezeichnung lautet dann:

EN 1706 AC-AlSi7MgKT6.

Magnesium
Der Aufbau der Bezeichnungen für Magnesium-Gusswerkstoffe entspricht dem der Aluminium-Legierungen. Für Magnesium-Knetlegierungen gelten die Regeln der DIN 1700.

5.1.2 Werkstoffnummern
Für alle genormten Werkstoffe gibt es Werkstoffnummern. Deren Systematik ist aber weniger einprägsam als die der Kurzzeichen, deshalb werden letztere vielfach bevorzugt.

Für viele NE-Metalle sind weiterhin Werkstoffnummern nach DIN 17007-4 gebräuchlich. Die siebenstelligen Werkstoffnummern setzen sich zusammen aus:

Die Anhängezahlen kennzeichnen den *Behandlungszustand* (z. B. geglüht, ausgehärtet, kaltverformt).

Die Systematik der Werkstoffnummern nach den Europäischen Normen ist nicht so streng numerisch wie die Nummerierung für Stähle nach DIN EN 10027-2 (s. Abschn. 4.7.2). Sie sind alphanumerisch und haben außerdem noch einen unterschiedlichen Aufbau, wie die nachfolgenden Beispiele für Aluminium- und Kupferlegierungen zeigen.

Den Kern der Werkstoffnummer bilden die folgenden Kombinationen aus Buchstaben (α) und Ziffern
- für Aluminium-Gusslegierungen:
  EN AC-XXXXX,
- für Aluminium-Halbzeuge:
  EN AW-XXXX,
- für Kupfer-Halbzeuge.
  CWXXXα.

Die jeweils erste Ziffer ermöglicht bei den Aluminiumlegierungen ein Erkennen der Legierungsgruppe.

Beispiele:
EN AC-45200: Aluminium-Silicium-Gusslegierung mit ca. 5 % Si, 3 % Cu und Mn (DIN EN 1706)

EN AW-7075: Aluminium-Zink-Knetlegierung mit ca. 5,5 % Zn, 2,5 % Mg und 1,6 % Cu (DIN EN 573)

CW351H: Kupfer-Knetlegierung mit ca. 9 % Ni und 2 % Sn (DIN EN 1652).

Soweit Werkstoffzustände angegeben werden, werden die in Abschn. 5.1.1 beschriebenen Kurzzeichen hinzugefügt.

5.2 Kupfer und Kupferlegierungen

Kupfer und Bronze wurden als die ersten metallischen Werkstoffe von den Menschen im Laufe ihrer *geschichtlichen Entwicklung* genutzt. Das Kupfer bot mit seiner geringen

Festigkeit nur bescheidene Möglichkeiten. Bronzen, die ab 2500 v. Chr. in Anwendung kamen, besaßen gegenüber dem Kupfer wesentlich höhere Festigkeit, so dass die Zähigkeit als Vorteil metallischer Werkstoffe für Gebrauchsgegenstände des täglichen Lebens voll zur Wirkung kam. Dieser erste praktisch brauchbare metallische Werkstoff ermöglichte der Menschheit eine sprunghafte Entwicklung. Deshalb haben die Historiker dieser Epoche den Namen *Bronzezeit* gegeben.

Tab. 5.1: Physikalische und mechanische Eigenschaften von Kupfer

Dichte	g/cm³	8,90 bis 8,96
Schmelztemperatur	°C	1083
Elastizitätsmodul	N/mm²	125 000
Ausdehnungskoeffizient	10⁻⁶/K	17
elektrische Leitfähigkeit	m/(Ω mm²)	35 bis 58
Wärmeleitfähigkeit	W/(Km)	240 bis 386
Zugfestigkeit [1]	N/mm²	200 bis 360
Bruchdehnung [1]	%	2 bis 45

[1] Mindestwerte, abhängig von Kupfersorte und Behandlungszustand

Mit der Entwicklung der Elektrotechnik gegen Ende des vorigen Jahrhunderts entstand ein erheblicher Bedarf an Kupfer mit seiner guten elektrischen Leitfähigkeit, Tabelle 5.1. Dieses Kupfer konnte aus verschiedenen Gründen nur durch *elektrolytische Raffination*, d. h. unter Anwendung elektrischer Energie, hergestellt werden. Die Entwicklung der Elektrotechnik und der Kupferherstellung begünstigten sich gegenseitig.

5.2.1 Kupferherstellung

Kupfer zählt zu den hochschmelzenden Schwermetallen. Sein Schmelzpunkt liegt bei 1083 °C. Es wird überwiegend aus sulfidischen Erzen gewonnen. Diese werden nach der Aufbereitung zu Konzentraten autogen unter Nutzung der Verbrennungswärme des Schwefels zu einem als *Kupferstein* bezeichneten Zwischenprodukt geschmolzen. Der flüssige Kupferstein, Kupfer- und Eisensulfid, wird mit Luft verblasen, bis die Hauptmasse des Eisens verschlackt und der Schwefel verbrannt ist.

Das so erhaltene *Schwarzkupfer* enthält noch Beimengungen an Eisen, Nickel, Arsen, Schwefel sowie Edelmetallen. Es wird in Flammöfen zusammen mit Kupferschrott *feuerraffiniert*. Der Gehalt an Beimengungen im **Raffinadekupfer** wird sehr stark von der Lagerstätte des Erzes oder der Herkunft des Schrottes beeinflusst. Es ist geeignet für Anwendungen, bei denen eine hohe elektrische Leitfähigkeit nicht erforderlich ist.

Zur Herstellung von **Elektrolytkupfer** für Leitzwecke wird das feuerraffinierte Kupfer in schwefelsauren Bädern elektrolytisch weiterverarbeitet. Aufgrund ihrer Stellung in der Spannungsreihe (siehe S.58) gehen Kupfer und unedlere Metalle in Lösung, edlere Metalle bleiben als Anodenschlamm zurück (Edelmetallgewinnung). An der Kathode ist das elektrische Potenzial derart bemessen, dass nur Kupfer und keines der unedleren Metalle abgeschieden wird.

Das Elektrolytkupfer mit über 99,9 % Cu wird umgeschmolzen, »zähgepolt« und vergossen. Beim *Polen* (Pol = plattdeutsch für Pfahl) werden in der letzten Phase des Schmelzprozesses frische Baumstämme in das flüssige Kupfer eingetaucht und dabei der Sauerstoffgehalt auf 0,005 % bis 0,040 % eingestellt. Dann werden beim Erstarren des Kupfers Gasmengen frei, die die Volumenschwindung ausgleichen, d. h. das Lunkern in der Gussform vermeiden (siehe S. 73), und ein hohes Ausbringen der Gussformate in der Weiterverarbeitung ermöglichen.

Die häufigsten Handelsformen für Kupfer sind Kathoden sowie der *Gießwalzdraht* für die Drahtherstellung. Für Leitzwecke wird etwa 60 % des Kupfers verbraucht.

5.2.2 Unlegiertes Kupfer

Um die Übersicht zu erleichtern, ist eine Einteilung der Kupfersorten in zwei große Gruppen zweckmäßig. Die erste Gruppe umfasst diejenigen Sorten, die ein Endprodukt der Kupferherstellung darstellen ohne Rücksicht darauf, wie weit im Einzelnen in der Endstufe des Herstellungsprozesses begleitende Beimengungen entfernt wurden. Das ist zur Erzielung bestimmter Eigenschaften erforderlich.

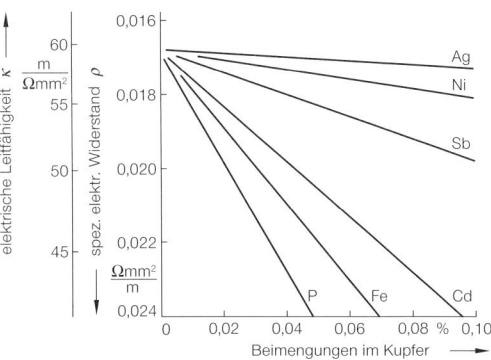

Bild 5.2
Einfluss von Beimengungen auf die Leitfähigkeit von Kupfer

Tab. 5.2: Elektrische Leitfähigkeit und Wärmeleitfähigkeit von Kupfer

Kurzzeichen DIN EN 1976 (DIN 1708)	Zusammensetzung %	Wärmeleitfähigkeit W/Km	Elekrische Leitfähigkeit m/$\Omega \cdot$mm^2	Hinweise auf Eigenschaften und Verwendung
Cu-DHP (SF-Cu)	Cu $\geq$ 99,90 Phosphor: 0,015...0,040	240...360	35...53	Desoxidiertes Kupfer mit hohem Restphosphorgehalt. Wird verwendet bei geringer Anforderung an elektrische Leitfähigkeit; sehr gute Schweiß- und Löteignung, wasserstoffbeständig
Cu-DLP (SW-Cu)	Cu $\geq$ 99,90 Phosphor: 0,005...0,014	364	52	Desoxidiertes Kupfer mit begrenztem, niedrigem Restphosphorgehalt, schweißgeeignet.
Cu-ETP (E 1-Cu 58)	Cu $\geq$ 99,90 Sauerstoff: 0,005...0,040	386	mind. 58	Elektrolytisch raffiniertes, zähgepoltes sauerstoffhaltiges Kupfer hoher Leitfähigkeit
Cu-OF (OF-Cu)	Cu $\geq$ 99,95	386	mind. 58	Sauerstofffreies Kupfer hoher Leitfähigkeit. Weitgehend frei von Elementen, die im Vakuum verdampfen. Genügt hohen Anforderungen an Wasserstoffbeständigkeit

Die zweite Gruppe umfasst solche Kupfersorten, denen anderer Eigenschaften wegen geringe Mengen von Legierungsbestandteilen bewusst zugegeben werden. Diese Zusatzmengen lassen den Charakter des Werkstoffs Kupfer im Wesentlichen unverändert. Man bezeichnet diese Sorten als *legiertes Kupfer* (siehe S. 275).

Die technisch wichtigste Eigenschaft des Kupfers ist seine *elektrische Leitfähigkeit*. Reines Kupfer besitzt nach Silber das beste elektrische Leitvermögen, das in hohem Maße vom Reinheitsgrad abhängig ist.

Im Gitter eingebaute Fremdatome bilden Störpotenziale im elektrischen Feld. Dadurch wird die Bewegung der Elektronen behindert und die Leitfähigkeit verringert (siehe S. 11). Besonders ungünstig wirken sich diejenigen Beimengungen aus, die im Kupfer löslich sind (Bild 5.2). Phosphor, einer der wirksamsten Desoxidationszusätze, vermindert bereits in geringsten Mengen die elektrische Leitfähigkeit sehr stark. Im festen Zustand in Kupfer nicht lösliche Stoffe sind andererseits fast ohne Einfluss auf die elektrische Leitfähigkeit. Dazu gehört Sauerstoff, der vom Herstellungsprozess noch enthalten sein kann (Bild 5.3), sowie Blei und Tellur, das leitfähigen Sonderqualitäten zulegiert wird. Elektrisches Leitmaterial muss eine Leitfähigkeit von mindestens 58 m/(Ω mm^2) besitzen.

Die gute *Wärmeleitfähigkeit* des Kupfers wird in Wärmetauschern für Verbrennungskraftmaschinen, im Apparatebau und im Brennerei-Gewerbe genutzt. Wärmeleitfähigkeit und elektrische Leitfähigkeit sind nach dem WIEDEMANN-FRANZschen Gesetz einander proportional (siehe S. 12).

Beide gehen auf die frei beweglichen Elektronen des metallischen Zustandes zurück. Für Wärmetauscher ist der Einsatz von Kupfer höchster Reinheit in der Regel nicht erforderlich. Da auch der Wärmeübergang an den Grenzflächen in Betracht gezogen werden muss, spielen dort Oxid- und Krustenbildung häufig eine bedeutendere Rolle und verhindern die volle Nutzung der Wärmeleitfähigkeit.

In Tabelle 5.2 sind die physikalischen Daten der Wärmeleitfähigkeit und der elektrischen Leitfähigkeit wichtiger Kupfersorten zusammengefasst. Kupfer besitzt mit seinem kfz Gitter günstige Voraussetzungen für die *plastische Formgebung*. Wegen seiner geringen Festigkeit bei großer Zähigkeit lässt es sich ausgezeichnet zu Rohren, Drähten, Profilen, Schalen,

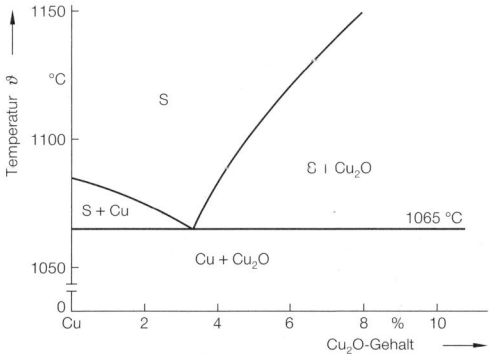

Bild 5.3
Zustandsschaubild Kupfer-Kupferoxid (nach HEYN)

usw. verarbeiten. Seine Verfestigung ist mäßig und bei günstigen Formgebungsverfahren sind Querschnittsabnahmen bis über 90 % möglich (Bild 5.4). Die Kaltverfestigung wird bereits bei niedrigen Glühtemperaturen aufgehoben (Bild 5.5). Die *Festigkeitseigenschaften* von unlegiertem Kupfer sind im gewissen Umfang von dem Gehalt an gelösten Beimengungen abhängig. Reinstes Kupfer besitzt die geringste Festigkeit. Bereits mäßig erhöhte Temperaturen verringen bei allen Kupfersorten rasch die Festigkeit (Bild 5.6). Das ist von Bedeutung für den Bau elektrischer Großmaschinen, für die Sondergüten mit verbesserter Warmfestigkeit entwickelt wurden. Bei schwingender Beanspruchung sind sauerstofffreie Qualitäten zu bevorzugen, weil die Kupferoxiduleinschlüsse im Gefüge der sauerstoffhaltigen Kupfersorten als innere Kerben wirken (Bild 5.7).

Das *Schweißen* von Kupfer wird durch die hohe Wärmeleitfähigkeit erschwert. Die zum Aufschmelzen der zu verbindenden Teile aufgewandte Wärme wird zu einem erheblichen Teil in die zu verbindenden Werkstücke abgeleitet. Für das Gasschmelzschweißen sind nur sauerstofffreie Kupferqualitäten geeignet.

Bei sauerstoffhaltigem Kupfer besteht bei Einwirkung von Wasserstoff aus Schweißgasen oder auch aus Schutzgasen einer Wärmebehandlung die Gefahr der **Wasserstoffkrankheit.** Wasserstoff im atomaren Zustand ist in hohem Maße in Kupfer löslich und in der Lage, im Gitter zu diffundieren. Gelangen Wasserstoffatome an Kupferoxidulpartikel im Gefüge, so erfolgt chemische Umsetzung zu Wasserdampf:

$$2\,H + Cu_2O \rightarrow 2\,Cu + H_2O.$$

Es entstehen Dampfdrücke von einigen 1000 bar, die bei der geringen Warmfestigkeit des Kupfers sichtbare Poren und Trennungen erzeugen (Bild 5.8). Deren bevorzugte Orte sind die ursprünglichen Primärkorngrenzen des Erstarrungsgefüges (siehe S. 22), an denen das Cu-Cu$_2$O-Eutektikum vorge-

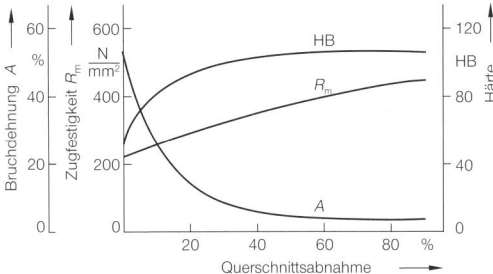

Bild 5.4
Einfluss der Kaltverformung auf Zugfestigkeit, Bruchdehnung und Brinellhärte von Elektrolytkupfer (nach BERGMANN und SCHOEMAKER)

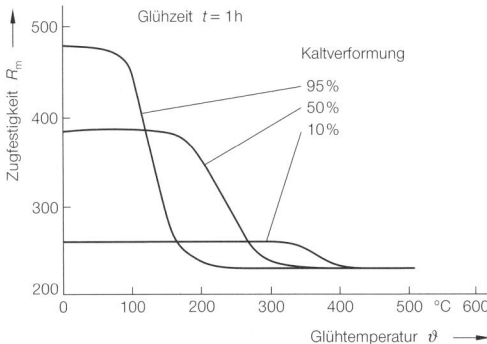

Bild 5.5
Entfestigung von kaltverformtem Kupfer durch Wärmebehandlung (Rekristallisationsglühen)

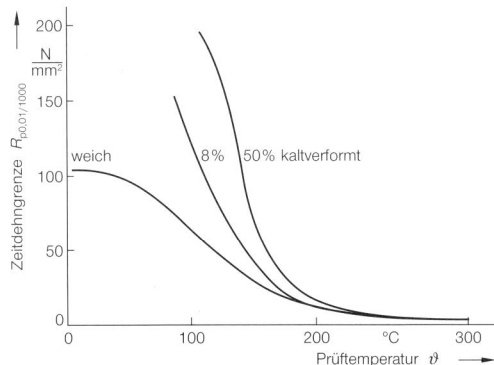

Bild 5.6
Zeitstandverhalten von Kupfer

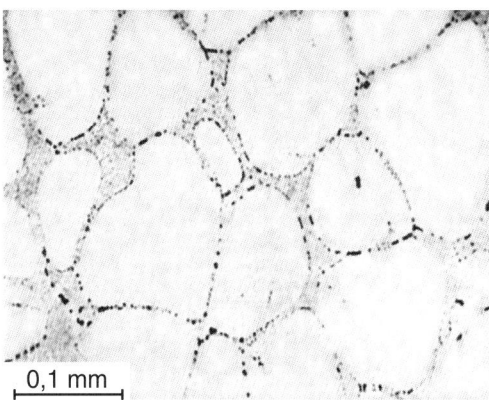

Bild 5.7
Gefüge von Kupfer mit Cu-Cu$_2$O-Eutektikum an den Korngrenzen

Bild 5.8
Gefüge von sauerstoffhaltigem Kupfer aus der WEZ einer gasgeschweißten Verbindung (»Wasserstoffkrankheit«)

legen hat (Bild 5.7). Durch die inneren Trennungen verliert das Kupfer seine Festigkeit und Zähigkeit, es wird spröde und unbrauchbar. Die Wasserstoffkrankheit kann nicht rückgängig gemacht werden. Damit befallene Bauteile sind zu verwerfen.

Von Säuren, insbesondere oxidierenden (siehe S. 60), wird Kupfer angegriffen. Im neutralen und alkalischen wässrigen Lösungen ist es *chemisch beständig*. Das ermöglicht seine Verwendung z. B. für Wasserleitungen und für Sudkessel in Brauereien. Für die Verarbeitung und Lagerung von Fruchtsäften und Weinen, also von Lebens- und Genussmitteln, die Essigsäure enthalten, ist Kupfer nicht geeignet. Es bildet sich giftiger *Grünspan,* Kupferacetat. Im Freien, z. B. auf Dächern, Regenrinnen etc., entsteht eine völlig ungiftige *Patina* aus basischem Kupfercarbonat; die zur Bildung erforderliche Kohlensäure wird der Luft entnommen.

Kupferionen können bereits in niedrigster Konzentration viele pathologische Keime abtöten. Diese, als *oligodynamische Wirkung* bezeichnete Eigenschaft spricht für die Verwendung von Kupfer und Kupferlegierungen für Gegenstände des täglichen Gebrauchs, z. B. Münzen.

5.2.3 Legiertes Kupfer

Die *Festigkeit* von Kupfer lässt sich durch geringe Legierungszusätze erheblich steigern. Das erfolgt durch Mischkristallbildung (Silber, Zink) oder durch Aushärtung (Chrom, Zirkonium, Eisen, Silicium). Die Mischkristallbildung wirkt sich ungünstig auf die Leitfähigkeit aus, durch Aushärtung lässt sich eine optimale Kombination von Festigkeit und elektrischer Leitfähigkeit einstellen (Bild 5.9).

Legiertes Kupfer (Tabelle 5.3) wird für Sonderzwecke in Elektrotechnik und Maschinenbau eingesetzt. In der Halbleitertechnik findet man CuFeP-, CuNiSi- oder CuZr-Legierungen; Kühler werden aus CuAg-, CuCr- oder CuSn0,15-Legierungen hergestellt. Weitere Anwendungen solcher Werkstoffe sind Kommutatorlamellen in Elektromotoren und Punktschweißelektroden. Aushärtbares Kupfer mit Beryllium-Zusätzen bis ca. 2 % wird als Federwerkstoff verwendet. Tellurgehalte von ca. 0,5 % sind im flüssigen Kupfer löslich, jedoch nicht im festen Zustand. Sie bilden heterogene Einschlüsse im Erstarrungsgefüge und werden als solche im Automatenwerkstoff CuTe als Spanbrecher genutzt.

Neben der Festigkeit und der elektrischen Leitfähigkeit ist die *Anlassbeständigkeit* eine wichtige Eigenschaft vor allem des silberlegierten Kupfers. Die Anlassbeständigkeit wird durch diejenige Temperatur gekennzeichnet, bis zu der der Werkstoff eine festgelegte Zeit erwärmt werden kann, ohne an Festigkeit mehr als 10 % zu verlieren. Das ist wichtig für Tauch- oder Ofenlötungen in der Elektrotechnik sowie der Herstellung von Kühlern.

Tab. 5.3: Physikalische und mechanische Eigenschaften von legiertem Kupfer (Beispiele)

Kurzzeichen	Legierungs-bestandteile	Elektrische Leitfähigkeit	Zugfestigkeit	anlassbeständig bis
	%	% IACS [1]	N/mm^2	°C
CuFe2P	Fe: ca. 2,5; P: 0,03	ca. 60	400	350
CuCr1	Cr: 0,4 ... 1,0	mind. 80	450 [2]	500
CuAg0,10P	Ag: 0,1	98	270	350

[1] Internationaler Standard für Leitkupfer, 100 % = 58 m/(Ω mm^2)
[2] kaltverfestigt und warmausgehärtet

5.2.4 Messing und Neusilber

Messinge sind Legierungen von Kupfer mit Zink. Die Steigerung der Festigkeit gegenüber Kupfer beruht auf Mischkristallbildung. Festigkeit und Härte steigen mit dem Zinkgehalt (Bild 5.10).

Die Kupfer-Zink-Legierungen sind bis ca. 37 % Zn einphasige homogene Legierungen (Bild 5.10). Bis zu dieser Zusammensetzung bleibt die kfz Gitterstruktur des Kupfers erhalten. Reine α-**Messinge** eignen sich daher besonders für die *spanlose Formgebung*. Das höchste Formänderungsvermögen wird bei rd. 28 % Zn erreicht. CuZn28 wird für extreme Tiefziehbeanspruchung bevorzugt und vielfach *Kartusch-Messing* genannt. Beispiele für seine Verwendung sind tiefgezogene Hülsen für Lippenstifte und Feuerzeuge.

Im Gefüge des an sich einphasigen CuZn37 treten in der Praxis zuweilen geringe Mengen der β-Phase auf. Sie setzen die Kaltverformbarkeit erheblich herab. Sie entstehen, wenn nach der Kaltverformung bei Temperaturen oberhalb der Phasengrenze $\alpha/\alpha + \beta$ geglüht worden ist, und verbleiben im Gefüge durch die Trägheit der Umwandlung zu α während der Abkühlung auf Raumtemperatur.

Sobald die Zusammensetzung der Messinge 37 % Zink überschreitet, entsteht **($\alpha + \beta$)-Messing** (Bild 5.11). Die krz β-Phase bewirkt einen raschen Abfall der Zähigkeit der Legierungen bei gleichzeitig

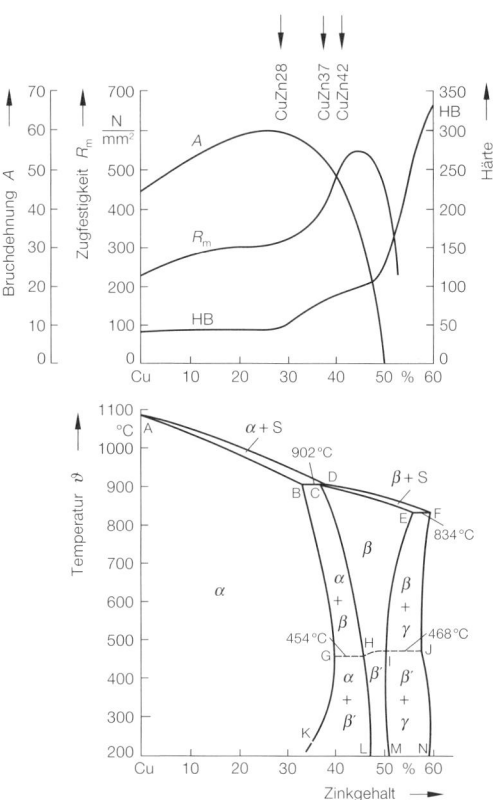

Bild 5.10
Zustandsschaubild Kupfer-Zink (nach REYNOR) und Zugfestigkeit, Bruchdehnung und Härte der Cu-Zn-Legierungen (Messing) im weichen Zustand

weiter ansteigender Härte (Bild 5.10). Geringere Zähigkeit und die Heterogenität sind für *spanabhebende Bearbeitung* günstig. Beim Bohren, Drehen oder Fräsen bilden sich kürzere Späne. Die am besten zerspanbaren Legierungen enthalten noch 1 % bis 3 % Blei. CuZn39Pb2 wird hinsichtlich der Zerspanbarkeit nur noch von Aluminiumlegierungen übertroffen, die jedoch geringere Festigkeiten

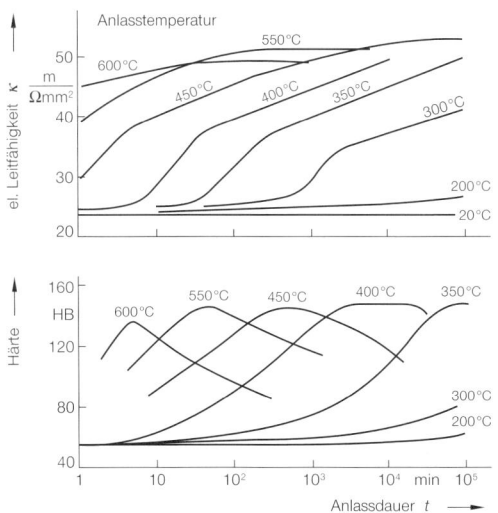

Bild 5.9
Härte und elektrische Leitfähigkeit von CuCr in Abhängigkeit von der Aushärtung

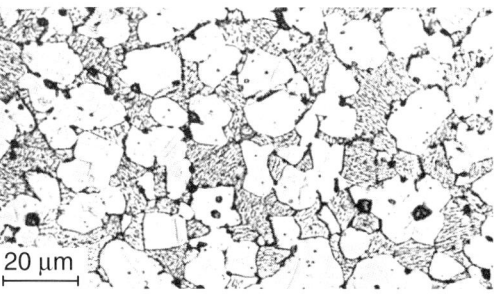

Bild 5.11
Gefüge von ($\alpha + \beta$)-Messing mit Bleizusatz, α-Phase hell, Blei schwarz

aufweisen. In der Feinmechanik, der Uhrenindustrie und bei der Massenherstellung von Drehteilen, z. B. Kugelschreiberspitzen, werden bleihaltige Messinge bevorzugt verwendet.

Der Farbton der Messinge ist kein sicheres Merkmal für ihren Kupfergehalt. Zinkarme Messinge sind goldrot bis goldgelb, z. B. *Tombak* mit 5 % bis 15 % Zn. CuZn28 schimmert gelbgrün, CuZn37 ist sattgelb, und die heterogenen Legierungen mit rd. 40 % bis 42 % Zn besitzen wieder eine rötliche Farbe.

Neusilber ist eine Gruppe von Kupfer-Zink-Legierungen, in denen ein Teil des Kupfers durch Nickel ersetzt ist. Der Nickel-Zusatz bewirkt die weiße, *silberähnliche* Farbe, die dem Werkstoff den Namen gegeben hat. Technische Neusilber-Legierungen enthalten 10 % bis 25 % Nickel. Diese Legierungen besitzen bessere *Anlaufbeständigkeit* als Messing. Sie haben sich für Relaisfedern in der Schwachstromtechnik bewährt und eignen sich bestens für versilberte Tafelgeräte und Bestecke. Bleihaltige Neusilberlegierungen, die bessere Festigkeitseigenschaften als bleihaltige Messinge aufweisen, werden in der Feinmechanik und für die Herstellung von Reißzeugen verwendet.

Messing und Neusilber sind anfällig für *Spannungsrisskorrosion* (siehe S. 62). Gegenstände, die unter Spannung stehen oder Eigenspannungen aufweisen, sind schon bei Anwesenheit geringster Spuren von Ammoniak und Feuchtigkeit (die aus Verbrennungsgasen überall auftreten können) rissanfällig (Bild 5.12). *Weichglühen* oder *Spannungsarmglühen* beseitigt eine der Rissursachen, nämlich die Eigenspannungen. Bei etwa 200 °C bis 300 °C entspannte Bauteile sind nicht mehr rissanfällig.

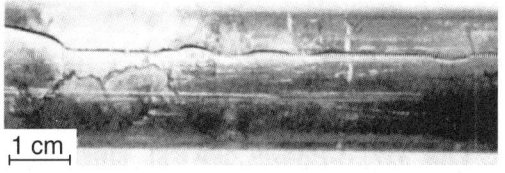

Bild 5.12
Spannungsrisse in einem Rohr aus CuZn20Al

Die als **Entzinkung** bezeichnete Korrosionserscheinung trägt ihren Namen zu Unrecht. Sie kann in wässrigen Lösungen bei lokaler Korrosion auftreten. Bei der fortschreitenden Auflösung von Kupfer und Zink verschiebt sich das elektrochemische Potenzial an der Grenzfläche Metall/Lösung (siehe S. 57). Dabei treten Bedingungen auf, unter denen das edlere Kupfer aus der Lösung wieder metallisch abgeschieden wird, während der unedlere CuZn-Mischkristall weiterhin korrodiert wird. In $(\alpha + \beta)$-Legierungen wird der unedlere β-Bestandteil bevorzugt angegriffen. Durch Einsatz von entzinkungsbeständigen Messingen lassen sich derartige Schäden vermeiden.

Sondermessinge sind Kupfer-Zink-Legierungen, denen zur Verbesserung anderer Eigenschaften weitere Bestandteile hinzulegiert werden, wie Nickel, Zinn und/oder Aluminium. Manganhaltiges Sondermessing (CuZn40Mn2Fe1) ist ein wichtiger Architektur-Werkstoff.

Gussmessinge enthalten 36 % bis 43 % Zink und 1 % bis 3 % Blei, Sondergussmessinge zusätzlich noch Nickel, Zinn oder Mangan. Sie besitzen ein geringes Erstarrungsintervall (s. Bild 2.14) und sind daher weitgehend frei von Kristallseigerungen. Da Gussmessinge nicht für die Kaltformgebung bestimmt sind, stört das heterogene $(\alpha + \beta)$-Gefüge nicht, und man nutzt dessen höhere Festigkeit (Bild 5.10).

Das *Schmelzen der Kupferlegierungen* kann wegen ihrer relativ niedrigen Schmelztemperaturen in öl- oder koksgefeuerten Tiegelöfen erfolgen. Bei diesem Schmelzverfahren muss insbesondere bei der Ölfeuerung wegen der Löslichkeit von Wasserstoff in Kupferlegierungen mit einer hohen *Gasaufnahme* gerechnet werden (siehe S. 69). Diese verursacht um so größere Schwierigkeiten durch Blasen und Poren am fertigen Gussstück, je größer das Erstarrungsintervall im Zustandsschaubild und die *konstitutionelle Unterkühlung* (siehe S. 21) sind. Zinnbronzen sind in dieser Hinsicht wegen ihres sehr großen Erstarrungsintervalls extrem anfällig, wie aus dem Vergleich der Bilder 5.10 und 5.13 hervorgeht. Ein großer Teil dieser Probleme beim Herstellen von Gussstücken für den Maschinenbau kann durch Einsatz elektrischer Schmelzöfen vermieden werden.

Für **Lotmessinge** gilt sinngemäß das für Gussmessinge Gesagte. Sie enthalten 40 % bis 43 % Zn, evtl. Zusätze von Zinn oder Mangan. Sie werden zum Löten (Schweißen) von Kupferlegierungen sowie zum Hartlöten von Stahl verwendet. Eigen- bzw. Zugspannungen im Stahl können beim Hartlöten mit Kupferlegierungen *Lotbrüchigkeit* auslösen. Dabei wird das Eisen entlang der Korngrenzen durch das eindringende kupferhaltige Lot aufgerissen.

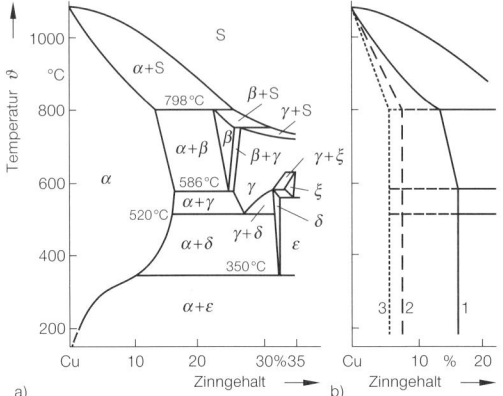

Bild 5.13
Zustandsschaubild Kupfer-Zinn
a) Gleichgewichtsschaubild
b) Zustand bei normalen Glühzeiten (1), Sandguss (2) und Kokillenguss (3)

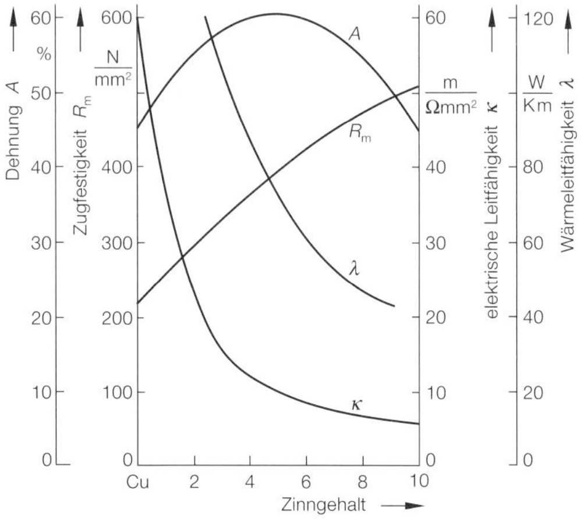

Bild 5.15
Physikalische und technologische Eigenschaften von Zinnbronzen

5.2.5 Bronzen

Die *klassischen Bronzen* sind *Kupfer-Zinn-Legierungen*. Dem Zustandsschaubild (Bild 5.13) zufolge müssten Zinnbronzen mit bis zu 14 % Sn als einphasige Legierungen erstarren. Infolge des extrem großen Erstarrungsintervalls treten jedoch starke Seigerungen auf. Da Bronzen bevorzugt mit Phosphor desoxidiert *(Phosphorbronze)* werden, verlaufen die Erstarrungsvorgänge komplizierter, als sie im Zweistoffschaubild dargestellt sind. So tritt im Primärgefüge häufig noch eine spröde, phosphorreiche Phase auf. Die durch Seigerung und eutektoiden Zerfall gebildete δ-Phase (Bild 5.13b, Linien 2 und 3) lässt sich mit einer Wärmebehandlung im Zustandsfeld des α-Mischkristalls (Bild 5.13a) beseitigen. Das Ergebnis solcher Wärmebehandlungen (Bild 5.13b, Linie 1) darf jedoch nicht darüber hinwegtäuschen, dass innerhalb des jetzt vorliegenden α-Gefüges noch erhebliche Konzentrationsunterschiede an Zinn und Phosphor vorhanden sein können.

Bild 5.14 zeigt die unterschiedlichen Gefüge für die Legierung CuSn6. Diese Gegebenheiten können zur Erklärung der Eigenschaften technischer Bronzen in Abhängigkeit vom Zinngehalt (Bild 5.15) mit herangezogen werden:
– bis zu etwa 6 % Zinn lässt sich das Primärgefüge in technisch vertretbaren Glühzeiten (z. B. bis zu 24 Stunden bei 650 °C) soweit homogenisieren, dass optimale Zähigkeit erreicht wird,
– bei *Knetlegierungen* beschränkt man sich auf einen Bereich bis maximal 8,5 % Zinn.

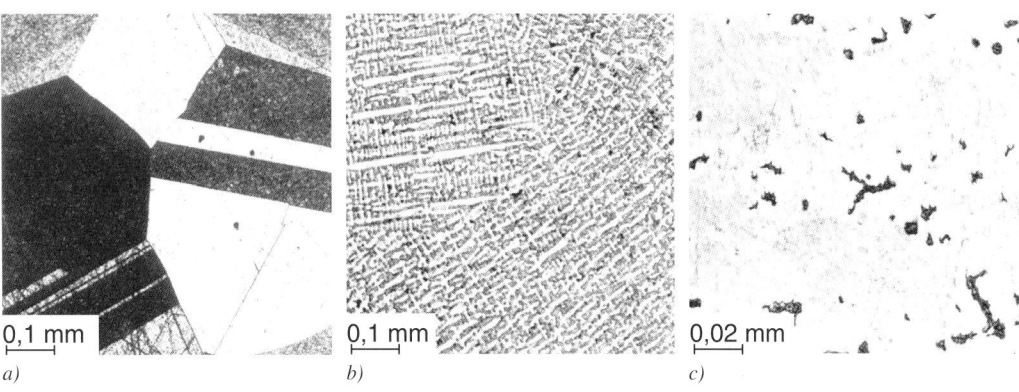

Bild 5.14
Mikrogefüge von CuSn6
a) homogene α-Mk, homogengeglüht (650 °C/15h)
b) inhomogener α-MK, Gusszustand
c) inhomogene α-MK und δ-Phase, Gusszustand

Niedriglegierte Bronzen mit ca. 1,5 % Zinn werden als Drähte im hartgezogenen Zustand *(Postbronze)* für Telefonfreileitungen verwendet. Legierungen für diesen Zweck müssen phosphorfrei sein (siehe Bild 5.2). Aus *Walzbronzen* mit 6 % und 8 % Zinn werden im harten Zustand bei Festigkeiten von ca. 900 N/mm² und einer Härte von etwa 180 HV Relaisfedern hergestellt. Hierbei kommt auch die gute Lötbarkeit der Zinnbronzen zur Geltung. Weiche *Bronzedrähte* gehen in großem Umfang für die Herstellung von Metallsieben in die Papierindustrie.

Für *Gusslegierungen* nutzt man die Festigkeitssteigerung des kfz α-Mischkristalls durch weiteren Zinnzusatz bis 14 % Sn. Im Primärgefüge tritt bereits in erheblichem Umfang die δ-Phase auf, die trotz ihres kfz Gitters außerordentlich spröde ist: In einer Riesenelementarzelle sind 416 Atome vereinigt, die Zusammensetzung entspricht $Cu_{31}Sn_8$. Es ist bei Gussteilen für den Maschinenbau erforderlich, diesen spröden Gefügebestandteil mit seinen nachteiligen Auswirkungen auf die Zähigkeit des Werkstoffs durch Wärmebehandlung zu beseitigen. Das ist gemäß Bild 5.13b bis zu einer Nennzusammensetzung von 14 % Sn möglich.

Gussbronzen erreichen bei 12 % bis 14 % Sn maximale Festigkeit bei hinreichender Zähigkeit für den Guss von Zahnrädern und anderen hochbeanspruchten Teilen. Gussbronze mit 20 % Sn ist hart und spröde und für den Maschinenbau nicht geeignet. Sie wird u. a. zum Guss von Glocken verwendet.

Als **Rotguss** werden Mehrstoffzinnbronzen bezeichnet, die außer Zinn zusätzlich Zink und Blei enthalten, z. B. 7 % Zinn, 4 % Zink und 7 % Blei für hochwertige Lagerschalen. Die Mehrstoffzinnbronze CuSn4Zn4Pb4 ist walzbar und eignet sich für gerollte Lagerbüchsen.

Kupferlegierungen mit Aluminium, Mangan, Silicium oder einer Kombination dieser Elemente werden im herkömmlichen Sprachgebrauch oft noch (fälschlicherweise) als *Sonderbronzen* bezeichnet.

CuAl-Legierungen besitzen neben hoher Festigkeit gute Korrosionsbeständigkeit gegen Seewasser, Schwefelsäure und Salzlösungen und haben immer mehr an Bedeutung gewonnen. Zusätzlich mit Eisen oder Nickel legiert werden sie aushärtbar. Solche Werkstoffe eignen sich hervorragend für Anwendungen in Lebensmittelmaschinen, in der Papierindustrie, für Pumpen aller Art oder für Laufrollen. Sie werden für Werkzeuge verwendet, wenn es bei Einsatz von Eisenwerkstoffen zu Problemen durch Abrieb und Aufschweißungen kommt.

CuMn-Legierungen sind seewasserbeständig und haben eine hohe Dämpfung. Man verwendet sie u. a. als Gusswerkstoff für Schiffsschrauben. **CuSi-Legierungen** mit ca. 1,5 % Si und Nickel- und Manganzusätzen eignen sich für chemisch beständigen Guss.

5.2.6 Kupfer-Nickel-Werkstoffe mit besonderen elektrischen Eigenschaften

Kupfer und Nickel sind im periodischen System der Elemente benachbarte Stoffe. Sie kristallisieren beide mit kubisch-flächenzentriertem Gitter. Der Unterschied der Gitterkonstanten ist mit 0,3608 nm und 0,3516 nm gering. Die Dichten liegen mit 8,94 g/cm³ bzw. 8,88 g/cm³ so nahe beieinander, dass beide Metalle auch nahezu gleiche Atomvolumina besitzen. Infolgedessen bilden Kupfer und Nickel bei allen Konzentrationen eine lückenlose Reihe von Mischkristallen (Bild 5.16). Dementsprechend

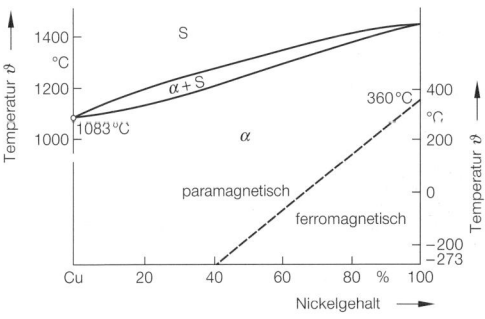

Bild 5.16
Zustandsschaubild Kupfer-Nickel (nach HANSEN*)*

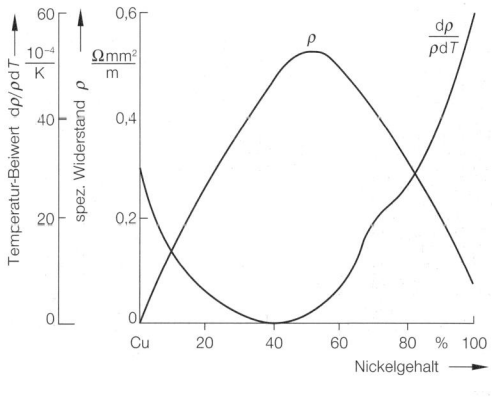

Bild 5.17
Spezifischer Widerstand und dessen Temperaturbeiwert im System Kupfer-Nickel

findet man auch bei den Legierungen von Kupfer bis Nickel mit stetig ändernder Zusammensetzung eine ebenso stetige Änderung der physikalischen Eigenschaften, die Grundlage einer Reihe von Anwendungen in der Elektrotechnik geworden ist.

Bei Mischkristallen wächst der elektrische Widerstand kontinuierlich mit der Menge eines zulegierten zweiten Stoffes. Dadurch ergeben sich, von den reinen Stoffen Kupfer und Nickel ausgehend, jeweils steigende elektrische Widerstände, die bei ca. 50 % Nickel ein Maximum erreichen (Bild 5.17). Gleichzeitig mit steigendem elektrischen Widerstand sinkt der Temperaturbeiwert des Widerstandes, der bei 45 % Nickel ein Minimum besitzt. Beide Eigenschaften werden im **Widerstandswerkstoff** CuNi44 (gemäß DIN 17471) Konstantan® genutzt (Bild 5.18).

Ebenso kontinuierlich ändert sich im System Kupfer-Nickel die Thermospannung (Bild 5.19).

Auch die Thermospannung gegen Kupfer oder Eisen erreicht bei 45 % Nickel ein Maximum. Aus diesem Grunde wird CuNi44 als **Thermoelementwerkstoff** für Thermopaare Kupfer-Konstantan® und Eisen-Konstantan® nach DIN 43732 verwendet. An Thermoelemente wird die Forderung gestellt, dass sie über lange Zeit konstante Thermospannung beibehalten. Bei erhöhten Anwendungstemperaturen sind sie chemischen Einflüssen von Gasen und Isolierstoffen ausgesetzt. Um sie gegen diese Einflüsse resistent zu machen, werden weitere Legierungselemente zugesetzt. Thermo-Konstantan® unterscheidet sich daher von Konstantan® für Widerstandszwecke.

Vergleichbare Unterscheidungen gibt es für das in Thermoelementen verwendete Kupfer und Eisen.

Da sich bereits geringfügige Unterschiede der Zusammensetzung in der Thermospannung auswirken, sind die Schenkel von Thermoelementen trotz gleicher Legierung nicht beliebig untereinander austauschbar. Für Temperaturmessungen dürfen nur die zusammengehörigen, vom Hersteller gemeinsam gelieferten Schenkel verwendet werden.

Gemäß Bild 5.19 ist es möglich, Paare von Kupfer-Nickellegierungen auszuwählen, die bei einer gegebenen Temperatur beliebige Thermospannungen zwischen 0 mV und der des Thermopaares Eisen-Konstantan® ergeben. Das ermöglicht die Auswahl von Legierungen zwischen 3 % und 20 % Nickel als **Ausgleichsleitungen für Thermoelemente** anderer Zusammensetzung. Ausgleichsleitungen dienen der Verlängerung teurer Thermoelemente, z. B. Platin/Platin-Rhodium, von der unterhalb 200 °C gelegenen Verbindungsstelle bis zur Temperaturvergleichs-

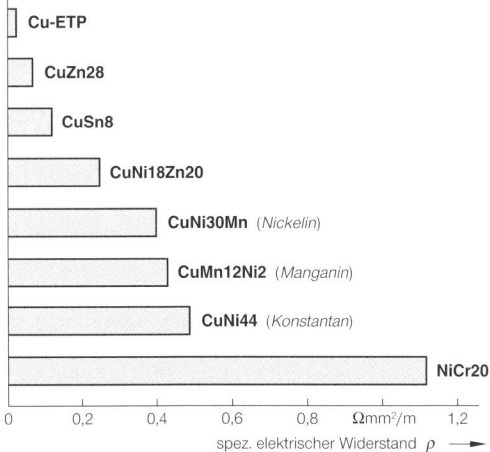

Bild 5.18
Spezifischer elektrischer Widerstand von Werkstoffen für die Elektrotechnik

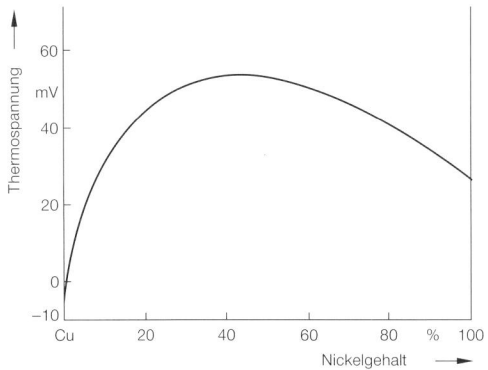

Bild 5.19
Thermospannungen von Kupfer-Nickel-Legierungen gegen Eisen bei 816 °C

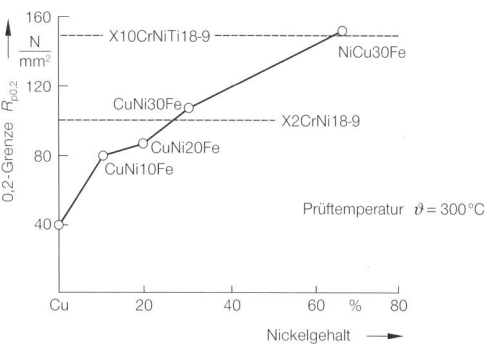

Bild 5.20
0,2 %-Dehngrenze von Kupfer-Nickel-Werkstoffen bei 300 °C im Vergleich zu korrosionsbeständigen Stählen

stelle, die bei technischen Temperaturmessungen auf 50 °C thermostatisch konstant gehalten wird.

5.2.7 Korrosionsbeständige Kupfer-Nickel-Legierungen

Durch Legieren mit Nickel wird die Korrosionsbeständigkeit des Kupfers erheblich verbessert und die Festigkeit erhöht. Die Warmfestigkeitseigenschaften der Kupfer-Nickel-Legierungen sind mit denen nichtrostender Stähle gleichbar (Bild 5.20). Durch Zusätze von ca. 1,5 % Fe und 2,0 % Mn wird die Korrosionsbeständigkeit noch weiter gesteigert. Träger der Korrosionsbeständigkeit sind *Passivschichten*, die sich bei ausreichendem Sauerstoffangebot bilden. Die Legierungen sind in Brackwässern und Seewasser beständig und werden u. a. in Kondensatoren auf Schiffen und in Meerwasserentsalzungsanlagen verwendet.

Das große Lösungsvermögen des Kupfers und Nickels sowie deren Legierungen für Wasserstoff kann beim *Schweißen* Probleme machen. Die Desoxidationselemente der Schweißzusatzwerkstoffe sind in der Lage, Wasser bzw. Wasserdampf in Wasserstoff und oxidische Reaktionsprodukte zu zerlegen, z. B. nach der Reaktion:

$$Ti + 2 \cdot H_2O \rightarrow TiO_2 + 4 \cdot H.$$

Der atomare Wasserstoff wird bis zur Grenze seiner Löslichkeit vom Schweißbad begierig aufgenommen (Bild 5.21). Beim Abkühlen der Schmelze bleibt infolge des Löslichkeitssprunges bei der Erstarrungstemperatur nur der im festen Zustand lösliche Wasserstoff im Metall, hingegen wird der dem Löslichkeitssprung entsprechende Überschuss freigegeben. Dieser Vorgang führt zu der gefürchteten Porenbildung im Schweißgut von Kupfer-Nickel-Werkstoffen und muss durch Ausschalten von Feuchtigkeit (trockene Zusatzwerkstoffe, Vorwärmen) als primäre Ursache vermieden werden.

Eine Sonderanwendung findet der Werkstoff CuNi25 als *Münzlegierung*. Er wird von vielen staatlichen Finanzverwaltungen verwendet.

5.3 Nickel und Nickellegierungen

Nickel kommt in seinen Erzen häufig zusammen mit Kobalt vor. Es schmilzt bei 1453 °C, Kobalt bei 1490 °C. Nickel besitzt aufgrund seiner kubisch-flächenzentrierten Struktur in reinem Zustand gute Verarbeitungseigenschaften, Kobalt aufgrund seiner hexagonalen Struktur nur mäßige. Beide Metalle zählen zu den Schwermetallen. Die Dichte von Nickel beträgt 8,88 g/cm³, Tabelle 5.4. Für Nickel haben sich in der Technik bedeutende Anwendungen gefunden. Die Verwendung von Kobalt hat sich auf wenige Fälle beschränkt, z. B. als Bindemittel in Hartmetallen und als Legierungsbestandteil in hartmagnetischen Werkstoffen und Werkzeugstählen.

Nickel ist ein sehr korrosionsbeständiges Metall. Durch geringe mischkristallbildende Zusätze lässt sich seine Warmfestigkeit und Zunderbeständigkeit erheblich steigern. Aufgrund seines ferromagnetischen Charakters ist Nickel Basis einer Reihe von Magnet-Legierungen und solchen mit definiertem thermischem Ausdehnungsverhalten (Tabelle 5.4)

Die *Gewinnung von Nickel* erfolgt überwiegend aus sulfidischen Erzen durch Röst- und Reduktionsprozesse. Seine Trennung von den in den Erzen ebenfalls enthaltenen Metallen Eisen, Kobalt und Kupfer und weiteren metallischen und nichtmetallischen Beimengungen erfordert einen sehr komplizierten Verfahrensablauf. Der hohe Preis des Nickels (siehe Bild 5.1) ist nicht zuletzt in seiner komplizierten Metallurgie begründet.

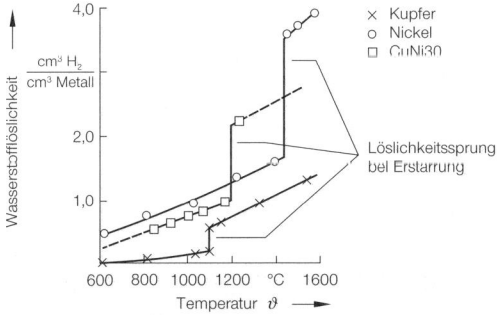

Bild 5.21
Löslichkeit von Wasserstoff in Kupfer, Nickel und CuNi30 in Abhängigkeit von der Temperatur

Tab. 5.4: Physikalische und technologische Eigenschaften von Nickel

Dichte	g/cm³	8,88
Schmelztemperatur	°C	1453
Elastizitätsmodul	N/mm²	210 000
Ausdehnungskoeffizient	10⁻⁶/K	13
Zugfestigkeit [1]	N/mm²	370 bis 700
Bruchdehnung [1]	%	2 bis 60

[1] abhängig vom Behandlungszustand

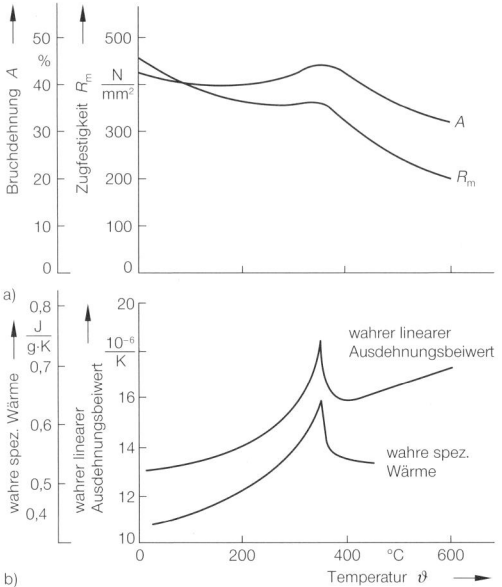

Bild 5.22
Eigenschaften von Nickel in Abhängigkeit von der Temperatur
a) Zugfestigkeit R_m und Bruchdehnung A
b) wahre spezifische Wärme dH/dT und wahrer linearer Ausdehnungskoeffizient dl/dT (nach Ahrens, Eucken und Dannöhl)

Oxidische Nickelerze werden zumeist nur zu Ferronickel verarbeitet. Für die Herstellung von Nickel-Eisen-Legierungen und korrosionsbeständigen Stählen ist das kein Nachteil.

5.3.1 Reinnickel

Die *Korrosionsbeständigkeit* ist die wirtschaftlich wichtigste Eigenschaft des reinen Nickels. Nickel ist der eigentliche Träger der Korrosionsbeständigkeit galvanisch verchromter Eisengegenstände. Die dekorativen Chrom-Überzüge sind mit mikroskopisch feinen Rissen und Poren durchsetzt und daher nicht in der Lage, das Eisen vor Korrosion zu schützen. Die unter dem Chrom liegende Nickel-Zwischenschicht hingegen ist weitgehend porenfrei und schützt das Eisen wirksam. Wenn verchromte Bauteile und dgl. vorzeitig zu rosten beginnen, ist das in der Regel ein Zeichen für eine zu sparsam ausgefallene Nickel-Zwischenschicht.

Reines Nickel wird in Laboratorien für Greifzangen und Schmelztiegel verwendet. Der Apparatebau verarbeitet Nickel für Reaktoren in der chemischen Industrie, z. B. für die Behandlung von geschmolzenem Ätznatron. Bei großen Apparaten verwendet man wegen des hohen Nickelpreises auch *Baustahl*, der durch Spreng-, Schweiß- oder Walzplattieren *mit einer Nickelauflage* versehen worden ist.

Die mit dem *Ferromagnetismus* des Nickels verbundene Magnetostriktion ermöglicht seine Anwendung in Unterwasser-Echoloten und Ultraschallgeneratoren für technische Waschanlagen. Als *Magnetostriktion* bezeichnet man geringe Volumenänderungen, die bei magnetischer Erregung auftreten.

Oberhalb der *Curie-Temperatur* von 360 °C verliert Nickel seinen Ferromagnetismus. Bei dieser Temperatur tritt auch die Unstetigkeit der Temperaturabhängigkeit zahlreicher mechanischer und physikalischer Eigenschaften auf (Bild 5.22). Die kubischflächenzentrierte Kristallstruktur ändert sich nicht. Die Eigenschaftsänderungen sind auf gegenseitige Rückwirkungen der Elektronen der äußeren und zweitletzten Schale, die für den Ferromagnetismus verantwortlich sind, zurückzuführen (siehe S. 12).

Die *Verarbeitungsverfahren* für Nickel gleichen den für Sonderstähle üblichen, doch dürfen sie nicht kritiklos übernommen werden. Beispielsweise wird die Verarbeitung von reinem Nickel sehr leicht durch seine hohe Affinität zum Schwefel gestört. Ungeschützte Oberflächen in Wärmebehandlungsöfen nehmen Schwefel aus Feuerungsgasen oder den zur Bearbeitung verwendeten und nicht entfernten Bohremulsionen und Schneidölen auf. *Schwefel* diffundiert an den Korngrenzen entlang in das Nickel ein und lagert sich als Nickelsulfid ab. Derart geschädigtes Nickel neigt zum Aufreißen bei der Kaltformgebung, zur *Heißrissigkeit* beim Schweißen

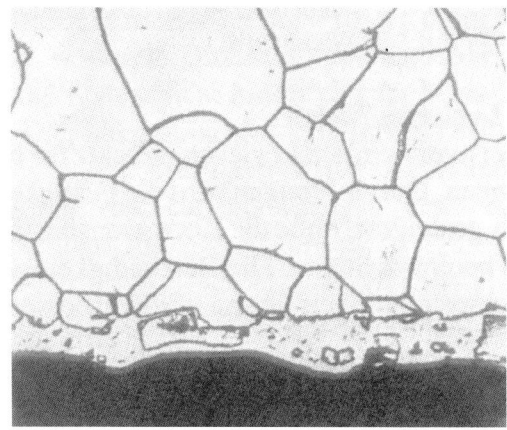

Bild 5.23
Nickel mit Korngrenzenzerstörungen in der Randzone (nach Volk)

und bei der Warmformgebung. Bei Korrosionsbeanspruchung geht die Zerstörung bevorzugt von den verunreinigten Korngrenzen aus (Bild 5.23).

Nickel hat in flüssigem Zustand ein *besonders hohes Lösungsvermögen für Wasserstoff* (Bild 5.21). Das kann beim Schweißen sehr leicht zu Porenbildung im Schweißgut führen. Dieser Fehler tritt häufig auf, wenn nicht besondere Vorsichtsmaßnahmen getroffen werden, die das Auftreten von atomarem Wasserstoff über dem Schweißbad ausschließen. Atomarer Wasserstoff entsteht bei der Zerlegung von Wasserdampf durch die Desoxidationsmittel (z. B. Titan, siehe S. 298) der aufschmelzenden Schweißzusatzwerkstoffe, wenn atmosphärische Gase in das Schmelzbad eindringen.

Da die Umhüllung der Stabelektroden Wasser enthält, müssen diese vor dem Schweißen ausreichend (ca. 250°C Trockentemperatur) getrocknet werden. Molekularer Wasserstoff (H_2-Gas) hingegen ist in geringen Mengen völlig ungefährlich und wird sogar beim Schutzgasschweißen von Nickel dem Argon beigemischt (»Argon-W-5« mit 5 % Wasserstoff).

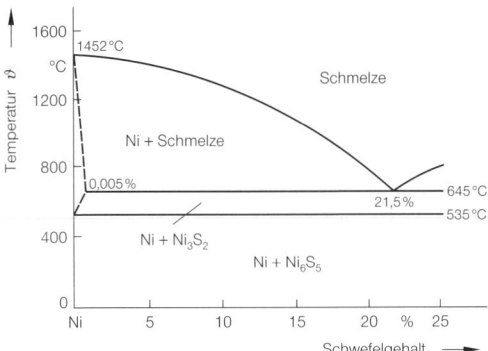

Bild 5.24
Zustandsschaubild Nickel-Schwefel

5.3.2 Legiertes Nickel

Der meistverwendete Legierungszusatz für Nickel ist Mangan. Durch *Mangan* wird die Festigkeit des Nickels gesteigert, ohne die Korrosionsbeständigkeit zu beeinträchtigen. Die Beständigkeit gegenüber schwefelhaltigen Gasen wird verbessert.

Zu Beginn der industriellen Herstellung von Nickel war Mangan über lange Zeit der einzig wirksame Legierungszusatz, um die Warmverformbarkeit zu sichern. Die außerordentlich geringe Löslichkeit von Nickel für Schwefel, die unter 5/1000 % liegt, führt im Verlauf der Erstarrung im Primärgefüge entlang der Korngrenzen zu einer Restschmelze eutektischer Zusammensetzung, die erst bei 645 °C in den festen Zustand übergeht (Bild 5.24). Durch Wiederaufschmelzen beim Anwärmen zum Schmieden oder Walzen bewirkt der Schwefel eine ausgeprägte Warmsprödigkeit. Mangan bindet, wie beim Eisen, den Schwefel als unschädliches Sulfid. Heute wird Magnesium wegen seiner höheren Affinität zum Schwefel für diesen Zweck bevorzugt.

Manganhaltiges Nickel wird in der Elektrotechnik in Elektronenröhren verwendet. Ein weiterer Zusatz von 1 % bis 2 % *Silicium* steigert die *Beständigkeit* gegen Motorengase und bildet die Grundlage für die Werkstoffe von Zündkerzenelektroden in Ottomotoren. Die geringe Löslichkeit des Nickels für Kohlenstoff wird in *leicht zerspanbaren* Qualitäten (»Wassermesser-Qualität« mit Kohlenstoffzusatz) genutzt. Kohlenstofffreies Nickel neigt bei der spanabhebenden Bearbeitung sehr leicht zur Bildung von Aufbauschneiden an den Bearbeitungswerkzeugen und lässt infolge seiner *Zähigkeit* nur eine geringe Bearbeitungsgeschwindigkeit zu (siehe Bild 5.39). Durch Zusatz von 2 % *Beryllium* zu Nickel erhält man aushärtbare Legierungen, die als Werkstoffe z. B. für Federn und Membranen bei erhöhter Temperatur eingesetzt werden können.

5.3.3 Nickel-Kupfer-Werkstoffe

In Kanada gibt es ausgedehnte Lagerstätten, in denen Nickel und Kupfererze gemeinsam vorkommen. Bei der Verhüttung dieser Erze entsteht eine »natürliche« Legierung mit ca. 68 % Nickel, 30 % Kupfer und etwas Eisen (*»Monel«*). Diese Legierung ist äußerst korrosionsbeständig gegen Schwefelsäure und eine Reihe weiterer aggressiver Chemikalien. Lange wurde die Ansicht vertreten, dass einer derartigen »Naturlegierung« auch besondere Naturkräfte innewohnen müssten. Inzwischen

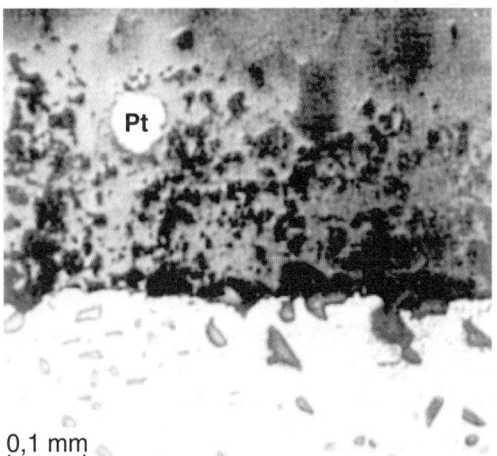

Bild 5.25
Nickeloxidschicht auf Nickel mit 0,1 % Mn. Die Platinmarkierung (Pt) inmitten der Oxidschicht befand sich vor der Einwirkung des Sauerstoffs auf der Nickeloberfläche (nach ILSCHNER *und* PFEIFFER*)*

hat sich die Auffassung durchgesetzt, dass die synthetisch erschmolzenen Legierungen völlig gleichartige Eigenschaften aufweisen und darüber hinaus eine größere Gleichmäßigkeit besitzen, da sie von den Zufällen innerhalb der Lagerstätte des Erzes unabhängig sind.

Nickel-Kupfer-Legierungen sind in DIN 17743 genormt. Neben dem Werkstoff NiCu30Fe sind dort aushärtbare Qualitäten mit Aluminium-Zusatz sowie Gusslegierungen, die Silicium enthalten, angegeben.

Maßgebend für die *Korrosionsbeständigkeit* von Nickel-Kupfer-Legierungen ist die Bildung von Passivschichten in wässrigen Lösungen (siehe S. 63). Nur wenn der Aufbau dieser Passivschicht gestört wird, kann es zu lokalem Korrosionsangriff kommen. Doch sind Lochfraß, interkristalline Korrosion, Spannungsriss- oder Schwingungsrisskorrosion bei Nickel-Kupfer-Legierungen äußerst selten und nur beim Zusammentreffen sehr ungünstiger Begleitumstände beobachtet worden. Die Nickel-Kupfer-Legierungen gelten als beständig in reinem, entsalztem und entgastem Wasser (Primärkreisläufe), Meerwasser, Brackwasser, Lösungen anorganischer Salze und nicht oxidierenden Säuren. Stark oxidierende Säuren, z. B. Salpetersäure, stark oxidierende Salze und ammoniakalische Lösungen greifen diese Werkstoffe an.

Für die Herstellung von Apparaten, Kondensatoren und Wärmeaustauschern in der Energieerzeugung, in Kernreaktoren, in Seeschiffen und in der chemischen Industrie ist die bemerkenswerte *Warmfestigkeit* der Nickel-Kupfer-Werkstoffe von besonderem Vorteil (Bild 5.20).

5.3.4 Zunderbeständige und warmfeste Nickellegierungen

Der Wirkungsgrad einer Wärmekraftmaschine hängt entscheidend ab von der Temperaturdifferenz zwischen Verbrennungsraum und Abgas, die in dieser Maschine zur Verfügung steht. Deshalb wird systematisch das Ziel verfolgt, das nutzbare Temperaturgefälle zu vergrößern. Das ist praktisch nur möglich durch weitere Steigerung der Ausgangstemperaturen mit Hilfe ständig verbesserter, temperaturbeständigerer Werkstoffe. Damit fällt der Werkstofftechnik eine Schlüsselrolle zur wirksamen Nutzung der Energiereserven zu. Die entscheidenden Teile der heute gebauten Wärmekraftmaschinen mit den höchsten Arbeitstemperaturen werden aus **warmfesten Nickellegierungen** gefertigt.

Auch bei der Wärmegewinnung aus elektrischer Energie spielt die maximal nutzbare Temperatur der Wärmeabgabe eine erhebliche Rolle. Nach dem STEFAN-BOLTZMANN-Gesetz wächst die Wärmestrahlung (eines schwarzen Körpers) mit der 4. Potenz der absoluten Temperatur. Aus diesem Grund ist man bestrebt, mit *Legierungen für elektrische Heizelemente* eine möglichst hohe Nutzungstemperatur zu erreichen. Die maximale Nutzungstemperatur wird durch *Warmfestigkeit* und *Zunderbeständigkeit* bestimmt.

Die Legierung **NiCr20** bildet die Basis für zahlreiche *warmfeste Legierungen* und *Heizleiterwerkstoffe*. Durch den Zusatz von Chrom wird die Schmelztemperatur erhöht. Thermisch aktivierte Prozesse, die die Warmfestigkeitseigenschaften einer Legierung bestimmen, kommen erst bei höherer Temperatur in Gang. Daneben verbessert Chrom die Zunderbeständigkeit.

Oxidschichten auf Metallen wachsen etwa nach einem *parabolischen Zeitgesetz*. Gesteuert wird der Oxidationsvorgang – sofern er ungestört verläuft – durch Diffusion des Luftsauerstoffs durch die Oxidschicht hindurch zum Metall (Bild 5.25). Die Integration des FICKschen Diffusionsgesetzes (siehe S. 27) ergibt für die quantitative Verfolgung von Zundervorgängen den *Parabelansatz* (Bild 5.26):

$x^2 = 2\,k \cdot t = k'' \cdot t.$ [1]
x = Schichtdicke, t = Zeit, k = Zunderkonstante, k'' = »praktische« Zunderkonstante.

---

[1] Die Kohlenstoffdiffusion beim Einsatzhärten beruht auf derselben Gesetzmäßigkeit (siehe S. 187).

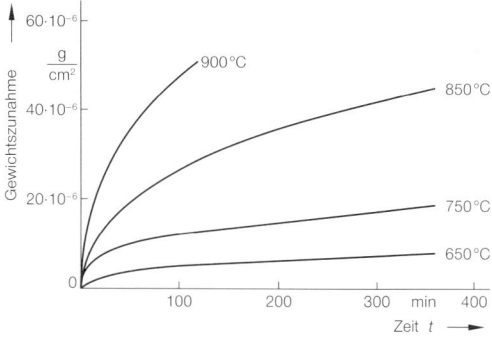

Bild 5.26
Zeitlicher Verlauf der Oxidation von NiCr20 bei ca. 0,1 bar Sauerstoffdruck bei verschiedenen Temperaturen (nach GULBRANDSEN und ANDREW)

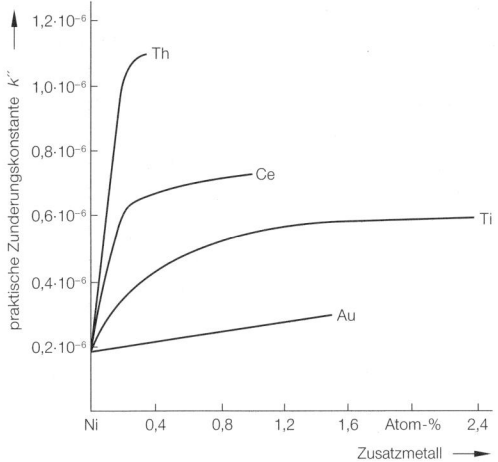

Bild 5.27
Abhängigkeit der praktischen Zunderkonstante k" vom Fremdmetallgehalt in Nickel für Oxidation in Luft bei 900 °C (nach HORN)

Durch Legierungszusätze wird die Zunderkonstante verändert (Bild 5.27), jedoch nicht die parabolische Gesetzmäßigkeit.

Im praktischen Gebrauch wird dieser idealisierte Verlauf durch vielfältige Einflüsse *gestört*. Heizleiterdrähte in Elektroöfen und Wärmegeräten werden ständigem Temperaturwechsel ausgesetzt (unterschiedliche thermische Ausdehnung von Metall und Oxid). Auf die Schaufeln von Gasturbinen wirken Brennaschen oder Salz aus angesaugtem Seewasser ein. Bauteile von Gas- und Ölbrennern und Töpfe in Schutzgasglühöfen arbeiten in ständig wechselnden Atmosphären.

Das Oxidationsverhalten der Legierungen, wie es eingangs durch Gesetze der physikalischen Chemie beschrieben worden ist, wird in der Praxis durch verschiedenartige Einwirkungen auf die Werkstoffe überlagert. Um deren Eignung für technische Zwecke zu kennzeichnen, ist eine Reihe spezifischer Begriffe und Kenngrößen eingeführt worden.

Tab. 5.5: Beispiele für die Heizleiterwerkstoffe

Werkstoff nach DIN 17470	Maximale Gebrauchstemperatur °C	Zeitdehngrenze $R_{p1/1000/1200}$ N/mm²
NiCr8020	1250	0,5
NiCr6015	1200	0,5
CrAl255 (Ni-frei!)	1350	0,1

Tab. 5.6: Beispiele für hitzebeständige Werkstoffe

Kurzbezeichnung	Anwendbarkeit in Luft bis °C	Eigenschaften
NiCr20Ti	1100	Unter oxidierenden und reduzierenden Bedingungen verwendbar, in schwefelhaltigen Gasen ist Beständigkeit wesentlich geringer, hohe Warmfestigkeit
NiCr15Fe	1100	In reduzierender Atmosphäre bis 1150 °C, bei Anwesenheit von Schwefel wie oben, wenig empfindlich für Aufkohlung
X12NiCrSi36-16	1100	Geeignet in wechselnd reduzierenden und oxidierenden Atmosphären

An **Heizleiterwerkstoffen** (Tabelle 5.5) wird die *Lebensdauer* in Stunden oder Schaltzyklen zur Kennzeichnung des Qualitätsstandards geprüft. Die Dimensionierung erfolgt nach der *Oberflächenbelastbarkeit*, die abhängig ist von der Arbeitstemperatur, Gaskonvektion und der Strahlungszahl des Werkstoffs.

Passive Bauteile in Industrieöfen und thermochemischen Anlagen sind häufig weniger hohen Temperaturen ausgesetzt.

Für **hitzebeständige Werkstoffe** (Tabelle 5.6) ist die *zulässige Anwendungstemperatur* kennzeichnend. Diese ist durch folgende Randbedingungen definiert: Bei einer Prüfung über 120 Stunden darf die Verzunderung höchstens 1 g/(m²h) betragen und bei Erhöhen der Prüftemperatur um 50 K 2g/(m²h) nicht überschreiten. Die Prüfung hierfür erfolgt i. Allg. mit vier Zwischenabkühlungen, wobei noch die Haftfähigkeit der Zunderschicht ermittelt wird.

Die *Beschaffenheit der Gasatmosphäre* ist von erheblichem Einfluss auf die zulässige Temperatur und die Lebensdauer der Bauteile. Besonders ungünstig sind ständig zwischen oxidierend und reduzierend wechselnde Beanspruchungsbedingungen, bei denen der für die Beständigkeit erforderliche gleichmäßige Aufbau der Zunderschicht wiederholt empfindlich gestört wird. (Eisen-Chrom-Aluminium-Legierungen können dann sogar Stickstoff aufnehmen und unter Bildung von Nitriden verspröden.)

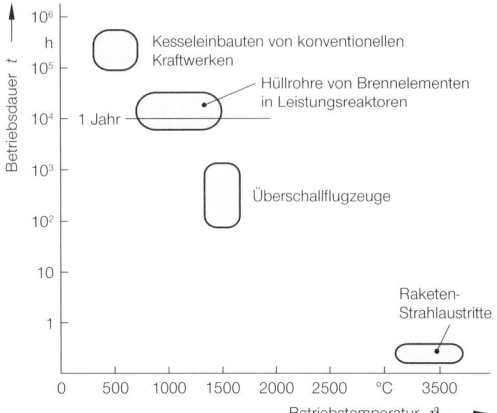

Bild 5.28
Betriebsdauer und Betriebstemperaturen hochbeanspruchter Werkstoffe in verschiedenen Anwendungen

Hochwarmfeste Legierungen auf der Basis NiCr20 enthalten Zusätze von Titan und Aluminium. Durch diese Elemente werden die Legierungen *aushärtbar*. Die aushärtende Phase γ' [Ni$_3$(Al,Ti)] ist bei vielen hochnickelhaltigen, ausscheidungshärtenden Werkstoffen wirksam. Die chemische Zusammensetzung muss zum Erfüllen ihrer Aufgaben innerhalb enger Legierungsgrenzen bei niedrigsten Verunreinigunggehalten sehr genau eingehalten werden. Bei der Anwendung derartiger Legierungen für hohe Temperaturen über längere Zeit ist die Möglichkeit und Gefahr der Überalterung zu berücksichtigen. Bei Einsatz hochwarmfester Legierungen hat man also von vornherein mit einer begrenzten Verwendungsdauer zu rechnen. Während die Berechnungskennwerte im Druckbehälter- und im Kraftwerksbau zumeist auf 100 000 Stunden bezogen werden, muss man sich bei Hochleistungswerkstoffen für Strahltriebwerke auf Lebensdauern in der Größenordnung von wenigen 100 Stunden beschränken (Bild 5.28).

Tab. 5.7: Warmfestigkeitswerte von NiCr20Ti nach DIN EN 10095

Temperatur	1 %-Zeitdehngrenze		Zeitstandfestigkeit	
°C	N/mm²		N/mm²	
	10 h	100 h	10 h	100 h
500	153	126	297	215
600	91	66	138	97
700	43	28	63	42
800	18	12	29	17
900	8	4	13	7

Tab. 5.8: Festigkeitseigenschaften einiger hochwarmfester Nickelbasiswerkstoffe bei Raumtemperatur (ausgehärtet)

Zusammensetzung				Festigkeitseigenschaften		Bruchdehnung
Cr	Co	Ti + Al	Ni	0,1%-Dehngrenze	Zugfestigkeit	
%	%	%	%	N/mm²	N/mm²	%
20	–	0,5	Rest	350	820	44
20	–	4,0	Rest	610	1090	39
20	16	5,0	Rest	820	1290	25

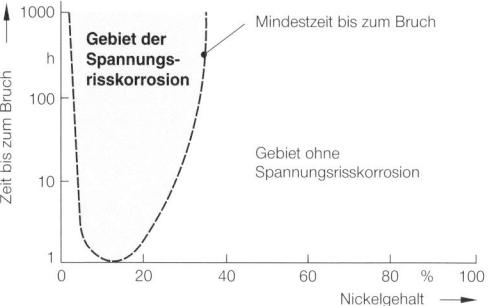

Bild 5.29
Anfälligkeit von Eisen-Chrom-Nickellegierungen für Spannungsrisskorrosion. Prüfung in kochender MgCl$_2$-Lösung (nach COPSON*)*

Entscheidend für die praktische Eignung ist der 2. Kriechbereich (siehe Bild 1.78), der auch Gegenstand besonderer Überwachung dieser Werkstoffe ist (Tabelle 5.7).

Durch Kobaltzusätze lässt sich die Warmfestigkeit der Nickelbasislegierung **NiCr20AlTi** steigern. Weitere Legierungszusätze sind Molybdän und Wolfram (Tabelle 5.8).

5.3.5 Korrosionsbeständige Nickellegierungen

Die bereits bemerkenswerte Korrosionsbeständigkeit des Nickels wird noch verbessert durch Zusätze von Chrom, Molybdän und Kupfer. Diese Legierungen übertreffen auch die rostfreien austenitischen Stähle an chemischer Beständigkeit. Werkstoffe mit über 45 % Nickel sind nahezu *frei von Spannungsrisskorrosion* (Bild 5.29). *Kornzerfall* ist bei LC-Güten (LC = *low carbon*) und titan- oder niobstabilisierten Qualitäten praktisch *ausgeschlossen*, und Lochfraß in chloridhaltigen Lösungen tritt nur *unter äußerst ungünstigen Bedingungen* auf. Zusatz von

Molybdän und Kupfer ergibt schließlich Legierungen, die gegen Salpetersäure, Schwefelsäure und Phosphorsäure resistent sind. So verwendet man beispielsweise den Werkstoff NiCr21Mo in Brennelementaufbereitungsanlagen der Kerntechnik zum Auflösen von Hüllrohren, die selbst aus chemisch beständigen Werkstoffen bestehen.

Tab. 5.9: Sättigungsmagnetisierung B_{max} ferromagnetischer Stoffe bei Raumtemperatur

Stoff	B_{max} T [1]
α-Eisen	2,140
Kobalt	1,760
Nickel	0,605

[1] 1 T = 1 Tesla = 1 Vs/m^2

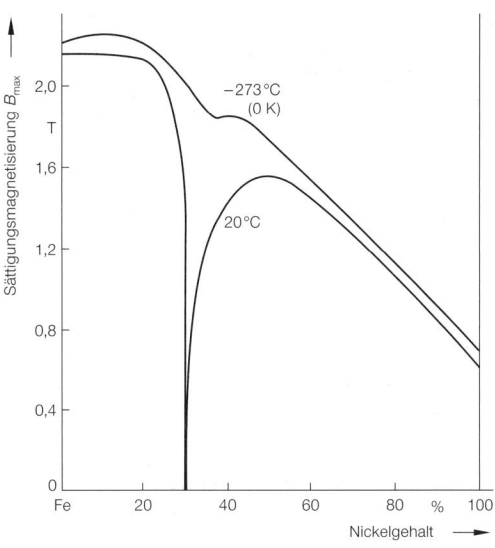

Bild 5.30
Verlauf der Sättigungsmagnetisierung im System Eisen-Nickel
(nach PAWLEK)

Die **korrosionsbeständigen Nickellegierungen** werden fast ausschließlich vom *Apparatebau für die chemische Industrie* verarbeitet. Die Werkstoffe sind schweißgeeignet und unterliegen den strengen Verarbeitungsbedingungen, wie sie für rostfreie Stähle erforderlich sind (siehe S. 231 und 282).

5.3.6 Nickelhaltige Magnetwerkstoffe

Die Magnetisierbarkeit des reinen Nickels ist deutlich geringer als die des Eisens und Kobalts, wie aus dem Vergleich der Sättigungsmagnetisierung der reinen Metalle folgt (Tabelle 5.9). In den Legierungen des *Nickels* mit *Eisen,* der wichtigsten Legierungsreihe der hier behandelten magnetischen Werkstoffe, erreicht die *Sättigungsmagnetisierung* bei ca. 50 % Ni ein Maximum (Bild 5.30). Danach fällt sie steil ab und erreicht bei ca. 29 % Ni den Wert Null.

Dieser Verlauf gilt für Raumtemperatur. Die Erklärung für das *Verschwinden der Magnetisierbarkeit*

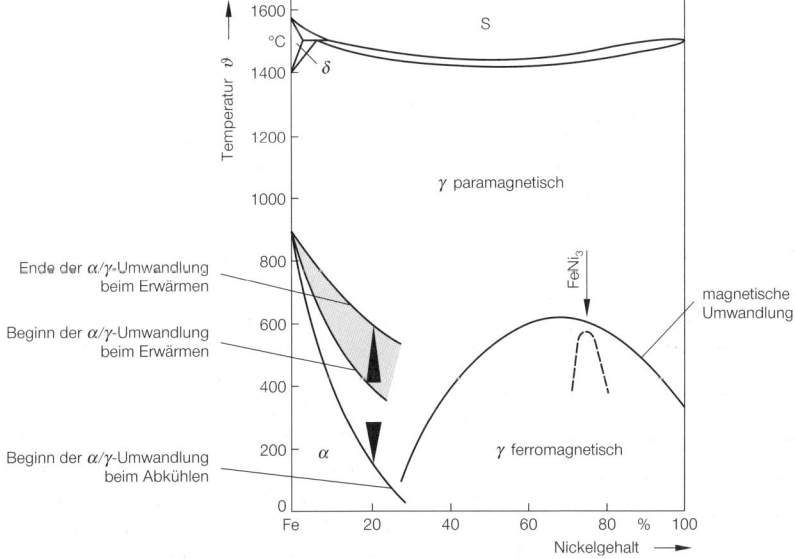

Bild 5.31
Zustandsschaubild Eisen-Nickel (nach HANSEN)

folgt aus dem Zustandsschaubild (Bild 5.31). Danach erreicht die Grenze der magnetischen Umwandlung (CURIE-Temperatur) bei 29 % Ni gerade 20 °C. Bei genügend tiefer Temperatur sind auch Legierungen dieser Zusammensetzung wieder magnetisch (Bild 5.30).

Das Zustandsschaubild Eisen-Nickel zeigt für den Bereich um 75 % Ni eine *Überstruktur*, die etwa der Zusammensetzung $FeNi_3$ entspricht. Der Ordnungsgrad der Überstruktur wird durch die Abkühlgeschwindigkeit unterhalb der aus dem Zustandsschaubild ersichtlichen Grenztemperatur bestimmt. Langsames Abkühlen bewirkt einen relativ hohen Ordnungsgrad verbunden mit niedriger Permeabilität. Durch Abschrecken wird die Überstruktur weitgehend unterdrückt, und man erhält einen Zustand besonders hoher Permeabilität (Bild 5.32). Technische Legierungen enthalten Kupfer und Chrom oder Molybdän, um der Entstehung der Überstruktur entgegenzuwirken.

Aus dem dargestellten Verlauf der physikalischen Eigenschaften im System Eisen-Nickel ergeben sich bereits drei von vier technisch wichtigen Legierungen. Deren Eigenschaften und Anwendungen lassen sich wie folgt umreißen:

❐ **Eisen-Nickel-Legierungen mit ca. 29 % Ni** sind bei normaler Umgebungstemperatur *unmagnetisch*. Sie werden verwendet im Elektromaschinenbau für Teile, die nicht magnetisierbar sein dürfen. In der Praxis werden heute jedoch fast ausschließlich Legierungen eingesetzt, bei denen ein Teil des Nickels durch Mangan oder Chrom ersetzt ist, z. B. FeNi9Mn8Cr4. Solche Werkstoffe sind kostengünstiger und besitzen bessere Festigkeitseigenschaften. Mit der ursprünglichen Legierung FeNi29 haben sie das Verschwinden der Magnetisierbarkeit bei Raumtemperatur gemeinsam.

❐ **Eisen-Nickel-Legierungen mit ca. 36 % Ni** zeichnen sich durch einen *geringen Anstieg der Permeabilität* bei kleinen bis mittleren magnetischen Feldstärken aus. Sie sind daher besonders geeignet für die Herstellung verzerrungsarmer Übertrager, wie sie in großem Umfang für elektroakustische Zwecke benötigt werden. Bemerkenswert ist auch der *hohe elektrische Widerstand* dieser Legierungen (Bild 5.33). Damit verbunden sind geringe Wirbelstromverluste. Das ist von Vorteil, wenn dicke Stanzteile, z. B. Klappanker an Relais, benötigt werden.

❐ **Eisen-Nickel-Legierungen mit ca. 50 % Ni** vereinigen *hohe Anfangspermeabilität mit hoher Sättigungsmagnetisierung*. Bevorzugte Anwendungsgebiete sind Messwandler, Übertrager und Fehlerstromschutzschalter.

❐ **Nickel-Eisen-Legierungen mit ca. 75 % Ni** besitzen *besonders hohe Permeabilität* bei kleinen Feldstärken (Bild 5.34). Sie sind vorteilhaft, wenn nur kleine Steuerfeldstärken zur Verfügung stehen. Beispiele sind hochempfindliche Fehlerstromschutzschalter und elektronische Bauteile,

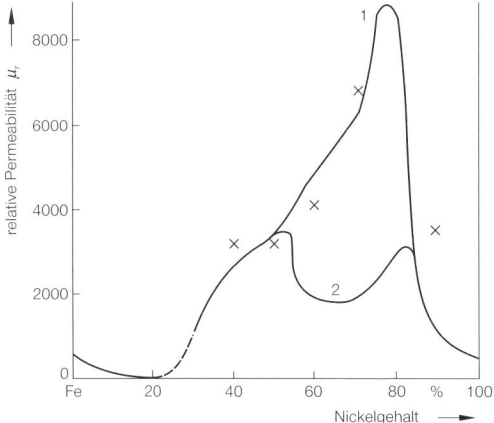

Bild 5.32
Anfangspermeabilität von Eisen-Nickel-Legierungen nach unterschiedlicher Wärmebehandlung (nach DAHL und PAWLEK)
1: gemessene Werte nach schneller Abkühlung
2: gemessene Werte nach langsamer Abkühlung
  × = gerechnete Werte (nach Kersten)

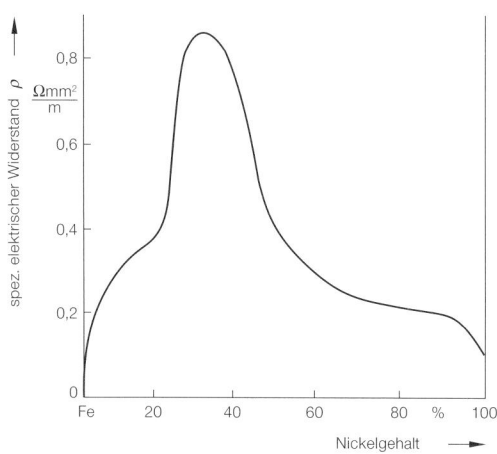

Bild 5.33
Spezifischer elektrischer Widerstand von Eisen-Nickel-Legierungen

ferner magnetische Abschirmungen für hochempfindliche Messgeräte, die gegen Fremdfelder geschützt werden müssen.

Aus der Natur des Magnetismus (siehe S. 12) folgt die besondere Empfindlichkeit bestimmter Eigenschaften gegen Gitterbaustörungen. Permeabilität, Remanenz und Koerzitivfeldstärke reagieren empfindlich auf Versetzungen, die bereits durch geringe Verformungen in das Gefüge eingebracht werden. Bauteile aus **weichmagnetischen Werkstoffen,** wie sie bisher behandelt wurden, müssen *nach der Formgebung schlussgeglüht* werden, um für den Einbauzustand ein störungsfreies Gefüge sicherzustellen. Bei hartmagnetischen Permanentmagneten erübrigt sich diese Forderung, da sich diese in der Regel ihrer hohen Härte und Sprödigkeit wegen nicht verformen lassen.

Während Gitterbaustörungen, die die Ummagnetisierung behindern, bei weichmagnetischen Werkstoffen unerwünscht sind, weil sie die Beweglichkeit der BLOCHwände (siehe S. 12) behindern, verfolgt man bei **hartmagnetischen Werkstoffen** gewissermaßen das gegenteilige Ziel. Grundlage dieser Werkstoffe sind *Eisen-Nickel-Kobalt-Legierungen hoher Magnetisierbarkeit*. Zusätze von Titan, Aluminium oder Niob ermöglichen Aushärtung. Die bei der Aushärtung gebildeten submikroskopischen Teilchen verriegeln die BLOCHwände. Optimale Eigenschaften werden erzielt, wenn die für diese Aushärtung erforderliche *Wärmebehandlung im Magnetfeld* erfolgt.

5.4 Aluminium und Aluminiumlegierungen

Aluminium ist nach Sauerstoff und Silicium das dritthäufigste Element und mit rd. 8 % am Aufbau der Erdkruste beteiligt. Trotz seines häufigen Vorkommens wurde es als Metall erst in der ersten Hälfte und als technischer Werkstoff in der zweiten Hälfte des 19. Jahrhunderts bekannt.

Insbesondere zwei Schwierigkeiten standen seiner Herstellung und Nutzung entgegen. In der Natur kommt Aluminium in Form von Oxiden und Mischoxiden vor. Das Al_2O_3 zählt zu den stabilsten chemischen Verbindungen und dessen Reduktion zu Metall erfordert einen hohen Energieaufwand. Die hierfür erforderlichen technischen Prozesse wurden erst im 19. Jahrhundert entwickelt.

Das zweite Problem, das der großtechnischen Herstellung von Aluminium entgegenstand, ist mit dem ersten ursächlich verknüpft: Alle in der Natur vorkommenden und für die Herstellung von Aluminium geeigneten Rohstoffe enthalten auch Beimengungen solcher Elemente, die leichter zu reduzieren sind als Aluminium. Durch oxidierende Raffination können diese nicht entfernt werden. Aus solchen Rohstoffen direkt reduziertes Aluminium würde in stark verunreinigter Form anfallen und wäre für den technischen Gebrauch als Werkstoff ungeeignet.

Die technische Entwicklung führte zur *Verwendung des elektrischen Stromes unmittelbar als Reduktionsmittel* (Schmelzflusselektrolyse). Der Reduktion wurden ferner nur solche Stoffe unterworfen, die durch eine *vorgeschaltete chemische Raffination* von unerwünschten Beimengungen befreit worden waren. Durch beide Verfahrensmerkmale war es nun möglich, sehr reines Aluminium in jeder gewünschten Menge herzustellen. Ergänzt wurde diese Entwicklung durch die Entdeckung der Festigkeitssteigerung von Aluminiumlegierungen durch Aushärtung. Damit waren die Voraussetzungen zur Nutzung der besonderen physikalischen und chemischen Vorteile des Aluminiums geschaffen.

Es sind insbesondere drei Eigenschaften, denen das Aluminium seine heutige Stellung unter den Werkstoffen verdankt. Sein günstiges *Verhältnis von Festigkeit zu Dichte* (siehe auch Tabelle 5.10) wird in der Luftfahrt und der Fahrzeugtechnik genutzt. Ein zweites großes Anwendungsgebiet ist dort entstanden, wo die begrenzte menschliche Muskelkraft maßgebend wird, z. B. bei Sportausrüstungen, Camping- und Freizeitbedarf.

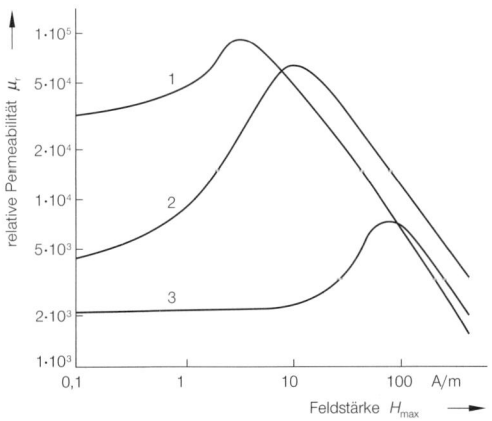

Bild 5.34
Permeabilität verschiedener weichmagnetischer Werkstoffe in Abhängigkeit von der Feldstärke, Eisen-Nickel-Legierungen mit 36 % Ni (1), 50 % Ni (2) und 76 % Ni (3)

Tab. 5.10: Physikalische und mechanische Eigenschaften von Aluminium bei 20 °C

Dichte	g/cm³	2,7
Schmelztemperatur	°C	660
Elastizitätsmodul	N/mm²	66 600
Ausdehnungskoeffizient	10^{-6}/K	25,0
elektrische Leitfähigkeit	m/(Ω mm²)	37,6
Zugfestigkeit [1]	N/mm²	40 bis 180
Bruchdehnung [1]	%	4 bis 50

[1] abhängig vom Behandlungszustand

Das *Verhältnis von elektrischer Leitfähigkeit zu Dichte* ist das günstigste aller metallischen Werkstoffe. Deshalb hat Aluminium das Kupfer aus dem Hochspannungsfreileitungsbau für die elektrische Energieübertragung verdrängt. Letztlich hat die hervorragende *Witterungs- und Korrosionsbeständigkeit* dem Aluminium ein breites Anwendungsfeld im Bauwesen und bei Gegenständen des täglichen Bedarfs eröffnet.

5.4.1 Unlegiertes Aluminium

Das unlegierte Aluminium wird seiner geringen Dichte und vor allem seiner *Korrosionsbeständigkeit* und seines *dekorativen Aussehens* wegen verwendet. Seine Korrosionsbeständigkeit beruht auf Bildung einer *oxidischen Deckschicht* (siehe S. 63), die das Metall an Luft oder in wässrigen Lösungen überzieht. Wird die Deckschicht beschädigt, so erfolgt sofort durch Oxidation eine *selbsttätige Ausheilung*. Die oxidische Deckschicht ist beständig im pH-Bereich pH = 5 bis pH = 8.

Unbeständig ist das Aluminium gegen solche Substanzen, deren pH-Wert außerhalb des genannten Bereichs liegt. Der Abbau der schützenden Deckschicht ist im alkalischen Bereich größer als im sauren. Zu den angreifenden Substanzen gehören zementgebundene Baustoffe wie Mörtel, Beton und Baukalk. Diese haben im feuchten Zustand einen pH-Wert über 11 (alkalisch). Im Bauwesen müssen daher Aluminiumteile für Profile und Beschläge durch Abziehfolie oder andere geeignete Maßnahmen geschützt werden, solange an Gebäuden noch Putz- oder Fugearbeiten ausgeführt werden.

Die *natürliche Oxidschicht* der Aluminiumoberfläche ist nur etwa 0,01 μm dick und mit zahlreichen Poren durchsetzt. Örtliche Unterschiede in der chemischen Zusammensetzung des Aluminiums, wie sie durch Kupfer oder Eisen in Form von Beimengungen oder Ausscheidungen vorhanden sein können, führen zur Bildung von *Lokalelementen* und Lochkorrosion (siehe S. 61).

Der hierdurch verursachten Korrosion tritt man auf zweierlei Weise entgegen:
- Beschränken des Gehaltes an schädlichen Beimengungen und
- künstliche Erzeugung porenfreier Deckschichten.

Die chemischen Zusammensetzung einiger unlegierter Aluminiumsorten zeigt Tabelle 5.11.

Hüttenaluminium ist infolge der chemischen Raffination der Tonerde weitgehend frei von solchen Beimengungen, die die Korrosionsbeständigkeit beeinträchtigen. **Reinstaluminium**, das einer besonderen *Raffinationselektrolyse* (Dreischichtenelektrolyse) unterworfen wurde, besitzt bei einem Gehalt von 99,9 % bis 99,99 % Al hinsichtlich der chemischen Beständigkeit die besten Eigenschaften.

Umschmelzaluminium, das aus dem Schrottrücklauf aus Gebrauchsgegenständen stammt, ist nur in beschränktem Umfang frei von unerwünschten Beimengungen und dadurch wesentlich weniger chemisch beständig.

Die Oberfläche von Aluminium wird für dekorative Zwecke anodisiert (eloxiert) oder organisch beschichtet. Die **elektrolytische Oxidation (Anodisation)** von Aluminium erfolgt in schwefel- oder chromsauren Bädern und erzeugt gleichmäßige, dichte und glasklare Oberflächenschichten, die sich besonders für dekorative Zwecke eignen. Durch eine besondere Behandlung im Prozess werden diese Schichten auch farbig. Diese Verfahren spielen bei der Herstellung von Gegenständen des täglichen Bedarfs sowie für Profile, für Beschläge im Bauwesen und für Zierleisten in der Automobilindustrie eine große Rolle. Für ein **organisches Beschichten** mit Pulver- oder Flüssiglacken (umfangreichere Farbpalette steht zur Verfügung!) muss die Oberfläche zuvor mittels Chromatier- oder Phosphatierverfahren vorbereitet werden.

Die gefügeabhängigen physikalischen und technologischen Eigenschaften der unlegierten Aluminiumsorten lassen sich durch Wärmebehandlung weitgehend beeinflussen. Die *elektrische Leitfähigkeit* des Hüttenaluminiums, das geringe Mengen von Silicium und Eisen enthält, wird durch Glühen bei 250 °C bis 300 °C fast auf den Wert des Reinstaluminiums gesteigert, da diese Elemente unlöslich sind und ausgeschieden werden.

Tab. 5.11: Beispiele für Aluminiumsorten nach DIN 573

Kurzzeichen	Zulässige Beimengungen in %			
	Si	Fe	Ti	Cu
EN AW-Al99,98	0,01	0,006	0,003	0,003
EN AW-Al99,5	0,25	0,4	0,05	0,05
EN AW-Al99,0	Si + Fe < 1,0		0,05	0,05

Die elektrische Leitfähigkeit (Tabelle 5.10) beträgt zwar nur 62 % von der des Kupfers, jedoch auf die Dichte der Werkstoffe bezogen das 2,1fache. Neben diesem technischen Vorteil besitzt das Aluminium einen günstigeren Preis je Kilogramm (siehe Bild 5.1). So konnte Aluminium das Kupfer dort aus Anwendungen der Elektrotechnik verdrängen, wo das größere Werkstoffvolumen und die Löteignung keine Rolle spielen.

Der kleine *Elastizitätsmodul* des Aluminiums führt beim Bau von Tragwerken zu einem wesentlich elastischeren Verhalten, verglichen mit gleichartigen Konstruktionen aus Stahl. Ähnliches gilt für die *thermische Ausdehnung,* die etwa das Zweifache von der des Stahles beträgt und beim Bau von Behältern und Rohrleitungen für die Tieftemperaturtechnik zu beachten ist.

Das kubisch-flächenzentrierte Aluminium ist ausgezeichnet *warm- und kaltverformbar.* Mithilfe des *Strangpressens* lassen sich Profile in außerordentlich vielfältiger Gestalt herstellen. Für das Bauwesen und den Fahrzeugbau wurden Profilsätze für Fenster, Türen oder Lkw-Aufbauten entwickelt, die die Gestaltung der fertigen Bauteile nach den Vorstellungen des Konstrukteurs durch einfachen Zusammenbau gestatten. Auch lassen sich bereits für kleinere Serien Sonderprofile wirtschaftlich herstellen, z. B. für Stative von Vermessungsgeräten und Kameras oder auch für Maschinenrahmen.

Für die Verpackungsindustrie werden *Folien* bis zu wenigen μm Dicke durch *Walzen* hergestellt, wobei Querschnittsabnahmen über 99 % üblich sind. Für diesen Zweck müssen Aluminiumsorten verwendet werden, die weitgehend frei sind von nichtmetallischen Einschlüssen und Bestandteilen, wie sie durch Beimengungen von Eisen und Silicium auftreten, da sonst Poren und kleine Löcher im Walzgut entstehen. Deshalb wird hierfür vorzugsweise Reinstaluminium eingesetzt.

Einschlüsse im Aluminium beeinträchtigen auch die *Polierbarkeit.* Für besonders hochwertige Oberflächen, z. B. Reflektoren von Scheinwerfern, sowie in allen Fällen, in denen der Glanz für das dekorative Aussehen fertiger Teile maßgebend ist, wird ebenfalls Reinstaluminium verwendet.

Aluminiumwerkstoffe mit hohem Reinheitsgrad im schmelzflüssigen Zustand neigen zur stängeligen und grobkristallinen Erstarrung. Zusammen mit dem vorzugsweise verwendeten Stranggießverfahren entsteht in den Walzformaten eine ausgeprägte *Gusstextur.* Diese wird in den ersten Verfahrensstufen zerstört, jedoch neigt Aluminium im späteren Verarbeitungsstadium wiederum zur Ausbildung von *Walztexturen,* denen durch geeignete Abstufung von Abwalzgrad und Zwischenglühung entgegenzuwirken ist. Ein weiteres unerwünschtes Phänomen ist die hohe *Wasserstofflöslichkeit* des schmelzflüssigen Aluminiums, die zu *Poren (Blasen) im Halbzeug und in Gussstücken* führen kann.

5.4.2 Legierungssysteme des Aluminiums

Die breite Nutzung der Vorteile des Aluminiums, nämlich seine *geringe Dichte*, große *Korrosionsbeständigkeit* und die hervorragende *Schweißeignung* sehr vieler Aluminiumwerkstoffe, für Maschinenbau, Fahrzeugbau und Bauwesen wurde erst möglich durch Verbesserung der Festigkeitseigenschaften. Hier spielt für die technische Entwicklung der Aluminiumlegierungen die Entdeckung der *Festigkeitssteigerung durch Aushärten* (WILM, 1906) eine überragende Rolle.

Die wichtigsten *Legierungselemente* für Aluminium sind *Kupfer, Mangan, Magnesium, Silicium* und *Zink*. Die Zustandsschaubilder der binären Legierungen dieser Elemente mit Aluminium haben Teilbereiche vom eutektischen Typ, begrenzte Mischkristallbildung im Randbereich zum Aluminium und bei höheren Gehalten der Legierungszusätze auch intermediäre Phasen. Entscheidend für die praktische Auswirkung ist die relative Lage dieser Merkmale im Zustandsschaubild zueinander.

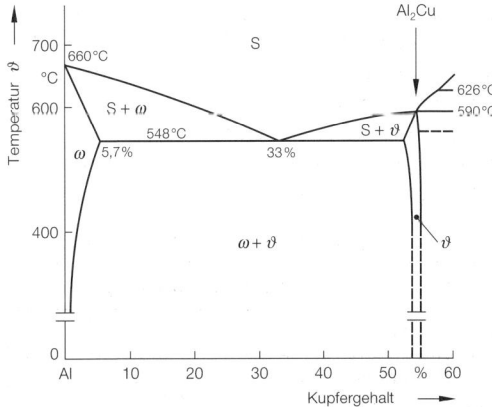

Bild 5.35
Zustandsschaubild Aluminium-Kupfer

Das **Zustandsschaubild Aluminium-Kupfer** (Bild 5.35) zeigt bei 54 % Cu das Auftreten einer intermediären Verbindung Al$_2$Cu. Diese ist hart, spröde und in technischen Werkstoffen unerwünscht. In allen Al-Cu-Legierungen mit mehr als 5,7 % Cu muss man mit dem Auftreten dieser Phase rechnen, zumindest als Bestandteil der eutektisch erstarrenden Restschmelze. Gusslegierungen, mit den guten Fließeigenschaften eutektischer Zusammensetzungen, gibt es daher auf der Basis Aluminium-Kupfer nicht. Bei allen kupferhaltigen Aluminiumlegierungen wird das Auftreten primärer Al$_2$Cu-Kristalle vermieden. Da infolge des großen Erstarrungsintervalls die *konstitutionelle Unterkühlung* (siehe S. 21) zu berücksichtigen ist, liegt die Zusammensetzung technischer Aluminium-Kupfer-Legierungen mit rd. 4,5 % Cu noch weit unter der Löslichkeitsgrenze von 5,7 % Cu bei eutektischer Temperatur.

Unterhalb dieser Temperatur nimmt die Löslichkeit der zweiten Phase im Mischkristall ab. Das ist eine der Voraussetzungen für die Aushärtbarkeit dieser Legierungen, die erstmals bei diesen Werkstoffen gefunden wurde. Bei geeigneter Wärmebehandlung erfolgt die *einphasige Entmischung,* die eine Festigkeitssteigerung ohne Versprödung des Werkstoffs bewirkt (siehe S. 52).

Das **Zustandsschaubild Aluminium-Magnesium** (Bild 5.36) zeigt bei 37,5 % Mg die intermediäre Verbindung Al$_3$Mg$_2$. Diese Phase ist in Aluminium-Magnesium-Legierungen aus zweierlei Gründen unerwünscht. Sie besitzt eine große Härte und geringe Verformbarkeit und geht bei Korrosionsangriff wegen des hohen Magnesiumgehaltes bevorzugt in Lösung. Diese Gründe beschränken die Brauchbarkeit von Aluminium-Magnesium-Legierungen theoretisch auf den Konzentrationsbereich bis 15 % Mg, praktisch noch weit weniger.

Die *Festigkeitssteigerung* in binären Aluminium-Magnesium-Legierungen wird durch den Mischkristalleffekt bewirkt. Obwohl unterhalb der eutektischen Temperatur der α-Mischkristall eine abnehmende Löslichkeit für die β-Phase aufweist, tritt kein nennenswerter Aushärtungseffekt auf. Die zweite Phase wird grobdispers ausgeschieden, bevorzugt entlang der Korngrenzen. Dabei kann es bei Legierungen oberhalb 3 % Magnesium zu Korngrenzensäumen von Al$_3$Mg$_2$ kommen, die bei diesem Legierungstyp für das Auftreten *interkristalliner Korrosion* verantwortlich sind. Durch Homogenisieren können diese Korngrenzensäume beseitigt werden. Es muss aber abgeschreckt und bei niedrigerer Temperatur ausgelagert werden, um eine gleichmäßige Ausscheidung des Al$_3$Mg$_2$ im Gefüge zu erreichen. Derartig wärmebehandeltes Material ist nicht mehr anfällig für interkristalline Korrosion.

Obwohl eutektische Legierungen mit 34,5 % Mg einen sehr günstigen (niedrigen!) Erstarrungspunkt von 451 °C haben, sind sie als Gusslegierungen unbrauchbar. Bei Legierungen eutektischer Zusammensetzung erkennt man mit Hilfe des Hebelgesetzes, dass das Eutektikum zu etwa 80 % aus der spröden Phase Al$_3$Mg$_2$ besteht und daher technisch unbrauchbar ist. Deshalb liegen auch *Al-Mg-Gusslegierungen* bevorzugt im Bereich der α-Phase.

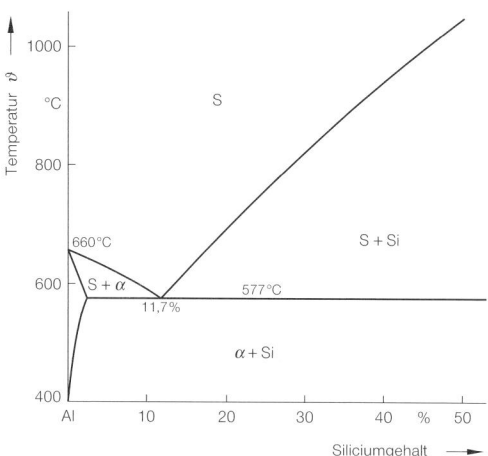

Bild 5.36
Zustandsschaubild Aluminium-Magnesium

Bild 5.37
Zustandsschaubild Aluminium-Silicium

Bild 5.37 zeigt das **Zustandsschaubild Aluminium-Silicium.** Wendet man hier wiederum das Hebelgesetz an auf die eutektische Zusammensetzung von 11,7 % Si, ergibt sich folgendes: rd. 90 % des Gefüges bestehen aus dem Aluminium-Silicium-Mischkristall, der Rest aus reinem Silicium. Demnach werden die Eigenschaften des eutektischen Gefüges vorwiegend vom zähen Aluminium-Silicium-Mischkristall und weniger vom spröden Silicium bestimmt. Das sind günstige Voraussetzungen für **Gusslegierungen,** da die eutektische Zusammensetzung auch eine gute Formfüllung beim Gießen und ein feinkörniges Gefüge ermöglicht.

Im Dreistoffsystem **Aluminium-Magnesium-Silicium** tritt auf der Seite Magnesium-Silicium bei Mg_2Si eine intermediäre Phase auf. Betrachtet man Mg_2Si als eine selbstständige Legierungskomponente, so kann man zwischen dieser und dem Aluminium ein Zweistoffschaubild des bekannten Typs zeichnen, wie es in Bild 5.38 wiedergegeben ist. Auf diesem *quasibinären Schnitt* nimmt auf der Aluminiumseite die Löslichkeit für Mg_2Si im α-Mischkristall ab. Es kommt in diesem Bereich, anders als im System Al-Mg oder Al-Si, bei geeigneter Wärmebehandlung zu einer ausgeprägten *Aushärtung*. Gleichartige Voraussetzungen findet man auch im Dreistoffsystem **Al-Mg-Zn** mit der intermediären Verbindung $MgZn_2$. Auf der Grundlage dieser Legierungssysteme wurde eine Anzahl wichtiger aushärtender Aluminiumlegierungen entwickelt.

5.4.3 Wärmebehandlung und Aushärten

Zweck des Aushärtens ist eine Festigkeitssteigerung durch Wärmebehandlung. Zur Festigkeitssteigerung sind Ausscheidungen ganz bestimmter Teilchendurchmesser und in einer definierten Anzahl erforderlich.

Größe und Menge müssen darauf abgestimmt sein, dass Versetzungen, die Träger der Gleitprozesse während der Verformung sind, in ihrer Fortbewegung behindert werden. Typische Teilchendurchmesser bei aushärtenden Aluminiumlegierungen sind ca. 1 nm und typische Teilchenabstände 10 nm bis 20 nm. Somit befinden sich in einem Kubikmillimeter Legierung etwa 10^{10} bis 10^{20} solcher Teilchen. Die theoretischen Voraussetzungen des Aushärtens sind auf S. 52 behandelt.

Der **Aushärtungsablauf** und die dabei auftretenden Vorgänge sollen an dem Beispiel einer Aluminium-Magnesium-Silicium-Legierung dargestellt werden. Bild 5.38a zeigt die Aluminiumseite des quasibinären Schnittes Al-Mg_2Si. Der erste Schritt der Wärmebehandlung ist das *Lösungsglühen* bei einer Temperatur von 520 °C (Punkt 1 in Bild 5.38a). Die Dauer des Lösungsglühens ist derart zu bemessen, dass alle evtl. vorhandenen Ausscheidungen an Mg_2Si, die vom Gusszustand oder von vorausgegangenen Wärmebehandlungen noch vorhanden sein können, mit Sicherheit im α-Mischkristall gelöst werden. Das ist in der Regel nach einer Zeit von 1/2 bis 2 Stunden abgeschlossen.

Anschließend wird der Werkstoff auf Raumtemperatur *abgeschreckt*. Diffusionsvorgänge laufen jetzt nicht mehr oder nur noch sehr träge ab. Die Festigkeit ist im abgeschreckten Zustand gering und entspricht der Mischkristallverfestigung (sie ist also höher als die der heterogenen Legierung). Erforderliche Kaltverformungen werden zweckmäßig in diesem Zustand geringerer Festigkeit vorgenommen. In Bild 5.38a und b entspricht der jetzt vorliegende Zustand dem Punkt 2. Aus Bild 5.38a wird deutlich, dass dies kein Gleichgewichtszustand ist. Der homogene α-Mischkristall wurde auf Raumtemperatur »eingefroren«. Es liegt eine instabile, übersättigte Lösung vor. Das abschließende *Aushärten* erfolgt bei Temperaturen zwischen 125 °C und 175 °C und nimmt je nach Temperatur zwischen 4 Stunden und 3 Tagen in Anspruch. Dabei wird die Festigkeit von ca. 180 N/mm^2 auf ca. 360 N/mm^2 erhöht.

5.4.4 Aluminium-Knetlegierungen

Die **nicht aushärtbaren** *Aluminium-Mangan-* und *Aluminium-Magnesium-Legierungen* lassen sich gut kaltverformen und polieren. Sie erreichen im weichen Zustand Festigkeiten bis ca. 300 N/mm^2. Besonders geeignet für chemisches Glänzen und Anodisieren sind die aus Reinststoffen aufgebauten Legierungen wie z. B. EN AW-Al 99,98Mg1 (AlRMg1). Deren Festigkeit ist jedoch etwas geringer, da die sonst vorhandenen Beimengungen fehlen. Bemerkenswert ist die Korrosionsbeständigkeit dieser Legierungen, die selbst gegen Seewasser resistent sind. Verwendung finden sie dort, wo es auf gute Korrosionsbeständigkeit und auf einfache Verarbeitbarkeit ankommt und die Festigkeit noch keine große Rolle spielt. Beispiele finden sich in der Blechverarbeitung, bei Fassadenelementen im Baugewerbe, im Fahrzeugbau und ähnlichen Anwendungen.

Aushärtbare Legierungen werden dann bevorzugt, wenn deren günstiges Verhältnis Festigkeit zu Dichte genutzt werden soll. Hier stehen vier Grundtypen von Werkstoffen mit vielfachen Abwandlungen zur Auswahl. Deren Eigenschaften lassen sich wie folgt charakterisieren:

- **AlCuMg-Legierungen** besitzen Festigkeiten bis ca. 450 N/mm², die 0,2 %-Dehngrenze beträgt rd. 290 N/mm². Sie sind warm- und kaltaushärtbar. Der Magnesiumzusatz beschleunigt die Aushärtung. Wegen ihres hohen Kupfergehaltes besitzen diese Legierungen nur eine mäßige Korrosionsbeständigkeit. Dieser Nachteil kann durch Plattieren mit Reinstaluminium größtenteils behoben werden (außer an Schnittkanten!).
- **AlMgSi-Legierungen** besitzen mittlere Festigkeiten um 320 N/mm², erreichen warmausgehärtet eine 0,2 %-Dehngrenze von 240 N/mm² und kaltausgehärtet 110 N/mm². Diese Legierungen sind gut korrosionsbeständig, bedingt schweißgeeignet und haben im kaltverfestigten und ausgehärteten Zustand ein besonders hohes Verhältnis von Festigkeit zu elektrischer Leitfähigkeit. Diese Legierungen lassen sich polieren und anodisieren.
- **AlZnMg-Legierungen** erreichen nicht ganz die Festigkeit der AlCuMg-Legierungen (ca. 350 N/mm²). Dagegen ist die Beständigkeit gegenüber chemischer Beanspruchung wesentlich besser. Sie bieten einen guten Kompromiss hinsichtlich Festigkeits- und Korrosionseigenschaften und sind hinreichend schweißgeeignet.
- **AlZnMgCu-Legierungen** erreichen mit 520 N/mm² die höchste Festigkeit aller Aluminiumlegierungen. Ihre Korrosionsbeständigkeit ist wegen des Kupfergehaltes nicht besonders gut. Kaltverfestigt und warmausgehärtet erreichen sie eine Reißlänge von 25 km, was bei Stahl eine Zugfestigkeit von 1900 N/mm² erfordern würde.

Aluminium-Knetlegierungen sind in DIN EN 485, DIN EN 573, DIN EN 754, DIN EN 755 und DIN EN 1301 genormt.

5.4.5 Aluminium-Gusslegierungen

Die wichtigsten Aluminium-Gusslegierungen sind auf der Grundlage der eutektischen Zusammensetzung im Zustandsschaubild Al-Si aufgebaut DIN EN 1706. Eutektische **Aluminium-Silicium-Legierungen** besitzen gute Festigkeitseigenschaften und eine ausgezeichnete Gießeigenschaften. Sie sind für Druckguss, Kokillenguss und Sandguss geeignet.

Bei der langsamen Abkühlung von Sandguss macht sich die Neigung des Siliciums zu grobkörniger Ausscheidung im Eutektikum störend bemerkbar. Die Ursache sind kleine Mengen von Phosphor, die als Aluminiumphosphid vorliegen und eine Primärkristallisation von Silicium einleiten. Das kann durch Titan- und Titan-Bor-Zusatz verhindert werden. Eine Veredelung des Gussgefüges wird durch Natriumzusatz erreicht. Der Zusatz von Natrium bewirkt eine Unterkühlung der Schmelze unter die eutektische Temperatur mit dem Ergebnis, dass bei verzögertem Erstarrungsbeginn überdurchschnittlich viele Kristallisationskeime in der Schmelze entstehen, die dann zu einer raschen und feinkörnigen Erstarrung führen. Mit dem verzögerten Beginn der Erstarrung verschiebt sich gleichzeitig das Eutektikum zu höheren Siliciumgehalten. Dies ist auch der Grund dafür, dass Sandgusslegierungen etwa 1 % mehr Silicium enthalten als vergleichbarer Kokillenguss, wenn man ausschließlich eutektisches Gefüge erreichen will.

Eutektische Aluminium-Silicium-Legierungen werden bevorzugt dann eingesetzt, wenn es auf das gute Fließverhalten besonders ankommt, wie z. B. bei dünnwandigen, druck- und flüssigkeitsdichten Gussstücken im Maschinen- und Gerätebau.

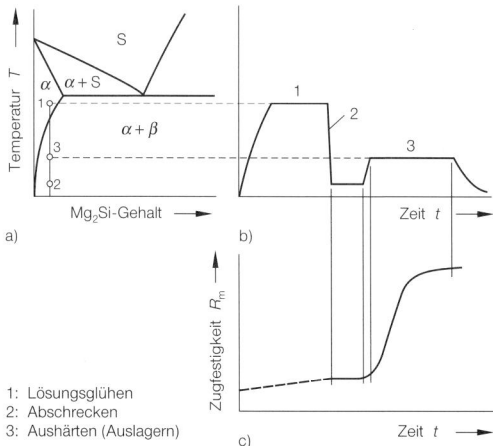

Bild 5.38
Aushärtung einer Aluminiumlegierung (schematisch)
a) quasibinärer Schnitt Al-Mg₂Si
b) Temperatur-Zeit-Verlauf
c) zeitlicher Verlauf der Festigkeitskennwerte

1: Lösungsglühen
2: Abschrecken
3: Aushärten (Auslagern)

Eutektische **Aluminium-Silicium-Magnesium-Legierungen** sind *aushärtbar*. Ihre Gießeigenschaften werden mit sinkendem Siliciumgehalt schlechter. In Sand abgegossene Gussstücke können geschweißt werden, Kokillenguss nur beschränkt und Druckguss praktisch fast gar nicht mehr. Das ist auf seinen höheren Gasgehalt zurückzuführen.

Aluminium-Silicium-Kupfer-Legierungen sind ebenfalls *aushärtbar*. Auch ihre Gießeigenschaften werden mit sinkendem Silicium- und steigendem Kupfergehalt schlechter. Ausgehärtet erreichen sie 0,2%-Dehngrenzen von 200 N/mm². Durch Zusatz von Titan wird eine Kornfeinung erreicht, die Legierungen dieses Typs eine gute Zähigkeit, Schlagfestigkeit und Bearbeitbarkeit verleiht.

Die Entwicklung der **Aluminiumkolbenlegierungen** für Verbrennungskraftmaschinen hat zu übereutektischen Zusammensetzungen geführt. Aluminium-Silicium-Legierungen eutektischer Zusammensetzung haben für den Bereich von 20 °C bis 200 °C einen mittleren Wärmeausdehnungskoeffizienten von $20 \cdot 10^{-6}/K$, verglichen mit dem von $12 \cdot 10^{-6}/K$ für das Gusseisen der Zylinder bzw. Motorblöcke. Durch einen steigenden Siliciumzusatz erreicht man eine Senkung des Ausdehnungskoeffizienten der Aluminiumlegierungen, der bei 25% Silicium etwa $(16 ... 17) \cdot 10^{-6}/K$ beträgt. Diese Legierungen sind zur Verbesserung der Warmfestigkeit zusätzlich mit Kupfer und Nickel legiert. Kolben werden in Kokillen vergossen. Durch die rasche Abkühlung in der Gussform ist sowohl mit Eigenspannungen im Gussstück als auch mit der Bildung übersättigter Mischkristalle zu rechnen. Beides würde die Volumenkonstanz des Kolbens beim späteren Betrieb in Frage stellen. Deshalb werden die Gussstücke wärmebehandelt, dabei Eigenspannungen abgebaut und die Legierung soweit wie möglich in die Nähe des thermodynamischen Gleichgewichts gebracht.

Aluminiumlegierungen neigen *während des Schmelzens* in sehr hohem Maße zur *Aufnahme von Wasserstoff*. Der Wasserstoff entsteht bei der Reduktion der Luftfeuchtigkeit durch metallisches Aluminium nach der Reaktion:

$$3\,H_2O + 2\,Al \rightarrow Al_2O_3 + 6\,H$$

Um die *Porenbildung in Gussstücken* zu vermeiden, dürfen bei gas- oder ölgefeuerten Öfen, in denen Wasserdampf als Verbrennungsprodukt entsteht, die Abgase nicht über die Schmelze geführt werden. Auch Schmelzen aus elektrisch beheizten Öfen sind vor dem Abguss zu entgasen. Das erfolgt mit Gießhilfsmitteln, die, in die Schmelze eingetaucht, neutrale Spülgase abgeben. Al_2O_3 wird aus der Schmelze mit Hilfe salzartiger Schlacken entfernt. Druckguss ist wegen der raschen Abkühlung bei weitem nicht so anfällig für Wasserstoffporen wie Kokillen- oder Sandguss. Durch rasches Abkühlen der Schmelze in der Druckgussform wird der Wasserstoff unterkühlt und verbleibt in übersättigter fester Lösung. Daher ist *Druckguss im Allgemeinen sehr schlecht schweißgeeignet*. Beim Erwärmen auf Schmelztemperatur würde der Wasserstoff augenblicklich frei und völlig unbrauchbare, extrem poröse Schweißnähte erzeugen.

5.4.6 Verarbeitung von Aluminiumlegierungen

Aluminiumknetlegierungen können nach allen bekannten *Warm- und Kaltumformverfahren* verarbeitet werden. Besonders bemerkenswert ist die Vielzahl der Profile, die nach dem *Strangpressverfahren* hergestellt werden.

Die *Zerspanbarkeit* weichgeglühter oder lösungsgeglühter Aluminiumlegierungen ist i. Allg. gut. Mit besonderen Legierungen für Zerspanungszwecke, die Zusätze an Blei enthalten, lassen sich die *höchsten Zerspanungsleistungen* überhaupt erreichen (Bild 5.39). Ausgehärtete Legierungen höchster Festigkeit sind schwierig zu zerspanen. Die im Aluminium-Silicium-Guss eingelagerten Siliciumkristalle bewirken infolge ihrer Härte einen sehr hohen Werkzeugverschleiß.

Schwierigkeiten beim *Schweißen* beruhen auf:
– Rissneigung und
– Aluminiumoxidhäuten.

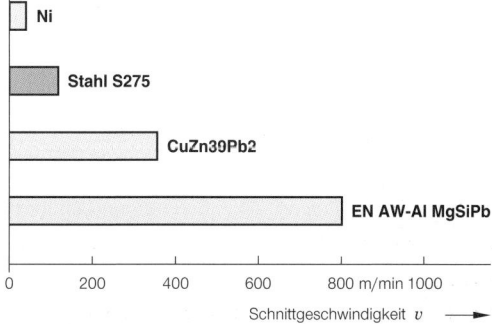

Bild 5.39
Schnittgeschwindigkeiten beim Drehen verschiedener Werkstoffe (Hartmetall, Schnittiefe ca. 3 mm, Vorschub ca. 1,6 mm)

Aluminium und seine Legierungen sind mit einer festhaftenden *Oxidhaut* überzogen. Deren Schmelztemperatur liegt bei 2060 °C. Sie würde beim Aufschmelzen des Grundwerkstoffs im Schweißgut filmartige Einschlüsse bilden, die festigkeitsmindernd wirken. Diese Oxidhaut lässt sich beseitigen durch:

– *Flussmittel* lösen den Oxidüberzug und überführen ihn in eine leichte, auf dem Schmelzbad schwimmende Schlacke, deren Schmelzpunkt unter dem des Aluminiums liegt. Flussmittel werden praktisch nur beim *Gasschweißen* verwendet. Sie müssen wegen ihrer großen chemischen Aktivität und der damit verbundenen Korrosionsgefahr nach dem Schweißen rückstandslos beseitigt werden. Das erfordert große Sorgfalt und einen erheblichen Aufwand.

– Beim *Schutzgasschweißen* (WIG, MIG) unter Argon oder Helium wird die Oxidhaut durch Vorgänge beseitigt, die im Wesentlichen auf thermischer Dissoziation beruhen. Flussmittel sind nicht erforderlich. Dieser als »Reinigungswirkung« bezeichnete Vorgang ist nur bei (+)-Polung der Elektrode (oder Wechselstrom) wirksam. Die Ar-Ionen zerstören durch Aufschlagen auf das Werkstück ((−)-Pol), unterstützt durch die hohe Temperatur, die Oxidhaut. Schutzgasschweißverfahren haben das Gasschweißen heute weitgehend verdrängt.

Die *Schweißeignung* von Aluminium und Aluminiumlegierungen wird u. a. bestimmt von der chemischen Zusammensetzung:
– des Grundwerkstoffes,
– des Zusatzwerkstoffes und
– des daraus entstehenden Schweißbades.

Die Vorgänge beim Erstarren sind vom Schmelzintervall und den durch die Abkühlgeschwindigkeit gegebenen Kristallisationsbedingungen abhängig. Sie bestimmen weitgehend Auftreten und Ausmaß der *Schweißrissempfindlichkeit*. Diese Risse sind fast immer Heißrisse, d. h., sie entstehen beim Abkühlen im Temperaturbereich des Schmelzintervalls. Größere Wärmezufuhr (Gasschweißen) und geringere Schweißgeschwindigkeiten beim Schweißen führen zu längeren Abkühlzeiten und dadurch zu einer erhöhten Rissneigung.

Die Schweißeignung der typischen *Knetlegierungen AlMg* nimmt mit zunehmendem Magnesiumgehalt schnell ab, weil die Menge der spröden intermediären Phase Al_3Mg_2 zunimmt (Bild 5.36).

Bei den beiden wichtigsten Legierungen AlMg3 und AlMg5 hängt die Schweißeignung wesentlich von der Menge der Begleitelemente Silicium und Eisen ab. Aus dieser Erkenntnis wurde die praktisch schweißrissfreie Legierung AlMg3Si mit einem mittleren Gehalt von 0,6 % Si entwickelt.

Die *AlSi-Gusslegierungen* – insbesondere die Legierungen in der Nähe des Eutektikums – sind schweißrissfrei. Das beruht im Wesentlichen auf der sehr geringen Volumenänderung beim Übergang flüssig/fest und den damit verbundenen geringen rissbegünstigenden Spannungen. Vakuumdruckguss lässt sich relativ gut schweißen und ist auch für Wärmebehandlungen geeignet.

Die aushärtbaren *Mehrstoff-Al-Legierungen AlCuMg, AlMgSi, AlZnMg* können intermediäre Phasen bilden. Deren Anwesenheit führt zu spröden, teilweise eutektischen Gefügen mit ausgeprägter Schweißrissbildung. Lediglich die kaltaushärtende Legierung AlZn4,5Mg1 ist hinreichend sicher schweißbar. Außerdem bietet sie den Vorteil, dass sie in etwa 3 Monaten nach dem Schweißen bei Raumtemperatur nahezu auf Ausgangsfestigkeit aushärtet.

5.5 Magnesium und Magnesiumlegierungen

Magnesium und seine Legierungen sind Werkstoffe, deren Anwendungsmöglichkeiten in der Technik noch nicht voll entfaltet sind. Einer der Gründe ist die *hohe chemische Reaktionsfähigkeit*. Sie erfordert ganz besondere Schutzmaßnahmen gegen Selbstentzündung beim Schmelzen und Gießen sowie bei der Zerspanung. Die erforderlichen *Sicherheitsmaßnahmen* sind jedoch einfach und zuverlässig.

Magnesium und seine Legierungen besitzen die **geringste Dichte** aller metallischen Werkstoffe bei gleichzeitig mittleren Festigkeitseigenschaften (Tabelle 5.12). Es ist hervorragend zerspanbar, seine

Tab. 5.12: Physikalische und mechanische Eigenschaften von Magnesium

Dichte	g/cm^3	1,74
Schmelztemperatur	°C	649
Elastizitätsmodul	N/mm^2	45 000
Ausdehnungskoeffizient	10^{-6}/K	25
Zugfestigkeit [1]	N/mm^2	80 bis 180
Bruchdehnung [1]	%	1 bis 12

[1] abhängig vom Behandlungszustand

Legierungen werden vorwiegend für Sand-, Kokillen- und Druckguss verwendet. Die hohe Affinität zum Sauerstoff macht trotz der schützenden Oxidschicht Korrosionsschutzmaßnahmen erforderlich.

5.5.1 Reinmagnesium

Magnesium gehört zu den häufig vorkommenden Stoffen. Es ist mit 1,95 % am Aufbau der Erdrinde beteiligt. Seine Carbonate Magnesit $MgCO_3$, und Dolomit $CaCO_3 \cdot MgCO_3$, haben in der Stahlindustrie als feuerfeste Stoffe Bedeutung erlangt. Für die Magnesiumherstellung ist der Karnallit, ein in Kalilagerstätten vorkommendes Magnesium-Kalium-Doppelchlorid, bedeutender, sowie Meerwasser, das etwa 0,15 % Magnesium enthält. Etwa Dreiviertel der Weltproduktion von Magnesium wird durch *Schmelzflusselektrolyse*, ein Viertel durch thermische Reduktion und Destillation gewonnen.

Die *hexagonale Gitterstruktur* und die geringe Neigung zur Zwillingsbildung lässt im polykristallinen Werkstoff *nur geringe Verformungen* zu, obwohl bei Einkristallen eine Dehnung über 500 % erreicht werden kann. Die Ursache ist die gegenseitige Gleitbehinderung der unterschiedlich orientierten Kristallite, die nur eine Verformung über die jeweilige Basisebene erlauben. Oberhalb 220 °C nimmt die Verformbarkeit durch Bildung neuer Gleitebenen nahezu sprunghaft zu. Größere Verformungen müssen daher oberhalb dieser Temperatur erfolgen.

Unlegiertes Magnesium hat als Werkstoff kaum Bedeutung erlangt. Seine Verwendung liegt in der anorganischen Chemie, der Desoxidation von Metallen (Nickel und Nickellegierungen, Herstellung von Grauguss mit Kugelgrafit) und der thermischen Reduktion von Metallen und Legierungen, sowie als Opferanoden für den Korrosionsschutz von Stahl.

5.5.2 Magnesiumlegierungen

Durch die sehr hohe Schwindung von 4 % während der Erstarrung neigt Magnesium zur *Mikroporosi-*

tät. Das grobkristalline Primärgefüge und die geringe Verformbarkeit des hexagonalen Gitters sind die Ursachen der schlechten Zähigkeit und *hohen Kerbempfindlichkeit*. Diese Nachteile lassen sich durch Legieren mit *Aluminium* und *Zink* weitgehend vermeiden. Da *Mangan* zudem die Korrosionsbeständigkeit verbessert, enthalten die wichtigsten Magnesiumlegierungen diese drei Zusätze. Magnesiumlegierungen mit *Cer* und *Thorium* zeichnen sich durch gute Warmfestigkeit bis 220 °C bzw. 300 °C aus. *Zirkonium* dient der Kornfeinung.

Aus der chemischen Zusammensetzung der Legierungen (Tabelle 5.13) ist in Verbindung mit den Zustandsschaubildern (Bild 5.40 und 5.41) zu erkennen, dass die Legierungen bei Raumtemperatur *mehrphasig* sind. Neben homogenen Mischkristallen treten intermediäre Phasen auf. Durch Lösungsglühen und nachfolgendes Anlassen lässt sich deren Verteilung und damit das Festigkeitsverhalten der Werkstoffe beeinflussen. Die beste *Zähigkeit* besitzen die Legierungen im lösungsgeglühten und rasch abgekühlten Zustand. Langsames Abkühlen nach dem Lösungsglühen verbessert die Festigkeit auf Kosten der Zähigkeit.

Da die Verformung durch Abgleiten der Kristallite über die hexagonale Basisebene erfolgt, entsteht beim *Kaltwalzen* von Flachprodukten eine ausgeprägte *Textur,* die sich auch durch Rekristallisieren nicht beseitigen lässt. Deshalb hat Magnesium für Bleche und Bänder nur geringe Bedeutung. Schwerpunkt der Verwendung sind *Guss-, Gesenkschmiede-* und *Drehteile* aus stranggepressten Stangen.

Für alle *Formguss*verfahren sind geeignete Legierungen entwickelt worden. Magnesiumlegierungen wer-

Tab. 5.13: Magnesiumlegierungen, mechanische Eigenschaften nach DIN EN 1753 und DIN 9715

Werkstoff	R_m N/mm²	$R_{p0,2}$ N/mm²	A %
EN MC-Mg Al9Zn1(A)D	200 ... 260	140 ... 170	1 ... 6
EN MC-Mg Al6MnD	190 ... 250	120 ... 150	4 ... 14
MgAl6ZnF27	230	175	10

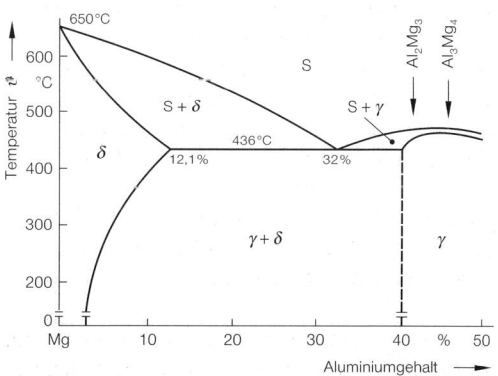

Bild 5.40
Zustandsschaubild Magnesium-Aluminium

den in Eisentiegeln erschmolzen unter einem Schutzgas von Siliciumhexafluorid, Kohlendioxid und trockener Luft. Die anschließende Überhitzung der Schmelze auf 850 °C bis 900 °C sichert feinkörnigen Guss mit besten mechanischen Eigenschaften, weil die noch vorhandenen Kristallisationskeime bei der erhöhten Temperatur restlos aufgelöst werden. Die Folge ist eine schlagartige Bildung einer großen Anzahl neuer Keime bei der Erstarrungstemperatur.

Die Gießtemperaturen liegen zwischen 680 °C und 800 °C. Das Vergießen der Schmelze erfolgt unter Schutzgas, z. B. Argon.

Bei *Sandguss* wird dem Formsand Borsäure beigemengt. Das verhindert die Reaktion der Schmelze mit dem Sand und sichert eine gute Gussoberfläche.

Bei *Druckguss* werden wesentlich höhere Formstandzeiten als bei Zink und Aluminium erzielt. Magnesium erodiert die Druckgussformen nicht, weil seine Löslichkeit in Eisen sehr gering ist.

Gegenüber Zinkdruckguss ist die geringere Dichte vorteilhaft. Aus jedem Kilogramm Werkstoff kann fast die vierfache Anzahl von Teilen hergestellt werden. Verglichen mit Aluminium erlaubt der geringere Wärmeinhalt des Magnesiums eine erhöhte Schußzahl. Das begründet den Vorteil von Magnesiumlegierungen auf diesem Gebiet. Dass sich ungeschützte Teile aus Magnesiumlegierungen an Luft mit einer unansehnlichen grauen Oxidhaut überziehen, gehört der Vergangenheit an. Bei Einsatz von hp-Legierungen (hp = high purity) mit eingeschränkten Gehalten von Eisen, Kupfer und Nickel behalten die Werkstücke ihre helle, silbrige Oberfläche. In aggressiver Atmosphäre, z. B. Seeluft, sind Magnesiumlegierungen nicht beständig. Das erfordert Maßnahmen zum *Korrosionsschutz*. Dafür geeignet ist das Beizen in einer Mischung von Salpetersäure und Kaliumdichromat. Die Legierungen überziehen sich dabei mit einer fest haftenden, bronzeähnlich aussehenden oxidischen Schutzschicht, die für normale Beanspruchungen ausreicht. In Seeluft ist zusätzlicher Anstrich erforderlich.

5.6 Titan und Titanlegierungen

Titan vereinigt hohe *Festigkeit* mit geringer Dichte und ausgezeichneter *Korrosionsbeständigkeit*. Dieser ungewöhnlich günstigen Kombination von Eigenschaften verdankt es trotz seines hohen *Preises* eine ausgedehnte Verwendung auf technischen Spezialgebieten. Titanlegierungen findet man im Flugzeugbau, in Strahltriebwerken und Hochleistungsmotoren, unlegiertes Titan im chemischen Apparatebau und in der Galvanotechnik.

5.6.1 Unlegiertes Titan

Bei der *Herstellung* fällt Titan hoher Reinheit als poröses Metall, so genannter Schwamm, an. Bereits geringe Mengen Sauerstoff, Wasserstoff, Stickstoff und Kohlenstoff beeinträchtigen seine Zähigkeit. Deshalb wird der Schwamm im Hochvakuum umgeschmolzen. Die für die Weiterverarbeitung geeigneten *Umschmelzblöcke* werden nach Härte und Festigkeit klassifiziert, weil die analytische Bestimmung der geringen Gehalte der genannten Beimengungen sehr aufwändig ist. Tabelle 5.15 gibt einen Überblick über die technischen *Titansorten*.

Tab. 5.14: Physikalische Eigenschaften von Titan

Dichte	g/cm^3	4,5
Schmelztemperatur	°C	1670
Elastizitätsmodul	N/mm^2	110 000
Ausdehnungskoeffizient	10^{-6}/K	9

Unlegiertes Titan besitzt bei Raumtemperatur hexagonale Struktur (**α-Phase**) und daher nur *mäßige Kaltverformbarkeit*. Oberhalb 882 °C ist Titan kubisch-raumzentriert (**β-Phase**). Durch besondere Legierungszusätze kann die kubisch-raumzentrierte Struktur bei Raumtemperatur stabilisiert werden. Die *Festigkeit* von unlegiertem Titan wird durch Art und Menge der Beimengungen wesentlich beeinflusst. Für Zwecke, bei denen höchste Zähigkeit

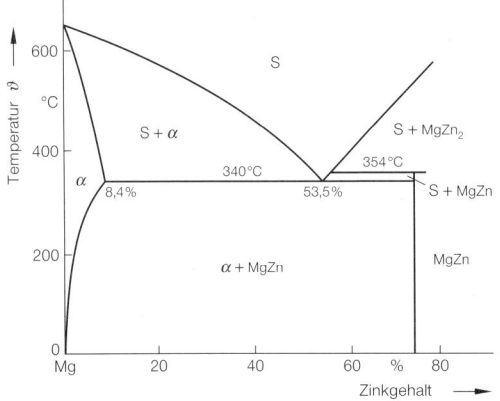

Bild 5.41
Zustandsschaubild Magnesium-Zink (vereinfacht)

5.6 Titan und Titanlegierungen

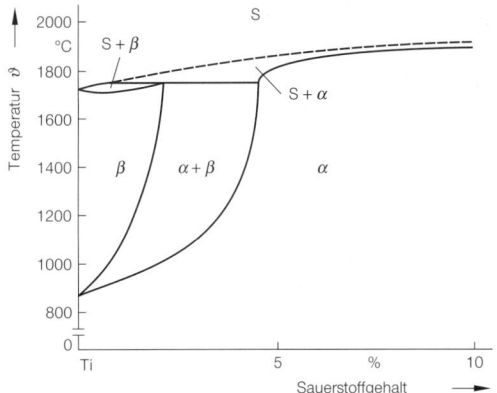

Bild 5.42
Zustandsschaubild Titan-Sauerstoff, Ausschnitt (nach BUMPS)

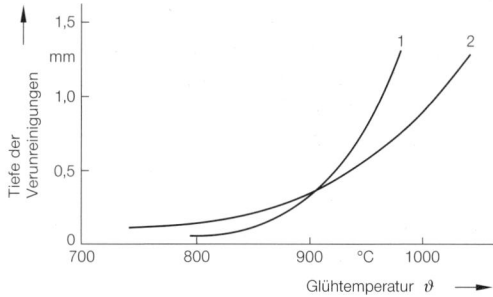

Bild 5.43
Dicke der durch Sauerstoff und Wasserstoff verunreinigten Oberflächenzonen nach 10 h Glühzeit (dargestellt durch Härteanstieg um 75 HV, nach KNORR)
1: unlegiertes Titan, 2: TiAl4Mn4

nicht erforderlich ist, z. B. bei Gestellen in der Galvanoindustrie, kann die erhöhte Festigkeit des sauerstoffhaltigen Ti4 genutzt werden.

Durch geringe *Wasserstoffaufnahme*, z. B. bei unsachgemäß geführter Wärmebehandlung, wird die Zähigkeit stark verringert. Ursache sind plattenförmige Ausscheidungen von Titanhydrid, die wie innere Kerben im Gefüge wirken.

Titan hat eine sehr hohe Affinität zum Sauerstoff und ist seiner Natur nach ein sehr unedles Metall. In oxidierender Umgebung bildet sich auf der Oberfläche eine fest haftende, sehr resistente Oxidschicht. Diese ist Träger der *Korrosionsbeständigkeit*.

Unlegiertes Titan wird bei oxidierenden Säuren und Säuregemischen verwendet und ist selbst gegen Königswasser beständig. Ein Einsatzgebiet sind z. B. Wärmetauscher in Meerwasserentsalzungsanlagen und in Küstenkraftwerken mit Meerwasser- oder Brackwasserkühlung. Die an Titan auftretende Tropfenkondensation ergibt gegenüber herkömmlichen Werkstoffen einen verbesserten Wärmeübergang. Die niedrigere Dichte gleicht den Unterschied der Werkstoffkosten teilweise aus.

Abgesehen vom Schmelzen werden für die *Verarbeitung* von unlegiertem Titan die von Stählen bekannten Verfahren eingesetzt. Diese müssen den besonderen Eigenschaften des Titan angepasst werden.

Die Fähigkeit des Titan, Mischkristalle zu bilden, die mehrere Prozente Sauerstoff enthalten können, ist ungewöhnlich (Bild 5.42). Das führt bei *Wärmebehandlung* oder *Warmformgebung an Luft zu einer Sauerstoffaufnahme der Oberfläche,* die das zulässige Maß bei weitem überschreiten kann. Bei Schmiedeteilen und Werkstücken, die ohnehin spanabhebend bearbeitet werden müssen, ist das ohne praktische Bedeutung, da die durch Gaseinwanderung verspödete Schicht entfernt wird (Bild 5.43). Kleinere Teile und geringe Querschnitte müssen im *Vakuum* oder unter *Edelgas als Schutzgas* wärmebehandelt werden.

Tab. 5.15: Technische Titansorten nach DIN 17850, DIN 17860

Bezeichnung	Chemische Zusammensetzung in %				Mechanische Kennwerte			
	H max. %	O max. %	C max. %	Fe max. %	0,2-Grenze $R_{p0,2}$, min. N/mm²	Zugfestigkeit R_m N/mm²	Bruchdehnung A min. %	Härte HB
Ti1	0,013	0,12	0,06	0,15	180	290 bis 410	30	120
Ti2	0,013	0,18	0,06	0,20	250	390 bis 540	22	150
Ti3	0,013	0,25	0,06	0,25	320	460 bis 590	18	170
Ti4	0,013	0,30	0,06	0,30	390	540 bis 740	16	200

Schweißen ist unter Edelgas (Edelgasschleier oder besser in einem mit Schutzgas gefüllten Behälter, der das gesamte Schweißteil aufnimmt. Das Schweißen erfolgt von außen über vakuumdichte Gummihandschuhe, die an Durchbrüchen in der Behälterwand befestigt sind) oder im Vakuum möglich. Die Schweißnaht muss bis zum Erkalten im Vakuum oder unter dem schützenden Edelgasschleier gehalten werden. Ihre Güte kann sehr einfach durch eine Härteprüfung oder Farbkontrolle (Bereich um die Schweißnaht muss »goldgelb« aussehen, auf keinen Fall dunkel bzw. bläulich) kontrolliert werden. Eine Aufnahme von atmosphärischen Gasen (Sauerstoff oder Stickstoff) zeigt sich in einer Härtesteigerung.

Tab. 5.16: Eigenschaften von Titanlegierungen (DIN 17860)

Werkstoff	0,2-Grenze $R_{p0,2}$ min.	Zugfestigkeit R_m min.	Bruchdehnung A min.
	N/mm²	N/mm²	%
TiAl5Sn2,5	780	830	8
TiAl6V4	870	900	8
TiAl4Mo4Sn2	1050	1050	9

Titan ist ein zäher, *schwer zerspanbarer* Werkstoff. Die Schnittgeschwindigkeit liegt bei etwa 1/20 der von unlegierten Kohlenstoffstählen. Feine Drehspäne und Schleifstaub sind feuer- bzw. explosionsgefährlich.

5.6.2 Titanlegierungen

Legierungszusätze von *Aluminium, Zinn* oder *Sauerstoff* begünstigen die hexagonale, solche von *Vanadium, Chrom* und *Eisen* die kubisch-raumzentrierte Struktur. Besonders deutlich wird dieser Sachverhalt in den Zustandsschaubildern Ti-Al und Ti-V, die in den Bildern 5.44 und 5.45 wiedergegeben sind. Während das Zustandsfeld der α-Phase bei unlegiertem Titan von Raumtemperatur bis 882 °C reicht, wird es durch Zusatz von 30 % Aluminium auf 1240 °C erweitert. Im Vergleich dazu bewirken bereits weniger als 30 % Vanadium, dass die kubisch-raumzentrierte β-Phase bis Raumtemperatur stabil ist. Damit ist die Möglichkeit gegeben, für technische Anwendungen sowohl hexagonale, kubisch-raumzentrierte als auch mehrphasige Legierungen zu entwickeln.

Die technischen Titanlegierungen sind komplexer aufgebaut als die Zweistoffzustandsschaubilder erwarten lassen. In Tabelle 5.16 sind drei wichtige Beispiele aufgeführt. Wesentliche Grundeigenschaften sind durch die Struktur vorgegeben:

❒ **Hexagonale α-Legierungen** sind nur mäßig kaltverformbar, besitzen aber gegenüber den kubisch-raumzentriert aufgebauten den Vorteil, dass die Diffusionsgeschwindigkeit der versprödend wirkenden Elemente Sauerstoff, Stickstoff und Kohlenstoff wesentlich geringer ist. α-Legierungen, wie z. B. TiAl5Sn2,5 finden im chemischen Apparatebau Verwendung.

Für Anwendungen bei höheren Temperaturen, z. B. in Strahltriebwerken, gibt man **Near-α-Legierungen** den Vorzug. Diese werden im β-geglühten Zustand verwendet und weisen neben hoher Zunderbeständigkeit sehr gute Zeitstandfestigkeit auf. Die Zusammensetzung sol-

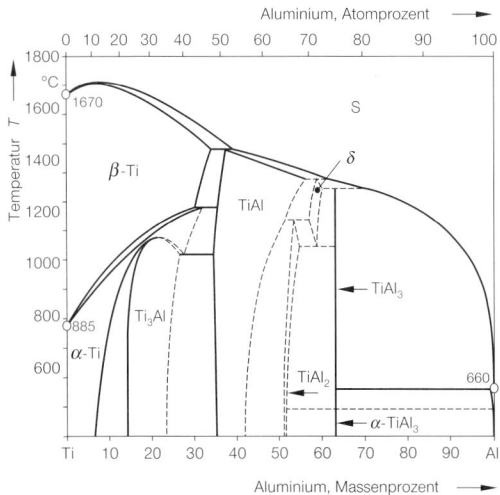

Bild 5.44
Zustandsschaubild Titan-Aluminium (nach MASSALSKI)

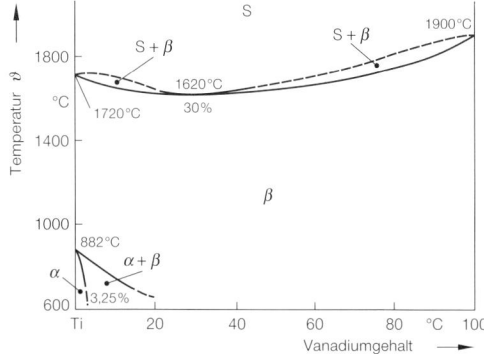

Bild 5.45
Zustandsschaubild Titan-Vanadium

cher Werkstoffe ist sehr komplex. Ein Beispiel ist die Legierung TiAl6Zr5MoSi, bekannter unter dem Namen Timetal 685. Legierungen dieses Typs finden Verwendung bei Temperaturen von 550°C und höher.

☐ **Kubisch-raumzentrierte β-Legierungen** sind metastabil (siehe S. 5). Sie sind in ihrer Festigkeit den α-Legierungen überlegen. Allerdings ist ihre Dichte merklich höher, da sie nicht weniger als z. B. 15 % Vanadium, 3 % Chrom, 3 % Zinn, alles Schwermetalle mit hoher Dichte, enthalten. Das ist erforderlich, um die β-Phase bei Raumtemperatur zu stabilisieren. Wesentlicher Vorteil dieser Legierungen ist die bessere Kaltverformbarkeit und die Möglichkeit, durch Aushärtung Festigkeiten bis zu 1400 N/mm² zu erreichen.

☐ **Zweiphasige ($\alpha + \beta$)-Legierungen** erreichen zwar nicht die hohe Festigkeit der reinen β-Legierungen, besitzen aber durch geringere Dichte ein *besonders günstiges Verhältnis von Festigkeit zu Dichte*. Sie stellen einen sinnvollen Kompromiss zwischen α- und β-Legierungen dar, und dieser Tatsache verdanken sie ihre relativ große Verbreitung. Die Legierung TiAl6V4 enthält sowohl Aluminium als α-stabilisierendes als auch Vanadium als β-stabilisierendes Legierungselement. Durch die mit fallender Temperatur abnehmende Löslichkeit der α-Mischkristalle für Vanadium wird die Legierung *aushärtbar*. Sie erreicht im ausgehärteten Zustand die besten Festigkeitseigenschaften.

Die *Umwandlung* des kubisch-raumzentrierten in das hexagonale Gitter beim Übergang von β-Titan in α-Titan mit fallender Temperatur erfolgt durch einen Schervorgang, der dem der Martensitbildung sehr ähnlich ist. Umwandlungen dieser Art können nicht wie diffusionsgesteuerte Umwandlungen mit einem Abschrecken unterkühlt werden. Das schließt jedoch nicht aus, dass die neu gebildete Kristallart Legierungsbestandteile übersättigt enthält.

Die *Wärmebehandlung* der Titanlegierungen enthält Elemente der Martensithärtung wie auch der Ausscheidungshärtung. Dennoch ist ein Lösungsglühen analog der ersten Stufe des Aushärtungsvorganges oder eine Austenitisierung wie bei den Stählen nicht erforderlich. Die Legierungen werden vielmehr *unterhalb der Phasengrenze* des β-Mischkristalls im Zweiphasengebiet derart vorbehandelt, dass sich entsprechend der Hebel-Beziehung sehr viele β-Mischkristalle mit wenigen α-Mischkristallen im Gleichgewicht befinden (Bild 5.46a, Punkt 1). Das ist erforderlich, um eine Grobkornbildung, wie sie bei der Wärmebehandlung oberhalb der β-Phasengrenze erfolgen würde, auszuschließen. Anschließend wird auf Raumtemperatur *abgeschreckt*. Hierbei werden die kubisch-raumzentrierten β-Mischkristalle in hexagonale α-Mischkristalle umgewandelt, so dass jetzt im Gefüge α- gegenüber β-Mischkristallen deutlich überwiegen. Die *Gitterscherung* ist mit einer geringen Härtesteigerung verbunden, ähnlich wie bei der Härtung des Stahls durch Martensitbildung. Der durch Abschrecken gebildete α-Mischkristall enthält jedoch das β-stabilisierende Legierungselement übersättigt in Lösung (Bild 5.46a, Punkt 2).

Durch ein nachfolgendes Anlassen scheidet sich in der durch Abschrecken neu gebildeten α-Phase *kohärente* β-Phase aus (Bild 5.46a, Punkt 3). Dabei tritt eine weitere Festigkeitssteigerung ein. Die Anlasstemperatur darf nicht so gewählt werden, dass die Ω-Phase, eine spröde Übergangsphase, entsteht.

5.7 Zirkonium und Reaktorwerkstoffe

Zirkonium ist dem Titan chemisch und metallurgisch sehr ähnlich. Es besitzt gleicherweise einen hohen Schmelzpunkt (1852 °C) und hohes Lösungsvermögen für Wasserstoff, Kohlenstoff, Sauerstoff und Stickstoff. Seine bei Raumtemperatur hexago-

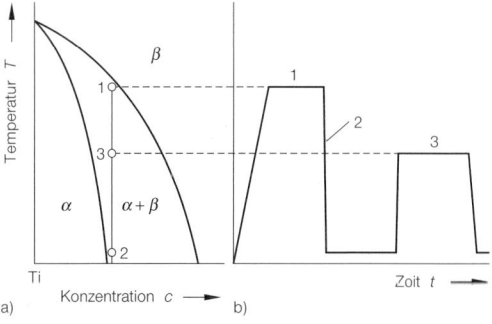

Bild 5.46
Wärmebehandlung von ($\alpha + \beta$)-Legierungen (schematisch)
a) Zustandsschaubild
b) Temperatur-Zeit-Verlauf
  1: Lösungsglühen unterhalb der Phasengrenze zum β-Gebiet
  2: Abschrecken
  3: Warmauslagern

nale Struktur geht bei 862 °C in kubisch-raumzentriert über. Die Umwandlung erfolgt diffusionslos, ähnlich der Martensitbildung bei Stählen. Das erfordert besondere Vorkehrungen bei Herstellung, Wärmebehandlung und beim Schweißen. Feine Dreh- und Schleifspäne sind feuergefährlich.

Unlegiertes Zirkon übertrifft das Titan unter oxidierenden Bedingungen an Korrosionsbeständigkeit und wird im chemischen Apparatebau verwendet. Größter Verbraucher für Zirkonium ist die Kerntechnik.

Für die Verwendung von Werkstoffen als *Reaktorwerkstoffe* sind zwei Eigenschaften von besonderer Bedeutung:
– der Einfangquerschnitt für thermische Neutronen und
– die Halbwertszeit von radioaktiven Isotopen

Der **Einfangquerschnitt** charakterisiert das Absorptionsvermögen des Werkstoffs für thermische Neutronen, die für die Aufrechterhaltung der Kernspaltung erforderlich sind. Die durch radioaktiven Zerfall des Kernbrennstoffs in den Brennelementen entstehende Wärme wird durch Hüllrohre an das umgebende Kühlmittel (z. B. Druckwasser) abgegeben. Von den Werkstoffen für Hüllrohre verlangt man geringen Einfangquerschnitt, gute Korrosionsbeständigkeit bei Betriebstemperatur, gute Wärmeleitfähigkeit, hohe Zeitstandfestigkeit und Gefügestabilität sowie gute Bearbeitbarkeit.

Hüllrohre für Brennelemente mit spaltbarem Material werden für Siede- und Druckwasserreaktoren aus Zirkonlegierungen hergestellt. Für diesen Zweck haben sich die Werkstoffe *Zircaloy2* und *Zircaloy4* bewährt. Deren Zusammensetzung ist in ASTM B 352 genormt und in Tabelle 5.17 dem Zirkonium Zr 702 (ASTM B 551) für den chemischen Apparatebau gegenübergestellt.

Zircaloy4 ist eine Variante der Legierung Zircaloy2 mit eingeschränktem Nickelgehalt. Nickel in Zirkoniumlegierungen begünstigt die Wasserstoffaufnahme aus Korrosion oder radiolytischem Zerfall von Wasser. Als Folge können Hydridausscheidungen im Legierungsgefüge auftreten, die wiederum die mechanischen Eigenschaften beeinträchtigen. Zircaloy4 wird in Druckwasserreaktoren eingesetzt.

Das mit Zirkonium in den Erzen gleichzeitig enthaltene **Hafnium** hat einen etwa 450-fachen Einfangquerschnitt. Deshalb ist der Hafniumgehalt in Reaktorwerkstoffen stark eingeschränkt.

Einige Stoffe können durch nukleare Bestrahlung selbst zu Strahlung aktiviert werden. Das ist besonders unerwünscht, wenn dabei Isotope mit langer **Halbwertszeit** auftreten. Für den Einsatz in der Kerntechnik werden Kobaltgehalte in korrosionsbeständigen Stählen und Nickellegierungen sowie Tantalgehalte in niobhaltigen Schweißzusatzwerkstoffen auf wenige ppm beschränkt.

Für den Fall, dass an Kernreaktoren Bauteile ausgetauscht werden müssen, oder Werkstoffe aus Kernreaktoren wiederverwendet werden sollen, ist die durch Aktivierung evtl. bedingte Eigenstrahlung bei den vorgesehenen Maßnahmen zu berücksichtigen.

5.8 Zinn und Zinnlegierungen

Zinn ist ein *niedrig schmelzendes Schwermetall* geringer Festigkeit und guter *chemischer Beständigkeit*. Seine Korrosionsprodukte, die bei Berührung mit Speisen und Getränken entstehen, sind *ungiftig*. Deshalb sind Zinngefäße zum Aufbewahren von Nahrungs- und Genussmitteln geeignet. Wegen der leichten Verarbeitbarkeit mit handwerklichen Methoden durch Gießen, Drücken, Treiben und Löten war unlegiertes Zinn in früheren Zeiten für die Herstellung von Haushaltsgerät sehr beliebt. Sakrales Gerät und Orgelpfeifen werden noch heute aus Zinn hergestellt.

Tab. 5.17: Chemische Zusammensetzung von Zirkonium und Zircaloy (auszugsweise)

Elemente	Zusammensetzung in Prozent		
	Zr 702	Zircaloy2	Zircaloy4
Zr + Hf min	99,2		
Ni		0,03 ... 0,08	< 0,007
Fe + Cr + Ni		0,18 ... 0,38	
Fe + Cr	< 0,2		0,28 ... 0,37
Hf	ca. 2	max. 0,010	max. 0,010

Tab. 5.18: Physikalische und mechanische Eigenschaften von Zinn

Dichte	g/cm^3	7,3
Schmelztemperatur	°C	232
Elastizitätsmodul	N/mm^2	42 400
Ausdehnungskoeffizient	10^{-6}/K	27
elektrische Leitfähigkeit	m/(Ω mm^2)	8,8
Zugfestigkeit	N/mm^2	ca. 15
Bruchdehnung	%	bis 55

Die Verwendung von Zinn als Werkstoff ist auf *kunstgewerbliche Gegenstände* beschränkt. Für diesen Zweck wird es in der Regel mit Antimon und Kupfer legiert (DIN EN 611). Sofern Zinn mit Nahrungs- und Genussmitteln in Berührung kommt, muss es bleifrei sein.

Der größte Zinn-Verbraucher ist die Lebensmittelindustrie. Mehr als die Hälfte der Zinnerzeugung geht in die *Herstellung von Weißblech* für Konservendosen. Weitere Anwendungen finden sich als Legierungsbasis für Lote, Lagermetalle und Bronzen.

5.8.1 Reinzinn

Das wichtigste Zinnmineral ist Zinnstein, SnO_2. Die bedeutendsten Lagerstätten befinden sich in den Malayischen Staaten in Südostasien sowie in Bolivien. Zinnerze werden in der Regel im Förderland aufbereitet und verhüttet. Die Weltbergwerksproduktion beträgt ca. 250 000 t/Jahr.

Weitere ca. 50 000 t/Jahr werden in den Industrieländern aus Reststoffen und Abfallprodukten zurückgewonnen.

Zinn verschiedener Sorten mit 99,85 % bis 99,99 % Zinn ist in DIN EN 610 genormt. Die hauptsächlichen *Beimengungen* sind Blei, Antimon, Kupfer, Bismut und Eisen. Zinn kommt in zwei allotropen Modifikationen vor. Das *metallische Zinn* ist weiß und besitzt tetragonale Struktur. Es ist gut verformbar und besitzt die Dichte von 7,3 g/cm³. Diese Modifikation ist von 13,2 °C bis zum Schmelzpunkt beständig. *Unterhalb* 13,2 °C wandelt sich Zinn in die *kubische Struktur* um. Die Umwandlung erfolgt sehr träge und erfordert im Normalfall langzeitige Unterkühlung.

Da die Dichte des kubischen, grauen Zinns kleiner ist als die des metallischen, entstehen an Zinngegenständen bei Umwandlung zunächst pustelartige Ausblühungen, von denen weiterer *Zerfall* ausgeht. Früher, als die metallkundlichen Zusammenhänge noch unbekannt waren, hielt man diese Erscheinung für eine Art Krankheit und nannte sie *Zinnpest*.

Zinn hat als niedrig schmelzendes Metall (Tabelle 5.18) eine *unterhalb der Raumtemperatur liegende Rekristallisationstemperatur*. Durch Walzen, Pressen, Ziehen bei Raumtemperatur tritt während der Verformung bereits Rekristallisation ein, so dass die Kaltverfestigung ausbleibt. Diese Tatsache erklärt auch die außerordentlich hohe Bruchdehnung, die im Zugversuch festgestellt wird (Tabelle 5.18). Da bei der mechanischen Werkstoffprüfung die Kaltverfestigung ausbleibt, werden für die Prüfung der niedrig schmelzenden Schwermetalle die *Prüftemperaturen vorgeschrieben*.

Zinn ist gegen schwache Säuren und schwache Alkalien beständig. Es ist ungiftig und für den Korrosionsschutz an Geräten und Behältern für die Lebensmittelindustrie geeignet.

Massive Teile mit kleiner Oberfläche werden bevorzugt durch Tauchen in flüssigem Metall verzinnt *(Feuerverzinnung)*. Die galvanische Verzinnung, z. B. bei Weißblech, ermöglicht dünnere Schichten, deren Poren durch zusätzliches Glanzschmelzen geschlossen werden. Vor dem Verzinnen von Grauguss müssen die Grafitlamellen in der Oberfläche durch Entkohlen entfernt werden, um einen lückenlosen Oberflächenschutz zu ermöglichen.

5.8.2 Zinnlegierungen

Die wichtigsten Zinnlegierungen sind:
- Lagermetalle und
- Weichlote.

Zusätzlich ist in Tabelle 5.19 das Gerätezinn mit angeführt.

Das Gefüge von **Lagermetallen** besteht i. Allg. aus harten, verschleißfesten Bestandteilen und einer

Tab. 5.19: Zinnlegierungen, chemische Zusammensetzung

Verwendung und Normbezeichnung	Richtwerte in %			
	Sn	Sb	Cu	Pb
Lagermetall, DIN ISO 4381 **SnSb12Cu6Pb** **PbSb15Sn10**	Rest 10	12 15	6 0,7	1 Rest
Weichlot **S-Sn60Pb40Cu** **S-Pb67Sn33**	60 33			40 67
Gerätezinn **SnSb2Cu**	Rest	2	1,5	max. 0,5

Tab. 5.20: Physikalische Eigenschaften von Zink

Dichte	g/cm³	7,14
Schmelztemperatur	°C	419
Siedetemperatur	°C	906
Elastizitätsmodul isotrop in Hauptachse rechtwinklig dazu	N/mm²	94 000 37 500 125 000
Ausdehnungskoeffizient isotrop in Hauptachse rechtwinklig dazu	10⁻⁶/K	29,8 63,0 14,2
elek. Leitfähigkeit	m/(Ωmm²)	17

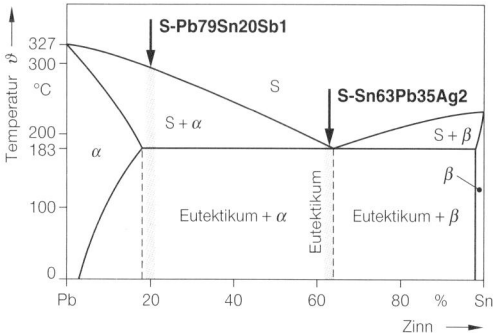

Bild 5.47
Zustandsschaubild Blei-Zinn

ner weicheren, plastischen Zwischenmasse. Die *Verschleißkörper* bilden beim SnSb12Cu6Pb die intermediäre Verbindung Cu$_6$Sn sowie Sn-Sb-Mischkristalle, die *Zwischenmasse* bleihaltige Eutektika. Von Lagermetallen werden gute Notlaufeigenschaften sowie eine Mindestplastizität verlangt, welche geringe, auch nach der Bearbeitung der fertigen Lagerschale (Ausschaben) verbliebene Unebenheiten ausgleicht und der Kantenpressung belasteter Wellen nachgibt. Der Lagerausguss im Stützlager (vor dem Ausguss verzinnt!) soll möglichst dünn gehalten werden. Das verbessert die Ableitung der Reibungswärme, da der Stahl des Stützlagers ein besserer Wärmeleiter ist als das *Weißmetall*. Hochbleihaltige Lagermetalle neigen beim Ausguss durch Schleudergussverfahren zu *Schwereseigerung*.

Die **Weichlote S-Pb79Sn20Sb1** und **S-Sn63Pb35Ag2** zeigen ein *charakteristisches Erstarrungsverhalten* (Bild 5.47). **S-Sn63Pb35Ag2** erstarrt fast eutektisch, d. h. nahezu schlagartig. Es ist *dünnflüssig*, füllt feine Poren und Kanäle und wird für *Lötarbeiten* in der Elektronik bevorzugt. **S-Pb79Sn20Sb1** besitzt ein großes Erstarrungsintervall. Das ist vorteilhaft für *großflächige Lötarbeiten* an Kabelmänteln und im Klempnergewerbe. Das Mikrogefüge verschiedener Sn-Pb-Legierungen zeigt Bild 5.48a bis c.

5.9 Zink und Zinklegierungen

Zink ist ein *niedrig schmelzendes Schwermetall* mit guten *Gießeigenschaften* und ausgezeichneter *Beständigkeit gegen atmosphärische Korrosion*. Wegen seiner hexagonalen Struktur ist es für die plastische Formgebung nicht besonders gut geeignet, doch kommt dieser Mangel durch die *niedrige Rekristallisationstemperatur* für viele Verformungsarbeiten nicht zur Geltung.

Wegen seines gegenüber Eisen negativen Potenzials in wässrigen Lösungen wird Zink als *Korrosionsschutz* verwendet. In Batterien dient der Zinkbecher als negativer Pol und als Behälter.

5.9.1 Unlegiertes und niedriglegiertes Zink

Primärzink ist in DIN EN 1179 genormt, wobei die Sorten nach dem Zinkgehalt gestaffelt sind. Mit steigendem Zinkgehalt verbessert sich die chemische Beständigkeit, die Festigkeit nimmt etwas ab. Die wenigsten Beimengungen enthält Feinzink Z1 mit 99,995 % Zn. Feinzink ist die Grundlage der meisten *Druckgusslegierungen*.

Elastizitätsmodul und *thermische Ausdehnung* im hexagonalen Zinkkristall sind stark richtungsabhängig (Tabelle 5.20). In Halbzeugen mit Walz- oder

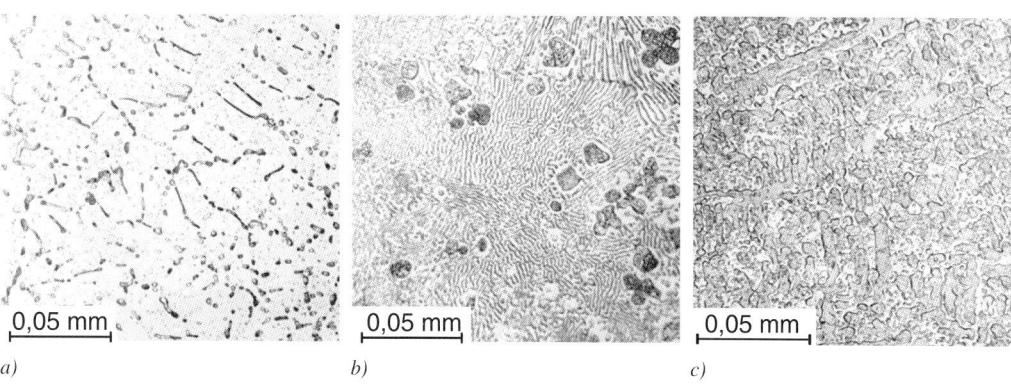

Bild 5.48
Mikrogefüge verschiedener Sn-Pb-Legierungen
a) 90 % Sn, 10 % Pb   b) 60 % Sn, 40 % Pb   c) 25 % Sn, 75 % Pb

5.9 Zink und Zinklegierungen

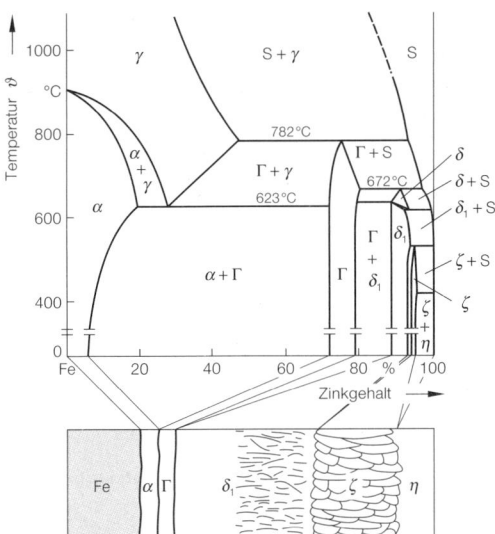

Bild 5.49
Zustandsschaubild Eisen-Zink und Gefügeaufbau einer Zinkschicht auf Eisen (schematisch, nach SCHRAMM)

Ziehtexturen sowie in grobkristallinen Gussgefügen wirken sich die in den verschiedenen Kristallrichtungen unterschiedlichen physikalischen Eigenschaften auch auf das mechanische Verhalten aus.

Die *Festigkeitseigenschaften* von Zink zeigt Tabelle 5.21. Zugfestigkeit und Bruchdehnung sind im Gusszustand unbefriedigend. Zink erstarrt sehr grobkristallin. Die unterschiedliche Kontraktion in den verschiedenen Richtungen der Kristallachsen bei der Abkühlung hinterlässt starke *Eigenspannungen* im Gussgefüge. Das erklärt die mechanischen Eigenschaften des Gussgefüges.

Durch Warmwalzen und Pressen verbessern sich die mechanischen Eigenschaften auffallend (Tabelle 5.21). Bei der *Umformung massiver Werkstücke* erwärmt sich Zink und erreicht leicht Temperaturen, die oberhalb seiner Rekristallisationstemperatur (50 °C bis 180 °C, je nach Reinheitsgrad) liegen.

Tab. 5.21: Festigkeitseigenschaften von Zink-Halbzeug

Zustand	Zugfestigkeit	Bruchdehnung A_{10}	Härte
	N/mm²	%	HB
gegossen	25 ... 40	0,3 ... 0,5	28 ... 33
gewalzt	120 ... 140	50 ... 60	32 ... 34
gepresst	140 ... 150	40 ... 50	35 ... 40
gewalzt und geglüht	120 ... 160	35 ... 45	30 ... 35

Das ermöglicht außerordentlich hohe Umformgrade (z. B. Fließpressen von Batteriebechern).

Nach seiner Stellung in der Spannungsreihe ist Zink ein sehr *unedles Metall*. An feuchter Luft oxidiert es unter Bildung von Hydroxiden und Carbonaten. Carbonate bilden auch die *Schutzschicht* in verzinkten Wasserleitungsrohren. Schwitzwasser, destilliertes Wasser, und Wasserdampf korrodieren Zink, da sich keine Schutzschicht bilden kann. Das Lebensmittelgesetz verbietet zwar die Verwendung von Zinkgefäßen zum Aufbewahren und Zubereiten von Nahrungs- und Genussmitteln, Zink gehört aber zu den »essentiellen«, d. h. für den Menschen lebensnotwendigen Spurenelementen. Die meisten Lebensvorgänge werden von Enzymen gesteuert, und Zink ist vielfach ein wichtiger Bestandteil.

Aufgrund seines gegen Eisen negativen Potenzials in wässrigen Lösungen und seines günstigen Auflösungsverhaltens eignet sich Zink gut als *Opferanode für den kathodischen Korrosionsschutz* von Eisen (siehe S. 64).

Niedrig legiertes Zink wird insbesondere im Bauwesen als **Titanzink** eingesetzt. Titanzink enthält neben 0,06 % bis 0,2 % Ti noch bis zu 1 % Cu (DIN EN 988). Basismaterial ist Feinzink Z1.

Gegenüber dem unlegierten Zink besitzt Titanzink verbesserte Witterungsbeständigkeit, was für Außenanwendungen besonders wichtig ist. Die Festigkeitseigenschaften entsprechen den besten Werten der Tabelle 5.21. Anisotropie spielt bei der Verarbeitung von Titanzink-Blechen zu Abkantprofilen keine Rolle mehr.

5.9.2 Zink-Überzüge

Der **Korrosionsschutz von Stahl** durch Verzinken wird auf zweierlei Weise wirksam:
– Zum ersten bilden sich an offener Atmosphäre auf der Zinkoberfläche Hydroxide und Carbonate, die in gleicher Weise wie auf massivem Zink den weiteren Korrosionsangriff behindern.
– Wenn nach längerer Zeit dennoch der Korrosionsangriff lokal die Zinkschicht zerstört hat, bleibt als zweiter Mechanismus der kathodische Korrosionsschutz des Eisens wirksam.

Verzinkte Bauteile mit Zinkauflagen von 50 μm sind in normaler Atmosphäre für ca. 20 Jahre vor Korrosion geschützt.

Für die Wirksamkeit des Korrosionsschutzes kein Unterschied, ob Bauteile elektrolytisch oder durch Tauchen im Schmelzfluss verzinkt werden. Maßgebend für die Lebensdauer ist die Dicke der aufgebrachten Zinkschicht. *Galvanische Verzinkungsverfahren* eignen sich besonders gut für geringe Querschnitte, z. B. Bänder, Feindrähte, Kleinteile, *Feuerverzinkung* eignet sich dagegen für großflächige Bauteile und große Querschnitte und Profile.

Beim **Feuerverzinken** erfolgt im Bereich zwischen dem Grundwerkstoff und der Zinkauflage eine Legierungsbildung. Die gewählte Temperatur bestimmt die Lage der Isothermen im *Zustandsschaubild Eisen-Zink* (Bild 5.49) und damit den Gefügeaufbau der im Übergang vom Stahl zur Zinkoberfläche entstehenden Zwischenschichten. Angestrebt wird eine möglichst geringe Dicke dieser zumeist harten Zwischenschichten, vor allem der spröden ς-Phase. Sie ist auch abhängig von der Tauchzeit und der Zusammensetzung des schmelzflüssigen Zinkbades, das sich zwangsläufig mit Eisen anreichert. Günstig wirkt ein Zusatz von ca. 0,1 % Aluminium zum Zink.

5.9.3 Zink-Druckguss

Für Zink-Druckguss sind nur *aluminiumhaltige Legierungen* von Bedeutung. Diese sind in DIN EN 1774 und DIN EN 12844 genormt (Tabelle 5.22).

Tab. 5.22: Eigenschaften von Zink-Druckgussstücken nach DIN EN 12844 (Mittelwerte)

Kurzzeichen (Zusammensetzung)	Zugfestigkeit R_m	Bruchdehnung A
	N/mm²	%
ZP3 (ZnAl4)	280	10
ZP2 (ZnAl4Cu3)	335	5

Ein *Aluminiumgehalt* von ca. 4 % vermindert den Angriff des Zinks, das sich leicht mit dem Eisen legiert und die Formen erodieren würde. *Kupfer* erhöht die Festigkeit durch Mischkristallbildung. Druckgusslegierungen enthalten ca. 0,02 % bis 0,05 % *Magnesium,* um interkristalline Korrosion zu verhindern.

Interkristalline Korrosion wird bei Druckguss beobachtet, wenn er Zinn oder Blei enthält. Ein Korrosionsschutz durch Vernickeln und Verchromen setzt absolut porenfreie Überzüge voraus. Druckgussteile werden häufig phosphatiert oder chromatiert.

Etwa 50 % der gesamten Druckgusserzeugung entfällt auf Zinklegierungen. Zink-Druckguss wird für kleine Maschinenteile und Gegenstände komplizierter Gestaltung verwendet.

Oberhalb 100 °C sinken Festigkeit und Zähigkeit rasch ab, da die Kaltverfestigung wegen der niedrigen Rekristallisationstemperatur ausbleibt und die Verformungsfähigkeit des gegossenen Zinks ohnehin nicht besonders gut ist.

Bei der kupferhaltigen Legierung ZnAl4Cu1 tritt durch *Alterung* eine Längenzunahme auf. Im Tropenklima kann innerhalb von 3 Monaten ein Längenwachstum um 0,08 % beobachtet werden. Diese Erscheinung kann durch künstliche Alterung vorweggenommen werden.

5.10 Blei und Bleilegierungen

Blei ist eines der ältesten Gebrauchsmetalle. Aufgrund der leichten Reduzierbarkeit aus Erzen und hüttenmännischen Zwischenprodukten sowie seines niedrigen Schmelzpunktes konnte Blei bereits mit einfachen Mitteln im Altertum hergestellt werden.

Mit dem *niedrigen Schmelzpunkt* ist keineswegs eine hohe Verdampfungsgeschwindigkeit, z. B. bei Guss- oder Lötarbeiten, verbunden. *Bleivergiftungen* durch Einatmen von Bleidämpfen sind bei Arbeiten in gut belüfteten Räumen nahezu ausgeschlossen. Bleivergiftungen entstehen in der Regel infolge unzureichender hygienischer Vorsorge bei Personen, die regelmäßig mit Blei oder seinen Verbindungen umgehen. Im Vergleich dazu sind Bleirohre alter Trinkwasserleitungen unbedenklich, wenn sich im Innern Carbonate als Schutzschicht bilden, in Neuanlagen sind Bleileitungen nicht mehr erlaubt.

Bleiziegel und Bleischürzen werden zum *Schutz gegen radioaktive und Röntgenstrahlen* verwendet. Im Erdboden verlegte Kabel werden durch Bleimäntel gegen Korrosion und Insektenfraß gesichert.

Tab. 5.23: Physikalische und mechanische Eigenschaften von Blei

Dichte	g/cm³	11,3
Schmelztemperatur	°C	327
Elastizitätsmodul	N/mm²	17 500
Ausdehnungskoeffizient	10^{-6}/K	29
elektrische Leitfähigkeit	m/(Ω mm²)	5
Zugfestigkeit	N/mm²	10 bis 15
Bruchdehnung	%	bis 50

Bleilegierungen finden sich im grafischen Gewerbe (Letternmetall) und als Lagermetall. Größter Einzelverbraucher ist das Kraftfahrzeugwesen: ca. 50 % des gesamten Bleiverbrauches verarbeitet man in Starterbatterien, weitere 15 % bis vor kurzem für die chemische Verbindung Bleitetraäthyl als Antiklopfmittel.

5.10.1 Weichblei

Unlegiertes Blei wird in der Technik zumeist als **Weichblei** bezeichnet. Es enthält geringe Beimengungen an Arsen, Antimon, Bismut, Kupfer oder Silber. **Feinblei** hat eine Reinheit von 99,99 % Pb. Ein wichtiges Nebenprodukt der Bleiverhüttung aus Erzen ist Silber. Die früheren Silberhütten waren von der Menge der erzeugten Produkte gesehen in Wirklichkeit Bleihütten.

Blei hat eine *kubisch-flächenzentrierte* Kristallstruktur. Es lässt sich *ausgezeichnet verformen* durch Walzen, Ziehen, Pressen. Da die *Rekristallisationstemperatur* in der Nähe der Raumtemperatur liegt, erübrigt sich eine besondere Wärmebehandlung als Weichglühung nach der Verformung.

Infolge der Anregung zur Rekristallisation tritt bereits bei geringer Verformung *Grobkornbildung* auf. Diese begünstigt das Entstehen von Dauerbrüchen an Kabelmänteln, Rohren und Bleiauskleidungen in Behältern. Bei gleichzeitigem Korrosionsangriff durch Fremdstrom (Kabel parallel zu elektrischen Bahnen) können Bleibewehrungen überraschend schnell brechen (Korrosionsdauerbrüche).

Blei ist gegen Schwefelsäure *chemisch beständig*. Auf der Oberfläche bilden sich unlösliche Bleisulfate, die weiteren Korrosionsangriff ausschließen, sofern die Sulfatschicht unverletzt bleibt. In Bleiakkumulatoren liefert die chemische Reaktion

$$PbO_2 + Pb + 2\,H_2SO_4 \rightarrow 2\,PbSO_4 + 2\,H_2O + e^-$$

den Strom.

In Tabelle 5.23 sind die wichtigsten physikalischen und Festigkeitseigenschaften von unlegiertem Blei zusammengefasst.

5.10.2 Bleilegierungen

Durch Legieren mit Mischkristallbildnern oder durch Aushärten lässt sich die Festigkeit von Blei im gleichen Verhältnis erhöhen wie bei anderen Metallen. Nur erweitert eine Vervierfachung der Festig-

keit von 15 N/mm² auf beispielsweise 60 N/mm² seine Verwendbarkeit nicht soweit, dass Blei für festigkeitsbeanspruchte Bauteile interessant würde. Für einzelne Anwendungsgebiete sind Bleilegierungen dem unlegierten Weichblei dennoch überlegen.

Zum *Erhöhen der Festigkeit* erhalten fast alle Bleilegierungen Antimon. Wird nur *Antimon* zulegiert, spricht man von **Hartblei.** Bei Raumtemperatur sind 0,24 % Sb im Mischkristall löslich, bei der eutektischen Temperatur knapp 3 % Sb (Bild 5.50). Die Mischkristallverfestigung wird durch Ausscheidungshärtung überlagert. Dabei sind Zugfestigkeiten bis 70 N/mm² möglich. Für *Kunstguss* wird Hartblei mit 2 % bis 4 % Sb verwendet oder Legierungen, die der eutektischen Zusammensetzung nahekommen.

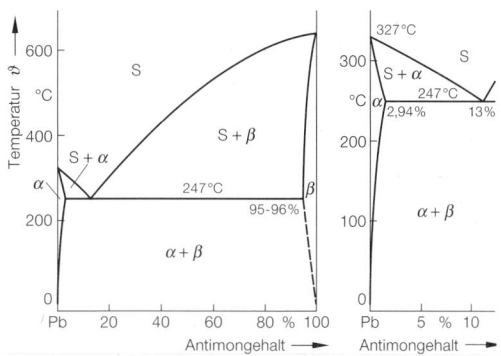

Bild 5.50
Zustandsschaubild Blei-Antimon (nach HANSEN)

Außer Antimon sind Zinn und Calcium als Legierungsbestandteile von Bedeutung. *Zinn verbessert Festigkeit und Korrosionsbeständigkeit* in Legierungen für Kabelmäntel und Letternmetall.

Calciumhaltige Legierungen sind aushärtbar und haben für Akkumulatorplatten und Lagermetalle (Bahnmetall) Bedeutung erlangt. Beispiele von Bleilegierungen gibt Tabelle 5.24 wieder.

Tab. 5.24: Bleilegierungen nach DIN 17640

Legierung und Verwendungszweck	Richtwerte in %			
	Pb	Sn	Sb	Cu, max
Kabelmäntel PbSb0,5	Rest	0,005	0,3 ... 0,5	0,005
Druckgussstücke PbSb10Sn5	Rest	4 ... 6	8 ... 11	0,05
PbSb15Sn5	Rest	4,5 ... 5,5	14,5 ... 15,5	0,05

5.11 Recycling metallischer Werkstoffe

Ökologische Fragestellungen gewinnen für die Werkstoffauswahl bei Entwurf und Herstellung von Investitionsgütern und Gebrauchsgegenständen aller Art zunehmend an Bedeutung. Für die Herstellung von Gütern werden in der Regel verschiedenartige Werkstoffe für unterschiedliche Funktionen eingesetzt. Durch die beschränkte Nutzungsdauer und den Ersatz dieser Erzeugnisse entsteht ein steter Bedarf an Rohstoffen.

Auch aus dem Bewusstsein, dass nicht erneuerbare primäre Rohstoffe, in langen Zeiträumen betrachtet, letztlich nur in beschränktem Umfang zur Verfügung stehen, ist die Forderung nach nachhaltiger Entwicklung entstanden. Das Ziel dieser Entwicklung ist es, eine unwiederbringliche Nutzung von Rohstoffen soweit zu begrenzen, dass auch den nachfolgenden Generationen Rohstoffe für deren Bedürfnisse zur Verfügung stehen. Das Recycling und die Recyclingfähigkeit von Werkstoffen erhält damit eine besondere Bedeutung.

Die nach Ablauf der Nutzungsdauer in den Gebrauchsgegenständen enthaltenen Werkstoffe sind in aller Regel keine Abfälle, sondern wertvolle Sekundärrohstoffe und damit Wertstoffe. Dabei haben die Metalle, anders als Chemiewerkstoffe (siehe Kapitel 7), die besondere Eigenart, dass sie als chemische Elemente natürliche Grundbestandteile darstellen und nicht verloren gehen können. Dies ermöglicht ein nahezu »unendliches« Recycling ohne Qualitätsverlust. Das spiegelt sich in den beachtlichen Sekundäreinsatzquoten der Metalle, d. h. dem aktuellen Anteil der Nutzung von Sekundärrohstoffen, wider:

Die Sekundäreinsatzquoten sind von einer Vielzahl von Einflussfaktoren abhängig. Als ein Beispiel sei die Nutzungsdauer der Erzeugnisse genannt. Die höchste Recyclingquote nach den Edelmetallen hat Blei. Seine Hauptanwendung liegt in Starterbatterien für Kraftfahrzeuge. Diese finden sich bereits nach wenigen Jahren im Werkstoffkreislauf wieder. Ganz anders stellen sich Zink und Eisen dar. Zink wird zu erheblichem Anteil für den Korrosionsschutz von Eisen verwendet und verlängert dessen Nutzungsdauer nachhaltig. Auch volkswirtschaftliche Gesichtspunkte spielen eine Rolle. Wird ein erheblicher Anteil des erzeugten Stahls als Maschine oder Fahrzeug exportiert, steht dieser künftig in der nationalen Statistik als Sekundärrohstoff nicht mehr zur Verfügung.

Eine Sekundäreinsatzquote von 50 % bedeutet nicht, dass die Hälfte des Metalls verloren geht. Die Recyclingquote von Metallen liegt in der Regel deutlich über 80 %, weil die Menge des heute aus der Nutzung rücklaufenden Materials zu der Produktionsmenge zurzeit der Herstellung des Metalls in Beziehung gesetzt werden muss. Gerade bei wachsendem Bedarf und langer Bindungsdauer sind die Sekundäreinsatzquoten vielleicht gering, die Recyclingquoten aber sehr hoch. Es muss nämlich gewartet werden, bis das Metall aus der Nutzung wieder in den Einsatz zurückkommt.

Nicht nur die Primärgewinnung, sondern auch das Recycling der Metalle kostet Energie. Der prozesstechnisch notwendige Energieaufwand für das Recycling beträgt jedoch in aller Regel nur ein Bruchteil des für die Primärgewinnung erforderlichen, z. B., bei Aluminium etwa nur 5 %. Der lange Weg vom Roherz in der Lagerstätte zum metallischen Zustand entfällt. Das bedeutet, dass ein höherer

Tab. 5.25: Metallerzeugung und Erzeugung aus Sekundärrohstoffen in Deutschland im Jahre 2002

Metall	Erzeugung	
	Gesamt 1000 t	aus Sekundärrohstoffen %
Blei	380	62,9
Kupfer	750	56,5
Aluminium	1320	50,5
Stahl und Eisen	45000	42,4
Zink	455	40,3

Energieaufwand bei der Primärgewinnnung mit wachsender Anzahl an Lebenszyklen deutlich relativiert wird, wie Bild 5.51 verdeutlicht.

Ingenieure haben es in der Hand, durch geeignete Auswahl von Werkstoffen sowie in Konstruktion und Fertigung den Energie- und Rohstoffbedarf der Erzeugnisse von vornherein nachhaltig zu beeinflussen. Das gilt nicht zuletzt insbesondere für Auswahl von Verbundwerkstoffen, deren Einsatz ein sortenreines Recycling erschweren kann.

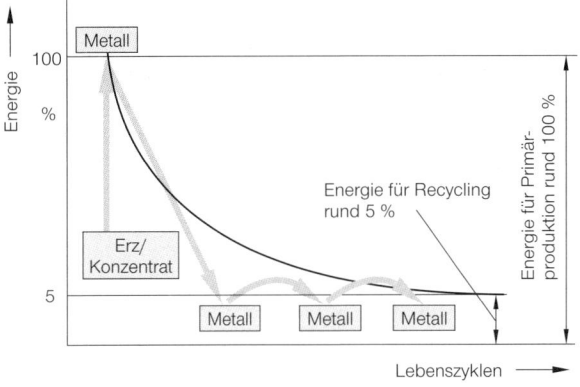

Bild 5.51
Energieaufwand für die Primärgewinnung und das Recycling von Metallen

Ergänzende und weiterführende Literatur

Altenpohl, D.: Aluminium und Aluminiumlegierungen, Springer-Verlag, Berlin 1965
Aluminium-Merkblätter, Gesamtverband der Aluminium-Industrie, Düsseldorf
Aluminium-Taschenbuch, Teil 1, 15. Auflage, Aluminium-Verlag, Düsseldorf 1998
Dies, K.: Kupfer und Kupferlegierungen in der Technik, Springer-Verlag, Berlin 1967
DKI-Informationsschriften, Deutsches Kupfer Institut, Düsseldorf
Heubner, U., J. Klöwer: Nickelwerkstoffe und hochlegierte Sonderedelstähle, 3. Auflage, Expert-Verlag, Renningen-Malmsheim 2002
Hofmann, W.: Blei und Bleilegierungen, Springer-Verlag, Berlin 1970
Kieffer/Jongg/Ettmayer: Sondermetalle, Springer-Verlag, Berlin 1971
Peters, M., C. Leyens: Titan und Titanlegierungen, Wiley-VCH, Weinheim 2002
Volk, K. E. (Hrsg.): Nickel und Nickellegierungen, Springer-Verlag, Berlin 1970
Zwicker, U.: Titan und Titanlegierungen, Springer-Verlag, Berlin 1970

6 Anorganische nichtmetallische Werkstoffe

6.1 Einteilung, Definition, Bedeutung

Man kann alle Werkstoffe in die einphasigen homogenen und die mehrphasigen heterogenen Werkstoffe einteilen. Die homogenen Werkstoffe lassen sich an Hand ihrer physikalischen Eigenschaften weiter unterteilen:
– gleiche physikalischen Eigenschaften in allen Richtungen: *isotrope* Werkstoffe, z. B. Gläser,
– unterschiedliche physikalische Eigenschaften in verschiedenen Richtungen: *anisotrope* Werkstoffe, z. B. Einkristalle.

Unter anorganischen nichtmetallischen Werkstoffen werden hier Materialien verstanden, die nicht organischer Natur sind und bei denen die heteropolare und/oder kovalente Bindung (siehe S. 2) vorherrscht. Sie besitzen eine Gitterstruktur, wie die Kristalle, oder eine Netzwerkstruktur, wie die Gläser, aber keine Struktur mit molekularen Verbänden.

Die anorganisch nichtmetallischen Werkstoffe unterteilt man in
– Kristalle (z. B. Halbleiterkristall),
– Keramik (z. B. Zündkerze),
– anorganische Gläser (z. B. Fensterglas) und
– anorganische Bindemittel (z. B. Zement).

Die einzelnen Bereiche kann man nicht streng voneinander abgrenzen. Im Folgenden sollen nur keramische Werkstoffe, Gläser und Halbleiter besprochen werden.

Die keramischen Materialien sind fast alle heterogen aufgebaut. Ihr Gefüge besteht aus gleichartig oder verschiedenartig aufgebauten Kristallen, Glas, das diese Kristalle z. T. umgibt, und häufig Poren. Verschiedene Eigenschaften keramischer Produkte sind stark gefügeabhängig.

Keramik ist ein Material, das durch Verfestigung infolge Hitzeeinwirkung zwischen rund 800 °C und 2000 °C aus anorganischen nichtmetallischen Pulvern entstanden ist. Hier sollen nur die feinkeramischen Werkstoffe besprochen werden, die sich von den grobkeramischen in der wesentlich geringeren Korngröße unterscheiden, von den Gläsern durch ihre überwiegend kristallinen Bestandteile.

Keramische Werkstoffe sind im Allgemeinen elektrische Nichtleiter, sie besitzen auch bei hohen Temperaturen eine große Härte und Festigkeit, sind chemisch gegen viele Medien resistent und isolieren gut gegen hohe Temperaturen.

Ein großer Vorteil von **Glas** gegenüber vielen keramischen Werkstoffen liegt in der einfachen und kostengünstigen Herstellung, denn im Gegensatz zu jenen erweichen sie als amorphe Materialien schon bei relativ niedrigen Temperaturen. Daneben haben Gläser Eigenschaften, wie z. B. eine große Lichtdurchlässigkeit, die andere Werkstoffe nicht besitzen. Aufgrund dieser Eigenschaften werden Gläser u. a. auf dem Gebiet der Faseroptik verwendet, um Licht als Informationsträger durch wiederholte Totalreflexion auch auf gekrümmten Bahnen weiterzuleiten. Ein anderes Einsatzgebiet erschließt sich infolge der großen Korrosionsbeständigkeit gegen alkalische und saure Medien. So ist Glas ein in Laboratorien und Anlagen der chemischen Industrie weit verbreiteter Werkstoff.

Die Bedeutung der **Halbleiter** liegt darin, dass mit ihrer Hilfe die gesamte Technik revolutioniert wurde und noch wird. Die aus Halbleitern hergestellten Dioden, Transistoren und anderen Bauelemente beherrschen große Teile der Nachrichten-, Verkehrs-, industriellen Verfahrenstechnik und der Raumfahrttechnik, sowie nicht zuletzt der Datenverarbeitung. Gleichzeitig wurden mit der Technologie der integrierten Schaltungen Forderungen nach geringerem Volumen und Gewicht, nach mehr Zuverlässigkeit und Wirtschaftlichkeit von Systemen erfüllt. Die wichtigsten Halbleiterwerkstoffe sind Silicium und Gallium-Arsenid.

Die *nichtkristallinen* Festkörper unterscheiden sich von den kristallinen dadurch, dass in ihnen nur eine so genannte *Nahordnung* der Atome auftritt, aber zusätzlich keine *Fernordnung* vorhanden ist (Bild 6. 1). Nimmt man als Beispiel eines nichtkristallinen Festkörpers das Glas, dann ist die Teilchendichte mit $10^{22}/cm^3$ relativ groß und es besteht in unmittelbarer Umgebung eines betrachteten Atoms eine geordnete Teilchenkonfiguration. Die Wahrscheinlichkeit $W(r)$ ist sehr hoch in einer Entfernung von $r = 1$ ein weiteres Atom anzutreffen. Für ganzzahlige Vielfache von r besteht diese Beziehung zu dem Aus-

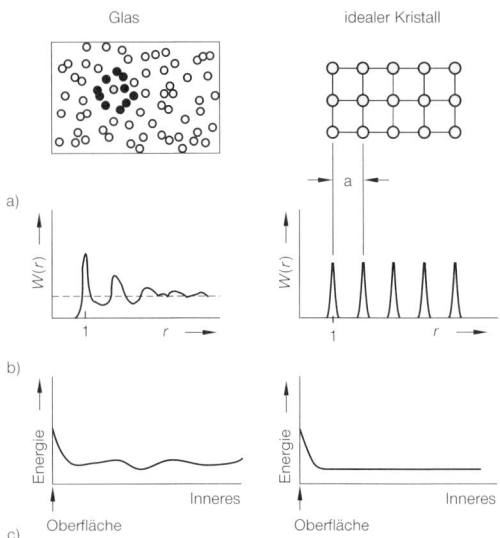

Bild 6.1
Vergleich eines amorphen Körpers (Glas) und eines idealen Kristalls
a) Atomanordnung
b) Wahrscheinlichkeitsverteilung von Atomen
c) Energieprofil

gangsatom nicht mehr: es liegt nur eine **Nahordnung** vor. Strukturell bezeichnet man diesen Zustand als amorph. Zwischen Flüssigkeiten und Gläsern besteht eine enge strukturelle Ähnlichkeit.

Gegenüber den nichtkristallinen Festkörpern besitzen die *kristallinen* mit 10^{23} Atomen/cm³ die größere Dichte. Die Nahordnung in ihrer Struktur setzt sich dreidimensional fort, so dass eine **Fernordnung** auftritt. Kristalline Festkörper befinden sich im energieärmeren und damit stabileren Zustand. Zur Charakterisierung der möglichen Zustände eignen sich auch Energieprofile. So zeigt ein idealer Kristall nur an seiner Oberfläche eine erhöhte Energie (Oberflächenenergie, siehe auch S. 7), während ein amorpher Festkörper auch in seinem Inneren Bereiche höherer Energie aufweist (Bild 6.1c). Der ideale kristalline und der amorphe Zustand der Festkörper sind jedoch nur Grenzfälle, zwischen denen alle möglichen Übergänge, z. B. der Zustand des realen, fehlerbehafteten Kristalls, vorkommen.

6.2 Glas

Nach der klassischen Definition ist der Glaszustand als ein eingefrorener Zustand einer unterkühlten Flüssigkeit aufzufassen. Er wird von solchen Stoffen erreicht, die beim Erstarren der Schmelze nicht kristallisieren. Im engeren Sinne versteht man unter Gläsern meist nur anorganische Produkte, rechnet also die organischen und die metallischen Gläser nicht dazu.

Häufig sieht man sogar nur die *silicatischen Gläser* als solche an. Siliciumdioxid (SiO_2) hat mit einigen anderen Oxiden, z. B. B_2O_3, die Eigenschaft gemein, allein oder in bestimmten Verhältnissen mit anderen Metalloxiden Gläser zu bilden. Wegen ihrer besonderen Eigenschaften, wie hohe Erweichungstemperatur, große chemische Beständigkeit und hohe Härte, und der praktisch unbegrenzten Rohstoffbasis kommt den **Silicatgläsern** die größte Bedeutung zu.

Die Eigenschaften von Gläsern unterscheiden sich wesentlich von denen der Kristalle und lassen sich aus ihrer weitgehend ungeordneten Struktur ableiten. In Bild 6.2 ist ganz allgemein der Verlauf der Eigenschaften eines Glases in Abhängigkeit von der Temperatur dargestellt. Mit sinkender Temperatur durchläuft ein Glas ab T_s (hier: Temperatur der verhinderten Kristallisation) den Bereich der unterkühlten Flüssigkeit. Die Eigenschaften ändern sich in diesem Bereich annähernd linear bis zum Transformationsbereich. Im Gegensatz dazu ändert ein Kristall bei der Temperatur T_s, seiner Schmelztemperatur, seine Eigenschaften sprunghaft. Es tritt eine Phasenänderung ein, beim Glas nicht. Ferner ist ein Kristall dem thermodynamischen Gleichgewicht näher als eine unterkühlte Schmelze.

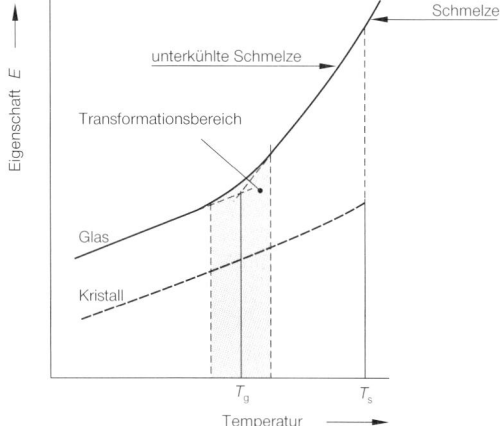

Bild 6.2
Vergleich der Eigenschaft-Temperatur-Kurven von Glas und Kristallen

Im Transformationsbereich ändern sich die Eigenschaften von Gläsern erheblich. Die in einer silicatischen Schmelze vorhandenen Struktureinheiten (SiO$_4$-Tetraeder, Bild 6.4) haben mit sinkender Temperatur immer mehr das Bestreben, sich miteinander zu verketten. Die sich bildenden größeren Einheiten erhöhen die Viskosität der Schmelze.

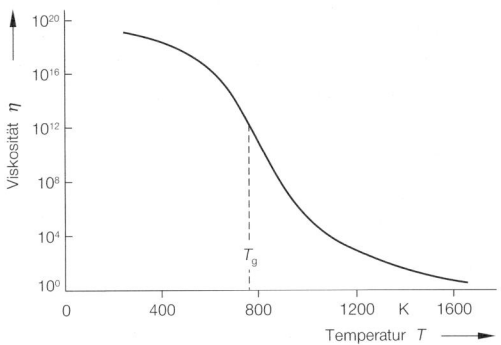

Bild 6.3
Temperaturabhängigkeit der Viskosität von Soda-Kalk-Glas

Unterhalb der **Transformationstemperatur** T_g ist die Viskosität so hoch, dass strukturelle Umordnungen nicht mehr stattfinden. Die Bedeutung des Transformationsbereiches besteht darin, dass unterhalb dieses Bereiches Glas sich wie ein Festkörper verhält, oberhalb jedoch wie eine Schmelze. Das Erweichen und Erstarren der Gläser ist ein reversibler Vorgang und ermöglicht die Verarbeitung nach den verschiedenen Formgebungsverfahren.

Den Verlauf der Viskosität eines Natron-Kalk-Glases (Fensterglas) mit der Temperatur zeigt Bild 6.3. Die Kurve hat bei ca. 800 K und bei einer Viskosität η von 10^{12} Pas einen Wendepunkt. Einen ähnlichen Kurvenverlauf zeigen alle Gläser. Die Kurven unterscheiden sich nur in ihrer Steilheit und in der dem Wendepunkt zugeordneten Transformationstemperatur T_g. Der Wendepunkt in der Kurve liegt *immer* bei log η = 12.

Eine weitere Folge der statistischen Verteilung der Baugruppen im Glas ist das *isotrope* Verhalten. Die Eigenschaften der Gläser sind *richtungsunabhängig*, während beim Kristall viele Eigenschaften richtungsabhängig sind.

Über den dabei vorhandenen Ordnungszustand gibt es verschiedene Theorien, von denen hier nur die so genannte *Netzwerkshypothese* besprochen werden.

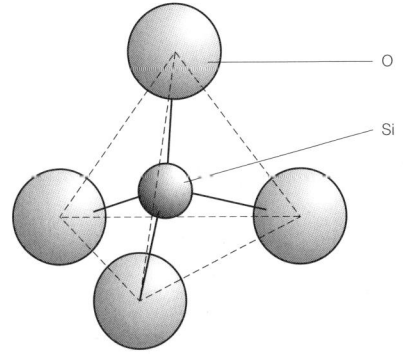

Bild 6.4
Tetraedrische Struktur von SiO$_2$ (Quarz)

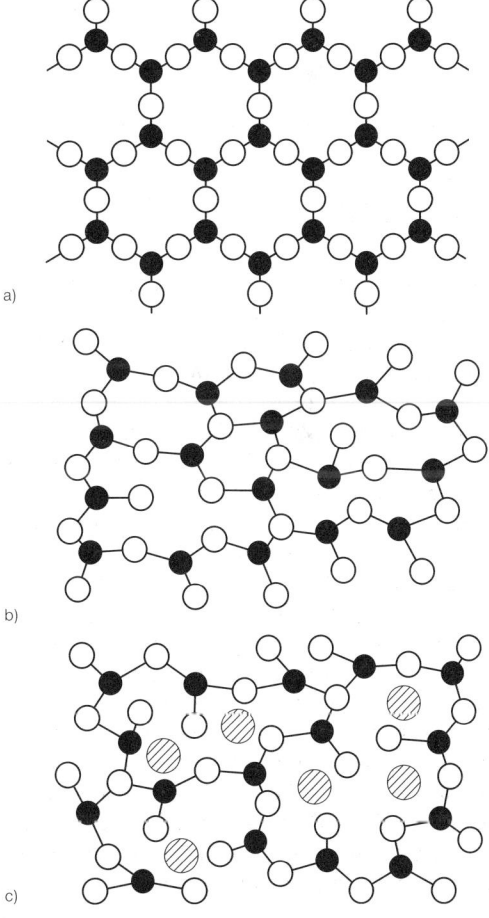

Bild 6.5
Netzwerkstrukturen von SiO$_2$-Tetraedern (ebene Darstellung)
a) Quarzkristall
b) reines Quarzglas (Kieselglas)
c) technisches Glas
● Silicium ○ Sauerstoff ⊘ Netzwerkwandler

den soll. Danach sind im Fall des SiO_2 sowohl das amorphe Quarzglas (Kieselglas) als auch der kristalline Quarz aus den gleichen Baueinheiten, den SiO_4-Tetraedern, aufgebaut (Bild 6.4). Im Gegensatz zur regelmäßigen Gitterstruktur des Quarzkristalls ist das Quarzglas jedoch aus einem dreidimensionalen unsymmetrischen Netzwerk von **SiO_4-Tetraedern** aufgebaut (Bild 6.5).

Jedes Si^{4+}-Ion ist in dem SiO_4-Tetraeder von insgesamt vier O^{2-}-Ionen umgeben, wobei jeweils zwei Si^{4+}-Ionen durch ein gemeinsames O_2-Ion verbunden sind. Die Verknüpfung der Tetraeder erfolgt bei vollkommener Vernetzung über alle vier Ecken. Diese Regeln gelten nicht nur für Si^{4+} sondern auch für Ge^{4+}, B^{3+}, P^{5+}, Sb^{5+} und As^{3+}. Diese Ionen werden daher auch als **Netzwerksbildner** bezeichnet.

Beim Einbau weiterer Oxide in das Netzwerk der »reinen« Gläser werden die Sauerstoffbrücken aufgespalten und es wird damit die Struktur geschwächt. Kationen, die durch ihren Einbau das Netzwerk verändern, bezeichnet man als **Netzwerkswandler** (Bild 6.5c). Zu ihnen gehören in erster Linie die Alkali- und Erdkalkaliionen. Durch ihren Einbau ändert das Glas seine Eigenschaften.

Gegenüber allen anderen Gläsern besitzt **Quarzglas (Kieselglas)** weit überlegene Eigenschaften. Es zeichnet sich vor allem durch seine hohe Erweichungstemperatur (Transformationstemperatur) von über 1500 °C aus, seinen geringen linearen thermischen Ausdehnungskoeffizienten von rund $0{,}5 \cdot 10^{-6}$/K, seine hohe UV-Durchlässigkeit und seinen hohen spezifischen elektrischen Widerstand von über 10^{18} Ωcm. Abgesehen von Fluss- und Phosphorsäure ist es gegen Säuren resistent.

Quarzglas besteht chemisch nur aus Siliciumdioxid und wird durch Aufschmelzen von Bergkristall oder synthetischem SiO_2 gewonnen. Seiner allgemeinen Anwendung stehen die schwierige Verarbeitbarkeit und der hohe Rohstoffpreis entgegen. So verwendet man in Technik und Haushalt im Allgemeinen Gläser, bei denen insbesondere durch Alkalizusatz die Viskosität herabgesetzt ist und möglichst eisenoxidfreier Sand als Rohstoff dient.

Zwar erleichtert ein höherer Alkaligehalt im Glas dessen Herstellung und Verarbeitung, jedoch vermindert er auch dessen chemische Beständigkeit und das elektrische Isolierverhalten. Zusätze von CaO und Al_2O_3, führen allerdings wiederum zu einer gewissen chemischen Resistenz, so dass man solche Gläser als Flaschen- oder Fensterglas verwenden kann.

Je nach Art der zugefügten Flussmittel unterscheidet man:
- **Soda-Kalk-Glas,** gewöhnliches Gebrauchsglas, geringe Dichte um 2,5 g/cm³, Neigung zur Wasseraufnahme;
- **Bleiglas,** hohe Dichte bis 6 g/cm³, Ausgangsprodukt für geschliffene Glaserzeugnisse;
- **Kali-Kalk-Glas,** hohe Dichte, hoher Lichtbrechungsindex, Verwendung für optische Geräte;
- **Borsilicatglas,** chemisch sehr beständig, geringe Wasseraufnahme, geeignet als Geräteglas für Laboratorien.

Von sauren wässrigen Lösungen wird das SiO-Netzwerk nicht angegriffen. Es diffundieren jedoch die Netzwerkswandler in die Lösung, während aus dieser H^+- und H_3O^--Ionen in das Glas wandern. Mit der Zeit wird der Umsatz in diesem Ionenaustausch allerdings immer geringer, so dass in einem sauren Medium Glas allmählich beständiger wird.

Laugen greifen nach dem Schema

$$\equiv Si-O-Si \equiv\; +\; OH \rightarrow\; \equiv Si-OH + O-Si \equiv$$

das Si-O-Netzwerk direkt an, weil die OH^--Ionen die Si-O-Si-Bindungen aufbrechen. Es kann so eine völlige Auflösung des Glases eintreten. Dieser Fall tritt aber nur dann ein, wenn die Struktur des Glases viele Trennstellen enthält und die Lauge stark ist. Normale Gläser zeigen einen geringen Angriff.

Laborgläser mit besseren physikalischen und chemischen Eigenschaften erhält man, wenn der Alkaligehalt stark vermindert wird. Dagegen sind die SiO_2-, Al_2O_3- und B_2O_3-Anteile relativ hoch. Die beiden letzteren erhöhen die chemische Beständigkeit, deshalb sind Glasbauteile für die chemische Verfahrenstechnik häufig aus *Borsilicatglas*.

Glas gehört zu den typisch *spröden* Werkstoffen. Im festen Zustand hat es ein elastisch-sprödes Verhalten. Bei kurzzeitiger, geringer Belastung zeigt es Proportionalität zwischen Spannung und Dehnung, ist also elastisch. Geringfügiges Überschreiten der Elastizitätsgrenze führt allerdings sofort zum Bruch.

Der *Elastizitätsmodul* kann Werte bis 10^5 N/mm² erreichen. Die *Zugfestigkeit* erreicht theoretisch den hohen Wert von $E/5$. Praktisch liegen die Festigkeitswerte erheblich niedriger. Sie betragen für Soda-Kalk-Glas z. B. 50 N/mm² und für Quarzglas 90 N/mm². Ursache der geringen Festigkeit sind die im Glas stets vorhandenen Oberflächenanrisse. Die starken Spannungskonzentrationen an den Rissspitzen führen zum spröden Bruch schon bei niedrigen Zugkräften. Wegen der hohen Kerbempfindlichkeit kann Glas nach Anritzen der Oberfläche leicht durch Brechen geteilt werden.

Bei Druckbeanspruchung wirken sich die Oberflächendefekte weniger aus. Die *Druckfestigkeit* von Glas ist daher um den Faktor 10 bis 15 höher als die Zugfestigkeit.

Die mechanischen Eigenschaften von Glas können durch *Wärmebehandlung* in weiten Grenzen verändert werden:
– *Glühen* unterhalb der Erweichungstemperatur ermöglicht ein örtlich begrenztes viskoses Fließen im Glas. Dadurch werden Wärmespannungen abgebaut, die z. B. durch zu schnelles Abkühlen aus der Schmelze bei der Herstellung entstehen.
– Durch *Tempern* können in der Glasoberfläche Druckeigenspannungen erzeugt werden. Dabei wird geglühtes Glas an der Oberfläche beschleunigt abgekühlt. So vorgespanntes Glas ist weitgehend bruchfest. Es wird z. B. in der Verkehrstechnik als **Einscheibensicherheitsglas** angewendet.
– Durch *Entglasen* eines Glases entsteht ein kristallines Produkt, das in seinen Eigenschaften keramischen Werkstoffen entspricht. Dabei werden einer Glasschmelze keimbildende Mittel zugesetzt. Das Glas wird nach den Methoden der Glastechnologie geformt und anschließend in zwei Schritten getempert. Die so entstandene Glaskeramik besitzt eine höhere Festigkeit und Härte als amorphes Glas, bei entsprechender Zusammensetzung auch eine wesentlich bessere Temperaturwechselbeständigkeit.

Kristallisationsvorgänge werden auch in Gläsern durch **Keimbildung** und **Kristallisationsgeschwindigkeit** bestimmt (siehe S. 19). Die Zahl der gebildeten Keime muss so groß wie möglich sein, da auch die Festigkeit glaskeramischer Produkte mit abnehmender Kristallitgröße zunimmt. Die Keimbildung verstärkt man z. B. durch Zusatz von TiO_2 zu Gläsern mit einer kontrollierbaren Kristallisationsgeschwindigkeit. Solche sind u. a. im System Li_2O-Al_2O_3-SiO_2 zu finden. Auf diesem ternären System basierende **Glaskeramik** besitzt eine lineare thermische Ausdehnung, die unterhalb der von Quarzglas liegt und sogar negative Werte annehmen kann. Infolge der daraus resultierenden sehr guten Temperaturwechselbeständigkeit werden diese Glaskeramiken u. a. als Kochgefäß verwendet *(Pyroceram®)*.

Glasfasern zeigen ein völlig anderes mechanisches Verhalten als »normal« dicke Proben mit Durchmessern über 1 mm. Wie in Bild 6.6 wiedergegeben ist, steigt die Zugfestigkeit mit abnehmender Probendicke erheblich an. Diese Festigkeitszunahme ist eine Folge der Tatsache, dass mit kleiner werdendem Probenquerschnitt die Zahl und Größe der Oberflächenfehler überproportional abnimmt. Bei sehr dünnen Glasfäden, deren Durchmesser im Bereich von 1 µm liegen, ist experimentell nahezu die theoretische Zugfestigkeit erreicht worden. Derart hochfeste Glasfasern werden z. B. direkt aus der Schmelze gezogen.

Neben der Anwendung in der Glasfaseroptik dienen sie als Verstärkungsmaterial für *Verbundwerkstoffe,* z. B. für die **glasfaserverstärkten Kunststoffe (GFK)**. Zu beachten ist allerdings, dass Glasfasern bei Lagerung an Luft schnell an Festigkeit verlieren, weil sie infolge des großen Verhältnisses Oberfläche zu Volumen leicht Wasser aufnehmen. Der Gehalt an löslichen Alkalioxiden sollte daher unter 1 % liegen. Eine erhöhte Witterungsbeständigkeit lässt sich auch durch eine Behandlung der Glasfasern mit wasserabweisenden Silikonpräparaten erreichen.

Seine besondere Stellung unter den Werkstoffen verdankt das Glas seinen optischen Eigenschaften,

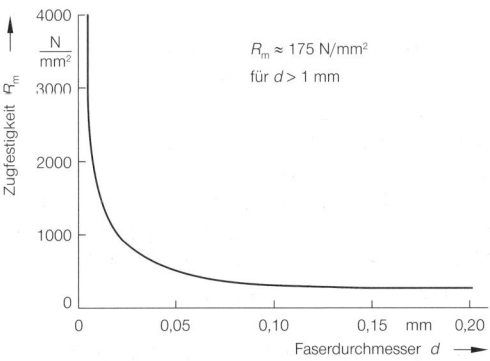

Bild 6.6
Zugfestigkeit von Glasfasern in Abhängigkeit vom Faserdurchmesser

wie seiner Transparenz, Lichtbrechung, Reflexion, Absorption und Doppelbrechung. Die **Transparenz** (Lichtdurchlässigkeit) ist darauf zurückzuführen, dass sichtbares Licht weder mit den Atomen im Glas noch mit deren Elektronen in Wechselwirkung tritt. Für Quarzglas liegt die *Absorptionsgrenze* bei ca. 210 nm, d. h. erst im ultravioletten Bereich. Verunreinigungen und vor allem die Zusätze, die in den üblichen Gläsern vorhanden sind, verschieben die Absorptionsgrenze infolge der gebildeten Trennstellen zu größeren Wellenlängen.

Je nach Verwendungszweck kann über die Zusammensetzung der **Brechungsindex** von Glas variiert werden. Dabei kann die Zusammensetzung von der des üblichen Glases stark abweichen. So hat normales optisches Glas, z. B. für Brillengläser, als glasbildende Komponente Siliciumdioxid, ein für UV-Licht durchlässiges Glas dagegen Phosphorpentoxid. Die Gesamtheit der *optischen Gläser* lässt sich in zwei große Gruppen einordnen:

- **Kronglas** mit geringem Brechungsindex und geringem Streuvermögen für Farben (Dispersion),
- **Flintglas** mit größerem Brechungsindex.

Das **Reflexionsvermögen** eines Glases hängt vom Brechungsindex ab und wächst mit dessen Zunahme. Überzieht man die Oberfläche eines Glases mit einer sehr dünnen Schicht, deren Brechungsindex von dem des Glases abweicht, so interferieren bei der Spiegelung die von der Oberfläche und die von der Grenzfläche Schicht-Grundglas reflektierten Lichtwellen. Diese Interferenz führt zu einer Verstärkung des reflektierten Lichtes, wenn der Brechungsindex der aufgebrachten Schicht größer ist als der des Glases.

Eine Verringerung des Reflexionsvermögens tritt im umgekehrten Fall ein und wird in der optischen Industrie ausgenutzt, um die **Lichtstärke** (= Lichtdurchlässigkeit) optischer Geräte zu vergrößern und eine höhere Kontrastwirkung der Bilder zu erzielen. Derartige Schichten bestehen z. B. aus SiO_2 oder CaF_2 in einer Dicke um 130 nm und senken die Reflexionsanteile von 4 % bis 5 % auf 0,3 % bis 0,7 %.

Die Totalreflexion von Licht an Grenzflächen mit unterschiedlichem Brechungsverhalten nutzt man z. B. bei den lichtleitenden Glasfasern aus. Bei diesen **Lichtleitfasern** wird ein Kern aus einem hochbrechendem Glas mit einem Überzug aus Glas mit einem niedrigeren Brechungsindex versehen. In diesen so *»verspiegelten«* Glasfasern wird Licht durch ständig wiederholte Totalreflexion über große Entfernungen übertragen. Durch die flexiblen Fasern ist dabei eine beliebige Umlenkung des Lichtes möglich. Zu Bündeln zusammengefasste Lichtleitfasern besitzen ein hohes Auflösungsvermögen und spielen in der Endoskopie (z. B. bei der Revision der Innenräume von Maschinen oder in der Medizin bei der Untersuchung innerer Organe) eine große Rolle.

6.3 Keramik

Die Ausgangsmaterialien bei der Herstellung keramischer Körper sind stets pulverförmig. Die Pulver selbst können entweder plastisch oder spröde (unplastisch) sein. Zu den plastischen Rohstoffen gehören Kaolin und Ton, zu den spröden die Porzellanrohstoffe Quarz und Feldspat.

Die Herstellung von Keramik lässt sich in drei Stufen gliedern:
- Aufbereiten und Mischen der Pulver,
- Herstellen der Formteile,
- Brennen (Sintern).

Der Vorgang des Sinterns unterscheidet sich dabei nicht von den in Abschnitt 2.4.1 beschriebenen Prozessen. Treibende Kraft ist auch hier das Streben nach einem Energieminimum, das durch Verringe-

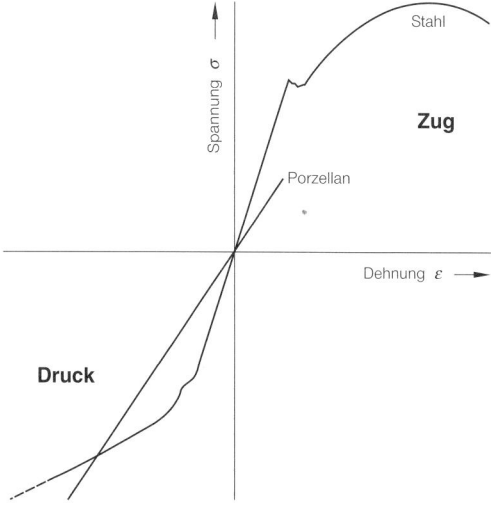

Bild 6.7
Spannung-Dehnung-Diagramm von Hartporzellan und Stahl

rung der Oberflächenenergie des Pulvers und Abbau von Gitterfehlern erreicht wird.

Das mechanische Verhalten der keramischen Werkstoffe entspricht weitgehend dem Modell des spröden Körpers. Das Spannung-Dehnung-Diagramm besteht nur aus einem linear-elastischen Bereich. Plastische Verformungen sind nicht möglich. Das Fehlen des plastischen Fließens bewirkt eine sehr hohe *Druckfestigkeit,* die etwa das 10fache der Biege- und Zugfestigkeit ausmacht (Bild 6.7 und Tabelle 6.1).

Ungünstige Eigenschaften der keramischen Werkstoffe ganz allgemein sind:

- große Kerbempfindlichkeit,
- Unfähigkeit, mechanische Spitzenbeanspruchungen durch lokale plastische Verformung abzubauen,
- geringe Schlagbiegefestigkeit.

6.3.1 Tonkeramische Werkstoffe

Die tonkeramischen Werkstoffe unterscheiden sich von anderen keramischen Werkstoffen durch einen Mindestgehalt an Tonmineralen von 20 %. Von dieser Gruppe hat vor allem das Porzellan technische Bedeutung. Dessen Abgrenzung gegen die ebenfalls ton- und feinkeramischen Produkte Steinzeug und Steingut ist fließend. Alle drei Werkstoffe besitzen nach dem Brand als wesentliche kristalline Phase den Mullit $3\,Al_2O_3 \cdot 2\,SiO_2$.

Die Tone verdanken ihre seit Jahrtausenden bevorzugte Verwendung in der keramischen Fertigung ihrer Plastizität, ihrem reichhaltigem Vorkommen in aller Welt und der Eigenschaft, auch nach dem Brand die vorher erzeugte Form beizubehalten.

Ton und Kaolin werden in der Natur schon pulverförmig gefunden und müssen nicht wie die unplastischen Rohstoffe erst noch zerkleinert werden. Beide sind durch Verwitterung feldspathaltiger Gesteine entstanden. Je nach Art und Menge der Tonminerale (Kaolinit, Montmorillonit, Illit) sowie der natürlichen Zusatzstoffe (z. B. Kalk, Pyrit, Eisenhydroxid) finden sich in der Natur die verschiedensten Kaolin- und Tonqualitäten.

Drei Eigenschaften sind ihnen jedoch gemeinsam: ein feines Korn, ein großes Wasserbindevermögen und ihre plastische Verformbarkeit.

Vor der Herstellung der zu brennenden Masse werden Quarz und Feldspat feinkörnig gemahlen, in der letzten Stufe auf mittlere Korngrößen von 0,5 µm bis 10 µm. Anschließend werden die Porzellanrohstoffe nach dem vorgegebenen Versatz möglichst homogen gemischt und zu einer feuchten, plastischen Masse oder zu einer rieselfähigen Trockenpressmasse weiterverarbeitet.

Die Formteile können z. B. durch
- Schlickerguss oder
- Pressen

hergestellt werden. Beim Gießen wird eine wässrige Suspension der Masse (Schlicker) in eine Gipsform gegossen. Der Gips entzieht dem Schlicker das Wasser, so dass die festen Teilchen der Suspension das Formteil bilden.

Beim Trockenpressen wird eine krümelige Masse mit geringem Feuchtigkeitsgehalt verdichtet. Die Verdichtung geschieht i. Allg. mit halb- und vollautomatischen hydraulisch arbeitenden Maschinen in festen Stahlformen. Die Vorteile dieses Verfahrens liegen in der großen Maßhaltigkeit der Produkte, in der Herstellung von Teilen mit ebenen Flächen und scharfen Kanten und in der guten Automatisierungsmöglichkeit.

Vor dem eigentlichen Brennvorgang wird der Formkörper getrocknet und zunächst einem *Glühbrand* unterworfen. Dabei wird den Tonmineralen das Kristallwasser entzogen. Der Scherben verfestigt sich, ist aber noch porös. Taucht man ihn jetzt in eine wäss-

Tab. 6.1: Mechanische und elektrische Eigenschaften von Porzellan und Steatit

Werkstoffart			Hartporzellan	Steatit	Sondersteatit
Hauptbestandteil			Aluminiumsilicat	Magnesiumsilicat	
Elastizitätsmodul		kN/mm^2	50	80	
Zugfestigkeit		N/mm^2	25	45	
Druckfestigkeit		N/mm^2	450	850	
Biegefestigkeit		N/mm^2	40	120	
spezifischer Durchgangswiderstand bei 50 Hz	20 °C	Ωcm	10^{11} bis 10^{12}	10^{12}	10^{12} bis 10^{13}
	600 °C	Ωcm	10^4 bis 10^6	10^5 bis 10^6	10^7 bis 10^8
Dielektrizitätszahl ε_r		–	6	6	6
dielektrischer Verlustfaktor bei 20 °C	50 Hz	–	0,017 bis 0,025	0,0025 bis 0,003	0,001 bis 0,0015
	10^6 Hz	–	0,006 bis 0,012	0,0015 bis 0,002	0,0003 bis 0,0005
Durchschlagfestigkeit bei 50 Hz (unglasiert)		kV/mm	30 bis 40	20 bis 30	30 bis 45

rige Suspension einer Glasurmischung oder spritzt dieselbe auf, dann saugt er den Feststoff in der Suspension an und wird so mit einer gleichmäßig dünnen Schicht an Glasurpulver überzogen.

Es folgt der so genannte *Glattbrand*. Dabei wird der poröse Scherben dicht, und die Glasur schmilzt zu einer glasähnlichen Schicht. Im Gegensatz zur trockenen Sinterung, bei der alle Reaktionen im festen Zustand ablaufen, gehört der Brand tonkeramischer Werkstoffe zur nassen Sinterung, weil während des Sinterprozesses eine flüssige Phase vorhanden ist, die den Prozess beschleunigt. Die Schmelzphase erstarrt beim Abkühlen zu einem Glas, das die Kristalle der kristallinen Phase miteinander verkittet.

Porzellan ist ein Werkstoff, der einen dichten, weißen und transparenten Scherben bildet. Die weiße Farbe wird durch die Verwendung reiner Rohstoffe erreicht, während Transparenz und dichter Scherben durch höhere Brenntemperatur bzw. eine Masse mit hohem Flussmittelgehalt (Feldspat) erhalten werden. Das so genannte **Hartporzellan** setzt sich mineralogisch aus 50 % Ton, 25 % Quarz und 25 % Feldspat zusammen, der Glattbrand erfolgt zwischen 1380 °C und 1460 °C. Je nach den gewünschten Eigenschaften sind Abweichungen von dieser Normalzusammensetzung möglich. So ist z. B. das für elektrotechnische Zwecke verwendete Porzellan im Hinblick auf eine größere Festigkeit oft Al_2O_3-reicher.

Steingut ist ein Werkstoff mit einem porösen (Wasseraufnahme > 2 %) und weißen Scherben. Steingut wird aus weißbrennenden Tonen zusammen mit Feldspat $K_2O \cdot Al_2O_3 \cdot 6\,SiO_2$ und Quarz als Rohstoffen hergestellt. Ein typischer Versatz (Rezept zur Herstellung) besteht aus 50 % Kaolin und Ton, 45 % Quarz und 5 % Feldspat. Der Rohbrand zu einem porösem Material (Biskuitbrand) erfolgt je nach Zusammensetzung bei 1100 °C bis 1250 °C der Glattbrand nach dem Glasieren 100 K bis 200 K tiefer.

Das Steingut wurde ursprünglich als Geschirr eingeführt. Heute überwiegt allerdings die Verwendung als Wandfliese und Sanitärware. Gegenüber Porzellan besitzt Steingut den Nachteil der Porösität und der geringeren mechanischen Festigkeit, dagegen unter anderem den Vorteil der geringeren Brenntemperatur und der Möglichkeit, mit farbenfreudigen, gut deckenden Glasuren dekoriert zu werden.

Im Unterschied zum Steingut gehört das **Steinzeug** zu den dichten tonkeramischen Erzeugnissen (Wasseraufnahme < 2 %). Der dazu notwendige höhere Anteil an Schmelzphase wird durch eine höhere Zugabe an Flussmitteln (z. B. Feldspat) oder durch Erhöhung der Brenntemperatur erreicht. Vom Porzellan unterscheidet sich das Steinzeug durch einen nicht durchscheinenden Scherben, der in der Regel farbig ist. Im Chemismus unterscheidet sich das Steinzeug nicht sehr vom Porzellan. Die als Rohstoffe verwendeten Steinzeugtone sintern bei 1200 °C bis 1300 °C dicht.

Die *Biegefestigkeit* von Steinzeug mit 30 N/mm^2 bis 60 N/mm^2 und die Druckfestigkeit mit 150 N/mm^2 bis 400 N/mm^2 sind mit der von Porzellan vergleichbar. Steinzeug ist sehr korrosionsbeständig und wird daher u. a. als Kanalisationsrohr, für Kreiselpumpen zum Transport aggressiver Flüssigkeiten oder für säurefeste Ausmauerungen verwendet. Daneben findet man es als Geschirr, Fliese oder Sanitärware. Auf der anderen Seite muss das Porzellan gegen den **Steatit** abgegrenzt werden, der nicht zu den tonkeramischen Werkstoffen gehört, aber mit dem Porzellan als Isolierwerkstoff konkurriert. Der wichtigste Rohstoff für die Steatitherstellung ist Magnesiumhydrosilicat [$3\,MgO \cdot 4\,SiO_2 \cdot H_2O$ bzw. $Mg_3(OH)_2(Si_4O_{10})$], das in der Natur in schuppiger Form als Talk oder in feinkristalliner Form als *Speckstein* (Steatit) vorkommt. Die Steatitmasse wird zwischen 1300 °C und 1400 °C gebrannt. Hierbei entstehen Magnesiumsilicatkristalle $MgSiO_3$, die in eine Glasphase eingebettet sind. Ersetzt man in der Masse die als Flussmittel wirkenden Alkalien durch Erdalkalien

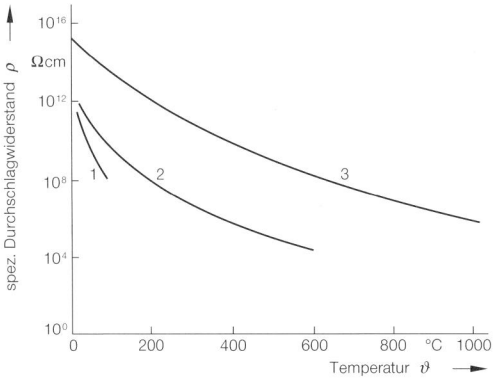

Bild 6.8
Abhängigkeit des spezifischen Durchgangswiderstandes von der Temperatur
1: Phenoplastformstoff
2: Magnesiumsilicat
3: Aluminiumoxidkeramik

(z. B. BaCO$_3$), erhält man statt des *Normalsteatits* den *Sondersteatit*. Letzterer hat besonders geringe dielektrische Verluste.

Steatit wird wie Porzellan in der *Elektrotechnik* als *Isolierstoff* eingesetzt. Er unterscheidet sich vom Porzellan durch seine höhere Festigkeit, einen niedrigeren dielektrischen Verlustfaktor und einen linearen thermischen Ausdehnungskoeffizienten, der eine Verbindung mit Metallen erleichtert (Tabelle 6.1).

Bei für einen Vergleich in Betracht kommenden organischen Isolierstoffen (Pressstoffen) liegen die Zugfestigkeiten in der gleichen Größenordnung, jedoch ist der Unterschied zwischen Zug- und Druckfestigkeit geringer (siehe Tabelle 7.2).

Die Elastizitäts- und Schubmoduln sind dagegen mindestens um eine Größenordnung niedriger als die von Steatit und Porzellan. Im Gegensatz zu vielen organischen Materialien erfahren die keramischen Stoffe keine Veränderung ihrer mechanischen Festigkeit bei beliebig vielen Temperaturgängen zwischen $-60\,°C$ und $+125\,°C$ und beliebig vielen Veränderungen der Luftfeuchtigkeit vom trockenen bis zum gesättigten Zustand und umgekehrt.

In Anlagen, in denen sich aus Schmutz (Chemikalien) und Feuchtigkeit Ablagerungen mit elektrolytischen Eigenschaften bilden, können *Kriechströme* auftreten. Wenn durch den Stromfluss die Feuchtigkeit verdampft, entstehen beim Zerreißen des leitenden Kanals auf der Oberfläche des Isolierstoffes Funken, die den Isolierstoff thermisch angreifen. Durch Wiederholung dieses Vorgangs können bei thermisch nicht stabilen Werkstoffen (z. B. Kunststoffen) zunächst verkohlte Punkte und mit der Zeit Kohlepfade entstehen, die leitfähig sind und deshalb Kurzschlüsse verursachen (siehe S. 352).

Keramische Isolierstoffe – und damit Porzellan – sind im weitesten Sinn unempfindlich gegen klimatische Einflüsse, d. h. gegen Feuchtigkeit, Salznebel, Industrieabgase und Sonnenlicht. Sie sind bei Raumtemperatur auch beständig gegen salz-, säure- und alkalihaltige Gase, Dämpfe und Niederschläge, mit Ausnahme von Flusssäure. Diese Eigenschaften bleiben auch bei elektrischer Beanspruchung durch einen Entladungsfunken erhalten. Keramische Werkstoffe und Porzellan im besonderen sind daher kriechstromfest. Die **Kriechstromfestigkeit** ist eine ihrer hervorragendsten Eigenschaften. Da sie keinen Materialabbau unter Kriechstromeinwirkungen zeigen, ist eine Prüfung dieser Eigenschaft nicht notwendig.

Der Isolationswiderstand einer elektrischen Anlage bestimmt deren Sicherheit. Daher sind Angaben über die Widerstandswerte der elektrischen Isolierstoffe von erheblicher Bedeutung. Der Isolationswiderstand eines Isolierstoffes setzt sich zusammen aus dem Widerstand im Inneren, dem *Durchgangswiderstand*, und dem *Oberflächenwiderstand*.

Die in der Elektrotechnik interessierenden Kenndaten von Porzellan und Steatit sind in Tabelle 6.1 zusammengestellt. Danach beträgt der spezifische **Durchgangswiderstand** R_D für Porzellan $10^{11}\,\Omega\text{cm}$ bis $10^{12}\,\Omega\text{cm}$. Im normalen Temperaturbereich (bis ca. $110\,°C$) liegt er bei Werten, die denen der organischen Isolierstoffe ähnlich sind. Mit steigender Temperatur nimmt der Widerstand deutlich ab (Bild 6.8).

Der **Oberflächenwiderstand** R_O, setzt sich zusammen aus einem Anteil im Inneren des Isolierstoffes und einem, der durch eine Oberflächenleitfähigkeit gegeben ist. Er gibt Aufschluss über das Isolationsvermögen der Oberfläche fester Isolierstoffe und unterscheidet sich beträchtlich vom Durchgangswiderstand. Er beträgt oft nur ca. $0,01 \cdot R_D$.

Der Oberflächenwiderstand wird stark von der Luftfeuchtigkeit sowie von Ablagerungen aus Schmutz oder Chemikalien bestimmt. Oberhalb 50 % Luftfeuchtigkeit fällt er sehr stark ab. Ab 80 % Luftfeuchtigkeit isoliert Porzellan praktisch nicht mehr, wenn man nicht noch seine Kriechstromfestigkeit heranzieht. Keramische Isolierstoffe und Kunststoffe verhalten sich in diesem Punkt ähnlich (s. a. S. 336).

Die **Durchschlagfestigkeit** gibt an, bis zu welcher maximalen Feldstärke ein Werkstoff vor dem Durchschlag belastet werden kann, d. h. bis zu welchem auf die Dicke bezogenen Spannungsgefälle (in kV/mm). Wegen der geringeren Häufigkeit von Inhomogenitäten ist sie bei kleinen Schichtdicken größer als bei großen (Bild 6.9). Hartporzellan wird, wie auch Steatit, in der Elektrotechnik für alle möglichen Isolierzwecke verwendet. So wird es u. a. in der Hochspannungstechnik als Isolator von Freileitungen für die Energieübertragung oder für Fahrleitungen von Bahnen eingesetzt. Für hohe Spannungen wurde der Langstabisolator (Bild 6.10) entwickelt. Er wird bis zu 420 kV eingesetzt und kann dann Längen über 3 m haben. Die große Schirmzahl die-

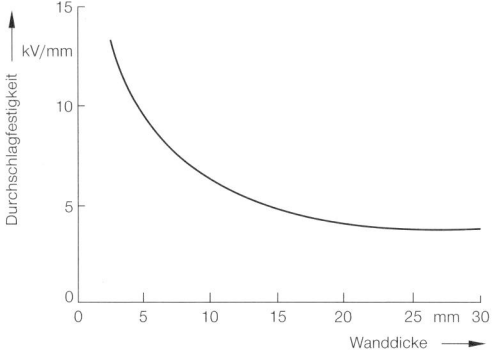

Bild 6.9
Durchschlagfestigkeit von Porzellan in Abhängigkeit von der Wanddicke

ser Isolatoren dient der Verlängerung des Kriechstromweges.

Isolierungen für Niederspannung und Niederfrequenz werden sowohl aus Steatit als auch aus Hartporzellan hergestellt, so dass häufig gleiche Isolierteile aus beiden Werkstoffen gebräuchlich sind. Steatit wird eingesetzt, wenn eine größere mechanische Festigkeit verlangt wird.

Für Isolationen, die kurz- oder langzeitig starken Wärmeeinwirkungen ausgesetzt sind (z. B. Glühlampensockel, Leitungsschutzsicherungen), und für solche Installationen, die gelegentlich feucht werden können (z. B. Schalter an Elektroherden), ist nach dem heutigen Stand der Technik der keramische Werkstoff zu bevorzugen. Bei Geräten und Anlagen, die Isolierstoffe mit einer Temperaturbeständigkeit bis 180 °C enthalten müssen, werden ohnehin fast ausschließlich keramische Werkstoffe verwendet.

Als Beispiele seien genannt: Träger für Klemmen, Klemmleisten, Einsätze für Stecker und Fassungen, Sockel für Steckdosen, Grundplatten für Schalter, Isolierkörper für Sicherungen.

In seiner chemischen Beständigkeit ist Porzellan mit Steinzeug vergleichbar und wird daher häufig in der chemischen Industrie als Laborgerät, für Destillationskolonnen, Rührwerkskessel, Rohrleitungen und Säurepumpen eingesetzt.

6.3.2 Oxidkeramische Werkstoffe

Oxidkeramische Werkstoffe werden aus Oxiden und Oxidverbindungen nach keramischen Methoden hergestellt. Im Unterschied zu den silicatkeramischen Werkstoffen (Steatit, Porzellan) sind sie nahezu oder ganz frei von SiO_2 während ihr hoher Schmelzpunkt von über 2000 °C sie von anderen aus Oxiden aufgebauten Stoffen (Ferrite, Titanate) abgrenzt. Der wichtigste oxidkeramische Werkstoff ist das **Aluminiumoxid** Al_2O_3. Daneben sind noch *Berylliumoxid* als Moderator in Kernreaktoren und *Zirkoniumdioxid* als Raketenwerkstoff von Interesse.

Die Forderung nach reinen Rohstoffen erschwert die Herstellung dieser Werkstoffe beträchtlich, weshalb die Aufbereitung von der silicatkeramischer Werkstoffe abweicht. Um den Sinterprozess mit wirtschaftlich tragbarer Geschwindigkeit ablaufen zu lassen, müssen die verwendeten Pulver eine bestimmte Korngröße besitzen. Zur Plastifizierung der Masse benötigt man Plastifizierungsmittel, weil die Metalloxide im Gegensatz zu Tonen unplastisch sind. Es müssen u. U. noch Sinterhilfsmittel zugegeben werden, um die Restporosität zu verringern und so dichte Produkte zu erhalten. Nach dieser besonderen Aufbereitung werden die Oxide mit den bekannten Verfahren verarbeitet und gesintert. Im Gegensatz zur Herstellung silicatkeramischer Stoffe handelt es sich hier um eine trockene Sinterung. Alle Reaktionen laufen im festen Zustand ab.

In Tabelle 6.2 sind die wichtigsten mechanischen und technischen Eigenschaften von Aluminiumoxid mit denen von Hartmetall verglichen. Auffallend ist die hohe *Härte* des Al_2O_3. Die Festigkeitswerte sind über einen großen Temperaturbereich praktisch konstant. Der Grund liegt darin, dass mit steigender Temperatur die Zunahme der Plastizität und damit die Zunahme der Fähigkeit zum Abbau lokaler Spannungsspitzen die thermisch bedingte Festigkeitsabnahme kompensiert. Dagegen ist der Wert der Schlagzähigkeit (ungekerbt!) mit 0,2 J/cm² bei 20 °C gegenüber der Kerbschlagzähigkeit von z. B. Baustahl mit 100 J/cm² niedrig, was den spröden Charakter des Al_2O_3 beweist.

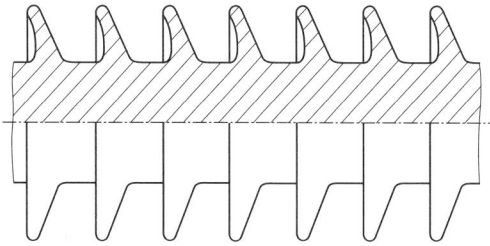

Bild 6.10
Langstabisolator (Ausschnitt)

Tab. 6.2: Eigenschaften von Aluminiumoxidkeramik und Hartmetall

Eigenschaften		Aluminiumoxidkeramik	WC-Hartmetall mit 6 % Co
Dichte	g/cm^3	3,9	14,9
Biegefestigkeit	N/mm^2	400	1700
Druckfestigkeit	N/mm^2	4000	5800
Bruchdehnung im Druckversuch	%	> 0,01	ca. 0,5
Elastizitätsmodul	kN/mm^2	390	620
Vickershärte	HV	2300	1600
Wärmeleitfähigkeit	W/(m·K)	30	80
Ausdehnungskoeffizient	10^{-6}/K	8	5

Wegen der hohen Härte wird Al_2O_3 u. a. als Schneidwerkzeug, Fadenführer und in Gleitringdichtungen eingesetzt. So werden Al_2O_3-Schneidplatten neben Hartmetall-Schneidwerkzeugen in der spanabhebenden Bearbeitung, insbesondere von Gusseisen und Stahl, verwendet. Die hohe *Warmfestigkeit* des Al_2O_3 erlaubt Schnittgeschwindigkeiten von 500 m/min, während mit Hartmetallen allenfalls 100 m/min zu erreichen sind. Wegen der Sprödigkeit werden aber an stoßfreie Belastung und Laufruhe der Werkzeugmaschine erhöhte Anforderungen gestellt.

Die *Korrosionsbeständigkeit* von Al_2O_3 ist sehr gut. Es ist beständig gegen Säuren, Metallschmelzen, viele Gläser und Schlacken. Gegenüber Metallen ergeben sich für Al_2O_3 besonders dann Vorteile, wenn mechanische Beanspruchungen durch korrosive und thermische Beanspruchungen überlagert werden.

Eines der häufigsten Anwendungsgebiete für Al_2O_3-Keramik ist daher das Abdichten von Durchführungen in Gefäße und Arbeitsräume hinein, in denen sich korrodierende Medien befinden. Das Al_2O_3 ist als Gleitring in Gleitringdichtungen allen anderen Werkstoffen an Korrosions- und Verschleißfestigkeit überlegen. So verdrängt die axiale Gleitringdichtung als Dichtelement für rotierende Wellen die konventionelle Stopfbuchse, besonders bei höheren Drehzahlen. Aluminiumoxid kann bis zu einer Arbeitstemperatur von 1950 °C in oxidierender und reduzierender Atmosphäre sowie im Vakuum eingesetzt werden. Die Wärmeleitfähigkeit beeinflusst die Temperaturwechselbeständigkeit und ist eine wichtige Größe für den Einsatz von Al_2O_3 in der Elektronik. Sie ist bei 20 °C mit der von Stahl vergleichbar, fällt aber mit zunehmender Temperatur ab. Die thermische Ausdehnung von 8·10^{-6}/K hat eine mäßige Thermoschockbeständigkeit zur Folge.

Die Al_2O_3-Keramik besitzt folgende für einen Einsatz in der Elektrotechnik günstige Eigenschaften:
– Sehr niedrigere *dielektrische Verlustfaktoren* von 0,0002 bis 0,0003 bis hin zu hohen Frequenzen.
– einen hohen *Oberflächenwiderstand* (Isolationsweg von 2 mm/kV unter Normalbedingungen) und eine hohe *Durchschlagfestigkeit* von 20 kV/mm bis 30 kV/mm,
– eine hohe *Wärmeleitfähigkeit*, die für die schnelle Abführung von Verlustwärme, z. B. bei Substraten, wichtig ist,
– feste *Haftung* von aufgebrachten Metallschichten, was für Al_2O_3-Metall-Verbundkonstruktionen wichtig ist.

Aufgrund dieser Eigenschaften wird Al_2O_3 unter anderem als Hochleistungszündkerze, Innenbauteil und Gehäuse für Elektronenröhren, Gefäß für Hochdruckentladungslampen, Thyristorgehäuse und als Substrat verwendet. Vor allem als Substratwerkstoff hat es sich wegen der Kombination seiner guten mechanischen, thermischen und elektrischen Eigenschaften durchgesetzt. Al_2O_3-Substrate werden fast ausschließlich bei der Herstellung hybrider Schaltkreise [1] verwendet, wo sie als Trägermaterial und gleichzeitig zur Isolierung der elektronischen Elemente dienen. Diese Schaltungen sind in vielen Zweigen der Elektrotechnik, besonders der Unterhaltungselektronik, Stand der Technik.

Die Anwendung von **Zirkoniumoxid ZrO_2** wird entscheidend durch seine Modifikationen beeinflusst:

ZrO_2 ↔ ZrO_2 ↔ ZrO_2
(monoklin) (tetragonal) (kubisch).

Die Umwandlung von monoklinem ZrO_2 zu tetragonalem ZrO_2 erfolgt bei 1000 °C bis 1200 °C und ist mit einer Volumenänderung von ca. 8 % verbunden. Diese starke Volumenänderung würde Sinterkörper aus reinem ZrO_2 zerstören. Um die guten thermischen Eigenschaften des ZrO_2 (T_s = 2680 °C)

---

[1] Hybride Schaltkreise sind dadurch gekennzeichnet, dass bei ihrer Herstellung verschiedene Techniken kombiniert werden. Passive Bauelemente werden z. B. in Dickfilmtechnik (Siebdruckverfahren) oder in Dünnfilmtechnik (Aufdampfen oder Kathodenzerstäubung) hergestellt. Die in diese Schaltungen eingelöteten aktiven Halbleiterbauelemente sind dagegen als »Monolithe« gefertigt, bei denen ein Kristall alle Schaltelemente enthält.

zu nutzen, vermeidet man durch Mischkristallbildung mit MgO, CaO und Y_2O_3 die störenden Umwandlungen. Die sonst nur über 2300 °C existente kubische Modifikation kann so stabilisiert werden.

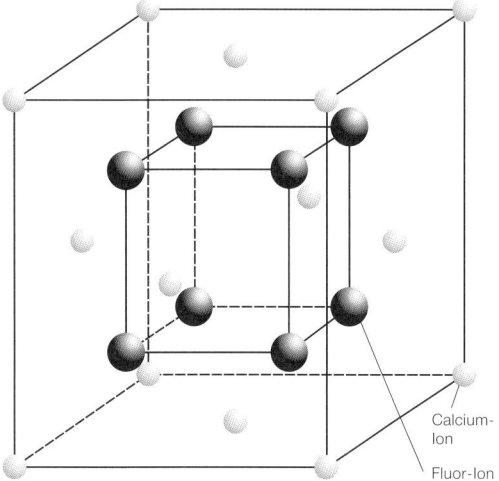

Bild 6.11
Calciumfluoritgitter

Die kubische Modifikation hat die Struktur des sogenannten **Calciumfluoritgitters** (Bild 6.11). Bei diesem Gittertyp bilden die Calcium- bzw. Zirkoniumionen (als Kationen) ein kfz Gitter, in das ein einfaches kubisches Gitter aus den Fluor- bzw. Sauerstoffionen (Anionen) hineingestellt ist. Die Kationen der zugegebenen Oxide besetzen die Gitterplätze der Zr^{4+}-Ionen. Da sie weniger Sauerstoff binden als das Zirkonium, entstehen Leerstellen im Anionenteilgitter. Diese Mischkristalle zeigen dadurch eine erhöhte Leitfähigkeit für Sauerstoffionen, die von Art und Konzentration des zugegebenen Oxids abhängt. Sie sind die in der Praxis führenden **Feststoffelektrolyten.**

Ändert sich der Sauerstoffpartialdruck der Umgebung von kubisch stabilisiertem ZrO_2 so ändert sich auch dessen Sauerstoffgehalt, weil bis zur Einstellung eines Gleichgewichtszustandes Sauerstoffionen aufgenommen oder abgegeben werden. Eine deutlich messbare Veränderung der Ionenleitfähigkeit tritt dadurch nicht ein. Die Zu- oder Abnahme von Elektronen bzw. Defektelektronen führt jedoch zu starken Potenzialveränderungen.

Kubisch stabilisiertes ZrO_2 setzt man daher zur Messung von *Sauerstoffpartialdrücken* ein. Mit der **Lambda-Sonde** wird über den Sauerstoffgehalt das CO/CO_2-Verhältnis in Abgasen bestimmt und damit das Luft/Kraftstoff-Verhältnis λ von Verbrennungsmotoren optimiert. In gleicher Weise, nämlich über das CO/CO_2-Verhältnis, wird bei Wärmebehandlungen die Schutzgaszusammensetzung geregelt. Das von der **Sauerstoffsonde** abgegebene Signal lässt sich z. B. direkt dem Kohlenstoffpotenzial der Ofenatmosphäre zuordnen. Die Sonden sind z. B. einseitig geschlossene Rohre aus ZrO_2 an deren Innen- und Außenseite Messelektroden die Potenzialdifferenz abnehmen. Vergleichsatmosphäre ist in der Regel Luft.

Zirkoniumoxid besitzt:
– eine gute *Korrosionsbeständigkeit,*
– einen linearen *Ausdehnungskoeffizienten* von $9 \cdot 10^{-6}$/K im Bereich von 20 °C bis 1500 °C,
– eine relativ niedrige Wärmeleitfähigkeit von ca. $2 W/(m \cdot K)$ sowie
– in teilstabilisierter Form (z. B. 80 % kubisch, 20 % tetragonal) eine hohe *Festigkeit* und *Zähigkeit.*

Diese Eigenschaften machen das Zirkoniumoxid in Zusammenhang mit seinem Schmelzpunkt als *Raketenwerkstoff* geeignet. Eingesetzt wird es an der Raketenspitze sowie als plasmagespritzter Überzug in Raketendüsen, um thermisch zu isolieren und den mechanischen Abrieb durch den Gasstrahl zu vermindern.

6.3.3 Ferroelektrische keramische Werkstoffe

Kennzeichnend für die *ferromagnetischen* Materialien ist der durch die *Hysteresekurve* gegebene Zusammenhang zwischen der *magnetischen Flussdichte B* und der *magnetischen Feldstärke H* (siehe Bild 1.39). Es gibt Werkstoffe, die eine ähnliche Abhängigkeit der *elektrischen Flussdichte D* von der *elektrischen Feldstärke E* zeigen. Es besteht auch hier kein linearer Zusammenhang mehr, und es gibt bei diesen ferroelektrischen Werkstoffen eine **elektrische Hysteresekurve** (Bild 6.12).

Die **Ferroelektrizität** hängt mit einer im Werkstoff spontan auftretenden elektrischen Polarisation zusammen. Beim Abkühlen von *Bariumtitanat* $BaTiO_3$ auf die CURIE-Temperatur verschieben sich ohne Einflüsse von außen das positive Ti^{4+}-Ion und ein negatives O^{2-}-Ion in der Elementarzelle (Bild 6.13) derart gegeneinander, dass sich ein lokaler *Dipol* bildet. Mit dieser Verschiebung verliert die Elementarzelle ihr Symmetriezentrum, so dass der Werkstoff piezoelektrisch werden kann. Derartige Ionenverschiebungen verlaufen in größeren Materialbereichen, den **Domänen** [1], parallel zueinander.

Die Bedeutung des Symmetriezentrums liegt im **piezoelektrischen Effekt**. Im unbelasteten Zustand befinden sich die elektrostatischen Felder der entgegengesetzt geladenen Ionen im Gleichgewicht, wie durch das gestrichelt eingezeichnete gleichseitige Dreieck in Bild 6.14a angedeutet ist. Bei einer elastischen Verformung des Gitters werden die Ionen so gegeneinander verschoben, dass in Verformungsrichtung eine Resultierende der elektrostatischen Kräfte entsteht (gleichschenkliges Dreieck in Bild 6.14b). Durch eine äußere Belastung wird so eine Polarisation der Ionenkristalle erzeugt. Die Umwandlung von mechanischen Schwingungen in elektrische Signale durch derartige Kristalle wird z. B. in Tonabnehmern, Mikrofonen und Beschleunigungsmessern genutzt.

Umgekehrt können piezoelektrische Kristalle durch Anlegen einer Wechselspannung zu mechanischen Schwingungen angeregt werden. Auf diese Weise werden z. B. *Ultraschallwellen* erzeugt, mit denen Werkstoffe zerstörungsfrei geprüft werden können (siehe S. 134). An Stelle der früher verwendeten Quarze werden heute als Ultraschallquellen piezoelektrische Keramiken, wie z. B. $BaTiO_3$ oder $Pb(ZrTi)O_3$, verwendet. Sie sind preiswerter, können in beliebiger geometrischer Gestalt hergestellt werden und besitzen bessere Eigenschaften.

Oberhalb der CURIE-Temperatur T_c gehorcht die relative Dielektrizitätskonstante ε_r dem CURIE-WEISS-schen-Gesetz:

$$\varepsilon_r = \frac{C}{T - T_c}.$$

(C = CURIE-Konstante = ca. 10^5 K, $BaTiO_3$: T_c = 393 K). Der Wert $\varepsilon_r = \infty$ nach dieser Gleichung stellt sich wegen der bei T_c einsetzenden spontanen Polarisation nicht ein, wohl aber Werte bis ε_r = 9000. Damit kann $BaTiO_3$ als Kondensatordielektrikum eingesetzt werden.

---

[1] Domänen ferroelektrischer Werkstoffe sind mit den WEISS-schen Bezirken (siehe S. 12) ferromagnetischer Werkstoffe vergleichbar.

[2] PTC = **P**ositiver **T**emperatur **C**oeffizient. Widerstände, die im kalten Zustand gut, bei hohen Temperaturen schlecht leiten. (siehe S. 324)

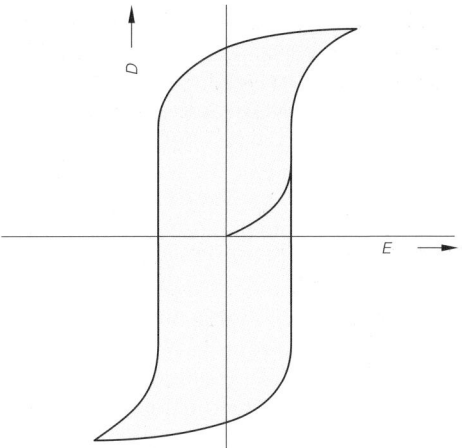

Bild 6.12
Hystereseschleife einer ferroelektrischen Keramik (schematisch)
E = elektrische Feldstärke
D = elektrische Flussdichte (Polarisation)

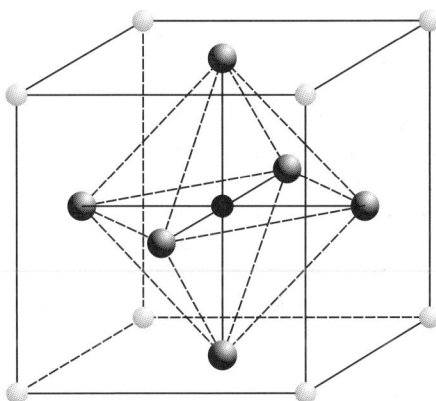

Bild 6.13
Bariumtitanatgitter oberhalb der CURIE-Temperatur
  Ba-Ion   *O-Ion*   *Ti-Ion*

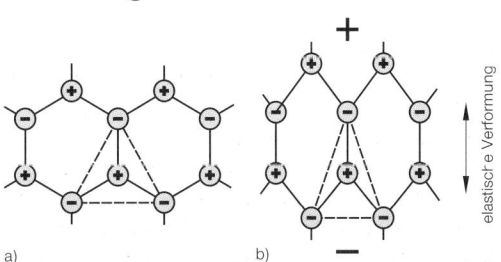

a)   b)

Bild 6.14
Polarisation von Ionenkristallen ohne Symmetriezentrum (schematisch)
a) unverformt
b) verformt

Bariumtitanat wird ferner als **PTC-Thermistor** [2)] verwendet. Normalerweise ist BaTiO$_3$ ein Isolator, wird jedoch durch Zugabe geringer Mengen Antimon oder Lanthan elektrisch leitend. Am CURIE-punkt ändert sich die Leitfähigkeit um mehrere Zehnerpotenzen. Damit eignen sich PTC-Thermistoren besonders als thermischer Überlastungsschutz, z. B. für Elektromotoren und andere elektrische Anlagen, oder zur Kontrolle von Lagertemperaturen.

Von Nachteil sind beim Bariumtitanat bei einem Einsatz als elektromechanischer Wandler die niedrige CURIE-Temperatur, die relativ niedrige Koerzitivfeldstärke (max. 5·10^3 V/cm) und ein geringer Wirkungsgrad von ca. 2 %. Diese Nachteile werden mit Bleizirkoniumtitanat Pb(ZrTi)O$_3$ vermieden: Koerzitivfeldstärke ca. 10^4 V/cm, Wirkungsgrad über 30 %. Elektromechanische Wandler werden u. a. für Frequenzfilter, Verzögerungsleitungen und als Ultraschallschwinger eingesetzt.

6.3.4 Magnetische keramische Werstoffe

Die magnetischen Erscheinungen der Materie beruhen auf dem Bahnumlauf der Elektronen um den Atomkern und auf ihrem Spin (siehe S. 12). In Festkörpern ist das magnetische Moment eines Atoms jedoch praktisch identisch mit dem magnetischen Gesamtspinmoment, weil die elektrostatischen Felder der Atome einen Bahnumlauf der Elektronen in wechselnden Richtungen bedingen. Damit ist ein fast völliges Verschwinden des magnetischen Bahnmomentes verbunden.

Die Spinmomente kompensieren sich bei diamagnetischen Stoffen ebenfalls. *Paramagnetische* Stoffe haben ein geringes resultierendes magnetisches Moment, das durch Anlegen eines äußeren magnetischen Feldes beeinflusst werden kann. Bei einer relativ kleinen Gruppe dieser Werkstoffe kompensieren sich die Spinmomente infolge eines unsymmetrischen Atomaufbaus nicht. Abhängig von der Kristallstruktur können sie sich ferner gegenseitig beeinflussen. Diese Wechselwirkung kann bei tieferen Temperaturen eine Ordnung hervorrufen, die auch nicht durch thermische Energie zerstört werden kann. Je nach Art der Wechselwirkung der magnetischen Momente werden der

- **ferromagnetische,** der
- **ferrimagnetische** und der
- **antiferromagnetische** Zustand unterschieden.

Bei ferromagnetischen Werkstoffen sind die Spinmomente innerhalb eines WEISSschen Bezirks vollkommen parallel ausgerichtet. Durch Anlegen eines äußeren Magnetfeldes kann diese Ausrichtung praktisch auf den ganzen Körper übertragen werden (siehe S. 12).

Ferrite sind ferrimagnetische keramische Materialien auf der Basis von Eisenoxid-Verbindungen. Sie sind Doppeloxide der Form MeO·Fe$_2$O$_3$. Ferrite kristallisieren z. B. nach der so genannten *inversen Spinellstruktur,* die durch die allgemeine Formel B(AB)O$_4$ gekennzeichnet ist. A steht für zweiwertige Kationen, z. B. Fe^{2+}, Ni^{2+}, Mn^{2+} oder Zn^{2+}, B für dreiwertige Kationen wie Fe^{3+}, Al^{3+} oder Cr^{3+}. Ein Doppeloxid kann dann z. B. wie folgt beschrieben werden:

NiO · Fe$_2$O$_3$ = Fe^{3+}(Ni^{2+} Fe^{3+})O$_4$.

Die inverse Spinellstruktur selbst wird am besten durch eine kubisch dichteste Packung (kfz Gitter) von Sauerstoffionen beschrieben. In *Tetraederlücken* dieses Gitters ist die eine Hälfte der B-Ionen, die andere Hälfte der B-Ionen und die A-Ionen sind in *Oktaederlücken* (Bild 6.15).

Innerhalb eines WEISSschen Bezirks sind die magnetischen Momente der Ionen in den Tetraederlü-

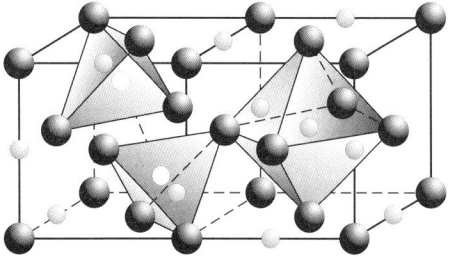

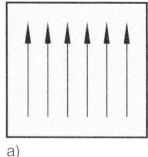 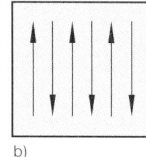 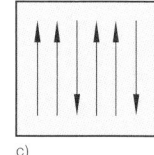

Bild 6.15
Inverses Spinellgitter
● *Sauerstoff-Ion*
◐ *Metall-Ion in oktaedrischer Lücke*
○ *Metall-Ion in tetraedrischer Lücke*

Bild 6.16
Anordnung der Spinmomente bei
a) ferromagnetischen
b) antiferromagnetischen
c) ferrimagnetischen Werkstoffen (schematisch)

Tab. 6.3: Kenngrößen von Ferriten

Ferritart	Anfangs- permeabilität	Sättigungs- polarisation J_S Vs/m²	Koerzitivfeld- stärke H_c A/m	spezifischer elektrischer Widerstand ρ Ω cm	Curie- Temperatur T_c °C	Energie- produkt $(B \cdot H)_{max}$ kJ/m³
Mangan-Zink-Ferrite	500 bis 10 000	0,3 bis 0,5	4 bis 100	0,0002 bis 0,2	90 bis 280	
Nickel-Zink-Ferrite	10 bis 2000	0,2 bis 0,4	16 bis 1600	0,1 bis 10⁵	100 bis 500	
Barium-Ferrit, isotrop		0,2	150 000	10⁸	450	7
Barium-Ferrit, anisotrop		0,4	230 000	10⁸	450	30

cken zu denen der Ionen in den Oktaederlücken *antiparallel* ausgerichtet (Bild 6.16c). Infolge der teilweisen Kompensation der Spinmomente ist die Sättigungspolarisation (Sättigungsmagnetisierung) der Ferrite immer geringer als die ferromagnetischer Werkstoffe.

Weichmagnetische Ferrite auf Mangan-Zink- und Nickel-Zink-Basis (Tabelle 6.3) haben hohe spezifische Widerstände und sehr geringe Ummagnetisierungsverluste, weil gegenüber metallischen Magnetwerkstoffen sehr kleine Wirbelstromverluste auftreten. Darauf beruht auch der Einsatz dieser Werkstoffe als Übertrager und Spulenkern in der Nachrichtentechnik bei Frequenzen über 100 kHz. Die annähernd *rechteckige Hystereseschleife* vieler weichmagnetischer Ferrite begründet ihre Verwendung als Speicherkern und Schaltelement in Rechenanlagen.

Hartmagnetische Ferrite haben die Zusammensetzung BaO·6Fe₂O₃ oder SrO·6Fe₂O₃. Ihre hexagonale Struktur bewirkt eine Vorzugsrichtung der Magnetisierung parallel zu der Achse der sechseckigen Säule. Dieser einachsige Charakter der Struktur ist eine Bedingung zur Erzielung hoher Koerzitivfeldstärke. Dagegen ist der weichmagnetische Charakter der Spinelle auf ihr kubisches Gitter zurückzuführen.

Das hartmagnetische Verhalten eines Werkstoffes wird vor allem durch das maximale Energieprodukt $(B \cdot H)_{max}$, daneben durch die Koerzitivfeldstärke H_c und die Remanenz B_r gekennzeichnet (Bild 6.17).

Optimale Eigenschaften werden erreicht, wenn das Gefüge porenfrei ist und aus kleinen (ca. 1 µm) Kristalliten besteht. In einem magnetisch **isotropen Ferrit** sind die magnetischen Momente der Kristallite nach Sättigung und ohne den Einfluss äußerer Felder statistisch über eine Halbkugel verteilt (Bild 6.18). Erfolgt das Nasspressen vor dem Sintern in

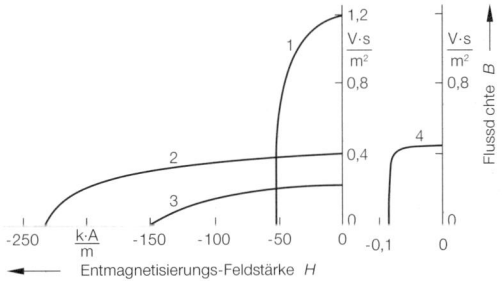

Bild 6.17
Entmagnetisierungskurven von hartmagnetischen und weichmagnetischen Werkstoffen
1: AlNiCo5
2: Bariumferrit, anisotrop
3: Bariumferrit, isotrop
4: Mn-Zn-Ferrit

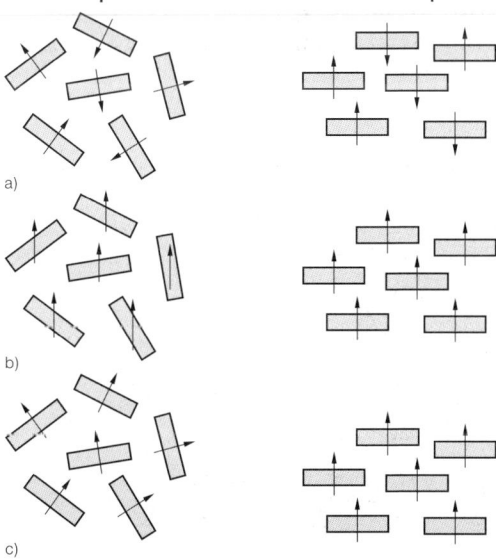

Bild 6.18
Bariumferrit mit nicht ausgerichteten Kristalliten
a) entmagnetisierter Zustand
b) Zustand in einem sättigenden Feld
c) Zustand nach Sättigung ohne äußeres Feld

einem starken Magnetfeld, orientieren sich die Kristallite in dem Feld. Dadurch sind im **anisotropen Ferrit** im gesättigten Zustand die magnetischen Momente auch nach Wegnahme des äußeren Feldes annähernd parallel. Als Folge ist beim anisotropen Ferrit die Remanenz rund zweimal und das Energieprodukt $(B \cdot H)_{max}$ etwa viermal so groß wie beim isotropen Ferrit (Tabelle 6.3).

Keramische Hartmagnete finden u. a. in Lautsprechern und Kleinmotoren, als Fernseh-Korrekturmagnete oder in Haftsystemen Verwendung.

6.4 Kohlewerkstoffe

Kohlenstoff kommt in den kristallinen Modifikationen *Diamant* und *Grafit* vor. Unter Normalbedingungen ist der Grafit die stabile Phase. Der Diamant ist metastabil und kann bei einem Druck um 40 GPa und 1700 °C synthetisch hergestellt werden.

In der Struktur von **Diamant** kommt der Typ einer *reinen kovalenten Bindung* zum Ausdruck. Die Kohlenstoffatome bilden ein kfz Gitter, wobei vier weitere Atome pro Elementarzelle abwechselnd die Tetraederlücken (Mitten der Achtelwürfel) besetzen (Bild 6.19). Damit hat jedes Kohlenstoffatom vier tetraedrisch angeordnete nächste Nachbarn im Abstand von 0,154 nm. Auf die Art der Bindung sind
– der relativ hohe elektrische Widerstand mit ca. $10^{17}\,\Omega\mathrm{cm}$,
– die hohe Sublimationstemperatur von 3800 °C,
– die hohe chemische Beständigkeit und
– die extrem hohe Härte
von Diamant zurückzuführen.

Heute ist die Produktion synthetischer Diamanten deutlich größer als die Förderung von Naturdiamanten. Wegen seiner hohen Härte wird Diamant für alle Trenn- und Schleifverfahren eingesetzt, z. B. zum Läppen, Schleifen, Sägen und Bohren harter metallischer und keramischer Werkstoffe. Diamantpulver wird lose als Poliermittel oder gebunden in eine Metall- oder Kunstharzmatrix als Schleif- oder Trennscheiben verwendet. Einzeln gefasste Diamanten dienen als Ziehsteine, Lager oder Abtastkörper.

Da unter Normalbedingungen nur **Grafit** beständig ist, sind die meisten synthetischen Kohlenstoffe grafitischer Natur. Grafit kristallisiert in einem **hexagonalen Schichtgitter** (Bild 6.20). Innerhalb der Schichten ist jedes Kohlenstoffatom mit drei Nachbaratomen durch eine sehr starke kovalente Bindung verbunden, der Abstand beträgt 0,141 nm. Das vierte Valenzelektron eines jeden Kohlenstoffatoms ist schwach gebunden und bewirkt die auch nur sehr schwache Bindung zwischen den Schichten. Der Abstand zweier Ebenen beträgt in einem perfekten Grafitgitter 0,335 nm.

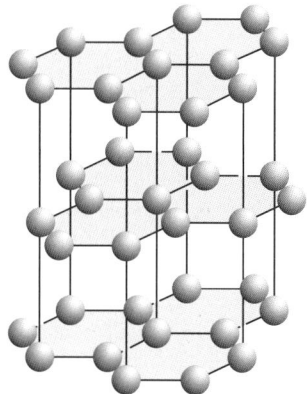

Bild 6.20
Grafitgitter

Daneben gibt es den *parakristallinen* Kohlenstoff, der infolge von Translation oder Rotation einzelner Schichtstapel mehr oder weniger fehlgeordnet ist (turbostratisches Gefüge). Der Abstand der Schichtebenen vergrößert sich auf 0,344 nm. Hierzu gehören fast alle synthetisch hergestellten Grafite, Kokse und der Glaskohlenstoff. Trotzdem ist es zweckmäßig, die Eigenschaften auch dieser Kohlewerkstoffe von der Struktur des Grafits herzuleiten.

Wegen des ausgeprägten Schichtgitters sind die Eigenschaften eines *Grafiteinkristalls* stark richtungsabhängig (Tabelle 6.4). Diese Eigenschaft findet sich annähernd bei einigen neuartigen Kohlewerk-

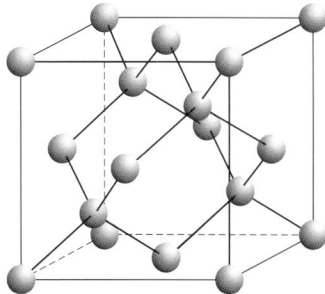

Bild 6.19
Diamantgitter

Tab. 6.4: Physikalische Eigenschaften des Grafiteinkristalls

Eigenschaften		in der Schichtebene	rechtwinklig zur Schichtebene
elektrische Leitfähigkeit	m/Ω mm^2	2,5	0,0005
Wärmeleitfähigkeit	W/(Km)	1740	8,2
Ausdehnungskoeffizient	10^{-6}/K	$-$ 0,22 bis $+$ 1,3	20 bis 80

stoffen wieder, wie z. B. den *Grafitfolien* und den hochfesten Kohlefäden. In den Eigenschaften von Elektrografitkörpern wird die Anisotropie u. a. durch die unterschiedliche Orientierung der Kristallite (*Quasi-Isotropie*, siehe auch S. 9) und das poröse Gefüge des Formkörpers stark abgeschwächt.

Rund 90% der Kohlenstoff- und Grafitproduktion werden als Elektroden für elektrothermische und elektrochemische Verfahren verwendet. So werden Elektroden in Lichtbogenöfen bei der Elektrostahlproduktion oder bei der Schmelzflusselektrolyse von Aluminium benötigt. Im Hochofen werden Boden, Herd, Gestell und Rast mit Kohlenstoff- und Grafitsteinen »zugestellt«. Von Vorteil sind für die genannten Einsatzgebiete die gute elektrische und thermische *Leitfähigkeit,* sowie die gute *Temperaturwechselfestigkeit* und *Korrosionsbeständigkeit* der Kohlewerkstoffe.

Ferner sind Kohlenstoff und Grafit klassische Kontaktwerkstoffe für elektrische und mechanische Schleifkontakte, wie Bürsten, Schleifbügel, Gleitringe oder Kolbenringe, die ohne Schmierung bei geringem Verschleiß arbeiten.

Von den *konventionellen* Kohlewerkstoffen muss man die so genannten »monogranularen« Formen unterscheiden, die keine einzelnen Körner enthalten. Das wichtigste Produkt sind die **Kohlenstofffasern.** Diese werden hauptsächlich aus Polyacrylnitril durch Carbonisieren und Strecken erhalten. Die Streckung bewirkt eine Ausrichtung der Grafitschichten parallel zur Faserrichtung, so dass die starke kovalente C-C-Bindung des Grafits genutzt werden kann (Bild 6.21). Die *Zugfestigkeit* der Fasern liegt zwischen 3,6 kN/mm^2 und 5,6 kN/mm^2, der *Elastizitätsmodul* zwischen 180 kN/mm^2 und 800 kN/mm^2 und die *Dichte* um 1,8 g/cm^3.

Der Vorteil der Kohlenstofffasern gegenüber Metalldrähten zeigt sich dann, wenn Festigkeit und Elastizitätsmodul auf die Dichte bezogen werden. Die **Reißlänge** [1] beträgt bei Kohlefasern mit maximal 310 km ein Vielfaches der von Metallen. Der entscheidende Vorteil liegt jedoch in der extrem hohen *Steifigkeit.* Das Verhältnis Elastizitätsmodul/Dichte ist bei Hochmodul-Kohlefasern etwa achtmal so groß wie bei Stahldraht.

Der hohe Elastizitätsmodul bleibt in **kohlefaserverstärkten Kunststoffen (CFK)** praktisch erhalten, so dass diese bei einem Füllfaktor von 50% ungefähr dieselbe Steifigkeit wie Stahl besitzen. Die Dichte ist jedoch wesentlich geringer. Deshalb werden kohlenstoffaserverstärkte Kunststoffe in zunehmendem Maße in der Luftfahrt eingesetzt, z. B. für Seiten- und Höhenleitwerke, Tragflächenklappen, Beplankungen, Holme und Rippen.

Der **Glaskohlenstoff** verdankt seinen Namen seiner glasartigen Bruchfläche und seiner annähernd amorphen Struktur. Er entsteht bei der Pyrolyse dreidi-

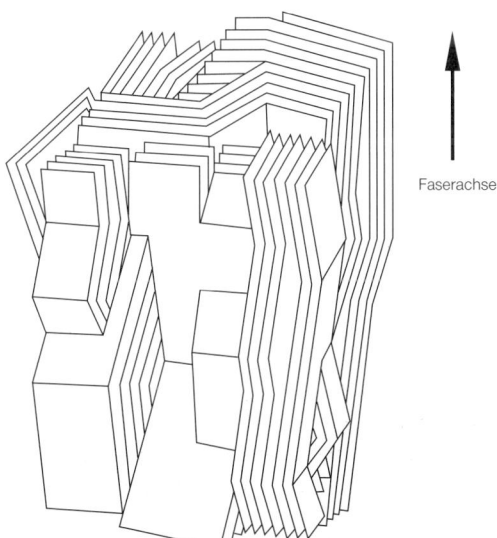

*Bild 6.21
Schematische Darstellung der Bandstruktur in grafitierter Kohlenstoffaser*

[1] Reißlänge $= \dfrac{\text{Festigkeit (z. B. } R_\text{m})}{\text{Dichte} \cdot \text{Erdbeschleunigung}}$.

mensional vernetzter Polymere. Im Gegensatz zum Grafit sind die hexagonalen Kohlenstoffschichten nicht regelmäßig über größere Bereiche angeordnet, sondern liegen in Form einer polymerähnlichen Knäuelstruktur vor. Glaskohlenstoff besitzt mit 1,5 g/cm³ eine geringe Dichte, eine verhältnismäßig geringe elektrische und thermische Leitfähigkeit sowie eine sehr hohe Korrosionsbeständigkeit gegen saure und alkalische Reagenzien und gegen Schmelzen. Von Sauerstoff wird er allerdings ab 550 °C angegriffen. Er wird u. a. als Verdampferschiffchen für die Vakuumbedampfung von Metallen, als Tiegel für die Halbleiterherstellung und als Implantatwerkstoff in der Medizin eingesetzt.

6.5 Nichtoxidische Hartstoffe

Die hohe Härte von Hartstoffen beruht auf einem großen kovalenten Bindungsanteil. Im Unterschied zur Metallbindung sind gerichtete Bindungskräfte ein Merkmal der kovalenten Bindung. Beim Brechen einzelner Bindungen reißt der ganze Kristall, was viel Energie erfordert. Neben der kovalenten Bindung sind bei Hartstoffen noch Anteile metallischer und heteropolarer Bindung vorhanden, die für die Eigenschaftsvarianten verantwortlich sind.

Ferner besitzen Hartstoffe mindestens ein Element mit kleinem Atomdurchmesser, wie z. B. Bor, Kohlenstoff, Stickstoff, Aluminium oder Silicium. Das hat in der Struktur kleine Abstände zwischen den Atomen und eine große Bindungsenergie zur Folge. Deshalb haben Hartstoffe nicht nur eine hohe Härte, sondern auch einen hohen Schmelzpunkt und Elastizitätsmodul, sowie einen niedrigen thermischen Ausdehnungskoeffizienten. Neben diesen Eigenschaften interessieren beim Einsatz von Hartstoffen noch die Korrosionsbeständigkeit, die Zähigkeit, sowie die thermische und elektrische Leitfähigkeit (Tabelle 6.5).

Die Hartstoffe stellen keine einheitliche Stoffgruppe dar, so dass es sich als zweckmäßig erwiesen hat, sie in zwei Gruppen einzuteilen:
– *nichtmetallische Hartstoffe* (z. B. Diamant, kubisches Bornitrid, Siliciumcarbid und -nitrid)
– *Hartstoffe mit metallischen* Eigenschaften (z. B. Wolframcarbid, Titancarbid und Tantalcarbid).

6.5.1 Nichtmetallische Hartstoffe

Siliciumcarbid (SiC) hat neben einer hohen Festigkeit (Biegefestigkeit bis 650 N/mm²) einen niedrigen thermischen Ausdehnungskoeffizienten von nur $4{,}8 \cdot 10^{-6}$/K, sowie eine hohe Wärmeleitfähigkeit (> 100 W/K·m). Auf diesen Eigenschaften beruht die sehr gute *Temperaturwechselbeständigkeit* der SiC-Produkte. Die zusätzlich sehr gute *Korrosionsbeständigkeit* macht das Siliciumcarbid zu einem Konstruktionswerkstoff für thermisch und chemisch hochbelastete Bauteile.

Der größte Teil des hergestellten Siliciumcarbids wird als Schleifmittel z. B. für Grauguss, NE-Metalle, Glas und Keramik eingesetzt, Siliciumcarbid-Thermoelementschutzrohre werden aufgrund der hohen Temperaturwechsel- und Korrosionsbeständigkeit gegen flüssiges Aluminium in Aluminium-Warmhalteöfen eingesetzt. In Schmelzöfen für Zink, Aluminium, Kupfer und deren Legierungen findet man Siliciumcarbid-Produkte als Muffeln bei indirekter Beheizung und als Badauskleidung. Wegen der guten elektrischen Leitfähigkeit bei hohen Temperaturen und der gleichzeitigen großen Oxidationsbeständigkeit werden Siliciumcarbid-Heizstäbe bis zu 1500 °C in oxidierender Atmosphäre eingesetzt.

Tab. 6.5: Eigenschaften von Hartstoffen

Hartstoff	chemische Formel	Dichte g/cm³	Mikrohärte HV	Schmelztemperatur °C	Elastizitätsmodul kN/mm²	spez. Elektrischer Widerstand µΩ cm
Diamant	C	3,52	10000	3800 [1]	1000	10^{18}
kubisches Bornitrid	BN	3,45	4000	3000	680	10^{12}
Borcarbid	B$_4$C	2,52	3700	2450	440	$4 \cdot 10^8$
Siliciumcarbid	SiC	3,2	3500	2300 [1]	480	500
Siliciumnitrid	Si$_3$N$_4$	3,18	1800	1900 [1]	300	10^6
Tantalcarbid	TaC	14,5	1790	3780	285	25
Titancarbid	TiC	4,9	3200	3160	400	100
Wolframcarbid	WC	15,6	1800	2600 [1]	700	40

[1] Zersetzungstemperatur

Zu den bemerkenswertesten Eigenschaften des **Siliciumnitrids** (Si_3N_4) gehören die hohe *chemische Beständigkeit* gegen Säuren und NE-Metallschmelzen, die auf dem niedrigen thermischen Ausdehnungskoeffizienten von $3 \cdot 10^{-6}$/K beruhende *Temperaturwechselbeständigkeit* und die *Warmfestigkeit*. So beträgt die Biegefestigkeit von heißgepresstem Siliciumnitrid bei 20 °C rund 700 N/mm², bei 1400 °C aber noch 290 N/mm². Die 100-h-Zeitstandfestigkeit von dichtem Siliciumnitrid liegt für 1000 °C immerhin bei 200 N/mm².

Speziell in der Aluminiumindustrie werden Werkstoffe benötigt, die durch das geschmolzene Metall nicht benetzt werden, eine gute Temperaturwechselbeständigkeit und eine hohe Festigkeit bis zu Temperaturen von ca. 800 °C haben. Siliciumnitrid erfüllt diese Anforderungen, so dass es u. a. als Thermoelementschutzrohr und als Steigrohr im Niederdruckguss eingesetzt wird.

Siliciumnitrid besitzt aufgrund seiner Härte einen hohen *Verschleißwiderstand,* der zusammen mit dem niedrigen Reibbeiwert ($\mu = 0{,}1$ bis $0{,}2$) eine Verwendung als Lager- und Gleitwerkstoff nahelegt. Typische Einsatzgebiete sind Gleitringe, Wälzlager und Rohrziehstopfen. Auch als Schneidwerkstoff wird Siliciumnitrid eingesetzt.

Laufende Entwicklungen zielen auf eine rationellere Energieverwendung durch höhere Leistungen pro Brennstoffeinheit. Man kann das erreichen, indem die Betriebstemperaturen erhöht oder die Wärmeverluste beim Kühlen vermindert werden. Die Kombination ihrer Eigenschaften lässt SiC- und Si_3N_4-Werkstoffe für eine Anwendung in Industrie- und Fahrzeuggasturbinen und in industriellen Wärmetauschern geeignet erscheinen.

Der Wirkungsgrad von Turbinen hängt z. B. entscheidend auch von den maximal erreichten Temperaturen ab. Die in Flugzeugtriebwerken verwendeten metallischen Turbinenschaufeln können selbst bei Kühlung nur bis ca. 1050 °C eingesetzt werden. Reaktionsgesintertes SiC und Si_3N_4 haben dagegen hohe Festigkeiten bis ca. 1400 °C. Die Zeitstandfestigkeiten dieser Keramiken liegen etwa bei dem Fünffachen der Werte von metallischen Werkstoffen. Ursache ist das Vorherrschen der kovalenten Bindungen. Neben den oben genannten positiven Eigenschaften: Korrosionsbeständigkeit (hier insbesonders Oxidationsbeständigkeit), Verschleiß- (hier: Erosions-)festigkeit, geringe thermische Ausdehnung und Thermoschockbeständigkeit sind weitere Vorteile:
– die geringere Dichte der Si_3N_4-Keramik mit maximal 3,2 g/cm³ gegenüber rund 9 g/cm³ bei Superlegierungen vermindert die Trägheit des Turbinenrades und
– es werden keine teuren Rohstoffe benötigt.

Trotzdem ist man von einer (Groß-)Serienfertigung einer aus keramischen Teilen bestehenden Turbine noch weit entfernt. Neben der Sprödigkeit keramischer Werkstoffe sind im Wesentlichen folgende Probleme zu lösen:
– Die Verbindungstechnik Metall-Keramik und Keramik-Keramik ist noch nicht befriedigend gelöst.
– Die Keramikteile müssen auch in großen Stückzahlen in allen ihren Eigenschaften reproduzierbar herzustellen sein.
– Die zerstörungsfreien Prüfmethoden zur Überprüfung der Qualität keramischer Bauteile sind noch unzureichend.

Borcarbid (B_4C) ist nach Diamant und kubischen Bornitrid der härteste bekannte Stoff. Es wird hauptsächlich in Form von losem Schleifkorn verwendet. Borcarbid-Pulver wird auch zum Borieren von Stahl und Hartmetall eingesetzt. Druckgesinterte Formteile aus Borcarbid haben hohe Festigkeit und hohen Reibverschleißwiderstand. Sie finden Anwendung als (Sand-)Strahldüsen und wegen der geringen Dichte als Platten für schusssichere Westen. In der Kerntechnik wird Borcarbid infolge seines hohen Einfangquerschnittes für thermische Neutronen (siehe S. 302) als Absorberwerkstoff eingesetzt.

Trotz der geringeren Härte des kubischen **Bornitrids** (BN) gegenüber Diamant ist es aufgrund höherer Kornzähigkeit beim Schleifen in Form von losem Korn oder als Scheibe wirtschaftlicher. Besonders beim trockenen Schleifen fällt die Schleifwirkung kaum ab.

6.5.2 Hartstoffe mit metallischen Eigenschaften

Die **metallischen Hartstoffe** sind vorwiegend Verbindungen der Übergangsmetalle Titan, Zirkonium, Hafnium, Vanadium, Niob, Tantal, Chrom, Molybdän und Wolfram mit Kohlenstoff, Stickstoff, Bor oder Silicium. Ihre thermische und elektrische Leitfähigkeit sowie weitere Eigenschaften verleihen ihnen metallischen Charakter. Im Unterschied zu den klas-

sischen intermediären Phasen sind sie Einlagerungsstrukturen mit einfachem, hochsymmetrischem Aufbau. Die Matrix des Metalls besitzt dabei eine:
- hexagonal einfache Anordnung: WC, NbN,
- hexagonal dichteste Packung: W_2C, Mo_2C, V_2C, Ta_2C, Ta_2N oder
- kubisch dichteste Packung: TiC, ZrC, VC, NbC, TaC, TiN.

In diese Matrix sind die wesentlich kleineren Nichtmetallatome eingelagert. Da das Durchmesserverhältnis mit 0,43 bis 0,59 größer ist als der für Einlagerungsmischkristalle geltende Grenzwert (siehe S. 36), bilden die intermediären Phasen neue Gitterstrukturen. z. B. den kubischen NaCl-Typ (siehe Bild 1.2 b).

Wie die Mischkristalle können auch die Hartstoffe einen *Homogenitätsbereich* aufweisen. Z. B. das Titancarbid mit $TiC_{0,28}$ bis $TiC_{1,0}$. Die chemische Formel hat also nur beschreibenden Charakter.

Von den Hartstoffen haben die Carbide der Elemente Wolfram, Titan, Tantal und Niob die größte Bedeutung. Sie besitzen folgende positive Eigenschaften:
- hohe Schmelztemperatur,
- hohe Härte und Verschleißfestigkeit,
- hoher Elastizitätsmodul, hohe Druckfestigkeit und Warmfestigkeit,
- gute Temperaturwechselbeständigkeit,
- gute Benetzbarkeit durch Metallschmelzen,
- Korrosionsbeständigkeit,
- hohe thermische und elektrische Leitfähigkeit.

Die gute Benetzbarkeit ist für die pulvermetallurgische Verarbeitbarkeit sehr wichtig, wobei noch eine teilweise reversible Löslichkeit der Carbide in Metallschmelzen hinzukommt. Über 95 % der Produktion an Carbiden werden pulvermetallurgisch verarbeitet.

Wolframcarbid hat eindeutig eine Vorzugsstellung, obwohl das Titancarbid preiswerter, härter, warmfester und korrosionsbeständiger ist. Die Vorzüge des Wolframcarbids sind vor allem:
- sehr hohe Leitfähigkeit,
- sehr hohe Druckfestigkeit,
- sehr hoher Elastizitätsmodul,
- ausgezeichnete Benetzbarkeit durch Kobalt mit reversibler Löslichkeit und
- plastische Verformbarkeit.

Von den Werkstoffen auf Hartstoffbasis haben die **Hartmetalle** die größte technisch-wirtschaftliche Bedeutung. Die in den Hartmetallen am häufigsten auftretenden Phasen sind **Wolframcarbid, Titancarbid, Tantalcarbid** und das Bindemetall Kobalt (Bild 6.22). Die Hartstoffphasen sind Träger der Härte und bestimmen die Verschleißeigenschaften, während das Bindemetall dem Verbundstoff die Zähigkeit verleiht. Dadurch werden diese an sich gegensätzlichen Eigenschaften in einem Werkstoff kombiniert.

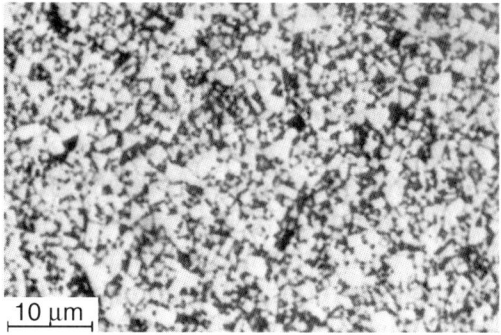

Bild 6.22
Gefüge eines gesinterten Hartmetalls

Die Hartmetalle werden nach den klassischen pulvermetallurgischen Verfahren hergestellt:

Z. B. wird feingemahlenes Wolframcarbid (mittlere Korngröße ca. 1 µm) mit feinem Kobaltpulver unter Zusatz von Wasser oder Alkohol homogen gemischt. Nach dem Trocknen wird das Pulvergemisch zu Formkörpern verpresst.

Einfach gestaltete Körper werden in dem Presswerkzeug direkt auf Endform gebracht und anschließend zwischen 1300 °C und 1600 °C im Vakuum oder in einer Wasserstoffatmosphäre gesintert. Hierbei werden große Teile des Sinterkörpers flüssig (nasse Sinterung), ohne dass der Körper seine Form verliert. Das Kobalt löst das Wolframcarbid oberhalb 1300 °C teilweise und scheidet es bei fallender Temperatur wieder aus. Dieser Ausscheidungsprozess erfolgt vorzugsweise an den ungelöst gebliebenen Wolframcarbid-Körnern, so dass diese dadurch versintert werden und ein Skelett bilden, dessen Hohlräume durch Kobalt gefüllt werden.

Eine indirekte Formgebung wird für kompliziert gestaltete Teile angewandt. Das Ausgangspulver wird zunächst zu Platten oder Blöcken verpresst und bei 800 °C bis 1000 °C vorgesintert. Damit erreicht man eine gewisse Festigkeit des Körpers, die es erlaubt, ihn einzuspannen und zu bearbeiten. Anschließend wird fertiggesintert.

Hartmetalle werden in folgenden Bereichen verwendet:
- Schneidwerkzeuge,
- Werkzeuge zum Stanzen, Tief- und Drahtziehen,
- Verschleißteile (Spikes, Mahlkugeln),

- Maschinenteile (Walzen, Laufbüchsen, Zylinder, Turbinenschaufeln u. a.).

Das wichtigste Einsatzgebiet der Hartmetalle ist die Verwendung als Schneidwerkzeug in der Metallzerspanung. Hier lassen sich zwei Gruppen unterscheiden:
- Wolframcarbid-Kobalt-Werkstoffe ohne oder mit einem geringen Zusatz an weiteren Carbiden,
- Mehrcarbid-Werkstoffe.

Der Kobaltanteil liegt zwischen 5 % und 17 %.

Beim Einsatz von Hartmetallen in der spanenden Bearbeitung unterscheidet man drei Hauptanwendungsgruppen:
- Hartmetalle der **Gruppe K** eignen sich ausgezeichnet zum Bearbeiten kurzspanender Werkstoffe, wie Gusseisen, Porzellan, Gestein, Holz oder harter (gefüllter) Kunststoffe. Sie enthalten um 90 % Wolframcarbid und 0 % bis 4 % Titancarbid und/oder Tantalcarbid. Bei der Bearbeitung von zähen Werkstoffen, z. B. Stahl, bilden sich Aufbauschneiden und Auskolkungen, die auf einem Verschweißen zwischen Span und Hartmetallschneide beruhen.
- Hartmetalle der **Gruppe M** für die Bearbeitung aller Werkstoffe enthalten 80 % bis 85 % Wolframcarbid und bis zu 10 % Titancarbid und/oder Tantalcarbid. Sie können z. B. bei Stahl bis zu mittleren Schnittgeschwindigkeiten (Dunkelrotgrenze) verwendet werden.
- Hartmetalle der **Gruppe P** enthalten bis zu 43 % Titancarbid und Tantalcarbid, Sie sind für die Bearbeitung langspanender Werkstoffe geeignet, wobei je nach Typ des Hartmetalls und Art der Bearbeitung sehr niedrige bis hohe Bearbeitungsgeschwindigkeiten möglich sind.

Durch Zusatz von Titancarbid oder Tantalcarbid werden Verschweißungen und Kolkverschleiß vermindert, weil diese Carbide von beständigen Oxiden überzogen sind. Die Oxide bilden sich beim Mahlen der Ausgangsstoffe und lassen sich selbst im Wasserstoffstrom nur sehr schwer reduzieren.

Titancarbid erhöht die Warmfestigkeit, Härte und Oxidationsbeständigkeit. Infolge der gegenüber Wolframcarbid deutlich schlechteren Benetzbarkeit durch Kobalt wird die innere Bindung aber verringert, was sich in einer verminderten Zähigkeit und Kantenfestigkeit äußert.

Da *Tantalcarbid* durch Kobalt besser benetzt wird, mindert sich die innere Bindefestigkeit in geringerem Maße. Daher erhöht Tantalcarbid gegenüber Titancarbid die Zähigkeit und Kantenfestigkeit und damit die Betriebssicherheit. Allerdings ist wegen der geringeren Härte des Tantalcarbids die Schnittleistung geringer. Die logische Folge war, Verbundwerkstoffe vom Typ *Wolframcarbid-Titancarbid-Tantalcarbid-Kobalt* zu entwickeln, Tabelle 6.6.

Eine Erhöhung des Verschleißwiderstandes bei gleichzeitig guter Zähigkeit lässt sich auch durch Abscheiden dünner Schichten von **Titancarbid** (TiC), **Titannitrid** (TiN) oder **Titancarbonitrid** [Ti(C,N)] auf den Schneidkanten von Hartmetallen erreichen. Vergleicht man das Verschleißverhalten von unbeschichtetem Hartmetall mit dem von beschichtetem beim Drehen von Stahl, so ergibt sich folgende Reihenfolge: Der Verschleiß (Verschleißmarkenbreite als Maß des Freiflächenverschleißes und Kolkverschleiß) ist beim unbeschichteten Hartmetall am größten, beim TiN-beschichteten am geringsten. TiC-beschichtetes Hartmetall liegt dazwischen, obwohl Titancarbid eine höhere Härte hat als Titannitrid. Die sehr viel geringere Verschweißneigung des Titannitrids mit Stahl führt zu dem günstigeren Verschleißverhalten.

Es werden nicht nur Hartmetalle mit den genannten Hartstoffen beschichtet, sondern auch bei anderen Werkstoffen wie Werkzeugstählen, Baustählen oder NE-Metallen ist dieses Verfahren weit verbreitet. Die 5 μm bis 15 μm dicken Schichten werden entweder über eine chemische Reaktion aus der Gasphase abgeschieden (CVD-Verfahren, CVD = Chemical Vapour Deposition) oder durch Einwirkung von Ionen in einem elektrostatischen Feld erzeugt (PVD-Verfahren, PVD = Physical Vapour Deposition).

Tab. 6.6: Zusammensetzung und Eigenschaften von Hartmetallen

Mittlere Zusammensetzung				Dichte	Härte	Biegebruchfestigkeit	Druckfestigkeit
WC	TiC	TaC	Co				
%	%	%	%	g/cm³	HV	N/mm²	N/mm²
94	–	–	6	14,9	1600	2000	5500
85	–	–	15	14,0	1200	2400	4100
92	–	2	6	14,8	1650	1900	5700
70	12	8	10	12,4	1430	1750	5000
75	4	8	13	12,7	1350	1900	4700

6.6 Halbleiter

6.6.1 Einleitung

Halbleiter sind Werkstoffe mit einem spezifischen elektrischen Widerstand zwischen dem der Metalle und dem der Isolatoren. Durch gezielte Zugabe *bestimmter Stoffe (Dotierungsstoffe)* kann dieser spezifische Widerstand um *mehrere Zehnerpotenzen* geändert werden, was für die Halbleitertechnik von grundsätzlicher Bedeutung ist (Tabelle 6.7).

Es gibt *amorphe* und *kristalline* Halbleiter. In der Technik werden hauptsächlich letztere als Einkristalle oder Vielkristalle eingesetzt. Je nach den technischen Anforderungen werden die verschiedensten Halbleiterwerkstoffe verwendet. In der konventionellen Dioden- und Transistortechnik **Germanium** und **Silicium,** mit steigender Tendenz zum Silicium hin. Si-Bauelemente sind bis ca. 200 °C einsetzbar, die auf der Basis Germanium nur bis ca. 90 °C.

Das Element Silicium ist heute der wichtigste Halbleiter und Bestandteil der meisten Bauelemente. Die Rohherstellung von Silicium geschieht nach folgender Reaktionsgleichung bei ca. 1460 °C:

$SiO_2 + 2\,C \rightarrow Si + 2\,CO$.

Dieses Silicium hat eine Reinheit von 96 % bis 98 % und muss für eine Halbleiteranwendung noch weiter gereinigt werden. Die Reinigung erfolgt durch mehrfache Destillation der flüssigen Siliciumverbindung Trichlorsilan $SiHCl_3$. Aus dem gereinigten Trichlorsilan wird Reinstsilicium durch Reduktion mit Wasserstoff hergestellt.

Es entstehen polykristalline Siliciumstäbe, die nach dem *Zonenschmelzverfahren* weiter gereinigt werden (Bild 6.23). Dazu wird der Stab unter Schutzgas nur in einer schmalen Zone aufgeschmolzen, deren Breite der Länge der aufheizenden Hochfrequenzspule entspricht. Vor und hinter der Spule ist das Silicium fest, die Schmelze wird zwischen den Stabenden nur durch die Oberflächenspannung gehalten.

In der durch den Stab wandernden Schmelzzone reichern sich die Verunreinigungen vor der Erstar-

Tab. 6.7: Anhaltswerte für den elektrischen Widerstand von Metallen, Isolatoren und Halbleitern

Werkstoff	spezifischer elektrischer Widerstand ρ $\Omega \cdot cm$
Metalle	10^{-6} bis 10^{-4}
Isolatoren	$> 10^{10}$
Halbleiter	10^2 bis 10^7
Silicium (dotiert)	$2 \cdot 10^3$
Germanium (dotiert)	$3 \cdot 10^4$

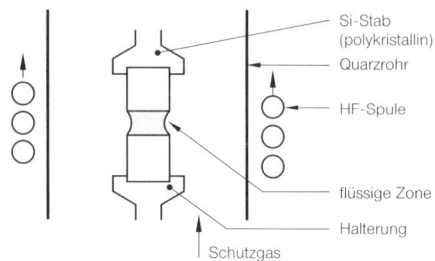

Bild 6.23
Tiegelfreies Zonenschmelzen von Silicium

rungsfront an (siehe auch S. 72). Ist die Schmelzzone am Stabende angelangt, wird dieser stark verunreinigte Teil abgeschnitten und der Stab erneut zonengeschmolzen. Zum Schluss ist der Anteil an Fremdatomen so gering, dass sie nicht mehr chemisch, sondern nur noch durch Leitfähigkeitsmessungen nachweisbar sind.

Halbleiterbauelemente werden i. Allg. aus Einkristallen hergestellt. Einer der Gründe besteht darin, dass in den aktiven Bereichen der Bauelemente große Spannungsgradienten auftreten. Diesen Spannungsgradienten wären die Korngrenzen in einem polykristallinen Material nicht gewachsen, weil sie eine Unterbrechung in der regelmäßigen Gitterstruktur darstellen und in ihnen Verunreinigungen angereichert werden. Hinzu kommt, dass sich an Korngrenzen unkontrollierte Grenzschichteffekte einstellen können.

Tab. 6.8: Elemente für Halbleiterwerkstoffe aus der II. bis VI. Gruppe des Periodensystems

Gruppe				
II	III	IV	V	VI
Zn Cd	Al Ga In	Si Ge	N P As Sb	S Se Te

Silicium-Einkristalle werden heute nach der Tiegelzieh- und der Zonenziehmethode hergestellt. Bei dem *Tiegelziehen* befindet sich das Silicium zusammen mit einem Dotierstoff in einem Quarztiegel. Zum Ziehen wird ein Impfkristall in die Schmelze getaucht und nach oben gezogen. Das infolge der Oberflächenspannung mitgezogene Silicium erstarrt als Einkristall, weil die Ziehgeschwindigkeit der Kristallisationsgeschwindigkeit entspricht und so die hinzukommenden Siliciumatome die Gitterpositionen einnehmen, die sich durch die Erweiterung des Gitters des Impfkristalls ergeben. Durch Drehen des Kristalles und des Tiegels wird ein ungleichmäßiges Wachstum infolge unsymmetrischer Temperaturverteilungen verhindert. Die Ziehgeschwindigkeiten liegen bei einigen mm/min. Kristalle mit einem Durchmesser von > 300 mm und mit einer Masse von über 300 kg können so gezogen werden.

Die weitere Herstellung von Bauelementen und Schaltungen ist im Wesentlichen dadurch gekennzeichnet, dass das Silicium in kleinsten Bereichen gezielt neu dotiert wird. Die gasförmig vorliegenden Dotierungselemente diffundieren dabei in die Oberfläche des Siliciums ein.

Neben den *Elementhalbleitern* spielen die III-V- und die II-VI-Halbleiter eine große Rolle. Sie stellen Verbindungen der Elemente der II. bis VI. Gruppe des Periodischen Systems dar (Tabelle 6.8).

Von den *Verbindungshalbleitern* ist der wichtigste das **Galliumarsenid** (GaAs), das u. a. für GUNN-, Tunnel- und Lumineszenzdioden eingesetzt wird. Konventionelle Dioden und Transistoren werden ebenfalls aus Galliumarsenid hergestellt. Herstellung und Verarbeitung sind jedoch nicht so wirtschaftlich wie bei Siliciumhalbleitern.[1] Erwähnenswert sind noch *Calciumsulfid* (CdS) für Solarzellen, *Indiumarsenid* (InAs) und *Indiumantimonid* (InSb) für HALL-Generatoren sowie *Galliumnitrid* (GaN) und *Galliumphosphid* (GaP) für Leuchtdioden. Auch Mischkristalle aus den Verbindungen gewinnen an Bedeutung, wie z. B. das $Ga_{1-x}Al_xAs$ für die Optoelektronik.

Germanium und Silicium kristallisieren im Diamantgitter, die III-V-Halbleiter im so genannten Zinkblendegitter. Dieses unterscheidet sich vom Diamantgitter nur dadurch, dass an Stelle der Kohlenstoffatome abwechselnd je ein Atom der III. und der V. Gruppe angeordnet ist. In Tabelle 6.9 sind wichtige Daten von Silicium, Germanium, Galliumarsenid, Indiumantimonid und Indiumarsenid zusammengestellt.

6.6.2 Bändermodell

In Bild 6.24 ist schematisch die Elektronenenergie in Abhängigkeit vom Atomabstand dargestellt. Für große Atomabstände, d. h. bei einzelnen, sich gegenseitig nicht beeinflussenden Atomen, kann man den einzelnen Elektronen bestimmte Energiewerte zuordnen. Die Elektronen, die sich um das Atom bewegen, können nur diese Energiewerte annehmen und nicht irgendwelche Zwischenwerte. Will ein Elektron von einem niedrigeren Energiezustand in einen höheren, dann muss es einen bestimmten Energiebetrag aufnehmen.

Treten zwei Atome in Wechselwirkung, dann werden die vorher diskreten Energiezustände infolge der gegenseitigen Beeinflussung in jeweils zwei Werte aufgespalten. n dicht beieinander liegende Atome verursachen eine n-fache Aufspaltung. Diese Auffächerung von Energiewerten wird zu so genannten Bändern zusammengefasst. Bei Festkörpern ist der Abstand zweier *Energieterme* (möglicher Energiezustände) in einem solchen Band so klein, dass praktisch von einem kontinuierlichen Energiespektrum gesprochen werden kann.[2]

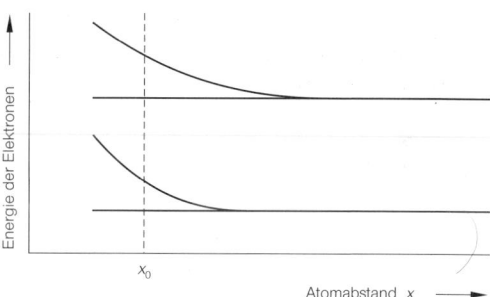

Bild 6.24
Aufspaltung des Energieniveaus von Elektronen eines Atoms in der Nähe eines zweiten Atoms (schematisch)

Mit zunehmender Entfernung der Elektronen vom Atomkern fächern die Bänder stärker auf und können sich auch überlappen. Es gibt zwei Bedingungen für eine breite Aufspaltung der Energieniveaus:
– eine möglichst dichte Packung der Atome,
– keine starke Bindung der Elektronen.

---

[1] Ein Problem sind die geringfügigen Kristallseigerungen, die sich infolge der Gravitation einstellen und zu erheblichen Eigenschaftsschwankungen führen. Verbesserungen erreicht man durch Herstellung unter »Weltraumbedingungen«.

[2] Eine vergleichbare Erscheinung gibt es in der Elektrotechnik, wenn man zwei Schwingkreise gleicher Frequenz miteinander koppelt. Das gekoppelte System hat dann zwei Eigenfrequenzen. Ein Festkörper mit n-Atomen ist so mit n-Schwingkreisen vergleichbar.

Das äußerste noch mit zwei Elektronen besetzte Band heißt **Valenzband;** das darüberliegende teilweise oder gar nicht besetzte ist das **Leitungsband** (siehe auch S. 10).

Metalle haben entweder das Leitungsband nur mit einem Elektron besetzt (z. B. einwertige Metalle) oder Leitungsband und Valenzband überlappen sich (z. B. zweiwertige Metalle). In beiden Fällen genügt eine geringe Energiezufuhr, z. B. ein schwaches elektrisches Feld, um Elektronen im Leitungsband auf ein Energieniveau anzuheben, das ein Loslösen des Elektrons vom Atomrumpf gestattet: es fließt ein Strom.

Anders sind die Verhältnisse bei Isolatoren und Halbleitern. Die starke Bindung der Elektronen in Ionenkristallen und kovalenten Kristallen hat zur Folge, dass die Bandaufspaltung gering bleibt. Es bilden sich nur schmale Bänder, die durch verbotene Zonen getrennt sind. Eine **verbotene Zone** ist ein Energiebereich, dessen Energiewerte ein Elektron nicht annehmen kann. Der Unterschied zwischen einem Isolator und einem Leiter liegt folglich darin, dass in einem Leiter Energieniveaus unbesetzt sind, auf die Elektronen leicht »angehoben« werden können, während in einem Isolator das eine Band vollständig besetzt ist und das nächste unbesetzte Band energetisch weit weg ist. In Bild 1.35 sind die verschiedenen Möglichkeiten der Energiespektren von Valenz- und Leitungsbändern schematisch dargestellt. Isolatoren und **Halbleiter** unterscheiden sich nur in der Breite der verbotenen Zonen. Der Bandabstand, d. h. die energetische Differenz zwischen den an ein Atom gebundenen Valenzelektronen und den von den Anziehungskräften der Atome fast freien Leitungselektronen, ist bei Halbleitern definitionsgemäß < 2,5 eV.

6.6.3 Eigenleitung

Am absoluten Nullpunkt ist ein reiner Halbleiter ein Isolator, weil alle Elektronen an die Atome gebunden sind. Bei Raumtemperatur hat jedoch z. B. Germanium einen spezifischen Widerstand von ca. 70 cm, was auf eine beträchtliche Zahl von Ladungsträgern schließen lässt. Der Widerstand ist temperaturabhängig, er *sinkt* mit steigender Temperatur. Bei den Metallen ist es umgekehrt: der Widerstand nimmt mit steigender Temperatur zu.

Mit steigender Temperatur wird immer mehr Energie zur Verfügung gestellt, um Elektronenpaarbindungen aufzubrechen und so für bewegliche Elektronen zu sorgen. Dabei werden ständig Elektronen aus ihren Bindungen gelöst und wieder von den positiv geladenen Atomrümpfen eingefangen. Ein aus seiner Bindung herausgebrochenes Elektron hinterlässt eine **Elektronenleerstelle,** ein **(Elektronen-)Loch,** auch **Defektelektron** genannt. Dieses Loch kann wieder ein Elektron füllen, das aus einer ganz anderen Bindung stammt. Dadurch ist dort wieder ein Loch entstanden usw. Der auf diesem Mechanismus beruhende elektrische Ladungstransport wird als **Eigenleitung** des Halbleiters bezeichnet.

Die Erzeugung von Elektronen und Löchern ist nicht unabhängig voneinander. Beide Arten von Ladungsträgern können nicht gleichzeitig in beliebigen Konzentrationen erzeugt werden. Die Konzentration der Elektronen wird mit n bezeichnet, die der Löcher mit p. n und p sind von der Temperatur T und der Bindungsenergie (Bandabstand) ΔE abhängig:

$$p \cdot n = n_i^2 = K \cdot e^{-\frac{\Delta E}{kT}}.$$

p = Löcherkonzentration, n = Elektronenkonzentration, n_i = Inversionskonstante, K = Konstante, k = BOLTZMANN-Konstante.

Im *reinen* Halbleiter ist die Zahl der Elektronen und der Löcher gleich:

$$n = p = n_i.$$

Die Inversionsdichte n_i gibt an, wieviele Elektronen bzw. Löcher bei 293 K als freie Ladungsträger anzusehen sind. Deren Konzentration beträgt bei Raumtemperatur für Germanium $10^{13}/cm^3$, für Silicium $10^{10}/cm^3$. Der Unterschied beruht auf dem geringeren Bandabstand des Germaniums (siehe Tabelle 6.9).

Die Bezeichnung **Inversionsdichte** besagt, dass sich bei dieser Ladungsträgerkonzentration bei dotierten Halbleitern der Leitungstyp von der **p-Halbleitung** mit p > n in die **n-Halbleitung** mit n > p umkehrt.

6.6.4 Störstellenleitung

Ersetzt man in einem reinen Germanium-Einkristall ein Atom mit seinen vier Valenzelektronen durch ein Arsenatom mit fünf Valenzelektronen, dann wird in den Kristall ein Elektron eingeführt, das *nicht* für die Elektronenpaarbindung benötigt wird (Bild 6.25a). Dieses ist zwar durch die zusätzliche positive Ladung des Arsenatoms gebunden, kann jedoch durch thermische Energie wesentlich leichter gelöst werden, als ein für die Elektronenpaarbindung benötigtes Elektron.

Werden viele Germaniumatome durch Arsen ersetzt, wird aus dem schlecht leitenden Germanium bei Raumtemperatur ein relativ guter Leiter. Die maximale technische Konzentration von Arsenatomen in Germanium liegt bei $10^{17}/cm^3$, d. h., ein Arsenatom kommt auf 10^5 Germaniumatome.

Elemente, die wie Arsen nach ihrem Einbau Elektronen abgeben können, nennt man **Donatoren.** Dazu gehören neben Arsen weitere Elemente der V. Hauptgruppe, wie Phosphor oder Antimon, aber auch solche aus der VI. Hauptgruppe, wie Schwefel oder Selen. Durch Aktivierung der Donatoren stehen zusätzlich zu den Elektronen-Loch-Paarungen weitere Elektronen für den Ladungstransport zur Verfügung. Da in diesem Fall wesentlich mehr Elektronen als Löcher vorhanden sind, sind die Elektronen die Majoritätsträger und die Löcher die Minoritätsträger. Diese Leitungsform wird deshalb als **Elektronenleitung** oder **n-Leitung** bezeichnet. Der Kristall bleibt insgesamt natürlich elektrisch neutral.

Wird ein Germaniumkristall statt mit fünfwertigen mit dreiwertigen Elementen dotiert, z. B. mit Aluminium, fehlt beim Einbau in das Gitter ein Elektron für die kovalente Bindung (Bild 6.25b). Atome, die weitere Elektronen zur Vervollständigung der kovalenten Bindung benötigen, heißen **Akzeptoren.** Neben Aluminium gehören auch Bor, Gallium und Indium dazu.

Das fehlende Elektron kann aus den benachbarten Ge-Ge-Bindungen besorgt werden, dort bleibt dann ein positives Germaniumion zurück und das Aluminium wird durch Aufnahme des Elektrons negativ geladen. Dieses Elektron ist schwächer an das Aluminium gebunden als an ein Germaniumatom. Es kann bei Energiezufuhr in ein Elektronenloch sprin-

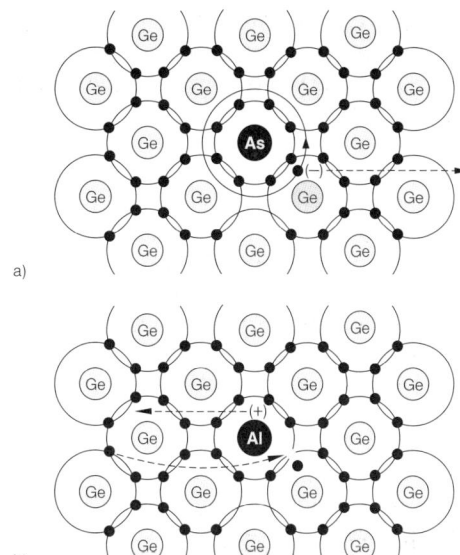

Bild 6.25
Germaniumgitter mit Störstellen
a) Donatorstörstelle (Arsen)
b) Akzeptorstörstelle (Aluminium)

gen bzw. – was dasselbe ist – das negative Aluminiumion kann ein positives Loch anziehen. In dieses Loch kann wieder ein Elektron hineinspringen usw., so dass wiederum ein Ladungstransport möglich ist. Nur sind jetzt die Löcher die *Majoritätsträger* und die Elektronen die *Minoritätsträger*. Diese Leitungsform wird deshalb als **Löcherleitung** oder **p-Leitung** bezeichnet.

Beide Leitungsformen bezeichnet man als **Störstellenleitung,** weil die gezielten Zugaben von Fremdatomen im Grundgitter Störstellen darstellen. Auch für dotierte Halbleiter gilt, dass $n_i^2 = p \cdot n$ ist. Dotiert man z. B. einen Germaniumkristall mit 10^{16} Arsenatomen pro cm^3, dann ergibt das wegen der bei Raumtemperatur völlig ionisierten Donatoren eine Elektronenkonzentration von $10^{16}/cm^3$. Wegen $p \cdot n = n_i^2 = 10^{26}/cm^6$ ergibt sich eine gleichzeitig

Tab. 6.9: Kennwerte einiger Halbleiter

Halbleiter	Bandabstand ΔE eV	Inversionsdichte n_i cm^{-3}	Elektronen- beweglichkeit μ_E cm^2/V·s	Löcher- beweglichkeit μ_L cm^2/V·s
Silicium	1,11	$1,5 \cdot 10^{10}$	1600	480
Germanium	0,67	$2,4 \cdot 10^{13}$	4000	1900
GaAs	1,35	$1,3 \cdot 10^6$	8500	250
InSb	0,17	$2 \cdot 10^{16}$	80 000	7000
InAs	0,36	10^{15}	33 000	450

vorhandene Löcherkonzentration von $10^{10}/cm^3$. Die Löcher stammen von aufgebrochenen Bindungen. Bei jedem Aufbrechen einer Bindung entsteht aber gleichzeitig mit einem Loch ein Elektron, so dass die 10^{10} Löcher 10^{10} Elektronen mit sich bringen. Der »Rest« von $9,99999 \cdot 10^{15}$ Elektronen stammt von der Dotierung.

Trotz der groß erscheinenden Löcherkonzentration kommt die Stromleitung damit fast ausschließlich durch die Überschusselektronen zustande. Analoge Überlegungen gelten für einen Kristall, der z. B. mit 10^{16} Boratomen pro cm^3 dotiert ist.

Germanium besitzt eine Atomkonzentration von $10^{22}/cm^3$. Dotiert man Germanium mit 10^{16} Atomen pro cm^3, dann kommt ein Störatom auf 10^6 Germaniumatome. Das ist ein Anteil von 0,0001 % und erklärt, warum an die Reinheit von Halbleitermaterialien extrem große Anforderungen gestellt werden müssen.

Die Temperaturabhängigkeit der *Leitfähigkeit* eines dotierten Halbleiters ist in Bild 6.26 wiedergegeben. Bei Temperaturen um den absoluten Nullpunkt sind nur äußerst wenige der kovalenten Bindungen aufgebrochen und nur sehr wenige Störstellen ionisiert. Mit steigender Temperatur werden mehr Donatoren (Akzeptoren) ionisiert als Bindungen gelöst, weil die Ionisierungsenergie geringer ist als die Dissoziationsenergie der Bindungen. Die Ladungsträgerkonzentration steigt somit an, und zwar bis zu einem bestimmten Wert, dem so genannten *Störstellenerschöpfung*. Steigt die Temperatur weiter an, kommen die thermisch erzeugten Elektronen-Loch-Paare in steigendem Maß hinzu. Es tritt Eigenleitung ein.

Die Leitfähigkeit eines Halbleiters wird nicht nur durch die Ladungsträgerkonzentration n bzw. p bestimmt, sondern auch durch deren Beweglichkeit μ. Die Beweglichkeit μ ist der Quotient aus der *Driftgeschwindigkeit* v_{Drift} eines Elektrons bzw. Loches und der Feldstärke, sie ist ein wichtiger Materialkennwert für Halbleiter. Die Leitfähigkeit steigt zunächst bis zum Beginn der Störstellenerschöpfung an (Bild 6.26), weil die Ladungsträger infolge der thermischen Ionisation immer zahlreicher werden. Im Bereich der Störstellenerschöpfung wird die Bewegung der vorhandenen Ladungsträger mit steigender Temperatur durch die stärkere thermische Bewegung der Gitterbausteine behindert, so dass die Leitfähigkeit wieder sinkt. Beim Einsetzen der Eigenleitung steigt die Zahl der Ladungsträger rapide an und damit auch die Leitfähigkeit.

Das *Bändermodell* des reinen Halbleiters ändert sich, wenn ihm Donatoren oder Akzeptoren zudotiert werden. Führt man einem Elektron aus dem Valenzband die Bindungsenergie ΔE zu, dann befindet es sich energetisch auf dem unteren Ende des Leitungsbandes (Bild 6.27a). Rekombiniert dieses Elektron mit einem Elektronenloch, d. h. springt es in eine Elektronenlücke, wird die Energie ΔE wieder frei, z. B. in Form eines Lichtquants. Der neue Zustand des Elektrons liegt wieder im Valenzband.

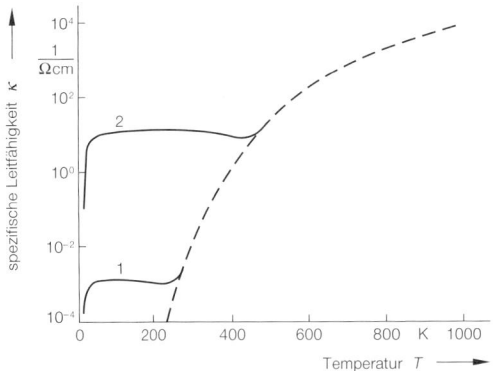

Bild 6.26
Leitfähigkeit von Germanium in Abhängigkeit von der Temperatur (vereinfacht)
— Störstellenleitung
1: Dotierungsanteil 10^{12} Fremdatome/cm^3
2: Dotierungsanteil 10^{16} Fremdatome/cm^3
--- Eigenleitung

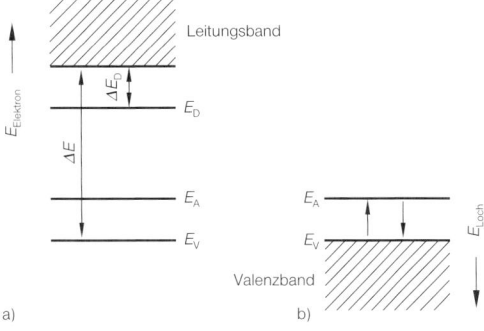

Bild 6.27
Energiestufen der Ladungsträger im dotierten Halbleiter
a) Elektronenniveaus
b) Löcherniveaus

Wird das Elektron von einem positiven Donator gebunden, verliert es nur die Ionisierungsenergie

ΔE_D. Das ist die Energie, die umgekehrt benötigt wird, um ein Elektron aus dem Bereich des Donators zu bringen, damit es sich frei bewegen kann. Der Energieterm des *Donatorniveaus* E_D ist deutlich höher als der eines rekombinierten Elektrons.

Auch ein Akzeptoratom kann ein Elektron anlagern. Damit wird die Akzeptorbindung eine vollwertige Bindung. Infolge der verminderten Kernladung der Akzeptoren gegenüber den Matrixatomen wird das Elektron nicht ganz so stark gebunden. Das Elektron verliert bei diesem Rekombinationsvorgang weniger Energie, als wenn es in ein normales Elektronenloch fällt. Das *Akzeptorniveau* E_A liegt deshalb etwas über dem Valenzband (Bild 6.27b).

Die Vorgänge können auch durch die Energiezustände eines Elektronenlochs beschrieben werden. Nimmt z. B. ein Akzeptoratom ein Elektron aus dem Valenzband auf, entsteht gleichzeitig ein Elektronenloch an der Stelle, an der sich vorher das Elektron befand. Für das Akzeptoratom entspricht die Aufnahme des Elektrons der Abgabe eines Loches. Da das Elektron auf dem Akzeptorniveaus eine um ΔE_A höhere Energie hat, muss auch die Energie des Loches um ΔE_A zunehmen, wenn es an das Valenzband abgegeben wird. Beide Darstellungen sind nur zwei unterschiedliche Beschreibungen ein und desselben Vorganges. Die »*Lochenergie*« muss also in Bild 6.27 nach unten hin zunehmen, wenn man das Elektronenloch wie ein positiv geladenes Teilchen auffasst.

6.6.5 p-n-Übergang

Ein p- und ein n-leitender Bereich eines Halbleiters sollen aneinandergrenzen (Bild 6.28). Im p-Gebiet herrschen Löcher als Majoritätsträger vor, die hauptsächlich von Akzeptoratomen stammen, Minoritätsträger sind die Elektronen. Im n-Gebiet herrschen Elektronen als Majoritätsträger vor, die hauptsächlich von Donatoratomen stammen, Minoritätsträger sind die Löcher. In beiden Gebieten sind noch Löcher und Elektronen paarweise vorhanden, die von aufgebrochenen Kristallbindungen herrühren. Insgesamt ist jeder Bereich jedoch elektrisch neutral (Bild 6.28a).

Zwischen den Elektronen im n-Bereich und denen im p-Bereich besteht ein großer Konzentrationsunterschied. Deshalb diffundieren Elektronen aus dem n-Bereich in den p-Bereich. Umgekehrt führt der Konzentrationsunterschied zu einer Diffusion von Löchern aus dem p-Bereich in den n-Bereich. Die Diffusion hat eine Rekombination (Vereinigung) mit den jeweiligen Majoritätsträgern im anderen Bereich zur Folge.

Damit werden die fest im Gitter eingebauten Donator- und Akzeptoratome nicht mehr durch Elektronen bzw. Löcher elektrisch neutralisiert, so dass sich der n-Bereich positiv und der p-Bereich negativ auflädt (Bild 6.28b).

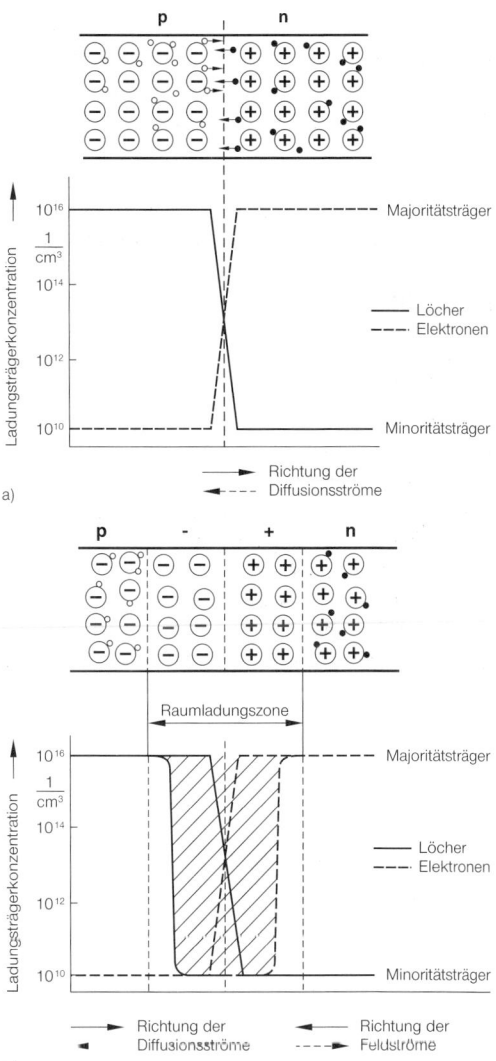

Bild 6.28
p-n-Übergang in einem Halbleiter (gleiche Dotierung angenommen)
a) Ausgangszustand
b) Gleichgewichtszustand (vereinfacht)
Die dem schraffierten Bereich entsprechenden Majoritätsträger sind durch Rekombination bzw. infolge des Gleichgewichts zwischen Diffusionsströmen und Feldströmen nicht wirksam

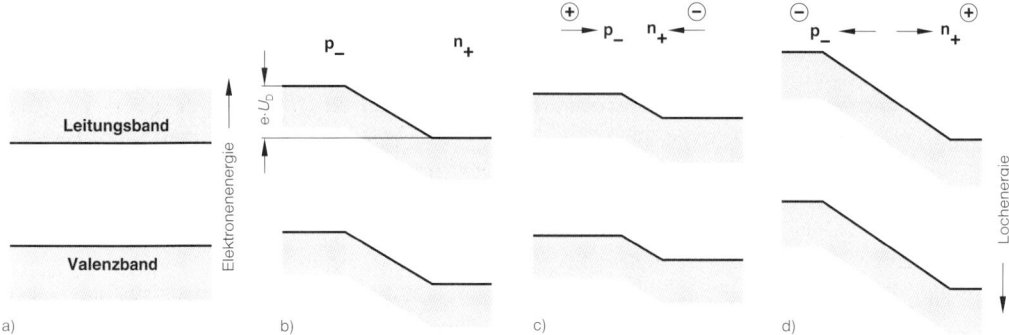

Bild 6.29
Bänderstrukturen am p-n-Übergang
a) elektrisch neutraler p- oder n-Grundzustand
b) unbelasteter p-n-Übergang, Potenzialwall entspricht der Diffusionsspannung U_D
c) Flussbelastung verringert Raumladungszone, Potenzialwall wird kleiner
d) Sperrbelastung verbreitert Raumladungszone, Potenzialwall wird größer

Diese *Raumladung* verhindert eine weitere Diffusion: Die negativ geladenen Akzeptoren unterbinden ein weiteres Eindringen von Elektronen, die positiv geladenen Donatoren ein Eindringen von Löchern. Anders ausgedrückt: Die durch die Raumladung aufgebaute Spannung führt zu einem Feldstrom, der mit dem Diffusionsstrom im Gleichgewicht ist.

Das *Potenzial* in einem p-n- Halbleiter ist nach Bild 6.28 im n-Bereich positiv und im p-Bereich negativ. Überlagert man die sich daraus ergebende Feldenergie der Elektronenenergie im Bändermodell, erhält man Bild 6.29b. Danach müssen die Elektronen, wenn sie aus dem n- in den p-Teil gelangen wollen, einen *Potenzialwall* überwinden. Da die Löcherenergie von oben nach unten zunimmt, müssen auch die Löcher einen Potenzialwall gleicher Größe überwinden, wenn sie aus dem p- in das n-Gebiet gelangen wollen.

Das vom Raumladungsfeld herrührende Gleichgewicht wird gestört, wenn man an den p-n-Übergang eine elektrische Spannung anlegt. Hierbei ist das Vorzeichen der Spannung entscheidend.

Liegt der Pluspol an der p-Seite und der Minuspol an der n-Seite, dann *vermindert* sich die Potenzialstufe um die angelegte äußere Spannung. Das Raumladungsfeld wird durch das entgegengesetzt gerichtete äußere Feld geschwächt. Der Potenzialwall ist nicht mehr gleich dem Produkt (Diffusionsspannung · Elementarladung), sondern kleiner. Damit können wieder Elektronen in das p-Gebiet und Löcher in das n-Gebiet eindiffundieren. Es fließt ein Strom, der bei genügend großer äußerer Spannung praktisch unbehindert ist (Bild 6.29c).

Polt man die n-Seite positiv und die p-Seite negativ, dann kann wegen der weiteren Verstärkung des Potenzialwalls erst recht kein Diffusionsstrom mehr fließen. An dem p-n-Übergang liegt eine **Sperrspannung** an (Bild 6.29d).

Das heißt jedoch nicht, dass überhaupt kein Strom mehr fließt. Entsprechend der jeweiligen Temperatur ist eine bestimmte Anzahl von Kristallbindungen aufgebrochen, so dass Elektronen und Löcher vorhanden sind. Deren Zahl ist aber gering. Sie werden in der Raumladungszone getrennt, bewegen sich nach außen und bewirken den Sperrstrom.

Der Zusammenhang zwischen äußerer Spannung U und fließendem Strom I wird durch die Kennlinie einer **Diode** (Bild 6.30) wiedergegeben. Man beachte, dass die Maßstäbe für Spannung und Stromstärke

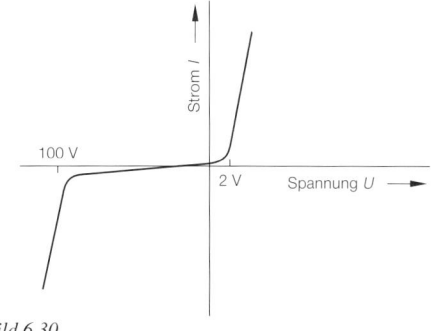

Bild 6.30
Diodenkennlinie

für den Durchlassbereich und den Sperrbereich in diesem Diagramm sehr unterschiedlich sind.

6.6.6 Transistor

Ein Transistor besteht aus drei aufeinander folgenden Bereichen: einem p-, n- und p-Bereich *(pnp-Transistor)* oder einem n-, p- und n-Bereich *(npn-Transistor)*. Diese Bereiche werden in einem einzelnen Kristall gebildet. An alle drei Bereiche werden Elektroden angelegt.

Bei einem pnp-Transistor wird der an den Pluspol angeschlossene p-Bereich **Emitter,** der an den Minuspol angeschlossene p-Bereich **Kollektor** und der zwischen beiden liegende n-Bereich **Basis** genannt (Bild 6.31). Durch diese Schaltung liegt an dem p-n-Übergang zwischen Emitter und Basis eine Spannung in Flussrichtung an, an dem n-p-Übergang zwischen Basis und Kollektor eine Sperrspannung.

Von entscheidender Bedeutung für die Funktion eines Transistors ist die *Verteilung der Minoritätsträger* in der Basis. Die Schaltung gemäß Bild 6.31 bewirkt in der Basis des pnp-Transistors einen Konzentrationsgradienten für die Löcher in Richtung auf den Kollektor (Bild 6.32). Die infolgedessen in dieser Richtung wegdiffundieren Löcher erhalten ständig Nachschub aus dem Emitter. Der Emitter *»injiziert«* gewissermaßen Löcher in die Basis.

Eine geringe Dotierung und die geometrische Ausbildung der Basis (kleine Schichtdicke, elektrischer Anschluss seitlich) bewirken, dass nur ein kleiner Teil der Löcher mit den Elektronen der Basis rekombiniert. Der über die Basis abfließende Strom bleibt deshalb gering. Der größte Teil des Löcherstromes (ca. 99%) gelangt zu dem n-p-Übergang Basis-Kollektor und wird dort vom Kollektor *»gesammelt«*. Damit fließt trotz des *»sperrenden«* n-p-Überganges ein Strom vom Emitter zum Kollektor.

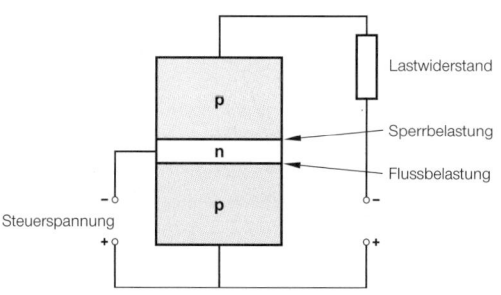

Bild 6.31
Prinzipschaltung eines pnp-Transistors

Die Verstärkungswirkung von Transistoren beruht darauf, dass bei einer kleinen Änderung der *Steuerspannung* zwischen Emitter und Basis sich die Konzentration des Minoritätsträgers der Basis an der Grenzfläche Emitter-Basis exponentiell ändert. Damit nimmt auch der Kollektorstrom exponentiell zu und bewirkt so eine Leistungsverstärkung.

6.6.7 Hall-Generator

Die bekannte Ablenkung der Ladungsträger eines elektrischen Stromes durch ein zur Stromrichtung rechtwinklig stehendes Magnetfeld bewirkt in einem leitenden Medium eine unterschiedliche Konzentration der Ladungsträger. Durch diesen **Hall-Effekt** entsteht in dem Leiter eine Spannung rechtwinklig zu Stromrichtung und Magnetfeld (Bild 6.33). Während die **Hall-Spannung** in metallischen Leitern sehr gering ist, ist sie mit

$$U_H = \frac{I \cdot B}{e \cdot n \cdot d}$$

bei Halbleitern in technisch nutzbarer Größenordnung (einige mV).

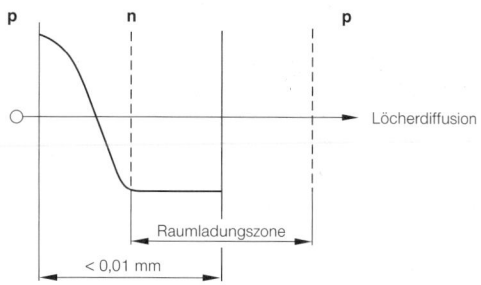

Bild 6.32
Verteilung der Minoritätsträger in der Basis eines pnp-Transistors

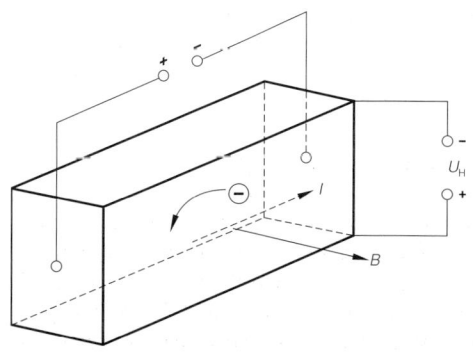

Bild 6.33
Hall-Effekt (Erläuterungen im Text)

Durch elektrische Beziehungen kann man zeigen, dass die HALL-Leistung von Halbleitern entscheidend von der Beweglichkeit μ der Ladungsträger abhängt. Gegenüber Germanium und Silicium haben die Elektronen der III-V-Verbindungshalbleiter eine wesentlich höhere Beweglichkeit, weil in diesen die homöopolar-heteropolaren Mischbindungen nur geringe Schwingungsamplituden der Gitterbausteine zulassen. Unter diesen Halbleitern weisen die Verbindungen **Indiumantimonid** (InSb) und **Indiumarsenid** (InAs) die bei weitem höchsten Elektronenbeweglichkeiten auf. Die Elektronenbeweglichkeit in Silicium beträgt dagegen nur ca. 1600 cm²/V·s (siehe Tabelle 6.9), in Kupfer sogar nur 40 cm²/V·s.

Der HALL-Effekt wird technisch in Form von HALL-Widerständen und HALL-Generatoren ausgenutzt. Hält man bei den HALL-Generatoren die Stärke des durch den Halbleiter fließenden Stromes konstant, dann ist die HALL-Spannung ein Maß für die Stärke des Magnetfeldes. Es können so Magnetfelder in Luftspalten gemessen werden. Andererseits nutzt man bei konstantem Magnetfeld die HALL-Spannung zur Regelung der Stromstärke, um z. B. die Überlastung von Gleichstrommaschinen zu verhindern. Da sowohl veränderliche Stromstärke als auch variables Magnetfeld in eine proportionale Spannung umgewandelt werden, nutzt man HALL-Generatoren auch zur Durchführung von Rechenoperationen.

6.6.8 Fotoelektrische Bauelemente

Beim *äußeren Fotoeffekt* können Elektronen z. B. negativ geladene Metalloberflächen verlassen, wenn Licht auf die Oberfläche fällt. In Halbleitern ist entsprechend ein innerer Fotoeffekt möglich: Photonen, die von dem Festkörper absorbiert werden, erzeugen in diesem Elektronen (und Löcher), die den Körper nicht verlassen. Je nach Wechselwirkung der Photonen mit dem Festkörper wird zwischen
– Eigenfotoleitung und
– Störstellenfotoleitung unterschieden.

Bei **Eigenfotoleitung** erzeugen die Photonen durch Wechselwirkung mit den gebundenen Elektronen der Matrixatome (von ggf. undotierten Halbleitern) freie Elektronen-Loch-Paare. Dazu muss die Energie des Photons mindestens dem Bandabstand ΔE entsprechen (siehe Bild 6.27). Es gilt:

$\Delta E = h \cdot f = h \cdot c / \lambda$.

h = PLANCKsches Wirkungsquantum, f = Frequenz, c = Lichtgeschwindigkeit, λ = Wellenlänge.

Einsetzen der Werte für h und c ergibt mit ΔE in eV:

λ in µm = $1{,}24 / \Delta E$.

Für die **Störstellenfotoleitung** ist die geringere Energiedifferenz zwischen der Leitungsbandkante bzw. Valenzbandkante und dem jeweiligen Störstellenniveau maßgebend. In die vorstehenden Gleichungen sind dann statt ΔE die wesentlich kleineren Energiedifferenzen ΔE_D bzw. ΔE_A einzusetzen.

Fotoelektrische Bauelemente sind:
– Fotoleiter oder Fotowiderstände,
– Fotodioden, Fotoelemente und Fototransistoren sowie bei Umkehrung des Fotoeffektes
– Lumineszenzdioden.

Voraussetzung für die Funktionsfähigkeit der Elemente ist, dass ihre Bauweise den Zutritt von Lichtquanten zu den aktiven Schichten, z. B. einem p-n-Übergang, bzw. das Austreten von Lichtquanten ermöglicht.

Ein **Fotoleiter** oder **Fotowiderstand** ist häufig ein undotierter Halbleiter. Photonen, deren Energie kleiner ist als dem Bandabstand ΔE entspricht, können natürlich kein Elektron vom Valenzband in das Leitungsband heben. Damit werden diese Photonen auch nicht vom Halbleiterkristall absorbiert. Mit steigender Wellenlänge (also abnehmender Energie) geht bei einer Grenzwellenlänge λ_g die Absorption schlagartig auf Null zurück. An dieser **Absorptionskante** erreicht der Fotostrom sein Maximum (Bild 6.34).

Fotoleiter werden entweder als polykristalliner Halbleiterfilm auf einem isolierenden Träger oder als ein-

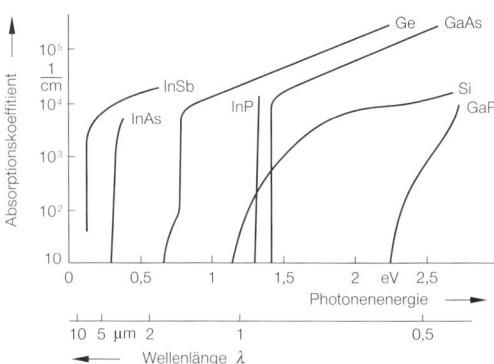

Bild 6.34
Absorptionskoeffizient verschiedener Halbleiterwerkstoffe in Abhängigkeit von der Photonenenergie

kristallines Halbleiterplättchen hergestellt. Im *sichtbaren Bereich* verwendet man meist **Cadmiumsulfid** (CdS) (auch Cadmiumselenid CdSe), das durch Aufdampfen oder Sintern in Schichtdicken von 10 bis 30 µm aufgebracht wird. Die CdS-Schichten besitzen zwar eine große Empfindlichkeit, jedoch auch ein schmales Spektrum und eine große Trägheit.

Im *Infrarot-Gebiet* verwendet man Fotoleiter aus PbS, InSb oder HgCdTe. **Bleisulfid** (PbS) wird als Dünnfilm (ca. 1 µm) z. B. auf Glas aufgebracht. Die spektrale Empfindlichkeit reicht bis zu einer Wellenlänge von ca. 3 µm und erfasst damit auch die 2,7 µm-Linie von H_2O und CO_2 z. B. in Abgasen.

Indiumantimonid (InSb)-Fotoleiter sind polykristallin mit einem Spektralbereich bis 5,6 µm (gekühlt) oder 7,5 µm (ungekühlt). Die **Quecksilber-Cadmium-Tellurid-Fotoleiter** sind lückenlos mischbare ternäre Verbindungshalbleiter der Form $Hg_{1-x}Cd_xTe$, deren Bandbreite vom Faktor x abhängt und fast bis auf Null gebracht werden kann. Die Grenzwellenlänge liegt zwischen 0,8 µm und 30 µm.

Infolge ihres einfachen Aufbaus und der einfachen Schaltungstechnik haben Fotoleiter einen großen Anwendungsbereich in vielen Signal-, Kontroll- und Steuereinrichtungen. Beispiele sind u. a. Flammenwächter bei Ölfeuerungen, Infrarot-Brandmelder, Infrarotsensoren in Satelliten zur Wetterbeobachtung und zur Information über den Stand des Pflanzenwuchses.

Fotodiode und **Fototransistor** arbeiten mit einer Störstellenleitung im gesperrten p-n-Übergang. Die durch die absorbierten Photonen in der Raumladungszone und in deren Umgebung erzeugten Elektronen-Loch-Paare werden durch das elektrische Feld der Raumladungszone getrennt (Bild 6.35). Die Löcher sammeln sich auf der p-Seite, die Elektronen auf der n-Seite.

Dadurch wird die Breite der Raumladungszone vermindert. Wird sie kleiner als es dem Gleichgewichtszustand des unbelasteten p-n-Überganges entspricht, schalten Diode bzw. Transistor durch (siehe Bild 6.29b und c). Der dann fließende Strom ist von der Energie des auftreffenden Photonenstromes und den Kennlinien der Fotodiode bzw. des Fototransistors abhängig.

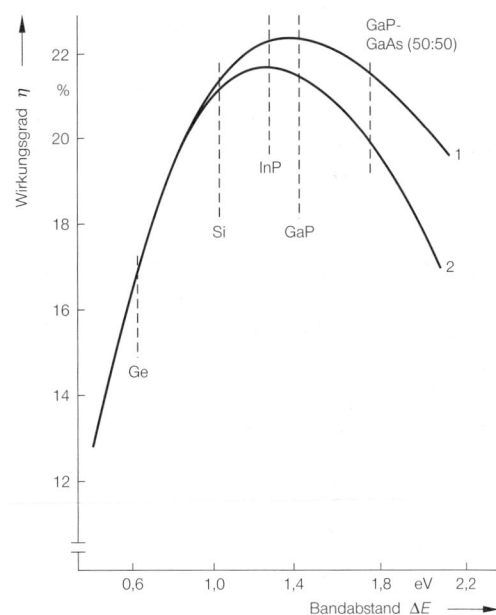

Bild 6.36
Theoretischer Wirkungsgrad verschiedener Halbleiter als Solarzellenwerkstoff
1: Weltraumbedingungen
2: senkrechter Einfall von Sonnenstrahlung auf die Erdoberfläche

Wird eine Fotodiode im Gleichgewichtszustand, d. h. ohne anliegende Sperrspannung betrieben, arbeitet sie als **Solarzelle.** Durch die Veränderung der Raumladungszone infolge der absorbierten Photonen entsteht auf der p-Seite ein Löcherüberschuss und auf der n-Seite ein Elektronenüberschuss. Zwischen p- und n-Seite liegt folglich eine Leerlaufspannung. Die Höhe der Leerlaufspannung wird durch das Material der Solarzelle bestimmt. Halbleiter mit einem breiten Bandabstand ΔE haben eine größere *Fotospannung* als solche mit einem schmalen. Anderseits sinkt die Zahl der erzeugten Elek-

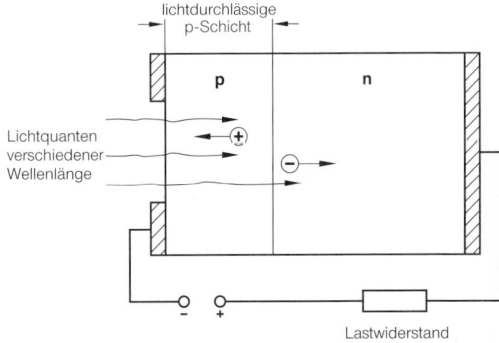

Bild 6.35
Fotodiode (schematisch)

tronen-Loch-Paare mit steigendem Bandabstand, so dass die Leerlaufspannung bei einem bestimmten ΔE-Wert ein Maximum besitzt (Bild 6.36).

Nach Bild 6.36 hat Silicium zwar nicht den optimalen Bandabstand von ca. 1,35 eV, wird aber aus wirtschaftlichen Gründen am häufigsten eingesetzt. Der praktische Wirkungsgrad beträgt für einkristalline Silicium-Solarzellen bis zu 20 %. Zellen auf der Basis polykristallinen oder amorphen Siliciums haben zwar einen geringeren Wirkungsgrad von maximal 16 %, sind aber preiswerter.

Lumineszenzdioden sind in Flussrichtung betriebene Dioden, bei denen die Rekombination der Ladungsträger am p-n-Übergang mit der Aussendung von Lichtquanten verbunden ist. Es handelt sich hier also um eine Umkehrung des inneren fotoelektrischen Effektes.

Lumineszenzstrahlung entsteht durch direkte Rekombination von Elektronen und Löchern – wobei die Energie der emittierten Photonen gleich dem Bandabstand des Halbleiters ist – oder durch Rekombination von Ladungsträgern und Störstellen mit entsprechend geringerer Energie der Lichtquanten. Da der Bandabstand Germanium, Silicium und Galliumarsenid (siehe Tabelle 6.9) Grenzwellenlängen von 1,85 µm, 1,1 µm bzw. 0,87 µm ergibt, strahlen die p-n-Übergänge dieser Halbleiter alle im infraroten Bereich.

Für Lumineszenzstrahler im sichtbaren Bereich muss ΔE größer werden. Das ist der Fall bei den III-V-Verbindungshalbleitern GaP und $GaAs_{1-x}P_x$. Diese Dioden sind unter der Abkürzung **LED** (**L**ight **E**mitting **D**iode) bekannt und haben für die Kommunikationstechnik große Bedeutung. Durch gezielte Veränderung der Zusammensetzung, z. B. Dotierung von GaP mit Stickstoff oder Ersetzen benachbarter Ga- und P-Atome durch Zink und Sauerstoff, erreicht man die Aussendung von Lichtquanten definierter Wellenlängen (Tabelle 6.10).

Lumineszenzdioden werden u. a. eingesetzt
– als Strahlungsemitter in der optischen Nachrichtentechnik, für Lichtschranken und Optokoppler,
– als Signallampen, um Schalt- und Betriebszustände anzuzeigen,
– in zeilenförmiger Anordnung (LED-Arrays) zur Analogdarstellung von Ziffern, Buchstaben und Zeichen.

Tab. 6.10: Werkstoffe für Lumineszenzdioden (LED)

Grundmaterial	Störstellen	Wellenlänge µm	Farbe
GaP	N	0,565	grün
GaP	N	0,590	gelb
GaP	Zn, O	0,690	rot
$GaAs_{0,6}P_{0,4}$		0,660	rot
$GaAs_{0,35}P_{0,65}$		0,630	hellrot
$GaAs_{0,15}P_{0,85}$	N	0,585	gelb
SiC		0,470	blau
GaN		0,440	blau

Ergänzende und weiterführende Literatur

Hadamovsky: Halbleiterwerkstoffe, 2. Auflage, Deutscher Verlag für Grundstoffindustrie, Leipzig 1990
Hornbogen, E.: Werkstoffe, 6. Auflage, Springer-Verlag, Berlin 1994
Kieffer/Benesovsky: Hartstoffe, Springer-Verlag, Berlin 1963
Schedler, W.: Hartmetall für den Praktiker, VDI-Verlag, Düsseldorf 1988
Scholze, H.: Glas, 3. Auflage, Springer-Verlag, Berlin 1988
Telle, R. (Hrsg.): Keramik, 7. Auflage, Springer-Verlag, Berlin, 2000

7 Kunststoffe

7.1 Einteilung und Aufbau der Kunststoffe

Kunststoffe, erst seit wenigen Jahrzehnten entwickelt und hergestellt, haben ihrer spezifischen Eigenschaften und ihrer vielseitigen Verarbeitungs- und Anwendungsmöglichkeiten wegen rasch eine immer stärker werdende Bedeutung erlangt. Es gibt kaum einen Zweig technischer Anwendungsgebiete, in dem sie nicht Eingang gefunden haben. Durch ihre Entwicklung wurden neue Industriezweige geschaffen und zum Teil die Bewältigung technischer Probleme, z. B. in der Hochfrequenz- und Nachrichtentechnik, überhaupt erst ermöglicht.

7.1.1 Bezeichnungen, Begriffe

Die Bezeichnung »Kunststoff«, in Deutschland etwa ab 1910 eingeführt, leitet sich ursprünglich davon ab, dass aus geeigneten Grundsubstanzen neue Stoffe mit völlig andersartigen Eigenschaften »künstlich« aufgebaut werden. Die daneben verwendete und in anderen Ländern übliche Benennung »plastics« oder »Plaste« kennzeichnet den Umstand, dass diese Stoffe unter bestimmten Bedingungen plastisch formbar sind. Beide Bezeichnungen sind im Grunde unbefriedigend und zur Begriffsbestimmung nicht ausreichend, da die weitaus meisten Werkstoffe in chemischen und physikalischen Prozessen künstlich hergestellt und viele von ihnen ebenfalls plastisch formbar sind.

Gemeinsam ist allen Kunststoffen, dass sie im wesentlichen aus *organischen* Stoffen bestehen, die makromolekular aufgebaut sind. Bestandteile anderer Art können ihnen beigemischt sein.

Bei ihrer Herstellung werden die Moleküle geeigneter niedermolekularer Verbindungen (»Monomere«) durch *chemische Synthese* miteinander zu *Makromolekülen* (Moleküle mit sehr großer Atomzahl) verknüpft.

Die dadurch entstandenen *hochpolymeren* Stoffe ergeben Produkte recht unterschiedlicher Beschaffenheit für die verschiedenen Verwendungszwecke.

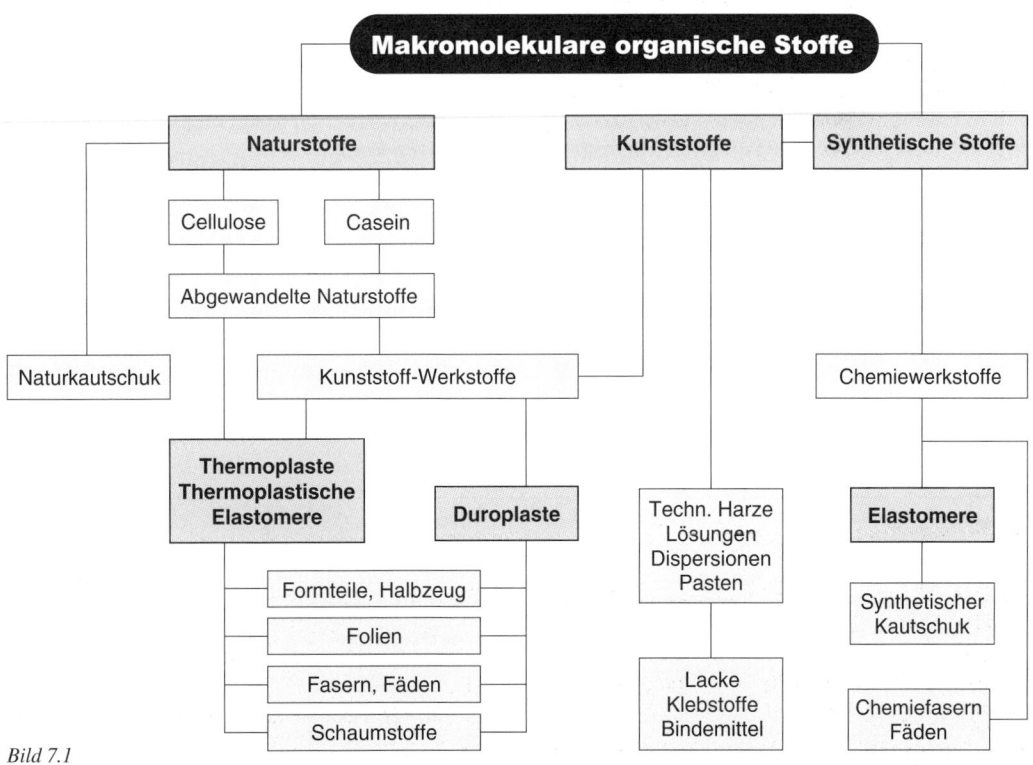

Bild 7.1
Makromolekulare Stoffe

In Form von Lösungen, flüssigen Gemischen (Dispersionen), Pulvern und Pasten werden sie *zu Bindemitteln, Anstrichmitteln, Lacken, Klebstoffen* verarbeitet und zur *Holzverleimung* oder *Textilimprägnierung* verwendet. Sie werden als *Faserstoffe* genutzt, als Beschichtungsmaterial mit anderen Stoffen (z. B. Metallen) verbunden und dienen schließlich zur Herstellung der eigentlichen *Kunststofferzeugnisse*.

Die in der Kunststofftechnologie verwendeten Bezeichnungen und Begriffe für die jeweiligen Stoffgruppen sind nicht immer streng gegeneinander abzugrenzen, sondern greifen ineinander über. Einen Überblick über ihre Vielfalt zeigt das Schema in Bild 7.1.

Unter dem Sammelbegriff **Polymer-Werkstoffe** fallen nicht nur die Kunststoffe, deren Makromoleküle durch Verkettung von niedermolekularen Verbindungen entstanden sind, sondern auch solche aus abgewandelten Naturstoffen, die aus bereits makromolekularen organischen Naturprodukten pflanzlicher oder tierischer Art hergestellt werden.

Die in ihnen enthaltenen makromolekularen Substanzen sind *Cellulose* bei pflanzlichen und *Casein* bei tierischen Produkten. Sie werden in einer Reihe chemischer Prozesse von ihren Begleitstoffen befreit, ggf. in Lösungen überführt und mit anderen Stoffen versetzt. Dabei werden die isolierten Makromoleküle soweit chemisch verändert, dass sich plastisch formbare Produkte ergeben, deren Eigenschaften denen der vollsynthetischen Kunststoffe eng verwandt sind. So entstehen aus Milch über das Casein: *Kunsthorn*, aus Holz und Baumwolle über die Cellulose-Derivate [1]: *Vulkanfiber, Celluloid* und andere plastisch formbare Massen. Diese Stoffe, die zum Teil bereits in der 2. Hälfte des 19. Jahrhunderts geschaffen wurden, gehören zu den ältesten »Kunststoffen«.

7.1.2 Eingruppierung der Kunststoffe

Die Kunststoffe können entsprechend „DIN 7724, Polymere Werkstoffe; Gruppierung polymerer Werkstoffe aufgrund ihres mechanischen Verhaltens" nach dem molekularen Aufbau und dem daraus resultierenden Verhalten eingeteilt werden, und zwar in Thermoplaste, thermoplastische Elastomere, Elastomere und Duroplaste (Tabelle 7.1):

Thermoplaste sind unvernetzte Kunststoffe, die sich bei Gebrauchstemperaturen weitgehend energie-elastisch (stahlelastisch) verhalten und darüber bei einer bestimmten Temperatur erweichen und schmelzen. Dass bei Erwärmung ein erweichter bzw. geschmolzener Zustand durchlaufen wird, ist eine Voraussetzung für verschiedene technologische Verarbeitungsverfahren (z. B. Gießen, Spritzgießen, Extrudieren, Schweißen). Die Thermoplaste überstehen eine solche Erwärmung im Allgemeinen ohne chemische Veränderung.

Thermoplastische Elastomere sind weitmaschig physikalisch vernetzte mehrphasige Kunststoffe oder Kunststoffmischungen, die sich bei Gebrauchstemperaturen entropie-elastisch (gummielastisch) verhalten und darüber bei einer bestimmten Temperatur erweichen und schmelzen. Deren Vernetzungsstellen beruhen auf lokalen Zusammenhaltsmechanismen benachbarter Molekülketten, die bei Gebrauchstemperaturen fixiert bleiben und sich beim Schmelzen lösen.

Elastomere sind weitmaschig chemisch vernetzte Kunststoffe, die sich bei Gebrauchstemperaturen entropie-elastisch (gummielastisch) verhalten und darüber hinaus bis zur Zersetzungstemperatur nicht schmelzbar sind.

---

[1] Als Derivate (»Abkömmlinge«) werden alle aus einer Substanz abgewandelten Produkte bezeichnet.

Tab. 7.1: Einteilung der Kunststoffe

Thermoplaste	thermoplastische Elastomere	Elastomere	Duroplaste
unvernetzt	schwach vernetzt		stark vernetzt
linear bis verzweigt	physikalisch vernetzt	chemisch vernetzt	chemisch vernetzt
Schmelzbar löslich	Schmelzbar löslich	nicht schmelzbar nicht löslich quellbar	nicht schmelzbar nicht löslich nicht quellbar
plastisch formbar i. a. hoher E-Modul	Gummielastisch kleiner E-Modul		nicht plastisch formbar hoher E-Modul

Duroplaste sind energie-elastische (stahlelastische) Kunststoffe, die beim Herstellungs- bzw. Verarbeitungsvorgang hochgradig chemisch vernetzend aushärten. Duroplaste sind daher nicht schmelzbar.

7.1.3 Vorprodukte, Formstoffe, Zusatzstoffe

Kunststofferzeugnisse werden aus *Vorprodukten* hergestellt, die in pulverisierter, gekörnter oder flüssiger Form bezogen werden. Sie werden dem Kunststoffverarbeiter von der chemischen Industrie meist gebrauchsfertig geliefert, können aber auch von ihm selbst mit den für die Verarbeitung und Anwendung erforderlichen Zusatzstoffen gemischt werden.

Liegen solche Ausgangsstoffe als Pulver oder gekörnt (Granulat) vor, dann werden sie als **Formmassen** bezeichnet. Sie werden innerhalb bestimmter Temperaturbereiche durch Pressen, Strangpressen (Extrudieren) oder Spritzgießen bleibend geformt und damit zum **Formstoff**, dem eigentlichen Werkstoff (Bild 7.2).

Den Formmassen werden aus wirtschaftlichen und technischen Gründen häufig **Füllstoffe** zugesetzt. Dies sind pulverisierte oder geschnitzelte organische oder anorganische Stoffe, z. B. Holz oder Gesteinsmehl, Papier- oder Textilschnitzel. Sie verbilligen das Erzeugnis, tragen zur Verbesserung mechanischer Eigenschaften (z. B. Druckfestigkeit, Abriebfestigkeit) bei und beheben auch die bei der Formgebung eintretende Schwindung.

Eine besondere Bedeutung als *Verstärkungsmaterial* haben eingebettete Fasern, mengenmäßig am häufigsten Glasfasern, erlangt. Die Entwicklung solch **faserverstärkter Kunststoffe** hat zu einem eigenen breiten Anwendungsgebiet auch für hoch beanspruchte Konstruktionsteile geführt und ist noch in vollem Gange.

Kunstharze sind Rohstoffe, die ihre makromolekularen Endzustand erst durch chemische Reaktionen während der Verarbeitung erreichen. Man unter-

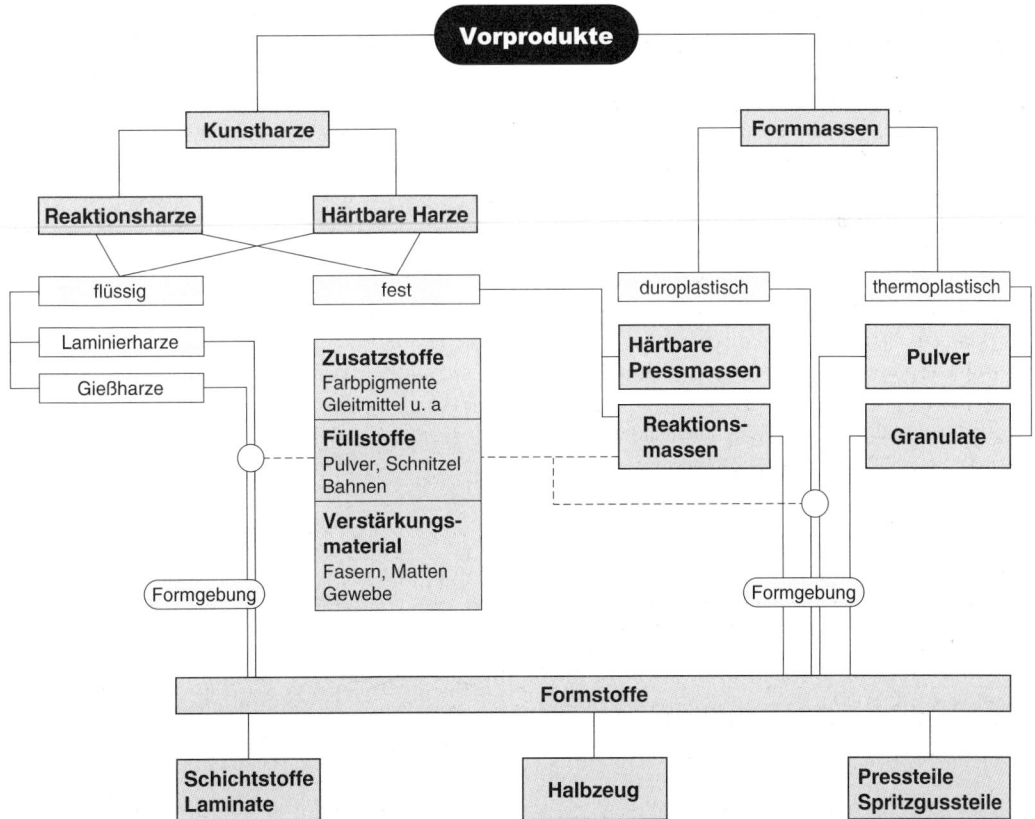

Bild 7.2
Kunststoff-Werkstoffe

scheidet sie nach härtbaren Harzen und Reaktionsharzen.

Härtbare Harze stellen in fester Form duroplastische Formmassen *(härtbare Pressmassen)* dar, die unter Wärmezufuhr aushärten. Da dabei flüchtige Nebenprodukte (meist Wasserdampf) entweichen, können sie nur unter Druck verformt werden.

Werden Füllstoffe nicht in loser Form zugemischt, sondern in geschlossenen, durchgehenden Bahnen in den Kunststoff eingebettet, so entstehen **Schichtpressstoffe.** Hierzu werden geschlossene Bahnen mit flüssigen Harzen getränkt, übereinander geschichtet und zwischen Metallplatten warm verpresst, wobei die Harze aushärten.

Hergestellt werden nicht nur Platten, sondern auch Profile, Rohre und Formteile (z. B. Zahnräder).

Reaktionsharze härten aus, ohne dass Nebenprodukte entstehen. Nach der Art ihrer Verarbeitung lassen sich hierbei die folgenden Gruppen unterscheiden:
– *Gießharze* liegen in flüssiger Form vor oder sind durch mäßige Erwärmung aufschmelzbar. Sie sind in offenen Formen vergießbar, in denen sie ohne Druckanwendung zum Formstoff aushärten. Zum Ablauf der chemischen Reaktion, die die Aushärtung bewirkt, ist bei der Verarbeitung die Zugabe von sogenannten Härtern und Beschleunigern erforderlich. Die so erhaltenen Formteile können ggf. spanabhebend bearbeitet werden.
– *Laminierharze* dienen zur Herstellung flächiger Bauteile, indem zwischen schichtweise angeordnetem Verstärkungsmaterial die zähflüssigen Kunstharze mittels Pinsel, Rolle oder durch Tränkung aufgebracht werden. Die in dieser Weise hergestellten Erzeugnisse werden als *Laminate* bezeichnet.

Eine Sonderform innerhalb dieser Gruppe stellen die *Harzmatten* dar. Das sind flächige Pressmassen, die das Verstärkungsmaterial in Mattenform mit allen erforderlichen Zusätzen enthalten und in entsprechenden Zuschnitten im Formwerkzeug verpresst werden. Solche mit härtbaren Kunststoffen vorimprägnierten Bahnen werden auch als *Prepregs* bezeichnet *(preimpregnated).*

Bereits mit allen erforderlichen Zusätzen (einschließlich Füll- und Verstärkungsmaterial) versehene, verarbeitungsfähige Mischungen härtbarer Harze sind **Reaktionsmassen.** Sie sind in einem Rührwerkzeug, dem Kneter, vorgemischt und fertig aufbereitet worden und werden als plastisch formbare Masse in einem beheizten Formwerkzeug zum Formteil gepresst.

7.1.4 Normung

Für die oft komplizierten Bezeichnungen der Kunststoffe bzw. Kunststoffsysteme können genormte Kennbuchstaben und Kurzzeichen verwendet werden. Die entsprechende Norm DIN EN ISO 1043 bezieht sich auf Basis-Polymere und ihre besonderen Eigenschaften, auf Füll- und Verstärkungsstoffe, auf Weichmacher und auf Flammschutzmittel. Mit Hilfe der DIN EN ISO 11469 gibt es die Möglichkeit einer sortenspezifischen Identifizierung und Kennzeichnung von Kunststoff-Formteilen.

Die Kurzzeichen der in diesem Buch beschriebenen Kunststoffe sind nachstehend in alphabetischer Reihenfolge aufgeführt.

ABS	Acrylnitril-Butadien-Styrol
AMMA	Acrylnitril-Methylmethacrylat
EP	Epoxid
EP-GF	Glasfaserverstärkte Epoxidharze
FK	Faserverstärkte Kunststoffe
GFK	Glasfaserverstärkte Kunststoffe
MF	Melaminformaldehyd
PA	Polyamid
PC	Polycarbonat
PE	Polyethylen
PE-HD	PE hoher Dichte
PE-LD	PE niederer Dichte
PF	Phenolformaldehyd
PMMA	Polymethylmethacrylat
PP	Polypropylen
PS	Polystyrol
PTFE	Polytetrafluorethylen
PUR	Polyurethan
PVC	Polyvinylchlorid
PVC-P	Weichmacherhaltiges PVC
PVC-U	Weichmacherfreies PVC
SAN	Styrol-Acrylnitril
SB	Styrol-Butadien
UF	Harnstoffformaldehyd
UP	Ungesättigte Polyester
UP-GF	Glasfaserverstärkte Polyester

Die *Normung von Formmassen* bezweckt, die außerordentlich vielfältigen Produkte in einem übersichtlichen System zu ordnen und dem Verarbeiter definierte Massen anzugeben, damit jeweils gleichbleibende Eigenschaften erreicht werden können. Die Formmassen-Normen werden künftig i. W. zweiteilig gestaltet: Teil 1 für die Bezeichnung und Einteilung und Teil 2 für die Herstellung von Probekörpern und die Bestimmung von Eigenschaften.

Duroplastische Formmassen sind nach Typen unterteilt, die sich durch Harz- und Füllstoffgehalt unterscheiden. Die Mindestanforderungen an einige, jeweils typische Eigenschaften sind festgelegt. Die Massen sind in Typentabellen der Norm aufgenommen und werden durch Angabe ihrer *Typ-Nummer* bezeichnet.

Thermoplastische Formmassen werden (neuerdings) nach einem System geordnet, das ihrer ständigen Fortentwicklung und ihren vielfachen Anwendungsmöglichkeiten besser gerecht wird als die Festschreibung bestimmter Typen. Sie werden gegliedert nach ihrem chemischen Aufbau und nach kennzeichnenden Eigenschaften für ihre Anwendung und Verarbeitung. Bezeichnet werden sie durch eine *Ordnungsnummer* für den chemischen Aufbau und eine nach einem Bindestrich nachgestellte Zifferngruppe, die sich aus jeweils einstelligen Ordnungszahlen für kennzeichnende Eigenschaften zusammensetzt.

Zusätzlich zur Einteilung und Bezeichnung geben die Normen Hinweise für die Herstellung und Prüfung von Probekörpern. Sie führen weiter Richtwerte für mechanische, elektrische und sonstige Eigenschaften an, die an eigens hergestellten Norm-Proben ermittelt wurden [1].

Verbunden mit der Normung ist eine *Gütesicherung* der aus genormten Massen hergestellten Erzeugnisse. Die Einhaltung der Normen wird im Hinblick auf stets gleichbleibende Zusammensetzung und gewährleistete Eigenschaften (dies bezieht sich z. B. selbst auf die Gleichmäßigkeit etwa festgelegter Farbtöne) durch entsprechende Vereinbarungen der Erzeuger und Verarbeiter überwacht.

Die sachgerechte Verarbeitung einer überwachten Formmasse wird durch *Überwachungszeichen* (Gütezeichen) angezeigt, aus denen auch der Hersteller hervorgeht (Bild 7.3). Sie sind auf jenen Erzeugnissen angebracht, deren Gebrauchseigenschaften nach den geltenden Vorschriften von Herstellern und amtlichen Prüfstellen laufend überprüft werden.

7.2 Gemeinsame Eigenschaften, charakteristische Merkmale

Trotz aller Vielfalt der Erscheinungsformen haben alle Kunststoff-Werkstoffe eine Reihe von Eigenschaften gemeinsam, die für sie kennzeichnend sind, auch wenn sie naturgemäß bei den einzelnen Sorten unterschiedlich stark ausgeprägt sind [2]. Kunststoffe weisen zudem charakteristische Merkmale und Verhaltensweisen auf, die sie von anderen Werkstoffen abgrenzen. Die Kenntnis und Beurteilung solcher Unterschiede ist von wesentlicher Bedeutung für einen sachgerechten Einsatz dieser Werkstoffe. Das gilt besonders dann, wenn sie an die Stelle bisher verwendeter herkömmlicher Werkstoffe treten sollen oder im Verbund mit anderen Werkstoffen eingesetzt werden.

7.2.1 Äußere Merkmale

Formteile aus Kunststoffen zeichnen sich in der Regel durch eine sehr gute *Oberflächenbeschaffenheit* aus. Dies gilt sowohl hinsichtlich der erzielbaren Glätte als auch ihrer Beständigkeit. Abgesehen von strukturbedingten Einflüssen ist die Oberflächengüte wesentlich durch die Formgebung im

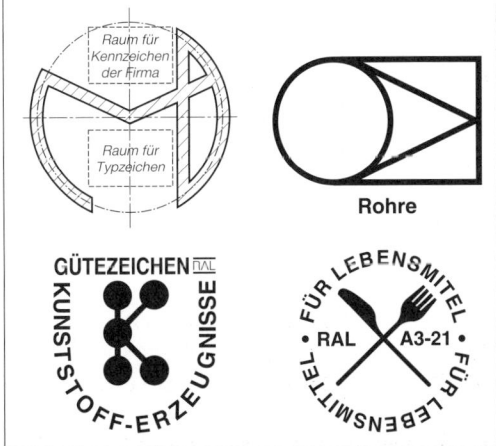

Bild 7.3
Beispiele für Überwachungs- und Gütezeichen

---

[1] Die Eigenschaftsangaben dienen in erster Linie zum Vergleich und zur Unterrichtung des Anwenders. Die Eigenschaften im Formteil hängen nicht nur von der Formmasse, sondern auch von dessen Gestalt, Fertigungsbedingungen und insbesondere von dessen mechanischer Beanspruchung ab.

[2] Die speziellen Eigenschaften der einzelnen Kunststoffe werden im Abschnitt Kunststoffsorten (siehe S. 385) behandelt.

Press- oder Spritzgussverfahren bedingt, da sich die Glätte der polierten Formwerkzeuge auf die Oberfläche der Formstoffe überträgt. Nachteilige Beeinflussungen, wie sie sich bei der Warmformgebung von Metallen durch Verzunderung oder Walzriefen ergeben können, treten hier nicht auf. Im Verhältnis zu den häufig sehr aufwändigen Nachbehandlungen zur Erzielung glatter Oberflächen bei Metallen und der Notwendigkeit, sie durch Anstriche oder Überzüge vor Korrosion zu schützen, ist die wirtschaftliche Bedeutung dieser Umstände unverkennbar.

Kunststoffe sind *durchgehend einfärbbar*. Ihre Einfärbung erfolgt durch Zusatz von Farbpigmenten zu den Formmassen vor der Formgebung und kann – abgesehen von wenigen Produkten, die von Natur aus dunkelfarbig sind – in allen Farbtönungen dauerhaft erfolgen. Damit sind zusätzliche Farbanstriche, die zudem einer ständigen Erneuerung bedürfen, unnötig. Die Färbung ist, je nach Art der zugesetzten Farbpigmente, sowohl transparent als auch gedeckt möglich.

Eine wertvolle Bereicherung in der Werkstoffwahl für spezielle Anwendungsfälle stellt die Tatsache dar, dass die amorph aufgebauten Kunststoffe *durchsichtig* sind. Ihre Transparenz lässt sich bei vielen Typen durch geeignete Zusätze variieren von glasklar bis schwach durchscheinend[1]. Sie ergänzen damit die üblichen Glassorten, die im Vergleich zu ihnen bessere mechanische Eigenschaften (Schlagfestigkeit, Bruchsicherheit, Splitterfreiheit) und – in speziellen Fällen – auch verbesserte optische Eigenschaften besitzen.

7.2.2 Chemische und physikalische Eigenschaften

7.2.2.1 Chemische Beständigkeit

Korrosion, eine von der Werkstoffoberfläche ausgehende Zerstörung infolge meist elektrochemischer Prozesse, wie sie bei Metallen auftritt, gibt es im eigentlichen Sinne bei den Kunststoffen nicht. Sie sind so gut *korrosionsbeständig,* dass sie unter normalen Gebrauchsumständen keinerlei Oberflächenschutz benötigen. Ihre gute chemische und physikalische Widerstandsfähigkeit wird deshalb auch in großem Maße genutzt für Beschichtungen, Ummantelungen und Auskleidungen zum Oberflächenschutz korrosionsgefährdeter Bauteile.

Ihre *Beständigkeit gegen Chemikalien* ist unterschiedlich. I. Allg. sind sie gegen viele Medien beständig, die andere Stoffe angreifen. Es gibt jedoch auch chemische Substanzen, die in den Kunststoff eindiffundieren und ihn lösen oder mit ihm chemisch reagieren und ihn zerstören. In gewissem Umfang können aber solche Reaktionen durch geeignete Zusätze, die Stabilisatoren, aufgehalten und dadurch Typen mit erhöhter chemischer Beständigkeit geschaffen werden.

Thermoplaste zeigen im Allgemeinen hohe Beständigkeit gegenüber Säuren und Laugen, Duroplaste gegenüber organischen Lösungsmitteln.

Die Beständigkeitstabellen der Kunststofferzeuger bieten hier wichtige Informationen für spezielle Anwendungsfälle. Sie geben in ausführlicher Zusammenstellung eine Übersicht über die Auswirkungen der verschiedenen Chemikalien auf die einzelnen Kunststoffe. Deren chemische Widerstandsfähigkeit hängt allerdings nicht nur von der Formmasse ab. Von zusätzlichem Einfluss sind neben der Art der einwirkenden Chemikalien auch ihre Konzentration, die Temperatur und die Einwirkungsdauer. Hinzu kommen die Auswirkungen der bei der Formgebung im Formteil entstandenen inneren Spannungen und die der jeweils gerade vorliegenden mechanischen Beanspruchung. Sie können bei den Thermoplasten unter der Einwirkung von Chemikalien zur Spannungsrissbildung führen. Im Einzelfall sind deshalb ggf. klärende Versuche zur Eignung für bestimmte Einsatzfälle erforderlich, insbesondere bei zusätzlichen Einflüssen wie mechanischer Beanspruchung, Wärme, UV-Strahlung, Licht.

7.2.2.2 Dichte

Kennzeichnend für alle Kunststoffe ist ihre niedrige Dichte. Sie ist bedingt durch die geringe Masse der Atome, die ihre Moleküle bilden. Für die verschiedenen Kunststoffsorten bestehen – anders als bei den Metallen – nur geringe Unterschiede in der Dichte. Sie liegt in engen Grenzen zwischen etwa 0,9 g/cm^3 bis 1,5 g/cm^3 und erhöht sich auch bei Zusatz von Füllstoffen und Verstärkungsmaterial nur bis auf etwa 2,2 g/cm^3. Sie ist damit geringer als die der Leichtmetalle und liegt erheblich unter

---

[1] Voraussetzung für die Glasklarheit ist die Unordnung des amorphen Zustands. Transparent ist ein Stoff, der optisch homogen ist, d. h. in allen Bereichen den gleichen Brechungsindex hat. Zusätze, die einen anderen Brechungsindex haben, vermindern die Transparenz oder heben sie sogar auf.

der aller anorganischen Werkstoffe. Da im Verhältnis hierzu ihre mechanischen Eigenschaften gut sind, stellen sie – insbesondere mit Faserverstärkung – hervorragende *Leichtbauwerkstoffe* dar, für die als Kriterium ihre »spezifische Festigkeit« gilt. Diese ist das Verhältnis von Festigkeit zur Dichte.

7.2.2.3 Wärmeleitfähigkeit, Wärmeausdehnung

Kunststoffe sind schlechte Wärmeleiter. Die Molekülbewegung, auf der die Fortleitung der Wärme hier nur beruht, ist dadurch eingeschränkt, dass die Makromoleküle im festen Stoff nur in Teilbereichen schwingen. Selbst bei freier Beweglichkeit in der Schmelze ist ihre Bewegung noch so gehemmt, dass sie auch dann für eine gute Wärmeleitung noch nicht ausreicht.

Die *Wärmeleitfähigkeit von Kunststoffen* liegt (zwischen 20 °C und 50 °C) in der Größenordnung von etwa 0,15 W/(mK) bis 0,3 W/(mK) [1]. Sie steigt zwar mit der Temperatur etwas an, bleibt aber selbst im schmelzflüssigen Bereich noch so niedrig, dass bei Formgebungs- und Verbindungsarbeiten unter Wärmezufuhr – vom Warmumformen über Pressen und Spritzgießen bis zum Schweißen – diesem Umstand Rechnung getragen werden muss.

Zusatzstoffe (Füllstoffe, Faserverstärkungen) können die Wärmeleitfähigkeit bis auf das Doppelte steigern, so dass etwa die von Glas erreicht wird.

Außerordentlich gering ist die Wärmeleitung poröser Kunststoffe (Schaumstoffe). Ihr Wärmeleitvermögen beträgt meist weniger als ein Zehntel der o. a. Werte. Diese zudem extrem leichten Werkstoffe sind demnach ausgezeichnete Wärmeisolatoren.

Die *Wärmeausdehnung* ist nicht nur abhängig von der Zusammensetzung der Kunststoffe, sondern wird auch durch die Bedingungen bei der Formgebung beeinflusst. Der *thermische Längenausdehnungskoeffizient* liegt bei den meisten Thermoplasten etwa bei $(70$ bis $100) \cdot 10^{-6}$/K und ist damit etwa achtmal höher als bei Stahl. Bei hochelastischen und flexiblen Werkstoffen ist die Wärmeausdehnung noch um das Doppelte größer, bei härtbaren Formmassen, vorwiegend unter dem Einfluss von Füllstoffen, etwa zur Hälfte geringer. Insbesondere kann sich die niedrige Wärmedehnzahl von Glasfasern dahingehend auswirken, dass der Ausdehnungskoeffizient der glasfaserverstärkter Duroplasten je nach Glasgehalt bis auf den von Aluminium ($24 \cdot 10^{-6}$/K) oder sogar Stahl ($12 \cdot 10^{-6}$/K) absinkt, was für Verbundbauweisen von wesentlicher Bedeutung sein kann.

7.2.2.4 Wärmebeständigkeit

Der Einfluss, den die Temperatur auf das Verhalten von Kunststoffen und die Eigenschaften von Formteilen ausübt, wirkt sich weit stärker und vor allem auch innerhalb weit niedrigerer Temperaturbereiche aus als bei den Metallen. Die mit Erwärmung oder Abkühlung verbundene Veränderung des Energiezustands führt zu merklichen Änderungen der mechanischen, elektrischen und chemischen Eigenschaften. Kunststoffe sind folglich nur in relativ geringem Umfang wärmebeständig und formstabil. Die *maximale Gebrauchstemperatur* liegt, je nach Zusammensetzung und Aufbau, im Allgemeinen zwischen 90 °C und 150 °C. Bei einigen Typen, die als wärmestandfest oder hochtemperaturbeständig bezeichnet werden, beträgt sie 200 °C bis 350 °C. Von wesentlichem Einfluss ist in jedem Fall die Zeitdauer der Temperatureinwirkung, deren Auswirkung auf die den jeweiligen Gebrauch bestimmenden Eigenschaften ggf. besonders zu prüfen ist.

Sehr *tiefe Temperaturen* ändern die Gebrauchseigenschaften von Duroplasten kaum. Bei manchen Thermoplasten bewirken sie jedoch merkliche Änderungen ihres mechanischen Verhaltens. Diese verhärten bis zur völligen Versprödung. So können hochelastische, flexible Formstoffe (Folien, Schläuche) bei extremer Abkühlung so stark verspröden, dass sie zerbrechlich werden wie Glas. Sehr *hohe Temperaturen* (häufig schon ab etwa 300 °C) führen bei *allen* Kunststoffen zur chemischen Zersetzung. Viele von ihnen sind bei Überschreiten der Entzündungstemperaturen von gasförmig entweichenden Zersetzungsprodukten auch brennbar. In speziellen Fällen bewirken geeignete Zusätze, die mit den Zersetzungsprodukten chemisch reagieren, dass die Kunststoffe schwer entflammbar oder auch selbstlöschend sind. Sie brennen dann nur so lange, wie sie unter der direkten Einwirkung einer fremden Flamme stehen.

---

[1] Zum Vergleich: Die Wärmeleitfähigkeit der gut wärmeleitenden Metalle liegt bei Kupfer (ca. 390 W/(mK)) etwa um das 2000fache, bei Aluminium (ca. 230 W/(mK)) mehr als das 1000fache und bei Stahl (ca. 50 W/(mK)) um etwa das 250fache höher. Ein Wärmestrom, der z. B. durch eine Aluminiumplatte in einer Stunde hindurchgeht, würde bei gleicher Wanddicke und gleichen Temperaturbedingungen im Kunststoff etwa 1000 Stunden, d. h. mehr als 40 Tage benötigen.

7.2.3 Mechanische Eigenschaften

7.2.3.1 Festigkeit

Infolge ihres makromolekularen Aufbaus ist die Festigkeit von Kunststoffen geringer als die der Metalle, weil die zwischen den Molekülen wirkenden physikalischen Anziehungskräfte stets erheblich kleiner sind als die elektrostatischen Bindungskräfte zwischen den Metallatomen, die zudem in einer geordneten Kristallstruktur vorliegen.

Festigkeitsunterschiede zwischen den einzelnen Kunststoffen ergeben sich aus ihren unterschiedlichen Aufbauformen. Im Normalfall liegt ihre Festigkeit noch unter der jener Metalle (z. B. Rein-Aluminium), die die geringste Festigkeit aufweisen.

Festigkeitssteigerungen, wie sie bei den Metallen infolge von Gefügeveränderungen durch Wärmebehandlung (Umwandlungs- bzw. Ausscheidungshärtung) oder Kaltumformung erreicht werden, sind nicht möglich.

Alle durch eine ggf. auch nachträglich durchgeführte Wärmebehandlung erzielten Eigenschaftsverbesserungen beruhen darauf, dass bei der Formgebung unvollständig abgelaufene chemische Reaktionen erneut einsetzen *(Aushärtung, Nachhärtung)* oder bei der Abkühlung der Schmelze entstandene innere Spannungen abgebaut und ausgeglichen werden *(Tempern)*.

Von wesentlichem Einfluss ist jedoch die Zugabe von Verstärkungsmaterial in Form von kurzen Glasfaserabschnitten, zu Strängen zusammengefassten Fäden oder Geweben. Von dieser Möglichkeit zur *Festigkeitssteigerung* wird nicht nur bei Duroplasten, sondern in steigendem Maße auch bei der Verarbeitung von Thermoplasten Gebrauch gemacht. Diese *faserverstärkten Kunststoffe* erreichen und überschreiten je nach Art und Menge des eingebetteten Materials (meist Glasfasern, aber auch Kohle- und Borfasern) die Festigkeiten von Stahl. Ihr mechanisches Verhalten wird kaum vom Kunststoff, sondern in erster Linie vom eingebetteten Verstärkungsmaterial bestimmt.

7.2.3.2 Formänderungseigenschaften

Formteile aus Kunststoffen sind weitaus elastischer als solche aus Metallen, besitzen also eine geringe Formsteifigkeit. Ihr Formänderungsverhalten ist zudem in starkem Maße dem zeitlichen Einfluss, d. h. Geschwindigkeit und Dauer der Beanspruchung, unterworfen und – viel ausgeprägter als bei den Metallen – von der Temperatur abhängig.

Rein *elastische Verformungen*, wie sie durch das HOOKEsche Gesetz beschrieben werden (siehe Seite 97) treten bei Duroplasten und bei Elastomeren auf. Letztere verhalten sich entropie-elastisch *(gummielastisch)*. Bei geringen Beanspruchungen von Thermoplasten sind den elastischen Formänderungen stets plastische überlagert.

Kennzeichnend für Thermoplaste ist weiterhin, dass sowohl eine durch Krafteinwirkung erzwungene elastische Verformung als auch deren Rückbildung nach Aufhebung der Beanspruchung mit einer zeitlichen Verzögerung erfolgt. Dieses als *visko-elastisch* bezeichnete Verhalten beruht auf der molekularen **Relaxation,** unter der allgemein eine verzögerte Gleichgewichtseinstellung zu verstehen ist.

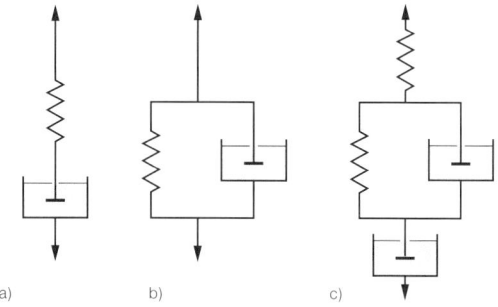

Bild 7.4
Modell für das zeitabhängige Kraft-Verformungsverhalten von Kunststoffen (Erläuterungen im Text)
a) MAXWELL-Modell
b) VOIGT-KELVIN-Modell
c) BURGER-Modell, als Kombination von a) und b)

Eine Vorstellung für das viskose und das visko-elastische Verhalten vermitteln das MAXWELL-Modell und das VOIGT-KELVIN-Modell. Im MAXWELL-Modell sind eine Feder und ein Dämpfungsglied hintereinander geschaltet (Bild 7.4a). Durch die Feder ist das elastische Verhalten (nach dem HOOKEschen Gesetz), durch das Dämpfungsglied das Fließverhalten eines viskosen (zähflüssigen) Körpers dargestellt.

Bei Belastung dehnt sich die Feder sofort, die Verschiebung des Kolbens im Dämpfungsglied benötigt aber eine gewisse Zeit. Dabei geht die Verformung der Feder um den entsprechenden Betrag wieder zurück. Die ursprünglich entstandene Spannung wird abgebaut (Relaxation), obwohl die gesamte Formänderung unverändert bleibt. Bei Entlastung geht die elastische Verformung der Feder sofort zurück, das Dämpfungsglied verbleibt in seinem Zustand. Beim VOIGT-KELVIN-Modell (Bild 7.4b) sind Feder und Dämpfungsglied parallel geschaltet. Die Verformung der Feder wird zunächst durch das Dämpfungsglied behindert, schreitet aber mit dessen Veränderung (bei gleichbleibender Belastung) im Laufe der Zeit fort (Kriechen). Wird wieder entlastet, so bewirkt die Feder eine allmähliche Rückverformung auch des Dämpfungsgliedes.

Die Kombination beider Modelle (Bild 7.4c) kennzeichnet das Verformungsverhalten der Thermoplaste.

Bei der *Spannungsrelaxation* werden die durch eine Verformung zunächst entstandenen Spannungen im Laufe der Zeit soweit abgebaut, bis die Makromoleküle eine neue Gleichgewichtslage erreicht haben. Daraus folgt:
- in einem thermoplastischen Kunststoffbauteil bleibt der Elastizitätsmodul bei Belastung nicht konstant, er sinkt im Laufe der Zeit,
- bei zügig gesteigerter Belastung steigt die Spannung nicht linear, sondern geringer an,
- bei konstanter Belastung nimmt die Verformung mit der Zeit zu: Thermoplaste kriechen bereits bei Raumtemperatur,
- die Gesamtverformung ist abhängig von der Belastungshöhe und der Zeitdauer der Belastung,
- bei schwingender Beanspruchung werden die Schwingungen je nach Frequenz (und Temperatur) stark gedämpft, die mechanische Energie setzt sich zum größten Teil in Wärme um.

In ihren mechanischen Eigenschaften zeigen die Kunststoffe merkliche Unterschiede, die eine Trennung nach *Gruppen* mit ähnlichem Verhalten zulassen. Eine strenge Abgrenzung ist jedoch nicht immer möglich, da Übergangserscheinungen auftreten können.

Die in Bild 7.5 schematisch dargestellten Spannung-Dehnung-Diagramme lassen die typischen Verhaltensweisen erkennen. Die Kurven weisen auf die nachfolgend angeführten charakteristischen Eigenschaftsmerkmale dieser Gruppen hin:
- Starr, hart und kratzfest, mit relativ hoher Festigkeit, aber geringem Formänderungsvermögen, ggf. spröde brechend, vorzugsweise Duroplaste. Der Elastizitätsmodul [1]) liegt in der Größenordnung von etwa 5000 N/mm² die Festigkeit bei etwa 70 N/mm² (Kurve 1).
- Hartelastisch, glasartig bis hornartig, teils noch spröde brechend, teils biegsam und schlagfest, in etwas höherem Maße verformbar, Elastizitätsmodul etwa zwischen 2000 und 4000 N/mm², Festigkeit (unverstärkt) etwa 30 N/mm² bis 60 N/mm² (Kurve 2).
- Zäh-elastisch, formstabil und schlagfest, in anderen Sorten aber stark elastisch deformierbar (unzerbrechlich), im Zugversuch bei Erreichen der Streckspannung deutlich fließend, hohe Gesamtdehnung vor dem Bruch, Elastizitätsmodul etwa zwischen 200 N/mm² und 2000 N/mm², Festigkeiten zwischen 10 N/mm² und 30 N/mm² in einzelnen Sorten durch Verstrecken Festigkeitssteigerung bis etwa auf das 10fache möglich (Kurve 3).
- Lederartig bis gummiartig, weich, sehr flexibel, schmiegsam, mit ausgeprägtem kautschukelastischem Verhalten, bis zum Bruch in sehr hohem Grade dehnbar. Der Elastizitätsmodul liegt überwiegend weit unter 100 N/mm², die Festigkeit in Bereichen von 10 N/mm² bis 20 N/mm² (Kurve 4).

7.2.4 Elektrische Eigenschaften

Kunststoffe wurden schon in den Anfängen ihrer Entwicklung zu geschätzten Werkstoffen in der Elektrotechnik. Mit ihrer ständigen Weiterentwicklung und der Schaffung neuartiger Typen hat sich dieser Anwendungsbereich bis heute erheblich erweitert. Die Gründe dafür, dass sie bisher verwendete Isolierstoffe z. T. verdrängten und zunehmend an die Stelle anderer Konstruktionswerkstoffe in elektrischen Geräten traten, liegen in der Kombination ihrer ausgezeichneten Isoliereigenschaften mit Eigenschaften anderer Art. Diese sind geringes Gewicht, leichte Bearbeitbarkeit mit guter Maßgenauigkeit und ihre spezifischen Formgebungsmöglichkeiten.

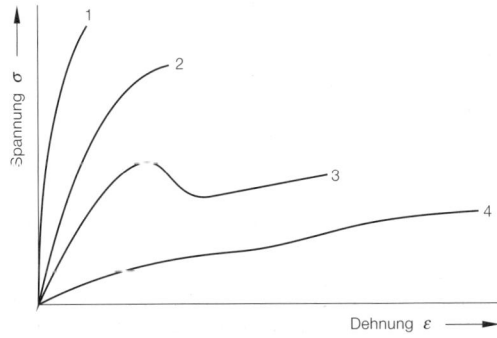

Bild 7.5
Spannung-Dehnung-Diagramme verschiedener Kunststoffe (schematisch)
1: Duroplast, hart
2: Thermoplast, glasartig, hornartig
3: Thermoplast, zäh-elastisch, verstreckbar
4: Thermoplast, weich, lederartig, gummiartig

---

[1]) *E*-Modul aus dem Zugversuch sind nur gültig im engbegrenzten HOOKEschen Bereich und nur zur vergleichenden Beurteilung bestimmt.
E-Modul von Metallen: Stahl $210 \cdot 10^3$ N/mm²; Kupfer $125 \cdot 10^3$ N/mm²; Aluminium $70 \cdot 10^3$ N/mm².

Massenteile auch komplizierter Gestalt lassen sich wirtschaftlich durch Pressen und Spritzgießen herstellen, wobei ggf. auch leitende Teile gleich in einem Arbeitsgang mit eingepresst werden können. Die isolierende Ummantelung von Drähten und Kabeln ist zügig und mit vergleichsweise geringem Aufwand dauerhaft möglich. Der nicht lösbare Verbund von Leiterelementen auf isolierenden Kunststoffplatten, wie er in den *gedruckten Schaltungen* praktiziert wird, erspart umständliche und störanfällige Verdrahtungen und ermöglicht in bis dahin nicht erzielbarem Ausmaß die Anordnung vielverzweigter Leitungswege auf kleinstem Raum.

Als nicht nur anderen Isolierstoffen überlegen, sondern vielfach einzig verwendbar und damit unentbehrlich, erweisen sich Kunststoffe in speziellen Bereichen der Hochfrequenztechnik. Die Entwicklung der Nachrichtentechnik bis zu ihrem heutigen Stand wurde entscheidend durch deren Verwendung mitbestimmt, bzw. überhaupt erst ermöglicht. Die überragende Bedeutung, die hier also einem bestimmten Werkstoff zukommt, lässt sich sehr augenfällig daran demonstrieren, dass die gesamte Radartechnik mit ihren vielfachen Aufgabenstellungen (z. B. Flugsicherung) unmittelbar vom Vorhandensein eines einzig hierfür geeigneten Kunststoffs als Isoliermaterial abhängt. Hier wird gleichzeitig deutlich, wie stark technische Fortentwicklungen in einer Richtung auch mit der Lösung anderer Probleme verzahnt sind.

7.2.4.1 Isolationswiderstand

Kunststoffe sind elektrisch nicht leitend, weil in ihrem Molekülverband keine frei beweglichen Elektronen vorhanden sind. Sie dienen also als *Isoliermaterial* für elektrische Leiter und als *Dielektrikum* in Kondensatoren.

Die Eignung eines Werkstoffs als Isoliermaterial ist bestimmt durch seinen **Isolationswiderstand.** Dabei ist zu unterscheiden zwischen dem elektrischen Widerstand, den der Stoff in seinem Inneren dem Stromdurchgang entgegensetzt und dem Widerstand an seiner Oberfläche.

Ein guter Isolierstoff hat einen spezifischen **Durchgangswiderstand** von mindestens 10^{10} Ωcm. Bei Kunststoffen beträgt dieser Wert, je nach Sorte, bis zu 10^{18} Ωcm.

Der **Oberflächenwiderstand** ist maßgebend für die Isolierfähigkeit zwischen Klemmen, Buchsen und Stromleitern an der Oberfläche des Isolators. Allgemein liegen die Oberflächenwiderstände bei Pressstoffen aus Duroplasten zwischen 10^7 Ω und 10^{12} Ω, also in der Größenordnung keramischer Stoffe. Sie erreichen aber bei Thermoplasten auch sehr viel höhere Werte bis mehr als 10^{15} Ω.

7.2.4.2 Durchschlagfestigkeit

Bei hohen Wechselspannungen können im Isolierstoff Stromdurchschläge durch Funken- oder Lichtbogenbildung auftreten, die zur Zerstörung des Materials führen. Die auf die Dicke des Isoliermaterials bezogene Spannung (Durchschlagspannung), die zum Durchschlag führt, gilt als **Durchschlagfestigkeit.** Sie ist zeit- und temperaturabhängig. Wenn der Isolierstoff lange mit hoher Feldstärke beansprucht wird, nimmt die Durchschlagfestigkeit ab. Bei zunehmender Erwärmung steigt die Leitfähigkeit, damit wird der im Zickzack über die Stellen des geringsten Widerstandes erfolgende Stromweg erleichtert. Die Feststellung der Durchschlagfestigkeit erfordert deshalb die Einhaltung festumrissener Prüfbedingungen (siehe S. 411).

Die Durchschlagfestigkeit ist von der Zusammensetzung der Kunststoffe und in hohem Maße auch von der Materialdicke abhängig. So ist sie bei dünnen Folien wegen ihres homogenen Molekülzusammenhalts wesentlich höher als bei dickeren Platten. Dadurch wird es möglich, in Kondensatoren sehr dünne Isolierfolien zu verwenden.

Je nach Sorte und Materialdicke betragen bei Raumtemperatur die Durchschlagfestigkeiten bei (gefüllten) Pressstoffen (Duroplasten) etwa 5 kV/mm bis 20 kV/mm, bei den meisten Thermoplasten zwischen 25 kV/mm und 50 kV/mm. Dünne Elektroisolierfolien erreichen jedoch weitaus höhere Werte zwischen 200 kV/mm und 300 kV/mm. Zum Vergleich: Die Durchschlagfestigkeit keramischer Stoffe liegt etwa zwischen 20 kV/mm bis 30 kV/mm, die von Glimmer um 50 kV/mm.

7.2.4.3 Kriechstromfestigkeit

Bilden sich an der Oberfläche von Isolatoren infolge von *Verunreinigungen* und *Feuchtigkeit* Elektrolyten, so kann auch bei hohem Oberflächenwiderstand zwischen spannungführenden Teilen ein elektrischer Strom fließen. Dieser mit Lichtbogenbildung verbundene *Kriechstrom* hat ggf. sogar gefährliche Folgen. Er kann, auch wenn er bei kleinen Spannungen nur geringfügig auftritt, in empfindlichen Geräten (Radio, Messgeräte, Rechenanlagen) zu erheblichen Funktionsstörungen führen.

Die Kenntnis der **Kriechstromfestigkeit,** durch die das Verhalten von Kunststoffen bei Entstehen von Kriechströmen beurteilt wird (siehe S. 412), ist demnach von wesentlicher Bedeutung.

Weniger kriechstromfest sind Kunststoffe, bei denen unter der Einwirkung kleiner Lichtbögen eine gut leitende Kohlespur entsteht. Andere jedoch – und das sind die meisten Thermoplaste – besitzen trotz ihrer Brennbarkeit hohe Kriechstromfestigkeit, weil die anfänglich in der Kriechspur entstehenden gasförmigen Zersetzungsprodukte die weitere Ablagerung leitender Verunreinigungen verhindern und somit den Stromübergang aufhalten.

7.2.4.4 Dielektrische Eigenschaften

Die Kapazität eines Kondensators, zwischen dessen Platten sich ein elektrisches Feld aufbaut, wird durch das Einbringen eines Isolierstoffs, des Dielektrikums, erhöht. Erfasst wird diese Kapazitätserhöhung durch die **Dielektrizitätszahl** des Isolierstoffes (siehe S. 403).

Gute Dielektrika in *Kondensatoren* erfordern hohe Dielektrizitätszahlen und hohen Durchgangswiderstand (üblich mehr als 10^{14} Ωcm), damit die Ladungen nicht abfließen können.

In *Leitern* hingegen werden Isolierstoffe mit kleiner Dielektrizitätszahl verwendet, um Energieverluste einzuschränken. Für den Aufbau des elektrischen Feldes zwischen den unter Spannung stehenden Leiterteilen (Kondensatorwirkung!) wird Energie verbraucht und damit der im Leiter fortzuleitenden entzogen. Die »Eigenkapazität« von Kabeln muss deshalb so klein wie möglich sein.

Energieverluste treten auch in Kondensatoren auf. Sie werden beeinflusst durch die **dielektrische Verlustzahl,** d. i. das Produkt aus der *Dielektrizitätszahl* und dem *Verlustfaktor* des Isolierstoffs (siehe S. 403). Dielektrische Verluste setzen sich in Wärme um. Dabei ist die Erwärmung im Dielektrikum abhängig von den stofflich bedingten Verlustzahlen, die wiederum von Temperatur und Frequenz abhängen, sowie von Stärke und Frequenz des elektrischen Wechselfeldes. Niedrige dielektrische Verlustzahlen sind deshalb besonders wichtig bei hohen Frequenzen. Die je nach Sorte verschieden hohen dielektrischen Verlustzahlen sind die Folge starker Unterschiede der Verlustfaktoren.

Kunststoffe haben gegenüber anderen Isolatoren vergleichsweise niedrige Dielektrizitätszahlen von 2 bis 5 (bei 1 MHz) (keramische Stoffe dagegen 40 bis 80), sind also in jedem Falle gute Isolierstoffe für elektrische Leiter.

Bestimmte Kunststoffe zeichnen sich durch extrem niedrige Verlustzahlen aus. Diesem Umstand verdanken sie ihre überragende Bedeutung als Isoliermaterial und Dielektrikum in der Hochfrequenztechnik.

Andere Thermoplaste sind zur Isolierung bei Hochfrequenz wegen stärkerer Erwärmung nicht geeignet, weil ihre Verlustzahlen, die im übrigen noch mit der Temperatur ansteigen, über 0,01 liegen. Sie sind aber aus diesem Grunde mittels Hochfrequenz schweißbar.

7.2.4.5 Statische Aufladung

Wie alle Nichtleiter haben Kunststoffe die Neigung, sich elektrostatisch aufzuladen. Die Aufladung beruht darauf, dass bei Reibung mit anderen Stoffen (u. U. genügt bereits vorbeistreichende Luft) Elektronen aufgenommen werden. Diese können von der Oberfläche der Kunststoffe umso weniger abgeleitet werden, je höher deren Isolationswiderstand ist. Die Elektronenansammlungen bewirken nicht nur eine lästige *Staubanziehung,* sie können auch zu recht hohen elektrischen Spannungen führen. Ihre bei Berührung oder sonstigem Kontakt zur Oberfläche erfolgende Entladung ist in den meisten Fällen unbedenklich. Da sie unter Funkenbildung abläuft, kann sie aber in Gegenwart leicht entzündlicher Gase oder brennbarer Flüssigkeiten auch Brände oder Explosionen verursachen.

Um statische Aufladungen herabzusetzen oder ganz zu verhindern, können Kunststoffe *antistatisch* ausgerüstet werden. Dies geschieht entweder durch:
– Beimischung leitender Substanzen, wenn die damit verbundene Verminderung der Isoliereigenschaften belanglos ist (z. B. Fußbodenbeläge, Auskleidungen), oder durch
– Auftragen einer leitenden Schicht auf der Oberfläche (z. B. antistatische Überzüge auf Schallplatten).

In Extremfällen, wie für die Förderung leicht entzündlicher Stoffe in Schläuchen oder Rohrleitungssystemen oder für Belüftungsleitungen im Bergbau, verhindert eine *geerdete* Metalldrahtspirale jede Aufladung. Die Spirale ist in die Leitungswand integriert oder um die Leitung herumgewickelt.

7.3 Herstellung

7.3.1 Chemische Grundlagen

7.3.1.1 Grundbegriffe

Kunststoffe sind in ihren wesentlichen Bestandteilen *organische Stoffe* makromolekularer Art.

Die aus der Entwicklungsgeschichte der Naturwissenschaften herzuleitende Trennung in organische und anorganische Stoffe basierte ursprünglich auf der Auffassung, dass die in tierischen und pflanzlichen Organismen enthaltenen »organischen« Stoffe mit einer ihre Lebensfunktionen bewirkenden besonderen Kraft ausgestattet seien. Aus Zweckmäßigkeitsgründen wurde diese Trennung auch beibehalten, nachdem sich diese Annahme als falsch erwiesen hatte.

Man bezeichnet als **organische Stoffe** alle Verbindungen des Kohlenstoffs, mit Ausnahme der Kohlensäure, der Kohlenoxide und der Carbonate. Sie heben sich in der Tat durch eine Reihe von Besonderheiten von den anorganischen Stoffen ab. Obwohl außer Kohlenstoff nur wenige nichtmetallische Elemente am Aufbau der organischen Stoffe beteiligt sind, sind sie viel zahlreicher als anorganische und von außerordentlicher Vielfalt in ihren Erscheinungsformen. Kennzeichnend für organische Verbindungen sind ihre geringe Wärmebeständigkeit, ihre Brennbarkeit und ihr Aufbau aus Molekülen.

Moleküle sind Zusammenschlüsse einer bestimmten Anzahl und Art von Atomen zu abgeschlossenen Einheiten. Sie zeigen i. Allg. nur eine geringe Bereitschaft, sich mit anderen Molekülen zusammenzuschließen und sind deshalb leicht flüchtig.

Die Anzahl der in einer organischen Verbindung enthaltenen Atome bestimmt unter Normalumständen den Aggregatzustand des Stoffes. Sind nur wenige Atome im Molekül vorhanden, ist der Stoff gasförmig; flüssige Stoffe enthalten mehr Atome im Molekül, wachsartig-fettige und schließlich feste Stoffe jeweils noch höhere Atomzahlen. Als Werkstoffe sind organische Stoffe deshalb nur dann verwendbar, wenn die Atomzahl im Molekül sehr hoch ist, d. h., wenn **Makromoleküle** vorliegen, deren Atomzahl mehrere Tausend weit überschreiten kann.[1]

Solche Makromoleküle sind in einigen Naturstoffen, z. B. Holz, bereits vorhanden. Sie werden aber auch synthetisch hergestellt, indem geeignete niedermolekulare Verbindungen miteinander zu Großmolekülen verknüpft werden. Bei solchen unter bestimmten Bedingungen möglichen Reaktionen zwischen Molekülen reagieren stets nur einzelne der in den Molekülen enthaltenen Atome oder Atomgruppen, die **funktionellen Gruppen,** miteinander und bewirken den Zusammenschluss.

Die Makromoleküle sind *linear,* d. h. faden- oder kettenförmig, wenn die Ausgangsmoleküle miteinander verknüpft sind wie einzelne Glieder zu einer Kette. Sie sind mehr oder weniger verzweigt, wenn von einzelnen Gliedern einer solchen Kette mit diesen fest verbundene kurze Seitenketten ausgehen. Eine dritte Möglichkeit besteht darin, dass sich die Ausgangsmoleküle zu einem Gebilde zusammenschließen, in dem sie alle miteinander *räumlich eng vernetzt* sind. Der Stoff besteht dann nicht mehr aus einer Vielzahl einzelner Makromoleküle, sondern stellt gewissermaßen ein einziges Großmolekül dar.

Ausgangsstoffe niedermolekularer Art werden, wenn sich ihre Moleküle zu Großmolekülen verknüpfen lassen, als **Monomere** bezeichnet. Durch ihre Verknüpfung zu Makromolekülen entstehen **Polymere**[2] die völlig andere Eigenschaften besitzen. So wird z. B. aus dem niedermolekularen monomeren Gas Ethylen das feste makromolekulare Polyethylen und aus den flüssigen Monomeren des Styrols der feste Kunststoff Polystyrol.

Ein typisches Kennzeichen aller Moleküle ist es, dass der Zusammenschluss der Atome zum Molekül durch **Atombindung** erfolgt. Sie wird auch als *kovalente Bindung* oder *Elektronenpaarbindung* bezeichnet (siehe S. 2). Reagieren Moleküle miteinander, so müssen vorhandene Atombindungen zunächst getrennt und dann zwischen den Molekülen neu gebildet werden.

---

[1] Die Bezeichnung Makromoleküle sollte allerdings nicht zu falschen Vorstellungen über die wirkliche Größe solcher »Riesenmoleküle« verleiten. So liegt die Länge des Moleküls eines sehr hochmolekularen Kunststoffs mit beispielsweise 50000 Kohlenstoffatomen etwa in der Größenordnung von 0,005 mm.

[2] Monomermoleküle bilden also vergleichsweise die »einteiligen« Bauelemente, die zum »vielteiligen« Baugerüst der Makromoleküle verbunden werden.

Die Bereitschaft von Atomen, mit anderen zu reagieren und Moleküle zu bilden, beruht auf dem Vorhandensein *bindungsfähiger Elektronen* auf der Außenschale der umgebenden Elektronenhülle. Nicht mehr bindungsfähig sind jene Elektronen, die sich bereits zu einem Elektronenpaar in einer *Elektronenwolke* [1] vereinigt haben. Einzelne Elektronen sind dann bindungsfähig, wenn sie sich zu einem Elektronenpaar zusammenfinden können. Elektronen auf den Außenschalen eines Atoms können mit denen anderer Atome Elektronenwolken bilden.

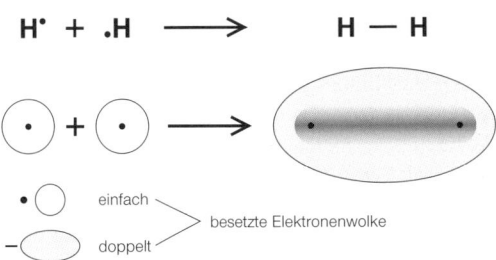

Bild 7.6
Bildung eines Wasserstoff-Moleküls

Der Zusammenschluss der Atome kommt dann dadurch zustande, dass sich bei der Paarung der Bindungselektronen eine gemeinsame, beiden Atomen zugehörige Elektronenwolke bildet. Bild 7.6 zeigt dies schematisch am Beispiel der Bildung des H_2-Moleküls aus 2 H-Atomen. Im Unterschied zur *Ionenbindung*, bei der die Elektronen von einem Atom an ein anderes abgegeben werden, und zur *Metallbindung*, bei der die von den Atomen abgegebenen Elektronen im Gesamtverband frei beweglich sind, verbleiben die durch Atombindung gebildeten Elektronenpaare beim jeweiligen Molekül, das somit eine nach außen elektrisch neutrale Einheit darstellt. Damit entfällt die elektrische Leitfähigkeit.

---

[1] Als Elektronenwolke ist nach dem »Wolkenmodell« der Bereich zu verstehen, in dem sich das Elektron beim Umlauf um den Atomkern befindet. Sie ist der kugelförmig zu denkende Ort der größten Aufenthaltswahrscheinlichkeit des in ständiger willkürlicher Bewegung befindlichen Elektrons. Befinden sich in der Elektronenhülle des Atoms auf der gleichen Schale, d. h. auf annähernd gleichem Energieniveau, mehrere Elektronen, so ordnen sich deren Elektronenwolken wegen der abstoßenden Wirkung des gleichartigen Ladungsinhalts in möglichst weitem Abstand voneinander an. Eine Elektronenwolke kann höchstens mit zwei Elektronen besetzt sein, die bei ungleichem Spin (siehe S.10) ein Elektronenpaar bilden.

Werden Atombindungen durch Energiezufuhr wieder getrennt, so bleiben Atome oder Atomgruppen zurück, die wiederum ungepaarte Elektronen besitzen. Diese nach außen ebenfalls elektrisch neutralen Gebilde werden als **freie Radikale** bezeichnet. Sie sind jedoch sehr unbeständig, da sie die starke Tendenz haben, sofort mit bindungsfähigen Einzelelektronen anderer Atome oder Atomgruppen durch Elektronenpaarbildung chemisch zu reagieren.

Weitere mit der Atombindung im Zusammenhang stehende Besonderheiten zeigen sich als Auswirkungen unterschiedlicher **Elektronegativität** der Atome. Das ist die bei Nichtmetallen besonders stark ausgeprägte Eigenschaft, Elektronen benachbarter Atome in stärkerem Maße zu sich heranzuziehen, als es ihrem eigentlichen Ladungszustand, also der Anzahl ihrer Protonen, entspricht. Sie ist umso höher, je größer die Protonenzahl im Atomkern ist, nimmt jedoch andererseits mit größerem Volumen des Atoms ab.

Zwischen gleichen Atomen (oder solchen annähernd gleicher Elektronegativität) befindet sich das Elektronenpaar der gemeinsamen Elektronenwolke im jeweiligen Schwerpunkt: die Bindung ist **unpolar.** Moleküle sind dann unpolar, wenn sie keine polaren Bindungen enthalten oder wenn sich die Polarität ihrer Bindungen gegenseitig aufhebt (Gleichgewicht bei symmetrisch angeordneten Atomen unterschiedlicher Elektronegativität).

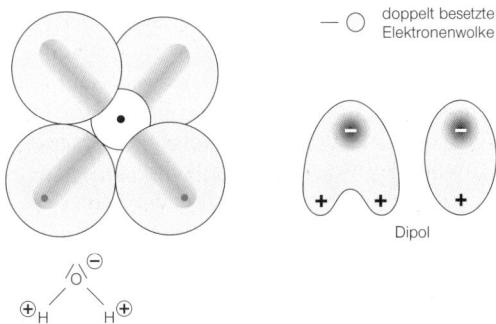

Bild 7.7
Ladungsverteilung am polaren H_2O

Bei der Bindung von Atomen unterschiedlicher Elektronegativität werden die Elektronen jedoch vom höher elektronegativen Atom näher zu sich herangezogen, die Protonen entsprechend weiter abgedrängt. Der Ladungsschwerpunkt verschiebt sich, die Bindung erhält infolge der unsymmetrischen Ladungsverteilung ein positives und ein negatives Ende. Sie ist **polar** (Bild 7.7).

Sie besitzen (obwohl als Ganzes nach außen hin elektrisch neutral) Polarität und werden damit zum **permanenten** (bleibenden) **Dipol.**

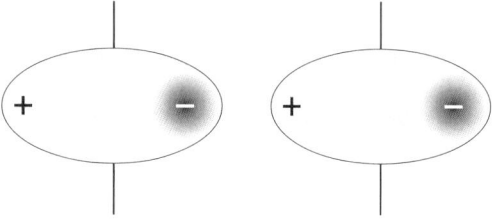

Bild 7.8
Anziehung von Dipolen

Positive und negative Enden von Dipolen, die in unmittelbare Nachbarschaft geraten, ziehen sich gegenseitig an (Bild 7.8).

Aber auch bei an sich unpolaren Molekülen kommt es zu einer *Dipolbildung*. Das bindende Elektronenpaar befindet sich zwischen den Atomen innerhalb seiner Wolke in ständiger Bewegung. Dadurch entstehen im Molekül ständig wechselnde kurzzeitige Ladungsverschiebungen, die sich als **momentane Dipole** äußern. Das wirkt sich infolge der wechselnden gegenseitigen Anziehungs- und Abstoßungskräfte auch auf Nachbarmoleküle aus, indem diese ebenfalls polarisiert werden.

In den Makromolekülen der Kunststoffe bestehen Atombindungen auch zwischen den Grundmolekülen, die zu einem Makromolekül verknüpft wurden. Man bezeichnet eine solche Bindung im Molekül auch als **Hauptvalenzbindung.** Die daneben zwischen den Molekülen bestehenden Zusammenhangskräfte sind **Nebenvalenzkräfte.** Wenn sie auf einer vorübergehenden Dipolbildung beruhen, sind sie relativ schwach und werden VAN-DER-WAALS-Kräfte genannt.

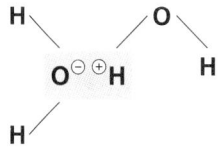

Bild 7.9
Wasserstoffbrücke

Sind im Makromolekül permanente Dipole enthalten, die in einen gegenseitigen Wirkungsbereich geraten, werden stärkere zwischenmolekulare Anziehungskräfte wirksam. Von besonderem Einfluss sind hierbei im Molekül vorhandene Atombindungen zwischen Wasserstoffatomen und den stark elektronegativen Sauerstoff- oder Stickstoffatomen. Im Dipol wirkt dann das positiv polarisierte Wasserstoffatom auf das negative Ende eines benachbarten Dipols stark anziehend. Es entstehen als verbindende Kräfte sogenannte **Wasserstoffbrücken** (Bild 7.9).

7.3.1.2 Kohlenstoffverbindungen

Das Atom des Kohlenstoffs besitzt auf seiner Außenschale vier bindungsfähige Einzelelektronen. Deren Elektronenwolken sind infolge gegenseitiger Abstoßung in gleichen Abständen voneinander in den vier Ecken eines den Atomrumpf umschließenden Tetraeders zu denken (Bild 7.10). Damit sind die Valenzrichtungen gegeben, in denen sich Kohlenstoffatome mit anderen durch Elektronenpaarbindung zusammenschließen.

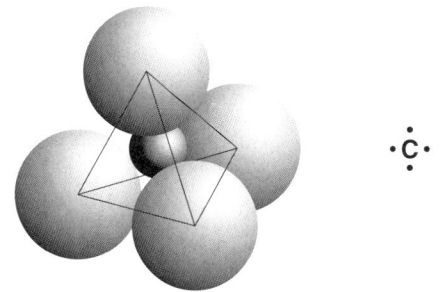

Bild 7.10
Kugel-Wolken-Modell des Kohlenstoffatoms

Die große Vielfalt von Kohlenstoffverbindungen ergibt sich aus der Fähigkeit der Kohlenstoffatome, auch untereinander praktisch unbegrenzt Verbindun-

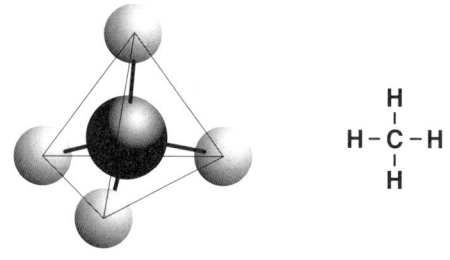

Bild 7.11
Methan CH_4, Kugel-Stäbchen-Modell (Im Kugel-Stäbchen-Modell sind Atome durch Kugeln, Bindungen durch Stäbchen dargestellt)

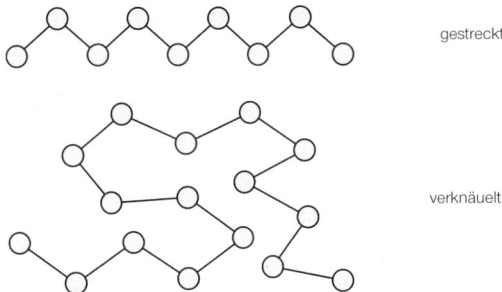

Bild 7.12
Schema von Kohlenstoffketten

gen einzugehen. Das führt zur Bildung von Ketten, Ringen, Netzen, aber auch zu dreidimensionalen Atomgittern von Festkörpern.

Unter den nichtmetallischen Elementen, mit denen der Kohlenstoff reagiert, nimmt der Wasserstoff eine bevorzugte Stelle ein: Die reinen **Kohlenwasserstoffe** enthalten nur Kohlenstoff- und Wasserstoffatome.

Einfachster Kohlenwasserstoff ist das **Methan** CH_4,

a)

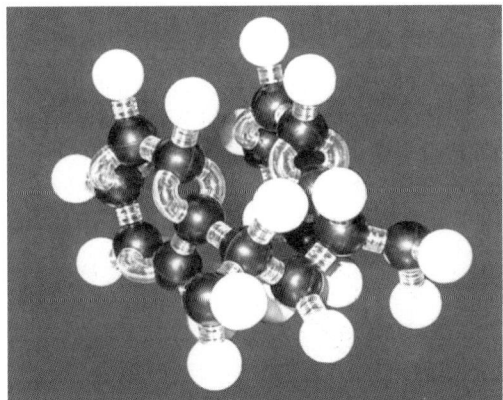

b)

Bild 7.13
Kugel-Stäbchen-Modell von Polymeren
a) gestrecktes Polyethylen
b) verknäueltes Polystyrol

in dem sämtliche freien Valenzen des Kohlenstoffatoms durch Wasserstoffatome abgesättigt sind (Bild 7.11). Es folgen, jeweils durch ein zusätzliches CH_2-Glied vom vorhergehenden unterschieden, **Ethan** CH_3-CH_3, **Propan** $CH_3-CH_2-CH_3$, **Butan** $CH_3-(CH_2)_2-CH_3$ und die sich in gleicher Weise fortsetzende Reihe der *kettenförmigen, gesättigten Kohlenwasserstoffe*, die allgemein durch die Formel

$$CH_3-(CH_2)_n-CH_3$$

beschrieben werden.

Infolge der vorgegebenen Valenzrichtungen sind diese Kettenmoleküle auch im gestreckten Zustand nie geradlinig, sondern zickzackförmig. Da die CH_2-Glieder in der Kette aber frei drehbar sind, nehmen die Moleküle mit Vorliebe eine völlig unregelmäßig verknäuelte, ineinander verschlungene Form an (Bild 7.12 und 7.13).

In der Natur treten solche Kohlenwasserstoffe mineralisch auf. Sie finden sich u. a. im Erdgas und Erdöl, in Wachsen und Asphalt, selten in der belebten Natur.

Kohlenstoffatome können untereinander auch **Doppelbindungen** eingehen, indem sich je zwei einfach besetzte Elektronenwolken überlagern.

Bei der Einfachbindung befindet sich die Ladungswolke auf der Mittelachse zwischen den Atomen. Elektronenwolken der Doppelbindung haben – vereinfacht vorgestellt – ihre größte Ladungsdichte im Zwischenraum ober- und unterhalb dieser Achse. Die dadurch bewirkte Verspannung hebt die freie

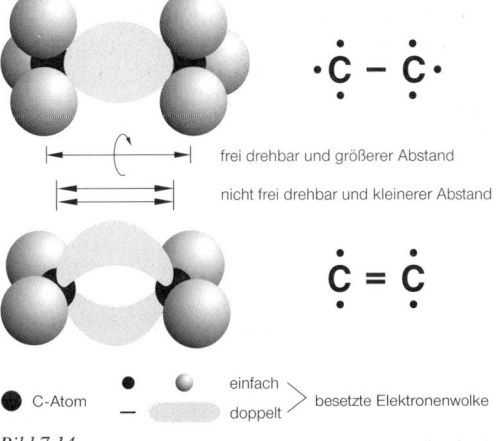

Bild 7.14
Elektronenwolkenmodell für Einfach- und Doppelbindung

Drehbarkeit der Atome auf (Bild 7.14). Die Ablenkung der Bindungen aus ihren eigentlichen Valenzrichtungen hat weiter zur Folge, dass eine solche Doppelbindung wesentlich schwächer ist als zwei Einfachbindungen, die Bindungskräfte sind also keineswegs doppelt so groß wie die einer Einfachbindung. Sie kann deshalb unter der Einwirkung von Nachbaratomen leicht verschoben, d. h. polarisiert und auch wieder geöffnet werden. Es bleibt dann eine Einfachbindung zwischen den Kohlenstoffatomen zurück, während die Elektronen der zweiten Wolke mit Einzelelektronen der Nachbaratome reagieren und neue Bindungen eingehen.

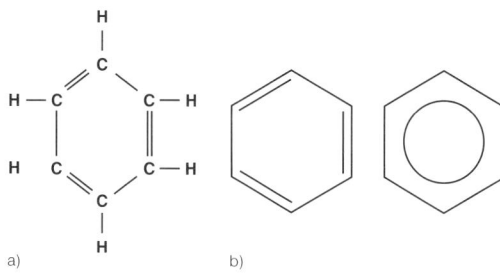

Bild 7.15
Benzolring
a) Strukturformel
b) Symbole

Kohlenwasserstoffe, die Doppelbindungen enthalten, werden ihrer Reaktionsfreudigkeit wegen als ungesättigt bezeichnet.

Die einfachste Form eines ungesättigten Kohlenwasserstoffs hat das

Ethylen (Ethen) $\begin{array}{c} H \\ \end{array} C = C \begin{array}{c} H \\ \end{array}$
 H H

Es folgen als nächstes
das **Propylen** (Propen) $CH_2 = CH-CH_3$,
das **Butylen** (Buten) $CH_2 = CH-CH_2-CH_3$ usw.

Eine bestimmte Zahl von Kohlenstoffatomen (meist 6) kann sich jedoch auch zu einem Ring zusammenschließen. Solche *ringförmigen Kohlenwasserstoffe* finden sich vielfach in den molekularen Baugerüsten der belebten Natur, in Kohle und Teerprodukten. Sie können aber auch aus Erdölprodukten hergestellt werden.

Einfachster Vertreter dieser Gattung ist das **Benzol** C_6H_6, das durch den »Benzolring« (ohne Angabe der Atome) symbolisiert wird (Bild 7.15).

Der ringförmige Zusammenschluss führt zu einer Versteifung des Moleküls, das dadurch sehr stabil ist.[1]

---

[1] Deshalb können auch keine lokalisierten Doppelbindungen vorhanden sein, die sich nach dem Verhalten ungesättigter Verbindungen leicht öffnen ließen. Die über die sechs Einfachbindungen der Kohlenstoffatome hinaus vorhandenen sechs Elektronen sind dem ganzen Ring zuzuordnen. (Sogenannte nicht örtlich festzulegende »π-Elektronen«.) Dieser Zustand wird auch durch einen Kreis im Ring symbolisiert (Bild 7.15b).

Sowohl in ketten- als auch in ringförmigen Strukturen gesättigter und ungesättigter Kohlenstoffverbindungen sind Unterschiede in der Anordnung der beteiligten Atomgruppen feststellbar. Man nennt diese Erscheinung **Isomerie**. Sie führt trotz gleicher Art und Anzahl der Atome zu unterschiedlichen Eigenschaften der Stoffe.

So ergibt sich beispielsweise aus dem normalen *n-Butan* durch Verschiebung der CH_2-Gruppe aus der fortlaufenden Kette zu einer seitlichen Anlagerung das *Iso-Butan* (oder auch Methyl-Propan):

$$\begin{array}{cccc} H & H & H & H \\ | & | & | & | \\ H-C-C-C-C-H \\ | & | & | & | \\ H & H & H & H \end{array} \qquad \begin{array}{ccc} H & H & H \\ | & | & | \\ H-C-C-C-H \\ | & | & | \\ H & & H \\ & H-C-H \\ & | \\ & H \end{array}$$

n-Butan $\qquad\qquad\qquad$ Iso-Butan
$CH_3 - (CH_2)_2 - CH_3$ $\qquad$ $CH_3 - CH - CH_3$
$|$
CH_3

Aus dem Butylen wird Iso-Butylen (oder Methyl-Propylen):

$$\begin{array}{cccc} H & H & H & H \\ | & | & | & | \\ C=C-C-C-H \\ | & | & | \\ H & & H & H \end{array} \qquad \begin{array}{ccc} H & & H \\ | & & | \\ C=C-C-H \\ | & & | \\ H & & H \\ & H-C-H \\ & | \\ & H \end{array}$$

Butylen (Buten) $\qquad\qquad$ Iso-Butylen
$CH_2 = CH-CH_2-CH_3$ $\qquad$ $CH_2 = C-CH_3$
$|$
CH_3

Solche **Isomere** sind sehr zahlreich und auch in den Makromolekülen der Kunststoffe vertreten, deren Bezeichnung die Vorsilbe »Iso-« enthält.

Moleküle gesättigter, reiner Kohlenwasserstoffverbindungen reagieren wegen mangelnder oder ungenügender Polarität der C-C- bzw. C-H-Bindungen nur schwer miteinander. Dies ist jedoch nicht der Fall, wenn einzelne oder mehrere Wasserstoffatome durch andere Atome oder Atomgruppen ersetzt worden sind. Durch diese **Substitution** [1] erhalten zahlreiche organische Verbindungen polare Atomgruppen, die reaktionsfähig sind. Sie stellen die *funktionellen Gruppen* dar, die die Moleküle befähigen, sich mit anderen zu verbinden. Die reaktionsfähigen Gruppen haben besondere Bedeutung für die Synthese von Kunststoffen dann, wenn sie sich an den Enden des Moleküls befinden.

Die wichtigsten Vertreter derartiger organischer Verbindungen sind:

☐ **Alkohole** mit der reaktionsfähigen Endgruppe
–OH (Hydroxylgruppe).
Sie sind einwertig, wenn sie nur eine OH-Gruppe besitzen, z. B. $CH_3\text{-}(CH_2)_n\text{-}OH$, mehrwertig bei OH-Gruppen am Anfang und Ende des Moleküls, z. B. *Di-Alkohol* $HO\text{-}(CH_2)_n\text{-}OH$.

Die OH-Gruppe ist, wie bereits erwähnt, stark polar, sie befähigt auch zur Bildung von Wasserstoffbrücken. Alkohole können auch ungesättigt sein, d. h. Doppelbindungen im Molekül enthalten.

☐ **Organische Säuren** (Carbonsäuren), gesättigt oder ungesättigt, mit der charakteristischen Endgruppe

$$-C=C\diagup^{O}_{\diagdown OH} \quad \textbf{(Carboxylgruppe)}$$

Di-Carbonsäuren enthalten zwei Carboxylgruppen nach der allgemeinen Formel
$HOOC\text{-}(CH_2)_n\text{-}COOH$, vereinfacht:
HOOC R COOH [2].

---

[1] Auf die Beschreibung der chemischen Reaktionen, die zur Substitution führen, muss im hier vorgegebenen Rahmen verzichtet werden. Das gleiche gilt für andere Vorgänge, deren Ergebnisse hier und an anderen Stellen zusammenfassend angegeben sind.

[2] R bezeichnet organische Reste im Molekül, die dann nicht mehr im Einzelnen angegeben werden.

Hierbei bewirkt das stark elektronegative, doppelt gebundene Sauerstoffatom auch eine noch verstärkte Polarität der OH-Bindung, indem die bindenden Elektronen stärker zum O hingezogen werden.

☐ **Aldehyde** mit der Endgruppe

$$-C\diagup^{H}_{\diagdown\!\!\!\diagdown O} \quad \textbf{(Carbonylgruppe)}$$

Die C=O-Doppelbindung zeigt eine stark nach O verschobene Elektronenladung, die ihr die Reaktionsfähigkeit verleiht und auch benachbarte Atome polarisieren kann.

Eine wichtige Rolle für den Aufbau von Makromolekülen spielt das einfachste Aldehyd, das

Formaldehyd $H-C\diagup^{H}_{\diagdown\!\!\!\diagdown O}$

☐ **Amine** mit der Endgruppe
$-NH_2$ (Aminogruppe)
und *Di-Amine* nach der Formel $H_2N\text{-}R\text{-}NH_2$.

Verbindet sich ein Alkohol mit einer Säure (unter Wasserabspaltung), so entsteht ein **Ester**. Die Verbindung eines Amins mit einer Säure (ebenfalls unter Abspaltung von H_2O) ergibt ein **Amid**. Reaktionen, bei denen sich Wasser oder andere niedermolekulare Verbindungen (z. B. NH_3, HCl) ausscheiden, werden als *Kondensation* bezeichnet.

7.3.1.3 Polymerbildung

Die zur Herstellung synthetischer Kunststoffe durchzuführende Verknüpfung geeigneter »Grundmolekülen« zu Makromolekülen erfolgt nach verschiedenen Verfahren, die durch den chemischen Aufbau der Ausgangsstoffe bedingt sind. Sie richten sich danach, ob die im Grundmolekül erforderlichen funktionellen Gruppen als Doppelbindungen oder als reaktionsfähige Endgruppen vorhanden sind und unterscheiden sich durch die Verschiedenartigkeit der jeweiligen chemischen Reaktionen. Innerhalb dieser Verfahren bestehen wiederum Abwandlungen im Reaktionsablauf und in der Durchführung der technischen Prozesse.

Durch **Polymerisation,** Zusammenschluss gleicher Monomere, entstehen Kunststoffe, die als *Polymerisate* bezeichnet werden.

Die Verfahren der **Polykondensation** führen zu

Polykondensaten, in denen die Makromoleküle aus verschiedenen Monomeren gebildet wurden.

Bei der **Polyaddition** werden verschiedene Monomere miteinander verknüpft. Die so entstandenen Erzeugnisse sind *Polyaddukte*.

Entscheidend für die Eigenschaften und Verhaltensweisen von Polymeren sind nicht die Bildungsreaktionen, sondern allein die Form der Makromoleküle (z. B. linear oder vernetzt). Unterschiedliche Formen können sich trotz gleichartiger Verfahren bei Ausgangsmolekülen verschiedener Art ergeben. Sie können aber auch zustande kommen, indem verschiedene Verfahren miteinander kombiniert werden. Zudem sind bei einzelnen Verfahren auch Varianten in der Durchführung möglich, die durch die Beeinflussung der Aufbauformen zu gezielten Eigenschaftsänderungen führen.

7.3.2 Polymerisation

Der Begriff Polymerisation [1] kennzeichnet eine chemische Reaktion, bei der gleiche niedermolekulare Verbindungen, die Doppelbindungen enthalten, zu Makromolekülen vereinigt werden. Durch Energiezufuhr werden die Doppelbindungen geöffnet, die Moleküle reagieren miteinander und schließen sich zu Ketten zusammen (Bild 7.16).

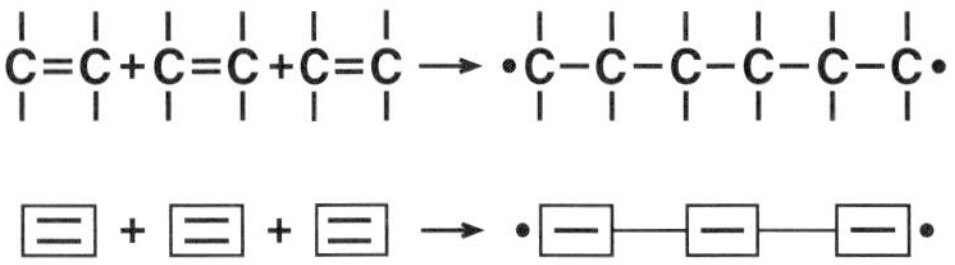

Bild 7.16
Kettenbildung durch Polymerisation

Die Kettenlänge ergibt sich aus dem Polymerisationsgrad, d. i. die Anzahl der zu einem Großmolekül zusammengeschlossenen Grundmoleküle. Vom Polymerisationsgrad (Molekülmasse) hängen weitgehend die Verarbeitungseigenschaften und die mechanischen Eigenschaften der Polymerisate ab. Da die Makromoleküle von unterschiedlicher Länge sind, ist die Angabe der *Molekülmasse* eines Kunststoffs stets nur als ein statistischer Mittelwert aufzufassen.

---

[1] Es sei darauf verwiesen, dass im anglo-amerikanischen Sprachgebrauch *polymerisation* häufig im allgemeinen Sinne von Polymerenbildung gebraucht wird, also als Oberbegriff, der auch die anderen genannten Verfahren einschließt

Die Polymerisation erfolgt als *Kettenreaktion,* d. h., sie läuft, einmal eingeleitet, solange ab, bis die Polymerenbildung beendet ist. Allerdings kann sie durch Zusatz geeigneter Hilfsstoffe gesteuert und ggf. auch, z. B. zur Einstellung eines beabsichtigten Polymerisationsgrades, bewusst abgebrochen werden.

7.3.2.1 Chemische Verfahren

Da die Neigung polymerisierbarer Verbindungen zur Polymerisation recht unterschiedlich ist, sind zur Einleitung des Verfahrens unterschiedliche Methoden erforderlich.

So wird bei der **Radikalkettenpolymerisation** (Bild 7.17) die Reaktion mit Hilfe sogenannter Initiatoren eingeleitet, die durch Wärmezufuhr in *Radikale* zerfallen. Durch deren große Reaktionsfreudigkeit wird die Doppelbindung eines Monomers geöffnet, das dadurch selbst zum Radikal wird. Es setzt durch Öffnung der Doppelbindung des Nachbarmoleküls den Prozess fort, indem es sich mit diesem verbindet und somit über die entstehenden Radikalketten zum Kettenwachstum führt.

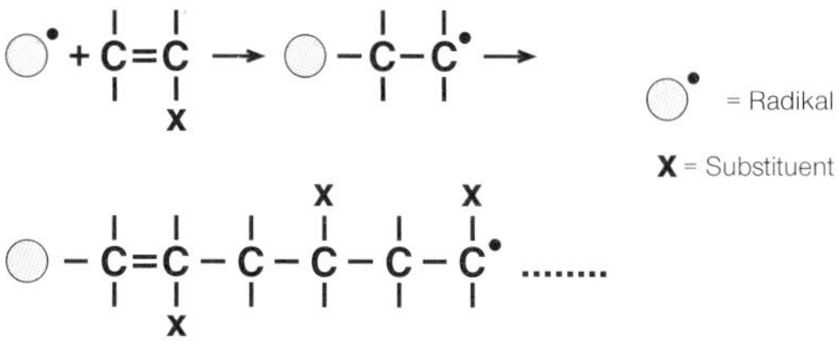

Bild 7.17
Radikalkettenpolymerisation

Der **Polymerisationsablauf** ist abhängig von der Menge der zugesetzten Initiatoren und von der Polymerisationstemperatur. Je mehr Initiatoren wirksam werden, umso größer ist die Anzahl der Makromoleküle und umso geringer deren mittlere Länge. Mit der Temperatur steigt die Polymerisationsgeschwindigkeit und damit die Kettenlänge.

Das Kettenwachstum kommt zum **Abbruch** durch Zusammenschluss zweier der entstandenen Radikalketten *(Kombination)* oder dadurch, dass eine Radikalkette sich durch Aufnahme eines Wasserstoffatoms einer anderen Radikalkette absättigt. Deren nunmehr freie Bindungselektronen gehen wieder eine Doppelbindung ein, wodurch auch diese Polymerkette ihren Radikalcharakter verliert (*Disproportionierung,* Bild 7.18).

Trotz der Zufälligkeit dieser Erscheinungen, die zu den ungleichen Längen der einzelnen Makromoleküle führt, ist wegen der außerordentlich großen Zahl solcher Vorgänge im Ganzen ein mittlerer **Polymerisationsgrad** durchaus erreichbar.

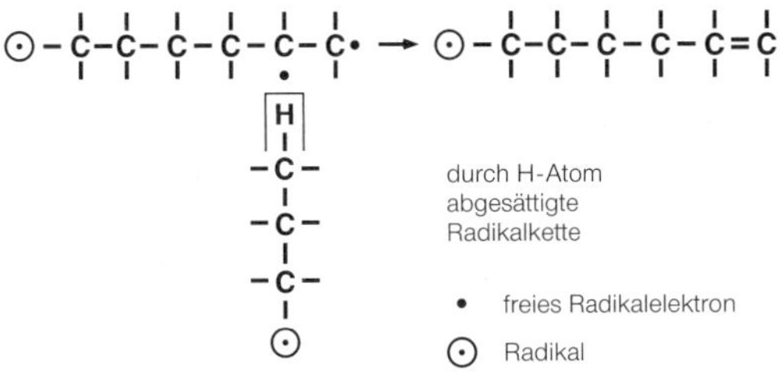

$$\odot-\overset{|}{\underset{|}{C}}-\overset{|}{\underset{|}{C}}-\overset{|}{\underset{|}{C}}-\overset{|}{\underset{|}{C}}-\overset{|}{\underset{|}{C}}-\overset{|}{\underset{|}{C}}\bullet \;\longrightarrow\; \odot-\overset{|}{\underset{|}{C}}-\overset{|}{\underset{|}{C}}-\overset{|}{\underset{|}{C}}-\overset{|}{\underset{|}{C}}-\overset{|}{\underset{|}{C}}=\overset{|}{\underset{|}{C}}$$

durch H-Atom abgesättigte Radikalkette

• freies Radikalelektron
⊙ Radikal

Bild 7.18
Kettenabbruch durch Disproportionierung

Ein *gezielter Abbruch* der Polymerisation wird bewirkt durch die Zugabe von Substanzen, die durch Abgabe von Wasserstoffatomen an die Radikalketten deren weiteres Wachstum verhindern. Man verwendet solche Regler zum Einstellen eines bestimmten (mittleren) Polymerisationsgrades und zum Verhindern der Bildung von Seitenketten. Sie werden auch eingesetzt, wenn wegen sinkender Polymerisationsgeschwindigkeit und infolge ansteigender Viskosität das Weiterführen der Polymerisation unwirtschaftlich wird. Im Polymerisat dann noch vorhandene Monomere können durch Verdampfen oder Entgasen entfernt werden. Diese aufwändige Methode ist dann unbedingt notwendig, wenn schädigende Einflüsse eines Restmonomergehalts (z. B. auf Lebensmittel in Verpackungen und Behältern) unterbunden werden müssen.

Seitliche Abzweigungen an einer Polymerkette können entstehen, wenn sich ein Radikal mit einem Wasserstoffatom inmitten der Kette absättigt. Dadurch wird dort ein Bindungselektron freigesetzt und durch diese örtliche Radikalbildung in der Kette ein Weiterpolymerisieren an dieser Stelle bewirkt (Bild 7.19).

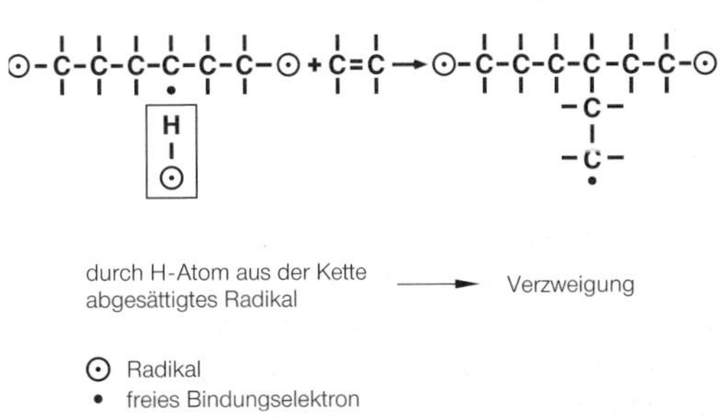

Von der Möglichkeit, die Makromoleküle miteinander zu verknüpfen, wird bei bestimmten Polymerisaten, z. B. Polyethylen, bisweilen Gebrauch gemacht. Die *weitmaschige Vernetzung* wird erreicht, indem den bereits gebildeten Polymerketten, die meist schon seitliche Verzweigungen aufweisen, Radikalbildner zugesetzt werden. Diese *Vernetzer* reagieren mit Wasserstoffatomen, die sie aus der Kette an sich binden. Sie schaffen damit Radikalstellen in den Ketten, die zur Vernetzung führen.

Auch durch *Bestrahlen* kann ein Vernetzen erreicht werden. Energiereiche Strahlen zerstören Hauptvalenzbindungen in der Kette. Dadurch werden Elektronenpaarbindungen gelöst, und die somit entstehenden Radikalketten verknüpfen sich zum Netz.

Andere Möglichkeiten zur Auslösung der Startreaktion ergeben sich bei der **Ionenkettenreaktion.** Hier werden als Initiatoren nicht Radikalbildner verwendet, sondern Salze, die in Lösung den Monomeren beigemischt zu *Ionen* zerfallen. Unter ihrer Einwirkung wird das eine Elektronenpaar der stark polarisierten Doppelbindung als Ganzes verschoben. Das Initiator-Ion verbindet sich mit dem Monomermolekül, das durch die Ladungsverschiebung nunmehr selbst den Charakter eines Ions erhält und somit mit dem Nachbarmolekül in gleicher Weise reagiert (Bild 7.20).

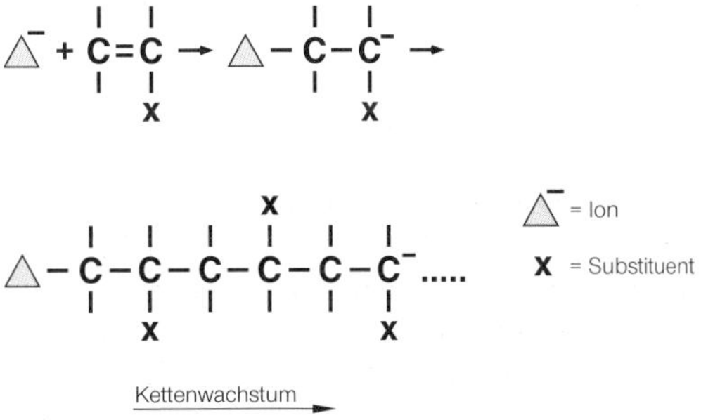

△⁻ = Ion
X = Substituent

Kettenwachstum →

Bild 7.20
Ionenkettenpolymerisation

Da die Polymerenmoleküle infolgedessen Ladungsträger sind und bleiben, kommt ein *zufälliger Kettenabbruch* nicht zustande. Er kann auch nicht durch Regler beeinflusst werden. Die Reaktion läuft solange weiter ab, bis alle Monomere verbraucht sind. Eine *Neutralisierung* der Polymerionen ist möglich

durch H-Atom aus der Kette abgesättigtes Radikal ⟶ Verzweigung

⊙ Radikal
• freies Bindungselektron

Bild 7.19
Bildung von Verzweigungen

durch Zugabe von geeigneten Stoffen, die durch chemische Reaktion mit den Polymermolekülen deren Ionencharakter aufheben.

Die Ionenkettenreaktion ist nicht an höhere Temperaturen gebunden. Sie wird meist bei tiefen Temperaturen durchgeführt und läuft sehr schnell ab. Die Zahl und damit auch die Länge der Makromoleküle hängt nur von der Menge der zugesetzten Initiatoren ab. Der Polymerisationsgrad der Polymerketten ist einheitlicher als bei der Radikalkettenpolymerisation.

Bei der **katalytischen Polymerisation** wird die Startreaktion durch Substanzen bewirkt, die sich im Gegensatz zu anderen Initiatoren nicht mit dem Monomer verbinden. Diese *Katalysatoren* bewirken über eine Zwischenreaktion eine starke Polarisierung des in ihren Wirkungsbereich geratenden Monomermoleküls. Dieses verbindet sich dann mit dem nachfolgenden, das ebenfalls durch den Katalysator polarisiert worden ist. Die Makromoleküle wachsen also vom Katalysator ausgehend, während sich bei den anderen Polymerisationsarten das hinzukommende Molekül stets ans Ende der Kette anlagert.

Die Eigentümlichkeit des Verfahrens liegt darin, dass sich sehr gleichmäßig aufgebaute Ketten ohne seitliche Abzweigungen mit regelmäßig geordneten Substituenten bilden (Bild 7.21).

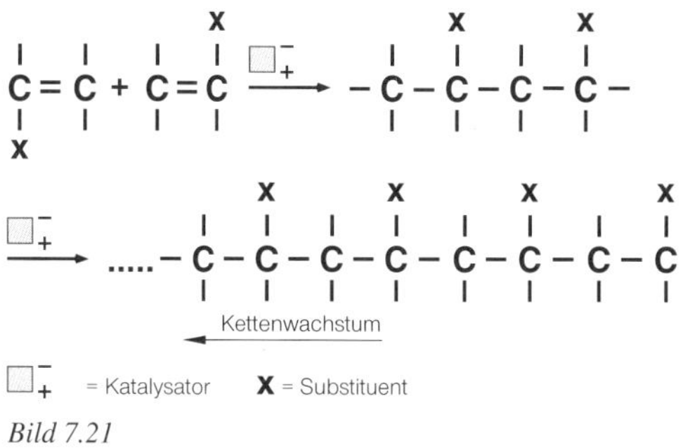

Bild 7.21
Katalytische Polymerisation

7.3.2.2 Technische Prozesse
Für die technische Durchführung der Prozesse stehen verschiedene Verfahren zur Verfügung. Ihre Wahl richtet sich:
– nach der im Einzelnen recht unterschiedlichen Neigung der Monomersubstanz zur Polymerisation,
– nach den an das Endprodukt zu stellenden Anforderungen, aber auch, damit verknüpft,
– nach wirtschaftlichen Gesichtspunkten, insbesondere dann, wenn die gleichen Monomere auf unterschiedliche Weise polymerisiert werden können.

Bei der **Substanzpolymerisation** (*Massepolymerisation*) werden nur die reinen Monomere unter Zusatz von Initiatoren zur Reaktion gebracht. Sie ist in ihrer Durchführung schwierig zu beherrschen, da bei der Reaktion Wärme frei wird (exothermer Vorgang). Die Einhaltung einer gleichbleibenden Temperatur ist für das Ergebnis der Polymerisation jedoch von ausschlaggebender Bedeutung. Zudem besteht bei der hier durchgeführten *Radikalkettenpolymerisation* eine besonders ausgeprägte Neigung zur Bildung von Seitenketten. Das Polymerisat, das nach dem Erstarren aus dem schmelzflüssigen Zustand in kompakter Form anfällt, zeichnet sich jedoch durch besondere Reinheit aus.

Einfacher zu steuern sind Prozesse, bei denen die Monomere in Lösungsmitteln gelöst oder in Flüssigkeiten fein verteilt sind. Die Bildungswärme kann leichter abgeführt werden, die Temperatur kann besser reguliert werden, der Anstieg der Viskosität kann ebenso wie die günstigste Konzentration der beteiligten Reaktionspartner leichter beherrscht werden.

Durchgeführt werden solche Prozesse als **Lösungspolymerisation** dann, wenn im Lösungsmittel sowohl Monomere als auch Polymere löslich sind. Überwiegend werden die so erhaltenen Polymerisatlösungen in diesem Zustand weiterverarbeitet (Lacke, Klebstoffe u. a.). Um Feststoffe zu erhalten, muss das Lösungsmittel nach Beendigung der Polymerisation verdampft werden.

Eine **Fällungspolymerisation** läuft ab, wenn im Lösungsmittel *nur Monomere löslich* sind, Polymere jedoch nicht. Das sehr reine Polymerisat fällt dann als feines Pulver an, das vom Lösungsmittel leicht getrennt werden kann. Der Prozess ist wirtschaftlicher als die Lösungspolymerisation, da das Lösungsmittel unverändert bleibt und weiter verwendbar ist.

Große technische Bedeutung haben Verfahren erreicht, bei denen das Polymer in einer wässrigen Dispersion[1] gewonnen wird.

Bei der **Emulsionspolymerisation** werden Monomere, die in Wasser nicht löslich sind, mit Hilfe von Emulgatoren[2] in eine Monomeremulsion überführt, also im Wasser in feinsten Tröpfchen verteilt und in der Schwebe gehalten. Die zugesetzten Initiatoren sind dagegen im Wasser gelöst. Die Polymerisation läuft im Wasser ab, indem den sich bildenden Polymerketten aus der Monomeremulsion laufend Monomere angelagert werden. Die Reaktion verläuft sehr rasch; es kann ein sehr hoher Polymerisationsgrad erreicht werden.

Die Makromoleküle lagern sich zu feinen Partikeln zusammen (Durchmesser kleiner als 0,04 mm) und bilden mit dem Wasser eine milchige Dispersion. Solche Kunststoffdispersionen werden für umfangreiche technische Zwecke als Imprägnierungen, Filmbildner, Klebstoffe, Bindemittel u. a. verwendet. Die Überführung zum festen Werkstoff erfolgt durch verschiedenartige Trocknungsverfahren oder durch Zugabe von Fällmitteln, die durch Beseitigung der Emulgatorwirkung das Polymerisat ausfällen.

Emulsionspolymerisate sind sehr feinkörnig, jedoch nicht völlig frei von Verunreinigungen, da sich die Polymerisationshilfsstoffe nur schwer restlos entfernen lassen. Verbleibende *Emulgatorreste* fördern die Neigung des Polymerisats zur Wasseraufnahme. Sie vermindern die elektrische Isolierfähigkeit und führen auch zu einer Verschlechterung der Transparenz. Andererseits sind sie aber auch Gleit- und Schmiermittel, die die plastische Verformung erleichtern. In den Fertigprodukten wirken sie als Antistatika, weil eine geringe Oberflächenfeuchtigkeit – die durchaus nicht fühlbar zu sein braucht – die Oberflächenleitfähigkeit erhöht und elektrostatische Aufladungen abführt.

Die **Suspensionspolymerisation** erfolgt ohne Emulgatorzusatz. Die Monomere werden im Wasser durch intensives mechanisches Rühren verteilt. Die Initiatoren lösen sich hier in den Monomertröpfchen (die größer als bei der Emulsionspolymerisation sind) und bewirken dort die Polymerenbildung. Die Monomertröpfchen durchlaufen dabei einen klebriger werdenden Zustand, werden aber am Zusammenhalten durch Zusatz sogenannter *Stabilisatoren*[3] gehindert.

Das Polymerisat fällt nach Zentrifugieren oder bloßem Filtrieren und Trocknen in Pulverform an. Es kann aber auch – beeinflusst durch die Suspensionsstabilisatoren – die Form von Perlen bis zu einigen Millimetern Durchmesser annehmen *(Perlpolymerisation)* und somit unmittelbar als Granulat weiterverarbeitet werden.

Suspensionspolymerisate sind, da sie von den zur Polymerisation zugesetzten Stoffen frei bleiben, sehr reine, hochwertige Produkte.

7.3.2.3 Polymerisate

Unter den polymerisierbaren ungesättigten Kohlenstoffverbindungen, die als Ausgangsprodukte für Kunststoffwerkstoffe dienen, haben mengenmäßig das **Ethylen** (Ethen) und die daraus durch Substitution eines oder mehrerer Wasserstoffatome herzuleitenden Derivate die größte Bedeutung erlangt. Bei diesen wird dann der Ablauf der Polymerisation weitgehend von den Substituenten bestimmt, die zu einer mehr oder weniger starken Polarisierung im Molekül führen.

polymerisierte **Polyethylen**

$$\cdots - \overset{\overset{H}{|}}{\underset{\underset{H}{|}}{C}} - \overset{\overset{H}{|}}{\underset{\underset{H}{|}}{C}} - \overset{\overset{H}{|}}{\underset{\underset{H}{|}}{C}} - \overset{\overset{H}{|}}{\underset{\underset{H}{|}}{C}} - \cdots$$

Das aus dem monomeren Ethylen

$$\overset{H}{\underset{H}{\diagdown}} C = C \overset{H}{\underset{H}{\diagup}}$$

hat den einfachsten Aufbau.

Die Polymerisation erfolgt nach verschiedenen Verfahren:
- bei *geringen Drücken* als Lösungs- und Fällungspolymerisation, die Bildungsreaktionen sind ionisch oder katalytisch,
- unter *hohem Druck* als Substanzpolymerisation aus der Gasphase. Sie ist eine Radikalkettenpolymerisation, bei der sich seitliche Verzweigungen ausbilden.

---

[1] Dispersionen sind Systeme von Stoffen, bei denen der eine Stoff im anderen nicht gelöst, sondern feinst verteilt ist. Sind beide Stoffe flüssig, handelt es sich um eine Emulsion; sind in einer Flüssigkeit kleine Partikel fester Stoffe gleichmäßig verteilt, liegt eine Suspension vor.

[2] Emulgatoren sind Stoffe mit seifenartigem Charakter, die die Oberflächenspannung verringern und dadurch eine Emulsion stabilisieren.

[3] Allgemein Zusätze, die Polymere vor unerwünschten Veränderungen oder Beeinflussungen ihres Zustands bewahren.

Ebenfalls radikalisch, ionisch oder katalytisch in Substanz oder in Lösung polymerisiert wird das

monomere Propylen

$$\begin{array}{c} H \\ \end{array} C = C \begin{array}{c} H \\ CH_3 \end{array},$$

bei dem ein Wasserstoffatom durch eine CH_3-Gruppe *(Methylgruppe)* substituiert ist, zum

Polypropylen

$$\cdots - \underset{\underset{H}{|}}{\overset{\overset{H}{|}}{C}} - \underset{\underset{H}{|}}{\overset{\overset{CH_3}{|}}{C}} - \underset{\underset{H}{|}}{\overset{\overset{H}{|}}{C}} - \underset{\underset{CH_3}{|}}{\overset{\overset{H}{|}}{C}} - \cdots$$

Die katalytische Polymerisation führt zu einer geordneten Anlagerung der Substituenten stets an einer Seite der Kette, während sie bei den anderen Verfahren willkürlich an beiden Seiten der Kette verteilt sind.

Die Polymerisation von

Vinylchlorid

$$\begin{array}{c} H \\ \end{array} C = C \begin{array}{c} H \\ Cl \end{array}$$

zum

Polyvinylchlorid

$$\cdots - \underset{\underset{H}{|}}{\overset{\overset{H}{|}}{C}} - \underset{\underset{Cl}{|}}{\overset{\overset{H}{|}}{C}} - \underset{\underset{H}{|}}{\overset{\overset{H}{|}}{C}} - \underset{\underset{Cl}{|}}{\overset{\overset{H}{|}}{C}} - \cdots$$

erfolgt als Radikalkettenpolymerisation vorwiegend durch Emulsions- und Suspensionspolymerisation.

Es kann jedoch auch in Substanzpolymerisation (Massepolymerisation) aus den reinen flüssigen Monomeren polymerisiert werden und ergibt dann ein besonders hochwertiges Produkt.

Styrol

$$\begin{array}{c} H \\ \end{array} C = C \begin{array}{c} H \\ \bigcirc \end{array}$$

wird zum

Polystyrol

$$\cdots - \underset{\underset{H}{|}}{\overset{\overset{H}{|}}{C}} - \underset{\underset{\bigcirc}{|}}{\overset{\overset{H}{|}}{C}} - \underset{\underset{H}{|}}{\overset{\overset{H}{|}}{C}} - \underset{\underset{\bigcirc}{|}}{\overset{\overset{H}{|}}{C}} - \cdots$$

in einer Radikalkettenpolymerisation in Substanz oder durch ionische Polymerisation in Lösung. Die früher in großem Maßstab angewandte Substanzpolymerisation, bei der das Polymerisat als Schmelze anfiel, wurde durch Emulsions- oder Suspensionspolymerisation verdrängt. Das Endprodukt liegt dann als Pulver oder in Perlen *(Perlpolymerisation)* vor. Die ringförmigen Substituenten führen zu einer relativ großen Unbeweglichkeit und Sperrigkeit der Makromolekülketten.

Beim Methacrylsäuremethylester

$$\begin{array}{c} H \\ \end{array} C = C \begin{array}{c} CH_3 \\ COO - CH_3 \end{array}$$

sind zwei Wasserstoffatome durch andere Atomgruppen substituiert. Die Substanzpolymerisation zu **Polymethacrylsäuremethylester**

$$\cdots - \underset{\underset{H}{|}}{\overset{\overset{H}{|}}{C}} - \underset{\underset{\underset{O-CH_3}{|}}{C=O}}{\overset{\overset{CH_3}{|}}{C}} - \underset{\underset{H}{|}}{\overset{\overset{H}{|}}{C}} - \underset{\underset{\underset{O-CH_3}{|}}{C=O}}{\overset{\overset{CH_3}{|}}{C}} - \cdots$$

ergibt unmittelbar den fertigen Formstoff. Sie wird zwischen beweglichen Platten (zum Schwindungsausgleich) in einem sehr langsamen Prozess (über Tage und Wochen) durchgeführt, um innere Spannungen zu vermeiden.

Die nach dem Suspensionsverfahren polymerisierten Formmassen haben gegenüber dem sehr hochmolekularen Massepolymerisat eine etwas verminderte Qualität.

7.3.2.4 Mischungen und Copolymerisate

Bei allen Polymerisaten, deren Makromoleküle nur gleiche Monomermoleküle enthalten *(Homopolymerisate)*, sind die Eigenschaften der Endprodukte nur durch den Ausgangsstoff und den dadurch gegebenen Aufbau der Polymerketten bedingt. Es liegt daher nahe, die Eigenschaften der Endprodukte dadurch zu beeinflussen, dass man Polymerisate aus verschiedenen Monomeren herstellt.

Hierfür besteht z. B. die Möglichkeit, verschiedene Polymere rein mechanisch miteinander zu mischen. Die Eigenschaften solcher **Mischungen,** auch als *Polyblends* bezeichnet, ergeben sich dann aus einer Kombination der Eigenschaften der verschiedenen Polymere. Sie lassen sich je nach Art und Menge der die Polymerketten aufbauenden Grundsubstanzen vielfach variieren. Voraussetzung für brauchbare Polymermischungen ist allerdings die Verträglichkeit der beteiligten Komponenten, d. h., sie müssen auch nach dem Erstarren oder Trocknen der Mischung (die meist in Emulsion hergestellt wird) in festem Verbund bleiben, was nicht immer der Fall ist.

Andere Verfahren, die mit der Entwicklung der Kunststoffe zunehmend Bedeutung gewonnen haben, beruhen darauf, zwei oder mehr Monomere gemeinsam zu polymerisieren. Die Polymerketten solcher **Copolymerisate** enthalten dann die Monomermoleküle aller beteiligten Substanzen in feinster Verteilung. Es lassen sich auf diese Weise Eigenschaftsänderungen gegenüber den Homopolymerisaten erreichen, die in gezielter Anpassung an die jeweils gestellten Anforderungen den Anwendungsbereich von Kunststoffprodukten erheblich erweitern. Ausschlaggebend sind hierfür einmal die gewählten Monomere, zum andern aber auch die Art, wie ihre Moleküle in die Polymerketten eingebaut sind. Je nach Reaktionsführung ergeben sich grundsätzlich die folgenden Möglichkeiten.

Eine rein *statistische*, also unregelmäßige Anordnung der Monomermoleküle im Makromolekül:

··· AA–BBB–A–BB–AAAA–B–AAA–BB ···

Sie stellt sich in der Regel bei der Radikalkettenpolymerisation ein. In Sonderfällen aber, abhängig von der Reaktionsfähigkeit der Monomeren, auch eine *alternierende* Anordnung:

AB–AB–AB–AB–AB

Eine ionische Copolymerisation ermöglicht die geordnete **Block-Copolymerisation,** in der die verschiedenen Monomermoleküle in Segmenten (Blöcken) in der Polymerkette vorliegen:

··· AAAA–BBB–AAAA–BBB–AAAA ···

Die Anordnung und Größe der Blöcke wird dadurch gesteuert, dass während der Polymerisation die Monomere dem Polymerisat in bestimmter Reihenfolge zugegeben werden.

Bei der **Pfropfpolymerisation** werden den bereits gebildeten Polymerketten solche aus anderen Monomeren seitlich aufgepfropft:

```
            B
            B
            B
··· AAAAAAAAAAAAAA ···
            B
            B
            B
            B
```

Pfropfpolymerisate entstehen aus einer radikalischen Copolymerisation. In der Polymerkette noch vorhandene Doppelbindungen werden unter dem Einfluss eines Initiators geöffnet [1]. Das eine freiwerdende Bindungselektron wird durch den Initiator abgesättigt, und an das andere lagert sich die Polymerkette der zweiten Komponente an. Eine andere Möglichkeit besteht darin, dass ein Wasserstoffatom in der Kette, z. B. durch Bestrahlung, abgespalten und dadurch eine Radikalstelle geschaffen wird, an die sich das andere Polymerradikal anlagert.

Durch Copolymerisation können auch bisher linear vorliegende Polymerketten vernetzt werden. Dies ist z. B. der Fall bei **ungesättigten Polyestern,** deren Polymermoleküle – gebildet aus einer Kondensationsreaktion zwischen ungesättigten Dicarbonsäuren und Dialkoholen – noch Doppelbindungen enthalten. Für Formstoffe sind die Polymere in dieser Form ungeeignet. Sie werden deshalb in einer monomeren Vinylverbindung (meist Styrol) gelöst und können dann mit dieser copolymerisiert werden. Die Reaktion wird durch Radikalbildner eingeleitet,

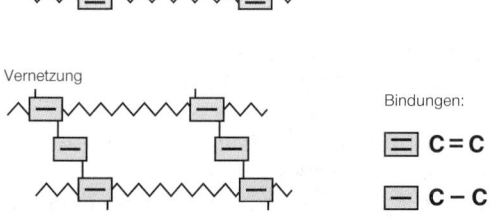

Bild 7.22
Schema der Vernetzung durch Copolymerisation

---

[1] Das ist der Fall bei ungesättigten Kohlenwasserstoffen, die mehrere Doppelbindungen enthalten, z. B.
Butadien   mit der Polymerkette

```
   H   H   H   H        H   H   H   H   H   H   H
   |   |   |   |        |   |   |   |   |   |   |
   C = C – C = C   ···– C – C = C – C – C = C – C –···
   |   |   |   |        |   |   |   |   |   |   |
   H   H   H   H        H           H   H           H
```

die sich an den Doppelbindungen anlagern und durch deren Öffnung zur Vernetzung führen (Bild 7.22).

Die räumlich vernetzten Endprodukte aus solchen Reaktionsharzen haben, insbesondere mit eingebetteter Faserverstärkung, große technische Bedeutung erlangt.

Der Vernetzungsprozess erfolgt erst bei der Verarbeitung der Reaktionsharze zum Formteil (Aushärtung). Zum Zerfall der unmittelbar vor der Verarbeitung zugesetzten Initiatoren *(Härter)* zu Radikalen, die die Vernetzung bewirken, ist Wärmezufuhr erforderlich (Warmhärtung).

Die Vernetzung kann jedoch auch bei Raumtemperatur erreicht werden, wenn den Härtern *Beschleuniger* zugesetzt werden. Das sind Substanzen, die durch Elektronenabgabe den Härter bereits bei Raumtemperatur in ein Ion und ein Radikal aufspalten, welches dann die Copolymerisation einleitet.

Die bei der Reaktion freiwerdende Wärme reicht im Allgemeinen zu einem genügenden Vernetzungsgrad aus. Soll dieser erhöht werden, um die Formbeständigkeit des Endprodukts auch bei höheren Temperaturen zu verbessern, ist eine Nachhärtung durch nachträgliche Erwärmung erforderlich.

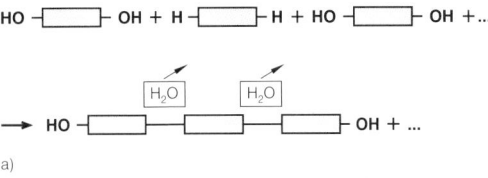

a)

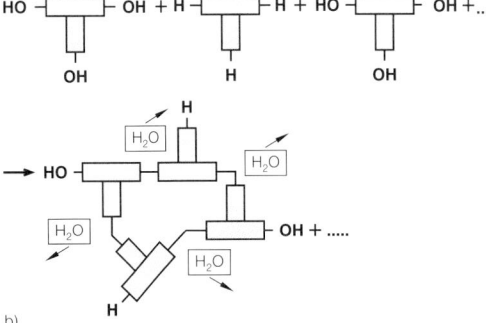

b)

Bild 7.23
Schema der Polykondensation
a) Bildung von Kettenmolekülen
b) räumliche Vernetzung

7.3.3 Polykondensation

Die Verknüpfung niedermolekularer Verbindungen zu Makromolekülen unter Abspaltung eines Nebenprodukts heißt **Polykondensation** (Bild 7.23). Waren die für eine solche Verknüpfung erforderlichen funktionellen Gruppen bei der Polymerisation die Doppelbindungen der Monomere, so sind es hier die reaktionsfähigen Endgruppen (siehe S. 359).

Die entstehenden Makromoleküle sind *kettenförmig*, wenn sich die reaktionsfähigen Gruppen an den Enden der Ausgangsmoleküle befinden. Sind mehr als zwei funktionelle Endgruppen vorhanden, so entstehen *räumlich vernetzte* Makromoleküle.

Im Gegensatz zur Kettenreaktion der Polymerisation ist die Kondensation eine Gleichgewichtsreaktion.

Eine Gleichgewichtsreaktion läuft nur solange ab, bis zwischen den Reaktionspartnern, also den Ausgangsstoffen und den durch die Reaktion gebildeten Endstoffen ein Gleichgewichtszustand erreicht worden ist. Die beteiligten Stoffe liegen dann, abhängig von der Temperatur, stets in einem bestimmten Mengenverhältnis vor. Sie kann demnach zum Stillstand kommen, bevor die Ausgangsstoffe völlig verbraucht sind. Zum völligen Ablauf der Reaktion ist eine Aufhebung des Gleichgewichts erforderlich. Diese kann erreicht werden durch Temperatursteuerung, Erhöhung der Konzentration eines Ausgangsstoffes und Entfernung eines Reaktionsprodukts, im vorliegenden Falle also des Nebenproduktes (meist Wasser).

Der stufenweise Ablauf der Reaktion bietet die Möglichkeit der Herstellung von Vorkondensaten. Die nur teilweise auskondensierten und noch flüssigen Produkte (z. B. Lackrohstoffe, Bindemittel, Leime) werden erst beim Verarbeiter durch Erwärmen (z. B. Einbrennlackieren) oder Zugabe von Härtern zur weiteren Reaktion gebracht und damit in ihren Endzustand überführt. Die Vorprodukte in pulverisierter Form (härtbare Formmassen) sind ebenfalls noch linear aufgebaut und deshalb plastisch formbar. Sie vernetzen bei Wiedererwärmung auf die dann erforderliche Reaktionstemperatur.

7.3.3.1 Polykondensate

Lineare Polyester
Geeignete Ausgangsstoffe sind hier Dialkohole[1] und Dicarbonsäuren. Die Veresterung erfolgt über die reaktionsfähigen Endgruppen -OH und -COOH nach der allgemeinen Beziehung

---

[1] Zweiwertige Alkohole werden auch mit dem Sammelnamen *Glykole* bezeichnet.

$$HO - R_1 - \boxed{OH + H}OOC - R_2 - COOH \longrightarrow$$

$$HO - R_1 - OOC - R_2 - COOH + H_2O$$

Weitere Kondensationsreaktionen führen zu linearen Makromolekülen

$$\cdots - O - R_1 - O - \overset{O}{\underset{\|}{C}} - R_2 - \overset{O}{\underset{\|}{C}} - \cdots,$$

deren Aufbau durch die Brückenglieder $-\overset{O}{\underset{\|}{C}} - O -$ zwischen den organischen Resten R_1 und R_2 gekennzeichnet ist.

Unter den Kunststoffwerkstoffen haben besondere technische Bedeutung Polyterephthalat und Polycarbonat erlangt.

Das **Polyterephthalat** entsteht aus der Terephthalsäure HOOC - ⌬ - COOH und dem Ethylenglykol HO - $(CH_2)_2$ - OH und bildet nach abgeschlossenen Kondensationsreaktionen die Polymerkette

$$\cdots - \overset{O}{\underset{\|}{C}} - ⌬ - \overset{O}{\underset{\|}{C}} - O - CH_2 - O - \cdots$$

Früher ausschließlich für Faserstoffe und elektrische Isolierfolien eingesetzt, gewinnt es in modifizierter Form zunehmend Bedeutung als Konstruktionswerkstoff.

Polycarbonat wird aus Bisphenol

$$HO - ⌬ - \underset{\underset{CH_3}{|}}{\overset{\overset{CH_3}{|}}{C}} - ⌬ - OH$$

und Phosgen $Cl - \overset{O}{\underset{\|}{C}} - Cl$ hergestellt. Die in mehreren Umsetzungen über verschiedene Reaktionsschritte entstehenden Polykondensate haben die Grundstruktur

$$\cdots - O - ⌬ - \underset{\underset{CH_3}{|}}{\overset{\overset{CH_3}{|}}{C}} - ⌬ - O - \overset{O}{\underset{\|}{C}} - \cdots$$

und ergeben einen Konstruktions- und Isolierwerkstoff, der sich durch eine Reihe vorzüglicher Eigenschaften auszeichnet.

Polyamide
Ebenfalls kettenförmig ausgebildet sind die Makromoleküle der Polyamide. Sie entstehen aus einer Polykondensationsreaktion von Diaminen und Dicarbonsäuren nach dem Schema

$$H_2N - R_1 - NH_2 + HOOC - R_2 - COOH \longrightarrow$$

$$\cdots - \underset{\underset{H}{|}}{N} - R_1 - \underset{\underset{H}{|}}{N} - \overset{O}{\underset{\|}{C}} - R_2 - \overset{O}{\underset{\|}{C}} - \cdots + 2H_2O$$

und haben als Brückenglieder zwischen den verbleibenden Methylengruppen (CH_2) der Ausgangsstoffe die

Atomgruppen $-\overset{O}{\underset{\|}{C}} - \underset{\underset{H}{|}}{N} -$ *(Säureamidgruppe)*.

Je nach den Ausgangsverbindungen mit unterschiedlicher Anzahl von CH_2-Gruppen ergeben sich verschiedene Polyamidtypen, die durch nachgestellte Zahlen gekennzeichnet werden. Diese Zahlen geben die in den Ausgangsmolekülen enthaltenen Kohlenstoffatome an, und zwar die erste die Kohlenstoffatome des Diamins, die zweite die der Säure.

Beispiel
Polyamid 66
$\cdots - NH - (CH_2)_6 - NHCO - (CH_2)_4 - CO - \cdots$
Polyamid 610
$\cdots - NH - (CH_2)_6 - NHCO - (CH_2)_8 - CO - \cdots$

Geeignete Ausgangsstoffe sind jedoch auch Lactame, das sind ringförmige Kohlenstoffverbindungen, die die Gruppe CONH bereits enthalten, z. B. das *Caprolactam*.

$$\begin{array}{c} O \quad\quad H \\ \| \quad\quad | \\ C - N \\ / \quad\quad\quad \backslash \\ CH_2 \quad\quad\quad CH_2 \\ | \quad\quad\quad\quad | \\ CH_2 \quad\quad\quad CH_2 \\ \backslash \quad\quad\quad / \\ CH_2 \end{array}$$

Durch Erwärmen unter geringer H_2O-Zugabe wird der Ring geöffnet. Es entstehen die Moleküle einer Aminosäure NH_2-$(CH_2)_5$-COOH, die sich in einer Kondensationsreaktion zu Polymeren verknüpfen. Das dabei wieder frei werdende H_2O bewirkt die

Öffnung weiterer Ringmoleküle. Die Polymerketten der Form

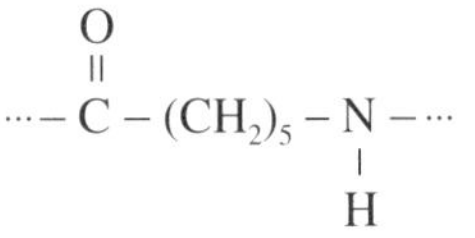

$$\cdots - \overset{\overset{O}{\|}}{C} - (CH_2)_5 - \underset{\underset{H}{|}}{N} - \cdots$$

bestehen demnach aus gleichen Grundmolekülen (Polyamid 6).

Die Polymerenbildung kann auch ohne Wasserzugabe unter der Einwirkung von Katalysatoren erfolgen. Eine ionische Reaktion (Verschiebung der Bindungselektronen) bewirkt die Öffnung der Ringe und die Verknüpfung der Moleküle ohne jede Zwischenstufe [1]. Das geschieht erst beim Verarbeiter, der dem Caprolactam den (alkalischen) Katalysator und einen Aktivator zusetzt, der die Reaktion auslöst, wenn der Ausgangsstoff erwärmt wird.

Die unterschiedlichen Eigenschaften der Polyamide sind bedingt durch die Zahl der CH_2-Gruppen zwischen den CONH-Brückengliedern. Sie wirken sich auch auf die den Polyamiden eigene Neigung zur Wasseraufnahme [2] aus, die umso größer ist, je geringer das Verhältnis von CH- zu CONH-Gruppen ist.

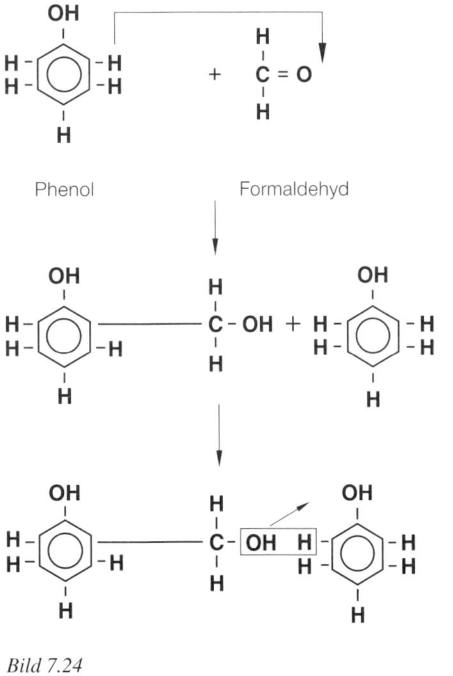

Die nach der Reaktion erhaltenen, noch schmelzflüssigen Produkte sind so dünnflüssig, dass sie, durch feine Düsen getrieben, zu dünnen Fäden ausgezogen werden können. Solche im Schmelzspinnverfahren unmittelbar hergestellte Fäden stellen einen erheblichen Teil der Produktion von Polyamiden dar. Formmassen zum Herstellen von Formteilen werden als Bänder oder Stränge abgezogen und nach dem Erkalten granuliert.

Formaldehyd-Kunstharze
Ausgangsstoffe mit drei reaktionsfähigen Endgruppen führen zu *räumlich eng vernetzten* Polykondensaten, sogenannten *aushärtenden* Kunstharzen. Diese sind nach der bei der Formgebung einsetzenden Vernetzung nicht mehr plastisch formbar. Zu ihnen gehören die **Phenolharze** *(Phenoplaste)* und die **Aminoharze** *(Aminoplaste)*. In allen Fällen dient *Formaldehyd* als Reaktionspartner, der zur Vernetzung führt.

Zur Herstellung von **Phenol-Formaldehyd-Kunstharzen** wird Phenol, ein Derivat des Benzols (möglicherweise auch Kresol), in einer wässrigen Lösung mit Formaldehyd unter Erwärmung im Beisein von Katalysatoren zur Reaktion gebracht (Bild 7.24).

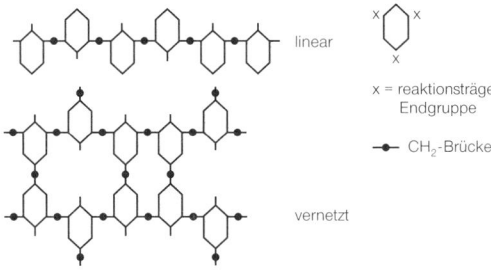

Bild 7.25
Vernetzung von Phenol-Formaldehyd-Harzen (schematisch)

Unter Wasserabspaltung ergeben sich in mehreren Reaktionsstufen zunächst Zwischenprodukte mit linearen Makromolekülen, die sich in weiteren Kondensationsreaktionen zu einem engen räumlichen Netz verknüpfen (Bild 7.25).

Bild 7.24
Reaktionsschema von Phenol-Formaldehyd-Kunstharz

---

[1] Die Reaktion ist, obwohl keine Doppelbindungen geöffnet werden, als Polymerisationsreaktion im Allgemeinen Sinne anzusehen.

[2] Die CONH-Gruppen sind stark polar. Sie üben deshalb auf die ebenfalls polaren H_2O-Moleküle eine stark anziehende Wirkung aus, die naturgemäß umso stärker ist, je mehr CONH-Gruppen in der Kette vorhanden sind.

Die Zwischenprodukte sind abhängig von:
- dem Mischungsverhältnis von Phenol und Formaldehyd,
- der Temperatursteuerung und
- dem verwendeten Katalysator.

Bei *basischem Katalysator* und Formaldehydzusatz in *ausreichender Menge* entsteht:
- in der ersten Reaktionsstufe **Resol** *(A-Zustand),* wegen seines linearen Aufbaus noch schmelzbar und löslich,
- in der zweiten Stufe (bei höheren Reaktionstemperaturen) **Resitol** *(B-Zustand),* bei bereits teilweise verknüpften Makromolekülen nicht mehr löslich, aber noch schmelzbar,
- in der dritten Stufe (bei weiterer Erwärmung) **Resit** *(C-Zustand),* das räumlich vernetzte, nicht mehr schmelzbare Endprodukt.

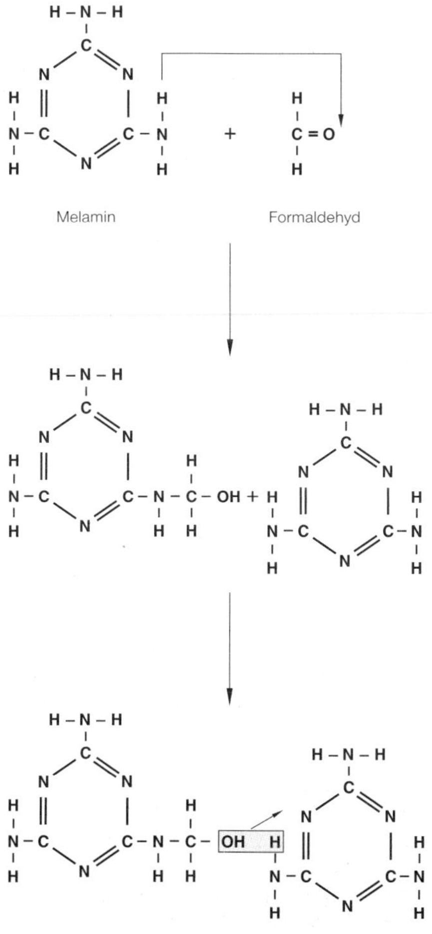

Die Vorprodukte, die zum Verarbeiter gelangen und erst bei der Formgebung unter Druck und Wärmezufuhr zum Resit aushärten, sind nur *begrenzt lagerfähig*.

Flüssige (z. B. in Alkohol gelöste) Resole dienen, abgesehen von ihrer Verwendung als Rohstoffe für Lacke und Klebstoffe, zum Tränken von Füllstoffbahnen (Papier, Gewebe, Holzfurniere) und werden so zu Schichtpressstoffen verarbeitet. Sie bilden weiter die Ausgangsstoffe für Phenolharz-Schaumstoffe mit Zellstruktur, wenn ihnen bei der Verarbeitung Treibmittel zugesetzt werden.

Wird dem Phenol Formaldehyd in nur unzureichender Menge zugesetzt und ein saurer Katalysator verwendet, dann entsteht **Novolak.**

Das aus der Schmelze erstarrte und gemahlene *lagerfähige* Zwischenprodukt dient dem Verarbeiter als Formmasse zum Herstellen von Pressteilen. Beim Warmverpressen werden Formaldehyd abgebende Substanzen zugemischt, die die Überführung in den Resitzustand, also die Vernetzung, bewirken.

Aminoharze haben als Ausgangsstoffe entweder Melamin oder Harnstoff in Verbindung mit Formaldehyd.

Die Polykondensation des ebenfalls ringförmig aufgebauten Benzolderivats Melamin zum **Melamin-Formaldehyd-Kunstharz** vollzieht sich in ähnlicher Weise wie bei Phenol (Bild 7.26).

In mehreren Reaktionsschritten entstehen zunächst ebenfalls noch linear aufgebaute Vorprodukte, die bei weiterer Kondensationsreaktion durch Vernetzung aushärten (Bild 7.27).

Die bei der Kondensation entstehende wässrige

Bild 7.26
Reaktionsschema von Melamin-Formaldehyd-Kunstharz

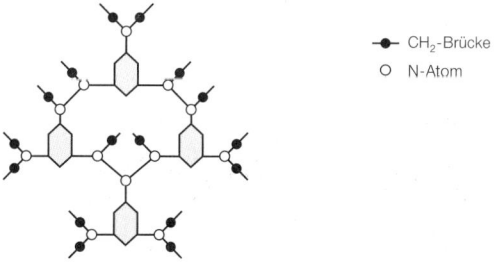

Bild 7.27
Schema der Vernetzung von Melamin-Formaldehyd-Harzen

Harzlösung wird entweder unmittelbar für Lacke, Klebstoffe und zum Herstellen von Schichtpressstoffen verwendet oder nach Trocknung zu Pressmassen weiterverarbeitet.

Die Moleküle des Harnstoffs, der zusammen mit Formaldehyd zur Herstellung von **Harnstoff-Formaldehyd-Kunstharzen** dient, haben ebenfalls mehrere funktionelle Gruppen (Bild 7.28).

Die Vernetzung (Bild 7.29) erfolgt auch hier als letzte Stufe bei der Verarbeitung der nach mehreren Zwischenreaktionen hergestellten linearen Vorkondensate.

Höhere mechanische Festigkeiten haben Polykondensate aus *Thioharnstoff*

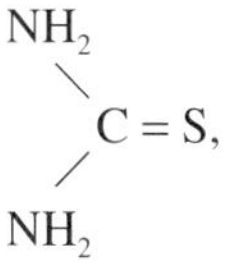

$$\begin{array}{c} NH_2 \\ \diagdown \\ C = S, \\ \diagup \\ NH_2 \end{array}$$

die in gleicher Weise hergestellt werden.

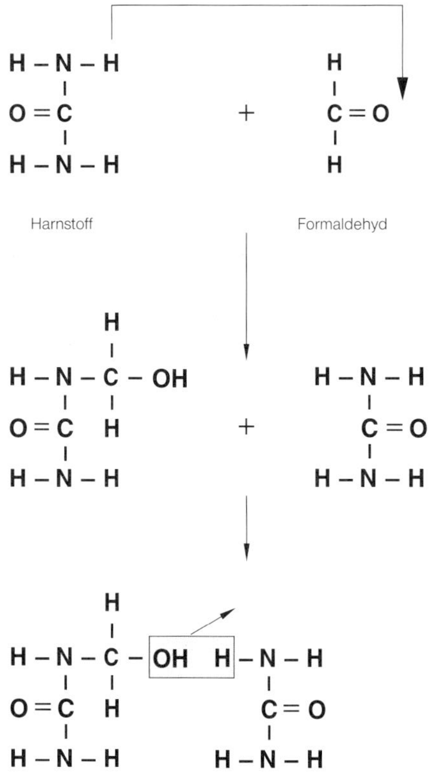

Bild 7.28
Reaktionsschema von Harnstoff-Formaldehyd-Kunstharz

Die wässrigen Vorkondensate werden in der Regel mit Cellulose oder Holzmehl vermischt und nach dem Trocknen zu Pressmassen zermahlen, die beim Verpressen im beheizten Formwerkzeug aushärten.

7.3.4 Polyaddition

Eine chemische Reaktion, bei der verschiedenartige Moleküle ohne Abspaltung von Nebenprodukten zu Makromolekülen verbunden werden, wird als **Polyaddition** bezeichnet.

Die Verknüpfung erfolgt hier durch eine *intramolekulare Umlagerung,* d. h., Wasserstoffatome, die sich relativ leicht aus den funktionellen OH-, NH_2- oder COOH-Gruppen lösen lassen, werden von einem Molekül zum anderen verschoben. Die dadurch am Molekül frei werdenden Valenzen bilden nun Hauptvalenzen, die die Verknüpfung der Moleküle bewirken.

Da Nebenprodukte, die zu einer Gleichgewichtseinstellung führen würden, nicht anfallen, ist die Polyaddition keine Gleichgewichtsreaktion wie die Polykondensation. Sie verläuft aber, wie diese, in Stufen. Die Reaktion hört auf, sobald den funktionellen Gruppen eines Ausgangsstoffes keine solchen der anderen Komponenten mehr zur Verfügung stehen. Zum vollständigen Ablauf der Polymerenbildung ist also eine genaue mengenmäßige Abstimmung der Ausgangsstoffe erforderlich.

Die entstehenden Makromoleküle sind *linear* bei zwei reaktionsfähigen Endgruppen. Sie bilden *räumliche Netzwerke,* wenn außer den funktionellen Gruppen an den Enden eines Moleküls noch weitere innerhalb des Moleküls vorhanden sind, z. B. bei dreiwertigen Alkoholen (Triolen) mit drei OH-Gruppen:

$$\begin{array}{c} HO - R - CH - R - OH \\ | \\ OH \end{array}$$

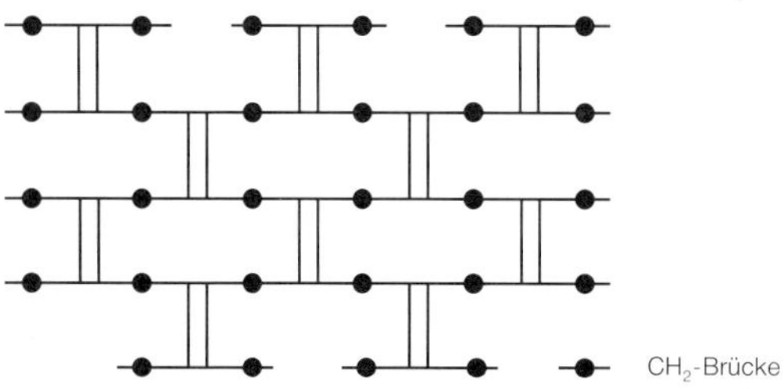

Bild 7.29
Vernetzungsschema von Harnstoff-Formaldehyd-Harzen

7.3.4.1 Polyaddukte
Polyurethane
entstehen durch Additionsreaktionen von Isocyanaten mit anderen Kohlenstoffverbindungen, die die vorher genannten funktionellen Gruppen mit »beweglichen« Wasserstoffatomen aufweisen. Isocyanate haben die Endgruppen $-N=C=O$, in denen das N die Fähigkeit besitzt, diese Wasserstoffatome aus benachbarten Molekülen an sich anzulagern und durch die frei werdenden Valenzen einen Zusammenschluss zu Polymeren zu bewirken.

$$HO-(CH_2)_n-OH + O=C=N-(CH_2)_m-N=C=O$$

Diol $\qquad\qquad$ Diisocyanat

$$\rightarrow HO-(CH_2)_n-O-\underset{\underset{H}{|}}{\overset{\overset{O}{\|}}{C}}-N-(CH_2)_m-N=C=O.$$

Sind die Ausgangsstoffe bifunktionell, ergeben sich **lineare Polyurethane**.

Die hierfür meist verwendeten Ausgangskomponenten sind Dialkohole (Diole) und Diisocyanate:

Deren Endgruppen bilden in weiteren Additionsreaktionen Polymerketten mit dem für Polyurethane charakteristischen Brückenglied:

$$O-\underset{\underset{H}{|}}{\overset{\overset{O}{\|}}{C}}-N- \quad \textit{(Urethangruppe)}$$

Die Reaktion erfolgt in Lösung oder in der Schmelze unter Wärmeentwicklung. Das Polymer fällt als zähflüssige Schmelze an. Sie wird als Band abgezogen, zu Formmassen granuliert oder zu Fäden versponnen. Es besitzt *ähnliche Eigenschaften wie Polyamid*.

Als Vorprodukte für **vernetzte Polyurethane** werden an den Verarbeiter Reaktionsharze (Isocyanatharze) und Reaktionsmittel geliefert, die die Vernetzung bewirken.

Geeignete Di- oder Tri-Isocyanate sind ringförmig aufgebaute Derivate des Benzols mit zwei oder drei $-N=C=O$-Gruppen. Durch eine Addition als Reaktionsmittel an hochmolekulare Verbindungen mit endständigen OH-Gruppen, z. B. Polyester, entstehen Polymerketten, die sich in weiteren Reaktionsschritten je nach dem Mischungsverhältnis und der Art des Reaktionsmittels eng oder weitmaschig vernetzen. Der Vernetzungsgrad und damit die Härte des Endprodukts hängt von der Zahl der in den Komponenten vorhandenen funktionellen Gruppen ab. Er ist umso höher, je größer deren Zahl ist.

Durch die Vielzahl geeigneter Ausgangsprodukte und möglicher Vernetzungsreaktionen können somit hergestellt werden:
– Polyurethan-Formstoffe vom gummielastisch weichen bis zum harten Zustand,
– Spezialklebstoffe mit besonderer Haftfestigkeit auf Metall und Glas,
– besonders wärmefeste Lacke.

Von besonderer technischer Bedeutung sind auch *Polyurethan-Schaumstoffe*, ebenfalls hart oder weich, die entstehen, wenn die Vernetzungsreaktion in einer wässrigen Emulsion des Reaktionsmittels (Polyester) durchgeführt wird. Durch das Wasser wird ein Teil des Isocyanats zersetzt und CO_2 abgespalten, das das Produkt auftreibt:

$$OCN-R-NCO + 2H_2O \rightarrow H_2N-R-NH_2 + 2CO_2.$$

Epoxidharze
Epoxide sind Kohlenstoffverbindungen mit den sehr reaktionsfreudigen Endgruppen

$$-CH-CH_2 \quad \textit{(Epoxygruppe)}.$$
$$\diagdown O \diagup$$

Durch Wanderung von beweglichen Wasserstoffatomen aus den funktionellen Gruppen anderer Kohlenstoffverbindungen an den Sauerstoff bilden sich in einer Additionsreaktion Polymermoleküle nach der Beziehung:

$$H_2C-CH-R_1-HC-CH_2 + HO-R_2-OH$$
$$\diagdown O \diagup \qquad\qquad \diagdown O \diagup$$

$$\rightarrow H_2C-CH-R_1-HC-CH_2-O-R_2-O-\cdots$$
$$\diagdown O \diagup \qquad\qquad\quad \underset{OH}{|}$$

Die Ketten enthalten die immer wiederkehrenden Gruppen $-CH-CH_2-$ und an den Enden Epoxy-
$\quad\quad\quad\quad\quad\quad\quad\quad\quad\;\;\underset{OH}{|}$

Gruppen. Sie stellen die *Vorprodukte* dar, die in weiteren Reaktionen vernetzt werden können, da sowohl die endständigen Epoxygruppen als auch die aus ihnen bei ihrer Öffnung entstandenen OH-Gruppen weiter reaktionsfähig sind.

Epoxidharze [1] sind demnach *Reaktionsharze,* deren Polymerketten durch Zugabe geeigneter Reaktionsmittel vernetzen. Die Bezeichnung gilt jedoch auch für die vernetzten Produkte, in denen nach dem Reaktionsablauf praktisch keine Epoxygruppen mehr vorhanden sind.

Als Reaktionsmittel, die oft als Härter bezeichnet werden, obwohl sie keine Katalysatoren, sondern Reaktionspartner sind, eignen sich fast alle Kohlenstoffverbindungen mit mindestens bifunktionellen Endgruppen. Die Vielfalt der Möglichkeiten in der Kombination der Ausgangsverbindungen führt demnach auch hier zu einer großen Anzahl verschiedenartiger Endprodukte. Deren Eigenschaften lassen sich durch Steuern der Reaktion in weiten Grenzen einstellen und abstimmen.

Die Vorprodukte sind zähflüssige oder schmelzbare feste Kunstharze. Ihre Aushärtung erfolgt ohne Abspaltung von Nebenprodukten. Die Verarbeitung kann deshalb drucklos erfolgen.

Der Prozess läuft bei Verwendung flüssiger Vorprodukte und entsprechender Vernetzungsmittel, vorzugsweise mehrwertiger Amine, ohne Wärmezufuhr als **Kalthärtung** ab.

Zur anderseits möglichen Warmhärtung, die bei Temperaturen oberhalb 80 °C durchgeführt wird, werden schmelzbare Harze eingesetzt, die sich mit einer Vielzahl geeigneter Stoffe, wie Dicarbonsäuren, Polyestern, vorkondensierten Pheno- und Aminoplasten u. a., vernetzen lassen.

Außer ihrer mannigfaltigen Verwendung als hochwertige *Klebstoffe, Bindemittel, kalt- und warmhärtende Lacke,* dienen Epoxidharze als Formmassen, sowie *Gieß- und Laminierharze.* Diese stellen – ähnlich wie vernetzende Polyesterharze – besonders geeignete Werkstoffe für faserverstärkte mechanisch hoch beanspruchbare Erzeugnisse dar.

7.4 Aufbau und strukturelle Einflüsse

Ebenso wie bei den Metallen das jeweils vorliegende Gefüge einen wesentlichen Einfluss auf Eigenschaften und Verhaltensweisen hat, bestimmen bei den Kunststoffen die *Aufbauformen* ihrer Makromoleküle, deren Gestalt und Größe, sowie deren gegenseitige Zuordnung in beherrschendem Maße das Verhalten.

Sie sind maßgebend für die *mechanischen Eigenschaften,* wie Festigkeit, Härte und Steifigkeit. Sie wirken sich auch entscheidend auf das für die Kunststoffe so bedeutsame mechanisch-thermische Verhalten aus, das mit dem Begriff der *Formbeständigkeit in der Wärme* gekennzeichnet ist. Durch ihren Einfluss auf den Erweichungsbeginn und das Schmelzverhalten bestimmen sie die *Verarbeitungseigenschaften* bei der plastischen Formgebung und die Möglichkeit des *Umformens* und *Schweißens*.

7.4.1 Aufbauformen

Sieht man von den Einflüssen der chemischen Zusammensetzung ab, so ergeben sich allein aus den Aufbauformen der Makromoleküle so markante Unterschiede in den Verhaltensweisen der Kunststoffe, dass damit eine Abgrenzung nach bestimmten Anwendungs- und Verarbeitungsbereichen gegeben ist. Diese Unterschiede sind unabhängig davon, nach welcher chemischen Reaktion die Makromoleküle gebildet wurden.

Duroplaste haben stets *räumlich eng vernetzte Makromoleküle* (Bild 7.30).

Durch die enge Verknüpfung der Moleküle bestehen im Molekülverband starke Hauptvalenzbindungskräfte. Daraus folgen die hohe Festigkeit, Steifheit und Härte der Duroplaste, die umso größer sind, je höher der Vernetzungsgrad ist. Eine übermäßig weit getriebene Vernetzung würde allerdings dazu führen, dass der Kunststoff versprödet, da eine an sich noch mögliche geringe (elastische) Verformung in unerwünschter Weise behindert würde.

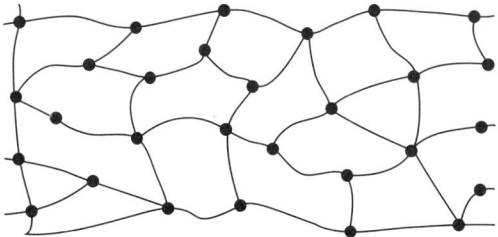

*Bild 7.30
Räumliche Vernetzung (schematisch)*

---

[1] Andere Bezeichnungen: Epoxyd- oder Epoxy-Harze.

Die hohe Vernetzung macht diese Stoffe nicht nur *unlöslich,* sie *verhindert* auch die *plastische Verformung,* denn weder ist ein Platzwechsel der in den Molekülen fest eingebundenen Atome möglich noch können die Moleküle aneinander abgleiten. Ihre Beweglichkeit ist so stark eingeschränkt, dass auch bei Erwärmung keine merkliche Erweichung eintritt. Duroplaste sind daher *nicht schmelzbar* und somit auch *nicht schweißbar.* Überhitzung führt zur Zersetzung.

Die für alle Kunststoffe typische plastische Formgebungsmöglichkeit ist hier nur bei den noch unvernetzten Vorprodukten (härtbare Formmassen, Reaktionsharze, siehe S. 345) während einer begrenzten Verarbeitungszeit gegeben.

Weitmaschig venetzte Makromoleküle bedingen das typische Verhalten der **Elastomere:** die *große elastische Dehnung* dieser Stoffe. Die nur stellenweise verknüpften Makromoleküle können bei äußerer Krafteinwirkung aus ihrer verknäuelten Lage gestreckt werden, soweit es die Verknüpfungsstellen erlauben. Nach Beendigung der Krafteinwirkung gehen sie wieder in ihre ursprüngliche Lage zurück (Bild 7.31).

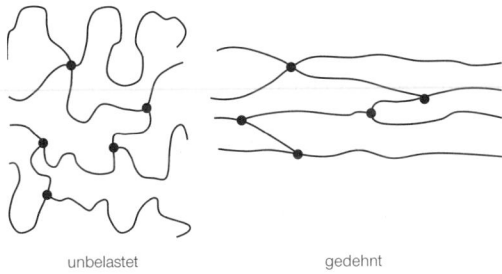

unbelastet   gedehnt

Bild 7.31
Weitmaschige Vernetzung (Elastomer)

Elastomere sind nicht schmelzbar, da auch hier die Verknüpfungen ein Abgleiten der Makromoleküle verhindert. Bei Erhitzung wird als Beständigkeitsgrenze die Temperatur der chemischen Zersetzung erreicht.

Kunststoffe mit *kettenförmigen* Makromolekülen, die entweder *linear* oder *verzweigt* vorliegen, sind **Thermoplaste.**

Der Zusammenhang des Molekülverbands wird hier im Wesentlichen durch die Nebenvalenzkräfte bestimmt. Werden diese durch äußere Krafteinwirkung vermindert oder gar überwunden, dann ist eine Auflockerung der molekularen Struktur, eine Streckung bisher verknäuelter Moleküle oder gar ein Abgleiten der Moleküle voneinander möglich. Begünstigt werden diese Vorgänge durch Wärmeeinwirkung, die zu einer gesteigerten Beweglichkeit der Makromoleküle führt. Das äußert sich in einer Erweichung und ermöglicht größere Formänderungen.

Thermoplaste besitzen somit im Allgemeinen eine *geringere Festigkeit* und Härte als Duroplaste. Sie sind in stärkerem Maße elastisch verformbar und ermöglichen durch ihre Fähigkeit, bei Erwärmung plastisch zu fließen, eine *wiederholbare plastische Formgebung.* Mit steigender Temperatur vermindert sich im Gegensatz zu den Duroplasten ihre Festigkeit.

Unterschiede im Verhalten der Thermoplaste ergeben sich daraus, dass ihre kettenförmigen Makromoleküle wiederum in *verschiedenen Aufbauformen* anzutreffen sind.

Die Kettenmoleküle nehmen bei freier Beweglichkeit die Gestalt wie die Fäden in einem ungeordneten Knäuel an. Freie Beweglichkeit der Makromoleküle ist weitgehend möglich im gelösten Zustand oder bei hohen Temperaturen, d. h. in einer Lösung bzw. in der Schmelze. Bei Erhöhung der Temperatur nimmt die Beweglichkeit und damit der Grad der Unordnung zu. Die statistische Unordnung kann man thermodynamisch durch den Begriff der *Entropie* beschreiben, maximale Entropie bedeutet dann größtmögliche Unordnung als wahrscheinlichster Zustand bei freier Beweglichkeit.

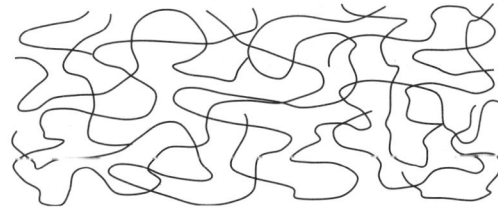

Bild 7.32
»Wattebauschstruktur« (amorpher Thermoplast)

Beim Abkühlen einer Thermoplastschmelze bzw. beim Verdampfen des Lösungsmittels aus einer Thermoplastlösung unterscheidet man zwischen *amorpher* und *teilkristalliner Erstarrung.* Ob sich eine amorphe Struktur oder in welchem Maße sich eine teilkristalline Struktur ausbildet, hängt wesentlich von der Form der Grundbausteine (Konstitution) und von der Anordnung eventuell vorhandener Seitengruppen (Konfiguration) entlang der Kette ab (Taktizität, siehe S. 376).

Bei amorphen Thermoplasten haben die Makromoleküle, gleichsam wie Watte, eine regellose, knäuelartige Struktur mit hoher Entropie. Diese Aufbauform wird anschaulich auch als *Wattebauschstruktur* bezeichnet (Bild 7.32).

Amorphe Thermoplaste verformen sich je nach dem Grad der Verknäuelung unter Belastung mehr oder weniger stark elastisch. Die Makromoleküle werden aus ihrer verknäuelten Lage in Richtung einer angreifenden Kraft verzerrt und verstreckt, und zwar soweit, bis ihre Verschlaufungen und Verhakungen der Formänderung ein Ende setzen. Durch ihr Bestreben, den ursprünglichen Zustand der völlig ungeordneten Verknäuelung aber wieder herzustellen, geht diese Formänderung nach Entlastung nach kurzer Zeit wieder zurück.

Entsprechend der Definition der Entropie als Maß des Unordnungsgrades im stofflichen Aufbau wird dieses Verhalten als **Entropie-Elastizität**[1] bezeichnet. Bei Elastomeren ist das *entropie-elastische Verhalten* mit sehr großer reversibler Verformbarkeit sehr ausgeprägt und wird daher auch als *Gummielastizität* bezeichnet.

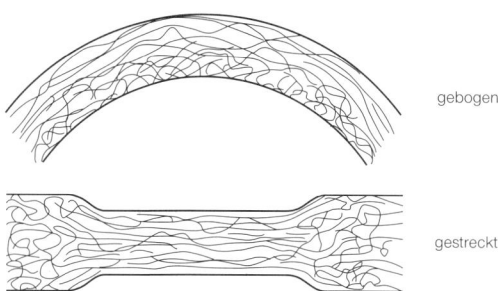

Bild 7.33
Orientierungen durch Verformung (Verstrecken)

Da sich während der elastischen Deformation Verschlaufungen lösen und ggf. neue bilden können, tritt auch während der Verformung bereits eine Entspannung ein *(Relaxation)*. Die Spannung ist also nicht der elastischen Dehnung proportional. Vielfach ist, besonders bei erhöhten Temperaturen, mit der Neubildung von Verschlaufungen auch bereits ein Abgleiten der Moleküle voneinander verbunden. Zur Gesamtverformung gehört neben dem reversiblen Anteil der elastischen Verformung ein irreversibler Anteil von bleibender Verformung (siehe visko-elastisches Verhalten, S. 350).

Durch äußere Einflüsse, aber auch durch die Wirksamkeit unterschiedlicher Nebenvalenzkräfte, kann der völlig regellose Aufbau jedoch dahingehend geändert werden, dass die Makromoleküle in einer oder zwei Richtungen bevorzugt ausgerichtet sind. Durch solche **Orientierungen** werden die Eigenschaften stärker richtungsabhängig (anisotrop).

So ist z. B. die Festigkeit in Richtung einer Orientierung naturgemäß höher als senkrecht dazu, wo nicht Hauptvalenzbindungen, sondern hauptsächlich nur die weit geringeren Nebenvalenzkräfte zu überwinden sind.

Diese Orientierungen ergeben sich zwangsläufig bei der Formgebung, wenn den Makromolekülen im Verlauf der Abkühlung nicht genügend Zeit bleibt, sich wieder regellos zu verknäuen. Das Festigkeitsverhalten von Formteilen wird dann entsprechend beeinflusst (Bild 7.33).

Bei den teilkristallinen Thermoplasten sind die Makromoleküle zwischen amorphen Bereichen streckenweise *gebündelt,* parallel aneinander gelagert oder auch in parallel verlaufenden Windungen *gefaltet.* Sie bilden auch Lamellenpakete, die, von einem Mittelpunkt ausgehend, sich kugelförmig mit jeweils tangentialem Verlauf der parallelen Bereiche anordnen *(Sphärolithe)* (Bild 7.34).

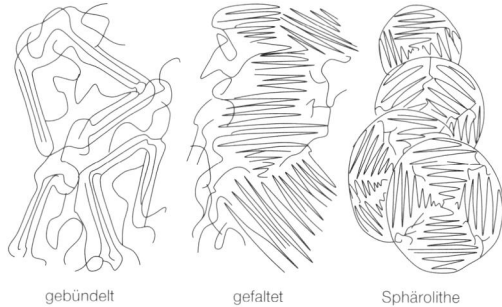

Bild 7.34
Struktur teilkristalliner Thermoplaste

---

[1] Im Unterschied zur Energie-Elastizität, die infolge Änderung des Energiezustands von Atomen bei ihrem Platzwechsel während elastischer Verformung für Metalle charakteristisch ist, bei Kunststoffen aber nur in sehr begrenztem Maße auftritt.

Bei dieser parallelen Anlagerung befinden sich die Atome benachbarter Molekülketten in einer festen gegenseitigen Zuordnung, wie es einer kristallinen Struktur entspricht. Voraussetzung für die parallelen Ausrichtungen von benachbarten Molekülbereichen ist, dass es sich um schlanke Moleküle handelt, die keine störenden voluminösen Seitengruppen besitzen und möglichst unverzweigt sind. Die Ketten rücken so näher aneinander, so dass in erhöhtem Maß Nebenvalenzkräfte zwischen ihnen wirksam werden. Die sich zwischen den kristallinen Bereichen befindenden amorphen Anteile gestatten den Kristallen eine mehr oder weniger große Bewegungsmöglichkeit, da sie wie Gelenke in einem sonst starren System wirken. Dies begründet das *zäh-elastische Verhalten* teilkristalliner Thermoplaste bei hoher Widerstandsfähigkeit gegen mechanische Beanspruchung. Festigkeit, Härte und Steifigkeit sind umso größer, je höher der *Kristallisationsgrad* ist.

Da bei Erwärmung die Kristalle zunächst erhalten bleiben, vermindert sich die Festigkeit nicht sofort in gleicher Weise wie bei den amorphen Stoffen. Sie sinkt erst dann merklich ab, wenn bei höheren Temperaturen auch die kristallinen Anteile in den amorphen Zustand übergehen. Der Erweichungsbeginn ist also zu höheren Temperaturen verschoben, die *Formbeständigkeit* in der Wärme besser.

Die Neigung zur Kristallisation wird nicht nur durch die chemische Struktur der Makromoleküle bestimmt, sondern sie ist auch abhängig von den Verarbeitungsbedingungen, insbesondere den Abkühlungsverhältnissen aus der Schmelze und der Formgebung. So bewirkt eine langsame Abkühlung einen höheren, eine schnelle Abkühlung einen geringeren kristallinen Anteil, da die Wachstumsgeschwindigkeit der Kristalle aus der Schmelze temperaturabhängig ist. Auch eine mechanische Verstreckung kann durch parallele Verlagerung und Verschiebung der Moleküle eine Teilkristallisation bewirken oder begünstigen.

7.4.2 Strukturelle Einflüsse

Einflüsse, die von der Struktur der Makromoleküle ausgehen, lassen sich zurückführen auf
- die Form und Länge der Polymerketten,
- deren gegenseitige Zuordnung und, damit im Zusammenhang stehend,
- die Art, Lage und Verteilung der in den Ketten vorhandenen Substituenten,
- die Art der die organischen Reste verbindenden Brückenglieder.

Die **Kettenlänge** bestimmt die Molekülmasse und wirkt sich aus auf
- Festigkeit,
- Steifigkeit,
- Formbeständigkeit in der Wärme.

Bei kurzen Ketten, d. h. geringer Molekülmasse, bestehen wegen der vielen freien Kettenenden mehr Leerstellen im Molekülverband, die sich festigkeitsmindernd auswirken. Das kommt besonders zur Geltung, wenn die Ketten in Kraftangriffsrichtung orientiert sind.

Äußere Einflüsse, die zum Zerfall von Ketten führen, wie z. B. Überhitzung, chemische Zersetzung oder Strahlungseinwirkung, setzen demnach die Festigkeit des Kunststoffs bis zu seiner völligen Unbrauchbarkeit herab.

Bedeutet somit schon höhere Molekülmasse auch höhere Festigkeit, so werden die mechanischen Eigenschaften weiter davon beeinflusst, wie eng die Moleküle aneinander gelagert sind und wie hoch der Grad ihrer Verknäuelung ist. Diese gegenseitige Zuordnung hängt wiederum weitgehend von ihrer Gestalt ab.

Seitliche Verzweigungen behindern eine enge Anlagerung. Sie vermindern damit die Dichte und setzen die Festigkeit und Steifigkeit herab, wie es z. B. bei Polyethylen niederer Dichte der Fall ist. Andererseits wird die Dehnfähigkeit bis zum Bruch umso höher, je lockerer der Molekülverband ist.

Moleküle mit sperrigen, relativ großen **Seitengruppen** können sich nicht geordnet aneinanderlagern, bilden also regellose amorphe Zustände. Die Form der Seitengruppen und ihre meist unregelmäßige räumliche Verteilung behindern die Bewegungsmöglichkeit der Moleküle und beeinträchtigen damit das Formänderungsvermögen.

Diese **sterische** (räumliche) **Hinderung** der Beweglichkeit durch sperrige Seitengruppen ist beispielsweise die Ursache für die Sprödigkeit von Polystyrol:

Eine Einschränkung der Beweglichkeit durch sterische Hinderung ist aber auch dann gegeben, wenn Seitengruppen aus *Atomen stark unterschiedlicher Größe* vorliegen. Das ist z. B. der Fall bei Polyvinylchlorid, wo den kleinen Wasserstoffatomen die relativ großen Chloratome benachbart sind. Hinzu kommt hier die Auswirkung der durch die Dipole [1]) der C-Cl-Bindung bestehenden Kraftfelder, die zur Fixierung des Abstands und damit zu einer weiteren Versteifung der Ketten führen (Bild 7.35).

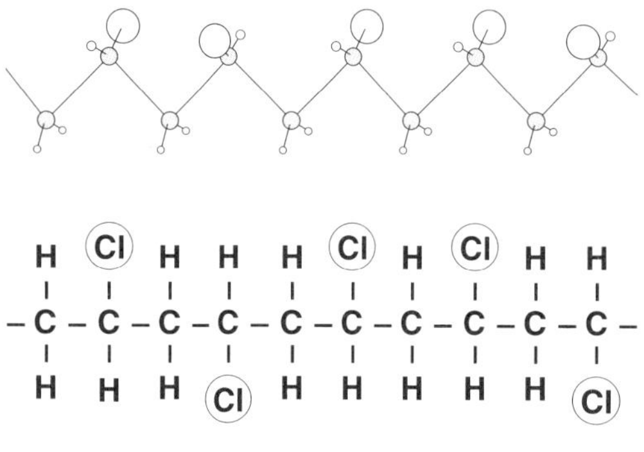

Bild 7.35
Sterische Hinderung durch unterschiedliche Atomgröße (PVC)

Allgemein zusammengefasst, sind die Auswirkungen der sterischen Hinderung:
– Unterbleiben oder zumindest Beeinträchtigung der Kristallisation,
– Erhöhung der Festigkeit und Härte,
– Verminderung der Dehnbarkeit und Vergrößerung der Steifigkeit,
– Verschieben der Erweichung zu höheren Temperaturen.

Die sterische Hinderung ist somit auch eine Ursache für den unterschiedlichen Erweichungsbeginn der verschiedenen Thermoplaste.

Unbefriedigende Steifigkeit und Wärmeformbeständigkeit amorpher Polymere können demzufolge verbessert werden, wenn in die Ketten sterisch hindernde Bausteine durch Copolymerisation eingebaut werden.

[1]) Das Maß für die Stärke eines Dipols ist sein Dipolmoment $Q \cdot s$, d. h. die Größe der im Abstand s wirkenden, entgegengesetzt gerichteten Ladungen Q. Während für die Ladungen die Elektronegativität bestimmend ist, ergibt sich ihr Wirkungsabstand s aus der Größe der den Dipol bildenden Atome bzw. Atomkerne.

Eine **parallele Anlagerung** der Makromoleküle ist umso leichter möglich, je symmetrischer sie gebaut sind. Das ist der Grund für die starke Kristallisationsneigung der ganz gleichmäßigen, nur aus CH_2-Gliedern bestehenden Polymerketten von Polyethylen. Die kristallinen Anteile werden allerdings geringer, wenn sich als Folge anderer Herstellungsbedingungen an den Polymerketten seitliche Verzweigungen gebildet haben.

Eine *Kristallisation* ist aber auch möglich, wenn Seitengruppen (Substituenten) vorhanden sind. Sie wird dann wesentlich beeinflusst von deren räumlicher Verteilung. Die stereospezifische Anordnung von Seitengruppen entlang der Kette wird durch die **Taktizität** beschrieben. Eine wechselseitige Anordnung nennt man *syndiotaktisch*, eine unregelmäßige *ataktisch* und eine einseitige Anordnung *isotaktisch*.

An sich haben die Moleküle das Bestreben, sich bei der Polymerisation so miteinander zu verknüpfen, dass ihre Seitengruppen – insbesonders dann, wenn sie polaren Charakter haben und abstoßende Kräfte wirksam werden – in möglichst weitem Abstand voneinander stehen. Das würde zu einer regelmäßigen *Anordnung* führen, die als **syndiotaktisch** bezeichnet wird (Bild 7.36).

Da die zu diesem Ordnungsprozess erforderliche Zeit während des Polymerisationsablaufs jedoch in der Regel fehlt, ordnen sie sich ganz unregelmäßig an, d. h. **ataktisch** (Bild 7.37). Eine solche ataktische Anordnung erschwert aber wegen sterischer Hinderung die Kristallisation oder macht sie gar unmöglich.

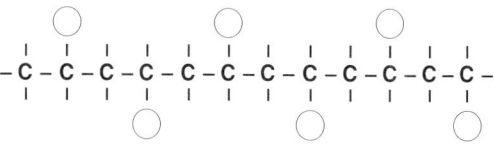

Bild 7.36
Syndiotaktische Anordnung

Eine Möglichkeit, ja sogar eine starke Neigung zur parallelen Anlagerung, besteht jedoch dann, wenn alle Seitengruppen einer Kette **isotaktisch,** d. h. einheitlich an einer Seite, geordnet sind (Bild 7.38). Das kann durch eine besondere Reaktionsführung bei der Polymerisation erreicht werden.

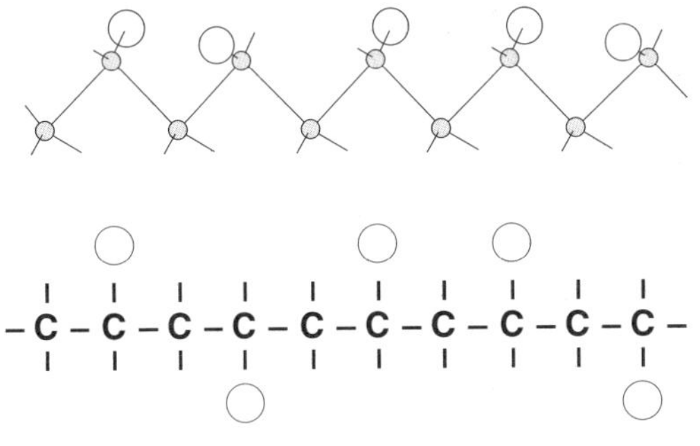

Bild 7.37
Ataktische Anordnung

Als Beispiel sei *Polypropylen* angeführt, dessen CH_3-Substituenten sich nach allen drei Möglichkeiten anordnen können. Das hoch kristallisierende isotaktische Polypropylen zeichnet sich durch gute Festigkeit und einen hohen Erweichungspunkt (168 °C) aus. Das ataktische Polypropylen hat eine geringere Dichte, geringere Steifigkeit und einen erheblich niedrigeren Erweichungsbeginn (128 °C).

Zu den teilkristallinen Thermoplasten gehören auch die *Polyamide*. Es hat sich gezeigt, dass sie am leichtesten kristallisieren, wenn die symmetrischen CH_2-Gruppen zwischen den CONH-Brückengliedern in ihrer Länge nicht zu unterschiedlich sind. Unterstützt wird hier die enge Anlagerung durch die Wirkung der *Wasserstoffbrücken* (siehe S. 356), die zwischen den Sauerstoff- und Wasserstoffatomen der Brückenglieder verschiedener Moleküle gebildet werden. Darauf beruhen die guten mechanischen Eigenschaften der Polyamide ebenso wie ihre hohe Verschleißfestigkeit, die allgemein mit dem Kristallisationsgrad wächst und hier zusätzlich durch die Wasserstoffbrücken gesteigert wird.

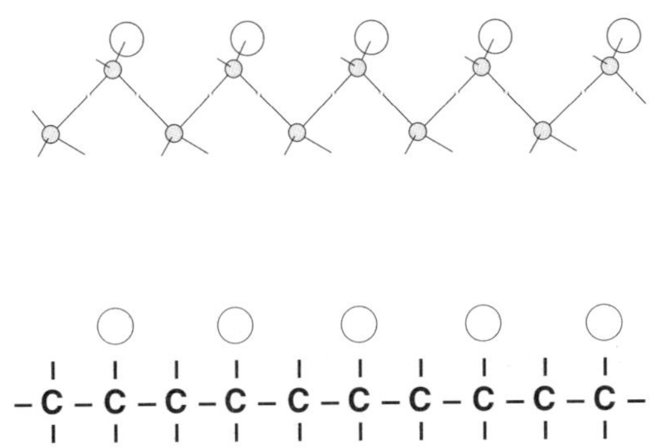

Bild 7.38
Isotaktische Anordnung

7.4.3 Strukturveränderungen

Gezielte Eigenschaftsänderungen können an Metallen häufig durch Beeinflussung des Gefüges (Wärmebehandlung, Kaltverformung) bewirkt werden. Dem Kunststoffverarbeiter sind hier engere Grenzen gesetzt, da der makromolekulare Aufbau der Vorprodukte durch die chemischen Reaktionen bei ihrer Herstellung grundlegend bestimmt wird.

Eine Steigerung des Vernetzungsgrades bei der Verarbeitung von *Reaktionsharzen* durch **Nachhärtung** (nachträgliche Erwärmung) ist zwar möglich und bisweilen nötig, aber aufwändig und damit oft unwirtschaftlich.

Bei *thermoplastischen Polykondensaten,* deren Kettenlänge allgemein geringer ist als die der Polymerisate, kann durch **Tempern,** eine nachträgliche Wärmebehandlung, eine Weiterkondensation bewirkt werden, die zur Verlängerung der Ketten führt.

Wesentliche Eigenschaftsänderungen lassen sich durch das **Verstrecken** amorpher oder teilkristalliner Thermoplaste erreichen. Dabei werden die Makromoleküle besonders stark orientiert und so dicht aneinander gelagert, dass die Nebenvalenzkräfte erheblich steigen.

Verstreckt wird entweder in unmittelbarem Zusammenhang mit der Formgebung, z. B. durch Steigerung der Abzugsgeschwindigkeit der aus der Düse austretenden Fäden oder Bänder, oder nachträglich an Halbzeugen in Temperaturbereichen erhöhter Beweglichkeit der Moleküle. Die Verstreckung ist bei flächenhaften Erzeugnissen auch biaxial möglich.

Besondere Bedeutung hat die *Verstreckung von Polyamiden*. Hier können Festigkeitssteigerungen bis zum Zehnfachen des unverstreckten Zustands erreicht werden. Die bei diesen kristallisierenden Kunststoffen ohnehin weitgehend parallel gelagerten Makromoleküle werden soweit verschoben, bis die polaren CONH-Brücken in enge Nachbarschaft geraten. Durch ihr gegenseitiges »Einrasten« werden zusätzlich die

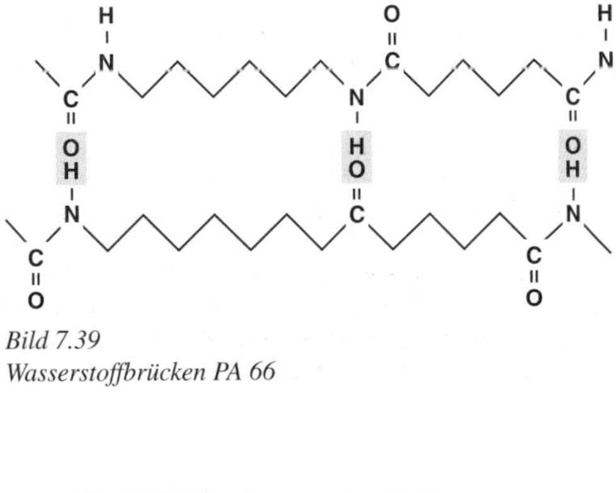

Bild 7.39
Wasserstoffbrücken PA 66

starken Anziehungskräfte der Wasserstoffbrücken wirksam (Bild 7.39).

Wenn trotz des so erreichten hohen Kristallinitätsgrades noch eine ausreichende Zähigkeit vorhanden ist, so beruht das auf dem Relaxationsvermögen der stets verbleibenden amorphen Anteile. Darüber hinaus wirkt die Neigung der Polyamide zur *Wasseraufnahme* der durch die gesteigerten Nebenvalenzkräfte möglichen Versprödung entgegen.

Eindringende Wassermoleküle, die stark polar sind, lösen nämlich einen Teil der Wasserstoffbrücken zwischen den Molekülen, indem sie selbst eigene Brücken mit den polaren Gruppen bilden. Die so erfolgte Auflockerung erhöht die Gelenkigkeit des Verbandes und verbessert die Zähigkeitseigenschaften bei nur geringer Einbuße an Festigkeit.

Der Hersteller von Kunststoffen hat bereits viele Möglichkeiten, die Eigenschaften von Thermoplasten durch Mischung und Copolymerisation zu beeinflussen. In die Makromoleküle werden entweder sterisch hindernde Komponenten eingebaut, die eine Verfestigung bewirken, oder gut bewegliche Elastomerkomponenten, die zu einem flexibleren Zustand der Endprodukte führen. Damit wird dem Verarbeiter bereits eine breite Palette für die Auswahl seiner Formmassen angeboten.

Die Bereitstellung solcher Formmassen ist jedoch nur dann wirtschaftlich tragbar, wenn sie sich mengenmäßig lohnt. Deshalb ist es für den Verarbeiter bedeutsam, auch eigene Einflussmöglichkeiten zu haben, die es ihm gestatten, sich den oft sehr unterschiedlichen Anforderungen an seine Produkte nicht nur qualitativ, sondern auch mengenmäßig anzupassen.

Einen breiten Spielraum hierfür bietet ihm der Umstand, dass sich das Verhalten amorpher Thermoplaste in erheblichem Maße variieren lässt, wenn den Formmassen bei der Verarbeitung Weichmacher zugesetzt werden. Besonders gut geeignet für eine solche *äußere Weichmachung* ist Polyvinylchlorid, bei dem deshalb auch in großem Umfang von dieser Methode Gebrauch gemacht wird.

Weichmacher sind *niedermolekulare* Lösungsmittel polaren Charakters. Sie lagern sich zwischen den Makromolekülen an den in den Ketten vorhandenen Dipolen an und unterbinden dadurch teilweise deren Einfluss auf benachbarte Moleküle. Die Makromoleküle werden beweglicher, da ihre gegenseitige Fixierung mehr oder weniger aufgehoben wird.

Je nach der Menge des zugesetzten Weichmachers lassen sich so Zustandsänderungen vom harten über lederartigen, flexiblen bis zum gummiartigen Gebrauchszustand bei Raumtemperatur gezielt einstellen.

Da Weichmacher *flüchtige Substanzen* sind, kann es allerdings geschehen, dass sie im Laufe längerer Zeit wieder aus dem Molekülverband entweichen (dann verhärtet sich der Stoff wieder) oder an die Oberfläche wandern (dann wird diese mehr oder weniger klebrig). Stehen in direkter Berührung mit den weichgemachten Polymerisaten andere, die möglicherweise stärker wirkende Dipole besitzen, dann können die Weichmacher zumindest teilweise in diese hinüberwandern. Das gleiche kann geschehen, wenn zwei Stoffe mit stark unterschiedlicher Weichmacherkonzentration in direktem Kontakt sind.

Dieser Gefahr der *Weichmacherwanderung* wird durch eine sorgfältige Auswahl von Weichmachern begegnet, die auf den Kunststoff abgestimmt und mit ihm verträglich sind. Durch die Verwendung von hochsiedenden Lösungsmitteln und durch den Zusatz von Stabilisatoren kann sie erheblich eingeschränkt werden. Bei der Verwendung von sog. Polymer-Weichmachern ist die Wanderungstendenz durch deren geringe Beweglichkeit eingeschränkt.

Unter besonders ungünstigen Umständen sind jedoch gelegentliche Mängel nicht völlig auszuschließen. Es wäre aber nicht vertretbar, zugunsten einer alleinigen *inneren Weichmachung* durch Copolymerisation auf ein Verfahren zu verzichten, dessen technische und wirtschaftliche Vorteile nicht gering einzuschätzen sind.

7.5 Anwendungsmöglichkeiten und -grenzen

Zum Beurteilen der Einsatzmöglichkeiten von Kunststoffen ist es entscheidend wichtig, die bestehenden Unterschiede in ihren Verhaltensweisen unter bestimmten Umständen klar zu erkennen. Dies gilt insbesondere dann, wenn sie an die Stelle von Metallen treten sollen.

Diese Erkenntnis ergibt sich aus den folgenden Gegebenheiten. In den Metallen besteht ein geordneter Atomverband, der trotz Unregelmäßigkeiten und Fehlstellen durch seine starken atomaren Bindungskräfte im Ganzen doch fest gefügt ist. Er bleibt dies auch bis zu seiner Auflösung beim Aufschmelzen, wenn auch mit verminderter Zusammenhangskraft.

Thermoplastische Kunststoffe dagegen bestehen aus einem Haufwerk von wirr durcheinanderliegenden, verknäuelten, bestenfalls nur in Teilbereichen geordneten Makromolekülen unterschiedlicher Gestalt und ungleicher Länge. Ihr gegenseitiger Zusammenhalt wird durch relativ schwache zwischenmolekulare Kräfte bestimmt, die sich dazu noch in unterschiedlicher Weise auswirken.

Dadurch sind schon wesentliche Unterschiede in den mechanischen Eigenschaften beider Werkstoffgruppen bedingt und die Grenzen ihrer Beanspruchungsmöglichkeiten erkennbar. Weitere ergeben sich aus den Auswirkungen der anders gearteten Bewegungsfreiheit der Teilchen, welche die Stoffe aufbauen.

7.5.1 Wärmeeinflüsse

Die im festen Verband des kristallinen Systems um ihre Mittellage frei schwingenden Metallatome lassen sich durch die Vergrößerung ihrer Schwingungsweite bei Wärmezufuhr leichter gegenseitig verschieben. Nach Überschreiten einer definierten Schmelztemperatur löst sich der Verband auf, und die Atome werden in der Schmelze frei beweglich. Bei weiterer Erwärmung wird ihre Bewegungsenergie schließlich so weit gesteigert, dass sie auseinanderstreben. Damit ist der Übergang in den Dampfzustand erreicht.

Anders ist es bei den Molekülen der Kunststoffe. Die Bewegungsmöglichkeit der Atome im Molekül ist hier gehemmt und nur soweit gegeben, wie es ihnen die Beweglichkeit der Moleküle selbst gestattet.

Im vernetzten Verbund der Duroplaste ist diese Bewegungsmöglichkeit nur in sehr geringem Maße vorhanden, eine gegenseitige Verschiebung sogar ganz ausgeschlossen. Somit ist auch bei Erwärmung weder eine plastische Verformung noch ein Aufschmelzen möglich.

Die gleiche Erscheinung zeigt sich bei den Elastomeren. Sie sind zwar wegen ihrer nur lose verknüpften Moleküle stark elastisch dehnbar und behalten diese Fähigkeit auch bei höheren Temperaturen bei, aber ein plastisches Fließen wird ebenso wie das Aufschmelzen durch die Verknüpfungen verhindert: Gesteigerte Wärmezufuhr führt am Ende bei beiden Stoffgruppen nur zur Zerstörung des Verbands und damit zur Zersetzung des Kunststoffs.

Bei den Thermoplasten bleiben die kettenförmigen Makromoleküle auch bei Wärmezufuhr bis in den Schmelzbereich erhalten. Ihr Zerfall tritt erst ein, wenn die Schmelze überhitzt wird. Es folgt die völlige Zersetzung durch chemische Umwandlung.

In der Schmelze sind nicht die Atome, sondern nur die Makromoleküle frei beweglich. Die zwischen ihnen noch bestehenden relativ großen Reibungskräfte behindern jedoch ihre gegenseitige Bewegungsmöglichkeit so stark, dass nur ein zähflüssiger (viskoser) Zustand, vergleichbar dem von Honig, erreicht wird.

Beim *Abkühlen* der Schmelze vergrößert sich die Viskosität. Die Beweglichkeit der Moleküle verringert sich in dem Maße, wie sie sich enger aneinander lagern (z. B. bei Entstehung kristalliner Bereiche) oder wie sich Verhakungen und Verschlaufungen bilden, die im Grenzfall nur noch ein freies Schwingen der Kettenenden zulassen.

Amorphe Thermoplaste nehmen folglich wegen der Beweglichkeit ihrer Moleküle eine Zwischenstellung zwischen Flüssigkeiten und Festkörpern ein. Ihr fester Zustand ist der einer *unterkühlten Schmelze,* deren Viskosität einen so hohen Grad erreicht hat, dass ihre Fließfähigkeit praktisch aufgehoben ist. Andererseits ist ihr auch bereits bei Raumtemperatur zu beobachtendes Kriechen (kalter Fluss) auf diesen Umstand zurückzuführen.

Beim *Erwärmen* tritt die Fließfähigkeit zunehmend wieder auf und führt über fortschreitende Erweichung zum schmelzflüssigen Zustand. Dessen Eintritt ist gegenüber dem plastisch fließbaren Zustand nicht exakt abzugrenzen, da die Moleküle wegen ihrer ungleichen Länge und ihrer unterschiedlichen Verknäuelung und Verschlaufung nicht zur gleichen Zeit ihre volle Beweglichkeit erhalten.

Eine *definierte Schmelztemperatur liegt deshalb nicht vor.* Es ist dies ein Charakteristikum aller makromolekularen Stoffe, ebenso, dass sie nicht in den Dampfzustand übergehen können.

Trotz solcher ineinander verlaufender Übergänge lassen sich jedoch in Abhängigkeit von der Temperatur bestimmte Zustandsbereiche abgrenzen, in denen das Verhalten der Thermoplaste deutliche Unterschiede zeigt.

Charakteristisch ist eine Verhaltensänderung, die

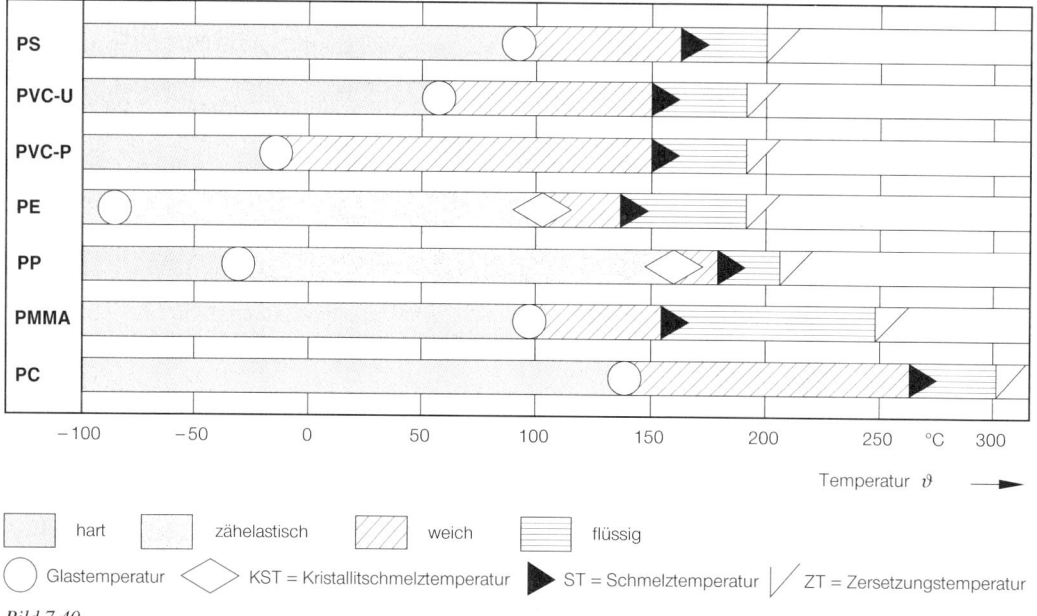

Bild 7.40
Zustandsbereiche von Thermoplasten

beim Durchlaufen eines bestimmten Temperaturbereichs eintritt. Er wird erfasst durch die **Glasübergangstemperatur** (GT), oft auch als *Einfriertemperatur* (bei Abkühlung) bzw. als *Erweichungstemperatur* (bei Erwärmung) bezeichnet.

Unterhalb dieser Temperatur kommen die Schwingbewegungen der Makromoleküle zum Stillstand, sie »frieren ein«. Die zwischenmolekularen Anziehungskräfte werden voll wirksam und verleihen dem Material eine erhöhte Festigkeit und Härte.

Zunächst noch in geringerem Umfang elastisch *(hartelastisch)*, gehen die Thermoplaste mit weiter sinkender Temperatur in einen immer stärker ausgeprägten *glasartig-harten Zustand* über, bis zur völligen Versprödung bei extrem tiefer Temperatur.

Mit dem Übergang von einem Zustand in den anderen ändern sich nicht nur mechanisch-technologische, sondern auch elektrische und andere physikalische Eigenschaften.

Deutlich erkennbar – und deshalb zur Bestimmung der Glastemperatur herangezogen – ist z. B. die Veränderung der spezifischen Wärme und des spezifischen Volumens mit der Temperatur. Der Kurvenverlauf (Bild 7.41) zeigt bei beginnender Erweichung eine Veränderung der Steigung, die sich über einen gewissen Temperaturbereich erstreckt. Die Glastemperatur ergibt sich dann aus dem Schnittpunkt der an diese Kurven angelegten Geraden. Naturgemäß weist die größere Steigung oberhalb der Glastemperatur auch auf die stärker nachlassende Formbeständigkeit in den höheren Temperaturbereichen hin.

Die Höhe der Glastemperatur von Thermoplasten ist unterschiedlich (Bild 7.40). Sie ist bedingt durch den verschiedenartigen makromolekularen Aufbau und die damit im Zusammenhang stehende Wirkung der Nebenvalenzkräfte.

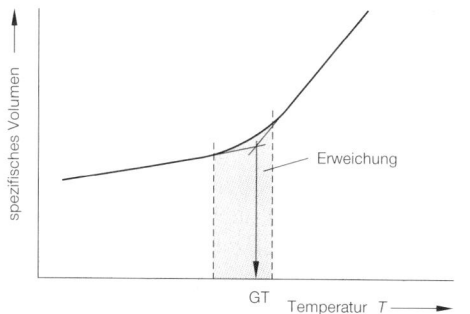

Bild 7.41
Bestimmung der Glasübergangstemperatur

Bei Überschreitung der Glastemperatur gelangen die Thermoplaste in den Erweichungsbereich. Infol-

7.5 Anwendungsmöglichkeiten und -grenzen

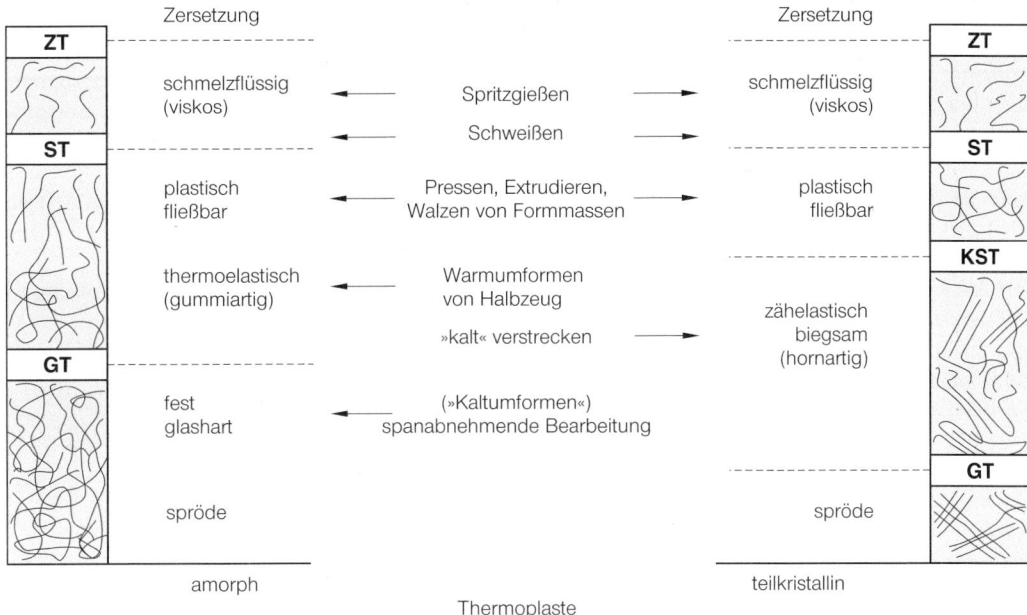

Bild 7.42
Zustandsbereiche und Formgebungsmöglichkeiten von Thermoplasten

ge gesteigerter Beweglichkeit der Moleküle werden ihre zwischenmolekularen Kräfte weniger wirksam. Die bisher eingefrorenen amorphen Bereiche tauen auf. Die verknäuelten Moleküle geben äußeren Belastungen nach, sie lassen sich deformieren, begradigen, Strecken, orientieren.

Diese Formänderungen sind zunächst elastischer Art (entropie-elastisch), da die Moleküle ihre alte verknäuelte Form wieder annehmen, sobald die Belastung aufhört.

Amorphe Thermoplaste verhalten sich somit in diesem durch die Wärmeeinwirkung hervorgerufenen Zustand thermo-elastisch. Erst bei weiterer Erwärmung lösen sich die Verhakungen und Verschlaufungen ihrer Moleküle so weit, dass sie mehr und mehr aneinander abgleiten können. Das Material wird **plastisch-fließbar.**

Der Übergang zur völlig freien Verschiebbarkeit der Makromoleküle ist nach Überschreiten der **Schmelztemperatur** (ST) erreicht. Zunächst noch zähflüssig, vermindert sich mit weiter steigender Temperatur im Schmelzbereich die Viskosität fortlaufend. Wenn die Zersetzungstemperatur (ZT) erreicht ist, setzt schließlich der Zerfall der Ketten ein.

In *teilkristallinen Thermoplasten* erlauben die nach Überschreiten der Glastemperatur aufgetauten amorphen Anteile elastische Deformationen. Die kristallinen Anteile, die hier als sterische Hinderung wirken, setzen jedoch dieser Formänderung Grenzen und bewirken weiter durch ihren festen Zusammenhalt das *zäh-elastische* Verhalten dieser Stoffe bei unverminderter Formbeständigkeit. Der *Erweichungsbeginn* wird zu höheren Temperaturen verschoben. Er setzt ein, wenn sich bei Erreichen der **Kristallitschmelztemperatur** (KST) die Kristallite zunehmend auflockern und schließlich in den amorphen Zustand übergehen. Von da an erfolgt die Änderung vom plastisch-fließbaren in den schmelzflüssigen Zustand verhältnismäßig rasch.

Bei Abkühlung aus der viskosen Schmelze bilden sich mit der steigenden Wirkung der Nebenvalenzkräfte die Kristallite wieder neu. Die erneute Kristallisation ist von der Temperatur und von der Abkühlgeschwindigkeit abhängig.

Bei *Elastomeren* liegt die Glastemperatur so tief, dass eine Versprödung erst bei Temperaturen eintritt, die unter ihren üblichen Einsatzgrenzen liegen.

Bei *Duroplasten* wirkt sich das Überschreiten der

Glastemperatur nur geringfügig aus, da die Bewegungsmöglichkeit der Moleküle durch die engen Verknüpfungen sehr stark eingeschränkt ist.

Elastomere und Duroplaste durchlaufen bei Erwärmung weder einen Erweichungs- noch einen Schmelzbereich. Ihr harter bzw. weichelastischer Zustand bleibt bis zur Zersetzungstemperatur erhalten.

7.5.2 Formgebungsmöglichkeiten

Die Herstellung von Kunststofferzeugnissen und ggf. erforderliche Formänderungen an Halbzeugen und Formteilen sind eng an die temperaturbedingten Zustandsbereiche gebunde[1]. Bild 7.42 zeigt die Formgebungsmöglichkeiten von Thermoplasten innerhalb dieser Zustandsbereiche.

Formänderungen an Duroplasten können nur durch *spanabhebende Bearbeitung* erreicht werden. Dies ist bei hohen Schnittgeschwindigkeiten wirtschaftlich und in ähnlich einfacher Weise wie bei der Holzbearbeitung mit den dafür üblichen Werkzeugen möglich. In Sonderfällen, z. B. bei eingebetteten Glasfaserverstärkungen, sind Spezialwerkzeuge mit Diamantschneiden erforderlich.

Bei Thermoplasten spielen spanabhebende Fertigungsverfahren nur eine untergeordnete Rolle, da deren Vorzug ja gerade darin liegt, dass sich Formteile auch recht komplizierter Gestalt rationell durch plastische Formgebung herstellen lassen.

I. Allg. ist eine *bleibende* Formänderung *unterhalb der Glastemperatur* nicht möglich. Einige (verstreckbare) Thermoplaste können jedoch auch im hartelastischen Zustand umgeformt werden. Obwohl dies in der Regel oberhalb der Raumtemperatur, meist nahe am Erweichungsbereich, geschieht, spricht man von *Kaltumformung*. Die Kunststoffe werden dabei anisotrop.

Teilkristalline Thermoplaste werden unterhalb ihrer Kristallitschmelztemperatur »kalt« verstreckt.

Der bei amorphen Stoffen oberhalb der Glastemperatur auftretende thermoelastische Zustand ermöglicht größere Formänderungen durch *Warmumformung*.

[1] Von den speziellen mit chemischen Reaktionen verbundenen Verarbeitungsverfahren für Gieß- und Laminierharze sowie aushärtenden Reaktionsmassen kann in diesem Zusammenhang abgesehen werden.

Die in diesem Bereich durchgeführten Formänderungen bleiben jedoch nur dann stabil, wenn die elastisch verformten Makromoleküle durch unmittelbares Abkühlen noch im Formwerkzeug eingefroren werden. So führt eine nachträgliche Wiedererwärmung warm umgeformter Teile über ihre Glastemperatur dazu, dass sie sich in ihre ursprüngliche Ausgangsform zurückbilden (Bild 7.43).

Bild 7.43
Rückverformung eines tiefgezogenen Bechers bei Wiedererwärmung

Ausgelöst wird dieses Verhalten durch das **Rückstellbestreben** *(memory-effect)* ihrer Makromoleküle, d. h. ihren Drang, die ursprünglich verknäuelte Form wieder einzunehmen.

In manchen Fällen wird die Neigung der Makromoleküle genutzt, aufgezwungene Orientierungen durch Rückverformung wieder aufzuheben. So werden z. B. *Schrumpffolien* bei der Herstellung warm verstreckt. Bei ihrer Verwendung vom Verbraucher wieder erwärmt, bewirkt das Rückstellvermögen ihrer Makromoleküle eine mehr oder weniger starke Schrumpfung. Die Folie zieht sich dann stramm um einen von ihr bedeckten Gegenstand zusammen. Man erhält auf diese einfache Weise dichte, eng anliegende Schutzüberzüge, Abdeckungen von Behältern und formgetreue Verpackungen.

Die **plastische Formgebung** erfolgt bei höheren Temperaturen im Bereich des plastischen Fließens. Er wird bei amorphen Stoffen ohne ausgeprägten Übergang, bei teilkristallinen nach Überschreiten der Kristallitschmelztemperatur erreicht.

In diesem Bereich werden auch die aushärtbaren Formmassen der duroplastischen Pheno- und Aminoplaste zu Formteilen verpresst, da diese Vorprodukte noch linear aufgebaut sind und sich somit wie Thermoplaste verhalten. Ihre Vernetzung erfolgt im aufgeheizten Formwerkzeug, das so lange unter Kraftschluss gehalten werden muss, bis die Aushärtung abgeschlossen ist und die bei der chemischen Reaktion entstehenden dampfförmigen Nebenprodukte entwichen sind.

Verarbeitet werden gebrauchsfertige Granulate oder pulverisierte Formmassen. Die Formmassen werden aufbereitet, d. h. mit allen erforderlichen Zusätzen (Farbpigmente, Gleitmittel, Füllstoffe) versehen und durchgeknetet. Ihre Erwärmung auf die jeweils günstigste Verarbeitungstemperatur erfolgt im Formwerkzeug.

Neben dem **Pressen** von Formteilen hat besondere Bedeutung die Herstellung von Halbzeugen (Profile, Rohre, Platten) durch **Extrudieren**. Das ist ein Strangpressen, bei dem die plastifizierte Formmasse durch einen formgebenden Düsenansatz am Extruder ins Freie gepresst wird. Ihre Formsteifigkeit erhalten die stranggepressten Erzeugnisse durch Abkühlen im Wasserbad oder an der Luft.

Platten und vorzugsweise Bahnen und Folien werden in einem Mehrfachwalzwerk, dem Kalander, dem die durchgeknetete Formmasse aufgegeben wird, zwischen beheizten Walzen ausgewalzt, **kalandriert**.

Da die Makromoleküle im Fließbereich bereits mehr oder weniger aneinander abgleiten, ist eine Rückstellung nicht völlig unterbunden, denn auch in diesem Bereich sind den Verschiebungen noch elastische Formänderungen überlagert.

So ist z. B. beim Extrudieren nach dem Austritt aus der Düse eine Strangaufweitung zu beobachten. Die beim Durchgang durch die Düse orientierten Makromoleküle gehen wieder in einen mehr verknäuelten Zustand zurück.

Im Grenzbereich zwischen plastischem Fließen und voll aufgeschmolzenem Zustand lassen sich auch die Thermoplaste **Schweißen**. Im Gegensatz zum Schmelzschweißen von Metallen, das drucklos erfolgt, ist eine einwandfreie Schweißverbindung jedoch nur möglich, wenn die auf Schweißtemperatur erwärmten Verbindungsstellen unter *Druck* zusammengefügt werden. Die Haltbarkeit der Verbindung hängt nämlich davon ab, dass die Makromoleküle beider Randzonen ausreichend ineinander verschoben werden, sich gegenseitig durchdringen, verfilzen und verschlaufen.

Die völlig freie Verschiebbarkeit der Makromoleküle im *Schmelzbereich* ermöglicht die Herstellung von Kunststofferzeugnissen durch **Spritzgießen**. Das Verfahren bewährt sich hervorragend für die wirtschaftliche Massenproduktion auch komplizierter gestalteter Formteile.

Das Granulat wird in der Spritzgussmaschine in einem beheizten Zylinder aufgeschmolzen und mit einem Kolben, der meist als Förderschnecke ausgebildet ist, durch eine Düse in die Form gespritzt. Dazu ist Druck erforderlich, um die Zähflüssigkeit der Schmelze zu überwinden und durch exakte Formfüllung die auftretende Schwindung auszugleichen.

Wichtig ist das Einhalten der optimalen *Schmelztemperatur*, von der die Viskosität der Schmelze abhängt. Hohe Temperaturen vermindern zwar die Viskosität, bringen jedoch die Gefahr mit sich, durch den einsetzenden Kettenzerfall die Qualität der Erzeugnisse zu verschlechtern.

Zur Beurteilung der Verarbeitbarkeit der Schmelze dient ihr **Schmelzindex**. Man versteht darunter die Menge der Schmelze, die aus einem aufgeheizten Zylinder unter festgelegtem Stempeldruck durch eine genormte Düse in einer bestimmten Zeit austritt. Der Schmelzindex wird i. Allg. in g/(10 min) angegeben.

Wie Bild 7.44 schematisch zeigt, erhöht sich der Schmelzindex bis zu einer bestimmten Massetemperatur T_1 auch bei längerer Einwirkzeit nicht weiter nennenswert: die einmal erreichte Viskosität der Schmelze bleibt unverändert. Bei höheren Massetemperaturen T_2, T_3 steigt er jedoch im Laufe der Zeit stark an: das schnelle Absinken der Viskosität bzw. Ansteigen des Schmelzenindexes deutet auf einen Zerfall der Makromoleküle und damit auf eine Schädigung des Werkstoffs hin.

Je enger der Bereich zwischen Schmelz- und Zer-

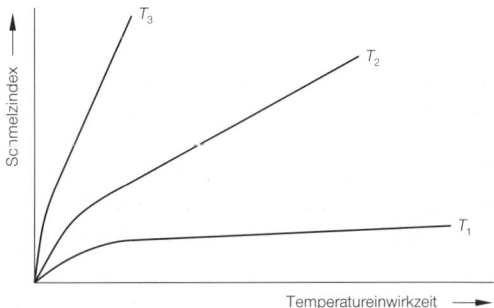

Bild 7.44
Schmelzindex bei verschiedenen Massetemperaturen (schematisch)

setzungstemperatur ist, desto schwieriger ist es, spritzgegossene Formteile herzustellen. Während z. B. Polystyrol wegen seines großen Schmelzbereichs besonders gut für den Spritzguss geeignet ist, zeigt sich Polyvinylchlorid wegen des zeitigen Abbaus seiner Makromoleküle infolge Chlorabspaltung besonders empfindlich. Es wird deshalb weniger im Spritzguss, sondern vorwiegend durch Extrudieren und Walzen verarbeitet und ggf. im thermoelastischen Bereich umgeformt.

Zu den Eigenarten einer viskosen Kunststoffschmelze gehört es, dass ihre Makromoleküle selbst in diesem Zustand durch ihren Hang zur Verknäuelung noch eine gewisse Elastizität besitzen. Durch ihre Rückverformung können sich im Verein mit der bei der Erstarrung eintretenden Schwindung Maßänderungen am Formteil ergeben, die durch entsprechend vorgegebene Toleranzen zu berücksichtigen sind.

Frieren bei der Formgebung entstandene Orientierungen bei der Abkühlung vorzeitig ein, dann treten **Orientierungsspannungen** auf, deren Ausgleich ggf. durch nachträgliches *Tempern* erreicht werden muss, da sich andernfalls das Formteil unter ihrem Einfluss bei Wiedererwärmung verziehen kann.

7.5.3 Verhalten im Gebrauchszustand

Es wurde bereits darauf verwiesen, dass die technologischen und physikalischen Eigenschaften in den verschiedenen temperaturabhängigen Zustandsbereichen merkliche Unterschiede aufweisen. Im Vergleich zu den Metallen machen sich solche Eigenschaftsunterschiede in wesentlich engeren Grenzen und bereits bei erheblich niedrigeren Temperaturen bemerkbar.

Da diese Zustandsbereiche zudem bei den einzelnen Kunststoffen durchaus unterschiedlich liegen, wirken sie sich auch auf die Verhaltensweisen im üblichen Gebrauchsbereich aus. Sie bestimmen und begrenzen damit die *Einsatzmöglichkeiten* und *Anwendungsbereiche* der Kunststoffe.

Formteile aus Thermoplasten, die bestimmten Festigkeits- und Steifigkeitsanforderungen genügen müssen, befinden sich im Gebrauchszustand unterhalb ihrer Einfriertemperatur.

Der Übergang in den Erweichungsbereich setzt bei den *amorphen* Thermoplasten je nach ihrem makromolekularen Aufbau bei Temperaturen oberhalb von etwa 60 °C bis 80 °C ein. Bis dahin sinkt ihre Festigkeit geringfügig ab (Bild 7.45), während die Dehnbarkeit entsprechend ansteigt. Sie erreicht ihr Maximum im thermoelastischen Bereich und fällt anschließend wegen des einsetzenden Abgleitens der Makromoleküle bis zur Schmelztemperatur steil ab. Der Erweichungsbeginn ist durch das starke Absinken der Festigkeit gekennzeichnet.

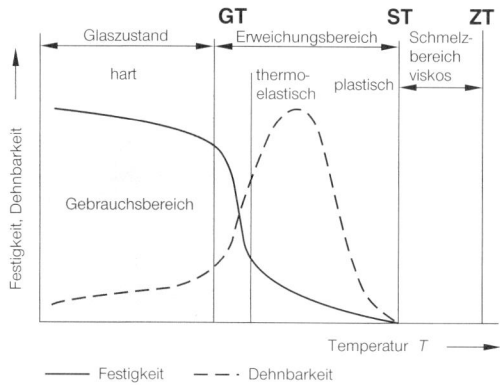

Bild 7.45
Festigkeit und Dehnbarkeit amorpher Thermoplaste in Abhängigkeit von der Temperatur

Die Glastemperatur der *amorphen Anteile teilkristalliner Thermoplaste* liegt hingegen sehr tief, bei Polyethylen beispielsweise bei –70 °C. Die amorphen Stellen sind im Gebrauchsbereich bereits aufgetaut und ermöglichen durch ihre Beweglichkeit das stark elastisch-biegsame Verhalten dieser Stoffe, die deshalb auch als »unzerbrechlich« bezeichnet werden.

Die Zuordnung von Festigkeit und Dehnbarkeit und ihre Veränderungen in den einzelnen Bereichen gehen aus Bild 7.46 hervor.

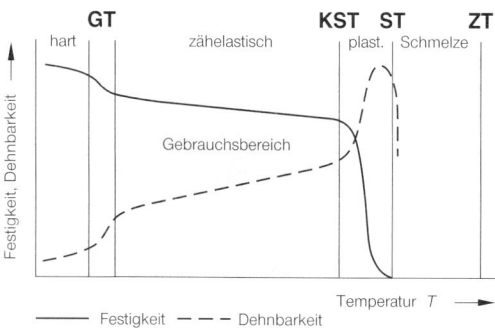

Bild 7.46
Festigkeit und Dehnbarkeit teilkristalliner Thermoplaste in Abhängigkeit von der Temperatur

Die starken Änderungen von Festigkeit und Dehnbarkeit im Einfrierbereich weist auf das Auftauen der amorphen Anteile hin. Der steile Abfall der Festigkeit bei entsprechendem Anstieg der Dehnbarkeit erfolgt nach Erreichen der Kristallitschmelztemperatur.

Elastomere werden meist weit über dem Einfrierbereich ihrer lose verknüpften Moleküle eingesetzt, weil die Glastemperatur noch unter –70 °C liegt. Die losen Verknüpfungen bedingen ihr gummielastisches Verhalten, verhindern jedoch plastisches Fließen und Aufschmelzen (siehe S. 373).

Im spröden Glaszustand sind sie technisch nicht nutzbar. Die Temperaturunterschiede im Gebrauchsbereich zwischen Einfrier- und Zersetzungstemperatur können bis zu 250 ° betragen. Die hohe elastische Dehnbarkeit steigt mit der Temperatur noch etwas an (Bild 7.47).

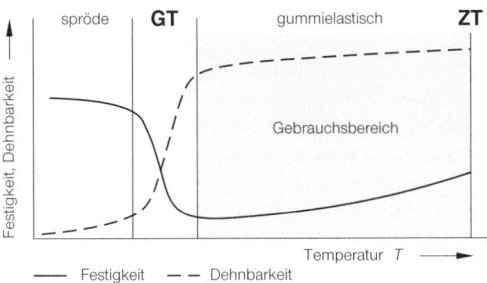

Bild 7.47
Festigkeit und Dehnbarkeit von Elastomeren in Abhängigkeit von der Temperatur

Ähnlich verhalten sich *weichgemachte Thermoplaste*. Die zugesetzten Weichmacher verschieben die Glastemperatur so weit nach unten, dass diese Stoffe bei den üblichen Gebrauchstemperaturen bereits ihr flexibles, gummiartiges Verhalten zeigen. Im Unterschied zu den Elastomeren bleibt dieser Zustand jedoch nicht bis zur Zersetzungstemperatur erhalten, da sie als amorphe unvernetzte Stoffe bei Temperatursteigerung sowohl den Fließ- als auch den Schmelzbereich durchlaufen. Das gilt auch für die *thermoplastischen Elastomere*.

Duroplaste befinden sich in ihrem gesamten Gebrauchsbereich bis zur Zersetzung im hartelastischen Glaszustand (Bild 7.48). Ihre Festigkeit sinkt wegen der engen Vernetzung ihrer Moleküle auch bei höheren Temperaturen nur geringfügig ab, ebenso wie die an sich geringe Dehnbarkeit nur in unerheblichem Maße ansteigt.

7.6 Kunststoffsorten

7.6.1 Duroplaste

Die Bildungsreaktionen bei der Herstellung von Duroplasten führen zu räumlich stark verknüpften Netzwerken, die das typische Verhalten dieser Stoffe bestimmen.

Dem Verarbeiter werden noch linear aufgebaute Vorprodukte angeliefert. Sie können als Gießharze vergossen, als Laminierharze verstrichen oder als rieselfähige oder knetbare Massen verpresst werden.

Bei *härtbaren Formmassen* erfolgt die endgültige Vernetzung während der Formgebung unter Druck und Wärmezufuhr. *Reaktionsharze* vernetzen, wenn ihnen unmittelbar vor der Verarbeitung Reaktionsmittel zugegeben werden, die ggf. auch eine drucklose Formgebung bei Raumtemperatur ermöglichen.

Die Ausgangsprodukte werden häufig mit *Füllstoffen* versetzt, deren Art und Menge die mechanischen und elektrischen Eigenschaften der reinen Harze weitgehend verändern.

Teile aus Duroplasten zeichnen sich durch hohe Festigkeit und große Oberflächenhärte aus. Sie verspröden in der Kälte nicht und behalten, da kein ausgeprägter Erweichungsbereich vorliegt, ihre Formsteifigkeit auch bei höheren Temperaturen bei. Ihre Anwendungsgrenztemperaturen liegen, je nach Harzart und Füllstoff, etwa zwischen 80 °C und 150 °C. Ihre Kriechneigung ist gering und wird durch Füllstoffe noch vermindert. Die Bruchdehnung liegt nur zwischen 0,3 % und etwa 2 %. Ein örtlich begrenzter Spannungsabbau durch Fließen ohne Bruch ist daher, ebenso wie eine größere Arbeitsaufnahme, kaum möglich. Im Endzustand können Duroplaste nur noch spanabhebend bearbeitet werden.

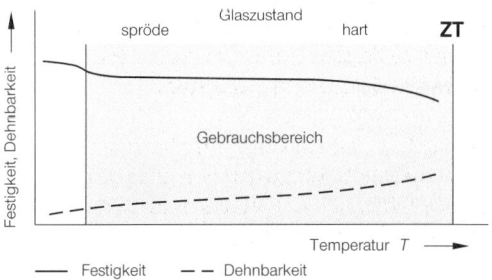

Bild 7.48
Festigkeit und Dehnbarkeit von Duroplasten in Abhängigkeit von der Temperatur

Phenol-Formaldehyd-Kunststoffe
(Phenoplaste) PF
Die in einer Kondensationsreaktion aus Phenol (Kresol) und Formaldehyd erzeugten Phenoplaste sind die ältesten synthetischen Kunststoffe. Sie werden seit 1910 großtechnisch hergestellt.

Vorprodukte sind *Resole,* die meist flüssig als Lösungen vorliegen, oder *Novolake,* die vorwiegend als Pulver verarbeitet werden (siehe S. 369).

Die reinen Harze können als *Gießharze* vergossen werden und härten dann bei mäßiger Erwärmung drucklos aus. Weit häufiger jedoch werden pulverisierte Resole oder Novolake als *Pressmassen* verwendet, die mit allen erforderlichen Zusätzen aufbereitet und zur genauen Dosierung bisweilen auch zu Tabletten vorgepresst sind. Sie werden bei Temperaturen zwischen 140 °C und 180 °C verpresst.

Die typisierten Formmassen gemäß DIN 7708 unterscheiden sich durch den Harzgehalt und die Art des Füllstoffs. Die Norm legt weiter die Mindestanforderungen an die wesentlichsten mechanischen, thermischen und elektrischen Eigenschaften fest. *Füllstoffe* sind anorganische körnige, faserige oder schuppenförmige Stoffe (Gesteinsmehl, Asbestfasern, Glimmer) oder organische Stoffe (Holzmehl, Zellstoff, Textilien) in faseriger oder geschnitzelter Form.

Phenolharze haben eine *gelb-braune Naturfarbe* und können somit nur in dunklen Farbtönen eingefärbt werden.

Ihre *chemische Beständigkeit* ist gut. Angegriffen werden sie nur von starken Säuren und Laugen. Gegen organische Lösungsmittel und Öle sind sie auch bei höheren Temperaturen sehr beständig. Der direkte Kontakt mit Lebens- und Genussmitteln ist nicht zulässig.

Formstoffe, die aus den Pressmassen hergestellt sind, haben, je nach Füllstoff, eine *Dichte* von 1,4 g/cm^3 bis etwa 2,0 g/cm^3.

Ihre guten mechanischen Eigenschaften (Tabelle 7.2), ihre hohe Wärmebeständigkeit und nicht zuletzt ihr günstiger Preis räumen ihnen unter den Duroplasten eine bevorzugte Stellung ein.

Die *Anwendungsgrenztemperaturen* betragen bei anorganisch gefüllten Stoffen etwa 130 °C bis 150 °C, bei organisch gefüllten etwa 110 °C bis 120 °C.

Die Pressteile sind maßhaltig und neigen nur wenig zur Feuchtigkeitsaufnahme.

Der *Anwendungsbereich* von PF-Kunststoffen ist außerordentlich vielseitig. Hergestellt werden neben vielen Gebrauchsgegenständen und zahlreichen Büroartikeln, wie Schalen, Kästen, Beschlägen, Untersätzen, auch mechanisch hoch beanspruchbare Formteile aller Art für den *Apparate- und Maschinenbau.* Da sie bei hohen Temperaturen nicht schmelzen, sondern nur stark verkohlen, haben sie auch Bedeutung in der *Raumfahrttechnik* gewonnen für Teile, die kurzfristig sehr hohen Temperaturen ausgesetzt sind.

Am umfangreichsten ist ihr Einsatz für Isolierteile in der *Elektrotechnik.* Er reicht von rationell in Vielfachwerkzeugen hergestellten Kleinteilen bis zu Schaltgeräten, Verteilerkästen und ganzen Gehäusen. PF-Kunststoffe werden bevorzugt in der Starkstromtechnik eingesetzt. Ihre Durchschlagfestigkeit ist hoch, ihre Kriechstromfestigkeit wird allerdings durch entstehende Kohlespuren beeinträchtigt.

Harnstoff-Formaldehyd-Kunststoffe UF
Melamin-Formaldehyd-Kunststoffe MF
(Aminoplaste)
UF- und MF-Pressmassen werden unter Beimischung von Füllstoffen aus den Aminoharzen (siehe S. 369) hergestellt. Die systematische Bezeichnung und Spezifikation können für *rieselfähige Harnstoff-Formaldehyd-Formmassen (UF-PMC)* nach DIN EN ISO 14527 und für *rieselfähige Melamin-*

Tab. 7.2: Eigenschaften von Duroplasten

Eigenschaften		PF	MF	UF
Elastizitätsmodul	N/mm^2	5 500 bis 15 000	5 000 bis 12 000	5 000 bis 10 000
Zugfestigkeit	N/mm^2	15 bis 50	20 bis 50	25 bis 50
Druckfestigkeit	N/mm^2	100 bis 240	140 bis 250	180 bis 240
Biegefestigkeit	N/mm^2	50 bis 70	40 bis 80	50 bis 80
Formbeständigkeit nach MARTENS	°C	125 bis 150	120 bis 130	100
spez. Durchgangswiderstand	Ω cm	10^8 bis 10^{12}	10^8 bis 10^{11}	10^{11}
Dielektrizitätszahl	–	4 bis 15	5 bis 10	5 bis 7
dielektrischer Verlustfaktor	–	0,03 bis 0,1	0,1 bis 0,3	0,1
Durchschlagfestigkeit	kV/mm	50 bis 200	50 bis 150	100 bis 150

(je nach Füllstoff und Menge)

Formaldehyd-Formmassen (MF-PMC) nach DIN EN ISO 14528 erfolgen.

Aufbereitung und Verarbeitung der pulverisierten und gekörnten Massen erfolgen wie bei den Phenoplasten, denen sie auch in ihren Eigenschaften ähneln (Tabelle 7.2). Im Unterschied zu diesen sind UF- und MF-Harze jedoch *glasig-farblos* und dunkeln auch unter der Einwirkung von Sonnenlicht nicht nach. Sie werden deshalb zumeist *hellfarbig eingefärbt* und mit sehr reinen Füllstoffen, feinfaseriger Cellulose oder Holzmehl, MF-Massen auch mit Gesteinsmehl oder mineralischen Fasern, verarbeitet.

Die maximale *Dauergebrauchstemperatur* von organisch gefüllten UF-Formteilen liegt bei etwa 80 °C, von MF-Formteilen mit anorganischer Füllung (Gesteinsmehl) bei etwa 130 °C.

Harnstoffharz-Pressmassen werden vorzugsweise für hellfarbiges Elektro-Isolier- und Installationsmaterial eingesetzt. Sie dienen weiter, bevorzugt in weißer Farbgebung, zur Herstellung von sanitären Artikeln, Tuben- und Behälterverschraubungen und Haushaltsgeräten. Für den Kontakt mit Lebensmitteln sind sie jedoch nicht zugelassen, da nachträglich geringe Mengen von Formaldehyd ausgeschieden werden können.

Bedeutsamer und umfangreicher sind die Einsatzmöglichkeiten von *Melaminharz-Pressmassen*. Ihre *Chemikalienbeständigkeit* ist günstiger als die der UF-Pressstoffe. Sie sind weniger feuchtigkeitsempfindlich und in höherem Maße auch gegenüber Heißwasser beständig. Da sie zudem *physiologisch unbedenklich* sind, eignen sie sich auch für die Herstellung von Ess- und Trinkgeschirr, das wegen seiner Kratzfestigkeit und Strapazierfähigkeit auch den besonderen Anforderungen in Kantinen und Krankenhäusern standhält.

Die hellfarbigen Elektro-Isolierteile zeichnen sich durch höhere Wärmebeständigkeit und insbesonders durch ihre hohe Kriechstromfestigkeit aus.

Glasfaserverstärkte Kunststoffe GFK

Die große Bedeutung und verbreitete Verwendung faserverstärkter Kunststoffe [1] sind darin begründet, dass ihre mechanischen Eigenschaften weitgehend den jeweils vorliegenden Anforderungen angepasst werden können. Von Einfluss auf das Verhalten dieser Stoffe ist einmal die Art und Menge des eingebrachten Verstärkungsmaterials, zum anderen aber in erheblichem Maße auch die Form, in der es im Kunststoff eingebettet ist. Schließlich wirken sich auch die Fertigungsverfahren aus (ob laminiert, gepresst oder gewickelt), nach denen die Formteile hergestellt wurden.

Die Verstärkung kann erfolgen durch **Glasfasern**, die in kurzen Stückchen von wenigen Millimeter Länge regellos im Kunststoff verteilt sind (*Kurzglasfaserverstärkung*).

Wirkungsvoller in der Verbesserung der mechanischen Eigenschaften sind eingebettete **Matten**, die aus wirr durcheinanderliegenden Glasfaserstückchen oder langen Fäden mit oder ohne Bindemittel vorfabriziert sind.

Rovings sind aus einzelnen Fäden zusammengefasste Stränge, die, parallel im Formteil angeordnet, zur gerichteten Festigkeitssteigerung in ihrer Längsrichtung führen. Sie eignen sich besonders für die Fertigung rotationssymmetrischer Wickelkörper.

Nach textilen Methoden aus Rovings oder Glasfäden hergestellte **Gewebe** ermöglichen schließlich, je nach Ausführung und Winkellage ihrer Kett- und Schussfäden zur Beanspruchungsrichtung, gezielte Festigkeitssteigerungen nach verschiedenen Richtungen.

Als Basismaterial für die glasfaserverstärkten Duroplaste dienen

- **ungesättigte Polyesterharze UP** und
- **Epoxidharze EP**.

Beides sind Reaktionsharze, die durch die Zugabe von Reaktionsmitteln, d. h. Härter und ggf. Beschleuniger, zum Duroplast vernetzen (siehe S. 366 und 371).

Die zähflüssigen, je nach ihrem Gehalt an Lösungsmitteln *gieß- oder streichfähigen Vorprodukte* können drucklos verarbeitet werden, da die Vernetzungsreaktion (Copolymerisation bei UP, Polyaddition bei EP) ohne Bildung von Nebenprodukten abläuft. Werden neben den Härtern, die die Reaktion einleiten, noch Beschleuniger zugegeben, dann härten die Stoffe auch bei Raumtemperatur aus. Das erlaubt die handwerkliche Herstellung von Formteilen, auch großflächiger Bauteile, sogenannter *Laminate*, ohne aufwändige maschinelle Einrichtungen zur Druckerzeugung und Beheizung.

---

[1] Außer Glasfasern werden auch andere Stoffe, z. B. Fasern aus Carbon, Bor oder verstreckten Kunststoffen, eingesetzt, die besonders hohen mechanischen und thermischen Belastungen standhalten. Wegen ihres hohen Preises ist ihre Verwendung jedoch begrenzt.

In industrieller Fertigung werden Formteile *kalt* oder *warm gepresst* und in speziellen Anlagen Halbzeuge, Profile und Platten hergestellt. Rohre und Hohlkörper werden aus harzgetränkten Fäden, oft zu Bändern zusammengefasst, über einen nachträglich zu entfernenden oder verlorenen Kern *gewickelt*.

UP- und EP-Harze, die bereits alle erforderlichen Zusätze enthalten, werden auch als *Formmassen* verarbeitet. Fertig aufbereitet, werden sie in bröckeliger oder pulverisierter Form, meist jedoch als knetbare Massen mit untermischten Glasfaserstückchen *(Sauerkrautmassen)* zu Formteilen und Profilen verpresst.

Die systematische Bezeichnung und Spezifikation können für *rieselfähige ungesättigte Polyester-Formmassen (UP-PMC)* nach DIN EN ISO 14530 und für *verstärkte härtbare Formmassen – Spezifikation für Harzmatten (SMC) und für faserverstärkte Pressmassen (BMC)* nach DIN EN 14598 erfolgen. Für *rieselfähige Epoxidharz-Formmassen (EP-PMC)* gilt DIN EN ISO 15252.

UP-Harze sind *glasklar* und können in vielen Farben transparent und gedeckt eingefärbt werden. Sie sind brennbar.

Die verschiedenen Typen gliedern sich in:
– Normalharze für allgemeine Verwendungszwecke ohne spezielle Anforderungen,
– Harze mit besonderer Chemikalienbeständigkeit,
– selbstverlöschende Typen, die außerhalb des Wirkungsbereichs einer Flamme nicht weiterbrennen, und
– wärmestandfeste Typen, die auch bei höheren Temperaturen (je nach Glasgehalt bis etwa 180 °C) keine wesentliche Einbuße an Festigkeit erleiden.

Die Harze zeichnen sich bei guten el*ektrischen Isoliereigenschaften* und günstigem dielektrischen Verhalten durch sehr gute Kriechstromfestigkeit aus.

Die Eigenfarbe von **EP-Harzen** ist *milchig-trübe*, Einfärbungen sind nur in geringem Umfang möglich, da sie häufig nicht lichtecht sind. Sie sind schwer entzündbar, brennen aber auch außerhalb einer Flamme weiter.

Richtwerte für die kennzeichnenden Eigenschaften *Zugfestigkeit, Biegefestigkeit und ElastizitätsmoduL von GFK-Laminaten* (UP-GF und EP-GF) sind in DIN 16948 aufgeführt. Die Festigkeiten erreichen bei Glasgehalten um 65 % etwa die von Stahl; der Elastizitätsmodul liegt jedoch um eine Zehnerpotenz und mehr niedriger (Tabelle 7.3).

Da die *Dichte* der Formstoffe (je nach Glasgehalt) etwa zwischen 1,6 g/cm^3 und 2 g/cm^3 liegt, ergeben sich somit bessere spezifische Festigkeiten (Verhältnis von Festigkeit zur Dichte) als bei metallischen Konstruktionswerkstoffen. Die Dehnung beim Bruch beträgt etwa 2 %, ohne dass dem Bruch eine plastische Verformung vorangeht.

Die höchste Gebrauchstemperatur reicht, je nach Zusammensetzung und Glasgehalt, von mehr als 80 °C (meist 120 °C) bis zu 150 °C, bei Sondertypen noch höher.

Formteile aus *Epoxidharzen* (EP-GF) werden wegen besserer Eigenschaftswerte für höchste *mechanische, chemische und thermische Beanspruchungen* eingesetzt. Sie sind noch schlagzäher als UP-GF-Teile und wegen geringerer Schwindung besonders maßhaltig. Ihre *elektrischen Isoliereigenschaften* sind in weitem Temperaturbereich sehr gut, ihre Kriechstromfestigkeit ist hoch.

Als Ausführungsbeispiele von GFK-Teilen in verschiedenen Anwendungsgebieten seien genannt:
– im *Bauwesen* und der *Möbelindustrie:* Wellplatten, Profile, Rohre, Aus- und Umkleidungen, Lüftungskanäle, Lichtkuppeln, dekorative Gehäuse, Sitzmöbel, Tische,
– im *Fahrzeug- und Flugzeugbau:* Karosserien, Bootskörper, Leitwerke, Tragflächen und andere großflächige Teile,

Tab. 7.3: Eigenschaften von GFK-Kunststoffen

Eigenschaften		UP-GF			EP-GF	
Gasgehalt	%	30	60	65	50	65
Elastizitätsmodul	N/mm^2	9 000 bis 12 000	19 000	28 000	11 000	18 000 bis 30 000
Zugfestigkeit	N/mm^2	120 bis 160	340	630	230	340 bis 750
Druckfestigkeit	N/mm^2	140	270	400	220	320 bis 600
Biegefestigkeit	N/mm^2	130 bis 160	350	550	280	420 bis 500
Bruchdehnung	%		2			2

- im *Behälterbau:* Lagertanks, Transport- und Druckbehälter,
- im *Maschinenbau:* Kopiermodelle und Formwerkzeuge für Metall- und Kunststoffverarbeitung, Vorrichtungen (für Mess- und Prüflehren werden bevorzugt EP-Harze wegen ihrer hohen Härte und Abriebfestigkeit eingesetzt),
- in *Haushalt und Industrie:* Elektrotechnische Bedarfsartikel und Isolierteile.

7.6.2 Thermoplaste

Das Verhalten der Thermoplaste wird durch den linearen Aufbau ihrer Makromoleküle bestimmt. Sie sind nach Erwärmung wiederholt plastisch formbar, schmelzbar und können geschweißt werden. Ihre Eignung für Klebverbindungen hängt von der Polarität ihrer Makromoleküle ab. Unpolare Stoffe lassen sich nicht oder bestenfalls nur nach besonderer Vorbehandlung kleben.

Amorphe Thermoplaste sind von Natur aus *glasklar*. Sie können in allen Farben transparent und gedeckt eingefärbt werden. Im Gebrauchsbereich, der mit Ausnahme weichgemachter Sorten unterhalb ihrer Glasübergangstemperatur liegt, sind sie *starr und fest*, häufig spröde. Im thermoelastischen Bereich können Halbzeuge warm umgeformt werden.

Das Material verfestigt sich, wenn durch Recken die ungeordneten Makromoleküle z. T. orientiert werden.

Teilkristalline Thermoplaste sind ungefärbt milchigtrüb, durchscheinend. Ihr Gebrauchsbereich liegt oberhalb der Glastemperatur ihrer amorphen Anteile bis zur Kristallitschmelztemperatur. Sie sind in diesem Zustand *zäh-elastisch* und verspröden erst bei relativ tiefen Temperaturen. Durch starkes Verstrecken kann ihre ursprüngliche Festigkeit erheblich gesteigert werden.

Die obere Grenze der *Dauergebrauchstemperaturen* liegt bei den Thermoplasten im Bereich zwischen etwa 90 °C und 150 °C. Einige erweichen bereits bei Temperaturen oberhalb 60 °C. Sie sind *brennbar*, einige Typen schwer entflammbar.

Thermoplastische Formmassen werden bei Temperaturen von etwa 150 °C bis 250 °C durch Walzen (Kalandrieren), Extrudieren und Spritzgießen zu *Halbzeugen und Formteilen* verarbeitet. Sie können bei den gleichen Fertigungsverfahren auch mit Kurzglasfasern *verstärkt* werden. Ihre Festigkeit wird dadurch verdoppelt bis verdreifacht; die Formsteifigkeit wird wesentlich erhöht und die Wärmeausdehnung stark vermindert. Spritzgegossene faserverstärkte Thermoplaste sind verzugsärmer als ungefüllte, da ihre Eigenspannungen wegen verminderter Wärmeschrumpfung wesentlich geringer sind.

Polystyrol PS

Das aus dem monomeren Styrol nach verschiedenen Polymerisationsverfahren (siehe S. 360) herstellbare Polystyrol gehört zu den ältesten Thermoplasten. Infolge seiner amorphen Struktur ist der ungefärbte Kunststoff glasklar mit einem *brillanten Oberflächenglanz*. Er kann in allen Farben, auch undurchsichtig, eingefärbt werden.

Das Polymerisat hat eine *Dichte* von 1,05 g/cm^3. Es ist weitgehend beständig gegen Säuren, Laugen, Mineralöl, wird jedoch von organischen Lösungsmitteln, z. B. Benzin, Benzol, angegriffen. Gegen Feuchtigkeit ist es unempfindlich. Bei guten elektrischen Widerstandswerten zeichnet es sich vor allem durch hervorragende *dielektrische Eigenschaften* aus.

PS ist wegen des guten Fließverhaltens seiner Schmelze ein idealer und preiswerter *Spritzgusswerkstoff* und wird nach diesem Verfahren für Massenartikel aller Art verarbeitet. Da die Schwindung sehr gering ist, werden die Teile sehr maßgenau. Durch Orientierungen der Makromoleküle können im Spritzgussteil allerdings Spannungen auftreten, die die Festigkeit quer zur Fließrichtung vermindern und unter Einwirkung von Lösungsmitteln zur Spannungsrissbildung führen. PS-Formmassen sind in DIN EN ISO 1622 genormt.

Homopolymerisate

aus reinem Styrol *(Standardpolystyrol)* sind hart und steif, spröde und kerbempfindlich. Ihre Wärmeformbeständigkeit ist gering; ihre *Dauergebrauchstemperaturen* liegen zwischen 60 °C und 90 °C.

Styrolcopolymere und -Mischungen

erweitern den Anwendungsbereich. Die zahlreichen auf dem Markt befindlichen Typen, deren Eigenschaften auch untereinander je nach Polymerisationsführung und Art- und Mengenverhältnis der Komponenten erheblich variieren, sind allesamt weniger spröde als reines PS. Die typisierten Formmassen sind in DIN EN ISO 2897 und DIN EN ISO 2580 enthalten.

Styrol-Acrylnitril-Copolymere SAN
sind glasklar und von hoher Transparenz. Ihre chemische Beständigkeit ist besser als die von PS, vor allem gegen Öl und Benzin. Sie sind steifer und zäher, besitzen höhere Wärmeformbeständigkeit (einsetzbar bis 90 °C) und sind weniger spannungsrissanfällig. Die entsprechende Norm ist DIN EN ISO 4894.

Acrylnitril-Butadien-Styrol-Polymerisate ABS
bieten viele Variationsmöglichkeiten in Aufbau und Eigenschaften. Es sind Mischungen von SAN mit Butadien-Kautschuk (Polyblends) oder Pfropfpolymerisate von Styrol und Acrylnitril auf Polybutadien. Wegen ihrer Kautschukkomponente sind sie nicht mehr *durchsichtig* und nur gedeckt einfärbbar. Sie bleiben bei niedrigen Temperaturen (bis −40 °C) zäh und behalten ihre Steifheit auch in höheren Temperaturbereichen (85 °C bis 100 °C) bei. Acrylnitril-Butadien-Styrol (ABS)-Formmassen sind in DIN EN ISO 2580 genormt.

Styrol-Butadien-Polymerisate SB
sind, wie ABS, auch in vielen Varianten verfügbar. Sie sind entstanden durch Mischung von PS mit speziellen Kautschuksorten oder durch Pfropf-Copolymerisation von PS und Butadien. Je nach *Einstellung* kann ihre Zähigkeit bis zu *lederartigem Verhalten* variieren. Wie ABS auch bei tiefen Temperaturen (bis −40 °C) noch schlagzäh, sind sie jedoch nur bis 75 °C wärmeformbeständig. Ihre chemische Beständigkeit, namentlich gegen Säuren und Laugen, ist geringer als die von PS.

Das elektrische Isolierverhalten der PS-Kunststoffe ist durchweg gut bis ausgezeichnet; die dielektrischen Verluste sind gering, wenn auch etwas höher als bei Standard-PS.

Außer Spritzgussartikeln werden Platten und Folien durch Extrudieren hergestellt, die bei Temperaturen zwischen etwa 110 °C und 160 °C umgeformt werden können. Hierfür sind vorwiegend SB und ABS gut geeignet.

Die ausgezeichneten *Kombinationsmöglichkeiten von mechanischen und elektrischen Eigenschaften* (Tabelle 7.4) bei hervorragender Formgebungsmöglichkeit sind der Grund für die Vielfalt von Erzeugnissen aus PS-Kunststoffen in verschiedenen Anwendungsbereichen.

Hergestellt werden preiswerte *Massenartikel*, technisches Spielzeug, Leuchten mit Kristallglaseffekt für Innenräume, Haushaltsgeräte. Spritzgegossene *Präzisionsteile der Feinwerktechnik*, der Foto- und Büromaschinenindustrie sind ebenso anzutreffen wie tiefgezogene Gehäuse und Verkleidungen in der Kältetechnik und Ausrüstungsteile, z. B. Abdeckungen, Instrumentenbretter u. a. im *Fahrzeug- und Karosseriebau*.

Ihre hochwertigen elektrischen Eigenschaften prädestinieren sie für *Isolierteile der Elektronik und Fernmeldetechnik*, einschließlich schlagfester Gehäuse für Rundfunk-, Phono- und Filmgeräte.

Sehr umfangreich ist ihr Einsatz für *Verpackungen* aller Art, z. B. aus Folien tiefgezogene Einwegbehälter für Lebensmittel.

Durch Treibmittelzusatz hergestellte **PS-Schaumstoffe** besitzen bei außerordentlich geringer Rohdichte ein hohes Wärmeisoliervermögen. Sie bewähren sich als formgetreue Verpackungen und Versandbehälter für stoßempfindliche Geräte.

Polyvinylchlorid PVC
PVC-Kunststoffe sind amorphe polare Polymerisate mit *hervorragender chemischer Beständigkeit* gegen Säuren, Laugen, Benzin und Öl. Wegen ihrer *abwandelbaren Eigenschaften* und vielseitigen Verarbeitungsmöglichkeiten vom dickwandigen harten Formteil bis zur extrem dünnen weichelastischen Folie sind sie ähnlich weit verbreitet wie PS. Die einzelnen Sorten werden nach Herstellungsverfahren (siehe S. 356) unterschieden, da hierdurch bereits gewisse Eigenschaften festgelegt sind (Tabelle 7.5).

Tab. 7.4: Eigenschaften von PS und PS-Copolymerisaten

Eigenschaften		PS	SAN	ABS	SB
Elastizitätsmodul	N/mm^2	3300	3000	1900 bis 2700	1800 bis 2500
Zugfestigkeit	N/mm^2	45 bis 65	75	32 bis 45	26 bis 38
Druckfestigkeit	N/mm^2	90 bis 110	135	55 bis 80	40 bis 80
Bruchdehnung	%	3	5	30 bis 15	60 bis 25
Formbeständigkeit nach MARTENS	°C	85	72	66 bis 78	58 bis 66
spez. Durchgangswiderstand	Ω cm	10^{18}	10^{16}	10^{15}	10^{16}
Dielektrizitätszahl	−	2,5	2,9	3,2	2,6
dielektrischer Verlustfaktor	−	0,0001	0,008	0,02	0,0004
Durchschlagfestigkeit	kV/mm	200	150	150	200

Emulsionspolymerisate PVC-E
sind durch den Emulgator-Restgehalt in ihrer Transparenz und in ihren elektrischen Isoliereigenschaften beeinträchtigt. Sie neigen zur Feuchtigkeitsaufnahme. Sie sind nur gedeckt einfärbbar.

Suspensionspolymerisate PVC-S
sind glasklar, elektrisch hochwertig und relativ wärmestabil.

Massepolymerisate PVC-M
ergeben besonders reine und hochwertige Produkte, die gut korrosionsfest und witterungsbeständig sind. Sie können, ebenso wie PVC-S, transparent und gedeckt in allen Farben eingefärbt werden.

Einteilung und Bezeichnung sind für weichmacherfreie Polyvinylchlorid (PVC-U)-Formmassen in DIN EN ISO 1163 und für weichmacherhaltige Polyvinylchlorid (PVC-P)-Formmassen in DIN EN ISO 2898 festgelegt. Die Formmassen werden nach ihren kennzeichnenden Eigenschaften in einem System von Kennbuchstaben und Kennzahlen gegliedert. Weitere Sorten werden durch Copolymerisation von Vinylchlorid mit anderen polymerisationsfähigen Verbindungen hergestellt. In DIN EN ISO 1060 ist das Bezeichnungssystem für Homo- und Copolymere des Vinylchlorids dargestellt.

Die **PVC-Copolymerisate** haben je nach ihren Komponenten gegenüber den Homopolymerisaten im Wesentlichen:
- verbesserte Zähigkeit,
- höhere Wärmeformbeständigkeit und
- erhöhte chemische Beständigkeit.

Sie sind im Allgemeinen leichter zu verarbeiten.

Die Einsatzmöglichkeiten von PVC können noch erheblich erweitert werden durch die Möglichkeit, den Formmassen *Weichmacher* zuzusetzen.

Weichmacherfreies PVC (PVC-U)
hat bei guter Festigkeit hohe Steifigkeit und Härte; es ist kerbempfindlich. Das Material versprödet ab $-5\,°C$, schlagfeste Sorten bei $-25\,°C$. Gegen *Wärmeeinflüsse ist PVC-U empfindlich*. Die Festigkeit nimmt bereits über $40\,°C$ merklich ab, insbesondere bei Belastung des Formteils. Die Einsatzgrenzen liegen bei etwa $60\,°C$, bei Copolymeren bei etwa $80\,°C$.

Bei der thermoplastischen Verarbeitung, die im Temperaturbereich von etwa $160\,°C$ bis $180\,°C$ erfolgt, ist besondere Sorgfalt erforderlich, weil die *Gefahr der Chlorabspaltung* besteht. Spritzgießen ist wegen Zersetzungsgefahr im eng begrenzten Schmelzbereich schwierig und erfordert den Zusatz von Stabilisatoren. Es werden deshalb *vorwiegend* Halbzeuge durch *Extrudieren* hergestellt, die im thermoelastischen Bereich (etwa zwischen $110\,°C$ und $160\,°C$) umgeformt werden können.

PVC bewährt sich als *Isolierstoff für Leiter*, ist jedoch als Dielektrikum in der Hochfrequenztechnik wegen hoher dielektrischer Verluste nicht geeignet.

Der große *Anwendungsbereich* von PVC-Produkten für technische Zwecke in der *chemischen Industrie*, im *Maschinenbau* und im *Bauwesen* ergibt sich in erster Linie aus ihrer ausgezeichneten chemischen Beständigkeit; in der *Verpackungsindustrie* wegen ihrer physiologischen Unbedenklichkeit.

Hergestellt werden u. a. Rohre, Armaturen und Pumpenteile, Auskleidungen und Abdeckungen, Behälter, Lüftungskanäle, Fassadenelemente und Fensterprofile. In der Elektroindustrie wird PVC-U beispielsweise verwendet für Isolierrohre, Kabelkanäle, transparente Abdeckungen von Verteilerkästen, Tonträgerfolien.

Tab. 7.5: Eigenschaften von PVC

Eigenschaften		PVC	PVC-E	PVC-S
Elastizitätsmodul	N/mm²	> 3000	2000 bis 3000	2000 bis 3000
Zugfestigkeit	N/mm²	500 bis 600		
Bruchdehnung	%	> 40	10 bis 50	10 bis 20
Formbeständigkeit nach Vicat (VST)	°C	80	70 bis 80	
spez. Durchgangswiderstand	Ω cm	$> 10^{15}$	$> 10^{15}$	$> 10^{16}$
Dielektrizitätszahl	–	2,7 bis 3,5		
dielektrischer Verlustfaktor	–	0,02 bis 0,03 (gedeckt) 0,013 bis 0,015 (transparent)		
Durchschlagfestigkeit	kV/mm	20 bis 40		

Weichmacherhaltiges PVC (PVC-P)
Die Eigenschaften von PVC-P hängen in starkem Maße von der *Art und Menge der Weichmacher* ab, die den pulverförmigen Formmassen meist erst beim Verarbeiten zugesetzt werden. Es lassen sich alle Zustandsformen erreichen, vom lederartig harten über den flexibel schmiegsamen bis zum weichelastischen gummiartigen.

Die chemische Beständigkeit wird mit steigendem Weichmachergehalt geringer, ebenso die elektrische Isolierfähigkeit. Die dielektrischen Verluste sind hoch. PVC-P ist wegen möglicher Weichmacherwanderung nicht im gleichen Maße *physiologisch unbedenklich* wie PVC-U.

Festigkeit und Härte nehmen mit steigender Temperatur stark ab. Bei Temperaturen über 60 °C sind die Produkte (abgesehen von speziell thermisch stabilisierten Sorten) auch bei geringer Beanspruchung kaum noch verwendbar. Bei tiefen Temperaturen – in Bereichen zwischen –10 °C und –50 °C – *verspröden* sie bis zur Gebrauchsunfähigkeit.

Bahnenförmiges Halbzeug und Folien aus PVC-P-Massen werden vorwiegend gewalzt (kalandriert), Voll- und Hohlprofile extrudiert. Ein thermoelastisches Warmumformen wie bei Hart-PVC ist nicht möglich.

Im *technischen Bereich* werden u. a. Schläuche, Dichtungen, Behälter hergestellt, außerdem Spritzgussteile z. B. Handgriffe, an Kabelisolierungen, angespritzte Stecker und andere Isolierteile.

Außerordentlich umfangreich und vielfältig ist der *Anwendungsbereich* von Profilen, Platten, Bahnen und Folien im *Baugewerbe*. Er reicht vom Fußbodenbelag über Treppenhandläufe, Möbelumleimer, Dichtungsprofile bis zu Dachbelägen und Abdeckplanen.

In großem Umfang werden meist einseitig gewebekaschierte Folien aller Art und aller Dekors für *Polsterwaren* und Verkleidungen (auch im *Kraftfahrzeug- und Flugzeugbau*) verwendet und zu Täschnereiprodukten verarbeitet.

PVC-Schaumstoffe, die durch Zusatz von Treibmitteln erzeugt werden, sind durch Beimischen von Farbstoffen beliebig einfärbbar. Je nach Treibmittel- und Weichmachergehalt sind sie mit unterschiedlicher Rohdichte zwischen 0,07 g/cm³ und 0,3 g/cm³ hart oder weich einstellbar.

Polyethylen PE
Neben PS und PVC gehört Polyethylen wegen der Vielseitigkeit seiner Anwendungsmöglichkeiten und seiner leichten Verarbeitbarkeit zu den meist verwendeten Thermoplasten. Die systematische Bezeichnung und Spezifikation erfolgt für Polyethylen (PE)-Formmassen nach DIN EN ISO 1872.

Der Kunststoff hat eine *teilkristalline Struktur* und ist deshalb nie völlig glasklar. Seine Eigenfarbe ist *milchig-trüb,* er ist in allen Farben einfärbbar. Die Oberfläche ist wachsartig, fettig, wenig kratzfest. Gegen wässrige Säuren, Laugen und Salzlösungen ist PE beständig, ebenso gegen Alkohol und Öl, in einzelnen Sorten auch gegen Benzin. Von starken Oxidationsmitteln, z. B. konzentrierten Säuren und Halogenen, wird es jedoch angegriffen.

PE hat eine gegenüber anderen Kunststoffen relativ hohe *Gasdurchlässigkeit,* dagegen ist die Durchlässigkeit für Wasserdampf sehr gering.

Tab. 7.6: Eigenschaften von PE und PP

Eigenschaften		PE-LD	PE-HD	PP
Elastizitätsmodul	N/mm²	150 bis 300	600 bis 1000	1100 bis 1300
Streckspannung	N/mm²	8 bis 10	20 bis 30	32 bis 37
Dehnung bei Streckspannung	%	20	12 bis 15	12 bis 16
Reißdehnung	%	> 400	> 500	600
Formbeständigkeit nach Vicat (VST)	°C	< 40	60 bis 65	90 bis 100
Kristallitschmelzbereich	°C	105 bis 110	130 bis 135	155 bis 165
spez. Durchgangswiderstand	Ω cm	10^{16}		
Dielektrizitätszahl	–	2,3		
dielektrischer Verlustfaktor	–	0,0002 bis 0,0007		
Durchschlagfestigkeit	kV/mm	110	150	100

Der vom jeweiligen Polymerisationsverfahren (siehe S. 352) abhängige kristalline Anteil im Gefüge bewirkt das *zäh-elastische Verhalten* von PE-Erzeugnissen.

Die Glasübergangstemperatur der amorphen Anteile liegt, je nach Sorte, bei $-50\,°C$ und tiefer, die *obere Gebrauchstemperatur* zwischen etwa $80\,°C$ und $105\,°C$.

PE ist *verstreckbar*, die maßgebenden Festigkeitskenngrößen sind demnach die Streckspannung und die Dehnung bei Streckspannung.

Die Eigenschaften hängen wesentlich vom Grad der *Kristallinität* und vom *Polymerisationsgrad* ab. Da beides bei der Polymerisation einstellbar ist, ergeben sich zahlreiche Sorten mit unterschiedlichen Eigenschaften.

Mit steigender Kristallinität erhöht sich die *Dichte*, mit steigendem Polymerisationsgrad die mittlere *Molekülmasse*. Somit stellen Dichte und Molekülmasse die kennzeichnenden Größen der einzelnen Sorten dar (Tabelle 7.6).

Die Formmassen teilt man ein in:

- **PE niederer Dichte** *(low density)* **PE-LD**
  Dichte $0{,}918\,g/cm^3$ bis $0{,}94\,g/cm^3$,
  Kristallinität 40 % bis 55 %,
  mittlere Molekülmasse 20 000 bis 50 000.
- **PE hoher Dichte** *(high density)* **PE-HD**
  Dichte $0{,}94\,g/cm^3$ bis $0{,}96\,g/cm^3$,
  Kristallinität 60 % bis 80 %,
  mittlere Molekülmasse 100 000.

Der Einfluss von Dichte und Molekülmasse (diese wird praktisch durch den *Schmelzindex* gekennzeichnet) zeigt sich u. a. in folgenden Eigenschaftsänderungen.

Mit höherer Dichte
- steigen Steifigkeit, Festigkeit, Zähigkeit und Härte,
- nimmt die chemische Beständigkeit zu,
- vermindert sich die Durchlässigkeit für Gase,
- wird die Wärmeformbeständigkeit erhöht,
- wird die Versprödung wird zu tieferen Temperaturen verschoben,
- nimmt die Neigung spritzgegossener Teile zur Spannungsrissbildung ab.

In gleichem Sinn, wenn auch in verändertem Ausmaß, wirkt sich die Erhöhung der Molekülmasse (verminderter Schmelzindex!) aus. Durch die Verminderung des Fließvermögens werden vor allem die Verarbeitungseigenschaften beeinflusst.

Praktisch unabhängig von Dichte und Molekülmasse sind die *sehr guten elektrischen Isoliereigenschaften*.

PE ist unpolar. Wegen seines außerordentlich niedrigen dielektrischen Verlustfaktors stellt es ein *hervorragendes Dielektrikum* dar, das von Temperatur und Frequenz kaum beeinflusst wird. Es ist damit ein ausgezeichneter Isolierstoff in der Hochfrequenz- und Nachrichtentechnik.

Die Breite des *Anwendungsbereichs* für technische Teile und Bedarfsartikel aller Art ergibt sich aus der Vielzahl der zur Verfügung stehenden Sorten mit jeweils nach Dichte und Schmelzindex differenzierten Gebrauchs- und Verarbeitungseigenschaften.

Die dem Verarbeiter bereits gebrauchsfertig gelieferten Formmassen, meist Granulate, nur in Sonderfällen Pulver, werden im *Extrusions- und Spritzgießverfahren zu Halbzeugen und Formteilen* verarbeitet.

Weiche, flexible *Folien* werden aus PE niederer Dichte hergestellt. Sie werden als weichmacherfreie Abdeck- und Dichtungsfolien und für Verpackungszwecke aller Art (Säcke, Beutel) verwendet. Wegen ihrer physiologischen Unbedenklichkeit und Gasdurchlässigkeit eignen sie sich besonders zur Verpackung von Lebensmitteln. Bei ihrer Herstellung verstreckte Folien werden auch als *Schrumpffolien* eingesetzt.

Tafeln aus PE hoher Dichte können warm umgeformt werden. Sie finden bevorzugt Verwendung im chemischen Apparatebau, wenn neben chemischer Beständigkeit auch gute Zähigkeit bei tiefen Temperaturen verlangt wird, ebenso *Rohre* aus weichen und harten PE-Sorten.

Kanal- und Wasserleitungsrohre werden aus hartem PE bis zu 1200 mm Durchmesser nahtlos extrudiert. Sie können bis 150 mm Durchmesser noch auf großen Trommeln aufgewickelt werden und sind somit leicht und wirtschaftlich in großen Längen (wenig Stoßstellen!) verlegbar. Sie bleiben auch bei großer Kälte so elastisch, dass sie durch gefrierendes Wasser nicht gesprengt werden.

Hohlkörper (Tuben, Flaschen, Kanister) aus weichen PE-Sorten sind nur elastisch deformierbar, folglich praktisch unzerbrechlich. Großbehälter und Transportkästen aus hartem PE sind beul- und stoßfest. Hochmolekulares PE wird auch für Benzin- und Heizöltanks eingesetzt.

Spritzgussteile werden aus allen PE-Sorten hergestellt. Sie ergeben bei niederer Dichte billige Massenartikel, bei hoher Dichte höher beanspruchbare technische Teile für den Maschinen- und Fahrzeugbau mit guter Maßhaltigkeit.

Für Produkte, die einer häufigen Lichteinwirkung ausgesetzt sind, werden mit Ruß *stabilisierte Sorten* eingesetzt. Dadurch wird eine durch Einwirkung von Lichtstrahlen mögliche Versprödung verhindert.

PE wird bei radioaktiver Bestrahlung nicht selbst radioaktiv. Es wird deshalb auch in der Kerntechnik zur Abschirmung von Reaktoren und Laborgeräten angewendet.

Polypropylen PP
Mit seiner Dichte von 0,9 g/cm³ ist Polypropylen einer der leichtesten Kunststoffe. Höchste *Kristallinität* (60 % bis 70 %) hat PP mit rein *isotaktischer Struktur* seiner Makromoleküle (siehe S. 377). Es besitzt hohe Festigkeit und Steifigkeit, beginnt jedoch bereits bei Temperaturen wenig unter 0 °C zu verspröden.

Technisch bedeutsam als Konstruktionswerkstoff sind jene Sorten, bei denen in die isotaktischen Ketten ataktische Abschnitte eingebaut sind oder die mit Ethylen *copolymerisiert* werden. Dadurch vermindert sich wegen der geringeren Kristallinität zwar die Kristallitschmelztemperatur und die Steifheit, verbessert wird jedoch insbesondere die Schlagzähigkeit in der Kälte.

Die verschiedenen Sorten ergeben sich durch die vorher angeführten Abwandlungen in der Struktur und durch unterschiedlichen *Polymerisationsgrad*. Zusätze von *Stabilisatoren* beeinflussen neben anderen Eigenschaften (z. B. Witterungsbeständigkeit) insbesondere ihre Wärmeformbeständigkeit. Die *Gebrauchs-* und *Verarbeitungseigenschaften* ähneln jenen von PE. Im Verhalten gegenüber Chemikalien bestehen kaum Unterschiede. Ebenso sind die elektrischen Isoliereigenschaften gleich gut. Festigkeit, Härte, Steifheit und Formbeständigkeit in der Wärme sind jedoch höher, die Kerbschlagzähigkeit dagegen niedriger (Tabelle 7.6).

Allgemein wird PP demnach für technische Teile eingesetzt, die auch *höheren Beanspruchungen* standhalten sollen. Sie werden beispielsweise verwendet in Haushaltsgeräten und Küchenmaschinen, für Armaturenteile im Maschinen- und Fahrzeugbau und für Isolierteile in elektrischen Geräten.

Besonderen Anforderungen, z. B. Beständigkeit gegen heiße Waschlaugen und Spülmittel von Auskleidungen und Funktionsteilen in Wasch- und Spülmaschinen, werden entsprechend stabilisierte Sorten gerecht.

Zusätze mineralischer *Verstärkungen* ermöglichen die Herstellung besonders wärmestandfester Teile, wie Heizungskanäle im Automobilbau oder wärmebeanspruchte elektrische Isolierteile.

Aus höhermolekularen Sorten werden Rohre, Platten und große Formteile sowie Behälter und Transportkästen hergestellt.

Folien werden als Verpackungs- und Elektroisolierfolien gebraucht. Verstreckbare Folien besitzen geringe Kristallinität, aber hohen Polymerisationsgrad.

Verstreckte PP-Fasern werden in der Textilindustrie eingesetzt.

Die systematische Bezeichnung und Spezifikation für Polypropylen (PP)-Formmassen erfolgt nach DIN EN ISO 1873.

Polyamid PA
Polyamide sind Polykondensate mit linearen Makromolekülen (siehe S. 367). Sie sind teilkristalline Thermoplaste mit Kristallinitätsgraden bis zu etwa 60 %.

Wegen ihrer hervorragenden mechanischen Eigenschaften haben sie große Bedeutung als Konstruktionswerkstoffe für hoch belastbare Maschinenelemente. Hohe Festigkeit, große Zähigkeit und insbesondere starker Widerstand gegen Verschleiß sind ihre kennzeichnenden Eigenschaften.

Polyamide sind *milchig-durchscheinend,* können aber in allen Farben gedeckt eingefärbt werden. Gegen die meisten organischen Lösungsmittel, Öle, Fette und schwache Laugen sind Polyamide beständig. Angegriffen werden sie von starken Laugen und Säuren.

Im Unterschied zu anderen Thermoplasten zeigen Polyamide einen relativ *scharf ausgeprägten Schmelzpunkt* bei einem schmalen Erweichungsbereich. Die obere *Dauergebrauchstemperatur* liegt je nach Sorte zwischen 80 °C und 130 °C. Versprödung tritt erst unterhalb −40 °C ein.

Die Eigenschaften der Polyamide sind abhängig von ihrem *Kristallinitätsgrad* und, da sie besonders zur Feuchtigkeitsaufnahme neigen, von ihrem Wassergehalt (siehe S. 378).

Sorten mit hoher Kristallinität haben höhere Festigkeit, Härte und Steifigkeit, solche mit geringeren kristallinen Anteilen sind dagegen zäher und flexibler. Durch *Verstrecken* kann die Kristallinität stark erhöht und dadurch die Festigkeit in Streckrichtung bis auf das Zehnfache des ursprünglichen Wertes gesteigert werden.

Polyamide nehmen bei Lagerung in Wasser bis zu 10 % Wasser auf. In Luft stellt sich im Laufe der Zeit in Anpassung an die Luftfeuchte ein Gleichgewichtszustand ein. Der Wassergehalt erreicht dann etwa 2 % bis 3 %.

Durch die *Wasseraufnahme* wird die Zähigkeit wesentlich erhöht. Bei noch guter Festigkeit und hohem Verschleißwiderstand ergibt sich damit eine günstige Kombination der Gebrauchseigenschaften. Allerdings erfolgt aus der mit der Wasseraufnahme verbundenen Quellung (linear etwa 0,1 % pro 1 % Wasseraufnahme) eine Beeinträchtigung der Maßhaltigkeit von Formteilen.

Die Formmassen müssen, um Blasenbildung im Formteil zu vermeiden, in völlig trockenem Zustand verarbeitet werden. Die trockenen Formteile sind meist spröde. Da die Wasseraufnahme unter normalen Umständen sehr langsam abläuft, beschleunigt man den Vorgang durch **Konditionieren**. Die Formteile werden in feuchtem Klima gelagert, bis sie einen Wassergehalt erreicht haben, der dem im Betriebszustand (bei Normalklima) zu erwartendem Sättigungsgrad entspricht.

Mit steigendem Wassergehalt vermindern sich die *elektrischen Isoliereigenschaften* der Polyamide, dennoch sind sie auch luftfeucht noch gute Isolierstoffe für den Niederfrequenzbereich. Die Kriechstromfestigkeit ist gut, ihre elektrostatische Aufladbarkeit (wegen der Feuchte) sehr gering. Für die Hochfrequenztechnik sind sie als *polare Stoffe mit hohen dielektrischen Verlusten* nicht geeignet.

Die Polyamid (PA)-Formmassen sind in DIN EN ISO 1874 aufgeführt. Sie werden nach der Anzahl der Kohlenstoffatome in ihren Monomermolekülen bezeichnet (Tabelle 7.7).

PA 6 und **PA 66,** beide Polyamide mit einer *Dichte* um 1,14 g/cm³, aber mit unterschiedlichem Kristallitschmelzpunkt, sind die am häufigsten verwendeten PA-Sorten. Sie neigen aber stark zur Wasseraufnahme.

Bei beiden Typen sind auch Formmassen verfügbar, die mit *Kurzglasfasern verstärkt* sind. Sie ergeben (bei verminderter Wasseraufnahme) Produkte mit erhöhter Festigkeit, Steifigkeit und Wärmeformbeständigkeit, aber geringer Schlagzähigkeit.

Die Typen **PA 610** (Dichte 1,08 g/cm³), **PA 11** (Dichte 1,04 g/cm³) und **PA 12** (Dichte 1,02 g/cm³) eignen sich wegen ihrer geringen Feuchtigkeitsaufnahme für Teile, von denen gute Maßhaltigkeit gefordert wird. PA 11 und PA 12, vorwiegend für Präzisions-Spritzgussteile verwendet, sind auch in trockenem Zustand schlagzäh.

Polyamide finden in allen technischen Bereichen für Formteile und Bauelemente Verwendung, die *stoß- und schlagfest* sein müssen oder der Beanspruchung auf *Verschleiß* unterliegen.

Tab. 7.7: Eigenschaften von Polyamiden

Eigenschaften		PA 6	PA 66	PA 610	PA 11	PA 12
Elastizitätsmodul	N/mm²	1400	2000	1500	1000	1600
Streckspannung	N/mm²	40	65	40	70	45
Bruchdehnung	%	200	150	500	500	300
Formbeständigkeit nach Vicat (VST)	°C	> 180	> 200	170	170	165
spez. Durchgangswiderstand	Ω cm	10^{15}				
Dielektrizitätszahl trocken/feucht	–	4/7	4/6	3/4	3/4	4/4
dielektrischer Verlustfaktor trocken/feucht	–	0,03/0,3	0,02/0,15	0,03/0,2	0,03/0,06	0,04/0,09

Typische Anwendungsbeispiele sind Zahnräder, Laufrollen, Zahnrad- und Transportketten, Getriebe- und Kupplungsteile, wartungsfreie Lager, Gleitelemente.

Im Kraftfahrzeugbau werden sie für kraftstoff- und mineralölbeständige Teile (Filter, Ölwannen) eingesetzt, in der Elektrotechnik für abriebfeste Isolierungen und schlagfeste Gehäuse von Elektrogeräten, vom Staubsauger bis zur Schlagbohrmaschine.

Polymethacrylsäuremethylester PMMA
(Polymethacrylate)
Die Polymerisate der Methacrylsäuremethylester (siehe S. 364) ergeben *amorphe Thermoplaste,* deren besonderen Eigenschaften ihre gute *Lichtdurchlässigkeit* und ihre ausgezeichnete *Witterungsbeständigkeit* sind.

PMMA hat eine *Dichte* von 1,18 g/cm³. Es ist chemisch beständig u. a. gegen wässrige Säuren, Laugen, Terpentinöl, Benzin und mineralische Öle. Von Treibstoffgemischen, Äther, polaren Lösungsmitteln und konzentrierten Säuren wird es angegriffen. Die oberen Gebrauchstemperaturen liegen bei Standardsorten um 65 °C, bei wärmestabilisierten Sorten reichen sie bis etwa 95 °C.

Die von Natur aus kristallglasklaren Erzeugnisse zeigen einen brillanten Oberflächenglanz und, transparent oder gedeckt eingefärbt, eine besonders ansprechende Farbwirkung. Die mechanischen Eigenschaften sind gut. Die Oberfläche ist hart, aber nicht völlig kratzfest.

Die verschiedenen Sorten der Polymethacrylate, die auch als Acrylgläser bezeichnet werden, lassen sich einteilen in (Tabelle 7.8):

❐ **PMMA-Formmassen,** vorwiegend Suspensionspolymerisate, die als Granulate durch Spritzgießen und Extrudieren zu Formteilen und Halbzeug verarbeitet werden,

❐ **gegossenes PMMA,** das bei der Massepolymerisation unmittelbar zu Halbzeug (Blöcke, Tafeln, Rohre) polymerisiert,

❐ **Copolymerisate,** meist mit Acrylnitril, **AMMA,** die ebenfalls in Substanzpolymerisation hergestellt sind.

Die Eigenschaften der Formmassen sind in DIN 7745 aufgeführt. Die einzelnen Sorten unterscheiden sich infolge weichmachender Zusätze in ihren mechanischen Eigenschaften, ihrer Wärmeformbeständigkeit und in ihrer Schmelzviskosität.

Gegossenes Acrylglas aus Massepolymerisat ist *optisch besonders hochwertig.* Seine Lichtdurchlässigkeit beträgt 92 % und übersteigt damit die von Silicatglas. Auch bei dickwandigen und gebogenen Formteilen ist die Durchsicht klar und weitgehend verzerrungsfrei.

Bei nur halb so hohem Gewicht übertrifft es Silicatglas erheblich an *Schlagzähigkeit* und bildet, wenn es zu Bruch geht, keine scharfkantigen Splitter. Es ist allerdings weniger kratzfest. Durch *biaxiales Verstrecken* kann die Schlagzähigkeit und Bruchsicherheit so stark gesteigert werden, dass bei großen Dicken auch schusssichere Verglasungen möglich sind.

Thermoplastisch kann Massepolymerisat nicht verarbeitet werden. Es ist jedoch bei Temperaturen von 140 °C bis 170 °C thermoelastisch umformbar. Spanabhebend ist es gut zu bearbeiten.

Copolymerisate (AMMA) haben gegenüber PMMA eine erhöhte Festigkeit und Wärmeformbeständigkeit. Ihre Dehnung beim Bruch ist etwa um das Zehnfache höher. Sie sind nicht in gleicher Weise glasklar wie PMMA, sondern haben eine gelblich transparente Eigenfarbe.

Tab. 7.8: Eigenschaften von PMMA und PC

Eigenschaften		PMMA			PC
		Formmasse	gegossen	Cop.	
Elastizitätsmodul	N/mm²	2000 bis 3000	2000	1500	1000
Zugfestigkeit/Streckspannung	N/mm²	50 bis 80	80	90	60 bis 70 [1]
Druckfestigkeit	N/mm²	120 bis 135	140	140	80 bis 85
Biegefestigkeit/Grenzbiegespannung	N/mm²	100 bis 140	135	165	90 bis 105 [1]
Formbeständigkeit nach VICAT (VST)	°C	80 bis 110	125	95	145 bis 165

[1] Der erste Festigkeitskennwert gilt für PMMA, der zweite für PC.

Alle Acrylgläser sind physiologisch unbedenklich und für den Kontakt mit Lebensmitteln zugelassen.

Anwendungsbeispiele für Polymethacrylate sind:
- sanitäres Installationsmaterial: Duschkabinen, Badewannen, Waschbecken,
- Geräte und Anlagen für die chemische und Nahrungsmittelindustrie, durchsichtige Rohrleitungen,
- Verglasungen für Gewächshäuser, bruchsichere Dachverglasungen, gebogene Verglasungen für Omnibusse und Flugzeugkanzeln,
- Lichtbänder, Lichtkuppeln, Leuchtbuchstaben, transparente Verkehrsschilder
- Rücklichter an Kraftfahrzeugen, Blinkleuchten, Rückstrahler,
- Klarsicht-Demonstrationsmodelle, medizinische Geräte,
- Abdeckungen von Phonogeräten, Skalen, Schalterteile, Bedienungsknöpfe,
- Büroartikel, Füllhalter, Mess- und Zeichengerät,
- Linsen, Uhrgläser, Sonnenbrillen, Kontaktlinsen.

Polycarbonat PC

Polycarbonate sind Polyester der Kohlensäure (siehe S. 358), sie sind *amorphe Thermoplaste*. Diese Kunststoffe verdanken ihre Bedeutung als *Konstruktionswerkstoff* dem Umstand, dass sie – mehr als andere Kunststoffe – eine Reihe von günstigen Eigenschaften vereinigen. Dies sind:
- bleibend gute mechanische Eigenschaften in einem großen Temperaturbereich, sowohl in der Wärme als auch in der Kälte,
- Formsteifigkeit und hohe Schlagzähigkeit,
- hohe Wärmeformbeständigkeit, Witterungsbeständigkeit,
- gute elektrische Isoliereigenschaften, die von der Temperatur praktisch unabhängig sind,
- nur geringe Feuchtigkeitsaufnahme, die auf die mechanischen und elektrischen Eigenschaften keinen Einfluss ausübt,
- gute Transparenz der Formteile auch bei großen Wanddicken.

Die Formteile sind ungefärbt *glasklar* mit leicht gelblicher Eigenfarbe. Einfärbung in allen Farben ist transparent oder gedeckt möglich.

PC hat eine *Dichte* von 1,20 g/cm^3. Es ist chemisch beständig gegen organische Lösungsmittel, verdünnte Säuren, Benzin, Fette, Öle. Angegriffen wird es von Alkalien, Ammoniak, Benzol. Als physiologisch unbedenklich ist es für den Kontakt mit Lebensmitteln zugelassen.

Die mechanischen Eigenschaften, Formstabilität und Schlagzähigkeit werden bis zur *Gebrauchstemperatur* von 135 °C unvermindert beibehalten (Tabelle 7.8). Eine merkliche Versprödung tritt erst unterhalb von −140 °C ein. Der Kunststoff ist *brennbar*, aber selbstverlöschend.

PC ist in DIN EN ISO 7391 genormt. Es wird in verschiedenen Sorten mit Molekülmassen von 20 000 bis 60 000 hergestellt. Sie unterscheiden sich vor allem in der *Schmelzviskosität* und somit in den *Verarbeitungseigenschaften*. Durch stabilisierende Zusätze ergeben sich Variationen für besondere Anforderungen, z. B. erhöhte Witterungsbeständigkeit, Beständigkeit gegen UV-Strahlung, besondere Flammwidrigkeit. Glasfaserverstärkte Sorten zeigen erhöhte Festigkeit, aber geringere Zähigkeit.

Eingesetzt wird PC bevorzugt für *maßgenaue Formteile,* an die besondere Ansprüche an Temperaturbeständigkeit und *Schlagzähigkeit* gestellt werden.

Im *Spritzguss* hergestellt werden beispielsweise Lüfter, Ventile, Pumpenteile, Schutzhelme, Spulenkörper, Akkudeckel und temperatur- und schlagbeanspruchte Gehäuse, ebenso Abdeckungen für Schalt- und Messgeräte.

Die gute *Lichtdurchlässigkeit* wird genutzt für schlagzähe Lichtbauelemente, wie Straßenleuchten, Verkehrsampeln, Signallichter und Lichtkuppeln. Auch für das Trägermaterial der CD sind *Lichtdurchlässigkeit* und *Maßhaltigkeit* entscheidende Eigenschaften

Extrudierte Tafeln werden verwendet für bruchsichere Lichtplatten und Sicherheitsverglasungen (Telefonzellen, schlagsichere Automaten- und schussfeste Schalterverglasungen). Sie dienen weiter als thermoelastisch umformbares Halbzeug für Bauelemente an medizinischen und elektrotechnischen Geräten.

7.7 Bestimmung von Kunststoffen

Trotz verschiedenartiger Eigenschaften sind sich die Kunststoffe in ihrer äußerlichen Erscheinung oft sehr ähnlich und im Allgemeinen wesentlich schwieriger voneinander zu unterscheiden als Metalle.

Es kann deshalb für den Anwender, dem Kunststoffprodukte unbekannter Herkunft oder unzureichend bekannter Zusammensetzung vorliegen, unerlässlich werden, zu prüfen, welcher Art und Stoffgruppe sie zuzuordnen sind.

Die exakte Bestimmung eines Kunststoffs nach seiner genauen chemischen Zusammensetzung ist allerdings nur durch eine chemische Analyse oder durch physikalische Verfahren möglich. Eine Reihe einfacher Untersuchungen ermöglicht bei sorgfältiger Durchführung jedoch die Identifizierung zumindest bestimmter Kunststoffgruppen mit einer Genauigkeit, die für den Anwendungspraktiker im Allgemeinen ausreicht.

Dies geschieht durch Ermittlung bestimmter charakteristischer Unterscheidungsmerkmale. Sie sind für die in diesem Buch behandelten Kunststoffe in Tabelle 7.9 zusammengestellt. Zu beachten ist jedoch, dass Füllstoffe und andere Zusätze die Merkmale verändern können.

Angewendet werden folgende Untersuchungsmethoden:

❑ **Unterscheidung zwischen Duroplasten und Thermoplasten**
Sie erfolgt durch Erhitzen von zerkleinertem Probenmaterial (Spänen, Bröckchen, Pulver) auf einer Heizplatte oder im Reagenzglas. *Duroplaste* werden dunkel und zersetzen sich, *ohne* zu erweichen.
(Noch nicht ausgehärtete Vorprodukte können vorübergehend erweichen, erstarren jedoch bei weiterer Erhitzung zu einem unschmelzbaren Harz, das sich schließlich zersetzt.)
Thermoplaste erweichen und schmelzen vor der Zersetzung.
Teilkristalline Thermoplaste (z. B. PE, PP, PA) werden, sofern sie nicht eingefärbt waren, vor dem Zersetzen glasklar.

❑ **Feststellung bestimmter äußerer Merkmale**
Solche Merkmale, die bei einzelnen Kunststoffen deutlich erkannt werden, sind:
Farbe, Transparenz, Oberflächenglanz, Oberflächenbeschaffenheit und -härte, sprödes oder biegsames Verhalten, charakteristischer Klang beim Anschlagen oder Hinwerfen.

Eine Einordnung nach der Farbe ist nur begrenzt möglich, weil die meisten Kunststoffe in allen Farben transparent oder gedeckt eingefärbt werden können. Immer dunkelfarbig sind Phenolharze (PF) wegen ihrer gelbbraunen Naturfarbe.
Durch besonders gute Transparenz und brillanten Oberflächenglanz zeichnet sich PMMA aus.
Glasklar, falls nicht gedeckt eingefärbt, sind u. a. vorwiegend PS, PC, UP.
Nicht völlig glasklar, durchscheinend ist PE-LD, milchigweiß PE-HD.

Kratzempfindlich sind PE und PMMA, unempfindlich gegen Kratzer Duroplaste, PC und andere. Eine wachsartige Oberfläche hat PE.
Spröd-zerbrechlich ist reines PS, seine Co-Polymerisate sind dagegen schlagfest, zäh.
Stark biegsam und unzerbrechlich ist PE, besonders bei geringen Dicken.
Weichgemachte Kunststoffe, vorwiegend PVC-P, sind flexibel, gummi- bis lederartig, PVC-U ist zäh-hart. Besonders schlagfest ist PC.
Einen deutlich erkennbaren metallischen Klang, der auch beim Schwenken dünner Folien auftritt, vernimmt man beim Anschlagen oder Hinwerfen von Produkten aus PS, auch beim Schaumstoff aus PS.

❑ **Brennversuch in offener Flamme**
Kunststoffproben, die in eine offene Flamme gehalten werden, unterscheiden sich nach:
– Entflammbarkeit,
– Farbe und Art der Flamme und der Asche,
– Schmelzverhalten,
– Auftreten von Rauch und dessen Geruch.
Der untersuchte Kunststoff
– brennt nicht, wird nur angerußt, springt und zersetzt sich,
– brennt innerhalb der Flamme, erlischt jedoch außerhalb,
– brennt auch außerhalb der Flamme weiter und:
  – erweicht dabei,
  – schmilzt und tropft (evtl. brennend) ab,
  – erkaltete Spritzer sind glatt oder blasig,
  – nach dem Auslöschen lassen sich Fäden ziehen,
– die Flamme zeigt eine typische Färbung,
– die nach dem Auslöschen auftretenden Rauchschwaden unterschiedlicher Farbe haben einen charakteristischen Geruch.

Alle Brennversuche erfordern Sorgfalt und Vorsicht! Abtropfende Kunststoffschmelzen können üble Hautschäden bewirken. Bei der Geruchskontrolle sind die Rauchschwaden nur kurz zuzufächeln, da giftige Substanzen auftreten können.

❑ **Erhitzen von kleinen Proben** (Pulver, Granulate, Schnitzel) **im Reagenzglas.**
Die Untersuchung ermöglicht eine deutlichere Wahrnehmung des *Geruchs* der Schwaden, der dann stärker ausgeprägt ist, und lässt eine Bestimmung der *Reaktion der Schwaden zu.*

Angefeuchtetes Lackmuspapier färbt sich bei alkalischer Reaktion blau, bei saurer Reaktion rot. Bei sehr stark saurer Reaktion färbt sich zusätzlich in die Schwaden eingeführtes Kongopapier blau.

Tab. 7.9: Bestimmung von Kunststoffen

Merkmale			Thermoplaste										Duroplaste			
			PP	PE- LD	PE- HD	PS rein	PS-COP (ABS)	PVC-P	PVC-U	PA 6...12	PMMA	PC	PF	UF	MF	UP
Dichte (g/cm³)			0,9	0,92	0,96	1,05	≈ 1,1	1,2...1,35	1,38	1,0...1,13	1,18	1,2	–	–	–	–
Schmelztemperatur (°C)			165	105	130	240			180	> 185	160	≈ 265	–	–	–	–
Folien = F, Massive Teile = M			F M	F M	F M	F M	F M	F M	F M	F M	F M	F M	M	M	M	M
Äußere Merkmale	Färbung	transparent														
		glasklar														
		durchscheinend														
		hell-gedeckt (farbig)									x					
		dunkel														
	Oberfläche	kratzempfindlich	x													
		kratzfest														
		wachsartig-fettig														
	Zustand	spröde														
		hart (h) schlagfest				h			h							
		biegsam, elastisch														
		flexibel, gummiartig														
		metallischer Klang														
Brennprobe in offener Flamme	Brennbarkeit	brennt nicht														
		brennt nur in der Flamme														
		brennt weiter						(x)								
		verkohlt														
	Flamme	gelb (leuchtend)					x									
		gelb, grüner Saum														
		bläulich (farblos)														
		blau, gelber Rand								x						
		knisternd														
		rußend						x	x							
	Schmelze	tropft ab blasig										x				
		tropft ab glatt									x					
		fadenziehend														
Erhitzen im Reagenzglas	Schmelzverhalten	erweicht														
		wird klar														
		schmilzt														
		zersetzt sich				vergast										
		springt														
	Färbung	dunkel														
		braun schwarz											Aufblähen			
		schwarz														
Geruch der Rauchschwaden		süßlich					Leuchtgas									
		stechend scharf														
		fruchtartig														
		paraffinartig														
		nach Phenol (Formaldehyd)													x	x
		nach Salzsäure														
		nach Ammoniak											x			
		nach verbranntem Horn														
Reaktion der Schwaden			n	n	n	n(s)	ss	ss	a		n	S	n(a)	a	a	n/a

a = alkalisch   n = neutral
s = sauer   ss = stark sauer
x = manchmal

❏ **Bestimmung der Dichte**

Ihrer Dichte nach lassen sich die häufigst verwendeten Thermoplaste und Duroplaste in die in Tabelle 7.10 aufgeführten Gruppen einordnen.

Untersuchungen auf Löslichkeit in bestimmten Lösungsmitteln bleiben in der Regel ausgebildeten Chemikern vorbehalten. Sie können jedoch insbesondere zur eindeutigen Unterscheidung von Mischpolymerisaten erforderlich werden.

Der *Nachweis von Chlor* in einem Polymerisat kann durch eine »Beilsteinprobe« erfolgen, indem ein glühender Kupferdraht mit der Probe kurz in Berührung gebracht und dann erneut in die Flamme eines Bunsenbrenners gehalten wird. Chlorgehalt bewirkt Grünfärbung der Flamme.

7.8 Kunststoffprüfung

Mit der DIN EN ISO 10350 gibt es eine Übersicht über die Prüfungen von grundlegenden Eigenschaften der Kunststoffe. Hierin werden die spezifischen Prüfverfahren zur Ermittlung und Darstellung von Kennwerten für Kunststoffe – mit oder ohne Verstärkung – mit Nennung der jeweiligen Prüfnormen und den wesentlichen Prüfbedingungen für die Verarbeitungsparameter, für die rheologischen, die mechanischen, die thermischen und die elektrischen Eigenschaften aufgelistet.

7.8.1 Mechanische Eigenschaften

Für die Erfassung der mechanischen Eigenschaften von Kunststoffen durch Werkstoff-Kenngrößen gelten im Wesentlichen die gleichen Gesichtspunkte wie bei den Metallen. Die Eigenarten der Kunststoffe bedingen jedoch eine Reihe von Besonderheiten bei der Begriffsbestimmung, der Durchführung der Prüfungen und der Beurteilung der Versuchsergebnisse.

Die *Prüfmaschinen* müssen den Umständen der Kunststoffprüfung angepasst sein, d. h. bei im Allgemeinen niedrigem Kraftbereich eine weitgehende Variation der Prüfgeschwindigkeiten und erheblich größere Verformungswege zulassen. Die genaue Einhaltung der geltenden Prüfbedingungen ist von besonderer Bedeutung.

7.8.1.1 Verhalten bei zügig gesteigerter Beanspruchung

Die Prüfung des mechanischen Verhaltens unter zügig gesteigerter Beanspruchung erfolgt mit dem **Zugversuch für Kunststoffe** nach DIN EN ISO 527.

Die wesentlich stärker als bei Metallen in Erscheinung tretende Abhängigkeit der geprüften Eigenschaften von der *Zeit* und der *Temperatur* wird berücksichtigt durch vorgeschriebene Prüfgeschwindigkeiten und sorgfältige Beachtung der einzuhaltenden Prüftemperatur.

Das (schematische) Spannung-Dehnung-Diagramm (Bild 7.49) zeigt das unter dem Einfluss der Verformungsgeschwindigkeit (oder der Temperatur) stark veränderte Verhalten eines thermoplastischen Kunststoffs.

Zeigt sich z. B. unter üblichen Prüfbedingungen ein stark ausgeprägtes Fließen mit erheblicher Dehnung bis zum Bruch (1), so verlieren sich diese Eigenschaften bei hoher Belastungsgeschwindigkeit oder tiefer Temperatur (2). Der Kunststoff ist weniger elastisch, verstreckt sich nicht mehr, versprödet. Umgekehrt führen sehr langsam steigende Belastungen (oder hohe Temperaturen) dazu, dass er sich in höherem Maße entropie-elastisch verhält (3). Seine

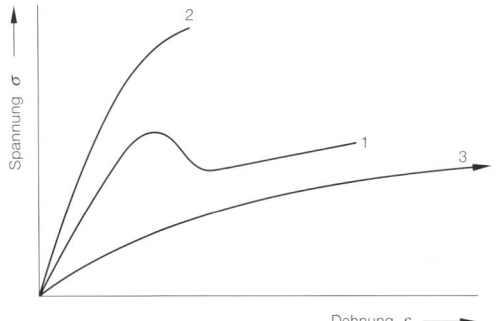

Bild 7.49
Spannung-Dehnung-Diagramm eines Thermoplasten bei verschiedenen Verformungsgeschwindigkeiten

Tab. 7.10: Dichte von Kunststoffen

Kunststoff		Dichte g/cm³
PP, PE	(T)	0,9 bis 1,0
PS, SB, SAN, ABS, PA, PMMA, PC	(T)	1,0 bis 1,2
PVC-U, PVC-P PF, UF, MF (organisch gefüllt)	(T) (D)	1,2 bis 1,5
PF, UF, MF (mineralisch gefüllt) UP-GF, EP-GF	(D) (D)	> 1,5

Dehnfähigkeit nimmt deutlich zu, während seine Festigkeit erheblich abnimmt.

Die gleichbleibend einzuhaltenden *Prüfgeschwindigkeiten* sind je nach Kunststoffsorte in den Normen unterschiedlich festgelegt. Sie liegen zwischen 1 und 500 mm/min.

Temperatureinflüsse können sich bereits bei Schwankungen der Raumtemperatur bemerkbar machen. Dies gilt besonders für Thermoplaste im Übergangsbereich zwischen eingefrorenem (glasartigem) und thermoelastischem (gummiartigem) Zustand oder wenn teilkristalline Thermoplaste erhebliche Anteile an amorphen Strukturen aufweisen.

Zur Ausschaltung von Umwelteinflüssen schreiben die Prüfbedingungen eine zweckentsprechende Vorbehandlung der Proben durch Lagerung in Klimaschränken unter definierten Bedingungen (Temperatur, Luftfeuchtigkeit, Zeitdauer der Lagerung) vor.

Das *Prüfklima* soll im Allgemeinen bei $(23 \pm 2)\,°C$ und einer relativen Luftfeuchte von $(50 \pm 5)\,\%$ liegen.

Die verwendeten Proben werden eigens aus Formmassen hergestellt – unter Beachtung der für das jeweilige Erzeugnis geltenden *Herstellbedingungen* – oder als Probekörper dem Formteil entnommen; Folien werden aus Bahnen geschnitten. Die jeweilige *Probenform* richtet sich nach dem zu prüfenden Erzeugnis und ist mit ihren Abmessungen in der Prüfnorm festgelegt.

7.8.1.1.1 Festigkeits- und Verformungskenngrößen

Nach DIN EN ISO 527 gelten (z. T. abweichend von denen der Metallprüfung) folgende Vereinbarungen und Begriffe:

- **Zugfestigkeit** σ_M ist die maximale Spannung, die der Probekörper beim Zugversuch erreicht,
- **Bruchspannung** σ_B ist die Zugspannung beim Bruch des Probekörpers,
- **Streckspannung** σ_Y ist die Zugspannung, bei der im Kraft-Verlängerungs-Diagramm die Steigung der Kurve erstmalig gleich Null wird (beginnendes Verstrecken).
- **Spannung bei** x % **Dehnung** σ_x ist die Zugspannung, bei der die Dehnung einen festgelegten Wert x in % erreicht.

Das durch das Auftreten einer Streckspannung charakterisierte Verhalten ist zunächst einmal abhängig von der Art des Kunststoffs, d. h., es zeigt sich normalerweise nur bei bestimmten (verstreckbaren) Thermoplasten. Zum andern aber wirken sich die Prüfbedingungen aus bzw. auf das Kunststoff-Erzeugnis übertragene Belastungs- und Umweltbedingungen. Die gleiche Kunststoffsorte, selbst der gleiche Typ innerhalb einer Sorte, kann also unter veränderten Prüfbedingungen (Belastungsgeschwindigkeit, Temperatur, Zeit) dieses vorher nicht gezeigte Verhalten des Verstreckens aufweisen.

Der Begriff Spannung, soweit er in Definitionen für Kenngrößen verwendet wird, ist stets so auszulegen, dass die wirkende Kraft nicht auf den im augenblicklichen Prüfzustand vorliegenden, sondern auf den ursprünglich vorhandenen (kleinsten) Querschnitt S_0 bezogen ist, selbst dann, wenn sich auch schon bei kleinen Kräften im elastischen Verformungsbereich merkliche Querschnittsänderungen ergeben.

Spannungen und entsprechende Kenngrößen werden nach DIN EN ISO 527 in MPa angegeben [1].

Zu den Spannungskenngrößen gehören die entsprechenden Verformungskenngrößen:

- **Dehnung bei Zugfestigkeit** ε_M,
- **Bruchdehnung** ε_B,
- **Streckdehnung** ε_Y.

Alle Kenngrößen werden als Mittelwerte aus den Versuchsergebnissen der Prüfung mehrerer (in der Regel 5) gleicher Proben berechnet.

7.8.1.1.2 Elastizitätsmodul

Der Elastizitätsmodul wird im Zugversuch nach DIN EN ISO 527, im Druckversuch nach DIN EN ISO 604 oder im Biegeversuch nach DIN EN ISO 178 bestimmt.

Während er bei den Metallen als Materialkonstante angesehen werden kann, ist dies bei den Kunststoffen wegen ihres zeitabhängigen Verhaltens nicht der Fall. Er ist wie die anderen mechanischen Kenngrößen den angeführten Einflüssen unterworfen. Seine Ermittlung erfolgt deshalb nur im Bereich sehr kleiner Verformungen bei konstanten Verformungsgeschwindigkeiten, die etwa bei 1 %/min liegen. Der Zugmodul ist definiert als das Verhältnis von Spannung und Dehnung bei ungehinderter Querschnittsveränderung nach der Beziehung

---

[1] $1\,\text{MPa} = 1\,\text{N/mm}^2$.

$$E_t = \frac{\sigma_2 - \sigma_1}{\varepsilon_2 - \varepsilon_1}.$$

Dabei gilt $\varepsilon_1 = 0{,}0005$ und $\varepsilon_1 = 0{,}0025$, σ_1 und σ_2 sind die bei diesen Dehnungen vorhandenen Spannungen.

Bei Ermittlung des *E*-Moduls aus dem Biegeversuch wird er aus der Durchbiegung der Probe errechnet, die unter der Annahme einer linearen Spannungsverteilung im Querschnitt der Probe zu keinen größeren Dehnungen und Stauchungen der Randfasern führt als 0,5 %.

7.8.1.1.3 Beurteilung der Versuchsergebnisse

Die Einflüsse von Zeit, Temperatur und Klima auf die Eigenschaften von Kunststoffen erfordern zur Bestimmung der Kenngrößen die Einhaltung bestimmter Prüfbedingungen. Die Ergebnisse sind demzufolge auch nicht auf andere Bedingungen übertragbar. Die Bedeutung der mechanischen Kenngrößen liegt in erster Linie in der Möglichkeit und der Notwendigkeit einer *Qualitätskontrolle*. Ein Vergleich der mechanischen Eigenschaften selbst gleicher Kunststoffsorten verschiedener Hersteller ist nur dann exakt möglich, wenn den Lieferangaben die gleichen Herstellungs- und Prüfbedingungen zugrunde liegen. Zur eingehenden Beurteilung werden deshalb stets mehrere Prüfungen unter ggf. geänderten Bedingungen erforderlich sein.

Eine besondere Problematik liegt in der Vergleichbarkeit und Übertragbarkeit der an eigens hergestellten Proben ermittelten Eigenschaften und Verhaltensweisen. Die Eigenschaften fertiger Kunststoff-Erzeugnisse (Halbzeuge und Formteile) hängen erheblich von der Gestaltung und entscheidend von den Herstellungsbedingungen und Verarbeitungsflüssen, d. h. ihrer *Vorgeschichte*, ab.

Aus diesem Grunde sind die Kenngrößen auch als Berechnungsunterlagen für die Dimensionierung von Kunststoff-Bauteilen nicht ausreichend und nur für erste Abschätzungen geeignet.

7.8.1.2 Zeitstandverhalten

Wesentlich für die Beurteilung von Kunststoffen und ihren konstruktiven Einsatz ist ihr Zeitstandverhalten. Die im Laufe der Zeit auch bei konstanter Belastung ablaufende elastisch-plastische Formänderung (Kriechen) macht sich erheblich bemerkbar und tritt bereits bei Raumtemperatur ein.

Damit ändert sich im Laufe der Zeit das Verhältnis zwischen Spannung und Dehnung. Die für solche Fälle maßgebenden Werkstoffkenngrößen werden zeitabhängig. Sie sind nicht mehr Einzelprüfungen zu entnehmen, sondern aus Versuchsserien bzw. entsprechenden Kurvenscharen für die jeweiligen Abhängigkeiten zu ermitteln.

Darüber hinaus sind bei langzeitigen Beanspruchungen die Umwelteinflüsse naturgemäß besonders wirksam. Erfasst wird diese Verhaltensweise im

❐ **Relaxationsversuch** und im
❐ **Zeitstand-Zugversuch** (DIN EN ISO 899).

Die DIN-Norm für den Relaxationsversuch wurde wegen des hohen technischen Aufwands zurückgezogen.

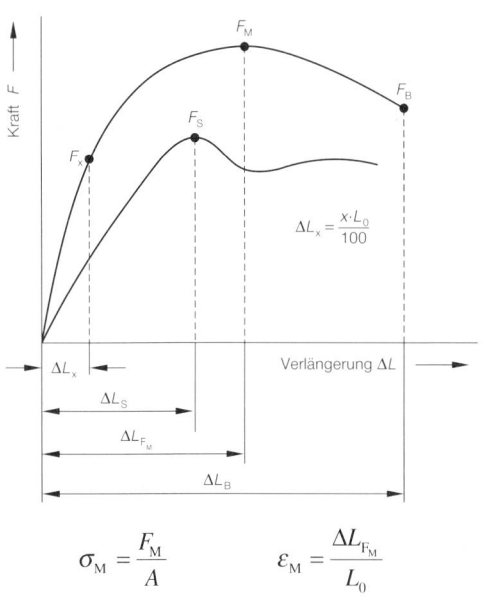

$$\sigma_M = \frac{F_M}{A} \qquad \varepsilon_M = \frac{\Delta L_{F_M}}{L_0}$$

$$\sigma_B = \frac{F_B}{A} \qquad \varepsilon_B = \frac{\Delta L_B}{L_0}$$

$$\sigma_Y = \frac{F_S}{A} \qquad \varepsilon_Y = \frac{\Delta L_S}{L_0}$$

$$\sigma_x = \frac{F_x}{A}$$

Bild 7.50
Ermittlung der Kenngrößen aus dem Spannung-Dehnung-Diagramm

Infolge der molekularen Relaxation klingt die durch eine spontan aufgezwungene Anfangsdehnung entstandene Spannung trotz unverändert bleibender Formänderung im Laufe der Zeit ab (Bild 7.51).

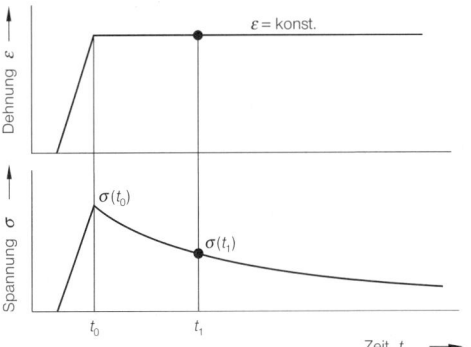

Bild 7.51
Spannungs-Relaxation (schematisch)

Die **Zeitspanndehnung** $\varepsilon_{\sigma/t}$ ist dann die Dehnung, bei der sich nach der Zeit t die Spannung σ einstellt (Bild 7.52).

Das Verhältnis der *zeitabhängigen Spannung* zur *konstanten Dehnung* wird erfasst durch den **Relaxationsmodul**

$$E_r(t) = \frac{\sigma(t)}{\varepsilon},$$

auch als *Entspannungsmodul* bezeichnet. Er ist von der jeweiligen Dehnung abhängig. Konstant, also unabhängig von der Dehnung, ist er nur im kleinen HOOKEschen Bereich, in dem Proportionalität zwischen Spannung und Dehnung besteht.

Im *Zeitstandversuch* wird die bei konstanter Belastung sich im Laufe der Zeit ändernde Dehnung ermittelt und durch die jeder Spannungshöhe zugeordneten Kriechkurven erfasst.

Nach Entlastung geht die Dehnung, ebenfalls zeitabhängig, wieder zurück. Die verbleibende *Restdehnung* $\varepsilon_{R(t)}$ ist dann die zurzeit t nach Entlastung noch vorhandene (Bild 7.53).

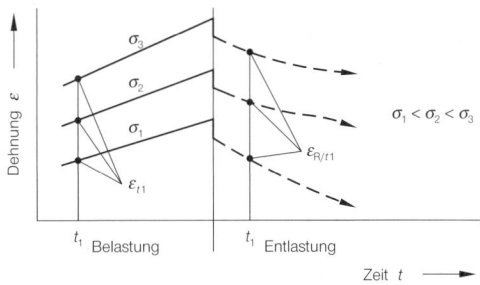

Bild 7.53
Kriechkurven (schematisch)

Eine für die Beurteilung dieses Verhaltens wichtige Bezugsgröße ist die *1-Minuten-Dehnung* $\varepsilon_{1\,min}$, also jene Dehnung, die eine Minute nach Aufbringen der Belastung vorhanden ist. Die eine Minute nach Entlastung vorhandene Restdehnung ist $\varepsilon_{R/1\,min}$.

Die **Zeitstand-Zugfestigkeit** ist jene Spannung, die nach Ablauf der Zeit t zum Bruch der Probe ($\sigma_{B,t}$) oder zu einer festgelegten Dehnung ($\sigma_{\varepsilon,t}$) führt.

An die Stelle des Elastizitätsmoduls tritt der zeitabhängige **Kriechmodul**

$$E_c(t) = \frac{\sigma}{\varepsilon(t)},$$

d. i. das Verhältnis zwischen *konstanter Spannung* und *zeitabhängiger Dehnung*. Der spannungsabhängige Kriechmodul nimmt mit der Zeit ab.

Zeitstand-Zugfestigkeiten werden für die jeweils vorliegenden Umstände dem **Zeitstandschaubild** entnommen. Es wird aus den Kriechkurven erstellt, indem die Spannungen für bestimmte konstante Dehnungswerte oder solche, die den Bruch bewir-

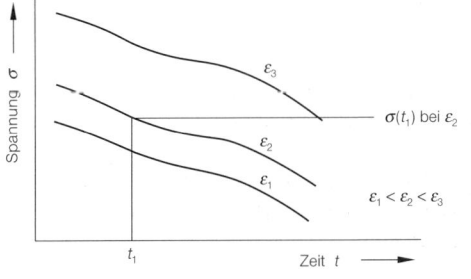

Bild 7.52
Zeit-Spannungslinien (schematisch)

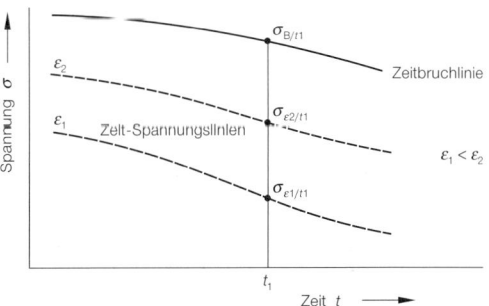

Bild 7.54
Zeitstandschaubild (schematisch)

ken, in Abhängigkeit von der Zeit aufgetragen werden und somit Kurvenscharen ergeben (Bild 7.54). In gleicher Weise werden die aus den Kriechkurven errechneten Kriechmoduln dargestellt (Bild 7.55).

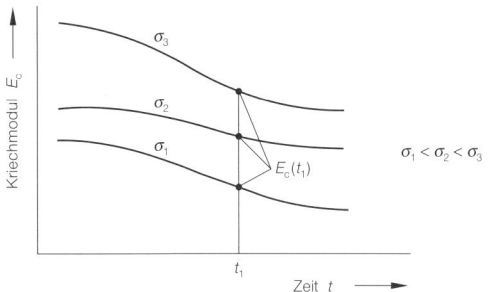

Bild 7.55
Kriechmodul-Zeit-Kurven (schematisch)

Die Dimensionierung von Bauteilen hat so zu erfolgen, dass in ihrem vorgesehenen Verwendungszeitraum (ihrer »Gebrauchsdauer«) festgelegte Grenzwerte nicht über- bzw. unterschritten werden.

7.8.1.3 Verhalten bei dynamischer Beanspruchung

Die für das Verhalten bei dynamischer Beanspruchung maßgebenden Kenngrößen, Dauerschwingfestigkeit, Schwell- und Wechselfestigkeit, werden analog der Metallprüfung im Dauerschwingversuch (DIN 50100) durch Aufnahme der WÖHLER-Kurven ermittelt (siehe S. 107).

Grundlegende Unterschiede ergeben sich auch hier aus dem besonderen Verhalten der Kunststoffe. Ihr gegenüber den Metallen sehr viel geringerer Elastizitätsmodul bedingt niedrige Kraftbereiche und größere Verformungswege der Prüfmaschine. Die infolge der starken *Dämpfung* und geringen Wärmeleitung entstehende Probenerwärmung erfordert niedrige Prüffrequenzen und führt dazu, dass die Schwingfestigkeit frequenzabhängig wird. Zudem ergeben sich Unterschiede im Spannungsausschlag σ_a und Verformungsausschlag ε_a, da bei zeitlich konstantem ε_a ein Abfall des Spannungsausschlags eintritt. Der Einfluss des Prüfklimas und der Probenvorbehandlung ist erheblich.

Die Ermittlung der Dauerfestigkeit wird üblicherweise für den Bereich von 10^7 bis 10^8 Schwingspielen durchgeführt. Die Prüffrequenzen liegen bei etwa 10 Hz.

Das *Dauerfestigkeitsschaubild* nach SMITH erfährt insofern eine Abwandlung, als die Spitzen, in die die Ober- und Unterspannungslinien auslaufen, nicht der Zugfestigkeit entsprechen, sondern der Zeitstandfestigkeit für jene Zeitdauer, die der ertragenen Grenzschwingspielzahl entspricht. Das bedeutet also, dass ein Kunststoffteil je nach der Belastungsfrequenz eine unterschiedliche Lebensdauer besitzt.

Die Schwingfestigkeiten der einzelnen Kunststoffe sind stark verschieden. Einflüsse der Vorgeschichte, der Form und Gestaltung und der Umweltbedingungen erfordern eine besonders kritische Beachtung.

Eigene Normen für die Prüfung des Dauerschwingverhaltens von Kunststoffen sind bisher nur für einige spezielle Anwendungsfälle aufgestellt worden.

7.8.1.4 Härte

Die technische Härte eines Werkstoffes ist definiert als sein Widerstand gegen das Eindringen eines härteren Körpers (siehe auch S. 114). Sie ist eine Kenngröße, die einen Werkstoff oder einen Werkstoffzustand beschreibt. Die Härte ist keine allgemeingültige Eigenschaft, sondern die Härteprüfergebnisse hängen vom jeweiligen Prüfverfahren ab. Eine Umwertung oder Zuordnung von Härtemesswerten aus verschiedenen Härteprüfverfahren oder zu anderen mechanischen Kennwerten gibt es bei Kunststoffen nicht. Härtevergleiche verschiedener Kunststoffe und solche zwischen Kunststoffen und Stoffen anderer Struktur, z. B. Metallen, sind daher wenig sinnvoll und führen zu falschen Beurteilungen.

Eine übersichtliche und zusammenfassende Darstellung der Möglichkeiten der »Härteprüfung für Kunststoff und Gummi« bietet die Richtlinie VDI/VDE 2616-2. Hierin werden fast alle genormten und nicht genormten Härteprüfverfahren beschrieben, außerdem werden Hinweise zu Besonderheiten, Vor- und Nachteilen der Verfahren und zu deren Leistungsfähigkeit gegeben.

Die Härteprüfung beruht auf der plastischen und/oder elastischen Verformung des zu prüfenden Werkstoffs durch einen Eindringkörper und der Messung des erzeugten Prüfeindrucks oder einer anderen geeigneten Werkstoffreaktion.

Die Härte kann nicht direkt gemessen werden. Sie wird aus primären Messgrößen (z. B. Prüfkraft,

Eindringtiefe) abgeleitet. Der Härtewert wird je nach Messverfahren bestimmt:
- Aus der Prüfkraft und einer den Härteeindruck kennzeichnenden geometrischen Größe, z. B. Eindringtiefe.
- allein durch eine den Härteeindruck charakterisierende Länge oder
- durch eine andere Werkstoffreaktion, z. B. Ritzbarkeit.

Die Vergleichbarkeit von Härteprüfergebnissen ist nur für ein und dasselbe Prüfverfahren bei Einhaltung aller Versuchsparameter gegeben.

Durch das unterschiedliche Werkstoffverhalten kann deshalb bei der Prüfung von Kunststoffen und Gummi durch die aufgebrachte Prüfkraft
- ein bleibender Prüfeindruck infolge einer *maßgeblichen plastischen* Verformung entstehen, z. B. bei Acrylnitril-Butadien-Styrol (ABS)
- ein Prüfeindruck als Ergebnis einer *elastischen* und *plastischen* Verformung entstehen, z. B. bei Polyethylen (PE)
- *kein* bleibender Prüfeindruck entstehen, wenn sich der Werkstoff nur elastisch verformen lässt, z. B. bei Gummi

Es ist also je nach Werkstoffverhalten notwendig, den Prüfeindruck entweder unter einwirkender Prüfkraft oder auch in einigen Fällen nach Entlastung zu erfassen, wobei zeitabhängige Kriechvorgänge zwischen Entlastung und Messvorgang zu beachten sind.

Um für verschieden harte Kunststoffsorten die in den Normen festgelegten Grenzen für die größte bzw. kleinste Eindringtiefe einzuhalten, gibt es für einige Härteprüfverfahren unterschiedliche Belastungsstufen.

Die wichtigsten Härteprüfverfahren für Kunststoffe werden in der Tabelle 7.11 dargestellt.

Mit dem **Kugeleindruckversuch** nach DIN EN ISO 2039-1 wird die **Kugeldruckhärte** aus der Prüfkraft und der Eindruckoberfläche bestimmt. Der Härtewert wird aus der Eindringtiefe einer mit der Prüfkraft belasteten Stahlkugel errechnet. Hierbei wird die Prüfkraft in Anpassung an den Werkstoff in vier bestimmten Laststufen so bemessen, dass die Eindringtiefe zwischen 0,15 mm und 0,35 mm liegt.

Um beim Wechsel von einer Prüfkraftstufe zur anderen einen möglichst kontinuierlichen Übergang der Härtewerte ohne Sprünge zu erreichen, wird die Härte aus einer »reduzierten Prüfkraft« und der auf 0,25 mm »reduzierten Eindringtiefe« bestimmt. Die reduzierte Prüfkraft ist diejenige Prüfkraft, die die reduzierte Eindringtiefe erzeugt.

Die Härte wird in N/mm^2 angegeben und kann entsprechend der aufgebrachten Prüfkraft und der gemessenen Eindringtiefe aus der in der Norm enthaltenen Tabelle entnommen werden. Wegen der Zeitabhängigkeit der Verformung erfolgt die Festlegung der Eindringtiefe nach 30 s.

Für die Herstellung einer Bezugsebene zur Messung der Eindringtiefe wird zunächst eine kleine Vorlast aufgebracht (Nullpunkt der Messung), die nach etwa 5 s innerhalb von 2 s um die Prüfkraft gesteigert wird. Es werden jeweils 10 Prüfungen durchgeführt und der Mittelwert angegeben. Die Härteangabe erfolgt durch das Zeichen H mit Angabe der Prüfkraft, z. B. H 132 = 20 N/mm^2.

Bei geringeren Anforderungen an Genauigkeit und Reproduzierbarkeit kann die Ermittlung der Härte von Elastomeren und weichen Kunststoffen mit der **Prüfung nach Shore A** oder **Shore D** nach DIN EN ISO 868 erfolgen. Die Shore-Härteprüfung kann auch mit Handgeräten erfolgen.

Die Shorehärte ist definiert als der Widerstand, den die Probe dem Eindringen eines Prüfkörpers bestimmter Form entgegensetzt. Dessen Druckkraft wird durch das Zusammendrücken einer geeichten Feder im Prüfgerät aufgebracht. Die so festgestellte Härte wird an der Messuhr des Prüfgerätes abgelesen und in Shore-Einheiten zwischen 0 und 100 angegeben. Der Prüfkörper für Shore-A hat die Form eines Kegelstumpfes, für Shore-D die eines Kegels mit abgerundeter Spitze.

Während beim Kugeldruckversuch die Bezugsebene für die Messung der Eindringtiefe durch eine aufgebrachte Vorlast hergestellt wird, geschieht dies hier durch Andrücken der Auflagefläche der Shore-Prüfgeräte gegen die Probe bis zum satten Aufliegen mit Hilfe einer Einspannvorrichtung oder von Hand. Die durch das Zusammendrücken der Feder im Messgerät angezeigten Härteeinheiten werden nach 3 s Anpresszeit (in Sonderfällen bei starkem Fließen nach 15 s) unter Prüfbelastung abgelesen.

Tab. 7-11: Kurzbeschreibung der wichtigsten Härteprüfverfahren für Kunststoffe

Verfahren (Kurzzeichen)	Norm	Meßprinzip	Eindringkörper	Belastungsstufen	Härtewert	Anwendung
Kugeldruckhärte (H)	DIN EN ISO 2039-1	H ist Prüfkraft durch Oberfläche der eingedrückten Kugelkalotte unter Prüfbelastung	Kugel, 5 mm Ø	49 N, 132 N, 358 N, 961 N für Eindringtiefen zwischen 0,15 mm und 0,35 mm	N/mm^2	Duroplaste Thermoplaste Hartgummi
Shorehärte						
Shore-A-Härte (Shore A)	DIN EN ISO 868	Messung unter Prüfbelastung	Kegelstumpf, $Ø_{max}$ 1,25 mm $Ø_{min}$ 2,5 mm	zwischen 0,55 N und für Eindringtiefen zwischen 0 mm und 2,5 mm	10 bis 90 der Skala 0 bis 100	weicher Gummi, sehr weiche Kunststoffe, z. B. PVC
Shore-D-Härte (Shore D)	DIN EN ISO 868	Messung unter Prüfbelastung	Kegel mit abgerundeter Spitze, $Ø_{max}$ 3,0 mm	je nach Eindringtiefe zwischen 0 und 2,5 mm darf Federkraft zwischen 0,55 N und 8,1 N betragen.	30 bis 90 der Skala 0 bis 100	harter Gummi, weiche Thermoplaste, z. B. PTFE
IRHD-Härte						
(IRHD-weich)	DIN EN ISO 48	Messung unter Prüfbelastung nach 30 s	Kugel, 5 mm Ø	0,3 N Vorlast und 5,4 N Zusatzlast für Eindringtiefen von 1,1 mm bis 3,2 mm	10 bis 35	weicher bis mittelharter Gummi, sehr weiche Thermoplaste z. B. PTFE
(IRHD-normal)	DIN EN ISO 48	Messung unter Prüfbelastung	Kugel, 2,5 mm Ø	0,3 N Vorlast und 5,4 N Zusatzlast für Eindringtiefen von 0,0 mm bis 1,8 mm	300 bis 100	
Rockwellhärte (Skalen R, L, M, E, K) (HR)	DIN EN ISO 2039-2	Vorlast 10 s, Gesamtlast 15 s; Messung nach Rücknahme der Prüfzusatzlast	Kugel, für R : Ø 12,7 mm; für L, M: Ø 6,35 mm; für E, K: Ø 3,175 mm	98,1 N Vorlast und Zusatzlast für R: 588,4 N für L: 588,4 N für M: 980,7 N für E: 980,7 N für K: 1471,0 N für Eindringtiefen von 0,06 mm bis 0,26 mm	0 bis 115	Duroplaste, Hartgummi, Thermoplaste, außer sehr weiche wie PE-LD oder PVC-P

Prüfungen nach SHORE A (max. Federkraft bei 100 Einheiten 8,065 N) werden durchgeführt bei weichen, nach SHORE D (max. Federkraft bei 100 Einheiten 44,50 N) bei Kunststoffen mit einer Härte über 70 SHORE-A-Einheiten. Wegen der Auswirkung der Verformungen muss die Probendicke mindestens 6 mm betragen.

Die Härteangaben erfolgen ganzzahlig als der mittelste Wert (Medianwert[1]) aus mindestens 3 Prüfungen mit der Bezeichnung des Prüfverfahrens und dem jeweiligen Zahlenwert, z. B. »SHORE-A-Härte 75« oder kurz »75 SHORE A«.

An *weichen Kunststoffen* mit gummielastischem Verhalten wird die Härte mit dem Kugeldruckversuch nach DIN EN ISO 48 geprüft. Die Härte wird als **Internationaler Gummihärtegrad (IRHD)** angegeben. Gemessen wird die Eindringtiefe einer Kugel unter einer festgelegten Gesamtkraft von 5,7 N nach einer Einwirkung von 30 s. Dicke der plattenförmigen Probe und Kugeldurchmesser richten sich danach, ob der Prüfkörper der Gruppe »weich« oder »normal« zuzuordnen ist. Die Gummihärtegrade liegen im

– Bereich »weich« zwischen 10 IRHD und 35 IRHD (Kugeldurchmesser 5 mm, Eindringtiefe $t = 3{,}2$ mm bzw. 1,1 mm),
– Bereich »normal« zwischen 30 IRHD und ca. 100 IRHD (Kugeldurchmesser 2,5 mm, Eindringtiefe $t = 1{,}8$ mm bzw. ca. 0).

Die als Makro-Verfahren bezeichneten Härteprüfungen für „IRHD weich" bzw. für »IRHD normal« werden ergänzt durch eine (nicht genormte) IRHD-»**Mikro-Härteprüfung**« mit einem Kugeldurchmesser von 0,4 mm und einer Gesamtprüfkraft von 0,1533 N. Mit diesem Verfahren lassen sich Kugeldruckhärten an Erzeugnissen mit geringen Abmessungen oder an Beschichtungen ermitteln, für die ein IRHD-Makro-Verfahren nicht mehr geeignet ist. Wegen der kleinen Prüfkräfte und Eindringtiefen bleibt dieses Verfahren auf den Laborbereich beschränkt.

Die ROCKWELLhärte HR wird mit einer Kugel als Eindringkörper aus der nach Rücknahme der Prüfzusatzlast gemessenen Eindringtiefe ermittelt, während die Prüfvorlast beibehalten wird. Je nach Größe der Prüfzusatzlast und Kugeldurchmesser unterscheidet man die Härteskalen R, L, M, E, K. Das Prinzip des Verfahrens und des Prüfablaufes entsprechen denen der ROCKWELL-Härteprüfungen HRB und HRC für metallische Werkstoffe, wie sie in Abschnitt 3.3.2.2 beschrieben sind (s. Seite 116).

7.8.2 Mechanisch-thermisches Verhalten

7.8.2.1 Schubmodul und Dämpfung

Unter den Prüfverfahren zur Beurteilung des Verhaltens von Kunststoffen kommt dem **Torsions-Pendel-Verfahren** nach DIN EN ISO 6721 eine besondere Bedeutung zu. Ermittelt werden bestimmte temperaturabhängige Kenngrößen. Darüber hinaus aber gibt der Versuch auch weitgehend Aufschlüsse über das allgemeine Verhalten von Kunststoffen bei verschiedenen Temperaturen. Er ermöglicht somit die Feststellung der für ihre Eingruppierung wesentlichen Merkmale.

Untersucht wird das temperaturabhängige dynamisch-mechanische Verhalten bei kleinen Verformungsbeanspruchungen und geringen Verformungsgeschwindigkeiten. Eine in das Prüfgerät eingehängte, mit einer Schwungscheibe beschwerte Probe wird in freie Torsionsschwingungen zwischen etwa 0,1 Hz und 10 Hz versetzt. Frequenz und Amplituden werden mit Hilfe eines Lichtstrahls über die Ablenkung durch einen Spiegel auf lichtempfindlichem Papier registriert. Die Erwärmung der Probe erfolgt in einer Temperierkammer, deren Regeleinrichtung die genaue Einhaltung der Prüftemperaturen in einem großen Bereich (meist von $-60\,°C$ bis $250\,°C$) gestattet (Bild 7.56).

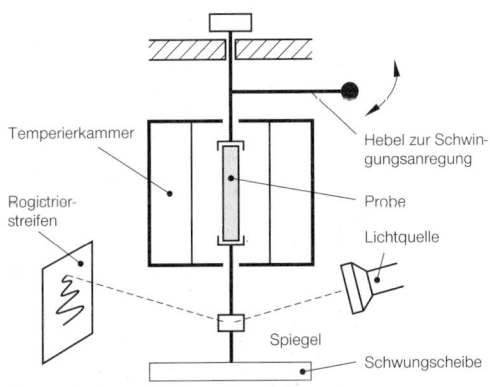

Bild 7.56
Torsionsschwinggerät (schematisch)

---

[1] Medianwert: Eine ungerade Anzahl von Einzelwerten wird nach steigenden Zahlen geordnet. Medianwert ist dann der in der Mitte stehende Zahlenwert.

Bestimmt wird der **Torsionsmodul** (Schubmodul) und die durch innere Reibungsverluste bewirkte **Dämpfung** der mechanischen Schwingung.

Sowohl Schubmodul als auch Torsionsschwingungsdämpfung sind physikalische Eigenschaftswerte. Die Prüfung liefert also – im Unterschied zu den sonst angewandten technologischen Prüfungen – exakte Ergebnisse, die unabhängig von Probenform und Prüfverfahren sind.

Beide Größen, in Abhängigkeit von der Temperatur aufgetragen, zeigen dabei charakteristische Besonderheiten, die eine genaue Beurteilung der bei den jeweiligen Temperaturen vorliegenden Werkstoffzustände und Verhaltensweisen ermöglichen. So kennzeichnen hohe Schubmoduln und damit in Beziehung stehende niedrige Dämpfungen den harten Zustandsbereich, während ein Abfall des Schubmoduls bei einem Ansteigen der Dämpfung die Erweichung des Kunststoffs anzeigt. Der Versuch ermöglicht somit das Erkennen des strukturellen Aufbaus, d. h. die Unterscheidung zwischen *Duroplasten*, teilkristallinen oder amorphen Thermoplasten, thermoplastischen Elastomeren und Elastomeren.

Darüber hinaus lassen sich aus der Lage und dem Verlauf der miteinander in Beziehung stehenden Kurven deutlich erkennen:
– die Temperaturbereiche, in denen sich Kunststoffe im harten, zäh-elastischen oder weichen Zustand befinden,
– die jeweilige Höhe der Einfriertemperatur und der Verlauf der nach ihrem Überschreiten einsetzenden Erweichung bis zum plastischen Fließen,
– das durch die erste geringe Erweichung verdeutlichte Auftauen amorpher Anteile und das Schmelzen der Kristallite bei teilkristallinen Thermoplasten. Die Schubmoduln fallen bei Beginn des plastischen Fließens stark ab, die Dämpfung zeigt ein Maximum (Bild 7.57).

Der *Schubmodul G* ist der Quotient aus Schubspannung und elastischer Winkelverformung bei sehr kleinen Verformungen im HOOKEschen Bereich. Er wird berechnet nach der Beziehung

$$G = J \cdot f^2 \cdot F_g \cdot F_d - S_E$$

aus dem Trägheitsmoment der an der Probe hängenden Schwingmasse *(J)*, der gemessenen Schwingfrequenz *(f)*, den Probenabmessungen, enthalten im Faktor F_g, und dem Einfluss der Dämpfung (Faktor F_d) auf die Schwingfrequenz. Durch das Korrekturglied S_E kann der Einfluss der Schwerkraft auf das rücktreibende Drehmoment berücksichtigt werden.

Als Maß für die mechanische Schwingungsdämpfung gilt das natürliche *logarithmische Dekrement der mechanischen Dämpfung Λ*. Es wird bestimmt aus dem Unterschied der Amplituden aufeinanderfolgender Schwingungen nach der Formel (Bild 7.58):

$$\Lambda = \ln \frac{A_n}{A_{n+1}}.$$

Da zwischen **Schubmodul G** und **Elastizitätsmodul E** die Beziehung

$$E = 2 \cdot G (1+\mu)$$

(μ = POISSONsche Zahl) besteht, kann über den Torsionsschwingversuch auch die Bestimmung des temperaturabhängigen Elastizitätsmoduls erfolgen. μ liegt bei Kunststoffen zwischen 0,35 und 0,5. Der Elastizitätsmodul beträgt somit etwa das Dreifache des Schubmoduls.

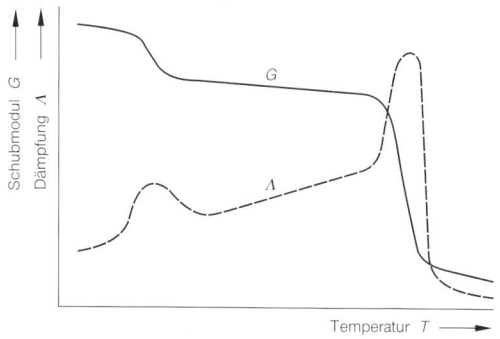

Bild 7.57
Schubmodul (G) und mechanische Dämpfung (Λ) eines teilkristallinen Thermoplasten in Abhängigkeit von der Temperatur

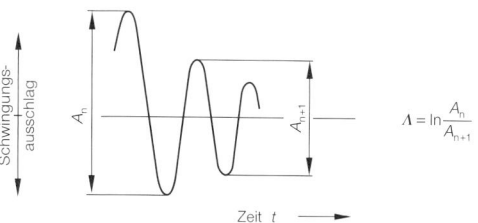

Bild 7.58
Dämpfung mechanischer Schwingungen

7.8.2.2 Formbeständigkeit in der Wärme

Zur Beurteilung des thermischen Verhaltens, das sich in der Verminderung des Widerstandes gegen Formänderungen ausdrückt, können mehrere Prüfverfahren verwendet werden. Sie sind dem unterschiedlichen Charakter der Kunststoffe angepasst, also keinesfalls allgemein anwendbar und in ihren Ergebnissen auch nicht miteinander vergleichbar oder ineinander umrechenbar.

Als typisch technologische Prüfungen, bei denen in die Erfassung einer bestimmten Verhaltensweise verschiedene Eigenschaften eingehen, liefern sie keine spezifischen Eigenschaftswerte. Die Prüfergebnisse sind selbst beim gleichen Werkstoff einer Reihe von veränderlichen Einflüssen (z. B. Probenzustand, Prüfzeit, Temperatur- und Belastungshöhe) unterworfen und somit an die genaue Einhaltung der Prüfvorschriften gebunden.

Die Prüfungen können der Kontrolle und Überwachung gleichbleibender Qualität bei der Herstellung und Verarbeitung von Kunststoffen dienen. Sie bieten somit eine praktische Vergleichsgrundlage für die Beurteilung der Güte von Kunststofferzeugnissen gleicher Art.

Unter der **Formbeständigkeit in der Wärme** versteht man die Fähigkeit einer mechanisch belasteten Kunststoffprobe, die unter Spannung steht, ihre geometrische Form bis zu einer bestimmten Temperatur weitgehend beizubehalten.

Bei der Bestimmung der **Wärmeformbeständigkeitstemperatur** T_f nach DIN EN ISO 75 wird ein Kunststoffprobekörper bei einer Dreipunkt-Biegebelastung in einem Temperierbad mit einer Heizrate von 120 K/h gleichmäßig erwärmt. Die aufzubringende Prüfkraft wird nach den in der Norm vorgeschriebenen Abmessungen des Probekörpers so berechnet, dass eine bestimmte Biegespannung (Verfahren A: etwa 1,8 N/mm², Verfahren B: etwa 0,45 N/mm²) wirksam wird.

Die Wärmeformbeständigkeitstemperatur ist diejenige Temperatur, bei der eine jeder Probenhöhe zugeordnete Durchbiegung erreicht wird (0,33 mm bis 0,21 mm für Probenhöhen von 9,8 mm bis 15 mm).

Das Verfahren ist für harte und verstärkte Kunststoffe sowie für Duroplaste geeignet.

Mit der Bestimmung der V<small>ICAT</small>-**Erweichungstemperatur (VST)** nach DIN EN ISO 306 lässt sich eine Grenze des Anwendungstemperaturbereiches von Thermoplasten kennzeichnen. Es wird dabei die Temperatur gemessen, bei der ein zylindrischer Stahlstift mit 1 mm² Querschnittsfläche bei einer festgelegten Belastung und einer gleichmäßigen Aufheizung in einem Temperierbad 1 mm tief in eine horizontal aufliegende Probe eingedrungen ist.

Der 10 mm x 10 mm große Probekörper darf eine Dicke von 3 mm bis 6,5 mm haben und wird durch den Stift mit 10 N oder 50 N belastet. Die Prüfung erfolgt in einem Temperierbad, in dem gleichzeitig mehrere Proben bei einer Heizrate von 50 K/h oder 120 K/h gleichmäßig aufgeheizt und geprüft werden können.

Mit der Formbeständigkeit in der Wärme nach M<small>ARTENS</small> wird die Temperatur ermittelt, bei der ein Probekörper unter Biegebelastung bei gleichmäßiger Aufheizung eine bestimmte Durchbiegung erreicht.

Bei der M<small>ARTENS</small>-Prüfung wird ein Probekörper mit festgelegten Abmessungen im Prüfgerät senkrecht unten fest eingespannt. Am oberen Ende wird der Probekörper durch einen waagerecht angeklemmten Hebel durch ein Gewicht belastet, das auf die Probe eine Biegespannung von etwa 5 N/mm² ausübt. Die Erwärmung erfolgt mit einer Heizrate von 50 K/h in einem Wärmeschrank unter schwacher Luftumwälzung.

Die M<small>ARTENS</small>-Temperatur ist die Temperatur, bei der der Belastungshebel um 6 mm abgesunken ist.

Die deutsche Norm für die Bestimmung der M<small>ARTENS</small>-Temperatur wurde zwar zurückgezogen, es gibt aber für diese Prüfung noch eine gültige französische Vorschrift: NF T51-070. Als Ersatz für die M<small>ARTENS</small>-Temperatur wird in zunehmendem Maße die Wärmeformbeständigkeitstemperatur T_f ermittelt.

Die in den Heizbädern verwendeten Flüssigkeiten dürfen die zu erwärmenden Probekörper nicht beinträchtigen, es werden als Temperiermedien z. B. Paraffin, Transformatorenöl, Glycerin, Silikonöl eingesetzt.

Es ist offensichtlich, dass die Prüfungsergebnisse nach MARTENS und nach DIN EN ISO 75 durch den *Elastizitätsmodul* beeinflusst werden, während bei der VICATprüfung die Ausgangshärte eine Rolle spielt.

Alle angeführten Prüfverfahren lassen wegen ihrer Bindung an die Prüfbedingungen keine unmittelbaren Rückschlüsse auf die maximale Gebrauchstemperatur von Kunststoffen zu.

7.8.3 Elektrische Eigenschaften

Während bei den Metallen die Untersuchung ihrer elektrischen Eigenschaften zwar von wissenschaftlichem Interesse ist, aber kaum Eingang in die allgemeine Werkstoffprüfung gefunden hat, haben solche Prüfungen bei Kunststoffen als *Isolierstoffe der Elektrotechnik* eine erhebliche praktische Bedeutung. Sie dienen als Abnahmeprüfungen für den praktischen Einsatz und ermöglichen eine vergleichende Beurteilung der durch Aufbau, Herstellung und Behandlung (Vorgeschichte) herrührenden Einflüsse. Sie lassen schließlich auch erkennen, ob und inwieweit sich elektrische Energieverluste, die sich in Wärme umsetzen, praktisch nutzen lassen, wie es z. B. bei der Erwärmung durch Hochfrequenz der Fall ist.

Die Untersuchungen bezwecken allgemein die Feststellung der Isoliereigenschaften und die Beurteilung des dielektrischen Verhaltens unter dem Einfluss von Wechselspannungen bei verschiedenen Frequenzen mit der Bestimmung der hierfür charakteristischen Kenngrößen.

7.8.3.1 Isoliereigenschaften

Das elektrische Isoliervermögen wird erfasst durch die **Bestimmung der elektrischen Widerstandswerte** nach DIN IEC 60093.

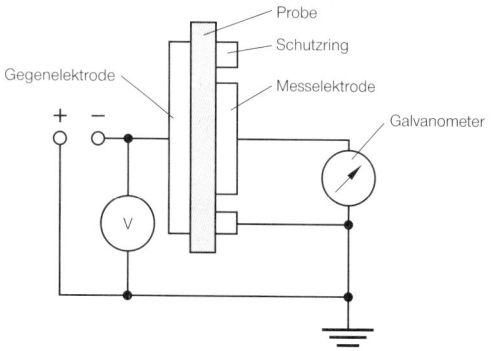

Bild 7.59
Messung des Durchgangswiderstands (Schaltschema)

Geprüft werden:
– der Durchgangswiderstand R_D,
– der Widerstand zwischen Stöpseln R_S,
– der Oberflächenwiderstand R_O
bei Gleichspannung.

Zur Messung des **Durchgangswiderstands** werden Proben geometrisch einfacher Form, meist Platten (aber auch Zylinder, Rohrabschnitte), zwischen zwei satt anliegende Elektroden gebracht, deren Ausführungsformen in den Normen festgelegt sind. Als Messspannung werden vorzugsweise 100 V oder 1000 V Gleichspannung angelegt. Um zu gewährleisten, dass nur der Strom gemessen wird, der zwischen den Messflächen der Elektroden durch den Isolierkörper geht, ist die Messelektrode von einem Schutzring umgeben, über den die Oberflächenströme zur Erde abgeleitet werden (Bild 7.59).

Um vergleichbare Ergebnisse zu erhalten, werden die Proben einer in den Werkstoffnormen festgelegten Vorbehandlung zur Erzielung eines gleichartigen Zustands unterworfen. Gegebenenfalls erfolgt eine besondere Behandlung dann, wenn bestimmte Einflüsse, z. B. mechanische Beanspruchung, Einwirkung von Chemikalien oder Feuchtigkeit, ermittelt werden sollen.

Aus dem gemessenen Widerstand

$$R_D = \frac{U}{I}$$

wird der **spezifische Durchgangswiderstand** ρ_D [1] nach der Beziehung

$$\rho_D = \frac{R_D \cdot A}{a}$$

mit A als Messfläche der Messelektrode und a als Dicke der Probe berechnet.

Die Messung des **Widerstandes zwischen Stöpseln** R_S wird durchgeführt, indem als Elektroden zwei konische Stöpsel in Bohrungen des Probekörpers in einem festgelegten Abstand eingeführt werden. Sie erfasst naturgemäß außer dem Widerstand im Innern auch den Widerstand an der Oberfläche, lässt aber Rückschlüsse darauf zu, inwieweit das

---
[1] Der spezifische Durchgangswiderstand eines Stoffes ist definiert als der in Ω gemessene Widerstand eines Körpers von 1 cm² Querschnitt und 1 cm Länge und wird angegeben in den Einheiten Ω cm²/cm, gekürzt zu Ω cm.

Isoliervermögen des geprüften Kunststoffs durch Inhomogenitäten im Werkstoff beeinflusst ist.

Die Prüfung wird auch insbesondere dann angewendet, wenn die Form des zu prüfenden Erzeugnisses die Entnahme des Probekörpers in der Größenordnung, wie sie für die Bestimmung des spezifischen Durchgangswiderstands erforderlich ist, nicht zulässt.

Der **Oberflächenwiderstand** R_O kann nach verschiedenen Verfahren gemessen werden, die jeweils sicherstellen, dass nur der an der Oberfläche übergehende Strom erfasst wird (Bild 7.60).

Als Elektroden dienen entweder *federnde Metallschneiden,* die in einem festgelegten Abstand voneinander an die Oberfläche angedrückt werden oder fest angepresste kreisförmige *Haftelektroden* mit Schutzring. Erfasst wird nur der Stromübergang zwischen Messelektrode und Schutzring. Die Gegenelektrode ist geerdet. Auf Formteile, deren Form die Verwendung dieser Elektroden nicht zulässt, werden haftende *Strichelektroden* aus Leitsilber aufgebracht.

Bei Schneiden- und Strichelektroden wird der gemessene Oberflächenwiderstand direkt in Ohm angegeben. Bei Haftelektroden wird sein Zahlenwert aus dem gemessenen Widerstand R_G, dem mittleren Durchmesser des Spaltes zwischen Messelektrode und Schutzring d_m und der Breite des Spalten g_b berechnet nach der Formel:

$$R_{OC} = \pi \cdot \frac{d_m \cdot R_G}{g_b}.$$

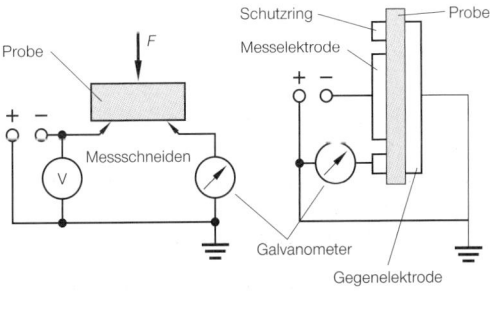

a)   b)

Bild 7.60
Messung des Oberflächenwiderstands (Schaltschema)

Durchschlagfestigkeit

Beim Einsatz unter Wechselspannungen mit hohen Frequenzen zeigt sich die Güte eines Isolierstoffes darin, welche Spannungswerte er erträgt, ohne dass es zu einem Durchschlag kommt, d. h. einem Funken- oder Lichtbogenübergang durch den Stoff, der zu seiner Zerstörung führt. Beurteilt wird dieses Verhalten durch die Feststellung der Durchschlagspannung bzw. Durchschlagfestigkeit nach DIN IEC 60243.

Die **Durchschlagspannung** ist der Spannungshöchstwert, der zum Durchschlag führt, die **Durchschlagfestigkeit** die auf die Probendicke bezogene Durchschlagspannung.

Da beide Werte nicht nur vom Isolierstoff, sondern von einer Vielzahl von Einflüssen (Probendicke, Geschwindigkeit der Spannungssteigerung, Zeitdauer der Belastung, Temperatur und Umweltbedingungen) abhängig sind, muss ihre Bestimmung unter den genau festgelegten Bedingungen erfolgen, um vergleichbare Werte zu erhalten.

Die Prüfungen dienen zur *Produktionskontrolle* und zur Bestimmung von *Typwerten.* Sie erfordern eine Hochspannungseinrichtung.

Die Messung erfolgt, indem an die Probe, deren Dicke 3 mm nicht übersteigen darf, eine Wechselspannung üblicher technischer Frequenzen gelegt wird. Die Spannung wird dann so weit und so rasch erhöht, dass der Durchschlag innerhalb von 10 s bis 20 s eintritt. Die Messungen sind vorwiegend Vergleichsmessungen. Kennwerte für Durchschlagspannung und Durchschlagfestigkeit können nur dann ermittelt werden, wenn durch besonders ausgebildete Elektrodenformen die Entstehung eines weitgehend homogenen Feldes zwischen den Elektroden erreicht wird.

Aus der gemessenen *Durchschlagspannung* U_d ergibt sich die Durchschlagfestigkeit E_d durch Division durch die Probendicke.

Die Durchschlagspannung nimmt allgemein im Laufe der Zeit ab. Von praktischer Bedeutung ist deshalb häufig auch die Ermittlung der *Stehspannung,* d. h. jener Spannungshöhe, die von der Probe unter bestimmten Prüfbedingungen über bestimmte Zeitabstände (in der Regel 1, 5. 10 und 30 min) ohne Zerstörung gerade noch ertragen wird.

Kriechstromfestigkeit

Kriechströme sind Ströme, die auf der Oberfläche eines im trockenen und sauberen Zustand gut isolierenden Körpers zwischen spannungführenden Teilen infolge von leitfähigen Verunreinigungen fließen. Ihre Entstehung ist also bedingt durch Verunreinigungen, die im Verein mit Feuchtigkeit einen Elektrolyten bilden. Ihre Auswirkung zeigt sich im Entstehen einer Kriechspur, die sich durch die Bildung kleiner Lichtbogen zwischen den spannungführenden Teilen in das Material einbrennt und ggf. Kohle- oder Salzablagerungen hinterlässt, die wiederum zur Verstärkung der Kriechströme führen. Als **Kriechstromfestigkeit** wird die Widerstandsfähigkeit gegen eine solche Kriechspurbildung bezeichnet.

Die Beurteilung des Verhaltens von Isolierstoffen unter der Einwirkung von Kriechströmen erfolgt durch die **Bestimmung der Kriechstromfestigkeit** nach DIN IEC 60112.

Zwischen zwei im Abstand von 4 mm und unter einem Winkel von 60° auf die waagerecht liegende Probe aufgesetzten Elektroden, an denen eine Wechselspannung liegt, wird eine elektrisch leitende Prüflösung in Zeitabständen von 30 s aufgetropft (Bild 7.61).

Als Maß für die Kriechstromfestigkeit gilt dann die höchste Spannung in einem einstellbaren Bereich von 100 V bis 600 V, die bis zur 50. Auftropfung keinen Kurzschluss verursacht. Für ein einwandfreies Prüfergebnis sind 5 Versuche erforderlich.

Angegeben wird die Stufe der Kriechstromfestigkeit mit dem Zahlenwert der ermittelten Spannung nach den Zeichen KC, z. B. *Stufe KC 125* bei 125 V Spannung.

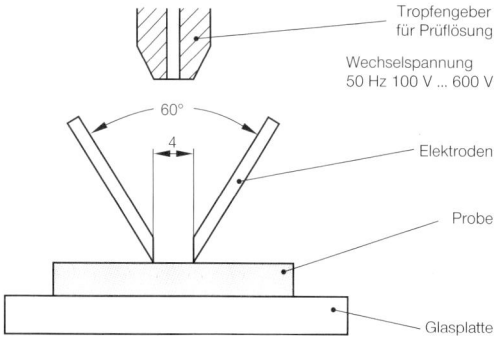

Bild 7.61
Bestimmung der Kriechstromfestigkeit

7.8.3.2 Dielektrisches Verhalten

Zwischen den unter Spannung stehenden Platten eines Kondensators baut sich ein elektrisches Feld auf. Es ist umso größer, je geringer (bei gleicher Spannungshöhe) der Platten- bzw. Leiterabstand ist, da die Feldstärke

$$E = \frac{U}{a}$$

der Spannung U direkt und dem Plattenabstand a umgekehrt proportional ist. Die Kapazität C eines Kondensators ist gegeben durch das Verhältnis der Ladungsmenge Q zur angelegten Spannung. Es ist $C = Q/U$, und mit $U = E \cdot a$ gilt

$$C = \frac{Q}{E \cdot a}.$$

Sie vergrößert sich also bei gleichbleibender Feldstärke mit der Verminderung des Plattenabstandes.

Eine weitere Kapazitätssteigerung erfolgt durch Einbringen eines Isolators zwischen die Kondensatorplatten als *Dielektrikum*, das ist ein elektrisch nicht leitender Stoff mit einem spezifischen Widerstand größer als 10^{10} Ω cm.

Das Verhalten dieses Dielektrikums ist dabei unterschiedlich, je nachdem, ob es sich um einen unpolaren, also elektrisch völlig neutralen Stoff, oder um einen solchen mit Dipolen handelt, bei dem die Schwerpunkte der positiven und negativen Ladungen im Molekül nicht zusammenfallen. Bei Kunststoffen sind beide Stoffgruppen vertreten.

Bei *unpolaren* Stoffen bewirkt das elektrische Feld eine Polarisierung, also eine Verschiebung der positiven und negativen Ladungen im Molekül (Verschiebungspolarisation). Bei *polaren* Dielektrika richten sich die Dipole im elektrischen Feld aus (Bild 7.62).

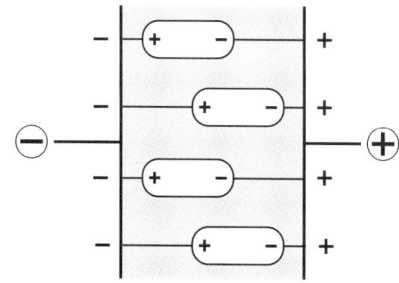

Bild 7.62
Dielektrikum im Kondensator

Die damit verbundene teilweise Beeinflussung (Verkürzung) der Feldlinien hat die gleiche Auswirkung wie die Verminderung des Plattenabstands, führt also zur Erhöhung der Kapazität.

Als Maß für die Erhöhung der Kapazität eines Kondensators durch das Einbringen eines Dielektrikums gilt die **Dielektrizitätszahl** ε_r. Sie ist ein materialabhängiger Faktor, der angibt, um wievielmal die Kapazität eines Kondensators mit Dielektrikum größer ist als die desselben Kondensators in Luft (oder im Vakuum).

Die **Dielektrizitätskonstante** des Isolierstoffs ist dann $\varepsilon = \varepsilon_r \cdot \varepsilon_0$, wobei ε_0 die Dielektrizitätskonstante des leeren Raums darstellt.

Dielektrische Verluste entstehen, wenn das Dielektrikum eine geringe Leitfähigkeit aufweist oder wenn es nicht völlig homogen aufgebaut ist. In einem wechselnden Feld (bei Wechselspannung) führt bei unpolaren Kunststoffen die zeitliche Verzögerung der Umpolarisation und bei polaren Stoffen das dann auftretende Schwingen der Dipole zu weiteren Energieverlusten. Sie bewirken eine Veränderung der Phasenverschiebung zwischen Strom und Spannung.

Beträgt der Phasenwinkel im verlustfreien Kondensator $\varphi = 90°$, so wird er durch die Verluste an Energie im Wechselfeld um den Winkel δ, als dem Ergänzungswinkel zu 90° verkleinert (Bild 7.63).

Der Tangens dieses »Fehlwinkels« wird als **dielektrischer Verlustfaktor** $\tan \delta$ bezeichnet. Er gibt das Verhältnis zwischen Wirk- und Blindstrom und damit auch das zwischen Wirkleistung (= Verlust) und Blindleistung des Kondensators an. Die **dielektrische Verlustzahl** ist dann:

$\varepsilon_r'' = \varepsilon_r \cdot \tan \delta$.

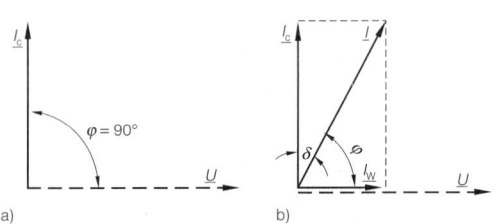

Bild 7.63
Zeigerdiagramme von Kondensatoren
a) *verlustlos*
b) *verlustbehaftet*

Sie ist materialabhängig, d. h. bei verschiedenen Kunststoffen unterschiedlich. Ihre Größe ändert sich mit der Frequenz und der Temperatur und wirkt sich vor allem bei hohen Frequenzen zunehmend aus.

Dielektrische Verluste vermindern die Leistung des Kondensators. Sie setzen sich in Wärme um. Kunststoffe mit sehr geringer dielektrischer Verlustzahl sind demnach hervorragende Dielektrika. Andererseits kann die innere Erwärmung von Kunststoffen mit höherem $\varepsilon_r \cdot \tan \delta$ bewusst und vorteilhaft technisch genutzt werden, wie es z. B. beim Hochfrequenzschweißen von PVC geschieht.

Die **Bestimmung der dielektrischen Eigenschaften** bei Wechselspannung erfolgt nach DIN IEC 60250. Wegen der Frequenzabhängigkeit wird die Prüfung bei den festgelegten Frequenzen 100 Hz, und 1 MHz durchgeführt.

Für Entnahme, Form und Anzahl der Proben gelten die in den einzelnen Werkstoffnormen angeführten Bedingungen. Die Prüfung soll den vorgesehenen Einsatzbedingungen der Isolierstoffe entsprechen, da neben der Frequenz- und Temperaturabhängigkeit sich noch andere Einflüsse, wie z. B. mechanische Beanspruchung, Feuchtigkeit, Einwirkung von Chemikalien, auswirken. Die Proben sind deshalb – zur Vergleichbarkeit der Ergebnisse – einer entsprechenden Vorbehandlung zu unterziehen.

Durch unmittelbar auf die Probenoberfläche aufgebrachte *Haftelektroden* (meist Plattenelektroden mit Schutzring) oder aufgespritztes bzw. aufgedampftes Leitmaterial wird ein Kondensator mit Dielektrikum gebildet, dessen Kapazität mit geeigneten Messgeräten direkt gemessen wird.

Die *Dielektrizitätszahl* ε_r wird dann aus der Kapazität dieses Kondensators C_x und der der gleichen Elektrodenanordnung in Luft C_0 berechnet nach

$$\varepsilon_r = \frac{C_x}{C_0}.$$

Der dielektrische Verlustfaktor $\tan \delta$ ist bei gleicher Elektrodenanordnung an den hierfür geeigneten Messgeräten direkt ablesbar oder aus den gemessenen Widerständen zu berechnen.

Die dielektrische Verlustzahl $\varepsilon_r'' = \varepsilon_r \cdot \tan \delta$ wird aus den ermittelten Werten berechnet.

Ergänzende und weiterführende Literatur

Dominghaus, H.: Die Kunststoffe und ihre Eigenschaften, 5. Auflage, Springer-Verlag, Berlin 1998

Ehrenstein, G.: Polymer-Werkstoffe, 2. Auflage, Hanser-Verlag, München 1999

Ehrenstein, G.: Faserverbund-Kunststoffe, Hanser-Verlag, München 1992

Hellerich/Harsch/Haenle: Werkstoff-Führer Kunststoffe, 9. Auflage, Hanser-Verlag, München 2004

Menges, G. et al.: Werkstoffkunde Kunststoffe, 5. Auflage, Hanser-Verlag, München 2002

Saechtling, H.: Kunststoff-Taschenbuch, 29. Auflage, Hanser-Verlag, München 2003

8 Schadensanalyse

Einwandfreie Berechnung und Konstruktion von Bauteilen, sorgfältige Werkstoffauswahl, sachgerechte Fertigung und ordnungsgemäßer Betrieb von Maschinen und Anlagen sollen gewährleisten, dass Schadenfälle nicht eintreten. Das Entstehen von Schäden wird dadurch zwar im Allgemeinen zum Ausnahmefall, stellt aber trotzdem keine Seltenheit dar. Neben dem unmittelbaren Sachschaden ergeben sich als Folgen häufig Produktionsausfälle und manchmal auch Personenschäden. Nicht zuletzt aus diesem Grund ist das Vermeiden von Schäden eine der wichtigsten Aufgaben eines Ingenieurs.

Da das zum Schadenfall führende Versagen eines Konstruktionsteiles immer ein Versagen des Werkstoffes ist, wird als Schadensursache sehr häufig zunächst ein *Werkstofffehler* angenommen. Diese Annahme erweist sich meist als falsch, denn:
– ein Schaden ergibt sich überwiegend erst aus dem *Zusammentreffen mehrerer ungünstiger Bedingungen*,
– die *eigentlichen Werkstofffehler*, d. h. die Gusslegierung mit falscher Zusammensetzung, das fehlerhafte Schmiedestück oder Halbzeuge mit überdurchschnittlich viel Verunreinigungen, sind äußerst selten Ursache von Betriebsausfällen. Derartige Fehler werden in der Regel durch die Qualitätssicherung der Werkstoffhersteller und -verarbeiter aufgedeckt.

Nach Angaben eines Maschinenversicherers beträgt die Häufigkeit der Schadensursache »Werkstofffehler« bei verschiedenen Maschinenarten und Konstruktionselementen zwischen 0,7 % und 30 %, im Mittel etwa 7 % (Tab. 8.1).

Die Vergleichswerte für die verschiedenen Zeiträume zeigen, dass bei der Maschinen- oder Bauteilgruppe starke Schwankungen in der Verteilung der Schadensursachen möglich sind. Besonders deutlich wird dies bei den hydraulischen Kupplungen, bei denen eine Bauart-Neuentwicklung den Anteil der Werkstofffehler von 4 % auf 30 % veränderte. Die umgekehrte Tendenz ist bei Gasturbinen mit einer Abnahme der Werkstofffehler von 17 % auf 2 % festzustellen, als Zeichen dafür, dass Werkstofffragen im Gasturbinenbau besser beherrscht werden. Der Einsatz von Gasturbinen mit höheren Turbineneintrittstemperaturen, letztlich ein reines Werkstoffproblem, kann die Quote der *Werkstofffehler* wieder deutlich anheben.

Tab. 8.1: Relative Häufigkeit der Schadensursache Werkstofffehler, veröffentlicht 1984 (1976/1972) [1]

Maschinenart, Bauteil	Werkstofffehler %
Dampfturbinen	9,0 (9,1/8,0)
Gasturbinen	4 (2/17)
Turboverdichter, -gebläse	3 (3/9)
Wasserturbinen	11 (6,2/4)
Kreiselpumpen	7 (5/7)
Drehkrane, Verladebrücken	2,2 (3,1/-)
Fahrzeugkrane	0,5 (0,7/-)
mechanische Kupplungen	7,3 (7,3/3)
hydraulische Kupplungen	30(30/4)
stationäre Getriebe	10,9 (10,9/7)

[1] nach ALLIANZ-Handbuch der Schadenverhütung

Die Zahlen in Tab. 8.1 enthalten aber neben anderen auch die Ursachen *Werkstoffverwechslung* und *falsche Wärmebehandlung*. Der Werkstofffehler im oben beschriebenen Sinne macht folglich nur einen Bruchteil der aufgeführten Prozentsätze aus.

Unabhängig davon, ob ein Werkstofffehler vorliegt oder nicht, erfordert die Ermittlung der Schadensursachen die genaue Kenntnis:
– des Werkstoffverhaltens unter der Wirkung der verschiedenartigen Einflüsse und
– der Möglichkeiten und Aussagegrenzen von *Werkstoffuntersuchungen* und *Werkstoffprüfungen*.

Folglich sind werkstofftechnische Fragen bei Schadensanalysen von entscheidender Bedeutung. Andererseits tragen Schadensanalysen dazu bei, die Aufgabe der Werkstofftechnik zu erfüllen, nämlich für ein technisches Erzeugnis die optimale Kombination aus Bauteileigenschaften, Fertigungsverhalten und Werkstoffpreis zu finden.

Die Vielfalt der Einwirkungen, die das Werkstoffverhalten beeinflussen können, gestattet meist nicht, aus dem äußeren Zustand des beschädigten Bauteils sofort auf die Schadensursache(n) zu schließen. Die Durchführung einer gezielten Schadensanalyse erfordert folglich eine gewisse Systematik, um alle Einflüsse zu erkennen, die schadensauslösend waren.

8.1 Schadensuntersuchungen

Der Ermittlung des Schadensablaufs und der Schadensursache dient eine *Schadensuntersuchung*. Sie macht naturgemäß den größten Teil der Schadensanalyse aus und lässt sich in mehrere Teilschritte gliedern:

- ❐ Im *Schadensbefund* werden der äußere Zustand des beschädigten Teiles, das *Schadensbild,* und kennzeichnende Merkmale der Schadensart festgehalten. Bestandteile des Schadensbefunds sind neben Daten des Schadensteils, z. B. Werkstoff und Abmessungen, insbesondere
  - Oberflächenschäden infolge Verschleiß und/oder Korrosion,
  - makroskopische Bruchflächenmerkmale,
  - Risse und Verformungen.
- ❐ Der Schadensbefund ist zu ergänzen durch eine *Bestandsaufnahme,* in der allgemeine Informationen über die beschädigte Anlage und insbesondere über den Schadensablauf und die Vorgeschichte des Schadens erfasst werden sollen.
- ❐ *Einzeluntersuchungen* sind meist zusätzlich zur Klärung des Schadensfalles erforderlich. Sie haben häufig die folgende Rang- und Reihenfolge:
  - mikroskopische Untersuchung von Oberflächenschädigungen und/oder Bruchflächen,
  - zerstörungsfreie Prüfungen, vor allem, wenn die beschädigte Konstruktion repariert werden soll,
  - mechanische Werkstoffprüfungen,
  - metallografische Untersuchungen,
  - physikalische und chemische Analyse,
  - Simulationsversuche.

Man beachte, dass die aufgeführten Einzeluntersuchungen einen zunehmenden Aufwand erfordern, der in einem angemessenen Verhältnis zu dem eingetretenen Schaden bzw. zu den erwarteten Aussagen für die Schadenverhütung stehen muss. Bei Inangriffnahme weiterer Untersuchungen ist folglich immer erst zu prüfen, ob ihre Durchführung wirtschaftlich vertretbar ist.

8.1.1 Untersuchung von Oberflächenschäden

Die Untersuchungen beschränken sich zunächst auf eine visuelle Prüfung der Oberfläche. Eine makroskopische Betrachtung gestattet im Allgemeinen nur die Feststellung, ob eine Beeinträchtigung der Oberfläche durch *Verschleiß* oder *Korrosion* vorgelegen hat oder nicht. Soweit nicht charakteristische Merkmale den Schluss auf eine ganz bestimmte Art der Oberflächenschädigung zulassen, ist diese Feststellung meist unzureichend, und es werden mikroskopische Untersuchungen erforderlich.

Lichtmikroskope sind dafür nur beschränkt geeignet, weil die geringe Schärfentiefe bei höheren Vergrößerungen nicht ausreicht, um die durch die Oberflächenzerstörung erzeugten Unebenheiten zu erfassen. Eine genaue Analyse der Gestalt und damit der Art von Oberflächenschäden ist folglich nur mit Hilfe eines Raster-Elektronenmikroskopes möglich. Die Vorzüge dieses Gerätes werden allerdings erkauft durch einen relativ hohen apparativen Aufwand, die Deutung von Rasterbildern setzt entsprechende Erfahrung voraus.

Verschleißschäden (z. B. durch Gleitverschleiß, Wälzverschleiß oder Erosion) können, soweit sie nicht als normal anzusehen sind, auf folgende Ursachen zurückgeführt werden:
- zu hohe Belastung (Überbeanspruchung),
- zu hohe Geschwindigkeit (Überdrehzahlen, Strömungsgeschwindigkeiten),
- mangelhafte Schmierung,
- zu geringe Härte des Werkstoffes.

Die ersten drei Ursachen sind in der konstruktiven Auslegung oder in den Betriebsbedingungen begründet, lediglich die letzte könnte einen Werkstofffehler im weiteren Sinne enthalten. In diesem Fall lässt sich, z. B. durch Härteprüfung, nachweisen, ob die vom Konstrukteur festgelegten Werte eingehalten wurden.

Charakteristische Verschleißerscheinungen, wie z. B. die **Grübchenbildung** *(pitting)* auf Zahnrädern oder in Wälzlagern (Bild 8.1), haben ganz bestimmte, hauptsächlich in den Einsatzbedingungen liegende Ursachen. Grübchen sind kleine, relativ flache Vertiefungen in der Oberfläche.

Auf den Zahnflanken von *Zahnrädern* können Grübchen dann entstehen, wenn durch zu hohe Belastung oder infolge unzureichender Schmierung Mischreibung vorliegt. Das Herausbrechen dünner Oberflächenteile ergibt sich hier aus dem Zusammenwirken plastischer Verformungen, hervorgerufen durch die metallische Berührung der Zähne, und der Bewegung des Ölstromes, der von den Zahnrädern gefördert wird. In Wälzlagern können Grübchen eine

Folge des wiederholten Überrollvorganges sein. Ursache sind z. B. Daueranrisse an nichtmetallischen Einschlüssen, die sich unter der Oberfläche befinden. Aus diesem Grunde müssen Wälzlagerstähle besonders verunreinigungsarm sein.

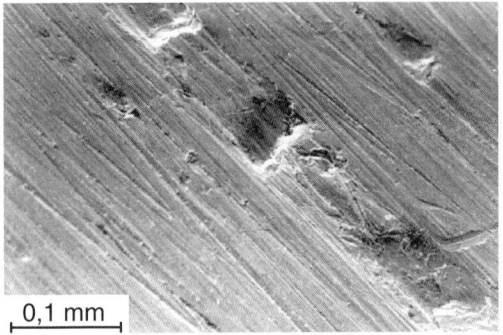

Bild 8.1
Grübchenbildung (pitting) an einem Zahnrad (REM-Aufnahme)

Die mikroskopische Untersuchung der Oberfläche auf *Korrosionsschäden* dient insbesondere dem Feststellen von Korrosionsrissen, wenn die Möglichkeit besteht, dass ein Bruchschaden z. B. durch interkristalline oder transkristalline Korrosion ausgelöst sein könnte. Die weitere Untersuchung solcher Schäden erfolgt dann meist mit den Verfahren der Metallografie.

Flächenmäßige Korrosion und Lochfraß sind fast immer makroskopisch deutlich erkennbar. Für die Ermittlung der Korrosionsursache ist hier neben der Werkstoffuntersuchung oft die chemische Analyse der Korrosionsprodukte erforderlich.

8.1.2 Fraktografie

Die Fraktografie, d. h. die visuelle Untersuchung der Bruchfläche, ist der erste Schritt einer Schadensanalyse. Die verschiedenartigen Merkmale der Bruchfläche ergeben zumindest erste Anhaltswerte über:
– zeitlichen Ablauf: Gewaltbruch oder Schwingungsbruch,
  Bruchverhalten des Werkstoffes: Verformungs- (Zäh-)bruch oder Sprödbruch,
– Art der Beanspruchung: Zug, Druck, Biegung, Torsion,
– Höhe der Beanspruchung beim Schwingungsbruch,
– Einfluss von Kerben.

Die makroskopischen Merkmale von Bruchflächen sind:

– Lage der Bruchfläche zur Bauteilgeometrie oder zur Hauptbeanspruchungsrichtung,
– Struktur der Bruchfläche,
– Glanz und Farbe der Bruchfläche.

Enthält die Bruchfläche Bereiche mit deutlich unterschiedlichen Strukturen, so sind als zusätzliche Merkmale anzusehen:
– Flächenanteile der verschiedenen Bereiche und
– Anordnung der verschiedenartigen Teilflächen.

Für eine sichere fraktografische Analyse ist es erforderlich, die aus den verschiedenen Merkmalen gewonnenen Aussagen in ihrer Gesamtheit zu bewerten. Trotzdem kann die Betrachtung einzelner Merkmale allein ausreichen, wenn sie eindeutig sind.

Die *Lage der Bruchfläche,* d. h. ihre Neigung zur Bauteilachse bzw. zur Richtung der größten Hauptspannung, kann Hinweise geben auf die Art der Beanspruchung, auf das Bruchverhalten des Werkstoffes und auf die Bruchart (Gewaltbruch oder Schwingungsbruch). So kann z. B. eine Bruchfläche, die in einem lang gestreckten Bauteil rechtwinklig zu dessen Achse liegt, durch schwingende Zug-Druck- oder Biegebeanspruchung verursacht sein. In einem zähen Werkstoff kann auch statische Torsionsbelastung, in einem spröden Werkstoff statische Zug- oder Biegebelastungen diese Bruchform hervorrufen. Welche dieser Möglichkeiten zutreffen, kann wiederum nur aus weiteren Merkmalen abgeleitet werden.

Für die *Struktur der Bruchfläche* gilt als grobe Regel, dass die Bruchfläche um so unebener ist, je stärker sich der Werkstoff verformt oder je grobkörniger er ist.

Eine ähnliche qualitative Abstufung ist durch *Glanz* und *Farbe der Bruchfläche* möglich. Mit zunehmender Verformung wirken die Bruchflächen im Allgemeinen dunkler. Die Brüche feinkörniger Werkstoffe glänzen meist mehr als die grobkörniger. Auch das Gefüge wirkt sich auf den Charakter der Bruchfläche aus. So sind z. B. bei dem martensitischen Gefüge gehärteter Stähle hellgraue, samtartige Bruchflächen oft typisch.

Bruchflächen mit *Zonen deutlich unterschiedlicher Struktur* weisen fast ausnahmslos darauf hin, dass durch schwingende Beanspruchung ein Anriss hervorgerufen wurde. Die damit verbundene Verringerung des tragenden Querschnittes führt schließlich zu einem Gewaltbruch durch statische Überbeanspruchung.

Die Anrissfläche ist meist relativ glatt und eben. Sind auf ihr Rastlinien erkennbar (siehe Bild 3.48 und 3.49), so ist sie eindeutig als Daueranriss gekennzeichnet. Der Restbruch ist bei hoher Beanspruchung und gut verformungsfähigem Werkstoff stark zerklüftet. Mit abnehmender Beanspruchungshöhe und abnehmender Verformungsfähigkeit des Werkstoffes werden auch Restbruchflächen glatter. Die Höhe der Beanspruchung lässt sich auch aus den Größenverhältnissen der Bruchflächenanteile herauslesen. Ein im Verhältnis zur Anrissfläche kleiner Restbruch weist auf eine niedrige Nennspannung hin, während eine große Restbruchfläche durch eine hohe Nennbeanspruchung verursacht wird.

Die *Anordnung der Bruchflächenanteile* gibt Hinweise auf die Art der Beanspruchung und ggf. auf die Schärfe vorhandener Kerben. So ist z. B. bei Hin- und Herbiegung (Flachbiegung) häufig eine streifenförmige Restbruchfläche zwischen zwei Anrissflächen zu finden. Eine scharfe, umlaufende Kerbe führt dazu, dass sich der Anriss längs der Kerbe ausbreitet oder dass sich mehrere Anrisse annähernd gleichzeitig bilden. Einige Einflüsse von Nennspannung, Kerbschärfe und Beanspruchungsart auf die Ausbildung von Dauerbrüchen sind in Bild 8.2 zusammengestellt.

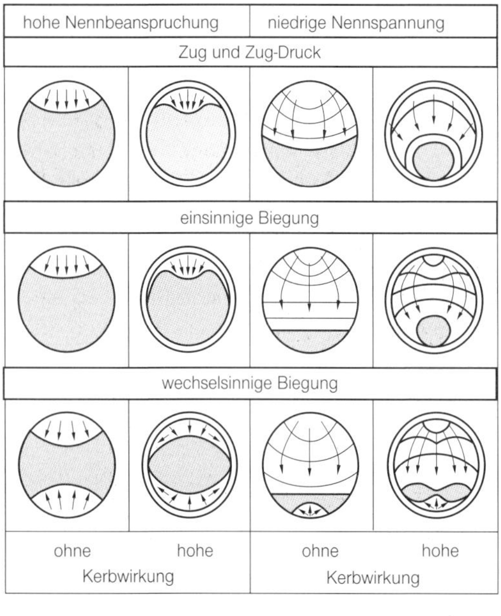

Nur wenn die Analyse der makroskopischen Bruchmerkmale nicht zweifelsfrei die Art des Bruches klären kann, ist es sinnvoll, eine *mikroskopische fraktografische Analyse* anzuschließen. Die Unebenheiten der Bruchfläche schließen dabei meist die Verwendung von Lichtmikroskopen aus, es können allenfalls Stereomikroskope mit mäßigen Vergrößerungen eingesetzt werden. Da bei diesen Vergrößerungen im Allgemeinen keine Informationen gewonnen werden, die wesentlich über die der makroskopischen Analyse hinausgehen, wird die Anwendung von Stereomikroskopen meist noch der Makrofraktografie zugeordnet.

Durch die Anwendung von Raster-Elektronenmikroskopen ermöglicht die Mikrofraktografie eine zweifelsfreie Bestimmung der Art des Bruches, wenn bestimmte mikroskopische Merkmale festgestellt werden können. Es sind dies z. B. die Wabenstruktur des Verformungsbruches (siehe Bild 3.62), die *Spaltflächen* des transkristallinen Sprödbruches (siehe Bild 3.56), die *Kornflächen* bei interkristallinen Brüchen (siehe Bild 3.57).

Da aber gerade Mikromerkmale durch nachträgliche mechanische oder chemische Einwirkungen zerstört werden, sind sie bei Schadensanalysen häufig nur schwer zu identifizieren.

Die Fraktografie ermöglicht zwar die Ermittlung der Art von Brüchen, damit sind aber in den meisten Fällen die eigentlichen Schadensursachen noch ungeklärt. Um Werkstofffehler festzustellen oder auch auszuschließen, sind deshalb oft weitere mechanische, chemische und metallografische Werkstoffuntersuchungen erforderlich.

8.1.3 Werkstoffuntersuchungen

Härteprüfungen an geschädigten Bauteilen werden als erste mechanischen Werkstoffuntersuchungen am häufigsten angewendet. Eine Aussage, die über die Härte hinausgeht, ist jedoch in den meisten Fällen kaum möglich. Die Abschätzung der Zugfestigkeit aus den Härtewerten ist oft mit einer 20%igen Unsicherheit behaftet. Wenn bei Berücksichtigung dieser Unsicherheiten nicht bereits eindeutig feststeht, dass die Festigkeit ausreichend war, müssen *Zugversuche* durchgeführt werden. Um dabei eine

Bild 8.2
Ausbildung von Dauerbruchflächen (schematisch)

sichere Aussage zu erhalten, muss genügend Probenmaterial zur Verfügung stehen und die Probenentnahme sorgfältig geplant und durchgeführt werden.

Wesentlich schwieriger ist der Nachweis einer ausreichenden *Schwingfestigkeit*. Die wegen der üblichen Streuung der Versuchsergebnisse erforderliche große Anzahl der Proben und der mit deren Prüfung verbundene Zeitaufwand lassen im Allgemeinen einen solchen Nachweis im Rahmen einer Schadensanalyse nicht zu. Das gilt ebenso für Simulationsversuche komplexeren Aufbaus.

Chemische Untersuchungen dienen dem Nachweis von Werkstoffverwechslungen. Daneben haben sie wegen der chemischen Analyse von Korrosionsprodukten insbesondere bei Korrosionsschäden Bedeutung.

Mit den Verfahren der *Metallografie* werden schließlich vorwiegend fehlerhafte Wärmebehandlungen oder Gefügeveränderungen infolge ungünstiger Betriebsbedingungen nachgewiesen. Die metallografischen und die fraktografischen Untersuchungen nehmen bei der Suche nach Werkstofffehler meist den größten Raum ein.

8.2 Beispiele von Schadenfällen

Die nachfolgend zusammengestellten Schadenfälle können schon wegen ihrer geringen Anzahl nicht repräsentativ für die möglichen Schäden im Maschinenbau sein. Sie sind darüberhinaus zum Teil so ausgewählt, dass gerade ein Werkstofffehler im weiteren Sinne eine der Schadensursachen war. Nach den in Tabelle 8.1 aufgeführten Zahlen sind jedoch Werkstofffehler relativ selten.

8.2.1 Wasserschaden durch undichten Rohrentlüfter

In einem Büroraum war durch auslaufendes Wasser ein erheblicher Schaden entstanden. Als Schadensquelle wurde ein automatischer Rohrentlüfter im Wasserkreislauf der Klimaanlage ermittelt, der in der Zwischendecke über dem Büroraum angebracht war.

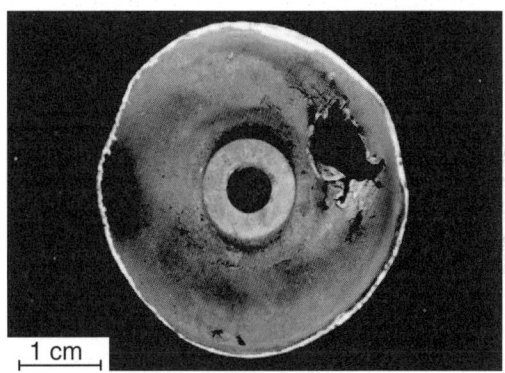

Bild 8.4
Innenansicht des geschädigten Rohrentlüfters

Der Rohrentlüfter besteht in seinen wesentlichen Teilen aus einem Messinggehäuse, in dessen Kuppe ein Ventileinsatz eingelötet ist (Bild 8.3).

Das Gehäuse des schadhaften Rohrentlüfters hatte um den Ventileinsatz mehrere Risse und an einer Stelle eine ca. 40 mm² große Öffnung. Zeichen äußerer Gewalteinwirkung waren nicht erkennbar. Bild

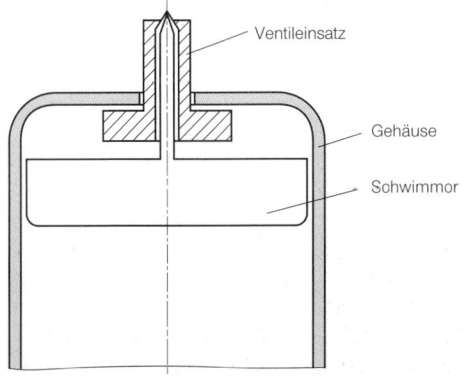

Bild 8.3
Querschnitt durch einen Rohrentlüfter (schematisch)

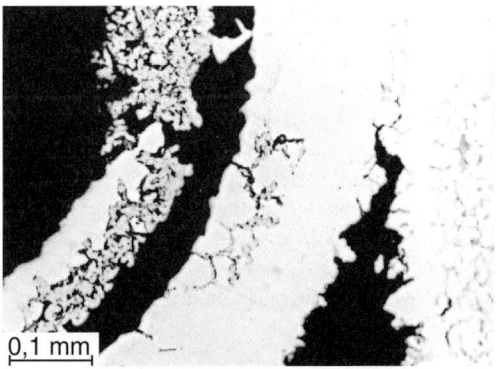

Bild 8.5
Querschnitt durch Belüftergehäuse mit Entzinkung und Korrosionsrissen

8.4 zeigt den geschädigten Bereich nach dem Aufschneiden des Rohrentlüfters von innen. Der gezackte Rand des Loches setzt sich rissartig im umgebenden Werkstoff fort.

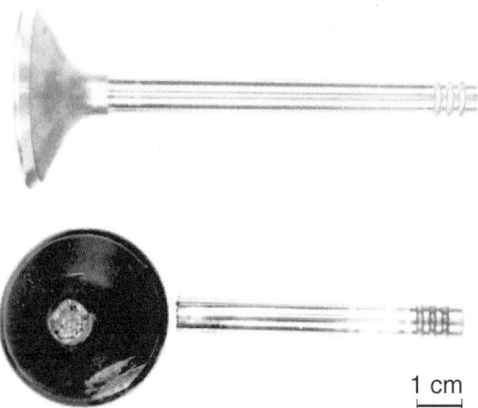

Bild 8.6
Gebrochenes und neuwertiges Ventil

An den Rissen und am Lochrand waren die aus dem Wasser stammenden Eisen- und Kalkablagerungen flächig angehoben und teilweise abgeblättert. Darunter war ein rötlicher Belag, der im Stereomikroskop eindeutig als Kupferniederschlag erkannt wurde. Demnach hatte hier eine *Entzinkung* (siehe S. 62 und S. 277) stattgefunden.

Im Querschliff ist die poröse Kupferschicht auf dem Messinggefüge deutlich sichtbar (Bild 8.5). Der flächenhafte Korrosionsangriff setzt sich dann in der Nähe des Ventilsitzes, wahrscheinlich unter der zusätzlichen Einwirkung von Eigenspannungen, bevorzugt interkristallin fort. Dadurch sind die Risse entstanden, die schließlich zum Herausbrechen eines Teils des Messinggehäuses infolge des Wasserdruckes führten.

Entzinkung von Messing kann auftreten, wenn in wasserführenden Armaturen die Messingoberfläche wechselnd mit Wasser und mit Luft in Berührung kommen. Diese Voraussetzungen sind bei dem Rohrentlüfter gegeben, aber auch bei vielen anderen Armaturen, ohne dass bei diesen Korrosionsschäden auftreten. Der Grund hierfür liegt darin, dass Armaturen im Allgemeinen als Gussteile aus entzinkungsbeständigen Messingen hergestellt werden.

Diese Sondermessinge enthalten dann die Legierungselemente Phosphor oder Arsen in Zusätzen unter 0,1 % und sind dadurch unempfindlich gegen Entzinkung. Als Knetwerkstoffe sind solche Messinge im Allgemeinen nur in Form von Kondensatorrohren im Handel.

Bei dem vorliegenden Belüftergehäuse handelte es sich nicht um ein Gussteil, sondern es wurde augenscheinlich durch Tiefziehen aus Messingblech hergestellt. Tiefziehbleche sind meist von der Qualität CuZn37 und enthalten die obengenannten Elemente im Allgemeinen nicht. Sie sind daher auch anfällig für die selektive Korrosion durch Entzinkung.

In dem Werkstoff des Belüftergehäuses konnte weder Arsen noch Phosphor nachgewiesen werden. Damit ist eindeutig eine *falsche Werkstoffwahl* als Hauptursache für den eingetretenen Schaden anzusehen.

8.2.2 Bruch eines Auslassventils

Ein Auslassventil in einem Fahrzeugverbrennungsmotor war nach relativ geringer Fahrleistung im Schaft gebrochen. Das gebrochene Ventil ist auf Bild 8.6 wiedergegeben. Die Bruchfläche durchsetzte den Schaft annähernd rechtwinklig zu dessen Achse und war stark zerklüftet (Bild 8.7). Sie wies keinerlei Verformungsspuren oder Merkmale eines Dauerbruches auf. Die zweite Bruchfläche am Ventilkegel war durch nachträgliche mechanische Einwirkungen zum Teil zerstört. Ein ca. 15 mm langes Teilstück des Ventilschaftes fehlte.

Der Ventilschaft bestand aus dem hochlegierten Vergütungsstahl X45CrSi9-3 und der Ventilkegel aus der warmfesten und korrosionsbeständigen Nickellegierung NiCr20TiAl. Beide Teile waren durch Reibschweißen miteinander verbunden. Der Bruch lag nahe der Reibschweißung.

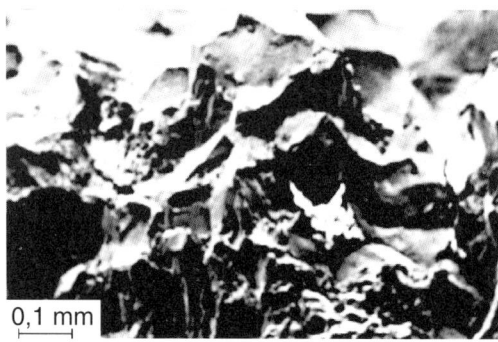

Bild 8.7
Teil der Bruchfläche im Ventilschaft (REM-Aufnahme)

Eine genauere Untersuchung der Bruchfläche im Stereomikroskop ergab, dass diese nur an wenigen Stellen metallischen Charakter hatte und überwiegend mit einer fast schwarzen, kohleartigen Schicht bedeckt war. Diese Schicht ließ sich durch Ultraschallreinigung in Lösungsmitteln nur teilweise entfernen, sie war also mit dem metallischen Grundmaterial überwiegend fest verbunden.

Soweit sich die Deckschicht von der Bruchfläche entfernen ließ, waren die freigelegten Flächen metallisch glänzend und hatten einen deutlich kristallinen Charakter. Die Vermutung, dass hier ein *interkristalliner Sprödbruch* vorlag, wurde durch nachfolgende Untersuchungen im Raster-Elektronenmikroskop bestätigt. Auch die mikroskopischen Merkmale wiesen einen verformungslosen Bruch aus. Lediglich im Bereich der galvanischen Chromschicht auf der Oberfläche des Ventilschaftes waren vereinzelt die Waben eines Verformungsbruches erkennbar.

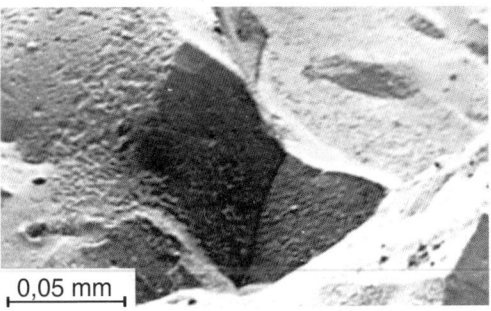

Bild 8.8
Durch interkristallinen Sprödbruch freigelegte Kornflächen (REM-Aufnahme

Die an vielen Stellen der Bruchfläche freigelegten Kornflächen waren mit Ausscheidungen bedeckt, die nach ihrer Form als Chromcarbide anzusehen waren (Bild 8.8). Die übrigen Bereiche der Bruchfläche waren überwiegend mit Korrosionsprodukten bedeckt.

Die Ursache des Versagens des Ventilschafts musste demnach Kornzerfall durch Versprödung der Korngrenzen sein. Im Mikroschliff wurde dies ebenfalls deutlich:
– Korngrenzentrennungen setzten sich von der Bruchfläche aus in der Nickellegierung fort (Bild 8.9),
– in einiger Entfernung von der Bruchfläche bestanden die verdickten Korngrenzen aus perlschnurartig aneinandergereihten Carbiden (Bild 8.10).

Die Reibschweißnaht war dagegen praktisch nur durch die Gefügeunterschiede der beiden Werkstoffe erkennbar.

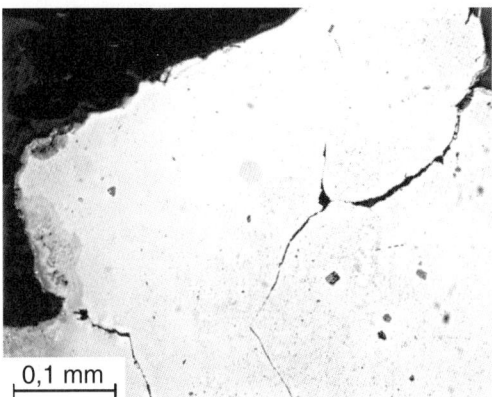

Bild 8.9
Korngrenzenrisse im Bereich der Bruchfläche

Kornzerfall im warmfesten und korrosionsbeständigen Nickellegierungen kann auch durch eine *Sensibilisierung* (siehe S. 64 und 231) hervorgerufen werden. Da bei einem Massenartikel, wie dem Auslassventil für den Motor eines Personenfahrzeuges, Fertigungsfehler zwangsläufig zu einer Häufung derartiger Schäden führen, kann die Sensibilisierung in einem Einzelfall nur durch extreme Betriebsbedingungen (z. B. Überhitzen des Motors) hervorgerufen worden sein. Als weitere Ursache, und dafür sprachen die kohleartigen Ablagerungen auf den Korngrenzen, kommen Verbrennungsrückstände ungeeigneter Kraft- oder Schmierstoffe in Frage. Vermutlich hatte erst das Zusammenwirken beider Komponenten zu dem Schaden geführt.

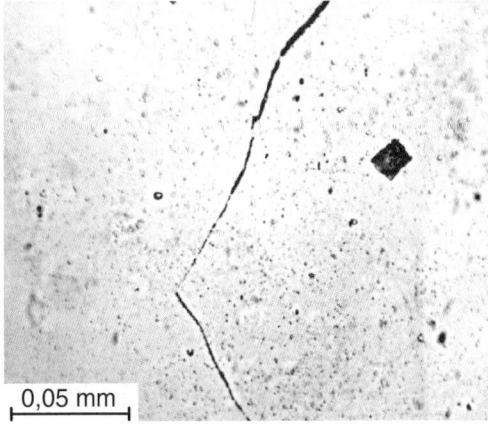

Bild 8.10
Korngrenzen mit Chromcarbiden

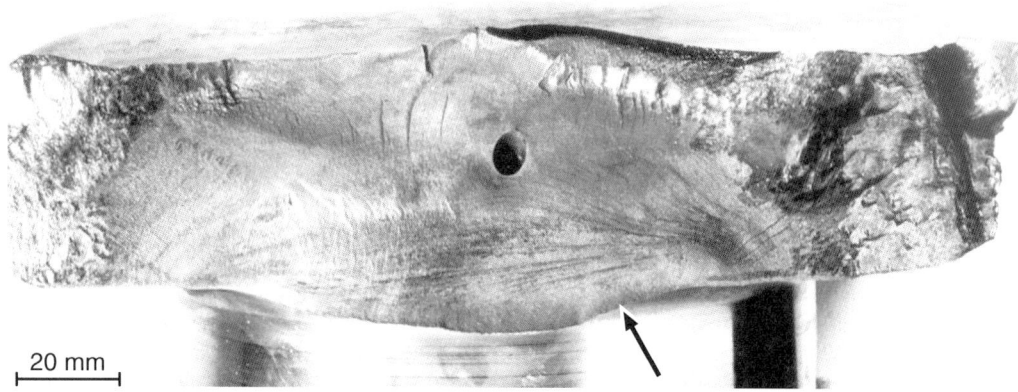

Bild 8.11
Dauerbruchfläche in der Wange einer Kurbelwelle (↑ Anrissstelle)

8.2.3 Bruch der Kurbelwelle eines Dieselmotors

Die sechshübige Kurbelwelle eines Dieselmotors war in der Wange zwischen dem 3. Grundlagerzapfen und dem 3. Kurbelzapfen gebrochen. Die Zapfen hatten jeweils 200 mm Durchmesser, Werkstoff der Kurbelwelle war der Vergütungsstahl 34CrMo4.

Die Bruchfläche (Bild 8.11) war makroskopisch durch eine Vielzahl von Rastlinien eindeutig als *Dauerbruch* gekennzeichnet. Der vermutlich relativ kleine Restbruchanteil war als solcher nicht mehr erkennbar, weil die Bruchoberfläche in diesen Bereichen völlig zerschlagen war.

Die Anbruchzone lag an der Hohlkehle zwischen Wange und Grundlagerzapfen, der Bruch durchsetzte die Wange als Biegedauerbruch. Solche Biegedauerbrüche können dadurch ausgelöst werden, dass sich infolge eines Lagerschadens die »Stützweite« zwischen den noch tragenden Lagern vergrößert. Damit werden die Biegemomente in diesem Wellenabschnitt erheblich erhöht und können, wenn die Motorleistung nicht gedrosselt wird, in den kritischen Hohlkehlenbereichen Werte annehmen, die das Dreifache des normalen Biegemomentes betragen. Die Folgen sind dann Daueranrisse, die sich unter der normalen Betriebsbeanspruchung langsam ausbreiten.

Im vorliegenden Schadenfall war eine Überbeanspruchung als Ursache für den Kurbelwellenbruch völlig ausgeschlossen. Zur Ermittlung der Ursache musste deshalb eine eingehende Werkstoffuntersuchung vorgenommen werden.

Eine genaue fraktografische Makrountersuchung der Bruchfläche ergab, dass die mit bloßem Auge kaum wahrnehmbare Anbruchstelle aus der Hubebene versetzt etwa in der Mitte der Hohlkehle lag (Pfeil in Bild 8.11).

Bild 8.12 zeigt, dass diese Anbruchstelle von deutlichen Rastlinien umgeben war. In ihrem Zentrum, durch die Form der Rastlinien und den Verlauf der Bruchbahnen gekennzeichnet, war bei höherer Ver-

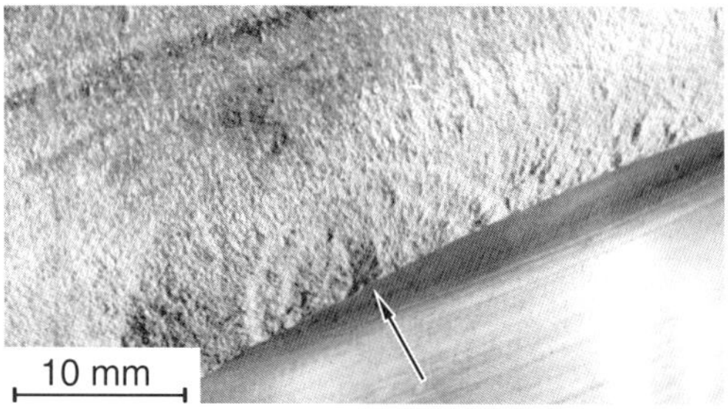

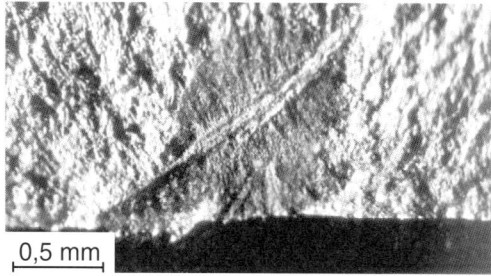

Bild 8.12
Anbruchstelle des Dauerbruchs

Bild 8.13
Anbruchlinse mit nichtmetallischem Einschluss

größerung eine »Anbruchlinse« von ca. 1,2 mm Durchmesser erkennbar (Bild 8.13). Durch die Anbruchlinse verlief eine *lang gestreckte Gefügeinhomogenität* von ca. 0,1 mm Breite und ca. 2 mm Länge.

Anbruchlinsen entstehen, wenn sich ein Anriss im Innern des Werkstoffes ohne Luftzutritt bildet. Ursache solcher Anrisse sind z. B. Wasserstoffversprödung (siehe S. 157) oder spröde Gefügebestandteile an hochbeanspruchten Stellen. Das vorliegende Bild des Anbruches ließ vermuten, dass hier ein nichtmetallischer Einschluss in einer für einen Edelstahl ungewöhnlichen Größe vorhanden war.

Durch eine Analyse des Anbruchbereiches mit der Mikrosonde konnten die dort vorhandenen chemischen Elemente bestimmt werden. Die für die nachgewiesenen Elemente aufgenommenen Elementverteilungsbilder ergaben, dass der Einschluss im wesentlichen aus Sauerstoff, Aluminium, Silicium, Calcium und etwas Mangan aufgebaut war. Es handelte sich demnach mit größter Wahrscheinlichkeit um ein Schlackenteilchen, das aus der Erschmelzung und Desoxidation des Stahles stammte.

Ein metallografischer Querschliff durch die Bruchausgangsstelle ergab keinen Hinweis auf eine größere räumliche Ausdehnung des Einschlusses, er lag offensichtlich nadelförmig vor. Die übrigen nichtmetallischen Einschlüsse zeigten im Schliffbild normale Größe und Verteilung.

Die Ursache des Dauerbruches der Kurbelwelle war also ein *nichtmetallischer Einschluss ungewöhnlicher Größe,* der sich zudem noch zufällig an einer hochbeanspruchten Stelle, nämlich der Hohlkehle zwischen Lagerzapfen und Wange, befand. Es war dies einer jener relativ seltenen Fälle, bei denen ein Werkstofffehler im wahrsten Sinne des Wortes Ursache eines Schadens war.

8.2.4 Lochkorrosion in einem Wärmeübertrager

Für eine Wärmepumpe zur Beheizung eines Gebäudes wurde als wärmespendendes Medium Brunnenwasser (Grundwasser) vorgesehen. Der erforderliche Wärmeübertrager (Verdampfer) bestand im Wesentlichen aus Rohren des rostfreien Stahles X 5 CrNi 18 9 (jetzt X5CrNi18-10).

Bei Wiederinbetriebnahme zu Beginn der zweiten Heizperiode trat im Kältemittelkompressor ein Schaden ein, weil in das Kältemittel Wasser eingedrungen war. Als Ursache für den Wassereinbruch wurde eine Undichtheit im Wärmeübertrager lokalisiert, die sich schließlich als ein einziges, stecknadelgroßes Loch herausstellte. Neben der Schadensstelle konnten weitere Oberflächenschäden festgestellt werden, die im Querschliff eindeutig das Schadensbild von Lochkorrosion ausweisen (Bild 8.14). Der Korrosionsangriff erfolgte von außen, wurde also durch das Wasser verursacht.

Lochkorrosion kann in rostfreien Stählen auftreten, wenn im angreifenden Medium Chloridionen vorhanden sind. Die Anwesenheit von Chlor konnte auf der Rohroberfläche durch eine energiedispersive Röntgenanalyse (siehe S. 139) qualitativ nachgewiesen werden.

Als primär schadensauslösend stellte sich schließlich die Betriebsweise heraus. Die Wärmepumpe war nämlich nicht wie vorgesehen mit Brunnenwasser, sondern mit Oberflächenwasser betrieben worden. Letzteres war zeitweise chlorhaltig, vermutlich infolge irgendwelcher Abwässer. Bei Kenntnis der anderen Betriebsweise hätte der Schaden durch Wahl eines Stahles höherer Korrosionsbeständigkeit vermieden werden können.

8.2.5 Bruch von Federringen infolge Wasserstoffversprödung

Federringe sollen bei Schraubenverbindungen die Vorspannung aufrechthalten, wenn die Schraube geringfügig relaxiert. Das ist bei den meist hochbeanspruchten Schrauben auch bei Raumtemperatur der Fall. Bei Verlust der Vorspannung können die Schrauben in schwingend beanspruchten Konstrukti-

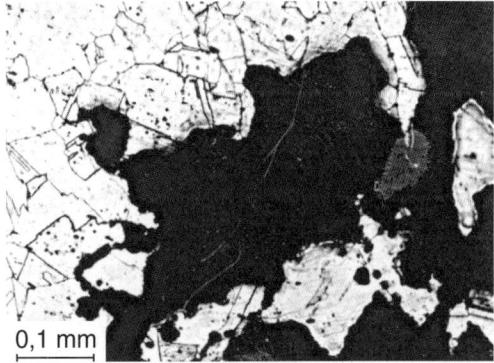

Bild 8.14
Lochkorrosion in einem Wärmeübertragerrohr aus »rostfreiem« austenitischem Stahl

onen brechen oder sich lösen und herausfallen.

Letzteres geschah in einer elektrischen Maschine und verursachte einen erheblichen Folgeschaden. Die Federringe waren alle flachgedrückt und zum Teil gebrochen. Die Brüche waren interkristallin mit aufgeweiteten Korngrenzen (Bild 8.15). Auf den Kornflächen sind häufig Mikroporen. Damit weist das Schadensbild alle Merkmale einer Wasserstoffversprödung auf.

Bild 8.15
Interkristalliner Bruch eines Federringes infolge Wasserstoffversprödung

Zum Korrosionsschutz waren die Oberflächen der Federringe galvanisch verzinkt und anschließend chromatiert. In beiden Prozessen und auch beim vorausgehenden Beizen kann atomarer Wasserstoff in den Werkstoff eindiffundieren, der dann beim Aufbringen einer mechanischen Spannung den statischen Ermüdungsbruch (siehe S. 158) herbeiführt.

Wie aus den wenigen Beispielen hervorgeht, kann ein Werkstoffversagen durch falsche Werkstoffwahl, fehlerhafte Fertigung (einschließlich Wärmebehandlung), durch ungünstige Betriebsbedingungen aber auch durch gewaltsame Überbeanspruchung infolge fehlender oder versagender Sicherheitseinrichtungen hervorgerufen werden. In all diesen Fällen sind häufig Werkstoffuntersuchungen an den geschädigten Bauteilen erforderlich, um die Schadensursachen zweifelsfrei zu klären. Zu einer Schadensanalyse bedarf es aber neben den Möglichkeiten der Untersuchungsverfahren vor allem gesicherter Kenntnisse über das Werkstoffverhalten.

Ergänzende und weiterführende Literatur

Allianz Handbuch der Schadenverhütung, 3. Auflage, VDI-Verlag, Düsseldorf 1984
Broichhausen, J.: Schadenskunde, Hanser-Verlag, München 1985
Bruchuntersuchungen und Schadenklärung – Probleme bei Eisenwerkstoffen, Allianz Versicherungs-AG, München 1976
Ehrenstein, G.: Kunststoff-Schadenanalyse, Hanser-Verlag, München 1992
Engel/Klingele: Rasterelektronenmikroskopische Untersuchung von Metallschäden, 2. Auflage, Hanser-Verlag, München 1982
Engel/Klingele/Ehrenstein/Schaper: Rasterelektronenmikroskopische Untersuchung von Kunststoffschäden, Hanser-Verlag, München 1978

Pohl, E. J. (Hrsg.): Gesicht des Bruches metallischer Werkstoffe, Band I/II und III, Allianz Versicherungs-AG, München 1964
Pohl/Bark (Hrsg.): Wege zur Schadensverhütung im Maschinenbetrieb, Allianz Versicherungs-AG, München 1964
Schmitt-Thomas, K. G.: Integrierte Schadenanalyse, Springer-Verlag, Berlin 1998
VDI-Richtlinie 3822: Schadensanalyse, Blatt 1 bis 5, 1984 ... 2004
Untersuchung von Metallschäden, 2. Auflage, Hanser-Verlag, München 1982
Wendler-Kalsch/Gräfen: Korrosionsschadenkunde, Springer-Verlag, Berlin 1998

9 Sachwortverzeichnis

Symbole

475 °C-Versprödung	236

A

Abdrucktechnik	138
Abkühlgeschwindigkeit	
-, beim Schweißen	82
-, kritische	24, 166
-, obere kritische	168
-, untere kritische	168
Abkühlzeit	
-, $t_{8/5}$	213
Abschreckalterung, s. a. Verformungsalterung	155
Abschrecken	177
Abschreckmittel	177
Acrylnitril-Butadien-Styrol-Polymerisat (ABS)	390
ADI-Eisen	263
Aktivierungsenergie	26
Akzeptor	335
Aldehyd	359
Alkohol	359
Allotropie, s. a. Polymorphie	4
Alterung	
-, Bestimmen der Alterungsneigung	155
-, Blaubruch	155
-, Fließfigur	155
-, künstliche	155
-, Lüderssche Linien	155
-, natürliche	155
-, Neigung zur	155
alterungsbeständig	155
Aluminium	289
-, -Kolbenlegierung	295
-, aushärtbare Al-Si-Cu-Legierung	295
-, aushärtbare Al-Si-Mg-Legierung	295
-, aushärtbare Legierung	294
-, Elastizitätsmodul	291
-, elektrische Leitfähigkeit	290
-, elektrolytische Oxidation	290
-, Gasschweißen	296
-, Gusslegierung	294
-, Gusstextur	291
-, interkristalline Korrosion	292
-, Knetlegierung	293
-, Korrosionsbeständigkeit	290
-, organisches Beschichten	290
-, Oxidschicht	290
-, Polierbarkeit	291
-, Raffinationselektrolyse	290
-, Schutzgasschweißen	296
-, Strangpressen	291
-, thermische Ausdehnung	291
-, unlegiertes	290
-, Wärmebehandlung	293
-, Wasserstofflöslichkeit der Schmelze	291
Aluminiumoxid	320
-, dielektrischer Verlustfaktor	321
-, Korrosionsbeständigkeit	321
-, Warmfestigkeit	321
Amid	359
Amin	359
Aminoharz (Aminoplaste)	368, 369
amorph	1
Analyse, thermische	38
Anion	56
Anisotropie	4, 159
-, durch Schlackeneinschluss	159
-, senkrechte	132
Anlassbeständigkeit	181, 213, 217, 245, 246
Anlassen	180
Anlasstemperatur	129
Anlassvergüten	180
Anlassversprödung	183
Anodenpotenzial	58
AOD-Verfahren	148
äquikohäsive Temperatur	34
Arbeitstemperatur beim Löten	90
Atombindung	354
Atomrumpf	1
Aufbereitung	67
Aufhärtbarkeit	176
Aufhärtung in der WEZ	87
Ausferrit	262
Ausformen	207
Aushärten	52
Auslagern	53
Ausscheidung	
-, Chromcarbid	238
-, inkohärente	54
-, kohärente	54
-, Sigma-Phase	236
-, teilkohärente	54
Ausscheidungshärtung, s. a. Aushärten	52, 206

Ausscheidungsriss	228
Außenlunker	73
Austausch-Mischkristall	35
Austenit	
-, homogener	175
-, inhomogener	174
-, labiler	238
-, stabiler	238
-, Umwandlung des	170
Austenitbildner	192
austenitisch-ferritischer Stahl	240
austenitischer Chrom-Nickel-Stahl	237
Austenitisierungstemperatur	177
Austenitverformung	207
Automatenstahl	154

B

Bainit	166
-, körniger	167
-, nadeliger	167
-, oberer	168
-, unterer	167
Bainitisieren	184
Bändermodell	333
Basisgleitung	15
BAUMANN-Abdruck	136
BAUMANN-Hammer	118
BAUSCHINGER-Effekt	104
Baustahl	201
-, hochfester	205
-, nach DIN EN 10025	202
Beanspruchung	
-, einstufige	107
-, mehrstufige	108
-, schwingende	106
Beanspruchungsgeschwindigkeit	103, 129
Beanspruchungsgrad	115
Beizblase	242
Beizprobe	133
Beizsprödigkeit	157
Belastung	
-, einstufige	107
Belastungsgeschwindigkeit	103
Belüftungselement	61
Benzol	358
beruhigter Stahl	151
Berührungskorrosion	61
Berylliumoxid	320
besonders beruhigter Stahl	152
Beständigkeitsschaubild	64
Betriebsfestigkeit	108
Biegeschwellfestigkeit	109
Biegeversuch	101
Biegewechselfestigkeit	109
Bildgüte	135
Bindung	
-, Doppel-	357
-, Hauptvalenz-	356

-, heteropolare	1
-, kovalente	2, 326, 354
-, metallische	1
-, polare	356
-, unpolare	355
Bindungsform	1
Blaubruch	155
Blei	306
-, -legierung	307
-, unlegiertes	307
Bleiglas	314
Bleivergiftung	306
BLOCHwand	13
Block-Copolymerisation	365
Blockguss	70, 74
Blockseigerung	72, 151
Bor	
-, Einfluss auf Härtbarkeit	212, 215
-, Einfluss auf Kriechfestigkeit	226
Borcarbid	329
Borsilicatglas	314
BRAGGsche Reflexionsgleichung	139
Brechungsindex	316
Brinellverfahren	115
Bronze	278
Bronzedraht	279
Bruchdehnung	98
Brucheinschnürung	99
Bruchfläche	
-, makroskopische Merkmale	417
Bruchmechanik	122
Bruchquerschnittsvergrößerung	101
Bruchschwingspielzahl	107
Bruchspannung	128, 401
Bruchstauchung	101
Bruchzähigkeit	124, 130
Bruch »Krater-Kegel«	121
Bruch »Trichter«	121
Butylen (Buten)	358

C

Cadmiumsulfid	341
Carboxylgruppe	359
Chromäquivalent	240
Chromverarmungstheorie	231
Copolymerisat	365
COTTRELL-Wolke	106
Crack-Arrest-Temperature (CAT)	128
CT-Probe	127
CURIE-WEISSsches-Gesetz	323
CURIEpunkt	141

D

Dauerbruch	422
Dauerfestigkeit	107
-, bruchmechanische	124

-, von Nitrierstahl	220	Eigenfotoleitung	340
Dauerfestigkeitsschaubild		Eigenleitung	334
-, nach HAIGH	109	Eigenspannung	93
-, nach SMITH	109	-, beim Schweißen	82
Dauerschwingfestigkeit	107	-, durch Kaltverformung	93
DEBYE-SCHERRER-Verfahren	139	-, durch schnelle Abkühlung	94
Defektelektron	334	-, Makro-	93
Dehngrenze	99	-, Mikro-	93
Dehnung	13, 95	-, Nachweis und Abbau	94
-, bleibende	96	-, Verteilung der	94
-, elastische	96	-, Wirkung beim Schweißen	87
-, gesamte	96	Eindringprüfung	133
-, nichtproportionale	96	Eindringverfahren	118
-, plastische	95	Einfangquerschnitt	302
-, Streckspannung	401	Einhärtbarkeit	176
Dehnungszustand		Einhärtungstiefe	219
-, ebener	123	Einkristall	8
Dekohäsionstheorie (von ORIANI)	156	Einlagerungsatom	6
delayed fracture	157	Einlagerungsmischkristall	35
Dendrit	10, 20	Einlagerungsstruktur	36
Desensibilisierungsglühen	231	Einsatzhärten	186
Desoxidieren	68, 150	-, mittlere Eindringtiefe	187
Diamagnetismus	12	Einsatzhärtungstiefe (Eht)	187
Diamant	326	Einsatzstahl	222
dielektrische Verlustzahl	353	-, Aufkohlbarkeit	222
Diffusion	27	-, Randhärtbarkeit	222
Diffusionsglühen	161	Einscheibensicherheitsglas	315
Diffusionskoeffizient	27	Einschluß	
Diffusionskonstante	27	-, endogener	69
Dilatometerverfahren	38	-, exogener	69
Diode	338	-, nichtmetallischer	158, 423
Dipol		-, schlecht verformbarer	77
-, momentaner	356	-, verformbarer	77
-, permanenter	356	-, Wirkung auf Zähigkeitseigenschaften	211
Dissoziationsgrad	56	Einschnürbereich	121
Domäne	323	Einschnürbruch	121
Donator	335	Einstoffsystem	80
Donatorniveau	337	Eisen	141
Doppelbindung	357	-, Koerzitivfeldstärke	141
Doppelsintern	79	-, Permeabilität	141
Dopplung	73, 152	Eisen-Kohlenstoff-Schaubild (EKS)	142
Dreistoffsystem, Al-Mg-Si	293	-, metastabiles	143
Druckbelastbarkeit	184	-, stabiles	143
Druckeigenspannung	111	Eisengusswerkstoff	247
Druckfestigkeit	101	-, Fertigungsschweißen	254
Drucksintern	79	-, Instandsetzungsschweißen	254
Drucktheorie (ORIANI)	157	-, Konstruktionsschweißen	254
Druckversuch	100	-, Manganhartstahl	251
druckwasserstoffbeständiger Stahl	242	-, Nichtrostender Stahlguss	251
Dunkelfeldbeleuchtung	137	-, Schwarzer Temperguss	266
Dünnschlifftechnik	138	-, Stahlguss	249
Duplexstahl	240	-, Temperguss	264
Durchläufer	107	-, Weißer Temperguss	265
Duromer	372	Eisenwerkstoff	
Duroplast	345	-, Bezeichnung nach chemischer Zusammensetzung	196
		-, Bezeichnung nach DIN 17006	197
		-, Bezeichnung nach nach DIN EN 10027-1	195
E		-, Bezeichnung nach Verwendung und Eigenschaften	196
		-, Bezeichnung nach Werkstoffnummer	197
Edelstahl	200	-, Einteilung	145

-, normgerechte Bezeichnung	195
elastisch	95
Elastizitätsgrenze, technische	99
Elastizitätsmodul	97
Elastomer	344, 373
-, thermoplastischer	344
ELC-Stahl	238
Elektrolyt	56
Elektrolytkupfer	272
Elektronegativität	355
Elektronenabgabe	55
Elektronenleerstelle	334
Elektronenleitung	56, 335
Elektronenmikroskop	1
-, Raster- (REM)	137
-, Transmissions- (TEM)	137
Elektronenpaarbindung	2
Elektrostahl	148, 149
Elementarzelle	2
Emulsionspolymerisation	362
Emulsionspolymerisat (E-PVC)	391
Energie	
-, freie	5
-, innere	5
Entmischung	53
-, einphasige	53
Entropie-Elastizität	374
Entspannen	220
Entspannungsversuch	102
Entzinkung	62, 277, 420
EP-Harze	388
Epoxidharz	387
Erholung	29
Erosionskorrosion	63
Erschmelzungsverfahren	146
Erstarrung, gerichtete	72
Erz	67
Ester	359
Ethylen	358
Eutektikale	41
Eutektikum	41
-, Ledeburit	144
Eutektoid	47
Extrudieren	383
Extrusion	113

F

Fadenlunker	73
Fallgewichtsversuch	127
Fällungspolymerisation	362
Farbeindringverfahren	133
Fasergefüge	77
Federkonstante	97
Fehlerecho	134
Feinblei	307
Feinkornbaustahl	206
-, mikrolegierter	209
-, nicht vergütet	209

-, thermomechanisch behandelt	206
-, vergüteter	206, 212
-, Anlassbeständigkeit	213
Fernordnung	35, 312
ferrimagnetisch	324
Ferrit	141
-, anisotroper	326
-, hartmagnetischer	325
-, isotroper	325
-, weichmagnetischer	325
Ferritbildner	192
ferritischer Chromstahl	236
Ferritpfadkorrosion	237
Ferroelektrizität	322
Ferromagnetismus	12
Fertigungsschweißen	254
Festigkeitserhöhung	
-, Kaltverfestigung	206
-, Korngrenzenhärtung	206
-, Martensitbildung	168
-, Methoden zur	206
-, Mischkristallhärtung	206
-, Teilchenhärtung (Ausscheidungshärtung)	206
-, thermomechanische Behandlung	207
Feststoffelektrolyt	322
Feuerverzinken	306
Feuerverzinnung	303
Ficksches Gesetz	27, 284
Fischauge	157
Flächenabtrag	60
Flammhärten	185
Fleck, kristalliner	128
Fließfigur	155
Fließkurve	18
Flintglas	316
Flocke	157
Flotation	67
Flussmittel	90
-, Wirktemperaturbereich	90
Formaldehyd-Kunstharz	368
Formänderungsfestigkeit	76
Formbeständigkeit in der Wärme nach Martens	409
Formgedächtnislegierung	25
-, Eigenschaften	26
-, pseudo-plastisches Verhalten	25
Formguss	70
Formstoff	345
-, Dichte des	388
Fotodiode	341
Fotoleiter	340
Fototransistor	341
Fracture-Transition-Elastic (FTE)	128
Fraktografie	417
Frank-Read-Quelle	17
Fräserbruch	122
Freiheitsgrad	37
Frenkel-Paar	6
Frischen	146
FTE-Temperatur	128
Füllstoff	345

G

Galliumarsenid	333
Gammaprüfung	135
Gangart	67
Gasblasenseigerung	73
Gaslöslichkeit	69, 86
Gasnitrieren	188
Gebrauchstemperatur	349
Gefüge	8
-, heterogenes	37
-, homogenes	37
-, lamellares	10
-, WIDMANNSTÄTTENsches	165, 167
Gefügerechteck	42
Germanium	332
Gewaltbruch	119
Gießbarkeit, einer Legierung	50
Gießharz	346
Gießspirale	132
Gitter	
-, hexagonal dichteste Kugelpackung (hdP)	3
-, kubisch-flächenzentriertes (kfz)	3
-, kubisch-raumzentriertes (krz)	3
-, primitives	3
Gitterbaufehler	4
Gitterebene	3
Gitterkonstante	2
Gitterzelle	2
Glas	312
-, Borsilicat-	314
-, Druckfestigkeit	315
-, Elastizitätsmodul	314
-, Keimbildung	315
-, Lichtstärke	316
-, metallisches	19
-, optisches	316
-, Transparenz	316
Glasfaser	315
Glashärte	180
Glaskeramik	315
Glaskohlenstoff	327
Glasübergangstemperatur	380
Glattbrand	318
Gleichgewicht	
-, metastabiles	5
-, thermodynamisches	5, 141
Gleichgewichtspotenzial	57
Gleitband	113
Gleitebene	15
Gleitlinie	15
Gleitsystem	16
Globulit	20
Glühbehandlung	160
Glühbrand	317
Glühtemperatur	162
Goss-Textur	32
Grafit	326
Grauguss	106, 110
-, BrinellHÄRTE	257
-, Dämpfungsverhalten	258
-, Elastizitätsmodul	258
-, Grafitformen	257
-, HOOKEsches Gesetz	258
-, Wachsen des	260
-, Witterungsbeständigkeit	259
-, Zerspanbarkeit	259
Grenzhärte (GH)	186
Grenzschwingspielzahl	107
Grenzziehverhältnis	131
Grobkornbildung (in der WEZ)	82
-, Härte der Grobkornzone	85
Grobkornglühen	162
Grundstahl	200
Grünspan	275
Gruppe, funktionelle	354
GUINIER-PRESTON-Zone, s. a. Entmischung	53
Gummielastizität	374
Gussbronze	279
Gusseisen	146, 248, 254
-, austenitisches	260
-, Bezeichnung	255
-, Einfluss der Zusammensetzung	259
-, Grafitformen	256
-, GREINER-KLINGENSTEIN-Diagramm	255
-, HOOKEsches Gesetz	258
-, MAURER-Diagramm	255
-, mechanische Eigenschaften	257
-, mit Kugelgrafit	261
-, ADI-Eisen	263
-, Schweißen	263
-, Verschleißfestigkeit	262
-, mit Lamellengrafit	256, 257, 263
-, artfremdes Schweißen	261
-, artgleiches Schweißen	261
-, mit Vermiculargrafit	264
-, Wärmeausdehnungskoeffizient	260
-, weißes	248
Gusseisenkaltschweißen	261
Gusseisenwarmschweißen	261
Gussmessing	277
Gusstextur	74
Gusswerkstoff	16
Gütegruppe	202

H

Hafnium	302
Halbleiter	311, 331
-, Akzeptorniveau	337
-, Bändermodell	336
-, Donator	335
-, Donatorniveau	337
-, Driftgeschwindigkeit	336
-, Eigenleitung	334
-, Galliumarsenid	333
-, Leitfähigkeit	336
-, Lochenergie	337
-, p-n-Übergang	337

-, Potenzialwall	338
-, Sperrspannung	338
-, Störstellenerschöpfung	336
-, Valenzband	334
-, Zonenschmelzverfahren	332
Halbwarmschweißen	261
Halbwertszeit	302
Halbzelle	57
HALL-Effekt	339
HALL-Generator	339
HALL-Spannung	339
Haltedauer	161
Haltepunkt	38
Handlöten	90
Harnstoff-Formaldehyd-Kunstharz	370
Harnstoff-Formaldehyd-Kunststoff (MF)	386
Härtbarkeit	176, 194, 216
Härtbarkeitsprüfung	179
-, Härtegrenzenbestimmung	180
-, Stirnabschreck-Versuch	179
Hartblei	307
Härte	114
Härtegrenzenbestimmung	180
Härten	165
-, oberflächennahe Schicht	184
-, Verzug beim	224
Härteöl	178
Härteprüfung	115
Härteprüfverfahren	115
-, dynamische	118
Härtesack	213
Härtespannung	179
Härtetiefe	185
Härteverfahren	176
-, Einsatzhärten	186
-, Flammhärten	185
-, gebrochenes Härten	178
-, Induktionshärten	185
-, kontinuierliches Härten	178
-, nach dem Aufkohlen	187
-, Tauchhärten	186
-, Warmbadhärten	178
Hartguss	248, 256
Hartlot	92
Hartlöten	88
Hartmetall	330
Hartporzellan	318
Hartstahl	152
Hartstoff	
-, mit metallischen Eigenschaften	329
-, nichtmetallischer	328
-, nichtoxidischer	328
Härtungsgrad	216
Harzmatte	346
Hauptvalenzbindung	356
Hebelgesetz	41
Heißbruch, s. a. Heißriss	154
Heißriss	71, 86
-, austenitischer Cr-Ni-Stahl	238
Heißrissanfälligkeit	

-, Nickelwerkstoff	282
-, stabiler Austenit	238
Hellfeldbeleuchtung	137
hitzebeständiger Stahl	228
-, Heißkorrosionsbeständigkeit	228
-, Temperaturwechselfestigkeit	229
-, Thermoschockbeständigkeit	228
hochfester Stahl	205
Hochlage	126
Hochtemperaturlot	92
HOLLOMON-JAFFE-Parameter	181
Homogenisieren	161
Homopolymerisat	364, 389
Hundeknochen-Modell	123
Hüttenaluminium	290
Hysterese	
-, elektrische	322
-, thermische	141
Hysteresisschleife, mechanische	112

I

Impulsechoverfahren	134
Indiumantimonid	340, 341
Indiumarsenid	340
Induktionshärten	185
Inkubationszeit	
-, für Rissbildung	157
-, Umwandlungsbeginn	173
Innenlunker	73
Instandsetzungsschweißen	254
Intrusion	113
Inversionsdichte	334
Ionenbindung	1
Ionenkettenreaktion	361
Ionenleitung	56
Iso-Butylen	358
Isomerie	358
isothermes Härten	178

J

JOMINY-Probe	179

K

Kaltarbeitsstahl	243
-, legierter	246
Kaltformgebung	76, 78
Kalthärtung	372
Kaltriss	87
Kaltriss, wasserstoffinduzierter	157
Kaltschweißen	75
Kaltverfestigung	104
Kapillarverfahren	133
Kathodenpotenzial	60
Kathodenreaktion	56

Sachwortverzeichnis

Kation	56	-, austenitischer Cr-Ni-	233, 237
Kavitationskorrosion	63	-, ELC-	238
Keimbildung	19	-, ferritischer und halbferritischer Chrom-	232
-, heterogene	20	-, Ferritpfadkorrosion	237
-, homogene	19	-, Lösungsglühen	238
Keimzahl	19	-, perlitisch-martensitischer Chrom-	232
Keramik	311, 316	-, Spannungsrisskorrosion	232
-, Durchgangswiderstand	319	-, stickstofflegierter	239
-, Kriechstromfestigkeit	319	Korrosionsbeständigkeit, Einfluss auf	
-, Oberflächenwiderstand	319	-, Ausscheidungen	230
Kerbschlagbiegeversuch	125	-, Gefügeaufbau	230
-, instrumentierter	126	-, Kaltverformung	230
Kerbschlagzähigkeit	125	Korrosionselement	58
Kerbwirkungszahl	110	Korrosionspotenzial, freies	59
Kettenlänge	375	Korrosionsprüfung	65
Kieselglas	314	Korrosionsriss	60
Kleinwinkelkorngrenze	7	-, interkristallin	60
Knetwerkstoff	16	-, transkristalliner	61
Knickpunkt	38	Korrosionsschaden	417
Kohäsionskraft	13	Korrosionsschutz	
Kohlenstoffäquivalent	202	-, aktiver	64
Kohlenstofffaser	327	-, durch konstruktive Maßnahmen	65
-, Reißlänge	327	-, Oberflächenschutzschicht	64
Kohlenstoffverbindung	356	-, passiver	64
Kohlenwasserstoff	357	Kriechbruch	34
-, ringförmiger	358	Kriechen	32, 96
Kohlewerkstoff	326	-, Diffusions-	34
Kokillenguss	71	-, geschwindigkeit	33
Kompakt-Zugversuch	127	-, logarithmisches	33
Komponente	37	-, primäres	33
Kompressionsmodul	97	-, sekundäres	33
Konode	41	-, stationäres	33
Konstantan	280	-, tertiäres	34
Konstruktionsschweißen	254	Kriechvorgang	15
Kontaktelement	61	Kristall	1
Kontaktkorrosion	61	-, intermediärer	36
Konzentration	36	Kristallgitter	2
Konzentrationselement	61	Kristallisationsgrad	375
Kopflunker	73	Kristallit, s. a. Kristall	8
Korn	8	Kristallitschmelztemperatur	381
-, äquiaxial	163	Kristallseigerung	40, 48
-, globular	9	-, im Schweißgut	86
-, polyedrisch	10	Kronglas	316
Kornflächenätzung	136	Kugeldruckhärte	405
Korngrenze	8	Kugeleindruckversuch	405
-, Einfluss auf mech. Gütewerte	21	Kunstharz	345
Korngrenzenätzung	136	Kunsthorn	344
Korngrenzenbruch	154	Kunststoff	343
Korngrenzengleiten	34	-, amorpher Thermoplast	374
Korngrenzensubstanz	21	-, Bestimmung des	397
Korngröße	9	-, chemische Beständigkeit	348
Kornzerfall	231	-, dielektrische Eigenschaften	353
Korosionsbeständigkeit	230	-, dielektrische Verlustzahl	353
Korrosion	55	-, Dielektrizitätszahl	353
-, chemische	55	-, Durchgangswiderstand	352
-, Entzinkung	277	-, Durchschlagfestigkeit	352
-, selektive	61	-, Eigenschaften und Merkmale	347
-, Spannungsriss-	62	-, Eingruppierung	344
korrosionsbeständiger Stahl		-, elektrische Eigenschaften	351
-, austenitisch-ferritischer	233, 240	-, Entropie	373

-, Extrudieren	383
-, faserverstärkter	345
-, Formänderungseigenschaft	350
-, Gebrauchstemperatur	349
-, glasfaserverstärkter	315
-, glasfaserverstärkter (GFK)	387
-, Gummielastizität	374
-, Härte	404
-, Herstellung	354
-, Isolationswiderstand	352
-, kohlefaserverstärkt (CFK)	327
-, Konditionieren	395
-, Kriechstromfestigkeit	352
-, Kristallisationsgrad	375
-, Matten	387
-, mechanische Eigenschaften	350
-, Memory-effect	382
-, Normung	346
-, Oberflächenwiderstand	352
-, Orientierung	374
-, Orientierungsspannung	384
-, plastische Formgebung	382
-, plastische Verformung	373
-, Polymer-Werkstoff	344
-, Relaxation	350
-, Rückstellbestreben	382
-, Schmelztemperatur	381
-, Schweißen	383
-, spanabhebende Bearbeitung	382
-, Spritzgießen	383
-, statische Auflading	353
-, Taktizität	376
-, thermo-elastisch	381
-, Verzweigung	375
-, visko-elastisches Verhalten	350
-, Wärmeleitfähigkeit	349
-, Warmumformung	382
-, Wattebauschstruktur	374
-, Zeitstandschaubild	403
-, Zeitstandversuch	403
Kunststoffprüfung	400
-, Dämpfung	408
-, Dielektrizitätskonstante	413
-, Durchgangswiderstand	410
-, Durchschlagfestigkeit	411
-, Durchschlagspannung	411
-, Formbeständigkeit in der Wärme	409
-, Formbeständigkeit in der Wärme nach MARTENS	409
-, Härte	404
-, Härteprüfung nach SHORE	405
-, Internationaler Gummihärtegrad (IRHD)	407
-, Isoliereigenschaften	410
-, Kriechmodul	403
-, Kriechstromfestigkeit	412
-, Kugeldruckhärte	405
-, Kugeleindruckversuch	405
-, mechanische Eigenschaften	400
-, Oberflächenwiderstand	411
-, Relaxationsversuch	402
-, ROCKWELLhärte	406
-, SHOREhärte	405
-, Torsionsmodul	408
-, VICAT-Erweichungstemperatur (VST)	409
-, Wärmeformbeständigkeitstemperatur	409
-, WÖHLER-Kurve	404
-, Zeitstand-Zugversuch	402
Kunststoffsorte	385
-, Aminoplaste	386
-, Duromer	385
-, Phenoplaste	386
-, Roving	387
Kupfer	271
-, CuAl-Legierung	279
-, CuMn-Legierung	279
-, elektrische Leitfähigkeit	273
-, Grünspan	275
-, Herstellung	272
-, Knetlegierung	278
-, Kupferstein	272
-, legiertes	275
-, oligodynamische Wirkung	275
-, Polen	272
-, Raffinade-	272
-, Schwarzkupfer	272
-, Schweißen	274
-, unlegiertes	272
-, Wärmeleitfähigkeit	273
-, Wasserstoffkrankheit	274
Kupfer-Nickel-Legierung	279
-, korrosionsbeständige	281
Kurzglasfaserverstärkung	387
Kurzzeitfestigkeit	107, 113
Kurzzeitgasnitrieren	188

L

labiler Austenit	238
Lagermetall	303
Lambda-Sonde	322
lamellar tearing, s. Terrassenbruch	
Laminat	346
Laminierharz	346
Lanzettmartensit (massiver)	169
LAUE-Verfahren	139
LD-Stahl	147
LED	342
Ledeburit	144, 192
Leerstelle	5
Legierung	34
-, Eisen-Kohlenstoff-	141
-, eutektische	41
-, Gießbarkeit	50
-, mit intermediärer Phase	51
-, Pseudo-	81
-, übereutektische	42
-, untereutektische	42
Legierungselement	
-, Austenitbildner	143, 190
-, Carbidbildner	190

-, Einfluss Einhärtbarkeit	176	Magnetwerkstoff	287
-, Ferritbildner	190	Majoritätsträger	335
-, im Stahl	189	Makroätzmittel	136
-, Mischkristallbildner	190	Makroeigenspannung	93
-, Wirkung auf Phasengrenzen EKS	192	Makroelement	61
Leitfähigkeit		Makromolekül	354
-, elektrische	10	-, parallele Anlagerung	376
-, thermische	11	Manganhartstahl	251
Leitungsband	11, 334	MANSON-COFFIN-Regel	113
Lichtemissionsspektroskopie	138	Martensit	166
Lichtleitfaser	316	-, Formgedächtnislegierung	25
Lichtmikroskopie	136	-, Härte des	169
Lichtstärke	316	-, kubischer	180
Liquiduslinie	39	-, Lanzett-	169
Löcherleitung	335	-, nadeliger	169
Lochfraß	60	-, niedriggekohlter	212
Lochkorrosion	60, 61, 423	-, Selbstanlassen	212
logarithmisches Dekrement	408	-, tetragonal verzerrter	168
Lokalelement	61	-, Verformungs-	25
Lösung, feste	34	Martensitbildung	24
Lösungsdruck, elektrolytischer	57	Maschinenlöten	90
Lösungsglühen	52	Massepolymerisation	362
Lotbrüchigkeit	91, 277	Massepolymerisat (M-PVC)	391
Löten		Matrix	6
-, Arbeitstemperatur	90	Matten	387
-, Benetzbarkeit des Lots	88	Mattschweißstelle	75
-, Grenzflächenreaktion	88	MAURER-Diagramm	255
-, Haftspannung	88, 90	Melamin-Formaldehyd-Kunstharz	369
-, Hand-	90	Melamin-Formaldehyd-Kunststoffe (MF)	386
-, Hartlote	92	Memory-effect	382
-, Hochtemperaturlote	92	Memorymetall, s. a. Martensit	25
-, Legierungszone	91	Messing	276
-, Lotbrüchigkeit	91	-, Entzinkung	277
-, Maschinen-	90	-, Kartusch-	276
-, metallurgische Probleme	91	-, Spannungsrisskorrosion	277
-, Probleme beim	88	Metall	
-, Silberlot	91	-, poröses	81
-, Spaltbreite	90	-, unedles	57
-, Steighöhe des Lots	90	Metallbindung	1
-, Löten unter Schutzgas	92	Metallherstellung	
-, Löten unter Vakuum	92	-, hydrometallurgische Prozesse	68
-, Verschießen des Lots	90	-, pyrometallurgische Prozesse	68
-, Vorgänge in Diffusionszone	92	Methan	357
-, Weichlote	92	M_f-Temperatur	24
-, werkstoffbedingte Probleme	88	Mikroeigenspannung	93
-, Wirktemperaturbereich (T_w)	90	Mikrolegierungselement	209
Lotmessing	277	Mikrolunker	74
Lumineszenzdiode	342	Mikroseigerung	72
Lunker	73	Mikrosonde	139
		Minoritätsträger	335
		Mischcarbid	191
M		Mischkristall	37
		Mischkristallreihe, lückenlose	40
Magnesium	296	Mischungen	364
-, -legierungen	297	Mischungslücke	44
-, Rein-	297	Monel-Metall	283
Magnetismus	12	Monomer	354
Magnetostriktion	282	Mosaikblöckchen	7
Magnetpulverprüfung	133	M_s-Temperatur	24
Magnetscheidung	67	-, Berechnen der	195

Münzlegierung (CuNi25) 281

N

n-Halbleitung	334
n-Leitung	335
Nachhärtung	377
Nahentmischung	53, 236
Nahordnung	35, 312
Näpfchenprobe	131
Nassguss	74
NDT-Temperatur	128
Nebenvalenzkraft	356
NELSON-Schaubild	242
Netzwerksbildner	314
Netzwerkswandler	314
Neusilber	276
Nichteisenmetall	269
-, Aluminium und Aluminiumlegierungen	289
-, Blei und Bleilegierungen	306
-, Bronzen	278
-, Kupferwerkstoffe	272
-, Magnesium und Magnesiumlegierungen	296
-, Messing	276
-, Nickel und Nickellegierungen	281
-, normgerechte Bezeichnung	269
-, Titan und Titanlegierungen	298
-, Zink und Zinklegierungen	304
-, Zinn und Zinnlegierungen	302
-, Zirkonium und Reaktorwerkstoffe	301
Nickel	281
-, CURIE-Temperatur	282
-, Ferromagnetismus	282
-, Gewinnung von	281
-, Heißrissanfälligkeit	282
-, Korrosionsbeständigkeit	282
-, legiertes	283
-, manganhaltiges	283
-, Rein-	282
-, Schweißen	283
-, Spannungsrisskorrosion	286
-, Wasserstofflöslichkeit	283
Nickel-Kupfer-Legierungen	283
-, Korrosionsbeständigkeit	284
Nickeläquivalent	240
Nickellegierung	
-, hartmagnetischer Werkstoff	289
-, Heizleiterwerkstoff (NiCr20)	284
-, hitzebeständige	285
-, hochwarmfeste	285
-, korrosionsbeständige	286
-, Magnetwerkstoff	287
-, warmfeste	284
-, weichmagnetischer Werkstoff	289
Niederspannungsbruch	128
Nitrieren	188
Nitrierstahl	214, 220
Nitrocarburieren	188
Normalglühen	164
-, übereutektoider Stahl	164
-, untereutektoider Stahl	164
Normalisieren, s. Normalglühen	
Normalpotenzial	58
Normalspannung	95
Novolak	369

O

Oberflächenenergie	7
Oberflächengüte	110
Oberflächenhärten	184
Oberflächenschutzschicht	64
Oberflächenwiderstand	319, 410
Oberspannung	106
Oktaedergleitung	15
Oktaederlücke	324
Ölkochprobe	133
Opferanode	64, 305
Orientierungsspannung	384
OROWAN-Mechanismus	17, 54
Oxidation	56

P

p-Halbleitung	334
p-Leitung	334
Packungsdichte	141
PALMGREN-MINER-Regel	108
Paramagnetismus	12
Passivschicht	63
Passungsrost	63
Patentieren	184
PELLINI-Diagramm	128
Pendelschlagwerk	125
Peritektikale	45
Peritektikum	45
Perlit	144
-, eingeformter	163
-, feinstreifiger	166
-, feinstreifiger	166
perlitisch-martensitischer Chromstahl	235
Perlitisieren	184
PF-Schichtpressstoff	387
Pfannenmetallurgie, s. Sekundärmetallurgie	
Pfropfpolymerisation	365
pH-Wert	56
Phase	37
-, intermediäre	36, 46, 143
-, interstitielle	36
Phasengesetz	37
Phasengrenzlinie	39
Phasenumwandlung	18
-, Martensitbildung	24
Phenolharz (Phenoplaste)	368
Phosphorbronze	278
piezoelektrischer Effekt	323
Plastomer	373

-, amorphes	374	PTC-Thermistor	324
-, teilkristallines	374	Pulvermetallurgie	80
Plattenmartensit	169	PVC, weichmacherfrei	391
Platzwechselmechanismus	28	PVC, weichmacherhaltig	392
POISSON-Zahl	97	PVC-Copolymerisat	391
Polyaddition	360, 370	PVC-P	392
Polyaddukt	371	PVC-Schaumstoff	392
-, Epoxidharz	371	PVC-U	391
-, Polyurethan	371	PVC hart	
Polyamid (PA)	394	-, weichmacherfreies	391
Polycarbonat (PC)	397	Pyroceram	315
Polyester			
-, ungesättigt	365		
Polyethylen (PE)	392	**Q**	
Polygonisation	30		
Polykondensat	366	Qualitätsstahl	200
-, Polyamid	367	Quarzglas	314
-, Polycarbonat	367	Quasi-Spaltbruch	122
-, Polyterephthalat	367	Quecksilber-Cadmium-Tellurid-Fotoleiter	341
Polykondensation	359, 366	Quergleiten	18
Polymer	354	Querkontraktion	97
Polymerisat	363	Quetschgrenze	101
-, Polyethylen	363		
-, Polymethacrylsäuremethylester	364		
-, Polypropylen	364	**R**	
-, Polystyrol	364		
-, Polyvinylchlorid	364	Radikal, freies	355
Polymerisation	359, 360	Radikalkettenpolymerisation	360
-, Emulsions-	362	Raffinadekupfer	272
-, Fällungs-	362	Raffination	
-, katalytische	362	-, elektrolytische	68
-, Lösungs-	362	Randhärtetiefe (Rht)	186
-, Perl-	363	Randschichthärte	220
-, Substanz-	362	Randschichthärten	184
-, Suspensions-	363	Rastlinie	114, 418
Polymerisationsgrad	361	Raumladung	338
Polymethacrylsäuremethylester (PMMA)	396	Reaktion	
Polymorphie	4	-, eutektische	44
Polypropylen (PP)	394	-, eutektoide	47
Polystyrol (PS)	389	-, peritektische	45
Polyvinylchlorid (PVC)	390	Reaktionsharz	346
Porzellan	318	Reaktionsmasse	346
Postbronze	279	Realkristall	4
Prepreg	346	Reckalterung, s. Verformungsalterung	
Pressen	78	Reckung	95
Primärgefüge	19	Reduktionsreaktion, elektrolytische	58
Primärkristallisation	19	Reflektogramm	134
-, doppelte	49	Reflexionsvermögen	316
-, in Gusskonstruktion	71	Reibkorrosion	63
-, Schweißgut	71, 83	Reinstaluminium	290
-, von Legierungen	21	Reinzinn	303
Propylen (Propen)	358	Rekristallisation	29, 30
Prüffrequenz	112	-, sekundäre	32
Prüftemperatur	103, 119	-, verzögerte	211
Prüfung, zerstörungsfreie	133	Rekristallisationsglühen	78, 163
-, Schweißnaht	135	Rekristallisationsschaubild	32
Prüfverfahren, technologische	130	Rekristallisationstemperatur	31
-, Prüfen der Gießeigenschaften	132	Rekristallisationstextur	77
-, Prüfen von Schweiß- und Lötwerkstoffen	132	Relaxation	97
-, Tiefziehversuch	131	Relaxationsmodul	403

Resistenzgrente	230
Restaustenit	169, 179, 195
Ringgussprobe	132
Rissauffangkurve	128
Rissauffangversuch	128
Rissausbreitung, instabile	125
Rissauslöseversuch	128
Rissbildung	113
-, verzögerte, s. a. Kaltriss	157
Rissfortschritt	113
Risskeim	113
Risszähigkeit	124
ROCKWELLhärte	406
Rockwellverfahren	116
Roheisen	
-, Frischen von	146
Röntgenfeinstrukturuntersuchung	139
Röntgenprüfung	135
Röntgenspektroskopie	138
Rosten	60
Röstprozess	68
Rotbruch	154
Rotguss	279
Rückprallverfahren	118
Rückwandecho	134
Ruhepotenzial	59

S

Salzbadnitrieren	189
Sandguss	74
Sandstelle	75
Sauerstoffsonde	322
Säure	
-, organische	359
Säurekorrosion	59
Schadenfall	419
-, Bruch der Kurbelwelle von Dieselmotor	422
-, Bruch eines Auslassventils	420
-, Lochkorrosion in Wärmeübertrager	423
-, Wasserschaden durch undichten Rohrentlüfter	419
-, wasserstoffversprödeter Federring	423
Schadensakkumulation	108
Schadensanalyse	415
Schadensbefund	416
Schadensbild	416
Schadensuntersuchung	416
SCHAEFFLER-Schaubild	240
-, Chromäquivalent	240
-, Nickeläquivalent	240
Schalenhärter	177
Schalenhartguss	256
Scherbruch	121
Scherlippe	121, 128
Scherwabe	122
Schichtpressstoff	346
Schiebung	95
Schlacken-Richtreihe	159
Schlagarbeit	122, 125

Schleuderguss	74
Schmelzflusselektrolyse	68
Schmieden	77
Schnellarbeitsstahl	243, 246
-, Anlassbeständigkeit	246
-, Sekundärhärte	244
-, Warmhärte	246
Schraubenversetzung	6
Schrumpfen	73
Schrumpfriss	75
Schubmodul	97
Schubspannung	95
Schülpe	75
Schweißbarkeit	201
Schweißeigenspannung	82
Schweißeignung	83, 201
-, Aluminium	296
-, ausscheidungsgehärteter Werkstoff	85
-, Baustahl	201
-, ferritischer Cr-Stahl	236
-, FK-Baustahl, normalgeglüht	211
-, FK-Baustahl, vergütet	213
-, hochreaktiver Werkstoff	85
-, Kohlenstoffäquivalent	202
-, perlitisch-martensitischer Cr-Stahl	235
-, THOMASstahl	147
-, Titan	300
-, warmfester Stahl	226
-, weißer Temperguss	266
Schweißen	81
-, AlSi-Gusslegierung	296
-, Aluminium(-legierung)	296
-, Aufhärten der WEZ	85
-, ausscheidungshärtender Werkstoff	85
-, austenitisch-ferritischer Stahl	242
-, austenitischer Cr-Ni-Stahl	239
-, Einfluss Abkühlzeit $t_{8/5}$	213
-, Einfluss intermediärer Verbindungen	87
-, Feinkornbaustahl, normalgeglüht	212
-, Feinkornbaustahl, vergütet	213
-, kontrollierte Wärmeführung	213
-, ferritischer Cr-Stahl	237
-, Formänderung	82
-, Gaslöslichkeit der Schmelze	86
-, hochreaktiver Werkstoff	85
-, kaltverfestigter Werkstoff	85
-, kaltzäher Stahl	229
-, kontrollierte Wärmeführung	213
-, Kupfer	274
-, Maximaltemperatur in WEZ	82
-, perlitisch-martensitischer Cr-Stahl	235
-, Probleme beim Erstarren	86
-, Probleme beim Erwärmen	85
-, Rissbildung	86
-, thermische Wirkung	81
-, Titan	300
-, umwandlungsfreier Werkstoff	84
-, unterschiedlicher Werkstoffe	87
-, Vergütungsstahl	214
-, von Stahl	85

-, Wärmeeinflusszone	83	Spannungsamplitude	106
Schweißgut	83	Spannungsarmglühen	162
Schweißmöglichkeit	201	Spannungsgradient	110
Schweißsicherheit	201	Spannungsintensitätsfaktor	123
Schwellbeanspruchung	106	-, zyklischer	124
Schwellfestigkeit	107	Spannungsreihe, elektrochemische	57
Schwereseigerung	74	Spannungsrelaxation	32
Schwindmaßbestimmung	132	Spannungsrissbildung	348
Schwingbeanspruchung	124	Spannungsrisskorrosion	62
Schwingbreite	106	-, kathodische	62
Schwingungsausschlag	106	Spannungsverhältnis	106, 109
Schwingungsbruch	114, 119	Spannungszustand	
Schwingungsfrequenz	106	-, ebener	123
Schwingungsrisskorrosion	63	-, mehrachsiger	83
Schwingungsstreifen	114	Speckschicht	151, 205
Segregatbildung	43	Speckstein (Steatit)	318
Segregatlinie	43	Spektralanalyse	138
Seigerung	72, 151	Sphäroguss	261
Seigerungsverfahren	68	Spin	10
Seitengruppe	375	Spongiose	62
-, ataktische	376	Sprödbruch	82
-, isotaktische	377	-, interkristalliner	120
Sekundärgefüge	19	-, transkristalliner	120
Sekundärhärte	244	Sprödbruchunempfindlichkeit	202
Sekundärmetallurgie	148	stabiler Austenit	238
Selbstanlassen	212	Stabilisator	232, 238
Selbstdiffusion	27	Stahl	
selektive Korrosion	61	-, alterungsbeständiger	155
senkrechte Anisotropie (r)	131	-, Austenitbildner	190
Sensibilisierungsglühen	231	-, austenitischer	192
SHOREhärte	405	-, beruhigter	151
SIEMENS-MARTIN-Stahl	147	-, besonders beruhigter	152
SIEVERTSsches Gesetz	156	-, Definition	146
Sigma-Phase	236	-, Desoxidieren von	150
Silberlot	91	-, druckwasserstoffbeständiger	242
Silicatglas	312	-, Einsatz-	222
Silicium	332	-, Einteilung	200
-, -Einkristall	332	-, feinkörniger	177
-, Zonenschmelzverfahren	332	-, Ferritbildner	190
Siliciumcarbid	328	-, ferritischer	193
Siliciumnitrid	329	-, Flocken im	157
-, Verschleißwiderstand	329	-, härtbarer	169, 214
Sintern	79	-, hitzebeständiger	224
-, Einstoffsystem	80	-, hochlegierter	197
-, Zweikörpermodell	80	-, hochlegierter, Definition	190
-, Zweistoffsystem	80	-, Kaltarbeits-	243, 246
SiO_4-Tetraeder	314	-, kaltzäher	229
Soda-Kalk-Glas	314	-, ledeburitischer	192
Solarzelle	341	-, legierter	152
Soliduslinie	39	-, legierter, Definition	189
Solidusverschleppung	48	-, legierter, Vorteile	194
Sonderbronze	279	-, Legierungselement	189
Sondercarbid	181, 191	-, lufthärtender	194
Sondermessing	277	-, Manganhart-	251
Sorbit, s. Perlit, feinstreifiger		-, martensitaushärtbarer	207
Spaltbruch	120	-, Mischkristallverfestigung	202
Spaltkorrosion	65	-, nichtmetallischer Einschluß im	158
Spannung	13	-, nichtrostender	230
-, thermische	179	-, niedriglegierter	190, 196
-, wahre	96	-, Nitrier-	214, 220

-, ölhärtender	194
-, Schalenhärter	177
-, Schnellarbeits-	243, 246
-, Seigerung	151
-, Speckschicht	151
-, Sprödbruchunempfindlichkeit	202
-, übereutektoider	164, 177
-, Umschmelzen von	149
-, unberuhigter	151
-, untereutektoider	164, 177
-, Vergießen von	151
-, Vergüten	180
-, Vergütungs-	214
-, Warmarbeits-	243, 246
-, warmfester	224
-, wasserhärtender	194
-, Werkzeug-	243
-, Zähigkeitsanisotropie durch Schlacke	159
-, zum Kaltumformen (DIN EN 10 130, DIN EN 10 142)	205
-, zum Randschichthärten	214, 219
-, zunderbeständiger	224
Stahl, Eisenbegleiter	
-, Mangan	152
-, Phosphor	153
-, Sauerstoff	158
-, Schwefel	154
-, Silicium	153
-, Stickstoff	155
-, Wasserstoff	155
Stahl-Umschmelzverfahren	150
Stahlguss	152, 249
-, Fertigungsschweißen	254
-, für allg. Verwendungszweck	251
-, Instandsetzungsschweißen	254
-, Konstruktionsschweißen	254
-, nichtrostender	251
Stahlgütegruppe, s. Gütegruppe	
Stahlherstellung	146
-, Elektrostahl-Verfahren	148
-, Induktionsofen	148
-, Injektionsverfahren	149
-, Lichtbogen-Abschmelzelektroden-Verfahren	149
-, Lichtbogen-Elektroofen	148
-, Sauerstoff-Aufblas-Verfahren	147
-, SIEMENS-MARTIN-Verfahren	147
-, THOMAS-Verfahren	147
-, Umschmelzverfahren	149
-, Vakuumverfahren	149
Stängelkristall	20
Stapelfehler	8
Stauchgrenze	101
Steadit	259
Steatit	318
-, Durchgangswiderstand	319
-, Durchschlagfestigkeit	319
-, Isolierstoff	319
-, Oberflächenwiderstand	319
Steighöhe des Lots	90
Steilabfall der Schlagzähigkeit	126

Steingut	318
Steinzeug	318
-, Biegefestigkeit	318
stickstoff-legierter austenitischer Stahl	239
Stirnabschreck-Versuch	179
Stoff	
-, organischer	354
Störstellenfotoleitung	340
Störstellenleitung	334, 335
Strangguss	74, 151
Strangpressen	78
Streckgrenze	99
-, ausgeprägte	51, 105
-, obere	100
-, untere	100
Streckgrenzenverhältnis	100
stress-relief-cracking, s. Ausscheidungsriss	
Streuflussverfahren	133
Stufenversetzung	6
Styrol-Acrylnitril-Copolymerisate (SAN)	390
Styrol-Butadien-Polymerisat (SB)	390
Styrol-Mischpolymerisat	389
Subkorn	7
Subkorngrenze	7
Substanzpolymerisation	362
Substitutionsatom	6
Substitutionsmischkristall	35
Superelastizität	26
Superferrit	236
Superlegierung (Ni-Basislegierung)	229
Suspensionspolymerisation	363
Suspensionspolymerisat (S-PVC)	391
syndiotaktisch	376
System	
-, thermodynamisches	37

T

Taktizität	376
Tannenbaumkristall	10
Tantalcarbid	330
Tauchhärten	186
Teilreaktion, elektrolytische	
-, anodische	56
-, kathodische	56
Teilstromkurve	
-, anodische	58
-, kathodische	59
Temperatur	
-, äquikohäsive	34
-, NDT-	128
-, Übergangs-	128
-, Vorwärm- (zum Schweißen)	213
Temperguss	248, 264
-, schwarzer	266
-, weißer	265
Tempern	265
Tempern (Kunststoffe)	377
Temperrohguss	264

Terrassenbruch	159
Textur	9
thermisch aktivierter Vorgang	26
Thermoelementwerkstoff	280
thermomechanische Behandlung	207
-, bildliche Darstellung	208
Thermoplast	344, 389
-, amorpher	374
THOMASstahl	147
Tiefätzung	136
Tieflage	126
Tiefungsversuch nach ERICHSEN	131
Tiefziehblech	155
Tiefziehversuch	131
Titan	298
-, -legierung	300
-, Korrosionsbeständigkeit	299
-, Schweißen	300
-, unlegiertes	298
-, Wasserstoffaufnahme	299
Titancarbid	330
Titanlegierung	300
Titanzink	305
Tombak	277
Torsionsschwellfestigkeit	109
Torsionswechselfestigkeit	109
Trainiereffekt	108
Transformationstemperatur	313
Transistor	339
-, Basis	339
-, Emitter	339
-, Kollektor	339
-, Minoritätsträger	339
-, Steuerspannung	339
Transkristallisation	71
Trockenguss	74
Troostit, s. Perlit feinststreifiger	

U

Übergangstemperatur	128
Überhitzen	164
Überstruktur	35, 47
Überwalzung	78
Überzeiten	164
Ultraschallprüfung	134, 135
Umformen	75
Umschmelzverfahren	149
Umwandlung	
-, im festen Zustand	23
-, Ausscheidung	23
-, in der Bainitstufe	167
-, in der Martensitstufe	168
-, in der Perlitstufe	166
Umwandlungshärtung	36
Umwandlungsspannung	179
ungesättigter Polyesterharz	387
Universalhärteprüfung	117
Unlöslichkeit (Unmischbarkeit)	40

Unterkühlung	
-, konstitutionelle	21, 277
-, thermische	19
Unterspannung	106
Untersuchungsverfahren	
-, makroskopische	135
-, mikroskopische	136
-, physikalische Analyseverfahren	138
-, Röntgenfeinstrukturuntersuchung	139
UP-Harz	388

V

Vakuumentgasen	70, 158
Vakuumgießen	151
Vakuumverfahren	149
Valenzband	11, 334
Valenzelektron	1
VAN-DER-WAALS-Kraft	356
Verbindung	
-, intermediäre	190
-, intermetallische	36
-, kongruent schmelzende	46
verbotene Zone	334
Verbundwerkstoff	81
Verdrehversuch	101
Verfestigung	16, 18
Verfestigungsexponent (n)	131
Verfestigungskoeffizient	18
Verformung	
-, elastische	13
-, plastische	13, 14
Verformungsalterung, s. a. Abschreckalterung	155, 156
Verformungsbruch	82, 120
Verformungsfähigkeit	75
Verformungsgeschwindigkeit	103
Verformungsgrad	75
-, wahrer	75
Verformungsmartensit	25
Verformungstextur	79
Vergießen	151
Vergüten	180
-, Anlassstufe	180
-, HOLLOMON-JAFFE-Parameter	181
Vergütungsschaubild	182
Vergütungsstahl	214
-, Neigung zur Grobkornbildung	217
-, Wärmebehandlung	217
-, Zerspanbarkeit	217
Verschleißfestigkeit	184
Verschleißschaden	416
Versetzung	77
-, gemischte	6
-, Klettern von	15
-, Schrauben-	6
-, Stufen-	6
Versetzungsaufstau	17
Versetzungsnetzwerk	6
Versetzungsring	6

Verstrecken	377
Verunreinigung	
-, nichtmetallische	69
VICAT-Erweichungstemperatur (VST)	409
Vickersverfahren	116
Vielkristall	8
Vorwärmen	
-, Gusseisen (EN-GJL)	261
-, Gusseisen mit Kugelgrafit (EN-GJS)	263
Vorwärmen, zum Schweißen	204

W

Wabenbruch	121
Waldversetzung, s. a. Versetzung	17
Walzbronze	279
Walzen	78
Warm-Kaltformen	76
Warmarbeitsstahl	243, 246
Warmbadhärten	178
Wärmebehandlung	146, 160
-, Glühbehandlung	160, 161
-, Glühtemperatur	162
-, Haltedauer	161
-, Temperaturführung	160
-, Ziel der	160
Wärmebeständigkeit	349
Wärmeeinflusszone (WEZ)	82
-, Eigenschaften	83
-, FK-Baustahl, normalgeglüht	212
-, FK-Baustahl, vergütet	213
-, Grobkornbildung	82
-, umwandlungsfreier Werkstoff	84
Wärmeformbeständigkeitstemperatur	409
Wärmeführung, kontrollierte	213
Wärmeleitfähigkeit	11
warmfester Stahl	226
-, hochlegierter austenitischer Cr-Ni-	226
-, hochlegierter Cr-Mo-	226
-, un- und niedriglegierter	226
Warmfestigkeit	102
Warmhärte	246
Warmpressmuttereisen	154
Warmverformen	76
-, Definition	76
-, Umformtemperatur	76
Wasserstoff	
-, »Fallen« für	156
-, Beizsprödigkeit	157
-, Beseitigen durch Vakuumgasen	158
-, Drucktheorie	156
-, Fischauge	157
-, Kaltriss	157
Wasserstoffaufnahme	70
Wasserstoffbrücke	356
Wasserstoffkorrosion	58
Wasserstoffkrankheit	274
Wasserstoffversprödung	62
Wattebauschstruktur	374

Wechselbeanspruchung	106
Wechselfestigkeit	107
Wechselverfestigung	112
Weglänge, freie	11
Weichblei	307
Weichglühen	163
Weichlot	92, 304
Weichlöten	88
Weichmacherwanderung	378
Weichmachung	378
-, äußere	378
-, innere	378
Weißblech	303
WEISSsche Bezirke	12
Werkstoff	
-, anisotroper	311
-, anorganisch nichtmetallischer	311
-, dispersionsgehärteter	229
-, ferroelekrischer keramischer	322
-, magnetischer keramischer	324
-, nanokristalliner	81
-, oxidkeramischer	320
-, tonkeramischer	317
Werkstoffrecycling	308
Werkstoffuntersuchung	418
-, chemische	419
-, Härteprüfung	418
-, Metallografie	419
Werkzeugstahl	243
-, unlegierter	245
Whisker	8, 105, 209
Widerstandswerkstoff (Konstantan)	280
WIDMANNSTÄTTENsches Gefüge	167
WIEDEMANN-FRANZsches Gesetz	273
Wiedererwärmungsriss	228
Windfrischen	146
Wirbelstromverfahren	134
WÖHLER-Kurve	107, 111
Wolframcarbid	330

Z

Zähbruch	
-, energiearmer	129
Zähigkeitsanisotropie	159
Zeilengefüge	77
-, primäres	154
Zeitbruchdehnung	102
Zeitbrucheinschnürung	102
Zeitdehngrenze	102
Zeitfestigkeit	107
Zeitschwingfestigkeit	107
Zeitspanndehnung	403
Zeitstandfestigkeit	102
Zeitstandversuch	102
Zementit	144, 248
-, körniger	163
Zink	304
-, Druckguss	306

-, Druckgusslegierung	304	ZTU-Schaubild	170
-, Korrosionsschutz	305	-, Austenitumwandlung	193
-, Opferanode	305	-, isothermes	173
-, unlegiertes	304	-, kontinuierliches	171, 172
Zink-Druckguss	306	Zug-Druck-Wechselfestigkeit	108
Zinn	302	Zugfestigkeit	100, 401
Zinnlegierung	303	Zugschwellfestigkeit	108
-, Lagermetall	303	Zugversuch	98
-, Weichlot	304	Zündstelle	85
Zinnpest	303	Zustand	
Zipfelbildung	131	-, aktiver	63
Zipfelprüfung	131	-, passiver	63
Zirkonium	301	-, transpassiver	63
Zirkoniumdioxid	320	Zustandsschaubild	36
Zirkoniumoxid	321	-, Al-Cu	292
-, Korrosionsbeständigkeil	322	-, Al-Mg	292
Zonenmischkristall	48	-, Al-Mg-Si	293
Zonenschmelzen	68	-, Al-Si	293
ZTA-Schaubild	173	-, Fe-Zn	306
-, Abschreckhärte-Schaubild	176	-, reales	39
-, Carbidauflösung	176	Zweistoffsystem	80
-, isothermes	175	Zwillingsgrenze	8
-, kontinuierliches	174	Zwischengitteratom	5
-, Martensitbeginn-Schaubild	176	Zwischenstufe, s. Bainit	
		Zwischenstufenferrit	167

Bildquellenverzeichnis

Birgid Dunger, Berlin: *1.33*, Metallgesellschaft-Mitteilungen Nr. 11: *5.7, 5.8*, Deutsches Kupfer-Institut e.V, Berlin: *5.12*, Volk, Nickel und Nickellegierungen, Springer-Verlag: *5.23*, Hauffe, Reaktionen in und an festen Stoffen, Springer-Verlag: *5.25*, Bundesanstalt für Materialprüfung, Berlin: *8.11, 8.13, 8.13*